Pears
in China

中国梨树志

李秀根　张绍铃　主编

中国农业出版社
北　京

主编简介

李秀根　1958年生，河南省西平县人，中国农业科学院郑州果树研究所果树种质改良中心主任、研究员、硕士生导师；中国园艺学会梨分会第三届理事长、第四届名誉理事长，全国梨育种协作组组长，国家经济林品种审定委员会第一、二届委员，《果树学报》《中国南方果树》和《果农之友》编委。先后获得"郑州市第七批拔尖人才"及"河南省优秀专家"等荣誉称号。

自1981年参加工作至今，从事梨科研和推广工作40年。主要致力于梨种质资源收集、保存、评价，新品种选育，现代栽培技术研究和人才培养工作。先后主持并承担了国家自然科学基金、国家"863"计划、国家科技支撑计划、国家行业科技专项、国家科技攻关计划项目、国家梨产业技术体系、农业部重大"948"项目、中国农业科学院重大科技项目、河南省重大科技攻关项目、中国农业科学院科技创新工程等研究工作。收集并保存梨种质资源600余份，培育梨新品种27个；获得国家梨新品种保护权9个，获国家发明专利10件；获得国家科技进步二等奖2项，省部级自然科学和科技进步一等奖各1项，省部级科技进步二等奖4项、三等奖4项；发表科研论文100余篇，其中SCI收录论文20多篇，主编出版著作4部，制定国家行业标准1项、地方行业标准4项；推广梨新品种、新技术、新模式、新机制13余万hm²，取得经济效益数百亿元。在梨种质资源、遗传育种和现代高效栽培技术领域有较深的造诣，为我国梨学科建设、人才培养和梨产业发展做出了重大贡献。

张绍铃　1961年生，博士，南京农业大学园艺学院教授（二级），博士生导师，国务院政府津贴专家，农业农村部果树专家指导组成员，全国百篇优秀博士论文指导教师。现任国家现代农业（梨）产业技术体系首席科学家，国家梨改良中心南京分中心主任，江苏省梨工程中心主任，南京农业大学园艺学院学术委员会主任，南京农业大学梨工程技术研究中心主任，江苏省重点学科果树学科负责人，全国梨产业协作组组长，中国园艺学会梨分会副理事长，两次入选江苏省"333高层次人才工程"第一层次培养对象。担任《中国果树》及《中国南方果树》副主编，*Frontiers in Plant Science*、《园艺学报》《果树学报》《南京农业大学学报》等期刊编委。先后获得"全国优秀科技工作者""南京市十大科技之星""江苏省创新争先奖状""江苏省十佳研究生导师"南京农业大学"立德树人"楷模等荣誉称号。

从事果树科研、教学和推广工作30多年，致力于梨遗传育种与栽培技术研究。牵头完成全球首个梨基因组图谱绘制；以第一完成人获国家科技进步二等奖2项（2011年"梨自花结实种质创新与应用"、2018年"梨优质早、中熟新品种选育与高效育种技术创新"）及其他省、部级科技成果一等奖4项。迄今共主持承担国家自然基金重点项目和面上项目、国家重点研发计划课题、"948"项目、"863"计划、公益行业（农业）科研专项、国家重大农技推广项目等国家及省、部级科研项目60余项。以第一或通信作者发表论文340多篇，其中SCI论文126篇，影响因子9以上的5篇，以梨为研究对象的论文数国际排名第一（Web of Science）。以第一完成人杂交育成通过审（鉴）定梨新品种6个。获授权国家发明专利57件，实用新型专利3件，软件著作权2项；主持制定省级地方标准18项；主编著作18部，其中《梨学》是系统阐述现代梨学研究成就和生产技术经验的专著。

编委会

主　　　编　李秀根　张绍铃

副 主 编　张玉星　滕元文　朱立武　李天忠　胡红菊

编　　　委（按姓氏笔画排序）

审　　　校　李秀根　陈新平　张绍铃　薛华柏　朱立武

编委会秘书　薛华柏

编　　　务　王苏珂　杨 健

序 一

　　梨是世界主要果树树种，也是我国三大水果之一。中国作为世界梨的重要发源地，不仅具有悠久的栽培历史，拥有丰富的品种资源和深厚的梨文化传承，也是世界第一梨果生产国。全国各地梨产区具有的历史性著名优质品种，对我国及国际梨产业发展和种质创新起到重要作用。1963年出版的《中国果树志（第三卷）·梨》距今已过去57年，梨产业发生了巨大变化，新品种、新技术、新成果不断涌现，亟需进行总结。

　　由中国农业科学院郑州果树研究所发起，联合南京农业大学、河北农业大学、浙江大学、安徽农业大学、中国农业大学、中国农业科学院果树研究所、湖北省农业科学院果树研究所等全国32个科研、教学和推广单位的60多位专家学者编写这部《中国梨树志》专著，在参编人员历时5年的辛勤劳动和不懈努力下，终于得以完成并面向广大读者了。这是继《中国果树志（第三卷）·梨》出版57年后又以志书的形式编辑出版的全面阐述梨属植物的起源、演化与分类，梨的价值与文化，生产现状与发展趋势，栽培历史与产业重大历史事件，繁殖技术和栽培技术的变革，遗传育种成就的学术专著。该书不仅继承了《中国果树志（第三卷）·梨》的理论观点，也融入了现代学者的先进成果；既系统阐述了梨种类和品种资源现状，又提出了新的分类依据和方法，是集我国梨属植物研究成果之大成的一部系统性的科学专著。

　　本书的编著者都是长期从事梨科学研究和生产的一线专家学者，既有从事梨品种资源、育种和理论研究的专家、教授，也有科研和生产一线的年轻技术骨干；不同单位、不同研究领域和不同年龄层次的专家学者分工协作，体现了精诚协作的团队精神，也培养了年轻学者和新生力量。在此对他们付出的辛勤劳动和取得的成果，表示敬意和祝贺，特此作序。

中国工程院院士
山东农业大学教授　束怀瑞
2020年3月31日

序二

我国是世界梨属植物最主要的起源地之一，原产我国的梨品种资源多达2 000余种。20世纪60年代，我国老一辈专家在对品种资源考察的基础上，编辑出版了《中国果树志（第三卷）·梨》，对推动我国梨科研和产业发展起到了重要作用。时光荏苒，一晃近60年过去了，我国经济社会发生了翻天覆地的变化。进入新时代，我国梨产业规模、利用的品种、栽培措施，以及研究手段跟60年前相比，均跃升到了一个新的台阶。

由中国农业科学院郑州果树研究所牵头，组织国内30多个单位的60多名专家，历时5年，编写出版《中国梨树志》。这些专家长期或多年在梨科研教学和生产一线，书中大量的图片也是他们亲自拍摄，他们的理论功底和实践经验为该书的学术质量提供了可靠保障。

《中国梨树志》秉承志书坚持求实考证、客观记述的原则，力求全面、准确地记述我国梨属植物资源和生产状况，体现志书的科学性、先进性、纪实性和工具性。该书继承了《中国果树志（第三卷）·梨》（1963年）科学合理的内容以及理论观点，更重要的是融入了近几十年的研究成果，使其具有时代性。

我相信该书的出版对于促进我国梨产业的可持续发展，提升梨科研水平，更好地传承梨文化，以及对果树专业人才的培养均具有重要的意义，特此作序。

中国工程院院士
华中农业大学教授 邓秀新
2020年3月28日

前言

　　梨是世界主要果树之一，全球约有85个国家和地区种植梨树。梨是中国三大水果之一。据国家统计局的数据，2018年中国梨栽培面积94.3万hm²，总产量1 607.8万t。长期以来，中国一直是世界主要产梨大国，特别是改革开放以来，中国梨生产发展迅猛。从1985年开始，中国梨的栽培面积和总产量稳居世界第一位。据联合国粮食及农业组织（FAO）2018年统计，中国梨栽培面积和总产量均占世界总量的70%左右。中国也是世界重要的梨果出口国之一，在国际梨贸易中占有举足轻重的地位。

　　中国梨栽培历史悠久、文化源远流长。早在3 000年前，人们就开始栽培梨树，在《周礼》《礼记》《韩非子》《吕氏春秋》等众多中国古代书籍中，均有梨的记载。梨属植物发源于第三纪的中国西南部山区，随后从起源中心向东、向西扩散，分别形成东方梨和西方梨，天山和兴都库什山脉是东方梨与西方梨的地理分界线。在梨的传播过程中，形成了3个次生中心，即中国中心、中亚中心和近东中心。全国果树资源调查发现，中国梨属植物种类多、品种资源丰富，目前已知有14个种，品种资源约3 000份，很多名特优品种具有品质好、风味佳、耐贮藏的特点。梨树适应性强，在全国均有分布，除海南省、港澳地区外其余各省（自治区、直辖市）均有一定规模的栽培，并且形成具有地方特色和地域特征的优势生产区域，经济、社会及生态效益显著，在中国农业种植业结构调整和农民增收致富中具有重要意义。

　　改革开放以来，梨基础研究、产业技术研发及产业化水平呈现稳步提高的发展态势。为适应我国不断深化的农业产业结构调整和梨果市场供需关系变化的新形势，农业部、财政部于2008年启动了"国家梨产业技术体系"建设，全国大多数优秀的梨科研工作者被纳入了全国梨科研创新协作网。10多年来，在国家财政经费的稳定支持下，围绕我国梨产业发展的关键、重大共性技术问题，相关科研人员开展联合攻关，在梨品种改良、病虫害防控、栽培模式及技术、贮藏加工与市场营销等方面，不断创新和改革，取得了一系列具有时代性的新成果，尤其是在梨种质资源的收集、鉴定、评价与利用及新品种选育、国外优异种质的引进与应用等方面成绩卓著，值得予以整理、编撰，以飨后世。

梨种质资源的收集、保存与鉴定评价，是梨产业发展与科学研究的重要基础。1963年，我国著名果树学者蒲富慎、王宇霖两位先生，在全国果树种质资源调查的基础上，主编了《中国果树志（第三卷）·梨》。该书的出版，对于此后系统研究与利用我国梨种质资源具有重要意义。但是，时隔半个多世纪，随着梨优异种质不断发掘、国内外新优梨品种的不断育成、梨基础研究及技术成果的不断涌现、梨产业的稳步发展，迫切需要重新编著《中国梨树志》，以满足广大科技工作者及从业者的需求。笔者组织编著《中国梨树志》，除了基于这个发展背景，也是根据国家有关加强农作物种质资源保护利用和种业发展规划所提出的一项重要基础性工作，这是历史赋予我们这一代科技工作者的责任与义务。

《中国梨树志》编委会于2015年5月成立至今，多次召开编委会及主编会议，讨论编著提纲、重点内容以及有争议的品种命名及分类等学术问题，并达成了共识。该书将重点呈现以下几个方面的内容：一是系统地总结我国梨科学研究进展、生产技术的变革、种质创制及新品种培育等成果；二是重点地介绍梨属植物野生种及生态类型、地方品种、新育成品种以及从国外引进的种质资源，尤其是20世纪60年代以来国内外创制的新种质、选育的新品种及砧木，客观描述其植物学特征及农艺性状；三是对所列的全部种类和品种资源的花、果等器官，除进行文字描述外，还以彩色照片直观展现其形态特征；四是对梨同物异名及同名异物的品种资源进行了甄别，去伪存真，参考国际生物学联盟和国际栽培植物命名法委员会通过的《国际栽培植物命名法规（第八版）》中规定的品种命名方法，对名称不一的栽培品种进行规范命名；五是根据国内外近年来的研究成果，对原产中国的白梨品种进行了重新分类和命名，将白梨品种归类到砂梨栽培种下的一个生态类型或品种群，即原产于中国的梨属植物栽培种，主要分为秋子梨、砂梨、新疆梨和川梨，其中砂梨包括白梨品种群和砂梨品种群。

全书共分七章：第一章为概论，概述了梨的价值及中国梨文化等，由李秀根、张绍铃和秦钟麒完成；第二章为梨的栽培历史与发展现状，阐述了梨的栽培历史、梨产业重大历史事件及梨产业的政策变化等，由张绍铃、李秀根、周应恒完成；第三章为梨的起源、演化及分类，介绍了梨属植物的起源与演化、梨属植物的分类，由滕元文完成；第四章为梨的形态特征与生物学特性，描述了梨的形态特征及生物学特性，由张玉星、张绍铃、李秀根完成；第五章为梨的生产技术，主要介绍梨繁殖技术的演变、栽培技术的变革、土肥水管理技术的变革、病虫害防控技术的变革、贮藏与加工技术的革新等，由王然、朱立武、董彩霞、王国平、王文辉、李秀根完成；第六章为梨研究进展与科研展望，由李天忠、张绍铃、李秀根完成；第七章为梨品种资源，除宁夏、内蒙古、海南、天津、香港、澳门和台湾之外，来自全国27个省（自治区、直辖市）33个单位的60多位专家学者参与了梨品种资源数据采集、性状描述和照片拍摄工作。全书共收录了梨属植物品种资源1 172份（个），拍摄彩色照片有3 500多张。其中，秋子梨（84份）、砂梨（包括白梨品种群和砂梨品种群）（651份）、新疆梨（42份）、川梨（4份）等栽培品种资源共有781份；西方（洋）梨及日、韩梨品种共有133个；杂交培育、芽变选育及实生选择的新品种214个；砧木品种15个；野生和半野生种类29个。本书还列有3个附录表，附录一为品种名索引，附录二为已鉴定自交不亲和基因型梨品种列表，附录三为《中国果树志（第三卷）·梨》中有记载而本书未收录的品种资源。

该书编著过程中，得到了中国农业科学院郑州果树研究所和南京农业大学等30多家科研、教学及农业推广单位领导及同行们的大力支持与协助；国家出版基金、国家自然科学基金委员会、中国农业科学院等单位给予经费资助；中国农业出版社的领导和编辑人员给予了支持和细致指导；国际著名果树学家王宇霖先生对编写提纲及撰写重点内容等给予建设性建议和指导。另外，由于我国梨资源分布区域广、物候期跨度长，在品种资源的植物学特征观察记载、花果照片的拍摄等方面工作量大、跨时长，投入人力物力巨大。但是，在全书的素材收集、整理及编著过程中，充分体现了专家们精诚协作的团队精神，凝结了全体编著人员的心血和汗水。在本书即将出版之际，谨向上述单位及个人致以衷心的感谢！

本书的出版，对于我国梨品种资源保护、种质创新和利用、基础理论研究与产业技术研发，均具有重要参考价值。该书参编人员多，写作风格、品种资源性状描述与花果照片拍摄等方面难以完全一致；同时，由于时间紧促，编者及工作人员水平有限，不足和错误之处在所难免，恳请读者不吝赐教、予以指正。

李秀根　张绍铃

2020年10月

Preface

Pear is one of the main fruit tree species worldwide. It is grown in about 85 countries and regions, including China, wherein pear is one of the three major cultivated fruit tree species. According to the National Bureau of Statistics of PR China, the pear cultivation area in China reached 943,000 hectares in 2018, with a total fruit production of 16.08 million tons. China has been a major pear-producing country for a long time. More specifically, the pear industry in China developed rapidly after the country initiated economic reforms and opened up. Since 1985, China has been the primary pear producer globally in terms of pear cultivation area and total fruit production, currently accounting for about 70% of the worldwide totals according to FAO statistics in 2008. China is also the top pear exporter, making it critical for the international pear market.

There is a long history of pear cultivation in China, with proof of pear production dating as far back as 3,000 years ago. Pear have also contributed to Chinese culture. For example, they are mentioned in ancient Chinese literature, including *The Rites of Zhou, The Classic of Rites, Han Feizi and Lu's Spring and Autumn Annals*. China is the primary center of the genus *Pyrus* L. (pear), which originated in the mountainous areas of southwestern China in the Tertiary period. The subsequent dispersal toward the east and west led to the evolution of two distinct types of pear species, namely Oriental and Occidental pears, respectively. These two types of *Pyrus* species were geographically isolated by the Tianshan Mountains and the Hindu Kush Mountains. The dispersal of *Pyrus* species resulted in the development of the following three secondary centers of species formation: China, central Asia, and western Asia and the Near East. A national survey of germplasm resources for fruit trees in China confirmed the existence of 14 *Pyrus* species and more than 3,000 pear accessions in the country. Many local cultivars or landraces as well as newly released cultivars produce high-quality fruits with a desirable flavor and a long shelf life. Pear trees can adapt to diverse environmental conditions. Thus, with the exception of Hong Kong, Macao, and Hainan province, pear trees are cultivated throughout China. Additionally, various dominant local production regions have been characterized. The pear industry has been responsible for substantial economic and social benefits and has significantly altered the agriculture industry in China to increase the income of farmers.

After economic reforms were implemented in China and the country opened up, there have been steady advances in the basic research regarding pear as well as the development of new technologies enabling the industrialization of the pear industry. To adapt to the increasing structural adjustments to the agriculture industry and the changes to the supply and demand of the pear market, the Ministry of Agriculture and Rural Affairs and the Ministry of Finance in China initiated the "Modern China Agriculture (Pear) Research System" in 2008, which resulted in most of the country's outstanding pear researchers joining a national pear research and innovation cooperative network. For more than 10 years, with the steady support of national funds, researchers have collaborated on investigations related to the major and widespread technical issues affecting the national pear industry. There have been landmark advances in pear cultivar breeding, disease and pest control, training systems, cultivation technology, postharvest storage and processing technology, and marketing. There have been notable achievements related to the collection, identification, evaluation, and utilization of pear germplasm resources, the breeding of new cultivars, and the introduction and application of exotic germplasm resources. Compiling these achievements for future generations is warranted.

The collection, conservation, and identification of germplasm resources are critical for the pear industry and for pear-related research. In 1963, Professors Pu Fushen and Wang Yulin, who were well-known Chinese scientists studying fruit trees, edited "Fruit Trees in China Volume 3: Pears", which was based on a national survey of fruit tree germplasm resources in China. The compiled information has been instrumental for increasing the utility of pear resources, breeding new pear cultivars, and conducting scientific investigations to further characterize pears. However, more than half a century has passed since the first edition of *Fruit Trees in China Volume 3: Pears* was published. Because of the continuous discovery of excellent pear germplasm resources, the increasing number of newly released pear cultivars in China and abroad, the progress in basic research regarding pear and technological innovations in the pear industry, and the development of the pear industry, there is an urgent need for an up-to-date published resource regarding pears that satisfies the needs of scientists and those working in the pear industry. Accordingly, we arranged for the writing of *Pears in China* as a fundamental part of the national plans for strengthening the protection and utilization of crop germplasm resources and the development of the seed and seedling industry. The preparation and publication of *Pears in China* are the responsibility and obligation of our generation of scientists and those involved in the pear industry.

After the editorial board for *Pears in China* was set up in May 2015, several meetings of the editorial board and meetings of the editors-in-chief and associate editors have been held to discuss the editing outline, the key contents, the nomenclature of controversial cultivars, and the taxonomy of the genus *Pyrus*. After 5 years of unremitting efforts, the editorial board reached a consensus on controversial academic issues. The book will mainly cover the following contents: new scientific advances, technological innovation, germplasm enhancement and cultivar breeding, botanical and agronomic characteristics of wild species and ecological types of the genus *Pyrus*, local cultivars, rootstocks, and germplasm resources introduced from abroad, especially cultivars released since the 1960s. Moreover, color photos of the flowers and fruits of all accessions were compiled for inclusion in the book. Homonyms and synonyms of pear cultivars were identified and inaccurate names were discarded. The nomenclature of pear cultivars with different names was clarified based on the *International Code of Nomenclature for Cultivated Plants* (Eighth Edition, 2009) adopted by the International Union of Biological Sciences and International Commission for the Nomenclature of Cultivated Plants. On the basis of recent research advances regarding the genetic relationships among pear cultivars, Chinese white pears were newly classified into an ecological type or cultivar group of *Pyrus pyrifolia*: *Pyrus pyrifolia* White Pear Group. Therefore, the main cultivated *Pyrus* species native to China are *Pyrus pyrifolia*, *Pyrus ussuriensis*, *Pyrus sinkiangensis*, and *Pyrus pashia*, of which *Pyrus pyrifolia* has been further divided into different ecotypes or cultivar groups (i.e., Chinese White Pear Group, Chinese Sand Pear Group, and Japanese Pear Group).

This book comprises seven chapters. Chapter 1 (Introduction), written by Li Xiugen, Zhang Shaoling, and Qin Zhongqi, describes the value of pears, pear-related culture in China, and the status and trends of pear production. Chapter 2 (The History of Pear Cultivation), written by Zhang Shaoling, Li Xiugen, and Zhou Yingheng describes the history of pear cultivation, major historical events related to the pear industry, and policy changes affecting the pear industry, among other topics. Chapter 3 (The Origin, Evolution and Taxonomy of Pears), written by Teng Yuanwen, introduces the origin and dispersal of the genus *Pyrus* (pear) as well as the classification and nomenclature of pears. Chapter 4 (The Morphological and Biological Characteristics of Pears), written by Zhang Yuxing, Zhang Shaoling, and Li Xiugen, describes pear morphological characteristics and the biological characteristics of the main cultivated species. Chapter 5 (Characteristics of Technologies Used in the Pear Industry), written by Wang Ran, Zhu Liwu, Dong Caixia, Wang Guoping, Wang Wenhui, and Li Xiugen, mainly introduces the evolution of pear propagation technology as well as several other topics, including pear cultivation technology, soil and fertilizer management, disease and pest control, and postharvest storage and processing. Chapter 6 (Research Progress and Research Prospects) was written by Li Tianzhong, Zhang Shaoling, and Li Xiugen. Chapter 7 is Pear Cultivar Resources.

More than 60 experts and scholars from 33 institutions in 27 provinces, municipalities, and autonomous regions in China (excluding Ningxia, Inner Mongolia, Hainan, Tianjin, Hong Kong, Macau, and Taiwan) helped collect data and photographs of pear cultivars. This book contains more than 3,500 color photos and describes 1,172 pear accessions. A total of 781 indigenous local cultivars of *P. pyrifolia*, *P. pyrifolia* White Pear Group, *P. ussuriensis*, *P. sinkiangensis* and *P. pashia* are described. Additionally,

133 exotic pear cultivars of *P. communis* and *P. pyrifolia* native to Japan and Korea are described . Moreover, 214 newly released cultivars resulting from hybridizations, mutations, and seedling selections are described. Furthermore, 15 rootstock cultivars and 29 wild and semi-wild species are included. There are three appendices in this book: Appendix 1 is an index of cultivar names, Appendix 2 is a list of identified self-incompatible pear genotypes, and Appendix 3 is a list of pear cultivars that are included in *Fruit Trees in China Volume 3: Pears*, but not in this book.

During the preparation of this book, we received considerable support and assistance from the leaders and our colleagues at more than 30 institutions involved in scientific research, teaching, and agricultural extension, including the Zhengzhou Fruit Institute of the Chinese Academy of Agricultural Sciences and Nanjing Agricultural University. The preparation and publication of this book was funded by the National Publishing Fund of the Ministry of Science and Technology of China, the National Natural Science Foundation of China, and the Chinese Academy of Agricultural Sciences. The heads and staff of China Agriculture Press provided support and detailed guidance. Professor Wang Yulin, who is an internationally renowned pomologist, provided constructive suggestions and guidance on the outline and key contents of this book. Because of the wide distribution of pear germplasm resources in China and the long pear phenological period, a lot of additional manpower, material, and financial resources were required to investigate and record the botanical characteristics of pear accessions and to photograph the flowers and fruits of pear accessions. However, all involved experts worked collaboratively to collect data and to arrange and compile the contents of this book. The completion of this book has been the result of the effort and persistence of all of the editors. We would like to express our heartfelt gratitude to all of the institutions and individuals mentioned above.

The publication of this book will contribute to the conservation of pear cultivar resources, the development and utilization of pear germplasm, basic theoretical research, and technological developments in the pear industry in China. Because of the many experts involved in the preparation of this book, there may be some diversity in the writing style among chapters as well as some differences in the description of cultivar traits and the images of flowers and fruits. We sincerely invite feedback from the readers regarding the contents of this book.

Li Xiugen and Zhang Shaoling
October 2020

梨树形变化

伞状形（刘海泉摄影．中国武山）

自然圆头形（刘海泉摄影．中国武山）

自然纺锤形（李秀根摄影．中国四川）

小冠疏层形（李秀根供稿）

"干"字状树形（李秀根摄影．新西兰）

平壁型树形（李秀根摄影．英国）

疏散分层形（李秀根摄影.中国宁陵）

疏散分层延迟开心形（李秀根摄影.中国砀山）

开心形（李秀根摄影.中国宁陵）

篱壁型树形（李秀根摄影.中国郑州）

细长纺锤形梨园（薛华柏摄影.中国郑州）

"Y"形棚架梨园（李秀根摄影.中国新乡）

羽状树形（吴忆明摄影．英国）

菱状树形（吴忆明摄影．英国）

"一主枝龙干形"棚架园（王东升摄影．中国原阳）

"二主枝开心形"棚架园（王东升摄影．中国原阳）

"三主枝肋骨形"棚架梨园（傅占芳摄影．日本）

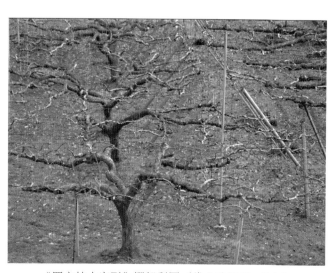

"四主枝十字形"棚架梨园（傅占芳摄影．日本）

梨园土壤管理制度的变革

梨园土壤清耕（张玉星摄影 . 中国高阳）

行间清耕＋地布覆盖（李红旭摄影 . 中国天水）

行间自然生草＋行内覆膜（李秀根摄影 . 中国宁陵）

行内人工生草（李秀根摄影 . 中国郑州）

自然生草＋掩割（李秀根摄影 . 中国冠县）

全园人工生草（卢素芳摄影．中国武汉）

全园自然生草（李秀根摄影．中国郑州）

行间生草＋行内秸秆覆盖（李秀根摄影．中国西华）

人工种草＋割除（郭鹏摄影．中国原阳）

行间生草＋行内覆盖（王东升摄影．中国原阳）

梨贮藏、分级和包装技术的发展变化

20世纪50—90年代-民间土窑洞（王文辉摄影）

20世纪90年代至今-土窑洞+制冷（王文辉摄影）

现代-气调冷藏库（王文辉摄影）

现代-库内码垛状（王文辉摄影）

人工分级与包装（李秀根摄影.中国高阳）

人工分级与包装（李红旭摄影.中国景泰）

机械分级包装（李秀根摄影.中国高阳）

机械分级与包装（王文辉摄影.中国唐山）

梨产业发展推进活动

全国梨王擂台赛（李秀根供稿．中国北京）

国家梨行业专项《梨》研讨会（张绍铃供稿．中国南京）

梨产业技术体系建设启动会（张绍铃供稿．中国武汉）

国家梨种业发展规划编制会（李秀根供稿．中国郑州）

中国园艺学会梨分会会议（李秀根供稿．中国上海）

农业部"948"《梨》项目工作会（李秀根供稿．中国南京）

全国梨生产技术培训班（李秀根供稿．中国青岛）

第六届宁陵梨花节（李秀根摄影）

威梨区域公用品牌发布会（刘明亮摄影）

奥运评比之"梨梨在目"（李秀根摄影．中国北京）

梨花盛开的季节

苍溪梨树王（仲青山摄影 . 中国苍溪）

梨花树下坝坝宴（仲青山摄影 . 中国苍溪）

孜孜不倦学习忙（马学庆摄影 . 中国宁陵）

梨园童趣（王东升摄影 . 中国宁陵）

春来梨花白如雪，园中母女采花来（王广敏摄影 . 中国砀山）

蓝天下的梨姿与梨花（王广敏摄影.中国砀山）

酥梨花下太极扇（马学庆摄影.中国宁陵）

梨园树上白如雪，园中树下花竞赛（王广敏摄影.中国砀山）

延边苹果梨，万亩花盛开（王强供稿·中国延边）

鞍山万亩南果梨，千山处处梨花香（杜国栋供稿·中国鞍山）

梨丰收后的喜悦

砀山酥梨大丰收，各地客商争相来（王广敏摄影．中国砀山）

玉露香梨大丰收，果农老伯乐开怀（石书明摄影．中国隰县）

香梨大丰收，果农喜上眉（黄万里供稿．中国库尔勒）

吃梨大赛（仲青山摄影．中国苍溪）

学童喜获谢花酥（马学庆摄影．中国宁陵）

酥梨树下老来乐（马学庆摄影．中国宁陵）

甘肃早酥丰收季（李红旭摄影）

梨园养鸡 和谐共生（马学庆摄影．中国宁陵）

香梨园中庆丰收 维汉民族一家亲（黄万里摄影．中国库尔勒）

梨 园 秋 色

霜打梨叶红似火，春来梨花满树雪（张辉摄影）

梨园秋色美，终有落叶时（石书明摄影）

漫山南果梨红叶时（王小平摄影）

千年古梨红叶时（李红旭摄影）

漫山安梨红叶时（张辉摄影）

梨树（园）图片欣赏

千年古梨树，花开春来时（左图李红旭摄影、右图张文利摄影．中国什川）

200年生古梨园（施泽彬摄影．中国丽江）

500年生软儿梨（李红旭摄影．中国什川）　　　　500年生冬果梨（李秀根摄影．中国什川）

万亩500年生古梨园（李秀根摄影．中国什川）

百年苍溪梨园（仲青山摄影．中国苍溪）

百年红金瓶梨园（刘海全摄影．中国礼县）

百年香梨园，树姿多婀娜（李秀根摄影．中国库尔勒）

梨园雪景（吕忠箱摄影．中国宁陵）

目录

第一章 概 论

梨是我国栽培历史最久的主要落叶果树之一，有3 000年之久。我国还是世界梨属（*Pyrus* L.）植物最主要的起源地，其遗传多样性丰富。起源于我国的梨约有13个种类，有2 000多个品种资源。梨还是我国分布最广的果树树种，东起黄海之滨、西至天山南北，南起粤桂琼台、北到宁蒙吉黑，除港澳地区之外，我国32个省（自治区、直辖市）均有梨树的栽培。其中，野生种分布广泛，栽培种呈区域分布。砂梨（*P. pyrifolia*）主要分布在南方，白梨（*P. bretschneideri*）分布在华北，秋子梨（*P. ussuriensis*）分布在东北，而新疆梨（*P. sinkiangensis*）主要分布在新疆及甘肃地区。

梨树对生产条件要求不高，一般的立地条件及管理即可获得高产。其主要原因是梨适应性和抗逆性较强。例如，秋子梨抗寒性特强，可耐-35℃以下的低温；砂梨具有耐热、耐湿的特点；杜梨（*P. betulifolia*）特别耐干旱、耐瘠薄、耐盐碱；豆梨（*P. calleryana*）则具有耐水湿、耐瘠薄、耐高温的特点。

第一节 梨的价值

一、经济与社会价值

梨是我国主要水果之一，不仅肉质脆嫩、汁多味甜，含有多种营养成分，还具芳香，适合广大消费者的口味。因此，梨深受消费者的喜爱。除生食外，还可以加工成梨汁、梨膏、梨干、梨脯、梨罐头、梨酒及梨醋等。梨还是我国出口比例最多的水果之一，在港澳市场上的售价一般较苹果高1/3左右，尤其是7月底以前出口的早熟梨价格常高于苹果的1倍以上。同时，每年还有较多的鲜果出口远销东南亚及欧美市场，为国家换取大量外汇。

梨树对土壤的适应能力很强，不论山地、丘陵、沙荒、洼地、盐碱地和红黄壤都能生长结果。在一般栽培管理条件下，即可获得高产。丰产期梨园平均产量60t/hm²以上。梨树根系发达，垂直根可深达2~3m，水平根分布较广，约为冠幅的2倍。梨树干性强，层性较明显，结果早，寿命长，栽后2~3年即结果，盛果期可维持100年以上。梨树是我国广大农村，尤其是山区、丘陵和滩区农民发展经济、强农富民、脱贫致富的重要树种。

梨树不仅果实具有很高的经济价值，而且梨木质地细致，软硬适度，是雕刻印章和制作高级家具的重要原料。

在我国梨主产区和大型梨园，每年冬季整形修剪下来的枝梢数量较多，利用枝梢切碎机将梨树枝梢切碎后，经过深埋、发酵等一系列处理后，可作为梨园有机肥施用。这种方式不仅可以改善梨树生长环境，减少梨园病虫寄生源，增加土壤有机质含量，改善果品质量，而且在农业循环生产中也起到了一定的作用。另外，梨树枝梢含糖量高，切碎后的枝梢是种植香菇等食用菌的好材料，有重要的利用价值。

二、营养价值

（一）营养成分

梨在古代被称为"百果之宗"。它味甘微酸、性寒，入肺、胃经。梨富含水分及葡萄糖、蔗糖和维生素A、B族维生素、维生素C、维生素D、维生素E等，并能提供纤维素和钙、磷、铁、碘、钾等营养元素。其单位质量营养成分见表1-1。

表1-1　每100g梨的可食部分中营养成分含量

营养成分名称	含量	营养成分名称	含量	营养成分名称	含量
糖类	13.30g	维生素A	6.00μg	钾	92.00mg
膳食纤维	3.10g	维生素B₁	0.06mg	磷	14.00mg
蛋白质	0.40g	维生素B₂	0.03mg	钙	9.00mg
脂肪	0.20g	维生素C	6.00mg	镁	8.00mg
能量	44.00kJ	维生素E	1.34mg	钠	2.10mg
烟酸	0.30mg	胡萝卜素	33.00mg	硒	1.14mg
铁	0.50mg	锌	0.46mg	碘	0.70μg
铜	0.62mg	锰	0.07mg		

（二）梨的功效

1.补充糖、鞣酸、果胶和纤维素　梨所含的苷及鞣酸等成分，能祛痰止咳，对咽喉有养护作用。梨中的果胶含量很高，有助于消化、通利大便。纤维素和经过木质化的薄壁细胞形成石细胞等物质，可刺激肠管蠕动，缓解便秘。

2.补充人体所需维生素　梨中含有丰富的B族维生素，能保护心脏，减轻疲劳，增强心肌活力，降低血压。梨除含有丰富的B族维生素之外，还富含维生素A、维生素C、维生素D和维生素E。与苹果一样，它还含有能使人体细胞和组织保持健康状态的氧化剂。

3.补充人体所需钙质　梨含有丰富的钙质，可以帮助人体储存钙质；同时还软化血管，促使血液将更多的钙质输送到骨骼。

4.改善贫血状况　梨中含有丰富的维生素B₁₂，多吃梨可以增加人体叶酸利用率、改善贫血状况，促进蛋白质合成，提高记忆力和平衡感，维持神经系统功能健全。此外，对于甲状腺肿大的患者，梨所富含的碘有一定的疗效。

5.降低感冒概率　最近有研究发现，吃较多梨的人远比不吃或少吃梨的人感冒概率要低。因此，有科学家和医师把梨称为全方位的健康水果或称为"全科医生"。多吃梨可改善呼吸系统和肺功能，保护肺部免受空气中灰尘和烟尘的影响。

6.解酒　我国古代医书《本草纲目》记载：梨能解疮毒、酒毒。梨能清凉润胃，特别对于喝酒人士而言，因为梨含有较多糖类物质和多种维生素，对肝有一定的保护作用。

7.清除牙菌斑　梨果中有一些柔软的颗粒，称石细胞，果皮和果肉中也有。平均每100g梨中约含有0.64g石细胞，可以有效清除牙缝中的牙菌斑。

三、药用价值

梨树的果实、果皮以及根、皮、枝、叶均可入药。梨果皮有清心、润肺、降火、生津、滋阴补肾功效，根、枝叶、花可以润肺、消痰、清热、解毒。梨籽含有木质素，能在肠中溶解，形成像胶质的薄膜，可在肠道中与胆固醇结合而排出。梨含有硼，可以预防妇女骨质疏松症。梨性凉味甘微酸，入肺、胃经，能生津润燥，清热化痰，主治热病伤津、热咳烦渴、惊狂、噎膈、便秘等症，并可帮助消化、止咳化痰、滋阴润肺，解疮毒、酒毒等。

（一）生者清六腑之热，熟者滋五脏之阴

据《本草通玄》记载，梨"生者清六腑之热，熟者滋五脏之阴"，即生食去实火，熟食去虚火，患者可酌情选用。如鲜梨汁可治热病，鲜梨汁加荸荠汁、藕汁、麦冬汁、鲜芦根汁等制成五汁饮，可生津止渴，清热解暑，适于高烧伤津引起的口渴、吐白沫等症。梨汁加鲜藿香、佩兰、荷叶、生地、首乌、建兰叶等，可制成七鲜饮，能清热解暑、生津除烦。鲜梨加其他药物炖服，可治虚火上升。取川贝、杏仁、冰糖放入挖去梨心的梨中，隔水炖服，可治久咳。

（二）清热降燥、化痰消炎

鲜梨加糖、蜂蜜熬制成秋梨膏、梨膏糖，久服对患肺热、咳嗽的病人有效。鲜梨加冰糖可制成鲜梨饮料，清热止渴，适于外感温热、病毒引起的发热、伤津、口渴等。鲜梨、川贝、冬瓜条等可制成川贝酿梨，具润肺消痰、降火涤热功效，能用于治疗虚劳咳嗽、吐痰咯血等症；川贝、鲜梨加猪肺、白糖可制成川贝鲜梨炖猪肺，能除痰、润肺、镇咳，适于肺结核、咳嗽、咯血、老年人无痰热咳等症。将白胡椒粉2g放在挖去心的鲜梨中炖熟可制成胡椒梨，有温肺下气、除胃寒、化湿痰之功效，对痰液薄白的肺寒性咳嗽有效。鲜梨榨汁100mL加入等量人乳蒸熟，制成人乳梨汁，能补虚生血、养阴润燥，适于肺结核虚弱等症。鲜梨削皮挖心切碎与莲藕等量捣碎绞汁，制成梨藕汁，可治肺热咳嗽、痰黄、咽干、口燥、声嘶等症。雪梨去皮、核，加适量鲜芦根、荸荠（去皮）、鲜藕（去节）、鲜麦冬或甘蔗，切碎绞汁制成五汁饮，可治热病、口渴、咽干、烦躁等症。鸭梨、白萝卜各1kg切碎绞汁去渣，浓缩成膏，每服1匙，开水冲服，可治虚劳、肺结核低热、久咳不止等症。

（三）有助于防癌抗癌

食梨能防止动脉粥样硬化，抑制致癌物质亚硝胺的形成，从而有助于防癌抗癌。梨具有排出致癌物质、抗细胞变异的功能。吸烟者经常吃梨，可以降低血液中有害物质的含量，并使其随尿液排出体外。梨还能促使脾细胞生长，防止细胞癌变。

四、生态价值

（一）观赏价值

1.梨花　每年春回大地、万物复苏的时候，梨树枝头就会开满一簇簇洁白无瑕的梨花，宛如一片白色的云霞。如果你有幸能在春天观赏到整片梨花盛开的景色，就能体会到几分雪之韵味。"忽如一夜春风来，千树万树梨花开。"从岑参的诗句中让人们犹如身处梨花园中，闻着梨花香，赏着梨花美，仿若在不久后满树沉甸甸的果实挂满枝头，嘴里已经有梨果的甘甜了。

2.树冠 梨树冠大荫浓，现在用作景观树。梨树夏季枝繁叶茂，可以遮挡炎热的太阳，给路人带来一丝凉意；春季满树的雪白梨花又能美化街道景色，给城市带来一抹亮点；秋季有挂满枝头的硕果，金黄的色调伴亮了秋天的丰收画面。

3.梨园 观光果园是现代旅游业开发的一种绿色产业。在城郊的植物园或者休闲农庄里，都会种植一整片的果树，而梨树就是其中不可或缺者。梨树树姿优美，可营造梨树长廊，人们可以在休息的时候带着家人赏梨景、摘梨果，放松心情。梨园融赏花、观景、品果于一体，梨树已经成为一种具有极高艺术欣赏价值的果树。

4.盆景 在盆栽梨树的基础上，经过盆景技巧和艺术手法加工处理而成的梨树是人们较为常见的盆植果树。盆栽梨树春花婀娜，夏叶青翠，秋果丰硕，冬枝苍劲。梨树盆景高不盈尺，枝干虬曲，树姿优美，富有情趣。盆植绿化所用的梨树，融赏花、观果、品景于一体，具有极高的艺术欣赏价值。

（二）绿化应用

1.公园 为了突出个体美，梨树在公园绿化中可孤植应用。一般选择开阔空旷的地点，如草坪边缘、花坛中心、角落向阳处及门口两侧等。春天，雪白的梨花竞相开放；秋天，丰硕的梨果缀满枝头，成为公园内一道靓丽的风景。另外，可在公园池畔、篱边、假山下、土堆旁栽植梨树，配以草坪或地被花卉。将梨树同其他树种配合，既丰富了景观，又能吸引食果鸟类，增添观赏乐趣。

2.庭院 把梨树用于宫苑、庭院的绿化美化，在我国已有2 000多年的历史。一些著名的山水园林中，种植梨、橘、橙、桃、梅、李等果树的情况比较普遍。梨树除了果实香甜与花色淡雅外，还呈现一种特有的树形美，宜于住所观赏，适作庭院栽培。《学圃余疏》云："溶溶院落，何可无此君"；《花镜》云："梨之韵，李之洁，宜闲庭旷圃，朝晖夕霭"。梨树当庭栽之，春可观花，夏可庇荫，秋可食果，冬可赏姿。

3.廊道 作为廊道绿化的观赏梨树，要尽量选择树形好、抗性强、冠大荫浓、花香果美、季相变化明显且较耐修剪的品种。这类梨树炎夏时枝繁叶茂，绿荫蔽日，晚秋时果实累累，蔚为壮观，能达到绿化、美化、遮阳的目的。在廊道绿化时，要综合考虑环境因子的影响，既可以单一栽植，也可以与其他植物搭配种植。梨树用作街道绿化的行道树时，可营造梨树长廊，既绿化了环境，又美化了景观。

第二节　中国梨文化

梨的历史凝聚了我国几千年的传统文化史，是一代代劳动人民在继承传统文化中勇于批判、汲取和创新的产物，也正因为如此才形成了梨多元的文化背景（蒲富慎等，1963）。各个历史时期，梨文化的表现形式对发展现代梨产业和梨文化的保护与传承都会启发当代人不断思考与探索。

梨在古人生活中占有重要地位，"上可供于岁贡，下可奉于盘珍"，被称为"百果之宗"。中国梨文化即我国人民在长期的植梨、食梨、赏梨、艺梨、颂梨的过程中所形成的物质和精神瑰宝。梨文化通过一定的物质形态、文化形式、文化心理表现出来，包括梨的科学性、实用性、审美性和象征性等。梨文化源远流长，与中华民族的生存发展结下不解之缘。无论是风俗习惯、强身健体，还是艺术情感，无不有梨的功劳。

一、颂梨风俗文化

（一）孔融让梨

我国千百年来流传的道德教育故事中，"孔融让梨"的故事家喻户晓。相传孔融4岁的某一天，父亲的朋友带了一盘梨，给孔融兄弟们吃。父亲叫孔融分梨，孔融挑了个最小的梨子，其余按照长幼顺序分给兄弟。孔融说："我年纪小，应该吃小的梨，大梨该给哥哥们。"父亲听后十分惊喜，又问："那弟弟也比你小啊？"孔融说："因为弟弟比我小，所以我也应该让着他。"孔融让梨的故事，很快传遍了汉朝。小孔融也成了许多父母教育子女的榜样。《三字经》中"融四岁，能让梨"即出于此。孔融让梨的故事体现了中国人谦恭礼让的美德。

（二）永不分"梨"

中国人讲究和合之美，在中国什么都可以分着吃，唯独梨不能分着吃。"梨"谐音"离"，离往往征兆着不好的结局，"分梨"与"分离"谐音，不吉利，所以中国人通常不分梨吃。此种情形似乎由来已久，韩愈曾有这样的诗句："妻儿恐我生怅望，盘中不钉栗与梨。"永不分"梨"也有其历史典故：

河北省产的名酒——"永不分梨"酒别具一格。邯郸自古就是名酒之乡，《史记》典籍均有记载。在2 300多年前的春秋战国时期，酿出的稀世美酒被封为宫廷珍品，扬名列国。"永不分梨"酒以黍子和具有千年历史的邯郸梨为主要原料，结合传统工艺，融入现代科技，古方秘酿，浑然天成。"永不分梨"与"永不分离"意相近、音相同，意味深长，妙趣天成。该酒集饮用价值、文化价值、观赏价值和收藏价值于一体，表达爱情、亲情、友情等世间真情比任何酒都准确、恰如其分。

二、食梨健康文化

（一）吃梨宜忌人群

梨性寒凉，含水分多，且糖分高，其中主要是果糖、葡萄糖、蔗糖等可溶性糖，并含多种有机酸，故味酸甜可口、汁多宜人。食后满口清凉，既有营养，又解热症，为夏秋热病之清凉果品。传统医学认为，梨入肺、胃经，有生津、润燥、消痰、止咳、降火、清心等功用，可用于热病津伤、热痰咳嗽、便秘等症的治疗。肝炎病人食之，可助其消化、促进食欲。因梨中含有较多的苷和鞣酸成分以及多种维生素，故可缓解心肺病、肝炎、肝硬化病人出现的头昏目眩、心悸耳鸣症状；梨还有降低血压、养阴清热、镇静的作用。肝阳上亢或肝火上炎型的高血压病人，常食可滋阴清热，降低血压。

我国古代医书《本草衍义》记载："梨，多食则动脾，少则不及病，用梨之意，须当斟酌。唯病酒烦渴人，食之甚佳，终不能却疾。"《证类本草》指出："梨味甘、微酸，寒。多食令人寒中，金疮，乳妇尤不可食。"总之，由于梨性寒，故有慢性肠炎、风寒咳嗽、脘腹冷痛、脾虚便溏、金疮者以及产妇都要慎食。此外，梨还有利尿作用，故夜尿频者睡前要少吃梨。再者，梨含果酸多，胃酸过多的人，也不可多食。

（二）食梨三忌

对梨食用的记载有："东有紫梨高三百尺，乃夏禹所植，实大如斗，赤如日，若得食，长生不死。"这虽是传说对食梨果的夸大，但也从另一个侧面看到，梨很早就作为珍贵水果为人们所食用。司马光在《训俭示康》中记载："酒酤于市，果止于梨、栗、枣、柿之类；肴止于脯、醢、菜羹，器用瓷漆。"这也说明唐宋以后，梨作为普通水果，出现在人们的餐桌上。食梨有三忌：一忌多食。梨性寒，一次不宜多吃。《名医别录》中记载："梨之有益，盖不为少，但不宜过食尔。""梨性冷利，多食损人，故俗谓之快果"。《本草纲目》中记载："梨甘寒，多食成冷痢。""多食令人寒中萎困。"所以血虚、胃寒、腹泻、手脚发凉者最好煮熟再吃，以防湿寒症状。二忌与油腻食物同食。三忌冷热杂食。梨性甘冷利，食梨喝开水，必至腹泻，这是一冷一热刺激肠道的缘故。此外，梨含糖分较高，所以糖尿病患者当慎吃。由于梨含果酸多，也不宜与碱性药同用，如氨茶碱、碳酸氢钠等。

三、赏梨诗词文化

（一）以花写景

梨花莹白如雪，许多诗人在作品中或以梨衬雪，或以雪颂梨。清朝同治年间的《南平县志》记载：梨，花多白，人以雪比之。岑参《送扬子》云："梨花千树雪，杨叶万条烟。"温庭筠《太子西池二首》其一云："梨花雪压枝，莺啭柳如丝。"而以雪喻花，以花喻雪，把梨花的形、神、韵写得最出神入化的当属岑参《白雪歌送武判官归京》中："北风卷地白草折，胡天八月即飞雪。忽如一夜春风来，千树万树梨花开。"柳贯《寒食日出访客始见杏花归而有赋》："故园梨雪想缤纷，月下有樽谁独捧。"梁寅《燕归慢上巳雨》："花径萧条，恰桃霞已尽，梨雪初飘。"这些都是描写梨花如雪的诗句。与桃李等果树一样，梨花也是娇艳的春花，诚如陆游所述："粉淡香清自一家，未容桃李占年华。"南朝刘孝绰称颂梨花："杂雨疑露落，因风似蝶飞。"梨花不仅有雪的白还不输梅之香。李白《宫中行乐词八首》其二："柳色黄金嫩，梨花白雪香。"丘为《左掖梨花》："冷艳全欺雪，余香乍入衣。春风且莫定，吹向玉阶飞。"清代文学家李渔赞曰："雪为天上之雪，梨花乃人间之雪；雪之所少者香，而梨花兼擅其美。"2013年春，南京农业大学陆承平教授赴江浦梨资源圃观梨花时写下诗句："千株万树玉花开，拂雪蒸云出世来。未见时人尝快果，已将苗木十年栽。"古往今来，梨花的美深入人心，无数文人墨客为梨花题诗作赋，赞美人间美景。

（二）以花喻人

梨花因花色洁白，艳而不妖，常被用以喻美人。最早把梨花比作美人的是白居易在《长恨歌》中形容杨贵妃泣如雨下："玉容寂寞泪阑干，梨花一枝春带雨"。后"梨花雨"即形容女子泣泪如雨姿容。自白居易以梨花喻杨贵妃，后人咏梨花多有仿效。北宋欧阳修《渔家傲》词："三月芳菲看欲暮，胭脂泪洒梨花雨。"北宋晁端礼《清平乐》："朦胧月午，点滴梨花雨，青翼欺人多谩语。"宋赵令畤《蝶恋花》鼓词："弹到离愁凄咽处，弦肠俱断梨花雨。"北宋李新《梨花》："太真欲泣君王羞，一枝带雨春梢头。年来乐府不栽种，淡月青烟无处求。"赵福元《梨花》："若人会得嫣然态，写作杨妃出浴图。"南宋刘才邵《官舍有梅花一株偶赋绝句》："香山漫说工纤艳，错把梨花比太真。"金代元好问《梨花》诗："梨花曾比太真妃，别有风流一段奇。白雪为肌玉为骨，淡妆浓抹总相宜。"元好问逼真地描绘了杨贵妃的神韵。另元朝刘秉忠的"玉骨冰姿映晓光，露盈檀蕊洗新妆"，陆文圭的"粉香初试晓妆匀，花貌参差是玉真"，程拒夫的"神清体绰约，云淡月朦胧。道是玉环似，轮渠林下风"，也都是以梨花喻杨贵妃之美。

（三）以花抒情

梨花一般在寒食节前后开放，清明节时分，很容易引起人们的惜别伤感之情。如周邦彦《兰陵王·柳》："闲寻旧踪迹，又酒趁哀弦，灯照离度，梨花榆火催寒食。"除了离别，梨花还常被用来抒发思乡之情，崔颢《渭城少年行》："洛阳三月梨花飞，秦地行人春忆归。扬鞭走马城南陌，朝逢驿使秦川客。驿使前日发章台，传道长安春早来。棠梨宫中燕初至，葡萄馆里花正开。念此使人归更早，三月便达长安道。"无名氏《杂诗》："旧山虽在不关身，且向长安过暮春。一树梨花一溪月，不知今夜属何人？"到了宋代，陆游的"身寄江湖两鬓霜，金鞭朱弹梦犹狂。遥知南郑城西路，月与梨花共断肠"深深地表达了其思乡怀旧之情。

主要参考文献

董斯张, 1972. 广博物志. 刻本. 台北: 新兴书局.

李时珍, 1977. 本草纲目: 第二册. 北京: 人民卫生出版社.

寇宗奭, 2012. 本草衍义. 北京: 中国医药科技出版社.

司马光, 1911. 温国文正司马公文集. 上海: 上海商务印书馆.

唐慎微, 2011. 证类本草. 吴少祯, 编. 郭君双, 校. 北京: 中国医药科技出版社.

陶弘景, 2013. 名医别录. 辑校本. 尚志钧, 注. 北京: 中国中医药出版社.

王应麟, 1986. 三字经. 长沙: 岳麓书社.

王祯, 1981. 王祯农书: 第9卷. 王毓瑚, 校. 北京: 农业出版社.

中国科学院《中国种植业区划》编写组, 1984. 中国种植业区划. 北京: 农业出版社.

中国农业年鉴编辑委员会, 2017. 中国农业年鉴. 北京: 中国农业出版社.

第二章　梨的栽培历史与发展现状

第一节　梨的栽培历史

一、史前时期

梨在史前时期就有栽种。在以采集、渔猎经济为主的原始社会，包括梨在内的一些树木的果实已是人类重要的食物来源之一。约在公元前1 000年，我国著名的诗歌集《诗经·召南·甘棠》中记载，"蔽芾甘棠，勿剪勿伐，召伯所茇"；《诗经·秦风·晨风》也有记载："山有苞棣，隰有树檖"。陈启源注释："召之甘棠，秦之树檖，皆野梨也。"一般而言，文字的记述往往要晚于实际生产活动。据此推测，我国梨的栽培历史可以追溯到3 000多年前，并且那时已经开始向栽培种过渡。

从考古发掘的资料看，我国的一些新石器时代遗址中就有果实、果核出土。梨的栽培在原始农业诞生之初，经历了对野生梨进行驯化、培育和选择的过程。人们将野生梨果直接食用，把吃剩下的种子丢在住处周围，当这些种子能够长出植株时，驯化这一历史过程就开始了（张宇和，1982）。

二、秦汉时期

先秦时代，《庄子》一书就利用梨等果实作比喻："放譬三皇五帝之礼义法度，其犹柤梨橘柚邪！其味相反而皆可于口。"战国末期，《韩非子》中记载："树柤梨橘柚者，食之则甘，嗅之则香；树枳棘者，成而刺人。故君子慎所树。"《尔雅》记载："梨，山檖。"（注）即今梨树，（疏）梨生山中者，名檖。《山海经·中山经》记载："洞庭之山……其木多柤梨橘柚。"由此可见，2 000多年前，有选择地栽种梨等果树的意识和实践已相当普及。

秦汉以来，梨的栽培面积得到扩展，梨品种也得到丰富和发展。西汉时期的《西京杂记》记载了汉代皇家园林中栽种的不少良种梨树：紫梨、青梨（实大）、芳梨（实小）、大谷梨、细叶梨、缥叶梨、金叶梨（出琅琊王野家，太守王唐所献）、瀚海梨（出瀚海北，耐寒不枯）、东王梨（出海中）、紫条梨。在汉代的上林苑，有种植果木菜蔬、栗、梨等的果园，甚至还有专门栽培棠梨的棠梨宫。1972年湖南长沙马王堆汉墓中，发现有梨的遗物和关于记载梨的竹简（张翔鹰，2008）。其中，发掘出距今2 100年前的保存完好的梨核、成笥的梨均说明在2 000多年前的秦汉时代，梨在我国不仅大量栽培，而且有很多栽培品种（中国农业科学院果树研究所，1963）。东汉时期，《货殖列传》中记载："……山居千章之萩。安邑千树枣；燕、秦千树栗；蜀、汉、江陵千树橘；淮北荥南河济之间千树萩……此其人皆与千户侯等。"把千树梨与当时的千户侯相提并论，可以窥见梨树种植规模之大和梨果产量之高。

魏晋之际，梨树的栽培、繁育有了长足的发展，《广志》云："广都梨，又云钜鹿豪梨，重六斤[*]，数人分食之。""弘农、京兆、右扶风郡县诸谷中""河南洛阳北邙山"等地都盛行栽种梨树，且有不少品质优良的梨果，"率多御贡"。《魏书》记载"真定御梨，大如拳，甘如蜜，脆如菱"（李时珍，2000）。北魏时贾思勰所著的综合性农书《齐民要术》系统地总结了6世纪以前黄河中下游地区农牧业生产经验，果树栽培、食品的加工与贮藏等。它不仅记载了中原地区的多种梨树品种，还总结了梨树的嫁接技术和贮藏技术。《齐民要术》除记录《广志》的梨品种外，还记载了齐郡出产的胸山梨和另一种别名为"麋雀梨"的张公大谷梨。更为重要的是，《齐民要术》详细记载了梨树的栽培技术及实生后代的分离规律，"种者，梨熟时，全埋之。经年，至春地释，分栽之；多著熟粪及水。至冬叶落，附地刈杀之，以炭火烧头。二年即结子……每梨有十许子，唯二子生梨，余者生杜。""插者，弥疾。插法，用棠、杜。棠，梨大而细理；杜次之；桑梨大恶。枣、石榴上插得者，为上梨；虽治十，收得一二也。""凡插梨，园中者，用旁枝；庭前者，中心……用根蒂小枝，树形可憘，五年方结子。鸠脚老枝，三年即结子，而树丑。"记载了种梨先用杜梨作砧木，采用劈接的嫁接方法，这是梨品种培育上的巨大进步。这一时期梨树繁殖已从培养实生苗转向无性繁殖，并对实生苗容易变异和嫁接的方法以及如何选择接穗等都有详细的记述，这些经验对当代仍有借鉴意义（王利华，2009）。

三、唐宋时期

唐宋时期，梨的栽培进入兴盛期并向境外传输。这一时期不仅栽培区域广，而且品种多。唐初的《新修本草》记载："梨种复殊多。"唐代许默的《紫花梨记》记载，真定产名贵的紫花梨。此后，《旧五代史·太祖纪》提到，当时土贡的梨包括：镇州水梨、河东白杜梨、晋州和绛州黄消梨、陕府凤栖梨、青州水梨、郑州鹅梨，可见品种繁多。《唐书·渤海传》中记载："果有九郡之李，乐游之梨（乐游指辽宁西南部辽东湾地区）。"《甘肃通志》中记载：梨，种类不一，有黑梨者，冬月即冻，色如墨乃佳，可消煤毒，皋兰较多，对梨的医用功效进行了描述。考古人员还在新疆的吐鲁番盆地边缘的阿斯塔那古墓群，发掘出大约是唐代墓葬中的梨干。古墓中的梨干为淡黄色，梗细曲，梗萼连心，果心小，石细胞较多，很像现在新疆梨品种中的"二转子"。而《大唐西域记》也有相应的描述：阿耆尼国，泉流交带引水为田，土宜糜、黍、宿麦、香枣、蒲萄、梨、柰诸果。

到了宋代，据陆游《入蜀记》卷四记载：巫山县"大溪口……出美梨，大如升"，说明当时的重庆出产高质量的梨果。另据宋代施宿等编的《会稽志》记载：当地产水蜜梨、红麋梨、冯家梨、映日红、青消梨、五圳梨、葫芦梨、早稻梨、满殿香梨、廿两梨、蜜梨、雪梨、黄匾梨、黄麋梨、赵捌梨、麻盦梨等。里面描述的蜜梨、雪梨可能是至今仍在栽培的良种。宋代周师厚的《洛阳花木记》记载梨的种类多达27个，其中包括：水梨、红梨、雨梨、浊梨、鹅梨、穰梨、消梨、乳梨、袁家梨、车宝梨、大浴（谷）梨、甘棠梨、早接梨、凤西（栖）梨、密指梨、庵罗梨、棒槌梨、清沙烂、棠梨、压沙梨、梅梨、榅桲梨等。宋代苏颂的《本草图经》对乳梨和鹅梨有如下评价："乳梨出宣城，皮厚而肉实，其味极长。鹅梨出近京州郡及北都，皮薄而浆多，味差短于乳梨，其香则过之。"书中提到的还有"滁水梨、消梨、紫煤梨、赤梨、甘棠、御儿梨"等11个品种，其中，"御儿梨"或许与曹丕提到的"御梨"有关。

四、明清时期

明清时期，梨树的栽培更为普遍，并且梨在水果中的地位逐渐上升。当时的《方志物产》中关于梨的记载共约3 360条，涉及梨的分布、品种、品种性状、栽培管理、贮藏加工、商品贸易、梨文化等方面。《农书辑要》和《王祯农书》把梨列为首位，排在诸多水果之前。可见当时的人们对梨的喜爱和尊崇。《王祯农书》和《农桑通诀》记载了"身接、根接、皮接、枝接、靥接（芽接）、搭接"6种嫁接的方法，对我国梨树的嫁接技术做了全面的总结，这仍然是我们今天主要的嫁接方法（倪根金，2002）。

据明代弘治十八年（1505年）江苏《三吴杂志》记载："土产，曰梨，出西洞庭有数种，曰蜜梨、林檎梨、张公梨、白梨、孩儿梨、消梨、乔梨、鹅梨、金花梨、太师梨"；说明江苏梨品种较多，产量颇丰。嘉靖十二年（1533年）《山东通志》记载："梨，六府皆有之，其种曰红消、曰秋白、曰香水、曰鹅梨、曰瓶梨，出东昌、临清、武城者为佳。"据嘉靖十四年（1535年）甘肃《秦安志》记载："陇以西虽皆有梨，惟县川阳兀川梨独佳，人以为不在宣州河间之下，但路僻不能远致，是以止称于陇云。梨有数种，曰金瓶、曰松花、曰香水、曰圆、曰苏木，而金瓶尤佳。"这说明甘肃等地也产很多好梨品种。明正德《四川志》记载："梨有数种，入口即化者，为一蜀都赋所谓紫梨津润是也。"《浙江通志》记载：（万历常山县志）梨有数种，有青皮梨，榅梨，大而甘脆者雪梨。崇祯十五年（1642年）《内丘县志》记载："诸果固皆美，枣梨尤甘脆无双，宁让江南蔗荔耶？昔人谓千章枣、千树梨可比千户侯，信然哉，晚近兵荒叠臻，削伐垂尽。"明末的战乱造成了梨种植数量的锐减。

清顺治十五年（1658年）编写的《西镇志》中记载："梨，河西皆有，唯肃州、西宁为佳。"康熙二十二年（1683年）《浙江通志》将梨列为通产，康熙二十五年（1686年）《兰州志》中还有"金瓶梨、香水梨、鸡腿梨、酥蜜梨、平梨、冬果"的记载。康熙年间的《临海县志》记载："梨有雪梨、青消梨、水梨、烸梨、藤梨诸种。"康熙《上海县志》记载："梨，树高二丈许，尖叶光腻有细齿，二月开花白如雪，六出上巳无风则结实必佳，畏寒每于树上包裹过冬摘之乃妙。"说明梨种植区域广泛，优良品种较多。雍正十年（1732年）《江西通志》记载："蜜梨，出双秀山。"雍正六年编辑的《甘肃通志》中记载："兰州出梨""梨花靖远最多""梨兰州者佳"。再一次说明了清朝初期，兰州、靖远、河西梨的分布情况，集中产区是靖远，肃州（今酒泉）已有名。道光年间的《上思州志》记载：梨有青梨、糖梨、沙梨之别，说明人们早已了解梨的种类之多并对其进行了归类。道光九年（1829年）《安徽通志》记载："梨，州邑通出。"梨在安徽已作为通产。据嘉庆九年（1804年）《回疆通志》记载："出沙雅尔者最佳，浆多无渣甘美，然性最热，不比内地，冷利不可多食""西域梨最佳无渣"，可见新疆梨品质较好。同治十一年（1872年）江西《德化县志》记载："梨有数种，香水梨为佳。"据光绪年间《昌黎乡土志》记载："仅昌黎一地每年贩运京津及东三省地梨就有十万多斤"。由此可见，明清时期对优质梨需求大，繁荣的经济活动促进了黄河流域梨业的发展。光绪十八年（1892年）《镇安府志》也有记载："郡中所产，肉粗而味涩；又有一种小者，名沙梨亦不佳。"光绪三十四年（1908年）《新疆建置志》记载："库车…百谷果蔬甲于各城而梨为最…"，可见梨曾作为当地的大宗果品。宣统二年（1910年）《昌图府志》有"梨有之种，惟棠梨最多"等记载，东北地区多以杜梨、棠梨等野生梨为主，可作嫁接之用，辽宁南部也有少部分白梨。在特定条件下，特殊的自然条件也会带来优质梨品，如尖把梨、吉林甯古塔梨子等。《吉林通志》记载："宁古塔梨子虽小，味极美。与葡萄作糕色，味俱精。此两种内地所无也"。宣统元年（1909年）《宣统海城县志》记载："本境东山安家峪楼房等处二十余里居民皆充梨差，每年采取入贡有接梨、香水、平顶香诸名称，又有酸梨皮黑可晒成干，其味尤美。""将甜梨去子晒干用砂糖折叠"。明清时期，梨除作为贡品以充梨差外，也可加工成蜜钱、糕点出售充贡等。

五、新中国成立前后

新中国成立前，即鸦片战争之后的100多年里，国弱民穷，战乱不断，我国的果树栽培业发展停滞，无数山林果园遭受破坏，果树栽培业几濒于绝境（中国农业科学院果树研究所，1963）。如作为当时我国最大的梨产区之一的辽宁，在抗战前，该省有名的梨产区——北镇最高年产量曾达到5万t，绥中最高输出量曾达1 400车厢；日军入侵以后，为了统治和压榨我国人民，实行并村政策，山区人民均被逐出家园，果产区人口损失严重，果农与果园远离，果园因而荒废。山东著名的莱阳梨产区，在抗日战争期间，梨区西面和北面沿河的防护林遭到敌人严重破坏，砍伐殆尽，已完全失去防风固堤作用。每逢4月花期，北方寒流过境，梨树几乎年年受冻；每届雨季，河水高涨，洪流四溢，梨树遭受涝害，树势变弱，产量因而锐减。

新中国成立以来，在党和政府的领导下，果树产业迅速恢复并得到发展，取得了很大的成就。初期，党和政府制定了一系列的政策和措施，以保护和恢复果树生产。土地改革使得果农分到了果园，发放专业贷款，规定粮果比价，提高了果农的生产积极性；加强技术指导，开展病虫害防治，使各地梨产量和品质迅速提高。1953年，社会主义经济建设的"第一个五年计划"，果树生产进入有计划发展的新阶段。"一五"期间，各地梨树栽培管理措施逐步加强，栽培面积迅速扩大，单位面积产量不断提高，1957年梨果的产量较1952年增长35%左右。从"二五"开始（1958年），随着贯彻"农业八字宪法"，果树生产获得了巨大的进步。全国梨的栽培面积至少在22.1万hm²以上，总产量达79.0万t，较1957年增加了58.2%，占全国水果总产量的18.0%。此后，我国的梨产量继续增加，至1969年，梨产量达89.0万t（甘霖，1989）。

六、改革开放以后

改革开放以后，我国梨产量增长迅速，从1978年的151.7万t增长至1981年的166.0万t，已跃居世界第一位；第二位为意大利，产量为116.0万t（丁振忠，1984）。到1985年，我国梨的总产量增加至213.7万t，而意大利（第二位）只有98.0万t（甘霖，1989）。我国梨总产量优势继续得到提升，第一产梨大国地位得到进一步巩固。从1991年以来的梨产量年增长率变化来看，1991—1998年是我国梨产业的快速扩张期，年增长率都在10%以上，其中1993—1994年的梨产量年增长率高达25.7%；1998年之后，梨产业进入温和增长期，年增长率为4%～9%，尤其是2008—2011年，我国梨产业年增长率波动很小，在5%左右。

据国家统计局资料，2018年我国梨生产面积为94.3万hm²，产量达到1 607.8万t，约占世界总产量的70%左右，生产面积和总产量均稳居世界第一位。同时，我国也是世界梨出口第一大国。2013—2017年，我国梨果的平均年出口量约40.5万t，约占世界鲜梨出口量的22.8%。

第二节　梨产业重大历史事件

一、全国梨种植区划（1980—1983年）

（一）时代背景

随着"文化大革命"的结束，我国社会处于百业待兴的态势。中国农业科学院根据《1978—1985

年全国科学技术发展规划纲要（草案）》要求，在国家农委、农牧渔业部的领导下，成立了种植业区划研究编写领导小组，根据作物种类把任务分解到相关专业研究所。《中国苹果、梨种植区划》由中国农业科学院果树研究所蒲富慎所长牵头，组织相关专家分别实施。其中，梨种植区划研究由中国农业科学院果树研究所朱佳满和周远明两位专家具体负责。

（二）区域划分的依据

按照生态和社会经济条件、不同种类的自然布局及其对温度、水分和土壤的适应性等特点，提出了气候资源，特别是温度指标作为确定梨（包括白梨、西洋梨、秋子梨、砂梨）种植南北界限的主要依据，据此对我国梨进行种植区域划分。

（三）梨栽培分区

根据我国梨栽培现状和生态条件划分为5个区10个亚区。

1.北部寒冷干旱梨区　该区根据降水量和湿润状况又分为两个亚区：

（1）东北寒地平原亚区。

（2）蒙新干冷亚区。

2.辽黄温凉丘陵平原梨区　在辽黄温凉丘陵平原梨区中，根据温度和湿度又分为3个亚区：

（1）渤海湾温凉丘陵平原亚区。

（2）黄淮华北平原亚区。

（3）塞北丘陵亚区。

3.西北黄土高原梨区　在西北黄土高原梨区，根据温度、海拔和降水量又分为3个亚区：

（1）黄土高原亚区。

（2）陇南沟壑塬亚区。

（3）南疆盆地亚区。

4.沿江暖湿平原丘陵梨区　在沿江暖湿平原丘陵梨区，根据降水量和温度条件又分为2个亚区：

（1）亚热带暖湿平原丘陵亚区。

（2）热带温湿平原丘陵亚区。

5.西南凉湿高原梨区　主要指云南、贵州、四川等海拔1 000m以上的地区。

二、全国梨重点区域发展规划（2009—2015年）

（一）时代背景

改革开放之后，我国梨产业在经历近30年的快速发展之后进入了相对稳定发展阶段，并开始走向以调结构、转方式、促升级为主的内涵式发展之路。但由于地区间发展不平衡，梨果单产远低于世界平均水平，果品质量不尽如人意，集约化水平有待提高。在此背景下，农业部为了保持梨产业的可持续发展，满足人民日益对梨果优质、安全、多样的要求，于2005年组织有关专家制定《全国主要水果重点区域发展规划》。其中，《全国梨重点区域发展规划》由农业部优质农产品开发服务中心牵头负责，由张玉星、李秀根、张绍铃等专家执笔编写。后经过3年多次论证修改，最终于2008年完成了该发展规划，于2009年3月正式发布实施。

（二）发展思路和规划目标

1.发展思路　以科学发展观为指导，以市场需求为导向，以科技为支撑，进一步优化产业结构和品种布局，稳定面积、提高单产、提高品质、扩大出口，提升我国梨产业水平和国际竞争能力。

2. 规划目标　到2015年，我国梨栽培面积稳定在116.67万 hm^2，总产量达到1 750万 t，优势重点产区的梨产量集中度达90%，单产由2006年的11 025kg/ hm^2 提高到15 000kg/ hm^2，优质果率由25%提高为35%～45%。果品分级、清理、包装、贮藏等采后商品化处理率提高到30%，产品加工率提高到8%。鲜梨出口量在80万 t 以上，出口额达1.5亿美元以上。

（三）区域划分依据

以市场需求、生态条件和产业基础作为梨重点发展区域的划分依据。

1. 市场需求　根据国内外市场需求预期和我国生产能力，本着不与粮争地的方针，规划我国"十二五"末期梨的生产和出口量。

2. 生态条件　梨因品种不同，对生态环境的要求和适应性存在较大差异，影响梨生长和品质的关键因素是温度、水分和光照。据此提出了不同种类的梨栽培优势区域的气候条件指标。

3. 产业基础　梨产区农民有种植梨的传统和经验，地方政府积极扶持，已形成一定的生产规模，并有进一步提升梨产业发展的潜力。

根据上述条件，将我国梨重点区域划分为华北白梨区、西北白梨区、长江中下游砂梨区和特色梨区。

（四）重点发展区域布局

1. 华北白梨区　该区主要包括冀中平原、黄河故道及鲁西北地区，属温带季风气候，介于南方温湿气候和北方干冷气候之间，光照条件好，热量充足，降水适度，昼夜温差较大，是晚熟梨的优势产区。该区域是我国梨传统主产区，栽培技术和管理水平整体较高，区域内科研、推广力量雄厚，有较多出口和加工企业，产业发展基础较好。目前，该区梨产量和出口量分别占全国的37%和54%。

（1）存在问题　品种单一，品种结构不合理，鸭梨、砀山酥梨、雪花梨等晚熟品种比例过大，市场需求量较大的早中熟品种较少；新品种更新换代慢，老梨树抗病能力差，施肥不合理，产品质量退化严重、果品风味差。

（2）主攻方向　以提高果品质量为重点，调整梨的品种结构，加快品种改良和新品种推广步伐，发展中梨1号、黄金梨、红宵、京白等特色品种，适当压缩鸭梨、砀山酥梨和雪花梨比例，实现早、中、晚熟品种合理搭配，推进标准化生产，合理施肥、改善品质，提高优质高档果率，建设优质梨出口基地。

（3）发展目标　到2015年，面积稳定在36万 hm^2，产量达到730万 t；平均单产由2008年的17 175kg/ hm^2 提高到20 400kg/ hm^2；优质果率达到总产量的40%～50%，出口量占全国的50%；贮藏能力达到总产量的35%，产后商品化处理能力达到商品果的30%，加工率达到10%左右。

2. 西北白梨区　该区主要包括山西晋东南地区、陕西黄土高原、甘肃陇东和甘肃中部。该区域海拔较高，光热资源丰富，气候干燥，昼夜温差大，病虫害少，土壤深厚疏松，易出产优质果品。该区梨栽培面积和产量分别占全国的15%和9%，是我国最具发展潜力的白梨生产区。

（1）存在问题　主栽品种比较单一，老品种多，新品种更新换代慢；标准化生产水平不高，单产水平不高；水资源不足；采后商品化处理和加工能力不强。

（2）主攻方向　加快新品种更新换代，确定合理的品种结构；建立外向型精品梨生产基地，大力推进标准化生产，不断提高果品质量；积极发展优质出口果品和果汁加工产品，努力扩大出口；采用多种手段提高水资源利用率；提高采后商品化处理水平，全面提升产业化水平。

（3）发展目标　到2015年，梨园面积达到23.33万 hm^2，平均单产达到12 000kg/ hm^2，优质果率达到40%以上。贮藏能力达到总产量的60%左右，产后商品化处理能力达到商品果的30%左右。

3. 长江中下游砂梨区　该区主要包括长江中下游及其支流的四川盆地、湖北汉江流域、江西北部、浙江中北部等地区。该区域气候温暖湿润，有效积温高，雨水充沛，土层深厚肥沃，是我国南方砂梨的集中产区。该区同一品种的成熟期较北方产区提前20～40d，季节差价优势明显，具有较好的市场需求和发展潜力。目前，其面积和产量均占全国的20%左右。

（1）**存在问题**　品种结构不合理，成熟期过于集中；生产管理粗放，标准化生产水平较低，单产不高，优质果率低；采后商品化处理落后，货架期较短，贮藏设施不足。

（2）**主攻方向**　压缩、改造老劣中熟品种，积极发展早、中熟品种，增加早熟品种的比例。加快梨园基础设施建设，强化生产管理，推进标准化生产，提高果品质量。大力发展冷链运输和专用贮藏库，努力开拓东南亚出口市场。

（3）**发展目标**　到2015年，梨园面积基本稳定在23.33万 hm^2，平均单产提高到15 000kg/hm^2，早熟品种产量占总产量的70%，优质果率达到40%左右，出口量、产品产后处理及运输水平有显著提高。

4.**特色梨区**　该区包括辽宁南部鞍山和辽阳的南果梨重点区域、新疆库尔勒和阿克苏的香梨重点区域、云南泸西和安宁的红梨重点区域和胶东半岛西洋梨重点区域。辽南的南果梨为秋子梨系统的著名品种，以其风味独特、品质优良、适宜加工，在国际上享有较高的声誉；新疆香梨为我国独特的优质梨品种，栽培历史悠久，国内外知名度较高，为我国主要出口产品；云南红皮梨颜色鲜艳、成熟期较早、风味独特、货架期长，出口潜力大；胶东半岛西洋梨肉质细腻、柔软、多汁、香甜可口，有较好的市场竞争优势。

（1）**存在问题**　南果梨产品质量整体不高，单产偏低（7 500kg/hm^2），果品的商品量少。新疆香梨有盲目扩大面积和品质不稳定的现象，部分果园采收过早导致品质下降。云南红皮梨种植规模不大，管理水平粗放，产量低，产后保鲜、加工、贮藏等环节严重滞后。胶东半岛西洋梨面积小、产量低、病害严重。

（2）**主攻方向**　辽南南果梨主抓标准化生产，提高总产和果品质量，突出特色，规模发展。新疆香梨要稳定面积，提高生产管理水平，防止品质退化，积极扩大出口。云南红皮梨应适当扩大面积，推广先进技术，提高品质，突出特色，主攻淡季，大力发展满天红、红酥脆和美人酥等优良红皮梨品种。胶东半岛发展传统的莱阳梨，同时适度发展以巴梨、康复伦斯和红茄梨为主的西洋梨品种，加强病害防治，延长结果年限，提高产量，扩大出口。

（3）**发展目标**　2015年南果梨重点区域的栽培面积达到2万 hm^2，单产水平提高到12 000kg/hm^2，优质果率50%以上，贮藏能力达到总产量的70%左右，产后商品化处理能力达到商品果的30%左右。南疆香梨重点区域的栽培面积稳定在7万 hm^2，单产水平提高到12 000kg/hm^2，优质果率提高到60%。云南红皮梨重点区域的栽培面积达到0.66万 hm^2，单产水平提高到13 500kg/hm^2，优质果率由目前的30%提高到50%。胶东半岛西洋梨重点区域的栽培面积达到0.6万 hm^2，单产水平提高到13 500kg/hm^2，优质果率由目前的40%提高到50%左右。

三、国家梨产业技术体系建设

（一）国家梨产业技术体系建设背景

2007年，为全面贯彻落实党的十七大精神，加快现代农业产业技术体系建设步伐，提升国家、区域创新能力和农业科技自主创新能力，为现代农业和社会主义新农村建设提供强大的科技支撑，在实施优势农产品区域布局规划的基础上，由农业部、财政部依托现有中央和地方科研优势力量与资源，启动建设了以50个主要农产品为单元、产业链为主线与从产地到餐桌、从生产到消费、从研发到市场各个环节紧密衔接及服务国家的现代农业产业技术体系。国家梨产业技术体系于2008年底，经农业部和财政部联合批准建设。2009年2月，建设各项工作在南京全面启动。

（二）国家梨产业技术体系的组织架构

在"十一五"初步组织构建的基础上，立足产业技术体系建设的总体目标，国家梨产业技术体系的组织架构、岗站布局等经历了"十二五""十三五"两轮优化和完善，并形成了"十三五"国家梨产业技术体系的总体框架。

国家梨产业技术体系由国家梨产业技术研发中心和综合试验站两个层级构成，根据梨产业的特点，研发中心建设依托南京农业大学，下设遗传改良、栽培与土肥、病虫草害防控、果业机械化、果品加工、产业经济6个功能研究室和25个科学家岗位。国家梨产业技术体系实行首席科学家负责制。南京农业大学张绍铃教授为首席科学家，全面负责梨产业技术体系的运行和管理。科学家岗位由团队成员4～6人组成，负责新品种选育与产业关键技术研发等。另根据梨优势区域规划和区域特点，在我国梨优势区和特色产区设置23个综合试验站，包括河北、河南、江苏、山东、湖北等23个省份。综合试验站设站长1名，团队成员3～5人，主要负责新品种、新技术和新模式的试验示范与推广。

国家梨产业技术体系立足梨产业发展需求，集聚优质科技资源，进行产前、产中、产后共性技术和关键技术研究，并集成、试验和示范，解决制约我国梨产业发展的关键问题，为保障梨产业安全生产、提高梨果市场竞争力和整体经济效益提供品种与技术支撑。

（三）国家梨产业技术体系的运行与管理

1. 组织管理　由相关政府部门、产业界、农民专业合作组织代表及有关专家组成管理咨询委员会，总体负责审议现代农业产业技术体系发展规划和分年度计划，统筹各产业、各区域的协调发展，综合评估现代农业产业技术体系发展状况及其贡献。

在国家梨产业技术体系内部，由首席科学家、各研究室主任以及3名岗位专家和3名综合试验站站长共13人组成并由首席科学家任组长的执行专家组，由执行专家组负责对梨产业技术体系的重要工作和重大决策等相关事宜进行组织、商讨和决策。

2. 体系运行与任务实施　根据梨产业现状和发展需求，为解决产业链上关键环节的重大问题，讨论、凝练出"十三五"体系建设的重点任务，并在上级主管部门的总体部署下，立足梨产业现状和特色，积极开展精准扶贫和跨体系合作研究。围绕上述任务内容和实施目标，梨产业技术体系在育种、病虫害防控、优质安全生产、土肥、加工等方面开展了大量研发工作，在产业科技创新、产业关键技术研发与示范、示范园建设等方面取得了一系列重要进展。选育出梨新品种40个，研发新技术50余项，研制新机械、新产品近30个，为促进我国梨产业发展水平的总体提升、保障我国梨产业健康可持续发展提供了强有力的科技支撑。2007—2016年，全国梨栽培面积增加了3.9%，单产提升43.8%，总产量增长了49.5%。同时，密切关注我国梨产业发展动态，鼓励梨产业技术体系人员在圆满完成重点研发任务之外，围绕梨园土壤管理及水分调控、梨果实品质提升、梨园生态因子对梨树体发育及品质影响的机制及调控、梨果实品质无损检测及分级以及梨基因芯片开发等前瞻性、储备性技术开展研究。并根据产业优势布局，及时将研发的新品种、新技术、新模式通过258个示范园进行展示，示范面积近0.47万 hm^2，示范贮藏量5万t。依托各产区的综合试验站建设，开展岗站对接，通过集中办技术培训班、现场指导等方式，每年平均开展现场培训1 000场次以上，培训技术人员及果农约10万人次以上，显著减少梨园农药、化肥施用量和人工成本，提升了果实产量、品质和经济效益。

第三节 梨产业的政策

一、生产经营制度与政策

梨是我国的传统主要水果。改革开放以前，为解决温饱问题，农业政策"以粮为纲"，水果生产不被重视，各主要水果的产量年度变化不大。1984年国家开放水果市场，实行多渠道流通政策，在政府的指导下，水果产业逐步恢复并快速发展，逐步形成以苹果、柑橘、梨、香蕉等为主，众多其他特色水果为辅的水果产业结构。梨生产经营制度经历了农户自主经营、集体经营到承包经营再到产业化发展等4个阶段。

（一）农户自主生产经营时期（1949—1957年）

新中国成立后，通过土地改革废除了封建土地所有制，我国广大农民获得了土地，成为自主经营的主体。1950年6月28日，中央人民政府委员会第八次会议通过了《中华人民共和国土地改革法》，在全国范围内开展土地改革运动。该法废除地主阶级封建剥削土地所有制，实行农民土地所有制，农民对拥有的土地"有权自由经营、买卖和出租"。这极大地解放了生产力，促进了农业生产，包括梨在内的水果等经济作物也获得了发展。尽管1953年合作化运动逐步展开，但是梨果的生产经营与其他作物一样，农民作为土地的所有者，具有自主生产经营权。

（二）计划经济时期（1958—1978年）

从1953年起，在农民自发和自愿的基础上，国家采取自愿互利、典型示范、国家帮助的原则逐步引导农民走互助合作的道路，经过初级社、中级社，农户在保持对土地私有权的前提下，将土地和生产资料集中起来，互助合作、共同劳动，基本维持了农户共同自主经营。1957年集体化运动的开展，经过短暂的高级农业合作社阶段，农户自主经营权开始受到限制，再到1958年通过成立人民公社，各地农村以政社合一的人民公社作为统一的核算和经营单位，农民的土地、资金等生产资料全部归人民公社所有，农户的生产经营自主权被完全剥夺，特别是1953年开始对主要粮油产品实行统购统销政策，1955年左右该政策被扩大到包括梨产区在内的主要水果和其他经济作物农产品的生产、销售都受到限制。直到1978年，计划经济时期的农村土地和其他生产资料完全由人民公社集体所有，生产经营活动完全由集体组织按照计划进行，收益平均分配。与其他农业生产一样，这一时期的经济政策对农民种梨的积极性形成了严重制约。

（三）联产承包经营制度阶段（1978—2001年）

发端于1978年的家庭联产承包责任制，到1983年左右该制度作为基本经营制度在全国得到确立，梨果产业的生产经营也进入了承包农户自主经营的阶段。农业生产经营制度改革以及农产品收购价格改革，极大调动了农民生产积极性，促进了农业生产率的快速增长。在粮食生产增长的同时，经济作物产量增长速度更加显著，农业生产结构不断优化。

1984年，我国改革水果购销体制，对水果实行价格随行就市和多渠道流通的政策，梨果生产由此得到了空前发展，梨产量和种植面积大幅度增长。1985年，中央1号文件取消了粮食、棉花的统购，实行合同定购和市场收购相结合的双轨制，并逐步放开水果和农产品的收购价格；1993年，十四届三中全会明确提出"逐步全面放开农产品经营"。至此，水果的生产、管理和销售完全实行市场化，梨种植户的生产经营行为受市场调节，成为市场上自负盈亏的经营主体。

我国加入世界贸易组织（WTO）后，梨果出口市场准入条件明显改善，国际市场需求促进了国内梨果生产。但国际市场的竞争、进口水果的替代，以及国内外消费需求的变化也对国内梨果产业提出了更高要求。

（四）产业化发展阶段（2001年至今）

随着市场经济的深入，梨果小规模、分散化的生产经营方式与国内外大市场需求的矛盾日益凸显。梨果生产无法及时应对市场需求的变化，生产结构性失衡，低档梨果供大于求，高档梨果供不应求，梨果品质、品牌，以及品种结构与消费者需求有一定差距，规模化、组织化、产业化发展势在必行。

2007年《中华人民共和国农民专业合作社法》正式实施，从事梨果生产的农民专业合作社也进入快速健康发展阶段。2009年农业部首次制定了《全国梨重点区域发展规划（2009—2015年)》，为优化区域布局、调整品种结构、提升梨产业市场竞争力指明了方向。2016年在推进供给侧结构性改革的背景下，中央1号文件首次提出了"三产融合"，延伸梨产业链，以促进一、二、三产业融合发展。

梨果生产经营合作组织蓬勃发展，加工、贮藏、进出口龙头企业进入梨果种植、加工、销售环节，使梨产业化经营水平得到明显提高；"三产融合"发展，通过梨园观光、采摘体验等休闲旅游业，拓展梨产业多种功能和多重价值。梨产业由"扩大面积提高总产"的外延式扩张转变为"提高单产水平和梨果品质"的内涵式增长，我国梨产业进入了产业化发展的新时期。未来将进一步提升梨果标准化生产与采后商品化处理水平，逐步实现优质优价；加快形成区域品牌、地理标志品牌、合作社私人品牌等品牌营销体系，提高梨产业融合程度和产品附加值；通过形式多样的组织模式，与梨农结成更紧密的利益共同体，让梨农更多地分享产业化经营成果。

二、流通制度与政策

在我国梨产业发展过程中，长期存在着"重生产，轻流通"的观念。无论是理论还是实践，梨果流通的相关探讨与研究都相对不足，对梨产业的生产经营产生了许多不利的影响。从梨的流通实践来看，存在着效率低下、成本高昂、损耗较大的制约因素。梨果的特性是新鲜、易损，在贮藏和物流过程中对相关设备和技术保障的要求较高，期间遇到的棘手问题也较多。包括梨果在内的生鲜农产品流通已成为我国整个农产品物流运销体系中的薄弱环节。进入21世纪以后，随着电商、微商等互联网销售渠道的兴起以及冷链物流技术的发展，将给梨果流通带来深刻变革。

我国梨果流通体制发展变迁大致可以划分为5个主要阶段。

（一）自由市场（1949—1955年）

新中国成立初期，由于城市人口规模小，对梨果在内的园艺产品需求水平较低，大中城市的梨果供应主要是果农在交易市场将梨果卖给商贩，再由商贩卖给消费者，也有一部分由果农在大中城市自销，而小城镇的梨果消费主要依赖集贸市场。

除了由果农在产地就近运销外，私人商贩把梨果从产区贩运到销区市场是主要形成，此外农村供销合作社也参与梨果运销。1951年，中国食品公司成立，梨果在内的果品业务主要归口该公司经营，各级供销社为其代购梨果，同时也自营部分梨果在内的果品业务。在这一时期，梨果的零售交易呈现出多元化的自由市场景象，分别由国营商店、供销社、合作商店、小商贩等多种形式进行梨果经营。除了商业经营外，果品集贸市场交易也活跃起来，成为这个时期果品销售的重要渠道之一。

（二）统购统销（1956—1977年）

1959年，国家将梨、苹果、柑橘等16种水果确定为二类物资，由供销合作社负责收购调拨，完成任务之后的剩余部分才允许上市销售，这种体制一直持续到改革开放。这期间的梨果经营从之前多渠道的自由市场变为供销社一家经营，梨果价格由物价部门和供销社统一管理。

统购统销时期，我国梨果在内的生鲜农产品流通体制具有鲜明的计划性特征，流通组织、经营方式和流通渠道非常单一。

（三）议购议销（1978—1984年）

1978年改革开放后，国家在农产品流通中逐步引入市场因素，缩小了统购统销范围，国家统购统销的一、二类农副产品由100多种减少为1984年的60种，同时恢复"议购议销"政策，"统购统销"任务完成之后的梨果允许进行市场交易。

1979年后，国家对农村果品产销进行了改革。放松果品经营，除苹果、柑橘、红枣3个品种仍列为统一收购的二类物资外，其余全部采取"议购议销"。同时，允许果农直接参与果品运销，提倡多样灵活的经营方式，以及大力发展城乡集贸市场，为果农销售梨果提供方便，梨果流通再次向多元化经营渠道发展。

（四）市场流通（1985—2003年）

1985年，我国对粮食以外的其他农产品均实行了市场化改革政策，对蔬菜等鲜活农产品实行经营和价格放开，产销体制逐渐由计划经济体制向市场经济体制转轨。水果流通体制在这一阶段发生了极大变化，从20世纪80年代中期开始，全部水果实现了放开经营、自由购销。梨果流通渠道越来越多元化，一些大中城市的果品批发市场和零售网点迅速建立和扩张，这种多元化的发展趋势一直延续到现在。

梨果流通方式包括调拨、批发市场、集贸市场以及超市多种零售业态。

（五）现代流通（2004年至今）

2004年以来，中央不断加大对农产品物流发展的投入与政策支持力度，加快发展现代农产品物流产业成为社会各界共识。梨果在内的生鲜农产品物流开始朝着更加多元化、现代化、符合市场需求的方向发展，成为"第三利润源泉"。

农民专业合作社、农业龙头企业等新型流通组织、农业经营主体以及冷链物流、电子商务等新兴业态的出现，促使梨果流通向着现代化的方向发展。超市、电商等新型零售业态开始引领现代生鲜农产品的终端消费，使得生鲜果蔬农产品物流在整个供应链条上开始进行组织化整合。伴随信息技术和互联网的快速发展，生鲜电商成为梨果流通的重要渠道之一。

第四节　梨产业现状与发展趋势

一、生产概况

（一）面积与产量

梨在我国是仅次于苹果、柑橘的第三大水果。据国家统计局数据，2018年我国梨生产面积约为94.35万hm²，产量约为1 607.8万t，分别占世界梨面积和产量的71.2%和68.7%。梨平均单产为17 040.8kg/hm²，为1978年梨平均单产（5 431.4kg/hm²）的3.14倍，我国梨的生产效率呈现出逐年稳步上升的态势。随着时间的推移，我国梨的生产效率与世界梨的生产效率差距正逐渐缩小，表明我国梨生产者已经开始转变过去粗放型生产的方式，注重采用科学方式来提高生产效率。

2018年，我国梨主产区生产面积大于3.33万hm²的省份依次为河北、辽宁、四川、新疆、河南、云南、贵州、陕西、安徽、江苏、山西、山东、湖南。其中，河北梨生产面积为12.03万hm²，产量为329.68万t，分别占全国梨生产总面积和总产量的12.8%和20.5%，是名副其实的梨生产大省（图2-1、图2-2）。

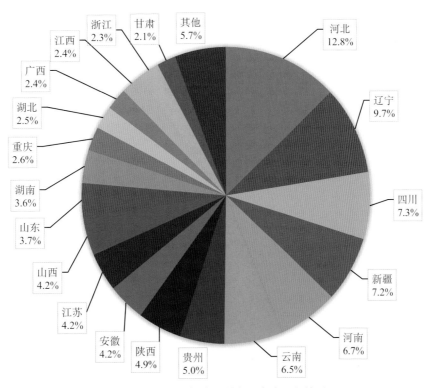

图2-1 2018年我国梨产区生产面积比重

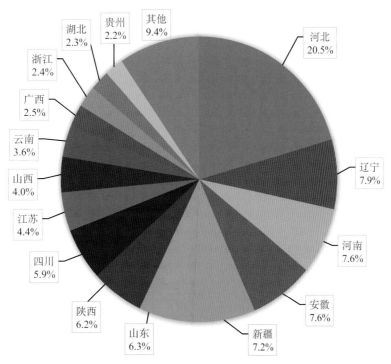

图2-2 2018年我国梨产区产量比重

（二）梨产业的发展变化

我国梨产业在落叶果树产业中是位居苹果之后的第二大水果产业。新中国成立以来，在中国共产党的领导下、在各级主管部门的关心支持下、在全国广大科技人员和果农的共同努力下，我国梨面积、产量和果品质量不断增加和提高，特别是改革开放以后，我国梨产业发生了巨大变化，一跃成为世界第一梨果生产大国。

纵观我国梨产业的发展历程，自1978年以来，我国梨产业发展大致可分为两个阶段。

第一阶段（1978—1996年）：为种植面积快速扩张阶段。梨树种植面积从1978年的28.03万hm²增加至1996年的93.27万hm²，梨果产量从1978年的151.69万t增加至1996年的580.66万t。在此近20年间，我国梨的生产主要以扩大面积来提高产量，基本属于粗放式外延性扩张。

第二阶段（1997—2017年）：为种植面积稳步发展阶段。全国梨树种植面积从1997年的92.4万hm²增加至2016年的111.4万hm²，梨果产量从1997年的642万t增加至2016年的1 950万t（中国经济与社会发展统计数据库，2018）。这21年来，我国梨树种植面积增长速度减缓，尤其是2006—2012年，梨面积略有下降，但梨果总产量依然保持较快增长趋势（图2-3），说明我国梨产业开始走向以稳面积、调结构、提单产、保质量为主的发展道路。

图2-3　1978—2017年我国梨面积和产量变化趋势

（三）品种结构及区域分布

我国梨的主要栽培种类有秋子梨、砂梨（含白梨）、新疆梨和西洋梨4种。由于它们长期受遗传和自然选择，导致对气候条件有着特殊的要求，因此形成了与其相适应的栽培区域。秋子梨品种多分布在我国长城以北的冷凉地区，白梨多分布在黄河以北的温暖地区，砂梨多分布在淮河及秦岭以南的长江中下游和华南高温高湿地区，新疆梨多分布在河西走廊、新疆和青海、内蒙古的部分地区，而西洋梨主要分布在西北、胶东半岛和辽南及渤海湾地区。从目前来看，主栽品种有：砀山酥梨、鸭梨、雪花梨、库尔勒香梨、金花梨、苹果梨、秋白梨、南果梨、苍溪雪梨，以及日本品种丰水和韩国品种黄金梨等。随着品种选育研究工作的开展，经过我国广大科技工作者的不懈努力，先后培育出了一批外形美观、品质优良的新品种。如原浙江农业大学培育的黄花、中国农业科学院郑州果树研究所培育的早熟梨新品种中梨1号和红皮梨新品种红香酥、河北省农林科学院石家庄果树研究所培育的黄冠、浙江省农业科学院园艺研究所培育的翠冠、山西省农业科学院果树研究所培育的玉露香、中国农业科学院果树研究所培育的早酥等，都在生产中发挥了较大的作用，为我国梨果生产和品种结构的调整做出了较大贡献（图2-4）。

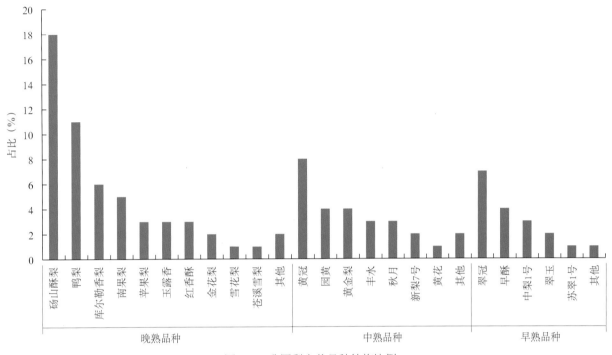

图2-4　我国梨主栽品种结构比例

1.早熟品种　由10年前的不足7.0%上升至现在的18.0%，在中国梨熟期结构中上升速度最快。主要栽培品种有：翠冠约占7.0%，早酥占4.0%，中梨1号（绿宝石）约占3.0%，翠玉占2.0%，其他品种约占4.0%。

2.中熟品种　由10年前的23.0%上升至现在的27.0%。主要栽培品种有：黄冠占8.0%，黄金梨占4.0%，园黄占4.0%，丰水占3.0%，秋月占3.0%，其他品种约占5.0%。

3.晚熟品种　从10年前的70.0%下降至现在的55.0%，存在季节性、结构性滞销现象。主要栽培品种有：砀山酥梨占18.0%，鸭梨占11.0%，库尔勒香梨占6.0%，南果梨占5.0%，苹果梨占2.0%，玉露香占3.0%，红香酥占3.0%，金花梨占2.0%，雪花梨占2.0%，苍溪雪梨占1.0%，其他品种占2.0%。

4.西洋梨　我国西洋梨栽培面积5 670hm^2，仅占全国梨栽培面积的0.5%。尤其是红色西洋梨，更加稀少。

（四）技术变革与推广

1.生产技术　在我国3 000多年的梨树栽培历程中，栽培技术不断地发生变化。由远古时期的自然生长到人类有意识地加以管理，其朝着更有利于采摘的方向发展。进入近代社会以后，尤其是现代社会以后，人们为了生产出好吃好看的果品和易管理的栽培模式，逐步开展实生和芽变选种、杂交育种、栽培模式和树形、整形修剪、病虫害防控和土肥水管理等技术的探索和研究。

（1）20世纪60年代　我国梨的栽植基本采用大冠稀植模式，株行距（4.0～6.0）m×（7.0～9.0）m不等。树形通常是自然圆头形或自然纺锤形；病虫害的防控主要靠生物链的农业自然防控；水分管理技术主要靠自然降水满足梨生长发育的需要，肥料一般施用农家肥，土壤管理以清耕和自然生草为主，有的也实施深翻改土。

（2）20世纪70年代至20世纪末　我国梨的生产逐步从人为半干预向着干预方向发展。株行距逐渐变小，（2.0～3.0）m×（4.0～6.0）m不等。树形从自然圆头形或自然纺锤形逐步变为基部三主枝疏散分层形、开心形和小冠疏层形，并且在胶东半岛和沿海产区引进了日本和韩国的水平棚架和Y形棚架树形；病虫害防控逐步引入机械喷药防治、物理防治和生物防治；肥水管理也出现了沟施和穴施有机肥、化肥，以及沟灌、大水漫灌和喷灌等技术。

（3）进入21世纪　梨树栽培技术发展最快的时期，许多技术发生了革命性的变化。例如，在树形的设计上，为了做到省力省工、便于机械作业，将过去的大冠稀植变为宽行密植，株行距（0.8～1.2）m×（3.5～4.0）m不等；采用细长圆柱形或细长纺锤形树形，并把传统的整形修剪技术如短截、长放、疏枝、回缩等简化为"刻拉抹""刻撑抹"或"刻扭抹"等技术措施；病虫害防控逐步实施以建立果园生态多样性丰富的农业措施、物理措施、生物措施和化控相结合的综合防治技术；在肥水管理方面，逐步实施肥水一体化和有机肥替代化肥技术，以减少长期施用化肥对果园土壤的破坏。结合果园生草技术，维持果园生态健康，促进梨产业的提质增效和绿色发展。

2.技术推广　梨产业技术推广是伴随着果品生产活动而发生、发展起来的一项专门活动。随着梨产业技术推广活动的逐步深入，梨产业推广已成为果业和农民发展服务的一项社会事业。由于时代不同，梨产业发展各阶段农业生产力发展水平不同，梨产业推广活动的内容、形式、方法有很大差异。梨产业推广活动有着悠久的历史和演变过程，但用科学的方法来研究和记载，只是近百年的事。

（1）近代社会我国梨果业推广活动　当西方进入资本主义社会时，我国仍停滞在封建社会和半殖民地半封建社会。从清朝末年起，洋务派开始向欧、美、日学习，创建农事试验场、农务学堂，培养技术人才，推广果业技术。如我国著名园艺学家、园艺教育家、近代园艺事业的奠基人之一吴耕民教授，1917年赴日本留学，1920年回国后，在东南大学、金陵大学任教，传播和推广果树栽培技术。我国梨树最初的疏散整形修剪技术就是吴耕民教授引自日本梨的修剪技术并率先在杭州五云农场（即现在的杭州市钱江果园）推广应用。民国时期，果业技术推广主要是制定和公布一系列有关技术推广政策法规，建立各级推广机构。如1929年1月，由农矿、内政、教育三部共同制定并颁布了《农业推广规程》，提出农业推广的宗旨为："普及农业科学知识、提高农民技能、改进农业生产方法"等。

（2）新中国梨果业推广事业的发展　1949年新中国成立之后，我国农村生产关系发生了重大变化，农民生产积极性高涨，给果业推广事业带来生机。农业部1952年制定、1953年颁布了《农业技术推广方案》，1955年又发布了《关于农业技术推广站工作的指示》，规定了农业技术推广站的任务。截至1957年，全国农业技术推广站已达13 669个，农技推广人员93万人，为恢复农村经济、促进梨果生产做出了巨大贡献。

特别是1978年改革开放以后，我国梨果技术推广得到快速发展。1993年7月，我国正式颁布实施《农业技术推广法》，对推广工作的原则、推广体系的职责、推广工作的规范和国家对推广工作的保障机制等重大问题做出了原则规定，是我国整个果业推广事业的里程碑。尤其1995年全国农业技术推广服务中心的成立，使我国梨产业技术推广工作步入了快车道，极大地促进了梨果业的发展。

二、梨产业存在的问题

（一）品种结构不合理，优质果供给不足

主要表现为：主产区仍以砀山酥梨、鸭梨、雪花梨、金花梨、南果梨和库尔勒香梨等传统晚熟地

方品种为主（占55%左右），品种老化、质量下降、优质果供给不足、且成熟期过于集中。市场表现出一般品种数量多、价格低、销售难，高档果比例少、售价高、供给时间短等特点。特别是缺乏外观、内在品质皆优，抗逆性强，丰产稳产，容易栽培管理，可替代老品种的优良新品种，日益严峻的卖梨难和比较效益的下滑，严重挫伤了果农种梨的积极性。

（二）标准化生产体系不健全，规模龙头企业较少

目前，我国85%的果园仍以小农户经营为主，少者667 ~ 6 670m²，多者2 ~ 3hm²，6.67hm²以上的大型梨园占比不到10%。即便近年出现了梨果生产合作社，其内部仍是以农户为主的经营模式，而大型龙头经营企业少之又少。这种小生产与大市场的矛盾严重影响了梨产业标准化的进程。近年来，人工和生产资料成本迅速上升，导致梨产业比较效益持续下滑，部分农户对梨产业发展失去了信心，梨园管护投入积极性降低。肥水管理随意性严重，施肥不及时、施肥单一、偏施化肥，导致果实发育不良、生理病害加重、产量低、果实品质差。老区梨农凭经验种梨思想严重，病虫害防治缺乏科学性，长期单一依赖化学农药防治，不仅防效低，而且成本高、浪费大，也加重了环境和梨果的污染。

（三）产后处理技术滞后，贮藏加工容量偏小

全国梨果采后商品化处理、贮藏、加工比例较小，产业的整体效益没有得到充分的发挥。主要表现为：梨果分级技术不完善，商品化处理程度不高，贮藏保鲜技术不完善，贮藏设施和技术难以保证果品质量。此外，加工技术水平较低，加工产品种类较少，制约了梨果附加值的提高。据统计，目前我国梨的加工比例不足5%，主要是传统的、简单的梨罐头、梨饮料和梨酒等产品。

（四）种苗繁育门槛较低，苗木市场较为混乱

目前，我国果树种苗繁育市场呈现自由经营、无限放开的形式，缺乏完善的苗木繁育体系，导致果苗市场混乱，梨苗质量参差不齐，以次充好的现象时有发生。这不仅影响了梨产业的可持续发展，而且延缓了优良品种的推广速度。此外，多数果园仍沿用传统的栽培模式和技术，缺乏先进的管理经验和良种良法配套技术，生产标准化程度较低，普遍存在树体结构不合理、管理措施不到位、果园通风透光不良，严重影响梨果品质等问题。简化实用技术匮乏，机械化程度低，新技术推广应用有限。

（五）自然灾害频繁，影响梨果丰产稳产

由于全球气候变暖和生态条件的变化，自然灾害的危害也愈加严重。干旱、冰雹、暴雨、大风等极端天气出现的频率增加，造成梨树及果实生长发育受阻；另外，区域性病虫害的大暴发，严重影响梨果生产，并造成巨大的经济损失。部分地区春季低温及雨量偏少等天气原因对梨产业的影响很大，花期或花后低温冻害常导致梨树减产甚至绝收，严重影响了梨果的丰产丰收。

三、发展趋势

自1978年改革开放到现在，经过40多年的快速发展，我国现已成为世界梨果生产大国，但要成为梨果生产强国，应朝着以下几个方面发展。

（一）栽培品种区域化、多样化

充分利用梨不同产区的品种资源优势、气候优势和技术优势，引导梨产业格局由分散走向集中，由梨栽培次适宜区和非适宜区向适宜区和优势区集中，实现区域化规模化种植、专业化产业化管理、

市场化多样化经营，形成区域特色鲜明、产业体系完备的梨产业新格局，满足不同消费者对特色品种多样化的需求。

（二）栽培管理标准化、简约化

采用无病毒健壮大苗和（1.0 ~ 2.0）m×（3.5 ~ 4.0）m株行距的宽行密植建园模式，实现从传统的大冠稀植向宽行密植小冠型发展，辅以配套的矮化砧木和高光效树形（细长纺锤形和细长圆柱形），采取果园生草制、水肥一体化、整形修剪简约化、疏花疏果化学化和除草打药机械化等标准化栽培管理措施，降低生产成本和劳动强度，提高生产效率和果品竞争力。

（三）果品生产优质化、安全化

实现优质、安全梨果的生产，必须有一套科学的管理技术体系，涵盖果品生产的全过程，包括果园土肥水管理技术、病虫害绿色防治技术、整形修剪技术、花果管理技术、采收贮藏技术和绿色水果质量保障体系等。即从产地、生产资料、生产过程、采收、质量标准、加工、运输、销售等各个环节入手，建立质量追踪体系，实现果品生产从"田间到餐桌"整个产业链的全程质量控制。

（四）果园管理机械化、信息化、智能化

利用现代化技术和设备，将高科技应用到果园管理中，依据叶片分析营养诊断结果进行配方施肥、病虫情测报、变量施药、精准测产、品质评估、采收期预测、智能化采收和灾害性天气预警，基本实现果树全程机械化和农艺农机智能化融合。同时，利用互联网大数据技术，自动采集土壤墒情、气象等信息，进行墒情自动预报、灌溉用水量智能决策、远程（自动）控制灌溉设备，实现梨果生产的可视化远程诊断、远程控制、灾变预警等智能化管理。通过互联网以及电子商务平台，实现电商和生产者的对接，缩短流通环节，控制产品品质和成本，提高生产效率。

（五）贸易流通品牌化、全球化

品牌作为产品的标签、地域或组织信息符号，是实现梨果生产规模化、效益化和名牌化的重要手段。品牌意识的培养、品牌内涵的构建、品牌的市场定位、品牌营销策略的强化以及品牌形象的维护和提升是实现梨果由产品向品牌、由品牌向名牌转变的重要环节，实施品牌战略是开拓梨果国内外市场、提高果品生产效益、实现梨果优质高效生产的必由之路。结合"一带一路"建设和"发展中国家果篮子"工程，通过稳面积限产量、提升果品质量、降低生产成本、建立出口基地和联盟、开拓国际市场等措施，有效解决我国梨果贸易中出口比率小、价格低的现状，促进梨贸易持续健康发展。

主要参考文献

丁振忠, 1984. 世界梨的生产. 世界农业 (4): 31-32.

甘霖, 1989. 世界梨的产销动态及四川梨的生产展望. 四川果树科技, 17(1): 46-48.

何清谷, 2006. 三辅黄图校注. 北京: 中华书局.

加巴拉耶夫, 1959. 费尔巴哈的唯物主义. 北京: 科学出版社.

贾思勰, 1998. 齐民要术校释. 缪启愉, 校释. 北京: 中国农业出版社: 285.

李隆基, 1992. 大唐六典: 卷19 上林署. 李林甫, 注. 北京: 中华书局.

李时珍, 2000. 本草纲目: 果部第三十卷 果之二梨. 北京: 华夏出版社.

李秀根, 张绍铃, 2007. 世界梨产业现状与发展趋势分析. 烟台果树, 1: 1-3.

诺曼·弗兰克林·蔡尔德斯, 1983. 现代果树科学. 曲泽洲, 杨文衡, 周山涛, 译. 北京: 农业出版社.

钱钟书, 1979. 管锥篇. 北京: 中华书局.

山东省果树研究所,1996.山东果树志.济南:山东科学技术出版社.

邵雍,2003.伊川击壤集:卷三.陈明点,校.上海:学林出版社.

孙云蔚,1983.中国果树史与果树资源.上海:上海科学技术出版社.

佟屏亚,1983.果树史话.北京:农业出版社.

王利华,2009.中国农业通史:魏晋南北朝卷.北京:中国农业出版社.

王祯,1981.王祯农书:卷9　百谷谱六.北京:农业出版社.

萧统,1986.文选:卷八.李善,注.上海:上海古籍出版社.

萧子显,1998.南齐书:卷十九志.周国林,等,校.长沙:岳麓书社.

辛树帜,1983.中国果树历史的研究.北京:农业出版社.

杨衒之,1998.洛阳伽蓝记:卷3　城南.刘卫东,注.北京:燕山出版社.

张翔鹰,2008.发现水果.海口:南海出版公司.

中国农业科学院果树研究所,1963.中国果树志:第三卷　梨.上海:上海科学技术出版社.

第三章　梨的起源、演化及分类

第一节　梨属植物的起源与演化

一、梨属植物的起源

梨属（*Pyrus* L.）可能的起源地（发祥地）在我国西部或西南部山区，位于北温带和热带地区的交界处（Rubtsov，1944）。根据英国园艺学家和植物猎人Wilson等人在20世纪初对四川、云南和重庆等西部地区的多次调查，发现在这些地区集中分布着非常丰富的桃亚科（包括过去的苹果亚科及李亚科）的属和种。在欧亚大陆一些地方的第三纪地层中发现了梨属植物的叶片化石，据此推断梨属植物起源于第三纪或者更早时期。根据Rubtsov（1944）的引述，Unger在奥地利帕尔施卢格第三纪中新世的沉积物中发现并描述了梨属植物的叶片化石，命名为*Pyrus theobroma*；Palibin在高加索地区的格鲁吉亚东部也发现了相似的化石，在格鲁吉亚东部的第三纪上新世地层中发现了野生西洋梨（*P. communis*）的叶片化石。这些地区也发现了常绿树种的化石，说明梨起源地的气候类型为亚热带或者至少是温暖的气候。东亚地区梨属植物化石的出土较晚，1980年日本的Ozaki描述了在日本鸟取县第三纪中新世地层中发现的梨叶片化石，命名为*P. hokiensis*。迄今为止，在美洲大陆、澳大利亚、新西兰和非洲没有发现梨的化石遗存。另外，在瑞士和意大利发现了梨果实的冰后期遗存（Rubtsov，1944）。梨化石的分布与梨的原生分布只限于欧亚大陆及北非一些区域的情况相吻合，也说明梨属的起源可能晚于近缘的苹果属和山楂属，因为后两者的原生地理分布横跨整个北半球的欧亚大陆及北美地区。

二、梨属植物的传播与演化

梨属孑遗物种的存在是梨属植物传播和演化的活证据，这些种虽然存在地理隔离但具有某些共同特征（Rubtsov，1944）。如分布于北非阿尔及利亚和摩洛哥的阿尔及利亚梨（*P. cossonii*、*P. longipes*）和分布于法国和英国大西洋沿岸的*P. cordata*的果实萼片脱落，与东亚的川梨（*P. pashia*）、砂梨和杜梨非常相似（表3-1）。另外，像中亚的变叶梨（*P. regelii* Rehd. 或 *P. heterophylla* Reg. & Schmalh.）和西亚的*P. glabra*等旱生种具有裂刻的叶片和较少的果实心室数量，东亚的豆梨、川梨和杜梨的叶片在幼年阶段也有裂刻，而且心室数量较少。梨属植物在传播中，经过了北上（Borealization）和向西的旱生植物化（Xerophytization）这两个非常重要的过程，并分别获得了抗寒性和抗旱性，分化出了众多的梨属种类（Rubtsov，1944）。特别是梨属植物向西传播过程中的旱生植物化，在梨属种的分化过程中起了非常重要的作用。如变叶梨的叶片深度裂刻与普通的梨属植物叶片区别很大，柳叶梨（*P. salicifolia*）的叶片呈细长柳叶状且茸毛细而密集，西方梨（Occidental pears）叶片趋于小型化，这些特征都是适应干旱气候的结果。

梨在传播过程中，形成了3个次生中心（Vavilov，1951）。第一个是中国中心，分布有东方梨（Oriental pears）的代表种，如砂梨、秋子梨、豆梨、杜梨等。第二个是中亚中心，包括印度西北部、阿富汗、塔吉克斯坦、乌兹别克斯坦和天山西部地区，分布有西洋梨、变叶梨、*P. biosseriana* Boiss. & Buhse、*P. korshinskyi* Litv.。第三个是近东中心，包括小亚细亚、高加索地区、伊朗及土库曼斯坦的丘陵地带。第二个和第三个次生中心分布的梨属植物相当于Bailey（1917）所定义的西方梨，而第一个中心所包含的梨属种即东方梨。根据Rubtsov（1944）的研究，前者包括20多个种，主要分布于欧洲、北非、小亚细亚、伊朗、中亚和阿富汗；后者有12～15个种，其分布范围从天山和兴都库什山脉向东延伸至日本。东方梨的大部分种原产于东亚，主要分布在中国、朝鲜半岛和日本。喜马拉雅山脉是梨属东西方种多样性分化的屏障（Rubtsov，1944），属于东方梨的川梨在该山脉东侧，从南部的尼泊尔到北部的克什米尔地区都有分布（Jiang et al.，2016）。

西方梨种和东方梨种在地理分布上有明显的界线，所以一般认为西方梨和东方梨两大种群是独立进化的。基于各种分子标记的梨属植物亲缘关系分析和DNA序列的系统发育分析研究所建立的系统树图中，东方梨和西方梨也是截然分开的，支持了东方梨、西方梨独立进化或演化的观点。

三、梨属植物的栽培种和类型

（一）梨的栽培种概述

被大多数分类学家所接受的梨属植物有30多种，但世界范围内栽培的种只有几个。古代中国和希腊已将野生梨和栽培梨区别对待。我国古籍《尔雅》中将野生的梨称为檖，用于区别栽培的梨（菊池秋雄，1946）。希腊语中的野生梨和栽培梨分别称"Acras"和"Apios"（Janick，2002）。从中可知，不论是中国还是西方国家，很早之前就已经将梨属植物驯化栽培。如前所述，梨属植物分为东方梨和西方梨，与此对应，梨的栽培类型在东西方地区也截然不同。东亚地区以外的栽培系统主要是起源于西洋梨的品种。关于西洋梨品种的起源，有人认为至少含有胡颓子梨（*P. elaeagrifolia*）、柳叶梨和叙利亚梨（*P. syriaca* Boiss.）的血统（Challice et al.，1973）。欧洲一些地区也有少量的雪梨（*P. nivalis* Jacq.）栽培，可以鲜食、烹饪或做梨酒。东方梨中除了砂梨是中国、日本、朝鲜半岛的主要栽培种外，在我国作经济栽培的还有白梨和秋子梨等种或类型。除此以外，在我国还有一类数量很少只局限于个别地方的品种类型，如起源于褐梨（*P. phaeocarpa*）（如西北地区栽培的各种吊蛋梨）和川梨（四川等地栽培的乌梨类）的品种。在浙江一些地区曾经栽培的称为霉梨的一类品种，其确切的起源不甚明了。分子系统学的研究表明，这些类型与栽培砂梨具有较近的亲缘关系（郑小艳等，2014）。在日本的东北地区，有少量的品种源自岩手山梨（*P. aromatica* Kikuchi et Nakai）。与传统的日本梨品种不同，这类梨品种的果实较小，而且具有香气；也有人认为，该种为秋子梨的一个变种。在新疆及其邻省甘肃和青海栽培的一类种间杂交起源的品种被俞德浚单独划分为一个种，即新疆梨。根据Vavilov（1931）的调查，新疆栽培的亚洲梨和西洋梨品种分别来自中国和中亚地区。而所谓的新疆梨其实就是来自这些地区的不同栽培类型间的杂种，至少涉及西洋梨和我国的白梨或砂梨（Teng et al.，2001）。

（二）东亚的主要栽培种或类型

1.白梨　传统上，白梨（White pear）主要指栽培于我国黄淮流域的脆肉大果型品种，是我国华北、西北地区的主要栽培类型。但一些著作中将四川、湖北等地的一些果皮为绿色的地方品种也划归为白梨品种（蒲富慎等，1963）。白梨品种中的鸭梨和莱阳茌梨很早就被引种到其他国家，经常被作为我国梨品种的代表广泛用作试验材料。长期以来，我国的学者将白梨品种归在 *P. bretschneideri* Rehd. 下，认为白梨品种由 *P. bretschneideri* 驯化而来。Rehder 于 1915 年命名了 *Pyrus bretschneideri*，其命名的依据是根据 Bretschneider 博士 1882 年从北京所寄的种子培育的树，可能是 Bretschneider 所提到的白梨（pai-li）。而白梨这个名字也可能适于秋子梨（Rehder，1915）。Rehder 对该种进行了详细的描述，现将其对该种的花和果实的描述列举于此：花序有花 7～10 朵；花梗长 1.5～3.0cm；花瓣卵圆形，长 1.2～1.4cm，宽 1.0～1.2cm；雄蕊约 20 枚，花柱为 5（4）个，与雄蕊等长；果实近圆形或卵圆形，长 2.5～3.0cm，直径约 2.5cm，萼片脱落。在 *Pyrus bretschneideri* 被命名之后的很长一段时间内，没有人将其与北方栽培的大果型品种联系在一起。1933 年，金陵大学园艺系的胡昌炽在日本园艺学会杂志上撰文介绍莱阳茌梨时指出，我国的栽培梨由 4 个种演化而来。这 4 个种分别是秋子梨、白梨、砂梨和川梨。而对于莱阳茌梨的归属，他并没有给出明确的答案，只是推测，莱阳茌梨可能由秋子梨或白梨演化而来。但到了 1937 年，他明确地将鸭梨和莱阳茌梨等 43 个主要原产于华北地区的梨品种归在 *P. bretschneideri* 下。同年，由分类学家陈嵘（1937）编写的《中国树木分类学》中也有类似的描述。自此之后，在中国人执笔的有关梨树分类的论著和相关教材中，大都将白梨品种归类在这一学名下。唯一例外的是吴耕民（1984）所著《中国温带果树分类学》中，采用了日本园艺学家菊池秋雄所建议的学名，将白梨品种归属在 *P. ussuriensis* var. *sinensis*（Lindley）Kikuchi 下，并且认为将白梨品种归属于 *P. bretschneideri* 是很不妥当的。

实际上，关于 *P. bretschneideri* 和所谓白梨品种的关系，即白梨的起源问题一直存有争议。菊池秋雄（1946）认为，*P. bretschneideri*（白梨或罐梨）主要分布于我国河北省昌黎县，是红梨、秋白梨和蜜梨等当地的大果型主栽品种与杜梨的种间杂种，并非原生种，因此不是鸭梨等白梨品种的祖先。也就是说，先有白梨品种，然后才有 *P. bretschneideri*，而不是相反。他对该种的描述在很多方面和 Rehder（1915）基本一致，但 3～4 个的果实心室数少于 Rehder 记载的 5（4）个。菊池秋雄认为，鸭梨等分布于华北地区的大果品种是以秋子梨为基本种或者基本种之一演化而形成的。他将这些梨品种称为中国梨或者华北梨，并归在 *P. ussuriensis* var. *sinensis*（Lindley）Kikuchi 下。他的这些观点不仅对日本的园艺学家，而且对欧美的园艺学家产生了很大的影响，欧美学者大多将 *P. bretschneideri* 作为非原生种对待（滕元文等，2004）。由于白梨品种和秋子梨之间在形态特征特别是果实性状上有诸多明显差异，因此将白梨类作为秋子梨的变种难以服众。

Teng 等（2002）利用 RAPD（随机扩增多态性 DNA）标记最早系统研究了东方梨品种的亲缘关系，发现白梨和砂梨品种在系统树中不是按照所谓的白梨种和砂梨种单独聚类，而是混在一起，说明白梨品种和砂梨品种亲缘关系很近。此后，国内外多个研究小组（Kimura et al., 2002；Bao et al., 2008；Tian et al., 2012；Liu et al., 2015）先后利用不同的 DNA 标记和样品证明了这一观点（滕元文，2017）。总体来说，从形态学上很难区分白梨和砂梨品种，因此同一品种的归类因作者不同而有差异。如酥梨在一些著述中被划为白梨（蒲富慎等，1963），而在另外一些著作中就被归类为砂梨（俞德浚等，1974）。不过，一般倾向于将北方的大果脆肉型品种归为白梨品种群，而将南方原产的大果脆肉型品种归为砂梨品种群（俞德浚等，1974）。但在蒲富慎等（1963）编写的《中国果树志（第三卷）梨》中，原产于四川、江西、湖北等长江流域地区的一些品种被划归为白梨品种群，而将吉林、辽宁、河北、山东、河南、陕西等北方地区的一些品种归属于砂梨品种群。这种划分和归类增加了复杂性。考虑到 *P. bretschneideri* 的命名依据为称为"白梨"的种子培育的树，而非原生种，所以不宜将白梨品种归在该学名下。但白梨又是我国北方地区非常重要的栽培类型，基于分子标记的研究结果，并根据《国际栽培植物命名法规（ICNCP）》的规则，滕元文等建议将白梨看成砂梨的一个生态型或品种群（栽培群），即 *P. pyrifolia* White Pear Group（Bao et al., 2008）。

2.砂梨和日本梨　砂梨（Sand pear）品种起源于我国长江流域野生的砂梨，是我国现存品种资源最为丰富的梨栽培种。日本梨（Japanese pear）是指源自日本的梨品种的统称，通常认为与中国砂梨属于同一种的范畴。但日本梨的起源历来有本土起源说和"渡来"说两种观点。前一种观点认为，日本梨品种是由日本野生的砂梨驯化而来，但无法确定日本是否存在真正的野生砂梨。迄今为止在日本还没有发现过野生的砂梨居群，也没有任何文献记载过。后一种观点认为，日本梨品种的祖先来自中国大陆或朝鲜半岛。但这种观点也仅仅是推测而没有确凿的证据。Teng 等（2002）和 Kimura 等（2002）分别采用不同的标记和梨样品研究了亚洲梨亲缘关系，发现日本梨在系统树图中相对独立聚类。但 Teng 等（2002）同时发现，有个别的日本梨品种和来自我国浙江、福建的砂梨品种聚在一起。其他研究者利用不同的标记和样品也得到了相似的结果。Jiang 等（2016）利用梨基因组反转录转座子开发的 SSAP（特异性序列扩增多态性）标记的研究结果表明，日本梨、砂梨和白梨品种的基因库基本一致，为三者起源于共同祖先提供了有力证据。Yue 等（2018）进一步阐明了砂梨、白梨与日本梨的传播与分化路径。

3.秋子梨　秋子梨品种主栽于我国东北地区，华北和西北地区也有栽培。与白梨、砂梨和日本梨的大型脆肉果实不同，秋子梨品种果实小，一般需要后熟变软才能食用，而且总体来说酸度高、石细胞多。野生秋子梨主要分布于中国东北地区、内蒙古和俄罗斯东部地区，日本东北部分布的 *P. aromatica* 也被认为是秋子梨的变种。一般认为，秋子梨品种从野生的 *P. ussuriensis* 驯化而来。但研究发现，秋子梨的野生种和秋子梨品种存在较大的遗传距离（Cao et al.，2012），而且基因结构差异较大（Iketani et al.，2012）。Jiang 等（2016）和 Yu 等（2016）的研究结果表明，秋子梨品种起源于野生秋子梨和白梨的杂交。

第二节　梨属植物的分类

古代中国和古希腊的文献中记载了一些梨属植物和栽培类型（Janick，2002），但科学意义上的梨属植物分类始于"现代分类学之父"林奈（Linnaeus）。1753 年，林奈在他的著作 *Species Plantarum* 中命名了梨属 *Pyrus*，包含了梨、苹果和榅桲等植物，并将欧洲栽培的梨定名为 *Pyrus communis* L.，也就是我们所称的西洋梨。

传统上，梨属与苹果属、榅桲属、花楸属、唐棣属等属于蔷薇科的苹果亚科（Maloideae）。蔷薇科的分类地位和科内种属几经变化，现在被公认的属有近 90 个，包括 3 000 个左右的种（Potter et al.，2007）。形态学上根据果实的类型，将蔷薇科植物分属 4 个亚科，即绣线菊亚科（Spiraeoideae，蓇葖果或蒴果）、蔷薇亚科（Rosoideae，瘦果）、苹果亚科（Maloideae，仁果）和李亚科（Prunoideae，核果）（Schulze-Menz，1964）。近年来的蔷薇科分子系统发育研究（Potter et al.，2007），将蔷薇科的亚科分为蔷薇亚科、桃亚科（Amygdaloideae）和仙女木亚科（Dryadoideae）。在新的蔷薇科分类系统下，梨属被归于桃亚科下苹果族（Maleae）的苹果亚族（Malinae）。

一、分类方法与分类系统

（一）形态学分类

根据 Terpó（1984）的介绍，Decaisne 是第一个基于系统关系对梨属植物分类的学者。1858 年，他将当时已知的种分成 6 个地理群（Proles）。其中，中国产的川梨和杜梨被列在印度地理群中，另一个所谓的中国梨（*P. sinensis*）列在蒙古地理群中。由于当时对中国原产梨知之甚少，所以这些地理群的划分存在很大的片面性。

1890年，Koehne根据梨属果实成熟时萼片的有无，将梨属植物分为两大区：即宿萼区 *Achras*（现在常作 *Pyrus*）和脱萼区 *Pashia*。宿萼区梨属种的果实成熟时萼片宿存，花柱通常为5个，有时为4个；脱萼区梨属种的果实成熟时萼片脱落，花柱为2～5个。受Koehne的影响，后来的很多分类学家如Rehder和俞德浚等，将果实萼片的宿存作为一个非常重要的特征，并结合叶片、花器、果实等的特征，对梨属植物进行分类。

随着越来越多的中国梨被西方学者认知和命名，1917年，Bailey根据梨属植物的地理分布，将其分为西方梨和东方梨两大类群。这种划分恰好与东西方梨属种在形态特征上的差别相吻合。近年来的分子系统学的研究也表明，东、西方梨是独立进化的（Zheng et al.，2014）。Bailey所列出的西方梨有8种，全部为绿皮的宿萼果，叶缘为钝锯齿或全缘；10个东方梨按其果实萼片的有无分为宿萼区和脱萼区，然后再根据叶缘的锯齿和花柱的数目可进一步区分。

1940年，Rehder以果实成熟萼片的有无作为重要特征，将梨属植物分为两大类，并且结合其他性状，描述了15个主要种和几个变种。萼片宿存的种大多为西方种：*P. amygdaliformis* Vill、*P. salicifolia* Pall.、*P. elaeagrifolia* Pall.、*P. nivalis* Jacq.、*P. communis*、*P. regelii* Rehd.和 *P. ussuriensis* Maxim.；萼片脱落或者部分脱落者有以下8种：*P. bretschneideri* Rehd.、*P. serotina* Rehd.[现在一般记为：*P. pyrifolia* (Burm. F.) Nakai]、*P. serrulata* Rehd.、*P. phaeocarpa* Rehd.、*P. betulifolia* Bge.、*P. pashia* Buch.-Ham. ex D. Don、*P. longipes* Coss. & Dur.和 *P. calleryana* Decne.。我国分类学家俞德浚对梨属的分类沿用了Rehder的分类系统。

日本园艺学家菊池秋雄（1948）在研究了梨属植物分类中常用的形态特征，如萼片的宿存或脱落、果色、心室数和叶缘锯齿等的遗传规律后，认为在梨属植物的分类中，首先应该根据果实的心室数进行分区，然后再综合考虑萼片是否宿存、果色和叶缘的锯齿等进行进一步的分类。他根据果实心室数的多少将梨属植物分为三大区。

1.真正梨区（*Eupyrus* Kikuchi）　共同特征是果实心室为5个，脱萼或宿萼。主要的栽培品种皆由本区的种演化或改良而成，包括6个西方梨和4个东方梨。西方梨为：*P. communis*（包括当时作为变种的*pyraster*、*cordata*）、*P. nivalis*、*P. amygdaliformis*、*P. elaeagrifolia*、*P. heterophylla*（即 *P. regelii*）和 *P. salicifolia*；东方梨为：*P. ussuriensis*、*P. aromatica*（现多作为 *P. ussuriensis* 的变种）、*P. hondoensis* 和 *P. serotina*（即 *P. pyrifolia*）。

2.豆梨区（*Micropyrus* Kikuchi）　果实小如豌豆，2～3个心室，脱萼。其原生分布仅限于亚洲东部，杜梨和豆梨属于该区。

3.杂种性区（*Intermedia* Kikuchi）　为真正梨区和豆梨区的杂种。果实心室为3～4个，果实小，食用价值低。其分布区域与豆梨区相同，包括白梨或罐梨、褐梨、麻梨（*P. serrulata*）、川梨和 *P. uyematsuana* Makino。前4种分布在中国，后1种则分布在日本。需要指出的是：川梨果实心室数大多为3～4个，但也存在不少心室数为5个的川梨。川梨的叶片形态变异也很大，随年龄和植株都有变化。另外，从分布区域和形态特征看，属于杂种的可能性很小。

1973年，Challice和Westwood通过整理文献和对收集保存在美国国家梨种质资源圃的实物材料进行研究后，提出了22个梨属原生种，后来被Bell等（1986）称之为基本种。这些基本种分属于五大类（表3-1）：亚洲豆梨类、亚洲大中果型梨类、西亚种类、北非种类和欧洲种类。前两类即东方梨，后三类则为西方梨。在亚洲大中果型梨中，他们列出了一个叫甘肃梨（Gansu pear）的种。根据性状描述，滕元文等（2004）推断其可能为新疆梨。因此，不宜作为基本种。川梨在Challice和Westwood的系统中被列在亚洲大中果型梨中。根据我国分类学家俞德浚的描述及滕元文的调查，该种果实直径变化较大，有些植株果实直径为1cm左右，比豆梨和杜梨果实稍大；但也有的果实直径大于1.5cm。

表3-1 梨的基本种、地理分布及特征

种群		种	主要特征[①]					分布区域
			果皮	萼片	心皮数	叶长/叶宽	叶缘	
环地中海地区的梨属种	亚洲豆梨类	*P. calleryana* Decne.（中国豆梨）	R	D	2（3）	1.50	Cr	中国中部及南部
		P. koehnei Schneid.（柯汉梨或台湾豆梨）	R	D	4（3）	1.47	Cr	中国南部
		P. fauriei Schneid.（朝鲜豆梨）	R	D	2	1.38	Cr	朝鲜半岛
		P. dimorphophylla Makino（日本豆梨）	R	D	2	1.85	Cr	日本
	亚洲大中果型梨	*P. betulifolia* Bunge.（杜梨）	R	D	2（3）	1.53	CS	中国中部、西北与华北地区、东北地区南部
		P. pyrifolia (Burm.F.) Nakai（砂梨）	R or S	D	5	1.84	FSS	中国、朝鲜半岛、日本
		P. hondoensis Nakai et Kikuchi（日本青梨）	S	P	5	1.45	FSS	日本
		P. ussuriensis Max.（秋子梨）	S	P	5	1.61	CSS	中国北部、朝鲜、西伯利亚
		P. pashia Buch.-Ham. ex D. Don.（川梨）	R	D	3~5	1.55	Cr	印度、尼泊尔、巴基斯坦、中国西部
	西亚种	*P. amygdaliformis* Vill（*P. spinosa* Forssk.）（桃叶梨）	S	P	5	2.88	En（SCr）	地中海地区、南欧
		P. elaeagrifolia Pall.（胡颓子梨）	S	P	5	2.24	En（SCr）	土耳其、克里米亚、欧洲东南部
		P. glabra Boiss.[②]	S	P	3~4?	—	En	伊朗南部
		P. salicifolia Pall.（柳叶梨）	S	P	5	1.93	En	伊朗、俄罗斯
		P. syriaca Boiss.（叙利亚梨）	S	P	5	—	Cr	非洲东北部、黎巴嫩、以色列、伊朗
		P. regelii Rehd.（变叶梨）	S	P	5	—	Cr	阿富汗、俄罗斯
	北非种	*P. manorensis* Trab.（=*P. bourgaeana* Decne）	—	P（D）		1.43	Cr	摩洛哥、阿尔及利亚
		P. cossonii Rehd.（=*P. longipes*）	R	D（P）	3~4	1.30	Cr	阿尔及利亚
		P. gharbiana Trab.	—	—		—	Cr	摩洛哥
	欧洲种	*P. communis* L.（西洋梨）	S（R）	P	5	1.57	Cr	西欧、南欧、土耳其
		P. nivalis Jacq.（雪梨）	S	P	5	1.79	En	西欧、中欧、南欧
		P. cordata Desv.	R	D（P）	2~3?	1.35	Cr	欧洲西南部（伊比利亚半岛、法国西部、英国南部）

注：此表根据 Challice 和 Westwood（1973）的建议，并参照近些年的研究结果进行了修正。

①果皮：R=russet（黄褐色），S=smooth（表面平滑，指黄绿果皮）；萼片：D=deciduous（萼片脱落），P=persistent（萼片宿存）；叶缘：Cr=crenate（钝锯齿），En=entire（全缘），CS=coarse serrate（粗锯齿），FSS=fine serrate-setose（刺芒状细锯齿），CSS=coarse serrate-setose（刺芒状粗锯齿），SCr=slightly crenate（轻微钝锯齿）。

②表示此种是否存在仍有疑问。

（二）实验分类

梨属种间不存在生殖隔离，种间杂交比较普遍，使得一些种间缺乏差异明显的形态学区分特征，所以基于形态特征的梨属植物分类系统至今仍存在很多问题。因此，研究者也利用包括孢粉学、化学分类、同工酶、DNA分子标记和DNA序列分析等不同实验手段研究梨属植物的系统发育，并取得了进展。

1.孢粉学　Westwood等（1978）是最早试图利用花粉以及花药形态和超微结构来对梨属植物进行分类研究的学者。他们选择了18个梨属种，涵盖了主要的东西方梨。测定了花粉和花药的9个特征指标，发现这些指标在梨属植物种之间变化很大；但这种变化与梨属种的地理分布没有相关性。孢粉学的数据提供的信息少，在分类学上的价值有限。国内邹乐敏等（1986）和黄礼森等（1993）利用扫描电镜观察了我国梨属植物种的花粉形态，发现东方梨和西洋梨花粉形态差异较大，新疆梨与西洋梨亲缘关系较近。李秀根等（2002）采用数量化分析方法，对我国13个种类的梨花粉形态7个性状进行了聚类分析，把13个种划分为4个大组。若把豆梨看作最原始的种，从豆梨到白梨的遗传相似距离越来越大，显示出它们的亲缘关系越来越远，据此推测白梨是进化级别最高的种类。

2.化学分类　在梨属植物的分类中，利用不同种类化学物质的差异作为分类依据的研究并不多。Challice等（1973）对梨属种的酚类物质的存在和缺失进行了检测，发现不同种之间的酚类物质的种类存在差异，特别是东方梨和西方梨种的差异较大。西方梨种中普遍缺乏黄酮糖苷，而东方梨种中杜梨是唯一不含黄酮糖苷的种，所以推测杜梨可能是连接东方梨和西方梨的桥梁。他们将形态学的指标数量化，并结合多酚物质的测定结果，共计51个指标，采用主坐标分析对梨属植物进行了归类，并导出了梨属植物的系统发育关系。在他们所建立的系统发育树中，豆梨及其亲缘关系相近的 *P. koehnei*、*P. fauriei* 和 *P. dimorphophylla* 可能是梨原种（初始种）的后代，属于现存梨属种中最原始的类型。但在系统发育树中，砂梨和日本青梨、川梨和秋子梨分别显示了最近的亲缘关系，这显然与已知的事实不相符。

3.同工酶　林伯年等（1983）利用过氧化物同工酶在国内率先进行了梨属植物的分类尝试，发现种间谱带差异较大，特别是西洋梨和东方梨的谱带明显不同。杜梨和褐梨的谱带相对简单，为较原始的类型；木梨和麻梨相似；白梨、砂梨、秋子梨与新疆梨的谱带为一类，而且秋子梨和新疆梨接近；白梨和砂梨品种间谱带交错，因此推测白梨和砂梨为一个种。Jang等（1992）同样利用过氧化物同工酶对上百份的东亚梨品种进行了分析，发现部分日本梨品种与中国和朝鲜的梨品种亲缘关系较近。但是，同工酶的表达存在时间和空间上的特异性，并受环境因素影响，从而影响结果的可靠性。

4.DNA标记　Iketani等（1998）是最早利用DNA标记研究梨属植物亲缘关系的研究小组。他们对7个东方梨种和6个西方梨种进行了叶绿体基因组的RFLP（限制性片段长度多态性）分析，发现东方梨包含了4种单倍型（Haplotype），而西方梨只有1种，支持了Bailey（1917）关于梨属植物可以分为东方梨和西方梨两大地理群的理论。后来的研究者利用不同的DNA标记也证明，东方梨和西方梨可以被明显地区分成两大群。但对于同一个种内存在多个单倍型的现象无法得到很好的解释，可能的原因如网状进化、祖先基因渗透和种化之前已存在的多型的延续。

此后，滕元文等（2001，2002）及其研究小组（Bao et al.，2007；2008；Jiang et al.，2016）应用多种DNA标记对梨属植物，尤其是对东亚原产种和品种的亲缘关系进行了研究，明确了原产东亚的日本豆梨、朝鲜豆梨和柯氏梨（台湾豆梨）（*P. koehnei*）与豆梨的近缘关系；从DNA分子水平证明褐梨和河北梨（*P. hopeihensis*）含有杜梨的血统；明确了库尔勒香梨的杂种起源，并提议将其归为新疆梨；杏叶梨属于西方梨种。首次提出东亚主栽的白梨、中国砂梨和日本梨品种可能起源于共同的祖先——中国长江流域及其以南野生的砂梨。其他研究小组的研究结果也多支持白梨和砂梨亲缘关系很近的观点。

5.基于DNA序列的分子系统发育研究　梨属植物的分子系统学研究较少。梨属植物早期的分子系统学研究主要集中于少数梨属种的叶绿体序列信息。Kimura等（2003）对叶绿体DNA（cpDNA）6个非编码区共5.7kb的区段进行测序，在5个种的8个品种或类型中发现了38个突变点，包括17个碱基缺失（插入）和21个碱基替换。Katayama 等（2007）通过 *accD –psaI* 基因间区序列分析发现，绝大多数日本梨品种和中国的鸭梨存在219个碱基对缺失，而这个缺失在西方梨和其他的亚洲梨，如褐梨、豆梨和秋子梨中没有检测到。

核糖体DNA内转录间隔区（ITS）被广泛应用于较低分类单元，如属内种间的系统发育学研究，在很多植物上得到了很好的系统发育重建结果。然而，Zheng 等（2008）在梨属大多数种的个体内发现了不同水平的ITS序列多态性，且个体内差异拷贝在系统树上并非单系，而是分散在各亚支内，并不能解决梨属种间系统发育关系，暗示了梨属存在复杂进化史。Zheng 等（2011）采用低拷贝核基因乙醇脱氢酶基因（*Adh*）和 *LEAFY* 基因试图重建梨属植物系统发育关系，同样不能令人满意，但 *LEAFY* 第二内含子 *LFY2int2-N* 是目前为止能够解决梨属种间发育关系最好的核基因标记。结合叶绿体DNA的两个非编码区域 *trn*L-F 和 *accD-psaI* 序列数据，Zheng 等（2014）对采集到的东西方梨25个种〔（其中18个为Challice 等（1973）建议的基本种）〕的51份样本进行了迄今为止最全面的梨属系统发育研究。除了采自乌克兰的 *P. caucasica*（可能有东方梨基因的渐渗）中有东方梨的单倍型外，东方梨和西方梨的单倍型是截然不同的。将两种单倍型结合起来建立的系统发育树和基于 *LFY2int2-N* 序列的系统发育树及邻接网络分裂图（neighbor-net splitsgraph）（图3-1）中东方梨和西方梨都是截然分开的，但梨属种间特别是西方梨种之间的系统发育关系仍然得不到很好的解决。在 *LFY2int2-N* 序列的系统发育树中，只有 *P. mamorensis*、*P. gharbiana*、*P. cossonii*、变叶梨和 *P. betulifolia* 5个种为单源。亚洲梨中一直被作为原始种的豆梨并不是单源的。最新的研究暗示，豆梨可能是杜梨和川梨的杂种（Jiang et al., 2016）。系统发育树和系统网路图的分析表明，网状进化和快速辐射进化是梨属植物主要的进化方式，但迄今为止梨属植物的系统发育关系并没有得到很好的解决。

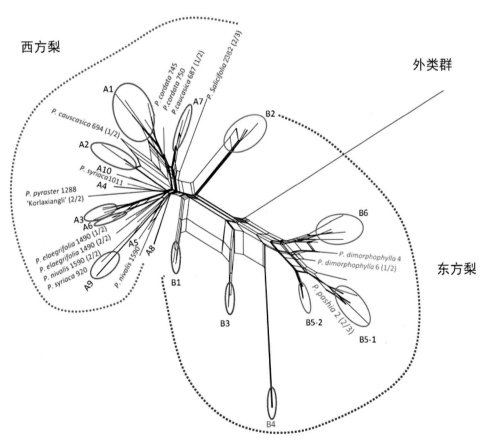

图3-1　基于 *LFY2int2-N* 序列的梨属植物邻接网络进化（Zheng et al., 2014）

注：A1 ~ A9进化枝代表不同的西方梨，B1 ~ B6进化枝代表不同的东方梨。

二、中国梨属植物分类

（一）中国梨属植物的分类历史、问题及建议

中国是世界梨属植物的发祥地和东方梨种的分化中心，物种多样性丰富。对中国梨的命名始于英国人Lindley。1826年，Lindley根据植物猎人Wilson带去的中国梨标本发表了名为中国梨的新种：*P. sinensis* Lindley。虽然川梨是1825年命名的，但命名的依据是采自尼泊尔的标本（http：//www.ipni.org）。之后，又有人公布了一些新种：杜梨（1833年）、秋子梨（1857年）、豆梨（1872年）、古鲁坝梨（*P. kolupana* Schneider，1906年）和柯氏梨（1906年）。之后，美国学者Rehder注意到了阿诺德（Arnold）树木园中种植的几株*P. sinensis*差别很大，在仔细研究了Lindley对*P. sinensis*的描述，检视了Wilson等人从中国采集的标本和种植在阿诺德树木园的亚洲梨（主要是中国梨）后，他于1915年发表了论文"Synopsis of the Chinese species of *Pyrus*"，描述了原产于中国的12个种：*P. ussuriensis*、*P. ovoidea* Rehd.、*P. lindleyi* Rehd.、*P. bretschneideri*（白梨）、*P. serotina*（砂梨）、*P. serrulata*（麻梨）、*P. phaeocarpa*（褐梨）、*P. betulifolia*（杜梨）、*P. calleryana*（豆梨）、*P. kolupana*、*P. koehnei*（柯氏梨）和*P. pashia*（川梨）。据后来俞德浚的考证，Rehder列出的这12个种中，除了*P. ovoidea*、*P. lindleyi*和*P. kolupana*在中国没有找到对应种外，其余9个种均被中国植物学家接受。但原产中国东南沿海和台湾的*P. koehnei*（柯氏梨）被俞德浚命名为豆梨的楔叶变种：*P. calleryana* Decne. var. *koehnei*（Schneider）T. T. Yu。在台湾，有人将*P. lindleyi*用来指那些在台湾广泛用作砧木被称作"鸟梨"的类型。然而，根据日本学者的研究，鸟梨不同于已记载的任何种，可能是柯氏梨与当地的大果型栽培梨的自然杂交种，并命名为*P. taiwanensis* H. Iketani et H. Ohashi（Iketani et al.，1993）。从20世纪50年代开始，俞德浚等在广泛调查了中国梨属植物后，先后发表了滇梨（*P. pseudopashia* T. T. Yu）、新疆梨（*P. sinkiangensis* T. T. Yu）、河北梨（*P. hopeiensis* T. T. Yu）、木梨（*P. xerophila* T. T. Yu）和杏叶梨（*P. armeniacaefolia* T. T. Yu）5个新种。如果包括台湾原产的鸟梨和*P. koehnei*的话，已经命名的中国梨属植物种有15个。

中国原产的梨属植物中，能够确认的基本种只有秋子梨、砂梨、杜梨、豆梨、柯氏梨和川梨6种，其余都属于种间杂种或有待确定。而对于非基本种，在标记学名时，应该遵照《国际藻类、真菌和植物命名法典（*International Code of Nomenclature for Algae, Fungi, and Plants*)》（2012版）的规则，在种名前加乘号"×"（如果×不可用，可以用小写字母x替代）或加前缀"notho-"来表示杂种性。据此，中国原产的已经确定的非基本种学名的正确标注法应该是：*P. × bretschneideri*（白梨或罐梨）、*P. × serrulata*（麻梨）、*P. × phaeocarpa*（褐梨）、*P. × sinkiangensis*（新疆梨）、*P. × hopeiensis*（河北梨）和*P. × taiwanensis*（台湾鸟梨）。

杏叶梨（*P. armeniacaefolia*）、滇梨（*P. pseudopashia*）和木梨（*P. xerophila*）是俞德浚命名的新种，对于这些梨的分类地位还需要进一步研究。当年俞德浚命名杏叶梨时，对其植物学的描述非常简单。在1974年出版的《中国植物志（第36卷）》中，对该种的描述做了较详细的补充。但该种只作砧木和栽培，没有野生种。从对该种的形态描述和基于DNA标记的研究结果（Teng et al.，2001）推测，所谓的杏叶梨可能是西洋梨的半栽培品种。滇梨的模式标本采自云南南坪，据俞德浚描述，该种和川梨很相似，主要的区别是滇梨的叶片较大，果实直径1.5 ~ 2.5cm，萼片宿存。考虑到川梨本身形态变异较大，所谓的滇梨也许只是川梨的一个大果类型。分布于克什米尔地区的川梨果实也有较大者，是否为同种有待考证。

综上所述，中国梨属植物的种类已经基本清晰，今后需对杂种起源种的系统发育关系及杏叶梨、滇梨和木梨的分类学地位进行探讨。

（二）中国梨属植物种

除特别说明外，以下种的描述主要基于俞德浚等（1974）的结论，略有改动。

1. 豆梨（*P. calleryana* Decne.） 乔木，高5～8m；小枝粗壮，圆柱形，在幼嫩时有茸毛，不久脱落，二年生枝条灰褐色；冬芽三角卵圆形，先端短渐尖，微具茸毛。叶片卵圆形至近圆形，稀长椭圆形，长4.0～8.0cm，宽3.5～6.0cm，先端渐尖，稀短尖，基部圆形至宽楔形，边缘有钝锯齿，两面无毛；叶柄长2.0～4.0cm，无毛；托叶叶质，线状披针形，长4.0～7.0mm，无毛。伞形总状花序，具花6～12朵，直径4.0～6.0mm；总花梗和花梗均无毛，花梗长1.5～3.0cm；苞片膜质，线状披针形，长8.0～13.0mm，内面具茸毛；花直径2.0～2.5cm；萼筒无毛；萼片披针形，先端渐尖，全缘，长约5.0mm，外面无毛，内面具茸毛，边缘较密；花瓣卵形，长约13.0mm，宽约10.0mm，基部具短爪，白色；雄蕊20枚，稍短于花瓣；花柱2个，稀3个，基部无毛。梨果球形，直径1.0cm以下，黑褐色，有斑点，萼片脱落，心室2（3）个，有细长果柄。花期4月，果实成熟期9—10月。主要分布于长江流域及以南地区，在山东、河南和甘肃也有分布。

根据俞德浚的考证，该种有全缘叶变种（*P. calleryana* Decne. var. *integrifolia* T. T. Yu）、柳叶变种（*P. calleryana* Decne. var. *lanceolata* Rehd.）、茸毛变型（*P. calleryana* Decne. f. *tomentella* Rehd.）。

2. 台湾豆梨或柯汉梨（*P. koehnei* Schneid.） 在俞德浚的分类系统中，将其作为豆梨的楔叶变种[*P. calleryana* Decne. var. *koehnei*（Schneid.）T.T. Yu]。与豆梨的心室（2～3个）不同，该种为3～4个心室。该种的叶片多菱状卵圆形，与普通豆梨的卵圆形有明显区别。分布于中国南部及台湾等地区。根据Challice等及其他人的研究，此种应视为单独种。

3. 杜梨（*P. betulifolia* Bge.） 乔木，高达10m，树冠开展，枝常具刺；小枝嫩时密被灰白色茸毛，二年生枝条具稀疏茸毛或近于无毛，紫褐色；冬芽卵圆形，先端渐尖，外被灰白色茸毛。叶片卵圆形至椭圆形，长4.0～8.0cm，宽2.5～3.5cm，先端渐尖，基部宽楔形，稀圆形，叶缘锐锯齿，幼叶上下两面均密被灰白色茸毛，成长后脱落，老叶上面无毛而有光泽，下面微被茸毛或近于无毛；叶柄长2.0～3.0cm，被灰白色茸毛；托叶膜质，披针形，长约2.0mm，两面均被茸毛，早落。伞形总状花序，具花10～15朵；总花梗和花梗均被灰白色茸毛，花梗长2.0～2.5cm；苞片膜质，长5.0～8.0mm，宽3.0～4.0mm，先端圆钝，基部具短爪，白色；雄蕊20枚，花药紫色，长约花瓣之半；花柱2～3个，基部微具毛。果实近圆形，单果重5.0～10.0g，2～3心室，褐色，有淡色斑点，萼片脱落，基部具带茸毛果柄。花期4月，果实成熟期9—10月。主要分布于辽宁、河北、河南、山西、甘肃、陕西、宁夏等北方地区，在湖北、安徽、江苏、江西、新疆和青海等地区也有分布。

4. 川梨（*P. pashia* Ham. ex D. Don） 乔木，常具枝刺；小枝圆柱形，幼嫩时有棉状毛，以后脱落，二年生枝条紫褐色或暗褐色；冬芽卵圆形，先端圆钝，鳞片边缘有短茸毛。叶片卵圆形，稀椭圆形，长4.0～7.0cm，宽2.0～5.0cm，先端渐尖或急尖，基部圆形，稀宽楔形，边缘有钝锯齿，在幼苗或萌蘖上的叶片常具分裂并有尖锐锯齿，幼嫩时有茸毛，以后脱落；叶柄长1.5～3.0cm；托叶膜质，披针形，不久即脱落。伞形总状花序，具花7～13朵，直径4.0～5.0cm；总花梗和花梗均密被茸毛；萼片三角形，长3.0～6.0mm，先端急尖，全缘，内外两面均被茸毛；花瓣心形，长8.0～10.0mm，宽4.0～6.0mm，白色；雄蕊25～30枚，稍短于花瓣；花柱3～5个，无毛。果实近球形，直径1.0～1.5cm，褐色，有斑点，萼片早落，果柄长2.0～3.0cm。花期3—4月，果实成熟期9—10月。主要分布于四川、云南和贵州一带。印度和尼泊尔也有分布。川梨的变种主要有无毛变种、钝叶变种和大花变种。

5. 砂梨[*P. pyrifolia*（Burm. F.）Nakai] 乔木，高达7～15m；小枝嫩时具黄褐色长茸毛或茸毛，不久脱落，二年生枝紫褐色或暗褐色，具稀皮孔；冬芽卵圆形，先端钝，鳞片边缘和先端稍具长茸毛。叶片椭圆形或卵圆形，长7.0～12.0cm，宽4.0～6.5cm，叶尖急尖，叶基圆形或近心形，稀宽楔形，叶缘锐锯齿，微向内合拢，上下两面无毛或嫩时有褐色棉毛；叶柄长3.0～4.5cm，嫩时被茸毛，不久脱落；托叶膜质，线状披针形，长1.0～1.5cm，先端渐尖，全缘，边缘具长茸毛，早落。伞形总状花序，具花6～9朵，直径5.0～7.0cm；总花梗和花梗幼时微具茸毛，花梗长3.5～5.0cm；苞片膜质，边缘有腺齿，外面无毛，内面密被褐色茸毛；花瓣卵圆形，长15.0～17.0mm，先端啮齿状，基部具短爪，白色；雄蕊20枚，长约等于花瓣一半；花柱5个，稀有4个，光滑无毛，约与雄蕊等长。果实近圆形，浅褐色，有浅色斑点；萼片脱落，种子卵圆形，微扁，长8.0～10.0mm，浅褐色。花期3—4月，果实成熟期8—9月。多分布于我国长江流域及其以南地区。日本原产的品种也归属该种。

6. 秋子梨（*P. ussuriensis* Maxim.）　乔木，高达15m，树冠宽广；嫩枝无毛或微具毛，二年生枝条黄灰色至紫褐色，老枝转为黄灰色或黄褐色，具稀疏皮孔；冬芽肥大，卵圆形，先端钝，鳞片边缘微具毛或近于无毛。叶片卵圆形至圆形，长5.0～10.0cm，宽4.0～6.0cm，叶尖渐尖，叶基部圆形至心形，稀宽楔形，边缘具有带刺芒状尖锐锯齿，上下两面无毛或在幼嫩时被茸毛，不久脱落；叶柄长2.0～5.0cm，嫩时有茸毛，不久脱落；托叶线状披针形，先端渐尖，长8.0～13.0mm，早落。花序密集，具花5～7朵，花梗长2.0～5.0cm；总花梗和花梗在幼嫩时被茸毛，不久脱落；苞片膜质，线状披针形，先端渐尖，全缘，长12.0～18.0mm；花直径3.0～3.5cm；萼筒外面无毛或微具茸毛；萼片长三角形，先端渐尖，边缘有腺齿，长5.0～8.0mm，外面无毛，内面密被茸毛；花瓣倒卵圆形或圆形，长约13.0mm，宽约12.0mm，无毛，白色；雄蕊20枚，短于花瓣，花药紫色；花柱5个，离生，近基部有稀疏茸毛。果实近球形，黄色，直径2.0～6.0cm，萼片宿存，基部微下陷，果柄短，长1.0～2.0cm。花期5月，果实成熟期8—10月。中国东北部、俄罗斯东部地区和日本东北地区有野生，栽培于我国北方地区。

7. 褐梨（*P. ×phaeocarpa* Rehd.）　从形态上推测为杜梨和秋子梨的杂种。乔木，高达5～8m；小枝幼时具白色茸毛，二年生枝条紫褐色，无毛；冬芽长卵圆形，先端圆钝，鳞片边缘具茸毛；叶片卵圆形至椭圆形，长6.0～10.0cm，宽3.5～5.0cm，叶尖急尖，叶基宽楔形，边缘有尖锐锯齿，齿尖向外，幼时有稀疏茸毛，不久全部脱落；叶柄长2.0～6.0cm，微被茸毛或近于无毛；托叶膜质，线状披针形，边缘有稀疏腺齿，内面有稀疏茸毛，早落。伞形总状花序，具花5～8朵；总花梗和花梗嫩时具茸毛，逐渐脱落，花梗长2.0～2.5cm；苞片膜质，线状披针形，很早脱落；花直径约3.0cm；萼筒外面具白色茸毛；萼片长三角形，长2.0～3.0mm，内面密被茸毛；花瓣卵圆形，长1.0～1.5cm，宽0.8～1.2cm，白色；雄蕊20枚，长约花瓣之半；花柱3～4个，基部无毛。果实圆形或卵圆形，直径2.0～2.5cm，褐色，有斑点，萼片脱落；果柄长2.0～4.0cm。花期4月，果实成熟期8—9月。主要分布在河北、山东、陕西、山西和甘肃等地。

8. 河北梨（*P. ×hopeihensis* T. T. Yu）　可能为秋子梨和褐梨的自然杂交种。乔木，高达6～8m；小枝圆柱形，微带棱条，无毛，暗紫色或紫褐色，具稀疏白色皮孔，先端常变为硬刺；冬芽卵圆形或长三角形，先端急尖，无毛，或在鳞片边缘及先端微具茸毛。叶片卵圆形至圆形，长4.0～7.0cm，宽4.0～5.0cm，叶尖渐尖，叶基圆形或心形，边缘具细密尖锐锯齿，有短芒，上下两面无毛，侧脉8～10对；叶柄长2.0～4.5cm，有稀疏茸毛或无毛。伞形总状花序，具花6～8朵；花梗长1.2～1.5cm，总花梗和花梗有稀疏茸毛或近于无毛；萼片长三角形，边缘有齿，外面有稀疏茸毛，内面密被茸毛；花瓣椭圆形至卵圆形，长8.0mm，宽6.0mm，白色；雄蕊20枚，长不及花瓣之半；花柱4个，与雄蕊等长。果实圆形或卵圆形，直径1.5～2.5cm，果褐色，萼片宿存，外面具多数斑点，心室4个，少有5个心室，果心大，果肉白色，石细胞多；果柄长1.5～3.0cm；种子倒卵圆形，长6.0mm，宽4.0mm，暗褐色。花期4月，果实成熟期8—9月。主要产于河北和山东。

9. 麻梨（*P. ×serrulata* Rehd.）　推测为砂梨和豆梨的自然杂交种。乔木，高达8～10m；小枝圆柱形，微带棱角，在幼嫩时具褐色茸毛，以后脱落无毛，二年生枝紫褐色，具稀疏白色皮孔；冬芽肥大，卵圆形，先端急尖，鳞片内面具有黄褐色茸毛。叶片卵圆形至椭圆形，长5.0～11.0cm，宽3.5～7.5cm，叶尖渐尖，叶基宽楔形或圆形，叶缘具锐锯齿，齿尖常向内合拢；幼嫩时被褐色茸毛，以后脱落，侧脉7～13对，网脉明显；叶柄长3.5～7.5cm，嫩时有褐色茸毛，不久脱落；托叶膜质，线状披针形，先端渐尖，内面有褐色茸毛，早落。伞形总状花序，具花6～11朵；花梗长3.0～5.0cm，总花梗和花梗均被褐色棉毛，逐渐脱落；苞片膜质，线状披针形，长5.0～10.0mm，先端渐尖，边缘有腺齿，内面具褐色棉毛；花直径2.0～3.0cm；萼筒外面有稀疏茸毛；萼片长卵圆形，长约3.0mm，先端渐尖或急尖，边缘有锯齿，外面具有稀疏茸毛，内面密生茸毛；花瓣卵圆形，长10.0～12.0mm，先端圆钝，基部具短爪，白色；雄蕊20枚，约短于花瓣之半；花柱3个，少有4个，与雄蕊等长，基部具稀疏茸毛。果实圆形或卵圆形，长1.5～2.2cm，深褐色，有浅褐色果点，心室3～4个，萼片宿存，或有时部分脱落，果柄长3.0～4.0cm。花期4月，果实成熟期6—8月。多产于湖北、湖南、浙江等地。

10. 白梨或罐梨（*P.* ×*bretschneideri* Rehd.）　据日本菊池秋雄调查，该种分布于河北昌黎，是当地的大果型品种与杜梨的杂种，但不是鸭梨等所谓的白梨品种的祖先。该种的花果特性在本章第一节第三部分的"梨属植物的栽培种和类型"已描述。国内出版的分类著作中多将栽培于北方的白梨品种归属于该种。

11. 台湾鸟梨（*P.* ×*taiwanensis* H. Iketani et H. Ohashi）　产于中国台湾，为台湾豆梨和当地砂梨品种的杂种（Iketani et al., 1993）。树高6～10m，新梢光滑无毛，紫褐色，细长，有少量皮孔；老枝紫褐色或深褐色，有稀疏皮孔。叶片卵圆形或阔卵圆形，长4.0～10.0cm，宽3.0～6.0cm，钝或急尖，基部钝或圆，两面无毛，叶缘钝或具细锯齿。每个花序有3～8朵花；花径3.0cm；花梗长2.0～4.0cm，无毛。雄蕊约20枚，长5.0mm；雌蕊3～5枚，无毛，长6.0mm。果实圆形，多脱萼，果径3.0cm，黄褐色或褐色，多皮孔；果肉乳黄色，石细胞多；种子扁平，狭椭圆形，长8.0～9.0mm，宽5.0～6.0mm。

12. 新疆梨（*P.* ×*sinkiangensis* T. T. Yu）　为西洋梨和白梨或砂梨的杂交种。乔木，高达6～9m，树冠半圆形，枝条密集开展；小枝圆柱形，微带棱角，无毛，紫褐色或灰褐色，具白色皮孔；冬芽卵圆形，先端急尖，鳞片边缘具白色茸毛。叶片卵圆形、椭圆形至圆形，长6.0～8.0cm，宽3.5～5.0cm，叶尖渐尖，叶基圆形，稀宽楔形，叶缘上半部有细锐锯齿，下半部或基部具钝锯齿或近于全缘，两面无毛，或在幼嫩时具白色茸毛；叶柄长3.0～5.0cm，幼时具白色茸毛，不久脱落；托叶膜质，线状披针形，长8.0～10.0mm，先端渐尖，边缘具稀疏腺齿，被白色长茸毛，早期脱落。伞形总状花序，具花4～7朵；花梗长1.5～4.0cm，总花梗和花梗均被茸毛，以后脱落无毛；苞片膜质，线状披针形，长1.0～1.3cm，先端渐尖，约长于萼筒之半，边缘有腺齿，长6.0～7.0mm，内面密被褐色茸毛；花瓣心形，长1.2～1.5cm，宽0.8～1.0cm，先端啮齿状，基部具爪；雄蕊20枚，花丝长不及花瓣之半；花柱5个，比雄蕊短，基部被茸毛。果实卵圆形至倒卵圆形，直径2.5～5.0cm，黄绿色，心室5个，萼片宿存；果心大，石细胞多；果柄先端肉质，长4.0～5.0cm。花期4月，果实成熟期9—10月。栽培于新疆、甘肃和青海。

13. 杏叶梨（*P. armeniacaefolia* T. T. Yu）　原产新疆，乔木。小枝紫褐色，无毛，叶片卵圆形或圆形，叶尖急尖或渐尖，叶基圆形或楔形，叶缘钝锯齿，表面深绿色，背面灰白色，无茸毛。因叶外观极似普通杏叶，故得名。果实扁圆形，直径2.5～3.0cm；萼片宿存；果面有少数果点，果柄长2.5～3.0cm；无梗洼；果肉白色，石细胞多；果心大，心室5个；种子椭圆形，栗褐色。果实成熟期9月下旬，成熟时果肉变软，味酸，微有香气，品质不佳。是否为基本种存有疑问，据分子生物学证据证明该种属西方梨，考虑到新疆地区梨的种类特点，推测可能为西洋梨的逃逸种。

14. 木梨（*P.* ×*erophila* T. T. Yu）　原产甘肃、山西和陕西等地，乔木，高达8～10m。枝条幼时无毛或稀疏茸毛，二年生褐灰色。叶片卵圆形至椭圆形，长4.0～7.0cm，宽2.5～4.0cm，叶尖渐尖，叶基圆形，叶缘具钝锯齿，稀先端有少数锐锯齿，上下两面均无毛。每个花序有花3～6朵；花梗幼时均被稀疏茸毛，不久脱落，长2.0～3.0cm；花直径2.0～2.5cm；雄蕊20枚，花柱5个，稀4个。果实圆形或椭圆形，直径1.0～1.5cm，褐色，有稀疏斑点，萼片宿存，心室4～5个。该种在甘肃常作砧木。

15. 滇梨（*P. pseudopashia* T. T. Yu）　野生于我国云南、贵州等省，形态与川梨很近似，唯叶片和果实较大。乔木，嫩梢具稀疏黄色茸毛，不久即脱落。果实为圆形，直径1.5～2.5cm，梗洼稍凹陷，几乎无萼洼，萼片宿存，果柄长3.0～4.5cm，心室3～4个。但至今人们还没有发现属于滇梨的半栽培种类或品种。

（三）品种命名的规范

1.品种命名存在的问题及建议　我国梨栽培历史悠久，在长期的栽培过程中，形成了3 000个以上的地方品种（蒲富慎等，1963）。这些地方品种的名称主要根据果实形状、香气、质地、外观、风味、收获期等命名，如鸭梨、大香水、软儿梨、猪嘴梨、苹果梨、火把梨和育成品种满天红、红香酥等。有些还习惯在果实特征前加原产地，如库尔勒香梨、砀山酥梨、兰州冬果等。这些品种名称当中有些有"梨"字，有些没有。另外，在不同的文献中同一品种有加"梨"字的，有不加"梨"字的，如南果和南果梨、冬果和冬果梨等。1963年出版的《中国果树志（第三卷）梨》中所列的中国梨品种名中，大部分都带"梨"字（蒲富慎和王宇霖，1963）。陕西省果树研究所和中国农林科学院果树试验站共同主编的《梨主要品种原色图谱》一书中，所有梨品种名都有"梨"字。2013年出版的《梨学》中所列举的梨品种的名称中带"梨"字或不带"梨"字者均有。在中国人发表的论文中，也同样存在上述的问题。因此，有必要根据《国际栽培植物命名法规》（*International Code of Nomenclature for Cultivated Plants*）加以规范，提出如下建议：

（1）品种加词中不应包含"梨"字，如冬果、黄冠、翠冠等，但下列情况可作为例外：①一些传统地方品种名中，品种加词通常只有2个汉字，且其中一个为"梨"字，如鸭梨、酥梨、茌梨等；②省去"梨"字可能引起歧义的习惯称谓，如苹果梨、北京白梨；③在①中列举的品种名称前面加地名后，仍然可以使用"梨"字，如砀山酥梨、库尔勒香梨、莱阳茌梨等。

（2）当需要指明品种所归属的种类时，如果该品种的归属明确，则用种的学名+'品种名'或'品种名'（种的学名）表示，如*Pyrus pyrifolia*'黄花'或'黄花'（*Pyrus pyrifolia*），但不可写为*Pyrus pyrifolia* cv.黄花或*Pyrus pyrifolia* cv. Huanghua；如果该品种的归属不明确或是杂种，则可以用属名+'品种名'来表示，如*Pyrus*'早酥'，但不可写为*Pyrus* cv.'早酥'或*Pyrus* cv.'Zaosu'。

（3）当中国品种出现在非汉字出版物中时，不应该翻译该品种的中文名称，只能用汉语拼音或原语言来标音。如不能将火把梨翻译成Torch Pear，而只能写为Huoba pear或Pear Huoba；不能将库尔勒香梨翻译为Kuerle Fragrant Pear或Korla Fragrant Pear，而只能写为Kuerle Xiangli。另外，如果在品种名中存在地名时，要在地名和其他加词之间加空格，如Dangshan Suli、Laiyang Chili等。

（4）如果出现重名问题，如雪梨、长把等，就要在品种名前面加地名。如苍溪雪梨、雁荡雪梨、兰州长把、秦安长把等以示区别。

（5）从国外引进的品种，可以译成汉语，译名以最早翻译的名称为准，不可任意改名，以免造成混乱。如Starkrimson最早翻译为红茄梨，就不能再翻译成红星梨或改名为早红考密斯。对于日本和韩国等用汉字命名的品种，直接使用原汉字名称，如二十世纪、园黄等。但在英语等采用拉丁字母的语言中，要使用原语言的拉丁字母拼法，而非汉语拼音。如二十世纪的正确拼法为Nijisseiki，园黄的正确拼法为Wonhwang。

2.栽培系统　在中国出版的文献中，根据品种起源的种将梨属植物的品种主要归为西洋梨品种群、砂梨品种群、白梨品种群、秋子梨品种群和新疆梨品种群等。日语中对应的词称系，如白梨系、砂梨系等。而在其他语境中找不到对应的词汇。近年来的研究已经表明，白梨、砂梨和日本梨品种的祖先皆为砂梨（Yue et al.，2018），加上将白梨品种归于*P. bretschneideri*是一个历史误解，考虑到三大类品种有明显的栽培地域范围，因此建议使用《国际栽培植物命名法规》中栽培品种群（group）的概念，将白梨、砂梨和日本梨品种看作砂梨的3个栽培品种群：白梨群、砂梨群和日本梨群，对应的英文名称分别为*Pyrus pyrifolia* White Pear Group、*Pyrus pyrifolia* Sand Pear Group和*Pyrus pyrifolia* Japanese Pear Group。

主要参考文献

陈嵘, 1937. 中国树木分类学. 南京: 中国农学会.

李秀根, 杨健, 2002. 花粉形态数量化分析在中国梨属植物起源、演化和分类中的应用. 果树学报, 19(3): 145-148.

林伯年, 沈德绪, 1983. 利用过氧化物同工酶分析梨属种质及亲缘关系. 浙江农业大学学报, 9(3): 235-242.

蒲富慎, 王宇霖, 1963. 中国果树志: 第三卷 梨. 上海: 上海科学技术出版社.

滕元文, 2017. 梨属植物系统发育及东方梨品种起源研究进展. 果树学报, 34 (3): 370-378.

滕元文, 柴明良, 李秀根, 2004. 梨属植物分类的历史回顾及新进展. 果树学报, 21 (3): 252-257.

吴耕民, 1984. 中国温带果树分类学. 北京: 农业出版社.

俞德浚, 陆玲娣, 谷粹芝, 等, 1974. 中国植物志: 36卷. 北京: 科学出版社: 354-372.

郑小艳, 滕元文, 2014. 基于多种DNA序列的霉梨起源初探. 园艺学报, 41 (10): 2107-2114.

邹乐敏, 张西民, 张志德, 等, 1986. 根据花粉形态探讨梨属植物的亲缘关系. 园艺学报, 13(4): 219-223.

胡昌炽, 1933. 中国莱阳慈梨の栽培に関する闓査. 園芸学会雑誌, 4: 144-153.

胡昌炽, 1937. 中華民国に於ける栽培梨の品種及其の分布. 園芸学会雑誌, 8: 235-251.

菊池秋雄, 1948. 果樹園芸学: 上巻. 果樹種類各論. 東京: 養賢堂.

Bao L, Chen K, Zhang D, et al., 2008. An assessment of genetic variability and relationships within asian pears based on AFLP (Amplified Fragment Length Polymorphism) markers. Scientia Horticulturae, 116: 374-380.

Bell R L, Hough L F, 1986. Interspecific and intergeneric hybridization of *Pyrus*. Hortscience, 211: 62-64.

Cao Y, Tian L, Gao Y, et al., 2012. Genetic diversity of cultivated and wild Ussurian Pear (*Pyrus ussuriensis* Maxim.) in China evaluated with M13-tailed SSR markers. Genetic Resources and Crop Evolution, 59: 9-17.

Challice J S , Westwood M N, 1973. Numerical taxonomic studies of the genus *Pyrus* using both chemical and botanical characters. Botanical Journal of the Linnean Society, 67: 121-148.

Iketani H, Katayama H, Uematsu C, et al., 2012. Genetic structure of East Asian cultivated pears (*Pyrus* spp.) and their reclassification in accordance with the nomenclature of cultivated plants. Plant Systematics and Evolution, 298 (9): 1689-1700.

Iketani H, Manabe T, Matsuta N, et al., 1998. Incongruence between RFLPs of chloroplast DNA and morphological classification in East Asian pear (*Pyrus* spp.). Genetic Resources and Crop Evolution, 45: 533-539.

Janick J, 2002. The pear in history, literature, popular culture, and art. Acta Horticulturae, 596: 41-52.

Jiang S, Zheng X Y, Yu P, et al., 2016. Primitive genepools of Asian pears and their complex hybrid origins inferred from fluorescent sequence-specific amplification polymorphism (SSAP) markers based on LTR retrotransposons. PLOS ONE, 11 (2): e0149192.

Kimura T, Shi Y, Shoda M, et al., 2002. Identification of Asian pear varieties by SSR analysis. Breeding Science, 52(2): 115-121.

Koehne E, 1890. Die gattungen der Pomaceen. Berlin: Gaerther.

Liu Q, Song Y, Liu L, et al., 2015. Genetic diversity and population structure of pear (*Pyrus* spp.) collections revealed by a set of core genome-wide SSR markers. Tree Genetics and Genomes, 11: 1-12.

Lketani H, Ohashi H, 1993. Taxonomy of native species of *Pyrus* in Taiwan. Journal of Japanese Botany, 68(1): 38-43.

Ozaki K, 1980. On Urticales, Ranales and Rosales of the late Miocene Tatsumitoge flora. Bulletin of the National Science Museum Series C: Geology and Paleontology: 6-12.

Potter D, Eriksson T, Evans R C, et al., 2007. Phylogeny and classification of Rosaceae. Plant Systematics and Evolution, 266 (1-2): 5-43.

Rehder A, 1915. Synopsis of the Chinese species of *Pyrus*. Proceedings of the American Academy of Arts and Sciences, 50(10): 225-241.

Rubtsov G A, 1944. Geographical distribution of the genus *Pyrus* and trends and factors in its evolution. The American Naturalist, 78: 358-366.

Teng Y, Tanabe K, Tamura F , et al., 2001. Genetic relationships of pear cultivars in Xinjiang, China as measured by RAPD markers. Journal of Horticultural Science & Biotechnology, 76: 771-779.

Teng Y, Tanabe K, Tamura F, et al., 2002. Genetic relationships of *Pyrus* species and cultivars native to East Asia revealed by randomly amplified polymorphic DNA markers. Journal of the American Society for Horticultural Science, 127: 262-270.

Terpó A, 1984. Comprehensive survey of taxonomy of species *Pyrus*. Acta Horticulturae, 161: 117-122.

Tian L, Gao Y, Cao Y, et al., 2012. Identification of Chinese white pear cultivars using SSR markers. Genetic Resources and Crop Evolution, 59: 317-326.

Vavilov N I, 1931. The origin of cultivated plants. Tokyo: Yasaka Shobou.

Vavilov N I, 1951. The origin, variation, immunity and breeding of cultivated plants. Soil Science, 72(6): 482.

Westwood M N, Challice J S, 1978. Morphology and surface topography of pollen and anthers of *Pyrus* species. Journal American Society for Horticultural Science, 103: 28-37.

Yu P, Jiang S, Wang X, et al., 2016. Retrotransposon-based sequence-specific amplification polymorphism markers reveal that cultivated *Pyrus ussuriensis* originated from an interspecific hybridization. European Journal of Horticultural Science, 81 (5): 264-272.

Yue X, Zheng X, Zong Y, et al., 2018. Combined analyses of chloroplast DNA haplotypes and microsatellite markers reveal new insights into the origin and dissemination route of cultivated pears native to East Asia. Frontiers in Plant Science, 7(9): 591.

Zheng X, Cai D, Potter D, et al., 2014. Phylogeny and evolutionary histories of *Pyrus* L. revealed by phylogenetic trees and networks based on data from multiple DNA sequences. Molecular Phylogenetics and Evolution, 80: 54-65.

第四章　梨的形态特征与生物学特性

第一节　梨的形态特征

一、根

（一）根系的形态结构

梨树的根系通常由主根、侧根和须根组成（图4-1）。主根是由种子胚根发育而形成的，主根上着生的各级分枝称为侧根；主根、侧根均为骨干根，根系的固定、贮藏功能主要靠骨干根。侧根上形成的较细的根称为须根，是根系最活跃的部分，根系的吸收、合成、转化功能主要靠须根完成。须根按其功能与结构又可分为四类：生长根（或称轴根），是根向土壤深处或远处延伸的部分，生长快，较粗，有永久性的和临时性的，一般呈白色，有吸收功能；吸收根，主要功能是吸收，并将吸收的物质转化为有机物或向外运输，一般是白色；过渡根，多由吸收根转变而来，有的在一定时期内死亡，有的转变为输导根；输导根，随发育时间而加粗，起输导水分和各种营养物质的作用。

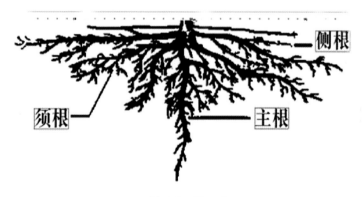

图4-1　根　系

梨实生苗主根发达，出圃起苗时，主根常折断。梨苗成活后，断口上部发生新根，新根生长快的，代替主根向下延伸形成垂直骨干根。垂直根向下生长，逐年减弱，长到一定深度时，不再延伸，有时甚至死亡。上层侧根生长强的发育为侧生骨干根，弱的发育为须根。在侧生骨干根中，向水平方向延伸的，形成水平骨干根。当垂直骨干根停止伸长或死亡时，侧生骨干根中开张角度小的和水平骨干根上向下生长的副侧根与垂直骨干根共同形成下层土壤中的根系。

（二）根系的形成与分布

梨为嫁接繁殖，根系为砧木根系。砧木种子萌发后胚根生长强，发育成主根。主根粗壮发达而须根少，影响定植成活和当年生长。所以育苗时要通过移植或切断主根，以促生侧根，提高苗木质量。随垂直根向下生长逐年转弱，侧生根即相应转强。上层侧根，强者发育成侧生骨干根，弱者发育成须根。侧生骨干根中开张角度大的，向水平方向延伸而形成水平骨干根。梨树的根系较深，成层分布，第二层根常少而软弱。垂直骨干根长到一定深度不再延伸，有时甚至有部分死亡，而由侧生骨干根中开张角度小的和水平骨干根上向下生长的副侧根，与垂直骨干根共同形成下层土中的根系。

梨树根系的垂直分布深2～3m，以地表下20～60cm最多，80cm以下根很少，到150cm根更少；水平分布范围一般为冠幅的2倍左右，少数可达4～5倍。水平根分布集中，越近主干根系越密，愈远则愈稀。树冠外一般根渐少，多为细长分叉少的根。根系分布的深广度和稀密状况，受砧木、品种、土质、土层深浅和结构、地下水位、地势、栽培模式等的影响较大。

（三）根系的年生长规律

梨树根系生长一般每年有两次高峰。春季萌芽之前根系即开始活动，之后随温度上升而日渐转旺。新梢转入缓慢生长以后，根系生长明显增强，新梢停止生长后，根系生长最快，形成第一次生长高峰。之后转慢，到采果前根系生长又转强，出现第二次高峰。然后，随温度的下降根系进入缓慢生长期，落叶以后到寒冬时，生长微弱或被迫停止生长。梨树根系的年生长活动因地区或年份、气候的不同而提早或推迟、延长或缩短；又因树龄、树势、营养分配状况不同而有变化，如幼树、旺树，在萌芽前到新梢旺长前可有一次生长高峰；再如大年结果过多，光合产物大量供应果实，分配给根的大量减少，所以，6月、7月的根系生长弱、时间短，甚至出现新生根量比死亡须根量少的状况，形成叶发黄、叶早落等情况，导致树体衰弱。

根系在萌芽前土温约为0.5℃时，即开始活动，但一般在温度达6～7℃时活动才明显。砧木不同，也有差异，杜梨要求较低，砂梨、豆梨要求高。温度在21.6～22.2℃时，根系进入生长最快时期；在27.0～29.8℃时，生长相对缓慢直到停止。在20～70cm土层中，水分含量为15%～20%时，较适于根系生长；降至12%时，根生长即受抑制。

二、芽、枝、叶

（一）芽

梨芽按性质可分为花芽、叶芽、副芽和潜伏芽4种（图4-2）。

1. 花芽　梨的花芽为混合花芽，一个花芽形成一个花序，由多个花朵构成。花芽按着生位置分为顶花芽和腋花芽（图4-3）。梨大部分花芽为顶生，着生在枝的顶端。初结果幼树和高接树易形成腋花芽，其着生在枝的侧面。一般顶花芽质量高，所结果实品质好。

2. 叶芽　着生在枝条顶端或叶腋，故有顶生、侧生两种，以侧生为主。叶芽分化分芽内分化和芽外分化两个阶段。叶芽萌发形成营养枝，也称发育枝。因此，叶芽的数量和质量直接影响梨树的营养生长和树冠扩大。

3. 副芽　着生在枝条下部主芽的侧方。梨树腋芽鳞片形成初期最早发生的两片鳞片的基部，存在潜伏性薄壁组织。腋芽萌发时，该薄壁组织进行分裂，逐渐发育为枝条基部副芽（也属于叶芽），因其体积很小，不易看到。该芽通常不萌发，只有受到刺激才会抽生枝条，故副芽有利于树冠更新。

4. 潜伏芽　着生在多年生枝条的基部，一般不萌发。梨潜伏芽的寿命可长达十几年，甚至几十年，有利于树体更新。

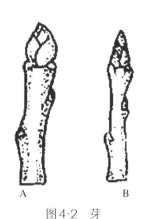

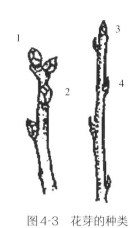

图4-2　芽

A.花芽　B.叶芽

图4-3　花芽的种类

1.顶花芽　2.腋花芽　3.顶芽　4.侧芽

（二）枝

枝不仅是果树着生叶、芽、花和果实的重要营养器官，还是形成和构成树冠的基本器官，按其生长结果性质分为营养枝和结果枝。

1.营养枝　根据其生长发育特点和枝条长短分为：发育枝、细弱枝、叶丛枝和徒长枝。

（1）发育枝　生长健壮，叶片肥大，组织充实，芽体饱满。

（2）细弱枝　较发育枝纤细而短，叶片较小而薄，芽体瘦小或"盲节"。

（3）叶丛枝　是节间密集的短小枝，具顶芽和数片叶，多由弱芽萌发而成。

（4）徒长枝　生长过旺而发育不充实的一种发育枝。表现为直立、节间长、叶片大而薄、枝上的芽不饱满、停止生长晚，多由潜伏芽受刺激萌发而成。

当年发出的新枝在秋季落叶前称为新梢，落叶后至翌年萌发前称为1年生枝，1年生枝到下年萌发前称为2年生枝，依此类推或称多年生枝。

2.结果枝　通常梨树中所谓的结果枝是指着生花芽的枝，花芽又是混合花芽，因此严格来说结果枝是结果母枝。根据其长度分为长果枝（15.0～30.0cm）、中果枝（5.0～14.9cm）和短果枝（<5.0cm）。梨树进入盛果期后多以短果枝为主，初结果幼树和高接树上长果枝相对较多，还有部分腋花芽枝。梨成龄大树会形成大量的短果枝群。

（三）叶

1.叶片形状　成熟叶片有4种形状：圆形、卵圆形、椭圆形和披针形（图4-4）。

图4-4　叶片形状

A.圆形　B.卵圆形　C.椭圆形　D.披针形

2.**叶片特性** 梨叶由叶片、叶柄和托叶3部分构成完全叶。梨叶的大小、形状、颜色等性状因品种不同存在较大差异。叶来自于叶原基，是由顶端分生组织、边缘分生组织、居间分生组织、板状分生组织和近轴分生组织同时或顺序地进行分化、生长完成的。以托叶分化最早且迅速，叶片分化次之，叶柄分化最晚。随着萌芽和新梢生长，叶片完成展叶、生长、停长和脱落整个生长过程。多数品种叶片从展叶到叶片停止增大需要15～26d。多数品种开花期叶幕形成接近10%，生理落果后叶幕形成60%左右，生理落果结束后45d叶幕基本形成。

3.**叶片作用** 叶是梨等绿色植物制造有机养料的重要器官，它的主要作用有：

（1）**光合作用** 光合作用（Photosynthesis），即光能合成作用，是梨等绿色植物在可见光的照射下，经过光反应和暗反应，利用光合色素，将二氧化碳和水转化为有机物，并释放出氧气的生化过程。光合作用是一系列复杂的代谢反应的总和，是生物界赖以生存的基础，也是地球碳氧循环的重要媒介。生产上所说的果实含糖量，其实就是梨树叶片通过光合作用合成的糖分。叶片光合作用强，合成的糖分就多，口感就好；反之，合成的糖分就少，口感就差。

（2）**呼吸作用** 呼吸作用的过程与光合作用恰好相反，其实质是：植物吸收空气中的氧气，将有机物（淀粉或葡萄糖）分解成二氧化碳和水，同时释放出梨树生长发育所需的能量。呼吸作用是一切生物的共同特征，在细胞的线粒体内进行，意义是为生物的各项生命活动提供能量。梨树生长在昼夜温差大的地区，由于夜晚气温较低，呼吸作用就低，所消耗的有机物少，果实中更多的有机物（糖分）被贮存起来，所以其果实品质往往高于温差小的地区。

（3）**蒸腾作用** 梨树吸入体内的水分，只有大约1%是真正用于各种生理过程和保留在体内的，约99%的水分被蒸腾作用消耗掉。蒸腾作用是梨树吸收水分和使水分在体内运输的主要动力，如果没有蒸腾作用的拉力，水分不可能到达植株冠部。蒸腾作用还促进了根系从土壤中吸收无机盐，以及实现无机盐在梨树体内的运输。蒸腾作用还可以降低叶面温度。在夏天的中午，如果没有蒸腾作用将热能消散，只需几分钟高温就会将梨树烧死，强烈的蒸腾作用可以使梨树夏季免受烈日灼伤。

三、花、果实和种子

（一）花

1.**花的种类** 梨花种类很多，有单瓣花、重瓣花、轮生花、离生花等（图4-5）。

图4-5 花的种类

A.单瓣离生 B.单瓣轮生 C.重瓣离生 D.重瓣轮生

2.**花芽分化** 花芽分化分为生理分化期、形态分化期和性器官形成期3个时期（图4-6）。

（1）**生理分化期** 生理分化期与叶芽分化没有区别。这一时期所形成芽的鳞片大小、多少，是芽好坏的一种标志。鳞片多且大，则芽质基础较好。鳞片因品种、营养状况、枝龄、树势和芽分化生长发育时期等不同而有差异，所以鳞片的多少、大小，又是母枝好坏、树势强弱及营养状况好坏的一种形态指标。

(2) 形态分化期 如果生理分化期芽的营养状况好，则进入花芽形态分化期；否则仍然是叶芽。进入形态分化的芽，往往开始于新梢停止生长后不久。由于树势、各枝条生长强弱、停梢早迟、营养状况、环境条件等不同，花芽分化的开始时期也不同。中国农业科学院果树研究所在定县观察到：40年生鸭梨的花芽分化在6月中旬开始，6月底至8月中旬为大量分化阶段；15～20年生树比老树要迟10d以上。对具体芽来说，凡短枝上叶片多而大、枝龄较小、母枝充实健壮、生长停止早的，花芽分化开始早，芽的生长发育也好。能及时停止生长的中长梢，顶花芽分化早于腋花芽。新梢生长旺、停止生长迟的枝梢，腋花芽分化又早于顶花芽。形态分化期花芽分化、发育要到冬季休眠时才停止。花芽在此期间依次分化花萼、花瓣、雄蕊和雌蕊原基后进入休眠。不论花芽开始分化早迟，到休眠期停止分化时，绝大部分花芽都形成了雌蕊原基。花芽分化开始迟的，分化速度快，这样花期才能表现出相对集中。所以，花芽分化开始迟的，因分化及发育时间短，营养不足，正常花朵数少，发育不良，受精坐果能力差，所结果实也小。

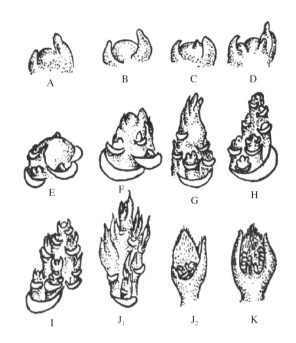

图4-6 日本梨长十郎的花芽分化（高木 等，1973）

A.未分化 B.分化第一期 C.分化第二期 D.分化第三期
E～H.侧花分化期 I.顶、侧花萼片形成期，侧花发育的早期
J_1.花瓣形成期 J_2.雄蕊形成期 K.雌蕊形成期

(3) 性器官形成期 性器官形成期通常发生在翌年早春，继续进行雌蕊的分化和其他各部分的发育，直到最后形成胚珠，然后萌芽开花。

3.开花与授粉 梨花为完全花，由花萼、花瓣、雄蕊和雌蕊构成。其花序为伞房花序，每个花序有花5～10朵。通常分为少花、中花、多花3种类型。平均每个花序5朵以下的为少花类型，如明月、今村秋、茌梨、汉源白等；5～8朵的为中花类型，如酥梨、鸭梨、康德、长十郎、雪花梨等多数品种；8朵以上的为多花类型，如二十世纪、菊水、夏梨、苹果梨、软把、京白梨等。梨花序基部的花先开，先端中心花后开，先开的花坐果好。多数梨品种每个花序能坐果2个以上。影响坐果率的因素很多，也很复杂。气候、土壤、授粉受精、营养、树势状况等等都会对坐果产生影响。

授粉受精是实现坐果的重要生命活动。梨绝大多数品种自花结实率低，甚至为零，如鸭梨、茌梨、酥梨等，因此建园时均要配置授粉品种。梨多数品种有效授粉期为3～5d。据河北农业大学研究人员观察：鸭梨从授粉到受精所需时间，上午授粉的需48h以上；中午和傍晚授粉的，64h内基本未能坐果。还有研究结果表明：梨授粉到受精所需的时间主要取决于当时的气温，气温在25℃左右时，72h（3d）内可完成受精。日本平塚伸等（1980）研究表明，异花授粉96h后受精。日本林胁坂的研究结果：在15～17℃时，长十郎等5个品种的花粉在6h后萌芽率达90%以上。据浅见与七的研究可知：长十郎×今村秋授粉后3～4d，花粉管才进入胚囊受精。梨树有花粉直感现象，能使果实外形、品质等因父本不同而有所变化。

(二) 果实

1.果实形状 成熟后的果实大致分为11种外部形态：扁圆形、圆形、长圆形、卵圆形、倒卵圆形、圆锥形、圆柱形、纺锤形、细颈葫芦形、葫芦形和粗颈葫芦形（图4-7）。

图 4-7　果实形状

A.扁圆形　B.圆形　C.长圆形　D.卵圆形　E.倒卵圆形　F.圆锥形　G.圆柱形　H.纺锤形
I.细颈葫芦形　J.葫芦形　K.粗颈葫芦形

2.结实特性

（1）开始结果树龄　梨开始结果树龄因树种和品种而异。一般砂梨较早，为3～4年；白梨为4年左右；秋子梨较晚，为5～7年。但品种间差异较大，如白梨品种群中的鸭梨3年即可结果，而蜜梨需7～8年才结果。与气候条件也有关系，如蜜梨在江苏南部栽培，11年以上才结果。梨树枝条转化为结果枝较易，适当控制顶端优势，开张角度，轻剪密留，加强肥水管理，即可提早结果。随着栽培模式的变革和技术的提高，梨开始结果树龄明显提早。

梨树是高产果树。一般常规生产20年生以上树株产100～150kg，每公顷产45 000～60 000kg，高产者每公顷可达120 000kg左右。为提高果品质量，生产上每公顷产量连年稳定在37 500～45 000kg为宜。

（2）结果枝类型　梨树以短果枝结果为主，中长果枝结果较少。不同品种间结果枝类型差异较大，秋子梨多数品种有较多的长果枝和腋花芽结果，而在砂梨中的幸水等及西洋梨品种中则少见。砂梨品种群中的新世纪、新高等多以短果枝和腋花芽结果；白梨品种群中如茌梨、雪花梨易见长果枝和腋花芽结果，而鸭梨、酥梨等则少见。因树龄时期不同结果枝类型也有差异。一般初结果期，易见中、长果枝结果，盛果期至老年树少见。结果枝的结果能力与枝龄有关，梨树以2～6年生枝的结果能力较强，7～8年以后随年龄增大而结果能力衰退。但有的品种，如鸭梨短果枝寿命较长，在营养条件较好的情况下，8～10年仍能较好结果。梨第2～4序位的花结果质量高。

梨树果台上一般可发1～2个果台副梢，发生果台副梢的数量和类型，与种类、品种、树势、树龄、枝的强弱等有关。多数品种在通常情况下均易形成短果枝群而连续结果。

3.落花落果　梨落花落果通常有两个高峰：第一个高峰以脱落的未受精的花为主，称为落花，鸭梨通常发生在盛花后17d左右，其主要原因是花芽质量差，授粉不良；第二个高峰以脱落的幼果为主，称为落果，鸭梨发生在盛花后20d左右，其主要原因是营养缺乏。

4.果实发育与成熟 多数梨品种果实的生长曲线为单S形，但纵径和横径、体积、重量的生长动态又各有特点。

（1）纵径和横径生长 以鸭梨为例，在果实生长发育中纵径始终大于横径。在坐果初期，纵横径的增长均较快，开始增快的日期，纵径在开花后5d，横径在开花后21d（韦军，1984）。6月上旬至7月中旬，胚进入迅速增长期，纵横径的增长变缓。从7月中下旬胚充满种皮后，果径增长又变快。果实成熟前2～3周（9月），果径增长变缓。

（2）体积增长 梨坐果后体积增长量较小，到开花70d前后（约在7月上旬），体积增长加快，在7月中下旬进入旺盛增长期，直到果实成熟前（图4-8）。但也有少数品种体积增长发生在果实成熟前的40～50d，如酥梨的果实体积迅速增长通常在8月上旬开始。

（3）重量的增长 果实鲜重的增长基本与体积同步，在6月底以前增长量很少，直到7月上旬开始增长加快，7月中下旬以后急速增长。果实干重迅速增长开始期稍早于体积和鲜重，约在花后70d，此后增长很快，到成熟前2～3周增长变缓。

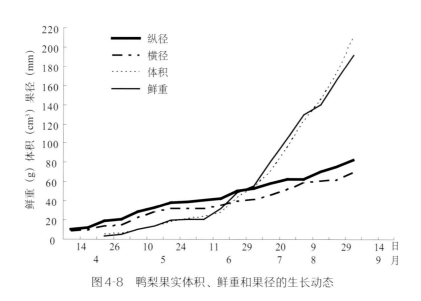

图4-8 鸭梨果实体积、鲜重和果径的生长动态

（三）果实外观品质发育

1.果形 每一品种有其固有的果形，果形随果实的膨大发生一定的变化。如鸭梨果实呈倒卵圆形，果形指数为1.1～1.2。果实在生长发育过程中，果形指数逐渐变小，鸭头状突起逐渐明显。

影响果形的因素有：

（1）果实着生序位 花序基部着生的果实，果形端正。同一序位果实中，树冠外围果形好于树冠内膛。

（2）授粉条件 授粉受精条件好的果形端正。若授粉条件不良，部分心室未形成种子，易产生畸形果。

（3）缺素影响 幼果缺硼也会使果实畸形，梨区群众称之为"疙瘩梨"。其他如早期的梨黑星病、椿象危害等均会导致畸形果的形成。

2.果皮发育 梨的果实在植物学上称为"假果"，其外皮由花托和萼筒（基部）外层组织形成，与真果的果皮由子房壁形成不同，但在习惯上多称为"果皮"。

（1）果皮结构 鸭梨的果皮由3部分组成，最外面是由蜡质和角质组成的覆盖物，其内是表皮细胞层，表皮细胞层内是木栓化细胞和厚壁细胞层（是"皮"的主要部分）（图4-9）。

（2）表皮层发育 表皮细胞处在花托和萼筒的最外面，开花前为小型的长方形细胞，排列紧密，细胞质浓，并含有许多叶绿体，使未成熟果实呈现绿色。表皮上分布着气孔器，着生稀疏的表皮毛。

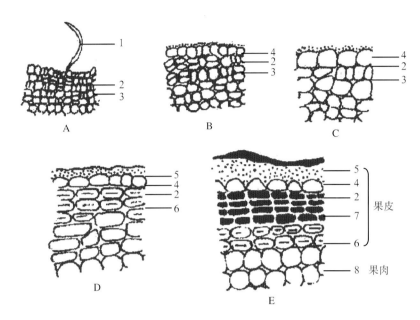

图4-9 鸭梨果皮结构及其发育（傅玉瑚 等，1995）

A.花蕾膨大期 B.开花期 C.开花后15d D.花后30d E.花后110d

1.表皮毛 2.表皮细胞 3.刚完成分裂的细胞 4.角质层 5.蜡质层 6.厚壁细胞 7.木栓化细胞 8.薄壁细胞（果肉）

在临开花前，表皮毛脱落。据邯郸农业专科学校研究发现，鸭梨的表皮细胞只进行垂周分裂，因而表皮层只有一层细胞，与茌梨、二十世纪有两层表皮细胞不同。随着幼果生长，表皮细胞形状逐渐由长方形变为方形、近半圆形或三角形，其外的角质逐渐"填充"到细胞间隙中，表皮细胞排列显得十分松散。鸭梨果实的表皮层，除果柄周围由于尚不清楚的原因易自然破裂外，其余表皮在不遇到外来伤害（如机械伤害、冻害、药害等）的情况下，发育完整。

（3）角质和蜡质发育 角质覆盖在表皮层外。梨的品种中，鸭梨、茌梨、秋白的角质层较厚，而锦丰较薄（张华云 等，1997）。鸭梨的角质在临开花前开始出现，开花期已很明显，此时虽很薄，但厚度均匀。此后随果实生长逐渐加厚，开始出现厚薄不均的情况，并随着表皮细胞间隙的扩大，逐渐"填充"到间隙中。在自然条件下，角质发育较充分，厚度较大，而果实套袋后，角质厚度较薄。

蜡质覆盖在角质层外，为果实的最外层覆盖物。与苹果相比，梨的蜡质很薄。梨的品种中，鸭梨的蜡质厚度薄且不均匀，而雪花梨、砀山酥梨则较厚，也较均匀。鸭梨的蜡质约在盛花后30d产生，此后逐渐增厚。果实套袋，促进了蜡质的发育，其厚度较不套袋增加。

（4）木栓细胞层及厚壁细胞层发育 木栓细胞层在表皮层内，其内是厚壁细胞层，二者是组成梨的坚韧果皮的主要部分。在梨的品种中，鸭梨、茌梨、秋白的木栓细胞和厚壁细胞层较厚，为6～10层，厚34～40μm；而苹果梨、锦丰较薄，为2～4层，厚约20 μm（张华云 等，1995）。鸭梨从盛花后20～25d细胞停止分裂时起，靠近表皮的细胞壁开始加厚，逐渐发育成厚壁细胞。厚壁细胞形成的顺序是由表皮向心、果实梗端向萼端发展，其细胞形状也逐渐变为方形、长方形。

花后40d左右，靠近表皮的厚壁细胞开始木栓化。木栓化的顺序与胞壁加厚的顺序相同，细胞的形状趋于扁平。到近成熟时（盛花后150d），果实梗端有4～5层木栓化细胞、2～4层厚壁细胞。果实胴部、萼端的层数依次减少。

（5）影响果皮发育的因素 强光和干燥的气候促进角质发育，而弱光和较高的湿度则有利于蜡质发育，因此套袋果实比不套袋果实的蜡质厚而角质薄。果面受到枝叶摩擦，幼果受波尔多液等农药的伤害，表皮及其覆盖物遭破坏，会使木栓化细胞暴露，形成锈斑。喷施多元素微肥多效素（河北石家庄农业学校研制）则有利于蜡质的形成。

3.果点和锈斑　梨的果点和锈斑对果实外观有重要影响。在梨的品种中，鸭梨的果点较小，花盖、苹果梨、苍溪雪梨等品种的果点较大。为改善果实外观品质，应了解果点和锈斑的发育。

（1）果点发育　果点主要由果面的气孔演变而成。由于气孔在果实不同部位的密度不同（表4-1），果点在果实各部位的密度也不相同。果实梗端果点稀少而大，萼端果点小而密集，胴部居中。

表4-1　鸭梨花托不同部位气孔密度（马克元 等，1999）

花朵序位	近萼端	胴部	近梗端
1	96	80	54
6	94	78	52

注：开花期观察，10个视野（160倍）的平均数。

①果点发育过程：据马克元等（1990）研究，果点形成经过气孔期、皮孔期、果点形成及增大期3个阶段。

气孔期：指幼果果面保卫细胞破裂前的一段时期，此期果面为一层排列规则的长方形表皮细胞，其上无规则地分布着气孔器。它由两个半月形保卫细胞组成，并明显下陷于表皮细胞层之中，可正常行使气孔功能，表皮层外覆盖着角质层。

皮孔期：指保卫细胞内缘破裂，至出现填充细胞，形成皮孔，但填充细胞尚未木栓化之前的一段时期。此期表皮层以内的细胞壁开始加厚，表皮层以外的角质层更加明显，保卫细胞内缘开始破裂，最后全部消失形成孔洞，此孔即为皮孔。此时孔洞底部的细胞迅速分裂，产生许多小薄壁细胞（即填充细胞）来填充孔洞，起临时保护作用。

果点形成及增大期：指填充细胞木栓化后突出果面的一段时期。此期表皮层外的角质层明显增厚，蜡质明显，皮孔内填充细胞逐渐增多并缓慢木栓化，成为栓化细胞群而突出果面，成为果点。有的栓化细胞群将表皮层顶起。此后，栓化细胞群体积增大，层次增多，栓化程度加重，颜色加深，果点变大。

②果点发生、发育的时期：在一个果实上，梗端果点出现最早，一般在盛花后20～30d开始发生；其次是胴部，在盛花后30d；萼端出现最晚，在盛花后70d以上。果实各部位发生果点的时间，以梗端最短（50d），胴部为70d，萼端在70d以上。果点发育（增大）的时间，用套袋方法间接推算，胴部果点约为50d（傅玉瑚，1991）。

（2）锈斑发育　锈斑发育受遗传和外界环境条件的共同影响。据马克元等（1991）报道（图4-10），鸭梨锈斑的形成经过薄壁细胞期、厚壁细胞期、木栓形成期和锈斑形成期4个阶段。

①薄壁细胞期：指幼果表皮细胞层内的薄壁细胞壁加厚前的一段时期。此期表皮细胞为规则的长方体，体积小，排列紧密，细胞质较浓，有许多叶绿体。表皮层外覆盖一层较薄的角质。表皮层内为正在分裂的小薄壁细胞，其排列、大小近似表皮细胞，只是细胞质浓度较低、叶绿体少。其中，近表皮层的一部分细胞在未来发育成木栓化细胞。露出表皮后即成为锈斑，因此可称为锈原细胞。锈原细胞内是花托皮层细胞，它们体积大、壁薄、间隙大，排列不规则，发育为未来的果肉。

②厚壁细胞期：指锈原细胞从胞壁加厚到木栓化前的一段时期。此期表皮层、角质和蜡质层增厚而完整，但表皮细胞纵向加长，锈原细胞逐渐增大，胞壁开始加厚（越近表皮的细胞加厚越早）。此期厚壁细胞层数逐渐增加。

③木栓形成期：指锈原细胞逐渐栓化的过程。此期锈原细胞由近表皮层处向内逐渐木栓化，形状也由长方形变为扁平状。表皮层及其覆盖物仍很完整，但表皮细胞间隙大，叶绿体减少。

④锈斑形成期：指表皮层及其覆盖物破裂、表皮细胞崩毁、木栓化细胞露出的时期。此期表皮层及其覆盖物的破裂首先由果点周围开始，随后梗端其他部位也出现破裂和细胞崩毁，露出栓化细胞，形成锈斑。此期梗端栓化细胞和厚壁细胞达到8～9层，胴部及萼端层数较少。需要指出的是，在木栓

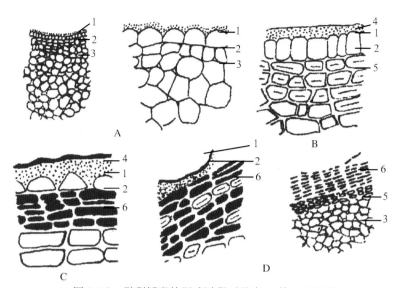

图4-10　鸭梨锈斑的形成过程（马克元 等，1991）

A.薄壁细胞期　B.厚壁细胞期　C.木栓形成期　D.锈斑形成期
1.角质层　2.表皮层　3.薄壁细胞　4.蜡质　5.厚壁细胞　6.木栓化细胞

形成期以后，整个鸭梨果实全部覆有木栓化细胞层；但由于自然条件下表皮层细胞的崩毁及其覆盖物的破裂，只发生在果实的梗端，因而锈斑只在梗端产生。如果果实的其他部位因枝叶摩擦或农药伤害了表皮及其覆盖物，露出栓化细胞，则该部位也会产生锈斑。

（3）**锈斑发育时期**　从一个果实看，锈原细胞壁的加厚以果实梗端开始最早，依次是胴部和萼端。梗端在盛花后20～30d锈原细胞壁开始加厚，40d开始栓化，45d果点周围出现锈斑，60d果点以外出现锈斑（马克元等，1991）。据此推算，从锈原细胞壁开始加厚，到出现锈斑约需20d。锈斑出现以后，逐步扩大。果实套袋试验表明，锈斑扩大的时间很长，约在100d以上（傅玉瑚等，1991）。

（4）**影响果点和锈斑发育的因素及改善果面外观的技术途径**

①气候条件：花器及幼果遇到晚霜，花托或幼果的表皮层及其内的组织受冻害后，会在受害部位（多在果实胴部至萼端间）产生环状锈斑（霜环）或片状锈斑。

②土壤条件：生产实践表明，粉沙土、沙壤土梨园的鸭梨果点小，而中壤、重壤和黏壤土的梨园果点大。

③农药及果面涂剂：鸭梨幼果期喷洒波尔多液后，果点和锈斑增大。因鸭梨幼果对铜离子敏感，喷洒后损害幼果的果皮外层结构，形成锈斑并使果点增大。鸭梨还对硫悬浮剂等硫制剂敏感，在果实生长期使用也易造成药害，产生锈斑。另外，代森锰锌也易诱发果点，使锈斑加重。

农药中对果面有较好影响的是多菌灵，喷后果点显著变小，锈斑面积减少78%。果面涂抹保水剂也有显著作用，可能与其在果面形成一层保护膜有关。

④果实套袋：果实套袋能显著减少锈斑面积和果点直径，锈斑面积减少78%，果点直径减小近50%。其原因主要是套袋抑制了果点和锈斑的发育进程，因而缩短了果点和锈斑的发育时间。果点发育中，套袋果实的皮孔晚出现15d以上，果点晚形成30d。由于果点的增大需要一定时间，因而套袋使果实的果点扩大时间缩短。在锈斑发育过程中，套袋果实木栓化细胞晚出现45d，表皮层及其覆盖物晚破裂30d，因而锈斑晚形成30～45d，锈斑增大期也比裸果缩短。另外，在套袋条件下，果实受光照、降水、农药等的刺激小，这也是果点、锈斑较小的原因之一。

（四）果实内在品质发育

果实品质是决定果实经济价值的重要因素。梨作为鲜食果品，其内在品质在市场竞争中显得尤为重要。果实内在品质主要取决于糖酸含量及比值、果肉质地、石细胞数量及香气。掌握梨内在品质形成机制和发育规律，有助于人为调控、改善果品质量。

1.果肉生长　果肉指表皮以内可食部分，主要由薄壁细胞构成。其间分布着微管组织、石细胞和其他异型细胞，如单宁细胞和晶体细胞等。

果肉细胞生长主要通过薄壁细胞分裂和细胞乃至胞间隙的膨大而实现。鸭梨薄壁细胞的分裂期通常自盛花后持续25d左右。此后，果实增大则主要依靠已分裂完毕的细胞体积扩大和胞间隙增大。因此，果实大小主要取决于前期细胞分裂数量和中后期细胞体积膨大量。掌握果实生长过程，是制定栽培方案和促进果实增大措施的理论依据。

果肉薄壁细胞的形状和大小，影响果实的肉质。据莱阳农学院（1978）报道，梨果肉细胞有两种，即团围细胞和团间细胞。团围细胞指围绕石细胞团的长条形或椭圆形的细胞，呈放射状排列；团间细胞指分布于团围细胞间的多边形细胞。团围细胞和团间细胞很少的梨品种，表现出肉质粗、渣滓多，如安梨、马蹄黄等。团围细胞短或长短不一、团间细胞大且多者，则果肉质细、汁多，如鸭梨等。

果实的肉质受光照、氮素和土壤因素的影响。若光照过强，将导致果实中多酚氧化酶、过氧化物酶活性增高，促进木质素合成，加速果肉中石细胞形成，使果肉质地粗糙。施氮肥过多或单一施氮肥，则使细胞原生质增多，果肉质地粗糙多渣，果实硬度变大。黏重土壤较沙质土壤生产的梨果肉质粗。因此，在生产管理中应针对这一特性，采取相应措施，提高果实内在品质。

2.果实中矿质元素含量年周期变化　在果实生长发育过程中，其内部矿质元素含量处于不断变化中，河北农业大学对此进行了研究。

（1）常量元素年周期变化特点　果实中主要常量元素（N、P、K、Ca、Mg）含量，随果实发育进程表现出规律性变化（图4-11、图4-12）。

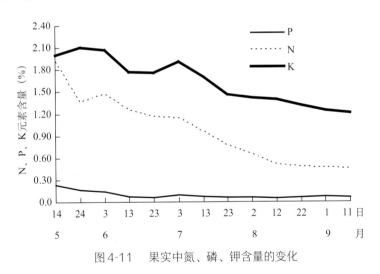

图4-11　果实中氮、磷、钾含量的变化

氮在果实的年发育周期中，花后30d（5月14日）含量最高（2.06%），随着果实膨大，呈现递减规律。果实成熟期氮含量最低（0.36%）。前期氮的来源主要靠树体前一年贮藏的养分。因此，应注意秋施基肥，并配合少量速效氮肥。

磷含量随果实膨大而递减，但趋势平缓。5月14日幼果含磷量最高（0.24%），随果实的膨大至6月4日下降至0.12%，果实采收时含磷量最低。

钾含量变化动态与氮相似，年周期变化波动较大，但总趋势是幼果期高于成熟期。如5月14日果实含钾量为2.04%，5月28日果实含钾量最高，为2.15%。随果实的发育，含钾量逐渐减少，至果实采收时含钾量最低（1.11%）。

钙含量与镁含量变化趋势基本一致，表现为随着果实膨大而逐渐减少。幼果钙含量为0.12%，而

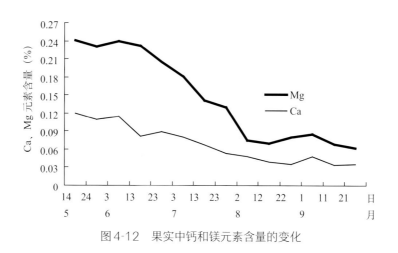

图 4-12　果实中钙和镁元素含量的变化

成熟果只有 0.03%。钙大部分存在于老枝、老叶中，且又为不可移动元素。因此，应在生长季内分期施用，尤其果实膨大阶段需钙较多，及时补钙对提高果实品质有重要意义。

镁含量的变化特点与氮、钾等元素的变化特点相似，表现出幼果高于成熟果。如 5 月 14 日幼果含镁量为 0.24%，采收时含镁量为 0.05%。

（2）微量元素年周期变化特点　微量元素（Fe、Zn、B、Mn、Cu）在鸭梨果实发育过程中起着重要的作用。果实中微量元素年周期变化特点如图 4-13、图 4-14、图 4-15 所示。

铁含量随果实的发育呈现峰谷起伏较大的变化趋势。一年中 6 月 20 日出现一个含量小高峰（91.3mg/kg），8 月 11 日达全年含量最高值（168.4mg/kg）。此后果实中铁含量逐渐减少，在果实成熟期

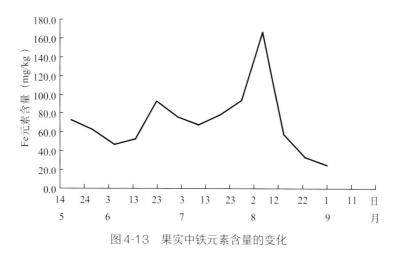

图 4-13　果实中铁元素含量的变化

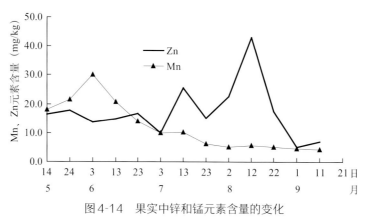

图 4-14　果实中锌和锰元素含量的变化

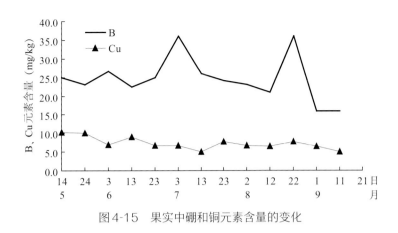

图4-15　果实中硼和铜元素含量的变化

含量最低，仅为20.4mg/kg。

锌含量变化特点与铁的变化特点相似，7月13日出现第一个高峰（28.9mg/kg），经过一个阶段下降后，8月2日出现一个小高峰（25.1mg/kg），8月11日达全年最高峰，含量为42.7mg/kg。此后迅速下降，到果实采收前含量最低（5.6mg/kg）。

在鸭梨果实发育过程中，锰含量较为平稳，但也呈逐渐递减趋势。5月14日第一次取样时锰含量为14.9mg/kg，果实采收时只有3.8mg/kg。

硼在果实的年周期发育过程中也呈现波浪式的变化。6月3日出现第一个吸收高峰，含量为27.5mg/kg；随果实的发育，7月3日出现第二个高峰，含量为36.3mg/kg；8月22日出现第三个高峰，含量为36.4mg/kg，果实采收前含量较低，仅为17.5mg/kg。

果实中铜含量表现为幼果最高，此后随果实发育逐渐减少；7月13日下降至最低，此后略有提高8月22日后铜逐渐下降；采收时最低，仅为4.1mg/kg。

（3）果实与叶片中矿质元素间周年变化相关性分析　通过对鸭梨叶片和果实中同一矿质元素进行单相关分析（河北农业大学，1996），结果表明，叶片与果实之间同一矿质元素在周年变化中N、P、K、B呈正相关关系，Ca、Mg、Mn呈负相关关系，Fe、Cu、Zn不相关。说明在增加叶片N、P、K、B的含量时，果实中N、P、K、B的含量相应提高；而叶片中Ca、Mg、Mn的含量增加时，果实中Ca、Mg、Mn的含量反而下降，原因有待进一步研究。

3.石细胞及石细胞团　人们食用时感受到果肉中的"石细胞"，实际上是由多个石细胞组成的石细胞团。石细胞团的大小和数量也是影响果实内在品质的因素之一。石细胞团的大小取决于石细胞的大小和数量，石细胞大或多，则石细胞团也大。

鸭梨在授粉后9d开始形成单个石细胞，30d出现石细胞团（张秋萍等，1986）。果肉中石细胞团的分布有一定规律性。鸭梨同大部分品种一样，从纵向看，以果顶部石细胞团最多，胴部次之，果基部最少；从横向看，近果皮处的石细胞团较多且大，果肉中部较稀且少，果心周围最多且最大。鸭梨在石细胞团直径小于100μm时，食用时不影响口感。白梨品种群、和砂梨品种群的多数品种的石细胞团较小，直径为100～250μm；秋子梨系统的多数品种的石细胞团多大于250μm（顾模等，1989）。

从生理学上讲，石细胞主要是由木质素沉积形成的。木质素是酚类化合物的聚合物，其生物合成是通过苯丙烷类代谢途径进行的。从木质素的生物合成途径可以看出，苯丙氨酸解氨酶（PAL）是整个苯丙烷类代谢的第一个关键酶。从肉桂酸开始，为木质素的生物合成提供前体的酶有肉桂酸-4-羟化酶（C_4H）、4-香豆酸CoA内酯酶（4CL）及多酚氧化酶（PPO）等。香豆素醇、松柏醇及芥子醇在多酚氧化酶的作用下聚合成木质素。因此，生产上可以通过采用技术措施调节这些酶的活性来影响木质素的产生。例如，果实套袋可抑制PAL、PPO活性，导致木质素含量明显下降，最终抑制石细胞的形成。

4.果实中糖、酸含量及其年变化　果肉的风味品质主要由糖、酸含量及二者的比值决定。糖酸比高则味甜；反之则味酸。优质鸭梨的糖酸比多在55以上。糖酸比相同时，果实中糖、酸的绝对含量决定风味的浓淡，糖、酸含量高则风味浓。

（1）果实中糖含量及其年变化　梨果实中的糖主要来自叶片光合产物淀粉的分解。不同种类不同品种梨中果糖、葡萄糖、山梨糖醇及蔗糖的含量及比例是不同的。鸭梨同多数梨品种一样，糖分主要有果糖、葡萄糖和蔗糖3种，其中果糖最多，葡萄糖次之，蔗糖最少。同一果实的不同部位糖含量不同，萼端最高，胴部、梗端依次降低；胴部从外向内含糖量依次降低（王彦敏等，1992）。

据河北农业大学胡庆祥等（1996）研究报道，在鸭梨果实整个发育过程中，总糖和果糖含量不断增长，且有两个高峰（6月中旬至7月上旬、8月下旬至9月上旬），葡萄糖和蔗糖的增长较平缓，尤其是蔗糖几乎无高峰；淀粉含量变化呈抛物线状，5月下旬至6月增长很快，6月底达到高峰，从7月初迅速分解，含量下降，至采收时仅有少量。

（2）果实中酸含量及其年变化　梨果实中的酸以苹果酸为主，其次为柠檬酸，还含有其他少量的有机酸如琥珀酸、半乳糖醛酸、奎尼酸、莽草酸等。这些有机酸除少量与矿质金属离子（如钾）形成盐外，大部分以游离酸的状态存在。

据胡庆祥等（1996）报道，鸭梨幼果期有机酸含量最高，之后随果实的发育呈逐渐降低趋势。糖酸含量的上述变化使果实成熟期糖酸比迅速提高。

5. 果实香气　果实香气是影响果实内在品质的重要因子，香味赋予了不同品种果实的特征风味。

（1）香气物质的种类及形成

①香气物质的种类：梨果实中的香气主要有两大类型，一是脂肪酸代谢型香气，二是氨基酸代谢型香气。鸭梨果实的挥发性物质包括酯类、醇类、醛类、酸类等，是果实芳香气味的主要成分。河北农业大学（1998）研究结果表明，未套袋鸭梨果实含有挥发性成分23种，其中酯类12种，包括丙酸乙酯、丁酸乙酯、2-甲基丁酸乙酯、戊酸-3-甲酯、羟基戊酸甲酯、己酸乙酯、3-羟基己酸乙酯、辛酸乙酯、癸酸乙酯、十六酸乙酯、2，4，6-三甲基十二酸甲酯、3-庚炔-2，6-二酮-5-甲基-5（1-甲酯）等；烷类3种，包括正十五烷、正十七烷、三甲基-甲硼烷；酮类（3，4-环氧-3-乙基-2-丁酮）、醇类（1-己醇）和膦类（二乙基膦）各1种，未知成分5种。挥发性成分以酯类为主，酯类中以丁酸乙酯、己酸乙酯为主。

Takeoka等（1986）报道，二十世纪、幸水等梨品种中芳香物质主要种类也为酯类，以2-甲基丁酸乙酯、乙酸乙酯、丁酸乙酯、2-甲基丙酸乙酯、丙酸乙酯等为主。张国珍（1992）报道，梨的主要成香成分是甲酸异戊酯。

②香气物质的形成：关于香味挥发物的来源、形成和代谢机制的研究较少。脂肪酸代谢形成了一系列天然的挥发物，如脂肪族类、醇、酸和羰基化合物（张运涛，1998）。果实成熟过程中，某些脂肪酸能够转化为酯、酮和醇类。此外，果实成熟过程中，磷脂的降解速率也不断增加，这为挥发物的合成提供了游离的脂肪酸（Bartby，1985）。Gallim'd（1968）发现，苹果果实中脂肪酸主要成分亚油酸的比例，呼吸跃变前高于跃变后。Meigh等（1967）发现，苹果花朵落瓣150d后，脂肪酸的裂解速度几乎与合成一样快。由此可见，脂肪酸可能是挥发性物质生物合成的重要前体之一。

梨在成熟时产生的果香，很多是由长链脂肪酸经β-氧化衍生而成的中碳链（$C_6 \sim C_{12}$）化合物。2E，4Z-癸二烯酸乙酯是梨的特征嗅感物，它是由亚油酸经β-氧化生成的。

（2）香气物质的含量　河北农业大学（1998）报道，未套袋鸭梨果实中挥发性物质成分中，酯类相对含量占68.79%，绝对含量为$14.91 \times 10^{-2} \mu L/g$；酮类相对含量为2.14%，绝对含量为$0.46 \times 10^{-2} \mu L/g$；醇类、膦类、烷类的相对含量分别为5.49%、0.81%和4.04%，绝对含量分别为$1.19 \times 10^{-2} \mu L/g$、$0.18 \times 10^{-2} \mu L/g$和$0.87 \times 10^{-2} \mu L/g$。而胎黄中酯类相对含量为92.85%，绝对含量为$25.31 \times 10^{-2} \mu L/g$。鸭梨果实酯类中，丁酸乙酯和己酸乙酯二者相对含量为39.9%，在酯类中占58.0%；绝对含量之和为$8.65 \times 10^{-2} \mu L/g$，在酯类中也占58.0%。

（3）影响香气物质含量的因子

①品种：不同梨品种间挥发性成分含量不同，胎黄中酯类物质含量高于鸭梨（徐继忠 等，1998）。

②采收时间：生产实践表明，随着梨采收期的推迟，果实的香味逐渐浓郁。

③生长调节剂：Rimmfi 等（1983）发现，乙烯生物合成和果实成熟的有效抑制剂氨氧乙氧基乙烯基甘氨酸（AVG），对梨果挥发物的产生有抑制作用。采前施用丁酰肼（B$_9$）1 000mg/L，延缓了旭和科特兰苹果中5种香味挥发物的生成。Rizzlol 等（1993）研究表明，树体施用多效唑（PP333），可明显抑制果实采收时特征香气的产生。

④套袋：鸭梨套袋后果实内挥发性成分及含量均发生变化（表4-2）。套袋鸭梨果实内挥发性物质有24种，其中酯类8种，酮类、醇类、膦类各1种，烷类2种，未知待定成分11种。酯类相对含量为45.65%，绝对含量为8.79×10^{-2}μL/g。与未套袋鸭梨相比，套袋果实中大部分酯类含量降低，如辛酸乙酯、癸酸乙酯、十六酸乙酯、丙酸乙酯、丁酸乙酯等。并且有一些成分消失，如己酸乙酯、戊酸-3-甲酯，但却增加了巯基乙酸乙酯、己酸-3-甲酯两种成分。套袋果中醇类变化也较大，1-己醇由未套袋的5.49%增加到套袋的13.54%。

表4-2 鸭梨果实中挥发性物质的成分（徐继忠 等，1998）

组分	相对含量（%）		绝对含量（%）	
	无袋鸭梨	套袋鸭梨	无袋鸭梨	套袋鸭梨
酯类	68.79	45.65	14.91	8.97
酮类	2.14	1.56	0.46	0.31
醇类	5.49	13.51	1.19	2.66
膦类	0.81	0.76	0.18	0.15
烷类	4.04	12.80	0.87	2.52
未知待定成分	18.73	25.69	3.19	4.42

第二节 梨的生物学特性

一、梨的生态适应性

（一）温度对梨生长发育的影响

不同种的梨，对温度的要求不同。秋子梨类最耐寒，野生种可耐-52℃低温，栽培种耐-35～-30℃；白梨类可耐-25～-23℃；砂梨类及西洋梨类可耐-20℃左右。不同的品种也有差异，如苹果梨可耐-32℃，日本梨中的明月可耐-28℃，比其他同种梨耐寒。梨树经济区栽培的北界，与1月平均温度密切相关，白梨、砂梨不低于-10℃，西洋梨不低于-8℃，秋子梨以冬季最低温-38℃作为北界指标。生长期过短、热量不够也会成为限制因子，确定以不低于10℃的天数不少于140d为栽培区界限。梨树的需冷量，一般为小于7.2℃的时数1 400h；但种类品种间差异很大，鸭梨、茌梨需469h，库尔勒香梨需1 371h，秋子梨的小香水需1 635h，砂梨最短，有的甚至无明显的休眠期。温度过高，也不适宜梨树生长，当温度高达35℃以上时，生理即受障碍。因此，白梨、西洋梨在年平均温度大于15℃地区不宜栽培，秋子梨在大于13℃地区不宜栽培。砂梨中的铁头梨和西洋梨中的客发，新疆梨中的斯尔克甫等能耐高温。中国梨主要栽培种类适应气温情况见表4-3。

表4-3 梨主要栽培种类适应气温情况（℃）

梨树种	生长期（4—10月）气温	休眠期（11月至翌年3月）气温	绝对低温
秋子梨	14.7 ～ 18.0	−13.3 ～ −4.9	−45.2 ～ −33.1
白 梨 西洋梨	18.7 ～ 22.2	−2.0 ～ 3.5	−29.5 ～ −15.0
砂 梨	15.5 ～ 26.9	5.0 ～ 17.0	−13.8 ～ −5.9

梨树开花要求10℃以上的气温，14℃以上，开花较快。梨花粉发芽要求10℃以上气温，25℃左右，花粉管伸长最快；4 ～ 5℃，花粉管即受冻。West Edifen认为，花蕾期冻害危险温度为−2.2℃，开花期为−1.7℃。有人认为，−3.0℃ ～ −1.0花器就遭受不同程度的伤害。但春季气温上升后突然回寒的急剧变化，往往气温并未降至如上低温时也会发生伤害。梨的花芽分化以20℃左右气温为最好。

花器遭受冻害除受低温影响外，还与低温持续时间有关。低温持续时间短，花器受冻较轻；否则受冻严重。

果实在成熟过程中，昼夜温差大、夜温较低，有利于同化物质积累，从而有利于着色和糖分积累。

我国西北黄土高原、南疆地区夏季昼夜温差多为10 ～ 13℃，所以自东部引进的品种品质均比原产地好，耐贮性也增强。

（二）梨树对水分的需求

成年梨树的年需水量为5 295 ～ 8 460t/hm²，但种类品种间有区别。砂梨需水量最多，在年降水量1 000 ～ 1 800mm地区仍生长良好；白梨、西洋梨主要产在年降水量500 ～ 900mm地区；秋子梨最耐旱，对水分不敏感。日本山本隆俄的研究认为，梨的蒸腾与吸收比率的季节性变化在品种间变化不大。当总太阳辐射量超过1 674J / (cm² · d) 时，其比率即超过1。日蒸腾超过日吸收的临界值，巴梨为12g/ (dm² · d)，二十世纪为10.5g/ (dm² · d)。从日出到中午，叶片蒸腾速率超过水分吸收率，尤其是在雨季的晴天。从午后到夜间，吸收率超过蒸腾速率时，则水分逆境程度减轻，水分吸收率和蒸腾率的比值，8月下旬比7月上旬和8月上旬大。午间吸收停滞，巴梨表现最明显。根据林真二等的研究，每生产4 000kg梨，则年需水量达640t以上。在干旱状况下，白天梨果收缩发生皱皮，如夜间能吸水补足，则可恢复或增大；否则果小或始终皱皮。如久旱忽雨，可恢复肥大直至发生角质，明显龟裂。山本研究表明，当巴梨叶片的水势在室内高于−20MPa、露地为−10MPa时，光合速率最大；低于这一水势，光合速率随之下降，在室内为−30MPa时逐渐下降，−32MPa时明显下降。梨比较耐涝，但在高温死水中1 ～ 2d即死树；在低氧水中，9d发生凋萎；在较高氧水中，11d凋萎；在浅流水中，20d亦不至于凋萎。

（三）光照对梨生长发育的影响

梨树喜光，年需日照时数为1 600 ～ 1 700h。山东农业大学研究表明，在肥水条件较好的情况下，阳光充足，梨叶片可增厚，栅状组织第三层细胞也能分化成栅状细胞。树高在4m时，树冠下部及内膛光照较好，有效光合叶面积较大。但上部阳光很充足，梨树生长也未表现出特殊优异，这可能与光过剩和枝龄较小有关。树冠下层的叶片，光合作用强度对光量增加反应迟钝，光合补偿点低（约200lx以下）。树冠上层的叶片，对低光反应敏感，光合补偿点高（约800lx）。下层最荫蔽区，虽光量增加，但光合效能却不高，因光合饱和点低，这与散射、反射等光谱成分不完全有关。一般以一天内有3h以上的直射光为好。根据日本田边贤二（1982）关于光照条件对二十世纪果实品质影响的研究，认为相对光量愈低，果实色泽愈差，含糖量也愈低，短果枝及花芽的糖与淀粉含量也相应下降，使翌年开花的子房、幼果细胞分裂不充分，果实小，即或翌年气候条件很好，果实的膨大也明显较差；全日照50%以下时，果实品质则明显下降，20%～40%时品质很差。日本梨为棚架整枝，棚下光为全日照的25%时为光照好，15%即不良。我国辽宁省果树研究所研究了光照对秋白梨的产量和质量的影响，认为光量多少与果型大小、果重、含糖量、糖酸比呈正相关关系，与石细胞数、果皮厚度呈负相关关系。安徽省砀山县果树研究所报道，酥梨90%的果实和80%的叶片在全光照30%～70%的范围内，可溶性固形物含量与光照度呈正相关关系，含量为9.2%～11.6%。日本杉山的研究表明，日本梨在5月，如每天日照8～14h，光合生产率为2.4～5.2g/（m²·d），就不至于发生大小年现象。

（四）土壤对梨生长发育的影响

梨树对土壤要求不严，在沙、壤、黏土中均可栽培，但仍以土层深厚、土质疏松、排水良好的沙壤土为好。我国著名梨区大都是冲积沙地，或保水良好的山地，或土层深厚的黄土高原。渤海湾地区、江南地区普遍易缺磷，黄土高原、华北地区易缺铁、锌、钙，西南高原、华中地区易缺硼。梨喜中性偏酸的土壤，但pH5.8～8.5时均可生长良好。不同砧木对土壤酸碱适应力不同，砂梨、豆梨要求偏酸性土壤，杜梨要求偏碱性土壤。梨也较耐盐，但在含盐量为0.3%时即受害，杜梨比砂梨、豆梨耐盐性强。

二、物候期与年生长周期

在年生长周期中，梨树的物候现象按照年度周期的季节而发生和发展。每年从开始萌芽，经过开花、坐果、新梢生长、花芽分化、果实膨大和成熟，直到落叶进入休眠，经历一系列有规律的生命活动过程，这种有规律的生物气候学现象，称为物候期。梨树的年生长周期可分为生长期和休眠期，从萌芽开始到落叶为生长期，从落叶后到翌春萌芽前为休眠期。

（一）生长期

生长期主要包括以下几个物候期。

1. 萌芽开花期　当春季平均气温在5℃以上时，梨树的芽开始膨大，芽鳞开绽。梨树的花芽比叶芽萌发稍早。花芽萌发分为5个时期，即花芽膨大、花芽开绽、露蕾、花蕾分离、鳞片脱落等，之后进入初花期、盛花期和终花期。叶芽萌发可分为膨大、开绽、鳞片脱落、雏梢伸长4个阶段，之后进入展叶期。

2. 新梢生长和幼果生长期　叶芽萌发后，新梢开始生长，短梢在萌发后5～7d便停止生长，中长梢在落花后2个月内陆续停长。花朵经授粉和受精后，形成幼果。幼果开始生长时，先是果心增大，此后果肉加速生长。在新梢速长期，梨果实生长相对较慢。

3. 花芽分化和果实膨大期　在北方，梨的花芽形态分化多在6月中下旬至7月上旬开始。通常短梢最早开始花芽分化，枝梢越长开始分化越晚。在越冬前，花芽分化分为开始分化期、花朵原基分化期、萼片分化期、花瓣分化期、雄蕊分化期、雌蕊分化期。果实在6月中旬后生长加速，7月至成熟前，为果实生长较快的时期，这段时期被称为果实迅速膨大期。

4. 果实成熟期　果实经过4～5个月的生长发育，在大小、形状及其色香味逐渐达到该品种所固有的特性，此后进一步发育达到生理充分成熟。

5. 贮藏养分蓄积期　果实采收后，梨树根系生长达到一个小高峰，叶片仍能通过光合作用制造糖分。此时，根系吸收和叶片制造的养分主要作为贮藏营养积累在枝叶中。在落叶前，叶中的一部分养分回流到枝干中，为树体安全越冬和翌春生长发育提供营养物质。

（二）休眠期

梨树休眠的特点是地上部叶片脱落，枝条变色成熟，冬芽形成，地下部根系生长暂时处于停顿状态，仅维持微弱生命活动。这是梨树在长期系统发育过程中形成的，是一种对逆境的适应特性。处于休眠期的梨树对低温和干旱的忍耐力增强，这有利于度过寒冷的冬季和缺水的旱季。落叶是进入休眠的一个标志，但落叶前梨树体内已进行了一系列的生理生化变化，如叶绿素的降解、光合及呼吸作用减弱，一部分氮、磷、钾转入枝干中，最后叶柄基部形成离层而脱落。

进入休眠的时间和休眠期的长短，因品种、地区和年份不同存在差异。一般正常落叶是在日平均气温15℃以下、日照短于12h的情况下开始进入休眠，自然休眠约发生在12月至翌年1月。

三、年龄时期

梨树的一生要经历营养生长期、生长结果期、结果期、结果更新期、衰老期5个阶段。

（一）营养生长期

营养生长期是指从嫁接繁殖的梨苗定植到开花结果之前的一段生长时期。这一时期通常历经2～3年。此期主要特点是：营养生长非常旺盛，新梢和根系生长量较大，开始形成骨架；枝条长势强，呈直立状态，树冠多呈圆锥形或塔形；新梢生长量大，节间较长，叶片较大，个别的出现二次生长现象。

在栽培管理上，应加强地下管理，保证前期枝叶、根系的健壮生长，迅速扩大树冠，为形成花芽奠定良好的物质基础；同时也要在生长后期注意适当控制氮肥和灌水，使新梢适时结束生长，促进组织成熟，以减少冻害和抽条的发生。另外，注意运用多种修剪方法，如目伤促枝、轻剪缓放多留枝、拉枝开角等，尽快形成预定树形并增加枝量，为早结果早丰产创造条件。

（二）生长结果期

生长结果期是指梨树从第一次开花结果到具有经济产量之前的时期。生长结果期的梨树一边继续进行营养生长，一边开花结果。一般需经2～3年。此期主要特点是：营养生长仍然旺盛，离心生长强，枝梢大量增加，树冠和根系不断扩大；枝条长势趋向缓和，长枝比例减少，短果枝比例增大；部分花芽发育不完全，坐果率较低，产量不高，果实品质较差；随着树龄的增大，坐果率、果实品质会逐步得到提升。

生长结果期的长短在很大程度上取决于栽培技术，故此期栽培管理非常重要。主要是合理供应肥水，保证根系和枝条的健壮生长，在完成整形的基础上继续调整树冠骨架，培养结果枝组，防止树冠无效扩大，保证树体健壮，加快营养生长向生殖生长的转化，促使梨树提前进入结果期。

（三）结果期

从大量结果开始，经过最高产量期，到产量开始连续下降为止，为结果期。此期30～50年不等，有的更长。栽培管理水平的高低会直接影响结果期持续的长短。与生长结果期相比，结果期的梨树结果母枝的类型开始发生改变，以长、中果枝结果为主逐步转到以短果枝结果为主。枝梢和根系离心生长减弱，树冠达到最大体积。枝叶生长量逐渐降低，结果部位开始外移，树冠内部光秃现象加重。此期花芽大量形成，短果枝占绝大多数，坐果率高，产量达到最高，果实品质好。在树冠内膛空虚部位可能发生少量生长旺盛的徒长更新枝条；根系中的须根部分死亡，发生明显的局部交替更新现象。

结果期栽培管理的任务主要是调节生长与结果的平衡，维持树势健壮，保证优质、丰产、稳产，并延长结果年限。在技术措施上，应加强肥水供应，调整树冠结构，保证通风透光，调整营养枝与结果枝的比例，逐渐更新枝组和维持外围延长枝的长势。当开花结果过量时，应做好疏花疏果工作。

（四）结果更新期

结果更新期是从梨树产量连续明显下降开始，到经济产量比较低时为止。此期特点是：新生的枝梢开始表现出衰老状态，新梢生长量减小，多为弱小枝或短果枝群，结果枝逐渐死亡，向心生长加速；骨干枝下部光秃。主枝先端开始衰枯，骨干枝的生长逐渐衰退并相继死亡。同时，根系分布范围逐渐缩小，根系的生长逐步减弱并相继死亡。结果量逐渐减少，果实逐渐变小，含水量少而糖分增多，果实产量逐年下降。

此期主要任务是更新复壮枝条和根系，延缓衰老，维持一定产量。在管理技术上，注意深翻、施肥；改善根系生长环境，回缩外围枝组，复壮内膛结果枝，控制产量，提高树体营养水平；加强疏花疏果，防止因结果过多导致迅速衰老。

（五）衰老期

衰老期指树势明显衰退到树体生命活动进一步衰退直至死亡。此期特点是：部分骨干枝、骨干根衰亡，结果枝越来越少，结果少且品质差。主干过于衰老，无力更新复壮。因此，对于衰老果园，一般直接砍伐清园，重新建园。在特殊情况下，若果园尚未失去经济栽培价值，可参考结果后期的管理调控措施，进行更新复壮。在失去经济栽培价值之后，就应及时进行全园更新。

四、梨的自交不亲和性

自交不亲和性（Self-incompatibility，SI）是被子植物中普遍存在的限制自花受精的机制。在自交不亲和性反应中，雌蕊阻止基因型相同的花粉管正常生长，从而阻止近亲繁殖，促进异花授粉受精，有利于物种多样性。根据其控制因子的不同，自交不亲和的类型可分为孢子体型（Sporophytic self-incompatibility）和配子体型（Gametophytic self-incompatibility）。在配子体型自交不亲和性反应中，又主要分为基于S-RNase的配子体型不亲和性及罂粟科植物自交不亲和性。梨表现为基于S-RNase的配子体型不亲和性，在生产上必须配置授粉品种，或进行人工辅助授粉才能保证坐果。这不仅费时费力，也常因品种搭配不当或人工辅助授粉不及时以及气象条件等原因而使产量、品质受到影响。因此，从20世纪30年代起，国际上就有许多学者开展了自花、异花授粉生物学与自交不亲和的细胞形态学、生理生化学及自交亲和性品种的选育等方面的研究工作（Sato，1992；Hiratsuka，1992）。尤其是最近的20余年，随着分子生物学的发展及研究的深入，梨自交不亲和性分子机理研究取得了许多突破性进展。这些研究成果丰富了配子体型自交不亲和性机理的学术理论（Hiratsuka et al.，1995；Ishimizu et al.，1996a；1996b；Zhang et al.，1999），为培育自交亲和性品种提供了理论指导。

（一）梨自交不亲和性的表现

在梨自交不亲和性反应中，花粉管在花柱的中部停止生长，不能延伸到子房完成受精。控制梨自交不亲和的基因位点被称为S位点（S-locus），分别编码控制雌蕊和花粉自交不亲和性的S-RNase和S-locus F-box（SLF/SFB）基因。S-RNase和S-locus F-box分别在雌蕊和花粉中特异表达，均表现为高度的序列多态性。栽培的梨品种一般为二倍体，当花粉SLF/SFB与任一雌蕊S-RNase相匹配时，花粉管将不能正常生长完成受精，表现为自交不亲和性；当花粉SLF/SFB与雌蕊两个S-RNase均不匹配时，花粉管将生长到子房并完成受精，表现为自交亲和性反应（图4-16）。

尽管梨品种田间自花授粉结实率很低，但品种间有一定差异。早在1935年，日本学者就进行人工自花授粉试

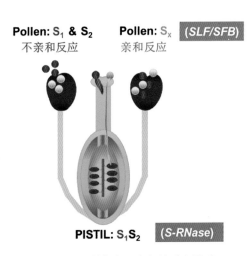

图4-16　梨自交不亲和性反应模式

验，结果表明晚三吉的自花授粉结实率为15.2%，二十世纪为8.3%，独逸为4.6%，青龙为4.0%。近年，我国学者也开展了许多田间自花授粉试验，获得了类似的结果（张兴旺，1997）。由于梨树花期短，田间人工授粉工作量大，因而许多品种自花授粉结实率还不清楚。因此，Zhang等（1999b）等用花柱培养法，对52个梨品种的自花结实性进行分析，发现梨树不仅自花授粉不结实，而且还存在品种间异花授粉不结实的现象，如二十世纪×菊水、幸水×爱甘水、丰水×翠冠等均表现出品种间异花授粉不能结实，主要是因为控制其自交不亲和性的S基因型是相同的。

花柱内花粉管生长的特性不仅自花与异花授粉之间有差异，而且自花花粉管在花柱内生长的程度也因品种而表现出不同的特性，同时还与花蕾的发育阶段有关。Hiratsuka等（1985）用半离体培养授粉花柱的试验结果表明，成熟花柱中异花花粉管的生长速率显著高于自花花粉管，而在幼蕾花柱中没有这种差异。自花花粉管在授粉后的2～3d内停止生长，并表现出花粉管先端膨大，形态异常（陈迪新 等，2004）。Zhang等（1999b）发现不同品种花柱内自花授粉的花粉管在花柱内停止生长的位置各不相同，有的在花柱上部、中部，有的在花柱下部。新雪、山梨、奥萨二十世纪自花授粉的花粉管在花柱内生长良好；晚三吉、菊水、二十世纪及喜水居中；而新水、丰水及幸水的花粉管生长最差。这些结果表明，在不同品种的花柱内自花花粉管的生长状况不同，即自交不亲和性强度不同。

（二）梨自交不亲和性的生理机制

雌蕊S基因编码的蛋白之所以被称为S-RNase，主要是因为其具有降解花粉RNA的活性。S-RNase是一种碱性糖蛋白，相对分子质量大约为30kD，主要分布于柱头和花柱的引导组织中（McClure et al.，2006）。不亲和性雌蕊S-RNase在花粉管中发挥着细胞毒素的作用（McClure et al.，1999）。但是，也有研究表明，将亲和及不亲和性雌蕊进行嫁接，结果发现不亲和性花粉管生长受阻现象具有可逆转性（Lush et al.，1997）。至于S-RNase降解自花花粉管RNA是花粉管生长停止的原因还是结果尚不明确。

梨雌蕊S-RNase特异性地抑制自花不亲和花粉萌发和花粉管生长（张绍铃 等，2000）。此外，S-RNase对不亲和性花粉的抑制程度取决于花粉及花粉管周围的S-RNase浓度（张绍铃 等，2000）。活体和离体试验均表明，一定浓度范围的S-RNase与花粉管长度呈负相关关系（Zhang et al.，1999）。钙离子是细胞内的第二信使，通过对外源和内源RNase对梨花粉内胞质游离Ca^{2+}（$[Ca^{2+}]i$）的比较研究发现，梨雌蕊S-RNase对亲和性及不亲和性花粉管内$[Ca^{2+}]i$作用有明显差异（Xu et al.，2008）。在亲和性花粉萌发前，萌发孔附近有明显的$[Ca^{2+}]i$梯度；而在不亲和性花粉中则不存在（徐国华 等，2003）。这些研究均证实$[Ca^{2+}]i$参与了梨自交不亲和性反应。同时，对钙离子受体——钙调素（CaM）的研究进一步证实这一结论（周建涛 等，2008）。虽然对于异花和自花授粉后花粉管内$[Ca^{2+}]i$变化的原因尚不明确，但是研究发现质膜Ca^{2+}通道在梨花粉管内$[Ca^{2+}]i$梯度形成过程中可能起重要的作用（Qu et al.，2007）。梨雌蕊S-RNase将导致不亲和性花粉管微丝骨架解聚（Liu et al.，2007）。同时，也已明确蔷薇科梨雌蕊S-RNase导致不亲和性花粉管发生细胞程序性死亡（programmed cell death，PCD）现象（Wang et al.，2009）。最近的研究表明，梨雌蕊S-RNase破坏了不亲和性花粉管尖端活性氧（ROS）梯度，从而导致质膜Ca^{2+}通道关闭及微丝解聚，并最终诱导细胞核降解（Wang et al.，2010）。花粉管胞内ROS类似于Ca^{2+}，在正常花粉管内也存在尖端梯度。同时，这一研究明确了ROS位于Ca^{2+}的上游，并协同介导梨自交不亲和性的下游反应。但是，哪些物质导致胞内ROS梯度消失，这些上游信号物质的变化又是如何引起下游反应等尚不可知。此外，在蔷薇科果树自交不亲和性反应中，虽然已证实不亲和性花粉管发生PCD现象，但是其中是否涉及类半胱氨酸蛋白酶（Caspase）等还需进一步研究。

（三）克服梨自交不亲和性的方法

梨自交不亲和性导致其在生产中需要进行辅助授粉，耗物费时，因此克服梨自交不亲和性是梨产业发展的需求。目前有研究表明，克服梨自交不亲和的情况大致有以下几种：一是梨花柱自交不亲和性功能发生变异而导致自交亲和，如奥萨二十世纪、闫庄鸭梨；二是梨花粉功能异常导致自交亲和，如金坠梨；三是通过自然变异、人工诱导、有性杂交、胚乳培养、原生质体融合等措施，将二倍体自交不亲和性的梨品种四倍体化，实现自花结实，如大果黄花；四是在控制雌蕊自交不亲和性的 S-RNase 尚未大量表达的蕾期进行人工授粉，实现自花结实。

奥萨二十世纪是日本梨二十世纪的芽变后代，其自花授粉结实率高达 98%，长期以来被广泛用作梨自交亲和性机理研究的重要材料。二十世纪表现自交不亲和性，其 S 基因型为 S_2S_4。Sato 等（1988）的研究表明，二十世纪×奥萨二十世纪杂交表现不亲和，而反交亲和，并且奥萨二十世纪自交后代中 $S_4^{SM}S_4^{SM}$ 纯合体与 $S_2S_4^{SM}$ 杂合体的比例为 1∶1（SM 全称为 stylar-part mutant，花柱突变体），而没能获得 S_2S_2 的纯合体，以此推断奥萨二十世纪的 S_2-RNase 基因正常，仅花柱 S_4-RNase 基因发生突变，其 S 基因型定为 $S_2S_4^{SM}$。奥萨二十世纪的 S_4-RNase 与二十世纪的 S_4-RNase 具有相同的 N- 端氨基酸序列。Sassa 等（1997）推断，奥萨二十世纪是二十世纪 S_4-RNase 芽变的嵌合体。Hiratsuka 等（1999）用奥萨二十世纪花柱 mRNA 进行体外翻译的结果证实了 S_4-RNase 基因可转录。张绍铃等（2001）研究也发现，奥萨二十世纪及其后代花柱内均含有 S_4-RNase，而且具有与其原始品种二十世纪 S_4-RNase 相同的核酸酶活性，在离体条件下均能特异性地抑制 S_4 及 S_4^{SM} 花粉管生长，即 S_4^{SM}-RNase 与 S_4-RNase 基因表达的 S-RNase 具有相同的生理功能，进而认为奥萨二十世纪的 S_4^{SM}-RNase 基因不仅存在，而且还可遗传给后代且在后代中能够正常表达，只是 S_4^{SM}-RNase 基因仅在柱头表达，而且表达量逐代减少，推测可能与其他修饰基因有关。吴华清等（2008）通过基因组、mRNA 转录和蛋白质水平比较分析奥萨二十世纪、二十世纪及其后代 S-RNase 基因的存在与否、表达特性及其在后代中的传递，结果表明，奥萨二十世纪的花柱 S_2-RNase 基因核苷酸和氨基酸序列与其原始品种二十世纪的完全一样；而 S_4-RNase 基因信号比其原始品种二十世纪的弱，而且也在花柱中正常表达（包括转录和翻译水平），但表达量低；然而在其自交亲和性后代基因组中检测不到 S_4-RNase 基因。Okada 等（2008）通过细菌人工染色体（BAC）克隆的技术对二十世纪的 S_4 单元型和奥萨二十世纪 S_4^{SM} 单元型进行了序列比较，发现 S_4^{SM} 单元型较 S_4 单元型存在一个 236kb 片段的缺失。在缺失的区域中，包括了 S_4-RNase 基因的缺失，从而导致奥萨二十世纪的花柱不能识别 S_4 花粉。

金坠梨是鸭梨的芽变品种，自花授粉结实率为 76%。吴华清等（2007a）通过田间授粉试验得出，鸭梨自花授粉结实率仅为 2%，自花花粉管在花柱中上部已经停止生长，而金坠梨自花花粉管能正常生长至花柱基部；鸭梨花柱能够接受金坠梨花粉并受精结实，而金坠梨花柱却与鸭梨花粉杂交不亲和；进一步鉴定出鸭梨和金坠梨的 S 基因型均为 $S_{21}S_{34}$；通过克隆两品种 S-RNase 基因 cDNA 全长序列并进行比较分析发现，两品种的 1 对雌蕊 S-RNase 基因在核苷酸序列上完全相同，且 S-RNase 基因均正常表达，表达量没有明显差异。这从分子水平上证实了金坠梨在花柱方面和鸭梨并无差异，可能是花粉 S 基因发生突变导致了自交不亲和性功能的丧失，表现出自花授粉能够结实，但是其具体的分子机制还需进一步研究。

梨品种大果黄花由黄花芽变而来（吴华清 等，2007b）。田间授粉试验表明，黄花自花授粉结实率仅为 1.5%，而大果黄花自花授粉的结实率高达 60%。相互授粉时，黄花×大果黄花组合的坐果率达 70%，为杂交亲和；但反交时坐果率为 1%，表现为杂交不亲和。进一步鉴定出了黄花和大果黄花是基于 S-RNase 基因的 S- 基因型，两者均含有 S_1-RNase 和 S_2-RNase 基因，而且两品种的这一对雌蕊 S-RNase 基因均特异性地在花柱中表达，表达量没有明显差异，表明大果黄花和黄花的雌蕊 S-RNase 基因并无差异。但是，倍性检测表明，黄花是二倍体，而大果黄花是四倍体。因此推断，大果黄花的异源二倍体花粉可能通过自然界中多倍体植物有性繁殖中普遍存在"竞争机制"导致其自交亲和。

主要参考文献

吴华清, 衡伟, 李晓, 等, 2007a. '大果黄花梨'自交亲和性变异机制研究. 南京农业大学学报, 30(2): 29-33.

吴华清, 齐永杰, 张绍铃, 2008. '奥萨二十世纪'梨自交亲和性分子机制及遗传特性研究. 园艺学报, 35(8): 1109-1116.

吴华清, 张绍铃, 吴巨友, 2007b. '金坠梨'自交亲和性突变机制的初步研究. 园艺学报, 34(2): 295-300.

郗荣庭, 1999. 中国鸭梨. 北京: 中国林业出版社.

徐国华, 张绍铃, 张超英, 等, 2003. 梨自花与异花授粉后花粉胞内游离Ca^{2+}分布的变化. 植物生理与分子生物学学报, 29(2): 97-103.

张绍铃, 平塚伸, 徐国华, 2001. 梨自交不亲和及其亲和突变品种花柱内S_4^{SM}基因的表达与作用的比较. 植物学报, 43: 1172-1178.

张绍铃, 平塚伸, 2000. 梨花柱S糖蛋白对离体花粉萌发及花粉管生长的影响. 园艺学报, 27(4): 251-256.

张兴旺, 1997. 授粉对梨树坐果率和果实大小的影响. 云南农业大学学报, 12(4): 304-307.

张玉星, 2011. 果树栽培学各论(北方本). 3版. 北京: 中国农业出版社.

张玉星, 2014. 果树栽培学总论. 4版. 北京: 中国农业出版社.

周建涛, 姜雪婷, 刘珠琴, 等, 2008. 钙调素对梨自花及异花授粉后花柱自发荧光变化的影响. 园艺学报, 35(6): 781-786.

Hiratsuka S, Hirota M, Takahashi E, 1985. Seasonal changes in the self-incompatibility and pollen tube growth in Japanese pears (*Pyrus serotina* Rehd). Journal of the Japanese Society for Horticultural Science, 53: 377-382.

Hiratsuka S, Nakashima M, Kamasaki K, 1999. Comparison of an S-protein expression between self- incompatible and -incompatible Japanese pear cultivars. Sexual Plant Reproduction, 12 (2): 88-93.

Hiratsuka S, Okada Y, 1995. Some properties of a stylar protein associated with self-incompatibility genotype of Japanese pear. Acta Horticulturae, 392: 257-264.

Hiratsuka S, 1992. Detection and inheritance a stylar protein associated with a self-incompatibility genotype of Japanese pear. Euphytica, 61: 55-59.

Ishimizu T, Sato Y, Saito T, et al., 1996. Identification and partial amino-acid sequences of seven S-RNases associated with self-incompatibility of the Japanese pear, *Pyrus pyrifolia* Nakai. Journal of Biochemistry, 120: 326-334.

Liu Z, Xu G, Zhang S, 2007. *Pyrus pyrifolia* stylar S-RNase induces alterations in the actin cytoskeleton in self-pollen and tubes in vitro. Protoplasma, 232(1): 61-67.

Lush W, Clarke A E, 1997. Observations of pollen tube growth in *Nicotiana alata* and their implications for the mechanism of self-incompatibility. Sexual Plant Reproduction, 10(1): 27-35.

Mcclure B, Franklin-Tong V E, 2006. Gametophytic self-incompatibility: understanding the cellular mechanisms involved in self pollen tube inhibition. Planta, 224(2): 233-245.

Mcclure B, Mou B, Canevascini S, et al., 1999. A small asparagine-rich protein required for S-allele-specific pollen rejection in *Nicotiana*. Proceedings of the National Academy of Sciences of thg Untited States of America, 96(23): 13548-13553.

Okada K, Tonaka N, Moriya Y, et al., 2008. Deletion of a 236kb region around S_4-*RNase* in a stylar-part mutant S_4^{SM}- haplotype of Japanese pear. Plant Molecular Biology, 66: (4) 389-400.

Qu H Y, Shang Z L, Zhang S L, et al., 2007. Identification of hyperpolarization-activated calcium channels in apical pollen tubes of *Pyrus pyrifolia*. New Phytologist, 174(3): 524-536.

Wang C L, Wu J, Xu G H, et al., 2010. S-RNase disrupts tip-localized reactive oxygen species and induces nuclear DNA degradation in incompatible pollen tubes of *Pyrus pyrifolia*. Journal of Cell Science, 123(24): 4301-4309.

Wang C L, Xu G H, Jiang X T, et al., 2009. S-RNase triggers mitochondrial alteration and DNA degradation in the incompatible pollen tube of *Pyrus pyrifolia* in vitro. The Plant Journal, 57(2): 220-229.

Xu G, Zhang S, Yang Y, et al., 2008. Influence of endogenous and exogenous RNases on the variation of pollen cytosolic-free Ca^{2+} in *Pyrus serotina* Rehd. Acta Physiologiae Plant, 30(2): 233-241.

Zhang S, Hiratsuka S, 1999. Variations in S-protein levels in styles of Japanese pears and the expression of self-incompatibility. Journal of the Japanese Society for Horticultural Science, 68: 911-918.

第五章　梨的生产技术

第一节　繁殖技术的演变

梨树的繁殖与其他果树相似，最初形式是有性繁殖，但有性繁殖后代往往发生性状变异，很难保持原有品种的优良特性。随着人们对植物生长发育规律的认识，逐渐创造了扦插、压条及嫁接等无性繁殖的方法，嫁接已成为梨品种主要的繁殖方式。在6世纪的《齐民要术》中就有了关于梨的嫁接技术的记载，叙述了砧木选择、接穗选取、嫁接时间以及提高成活率的技术。目前，在梨果生产中广泛采用砧木嫁接繁殖，从而使品种遗传特性与其栽培特性相对一致，同时也可以利用砧木控制品种的生长势，并提高其抗逆性和抗病虫等特性。

一、砧木种类及其特性

（一）砧木的种类

梨砧木按照繁殖方式可以分为实生砧木和无性系砧木。实生砧木是直接由种子发育而来的；无性系砧木也称营养系砧木，是由梨树的营养器官繁育而来。按照砧木利用方式又分为基砧和中间砧。基砧也称根砧，是指在二重嫁接或多重嫁接复合体中提供根系的基部砧木；中间砧则是位于接穗和基砧之间的一段砧木。按照砧木与接穗品种的亲缘关系，分为梨属植物砧木和梨的异属植物砧木两类。梨属植物砧木是采用梨品种的同种或近缘种的梨属植物作砧木，如我国常用的杜梨、豆梨等；梨的异属植物砧木则是利用非梨属植物作砧木，如榅桲等。

（二）砧木的特性

1.实生砧木　梨实生砧木是我国梨树种植广泛应用的砧木，主要是梨属同种或异种的野生类型及栽培品种的实生苗。实生砧木一般主根明显，根系比较发达，固地性好，适应性强，与接穗品种嫁接亲和。但在多数情况下，树势旺，不适合高度密植栽培，结果晚。同时由于梨是异花授粉的植物，其实生繁殖后代变异性很大，苗木整齐度差。我国梨属砧木资源丰富，但由于地理和气候条件的不同，各地在砧木选择上差异较大，以杜梨、豆梨、川梨、秋子梨、木梨的实生砧木为多（表5-1）。

表5-1　我国主要砧木用梨属（*Pyrus* Linn.）植物种

种名	拉丁名	分布及应用地区
杜梨	P. betulaefolia Bge.	分布在华北、西北、东北南部，在河北、山东、山西、辽宁、安徽、陕西、宁夏、甘肃、新疆、青海、江苏、河南、江西、湖北、湖南、浙江、四川、重庆等地用作砧木
豆梨	P. calleryana Decne.	分布在华东、华南地区，常在山东、河南、江苏、江西、湖北、湖南、四川、贵州、广西、广东、重庆等地用作砧木
川梨	P. pashia D. Don.	分布在西南地区，在云南、四川、重庆等地用作砧木
秋子梨	P. ussuriensis Maxim.	分布在东北、华北北部及西北地区，在内蒙古、辽宁、吉林、黑龙江等地用作砧木
木梨	P. xerophilus Yu	分布在西北地区，在新疆、甘肃用作砧木

（1）杜梨　根系分布深，耐寒、耐旱、耐涝力极强、耐盐碱性强。与亚洲梨、西洋梨嫁接亲和性好。嫁接树生长势强，健壮，结果早，丰产，寿命长，是华北、西北及东北南部等地区的主要砧木。近几年随着苗木的扩散，南方也有应用，但生长不及在北方。

（2）豆梨　主根发达，侧根较少。耐潮湿、干旱和酸性土壤，但抗寒性、耐碱性不及杜梨。抗腐烂病的能力较强。与亚洲梨、西洋梨嫁接亲和性好，嫁接树生长势旺，进入结果期稍迟，后期丰产性好，是华东和华南等地区主要应用的梨砧木。

（3）川梨　吸收根发达，耐湿、耐旱、耐瘠薄，喜微酸性土壤，适应暖冬的气候，与品种嫁接亲和性好。嫁接树生长势强，是目前西南地区主要的砧木。

（4）秋子梨　喜冷凉气候，是梨属中最抗寒的种，野生资源能耐−52℃低温，半野生类型也可耐−37℃低温，且抗旱、抗涝，对腐烂病、黑星病抗性很强，抗盐碱能力差。野生资源原产地俗称山梨，是东北北部地区的主要梨砧木。与白梨、砂梨品种嫁接亲和性强，与西洋梨嫁接易得铁头病。

（5）木梨　根系深广，适应性强，喜冷凉气候，较耐寒，抗旱，抗病虫害，与秋子梨、新疆梨、西洋梨等的栽培品种嫁接亲和性强。嫁接树生长旺盛，树体高大，寿命长，但结果晚，是西北各省份梨的主要砧木。

2.无性系砧木　梨的无性系砧木最早应用于欧洲，20世纪曾引入我国，因适应性、亲和性等问题未在国内推广应用。但与此同时，国内也开展了梨砧木育种，特别是近些年随着现代梨产业发展，品种结构、种植环境和方式等发生改变，砧木的重要性更为突出。

（1）榅桲　榅桲与梨同属于梨亚科，但为榅桲属（*Cydonia*）。榅桲是最早应用的梨的无性系砧木，也是欧洲目前应用最为普遍的梨矮化砧，依据榅桲来源分为安吉斯（Angers type）和普鲁旺斯（Provence type）两种类型。我国的榅桲主要分布在新疆和云南。新疆榅桲，当地又名木瓜、木梨，维吾尔语称其比也，是一个古老的树种，在我国的栽培历史悠久，唐时已有栽培，有梨形榅桲、苹果形榅桲和梗瘤形榅桲之分。新疆榅桲树冠较大，开花结果正常，抗寒、耐盐碱，不易扦插繁殖。云南榅桲是在20世纪30年代由法国人引种梨树带进来的，属于安吉斯类型。其树冠矮，少见花果，抗寒性弱，耐盐碱性差，扦插繁殖容易。两种榅桲作砧木均表现出不同程度的矮化，与鸭梨、砀山酥梨等品种嫁接亲和性差，使品种表现黄化等，亦有衰退病等问题，至今生产上应用很少。后期引入英国东茂林试验站（East Malling）选出的榅桲A（QA或MA）和榅桲C（QC或MC）、法国农业研究院（INRA）昂热试验站选育的BA29、Sydo以及意大利选出的Cts212等砧木，近些年在国家现代梨产业技术体系支持下，砧木改良专家岗位和相关试验站正在对其进行系统的比较试验。

（2）梨属植物　目前用得最多的无性系梨属砧木是由美国俄勒冈州立大学在20世纪60—70年代从两个抗火疫病品种Old Home和Farmingdale杂交后代实生苗中选出来的OHF系列。耐旱、耐碱性土壤，与品种嫁接亲和性好，如OHF97、OHF87、OHF69等。国内有引种，但多因其不易繁殖而被用作中间砧。

用作中间砧时矮化效应不甚明显，生产上未应用。除此之外，德国、法国、意大利、南非也有相应的无性系砧木，但未见国内相关试验报道。国内经过审定或鉴定的梨砧木主要是由中国农业科学院果树研究所选育的中矮1号、中矮2号、中矮3号、中矮4号、中矮5号，以及山西省农业科学院果树研究所选育的K系矮化砧，如K11、K13、K19、K20、K28、K30和K31等。其中，中矮1号、中矮3号、中矮4号和中矮5号是从锦香实生后代中选出的，中矮2号是由香水梨×巴梨实生后代中选出的。中矮系列砧木不仅表现了抗寒、抗病，还不同程度地表现了促进接穗品种矮化、早结果、易丰产的优良特性，但无性繁殖困难，仅用作中间砧，限制了其在生产上的应用。K系矮化砧表现出砧穗亲和、易繁殖、适应性和抗逆性强等优点，虽选育出多年，但生产应用中的报道甚少。青岛农业大学梨砧木评价与改良团队利用Le NainVert实生种后代与茌梨杂交，选育出青砧D1，2019年通过山东省林木良种审定。该砧木生长健壮，耐盐碱性与豆梨相似，作中间砧与豆梨、杜梨及梨品种亲和性好，能促进品种早果和优质丰产，目前已解决自根砧繁育问题。

二、砧木的作用

传统上常用实生苗作砧木嫁接品种，主要是为了无性繁殖或保持接穗品种的优良特性。后来人们开始更加关注砧木对树体大小的控制及对适应性、抗逆性、抗病性和结果习性等的影响。

嫁接使不同基因型的接穗和砧木形成了一个复合体，即砧穗组合，建立了新的营养生理学上的共生关系。砧木根系供给地上部接穗生长所需的养分和水分，接穗部叶片制造的光合产物转运到砧木根部，二者相互调节和适应达到了一个新的平衡，形成了该组合所特有的代谢特性。

砧木影响嫁接后品种的生长势。一般认为，杜梨、豆梨、秋子梨、木梨作砧木，树体生长强壮、高大，枝条直立，新梢生长量大，长枝比例高，寿命长。而利用矮化砧木嫁接的品种，树势生长相对比较弱，树体矮小，如榅桲、OHF87、中矮1号及OHF97作砧木，其树高为杜梨作砧木的60%～90%，且枝条比较开张、新梢生长量小、短枝比例高、树体寿命短。

砧木影响嫁接后品种的结果早晚及果实品质。同一品种嫁接到乔化砧上一般开始结果时间要比矮化砧的晚1～2年，如嫁接到榅桲C上的梨品种结果早、丰产，从而控制了树体旺长，使其矮化。砧木影响果实的大小和品质，如美国较早推出的OHF51矮化砧，因会使果实变小等逐渐被其他砧木替代。相同条件下，嫁接在不同砧木上的同一品种，其体内矿质营养水平也是不同的，这可能与砧木吸收和运输矿质营养的能力不同有关。

砧木也常用来提高品种的抗逆性，如利用杜梨、木梨作砧木提高嫁接品种的耐盐碱、抗旱能力，秋子梨、杜梨作砧木可提高品种的抗寒性，豆梨作砧木可提高品种的耐湿热能力等。

因此，生产上利用砧木的矮化、抗旱、抗寒、耐涝、耐盐碱和抗病虫等特性，增强接穗品种的优良性状，进而提高生产效益。

三、传统繁殖技术

（一）实生播种

根据播种时间，实生播种可以分为秋播与春播。梨树是温带果树，种子采收后有休眠的特性。秋播一般采用露地播种，使其在自然条件下度过种子休眠阶段。在秋冬过于干旱、冬季时间长且寒冷的地区，宜采用春播。春播的种子一般要通过层积处理的方法，打破种子的休眠，保证发芽率和出苗的一致性。

1.层积处理　种子要挑拣清洗干净，去掉发育不良的瘪种子、残留的果渣等杂物，以温水浸种

6 ～ 12h，期间可按多菌灵等药剂使用要求进行杀菌处理，以防止层积期间发生霉烂。种子处理好后，将种子与3 ～ 5倍量的河沙混合均匀。河沙要过筛去除大粒砂石，洗净，使其含水量为40％～ 50％，即以手握成团不滴水、手开即散为度。一般找一个背阴、干燥、排水良好的地方，在冻土层下挖一个深50cm 左右的地窖，铺上一层厚约5cm沙之后，将已经与沙拌均匀的种子放上（可放入袋、盆中，注意透气、透水），其上再覆盖一层沙，之后覆土。保证层积期间温度2 ～ 7℃，不可过干或过湿。不同种类的种子需要层积的时间不同，北方起源的种类需要层积的时间长些；南方起源的种类需要层积的时间短些，一般需要30 ～ 60d。

2.播种育苗　苗圃地要选择土壤肥力高、盐碱轻、交通方便、配套排灌水系统的沙质壤土或壤土。每公顷施有机肥30 000 ～ 45 000kg，耕翻40cm左右，耙平、做畦。为便于后续嫁接，育苗多采用宽窄行。按照60 ～ 70cm和30 ～ 40cm宽窄行开沟，沟深5 ～ 6cm，每公顷施复合肥450 ～ 750kg，再用开沟器覆土至沟深3 ～ 4cm。秋播即可撒上种子（将砧木种子与沙拌匀后播种，易播种均匀），然后覆土踏实，再用耙背平整土地，灌透水越冬。春播要施肥后先灌透水，水渗下后，开浅沟播种，覆细土盖实。可覆地膜保温保墒，以免种子落干。多采用早春小拱棚提早育苗，待幼苗长到3片真叶，浇水后起苗，将幼苗带土移栽到提前准备好的圃地，株距10cm。

3.苗期管理　定期松土除草、施肥、浇水。1 ～ 2年出圃或用于品种嫁接。

（二）压条与扦插

压条与扦插是常用的无性繁殖方法。梨属植物生根相对比较困难，一般不宜压条繁殖，少数梨属砧木可以采用扦插的方法。榅桲类砧木易生根，采用压条和扦插方法繁殖均可。

1.压条　压条是将与母株连带的枝条采用不同方式包埋于生根用的基质（土、木屑、炉渣等）中，待产生不定根后，与母株分离而成为一个独立的个体。依据压条方式，压条有直立埋土压条法和水平埋土压条法。

（1）直立埋土压条　用于压条的植株呈直立状态栽植，翌年春季萌芽前将母株从近地面3 ～ 5cm处短截，刺激基部芽萌发形成较多新梢。当新梢长至20 ～ 30cm 时，摘除新梢基部10cm内的叶片，浇水后进行第一次培土或覆木屑等，厚度8 ～ 10cm。约30d后，新梢基部生出不定根，进行第二次培土或覆木屑，厚度约20cm。整个过程注意保持所培基质的湿润，加强肥水管理和病虫害防治（图5-1）。秋季即可与母株断开，成为新植株。

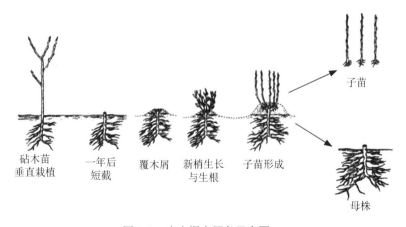

图5-1　直立埋土压条示意图

（引自 Stephen A. Hoying，2013）

（2）水平埋土压条　水平压条法是按定植行向和行距，顺行挖深20cm左右的栽植沟，以母株主干与地面大致呈30°夹角顺向栽植在定植沟内，树间距15cm×15cm，床宽多为6行。在春季发芽之前将植株弯倒，使枝条平铺在沟底，用木钩或铁丝固定，埋上疏松湿润的细土或其他基质3～4cm。随着新梢生长，逐渐加厚覆土层，当新梢长到50cm以上时，基部埋土达15～20cm，使新梢基部黄化生根。采用这种方法每年收获时都要留下一定比例的新梢用于来年压条（图5-2）。

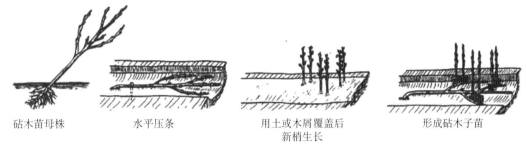

<table>
<tr><td>砧木苗母株</td><td>水平压条</td><td>用土或木屑覆盖后
新梢生长</td><td>形成砧木子苗</td></tr>
</table>

图5-2　水平埋土压条示意图

（引自Stephen A. Hoying，2013）

2.扦插　扦插可以分为硬枝扦插、嫩枝扦插（图5-3）和根插。

（1）硬枝扦插　在春季，选用发育充实的一年生枝条，剪成15～20cm（3～5芽）枝段，上剪口为平口，下剪口为马蹄形，绑成捆，将基部放入含有0.05%～0.08%吲哚丁酸或萘乙酸的水中浸泡2～4h，或者清水浸泡后用高浓度的生长素（0.2%～0.3%）速蘸10s，然后扦插。也可将插条竖着排放在温床上，用锯末或沙填实，保持插条基部温度15℃、空气温度5℃的条件，进行愈伤和生根诱导20d左右。然后开深20～25cm的沟，将插穗基部

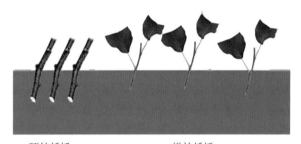

硬枝扦插　　　嫩枝扦插

图5-3　扦插图解

向下摆放在沟内，然后覆土，上剪口的芽露出地面，上面覆薄土堆以保湿、降温。

（2）嫩枝扦插　在生长季利用全光照迷雾插床进行。剪取当年的新梢10cm（2～4芽），去掉下部的叶片，保留上部叶片，叶过大留半片。经高浓度生长素速蘸10s，插于河沙或蛭石等基质中，开启迷雾设施，保证空气湿度80%～90%、温度18～28℃，前期适当遮阴，之后逐渐增加光照。嫩枝扦插比硬枝扦插更易生根成活。

（3）根插　选用砧木粗度0.5cm左右的根，剪成长10cm左右的根段，扦插于圃地，覆土覆膜保湿，促发不定芽和新根。

（三）嫁接

嫁接是品种苗木繁育的重要环节。培育的砧木达到一定的粗度后，在春、夏、秋季即可嫁接。嫁接的方法有芽接和枝接。

1.芽接　芽接是以带木质部或不带木质部的单个芽片为接穗进行嫁接的方法，有T（丁字）形芽接和带木质部嵌芽接。

（1）T形芽接　形成层活动期（多在夏季），在砧木上切一个T形切口，再用刀以盾形切取芽片，插入砧木T形切口内并用薄膜绑缚（图5-4）。

（2）带木质部嵌芽接　春、夏、秋季均可嫁接。在接穗芽上方0.8～1.0cm处向下斜切一刀，长约1.5cm，刀深不要达髓部；再在芽基部0.5～0.8cm，呈30°角向下斜切到上一刀的基部，取下芽片；在砧木要嫁接的部位，以相同的切割方式形成与接穗芽片相对应的切口，将芽片放入，对齐形成层，并用薄膜绑缚（图5-4）。

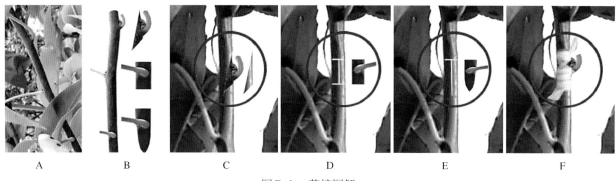

图5-4　芽接图解

A.选择充实新梢　B.剪取接穗，剪去叶片保留叶柄，芽片削成楔形、方块形或三角形　C.嵌芽接，楔形接芽插入砧木接口
D.方块形芽接　E.T形芽接　F.薄膜绑扎，露出芽眼和叶柄

2.枝接　以带芽的枝段为接穗，多在春季用于育苗和大树更换品种等的嫁接。方法有切接、劈接、插皮接、切腹接、双舌接等。各种方法的适用性、接穗和砧木嫁接部位的削法略有不同。接穗一般保证有1～2个健壮芽。

（1）切接　将接穗基部削成2个长度不同的相对斜面，长斜面1.5～2.0cm、短斜面0.5～1.0cm，接穗上可留1～3个芽，顶芽留在小切面。在砧木横断面上偏北侧向下纵切一刀，使切面与接穗斜面宽度相同，将接穗长斜面向内插入切口内，对齐形成层，用薄膜绑扎好（图5-5）。

（2）劈接　将接穗基部削成2个长度相等的斜面，基部削成楔形，有芽侧厚度稍厚，无芽侧稍薄。在砧木横断面中心向下纵切一刀，深度与接穗斜面长度相同，将接穗较厚（芽）侧向外插入切口内，并对准砧木一边的形成层，用薄膜绑扎好（图5-6）。

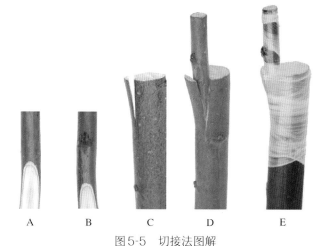

图5-5　切接法图解

A.削芽正面　B.削芽背面　C.砧木一侧切开　D.接芽插入接口
E.薄膜绑扎（接芽处单层薄膜）

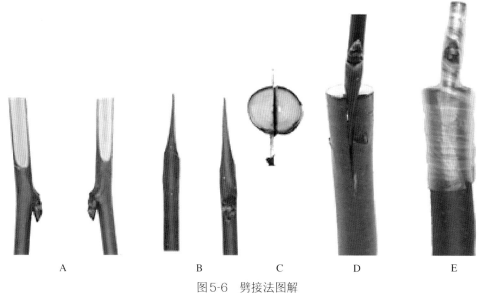

图5-6　劈接法图解

A.接穗削面　B.削芽侧面　C.砧木于中间劈开　D.接芽插入接口　E.薄膜绑扎（接芽处单层薄膜）

（3）**插 皮 接** 将接穗基部一面削成略带弧度的2～3cm长斜面，将其背面的尖端两侧均削成0.5～1.0cm的小斜面，呈箭头状。由砧木平茬剪口开始，在一侧树皮上向下划切一刀，仅达形成层，撬开树皮，将接穗插入，弧形削面紧贴木质部，用薄膜绑扎好（图5-7）。

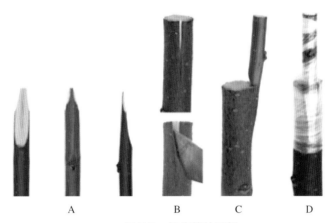

图5-7 插皮接法图解

A.接穗削面正面、背面和侧面 B.上部分示意砧木纵划接口，下部分示意嫁接刀翘起皮层
C.插入接穗 D.薄膜绑扎（接芽处单层薄膜）

（4）**切 腹 接** 近些年采用较多的枝接方法之一，以单芽切腹接更为常用。在接穗枝条上选1个饱满芽，可直接用剪枝剪的大刃将其两面削成长2～3cm的斜面，类似劈接接穗的削法。有芽的一侧稍厚，无芽的一侧稍薄，但斜面露出髓部，然后切下单芽。在砧木平茬剪口一侧或稍下部位用剪枝剪斜剪一个长2.5～3.0cm的切口，将接穗较厚（芽）侧向外，插入切口内，并与砧木形成层对准，用薄膜绑扎好（图5-8）。

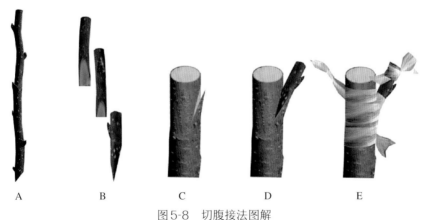

图5-8 切腹接法图解

A.1年生枝接穗 B.削芽背面、正面、侧面 C.砧木斜切接口 D.插入接芽 E.薄膜绑扎

（5）**双 舌 接** 近年来常用的嫁接方法之一。嫁接时把砧木和接穗的下端都削成2.5cm左右平直等长的斜面，在斜面近前端1/3处，顺木纹切1个纵口（长度超过斜面的1/3）。将接穗和砧木的斜削面、纵切口相对插合，2个舌片彼此夹紧，保证1个侧面对齐，用薄膜包扎缠紧（图5-9）。

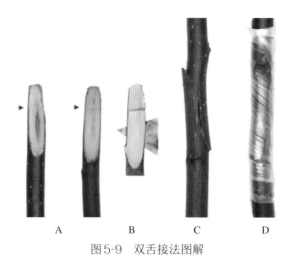

图5-9　双舌接法图解

A.砧木与接穗的削切　B.削面纵切位置与方法　C.砧木与接穗对接　D.接后绑缚（接芽处单层薄膜）

四、组织培养技术

植物组织培养是在植物细胞全能性理论的基础上发展形成的植物离体培养技术体系，即通过无菌操作，把植物体的各类结构材料，包括器官、组织、细胞、原生质体等接种于人工配制的培养基上，在人工控制的环境条件下进行离体培养的一套技术与方法。该方法用途广泛，在苗木繁育中的应用主要有以下几个方面。

（一）品种资源的保存

采用离体组织培养的方法，对需要保存的种质资源，通过采用限制培养材料生长的方法进行保存培养，在需要时使其重新恢复生长，再生成植株。该法占用空间少，节省人力、物力，并可避免自然灾害引起的种质流失。

（二）快速育苗

对繁殖比较困难的砧木，可以通过组织培养的方法，实现快速繁殖。主要技术环节包括繁育材料无菌体系建立、芽的增殖与壮苗培养、生根培养和试管苗移栽。该方法繁殖系数高，速度快，可工厂化生产，比常规育苗效率高。而且培育的苗一致性好，不带病虫害，利于后期高质量商品果的生产。OHF等常规方法繁殖困难的梨无性系砧木，常采用组培繁殖。

（三）脱病毒苗木繁育

病毒是危害无性繁殖果树的重要病原体，常导致果树生长势衰弱、果实品种变劣、产量下降等问题。目前，危害梨的病毒主要有苹果褪绿叶斑病毒（ACLSV）、苹果茎痘病毒（ASPV）和苹果茎沟病毒（ASGV）。有资料显示，生产梨园树体平均带毒率达86.3%。通过茎尖等培养，并结合繁殖体热处理、抗病毒抑制剂超低温处理等方法，可以脱除繁育材料中携带的主要危害性病毒，获得脱病毒材料，以此材料进行苗木繁育即可获得脱病毒苗木。脱除病毒的原原种可以继续采用离体培养的方法加以保存。

（四）品种遗传改良

借助植物组织培养植株再生技术，科研人员用一定方法将需要的目的基因片段导入受体植物的基因组中或把受体植物基因组中的一段DNA切除，从而使受体植物的遗传信息发生改变，并且这种改变能稳定地遗传给后代。基因片段的来源可以是提取特定生物体基因组中所需要的目的基因，也可以是人工合成指定序列的DNA片段。DNA片段被转入特定生物中，与其本身的基因组进行重组，再从重组体中进行数代的人工选育，从而获得具有稳定表现特定遗传性状的个体。该技术可以使重组生物增加人们所期望的新性状，培育出新品种。

第二节　栽培技术的变革

一、原始的自然生产

我国梨树栽培历史悠久。过去栽培的梨树，多为自然生长形成的自然圆头形或自然纺锤形。自然生长的树形树体高大或主枝数量多，枝条密集，结果枝多在树冠外围，一般结果部位相对少，果实产量低，果品质量较差。

（一）自然圆头形

1.树体结构　自然圆头形是梨树自然生长的常见树形。树高在5m左右，主干高50～80cm，没有明显的中心干。主枝3～7个，不分层，呈放射状排列。每个主枝着生多个侧枝，侧枝上分布各类多年生结果枝组，树冠呈圆头形（图5-10）。

2.树形特点　这种树形一般为自然形成，人为整形修剪的量少，骨干枝相对较多，树冠较大。缺点是分枝级数较多，枝组更新困难，盛果期后树冠内膛光照不足，枝组容易枯死、光秃。

图5-10　自然圆头形树形

A.安徽砀山酥梨　B.甘肃皋兰冬果梨

（二）自然纺锤形

1.树体结构　自然纺锤形是梨树自然生长状态下的另一种常见树形。干高50～100cm，树高一般5～8m，最高可达10m。中心干强壮直立，主枝15～25个、分枝角度小、在中心干上自然错落着生、向四周延伸，主枝分布层次不明显。主枝上分生侧枝，侧枝和中心干上分布各类结果枝组（图5-11）。

2.树形特点　该树形特点是成形很快，幼树期修剪量小，投产早。缺点是枝条密集、交叉重叠严重，树体高大，管理操作不方便。

图5-11　自然纺锤形树形

A.四川金川雪梨　B.美国加州巴梨

二、大冠稀植栽培及其技术特点

20世纪50—60年代，我国果树整形技术有了进一步发展，梨树栽培开始大面积推广疏散分层形、自然开心形等树形。但是，从早期丰产角度考虑，这些树形整形过程复杂、成形较慢，仍需要进一步简化。

（一）疏散分层形

1.树体结构　疏散分层形又称主干疏层形。树高小于5m，主干高60～70cm，有中心干，主枝6～8个、分为3层（第一层3个、第二层2～3个、第三层1～2个）。

第一层与第二层之间层间距为100～150cm，第二层与第三层之间层间距60～100cm；第一层层内距40cm左右，第二层层内距20cm左右。第一层主枝基角50°～60°，第二层与第三层主枝基角45°～50°。第一层3个主枝，相互间夹角为120°。第二层2个主枝，第三层1个主枝，正好排列在第一层3个主枝的空隙位置。第一层主枝上每个主枝配侧枝2～3个，第二层主枝上配侧枝1～2个，第三层主枝上配侧枝1个。第一侧枝距中心干50～70cm；第二侧枝在第一侧枝对侧，距第一侧枝50～60cm；第三侧枝在第二侧枝另一侧，相距50～60cm，则第一侧枝与第三侧枝在同一侧，相距至少100cm。侧枝与主枝之间水平夹角45°，全树最多有侧枝14个。这些主枝和侧枝共同构成了骨干枝，然后在骨干枝上配各类结果枝组。盛果期后，若内膛郁闭、光照不足时，将中心干延长头除去，也称之为延迟开心形（图5-12）。

2.整形过程　苗木栽植后定干，高度为80cm左右。定干后剪口下最好有6个健全芽。为使所选芽将来新梢生长平衡，可在下部3个芽上方刻伤，刺激生长。待春季萌发时，顶上1枝用支柱绑缚，使其垂直生长，作为主干延长头。其余5个芽发出的新梢可以作为主枝的候选枝条。

第二年，除中心干延长枝外，选留3个方位好的枝作第一层主枝，进行短截。主枝和中心干的截留长度取决于长势。中心干的截留长度为80～100cm，主枝的延长枝剪留50～60cm。其余枝条作辅养枝培养，缓放不动。

第三年，继续短截中心干延长枝、主枝的延长枝，同时选留第二层主枝和第一层主枝的侧枝进行短截。第二层主枝与第一层主枝的间距100～150cm。

第四年，培养第三层主枝，其他枝条处理同上年。对于已缓出短枝的长枝，回缩到长势好的短枝部位。一般至第五年可以达到理想的树形结构，这时可以缓放中心干延长枝，待其结果后去掉。盛果期后，利用各种修剪措施，及时更新复壮结果枝组，确保树势中庸健壮。

3.树形特点　这种树形优点是整形自然，修剪量少，成形快，骨干牢固，负载量较大，丰产稳产；缺点是盛果期后控制不当易造成外强内弱，结果部位外移。

图5-12　大冠稀植栽培树形

A.疏散分层形　B.延迟开心形

（二）开心形

1.树体结构　该树形又称自然开心形。树高2.0～2.5m，主干高度50～70cm，无中心干，在主干上分生3～4个主枝，各主枝在水平方向呈90°～120°夹角直线延伸。每个主枝上各分生侧枝3～4个，侧枝上再分布结果枝组，树冠中心开张透光。三主枝的基角为45°～50°，主枝1m以外角度应逐渐缩小，即腰角应为30°。主枝先端的角度即梢角15°或近于直立（图5-13A）。

第一侧枝距中心主干60cm左右；第二侧枝在第一侧枝对侧，距第一侧枝50cm左右；第三侧枝在第二侧枝另一侧，相距40cm左右；第一侧枝与第三侧枝在同一侧，相距约90cm。侧枝与主枝之间水平夹角为45°（图5-13B）。

图5-13　开心形树形（A）及其骨干枝配置（B）与成形植株（C）

1、2、3为主枝，a、b、c、d、e、f为侧枝，a′、b′、c′、d′和e′为结果枝组

2.树形特点　该树形优点是骨架牢固，通风透光良好，衰老较慢。开心形适于生长缓和、干性较弱、主枝开张的品种。缺点是幼树修剪较重，进入结果期较晚，主枝直立不易开张，侧枝培养较难。

三、中密度栽培及其技术特点

我国梨树传统树形为疏散分层形、开心形，具有树冠大、分枝级次多、树体结构完整、骨架牢固、寿命长等优点，但普遍存在结果枝组粗大、结果晚、整形修剪技术复杂、管理费工费时等缺点。为了适应省力化、早结果、低成本的栽培要求，生产中出现了纺锤形、小冠疏层形和倒伞形等树形。

（一）纺锤形

1.树体结构　树高3.0m左右，主干高度60～70cm，中心干强壮直立，主枝10～15个，在中心干上分为3～4层着生或不分层均匀分布，主枝长度1.2～1.5m、腰角70°～90°，主枝上无侧枝，直接分布各类结果枝组。盛果期后光照不良，可以进行中心干落头（图5-14）。

A　　　　　　　　　　　　　　　　B

图5-14　纺锤形树形

A.山西祁县酥梨　B.河北高阳雪青

2.整形过程　定植后定干80cm左右，促发分枝。每年在中心干上培养主枝3～4个，新梢停长时拉枝，使分枝角度呈70°～90°。树高达到3m左右开始控制中心干延长头生长。

纺锤形树形整形应注重生长季的修剪，通过撑枝、拉枝开张角度，缓和生长势，同时利用环剥、环割等技术促进早成花、早结果。

3.树形特点　该树形特点是修剪简单容易，幼树期修剪量小，投产早，适于密植栽培。缺点是该树形通风透光性稍差，下部枝条生长容易衰弱，应当注意下部枝组的更新。

（二）小冠疏层形

1.树体结构　树高3.5～4.0m，主干高60～70cm，有中心干，5个主枝分2层排列。第一层3个主枝，其中1个主枝顺行向延伸；第二层2个主枝，插空向行间延伸。主枝与中心干角度呈60°，层间距100cm以上，主枝上不配侧枝，中心干、主枝上着生各类结果枝组。成形后落头，可改善内膛光照（图5-15）。

2.树形特点　小冠疏层形适合低密度梨园。其优点是骨架牢固，产量高，寿命长，透光性好；缺点是有效结果体积较小。

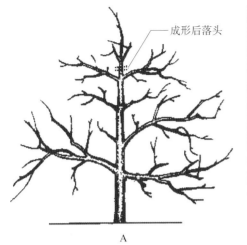

图5-15 小冠疏层形

A.树形结构 B.树形应用

（三）倒伞形

1.树体结构 主干高度60～70cm，中间有1个直立的中心干，树高3m左右，冠幅（2～3）m×（3～4）m，主枝开张角度60°～80°，3～4个主枝呈120°或90°方位角向四周延伸，主枝上不配备侧枝，直接着生结果枝组。在各主枝和中心干上，交错着生单轴延伸的小型结果枝各20～25个，最终形成一个倒伞形的树形，亦称为基部多主枝中干圆柱形（图5-16）。

2.树形特点 梨倒伞形树形结构是开心形和圆柱形的结合。在土层深厚和土质疏松、肥沃的平地，适宜栽植株行距为3m×5m；丘陵或沙土地株行距为2.5m×4.0m。

3.整形过程 定植后在梨树距地面80cm处定干，并对剪口下第3～5芽进行

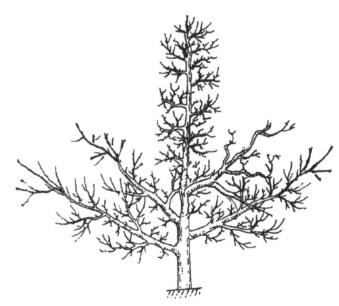

图5-16 倒伞形树形

刻芽。4—5月当顶端新梢长20cm时打顶，促使下部芽生长。8—9月按方位角120°或90°选择3～4个主枝，基角开张度为50°～60°，强枝开张角较大，弱枝较小。冬季对中心干和下部3～4个主枝进行中度短截（剪除1/3～1/2）。若当年3～4个主枝难以形成，可适当重剪，第二年再培养。第二年萌芽前后1周，对主枝两侧、中心干上的饱满芽进行刻芽，5月当刻芽枝生长至30cm时，用牙签撑开呈60°角。8—9月对主枝延长梢拉枝，开张角度45°左右，将主枝两侧生长较强的新梢与主枝的夹角调整到近90°，开张角度60°左右，作为结果枝组培养。冬季修剪时，继续中度短截中心干和主枝延长枝，缓放结果枝组。第三年生长期整形修剪同上。冬季继续中度短截主枝延长枝，中心干的刻芽枝全部甩放处理。第四年树冠基本形成。为避免相邻植株主枝延长枝相互交叉，可采取重截或换头的方法避开两枝重叠，冬季修剪后树高保持在3.5 m左右。疏除主枝、中心干上的过密枝，将主枝上同侧枝组间距调整到20cm左右。全树由1个中心干、3～4个主枝、10～15个单轴延伸结果枝组构成倒伞形树形。

4.树冠更新 梨树多年结果后，主枝变粗老化，延长枝生长势逐渐衰弱。当结果位置外移、发枝

力变弱时，应有计划地逐步进行更新。更新方法：可回缩到主枝上有健壮枝梢处，然后将其拉平取代主枝延伸。衰弱主枝上有壮梢，是主枝顺利更新的关键；当主枝上长不出壮梢时，标志着树势日趋衰弱，预示整个梨园开始衰老。

四、省力化密植栽培及其技术特点

为适应矮化密植技术需要，近年在密植园主要采用细长纺锤形和细长圆柱形等树形。

（一）细长纺锤形

1. 树体结构　细长纺锤形（Slender spindle），是一种具有主干结构的树形。树高3.5～4.0m，干高50～60cm，中心干强壮直立，中心干上无主枝、侧枝之分，直接着生大、中、小型结果枝组20～25个，枝组长度控制在1m以内，夹角大于45°，腰角70°～90°，均匀分布、不分层、枝组下大上小（图5-17）。

A　　　　　　　　　　　　　　　　　　B

图5-17　西洋梨细长纺锤形树形

A.波兰　B.意大利

2. 整形过程　培养强壮直立的中心干是整形的关键。定植后80cm左右定干，促发分枝。每年在中心干上选留2～4个小主枝，于新梢停长时拉成70°～90°。当小主枝选出数量满足需要时落头开心，将树高控制在3m左右。细长纺锤形树体的整形修剪应"放下剪子，拿起绳子和棍子"，重在生长季通过撑枝、拉枝开张角度与缓和生长势，同时利用环剥、环割等技术促进早成花和早结果。

1～2年生幼树整形修剪的主要任务是千方百计地增加枝叶量。冬季落叶后如果当年生枝条不足80cm时，应轻剪促进生长；如果当年生枝条在1m以上，可缓放不剪。一般不疏枝，应多留辅养枝。对影响骨干枝（中心干和主枝）生长的竞争枝、过强枝可以在夏季疏除，也可以采用拉枝、环剥、刻芽等方法促进枝类转化、成花、结果。

3～4年生树进入初果期整形修剪的主要任务是结果与整形并重。此时，树体渐显"丰满"，辅养枝已开始成花结果，对其不再进行短截，各级骨干枝可进行轻短截，以利扩冠和其上配置结果枝组，同时注意拉开主枝角度。

3. 修剪方法　5年生以上，树体产量激增，此期整形修剪的主要任务是完成树体整形工作。辅养枝因多年缓放增粗极快，应着手进行清理。按照整形的要求完成结果枝组的配备，影响树体结构平衡的辅养枝和多余大枝应疏除。同时，在树冠内有空间处利用枝条缓放、短截等方法配备结果枝组，使树体果枝"丰满"。生长季修剪只要树势不过旺，疏枝不宜过多，尤其避免疏除大枝。若夏剪过度，易造成树体营养失衡，影响花芽形成，严重者还会发生日灼现象。因此，只疏除树体中上部多余新梢、内膛徒长枝，以利透光，减少养分消耗。

4.树形特点　该树形适宜密植栽培，一般株行距为（1.5～2.0）m×（3.5～4.0）m，每公顷定植1 230～1 905株，株距可根据砧木类型、品种的生长势等进行调整。该树形结果枝数量多、不分层、无侧枝，具有易操作、成形快、结果早、丰产早等特点。而且因树体通透、膛内光照良好，有利于提高果实品质。但对成枝弱的品种，需做好"目伤"工作，以促发分枝，否则极易因枝组的数量不够而出现"偏冠"等问题。同时，对枝梢直立生长较强的品种，需做好拉枝开角工作。

（二）细长圆柱形

1.树体结构　该树形与细长纺锤形十分相似。树高3.5～4.0m，干高50～60cm，中心干强壮直立，中心干上无主枝、侧枝之分，直接着生中、小型结果枝组20～25个，枝组长度控制在0.5～0.8m、夹角大于45°、腰角70°～90°，均匀分布、不分层，枝组间隔15cm左右，上下枝组大小基本一致，树冠呈圆柱状（图5-18）。

图5-18　西洋梨和中国梨的圆柱形树形

A.西班牙　B.南非　C.郑州果树研究所　D.河北高阳

2.整形过程　第一年，春季定植壮苗，60cm定干，培养直立健壮的中心干。第二年，萌芽前7～10d，于中心干刻芽、促进枝条萌发；再通过"撑、拉、坠"的方法培养成中、小型结果枝组

（图5-19）。第三年，萌芽前7～10d，继续于中心干延长枝上刻芽，促发枝条；对生长势较弱的品种，中心干延长枝刻芽往往达不到预期效果，必须对中心干延长头进行中度短截，保持其生长势，促使上部具有足够的发枝量；对生长强旺的枝组，以拉枝、单轴延伸或回缩至分枝处的方式，抑制其生长势；植株可以适量挂果，产量控制在7.5t/hm²左右。第四年，树形基本成形，疏除中心干上过密枝条，抑制枝组旺盛生长；植株全面投产，果实产量可达15t/hm²。

图5-19　不同的刻芽效果

A.第二年中心干刻芽效果　B.第三年刻芽发枝不理想

3.修剪技术

（1）树高的控制　当中心干延长头高度大于3.5m时，及时进行回缩。选留中心干上适宜的分枝作为延长头，进行"以大换小"修剪。依次类推反复实施。

（2）疏除竞争枝　部分植株中心干延长头竞争枝生长势强、生长量大，使得延长枝刻芽发不出枝条。冬季修剪时，应当及时疏除延长头的竞争枝（图5-20）。

图5-20　修剪措施不当

A.未控制延长头竞争枝　B.拉枝角度过大，枝条背上长出徒长枝

（3）分枝角度 一般要求分枝基角45°、腰角70°～90°、梢角30°左右。分枝角度不宜开张过大，枝组拉水平后，很容易刺激枝条脊背发出徒长枝，达不到缓和生长势、促进花芽分化、提早开花结果的目的（图5-20）。拉枝相对费工，5—6月通过牙签开角的方法，来开张分枝角度，则简单易行。

（4）结果枝组年龄 为防止结果枝的老化，结果枝组以单轴状态延伸，枝龄一般控制在5年生以内，超过5年生枝组要及时更新。

（5）更新方法 回缩至后部的分生枝处，分生枝与中心干的夹角不小于30°；当后部无分枝时，可留桩1～2cm重度回缩，促使基部隐芽萌发新枝。

4.树形特点 该树形适合株行距（0.5～1.2）m×（3.5～4.0）m、2 070～5 700株/hm² 的高密度栽培。

我国华北、西北地区干旱少雨，生长季节短，温度相对较低，梨树枝条生长量较小，因此可采用株距0.5～0.7m。然而，南方地区高温高湿，树体生长季节长，枝条生长量大，相邻植株枝条交叉重叠严重，因此株距不应照搬北方地区，而且根据不同品种生长势强弱来确定适宜的株距，一般增加到1.0～1.2m为宜。

（三）计划密植与间伐

1.计划密植 计划密植栽培是梨树获得早期高产的重要手段。稀植梨园达到高产的时间晚，密植梨园达到高产的时间早，但投产后枝叶郁闭，产量迅速下降。为了综合稀植和密植的优点，可采用先密后稀的计划密植方法，即在栽植时，按原计划的株行距加倍，分别按永久性植株（原计划株行距上的植株）和临时性植株（加密植株）加以管理，树冠开始郁闭时，将临时性植株间伐。一般临时性植株数量为永久性植株的1～3倍。

2.间伐时间 当梨园进入结果期、密度超过一定限度、仅靠控制树冠不能解决根本问题时，应通过间伐扩大永久性植株的间距。间伐一般可以在落叶至发芽前、果实采收后2个时期进行。

3.间伐方法

（1）隔株去株 株行距为1m×4m、1m×5m和1m×6m等的计划密植梨园，应在株间已郁闭、行间尚未交接时，进行梅花式间隔移植或间伐改造，即在每行中隔1株除去1株，使株行距变为2m×4m、2m×5m、2m×6m（图5-21）。

（2）两次间伐 栽植密度为1m×3m、2m×2m、2m×3m等的高密度计划密植梨园，在株间出

A　　　　　　　　　　　　　　　B

图5-21 隔株去株

A.株间郁闭、行间尚未交接　B.隔株去株间伐后

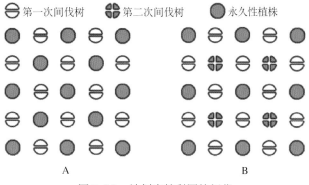

⊖第一次间伐树　⊕第二次间伐树　●永久性植株

A　B

图5-22　计划密植梨园的间伐

A.梅花式间伐，密度降低1/2　B.直线式间伐，密度降低至原来的1/4

现郁闭时，采取每行隔1株除去1株的梅花式间伐方法进行第一次间伐。几年后，行间又显郁闭，妨碍了树体正常生长时，采用隔1行除去1行的直线式间伐，栽植密度降低至原来的1/4，株行距变为2m×6m、4m×4m、4m×6m（图5-22）。

（3）控一放一　树冠已经交接的计划密植梨园，第一年将预备间伐的植株重度回缩，除去部分骨干枝，缩小树冠；对永久性保留植株，进行正常修剪。即控制1株放1株，然后间伐（图5-23）。

2～3年后，梨园植株再度郁闭时，将预备间伐植株除去；对于永久性植株，中心枝要去强留弱，削弱其顶端优势，促进下部枝条生长，扩大树冠。这样不会像一年间伐那样，令树冠一次性减少过多，从而避免对单位面积产量造成较大影响。

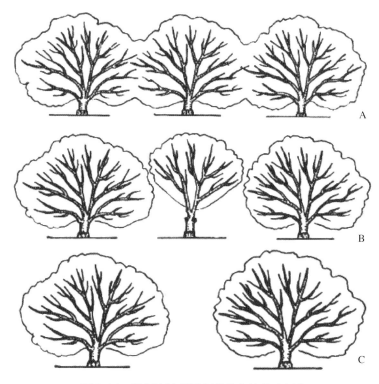

A

B

C

图5-23　计划密植梨园间伐前的修剪及间伐

A.修剪前树冠密度　B.除去基部大枝、保留部分结果枝　C.2～3年后清除间伐植株

五、高接换种

（一）目的意义

品种老化梨园生产效益低，要想尽快恢复其生产能力，提高经济效益，关键在于利用现有株行距和树冠，高接改换适宜的优良新品种（图5-24），再加上加强配套技术管理，可以实现"一年高接，两年恢复树冠，三年投产"的目标（图5-25）。

图5-24　60年生大树春季高接换种

图5-25　第三年恢复产量

（二）操作方法

1.采取接穗　确定具有高经济价值的品种，以品种纯正、生长健壮、无检疫性病虫害、性状表现稳定的盛果期梨树作为采穗母株。春季枝接要选用生长充实、粗度与砧木匹配的1年生枝为接穗，尽量在萌芽前采集，随采随用。休眠期采集的接穗，需进行沙藏或保湿冷藏。

2.嫁接时间　高接一般以春季为主。黄淮平原及其以南地区，2月下旬至3月上旬，树液流动缓慢，嫁接成活率低，但成活后长势较旺；4月上中旬高接树上的芽开始大量萌发，与接穗萌芽生长竞争养分，导致嫁接成活率降低；3月中旬至4月初，树液流动快，嫁接口愈合迅速，接穗成活率高，长势较好。

3.高接部位选留　高接前，对改接植株进行整枝，选择主枝、侧枝上背侧部直径1～2cm的小枝进行高接，疏去多余的细弱枝。一般20年生左右的植株，每株留3～4个主枝，在距中心干1.6m处截断，中心干除去或保留。主枝、侧枝上每隔20～25cm设1个高接点，每株高接50～60个接穗。树龄40年以上的植株，每株可高接250～300个接穗（图5-26）。

如嫁接部位选留过多，易造成枝条拥挤，树冠郁闭，影响枝条的健壮生长，导致枝条细弱、节间长度相对较大；嫁接部位留得过少，树冠恢复慢，影响次年结果量。

A

B

81

C   D

图5-26 高接换种

A.基部多主枝开心形   B.基部多主枝中心干圆柱形   C.全园高接换种   D.改接成活

（三）高接方法的改进

回缩的主、侧枝先端，其延长头一般采用插皮接或切接；较小的回缩枝组采用切腹接；直径在2cm以下的小枝采取劈接；对内腔5～10年生枝干光秃部位进行皮下腹接；树皮木栓化严重的老年枝干光秃部位还可采用枝侧打洞插皮接，具体有2种方法：

1.主枝（干）枝侧多位单芽刻槽插皮接   高接树骨干枝去留原则：根据原有树体结构和大小，确定去留部位、方向和轻重程度。高接前为疏散分层形者，选5～6个大主枝，留原长度的2/3左右作为骨干枝，并把骨干枝上所有枝全部疏除，同样选留中心干高的2/3部分，把其上枝全部疏除，然后采用主枝（干）枝侧多位单芽刻槽插皮接进行高接换种（图5-27）。

图5-27 把改造成开心形的树冠进行主枝侧位刻槽插皮接

（1）接穗的削切   挑选1年生发育充实、接芽饱满、无病虫害的枝条作接穗。根据韧皮部的厚薄选择适当粗细的枝芽。首先在接芽的下方约2.5cm处剪断，用嫁接刀在接芽的背面从芽基处向下削一斜切面直达底端，削成3.0～3.5cm长马耳状的削面，下端渐尖，再用刀在接芽的正面下方1.0cm处把韧皮部削掉，然后再用剪枝剪从接芽上端1.0cm处剪下接芽（图5-28）。

（2）接口切刻   在选留的主枝或主干缺枝处两侧每隔25cm左右为1个嫁接部位，主枝两侧的嫁接部位要错开；主干上的嫁接部位要上下错开。先用嫁接刀于嫁接处刻出1个等腰三角形，再用嫁接刀把

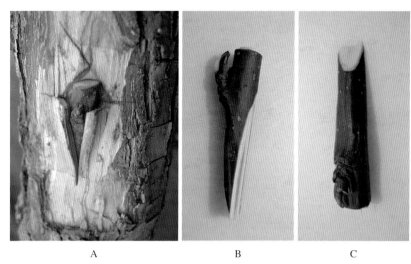

图5-28　主枝（干）光秃部位刻槽插皮接

A.刻槽，切开韧皮部，插入接穗　B.接穗正面　C.接穗侧面

韧皮部撬掉，形成1个等腰三角形的嫁接槽（图5-28）。

（3）嫁接　嫁接时，先用嫁接刀拨开三角形底部垂直纵切口的皮层，随即将接芽插入皮内，使穗芽的上端镶嵌在三角形的接槽内即可。当把主枝上所有的接位全部嫁接完后，用宽15cm的塑料薄膜按螺旋状自下而上把嫁接的主枝或中心干全部缠严，按此方法直至整棵树嫁接完为止。

2.主枝（干）长留枝侧多位单芽插皮接＋小枝切腹接　此方法是在主干长留枝侧多位单芽插皮接基础上发展而来，树形的改造和主枝的数量与主干长留枝侧多位单芽插皮接相同，不同之处是：不剪除主枝嫁接部位上粗1～2cm的小枝，以便在小枝上采用切腹接的方法嫁接上一个接芽，以代替枝侧多位单芽插皮接的位置。对于接位上或附近没有发生小枝的部位仍然采用枝侧多位单芽插皮接（图5-29）。

图5-29　主枝（干）长留枝侧多位单芽插皮接＋小枝切腹接

（四）高接换种后的管理

1.伤口护理　对切接、劈接和插皮接等枝接法的接穗，应涂抹乳胶或用蜡封口；对改冠修剪的大枝伤口，涂抹乳胶或油漆，以利于伤口愈合（图5-30）。

2.除萌与解缚　高接枝芽萌发后，用牙签把成活接芽处的薄膜挑破（图5-31），及时除萌（图5-32），树上萌蘖除留作芽接补空外，其余全部去除，以节约养分确保接芽正常生长。一般在7—8月解除塑料绑扎带，在风大的地区应以竹竿绑缚固定高接枝，防止大风折断。

A　　　　　　　　　　　　　　　　　B

图5-30　伤口涂抹油漆保护

A.中心干锯口涂抹油漆　B.大枝伤口涂抹油漆

图5-31　破膜露芽

图5-32　高接后45d发枝状况

3.夏季修剪　及时抹除剪口、锯口和大枝上的萌蘖。按照整形、扩大树冠的要求，采取摘心、拉枝等措施调整分枝角度（图5-33），形成内膛丰满、外围紧凑的树冠（图5-34）。

图5-33　及时除萌、摘心、拉枝

图5-34　内膛丰满、外围紧凑的树冠

4.冬季修剪　以轻剪、缓放为主。对主枝延长枝和需填补空间的枝，从饱满芽处短截，其余枝条缓放；中、短果枝一般不修剪，可利用长果枝腋花芽结果；对分枝较多的1年生枝条，可于健壮分枝处短截，以防结果部位外移。

第三节　土肥水管理技术的变革

一、梨园土壤管理制度的变革

梨园土壤管理制度的变革，一方面反映了一定生产时期的生产力特征，另一方面也反映了人为管理方面的经验和教训。研究我国梨园土壤管理的发展历程，总结经验，避免过失，对我国现阶段梨园土壤管理制度的调整有多方面的借鉴。

从早期的鸭梨栽培开始，我国果农就非常注重梨园土壤管理，从秸秆还田到有机肥料的施用，梨园土壤肥力在一个较长的时期内保持相对稳定。20世纪80年代以后，随着世界范围内水果商业栽培的发展以及我国化肥工业的崛起，梨园土壤管理又先后历经了化学农业、绿色生态农业等不同的发展时期。

（一）传统农业时期

传统农业经历了一个漫长的阶段，最早可追溯到鸭梨、砀山酥梨、茌梨、库尔勒香梨、南果梨的栽培时期。从19世纪末梨果生产开始，直到20世纪40年代末期，均可归为传统农业时期。传统农业的特点是梨树产量相对较低，同时梨园营养消耗与向外输出相对较少。因此，在梨园地面管理中，通常维持半清耕半生草的自然农业生产状态，梨园施肥则以畜禽粪、秸秆及枯枝落叶还田为主。在梨园物质循环链条中，每年因果实采摘引起的营养输出与梨园施肥的营养补充能力基本相匹配，因此尽管传统农业历时长，但梨园土壤的主要理化性状保持了相对稳定。这一时期梨园土壤管理的方法主要有清耕和深翻。

1.清耕　清耕是在梨树生长季节多次进行浅耕除草，保持梨园地面干净的一种土壤管理制度。常用的方法有两种：①犁耕。在幼龄梨园行间用牛进行犁耕，达到除草和松土的目的，可以增加土壤蓄水能力、降低土壤容重、增加土壤孔隙度、增强土壤透水性和通气性。②中耕。作用是疏松表土、铲除杂草。中耕是梨园常用的耕作措施之一。在梨树的生长季节，由于灌溉和降雨，梨园土壤沉实、透气性差且杂草滋生，从而影响梨树的生长发育，因此有必要对土壤进行多次中耕除草。一般在生产中，杂草还未结种子之前除草的效果最佳，既可达到当年除草的目的，又可减少或降低第2年杂草的生长量。

（1）清耕的优点　避免或减少杂草与梨树争夺肥水的矛盾；增强土壤的消化作用，分解快，土壤的速效性氮素释放快，有效磷、速效钾含量增加，对幼龄果树的生长和根系发育有利；消灭在地下潜伏的害虫。

（2）清耕的弊端　如果长期采用清耕，也会出现弊端：一是土壤结构被破坏，物理性状变劣，土壤有机质和氮素含量减少；二是长期实行清耕，劳动力成本高，对多年生杂草和恶性杂草除草效果差；三是长期清耕会形成一层坚硬的犁底层，导致土壤中气、热、水、肥不协调，从而影响梨树根系的正常生长。

2.深翻　梨园通过深翻，既改良土壤结构和理化性状，又增强土壤保肥蓄水能力，加深活土层，利于根系生长。

（1）深翻时期　必须从建园时开始改土，在建园前进行一次全园深翻。虽然建园时挖了定植沟或穴，但是其他未挖部分仍然是未熟化的生土，所以幼龄梨园随着树龄的增长，应逐年向外扩穴。结果大树梨园，根系已布满全园，深翻容易伤根，可改在采收后进行，此时地上部制造的有机养分向根系回流，伤根愈合快，利于伤根恢复和发出新根。

（2）**深翻形式**　深翻形式有全园深翻和隔行深翻两种。一般是在梨栽植后，在栽植沟两侧沿沟边界不断向外扩穴改土。采用密植栽培的梨园宜在1～2年内全部扩穴深翻，也可沿原来的栽植沟方向逐年深翻，以后每隔数年再扩翻1次，使根系更新，深翻深度以30～50cm为宜。也可在行中间开沟，宽0.5m左右，隔1行扩1行，下一年再扩另一行。开沟后要及时换土施基肥。

（3）**改良土质和培肥土壤**　对于土壤条件不好的梨园，深翻时可以进行客土改良，如黏土客沙土、盐碱地客淡土、沙荒梨园客淤土。回填时要加入有机物和有机肥料，下层加入作物秸秆、绿肥等，以增加深层土壤的通透性；中上层掺拌有机肥，以增加根群区肥力。扩翻时，勿损伤较粗的大根，最好在扩翻当天填土，避免根系在空气中长时间暴露，同时施入基肥，灌1遍透水，以利于根的恢复。根颈附近要浅翻，以免损伤树体。

（二）化学农业时期

20世纪50年代以来，随着世界范围内工业化的发展，化肥工业也迅速发展起来。受其影响，梨产业进程加快，化肥应用日趋增加，尤其是80年代之后，我国梨果生产逐渐进入了化学农业时期。

进入化学农业时期以后，梨果高产受到重视，人工栽培技术也有了很大改进，丰产品种及高产树形得到广泛应用。由于梨果产量提高，传统的梨园物质循环链被打破，高产带来的果实定向输出（果实采摘后脱离生产地流入消费地）随之加大。作为物质循环的必要补充，化肥、化学调节剂等物质也随之大量应用，梨园地面管理也逐渐演变成以化肥为主要施肥来源、以地面清耕和化学除草为主要方式的耕作管理模式。

在这一时期，尽管梨树高产得到维持，但在梨园肥料组成中，有机肥施用比重明显降低，因此梨园土壤有机质含量呈下降态势，并带来以下变化。

（1）**土壤中游离态矿质元素淋洗速度加快**　据分析，化肥施入土壤之后，30%左右被梨树吸收，另外的70%左右则随雨水及梨园灌水的淋洗进入地下水循环，造成了地下水系中氮、磷等元素污染。如从21世纪初期开始，渤海和黄海发生的赤潮现象、鄱阳湖和太湖等湖泊的蓝藻现象等，严重危害了渔业生产及周边环境，这些均与化肥等化学制剂污染有着密切的关系。

（2）**土壤理化性状变劣**　长期大量使用化肥、化学农药等化学制剂后，梨园土壤的通透性、吸水性、氧化还原能力等一系列理化特性劣变明显，我国梨主产区之一的华北地区土壤就呈现出从碱性到酸性的变化。长期使用化肥之后，华北地区梨园土壤pH一度下降到5.5，严重影响了土壤矿质营养的平衡，由此导致梨粗皮病、鸡爪病、腐烂病等病害的流行。

（3）**土壤化学污染严重**　随着化肥、化学农药等化学制剂的应用，其中的有害离子、附属离子及重金属离子伴随着化学制剂的使用在土壤中定向积累，一方面破坏了土壤的理化性状，造成土壤持肥持水能力及供肥供水能力下降，危及梨树生长；另一方面有害离子长期积累之后，将以被动吸收的方式进入果实，最终危及消费者的健康。

一般来说，生产一定量水果所消耗的有机质、矿质元素、水分等物质的量是一定的，而且也是相对稳定的。如对矿质元素的吸收，在正常情况下果实主动吸收和被动吸收的物质种类达30余种，在传统农业时期，梨园土壤的物质输出（果实产出）与输入（梨园施肥）基本平衡，而在以化肥为主体的商业生产盛期，由于化肥仅能补充氮、磷、钾等元素，且输入比例也难以与果实输出比例相吻合，因而在梨树生产大系统中，一方面以土壤有机质的下降为代价，维持暂时失衡性生产；另一方面又以减少和牺牲果实中物质种类的多样性和平衡性为代价，进行失衡性果实生产。果实中其他种类的营养物质，如有机物、蛋白质、维生素、芳香物质等构成物质均表现不同程度的失衡现象，与矿质元素呈相类似的规律。因此，在系统失衡的条件下，果实风味劣变、病害加剧、抗衰老能力下降等生理现象都是不可避免的，从而引起了人们对化学农业的反思和有机及生态农业的向往。

化学农业时期，梨园土壤管理的方法除清耕和深翻之外，还有间作、种植绿肥作物、覆盖和免耕。

1.间作 如梨园间作的作物选择恰当，可以以短养长，充分利用土地，增加收入；加速土壤熟化，提高土壤肥力；控制杂草生长和防止水土流失。

（1）间作时期 一般在梨树幼龄期提倡间作，定植后1～2年内，全年均可间作。成龄梨园在秋冬季间作比较合适，全园封园时不宜间作。

（2）间作作物的选择 间作作物宜选根系浅、枝干矮、生长期短、耗肥量少、共同病虫害无或少的作物。

几种适宜作物：①豆科类作物。主要有花生、大豆、绿豆等，豆科类作物根系具有固氮作用。②薯类。主要有甘薯和马铃薯。③蔬菜。主要是一些果菜类、块茎类和叶菜类蔬菜，藤蔓蔬菜不适宜。④药用植物。如党参、沙参等。

2.种植绿肥作物 我国绿肥作物种类较多，主要有紫穗槐、四籽野豌豆、紫苜蓿、白车轴草、红车轴草等。可根据气候和土壤条件选择栽植。

（1）播种

①时期。适宜的播种时期为秋季和春季。秋季土壤墒情好，杂草长势弱，有利于绿肥作物生长，为最佳播种期；春季，当气温稳定在15℃以上时即可播种。

②方法。撒播、条播均可。条播行距15cm左右，播种深度一般为0.5～1.5cm，每667m²用种量0.50～0.75kg。

③播后管理。绿肥作物能否种植成功，关键是苗期管理，要控制杂草生长。秋季种植，绿肥作物生长一段时间后越冬，来年返青早、生长快，可以抑制其他杂草生长。绿肥作物根系吸收层一般在20cm土层以内，而梨树根吸收层主要集中在20～60cm范围内，两者在养分吸收上不会发生冲突。尽管如此，在绿肥作物生长期也应及时补充氮、磷、钾等肥料，苗期保持土壤湿润，遇干旱适当灌水，以利绿肥生长。当草长高至40cm左右时刈割翻埋或作树盘覆盖物。

（2）翻压技术

①直接翻压。在梨树行间种植的绿肥作物花期，用机械或人力、畜力方法将其直接耕翻入土，让其自然腐烂。一般翻埋20cm深。在压埋绿肥时，碱性土壤应结合施入磷、钾肥，酸性土壤应施入适量石灰。

②刈割集中压青。将梨园内外种植或野生绿肥作物的地上部刈割后开沟压埋在树盘内，也可以结合深翻和施基肥同时进行。

3.覆盖 梨园覆盖有利于表层土温和水分稳定，增强根系吸收能力，对于吸收根的活动非常有利。

（1）覆盖材料选择

①有机物材料。如作物秸秆、种植的绿肥作物和牧草、刈割的杂草等。

②地膜覆盖。如白色地膜、黑色地膜、银色反光膜等。

③其他材料。如当前推广的聚丙烯或聚丙烯防草地布。

（2）覆盖方法

①覆草。以冬季或夏季为好，覆草厚度15～20cm即可。绿肥杂草、作物秸秆等均可作覆盖材料。覆草后要在覆盖物上压土，以防风刮和火灾，同时注意防治鼠害。

②覆膜。根据不同目的选用不同材料的地膜，如在幼树定植后，为了增加早春地温和防止水分蒸发，宜选用白色地膜；为了保湿和防草可以选用黑色地膜；为了促进果实着色均匀，可以铺银色反光膜。

③覆地布。梨园铺设地布时，一种是树盘铺设，即只在定植行两侧各铺设1m，结合行间自然生草的方式，可降低投入，适用于生产型果园；另一种是整地铺设，即全园铺设地布，一次性投入较高，适于观光采摘型果园。铺好后两侧用土压实，地布连接处搭接5～10cm，每隔1m用地钉固定，防止大风掀开。

4.免耕　梨园免耕制就是不耕耘土壤，采用自然长草不定期割除以及土壤调理剂来改善土壤结构的一种土壤管理办法。

（三）绿色生态农业的开始

目睹了化学农业的危害之后，我国已有一些公司和农户开始反思化学农业的危害，并开始探讨有机农业的运行模式。从21世纪第二个10年开始，我国各地梨果生产开始重视有机肥的使用，并逐渐开展了以堆肥为主体的土壤改良运动。以河北天丰农业集团有限公司梨园为例，土壤改良开始时的调查结果表明：20hm²梨园土壤pH为8.5，梨果鸡爪病和腐烂病重，果实品质差，因此必须改良梨园土壤。考虑到单纯使用草木灰来改良碱性土壤是很难的，于是决定采用堆肥加草木灰的方法进行试验。为解决堆肥问题，公司每年从内蒙古买入大量羊粪和牛粪，再掺入杂草和草木灰，每年生产超过1 000m³的优质堆肥。梨园施肥时，再加入少量化肥一起施用，堆肥改良土壤的效果明显：首先，鸡爪病和腐烂病逐渐减少；其次，通过近10年的努力，梨园土壤pH由8.5下降为7.5，基本达到梨果生长最适酸碱度，因此新生吸收根特别发达；最后，堆肥也明显改善了梨树生长发育及果实品质。直观来看，梨树叶片由改良前的瘦弱状态变得肥大而厚实，花芽也变得肥大，产量也更加稳定。堆肥改良土壤之后，不仅改善了果实外观质量，而且果实风味品质也明显提高，果实口感风味浓郁，有香气，果实可溶性固形物含量比周围梨园高出了1%～2%，对周围地区有机农业的启动起到了示范带头作用。

1.生草栽培　堆肥对土壤培肥及果实品质的影响非常明显，但肥源有限，为解决有机肥沤制时的秸秆不足问题，梨园生草制才逐步形成并发展起来。从21世纪开始，有机农业的原型开始在我国部分梨园出现。为了减少化肥的不利影响，探讨有机农业的可行性，日本、美国等国家和欧洲西部等地区开始在梨园进行覆草与埋草试验，如覆盖稻草、割草深埋等技术。毫无疑问，梨园覆草埋草一定程度上促进了土壤有机质的增加，但长期实行，却遇到了技术上的困难。首先，梨园覆草是一项巨大的工

图5-35　梨园自然生草栽培

程，每年要得到大量的稻草或秸秆并非易事，何况把稻草从稻田或其他农场运来，又造成了其他农场土壤营养的定向流失，对生态农业的长远发展是不利的；其次，若从山野荒坡割草覆盖或深埋，会造成环境的水土流失，况且几年下来，梨园积累的有机质也很少，可谓杯水车薪。通过多年的努力，在逐步试验与调整的基础上，我国梨园逐渐形成了现今的梨园生草方式（图5-35）。

（1）土壤有机物的变化　梨园生草对土壤培肥的影响是多方面的。草生植被刈割后腐烂，可产生大量有机质，同时草生植被被根系老化和腐烂之后也可将大量有机质归还于土壤。根据河北农业大学的试验结果，梨园生草后每平方米草地每年的产草量因草的品种而异，平均可达500g左右（干草量），其腐烂后逐渐以有机质形式培肥土壤。

（2）土壤理化性状的改变　梨园生草覆盖后基本克服了表土侵蚀现象，加快了土壤团粒结构形成的进程，土壤热容性、持水力及矿质营养吸附力增强，土壤营养淋洗得到明显抑制，这可能得益于土壤有机质形成过程的加强。梨园生草后，土壤中有机物含量持续增加，其中土壤有益微生物活性增加最为明显。

（3）保持土壤墒情　绿肥作物对土壤墒情的保持，主要是通过活植物体减少行间土壤水分蒸发、

吸收和调节降水中地表水的供应平衡、生长旺盛时刈割覆盖树盘来实现的。据试验可知，在覆盖的条件下，土壤水分损失仅为清耕的1/3，覆盖5年后，土壤水分平均比清耕多70%。

（4）延长果树根系活动时间　梨园生草在春天能够提高地温，促使根系进入生长期较清耕园提早15～30d；在炎热的夏季降低地表温度，保证果树根系旺盛生长；进入晚秋后，增加土壤温度，延长根系活动1个月左右，对增加树体贮存养分、充实花芽有良好的作用；冬季草被覆盖在地表，可以减轻冻土层的厚度，提高地温，减轻和预防根系的冻害。

（5）改善果园小气候　由于绿肥作物对土壤理化性状的改良，土壤中的水、肥、气、热较协调，提高梨园空气湿度，夏季高温时节果园比较凉爽，对果树生长发育有益，且有利于减轻日灼病的发生。

（6）降低成本，减轻劳动强度，提高效益　据试验可知，梨园生草、刈割与清耕相比，可以减少锄草用工60%左右，并能减轻劳动强度。另外，由于覆盖改良了土壤物理性状，提高了土壤肥力，增加了土壤有机质含量，可减少商品肥料和农家肥的施用量，并提高肥料的利用率。所有这些都降低了生产成本。

（7）提高果品质量　生草梨园由于空气湿度和昼夜温差增加，使果实着色率提高、含糖量增加、果实硬度及耐贮性也有明显改善。尤其套袋果园，梨摘袋后受高温和干燥的影响，果面容易发生日灼和干裂纹，梨园生草能有效避免和防止以上现象发生，提高果实外观品质。

2.秸秆覆盖　梨园秸秆覆盖是针对果园土层薄、肥力低、水分条件差、土壤裸露面积大而采取的土壤管理技术，就是将适量的作物秸秆等覆盖在果树周围裸露的土壤上。其具有培肥、保水、稳温、灭草、免耕、省工和防止土壤流失等多种效应，能改善土壤生态环境，养根壮树，促进树体生长发育，进而提高产量和改善品质。

（1）技术特点　由于秸秆覆盖在梨园空旷的土壤表面，能减轻太阳照射，减少地面蒸发，使土壤1年、1天中的温度变化幅度小，并能稳定地保持土壤水分。在梨园覆盖2～3年后，秸秆腐烂，大量的腐烂秸秆能明显提高土壤有机质和养分含量，有利于改善土壤理化性状和团粒结构的形成，促进根系对土壤肥水的吸收和利用。覆盖能改善土壤环境及树间小气候，促进梨树地下部与地上部的生长发育，从而提高果品产量及品质。

（2）影响

①对土壤温度的影响。梨园秸秆覆盖能明显改善土壤温度，一般情况覆盖果园0～20cm土层的温度变化幅度比对照小，其基本规律是：秋冬季土温较高，春季回升较慢，夏季炎热季节较低。冬春季梨园覆盖后，由于减弱了地温的散失，可提高土壤温度2～6℃，防止或减缓了冻土层的产生，使梨树根系安全越冬。夏季避免了太阳直射地面，又使表层土温比不覆盖的果园低3～5℃。因此，覆盖使根系处于适宜生长状态，促进了根系的生长发育。

②对土壤水分的影响。秸秆覆盖能减少地面水分蒸发，稳定地保持土壤水分，满足梨树在各个生长期对水分的需求。另外，覆盖可减少水土流失。

③对土壤养分的影响。农作物秸秆及杂草覆盖梨园，其腐烂后能提供丰富的养分。据测定，每年土壤有机质含量平均增加0.05%，土壤有效钾含量有明显提高，平均每年提高15～20mg/kg，氮素和磷素增加幅度较小。

④对土壤结构的影响。梨园覆盖后2～3年，秸秆腐烂，大量的有机物促进了土壤微生物和土壤动物（蚯蚓）的繁殖，有利于团粒结构的形成，容重比不覆盖的果园降低15%～20%。

⑤对树体的影响。连续多年覆盖，梨树吸收根数量显著增加，尤其0～30cm土层增加幅度较大。覆盖梨园的新梢生长量、百叶重、单叶面积等均大于不覆盖果园。

⑥对梨树腐烂病的影响。梨园覆盖对减轻腐烂病有较好的效果，据调查，覆盖2年区比对照区的病株率低32%。

⑦对产量和品质的影响。梨园覆盖后第二年，果品产量开始明显上升，据调查，覆盖的成龄果园

增产率一般为10%～15%，一级果率一般提高10%以上，梨果含糖量增加1%左右。

3.枝条粉碎覆盖　冬剪枝条是梨树冬季整形修剪过程中的副产品，每年通过修剪从树体中转移大量养分和有机物，如木质素、纤维素、半纤维素等。南京农业大学对河北辛集某地同一梨园4个盛果期梨品种黄冠、中梨1号、园黄和鸭梨修剪枝条量调查及修剪枝条中矿质养分含量的分析，发现每年每公顷梨园中由修剪枝条、落叶和果实带走的氮、磷、钾、钙、镁养分总量分别为184.5kg/hm²、19.5kg/hm²、99.1kg/hm²、307.5kg/hm²、26.7kg/hm²，其中修剪枝条转移的各种养分高达58%。由于枝条内含有大量不易降解的木质素和纤维素等成分，因此最好将修剪枝条进行粉碎处理，然后将粉碎后的枝条覆盖在树下、施基肥时随有机肥填入施肥穴、施肥沟内或制作枝条堆肥还田。制作枝条堆肥是通过对粉碎的枝条调节水分和碳氮比，添加腐解菌剂，利用微生物高温发酵过程中产生的热量杀死病菌和虫卵，不仅很大程度上解决了田间枝条弃置、病菌和虫卵传播的问题，还能显著提高土壤有机质含量，真正实现梨园废弃物资源化利用（图5-36）。

图5-36　枝条的综合利用技术

A.枝条粉碎　B.粉碎枝条直接覆盖树下　C.粉碎枝条制作堆肥　D.堆肥还田

二、梨树水分管理的变革

水分对梨树的整个生命活动起着重要的作用。梨果水分含量在90%左右，一旦缺水，轻则叶黄、生长不良、果小质劣；重则落花、落果、枯衰，乃至死树。合理科学供水是梨树丰产优质的基本保证。在北方干旱地区，梨树的产量直接取决于水分供应状况；在南方，季节性的降雨及不合理的用水也常常造成涝害。在环渤海湾地区及西北干旱区，不合理的大水漫灌常造成土壤返碱，导致土壤pH上升，并浪费了宝贵的水资源。因此，明确梨树的需水特性、掌握最佳的灌溉时期和灌溉方法以及发展节水灌溉技术是梨园科学管理的前提。

早在20世纪50—60年代，我国就对梨树节水灌溉技术进行研究。研究主要集中在减少输水渠道的渗漏损失，如进行渠道衬砌、改进沟畦灌溉技术等，提高渠系水的利用率。其中，调亏灌溉和控制性分根交替灌溉对梨树节水灌溉理论研究影响最大。70年代至80年代初期，国内外学者开始对梨树需水规律进行研究，探讨不同水分状态对梨树生长发育和产量的影响，取得了显著成果。该阶段主要研究不同梨树在非充分灌水条件下的生理生化反应，如澳大利亚持续灌溉农业研究所Tatura中心在20世纪70年代中期提出的调亏灌溉理论。90年代以后，随着世界性水资源危机的日益突出，传统的高产丰水灌溉逐渐转向节水优产灌溉，节水灌溉成为研究重点。

1.滴灌　滴灌技术于20世纪50年代末产生于以色列。它是将具有一定压力的水逐滴滴入植物根部附近的土壤，水分状况稳定，较好保持土壤结构，是一种值得推广的新式节水灌溉方法。滴灌系统由水泵、过滤器、压力调节阀、流量调节器、输水道和滴头等部分组成。埋设干、支、毛输供水管道，行行株株相通连。毛管理地下的称渗灌，毛管缚树干上的称滴灌。滴灌仅局部湿润梨树根部土壤，滴水速度小于土壤渗吸速度，不破坏土壤结构，灌溉后土壤不板结，能保持疏松状态，从而提高了土壤保水能力，也减少了无效的株间蒸发。

滴灌的次数和水量因土壤水分和梨树需水状况而定。春旱时可天天滴灌，一般2~3d灌1次。每次灌水3~6h，每个滴头每小时滴水2kg。首次滴灌必须使土壤水分达到饱和，之后可使土壤湿度经常保持在田间最大持水量的70%左右。

滴灌的好处：一是省水，不流失、少蒸发，比明渠大灌省水75%，比喷灌省水50%，水源缺乏的地方很适用；二是按梨树需水规律供水，供水平稳，土壤中水、气、热三项协调；三是节省占地，省劳力，防止土壤次生盐渍化，对干旱或沙丘地很适用。利用滴灌技术灌溉梨树，能把灌溉水在输送过程中和田间灌溉时的径流、渗漏、蒸发等引起的水分损失降到最低限度，还能把肥料注入灌溉水中，使整个滴灌系统肥水同步，达到省水、省工、省肥的目的。虽然滴灌最省水，几乎没有浪费，但是滴灌对土壤的要求很高，垂直方向水分渗透速度过快的松散型土壤，它的水平方向湿润速度很慢、扩散很少，无法满足此类土壤的灌溉要求。

2.喷灌　喷灌是一种先进的灌水方法，是把经过水泵加压（或水库自压）的水通过管道送到田间，由喷头（水枪）射到空中，变成雨点洒落到地面进行灌溉。喷灌分固定式和移动式2种，喷头高度有在树冠上面、树冠中央、树干周围等几种，即高喷、低喷、高低配合式。喷灌可以按树龄、土壤、气候状况适时适量喷洒，因每次喷洒水量少，一般不产生地面径流和深层渗漏，可避免因灌溉抬高地下水位而引起土壤盐碱化。国内外大量试验证明，喷灌与地面灌溉相比，一般可节水20%~30%，从而提高了灌溉水的利用率。喷灌工程对地形的适应性强，不要求平整土地，适于山地、坡地及园地不整齐的生草梨园。但喷灌也有一定的局限性，如作业受风影响，高温、大风天气喷洒不均匀，喷灌过程中的蒸发损失较大等。此外，喷灌工程需要较多的投资、动力、各种专用材料和设备，运行成本较高，因而发展受到一定的限制。

3.微喷　微喷即微喷灌，它是通过低压管路系统与安装在末级管道上的特制灌水器，将具有一定压力的水喷到距离地面不高的空中，散布成微小的水滴，均匀地喷洒到梨树根区的地面上，实现节水灌溉的一种新技术。微喷灌是介于喷灌和滴灌的一种局部灌溉技术，是山丘梨园较为适合的灌溉方式。它的性能优点在于喷灌强度小，水滴细似粗雾，土壤湿润良好，水在纵横方向渗透慢、均匀，地面不产生径流。喷水范围可局限在梨树根系面积内喷洒，节水幅度很大，能满足山区梨园灌溉且只需漫灌用水的1/5左右。微喷灌系统还可调节小气候，霜冻来临时，若梨园里的微喷灌系统连续工作，则可在一定程度上起到防霜冻的保护作用。但采用微喷灌技术，水会受到大气条件的影响，如果风速超过2m/s，就会使微喷灌的小水滴产生飘移。温度较高和空气干燥还会增加微喷灌时水的蒸发损失，这些使得有效实施微喷灌的时间受到限制。与滴灌一样，微喷灌也易发生堵塞，因此需对水进行过滤，但比滴灌要求低。

4.小管出流　小管出流也称涌泉灌，它是中国农业大学水利与土木工程学院研究开发成功的一种微灌技术。通过采用超大流道，以直径4mm的塑料小管代替微灌滴头，并辅以田间渗水沟，解决了国产微灌系统中灌水器易被堵塞的难题，形成一套以小管出流灌溉为主体、符合实际要求的梨树微灌系统。小管出流采用了稳流器，适应压力变化的范围增宽，能保证5 ～ 25m的水头变化，出流量稳定在允许范围内，可在高原、丘陵、山地等地形较复杂的地区应用。小管出流微灌由稳流器来完成调压，稳流器的额定流量有20L/h、30L/h、40L/h、50L/h、60L/h、100L/h、200L/h，可根据不同条件选用。

5.膜上灌　膜上灌是我国首创的一种新兴灌溉技术，是在地膜覆盖的基础上将膜侧水流改为膜上水流，利用地膜进行输水，通过放苗孔和附加孔对梨树进行灌溉。其特点是供水缓慢，大大减少了水分蒸发和淋失，提高水分利用率，可与追肥相结合。可通过调整膜上孔的数量和大小来控制灌水量，以满足不同种类梨树和不同时期的需水要求。膜上灌投资少，操作简便，便于控制水量，可节水40% ～ 60%，有明显的增产效果。在干旱地区，可将滴灌放在膜下或利用毛管通过膜上小孔进行灌溉，称为膜下灌。

三、梨园施肥技术的进步

19世纪中叶，德国化学家李比希提出植物的矿物质营养学说，并在此基础上进一步提出了养分归还学说。即随着作物的种植与收获，必然要从土壤中带走大量养分，使土壤养分逐渐减少，连续种植会使土壤贫瘠，要维持地力就必须将植物带走的养分归还于土壤，即施用矿质肥料，使土壤的养分损耗和营养物质的归还之间保持一定的平衡。养分归还学说的要点是：为恢复地力和提高植物单产，通过施肥把植物从土壤中摄取并随收获物移走的那些养分归还给土壤。虽然养分归还学说有一定的局限性，如重视无机养分的作用而忽视有机肥的作用，但至今仍是指导施肥的基本原理之一。

梨树生长发育需要多种化学元素作为营养物质，碳（C）、氢（H）、氧（O）元素主要来源于空气中的CO_2和根系吸收的水分；矿质元素氮（N）、磷（P）、钾（K）、钙（Ca）、镁（Mg）、硫（S）、铁（Fe）、铜（Cu）、锌（Zn）、硼（B）、钼（Mo）、锰（Mn）、氯（Cl）等营养元素主要来源于土壤。梨树对N、P、K、Ca元素需求量较大，对Mg、S、Fe、Cu、Zn、B、Mo、Mn、Cl等元素的需要量较少。虽然梨树对各种营养元素需要量差别很大，但是所有元素对植株的生长发育都起重要作用，它们既不可缺少，也不能相互代替；同时，各种营养元素彼此间是相互联系的，相辅相成。

李比希提出养分归还学说之后，引发了化肥工业的巨大发展。为了有效地施用化肥，李比希于1843年又提出了最小养分律。其含义是：植物生长发育需要吸收各种养分，然而决定作物产量高低的是土壤中有效养分含量相对最少的那种养分。在一定范围内，产量随着这种养分的增减而升降。忽略这种最小养分，继续增加其他任何养分，都难以提高作物产量。在应用最小养分方面应注意3点：①最小养分是指土壤中有效性养分含量相对最少的养分，而不是绝对含量最少的养分。一般微量元素的含量远远低于大量元素，因此在判断最小养分时不能受养分的绝对含量高低的影响。②最小养分是可变的,它随植物产量水平和土壤养分元素的平衡而变化。当土壤中原有的最小养分因施肥而得到了补充后就不再是最小养分,而其他的养分则可能因作物需求增加而变成了最小养分。③最小养分是梨果增产和品质提高的限制因素,只有补充了最小养分,才可能提高作物产量或改善果实品质。若忽视最小养分而继续增加其他养分,不但产量不能提高,反而造成梨树体内养分不平衡,增加肥料的投入和降低肥料的经济效益。最小养分律是科学施肥的重要理论之一,现代的平衡施肥理论就是以李比希的最小养分律为依据发展建立的。因此,梨树的合理施肥有两层含义:一是首先抓住主要矛盾,把最缺乏的养分补足;二是平衡施肥,最小养分和次要养分同时补充,产量和品质才会上新台阶。

我国对化肥的使用首先是从氮肥开始的,随后是磷肥、钾肥和微量元素肥料。20世纪50年代,科技工作者曾围绕不同化肥品种在不同土壤类型和作物上的效应做了大量的肥效研究工作,取得了一定的进展。随着小氮肥工业的发展和磷肥的推广,针对如何减少肥料养分损失、提高肥料利用率和增进肥效,开展了碳酸氢铵和氨水深施覆土、球肥深施、压粒深施、氮磷钾化肥配合施用、针对缺磷土壤重点施磷等施肥技术的研究与应用,对于提高化肥利用率、增进肥效、提高经济效益都取得了很好的效果。

新中国成立后到20世纪70年代末,由于果树的发展方针是"上山下滩,不与粮棉争田",梨树多栽种在山丘地区,土层较浅、土质较差、砂石较多、地力差、阶段性缺水严重。同时,主要肥源是猪粪、牛粪等就地取材、就地积制的农家肥,肥源缺乏,因此生产上大量推广使用山东农业大学束怀瑞院士提出的山丘果树抗旱技术——地膜覆盖穴贮肥水技术(图5-37)。具体做法是:早春树液开始流动至萌芽前,在树冠外围下方的根系集中分布区,均匀挖3～5个直径为30～35cm、深30～35cm的穴,穴内垂直插入事先绑好(或用水浸透)的草把,周围填入混有土杂肥的土,每穴使用化肥0.15～0.25kg,适量浇水,最后在每个穴的上面覆盖地膜,地膜边缘用土压实,使穴的中部稍有凹陷,并在凹陷处将地膜插一小孔,以便将来追肥浇水或承接雨水。这是最简易且高效的水肥耦合管理,一般可节肥30%、节水70%～90%,增加土壤湿度和温度,促进花芽分化,显著提高坐果率和单果重,促进根系生长,穴周围细根量较对照增加3.07～3.78倍,是适应当时梨树立地条件差、肥源紧缺、无浇灌条件的山丘地的重要肥水管理方法。在当前梨产业中,地膜覆盖穴贮肥水技术仍是山地梨园改土培肥的重要方式,也是干旱地区梨园抗旱、保水、提高水肥利用率的重要技术之一。

A   B

图5-37 地膜覆盖穴贮肥水技术

A.插草把 B.地膜覆盖

进入20世纪80年代初期，我国在柑橘、苹果和梨等主要果树上开展了营养诊断和配方施肥技术的研究，即根据植物必需元素的不可替代和同等重要性的特点，在确定梨树的需肥规律、土壤供肥性能和肥料效应的基础上，提出氮、磷、钾、微量元素肥料的用量和配比，形成配方。这是我国梨树施肥从使用单一肥料发展到多种营养元素配合施用、从经验施肥向按需施肥的过渡，改变了常规的施肥量和施肥方式，开始了向现代化施肥农业的迈进。

（一）测土配方施肥

测土配方施肥是以肥料田间试验、土壤测试为基础，根据作物需肥规律、土壤供肥性能和肥料效应，在合理施用有机肥料的基础上，提出氮、磷、钾及中、微量元素等肥料的施用品种、施用数量、施肥时期和施用方法。配方肥料则是以土壤测试、肥料田间试验为基础，根据作物需肥规律、土壤供肥性能和肥料效应，用各种单质肥料或复混肥料为原料，配制成的适合于特定区域、特定作物品种的肥料。因此，配方施肥技术的关键是提出肥料配方和估算施肥量。具体来说，就是通过分析树体和土壤的营养状况，根据梨树产量和品质的要求，在以有机肥为基础的条件下，提出氮、磷、钾等元素适宜的比例和用量，采用合理的施肥技术，按比例适量施用肥料。通俗地说，就是土壤中缺什么补什么，缺多少补多少。

20世纪80—90年代，针对当地主栽梨品种，我国开展了梨园土壤养分测定、微量元素缺乏症状矫正等方面的研究。但是总体来看，针对梨园开展的土壤养分测定及土壤质地研究稍逊于苹果。安徽农业大学在90年代初期发现，土壤质地明显影响砀山酥梨的品质，沙土和面沙土上生长的酥梨品质较好，含糖量高。这是由于土体剖面通体沙砾含量较高，通透性强，保水能力弱，土壤热容量小，增温和降温快，昼夜温差大，夜晚土温降低，植株呼吸作用减弱，干物质消耗少。淤土剖面则上下均为黏壤土，土壤耕性好，保水保肥性强，水肥供应状况好，产量较高但品质差。梨园氮、磷、钾等养分均处于极缺乏状态，有机质含量<0.6%，全氮<0.05%，碱解氮<30mg/kg，有效磷<3mg/kg，速效钾200mg/kg，绝大部分梨园土壤均缺乏微量元素。砀山县土肥站针对果农重氮和轻磷、钾的倾向，连续几年进行配方施肥试验，增施有机肥料，实行有机和无机相配合，氮、磷、钾和微量元素肥料相配合，培肥土壤，增强地力，达到高产优质的目的。

在此期间，也开始重视梨树中微量元素功能的研究。例如，硼是花器官中含量最高的微量元素，有利于促进花粉发芽和花粉管的生长，对子房的发育也有一定的促进作用。1980年，山东乳山县农业技术推广站在巴梨花期喷施硼砂和尿素研究硼对坐果率的影响，发现盛花期喷洒硼砂水溶液显著提高坐果率，如果配合喷洒尿素则更有利于补充因开花和长叶而消耗的树体营养，从而更有利于坐果，这是首次在梨上报道的微量元素硼的作用及施用时期和效果。缺铁失绿的矫正一直是国内外普遍关注的问题，北方梨产区果园土壤多为石灰性黄潮土或栗钙土类，土壤pH高，HCO_3^-含量多。有的梨园地势低，地下水位高，因而梨树缺铁失绿现象普遍，从改良土壤、基因型选择以及土壤或叶面施用铁肥等方面都没有很好的矫正方法。20世纪80年代中期，中国农业科学院果树研究所研制出强力树干注射技术（图5-38）。在秋白梨树干中注入不同计量的硫酸亚铁进行缺铁矫正试验，发现强力树干注射铁不但能使老叶复绿，其叶片组织和叶肉细胞的结构也得到修复，而且叶绿体中出现淀粉粒，说明其生理功能得到恢复。该研究还认为，石灰性黄潮土上梨树失绿主要与春季土壤中HCO_3^-含量高有关，在生长后期，如果降水较多，HCO_3^-受到淋洗，也可使原来不严重的失绿程度降低。钙在延长果实贮藏期方面的作用也引起重视。浙江农业大学在80年代末期对黄蜜梨进行采前喷施0.8%的石灰水，发现经过采前钙处理，黄蜜梨果实内结合态钙的含量提高，细胞膜透性降低，能有效抑制果实衰老过程中细胞壁和细胞膜的解体，延长果实贮藏期。

A   B   C

图5-38 强力树干注射铁肥示意图

A.树干钻孔 B.树干注射铁肥 C.效果对比（左对照、右处理）

（二）平衡配方施肥

平衡配方施肥是综合运用现代农业科技成果，在测土配方施肥的基础上根据梨树的叶分析营养诊断结果、梨树生长发育的基本规律而采取的一种综合的科学施肥方法。平衡配方施肥不同于一般的配方肥料，它具有先进的技术路线，通过专门的营养诊断软件，依据盈亏指数和综合诊断法等先进的诊断方法，排列出需肥次序，提出配方，配制肥料和采用合理的施肥技术。具体来说，梨树营养诊断是通过分析叶片或果实、梨园土壤矿质营养元素盈亏状况，并结合树体外观症状，对梨树营养进行判断，用以科学指导梨园施肥的一种综合技术，分为诊断、解析、处方3个步骤。其中，诊断即叶片或果实、土壤中的矿质营养元素含量的分析测定；解析即根据所测得的数据，结合梨园生态环境和栽培管理特点等各方面因素，对数据形成的原因和所显示的问题做出解析与判断；处方即结合已有的施肥或其他试验结果以及实际经验，提出恰当的矫治措施。

由于梨树是多年生木本植物，树体内存有大量的贮存营养，树体营养的实际状况除与当年自土壤吸收的养分有关外，在很大程度上依赖于树体贮存营养水平，因此梨树的营养诊断首先是树体营养诊断，然后才是土壤诊断。只有先对梨树进行营养诊断，准确地反映树体的现实营养状况，再根据土壤诊断的结果，才能制定出合理的土壤管理和施肥措施，因地、因树制宜地指导施肥，使果品产量和品质得到提高。因此，梨树营养诊断是保证梨树高产、稳产、优质的重要措施之一。

1.叶分析标准值法 叶分析技术是梨树营养诊断的一种重要方法。同一树种、种类或品种植物叶内的矿质元素含量在正常条件下是基本稳定的。将需诊断植株叶片的矿质元素含量与正常生长发育树的叶片内的标准含量相比较，就可判断该植株体内元素含量水平的高低，并能在肉眼可见的营养失调症状出现之前诊断出营养不平衡的问题，从而可以通过施肥或其他措施来调节树体内的营养平衡关系。叶分析技术对提高肥料利用率、提高产量和改善品质起到了很大作用。从20世纪80年代开始，我国开始了梨树叶分析方面的工作，并在指导施肥方面起到了举足轻重的作用。叶标准值的统计数据多取自西洋梨，少数为砂梨。根据我国当时主栽品种属白梨品种群的特点，并参考苹果的相关数据，把氮含量适宜范围定得比苹果略低，而钙、镁含量则比苹果高。虽然不同品种、地区、栽培管理水平、砧木、接穗均会影响梨树叶分析标准值（表5-2），但截至目前，该标准值仍是一种重要的判断树体营养的依据。

表5-2　鸭梨叶片中矿质元素含量标准值

研究者	氮 (%)	磷 (%)	钾 (%)	钙 (%)	镁 (%)	铁 (mg/kg)	硼 (mg/kg)	锰 (mg/kg)	锌 (mg/kg)	铜 (mg/kg)
李港丽等（1987）	2.0 ~ 2.4	0.12 ~ 0.25	1.0 ~ 2.0	1.0 ~ 2.5	0.25 ~ 0.80	100	20 ~ 50	30 ~ 60	20 ~ 60	6 ~ 50
姜远茂等（2007）	2.0 ~ 2.6	0.15 ~ 0.40	1.2 ~ 2.0	0.8 ~ 1.5	0.25 ~ 0.40	25 ~ 200	20 ~ 60	20 ~ 200	15 ~ 100	—
张玉星等（2009）*	1.75 ~ 1.92	0.10 ~ 0.12	1.07 ~ 1.49	1.65 ~ 1.99	0.30 ~ 0.39	107 ~ 148	17 ~ 26	64 ~ 82	17 ~ 27	15 ~ 64

注：*为内部交流资料。

20世纪90年代初期，浙江省农业科学院连续两年于盛花后20d开始，每10d取菊水的新梢、叶片和果实各1次，研究其中氮、磷、钾、钙、镁元素含量年周期变化，发现这5种元素在不同器官中所占比例不同，即使在同一器官中5种元素含量也有明显的不同，氮素在枝、叶中含量最高，钾素在果实中吸收最多。氮、磷、钾、镁在生长发育的初期含量高，后期低。新梢、叶片和果实表现同一趋势。钙在叶片中含量与氮、磷、钾、镁相反，表现为前期低后期高，而果实中钙的含量随着成熟度的提高而逐渐下降。5种营养元素以叶片中含量最高，用叶片的分析值可作为施肥的参考指标。该研究结果对我国梨树的平衡施肥提供了重要的依据。

2.DRIS诊断法　进行梨树营养诊断时，不仅要看叶片中营养元素的含量，还必须注意树体中各种营养元素间比例适当，如果比例失调，某种营养元素打破或失去了生理平衡，将表现出盈亏的外部症状并影响生长量和产量。20世纪70年代国际上提出DRIS诊断法，即植株诊断施肥综合法，可对多种营养元素的需肥顺序进行判定，并且判定结果不受植株树龄、品种和采样部位的影响。DRIS诊断法的核心是DRIS诊断参数的确定、DRIS诊断参数的计算和分析。应用DRIS诊断法对不同产量水平的梨园叶片养分的测定和分析能够确定哪些梨园对哪种营养元素需求较为迫切，需要首先补充。由于各方面发展的限制，该方法21世纪初才在梨树的营养诊断方面得到了一定的应用。例如，在金花梨上采用DRIS诊断法指出，高产园对营养元素的需肥顺序为：K >Mg >N > Fe > Ca>B > P > Zn，低产园的需肥顺序为：B > P > K > Zn >N > Fe >Mg >Ca。通过DRIS营养诊断，结合施肥时期和施肥方式，可以为金花梨的施肥提供正确的指导方案。

随着各种营养诊断技术的研究与发展，各种诊断方法相继被提出来。"十二五"期间，安徽农业大学将多种诊断方法结合考虑，利用优势互补，研制开发了基于DRIS、PLI与Fuzzy诊断法的砀山酥梨营养综合诊断系统，以指导砀山酥梨合理施肥与营养矫治。

3.可见/近红外光谱无损诊断技术　近年来，随着可见/近红外光谱技术的快速发展与不断完善，利用可见/近红外反射光谱仪对梨树叶片进行快速、无损与准确测定已成为现实。可见/近红外反射光谱仪涵盖350 ~ 2 500nm波段，具有光谱分辨率高（波段宽度＜10nm）、波段连续性强、光谱信息量大等特点。南京农业大学自2011年以来开展梨树氮素无损诊断研究，利用便携式光谱仪采集梨树鲜叶光谱信息，根据不同品种的生育期、生长年限、梨叶片可见/近红外光谱与氮含量相关关系，建立具有一定普适性的氮素反射光谱预测模型，并将之应用到梨树氮素诊断及施肥中，初步实现了基于可见/近红外光谱技术的梨树氮素管理（图5-39）。

梨园土壤平衡施肥的实质是根据土壤养分状况，合理施用氮、磷、钾肥料，有的地区"减氮、增磷钾"，有的地区要"保证氮肥、控制磷肥"，有的地区则是"控制氮肥、增施磷肥"等，其核心是在合理判断土壤养分状况的基础上，优化肥料产品结构。同时，应当根据梨树需肥规律，选用适当比例的氮磷钾复合肥，而不是一味使用高浓度氮磷钾复合肥。除了氮、磷、钾化肥的投入不平衡外，追肥过程中肥料施用也存在方法上的错误，如很多地区梨农常将复合肥、尿素、微量元素肥料等撒在树下，大水漫灌，使肥料中的氮流失、磷和钾固定严重，从而导致根系周围的氮、磷、钾养分浓度不平衡，抑制了梨树的生长和发育。除此之外，受经济因素驱动，全国梨产区出现不同程度地有机肥与化肥的

图5-39　便携式可见/近红外光谱仪田间测定

投入失衡现象，即以化肥投入为主、有机肥投入为辅，造成了梨园土壤板结、树体营养不均衡、果实品质下降、生理病害严重等现象。

有机质是土壤肥力的重要物质基础。梨园土壤增施有机肥，不仅为梨树的生长提供全面的营养物质，更主要是提高土壤有机质含量，改善土壤微生物活性，增加土壤酶活性，促使良好的微团聚体形成，改善土壤的理化性状，增强土壤的缓冲性能，为梨树的根系发育提供良好的土壤环境。各地有机肥的投入量存在较大差异，与当地梨主栽品种、养殖业发展状况、梨的社会经济效益及梨农对有机肥的认知程度等有关。各地施用有机肥的种类与当地畜禽养殖业有直接关系，如有的地区以鸡粪为主，有的地区以牛羊粪为主。在我国梨主产省，有的地区施用有机肥的数量较多，但反映出来的果品质量及土壤有机质含量却相对不高。这除了与施用时期（如有的是春施）不当造成的肥料当季利用率不高、梨树养分补给不足有关外，还与有机肥的腐熟程度及施用方式有关。在很多梨园现场调研中发现，有机肥不是施入土壤中，而是覆盖在树下，仅仅充当了覆盖材料，失去了有机肥的改土和增加土壤养分的作用。同时，梨园施用的有机肥大部分是未经完全腐熟的鸡粪或牛羊粪等，这些有机肥不仅速效养分含量低，而且易携带病原菌，在土壤中腐熟时还会与梨树发生"争氮"现象，不利于梨树的生长。商品有机肥不仅在生产过程中通过高温发酵消灭了病原菌，而且其所含的大部分迟效态养分也通过此过程转化为速效养分，是施用起来方便、干净、效果好的优质肥料。微生物有机肥则在商品有机肥生产过程中添加了活性微生物，具有促生、抑病的作用。南京农业大学连续5年在烟台蓬莱巴梨园施用不同种类有机肥料，发现促生微生物有机肥能显著降低巴梨树腐烂病发生率。

2015年1月7日，农业部发布了一个重要文件，到2020年我国农业要实现"一控两减三基本"："一控"即控制农业用水总量，"两减"是指化肥、农药减量使用，"三基本"是指基本实现畜禽养殖排泄物资源化利用、基本实现农作物秸秆资源化利用、基本实现农业投入品包装物及废弃农膜有效回收处理。这一重要文件极大推进了梨园增施有机肥、替代和减少化肥施用及有机无机复混肥的使用。

（三）水肥一体化

我国对梨树灌水量的研究起步较晚。20世纪90年代初，灌水量对幼树枝条生长和花芽形成的影响，减少生长季中灌水而只在冬季1次灌水，可明显降低梨幼树新梢生长量而总生长量减少不明显。单株花芽数量和单位主干横截面积上的花芽数随土壤供水的减少而增加。在一般年份冬季灌水1次的基础上，生长季中少量灌水（1 500m³/hm²）或不灌水可有效缓和梨幼树的营养生长并能形成适量的花芽，因此可节约灌水费用、促进幼树早期丰产。21世纪初期，随着梨树调亏灌溉和微灌理论不断深入的研究，交替灌溉和滴灌、微喷灌在黄冠和库尔勒香梨上取得了良好的效果。黄冠上分区交替灌溉和两侧沟灌较常规灌溉用水量减少1/2，显著降低了新梢长度，但对坐果率没有影响，两者显著提高了瞬时水分利用率，没有显著降低梨树产量和单果重，却提高了果实可溶性固形物含量，显著提高了灌溉水生产效率，是有效的节水灌溉方式。对库尔勒香梨的研究结果指出，地表滴灌、地下滴灌与微喷灌在梨树的生育期内灌水量较漫灌显著减少，均对枝条的生长具有一定的抑制作用，但果实品质均得到一定程度的改善；各种微灌方式对库尔勒香梨的生长和耗水规律的影响没有明显差异，但都可以大幅度节水并提高果实品质。

水肥一体化是指将化肥溶解于灌溉系统（灌溉水）中，通过灌溉系统为植物提供营养物质，使植物根系可以同时得到水分和养分的供应，其理论基础是植物根系对养分的吸收特性，克服了传统施肥中肥料离根系远、吸收和利用难等问题。水肥一体化技术是一种全新的施肥理念，它以"喂养婴儿的方式"喂养作物，达到"水分养分同时供应，少量多餐，营养平衡"的目的（图5-40）。微灌的可控性意味着施肥变得可控，通过微灌系统进行施肥，相当于"用勺喂"梨树、给梨树"打点滴"。该技术可以很容易准确地控制施肥的时间、次数、养分品种和数量，甚至浓度；可根据植株、土壤监测结果以及市场需要等及时调控养分供应。水肥一体化实现了6个转变：由渠道输水向管道输水转变、由浇地向给梨树供水转变、由土壤施肥向给梨树施肥转变、由水肥分开向水肥耦合转变、由单一技术向综合管理转变和由传统农业向现代农业转变。它突破水肥资源约束，促进农业由资源消耗型向资源高效型转变，是发展现代农业的重大技术，是"资源节约、环境友好"现代农业的"一号技术"。水肥一体化技术的核心是以水

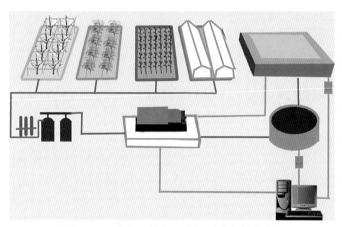

图5-40　水肥一体化示意图（张绍铃绘制）

为载体进行合理的施肥，包括施肥量、施肥时间、养分比例等。发展水肥一体化不仅可以大幅度提高水肥利用率，平均可以节水40%以上、肥料利用率提高20%以上，而且可以实现农业的标准化、自动化、规模化和集约化管理。水肥一体化减少水的使用，可以使水分和肥料集中分布在梨树根层，减少深层渗漏；同时，土壤湿润比只有60%，可以减少病害30%以上，农药用量减少25%以上，既生态又环保。我国在21世纪初期有部分梨园开始使用水肥一体化技术，但应用不够普及，由于受限于水溶肥的研制以及需肥规律的研究等，有的水肥一体化设备仅发挥了一半作用，只起到了浇水的作用，没有解决核心的施肥问题。目前，全国的很多梨园只要解决了水源问题，基本上都可以布置水肥一体化设施。

水肥一体化模式（图5-41）在实际生产中有多种方式，如重力自压式简易滴灌施肥系统、施肥枪注射施肥系统、小型简易动力滴灌施肥系统及大型自动化滴灌施肥系统，各种方式的选择与立地条件和生产规模有关。水肥一体化的核心是施肥制度的确立，即根据梨树的需水及需肥规律，计算单次需水量和肥料用量。梨树需水规律为：一般在春季萌芽前，树体需要一定的水分才能发芽，此期若水分不足，常延迟萌芽期或萌芽不整齐，影响新梢生长；花期干旱或水分过多，均会引起落花落果，降低坐果率；新梢生长期需水量最多，对缺水反应最敏感，为需水临界期，如果水分供给不足，则削弱生长，甚至早期停止生长；花芽分化期需水相对较少，如果水分过多则会削弱花芽分化；果实发育期也需一定水分，但过多易引起后期落果或造成裂果，还易造成果实病害。需肥规律是制定施肥的基础，要掌握作物各个时期对不同营养元素的需求量和养分比例、营养临界期和营养最大效率期等。梨树需肥规律为：自萌芽、展叶、新梢开始对氮素营养的需求十分突出，自新梢总体生长速度变缓后，对氮素需求迅速减少。从微灌施肥的方法看来，补充磷、钾、钙、镁、锌、铁等元素时，最好能根据梨树生育期选择不同配方的专用肥料、水溶肥等，常规肥料如尿素、硫酸铵、硝酸钙、硝酸铵钙、磷酸二

　　　　A　　　　　　　　　　　B　　　　　　　　　　　C　　　　　　　　　　　D

图5-41　梨园不同方式水肥一体化示意图

A.施肥枪施肥　B.梨园滴灌施肥　C.滴灌带的收放　D.滴灌下梨树根系

氢铵、磷酸二氢钾、氯化钾、硝酸钾等，要注意纯度、溶解度以及混合溶解时是否发生化学反应，以免产生不溶物或沉淀，降低养分浓度并容易堵塞管道。因此，在肥料选择与使用上，尽量选择水溶性微灌专用肥。因专用肥中磷素比例较低，不能满足梨树对氮、磷、钾养分比例的要求，建议增加磷肥基施比例。同时，要注意选择硫基钾肥而不选择氯基钾肥。采用水肥一体化技术时，根据根系不间断吸收养分的特点，少量多次，减少一次性大量施肥造成的淋溶损失。通常每次水溶肥量在45 ~ 90kg/hm²。

第四节　病虫害防治技术的变革

　　我国梨树栽培区域广阔，有害生物发生种类繁多。根据国家梨产业技术体系2010—2012年系统调查及查阅多年记录资料发现，我国梨树的病虫害共有112种，其中梨树病害38种，包括真菌病害27种、细菌病害5种、病毒病害3种、寄生种子植物病害3种；梨树害虫74种，包括鳞翅目害虫38种、蜱螨目害虫6种、鞘翅目害虫8种、膜翅目害虫2种、双翅目害虫3种、半翅目害虫17种。

　　由于自然条件、栽培历史和栽培种及品种的不同，各梨产区的病虫害组成、优势种群、发生动态及流行规律有异，因此不同区域采用的病虫害防控技术模式与主要措施也有明显的差异。近30年来，随着梨产业的发展和科学技术的进步，各梨产区的病虫害防控技术水平都在不断提升。持续严防检疫性病虫害的侵入和蔓延，选育出了一批抗病虫品种，农业防治在病虫害防控中的作用持续增强，准确、严格、适时用药，施药质量和农药利用率逐步提高，生物防治与物理防治得到大面积推广应用，除已有登记的生物源杀菌剂多抗霉素外，发现了数十个有明显拮抗效果的生物防治菌株及多个活性代谢物，害虫天敌、诱捕器和迷向产品及梨病毒脱除及检测技术的研发与产业化推进均取得较大进展，并不断完善梨病虫害的数字化诊断、防控及预警服务体系，已由原来的单一依赖化学农药防治逐步向综合治理转变，基本形成了农业防治、物理防治、生物防治与科学的化学农药防治相结合的技术体系。为有效地降低化学农药的施用量和梨果的农药残留量，目前生产上正在大力推行梨园的生态调控和病虫害的绿色防控。现以梨树腐烂病、梨炭疽病、梨小食心虫、中国梨木虱为例，简要介绍我国梨病虫害防治技术的变革。

一、主要病害防控技术

（一）梨树腐烂病

　　在我国，早在20世纪30年代就有梨树腐烂病的记载，其分布遍及全国，但在寒冷地区发生较重，西北及华北是该病的主要发生地区。据20世纪90年代调查结果，新疆库尔勒香梨病株率50% ~ 80%，西北地区酥梨病株率30% ~ 50%，华北地区鸭梨、雪花梨病株率在30%左右。近年来，我国梨产区多次出现异常气候，如2008年冬季，西北、华北、华中地区出现了大面积冰雪、低温灾害；2010年，云南、广西等山区发生了百年不遇的春季干旱。这些异常气候的频频出现，使得梨树腐烂病的发生有进一步加重的趋势。

1.梨树腐烂病的流行特点　梨树腐烂病危害梨树主干、主枝、侧枝及小枝的树皮，使树皮腐烂（图5-42A）。危害症状有溃疡型和枝枯型两种。发病严重的梨园，树体病疤累累，枝干残缺不全，甚至造成大量死树或毁园（图5-42B）。梨树腐烂病除危害梨树外，还危害苹果、桃、核桃、杨、柳、桑、国槐等多种植物。

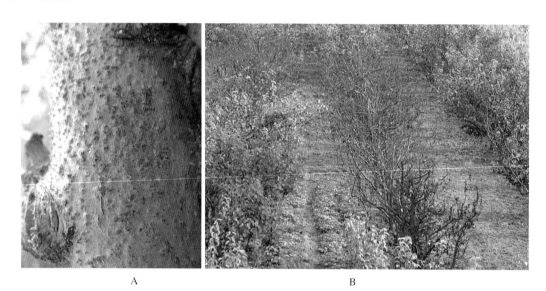

A

B

图5-42　梨树腐烂病典型症状与毁园情况

A.梨树腐烂病症状　B.梨树腐烂病毁园情况

从数十年来我国北方梨区梨树腐烂病的流行史可以看出，在栽培管理水平较低的年份或梨园，如土壤和肥水管理粗放、密枝密果、片面追求高产、树体负载过重等会导致树体抗病能力减弱，病情急剧加重；而梨树立地条件好、土层厚、有机质含量高、肥水条件好、树皮中贮藏营养多、愈伤能力强、周皮形成好时发病轻。此外，梨树腐烂病流行还受周期性冻害的影响。在北方梨区，冬季温度过低或秋季、早春树体活动期突然遭遇低温冻害，树皮被大面积冻伤，对腐烂病菌的扩展蔓延失去抵抗能力，易造成病害大发生。

2.梨树腐烂病病原菌归属的变化　长期以来，我国对梨树腐烂病病原菌种类及其归属的认识一直参考日本的研究结果，认为梨树腐烂病与苹果树腐烂病是由相同的病原菌所致，且该病原菌有2个同物异名，即苹果黑腐皮壳（*Valsa mali* Miyabe et G. Yamada）和黑腐皮壳[*Valsa ceratosperma* (Tode: Fr.) Maire]。直到20世纪90年代，研究发现，梨树腐烂病病原菌与苹果树腐烂病病原菌在形态和致病性上具有明显的差别。王旭丽等（2011）和周玉霞等（2013）研究认为，梨树腐烂病病原菌与苹果树腐烂病病原菌为苹果黑腐皮壳的2个亚种。西北农林科技大学与华中农业大学进一步研究发现，梨树腐烂病病原菌和苹果树腐烂病病原菌的培养特性、致病性及rDNA核苷酸序列均存在明显差异，认为梨树腐烂病病原菌为梨树腐烂病菌（*V. pyri*），而苹果树腐烂病病原菌则为苹果黑腐皮壳（*V. mali*）。

3.对梨树腐烂病发生规律认识的进步　早在20世纪70—80年代，中国农业科学院果树研究所就通过研究证实，梨树腐烂病病原菌为弱寄生菌，具潜伏侵染特性。近年来，河北农业大学、西北农林科技大学与华中农业大学通过显微观察明确了病菌的入侵致病过程，发现腐烂病菌的分生孢子可通过树体表面的各类微伤口和孔口入侵寄主，引起菌丝体周围的寄主细胞消解，组织解离。病菌菌丝体主要在皮层和韧皮部的细胞间隙扩展，也可在细胞壁内及木质部导管中扩展危害。接种试验表明：冬剪伤口难愈合，易染病，冬季剪锯口在0～30d内平均染病率高达63%，显著高于春季（20%）、夏季（43%）和秋季（10%），相似之处是各季节都是新伤口易染病。研究表明，修剪工具交叉感染是腐烂病菌传播的主要途径，推翻了腐烂病主要靠风雨传播的理论。研究发现，病菌在木质部的长距离扩展是导致腐烂病复发频繁的根本原因。组织解剖发现，腐烂病菌在枝干木质部的扩展可深达心髓，分子生物学鉴定表明，44%的褐变木质部分离物为腐烂病菌。由此认为，腐烂病是一种系统性病害，打破了腐烂病是局部病害的理论。

4.梨树腐烂病防控技术的变革　长期以来，各梨产区防控梨树腐烂病的措施主要有：春季在梨树发芽前喷施40%福美胂可湿性粉剂100倍液或福美胂200倍液和腐殖酸钠100倍液混合液，并及时治疗；入冬前刮除表面溃疡，早春及早检查刮治，刮治后涂福美胂50～100倍液。虽然防控效果较好，但福美胂的长期使用也是造成梨果砷含量超标的重要因素。据研究报道，喷施或涂抹福美胂均不同程度地提高了果实、叶片、枝干皮部和根系中砷的含量。

近年来各梨产区腐烂病的防治，采取以培养树势为中心，及时保护伤口、减少树体带菌为主要预防措施，病斑刮除和药剂涂抹为辅助手段的综合防治方法，获得了很好的防控效果。主要包括以下措施：

（1）修剪防病　根据各地情况，在不误农时的前提下，改冬剪为春剪，避开寒冬对修剪伤口造成的冻害；在阳光明媚的天气修剪，避开潮湿（雾、雪、雨）天气；对较大剪口和锯口一定要进行药剂保护，可涂甲硫·萘乙酸或腐殖酸铜。

（2）喷药防病　梨发芽前（3月）和落叶后（11月）喷施铲除性药剂，可选用45%代森铵水剂300倍液；生长季（6月和9月）结合对叶部病害的防治，在降雨前后对树干均匀喷药2～3次。

（3）病斑刮治　在任何季节，只要见到病斑就要进行刮治，越早越好；将病斑刮净后，对患处涂抹甲硫·萘乙酸或腐殖酸铜。刮治时应注意病斑刮面要大于患处，边缘要平滑，稍微直立，利于伤口愈合（图5-43A）。

（4）壮树防病　提倡秋施肥，每公顷施腐熟有机肥45～60m³；合理负载，控制结果量；对易发生冻害的地区，提倡冬季涂白树干及主枝向阳面（图5-43B）。

图5-43　腐烂病斑愈合状与冬季涂白防治腐烂病

A.病斑愈合　B.冬季涂白

（二）梨炭疽病

梨炭疽病是由半知菌亚门刺盘孢属的胶胞炭疽菌（*Colletotrichum gloeosporioides*）引起的病害，主要危害梨树叶片和果实。

1.梨炭疽病发生危害的变化 长期以来，梨炭疽病一直是我国梨区的次要病害。但近些年来，该病的发生危害显著加重，且产生两类不同的症状。

(1) 在黄河故道产区的表现 从2007年开始，安徽砀山、河南宁陵、江苏丰县、江苏盐城等地的酥梨、马蹄黄、鸭梨、茌梨等品种炭疽病蔓延迅速，叶片和果实表面呈现出圆形或不规则的轮纹状或凹陷状病斑（图5-44），造成大量梨果腐烂。特别是2008年，部分发病严重的梨园，果实采收期病叶率为100%，烂果率70%以上，仅安徽砀山梨农当年直接经济损失超过7亿元。

(2) 在长江中下游地区的表现 自2009年起，在浙江武义、福建建宁、广西南宁、江西金溪、湖北潜江、四川成都等地，5月底至6月初出现初侵染的病斑，6月中旬至7月中下旬果实采收后，叶片正面开始出现大量细小黑色斑点（图5-45），随后叶片褪绿、叶脉变黄，最终整个叶片变黄，并出现早期落叶。叶片在2～3d内即可由绿转黄，并脱落，叶片脱落时斑点并未明显扩大。严重的植株落叶在70%以上，落叶后枝条再次萌芽生长，造成二次开花，严重影响植株翌年的开花结果。福建每年梨园发病面积占梨园总面积的15%～30%，产量减少3万t以上，经济损失超过1.8亿元。

图5-44 炭疽病在叶片的危害表现

图5-45 炭疽病初期危害表现

2.对梨炭疽病病原菌的新认识 我国长期对梨炭疽病病原菌缺乏系统性鉴定，直到21世纪才有新的进展。吴良庆等（2010）根据传统的真菌形态学、致病性试验及病原菌rDNA-ITS序列的同源性与系统聚类分析结果，认为近年在黄河故道地区暴发的梨炭疽病的致病菌为胶孢炭疽菌，其有性阶段为围小丛壳（*Glomerella cingulata*）。Jiang等（2014）根据基因组DNA的7个序列（actin，ACT；calmodulin，CAL；chitin synthase，CHS-1；glyceraldehyde-3-phosphate dehydrogenase，GAPDH；the ribosomal internal transcribed spacer，ITS；glutamine synthetase，GS；manganese-superoxide dismutase，SOD2和b-tubulin 2，TUB2）聚类分析结果，进一步确定梨炭疽病的致病种为果生炭疽菌（*Colletotrichum fructicola*）。Zhang等（2015）研究证实，近年南方砂梨上产生黑色斑点症状、造成异常早期落叶均系炭疽菌所致。

3.梨炭疽病防控技术研发的新进展 长期以来，由于梨炭疽病是次要病害，各梨产区主要是通过常规方法包括果实套袋（图5-46）、药剂兼治等来控制该病的危害。

近年来，南方梨秋季早期落叶及异常开花较为普遍，对梨产量、品质构成较大威胁，生产上对解决此问题的需求日益迫切。国家梨产业技术体系对梨炭疽病防控技术的研发取得重要进展，包括：①大田对比试验结果表明，施用生物有机肥及生物有机肥配施硅钾钙土壤改良剂或腐殖酸灌根，可显著减轻梨树的早期落叶。②对翠冠梨摘叶后进行药剂喷施处理的试验结果表明，生长素类物质（0.01%2,4-滴和0.05% NAA）能明显抑制早期落叶后短枝芽的萌发。③通过室内生测试验和田间药效试验，筛选出防治梨炭疽病的最佳药剂为氟硅唑与苯醚甲环唑1∶3复配。④采取避雨栽培（图5-47），选用抗病品种或在梨园内补种抗病优株等预防炭疽病的效果明显。

图5-46　果实套袋防控梨炭疽病

图5-47　避雨栽培防控梨炭疽病

二、主要虫害防控技术

（一）梨小食心虫

梨小食心虫[*Grapholitha molesta*（Busck）]在北美和欧洲一些果区主要危害桃、扁桃和樱桃等果树，并不是梨树的主要害虫。但在我国，自从发现梨小食心虫危害果树以来，就一直是梨树上的主要果实害虫。

1.梨小食心虫的危害　梨小食心虫的幼虫蛀入果实心室内为害，蛀入孔为极小的黑点，甚至比果点还小。幼虫蛀食果肉多有虫粪排出果外，幼虫老熟后由果肉脱出，留1个大圆孔。我国对梨小食心虫的系统调查结果表明，该害虫在不同年份、不同地区甚至不同果园之间的发生和危害程度差异很大。据1951—1953年在青岛、莱阳、砀山等地的调查显示，梨果实受害率在50%以上；据1976—1978年在苏北地区调查，梨果被害率为20%～30%，个别果园达70%～80%；1978—1981年在安徽砀山果园梨果被害率为20%～30%，最高达60%，2009年在50%以上；1985年在新疆塔里木垦区梨果被害率为20%～30%；据1987年在河北廊坊梨区调查，不喷药果园的虫果率达81.6%；2008—2009年，在山西晋中地区梨小食心虫发生严重的果园，虫果率达30%～40%；2008年，赣中地区翠冠虫果率为30%～40%，个别果园达70%；据2009年在河北永清梨园调查，个别农户虫果率达80%；2010年，新疆库尔勒市中环乡香梨虫果率为20%～31%，酥梨虫果率60%～72%，受害严重的果园虫果率高达100%（图5-48）。

目前有些梨区实行果实套袋栽培，减轻了梨小食心虫的危害，因此就误认为梨小食心虫的危害得到了控制。但根据梨小食心虫的生物学和生态学特性，这种危害程度的减轻只是暂时的，一旦有合适的寄主条件，梨小食心虫仍然会构成严重威胁。

2.对梨小食心虫发生规律的新认识　在单植梨园，梨小食心虫前期发生很轻，后期发生严重。在华北梨区，第一代和第二代幼虫主要危害桃梢，第三代和第四代主要危害梨果。因此，梨、桃混栽或毗邻的果园为梨小食心虫提供了连续不断的适生寄主，食料丰富，相对于单植果园而言，有利于积累更多的虫源，这是梨小食心虫大发生的主要原因。

梨小食心虫的天敌很多，全世界记载的有255种，其中寄生性天敌252种（中国48种），捕食性3

图5-48 梨小食心虫危害

A.梨小食心虫危害状 B.梨小食心虫危害造成大量落果

种。寄生蜂在不同地区发生的种类和对梨小食心虫幼虫和卵的寄生率各不相同，其中赤眼蜂在无农药干扰的情况下对卵的寄生率可达56%。

3.梨小食心虫防控技术的变革　20世纪50—60年代，生产上推广以化学农药为主的一系列防治措施，梨小食心虫的危害曾基本上得到了控制，但因有机氯、有机磷农药的广泛应用，害虫天敌大量被杀伤，原受到众多天敌抑制的次要害虫叶螨类，危害日益严重，导致大面积梨园叶片焦枯。

20世纪80—90年代开始，生产上逐步推广综合防治措施，经几十年的实践，目前各梨区已形成较为完善的梨小食心虫预测预报和综合防控技术体系，一大批可替代化学农药的新技术和新产品正在各梨产区进行示范与推广。

现行防治技术要点是：

（1）人工防治　诱集脱果幼虫，清除越冬虫源，及时剪除被害桃梢和虫果，避免桃等核果类果树与梨、苹果等果树毗邻栽植。

（2）物理防治　主要是杀虫灯诱杀（图5-49）和糖醋液诱捕。糖醋液的配制方法是：将绵白糖（g）、乙酸或食醋（mL）、无水乙醇（mL）、水（mL）按3∶1∶3∶80的比例混合，搅拌均匀即可。

图5-49 杀虫灯诱杀梨小食心虫

（3）生物防治　一是利用人工合成的性外激素，包括诱芯和迷向丝，防治梨小食心虫的效果十分显著。二是在梨小食心虫第一代和第二代卵发生期，在田间释放人工饲养的松毛虫、赤眼蜂进行防治（图5-50）。

（4）药剂防治　药剂防治的重点时期在7月中旬以后，即第三代和第四代幼虫发生期。可选择2.5%溴氰菊酯乳油2 000～3 000倍液、480g/L毒死蜱乳油2 000～2 500倍液等药剂。

（二）中国梨木虱

梨木虱种类很多，其中分布广泛、危害严重的为中国梨木虱（*Psylla chinensis* Yang et Li），在我国

A   B   C

图5-50 生物防治梨小食心虫

A.诱芯诱杀 B.迷向丝干扰梨小食心虫成虫交配 C.释放赤眼蜂

各梨产区均有发生。中国梨木虱成虫、若虫均可危害，以若虫危害为主。

1.中国梨木虱发生危害的变化 中国梨木虱主要以若虫刺吸叶片汁液危害，也可危害果实。若虫多在隐蔽处危害，开花前后若虫多钻入花丛的缝隙内取食。若虫有分泌黏液、蜜露或蜡质物的习性，虫体可浸泡在其分泌的黏液内，其分泌物还可借风力将两叶黏合，若虫居内危害，危害处出现干枯的坏死斑。雨水大时其分泌物诱发煤污病污染，使果面和叶面呈黑色（图5-51）。

20世纪50年代以来，中国梨木虱一直是梨树的重要害虫之一，在部分梨区发生严重，经常造成梨树大量落叶，影响果品产量和质量。1958

图5-51 中国梨木虱危害状

年河北昌黎梨园叶片被害率在90%以上，落叶率达50%，果实受污染率达70%。1988—1989年，河北晋县和赵县梨区的鸭梨、雪花梨叶片被害率在95%以上，造成落叶的梨树达30%。20世纪90年代中期，湖北梨区普遍发生，有虫株率在70%以上，到2000年受害梨园面积达100%。进入21世纪以来，这种害虫的危害更加猖獗，不仅发生范围扩大，危害程度也有加重的趋势，尤其是实行果实套袋栽培的果园，中国梨木虱一旦进入果袋，造成的损失更加严重。

2.对中国梨木虱发生规律的新认识 中国梨木虱在我国各梨区1年发生的世代数因气候条件不同而异，由北向南依次增加。在黑龙江牡丹江地区1年发生2代，在吉林延边地区1年发生3代，在辽宁西部地区1年发生3～4代，在新疆阿克苏地区1年发生约4代，在河北北部、山东烟台等地区1年发生4～5代，在河北中南部及黄河故道地区1年发生6～7代，在浙江宁波地区1年发生7代。

中国梨木虱的天敌很多，主要有花蝽、瓢虫、草蛉、捕食性蓟马、捕食螨及寄生蜂等。其中，花蝽、瓢虫、草蛉等天敌的发生高峰期一般在6—7月，捕食螨一般在7月中旬以后大量发生。据有关报道，梨木虱跳小蜂和木虱跳小蜂是中国梨木虱若虫的2种有效寄生蜂，在自然界中寄生率很高，应注意保护利用。

3.中国梨木虱防控技术的变革 长期以来，各梨产区控制中国梨木虱危害的主要措施是在其越冬成虫出蛰盛期、落花后第一代若虫孵化期和第一代成虫羽化盛期喷施化学农药。

近些年来，各梨产区减施化学农药的意识显著增强，多采用综合防控技术措施来控制中国梨木虱的危害，包括：

（1）人工防治　在老果园，早春刮除树干上的老粗皮、翘皮，清理果园内的枯枝落叶和杂草，消灭在此越冬的中国梨木虱成虫。

（2）农业防治　在幼树果园，气温达到0℃时进行越冬前灌冻水，淹死或冻死在落叶、杂草中越冬的中国梨木虱成虫。

（3）物理防治　主要是利用瓦楞纸诱虫带诱捕和黄色粘虫板诱杀中国梨木虱（图5-52）。

图5-52　中国梨木虱物理防治

A.瓦楞纸诱虫带诱捕　B.黄色粘虫板诱杀

（4）生物防治　采用跳小蜂防治梨木虱，其寄生率最高可达98%。此外中国梨木虱天敌还有花蝽、草蛉、瓢虫、捕食螨和寄生蜂等，均可合理利用。

（5）药剂防治　药剂防治中国梨木虱的2个关键时期是越冬成虫出蛰期和第一代若虫孵化期，可选用10%吡虫啉可湿性粉剂3 000倍液、5%阿维·吡虫啉乳油2 000倍液等药剂。

第五节　贮藏与加工技术的革新

一、贮藏技术

（一）古代梨采收与贮藏

我国梨农在长期实践中，因地制宜，积累了很多梨果贮藏的经验，如选择耐贮晚熟品种、适当晚采、预贮等，贮藏方式有地窖贮藏、坑道贮藏、沟藏、缸藏、冻藏、冰窖贮藏、密封贮藏、留树贮藏、混果贮藏等。

北魏《齐民要术》记载藏梨法：初霜后，即收。霜多，即不得经夏也。于屋下掘作深阴坑，底勿令润湿。收梨置中，不须覆盖，便得经夏。摘时，必令好接；勿令损伤。北宋《物类相感志》记载：梨与萝卜相间收藏，或削梨蒂，种于萝卜上藏之，皆可经年不烂。今北人每于树上包裹，过冬乃摘，亦妙。

梨果冻食可能出现于远古野生梨采集时代，但有记载可追溯至宋辽时期，当时北方冻食梨已很普遍。契丹人将秋季野生梨果实采集后，置于寒冷户外，用冰雪覆盖将其冻实，冻藏起来作为冬季的食品。据北宋《文昌杂录》记载，采用此法时水果要取冷水浸良久，冰皆外结以后食用，而味却如故。

梨果冻食传承至今，如甘肃兰州等地的冻软儿，东北的冻酸梨、冻秋子、冻安梨等。此外，河北北部也有冰窖冷藏梨果的应用。

　　古人利用缸、瓮、罐、柜等作贮器进行密封贮藏，这种方法的贮藏原理和近代的气调贮藏基本一致。如陕北地区果农利用稷、糜、黍、高粱等或其壳，将梨放入其中埋藏，形成柜（缸）藏或席囤藏，晚熟耐贮品种可贮至翌年3月以后，此法沿用至新中国成立。

　　上述方法皆利用自然冷源或利用气调，达到错季供应的目的，但尚无法做到周年供应，所谓"花见花、一把抓，梨见梨、一堆泥"。以上各类贮藏方法，为小农生产模式下个体经营梨农所创造，有的一直沿用至今。新中国成立后，面对集体大面积梨园生产，传统小规模的零星贮藏方式已不能适应。

（二）新中国成立至20世纪70年代末

　　新中国成立后，随着农村集体经济组织的建立，梨果生产开始恢复，大规模国营、社营、社队合营的梨园相继建成，产量随之增大，带动了梨果贮藏。但此阶段，梨果贮藏主体上还是传统的土窑洞（图5-53）、通风库、地窖、闲置的房屋等利用自然冷源的场所。如晋中、陕北利用土窑洞，辽宁西部、安徽砀山、河南宁陵、河北魏县等地建设半地下或全地下通风库（图5-54）贮藏。各产区在使用过程中不断总结经验，日臻完善。土窑洞和通风库等在设计建造、通风（温度、湿度调节）和贮藏管理等方面更加科学合理，梨果贮藏量更大，贮藏时间也相对延长，土窑洞、通风库大者贮藏量可达几万吨，管理善者可贮至翌年春节以后。20世纪70年代后期开始，在土窑洞、通风库的基础上，塑料薄膜包装等简易气调技术措施开始应用。

图5-53　土窑洞贮藏库

图5-54　半地下通风库

　　20世纪70年代，随着计划经济的发展，为确保城市果蔬基本供应的需要，商业部门在各大、中城市的蔬菜、果品公司先后兴建和改建了一大批贮藏果蔬的低温冷库，开启了我国果品人工冷藏时代。1968年北京建造了我国第一座水果专用机械冷藏库，1978年又建造了第一座气调冷藏库。70年代末期，全国水果冷藏能力接近10万t。

　　河北是梨果第一大生产省。20世纪70年代以前，河北梨果贮藏基本以利用自然能源的通风库和土窖为主。20世纪50年代末，天津等城市商业部门营建大型机械冷藏库，开始梨冷藏库贮藏试验。1976年沧州地区供销社在泊头投资建造了一座冷藏库，1980年外贸部门在泊头投资兴建了容量为4 000t的冷藏库，1984年河北魏县兴建该县第一座冷藏库。

（三）改革开放以后

　　1. 贮藏保鲜业的崛起　十一届三中全会之后，随着计划经济转向市场经济，农村家庭联产承包责任制逐步建立，农业经营形式转为一家一户模式，集体从事农业生产经营的情况基本不复存在。20世纪80年代尤其是90年代以来，我国梨树面积和产量不断扩大，梨产业进入快速发展阶段。1981年全国梨果产量仅160万t，2016年则达到1 870万t。80年代中期以前，我国梨果贮藏主体仍以依靠自然冷源的土窖和通风库为主。80年代中后期，我国水果冷藏保鲜库容量迅速增加。随着消费水平和市场对果品质量要求的不断提高及出口的需要，冷藏库在水果贮藏库中的比例逐渐提高。

20世纪80—90年代，一些大城市的果品冷藏库普遍出现经营成本高、效益低，甚至严重亏损、纷纷倒闭的现象。果品冷藏库建设经历了由大、中城市到县城、村镇，由销地贮藏到产地贮藏的转变，由国家建设到民营、集体建设，由大型向小型化发展的历程。冷藏库建设重点也从1985年前以商业部门为主的城市销地贮藏转向以农业部门为主的产地贮藏，这是我国果品等农产品实现以产地贮藏为主的重大战略转移。各地农村乡镇、农业企业和个体农民纷纷贷款或自筹资金，在产地建设果品冷库，开创了我国果品产地冷藏的新时代。

2.主要产区冷藏发展情况　1985—1988年，受外贸出口和市场的拉动，河北梨产区迎来建库高峰，如藁城、泊头等形成冷藏库集群，到1988年，泊头冷藏库容接近2万t。20世纪90年代以来，随着梨种植面积和产量快速增加，贮藏设施发展滞后，出现"卖果难"现象。进入21世纪后，河北梨产区的冷藏库快速发展，气调冷藏库从无到有，且有增加的趋势。目前使用的大型冷库和气调库主要为2000年以后建造或改造，如2013年河北石家庄周边梨产区新建了多座大型普通冷藏库和气调冷藏库（图5-55）。

A   B

图5-55　冷藏库

A.普通冷藏库　B.气调冷藏库

20世纪90年代以来，辽宁省鞍山市南果梨产区微型和小型冷藏库迅猛发展。进入21世纪以来，新疆库尔勒香梨、晋陕酥梨和山东梨产区形成了相当规模的冷藏库集群。随着产量的增长和新品种的推广，上述地区的冷藏库规模也不断扩大。20世纪90年代末，随着香梨种植面积的不断扩大，为扶持龙头企业加快保鲜库建设，引导香梨销售向周年供应的方向发展，新疆梨产区政府出台相关政策，对投资建设冷藏库的项目给予大力支持，自2000年以来香梨贮藏保鲜业得到迅猛发展。农业部自2012年开始实施的"农产品产地初加工补助项目"掀起了果农建设小型冷藏库的高潮。

3.贮藏设施和贮运技术的革新

（1）硬件设施　从传统土窑洞、通风库贮藏逐渐向冷藏库贮藏以及低温预冷和气调贮藏相结合的新型贮藏方式转变。近30年来，冷藏库房建设、制冷机组及管理等方面的技术水平不断提高，具体表现在以下几个方面：①库房保温材料趋向节能化，冷藏库的隔热材料由软木、珍珠岩、稻壳、聚苯乙烯等逐渐发展为保温隔热性能更好的聚氨酯等；②自动化程度和温度、湿度监控水平不断提高；③组装式冷藏库快速发展，组合装配式冷藏库质量轻、结构紧凑、施工期短、美观卫生，越来越受到用户的青睐，组装库逐渐取代了以稻壳、矿渣棉、软木为隔热层的砖混结构冷库，大型库房的码垛也采取了架式贮藏和叉车码垛；④冷链运输能力不断提高，出口欧美及部分国内高端市场销售的梨果多数采用冷链运输。

（2）技术革新　针对果实褐变及黑皮等贮藏过程中容易发生的生理病害，研发出温度、气体浓度、化学处理等相结合的梨果贮藏期品质劣变防控关键技术以及梨果绿色防病和精准贮藏保鲜配套技术，显著延长了贮藏期和货架期。

"六五"和"七五"期间，国家科技攻关课题"水果贮藏保鲜技术研究"开展了鸭梨黑心采后综合防控技术研究；"十一五"科技支撑项目"农产品产后综合储藏保鲜技术研究"开展了黄金梨、丰水、园黄等砂梨采后贮藏保鲜技术的研究，提出了上述品种梨的预冷条件、温度和湿度控制及气调贮藏参数等关键技术；2008年底，国家启动建设50个现代农业产业技术体系，共设50个产业技术研发中心，其中包含国家梨产业技术体系，该体系设有采后保鲜贮运和梨果加工科学家岗位，分别负责梨果贮运和加工研究。不同梨品种气调冷藏技术研发与应用，新型乙烯拮抗剂1-MCP和高透湿透气膜在梨采后的应用等，是进入21世纪后梨果采后处理和贮藏保鲜技术方面的亮点。

4.现阶段全国梨果贮藏基本情况　2019年，全国梨冷藏能力450万t左右，其中普通冷藏约400万t，气调冷藏约50万t，通风库、土窑洞等简易贮藏100万t左右，总贮藏能力约550万t，约占梨果年产量的1/3左右。河北中、南部是我国最大的梨果贮藏基地，贮藏企业数量大于2 000家，冷藏量约占全国的2/5，形成了赵县、辛集、晋州、泊头、魏县、宁晋、深州、藁城等贮藏大县；新疆库尔勒和阿克苏、安徽砀山、山东阳信、山西盐湖和祁县、陕西蒲城和大荔、辽宁鞍山海城和千山与葫芦岛绥中、甘肃景泰和张掖等集中产区也形成了区域贮藏企业集群。通风库和土窑洞主要分布于安徽、江苏、河南、山西、陕西酥梨产区以及辽宁、吉林等白梨和秋子梨产区。

全国冷藏能力大于10万t的县（市、区）有13个（部分冷藏企业既贮藏梨也贮藏苹果，均计入梨贮藏能力），河北赵县和新疆库尔勒冷藏能力分别约为80万t和60万t，其余多在10万～20万t；冷藏能力在3.0万～9.9万t的县（市、区）有15～20个；冷藏能力在1万～3万t的县（市、区）有10～15个。随着梨果总量的不断增加以及电商的需求，南方产区的翠冠、黄金梨、园黄、丰水等中、早熟品种短期贮藏开始增加。

各主要产区生产和贮藏的梨品种：河北为鸭梨、黄冠和雪花梨等；山东为鸭梨、新高、丰水、黄金梨、酥梨、长把梨、西洋梨、中梨1号、苤梨等；新疆为香梨、酥梨等；陕西和山西为酥梨、红香酥等；安徽为黄冠、酥梨等；辽宁为南果梨、秋白梨、苹果梨、锦丰和花盖梨等；甘肃为早酥和黄冠等。

5.现阶段采后主要问题　产前产后脱节，重产量、轻品质，重产前、轻产后，果农和收贮企业"两张皮"；采后气调技术研究滞后，冷藏贮藏期过长，货架期烂损和生理病害突出；南方产区冷藏基础设施普遍不足，南方梨品种标准化贮藏技术缺乏；软肉梨（西洋梨和秋子梨）电商冷链物流及保鲜技术缺乏，烂梨较多，梨果加工比例偏低。

（四）未来发展趋势

我国梨果采后贮藏与物流保鲜技术研究起步较晚，与快速发展的种植产业相比，梨采后技术研究和产业化一直滞后。目前，我国主产区的梨果冷藏技术已达到较高水平，但气调贮藏的技术研发、生产装备、技术水平等与发达国家相比尚有较大差距。发达国家气调贮藏技术已经到了精准定位阶段，而我国尚处于粗放管理的阶段。

随着物质生活水平的提高，消费者对果实品质的要求不断提高，既要求新鲜，又要求风味佳、色泽好、脆度适中、香气浓郁，单独依靠冷藏技术已经不能满足市场对高品质梨果周年供应的需求。气调贮藏是保障梨、苹果等大宗水果周年保质供应的基础，水果气调贮藏装备、标准和技术的研发是未来梨采后贮运技术研发的重点。随着劳动成本的不断提高和人们对美好生活的追求，梨果采后分等分级以及贮藏管理的标准化、省力化、自动化、智能化是未来发展的趋势。

二、加工技术

（一）古代梨果加工

在农业发展前，野生水果曾是人类谋生的重要食物，梨亦不例外。一些品种鲜食品质较差，但经过加工之后变成了美食，如云南的泡梨；有些品种经过加工贮藏以备荒救饥；有些品种在中医中药中应用广泛，如流传至今的秋梨膏、各种煮（炖）梨等。我国梨果传统加工方式多样，有蒸、煮、烤、泡等多种食用方法。古代梨加工制品亦多，如梨干、泡梨、梨膏、烤梨、梨糕等。

明《农政全书》："西路产梨处，用刀去皮，切作瓣子，以火焙干，谓之梨花，尝充贡献，实为佳果。上可贡于岁贡，下可奉于盘珍，张敷称百果之宗，岂不信乎？"又记用梨"救饥"的方法："其梨结硬未熟时，摘取煮食；已经霜熟，摘取生食，或蒸食亦佳，或削其皮晒作梨糁，收而备用，亦可。"

明《云蕉馆纪谈》："广安出紫梨，到口即化者为佳。升取其汁和紫藤粉为糕，名云液紫霜，食之能却醉。"北魏《齐民要术》："凡醋梨，易水熟煮，则甘美而不损人也。"在《农书》中亦有梨干制作的记载。

北魏《食经》梨菹法："先作渡（以盐渍果），用小梨，瓶中水渍，泥头，自秋至春，至冬中，须亦可用。又云：一月日可用，将用去皮，通体薄切，奠之以梨渡汁，投少蜜，令甜酢，以泥封之。"

（二）新中国成立至20世纪70年代

近现代以来，食品工业的发展，如制糖、发酵等，为水果加工带来新的机遇。新中国成立后，随着城市果品加工业的发展，梨糖水罐头、梨脯、梨膏、梨酒等逐渐转为国营或集体企业工业化生产，上市供应量逐渐增多。

传统梨加工制品，如梨干、泡梨、烤梨、煮梨、梨醋、梨酱、梨糖浆、梨蜜饯、梨糕、梨丝、饴糖、糖稀、野梨蛋糕等也常见于产区农家作坊，有的自用，有的在农贸市场销售。其中，梨干加工最多，过去梨干多是日晒而成，新中国成立后，河北等梨主产区大力推广烘房烤干，梨干的产量和质量都大有提高，成为当时出口的土特产品。此外，河北在梨的综合利用方面也做了有益探索。

一些传统加工方法，如泡梨等在西南、东南梨区一直深受消费者喜爱。云南泡梨历史悠久，水泡梨采自深山野梨、涩梨，清洗入缸，加入冰糖、食盐、甘草等辅料浸泡去涩，风味奇特，甜脆酸宜，口感极佳，具有健脾健胃、清痰化痰、生津解渴等作用。截至目前，泡梨销售在云南各地已很常见，有的还形成地方知名品牌，如个旧杨家田水泡梨。除滇闽地区的泡梨外，广东潮汕地区的潮式甘草梅香腌梨、朝鲜族韩式泡菜中亦有梨片辅之。

（三）改革开放后

改革开放后，尤其是20世纪90年代以来，我国梨产量高速增长，为梨果加工带来机遇。加工用梨持续增长，目前加工用梨占到总产量的8%以上。除了传统的梨糖水罐头外，形成了浓缩梨汁、梨汁和梨汁饮料等现代化产业集群，并成为世界梨罐头和浓缩梨汁生产与出口第一大国。梨罐头在包装、规格方面向着新颖、小容量、方便化方向发展。2000年以来，我国梨果罐头尤其是西洋梨罐头出口迅速增长，2013年达到6.87万t。我国浓缩梨汁生产和销售两旺，年生产糖度为70ºBrix浓缩梨清汁约5万t，80%以上用于出口。梨果传统加工品，如梨膏、梨干、梨酒、梨醋、梨脯、梨糖及梨果冻等进一步扩大。梨果加工新产品、新工艺，如梨真空冻干产品、调味品、梨益生菌发酵饮料也取得了新进展（图5-56）。

图5-56　梨加工品

梨果作为一种食材，常被加工成各种精美食品，如红酒雪梨、百合雪梨、拔丝脆梨等菜品，我国南方常用梨果煲汤，如冰糖白果炖梨、银耳陈皮生姜炖梨等。

尽管如此，我国梨果加工比例仍过低，鲜果销售压力较大。我国梨果传统加工工艺及产品需要进一步挖掘与提升，如西北和东北地区的冻梨、云南的泡梨等。梨果及其加工品在中医中药领域应用广泛，具有止咳、生津、润肺、祛痰等食疗作用，因此，应加强梨果营养保健作用的研究。

主要参考文献

曹玉芬, 赵德英, 2016. 当代梨. 郑州: 中原农民出版社.

河北省农业科学院果树研究所, 1959. 河北省果树志(第一集). 保定: 河北人民出版社.

陕西省果树所, 1980. 西北的梨. 西安: 陕西科学技术出版社.

王国平, 2012. 梨主要病虫害识别手册. 武汉: 湖北科学技术出版社.

王文辉, 2019. 新形势下我国梨产业的发展现状与几点思考. 中国果树(4): 4-10.

王文辉, 贾晓辉, 杜艳民, 等, 2013. 我国梨生产与贮藏现状、存在问题与发展趋势. 保鲜与加工, 13(5): 1-8.

王文辉, 佟伟, 贾晓辉, 2015. 我国冻梨生产历史、产业现状与问题分析. 保鲜与加工, 15(6): 1-6.

王旭丽, 康振生, 黄丽丽, 等, 2007. ITS序列结合培养特征鉴定梨树腐烂病菌. 菌物学报, 26(4): 517-527.

俞德浚, 沈隽, 张鹏, 等, 1958. 华北的梨. 北京: 科学出版社.

张美鑫, 翟立峰, 陈晓忍, 等, 2013. 我国梨树腐烂病菌致病力分化分析. 果树学报, 30(4): 657-664.

张美鑫, 翟立峰, 周玉霞, 等, 2013. 梨腐烂病致病力的室内快速测定方法研究. 果树学报, 30(2): 317-322.

张平, 陈绍慧, 2008. 我国果蔬低温贮藏保鲜发展状况与发展. 制冷与空调, 8(1): 5-10.

张绍铃, 李秀根, 王国平, 等, 2013. 梨学. 北京: 中国农业科学技术出版社.

中国农业科学院果树研究所, 1963. 中国果树志: 第3卷(梨). 上海: 上海科学技术出版社.

周玉霞, 程栎菁, 张美鑫, 等, 2013. 我国梨树腐烂病病原菌的初步鉴定及序列分析. 果树学报, 30(1): 140-146.

Jiang J J, Zhai H Y, Li H N, et al., 2014. Identification and characterization of *Colletotrichum fructicola* causing black spots on young fruits related to bitter rot of pear (*Pyrus bretschneideri* Rehd.) in China. Crop Protection, 58: 41-48.

Wang X L, Zang R, Yin Z Y, et al., 2014. Delimiting cryptic pathogen species causing apple *Valsa* canker with multilocus data. Ecology and Evolution, 4(8): 1369-1380.

Wu L Q, Zhu L W, Wei H, et al., 2010. Identification of Dangshan pear anthracnose pathogen and screening fungicides against it. Scientia Agricultura Sinica, 43(18): 3750-3758.

Zhang P F, Zhai L F, Zhang X K, et al., 2015. Characterization of *Colletotrichum fructicola*, a new causal agent of leaf black spot disease of sandy pear (*Pyrus pyrifolia*). European Journal of Plant Pathology, 143: 651-662.

第六章 梨研究进展与科研展望

近年来，随着科学技术的飞速发展与新技术的不断涌现，有关梨的科学研究也逐渐深入，并取得了一些突破性进展。例如，随着分子标记技术的不断发展与成熟，诞生了一些新的标记技术，研究者扩大了对梨种质资源的评价范围，同时对梨的起源演化和分类提出了新的观点；利用基因组测序技术结合生物信息学分析，初步摸清了梨的基因组组成；利用分子标记开展了梨重要农艺性状的QTL分析和遗传图谱构建，摸清了部分农艺性状的遗传规律，并将分子标记融入传统育种技术体系；针对一些栽培特性，如自交不亲和性、果实品质形成与保持等开展了深入的分子机制研究，在多个领域已达到国际领先水平。对这些成就的系统总结与整理，不仅能展现梨科学研究的长期积累与快速发展，也可为广大科学研究者提供系统完整的参考资料，从而有利于进一步激发研究者追求真知的兴趣和创新灵感。本章主要收集整理了近年来我国梨科技工作者在种质资源、育种理论和品种培育等方面的研究进展，并对今后的工作进行了展望。

第一节 研究进展

一、梨种质资源

（一）梨种质资源收集与保存

种质资源的收集与保存是评价和利用的基础，因此这项工作受到了世界各地果树育种工作者的重视，很多国家早于我国开展了梨种质资源的调查、收集工作。美国虽然不是梨属植物的起源中心，却是最早系统开展收集梨种质资源工作的国家。基于多年的种质资源收集工作积累，美国于1981年在俄勒冈州的卡瓦里斯（Corvallis）建立了世界上第一个梨属植物种质资源库，把从世界各地收集的梨种质资源保存于此，截至2005年2月，美国收集约2 300份梨种质资源。作为西洋梨原产地，欧洲一些国家也收集了较多数量的梨种质资源，如英国、法国、意大利、比利时和俄罗斯等。英国肯特郡国家果树品种试验站收集保存有600多个梨品种。日本国家农业生物资源基因库保存了380多份梨种质资源，主要是日本原产的地方品种、野生类型和来自中国及韩国的品种与野生种。

我国是梨的原产地和世界梨的起源中心，梨属植物种质资源丰富。从20世纪初开始，研究者命名的原产中国的梨种群包括13个种，含4个栽培种和9个野生种。我国也是世界上梨品种和生态类型最多的国家之一，栽培的梨包括南方分布的砂梨种群、华北分布的白梨种群、东北分布的秋子梨种群和西北分布的新疆梨种群。20世纪50年代和80年代先后两次开展了大规模的果树种质资源调查采集工作，基本明确了中国梨野生种、半野生种、栽培种的分布和品种组成。此后，各科研单位不断补充调查与收集。2012年，由中国农业科学院郑州果树研究所牵头，联合全国22家科研单位和大专院校的百余名科技人员，调查并收集了分布在我国西南、华南、华东、华中、华北、西北、东北地区的地方梨品种149份，使一些具有地方特色或优良性状或育种利用价值的地方品种资源得到了保护。到目前为止，我国共收集包括野生资源、地方品种、自主选育品种和引进品种在内的梨种质资源超过2 600份。

为了保存收集到的梨属种质资源，我国从20世纪80年代开始在不同生态区相继建立了5个梨属植物种质资源圃，即位于中国农业科学院果树研究所的国家果树种质兴城梨、苹果圃，主要保存东方梨的种和品种以及引进品种1 050份；位于湖北省农业科学院果树茶叶研究所的国家果树种质武昌砂梨圃，主要保存东亚原产砂梨品种、国内选育品种和梨属野生种870份；位于吉林省农业科学院果树研究所的国家果树种质公主岭寒地果树圃，主要保存秋子梨品种；位于云南省农业科学院的国家果树种质云南特有果树及砧木圃，主要保存云南原产的滇梨和川梨等野生资源；位于新疆轮台县的国家果树种质新疆名特果树及砧木圃——新疆农业科学院轮台国家果树资源圃，主要保存新疆梨地方品种。此外，中国农业科学院郑州果树研究所、甘肃省农业科学院果树研究所、山西省农业科学院果树研究所、黑龙江省农业科学院牡丹江分院、大连农业科学院、南京农业大学、青岛农业大学等单位也各有侧重地建立了不同规模的梨种质资源圃。

（二）梨种质资源评价与利用

为了对收集到的梨种质资源进行评价，我国梨种质资源研究工作者制定了《梨种质资源描述规范和数据标准》，包括基本情况数据、形态特征、生物学特性、品质特性、抗逆性和抗病虫害等141个描述符合标准。我国学者从20世纪80年代开始依照此标准对梨种质资源进行了系统的评价。中国农业科学院果树研究所主编的《果树种质资源目录》第一集和第二集中，评价了652份梨种质资源的农艺性状和果实性状。

通过对梨种质资源表型性状的鉴定和评价，筛选出了一些特异资源，展示了梨种质在农艺性状、果实性状和抗性等方面丰富的遗传多样性。曹玉芬等（2000）通过对我国715个品种（系）的成熟期进行鉴定评价，筛选出了10个极早熟品种（系）、51个早熟品种（系）、198个中熟品种（系）、456个晚熟品种（系）；通过对707个品种（系）可溶性糖含量进行评价，鉴定出10个高糖类型。对南京地区74个梨栽培品种的果实质量、纵横径、果形指数、果柄长度、果梗粗度、萼片状态等外观品质以及果实可溶性固形物、总糖、硬度、风味等内在品质的评价，筛选出19个优良品种资源。对福建60份地方梨花期及花序花朵数目、花冠直径和雄蕊数目进行分析，发现开花时间有早、中、晚3种类型，为该区域内杂交亲本选配确定了合适的资源，另外发现了重瓣数多达12枚的资源七月黄和南葫芦，以及花冠较大的资源白葫芦梨和白瓠梨。采用流式细胞分选仪评价国家果树种质武昌砂梨圃的466份砂梨资源的染色体倍性，发现了5份三倍体资源，花粉生活力和自交结实率皆显示为0，说明三倍体花粉育性和自交亲和力差。赵碧英等（2014）调查了316份梨品种资源的脱萼率，鉴定出85份脱萼率较高的材料，为研究梨脱萼机制和种质创新奠定了基础。宋红伟等（2000）评价了80份秋子梨资源的抗寒性，鉴定出8份极抗寒的资源。蔺经等（2006）对85份砂梨资源进行抗黑斑病评价，鉴定筛选出14份抗性较强的种质。董星光等（2012）对197份梨资源进行人工接种黑星病菌和抗性评价，发现白梨品种和砂梨品种最易感病，秋子梨和种间杂交选育品种较易感病，新疆梨较抗病，西洋梨最抗病，筛选出黄鸡腿梨、甩梨、酸梨、锦香等抗病品种。田路明等（2011）采用田间人工接种的方法对6种梨的182个品种进行果实轮纹病抗性评价，发现砂梨、白梨、秋子梨、种间杂交梨、西洋梨和新疆梨平均发病率分别为6.15%、7.20%、7.43%、12.66%、17.00%和18.93%，鉴定出72个高抗品种，为我国梨抗病育种筛选出了优异材料。此外，2012年由南京农业大学张绍铃课题组牵头完成了梨基因组测序，鉴定出396个抗病基因，主要分布在2、5、11号染色体上，为梨的抗病研究和抗病育种奠定了良好的基础。

在对梨种质资源鉴定和评价的基础上，很多果实性状优良的品种被直接应用于生产，如酥梨、鸭梨、雪花梨、库尔勒香梨、南果梨、金花梨、苍溪雪梨、鸡腿梨、茌梨、长把梨、苹果梨、大香水、天生伏、大黄梨等。一些果实品质较差但其他性状优良的种质被用作杂交亲本或研究材料，如原产云南的火把梨，虽然果实品质较差，但具有鲜艳红皮的外观和丰产抗病的特点，因此被用作培育红皮梨的亲本。王宇霖等（1997）利用幸水作母本、火把梨作父本杂交培育出皮色鲜红的满天红、美人酥和红酥脆等。三倍体杏叶梨和野生种的木梨、豆梨、秋子梨等被用作梨属植物核型分析的材料。鸭梨的芽变品种金坠梨被用于梨自交不亲和机理研究等。

我国主栽的梨品种中红皮梨较少。张东等（2011）对我国红皮梨种质资源进行了系统整理与归纳，发现秋子梨系统中的红梨品种主要分布在东北、西北和华北；砂梨系统中的红梨品种主要分布在云南、贵州、四川西南高原；白梨系统和新疆梨系统中的红梨品种主要分布在华北和西北，以甘肃、新疆为最多。利用这些资源我国已育成了一些有价值的红皮梨品种，如八月红、寒红、玉露香、红香酥、丹霞红、红酥蜜、红酥宝、早红玉、早红蜜、早白蜜、红玛瑙、宁霞等。

在种质资源收集与保存的基础上，我国学者采用不同方法对梨属植物的起源演化也进行了更深入的研究，揭示了它们之间的演化顺序，提出了一些新的观点。李秀根等（2002）采用数量化分析方法，对我国13个种类的梨花粉形态的7个性状进行了聚类分析，把13个种划分为4个种群，若把豆梨看作最原始的种，从豆梨到白梨的遗传相似距离越来越大，显示出它们的亲缘关系越来越远，据此推测白梨可能是最进化的种类。滕元文等结合多种分子标记技术系统研究了梨属植物的18个种类，把梨属植物分为2大类，即东方梨和西方梨，支持了东方梨和西方梨是独立进化的观点，东亚主栽的白梨、砂梨可能起源于共同的祖先 *P. pyrifolia*，将白梨看作砂梨的1个生态类型或品种群，同时证实了秋子梨品种起源于野生秋子梨和白梨的杂交。

二、品种培育

（一）育种理论研究与创新

育种理论研究与创新是新品种选育的基础。为了创新梨育种理论和提高梨品种选育的效率，我国梨育种工作者系统研究了梨主要性状的遗传规律，为梨育种技术的发展奠定了理论基础。

1.童期性状遗传　童期是果树实生苗具备形成花芽能力前的一段时间。梨的童期相对于其他树种较长，在郑州地区砂梨品种与白梨品种间杂交后代童期为4～5年，在辽西地区秋子梨与白梨、西洋梨的品种杂交后代童期为7～10年。梨实生苗从根茎到初次形成花芽的枝干长度（或节位数）称为童程。童程与童期之间呈显著正相关性，即童程低则童期短。崔艳波等（2011）认为，始花节位数越多，童程越高；干径越大，童程越高；即始花节位数和干径与童期存在极显著的正相关性。通过多年的育种实践，研究者发现童期为多基因控制的数量性状，杂种后代童期与亲本营养期高度相关。一般来说，砂梨和白梨杂种后代实生苗的童期较短，而秋子梨和西洋梨的杂交后代实生苗童期较长。

2.果实外观性状遗传　梨果实形状主要有圆形、扁圆形、长圆形、卵圆形、圆锥形、纺锤形和葫芦形7种。梨果形的遗传较为复杂，而且受环境条件的影响较大。沈德绪等通过对11个杂交组合后代果形的研究发现，果形呈质量性状和数量性状的双重遗传效应。不同果形的亲本杂交时，后代果形表现为多样性，有较多的株系果形与亲本相似，其余在亲本的基础上表现出不同程度的变异。以苹果梨为亲本的后代，果形以圆形居多，占后代总数的26.1%，其次为圆锥形、纺锤形等，其他类型比例较小，表现出多基因控制的数量性状遗传趋势。王宇霖等认为，圆形和扁圆形对圆锥形和卵圆形为显性。

果实大小属于数量性状遗传，受多因子控制，杂交后代往往广泛分离。多个研究团队发现，梨杂交后代的单果重平均值均小于亲中值，表现为连续的分离趋势，不同组合呈现中庸回归或向小果回归的趋势。方成泉等研究的8个杂交组合后代单果重的平均值低于亲中值41.13%，为亲中值的73.34%。王宇霖等利用我国梨品种间杂交群体研究发现，杂种后代单果重一般小于亲中值27%，但也有个别组合后代果实平均单果重超过亲中值。总体来看，苹果梨和鸭梨遗传大果的能力比较强，而库尔勒香梨遗传小果的能力较强。

梨果皮色泽的遗传也较为复杂。王宇霖等指出，黄色对绿色呈显性；沈德绪等认为，褐色对绿色表现为显性，且呈质量性状遗传。王宇霖等对5个红色梨杂交组合实生后代果实色泽遗传倾向分析表明，褐色、黄色和黄绿色均对红色为显性。杨宗骏等认为，梨果皮着红晕是质量性状遗传。在火把梨与鸭梨的杂交后代中，果皮着红晕后代较多，有的可以全面着火把梨的鲜艳红色，说明火把梨是选育红色梨品种的理想材料。苹果梨杂交后代中60%具有红晕，若另一亲本也有红晕，则后代果皮着红晕的概率更高。将有红晕和无红晕的品种杂交，62%~84%的后代果皮可以着不同程度的红晕，说明红晕性状很容易遗传给后代。此外，梨果实色泽也受到表观遗传的控制。中国农业大学李天忠课题组通过比较西洋梨红皮品种Max Red Bartlett与其绿皮芽变品种的果皮着色规律，发现绿皮芽变品种果皮中 *PcMYB10* 启动子的甲基化水平较高，果实呈绿色；而 Max Red Bartlett 中 *PcMYB10* 启动子的甲基化水平较低，果皮呈红色。因此，*PcMYB10* 启动子的甲基化水平差异是造成这两个品种果实着色差异的根本原因。另一项研究发现，早酥的红色芽变与 *PyMYB10* 启动子的去甲基化程度有关。这些结果揭示了梨果皮着色过程中DNA甲基化的重要调控作用，丰富了果实色泽形成的理论，对红皮梨育种具有重要的参考价值。

3.果实内在品质遗传　梨果实肉质基本上可以分为2类：秋子梨和西洋梨为软肉类型，而砂梨和白梨则为脆肉类型。多数研究者认为，梨果肉的脆软性状表现为独立的显性遗传，脆肉对软肉为显性。分析不同杂交组合后代果实的果肉性状发现，软肉×软肉组合的后代全为软肉，脆肉×脆肉的后代全为脆肉，软肉×脆肉后代的脆软比为1：1，脆肉×软肉后代的脆软比为2：1。沙广利等认为，梨脆肉性状为质量性状，受2对基因控制，但可能存在其他修饰基因复合体，不仅可以改变相同的基因型显性度和外显率，而且可以改变等位基因的显隐性关系。

石细胞是影响梨果实品质的重要因素。李俊才认为，梨果实石细胞含量表现为多基因控制的数量性状遗传，杂交后代果实石细胞含量与亲本相比明显增多，组合间遗传传递力为120%~200%，平均为156%。梨的野生种间杂交，无石细胞为显性；西洋梨品种间杂交，有石细胞为显性。西洋梨与秋子梨杂交后代大多有石细胞。果心大小也表现为多基因控制的数量性状。用不同果心大小的亲本杂交，后代果心一般有偏大的趋势，表现出野生梨大果心的返祖现象；2个果心小的亲本杂交，出现小果心后代的概率更大。总之，库尔勒香梨作为母本时，大果心遗传传递力较父本强；砀山酥梨的小果心遗传传递力较强。

梨果实成熟期属于数量性状遗传，杂种后代表现为广泛分离，分离范围的大小与双亲成熟期差异大小的相关性不显著。早、中熟品种杂交后代大多倾向于早熟，晚熟品种的杂交后代多倾向晚熟。杂交后代群体平均成熟期表现趋中回归的特点，在早中、早晚、中中、中晚4个杂交组合中，后代果实中熟者居多。此外，杂交后代成熟期具有超亲遗传现象，超亲程度大多在10d左右，超亲率在16%以下。超亲程度取决于双亲成熟期的差异值，双亲成熟期差异越大，杂种超亲的频率和程度越小，因此要培育比现有品种更早熟的品种，最好选择2个早熟品种作为杂交亲本。梨果实贮藏性的遗传在不同杂交组合中差异较大。双亲皆为不耐贮品种时，杂交后代大多为不耐贮株系，但也有耐贮株系出现。库尔勒香梨与耐贮品种杂交，后代中耐贮株系达90%，而与不耐贮的巴梨等西洋梨杂交，后代均表现为不耐贮，说明西洋梨不耐贮性的遗传力较强。

4.树体性状遗传　梨杂种后代的叶片与果实性状具有相关性，叶面积与果实纵横径、果形指数之间存在显著相关性；叶柄长度与单果重、果实纵横径、果形指数之间具有极显著正相关性。根据幼苗期叶片表现就可以推测果实的情况，为杂交后代的早期鉴定提供了参考。在物候期遗传研究方面，我国学者发现，萌芽期与开花期之间有显著的正相关性，而这两个物候期与成熟期则表现为显著的负相关性。

5.抗逆与抗病性状遗传　梨的抗寒性是由多基因控制的数量性状，表现为累加效应，并具有母性遗传倾向。栽培种中秋子梨具有较强的抗寒性，杂种后代抗寒性变异的大小与秋子梨血缘呈正相关性。

以南果梨作为母本，抗寒性的传递力较强。此外，苹果梨、早酥和库尔勒香梨也是很好的抗寒育种材料。黑星病是梨树的主要病害之一，多数研究认为，梨对黑星病的抗性是由1对主效基因控制的质量性状。用西洋梨作为亲本，杂交后代抗黑星病的概率较高，证明了西洋梨血缘在梨抗黑星病育种中的重要作用。蜜梨也是抗黑星病育种的理想材料。

6.砧木和接穗的相互作用　嫁接是果树无性繁殖的主要方法。嫁接苗可以充分利用砧木和接穗品种的优点，既可保持接穗品种的优良性状，又可增强其抗性和适应性。砧木和接穗之间通过水分、矿质营养、光合产物以及生长调节物质等的交流相互影响。近年来，研究者发现遗传物质也可以在砧穗之间相互流动。中国农业大学李天忠课题组从砧木杜梨中发现了4个以mRNA的形式通过韧皮部进行远距离传递的基因：*PbGAI*、*PbNACP*、*PbKN1* 和 *PbWoxT1*。其中，*PbWoxT1* 能够在伴胞中与 *PbPTB3* 以及其他一些非细胞自治蛋白形成一个RNP复合体。该复合体在韧皮部集流的推动下通过嫁接口可以远距离移动到接穗中，进而调控接穗品种的树体发育和树势平衡。砧穗互作理论的深入研究将有利于研究者了解砧木对接穗品种栽培性状和品质性状的影响，通过砧木改良接穗品种必将成为一种新的育种手段。

（二）育种技术

1.分子标记辅助育种　分子标记辅助选择可以通过分子标记对目标基因实施间接选择，实现杂种实生苗的早期鉴定，及时发现和淘汰某些不期望的性状，减少育种用地和管理、评价用工等。成熟的分子标记辅助选择育种和常规杂交育种的结合将会大大提高梨育种的效率。随着分子生物学技术和基因测序技术的不断发展，我国梨科技工作者开发了与梨果实主要性状紧密连锁的分子标记，如青岛农业大学王彩虹课题组筛选得到了与果实形状紧密连锁的SSR标记（CH02b10和CH02f06），两对引物均可区分梨果实的圆形和非圆形，判断准确率分别达到91.67%和96.67%。该课题组利用黄金梨和砀山酥梨的杂交后代获得了与梨果实褐皮性状相连锁的SSR标记CH01c06和Hi20b03。张树军等以鸭梨×雪青F$_1$代群体为试材，开发出与抗黑星病基因遗传距离分别为5.2cM和8.3cM的分子标记。宋伟等以黄金梨与砀山酥梨的F$_1$代群体为试材进行研究，获得了与梨果实褐皮性状相连锁的SSR标记，该团队还获得了与梨果实形状和矮化基因相关的分子标记。南京农业大学张绍铃课题组等利用多种分子标记对八月红×砀山酥梨群体后代进行研究，获得了与梨单果重、纵径、横径、果皮颜色紧密连锁的分子标记。同时，该课题组通过分析60个梨品种的 *PbrmiR397a* 基因启动子序列和石细胞含量，发现 *PbrmiR397a* 基因启动子中的4个SNP与石细胞含量相关，可以用于分子标记辅助选择。中国农业科学院郑州果树研究所薛华柏等利用满天红×红香酥杂交组合双亲及339个杂种单株进行研究，开发出了与东方梨红皮/绿皮性状遗传距离为2.5cM的紧密连锁的InDel标记，利用该标记对群体中尚未结果单株的果实皮色进行了预测，同时还利用17-4、5-43等优系进行了标记验证，效果较好。

我国学者利用PCR-AFLP技术和核酸序列分析技术鉴定出200多个梨品种的 *S* 基因型，并分离鉴定了新的 *S-RNase* 基因，大大丰富了我国梨的 *S-RNase* 基因信息，为授粉品种的选择提供了科学依据。这些分子标记为科研人员对梨后代的快速筛选鉴定，以及大规模杂交后代的筛选提供了有效手段。

2012年，由南京农业大学张绍铃课题组牵头，利用白梨品种砀山酥梨为材料完成了世界上首个梨基因组的测序与组装。组装梨基因组512.0Mb，占梨基因组全长的97.1%，通过高密度遗传连锁图谱将序列定位到了17条染色体上，共注释42 812个蛋白编码基因；以八月红×砀山酥梨杂交F$_1$群体构建了高密度SNP（单核苷酸多态性）遗传连锁图谱，发现了2 005个SNP标记位点，并将它们定位在17条染色体上，鉴定出了396个抗病相关的基因，为开发更多与梨农艺性状紧密连锁的分子标记提供了有力的支撑。

2.提早开花技术与杂种后代管理　梨杂种后代童期较长，严重影响梨育种进程。在缩短童期、促进杂种后代提早开花结果方面，我国梨科技工作者进行了一系列探索。例如，张绍铃等提出通过拉枝、侧枝环割、扭梢、喷施多效唑等方法促进梨杂种实生后代提早成花。李秀根等对玉露香×红酥脆和玉露香×满天红2个杂交组合的实生后代进行主干环割，2个杂交组合的后代开花率分别提高了26.7%和36.7%。此外，研究者将度过童期的顶芽嫁接到低位侧枝或主干上，便于对杂种后代进行后期评价与管理。为了便于种质资源和杂交后代单株信息的录入与管理，我国学者研发了基于单株二维码标签的梨育种数据管理与采集系统。该系统为每个单株设计成本低廉、经久耐用和田间辨识度高的二维码标签，利用手持移动终端在田间采集文字、图片等数据并直接录入，录入的信息可以通过无线网络与数据中心计算机进行实时更新，实现了梨种质资源与杂交群体的基础数据田间采集和存储的集中管理。与手工采集数据方式相比，手持移动终端采集效率提高了约25%，确保了种质资源和育种数据的统一性和完整性，大大方便了梨种质资源管理，并提高了梨育种的田间工作效率。

3.生物技术育种

（1）组织培养　梨组织培养的研究始于20世纪30年代。研究主要用叶片和茎尖作为外植体培养梨的再生植株，不同的外植体所需要的培养基、植物生长调节物质浓度、碳源和培养条件也不尽相同。戴洪义等用茎尖和腋芽获得了4个砂梨品种的新梢并诱导生根。李文剑等研究指出，比较适合苹果梨分化的外植体为继代4次以上的组培苗叶片，并筛选出了适宜分化的培养基及培养条件。孙俊等初步建立了南果梨叶片再生体系。近年来研究者已经获得了雪青、黄金梨、砀山酥梨、鸭梨等品种以及山梨、杜梨等砧木的叶片离体再生体系。

茎尖细胞分裂最为活跃，而且几乎不含病毒，因此茎尖主要用于脱毒和快繁。Lane于1979年首次对梨的茎尖进行离体培养，并得到了完整的植株。刘小芳等以库尔勒香梨为试材，初步建立了库尔勒香梨的组培快繁体系。目前，已在莱阳茌梨、早酥、锦丰、鸭梨、砀山酥梨等品种中获得成功。茎段、子叶胚轴等也可作为外植体进行离体培养。李嫦艳对新梨7号的茎段进行诱导，诱导率高达96.34%，表明梨不同基因型的茎段再生能力存在明显差异。以子叶和胚轴为外植体研究起步比较晚，孙清荣等建立了鸭梨和香水梨成熟胚子叶再生体系，陶爱群等建立了豆梨子叶再生体系。

（2）基因工程　基因克隆与鉴定是利用遗传转化技术改良品种的前提。我国科学家克隆并鉴定了梨重要性状的关键基因，并明确了部分性状的调控网络，为通过转基因手段改良梨重要性状和品种奠定了基础。研究发现，梨自交不亲和性取决于花柱内S基因所表达的S-RNase的量，S-RNase直接与肌动蛋白PbrAct1互作，解聚花粉管的微丝骨架，从而诱导花粉管发生细胞凋亡，导致授粉受精失败，而花粉管会通过提高 $Phospholipase\ D$ 基因（$PbrPLD\delta1$）的表达，显著提升花粉管中磷脂酸浓度，稳定微丝骨架的结构，以对抗来自S-RNase的攻击。闫庄鸭梨和金坠梨这两个鸭梨的自交亲和性芽变存在不同变异机理：与鸭梨相比，闫庄鸭梨花柱 S_{21}-$RNase$ 基因编码区第182个碱基由G突变为T，导致第61个氨基酸由原来的甘氨酸颠换成缬氨酸，造成自交亲和率升高；金坠梨自交亲和性不是花粉S因子突变导致的，而是花粉非S位点突变导致其丧失自交不亲和性功能，表现出自花授粉能够结实。

此外，我国科学家鉴定得到了3个与梨休眠相关的Dormancy Associated MADS-box（DAM）基因，克隆了花青苷合成的关键基因类黄酮3-O-葡萄糖基转移酶（UFGT）、与细胞壁代谢相关的多聚半乳糖醛酸酶（PG）、与乙烯合成相关的ACC合成酶（ACS）和ACC氧化酶（ACO）、与梨果实虎皮病发生相关的α-法尼烯合成酶（PFS）。这些重要性状相关的结构基因和调控基因的鉴定，为转基因育种提供了更多基因储备。

梨是根癌农杆菌的天然寄主。Mourgeus等首次利用农杆菌介导法将标记基因$npt\ II$和GUS转入西洋梨，建立了西洋梨的遗传转化体系。之后，Merkulov等成功获得了西洋梨的转基因植株。青岛农业大学王然课题组以山梨叶片为材料建立了高效的遗传转化体系，转化效率高达11.27%，利用该体系成功将梨脱水蛋白基因$PbDHN3$转入山梨并获得了转基因植株。虽然我国目前还没有商业化的转基因梨品种，但遗传转化体系的建立为梨功能基因研究和转基因育种提供了有效手段。

（三）育成品种

我国育成的梨品种及其系谱资料主要来源于期刊文献和专业出版物[《中国梨品种》（曹玉芬，2014）、《梨学》（张绍铃，2013）和《中国果树志（第三卷）梨》（蒲富慎等，1963）]以及梨育种专家提供的相关资料。审（鉴、认）定、登记、备案品种的统计以及系谱追溯和代数划分参照王庆彪等（2013）的方法，即将地方品种或无法再进一步追溯其亲本来源的亲本品种、品系或材料视为原始品种，国外引进品种不再追溯其系谱而视作原始品种；将亲本均为原始品种的品种定义为第一代品种，亲本之一为原始品种且另一亲本为第一代品种或者亲本均为第一代品种的品种定义为第二代品种，依次类推为第三代、第四代。

经检索统计，我国共育成梨品种327个，其中通过审（鉴、认）定、登记、备案的有213个。育成品种中包括杂交育成207个，芽变育成70个，实生选育成41个，诱变育成9个（表6-1）。

表6-1　1960—2018年我国通过不同育种方式育成的梨品种数量统计

父母本来源	育种方式	品种数量						
		审定	鉴定	认定	登记	备案	其他	小计
清楚	杂交	106	24	4	3	3	58	198
	芽变	18	9	2	1	1	33	64
	实生	9	4	1	0	4	12	30
	诱变	2	6	0	0	0	1	9
	小计	135	43	7	4	8	104	301
不清楚	杂交	4	0	0	0	0	5	9
	芽变	1	3	0	1	0	1	6
	实生	4	3	0	0	0	4	11
	诱变	0	0	0	0	0	0	0
	小计	9	6	0	1	0	10	26

亲本来源明确的301个品种分为4代（表6-2），其中第一代品种203个（67.45%），第二代品种77个（25.58%），第三代品种15个（4.98%），第四代品种6个（1.99%）。

表6-2　亲本来源明确的301个梨品种的代数分布

（引自张绍铃 等，2018）

育种方式	第一代	第二代	第三代	第四代
杂交	116（38.54%）	62（20.60%）	15（4.98%）	5（1.66%）
芽变	53（17.61%）	10（3.32%）	0	1（0.33%）
实生	26（8.64%）	4（1.33%）	0	0
诱变	8（2.66%）	1（0.33%）	0	0
小计	203（67.45%）	77（25.58%）	15（4.98%）	6（1.99%）

在327个梨品种中（表6-3），224个有花期描述，其中4月开花的最多，占45.98%；265个有果实成熟期信息，早熟（7月底之前）的占25.28%，中熟（8月上旬至9月上旬）的占43.77%，晚熟（9月中旬及以后）的占30.95%。327个梨品种中，抗黑星病品种最多，占40.98%；其次是抗寒和耐贮藏

品种；而抗黑斑病和轮纹病的品种较少，分别占14.98%和12.23%。部分育成品种的栽培面积在3.3万hm²以上（表6-4）。

表6-3　1949—2018年我国育成的327个梨品种（系）盛花期、成熟期、抗性与耐贮性调查

（引自张绍铃 等，2018）

育种方式	盛花期			成熟期			抗寒	抗黑星病	抗黑斑病	抗轮纹病	耐贮藏
	3月	4月	5月	早熟	中熟	晚熟					
杂交	59	63	35	50	84	40	63	95	38	27	47
芽变	8	25	6	13	22	20	15	22	8	6	20
实生	5	13	8	4	8	22	10	16	3	7	17
诱变	0	2	0	0	2	0	3	1	0	0	0
小计	72 (32.14%)	103 (45.98%)	49 (21.88%)	67 (25.28%)	116 (43.77%)	82 (30.95%)	91 (27.83%)	134 (40.98%)	49 (14.98%)	40 (12.23%)	84 (25.69%)

表6-4　栽培面积在3.3万hm²以上的育成梨品种相关信息

（引自张绍铃 等，2018）

品种名及亲本来源	选育单位	育成年份	栽培地区	物候期	品种特性	亲本组配特点
黄花（黄蜜梨×早三花）	浙江大学	1979	福建、湖北、浙江、江苏、江西、湖南、重庆等	杭州等地区，3月下旬4月初盛花，果实8月下旬成熟	果个大，果肉细，松脆，汁多味甜，耐贮运，耐高温高湿，抗黑星病、黑斑病和轮纹病	地理来源、成熟期不同，耐贮性、梨系统相同；可食率、果实品质、抗病性优势互补
黄冠（雪花梨×新世纪）	河北省农林科学院石家庄果树研究所	1996	华北、长江流域及其以南、西部地区	石家庄地区，4月上旬盛花，果实8月底成熟	果个大，外观极好，果心小，肉质细、松脆，石细胞少，汁多，味酸甜，耐贮，极丰产稳产	地理来源、耐贮性、成熟期、梨系统不同；果个大小、果实品质、丰产稳产、采前落果、抗黑星病等优势互补
翠冠 [幸水×（杭青×新世纪）]	浙江省农业科学院园艺研究所	1999	浙江、重庆、四川、江西等	杭州地区，4月初盛花，果实7月末成熟	果个大，果心小，石细胞少，肉质细、酥脆，汁多，味甜；适应性强，山地、平原与海涂都可种植	地理来源不同
中梨1号（又名绿宝石，新世纪×早酥）	中国农业科学院郑州果树研究所	2003	华北、西南和长江中下游地区	郑州地区，4月上旬盛花，果实7月中旬成熟	果个大，果面光滑，果肉乳白色，肉质细脆，石细胞少，汁液多，味甘甜，品质上等；抗旱，耐涝，耐瘠薄，极丰产	地理来源不同，耐贮性、成熟期相同，主要在果个、丰产、抗旱方面形成优势叠加；在风味、可溶性固形物等方面形成优势互补

　　1.亲本组成　张绍铃等（2018）对亲本来源明确的301个品种进行系谱分析，发现其亲本中有49个属于地方品种，其中以苹果梨为亲本衍生的1代品种最多，共34个；其他依次是鸭梨（29个）、砀山酥梨（21个）、雪花梨（17个）、库尔勒香梨（14个）、茌梨（14个）和火把梨（11个）；有22个亲本只衍生出1个1代品种，占亲本总数的44.90%。

　　301个品种的亲本中有44个属于国外引进种质，其中以新世纪为亲本衍生的1代品种最多，共19个；其次是幸水，有13个；还有19个亲本只衍生出1个1代品种，占亲本总数的43.18%。

　　另外，有44个亲本属于中国地方品种或者国外品种衍生品种，其中以早酥为亲本衍生的1代品种

最多，共22个；其次是杭青、黄花和金花梨，各8个；有20个亲本只衍生1个1代品种，占亲本总数的45.45%（表6-5）。

表6-5　重要的原始品种（1代衍生品种数不少于5个品种）衍生出的第一代品种数

原始品种来源	原始品种名称	衍生品种数
中国地方品种	苹果梨	34
	鸭梨	29
	砀山酥梨	21
	雪花梨	17
	库尔勒香梨	14
	茌梨	14
	火把梨	11
	南果梨	8
	栖霞大香水	7
	苍溪雪梨	5
	冬果梨	5
	香水	5
	郑州鹅梨	5
国外品种	新世纪	19
	幸水	13
	巴梨	9
	二宫白	9
	丰水	8
	朝鲜洋梨	7
	新高	7
	乔玛	5
	八云	5
国内外衍生品种	早酥	22
	杭青	8
	黄花	8
	金花梨	8
	翠冠	5
	金水酥	5
	锦香	5

（1）杂交育种　杂交育种仍然是梨新品种培育应用最为广泛、最为有效的育种方法。从1970年至今，我国通过杂交培育的新品种有207个，占育成新品种的82%。平均育种周期为22年，其中育种周期最长的是玉绿，从杂交到品种审定共46年，晋早酥共40年；育种周期最短的是苏翠1号和苏翠2号，共8年。有的品种经常被用作亲本且选出较多的新品种，如以苹果梨为亲本选育出的品种最多（11个），以早酥为亲本选育出10个新品种，以新世纪、幸水和雪花梨为亲本分别选育出7个新品种，以砀山酥梨和库尔勒香梨为亲本分别选育出6个新品种，由火把梨选育出5个新品种。这些品种作为梨育种的骨

干亲本，在育种中发挥了重要作用。由翠冠、二宫白、杭青、金花梨、金水酥、龙香、大香水、丰水为亲本分别选育出3个新品种。表6-6列举了1970年以来我国通过常规杂交育种选育出的梨新品种。

表6-6　1970年以后中国杂交育种培育出的新品种

品种	选育单位或育种地	成熟期	育成年份	亲本
黄花	浙江农业大学（现浙江大学）	8月中旬	1971	黄蜜梨×早三花
晋酥梨	山西省农业科学院果树研究所	9月下旬	1972	鸭梨×金梨
金水1号	湖北省农业科学院果树茶叶研究所	8月下旬	1974	长十郎×江岛
金水2号	湖北省农业科学院果树茶叶研究所	7月下旬	1974	长十郎×江岛
锦香	中国农业科学院果树研究所	9月上旬	1977	南果梨×巴梨
锦丰	中国农业科学院果树研究所	9月中旬	1978	苹果梨×茌梨
秦酥梨	陕西省农业科学院果树研究所	9月下旬	1978	砀山酥梨×黄县长把梨
中香梨	莱阳农学院（现青岛农业大学）	9月下旬	1978	茌梨×栖霞大香水
早酥	中国农业科学院果树研究所	7月底	1979	苹果梨×身不知
湘菊	华中农业大学	8月上旬	1985	湘南×菊水
晋蜜	山西省农业科学院果树研究所	10月上旬	1985	砀山酥梨×猪嘴梨
秋水	上海市农业科学院林木果树研究所	8月中下旬	1986	秋蜜×大香水
伏香	黑龙江省农业科学院园艺分院	8月下旬	1987	龙香×56-11-155
秋香	黑龙江省农业科学院园艺分院	9月上旬	1988	59-89-1×155
秦丰	陕西省农业科学院果树研究所	9月中旬	1988	茌梨×象牙梨
晚香	黑龙江省农业科学院园艺分院	9月底	1992	乔玛×大冬果
丰香	浙江省农业科学院园艺研究所	8月上旬	1993	新世纪×鸭梨
珍珠梨	上海市农业科学院林木果树研究所	6月底/7月初	1993	八云×伏茄
早梨18	吉林省农业科学院果树研究所	8月上旬	1994	2-29×杭青
冀蜜	河北省农林科学院石家庄果树研究所	8月下旬	1994	雪花梨×黄花
硕丰梨	山西省农业科学院果树研究所	9月上旬	1995	苹果梨×砀山酥梨
大慈梨	吉林省农业科学院果树研究所	9月下旬	1995	大梨×慈梨
八月红	陕西省农业科学院果树研究所	8月中旬	1995	早巴梨×早酥
脆香	黑龙江省农业科学院园艺分院	8月底	1996	59-89-1×155
红香酥	中国农业科学院郑州果树研究所	9月中旬	1996	库尔勒香梨×鹅梨
黄冠	河北省农林科学院石家庄果树研究所	8月中旬	1996	雪花梨×新世纪
西子绿	浙江农业大学（现浙江大学）	7月底	1996	新世纪×（八云×杭青）
苹博香	吉林延边华龙集团果树研究所	9月下旬	1996	苹果梨×博香
金香水	黑龙江省农业科学院牡丹江分院	9月中下旬	1997	苹果梨×牡育73-48-64
早美酥	中国农业科学院郑州果树研究所	7月中旬	1997	新世纪×早酥
红金秋	黑龙江省农业科学院牡丹江分院	9月下旬	1998	大香水×苹果梨
甘梨早8	甘肃省农业科学院林果花卉研究所	8月上旬	1998	四百目×早酥
甘梨1号	甘肃省农业科学院果树研究所	10月中旬	1998	鸭梨×锦丰
翠冠	浙江省农业科学院园艺研究所	7月下旬	1999	幸水×（杭青×新世纪）
冬蜜	黑龙江省农业科学院园艺分院	9月底	1999	龙香×（混合花粉）

（续）

品种	选育单位或育种地	成熟期	育成年份	亲本
八月酥	中国农业科学院郑州果树研究所	8月中旬	1999	栖霞大香水×郑州鹅梨
秋水晶	陕西省农业科学院果树研究所	9月上旬	1999	砀山酥梨×栖霞大香水
蔗梨	吉林省农业科学院果树研究所	9月下旬	2000	苹果梨×杭青
新梨7号	塔里木大学	7月下旬	2000	库尔勒香梨×早酥
龙园洋	黑龙江省农业科学院园艺分院	9月中旬	2000	龙香×（混合花粉）
友谊1号	黑龙江省农垦总局友谊农场	9月下旬	2000	鸭蛋香×大梨
东宁5号	黑龙江省农业科学院牡丹江分院	9月底	2001	苹果梨×青梅实生
寒香	吉林省农业科学院果树研究所	9月下旬	2001	延边大香水×苹香
雪青	浙江农业大学（现浙江大学）	8月上旬	2001	雪花梨×新世纪
霞玉	重庆绿康果业有限公司	6月下旬/7月上旬	2001	二宫白×金花梨
早香蜜	重庆绿康果业有限公司	6月下旬	2001	二宫白×金花梨
鄂梨1号	湖北省农业科学院果树茶叶研究所	7月中旬	2001	伏梨×金水酥
早魁	河北省农林科学院石家庄果树研究所	8月上旬	2002	雪花梨×黄花
鄂梨2号	湖北省农业科学院果树茶叶研究所	7月中/下旬	2002	中香梨×（伏梨×启发）
华梨2号	华中农业大学	7月中旬	2002	二宫白×菊水
中梨1号	中国农业科学院郑州果树研究所	7月底	2003	新世纪×早酥
寒红	吉林省农业科学院果树研究所	9月下旬	2003	南果梨×晋酥梨
玉露香	山西省农业科学院果树研究所	9月上旬	2003	库尔勒香梨×雪花梨
云香梨	云南省农业科学院园艺作物研究所	9月上旬	2003	吾妻锦×富源黄
云砂3号	云南省农业科学院园艺作物研究所	9月中旬	2004	黄皮水×苍澳梨
中梨3号	中国农业科学院郑州果树研究所	9月下旬	2004	栖霞大香水×鸭梨
七月酥	中国农业科学院郑州果树研究所	7月中旬	2004	幸水×早酥
清香	浙江省农业科学院园艺研究所	8月上旬	2005	新世纪×三花
早冠	河北省农林科学院石家庄果树研究所	8月上旬	2005	鸭梨×青云
早香水	黑龙江省农业科学院牡丹江分院	9月上旬	2005	龙香×矮香
云岭早香	云南省林业科学院	6月下旬	2007	丰水×珠琳小雀
脆绿	浙江省农业科学院园艺研究所	8月上旬	2007	杭青×新世纪
华丰	中南林业科技大学	9月上旬	2007	新高×丰水
甘梨早6	甘肃省农业科学院林果花卉研究所	7月下旬	2008	四百目×早酥
初夏绿	浙江省农业科学院园艺研究所	7月中/下旬	2008	西子绿×翠冠
玉冠	浙江省农业科学院园艺研究所	8月中旬	2008	日本筑水梨×黄花
红酥脆	中国农业科学院郑州果树研究所	9月上旬	2008	幸水×火把梨
满天红	中国农业科学院郑州果树研究所	9月下旬	2008	幸水×火把梨
美人酥	中国农业科学院郑州果树研究所	9月中/下旬	2008	幸水×火把梨
龙园香	黑龙江省农业科学院园艺分院	9月下旬	2008	龙香×（混合花粉）
早伏酥	安徽农业大学园艺学院	7月上旬	2009	砀山酥梨×伏茄
冀玉	河北省农林科学院石家庄果树研究所	8月底	2009	雪花梨×3-55
冀雪	河北省农林科学院石家庄果树研究所	8月中旬	2009	雪花梨×新世纪

（续）

品种	选育单位或育种地	成熟期	育成年份	亲本
早金酥	辽宁省果树科学研究所	8月上旬	2009	早酥 × 金水酥
玉酥梨	山西省农业科学院果树研究所	9月下旬	2009	砀山酥梨 × 猪嘴梨
早金香	中国农业科学院果树研究所	8月上/中旬	2009	矮香 × 三季梨
早白蜜	中国农业科学院郑州果树研究所	8月上旬	2009	幸水 × 火把梨
雪香	黑龙江省农业科学院牡丹江分院	9月下旬	2009	大香水 × 苹果梨
玉绿	湖北省农业科学院果树茶叶研究所	8月初	2009	茌梨 × 太白
寒露	吉林省农业科学院果树研究所	9月中/下旬	2010	延边大香水 × 杭青
寒酥	吉林省农业科学院果树研究所	9月下旬	2010	大梨 × 晋酥梨
红月	辽宁省果树科学研究所	9月中旬	2010	红茄梨 × 苹果梨
玉香	湖北省农业科学院果树茶叶研究所	7月中旬	2011	伏梨 × 金水酥
苏翠1号	江苏省农业科学院果树研究所	7月中旬	2011	华酥 × 翠冠
苏翠2号	江苏省农业科学院果树研究所	7月中旬	2011	西子绿 × 翠冠
延香	延边朝鲜族自治州农业科学院果树研究所	9月下旬	2011	苹果梨 × 南果梨
翠玉	浙江省农业科学院园艺科学研究所	7月上/中旬	2011	西子绿 × 翠冠
华幸	中国农业科学院果树研究所	9月下旬	2011	大鸭梨 × 雪花梨
红香蜜	中国农业科学院郑州果树研究所	9月上旬	2011	库尔勒香梨 × 郑州鹅梨
山农脆	山东农业大学	8月下旬/9月上旬	2012	黄金梨 × 园黄
晋早酥	山西省农业科学院果树研究所	9月上旬	2012	砀山酥梨 × 猪嘴梨
红脆	云南省农业科学院园艺作物研究所	8月中旬	2012	幸水 × 火把梨
珍珠红	云南省农业科学院园艺作物研究所	8月中旬	2012	幸水 × 火把梨
冀硕	河北省农林科学院石家庄果树研究所	8月下旬	2013	黄冠 × 金花梨
冀酥	河北省农林科学院石家庄果树研究所	9月上旬	2013	黄冠 × 金花梨
秋月	黑龙江省农业科学院牡丹江分院	9月中旬	2013	龙香 × 早香2号
金酥	辽宁省果树科学研究所	8月中旬	2013	早酥 × 金水酥
中梨4号	中国农业科学院郑州果树研究所	7月上/中旬	2013	早美酥 × 七月酥
宁霞	南京农业大学	8月中旬	2013	满天红 × 丰水
夏露	南京农业大学	8月上旬	2013	新高 × 西子绿
宁早蜜	南京农业大学	7月中旬	2013	丰水 × 爱甘水
中农酥梨	中国农业大学	9月上旬	2013	库尔勒香梨 × 雪花梨
苏翠3号	江苏省农业科学院果树研究所	7月下旬/8月上旬	2013	丰水 × 爱甘水
夏清	南京农业大学	7月下旬	2013	新高 × 西子绿
寒雅	吉林省农业科学院果树研究所	8月下旬	2014	奥利亚 × 鸭梨
红日	辽宁省果树科学研究所	9月上旬	2014	红茄梨 × 苹果梨
玉晶	山东烟台农业科学研究院	9月上旬	2014	大果水晶 × 长把梨
早酥蜜	中国农业科学院郑州果树研究所	7月中旬	2014	七月酥 × 砀山酥梨
新梨10号	新疆生产建设兵团第二师农业科学研究所	9月上旬	2014	库尔勒香梨 × 鸭梨
甜香	黑龙江省农业科学院园艺分院	9月下旬	2014	南果梨 × 苹果梨
金蜜	湖北省农业科学院果树茶叶研究所	7月中旬	2014	华梨2号 × 二宫白

（续）

品种	选育单位或育种地	成熟期	育成年份	亲本
秋玉	青岛农业大学	9月底	2014	新梨7号 × 中香梨
鲁秀	青岛农业大学	8月上旬	2014	黄金梨 × 砀山酥梨
青蜜	青岛农业大学	10月上旬	2014	新高 × 茌梨
山农酥	山东农业大学	9月底	2015	新梨7号 × 砀山酥梨
红宝石	中国农业科学院郑州果树研究所	8月下旬	2015	八月红 × 砀山酥梨
中梨2号	中国农业科学院郑州果树研究所	8月上旬	2015	栖霞大香水 × 兴隆麻梨
金香	湖北省农业科学院果树茶叶研究所	8月中旬	2015	金水1号 × 库尔勒香梨实生
宁酥蜜	南京农业大学	7月下旬	2015	秋荣 × 喜水
翠雪	四川省苍溪梨研究所	7月上/中旬	2015	苍溪雪梨 × 二宫白
甘梨2号	甘肃省农业科学院林果花卉研究所	8月中旬	2016	四百目 × 早酥
金恬	黑龙江省农业科学院牡丹江分院	9月上旬	2016	龙香 × 早香2号
冀翠	河北省农林科学院石家庄果树研究所	9月上旬	2016	黄冠 × 金花梨
矮甘露	青岛农业大学	9月上/中旬	2016	矮化梨 × 中香梨
沪晶梨67	上海市农业科学院林业果树研究所	7月下旬	2016	八幸 × 早生新水
中农秋梨	中国农业大学	9月中旬	2016	库尔勒香梨 × 砀山酥梨
苏翠4号	江苏省农业科学院果树研究所	7月中/下旬	2016	西子绿 × 早酥
金丰	湖北省农业科学院果树茶叶研究所	8月中旬	2017	金水1号 × 丰水
丹霞红	中国农业科学院郑州果树研究所	8月中/下旬	2018	中梨1号 × 红香酥
红酥蜜	中国农业科学院郑州果树研究所	8月中/下旬	2018	新世纪 × 红香酥
早红玉	中国农业科学院郑州果树研究所	8月上旬	2018	新世纪 × 红香酥
红酥宝	中国农业科学院郑州果树研究所	8月下旬	2018	新世纪 × 红香酥
玉香蜜	中国农业科学院郑州果树研究所	8月中/下旬	2018	八月红 × 砀山酥梨
红玛瑙	中国农业科学院郑州果树研究所	7月中/下旬	2018	早美酥 × 红香酥
早红蜜	中国农业科学院郑州果树研究所	7月中旬	2018	中梨1号 × 红香酥
甘梨3号	甘肃省农业科学院林果花卉研究所	9月下旬	2018	锦丰 × 巴梨
滨香	大连市农业科学研究院	8月中旬	2018	三季梨 × 李克特
岱酥	山东省果树研究所	8月中旬	2018	黄金梨 × 砀山酥梨
岱翠	山东省果树研究所	8月下旬	2018	黄金梨 × 鸭梨
新玉	浙江省农业科学院园艺研究所	7月上/中旬	2018	二十世纪 × 翠冠
鲁蜜	青岛农业大学	9月上旬	2018	新梨7号 × 中香梨
鲁翠	青岛农业大学	9月上旬	2018	新梨7号 × 中香梨
鲁冠	青岛农业大学	9月上旬	2018	新梨7号 × 中香梨
琴岛红	青岛农业大学	8月底	2018	新梨7号 × 中香梨
沪晶梨18	上海市农业科学院林木果树研究所	7月上/中旬	2018	八幸 × 早生新水
中梨5号	中国农业科学院郑州果树研究所	7月底	2019	早美酥 × 长寿
红丰	辽宁省果树科学研究所	8月中旬	2019	红茄梨 × 南果梨

注：育成时间是指品种审（认）定时间或品种获奖、获得品种权时间。

（2）**实生选种** 我国实生选种历史悠久，也是应用最为广泛的新品种选育方法之一。传统的地方品种大部分是由自然实生选择而来。近20年来，实生选种也取得了一定成就，选育出19个新品种，有金玉、金珠果、新苹梨、早生新水、金晶、徽源白等。盘古香是在资源调查过程中发现的实生品种；中矮1号、中矮3号和中矮4号是中国农业科学院果树研究所从锦香的实生后代筛选出的紧凑型矮化砧木；燕安1号和燕安2号是由燕山安梨实生选育而来（表6-7）。

表6-7 我国采用实生选种培育的梨品种

品种	选育单位或育种地	成熟期	育成年份	亲本
杭青	浙江农业大学（现浙江大学）	7月底	1976	茌梨
早生新水	上海市农业科学院林木果树研究所	7月上旬	1977	新水
矮香	中国农业科学院果树研究所	9月中旬	1978	车头梨
丰香	吉林省通化市园艺研究所	9月下旬	1981	苹果梨
龙香	黑龙江农业科学院园艺研究所	9月中旬	1982	磙子梨
大梨	吉林省农业科学院果树研究所	9月中下旬	1989	苹果梨
金珠果	河南省洛宁县农民李应贤	10月上中旬	1998	野生砂梨
燕安1号	河北科技师范学院	9月底	1999	安梨
燕安2号	河北科技师范学院	9月底	1999	安梨
中矮1号	中国农业科学院果树研究所	（砧木）	1999	锦香
新苹梨	辽宁省果树科学研究所	9月底	2002	苹果梨
金玉	衡水市林业局	9月上旬	2005	鸭梨
中矮2号	中国农业科学院果树研究所	（砧木）	2006	锦香
中矮3号	中国农业科学院果树研究所	（砧木）	2011	锦香
蠡州大鸭梨	蠡县林业局	9月上旬	2012	鸭梨
金晶	湖北省农业科学院果树茶叶研究所	8月上旬	2012	丰水
盘古香	河南农业大学	9月中下旬	2013	泌阳瓢梨
中矮4号	中国农业科学院果树研究所	（砧木）	2015	锦香
徽源白	安徽农业大学	8月下旬	2016	金花早

（3）**芽变选种** 芽变选种以简便、快速和实用的特点一直是果实品种选育的重要途径。我国也在芽变选种工作中获得了一些新的优良品种（表6-8），例如河北省农林科学院石家庄果树研究所从鸭梨中选出了自花结实力强的金坠梨、大果型的大鸭梨和垂枝鸭梨，辽宁省从南果梨中选育出了大果芽变大南果和红皮芽变南红梨。另外，还有尖把梨的大果芽变尖把王，满天红的红色芽变奥冠红，新高的高糖芽变华高和早熟芽变金秋梨，南水的芽变蜜露等陆续被审定。近年来，芽变优良新品种的报道也越来越多。例如，2015年通过审定的金冠酥是由酥梨芽变选育而来，其果实近似卵圆形，果型大且大小较整齐，采收时果皮黄绿色，贮藏后为黄色，果肉较白，石细胞较少，汁多味甜，成熟期早而且耐贮藏，是具有巨大潜力的新品种。相比杂交育种，芽变选种能够避开童期并保留品种的优良性状，大大简化了育种程序，缩短了育种时间。

但实践证明，我国梨的多数芽变为多性状复合芽变，其商品性往往不如亲本品种，发生生产可利用的综合优良性状的变异较少。

表6-8　我国采用芽变选育出的梨品种

品种	选育单位或育种地	成熟期	育成年份	亲本
矮巴梨	喀什地区五十一团	8月底	1979	巴梨
金坠梨	河北省农林科学院石家庄果树研究所	9月上旬	1982	鸭梨
良梨早酥	安徽省砀山县果树科学研究所	9月上旬	1985	砀山酥梨
沙01	巴州沙依东园艺场	9月上旬	1988	库尔勒香梨
大南果	辽宁省果树科学研究所	9月上旬	1989	南果梨
新梨2号	新疆生产建设兵团第二师农业科学研究所	8月下旬	1993	库尔勒香梨
鲁梨1号	山东省平度市果树站	8月底	1996	巴梨
红南果	辽宁省抚顺特产科学研究所	9月上旬	1998	南果梨
延光	延边大学农学院	9月上旬	1999	苹果梨
包金梨	中国新农村建设产业集团	10月上旬	2000	新高
大果白酥	江苏省高邮市果树实验场	8月下旬	2000	砀山酥梨
大果黄花	南京农业大学	8月中旬	2000	黄花
西塘	湖南省岳阳县西塘果场	8月上旬	2000	黄花
早苹	沈阳市新世纪园艺良种场	8月底	2001	苹果梨
六月酥	西北农林科技大学	6月底	2001	早酥
大香西黄	湖南农业大学	8月上旬	2001	黄花
花盖王	沈阳农业大学	9月下旬	2002	花盖梨
尖把王	辽宁省果树科学研究所	10月上旬	2003	尖把梨
光鸭梨	河北省工程大学农学院	9月中旬	2004	鸭梨
华高	中南林业科技大学	8月下旬	2007	新高
奥冠红	山东省聊城大学农学院	9月中旬	2007	满天红
红香	浙江省衢州市衢江区绿野稀优水果试繁园	9月中旬	2007	满天红
蜜露	徐州久新果业科技开发有限公司	9月中旬	2007	南水
早酥红	西北农林科技大学	7月下旬	2009	早酥
川花	四川农业大学园艺学院	8月下旬	2010	金花梨
德玉	山东馨秋种苗科技有限公司	10月上旬	2010	水晶
南红梨	辽宁省果树科学研究所	9月中旬	2010	南果梨
徽香	安徽农业大学	7月下旬	2011	清香
奥林斤秋	安徽省六安市果树研究所	9月下旬	2011	新高
金雪梨	四川农业大学园艺学院	9月下旬	2015	金川雪梨
金冠酥	山西省农业科学院	9月下旬	2015	砀山酥梨
新酥	山西省农业科学院	9月中旬	2015	砀山酥梨
龙花	湖北省枝江市白洋镇林业工作站	8月上旬	2015	黄花
桂梨1号	广西特色作物研究院	6月下旬	2016	翠冠

（4）人工诱变育种　作为芽变选种方法的延伸，人工诱变可以显著提高体细胞的突变频率，创造丰富的变异类型。目前，果树上最常用的诱变方法就是 ^{60}Coγ射线对种子、休眠枝条或花粉等材料进行照射处理，诱发变异培育新品种。2007年通过审定的晋巴梨是从 ^{60}Coγ射线照射的巴梨自然杂交种子中选育而成；河北省农林科学院昌黎果树研究所利用梨品种红安久自然实生种子经 ^{60}Coγ射线辐射诱变选育出红梨新品种香红梨，2013年通过审定（表6-9）。国内有报道开展过杜梨EMS诱变和用秋水仙碱对梨品种进行多倍体诱变的研究，但目前还没有经此途径育成并审定的新品种。

表6-9　通过人工诱变选育出的品种

品种	选育单位或育种地	方法	成熟期	育成年份	亲本
朝辐1号	内蒙古自治区农牧业科学院	^{60}Coγ射线照射	10月上旬	2000	朝鲜洋梨
晋巴梨	山西省农业生物技术研究中心	^{60}Coγ射线照射	8月中旬	2007	巴梨
无籽单系	河北省农林科学院昌黎果树研究所	^{60}Coγ射线照射	9月中旬	2012	粉酪
香红梨	河北省农林科学院昌黎果树研究所	^{60}Coγ射线照射	7月中旬	2013	红安久

2.亲本组配特点

（1）不同地理来源亲本组配　通过地理来源对梨育种亲本的组配特点进行分析，发现我国梨杂交育种亲本组配以国内材料为主（32.21%），133份种质具有国外亲本血缘，且主要来自日本。在双亲均为国内材料的育成品种中，亲本以国内地方品种为主（17.45%）。在双亲之一来自国外的育成品种中，亲本以国外品种×国内品种的组配方式为主（17.11%）。双亲均来自国外的育成品种中，亲本选配以来自相同国家的品种为主（4.70%）。通过芽变、实生选种的育种材料主要来自国内（17.79%、8.39%），而经人工诱变育种获得的育成品种数量较少（9个），育种材料主要是朝鲜洋梨。因此，我国育成的梨品种的亲本选配大多是国内品种（59.06%），且偏向选用不同地理来源的亲本。例如：库尔勒香梨（新疆）×雪花梨（河北）育成的玉露香，汁多、味美、可食率高（郭黄萍等，2001），2014年被农业部确定为果树发展主导品种；新世纪（日本）×早酥（中国）育成的中梨1号，味极甜且具有早熟、耐贮藏、抗病等特性（李秀根等，2006）。此外，中梨3号（李秀根等，2005）、雪青（沈德绪等，2002）等均是由不同地理来源的亲本育成的优良品种。

（2）不同成熟期亲本组配　对198个亲本来源清楚的杂交品种（系）的亲本成熟期进行统计，发现159个品种的双亲都有成熟期信息，根据上市时间将熟期分为早熟（7月底之前）、中熟（8月上旬至9月上旬）和晚熟（9月中旬以后）。有95个（59.75%）品种的双亲成熟期不同，以中熟×晚熟为主；有64个（40.25%）品种的双亲成熟期相同，以中熟×中熟为主（表6-10）。

表6-10　我国育成的梨品种亲本的成熟期与组配情况

亲本成熟期	组配	育成品种数
相同	早熟×早熟	6（3.77%）
	中熟×中熟	32（20.13%）
	晚熟×晚熟	26（16.35%）
不同	早熟×中熟	4（2.52%）
	早熟×晚熟	9（5.66%）
	中熟×早熟	15（9.43%）
	中熟×晚熟	37（23.27%）
	晚熟×早熟	1（0.63%）
	晚熟×中熟	29（18.24%）

（3）不同耐贮性亲本组配　对双亲都有耐贮性信息的136个品种进行分析（表6-11），其中79个（58.09%）品种是由不同耐贮性亲本组配育成，以不耐贮×耐贮为主，占21.32%，选育出的红金秋（郭长城等，1999）、晋蜜梨（邹乐敏等，1986）等品种不仅耐贮，而且抗寒、抗病；有57个（41.91%）品种由相同耐贮性亲本组配育成，主要是耐贮×耐贮组合，选育的品种除继承亲本耐贮性外，还具有较强的抗逆性，部分还兼有外观艳丽等特性，如红香酥（李秀根等，1999）和新梨10号（位杰等，2017）等。

表6-11　我国育成的梨品种亲本的耐贮性和组配情况

亲本耐贮性	组配	育成品种数
相同	耐贮×耐贮	39（28.67%）
	较耐贮×较耐贮	1（0.74%）
	不耐贮×不耐贮	17（12.50%）
不同	耐贮×较耐贮	9（6.62%）
	耐贮×不耐贮	18（13.24%）
	较耐贮×耐贮	13（9.56%）
	较耐贮×不耐贮	5（3.68%）
	不耐贮×耐贮	29（21.32%）
	不耐贮×较耐贮	5（3.68%）

（4）其他的亲本组配　梨的重要农艺性状大多为数量性状，杂交后代的农艺性状与亲本密切相关。育种设计中通常按照双亲性状优势互补原则选取亲本，使后代聚合较多的优良目标性状。例如：吉林省农业科学院果树研究所选择色泽鲜艳、个小、耐贮藏、抗寒、抗黑星病的南果梨作母本，用个大、较耐贮藏、不抗寒、较抗黑心病的晋酥梨作父本，育成了阳面色泽鲜艳、个大、耐贮藏、抗寒、抗黑星病梨新品种寒红（张茂君等，2004）。在杂交育种中，通常选择不同系统的梨品种作为亲本。例如，中国农业科学院郑州果树研究所以库尔勒香梨（新疆梨）作母本、郑州鹅梨（白梨）作父本进行杂交，育成了红皮梨新品种红香酥。该品种不仅品质上等、果皮鲜艳，而且抗逆性强、适应范围广（李秀根等，1999）。

3.骨干亲本分析　梨育种中多选用骨干亲本（王斐等，2015）。根据前人研究标准，将利用次数大于10次的育种材料定义为骨干亲本（刘红艳等，2015），共有11个骨干亲本，即苹果梨、鸭梨、砀山酥梨、雪花梨、茌梨、库尔勒香梨、火把梨、新世纪、幸水、早酥和杭青。这些骨干亲本衍生的品种可划分为6个族系，即苹果梨与早酥构成的苹果梨族系、茌梨与杭青构成的茌梨族系、新世纪与幸水构成的二十世纪族系、鸭梨族系、砀山酥梨族系和库尔勒香梨族系。火把梨主要分布在二十世纪族系中，雪花梨主要分布在二十世纪、茌梨和库尔勒香梨族系中。

（1）苹果梨族系　骨干亲本苹果梨的优异性状主要有4个方面：一是果个大，其作母本时，大果性状的遗传力较强（闫忠业，2003），易育成大果型品种，如吉林大梨、蔗梨等；二是果心小，可食率高，有研究发现其小果心性状遗传传递力较强（贾立邦等，1984），如育成的寒玉、锦丰等均为小果心、可食率高的品种；三是皮有红晕，若另一亲本也为红色品种，可选育出商品价值较高的红皮梨品种，如红日（李俊才等，2015）、红月（李俊才等，2011）等；四是极抗寒，其后代大多也抗寒，如寒香（张茂君等，2002）、延香（朴宇等，2012）等。

苹果梨主产于吉林省延边朝鲜族自治州，以其为亲本的育种时间长达60多年，育成了34个1代品种，包括26个杂交育成品种、5个芽变品种和3个实生品种，由这些品种又衍生出了34个2代至多代品种，构成苹果梨族系（图6-1）。其中，早酥因具有适应性强、丰产、稳产等特性，已在华东、西南、

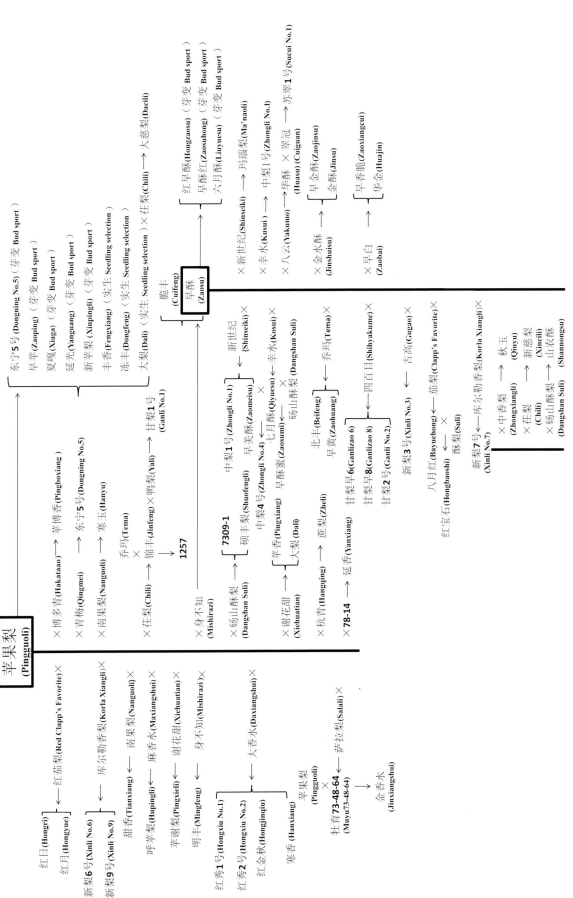

图6-1 苹果梨族系系谱

（引自张绍铃 等，2018）

西北及华北等地区栽培（喻菊芳等，1984），由其作亲本育成的品种多达22个。此外，硕丰梨因外观艳丽、品质极佳、耐贮藏、抗寒等优良特性（邹乐敏等，1997），目前在山西中南部、陕西、宁夏、甘肃等地区栽培面积较大。

（2）茌梨族系　茌梨原产于山东茌平、牟平、莱阳，是最古老的优良品种之一，作为骨干亲本有四大优异性状：一是果个大，平均单果重233g，以其为亲本育成的新慈香（冯守千等，2016）和玉绿（秦仲麒等，2010）等均具有大果型特征；二是可溶性固形物含量高，可达15.3%，有研究表明可溶性固形物是由基因间的加性效应控制（李先明等，2014），双亲可溶性固形物含量较高，易育出可溶性固形物含量高的后代，如大慈梨等；三是肉质脆，有研究发现梨脆肉为显性性状（李先明等，2014），因此以其为亲本育成的品种大多为脆肉，如29-1（秦仲麒等，2008）等；四是晚熟，山东莱阳地区9月下旬成熟。

目前，以茌梨为亲本育成的1代品种有14个，包括13个杂交育成品种和1个实生选种，这些品种共衍生出22个2代至多代品种，由此构成茌梨族系（图6-2）。以茌梨为材料实生选育的杭青，果个大，外观美，品质优良，以其作材料育成的品种以及衍生的品种共18个。

（3）鸭梨族系　鸭梨原产于河北魏县，作为骨干亲本具有4个优异性状：一是果个大，单果重175g。育成品种早冠（李晓等，2006）、中梨3号（李秀根等，2005）等均具大果特性；二是肉质脆，以其为亲本育成的品种均为脆肉品种；三是较耐贮，贮藏期达5～6个月，其后代中新梨10号（位杰等，2017）、甘梨1号（刘海全，2005）等均为耐贮品种；四是容易产生芽变。

我国以鸭梨为亲本的育种始于20世纪50年代，育成了29个1代品种，包括14个杂交育成品种、14个芽变品种和1个实生品种，这些品种作为亲本又衍生出13个后代品种，由此构成鸭梨族系（图6-3）。包括晋酥梨、苍梨6-2和寒雅（张茂君等，2015）等优良品种。此外，鸭梨族系中二宫白是日本利用鸭梨育成的品种，在我国由其作亲本育成的品种以及衍生品种共有9个，是构成鸭梨族系的重要品种。

（4）砀山酥梨族系　砀山酥梨又名酥梨、砀山梨，原产安徽砀山，作为骨干亲本有以下3个特点：一是丰产，产量可达60 000kg/hm²，以其作亲本育成的山农酥（冯守千等，2016）、红宝石（李秀根等，2016）等品种均具有丰产性；二是耐贮藏，贮藏期可达8个月，由其作亲本育成的晋早酥（郭黄萍等，2013）、玉酥（郭黄萍等，2011）等品种均具耐贮性；三是口感好，风味正，汁多味甜，松脆可口。

以砀山酥梨为亲本育成了21个1代品种，包括13个杂交育成品种和8个芽变品种，构成砀山酥梨族系（图6-4）。其中，晋蜜梨果心小、果肉细脆、石细胞少、汁多、味浓甜、品质上等（邹乐敏等，1986）。此外，其后代中的早酥蜜是稀有的早熟优良品种（杨健等，2015）。

（5）库尔勒香梨族系　库尔勒香梨原产于新疆，具有三大特点：一是品质优异，皮薄，肉质细脆，汁多味甜，有香气，可溶性固形物含量高达15.0%，品质上等；二是与我国绝大多数梨品种原产地相隔较远，可形成不同地理来源的亲本组配，较易育成优异品种；三是果面有红晕。以库尔勒香梨为亲本育成了10个杂交品种和4个芽变品种，构成库尔勒香梨族系（图6-5）。其中，新梨7号具有早熟、丰产、耐贮、持续挂果期长等特性（刘建萍等，2002）；红香酥则是比亲本果个大、晚熟耐贮、早果丰产、高抗黑星病的优质红梨品种（李秀根等，1999）。

（6）二十世纪族系　二十世纪具有肉质细脆、汁多味甜、可溶性固形物含量高（11.0%～14.0%）、适应性强、丰产等优良性状，是日本主栽传统梨品种。日本育种者以其为亲本育成了25个优良品种，韩国育种者也以其为亲本育成了7个优良品种（杨健等，2011）。我国目前也有2个以其为亲本育成的1代品种（早香1号和早香2号），而1代品种及其衍生出的2代至多代品种多达55个，其中以新世纪作亲本育成的品种19个，衍生出的2代至多代品种7个；以幸水为亲本育成的品种13个，衍生出的2代至多代品种13个；以丰水和火把梨为亲本育成的品种分别有8个和11个（以火把梨为亲本育成的早黄蜜、早雪花和YH-1除外），构成二十世纪族系（图6-6）。骨干亲本新世纪果个大，外观美，品质优异，丰

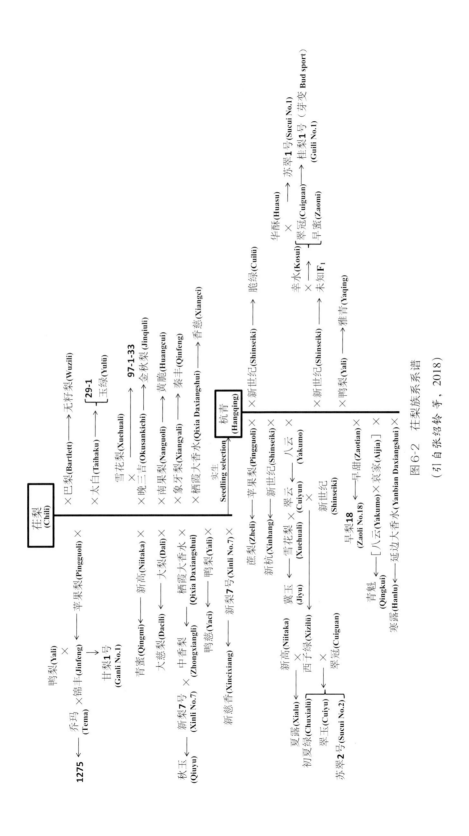

图6-2 佳梨族系系谱

（引自张绍铃 等，2018）

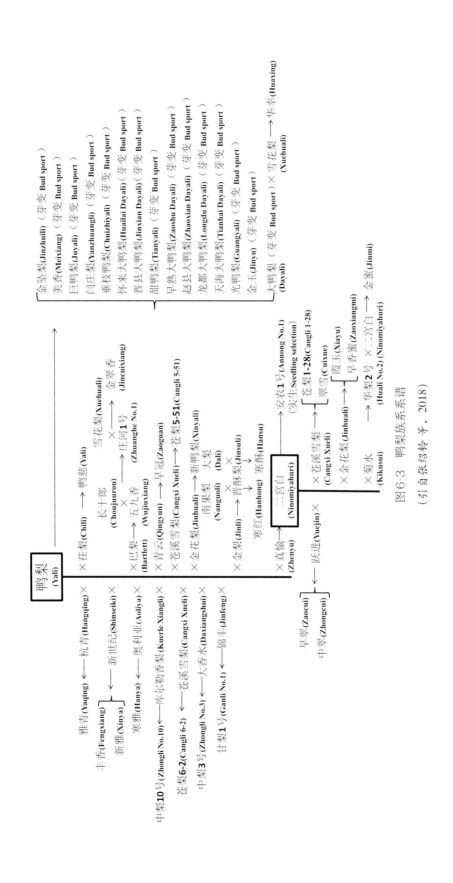

图6-3 鸭梨族系系谱

（引自张绍铃 等，2018）

图6-4　砀山酥梨族系系谱

（引自张绍铃 等，2018）

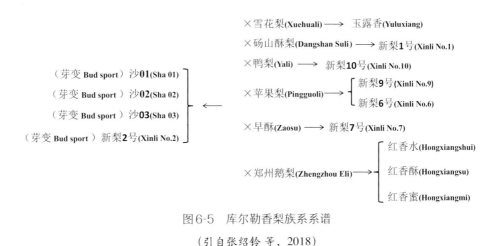

图6-5　库尔勒香梨族系系谱

（引自张绍铃 等，2018）

产，树势强健和树冠紧凑（方建平等，2001），以其作母本育成的西子绿形美质优（严根洪等，2004），2000年起连续3年获浙江省精品水果展示会金奖。骨干亲本幸水具有果个大、肉质细、松软和汁多味甜等优良性状，以其为亲本育成的翠冠果个大，果肉细嫩多汁，石细胞少，风味浓，可溶性固形物含量高（12.0%～14.0%），可食率高（施泽彬等，1999），种植面积已达到8万hm²。原产云南的骨干亲本火把梨色泽艳丽，常被用于选育红色优质品种，如育成的红酥脆（魏闻东等，2008）、满天红（魏闻东等，2009）和美人酥（魏闻东等，2010）等，均为红皮梨优良种质。

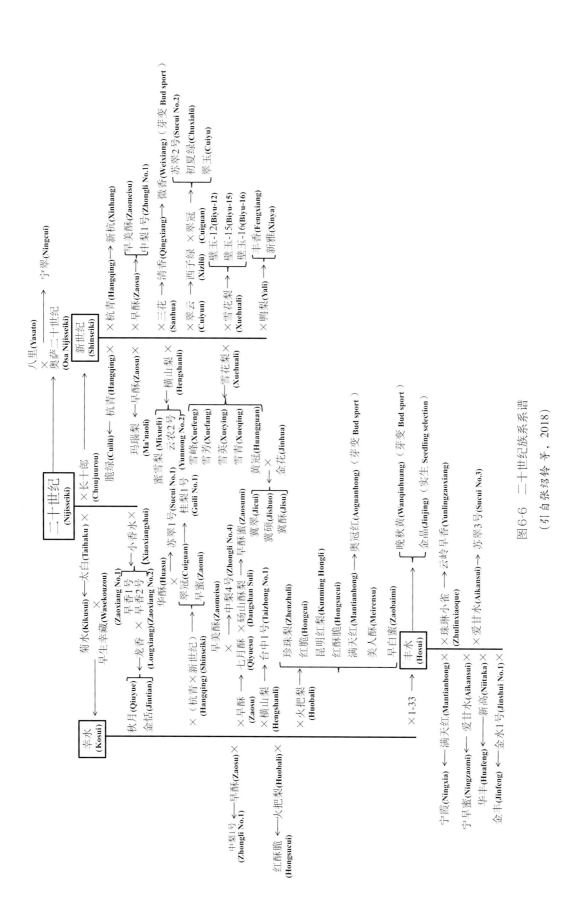

图6-6 二十世纪族系系谱

（引自张绍铃 等，2018）

第二节　科研展望

一、栽培理论研究

（一）栽培性状及栽培技术研究

我国果树栽培经历了从粗放生产到规范化生产、从关注产量到注重品质的发展历程，省力化栽培和提质增效已成为我国果树产业发展的必然趋势。因此，对于梨树主要栽培性状，如矮化、自交亲和性、抗病虫和抗逆性等的研究必将成为今后梨科技工作者关注的重点领域。

我国梨树栽培目前仍以乔化稀植为主，尤其是一些老果园或者丘陵山地果园。这种栽培模式树体高大，树形结构层次多，整形修剪技术复杂，劳动强度大，果园作业机械化程度低，果园的大多数工作如施肥、修剪、套袋以及采收等一般均为人工劳动，一般梨园年用工时间高达3 200h/hm^2，是西欧和美国等国家用工时间的7～8倍。矮化密植栽培有提前结果、便于管理、降低生产成本、提高果实品质等优点，已经成为世界梨栽培发展的方向。相比国外发达国家来说，我国矮化栽培发展比较缓慢，主要原因是我国至今没有合适的矮化砧木。因此，应逐步加强梨矮化种质资源的收集与评价，深入探讨矮化资源的矮化和致矮机理，通过常规育种或生物技术育种以及两者相结合的方式，尽快选育适合东方梨的矮化砧木，并研创配套的栽培管理技术。

梨绝大多数品种表现为自交不亲和性，在生产中需要人工授粉。人工授粉已成为梨果生产过程中增加生产成本的重要因素。虽然我国科学家在梨自交亲和性研究方面取得了较大成就，但是仍然没有全面了解梨自交不亲和的规律与内在机理，这一方面还应利用现有资源和发掘新的梨自交亲和性资源，加大基础研究力度，明确导致自交不亲和的关键基因与调控机理，通过基因工程方法培育自交亲和性品种，并研发快速有效的授粉方法以降低劳动力成本。疏花疏果是梨果生产过程中另一个增加生产成本的因素。因此，研究梨花果脱落及其调控机理也是将来的重点课题。利用化学方法进行疏花疏果受多方面因素的影响，效果不太稳定，对其疏花疏果规律和机理的探讨仍是当前的研究重点。目前在生产上已发现花蕾自动脱落的梨资源，对其脱落机理的研究必将推动花果自疏技术的研发。

我国在梨树病虫害防治方面，由原来的单一依赖化学农药防治逐步向综合治理转变，生物防治与物理防治在生产中得到大面积推广应用。但对于主要病害如梨黑星病和褐斑病抗性机理的研究还应进一步加强，挖掘抗性资源，通过生物技术育种和常规育种相结合，加快抗性品种的选育。此外，随着生态环境的日益恶化，梨果生产中面临更多的诸如干旱、盐碱等非生物胁迫，因此梨树应对非生物胁迫的机理也将是梨科学研究的重点。

（二）重要性状遗传规律研究

梨的童期比较长，一般需要4～5年，甚至10年以上；大多数梨品种存在自交不亲和现象，基因组高度杂合；梨的重要经济性状大多数是由多基因控制的数量性状，很少是由1对基因控制的质量性状，这些因素限制了梨重要性状的遗传规律研究。因此，对于童期遗传规律的研究，特别是相关功能基因的挖掘与鉴定及其调控网络的解析将是童期研究的重点任务。

我国梨产业的发展已经从注重产量转变到关注品质提升的阶段，因此揭示梨果实重要品质性状遗传规律以及鉴定功能基因和解析其调控网络仍将是这一领域的研究重点和热点。对果实着色、糖酸积累与代谢、香气形成与遗传、石细胞发生、果实形状、果肉脆性等基础理论的研究，一是应关注特异资源的收集与评价，利用芽变或具有极端性状的材料解析该性状的形成机制，通过解析内部和外部因素的影响，探讨其调控机理与技术；二是应与常规杂交育种相结合，在构建适宜的杂交群体的基础上加快重要性状的QTL分析，明确重要性状的遗传规律，通过高通量测序技术开发更多分子标记，定位关键基因并鉴定其功能；三是应结合GWAS分析和基因组测序、重测序以及各种组学分析等高通量测序技术，挖掘关键基因并解析其功能与调控网络，为性状的精准调控和指导育种奠定良好的基础。

分子标记在梨树上主要应用于遗传多样性分析、亲缘关系鉴定和遗传图谱构建，针对主要栽培和品质性状的分子标记较少。为了加快常规杂交育种中的后代选择，应在定位性状相关基因的基础上，结合高通量测序技术开发与主要性状紧密连锁的分子标记，特别是与花果性状相关的分子标记，以节省土地和劳动力成本，提高育种效率。

（三）贮藏保鲜与加工技术创新

我国梨果贮藏保鲜已从壕沟贮藏和地窖贮藏等传统方式转变为机械冷藏和气调贮藏等新型贮藏方式，贮藏量达梨果总产量的60%，有效缓解了梨果集中上市造成的销售压力，延长了果实货架期。但是，梨果实成熟的机制解析与调控以及贮藏过程中的生理生化变化等没有系统深入的理论研究，特别是果实在贮藏过程中的品质保持和生理性病害的发生仍是目前需要解决的主要问题，这些问题的发生与果实生长发育过程中的环境和栽培因素密切相关，但往往被采后生物学家忽略。因此，结合环境与栽培因素解析梨果实成熟的生理和分子机制，剖析果实贮藏过程中果肉褐变、虎皮病及苦痘病等生理性病害的发生原因及调控机理，对于研究梨果实采后品质保持和预防生理性病害的发生具有重要意义。

加工方面，我国梨果的加工量占总产量的比重大幅提高，加工产品以梨罐头、梨汁为主，逐步衍生出梨干、梨脯、梨酒等多样化产品。但是，梨在加工过程中的果肉褐化仍是目前存在的难题。因此，对于果肉褐化的机理研究和防止技术的开发迫在眉睫。此外，鉴于梨的药用价值大，功能型饮品、调味品的开发也取得了较大进展，对梨果实中功能性营养成分的分离与鉴定、代谢与调控机理研究及其应用技术的开发将极大提升梨果实的附加值，促进梨产业的发展。

（四）生物技术

1.组织培养　无病毒栽培是果树产业发展的趋势。欧美各国早在20世纪70年代就已建成了西洋梨的无病毒苗木繁育体系，并已基本实现了无病毒化栽培。我国梨无病毒苗木繁育技术的研发刚刚起步。茎尖组织培养是培育梨无病毒苗木的重要手段，在防止外植体褐化、提高生根率和提高脱毒率方面还需要进一步系统研究。

2.遗传转化　我国梨的组织培养与遗传转化研究已有20多年，在再生体系的建立和外源基因的遗传转化方面取得了长足进展，但仍存在很多问题。首先，基因型是限制梨的组织培养及遗传转化的重要因素，不同基因型外植体的培养条件及生根能力不同，很多品种生根困难、再生能力差，导致梨的遗传转化的研究范围较窄，严重限制了该领域的发展，今后应继续加大梨属植物的研究范围，建立适应不同砧木和品种的遗传转化体系，提高遗传转化效率。其次，目前遗传转化多采用农杆菌介导法，影响转化的因素较多，转化频率不稳定，应在现有的基础上筛选更有效的农杆菌菌株，优化遗传转化条件，建立更有效的遗传转化方法。

二、育种目标和技术

（一）育种目标

由于世界各国消费者对梨口感风味品质的要求不同，其育种目标也不尽相同，但总体上一个优良品种必须满足好吃、好看、好管的基本要求。

亚洲国家主要围绕果个大、外观漂亮、脆肉多汁、成熟期早、耐贮运及抗病（虫）、抗逆等性状开展品种改良及选育工作，如韩国梨的育种目标是培育极早熟（7月成熟）、大果型、抗病梨品种；日本的育种目标是培育大果型、高糖度、抗病、省力化的新品种。而我国的育种目标主要围绕果皮色泽鲜艳、果个大、果形端正、品质优良、早果省工、抗逆性（抗黑星病、腐烂病，高pH）强等。但全国各地受气候、经济条件以及消费习惯差异，其育种目标也有所不同，南方以成熟早、品质优、抗病性强、货架期长为主要育种目标；中部及华北主产区以中晚熟、品质优、抗逆、耐贮运为主要目标；东北地区主要以风味浓、肉质细软、抗寒性强为主要目标；西北主要以果个大、品质优、抗逆性强、耐贮运为目标。此外，红皮和自花结实也成为今后的主要育种目标之一。

欧美国家主要以果型大、风味浓、后熟期长、抗病性强为梨育种目标，如美国和加拿大的育种目标是选育高品质及抗火疫病、梨木虱和叶斑病强的梨品种；新西兰以果皮红色、脆肉多汁兼具西洋梨香气为育种目标；西洋梨的主产区像欧洲的意大利、西班牙、德国、荷兰，拉丁美洲的阿根廷、智利，亚洲的土耳其等国家的育种目标与欧美国家大致相同，主要以果型大、风味浓、后熟期长、抗病性强为育种目标。

（二）育种技术

除了常规杂交育种、芽变选种、实生选种、诱变育种、组织培养等技术之外，利用现代生物技术已成为未来梨育种的必要手段，主要包括现代分子标记辅助育种及转基因育种等。对于高度杂合的梨而言，传统的杂交育种技术费时费工效率低，如何针对育种目标加快育种进程、提高育种效率，是未来各国关注的重点。通过对杂种幼苗进行分子标记，在幼苗期找出目标单株，淘汰非目标后代。在此技术支撑下，再辅以温室育苗、顶芽高接等措施，必将大大缩短育种周期、提高育种效率、多快好省地培育出广大消费者和生产者都满意的优良品种。

主要参考文献

卜海东，张冰冰，宋洪伟，等，2012.利用SSR结合表型性状构建寒地梨资源核心种质.园艺学报，39(11): 2113-2123.

曹玉芬，李树玲，黄礼森，等，2000.我国梨种质资源研究概况及优良种质的综合评价.中国果树(4): 42-44.

曹玉芬，刘凤之，王昆，等，2005.梨种质资源收集、保存、鉴定与利用现状及展望.//中国农业科学院2005年多年生和无性繁殖作物种植资源共享试点研讨会.

陈出新，滕美贞，刘伦，等，2016.部分梨品种资源在南京地区果实性状调查分析.江苏农业科学，44(6): 259-263.

陈瑞阳，李秀兰，佟德耀，等，1983.中国梨属植物染色体数目研究.园艺学报，10(1): 13-17.

程显敏，刘延杰，顾广军，等，2016.梨早熟新品种'金恬'的选育.果树学报，33(增刊): 203-205.

崔艳波，张绍铃，吴华清，等，2011.梨杂交后代童期和童程的研究.中国农学通报，27(2): 128-131.

邓秀新，束怀瑞，郝玉金，等，2018.果树学科百年发展回顾.农学学报，8(1): 33-43.

丁立华，2000.苹果梨杂种后代果实主要经济性状遗传规律初探.吉林农业科学，25(6): 38-43.

高丽娟，李龙飞，张海娥，等，2018.晚熟梨新品种'晚玉梨'的选育.果树学报，35(2): 257-260.

顾模，1956.东北中部果树资源的调查.北京：科学出版社.

顾模，钱致斌，冯美琦，1980.梨种间杂交后代抗寒力遗传规律的研究.园艺学报，7(1): 1-6.

何天明，李疆，张琦，等，1999.'香梨'杂种后代果实若干性状的遗传学调查.新疆农业大学学报，22(2): 112-118.

胡红菊，王友平，甘宗义，等，2002.梨种质资源对黑斑病的抗性评价.湖北农业科学(5): 113-115.

胡红菊，王友平，田瑞，等，2005.砂梨种质资源收集、保存、鉴定与利用.//中国农业科学院2005年多年生和无性繁殖作物种植资源共享试点研讨会.

黄礼森，1983.中国梨属植物染色体数目研究.园艺学报，10(1): 13-17.

黄礼森，李树玲，傅仓生，等，1993.中国梨属植物花粉形态的比较观察.园艺学报(1): 17-22.

贾彦利，田义轲，王彩虹，等，2007.梨品种资源遗传差异的RAPD分析.果树学报，24(4): 525-528.

江先甫，初庆刚，1992. 中国梨属植物的分类和演化. 莱阳农学院学报 (1): 18-21.

姜淑苓，陈长兰，贾敬贤，等，2006. 梨矮化砧木品种——'中矮 2 号'. 园艺学报，33(6): 1402.

姜淑苓，贾敬贤，纪宝生，等，2000. 梨矮化砧木——'中矮 1 号'. 中国果树 (3): 1-3.

姜卫兵，高光林，俞开锦，等，2002. 近十年我国梨品种资源的创新与展望. 果树学报，19(5): 314-320.

李登科，邵嘉鸣，张忠仁，等，1997. 梨 K 系矮化自根砧木的选育. 中国果树 (3): 20-21.

李婕羚，2017. 贵州喀斯特不同地区无籽刺梨品质研究. 贵阳：贵州师范大学.

李俊才，伊凯，刘成，等，2002. 梨果实部分性状遗传倾向研究. 果树学报，19(2): 87-93.

李秀根，魏闻东，张冬梅，1991. 梨杂种生长势与童期关系的分析. 北方果树 (4): 10-13.

李秀根，杨健，2002. 花粉形态数量化分析在中国梨属植物起源、演化和分类中的应用. 果树学报，19(3): 145-148.

李秀根，杨健，王龙，等，2010. 我国近 30a 梨育种研究进展与今后工作建议. 果树学报，27(6): 987-994.

廖明安，黄佳璟，李健，等，2017. 优质抗黑心病梨新品种——'金雪梨'的选育. 分子植物育种 (6): 2427-2431.

林伯年，沈德绪，1983. 利用过氧化物酶同工酶分析梨属种质特性及亲缘关系. 浙江大学学报（农业与生命科学版）(3): 39-46.

蔺经，杨青松，李小刚，等，2006. 砂梨品种对黑斑病的抗性鉴定和评价. 金陵科技学院学报，22(2): 80-85.

凌天亚，杨健，王苏珂，等，2015. 主干环割对梨杂种后代童期、童程及相关指标的影响. 中国果树 (3): 16-19, 31.

鲁敏，汤浩茹，罗娅，等，2013. 40 份梨种质资源的 SSR 分析. 河南农业科学，42(12): 102-105.

孟玉平，曹秋芬，杨承建，等，2007. 体细胞诱变新品种晋巴梨的选育. 山西果树 (4): 33-34.

蒲富慎，1979. 梨的一些性状的遗传. 遗传 (1): 25-28.

蒲富慎，1988. 梨种质资源及其研究. 中国果树 (2): 42-46.

蒲富慎，林盛华，陈瑞阳，等，1986. 中国梨属植物核型研究. 园艺学报，13(2): 87-91.

曲柏宏，金香兰，陈艳秋，等，2001. 梨属种质资源的 RAPD 分析. 园艺学报，28(5): 460-462.

沈德绪，1994. 中国大陆梨育种的现状和展望（上）. 兴农 (5): 60-67.

沈德绪，1994. 中国大陆梨育种的现状和展望（下）. 兴农 (6): 62-67.

沈德绪，李载龙，郑淑群，等，1982. 梨杂种实生苗生长量与童期相关问题的研究. 园艺学报，9(4): 27-32.

沈玉英，滕元文，田边贤二，2006. 部分中国砂梨和日本梨的 RAPD 分析. 园艺学报，33(3): 621-624.

宋伟，王彩虹，田义轲，等，2010. 梨果实褐皮性状的 SSR 标记. 园艺学报，37(8): 1325-1328.

宋伟，王彩虹，田义轲，等，2010. 梨果实形状的 SSR 分子标记. 青岛农业大学学报（自然科学版），27 (3): 213-215.

苏俊，李林，陈霞，等，2016. 小果型红色砂梨新品种'珍珠红'的选育. 果树学报，33(增刊): 206-208.

汤浩茹，冷怀琼，1993. 梨抗黑星病遗传的遗传育种研究. 四川农业大学学报，11(2): 266-272.

滕元文，2017. 梨属植物系统发育及东方梨品种起源研究进展. 果树学报，34 (3): 370-378.

滕元文，柴明良，李秀根，2004. 梨属植物分类的历史回顾及新进展. 果树学报，21(3): 252-257.

田路明，董星光，曹玉芬，等，2011. 梨品种资源果实轮纹病抗性的评价. 植物遗传资源学报，12(5): 796-800.

王龙，薛华柏，杨健，等，2016. 80 个梨品种 SSR 特征指纹数据表的构建. 果树学报，33(增刊): 43-51.

王苏珂，李秀根，杨健，等，2016. 我国梨品种选育研究近 20 年来的回顾与展望. 果树学报，33(增刊): 10-23.

王亚茹，王迎涛，王永博，等，2018. 梨新品种'冀翠'的选育. 果树学报，35(1): 128-130.

王宇霖，Allan W，Lester B，等，1997. 红皮梨育种研究报告. 果树科学，14(2): 71-76.

王宇霖，魏闻东，李秀根，1991. 梨杂种后代亲本性状遗传倾向的研究. 果树科学，8(2): 75-81.

魏树伟，张勇，王少敏，2016. 43 份山东地方梨种质资源对枝干轮纹病、腐烂病的抗性评价. 落叶果树，48(1): 15-16.

吴华清，张绍铃，吴巨友，等，2007. '金坠梨'自交亲和性突变机制的初步研究. 园艺学报，34(2): 295-300.

辛培刚，王存喜，公庆党，等，1989. 梨树过氧化物酶同工酶分析及亲缘关系探讨. 果树科学，6(3): 153-158.

徐汉宏，周绂，1991. 沙梨资源主要性状鉴定初报. 湖北农业科学 (1): 25-27.

薛华柏，王芳芳，杨健，等，2016. 红皮梨研究进展. 果树学报，33(增刊): 24-33.

杨琪，李节法，何建军，等，2013. 世界梨专利技术现状及未来趋势研究. 果树学报，30(1): 127-133.

易显荣，赵碧英，贺申魁，等，2018. 梨新品种'桂梨 1 号'的选育. 中国果树 (3): 77-78.

袁德义，谭晓风，赵思东，等，2009. 砂梨新品种'华丰'. 园艺学报，36(10): 1547-1548.

曾少敏，张长和，陈小明，等，2016. 福建省地方梨资源花朵特征多样性分析. 福建农业学报，31(4): 356-359.

张冰冰，宋洪伟，刘慧涛，等，2009. 寒地梨种质资源表型多样性研究. 果树学报，26(3): 287-293.

张靖国，范净，陈启亮，等，2016. 中国砂梨多倍体种质资源发掘及其花粉育性分析. 果树学报，33(增刊): 71-74.

张绍铃, 2013. 梨学. 北京: 中国农业出版社.

张绍铃, 钱铭, 殷豪, 等, 2018. 中国育成的梨品种 (系) 系谱分析. 园艺学报, 45 (12): 2291-2307.

张小斌, 戴美松, 施泽彬, 等, 2016. 梨育种数据管理和采集系统设计与实践. 果树学报, 33(7): 882-890.

张绪萍, 张琦, 张金兰, 等, 2009. 香梨杂种后代叶片与果实性状的相关性研究. 江西农业学报, 21(4): 53-54.

赵碧英, 刘妮, 田瑞, 等, 2014. 梨品种资源果实萼片及萼洼性状评价. 南京农业大学学报, 37(4): 53-59.

中国农业科学院果树研究所, 1963. 中国果树志 (第三卷) 梨. 上海: 上海科学技术出版社.

钟广炎, 江东, 2007. 中国国家果树种质资源圃建设与研究回顾及展望. 中国农业科学, 40: 342-347.

仲青山, 邓家林, 邱模荣, 等, 2017. 早熟梨新品种'翠雪梨'的选育. 北方果树(6): 53-54.

朱学亮, 贾丽, 刘相, 2016. 优良新品种'德玉'梨的选育及高效栽培技术. 林业科技通讯(9): 61-62.

邹乐敏, 张西民, 张志德, 等, 1986. 根据花粉形态探讨梨属植物的亲缘关系. 园艺学报, 13(4): 219-224.

Bai S, Saito T, Ito A, et al., 2016. Small RNA and PARE sequencing in flower bud reveal the involvement of sRNAs in endodormancy release of Japanese pear (*Pyrus pyrifolia* 'Kosui'). BMC Genomics, 17: 230.

Bai S, Saito T, Sakamoto D, et al., 2013. Transcriptome analysis of Japanese Pear (*Pyrus pyrifolia* Nakai.) flower buds transitioning through endodormancy. Plant & Cell Physiology, 54: 1132-1151.

Bai S, Tuan P A, Saito T, et al., 2017. Repression of *TERMINAL FLOWER1* primarily mediates floral induction in pear (*Pyrus pyrifolia* Nakai) concomitant with change in gene expression of plant hormone-related genes and transcription factors. Journal of Experimental Botany, 68: 4899-4914.

Duan X, Zhang W, Huang J, et al., 2015. KNOTTED1 mRNA undergoes long-distance transport and interacts with movement protein binding protein 2C in pear (*Pyrus betulaefolia*). Plant Cell Tissue and Organ Culture, 121: 109-119.

Duan X, Zhang W, Huang J, et al., 2016. *PbWoxT1* mRNA from Pear (*Pyrus betulaefolia*) undergoes long distance transport assisted by a polypyrimidine tract binding protein. New Phytologist, 210: 511-524.

Li J, Xu Y, Niu Q, et al., 2018. Abscisic acid (ABA) promotes the induction and maintenance of pear (*Pyrus pyrifolia* White Pear Group) flower bud endodormancy. International Journal of Molecular Sciences, 19(1): 310.

Li M F, Li X F, Han Z H, et al., 2009. Molecular analysis of two Chinese pear (*Pyrus bretschneideri* Rehd.) spontaneous self-compatible mutants Yan Zhuang and Jin Zhui. Plant Biology, 11(5): 774-783.

Lin S, Fang C, Song W, et al., 2002. AFLP molecular markers of 10 species of *Pyrus* in China. Acta Horticulturae, 587(1): 233-236.

Niu Q, Li J, Cai D, et al., 2016. *Dormancy-associated MADS-box* genes and microRNAs jointly control dormancy transition in pear (*Pyrus pyrifolia* white pear group) flower bud. Journal of Experimental Botany, 67: 239-257.

Qu H Y, Zhang S L, 2007. Identification of hyperpolarization-activated calcium channels in apical pollen tubes of *Pyrus pyrifolia*. New Phytologist, 174(3): 524-536.

Teng Y, Tanabe K, Tamura F, et al., 2001. Genetic relationships of pear cultivars in Xinjiang, China, as measured by RAPD markers. Journal of Horticultural Science & Biotechnology, 76(6): 771-779.

Wang C L, Wu J, Xu G H, et al., 2010. S-RNase disrupts tip-localized reactive oxygen species and induces nuclear DNA degradation in incompatible pollen tubes of *Pyrus pyrifolia*. Journal of Cell Science, 123: 4301-4309.

Wang C L, Xu G H, Jiang X T, et al., 2009. *S-RNase* triggersmitochondrial alteration and DNA degradation in the incompatible pollen tube of *Pyrus pyrifolia* in vitro. Plant Journal, 57: 220-229.

Wu J Y, Qin X Y, Tao S T, et al., 2014. Long-chain base phosphates modulate pollen tube growth via channel-mediated influx of calcium. Plant Journal, 79: 507-516.

Wu J Y, Qu H Y, Shang Z L, et al., 2011. Reciprocal regulation of Ca^{2+}-activated outward K^+ channels of *Pyrus pyrifolia* pollen by heme and carbon monoxide. New Phytologist, 189(4): 1060-1068.

Wu J, Li L T, Li M, et al., 2014. High-density genetic linkage map construction and identification of fruit-related QTLs in pear using SNP and SSR markers. Journal of Experimental Botany, 65(20): 5771-5781.

Wu J, Wang Z, Shi Z, et al., 2013. The genome of the pear (*Pyrus bretschneideri* Rehd.). Genome Research, 23: 396-408.

Wu J K, Li M, Li T Z, 2013. Genetic features of the spontaneous self-compatible mutant, 'Jin Zhui' (*Pyrus bretschneideri* Rehd.). Plos One, 8(10): e76509.

Xue C, Yao J L, Qin M F, et al., 2018. PbrmiR397a regulates lignification during stone cell development in pear fruit. Plant Biotechnology Journal, 17(1): 103-117.

Yang Q, Niu Q, Li J, et al., 2018. PpHB22, a member of HD-Zip proteins, activates PpDAM1 to regulate bud dormancy transition in 'Suli' pear (*Pyrus pyrifolia* white pear group). Plant Physiology and Biochemistry, 127: 355-365.

Yang Y, Wang D, Wang C, et al., 2017. Construction of high efficiency regeneration and transformation systems of *Pyrus ussuriensis* Maxim. Plant Cell Tissue and Organ Culture, 131: 139-150.

Zhang W N, Duan X W, Ma C, et al., 2013. Transport of mRNA molecules coding NAC domain protein in grafted pear and transgenic tobacco. Biologia Plantarum, 57: 224-230.

Zhang W N, Gong L, Ma C, et al., 2012. Gibberellic acid-insensitive mRNA transport in *Pyrus*. Plant Molecular Biology Reporter, 30: 614-623.

第七章 梨品种资源

第一节 传统地方品种

一、秋子梨 *Pyrus ussuriensis* Maxim.

安梨

外文名或汉语拼音： Anli

来源及分布： $2n = 3x = 51$，原产河北省，在北京、天津、辽宁、吉林等地有栽培。

主要性状： 平均单果重127.0g，纵径5.9cm、横径6.5cm，果实扁圆形，果皮黄绿色；果点小而密、黄褐色，萼片宿存；果柄长，长5.1cm、粗3.4mm；果心中等大，5心室；果肉黄白色，肉质粗、致密，汁液多，味酸甜，无香气；含可溶性固形物11.0%～15.0%；品质中上等，常温下可贮藏30d。

树势强旺，树姿直立；萌芽力强，成枝力强，丰产性好。一年生枝紫褐色；叶片卵圆形，长5.2cm、宽4.0cm，叶尖急尖，叶基楔形；花蕾浅粉红色，每花序6～8朵花，平均7.0朵；雄蕊28～30枚，平均29.0枚；花冠直径3.8cm。在辽宁西部地区，果实9月下旬至10月上旬成熟。

特殊性状描述： 果实极耐贮藏；植株适应性强，对梨黑星病、梨黑斑病抗性较强，抗寒性较强，同时耐贫瘠、抗干旱，适于作冻梨。

鞍山白香水（又名：波梨）

外文名或汉语拼音： Anshan Baixiangshui

来源及分布： $2n = 34$，原产辽宁省，在辽宁鞍山等地有栽培。

主要性状： 平均单果重110.0g，纵径5.4cm、横径6.1cm，果实圆形，果皮绿黄色，阳面无晕；果点小而密、绿褐色，萼片宿存；果柄较长，长3.2cm、粗3.5mm；果心大，5心室；果肉绿白色，肉质细、采收时脆，果实采后7～10d后熟变软溶；汁液多，味酸甜、微涩，有香气；含可溶性固形物14.3%；品质上等，常温下可贮藏20d。

树势中庸，树姿开张；萌芽力强，成枝力中等，丰产性好。一年生枝灰褐色；叶片卵圆形，长10.5cm、宽6.2cm，叶尖急尖，叶基圆形；花蕾白色，每花序6～8朵花，平均7.0朵；雄蕊19～21枚，平均20.0枚；花冠直径3.7cm。在辽宁海城地区，4月17日盛花，果实8月下旬成熟。

特殊性状描述： 果实较耐贮藏；植株抗寒性强，抗病性较强。

鞍山白小梨

外文名或汉语拼音： Anshan Baixiaoli

来源及分布： $2n = 34$，原产辽宁省，在辽宁鞍山等地有栽培。

主要性状： 平均单果重75.0g，纵径5.0cm、横径5.2cm，果实圆形，果皮绿黄色，阳面无晕；果点小而密、浅褐色，萼片宿存；果柄较长，长4.2cm、粗3.5mm；果心中等大，5心室；果肉乳白色，肉质细，采收时脆，果实采后7d后熟变软溶，汁液多，味甜酸，有浓香气；含可溶性固形物15.4%；品质上等，常温下可贮藏15d。

树势中庸，树姿开张；萌芽力强，成枝力弱，丰产性好。一年生枝褐色；叶片卵圆形，长10.2cm、宽7.0cm，叶尖渐尖，叶基圆形；花蕾白色，每花序5～7朵花，平均6.0朵；雄蕊18～21枚，平均19.5枚；花冠直径3.8cm。在辽宁海城地区，4月16日盛花，果实9月上旬成熟。

特殊性状描述： 果实较耐贮藏；植株抗寒性强，抗病性较强。

鞍山大花盖

外文名或汉语拼音：Anshan Dahuagai

来源及分布：$2n = 34$，原产辽宁省鞍山，在辽宁鞍山等地有栽培。

主要性状：平均单果重200.0g，纵径6.1cm、横径7.6cm，果实扁圆形，果皮绿黄色；果点大而密、红褐色，萼片脱落；果柄较长，长3.6cm、粗3.6mm；柄端有片状果锈，果锈多；果心中等大，5心室；果肉淡黄色，肉质中粗，采收时致密，后熟后变软，汁液多，味甜酸、微涩，无香气；含可溶性固形物16.3%；品质上等，常温下可贮藏20d。

树势中庸，树姿半开张；萌芽力中等，成枝力弱，丰产性好。一年生枝红褐色；叶片卵圆形，长9.6cm、宽5.7cm，叶尖急尖，叶基宽楔形；花蕾浅粉红色，每花序7～9朵花，平均8.0朵；雄蕊19～21枚，平均20.0枚；花冠直径3.5cm。在辽宁海城地区，4月20日盛花，果实9月中下旬成熟。

特殊性状描述：植株抗寒性强，抗病性较强。

鞍山大香水

外文名或汉语拼音： Anshan Daxiangshui

来源及分布： $2n = 34$，原产辽宁省，在辽宁鞍山、海城等地有栽培。

主要性状： 平均单果重114.0g，纵径5.8cm、横径5.9cm，果实长圆形，果皮黄绿色，阳面无晕；果点小而密、褐色，萼片宿存；果柄长，长5.2cm、粗4.5mm；果心大，5心室；果肉黄白色，肉质粗软，采收时果肉致密，采收后7d左右肉质变软，汁液中多，味甜酸、微涩，有香气；含可溶性固形物15.0%；品质中等，常温下可贮藏15d。

树势强旺，树姿半开张；萌芽力强，成枝力中等，丰产性好。一年生枝绿黄色；叶片卵圆形，长10.7cm、宽6.9cm，叶尖渐尖，叶基楔形；花蕾浅粉红色，每花序7～9朵花，平均8.0朵；雄蕊19～20枚，平均19.5枚；花冠直径4.2cm。在辽宁海城地区，4月20日盛花，果实8月下旬成熟。

特殊性状描述： 果实较耐贮藏；植株抗寒性强。

鞍山麻梨（又名：结梨）

外文名或汉语拼音：Anshan Mali

来源及分布：$2n = 34$，原产辽宁省，在辽宁鞍山等地有栽培。

主要性状：平均单果重140.0g，纵径6.5cm、横径6.3cm，果实圆形，果皮黄绿色；果点小而密、灰褐色，萼片宿存；果柄较短，长2.3cm、粗3.4mm；果心大，4～5心室；果肉淡黄白色，肉质粗、致密，采收后7～10d后熟变软，汁液多、味酸甜、微涩，有香气；含可溶性固形物15.2%；品质中上等，常温下可贮藏20d。

树势强旺，树姿直立；萌芽力中等，成枝力中等，丰产性差。一年生枝黄褐色；叶片卵圆形，长13.0cm、宽8.0cm，叶尖渐尖，叶基圆形；花蕾白色，每花序4～6朵花，平均5.0朵；雄蕊20～23枚，平均21.5枚；花冠直径3.2cm。在辽宁海城地区，4月19日盛花，果实9月下旬成熟。

特殊性状描述：果实较耐贮藏；植株抗寒性、抗病性强。

鞍山马蹄黄（又名：车顶子）

外文名或汉语拼音： Anshan Matihuang

来源及分布： $2n = 34$，原产辽宁省，在辽宁鞍山等地有栽培。

主要性状： 平均单果重92.0g，纵径5.6cm、横径5.8cm，果实圆形或长圆形，果皮黄色，梗洼浅狭；果点小而密、棕褐色，萼片宿存，萼洼浅狭；果柄较长，果柄基部无膨大，长4.4cm、粗3.4mm；果心中等大，5心室；果肉淡黄白色，肉质细，采收时致密，7 ～ 10d后熟变软，汁液多，味甜酸，有香气；含可溶性固形物15.3%；品质中上等，常温下可贮藏15d。

树势强旺，树姿直立；萌芽力强，成枝力中等，丰产性差。一年生枝绿黄色；叶片卵圆形，长10.2cm、宽6.8cm，叶尖渐尖，叶基宽楔形；花蕾浅粉红色，每花序6 ～ 8朵花，平均7.0朵；雄蕊19 ～ 20枚，平均19.5枚；花冠直径3.3cm。在辽宁熊岳地区，4月16日盛花，果实8月下旬成熟。

特殊性状描述： 果实较耐贮藏；植株抗寒性较强。

鞍山木梨

外文名或汉语拼音： Anshan Muli

来源及分布： $2n = 34$，原产辽宁省，在辽宁鞍山等地有栽培。

主要性状： 平均单果重95.0g，纵径4.8cm、横径5.5cm，果实圆形，果皮黄色，阳面有淡红晕；果点小而密、萼片残存；果柄较短，长2.0cm、粗3.5mm；果心特大，5心室；果肉黄白色，肉质粗、采收时致密，采收后10～15d后熟变软，汁液多，味甜酸、涩，石细胞特多，有香气；含可溶性固形物13.1%；品质中等，常温下可贮藏20d。

树势强旺，树姿直立；萌芽力强，成枝力中等，丰产性好。一年生枝红褐色；叶片卵圆形，长9.5cm、宽7.1cm，叶尖渐尖，叶基心形；花蕾白色，每花序4～6朵花，平均5.0朵；雄蕊20～23枚，平均22.0枚；花冠直径3.7cm。在辽宁海城地区，4月13日盛花，果实10月上旬成熟。

特殊性状描述： 植株抗寒性、抗病性强。

鞍山平梨

外文名或汉语拼音： Anshan Pingli

来源及分布： $2n = 34$，原产辽宁省，在辽宁鞍山等地有栽培。

主要性状： 平均单果重40.0g，纵径3.7cm、横径4.3cm，果实扁圆形，果皮绿黄色，阳面有淡红晕；果点小而密、灰褐色，萼片宿存；果柄短，长1.8cm、粗5.5mm；果心大，5心室；果肉淡黄色，肉质中粗，采收时肉质致密，7～10d后熟变软，汁液中多，味酸甜、微涩，有微香气；含可溶性固形物18.9%；品质上等，常温下可贮藏20d。

树势中庸，树姿半开张；萌芽力强，成枝力弱，丰产性好。一年生枝红褐色；叶片卵圆形，长10.5cm、宽6.4cm，叶尖急尖，叶基宽楔形；花蕾浅粉红色，每花序6～9朵花，平均7.5朵；雄蕊18～21枚，平均19.5枚；花冠直径4.6cm。在辽宁海城地区，4月17日盛花，果实9月上旬成熟。

特殊性状描述： 果实较耐贮藏；植株抗寒性强。

鞍山十里香

外文名或汉语拼音： Anshan Shilixiang

来源及分布： $2n = 34$，原产辽宁省，在辽宁鞍山等地有栽培。

主要性状： 平均单果重62.0g，纵径4.6cm、横径5.7cm，果实扁圆形，果皮黄色；果点小而疏、浅褐色，萼片残存；果柄短，长1.6cm、粗3.5mm；果心小，5心室；果肉乳白色，肉质细，初采收时果肉致密，7～10d后熟变软，汁液多，味酸甜，有微香气；含可溶性固形物15.5%；品质上等，常温下可贮藏15d。

树势强旺，树姿半开张；萌芽力强，成枝力中等，丰产性差。一年生枝灰褐色；叶片卵圆形，长11.0cm、宽6.3cm，叶尖急尖，叶基圆形；花蕾浅粉红色，每花序6～8朵花，平均7.0朵；雄蕊18～21枚，平均19.5枚；花冠直径2.9cm。在辽宁海城地区，4月21日盛花，果实8月上旬成熟。

特殊性状描述： 果实较耐贮藏；植株抗寒性较强。

八里香

外文名或汉语拼音： Balixiang

来源及分布： $2n = 34$，原产辽宁省，在辽宁西部、营口、鞍山等地有栽培。

主要性状： 平均单果重70.0g，纵径5.2cm、横径5.7cm，果实扁圆形，果皮黄色，阳面有淡红晕；果点小而密、褐色，萼片宿存；果柄长，长5.2cm、粗4.5mm；果心大，5心室；果肉淡黄色，肉质中粗，采收时致密，7～10d后熟变软，汁液中多，味甜酸、微涩，有香气；含可溶性固形物15.7%；品质中上等，常温下可贮藏20d。

树势强旺，树姿直立；萌芽力强，成枝力中等，丰产性好。一年生枝褐色；叶片卵圆形，长7.7cm、宽5.0cm，叶尖渐尖，叶基宽楔形；花蕾白色，每花序7～9朵花，平均8.0朵；雄蕊18～22枚，平均20.0枚；花冠直径3.8cm。在辽宁熊岳地区，4月16日盛花，果实9月上旬成熟。

特殊性状描述： 果实较耐贮藏；植株抗寒性和抗病性均强。

白花罐

外文名或汉语拼音： Baihuaguan

来源及分布： $2n = 34$，原产河北省，在河北抚宁等地均有栽培。

主要性状： 平均单果重106.7g，纵径4.9cm、横径6.2cm，果实圆形，果皮绿色；果点小而密、浅褐色，萼片脱落；果柄长，长5.0cm、粗3.5mm；果心大，5心室；果肉淡黄色，肉质粗、松脆，汁液少，味酸甜，无香气；含可溶性固形物11.5%；品质下等，常温下可贮藏10d。

树势中庸，树姿直立；萌芽力强，成枝力中等，丰产性一般。一年生枝褐色；叶片卵圆形，长11.1cm、宽8.6cm，叶尖急尖，叶基楔形；花蕾浅粉红色，每花序5～7朵花，平均6.0朵；雄蕊28～31枚，平均29.0枚；花冠直径3.4cm。在河北抚宁等地，果实9月上中旬成熟。

特殊性状描述： 果实不耐贮运；植株抗旱抗寒，耐瘠薄。

白自生

外文名或汉语拼音： Baizisheng

来源及分布： $2n = 34$，原产地不详，现保存在国家园艺种质资源库郑州梨圃。

主要性状： 平均单果重76.8g，纵径4.7cm、横径5.4cm，果实扁圆形，果皮黄绿色；果点小而密、浅褐色，萼片宿存；果柄较短，长2.2cm、粗4.9mm；果心大，5心室；果肉淡黄色，肉质粗、紧脆，汁液少，味酸，经后熟肉质变软，有香气；含可溶性固形物12.3%；品质下等，常温下可贮藏20d。

树势中庸，树姿半开张；萌芽力强，成枝力弱，丰产性较好。一年生枝褐色；叶片椭圆形，长9.7cm、宽5.6cm，叶尖渐尖，叶基狭楔形；花蕾白色，每花序6～8朵花，平均7.0朵；雄蕊20～26枚，平均23.0枚；花冠直径3.6cm。在河南郑州地区，果实8月下旬成熟。

特殊性状描述： 植株适应性和抗病性均强。

北镇小香水

外文名或汉语拼音： Beizhen Xiaoxiangshui

来源及分布： $2n = 34$，原产辽宁省，在辽宁锦州北镇等地均有栽培。

主要性状： 平均单果重63.0g，纵径4.3cm、横径5.0cm，果实扁圆形，果皮绿黄色；果点小而密、浅褐色，萼片宿存；果柄较长，长3.2cm、粗4.3mm；果心中等大，5心室；果肉乳白色，肉质粗、紧脆，汁液中多，味甜酸，后熟后果肉变软，有香气；含可溶性固形物12.8%；品质中等，常温下可贮藏20d。

树势弱，树姿直立；萌芽力中等，成枝力弱，丰产性一般。一年生枝黄褐色；叶片椭圆形，长8.7cm、宽5.1cm，叶尖急尖，叶基楔形；花蕾浅粉红色，每花序7～9朵花，平均8.2朵；雄蕊15～23枚，平均20.0枚；花冠直径4.0cm。在河南郑州地区，果实8月下旬成熟。

特殊性状描述： 植株适应性和抗寒性均强。

滨州小黄梨

外文名或汉语拼音：Binzhou Xiaohuangli

来源及分布：$2n = 34$，原产山东省，在山东济南、滨州等地有栽培。

主要性状：平均单果重182.9g，纵径7.1cm、横径7.1cm，果实卵圆形，果皮黄色；果点小而密、红褐色，萼片脱落；果柄较长，长4.5cm、粗3.5mm；果心中等大，5心室；果肉淡黄色，肉质细、松脆，汁液多，味酸甜，有微香气；含可溶性固形物11.2%；品质中等，常温下可贮藏7～14d。

树势强旺，树姿直立；萌芽力中等，成枝力弱，丰产性好。一年生枝灰褐色；叶片卵圆形，长11.3cm，宽7.6cm，叶尖渐尖，叶基圆形；花蕾白色，每花序6～8朵花，平均7.0朵；雄蕊17～22枚，平均19.5枚；花冠直径3.9cm。在山东泰安地区，果实8月上旬成熟。

特殊性状描述：果实采收后1周品质最佳，但果实不耐贮运。

勃利小白梨

外文名或汉语拼音： Boli Xiaobaili

来源及分布： $2n = 34$，原产黑龙江省勃利县，农家品种，在生产上已无栽培。

主要性状： 平均单果重67.7g，纵径5.1cm、横径4.1cm，果实长圆形，果皮黄绿色；果点小而密、浅褐色，萼片宿存；果柄较短，长2.8cm、粗2.6mm；果心中等大，5心室；果肉乳白色，肉质细，后熟后变软，汁多，味酸甜，有浓香气；含可溶性固形物17.1%；品质上等，常温下可贮藏15d。

树势强旺，树姿开张；萌芽力强，成枝力强，丰产性一般。一年生枝绿黄色；叶片卵圆形，长9.4cm、宽7.1cm，叶尖渐尖，叶基截形；花蕾白色，每花序7～11朵花，平均9.0朵；雄蕊18～22枚，平均20.0枚；花冠直径3.0cm。在黑龙江哈尔滨地区，果实9月下旬成熟。

特殊性状描述： 果实较耐贮藏；植株抗寒性极强，抗病性、抗虫性强，耐旱耐盐碱。

昌黎歪把梨

外文名或汉语拼音： Changli Waibali

来源及分布： $2n = 34$，原产河北省，在河北昌黎等地有栽培。

主要性状： 平均单果重38.4g，纵径3.8cm、横径4.2cm，果实圆形，果皮绿黄色；果点小而密、绿褐色，萼片宿存；果柄较长，长4.2cm、粗3.9mm；果心中等大，5心室；果肉黄白色，肉质软溶，汁液多，味酸甜适度，有微香气；含可溶性固形物13.8%；品质极好，常温下可贮藏30d。

树势中庸，树姿半开张；萌芽力中等，成枝力中等，丰产性一般，第四年始果。一年生枝红褐色，多年生枝红褐色；叶片卵圆形，长10.1cm、宽7.3cm，叶尖急尖，叶基截形；花蕾白色，每花序5～9朵花，平均7.0朵；雄蕊18～22枚，平均20.0枚；花冠直径3.8cm。在河北昌黎地区，果实8月上旬成熟。

特殊性状描述： 果实耐贮藏；植株耐瘠薄，耐盐碱。

大兴谢花甜

外文名或汉语拼音：Daxing Xiehuatian

来源及分布：$2n = 34$，原产北京市，在北京大兴、河北涿州等地有栽培。

主要性状：平均单果重87.9g，纵径5.2cm、横径5.7cm，果实扁圆形，果皮绿黄色；果点小而密、浅褐色，萼片宿存；果柄较长，长4.2cm、粗4.8mm；果心大，5心室；果肉淡黄色，肉质中粗、脆，后熟后软面，汁液较少，味酸甜，有香气；含可溶性固形物14.9%；品质中等，常温下可贮藏7～10d。

树势强旺，树姿半开张；萌芽力强，成枝力强，丰产性好。一年生枝褐色；叶片卵圆形，长9.3cm、宽6.5cm，叶尖急尖，叶基圆形；花蕾白色，每花序7～9朵花，平均8.0朵；雄蕊18～21枚，平均20.0枚；花冠直径4.8cm。在北京地区，果实8月中旬成熟。

特殊性状描述：植株病虫少，耐旱、耐盐碱。

大兴子母梨

外文名或汉语拼音: Daxing Zimuli

来源及分布: $2n = 34$,原产北京市,在北京大兴、房山等地有栽培。

主要性状: 平均单果重150.0g,纵径7.4cm、横径7.0cm,果实卵圆形,果皮黄绿色,阳面有淡红晕;果点小而密、棕褐色,萼片宿存;果柄较短,长2.0cm、粗3.3mm;果心中等大,5心室;果肉白色,肉质细、致密;汁液中多,味甜、稍有酸味。贮藏1周后肉质变软而多汁,甜酸适口,有香气;含可溶性固形物14.0%;品质中上等,常温下可贮藏10d。

树势强旺,树姿半开张;萌芽力强,成枝力强,丰产性较好。一年生枝黄褐色;叶片卵圆形,长10.3cm、宽6.2cm,叶尖急尖,叶基圆形;花蕾白色,每花序8 ~ 10朵花,平均9.5朵;雄蕊19 ~ 21枚,平均20.0枚;花冠直径3.5cm。在北京地区,果实9月下旬成熟。

特殊性状描述: 植株抗涝性强,适宜在沙荒地上栽植。

砀山面梨

外文名或汉语拼音：Dangshan Mianli

来源及分布：$2n = 34$，原产安徽省宿州市，在安徽砀山、萧县等地均有栽培。

主要性状：平均单果重300.0g，纵径7.8cm、横径7.5cm，果实近圆形或长圆形，果皮绿黄色；果点大而密、棕褐色，萼片脱落或残存；果柄较短，长2.7cm，粗4.4mm；果心中等大，5心室；果肉白色，肉质致密，经贮藏后变软面，汁液中多，味甜酸，香气较浓；含可溶性固形物11.0%；品质中等，常温下可贮藏20d。

树势中庸，树姿半开张；萌芽力强，成枝力弱，丰产性好。一年生枝暗褐色；叶片阔卵圆形，长11.0cm、宽9.2cm，叶尖急尖或渐尖，叶基圆形或心形；花蕾粉白色，每花序5～7朵花，平均6.0朵；雄蕊18～22枚，平均20.0枚；花冠直径3.0cm。在安徽北部地区，果实9月中下旬成熟。

特殊性状描述：果实贮藏后果肉发面；植株抗性及适应性强，主要用作酥梨的授粉树。

冻香水

外文名或汉语拼音： Dongxiangshui

来源及分布： $2n = 34$，原产吉林省，在吉林公主岭等地区有栽培。

主要性状： 平均单果重94.0g，纵径5.7cm、横径5.9cm，果实卵圆形，果皮绿黄色，阳面有红晕；果点小而密、浅褐色，萼片宿存；果柄较长，长4.5cm、粗3.0mm；果心大，5心室；果肉淡黄色，肉质中粗、松脆，汁液中多，味酸甜，无香气；含可溶性固形物12.0%；品质中等，常温下可贮藏15d。

树势弱，树姿直立；萌芽力弱，成枝力弱，丰产性好。一年生枝红褐色；叶片卵圆形，长11.1cm、宽7.2cm，叶尖长尾尖，叶基圆形；花蕾粉红色，每花序6～8朵花，平均7.0朵；雄蕊17～22枚，平均19.5枚；花冠直径5.0cm。在吉林中部地区，果实9月下旬成熟。

特殊形状描述： 植株抗寒性极强。

福安尖把

外文名或汉语拼音: Fuan Jianba

来源及分布: $2n = 34$,原产黑龙江省勃利县福安村,生产上已无栽培。

主要性状: 平均单果重68.3g、纵径5.6cm、横径5.2cm,果实粗颈葫芦形,果皮黄褐色;果点小而密、棕褐色,萼片宿存;果柄短,长1.8cm、粗3.2mm;果心大,5心室;果肉乳白色,肉质中粗、软,汁液多,味酸甜适度,有浓香气;含可溶性固形物18%~20%;品质上等,常温下可贮藏7d。

树势强旺,树姿开张;萌芽力强,成枝力强,丰产性差。一年生枝黄褐色;叶片椭圆形,长10.6cm、宽6.6cm,叶尖急尖,叶基截形;花蕾浅粉红色,每花序6~11朵花,平均7.6朵;雄蕊19~21枚,平均20.0枚;花冠直径2.9cm。在黑龙江哈尔滨地区,果实9月中旬成熟。

特殊性状描述: 果实不耐贮藏;植株抗寒性极强,抗病性强,抗虫性强,较耐旱耐盐碱。

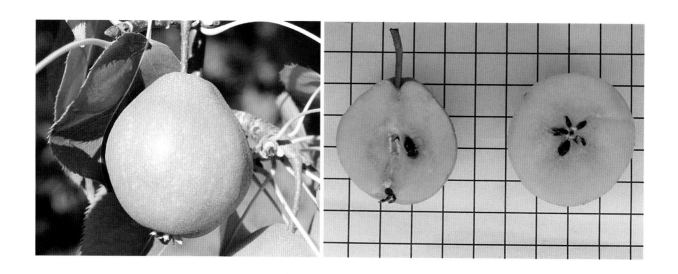

甘谷黑梨

外文名或汉语拼音：Gangu Heili

来源及分布：$2n = 34$，原产甘肃省，在甘肃甘谷、武山等地有栽培。

主要性状：平均单果重31.3g，纵径3.3cm、横径4.4cm，果实扁圆形，果皮黄色，阳面有鲜红晕；果点大而密、红褐色，萼片宿存；果柄较短，长2.6cm、粗3.6mm；果心大，5心室；果肉乳白色，肉质中粗、致密，汁液中多，味甜酸，有微香气；含可溶性固形物12.7%；品质中等，常温下可贮藏20d。

树势强旺，树姿半开张；萌芽力强，成枝力强，丰产性好。一年生枝黄褐色；叶片卵圆形，长9.5cm、宽5.7cm，叶尖渐尖，叶基宽楔形；花蕾白色，每花序6～8朵花，平均7.0朵；雄蕊24～28枚，平均26.0枚；花冠直径3.1cm。在甘肃天水地区，果实9月下旬成熟。

特殊性状描述：果实较耐贮运；植株适应性强，耐旱，耐瘠薄。

挂里子

外文名或汉语拼音： Gualizi

来源及分布： $2n = 34$，原产地不详，现保存在国家园艺种质资源库郑州梨圃。

主要性状： 平均单果重34.9g，纵径3.5cm、横径4.1cm，果实圆形，果皮绿色；果点小而密、浅褐色，萼片脱落；果柄较长，长4.0cm、粗3.9mm；果心大，3～4心室；果肉白色，肉质细、松脆，汁液多，味酸，经后熟果肉变软，有香气；含可溶性固形物13.0%；品质下等，常温下可贮藏20d。

树势中庸，树姿半开张；萌芽力中等，成枝力中等，丰产性较好。一年生枝褐色；叶片椭圆形，长8.0cm、宽5.6cm，叶尖渐尖，叶基狭楔形；花蕾白色，每花序6～8朵花，平均7.0朵；雄蕊20～24枚，平均21.0枚；花冠直径3.2cm。在河南郑州地区，果实9月中旬成熟。

特殊性状描述： 半栽培种类，植株适应性和抗病性均强。

海城香蕉梨

外文名或汉语拼音： Haicheng Xiangjiaoli

来源及分布： $2n = 34$，原产辽宁省，在辽宁鞍山、海城等地有栽培。

主要性状： 平均单果重50.0g、纵径4.7cm、横径4.8cm，果实圆形，果皮黄绿色，阳面有淡红晕；果点小而密、灰褐色，萼片宿存；果柄短，长1.8cm、粗3.5mm；果心中等大，5心室；果肉乳白色，肉质细，采收时肉质致密，7～10d后熟变软，汁液多，味甜，无香气；含可溶性固形物13.8%；品质上等，常温下可贮藏15d。

树势强旺，树姿直立；萌芽力强，成枝力中等，丰产性好。一年生枝黄褐色；叶片卵圆形，长9.8cm、宽5.5cm，叶尖急尖，叶基宽楔形；花蕾浅粉红色，每花序6～8朵花，平均7.0朵；雄蕊19～21枚，平均20.0枚；花冠直径3.6cm。在辽宁海城地区，4月20日盛花，果实9月上旬成熟。

特殊性状描述： 植株抗寒性较强。

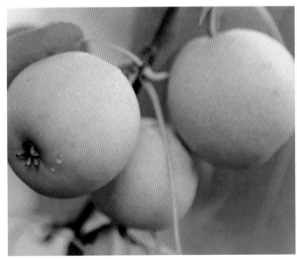

和政假冬果

外文名或汉语拼音： Hezheng Jiadongguo

来源及分布： $2n = 34$，原产甘肃省，在甘肃和政、临夏等地有栽培。

主要性状： 平均单果重116.7g，纵径6.4cm、横径6.2cm，果实倒卵圆形，果皮绿黄色，阳面有淡红晕；果点小而密、棕褐色，萼片残存；果柄较长，长3.1cm、粗3.6mm；果心小，5心室；果肉绿白色，肉质中粗、致密，汁液少，味酸甜，有微香气；含可溶性固形物10.4%；品质下等，常温下可贮藏10d。

树势中庸，树姿开张；萌芽力强，成枝力强，丰产性好。一年生枝黄褐色；叶片圆形，长8.3cm、宽6.0cm，叶尖渐尖，叶基圆形；花蕾浅粉红色，每花序8～12朵花，平均10.0朵；雄蕊19～21枚，平均19.5枚；花冠直径3.5cm。在甘肃临夏地区，果实9月中旬成熟。

特殊性状描述： 果实不耐贮运；植株适应性较强，耐冷凉阴湿，抗寒性中等，抗病虫性较差，耐旱、耐瘠薄，抗风性弱。

红花盖

外文名或汉语拼音： Honghuagai

来源及分布： $2n = 34$，原产黑龙江省，在黑龙江哈尔滨、吉林等地有栽培。

主要性状： 平均单果重93.1g，纵径5.6cm、横径5.7cm，果实圆形，果皮绿色，阳面有橘红晕；果点中等大而密、灰白色，萼片宿存；果柄较短，长2.2cm、粗3.2mm；果心大，5心室；果肉乳白色，肉质粗、致密，汁液少，味酸，无香气；含可溶性固形物10.5%；品质下等，常温下可贮藏30d。

树势弱，树姿开张；萌芽力强，成枝力弱，丰产性好。一年生枝红褐色；叶片圆形，长9.3cm、宽6.6cm，叶尖急尖，叶基圆形；花蕾浅粉红色，每花序6～9朵花，平均7.5朵；雄蕊18～20枚，平均19.0枚；花冠直径4.7cm。在吉林中部地区，果实9月中下旬成熟。

特殊性状描述： 果心特大，植株抗寒性强。

红花罐

外文名或汉语拼音： Honghuaguan

来源及分布： $2n = 34$，原产河北省，在河北昌黎等地有栽培。

主要性状： 平均单果重46.7g，纵径4.6cm、横径4.8cm，果实圆形，果皮绿色，阳面鲜红；果点中等大而密、灰褐色，萼片脱落；果柄较长，长3.2cm、粗4.9mm；果心大，5心室；果肉淡黄色，肉质粗、软溶，汁液多，味酸甜，无香气；含可溶性固形物12%；品质上等，常温下可贮藏20d。

树势中庸，树姿半开张；萌芽力中等，成枝力中等，丰产性较好。一年生枝灰褐色；叶片卵圆形，长12.9cm、宽8.4cm，叶尖急尖，叶基截形；花蕾浅粉红色，每花序5～7朵花，平均6.0朵；雄蕊19～22枚，平均20.5枚；花冠直径4.2cm。在河北昌黎等地，果实9月上旬成熟。

特殊性状描述： 果实较耐贮藏；植株适应性强，耐瘠薄。

花盖梨

外文名或汉语拼音： Huagaili

来源及分布： $2n = 34$，原产辽宁省，在辽宁西部、鞍山，吉林、河北等地有栽培。

主要性状： 平均单果重130.0g，纵径5.4cm、横径5.9cm，果实扁圆形，果皮黄绿色，梗端有锈，果锈中多，梗洼浅狭；果点中等大而疏、褐色；萼片宿存，萼洼浅中广；果柄较长，长3.5cm、粗3.2mm；果心大，5心室；果肉淡黄色，肉质粗，采收时致密，后熟后变软，汁液多，味甜酸，有香气；含可溶性固形物14.3%；品质中上等，常温下可贮藏25d。

树势强旺，树姿直立；萌芽力弱，成枝力弱，丰产性好。一年生枝灰褐色；叶片卵圆形，长10.3cm、宽5.2cm，叶尖渐尖，叶基楔形；花蕾白色，每花序5～7朵花，平均6.0朵；雄蕊18～20枚，平均19.0枚；花冠直径4.49cm。在辽宁鞍山地区，4月18日盛花，果实9月下旬成熟。

特殊性状描述： 果实耐贮运，适宜做冻梨；植株适应性强，对土壤要求不严，抗旱、抗寒、抗病。

黄山梨

外文名或汉语拼音： Huangshanli

来源及分布： $2n = 34$，原产地不详，在东北有少量栽培，现保存在国家园艺种质资源库郑州梨圃。

主要性状： 平均单果重77.5g，纵径4.8cm、横径5.4cm，果实扁圆形，果皮黄绿色；果点小而密、灰褐色，萼片宿存；果柄较长，基部膨大肉质化，长3.7cm、粗6.8mm；果心特大，5心室；果肉淡黄色，肉质粗、紧脆，汁液少，贮藏后果肉变软，味酸，无香气；含可溶性固形物10.6%；品质下等，常温下可贮藏15d。

树势中庸，树姿半开张；萌芽力强，成枝力中等，丰产性较好。一年生枝褐色；叶片圆形，长10.0cm、宽6.2cm，叶尖急尖，叶基圆形；花蕾粉红色，每花序3～7朵花，平均6.0朵；雄蕊18～22枚，平均20.0枚；花冠直径3.9cm。在河南郑州地区，果实9月上旬成熟。

特殊性状描述： 植株耐旱性、耐寒性强。

鸡蛋果

外文名或汉语拼音： Jidanguo

来源及分布： $2n = 34$，原产甘肃省，在甘肃广河县庄窠集镇等地有栽培。

主要性状： 平均单果重50.1g，纵径5.1cm、横径4.2cm，果实卵圆形，果皮黄色；果点小而疏、浅褐色，萼片宿存；果柄较长，长4.2cm、粗4.2mm；果心大，5心室；果肉乳白色，肉质粗、致密，汁液多，味酸涩，有香气；含可溶性固形物13.3%；品质下等，常温下可贮藏15d。

树势强旺，树姿直立；萌芽力强，成枝力强，丰产性好。一年生枝褐色；叶片卵圆形，长11.4cm、宽7.1cm，叶尖急尖，叶基宽楔形；花蕾白色，每花序8～10朵花，平均9.5朵；雄蕊22～24枚，平均23.0枚；花冠直径3.3cm。在甘肃广河地区，果实10月上旬成熟。

特殊性状描述： 果实较耐贮运；植株适应性强，耐瘠薄，抗寒性、抗病虫性均强。

尖把梨

外文名或汉语拼音： Jianbali

来源及分布： $2n = 34$，原产辽宁省，在辽宁、吉林、内蒙古等地有栽培。

主要性状： 平均单果重81.1g，纵径6.1cm、横径5.2cm，果实葫芦形，果皮绿黄色；果点小而密、浅褐色，萼片宿存；果柄较长，长4.0cm、粗3.9mm；果心特大，5心室；果肉淡黄色，肉质粗、致密，汁液中多，味酸，无香气；含可溶性固形物13.7%；品质下等，常温下可贮藏28d。

树势中庸，树姿直立；萌芽力中等，成枝力中等，丰产性好。一年生枝黄褐色；叶片椭圆形，长10.7cm、宽5.8cm，叶尖长尾尖，叶基楔形；花蕾浅粉红色，每花序7～8朵花，平均7.5朵；雄蕊14～20枚，平均17.0枚；花冠直径5.0cm。在吉林中部地区，果实9月中下旬成熟。

特殊性状描述： 植株抗寒性极强，对梨黑星病抗性较差。

尖把香

外文名或汉语拼音： Jianbaxiang

来源及分布： $2n = 34$，原产辽宁省，在辽宁、吉林等地有栽培。

主要性状： 平均单果重46.2g，纵径4.5cm、横径4.4cm，果实圆形，果皮褐色；果点小而密、灰褐色，萼片宿存；果柄较短，长2.0cm、粗3.1mm；果心大，5心室；果肉绿白色，肉质细、致密，汁液中多，味酸，有微香气；含可溶性固形物15.1%；品质下等，常温下可贮藏10d。

树势中庸，树姿半开张；萌芽力中等，成枝力弱，丰产性好。一年生枝黄褐色；叶片椭圆形，长12.8cm、宽6.7cm，叶尖渐尖，叶基楔形；花蕾浅粉红色，每花序5～9朵花，平均7.0朵；雄蕊19～21枚，平均20.0枚；花冠直径3.8cm。在吉林中部地区，果实9月上旬成熟。

特殊性状描述： 植株抗寒性强，不抗梨黑星病。

京白梨

外文名或汉语拼音：Jingbaili

来源及分布：$2n = 34$，原产北京市，在北京、河北、山西、辽宁（辽西、鞍山等）等地有栽培。

主要性状：平均单果重220.0g，纵径6.5cm、横径7.7cm，果实圆形或扁圆形，果皮黄色；果点小而密、灰褐色，萼片残存；果柄较长，长4.2cm、粗3.4mm；果心中等大，5心室；果肉乳白色，肉质中粗，采收时脆，10～14d后熟后肉质变软，汁液多，味酸甜，有微香气；含可溶性固形物16.6%；品质上等，常温下可贮藏20d。

树势强旺，树姿直立；萌芽力中等，成枝力弱，丰产性好。一年生枝绿黄色；叶片卵圆形，长11.6cm、宽6.6cm，叶尖急尖，叶基宽楔形；花蕾白色，每花序7～9朵花，平均8.0朵；雄蕊19～22枚，平均20.5枚；花冠直径3.9cm。在辽宁熊岳地区，4月18日盛花，果实9月上旬成熟。

特殊性状描述：果实较耐贮藏；植株抗寒性较强，抗腐烂病性较强，梨黑星病较严重。

靖远白香水

外文名或汉语拼音： Jingyuan Baixiangshui

来源及分布： $2n = 34$，原产甘肃省，在甘肃靖远、景泰等地有栽培。

主要性状： 平均单果重75.4g，纵径4.3cm、横径5.4cm，果实扁圆形，果皮绿黄色；果点中等大而密、灰褐色，萼片残存；果柄较长，长3.0cm、粗3.4mm；果心中等大，5心室；果肉淡黄色，肉质中粗、致密，汁液多，味甜酸，有香气；含可溶性固形物13.2%；品质中上等，常温下可贮藏10d。

树势强旺，树姿半开张；萌芽力强，成枝力中等，丰产性好。一年生枝黄褐色；叶片圆形，长9.2cm、宽7.3cm，叶尖急尖，叶基圆形；花蕾浅粉红色，每花序6～9朵花，平均7.5朵；雄蕊19～22枚，平均20.0枚；花冠直径4.2cm。在甘肃天水地区，果实9月下旬成熟。

特殊性状描述： 果实不耐贮运，当地常作冻梨食用；植株适应性强，抗旱、抗风，抗寒性较强。

开原大香水

外文名或汉语拼音： Kaiyuan Daxiangshui

来源及分布： $2n = 34$，原产辽宁省，在铁岭开原、鞍山海城等地有栽培。

主要性状： 平均单果重120.2g，纵径6.2cm、横径6.1cm，果实圆形，果皮绿黄色，阳面无晕；果点小而密、褐色，萼片宿存；果柄较长，长3.3cm、粗3.4mm；果心特大，5心室；果肉乳白色，肉质粗软，采收时果肉致密，采收后10～15d后熟肉质变软，汁液多，味甜酸、微涩，有微香气；含可溶性固形物11.8%；品质中等，常温下可贮藏15d。

树势强旺，树姿半开张；萌芽力强，成枝力强，丰产性好。一年生枝灰褐色；叶片卵圆形，长11.0cm、宽7.8cm，叶尖急尖，叶基宽楔形；花蕾白色，每花序7～8朵花，平均6.5朵；雄蕊19～21枚，平均20.0枚；花冠直径4.1cm。在辽宁开原地区，果实8月下旬成熟。

特殊性状描述： 果实需要后熟，较耐贮藏；植株抗病性差，梨轮纹病较重，抗虫性差，耐旱、耐盐碱，抗寒性较强。

开原老花盖

外文名或汉语拼音： Kaiyuan Laohuagai

来源及分布： $2n = 34$，原产辽宁省，在辽宁铁岭开原有栽培。

主要性状： 平均单果重50.8g，纵径4.0cm、横径4.7cm，果实扁圆形，果皮绿色，阳面有淡红晕；果点小而密、棕褐色，萼片宿存；果柄较短，长2.0cm、粗3.5mm；果心大，5心室；果肉淡黄色，肉质粗，采收时致密，后熟后软面，汁液中多，味酸、微涩，无香气；含可溶性固形物13.7%；品质中等，常温下可贮藏20d。

树势强旺，树姿半开张；萌芽力弱，成枝力中等，丰产性好。一年生枝红褐色；叶片卵圆形，长8.2cm、宽6.0cm，叶尖渐尖，叶基圆形；花蕾白色，每花序7～8朵花，平均6.5朵；雄蕊19～21枚，平均20.0枚；花冠直径4.2cm。在辽宁开原地区，果实10月上旬成熟。

特殊性状描述： 果实较耐贮藏，可冻藏做冻梨；植株抗病性一般，对梨轮纹病稍敏感，抗虫性较强，耐旱耐盐碱，抗寒性强。

开原蜜梨

外文名或汉语拼音：Kaiyuan Mili

来源及分布：$2n = 34$，原产辽宁省，在辽宁铁岭开原等地有栽培。

主要性状：平均单果重51.4g，纵径4.2cm、横径4.8cm，果实扁圆形，果皮黄绿色，阳面有淡红晕；果点小而密、灰褐色，萼片宿存；果柄较短，长2.0cm、粗3.7mm；果心中等大，5心室；果肉绿白色，肉质中粗，采收时致密，存放10～15d后熟变软，汁液中多，味甜酸、微涩，有香气；含可溶性固形物13.5%；品质中等，常温下可贮藏15d。

树势中庸，树姿开张；萌芽力强，成枝力中等，丰产性好。一年生枝黄褐色；叶片卵圆形，长11.0cm、宽7.2cm，叶尖渐尖，叶基圆形。花蕾白色，每花序5～7朵花，平均6.0朵；雄蕊19～21枚，平均20.0枚；花冠直径4.5cm。在辽宁开原地区，果实8月下旬成熟。

特殊性状描述：果实较耐贮藏；植株不抗梨黑星病，耐旱，耐盐碱，抗寒性强。

开原平梨

外文名或汉语拼音：Kaiyuan Pingli

来源及分布：$2n = 34$，原产辽宁省，在辽宁铁岭开原、鞍山等地有栽培。

主要性状：平均单果重54.7g，纵径4.2cm、横径4.7cm，果实扁圆形，果皮绿色，阳面无晕；果点小而密、灰褐色，萼片宿存；果柄短，长1.8cm、粗3.9mm；果心特大，5心室；果肉乳白色，肉质粗，采收时肉质致密，采后10～15d后熟变软，汁液中多，味酸，无香气；含可溶性固形物13.1%；品质中等，常温下可贮藏30d。

树势强旺，树姿直立；萌芽力中等，成枝力强，丰产性好。一年生枝灰褐色；叶片卵圆形，长10.0cm、宽6.4cm，叶尖急尖，叶基圆形；花蕾粉红色，每花序6～8朵花，平均7.0朵；雄蕊19～21枚，平均20.0枚；花冠直径4.2cm。在辽宁开原地区，果实9月上旬成熟。

特殊性状描述：果实需后熟，耐贮藏；植株抗病性强，抗虫性较强，耐旱，抗寒性强。

开原糖梨

外文名或汉语拼音：Kaiyuan Tangli

来源及分布：$2n = 34$，原产辽宁省，在辽宁铁岭开原有栽培。

主要性状：平均单果重74.7g，纵径5.4cm、横径5.4cm，果实圆形，果皮绿色，果面布满褐色锈斑；果点中等大而密、棕褐色，萼片宿存；果柄较短，长2.0cm、粗3.5mm；果心中等大，5心室；果肉乳白色，肉质粗，采收时致密，采后10～15d后熟变软面，汁液中多，味甜酸，无香气；含可溶性固形物15.3%；品质中下等，常温下可贮藏20d。

树势中庸，树姿开张；萌芽力中等，成枝力弱，丰产性好。一年生枝黄褐色；叶片卵圆形，长10.0cm、宽6.5cm，叶尖渐尖，叶基圆形；花蕾粉红色，每花序7～9朵花，平均8.0朵；雄蕊18～20枚，平均19.0枚。在辽宁开原地区，果实8月下旬成熟。

特殊性状描述：果实需后熟，较耐贮藏；植株抗病性一般，对梨黑星病敏感，耐旱，耐盐碱，抗寒性较强。

开原小白梨

外文名或汉语拼音： *Kaiyuan Xiaobaili*

来源及分布： $2n = 34$，原产辽宁省，在辽宁铁岭开原等地有栽培。

主要性状： 平均单果重49.1g，纵径4.4cm、横径4.4cm，果实圆形，果皮绿黄色，阳面无晕；果点小而密、灰褐色，萼片宿存；果柄较长，长4.1cm、粗3.6mm；果心中等大，5心室；果肉白色，肉质细，采收时松脆，采后7～10d后熟变软面，汁液多，味甜酸，有香气；含可溶性固形物12.9%；品质上等，常温下可贮藏15d。

树势强旺，树姿半开张；萌芽力强，成枝力强，丰产性好。一年生枝红褐色；叶片卵圆形，长10.5cm、宽7.2cm，叶尖急尖，叶基圆形。花蕾白色，每花序5～7朵花，平均6.0朵；雄蕊18～20枚，平均19.0枚；花冠直径4.4cm。在辽宁开原地区，果实8月末成熟。

特殊性状描述： 果实需后熟；花粉颗粒小、花粉量大，适宜作授粉品种；植株抗病性较强，抗虫性较强，耐旱，耐盐碱，抗寒性强。

康乐白果梨

外文名或汉语拼音：Kangle Baiguoli

来源及分布：$2n = 34$，原产甘肃省，在甘肃康乐、积石山等地有栽培。

主要性状：平均单果重54.1g，纵径4.0cm、横径4.6cm，果实圆形，果皮黄绿色，阳面有淡红晕；果点小而密、浅褐色，萼片宿存；果柄较长，长4.2cm、粗3.3mm；果心中等大，5心室；果肉白色，肉质细；软面，汁液中多，味酸甜，有香气；含可溶性固形物12.2%；品质中上等，常温下可贮藏10d。

树势强旺，树姿直立；萌芽力中等，成枝力强，丰产性好。一年生枝褐色；叶片卵圆形，长7.4cm、宽5.1cm，叶尖渐尖，叶基圆形；花蕾粉红色，每花序7～9朵花，平均8.5朵；雄蕊20～23枚，平均20.6枚；花冠直径3.0cm。在甘肃康乐县，果实9月下旬成熟。

特殊性状描述：果实不耐贮运，植株适应性较强。

兰州软儿梨

外文名或汉语拼音： Lanzhou Ruanerli

来源及分布： $2n = 3x = 51$，原产甘肃省，在甘肃兰州、白银、武威等地有栽培。

主要性状： 平均单果重175.9g，纵径6.4cm、横径7.1cm，果实扁圆形，果皮黄绿色；果点中等大而密、浅褐色，萼片宿存；果柄较长，长3.2cm、粗3.4mm；果心中等大，5心室；果肉白色，肉质粗、致密，存放7～10d后变软，汁液少，味甜酸，有香气；含可溶性固形物13.0%；品质中上等，常温下可贮藏15d。

树势强旺，树姿开张；萌芽力强，成枝力强，丰产性好。一年生枝灰褐色；叶片卵圆形，长8.7cm、宽6.3cm，叶尖急尖，叶基截形；花蕾白色，每花序6～8朵花，平均7.0朵；雄蕊19～23枚，平均21.0枚；花冠直径5.0cm。在甘肃兰州地区，果实9月下旬成熟。

特殊性状描述： 植株适应性强，抗寒性较强，抗霜性中等，耐瘠薄，抗病虫性较强，在稍高寒的地区及红黏土上生长结果都较正常，但以沙壤土生长为好。

乐陵大面梨

外文名或汉语拼音：Laoling Damianli

来源及分布：$2n = 34$，原产山东省乐陵市，在当地有零星栽培。

主要性状：平均单果重348.0g，纵径8.9cm、横径8.3cm，果实椭圆形，果皮绿黄色；果点小而密、浅褐色，萼片脱落；果柄较短，长2.2cm、粗3.9mm；果心大，5心室；果肉乳白色，肉质中粗、松脆，汁液中多，味酸甜，有微香气；含可溶性固形物11.2%；品质中等，常温下可贮藏10d。

树势强旺，树姿半开张；萌芽力中等，成枝力弱，丰产性好。一年生枝黄褐色；叶片卵圆形，长11.4cm、宽8.0cm，叶尖渐尖，叶基楔形；花蕾白色，每花序6～9朵花，平均7.0朵；雄蕊17～20枚，平均18.5枚；花冠直径3.9cm。在山东泰安地区，果实9月中旬成熟。

特殊性状描述：果实经贮藏后品质变佳，不耐贮藏。

乐陵小面梨

外文名或汉语拼音： Laoling Xiaomianli

来源及分布： $2n = 34$，原产山东省，在山东乐陵等地有栽培。

主要性状： 平均单果重125.3g，纵径3.8cm、横径3.4cm，果实扁圆形，果皮黄绿色；果点小而密、浅褐色，萼片残存；果柄较长，长3.2cm、粗5.3mm；果心中等大，4～5心室；果肉绿白色，肉质粗、致密，汁液少，味酸涩、微甜，无香气；含可溶性固形物9.6%；品质下等，常温下可贮藏20d。

树势强旺，树姿半开张；萌芽力中等，成枝力中等，丰产性较好。一年生枝暗绿色至红褐色；叶片卵圆形，长9.8cm、宽6.5cm，叶尖渐尖，叶基圆形；花蕾白色，每花序5～8朵花，平均6.5朵；雄蕊19～23枚，平均21.0枚；花冠直径3.9cm。在山东泰安地区，果实9月上旬成熟。

特殊性状描述： 果实刚采收时不堪食用，需后熟20d左右方可食用或煮食。

辽宁马蹄黄

外文名或汉语拼音： Liaoning Matihuang

来源及分布： $2n = 34$，原产辽宁省，在辽宁、吉林等地有栽培。

主要性状： 平均单果重114.0g，纵径5.7cm、横径5.9cm，果实扁圆形，果皮黄绿色；果点小而密、浅灰色，萼片宿存；果柄较短，长2.9cm、粗3.9mm；果心特大，5心室；果肉白色，肉质粗、致密，汁液少，味甜酸，无香气；含可溶性固形物8.1%；品质下等，常温下可贮藏30d。

树势强旺，树姿开张；萌芽力中等，成枝力强，丰产性好。一年生枝褐色；叶片卵圆形，长10.2cm、宽6.9cm，叶尖渐尖，叶基楔形；花蕾白色，每花序6～8朵花，平均7.0朵；雄蕊17～21枚，平均19.0枚；花冠直径4.6cm。在吉林中部地区，果实9月上旬成熟。

特殊性状描述： 植株适应性和抗逆性均强。

临夏红霄梨

外文名或汉语拼音： Linxia Hongxiaoli

来源及分布： $2n = 34$，原产甘肃省，在甘肃临夏、积石山等地有栽培。

主要性状： 平均单果重75.3g，纵径4.9cm、横径4.9cm，果实圆形或卵圆形，果皮绿黄色，阳面有鲜红晕；果点中等大而密、红褐色，萼片脱落；果柄较长，长3.2cm、粗3.6mm；果心特大，5心室；果肉白色，肉质中粗、致密，汁液中多，味酸甜，有微香气；含可溶性固形物13.6%；品质中上等，常温下可贮藏10d。

树势强旺，树姿直立；萌芽力中等，成枝力中等，丰产性好。一年生枝黄褐色；叶片卵圆形，长10.2cm、宽6.1cm，叶尖渐尖，叶基圆形；花蕾白色，每花序6～8朵花，平均7.0朵；雄蕊23～29枚，平均26.0枚；花冠直径3.2cm。在甘肃临夏地区，果实9月下旬成熟。

特殊性状描述： 果实不耐贮运；植株适应性较强，抗寒性强，耐瘠薄。

麻皮软儿梨

外文名或汉语拼音： Mapiruanerli

来源及分布： $2n = 34$，原产甘肃省，在甘肃陇西、甘谷等地有栽培。

主要性状： 平均单果重147.6g，纵径5.44cm、横径6.85cm，果实扁圆形，果皮黄褐色；果点大而密、灰褐色，萼片残存；果柄较长，长3.2cm，粗3.6mm；果心中等大，5心室；果肉乳白色，肉质粗、致密，汁液多，味甜酸，有香气；含可溶性固形物12.4%；品质中等，常温下可贮藏15d。

树势强旺，树姿半开张；萌芽力强，成枝力中等，丰产性好。一年生枝紫褐色；叶片卵圆形，长8.0cm、宽5.5cm，叶尖渐尖，叶基宽楔形；花蕾白色，每花序7～9朵花，平均8.0朵；雄蕊20～24枚，平均22.0枚；花冠直径3.1cm。在甘肃陇西地区，果实9月下旬成熟。

特殊性状描述： 植株适应性强，抗寒性较强，耐瘠薄，抗病虫性较强。

满园香

外文名或汉语拼音：Manyuanxiang

来源及分布：$2n = 34$，原产辽宁省，在辽宁绥中、兴城等地有少量栽培。

主要性状：平均单果重60.0g，纵径4.4cm、横径5.1cm，果实扁圆形，果皮黄绿色；果点小而疏、灰褐色，萼片残存；果柄短，长1.3cm、粗3.3mm；果心中等大，5心室；果肉淡黄色，肉质粗、软，汁液中多，味甜酸，无香气；含可溶性固形物18.8%；品质下等，常温下可贮藏30d。

树势中庸，树姿半开张；萌芽力强，成枝力中等，丰产性较好。一年生枝褐色；叶片椭圆形，长11.2cm、宽6cm，叶尖急尖，叶基楔形；花蕾粉红色，每花序5 ~ 8朵花，平均7.0朵；雄蕊17 ~ 23枚，平均20.0枚；花冠直径4.2cm。在辽宁绥中、兴城等地，果实9月中下旬成熟。

特殊性状描述：果实耐贮藏；植株抗寒性、抗病性强。

门头沟洋白梨

外文名或汉语拼音：Mentougou Yangbaili

来源及分布：$2n = 34$，原产北京市门头沟区军庄镇，在当地有栽培。

主要性状：平均单果重256.0g，纵径7.9cm、横径7.6cm，果实倒卵圆形，果皮黄绿色；果点小而密、灰褐色，萼片宿存；果柄短，长1.3cm、粗4.9mm；果心大，5心室；果肉乳白色，肉质细；经后熟变软溶，汁液中多，味酸甜，有微香气；含可溶性固形物13.6%；品质中等，常温下可贮藏7 ~ 10d。

树势强旺，树姿半开张；萌芽力中等，成枝力强，丰产性好。一年生枝黄褐色；叶片椭圆形，长6.4cm、宽3.1cm，叶尖渐尖，叶基楔形；花蕾白色，每花序5 ~ 7朵花，平均6.0朵；雄蕊13 ~ 20枚，平均16.5枚；花冠直径3.1cm。在山东烟台地区，果实8月下旬成熟。

特殊性状描述：植株抗旱、抗寒、耐瘠薄。

南果梨

外文名或汉语拼音： Nanguoli

来源及分布： $2n = 34$，原产辽宁省鞍山市，在辽宁鞍山、辽阳、锦州、葫芦岛、阜新、朝阳、沈阳、铁岭等大部分地区都有栽培，在河北、吉林、黑龙江、甘肃、新疆等地亦有栽培。

主要性状： 平均单果重81.0g，纵径4.9cm、横径5.2cm，果实圆形，果皮绿黄色，部分果实阳面有鲜红晕；果点中等大而密、灰白色，萼片残存；果柄短，长1.6cm、粗3.5mm；果心大，4～5心室；果肉乳白色，肉质细软，采收时肉质脆，采后7～10d后熟变软溶，汁液多，味酸甜，有浓香气；含可溶性固形物15.8%；品质极上等，常温下可贮藏20d。

树势强旺，树姿直立；萌芽力强，成枝力强，丰产性好。一年生枝黄褐色；叶片卵圆形，长11.2cm、宽6.4cm，叶尖钝尖，叶基圆形；花蕾浅粉红色，每花序6～9朵花，平均7.5朵；雄蕊19～25枚，平均23.0枚；花冠直径4.1cm。在辽宁鞍山地区，4月20日盛花，果实9月上中旬成熟。

特殊性状描述： 植株抗寒性强，抗病性强，适应性强。

宁陵面梨

外文名或汉语拼音： Ningling Mianli

来源及分布： $2n = 34$，原产河南省商丘市，在河南宁陵等地有栽培。

主要性状： 平均单果重180.0g，纵径6.1cm、横径7.2cm，果实扁圆形，果皮绿色；果点中等大而密、褐色，萼片残存；果柄较短，长2.0cm、粗3.1mm；果心中等大，5心室；果肉乳白色，肉质中粗、致密，汁液中多，味甜酸，无香气；含可溶性固形物13.4%；品质下等，常温下可贮藏30d。

树势强旺，树姿直立；萌芽力强，成枝力弱，丰产性好。一年生枝褐色；叶片卵圆形，长11.0cm、宽6.8cm，叶尖渐尖，叶基截形或心形；花蕾粉红色，每花序6～8朵花，平均7.0朵；雄蕊20～24枚，平均22.0枚；花冠直径3.7cm。在河南宁陵地区，果实9月上旬成熟。

特殊性状描述： 果肉易发面。

皮胎果

外文名或汉语拼音： Pitaiguo

来源及分布： $2n = 3x = 51$，原产甘肃省，在甘肃广河、和政、临夏等地有栽培。

主要性状： 平均单果重123.8g，纵径6.7cm、横径5.7cm，果实葫芦形，果皮黄色；果点中等大而疏、浅褐色，萼片宿存；果柄较短，长2.0cm、粗3.6mm；果心中等大，5心室；果肉淡黄色，肉质中粗、软面，汁液多，味酸、微涩，有香气；含可溶性固形物12.6%；品质中等，常温下可贮藏25d。

　　树势强旺，树姿开张；萌芽力强，成枝力强，丰产性好。一年生枝紫褐色；叶片卵圆形，长8.0cm、宽5.1cm，叶尖渐尖，叶基宽楔形；花蕾浅粉红色，每花序7～9朵花，平均8.0朵；雄蕊18～21枚，平均19.5枚；花冠直径3.6cm。在甘肃临夏地区，果实8月中旬成熟。

　　特殊性状描述： 植株适应性强，容易栽培，抗寒、耐旱、耐瘠薄，较抗病虫，可在海拔2 000～2 400m的阴湿冷凉地区栽培。在临夏当地果实常作冻梨食用，亦可作为加工梨汁的原料，耐贮运。

平顶香

外文名或汉语拼音： Pingdingxiang

来源及分布： $2n = 34$，原产辽宁省，在辽宁、河北北部、吉林等地有栽培。

主要性状： 平均单果重85.5g，纵径4.9cm、横径5.5cm，果实扁圆形，果皮绿黄色，阳面有鲜红晕；果点小而疏、灰褐色，萼片宿存；果柄较长，长4.0cm、粗3.6mm；果心小，5心室；果肉白色，肉质中粗；松脆，汁液多，味酸，无香气；含可溶性固形物10.2%；品质下等，常温下可贮藏15d。

树势中庸，树姿半开张；萌芽力中等，成枝力弱，丰产性好。一年生枝红褐色；叶片椭圆形，长9.6cm、宽5.9cm，叶尖渐尖，叶基楔形；花蕾白色，每花序7～9朵花，平均8.5朵；雄蕊20～24枚，平均22.0枚；花冠直径4.5cm。在吉林中部地区，果实9月上旬成熟。

特殊性状描述： 植株抗寒性、抗病性强。

平谷小酸梨

外文名或汉语拼音： Pinggu Xiaosuanli

来源及分布： $2n = 34$，原产北京市，在北京平谷罗营镇等地有栽培。

主要性状： 平均单果重33.7g，纵径3.5cm、横径4.0cm，果实扁圆形，果皮黄绿色，阳面有淡红晕；果点小而疏、浅褐色，萼片残存；果柄较长，长3.0cm、粗2.9mm；果心特大，5心室；果肉白色，肉质粗、软溶；汁液多，味甜酸，有微香气；含可溶性固形物15.1%；品质下等，常温下可贮藏3 ~ 5d。

树势强旺，树姿半开张；萌芽力强，成枝力强，丰产性好。一年生枝黑褐色；叶片卵圆形或椭圆形，长10.5cm、宽6.0cm，叶尖急尖，叶基圆形或截形；花蕾白色，每花序5 ~ 8朵花，平均6.3朵；雄蕊20 ~ 22枚，平均21.0枚；花冠直径3.1cm。在北京地区，果实9月上旬成熟。

特殊性状描述： 植株抗病性、抗虫性、耐旱性强。

平谷小香梨

外文名或汉语拼音： Pinggu Xiaoxiangli

来源及分布： $2n = 34$，原产北京市，在北京平谷刘店镇等地有栽培。

主要性状： 平均单果重21.4g，纵径3.0cm、横径3.6cm，果实扁圆形，果皮黄绿色；果点小而疏、浅褐色，萼片宿存；果柄短，长1.8cm、粗2.9mm；果心大，5心室；果肉白色，经5～8天后熟，肉质软溶细腻，汁液多，味酸甜，有香气；含可溶性固形物11.7%；品质中上等，常温下可贮藏5～7d。

树势强旺，树姿半开张；萌芽力强，成枝力强，丰产性好。一年生枝褐色；叶片卵圆形或椭圆形，长8.5cm、宽6.1cm，叶尖急尖，叶基楔形或圆形；花蕾白色，每花序8～11朵花，平均9.5朵；雄蕊19～20枚，平均19.5枚；花冠直径2.8cm。在北京地区，果实8月下旬成熟。

特殊性状描述： 植株抗病性、抗虫性、耐旱性强。

平谷小雪花梨

外文名或汉语拼音： Pinggu Xiaoxuehuali

来源及分布： $2n = 34$，在北京平谷、密云等地有栽培。

主要性状： 平均单果重80.0g，纵径4.8cm、横径5.4cm，果实扁圆形，果皮绿黄色，阳面及果顶有暗红晕；果点中等大而密、棕褐色，萼片残存；果柄较长，长3.0cm、粗2.9mm；果心小，5心室；果肉乳白色，肉质细、软面，后熟后汁液较多，味甜酸、微涩，有香气；含可溶性固形物14.9%；品质中上等，常温下可贮藏20d。

树势较弱，树姿开张；萌芽力强，成枝力弱，丰产性一般。一年生枝红褐色；叶片卵圆形，长

9.0cm、宽6.2cm，叶尖渐尖，叶基楔形或圆形；花蕾白色，边缘浅粉红色，每花序7～9朵花，平均8.0朵；雄蕊18～20枚，平均19.5枚；花冠直径3.7cm。在北京地区，果实10月上旬成熟。

特殊性状描述： 植株较抗旱、抗涝，不易感染梨黑星病。

青海软儿梨（又名：沙疙瘩）

外文名或汉语拼音： Qinghai Ruanerli

来源及分布： $2n = 3x = 51$，原产青海省，在青海循化、贵德、乐都、民和等地均有栽培。

主要性状： 平均单果重93.8g，纵径6.0cm、横径6.7cm，果实扁圆形，果皮黄绿色，阳面无晕；果点大而密、浅褐色，萼片残存；果柄较长，基部膨大肉质化，长3.4cm、粗3.5mm；果心中等大，5心室；果肉乳白色，肉质中粗、松脆，汁液多，味甜酸，无香气；含可溶性固形物12.6%；品质中上等，常温下可贮藏16d。

树势强旺，树姿半开张；萌芽力强，成枝力弱，丰产性好。一年生枝黄褐色；叶片卵圆形，长10.7cm、宽6.9cm，叶尖渐尖，叶基圆形；花蕾浅粉红色，每花序5～9朵花，平均8.0朵；雄蕊17～22枚，平均19.0枚；花冠直径3.9cm。在青海乐都地区，果实10月上旬成熟。

特殊性状描述： 植株适应性强，抗寒，耐瘠薄，较抗梨小食心虫；产量高；大小年结果现象明显，适于壤土地区栽培。

青面酸

外文名或汉语拼音： Qingmiansuan

来源及分布： $2n = 34$，原产河北省，在河北昌黎、抚宁、青龙等地有栽培。

主要性状： 平均单果重53.3g，纵径4.3cm、横径6.0cm，果实扁圆形，果皮绿色；果点中等大而密、褐色，萼片宿存；果柄较短，长2.0cm、粗2.5mm；果心特大，5心室；果肉乳白色，肉质粗、软溶，汁液多，味甜酸，无香气；含可溶性固形物13.5%；品质中等，常温下可贮藏30d。

树势中庸，树姿半开张；萌芽力中等，成枝力中等，丰产性好，第四年始果。一年生枝黄褐色，多年生枝红褐色；叶片卵圆形，长8.9cm、宽7.1cm，

叶尖急尖，叶基截形；花蕾白色，每花序5～7朵花，平均6.0朵；雄蕊22～25枚，平均23.5枚；花冠直径3.9cm。在河北昌黎地区，果实10月上旬成熟。

特殊性状描述： 植株耐瘠薄，耐盐碱。

清脆梨

外文名或汉语拼音：Qingcuili

来源及分布：$2n = 34$，原产甘肃省，在甘肃积石山、临夏等地有栽培。

主要性状：平均单果重43.7g，纵径4.3cm、横径4.4cm，果实倒卵圆形，果皮绿黄色，阳面有淡红晕；果点中等大而疏、红褐色，萼片宿存；果柄较长，长3.2cm、粗5.6mm；果心中等大，5心室；果肉淡黄色，肉质细、松脆，汁液中多，味酸甜，有微香气；含可溶性固形物12.6%；品质中等，常温下可贮藏10d。

树势中庸，树姿半开张；萌芽力强，成枝力中等，丰产性好。一年生枝红褐色；叶片卵圆形，长7.6cm、宽6.2cm，叶尖渐尖，叶基心形；花蕾粉红色，每花序8～10朵花，平均9.0朵；雄蕊23～26枚，平均24.5枚；花冠直径3.3cm。在甘肃临夏地区，果实9月下旬成熟。

特殊性状描述：果实不耐贮运；植株适应性较差，适于沙壤土栽培，抗寒性较强，耐瘠薄，耐冷湿，抗病虫性弱。

软软子

外文名或汉语拼音： Ruanruanzi

来源及分布： $2n = 34$，原产甘肃省，在甘肃靖远等地有栽培。

主要性状： 平均单果重47.3g，纵径3.5cm、横径4.7cm，果实扁圆形，果皮黄绿色，阳面有鲜红晕；果点小而密、红褐色，萼片宿存；果柄较长，长3.5cm、粗3.6mm；果心大，5心室；果肉淡黄色，肉质粗、致密，汁液少，味酸，无香气；含可溶性固形物13.8%；品质下等，常温下可贮藏25d。

树势强旺，树姿半开张；萌芽力强，成枝力中等，丰产性好。一年生枝红褐色；叶片卵圆形，长10.1cm、宽5.9cm，叶尖渐尖，叶基圆形；花蕾浅粉红色，每花序8～10朵花，平均9.0朵；雄蕊18～20枚，平均19.5枚；花冠直径3.4cm。在甘肃白银地区，果实9月下旬成熟。

特殊性状描述： 植株适应性强，抗寒、耐旱、抗病虫。

萨拉梨（又名：香水梨）

外文名或汉语拼音： Salali

来源及分布： $2n = 34$，原产青海省，在青海民和、尖扎等地有栽培。

主要性状： 平均单果重68.6g，纵径5.1cm、横径5.1cm，果实卵圆形或近圆形，果皮绿黄色，阳面淡红色；果点小而密、深褐色，萼片残存；果柄较长，长3.6cm、粗3.4mm；果心中等大，5心室；果肉乳白色，肉质细、松脆，汁液多，味酸甜适度，无香气；含可溶性固形物10.3%；品质中上等，常温下可贮藏12d。

树势中庸，树姿半开张；萌芽力中等，成枝力弱，丰产性好。一年生枝红褐色；叶片卵圆形，长10.0cm、宽6.1cm，叶尖渐尖，叶基圆形；花蕾白色，每花序5～7朵花，平均6.0朵；雄蕊19～22枚，平均20.0枚；花冠直径3.3cm。在青海民和地区，果实9月中旬成熟。

特殊性状描述： 植株较抗寒、耐瘠薄，适于壤土栽培，但抗旱性差，大小年结果现象明显。

沙果梨（又名：烂酸梨）

外文名或汉语拼音： Shaguoli

来源及分布： $2n = 34$，原产北京市，在北京大兴、房山等地有栽培。

主要性状： 平均单果重46.2g、纵径4.1cm、横径4.6cm，果实扁圆形或近圆形，果皮黄绿色，阳面有淡红晕；果点小而密、棕褐色，萼片宿存；果柄较长，长3.5cm、粗2.9mm；果心中等大，5心室；果肉白色，肉质粗、软面，汁液中多，味酸甜、涩，有香气；含可溶性固形物14.2%；品质中下等，常温下可贮藏6～10d。

树势强旺，树姿半开张；萌芽力强，成枝力强，丰产性好。一年生枝褐色；叶片卵圆形或椭圆形，长9.6cm、宽6.7cm，叶尖急尖，叶基楔形或圆形；花蕾白色，每花序7～8朵花，平均7.5朵；雄蕊19～21枚，平均20.0枚；花冠直径3.3cm。在北京地区，果实9月上旬成熟。

特殊性状描述： 植株耐旱耐盐碱。

酸梨锅子

外文名或汉语拼音： Suanliguozi

来源及分布： $2n = 34$，原产吉林省，在吉林等地有栽培。

主要性状： 平均单果重92.7g，纵径4.9cm、横径5.6cm，果实扁圆形，果皮黄绿色；果点小而疏、灰褐色，萼片宿存；果柄较短，长2.0cm、粗3.2mm；果心特大，5心室；果肉白色，肉质粗、致密，汁液中多，味酸，无香气；含可溶性固形物10.4%；品质下等，常温下可贮藏15d。

树势中庸，树姿开张；萌芽力中等，成枝力弱，丰产性好。一年生枝灰褐色；叶片卵圆形，长9.8cm、宽7.0cm，叶尖渐尖，叶基截形；花蕾浅粉红色，每花序5～7朵花，平均6.0朵；雄蕊15～20枚，平均17.5枚；花冠直径4.7cm。在吉林中部地区，果实9月中旬成熟。

特殊性状描述： 植株抗寒性、抗病性强。

孙吴沿江香

外文名或汉语拼音： Sunwu Yanjiangxiang

来源及分布： $2n = 34$，原产黑龙江省，在黑龙江孙吴等地有少量栽培。

主要性状： 平均单果重58.3g，纵径4.8cm、横径4.8cm，果实近圆形，果皮黄色，阳面鲜红；果点小而密，灰白色，萼片宿存；果柄短，长1.8cm、粗4.6mm；果心大，5～6心室；果肉淡黄色，肉质细、紧脆，汁液少，后熟后软面，味甜酸，有香气；含可溶性固形物13.8%；品质下等，常温下可贮藏30d。

树势强旺，树姿半开张；萌芽力中等，成枝力弱，丰产性较好。一年生枝灰褐色；叶片椭圆形，长8.0cm、宽5.0cm，叶尖渐尖，叶基楔形；花蕾粉红色，每花序8～9朵花，平均8.0朵；雄蕊18～22枚，平均20.0枚；花冠直径3.6cm。在黑龙江孙吴地区，果实7月底至8月初成熟。

特殊性状描述： 植株抗寒性极强，能耐-30℃以下的低温。

甜尖把

外文名或汉语拼音： Tianjianba

来源及分布： $2n = 34$，原产辽宁省，在辽宁营口、鞍山，吉林，黑龙江等地有栽培。

主要性状： 平均单果重132.0g，纵径6.5cm、横径6.7cm，果实卵圆形，果皮黄绿色，果锈少，且主要位于果柄处；果点中等大而密、褐色，萼片宿存、浅狭；果柄短，柄洼浅狭，果柄基部无膨大，长2.0cm，粗4.3mm；果心小，5心室；果肉淡黄色，肉质细软，汁液多，味酸、微涩，无香气；含可溶性固形物13.8%；品质上等，常温下可贮藏15d。

树势强旺，树姿直立；萌芽力强，成枝力弱，丰产性差。一年生枝绿黄色；叶片卵圆形，长11.0cm、宽7.0cm，叶尖急尖，叶基宽楔形；花蕾浅粉红色，每花序6～9朵花，平均7.5朵；雄蕊18～21枚，平均19.5枚；花冠直径3.9cm。在辽宁熊岳地区，果实9月下旬成熟。

特殊性状描述： 果实较耐贮藏，适宜冻藏；植株抗寒性、抗病性强。

甜秋子

外文名或汉语拼音：Tianqiuzi

来源及分布：$2n = 34$，原产辽宁省，在辽宁北镇等地有栽培。

主要性状：平均单果重93.6g，纵径5.0cm、横径5.9cm，果实圆形，果皮绿黄色，阳面有淡红晕；果点小而密、灰褐色，萼片宿存；果柄短，基部膨大肉质化，长1.8cm、粗3.5mm；果心大，5心室；果肉白色，肉质中粗、松脆，汁液中多，味甜，无香气；含可溶性固形物11.3%；品质中上等，常温下可贮藏15d。

树势中庸，树姿半开张；萌芽力中等，成枝力中等，丰产性好。一年生枝黄褐色；叶片椭圆形，长9.8cm、宽7.2cm，叶尖渐尖，叶基狭楔形；花蕾浅粉红色，每花序6～8朵花，平均7.0朵；雄蕊19～21枚，平均20.0枚；花冠直径3.7cm。在吉林中部地区，果实8月下旬成熟。

特殊性状描述：植株抗寒性强。

威海小香梨

外文名或汉语拼音：Weihai Xiaoxiangli

来源及分布：$2n = 34$，原产山东省，在山东威海、日照等地有栽培。

主要性状：平均单果重51.3g，纵径4.8cm、横径4.7cm，果实圆形，果皮红褐色；果点中等大而疏、棕褐色，萼片宿存；果柄较长，长3.5cm、粗5.9mm；果心大，4～5心室；果肉淡黄色，肉质中粗、软面；汁液中多，味酸，有香气；含可溶性固形物12.2%；品质下等，常温下可贮藏30d。

树势强旺，树姿开张；萌芽力中等，成枝力强，丰产性较好。一年生枝绿色；叶片卵圆形，长11.7cm、宽7.6cm，叶尖渐尖，叶基宽楔形；花蕾白色，每花序7～10朵花，平均8.5朵；雄蕊19～23枚，平均21.0枚；花冠直径4.1cm。在山东泰安地区，果实9月中旬成熟。

特殊性状描述：果实香气浓。

五香梨

外文名或汉语拼音： Wuxiangli

来源及分布： $2n = 34$，原产河北省，在河北昌黎、抚宁、青龙等地有栽培。

主要性状： 平均单果重63.3g，纵径4.5cm、横径4.9cm，果实圆形，果皮黄色；果点小而疏、褐色，萼片宿存；果柄较短，长2.0cm，粗1.8mm；果心大，3～5心室；果肉黄白色，肉质细、软溶，汁液多，味酸甜，有浓香气；含可溶性固形物13.9%；品质上等，常温下可贮藏15d。

树势强旺，树姿直立；萌芽力强，成枝力强，丰产性一般，第四年始果。一年生枝黄绿色，多年生枝黄褐色；叶片椭圆形，长10.4cm、宽6.3cm，叶尖急尖，叶基楔形；花蕾粉红色，每花序4～8朵花，平均6.0朵；雄蕊19～21枚，平均20.0枚；花冠直径3.8cm。在河北昌黎地区，果实8月上旬成熟。

特殊性状描述： 植株高抗梨黑星病，耐瘠薄，耐盐碱。

武山白化心

外文名或汉语拼音：Wushan Baihuaxin

来源及分布：$2n = 3x = 51$，原产甘肃省，在甘肃武山、甘谷等地有栽培。

主要性状：平均单果重62.7g，纵径4.0cm、横径5.1cm，果实扁圆形，果皮绿黄色；果点中等大而疏、红褐色，萼片宿存；果柄较长，长4.4cm、粗3.6mm；果心小，5心室；果肉淡黄色，肉质中粗、软面，汁液多，味甜酸，有香气；含可溶性固形物12.5%；品质中上等，常温下可贮藏15d。

树势强旺，树姿半开张；萌芽力强，成枝力强，丰产性好。一年生枝褐色；叶片椭圆形，长9.3cm、宽5.5cm，叶尖急尖，叶基圆形；花蕾白色，每花序7～9朵花，平均8.0朵；雄蕊19～21枚，平均20.0枚；花冠直径3.1cm。在甘肃天水地区，果实9月中旬成熟。

特殊性状描述：植株适应性强，抗寒性较强，耐瘠薄，较抗病虫，甘肃当地常作冻梨食用。

武威红霄梨

外文名或汉语拼音： Wuwei Hongxiaoli

来源及分布： $2n = 34$，原产甘肃省，在甘肃武威城关区、凉州区等地有栽培。

主要性状： 平均单果重108.0g，纵径5.1cm、横径6.2cm，果实扁圆形，果皮绿黄色，阳面有淡红晕；果点中等大而疏、红褐色，萼片宿存；果柄较短，长2.8cm，粗3.7mm；果心较大，5心室；果肉乳白色，肉质粗、松脆，汁液中多，味酸、微涩，无香气；含可溶性固形物13.0%；品质中等，常温下可贮藏25d。

树势中庸，树姿开张；萌芽力强，成枝力中等，丰产性好。一年生枝灰褐色；叶片卵圆形，长9.0cm、宽5.4cm，叶尖渐尖，叶基心形；花蕾浅粉红色，每花序5～8朵花，平均6.5朵；雄蕊16～22枚，平均19.0枚；花冠直径3.3cm。在甘肃武威地区，果实10月中旬成熟。

特殊性状描述： 果实耐贮运；植株适应性强，抗寒性强，耐旱，抗风，耐瘠薄，抗病虫。

香尖把

外文名或汉语拼音：Xiangjianba

来源及分布：$2n = 34$，原产辽宁省，在辽宁营口、鞍山等地区，吉林等省有少量栽培。

主要性状：平均单果重150.0g，纵径6.4cm、横径6.1cm，果实倒卵圆形，果皮绿黄色；果点小而密、浅褐色，萼洼浅中广，萼片宿存；果柄短，梗洼浅狭，果柄基部无膨大，长2.5cm、粗3.5mm；果心大，5心室；果肉淡黄色，肉质中粗，采收时致密，贮后变软，汁液多，味甜酸、微涩，有香气；含可溶性固形物14.2%；品质中等，常温下可贮藏20d。

树势强旺，树姿直立；萌芽力强，成枝力弱，丰产性好。一年生枝绿黄色；叶片卵圆形，长11.4cm、宽7.0cm，叶尖急尖，叶基宽楔形；花蕾浅粉红色，每花序7～8朵花，平均7.5朵；雄蕊19～21枚，平均20.0枚；花冠直径4.1cm。在辽宁熊岳地区，4月14日盛花，果实10月上旬成熟。

特殊性状描述：果实耐贮藏，适宜冻藏；植株抗寒性强，抗病性强。

岫岩野梨

外文名或汉语拼音：Xiuyan Yeli

来源及分布：$2n = 34$，原产辽宁省，在辽宁铁岭、鞍山岫岩等地有栽培。

主要性状：平均单果重190.0g，纵径6.7cm、横径7.6cm，果实圆形，果皮绿黄色；果点中等大而密、红褐色，萼片宿存；果柄较长，长4.3cm、粗3.5mm；果心中等大，5心室；果肉乳白色，肉质中粗，汁液多，味酸、微涩，无香气；含可溶性固形物15.1%；品质中等，常温下可贮藏20d。

树势中庸，树姿半开张；萌芽力强，成枝力中等，丰产性好。一年生枝绿黄色；叶片卵圆形，长11.8cm、宽6.5cm，叶尖急尖，叶基宽楔形；花蕾浅粉红色，每花序4～6朵花，平均5.0朵；雄蕊18～21枚，平均19.5枚；花冠直径5.1cm。在辽宁熊岳地区，4月19日盛花，果实9月上旬成熟。

特殊性状描述：植株适应性和抗逆性均强。

鸭广梨

外文名或汉语拼音： Yaguangli

来源及分布： $2n = 34$，原产北京市、河北省，在北京、河北、天津等地有栽培。

主要性状： 平均单果重162.3g，纵径6.5cm、横径7.0cm，果实倒卵圆形或圆形，果皮黄绿色；果点小而密、浅褐色，萼片宿存；果柄较短，长2.5cm、粗2.9mm；果心中等大，5心室；果肉淡黄色，肉质中粗，采收时硬，汁液少，经8～10d后熟，肉质变软，汁液增多，味酸甜，有香气；含可溶性固形物14.0%；品质上等，常温下可贮藏10～15d。

树势强旺，树姿开张；萌芽力强，成枝力强，丰产性好。一年生枝黄褐色；叶片卵圆形，长10.4cm，宽5.9cm，叶尖渐尖，叶基圆形；花蕾白色，边缘浅粉红色，每花序8～10朵花，平均9.0朵；雄蕊20～22枚，平均21.0枚；花冠直径5.6cm。在北京地区，果实9月中下旬成熟。

特殊性状描述： 植株进入结果期迟，病虫害少，耐粗放管理。

延边大香水

外文名或汉语拼音： Yanbian Daxiangshui

来源及分布： $2n = 34$，原产吉林省，在吉林延边、甘肃、内蒙古、辽宁等地有栽培。

主要性状： 平均单果重104.8g，纵径6.0cm、横径5.7cm，果实圆形，果皮绿黄色；果点小而疏、灰褐色，萼片宿存；果柄长，长4.8cm、粗3.3mm；果心特大，5心室；果肉乳白色，肉质粗、后熟后变软，汁液中多，味甜酸，有微香气；含可溶性固形物10.8%；品质中等，常温下可贮藏15d。

树势中庸，树姿开张；萌芽力强，成枝力中等，丰产性好。一年生枝红褐色；叶片卵圆形，长10.7cm、宽7.7cm，叶尖急尖，叶基截形；花蕾浅粉红色，每花序5～8朵花，平均6.5朵；雄蕊19～21枚，平均20.0枚；花冠直径4.3cm。在吉林中部地区，果实9月上中旬成熟。

特殊性状描述： 植株易感梨褐斑病，抗寒性强。

延边谢花甜

外文名或汉语拼音：Yanbian Xiehuatian

来源及分布：$2n = 34$，原产吉林省，在吉林延边、四平等地有栽培。

主要性状：平均单果重41.3g，纵径4.4cm、横径4.1cm，果实长圆形或卵圆形，果皮黄绿色；果点小而疏、浅灰色，萼片宿存；果柄长，长4.6cm、粗3.8mm；果心大，5心室；果肉白色，肉质中粗、松脆，汁液多，味甜酸，无香气；含可溶性固形物13.3%；品质中等，常温下可贮藏20d。

树势中庸，树姿直立；萌芽力中等，成枝力中等，丰产性好。一年生枝褐色；叶片椭圆形，长11.6cm、宽6.1cm，叶尖长尾尖，叶基狭楔形；花蕾浅粉红色，每花序7～9朵花，平均8.0朵；雄蕊16～20枚，平均18.0枚；花冠直径3.6cm。在吉林中部地区，果实8月下旬成熟。

特殊性状描述：植株抗寒性、抗病性强。

羊奶香

外文名或汉语拼音： Yangnaixiang

来源及分布： $2n = 34$，原产辽宁省，在辽宁鞍山等地有栽培。

主要性状： 平均单果重46.7g，纵径4.3cm、横径4.5cm，果实近圆形，果皮黄色或绿黄色，阳面有淡红晕；果点小而密、棕褐色，萼片宿存；果柄较长，长3.0cm、粗3.5mm；果心小，4～5心室；果肉淡黄色，肉质中粗，采收时致密，采后7～10d后熟变软，汁液中多，味酸甜，有微香气；含可溶性固形物15.6%；品质上等，常温下可贮藏15d。

树势中庸，树姿半开张；萌芽力强，成枝力弱，丰产性好。一年生枝红褐色；叶片卵圆形，长8.5cm、宽5.1cm，叶尖急尖，叶基圆形；花蕾浅粉红色，每花序6～9朵花，平均7.5朵；雄蕊18～21枚，平均19.5枚；花冠直径4.1cm。在辽宁鞍山地区，4月17日盛花，果实8月中下旬成熟。

特殊性状描述： 植株抗寒性强。

野红霄

外文名或汉语拼音：Yehongxiao

来源及分布：$2n = 34$，原产甘肃省，在甘肃武威城关区、凉州区等地有栽培。

主要性状：平均单果重120.6g，纵径5.1cm、横径6.3cm，果实扁圆形，果皮绿黄色，阳面有鲜红晕；果点中等大而密、红褐色，萼片宿存；果柄较短，长2.8cm，粗3.9mm；果心大，5心室；果肉乳白色，肉质粗、松脆，汁液中多，味酸甜适度，有微香气；含可溶性固形物14.8%；品质中上等，常温下可贮藏25d。

树势强旺，树姿半开张；萌芽力强，成枝力中等，丰产性好。一年生枝红褐色；叶片卵圆形，长11.2cm、宽6.6cm，叶尖渐尖，叶基圆形；花蕾白色，每花序7～10朵花，平均8.5朵；雄蕊16～22枚，平均19.0枚；花冠直径3.3cm。在甘肃武威地区，果实10月上旬成熟。

特殊性状描述：果实耐贮运；植株适应性强，抗寒性强，耐旱，抗风，耐瘠薄，抗病虫。

野山梨

外文名或汉语拼音： Yeshanli

来源及分布： $2n = 34$，原产河北省，在河北昌黎、抚宁、青龙等地有栽培。

主要性状： 平均单果重74.6g，纵径4.4cm、横径5.4cm，果实近圆形或扁圆形，果皮黄绿色；果点小而密、绿褐色，萼片宿存；果柄较长，长3.5cm、粗3.9mm；果心大，5心室；果肉乳白色，肉质中粗、软溶，汁液多，味酸甜，有微香气；含可溶性固形物12.6%；品质中等，常温下可贮藏20d。

树势中庸，树姿直立；萌芽力中等，成枝力中等，丰产性一般，第四年始果。一年生枝黄褐色，多年生枝灰褐色；叶片卵圆形，长12.1cm、宽8.7cm，叶尖急尖，叶基楔形；花蕾白色，每花序3～7朵花，平均5.0朵；雄蕊19～22枚，平均20.5枚；花冠直径5.3cm。在河北昌黎地区，果实9月上旬成熟。

特殊性状描述： 植株抗逆性强，耐瘠薄，耐盐碱。

榆次小白梨

外文名或汉语拼音： Yuci Xiaobaili

来源及分布： $2n = 34$，原产山西省，在山西榆次、太原等地有栽培。

主要性状： 平均单果重118.4g，纵径5.8cm、横径6.3cm，果实扁圆形，果皮绿黄色；果点小而密、浅褐色，萼片脱落；果柄较长，长4.0cm、粗3.4mm；果心中等大，5心室；果肉白色，肉质细、软面，汁液多，味甜，有微香气；含可溶性固形物12.6%；品质中上等，常温下可贮藏20d。

树势强旺，树姿开张；萌芽力强，成枝力强，丰产性好。一年生枝黄褐色；叶片卵圆形，长7.5cm、宽5.3cm，叶尖急尖，叶基圆形；花蕾白色，每花序6～9朵花，平均8.2朵；雄蕊20～22枚，平均20.4枚；花冠直径2.7cm。在山西晋中地区，果实9月上旬成熟。

特殊性状描述： 植株对梨黑星病抗性弱。

早熟梨

外文名或汉语拼音：Zaoshuli

来源及分布：$2n = 34$，原产河北省，在河北抚宁等地有栽培。

主要性状：平均单果重97.8g，纵径5.2cm、横径5.7cm，果实近圆形，果皮绿色；果点小而密、浅褐色，萼片脱落；果柄较长，基部膨大肉质化，长3.2cm、粗3.3mm；果心中等大，5心室；果肉乳白色，肉质酥脆、存放后变软溶，汁液多，味酸甜适度，有浓香气；含可溶性固形物13.3%；品质极好，常温下可贮藏20d。

树势中庸，树姿半开张；萌芽力强，成枝力强，丰产性一般，第四年始果。一年生枝灰褐色，多年生枝灰褐色；叶片椭圆形，长10.7cm、宽7.7cm，叶尖急尖，叶基截形；花蕾白色，每花序5～8朵花，平均6.5朵；雄蕊19～23枚，平均21.0枚；花冠直径4.0cm。在河北抚宁地区，果实8月上旬成熟。

特殊性状描述：植株耐瘠薄，耐盐碱，耐旱。

贼不偷

外文名或汉语拼音： Zeibutou

来源及分布： $2n = 34$，原产河北省，在河北抚宁等地有栽培。

主要性状： 平均单果重69.8g，纵径6.4cm、横径5.8cm，果实纺锤形，果皮绿色，阳面橙红色；果点中等大而密、红褐色，萼片宿存；果柄短，长1.8cm、粗3.2mm；果心中等大，5心室；果肉黄白色，肉质酥脆、软溶，汁液中多，味酸甜，无香气；含可溶性固形物12.3%；品质中等，常温下可贮藏25～30d。

树势较弱，树姿直立；萌芽力弱，成枝力弱，丰产性一般，第四年始果。一年生枝红褐色，多年生枝红褐色；叶片椭圆形，长6.4cm、宽4.1cm，叶尖急尖，叶基楔形；花蕾白色，每花序5～9朵花，平均7.0朵；雄蕊18～21枚，平均19.5枚；花冠直径3.7cm。在河北抚宁地区，果实8月下旬成熟。

特殊性状描述： 植株耐瘠薄，耐盐碱。

庄河秋香梨

外文名或汉语拼音： Zhuanghe Qiuxiangli

来源及分布： $2n = 34$，原产辽宁省，在辽宁庄河等地有栽培。

主要性状： 平均单果重160.0g，纵径7.4cm、横径6.6cm，果实圆形，果皮黄色，梗端有锈，果锈中多，梗洼深中广，萼片脱落或宿存，萼洼中深广；果点中等大而疏、棕褐色；果柄长，基部无膨大，长4.9cm、粗3.4mm；果心大，5心室；果肉淡黄色，肉质细、软面，汁液多，味甜，无香气；含可溶性固形物15.7%；品质中等，常温下可贮藏20d。

树势中庸，树姿开张，萌芽力弱，成枝力弱，丰产性好。一年生枝绿黄色；叶片卵圆形，长

10.8cm、宽7.0cm，叶尖急尖，叶基圆形；花蕾白色，每花序5～7朵花，平均6.0朵；雄蕊20～23枚，平均21.5枚；花冠直径3.4cm。在辽宁熊岳地区，4月18日盛花，果实9月下旬成熟。

特殊性状描述： 植株适应性和抗寒性均强。

涿州平顶香

外文名或汉语拼音： Zhuozhou Pingdingxiang

来源及分布： $2n = 34$，原产河北省，在河北保定涿州有少量栽培。

主要性状： 平均单果重71.0g，纵径4.9cm、横径5.4cm，果实扁圆形，果皮绿黄色；果点小而密、灰褐色；萼片宿存；果柄较短，长2.0cm、粗4.4mm；果心大，3～4心室；果肉淡黄色，肉质较粗，汁液中多，味甜微酸，有香气；含可溶性固形物17.2%；品质中等，常温下可贮藏5～7d。

树势强旺，树姿半开张；萌芽力强，成枝力强，丰产性一般。一年生枝褐色；叶片卵圆形，长9.7cm、宽6.4cm，叶尖急尖，叶基圆形；花蕾白色带粉红晕，每花序6～7朵花，平均6.5朵；雄蕊19～21枚，平均20.0枚；花冠直径3.5cm。在河北涿州地区，果实8月中旬成熟。

特殊性状描述： 植株抗病虫性强，耐旱、耐盐碱。

二、砂梨 *Pyrus pyrifolia* Nakai

（一）白梨品种群 *Pyrus pyrifolia* White Pear Group

鞍山红糖梨

外文名或汉语拼音： Anshan Hongtangli

来源及分布： $2n = 34$，原产辽宁省，在辽宁北镇、锦州、鞍山等地有栽培。

主要性状： 平均单果重120.0g，纵径5.5cm、横径6.2cm，果实圆柱形，果皮黄褐色；果点中等大而密、灰白色，萼片脱落；果柄较长，长3.2cm、粗3.6mm；果心小，5心室；果肉白色，肉质中粗，汁液多，味甜、酸涩，无香气；含可溶性固形物13.4%；品质中等，常温下可贮藏20d。

树势中庸，树姿半开张；萌芽力中等，成枝力中等，丰产性好。一年生枝褐色；叶片卵圆形，长7.6cm、宽5.4cm，叶尖渐尖，叶基圆形；花蕾浅粉红色，每花序5～7朵花，平均6.0朵；雄蕊16～20枚，平均18.0枚；花冠直径3.5cm。在辽宁海城地区，果实9月下旬成熟。

特殊性状描述： 植株抗寒性较强，抗病性较强。

鞍山谢花甜

外文名或汉语拼音： Anshan Xiehuatian

来源及分布： 原产辽宁省，在辽宁鞍山、绥中等地均有栽培。

主要性状： 平均单果重197.0g，纵径7.0cm、横径8.2cm，果实扁圆形或近圆形，果皮黄绿色；果点中等大而密、灰褐色，萼片残存；果柄较长，长3.8cm、粗3.5mm；果心小，5心室；果肉白色，肉质细、松脆，汁液多，味酸甜可口，无香气；含可溶性固形物12.3%；品质中上等，常温下可贮藏15d。

树势中庸，树姿半开张；萌芽力中等，成枝力弱，丰产性一般。一年生枝红褐色；叶片椭圆形，长6.1cm、宽4.5cm，叶尖渐尖，叶基圆形；花蕾白色，每花序6～8朵花，平均7.0朵；雄蕊19～25枚，平均22.0枚；花冠直径3.9cm。在河南郑州地区，果实9月下旬成熟。

特殊性状描述： 植株适应性较强，耐干旱，耐瘠薄。

白鸡腿梨

外文名或汉语拼音： Baijituili

来源及分布： $2n = 34$，原产四川省金川县，可能为金川雪梨芽变，在四川金川等地均有大量栽培。

主要性状： 平均单果重352.0g，纵径8.8cm、横径7.2cm，果实倒卵圆形，果皮绿黄色；果点小而密、褐色，萼片脱落；果柄较长，长4.3cm、粗2.0mm；果心小，4 ~ 5心室；果肉洁白色，肉质细、松脆，汁液多，味浓甜，有浓香气；含可溶性固形物14.2%；品质上等，常温下可贮藏25d。

树势强旺，树姿开张；萌芽力较强，成枝力较弱，丰产性好。一年生枝红褐色；叶片广卵圆形，长11.2cm、宽8.3cm，叶尖渐尖，叶基圆形；花蕾白色，每花序5 ~ 8朵花，平均6.5朵；雄蕊18 ~ 21枚，平均19.5枚；花冠直径4.3cm。在四川金川县，果实9月下旬成熟。

特殊性状描述： 果实耐贮藏；植株适应性强，开花早，常作为授粉品种。

半斤酥

外文名或汉语拼音： Banjinsu

来源及分布： $2n = 34$，原产河北省，在河北昌黎、抚宁等地有栽培。

主要性状： 平均单果重226.6g，纵径7.6cm、横径6.0cm，果实卵圆形，果皮绿色；果点中等大而密、棕褐色，萼片脱落；果柄细长，长5.5cm、粗3.0mm；果心中等大，5心室；果肉白色，肉质松脆，汁液多，味甜，无香气；含可溶性固形物10.4%；品质中等，常温下可贮藏30d。

树势强旺，树姿直立；萌芽力强，成枝力强，丰产性好，第三年始果。一年生枝褐色，多年生枝灰褐色；叶片卵圆形，长11.4cm、宽7.6cm，叶尖急尖，叶基楔形；花蕾白色，每花序5～9朵花，平均7.0朵；雄蕊22～26枚，平均24.0枚；花冠直径4.3cm。在河北昌黎地区，果实9月中旬成熟。

特殊性状描述： 植株耐旱、抗寒、耐瘠薄、耐盐碱。

北店红霄梨

外文名或汉语拼音：Beidian Hongxiaoli

来源及分布：$2n = 34$，原产北京市，在北京平谷刘家店镇有栽培。

主要性状：平均单果重 247.6g，纵径7.1cm、横径8.1cm，果实扁圆形，果皮黄绿色；果点小而密、棕褐色，萼片脱落；果柄较长，长3.7cm、粗4.7mm；果心小，3～5心室；果肉白色，肉质中粗、松脆，汁液中多，味甜，无香气；含可溶性固形物12.1%；品质中上等，常温下可贮藏15～20d。

树势强旺，树姿开张；萌芽力强，成枝力强，丰产性好。一年生枝褐色；叶片卵圆形，长10.3cm、宽6.4cm，叶尖急尖，叶基圆形；花蕾白

色，每花序5～7朵花，平均6.0朵；雄蕊19～20枚，平均19.5枚；花冠直径3.6cm。在北京地区，果实10月上旬成熟。

特殊性状描述：病虫害较少，植株耐旱性较强。

泌阳瓢梨

外文名或汉语拼音： Biyang Piaoli

来源及分布： $2n = 34$，原产河南省，在河南泌阳等地有栽培。

主要性状： 平均单果重235.0g，纵径7.6cm、横径7.5cm，果实倒卵圆形，果皮绿黄色；果点中等大而密、浅褐色，萼片脱落；果柄较长，长3.2cm、粗3.4mm；果心较小，3～5心室；果肉乳白色，肉质中粗、松脆，汁液多，味甜酸，无香气；含可溶性固形物12.1%；品质中上等，常温下可贮藏25～30d。

树势中庸，树姿直立；萌芽力强，成枝力弱，丰产性好。一年生枝红褐色；叶片卵圆形，长9.9cm、宽6.5cm，叶尖急尖，叶基宽楔形；花蕾浅粉红色，每花序8～13朵花，平均10.0朵；雄蕊19～29枚，平均23.0枚；花冠直径3.8cm。在河南泌阳，果实9月上中旬成熟。

特殊性状描述： 植株适应性强，抗梨黑星病，耐瘠薄、耐盐碱。

彬县老遗生

外文名或汉语拼音：Binxian Laoyisheng

来源及分布：$2n = 34$，原产陕西省，在陕西彬县等地有栽培。

主要性状：平均单果重203.0g，纵径6.2cm、横径7.4cm，果实扁圆形，果皮绿黄色；果点小而密、浅褐色，萼片脱落；果柄较长，基部膨大肉质化，长4.3cm、粗3.8mm；果心中等大，5心室；果肉白色，肉质中粗、松脆，汁液多，味微甜，无香气；含可溶性固形物9.2%；品质上等，常温下可贮藏30d。

树势中庸，树姿直立；萌芽力中等，成枝力弱，丰产性较好。一年生枝灰褐色；叶片卵圆形，长8.7cm、宽6.1cm，叶尖急尖，叶基截形。花蕾浅粉红色，每花序5～7朵花，平均6朵；雄蕊11～21枚，平均15.0枚；花冠直径4.4cm。在陕西彬县，果实9月下旬成熟。

特殊性状描述：果实耐贮藏，贮后有香气、风味转好；植株抗寒性较强，花期抗霜性强。

彬县水遗生

外文名或汉语拼音： Binxian Shuiyisheng

来源及分布： $2n = 34$，原产陕西省，在陕西彬县等地有栽培。

主要性状： 平均单果重139.0g，纵径6.7cm、横径6.5cm，果实倒卵圆形，果皮黄绿色；果点小而疏、浅褐色，萼片宿存；果柄较长，长4.2cm、粗3.7mm；果心小，4～5心室；果肉乳白色，肉质细、脆，汁液多，味淡甜，无香气；含可溶性固形物8.0%；品质中等，常温下可贮藏20d。

树势中庸，树姿半开张；萌芽力中等，成枝力中等，丰产性较好。一年生枝灰褐色；叶片卵圆形，长10.3cm、宽7.2cm，叶尖急尖，叶基宽楔形。

花蕾浅粉红色，每花序6～13朵花，平均8.0朵；雄蕊15～20枚，平均18.0枚；花冠直径3.1cm。在陕西彬县，果实9月下旬成熟。

特殊性状描述： 植株适应性和抗逆性均强。

冰糖梨

外文名或汉语拼音：Bingtangli

来源及分布：$2n = 34$，原产青海省，在青海民和、尖扎等地有栽培。

主要性状：平均单果重118.8g，纵径5.5cm、横径6.0cm，果实扁圆形或圆形，果皮绿黄色，阳面无晕；果点小而密、浅褐色，萼片脱落；果柄较长，长3.3cm、粗3.2mm；果心中等大，4～5心室；果肉乳白色，肉质细，松脆；汁液多，味淡甜，无香气；含可溶性固形物9.2%；品质中上等，常温下可贮藏12d。

树势中庸，树姿直立；萌芽力强，成枝力强，丰产性好。一年生枝红褐色；叶片卵圆形，长13.1cm、宽8.0cm，叶尖急尖，叶基圆形；花蕾白色，每花序6～9朵花，平均8.0朵；雄蕊22～30枚，平均24.0枚；花冠直径2.9cm。在青海尖扎地区，果实9月上旬成熟。

特殊性状描述：植株适应性较强，花期极抗晚霜，适于壤土栽培，产量高，大小年结果现象不明显。

博山池梨

外文名或汉语拼音： Boshan Chili

来源及分布： $2n = 34$，原产山东省，在山东淄博等地有少量栽培。

主要性状： 平均单果重169.0g，纵径6.3cm、横径6.8cm，果实倒卵圆形，果皮绿色；果点小而密、棕褐色，萼片宿存；果柄长，长5.2cm、粗3.5mm；果心大，5心室；果肉白色，肉质粗、紧脆，汁液中多，味酸甜，无香气；含可溶性固形物11.9%；品质下等，常温下可贮藏25d。

树势中庸，树姿直立；萌芽力中等，成枝力弱，丰产性一般。一年生枝黄褐色；叶片卵圆形，长10.9cm、宽6.9cm，叶尖渐尖，叶基楔形；花蕾浅粉红色，每花序6～8朵花，平均7.0朵；雄蕊27～32枚，平均29.5枚；花冠直径4.3cm。在山东淄博地区，果实9月中旬成熟。

特殊性状描述： 果实耐贮藏；植株适应性较强。

博山平梨

外文名或汉语拼音： Boshan Pingli

来源及分布： $2n = 34$，原产山东省淄博市博山区，在山东淄博、德州等地有栽培。

主要性状： 平均单果重135.6g、纵径6.1cm、横径6.3cm，果实圆形，果皮黄绿色；果点小而密、棕褐色，萼片脱落；果柄较长，长3.5cm、粗2.9mm；果心中等大，5心室；果肉乳白色，肉质中粗、松脆，汁液多，味酸甜，有微香气；含可溶性固形物11.2%；品质中等，常温下可贮藏15d。

树势中庸，树姿直立；萌芽力中等，成枝力中等，丰产性好。一年生枝黄褐色；叶片卵圆形，长8.6cm、宽6.7cm，叶尖渐尖，叶基圆形；花蕾白色，边缘浅粉红色，每花序6～7朵花，平均6.5朵；雄蕊19～23枚，平均21.0枚；花冠直径4.3cm。在山东泰安地区，果实9月下旬成熟。

特殊性状描述： 果皮薄，梨小食心虫危害较重。

苍山红宵梨

外文名或汉语拼音： Cangshan Hongxiaoli

来源及分布： $2n = 34$，20世纪初引自朝鲜，在山东费县、平邑、苍山等地有栽培。

主要性状： 平均单果重175.0g，纵径6.3cm、横径6.7cm，果实短圆柱形，果皮绿黄色，阳面有淡红晕；果点小而密、红褐色，萼片脱落；果柄较短，长2.1cm、粗2.5mm；果心很小，4～5心室；果肉淡黄色，肉质中粗、松脆，汁液多，味酸甜，有香气；含可溶性固形物11.5%；品质中上等，常温下可贮藏30d。

树势强旺，树姿开张；萌芽力中等，成枝力中等，丰产性好。一年生枝红褐色；叶片卵圆形，长11.2cm、宽8.0cm，叶尖渐尖，叶基宽楔形；花蕾白色，边缘浅粉红色，每花序4～7朵花，平均5.5朵；雄蕊19～22枚，平均20.5枚；花冠直径3.8cm。在山东泰安地区，果实9月下旬成熟。

特殊性状描述： 果实抗风性较差。

苍溪六月雪

外文名或汉语拼音： Cangxi Liuyuexue

来源及分布： $2n = 34$，原产四川省苍溪县，在当地有少量栽培。

主要性状： 平均单果重377.0g，纵径8.4cm、横径9.2cm，果实圆形，果皮绿色，具大片褐色锈斑；果点小而密、棕褐色，萼片脱落；果柄细长，长6.8cm、粗3.8mm；果心中等大，5心室；果肉白色，肉质细、松脆，汁液中多，味甜，无香气；含可溶性固形物11.5%；品质中上等，常温下可贮藏20d。

树势强旺，树姿直立；萌芽力强，成枝力弱，丰产性较好。一年生枝褐色；叶片卵圆形，长9.9cm、宽7.4cm，叶尖长尾尖，叶基楔形；花蕾浅粉红色，每花序7～9朵花，平均8.0朵；雄蕊18～23枚，平均20.0枚；花冠直径4.9cm。在河南郑州地区，果实9月下旬成熟。

特殊性状描述： 植株耐高温高湿。

曹县桑皮梨

外文名或汉语拼音: Caoxian Sangpili

来源及分布: $2n = 34$,原产山东省,在山东曹县、乳山、海阳等地有栽培。

主要性状: 平均单果重243.3g、纵径7.2cm、横径7.9cm,果实扁圆形,果皮褐色;果点中等大而密、灰白色,萼片脱落;果柄较长,长3.7cm、粗3.4mm;果心中等大,4～5心室;果肉白色,肉质粗、松脆,汁液中多,味淡甜,无香气;含可溶性固形物10.2%;品质中等,常温下可贮藏20d。

树势强旺,树姿直立;萌芽力弱,成枝力弱,丰产性好。一年生枝红褐色;叶片卵圆形,长11.6cm、宽8.2cm,叶尖渐尖,叶基圆形;花蕾白色,边缘浅粉红色,每花序6～8朵花,平均7.0朵;雄蕊19～22枚,平均20.5枚;花冠直径3.9cm。在山东泰安地区,果实9月上中旬成熟。

特殊性状描述: 果实较耐贮藏,但易受梨小食心虫危害。

茶熟梨

外文名或汉语拼音： Chashuli

来源及分布： $2n = 34$，原产湖北省，在湖北咸宁等地有栽培。

主要性状： 平均单果重218.8g，纵径7.9cm、横径7.5cm，果实卵圆形，果皮绿色；果点小而密、褐色，萼片脱落，果柄长，长5.1cm、粗3.9mm；果心中等大，5心室；果肉白色，肉质中粗、致密，汁液中多，味甜，无香气；含可溶性固形物11.3%；品质中等，常温下可贮藏20d。

树势中庸，树姿半开张，萌芽力中等，成枝力弱，丰产性好。一年生枝红褐色；叶片卵圆形，长14.2cm、宽7.1cm，叶尖急尖，叶基圆形；花蕾浅粉红色，每花序4～7朵花，平均5.6朵；雄蕊21～27枚，平均23.2枚；花冠直径3.8cm。在湖北武汉地区，果实8月中旬成熟。

特殊性状描述： 植株抗病性较强，不易感梨褐斑病。

楂子梨

外文名或汉语拼音： Chazili

来源及分布： $2n = 34$，原产山东省，在山东滕州、费县、平邑等地有栽培。

主要性状： 平均单果重195.5g，纵径7.5cm、横径7.1cm，果实倒卵圆形，果皮绿色或黄绿色；果点中等大而密、浅褐色，萼片宿存；果柄较长，长3.1cm、粗3.5mm；果心大，4～5心室；果肉绿白色，肉质中粗、松脆，汁液多，味酸甜，有香气；含可溶性固形物12.3%；品质中上等，常温下可贮藏30d。

树势中庸，树姿半开张；萌芽力中等，成枝力中等，丰产性好。一年生枝淡黄褐色；叶片卵圆形，长10.4cm、宽7.7cm，叶尖急尖，叶基圆形；花蕾白色，边缘浅粉红色，每花序5～7朵花，平均6.0朵；雄蕊18～22枚，平均20.0枚；花冠直径3.8cm。在山东泰安地区，果实9月中旬成熟。

特殊性状描述： 果肉极细嫩，对梨小食心虫抗性差。

昌黎蜜梨

外文名或汉语拼音： Changli Mili

来源及分布： $2n = 34$，原产河北省，在河北昌黎、抚宁等地有栽培。

主要性状： 平均单果重145.5g，纵径6.0cm、横径6.3cm，果实圆形，果皮绿色；果点小而密、褐色，萼片脱落；果柄较长，长4.5cm、粗2.2mm；果心中等大，5心室；果肉乳白色，肉质松脆，汁液多，味淡甜，无香气；含可溶性固形物10.4%；品质中等，常温下可贮藏30d。

树势强旺，树姿直立；萌芽力强，成枝力强，丰产性一般，第三年始果。一年生枝褐色，多年生枝褐色；叶片卵圆形，长9.9cm、宽5.8cm，叶尖急尖，叶基截形；花蕾浅粉红色，每花序8～11朵花，平均9.5朵；雄蕊20～24枚，平均22.0枚；花冠直径3.8cm。在河北昌黎地区，果实9月中旬成熟。

特殊性状描述： 果实极耐贮运，但抗风性较弱；植株抗寒、抗旱，抗梨黑星病，丰产、稳产。

昌邑谢花甜

外文名或汉语拼音： Changyi Xiehuatian

来源及分布： $2n = 34$，原产山东省昌邑市，在山东昌邑等地有栽培。

主要性状： 平均单果重375.2g，纵径9.8cm、横径9.9cm，果实卵圆形，果皮黄绿色；果点小而密、浅褐色，萼片宿存；果柄长，长4.8cm、粗2.8mm；果心中等大，5心室；果肉白色，肉质中粗、松脆，汁液中多，味甜酸，有微香气；含可溶性固形物11.4%；品质中上等，常温下可贮藏25d。

树势强旺，树姿开张；萌芽力强，成枝力中等，丰产性好。一年生枝红褐色；叶片卵圆形，长12.4cm、宽7.6cm，叶尖急尖，叶基楔形；花蕾白色，边缘浅粉红色，每花序6～9朵花，平均7.5朵；雄蕊18～21枚，平均19.5枚；花冠直径4.1cm。在山东泰安地区，果实9月中、下旬成熟。

特殊性状描述： 无大小年结果现象，植株适应性强，抗梨黑星病和梨褐斑病。

程各庄鸭蛋梨

外文名或汉语拼音： Chenggezhuang Yadanli

来源及分布： $2n = 34$，原产北京市，在北京密云区大城子镇程各庄有少量栽培。

主要性状： 平均单果重139.6g，纵径6.4cm、横径5.5cm，果实卵圆形、有鸭突，果皮黄绿色，阳面有淡红晕；果点小而密、灰褐色，萼片脱落；果柄极长，长6.5cm、粗3.0mm；果心小，5心室；果肉白色，肉质中粗、较致密，汁液多，味酸甜，无香气；含可溶性固形物11.9%；品质中等，常温下可贮藏15～20d。

树势较强，树姿直立；萌芽力强，成枝力中等，丰产性好。一年生枝灰褐色；叶片椭圆形，长9.5cm、宽7.2cm，叶尖急尖，叶基宽楔形；花蕾白色，每花序6～8朵花，平均7.0朵；雄蕊19～23枚，平均21.0枚；花冠直径3.2cm。在北京密云县，果实10月上旬成熟。

特殊性状描述： 植株抗寒性强，耐瘠薄。

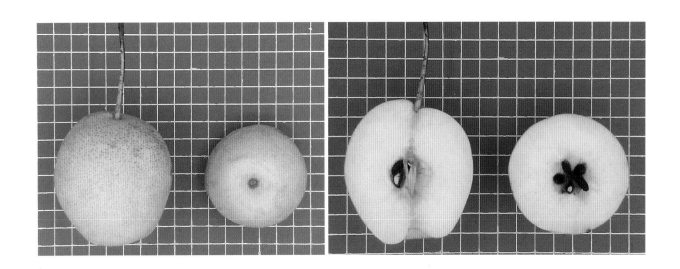

茌梨

外文名或汉语拼音：Chili

来源及分布：$2n = 34$，原产山东省，在山东莱阳、栖霞等地有栽培。

主要性状：平均单果重301.3g，纵径8.7cm、横径9.7cm，果实倒卵圆形或纺锤形，果皮黄绿色；果点大而密、棕褐色，萼片宿存；果柄较长，基部膨大肉质化，长3.1cm、粗4.3mm；果心小，5心室；果肉白色，肉质细、松脆，汁液多，味甜，有微香气；含可溶性固形物13.5%；品质上等，常温下可贮藏30d。

树势强旺，树姿直立；萌芽力强，成枝力

强，丰产性好。一年生枝黄褐色；叶片卵圆形，长12.3cm、宽7.1cm，叶尖急尖，叶基圆形；花蕾白色，边缘粉红色，每花序4~5朵花，平均4.3朵；雄蕊19~21枚，平均20.2枚；花冠直径4.0cm。在山东泰安地区，果实9月下旬成熟。

特殊性状描述：萼片脱落或宿存，落花后掐萼可提高果实商品性。幼果期喷施农药会形成严重果锈，影响梨果膨大和果品质量，套袋可减轻或避免这种影响。

重阳红

外文名或汉语拼音： Chongyanghong

来源及分布： $2n = 34$，原产地不详，现保存在国家园艺种质资源库郑州梨圃。

主要性状： 平均单果重140.0g，纵径6.2cm、横径6.6cm，果实长圆形，果皮绿色，阳面有淡红晕；果点小而密、红褐色，萼片脱落；果柄较短，长2.0cm、粗3.4mm；果心小，5心室；果肉乳白色，肉质中粗、紧脆，汁液中多，味甜，无香气；含可溶性固形物11.8%；品质中等，常温下可贮藏20d。

树势强旺，树姿半开张；萌芽力强，成枝力弱，丰产性一般。一年生枝灰褐色；叶片卵圆形，长9.5cm、宽6.3cm，叶尖渐尖，叶基宽楔形；花蕾白色，每花序4～7朵花，平均5.5朵；雄蕊18～22枚，平均20.0枚；花冠直径3.6cm。在河南郑州地区，果实8月上旬成熟。

特殊性状描述： 植株适应性和抗病性均强。

崇化大梨

外文名或汉语拼音： Chonghua Dali

来源及分布： $2n = 34$，原产四川省，可能为金川雪梨自然实生。

主要性状： 平均单果重 407.2g，纵径 11.3cm、横径 8.6cm，果实葫芦形，果皮绿色；果点小而密、浅褐色，萼片脱落；果柄长，长 4.5cm，粗 3.5mm；果心中等，4～5心室；果肉乳白色，肉质细、松脆，汁液多，味甜，无香气；含可溶性固形物 9.0%；品质中等，常温下可贮藏 28d。

树势中庸，树姿直立；萌芽力强，成枝力弱，丰产性一般。一年生枝褐色；叶片椭圆形，长 10.4cm、宽 7.9cm，叶尖长尾尖，叶基狭楔形；花蕾浅粉红色，每花序 5～7朵花，平均 6.0朵；雄蕊 24～26枚，平均 25.0枚；花冠直径 4.6cm。在四川金川县，果实9月上旬成熟。

特殊性状描述： 果实耐贮藏；植株适应性强，抗梨黑星病。

楚北香

外文名或汉语拼音： Chubeixiang

来源及分布： $2n = 34$，原产湖北省，在鄂西北地区有少量栽培。

主要性状： 平均单果重 223.9g、纵径7.1cm、横径7.4cm，果实卵圆形，果皮绿色；果点小而密、浅褐色，萼片残存；果柄较长，长4.2cm、粗4.9mm；果心大，5心室；果肉白色，肉质粗、紧脆，汁液少，味甜，无香气；含可溶性固形物10.2%；品质下等，常温下可贮藏20d。

树势中庸，树姿半开张；萌芽力强，成枝力弱，丰产性较好。一年生枝红褐色；叶片椭圆形，长12.0cm、宽7.7cm，叶尖渐尖，叶基楔形；花蕾

粉红色，每花序6 ~ 7朵花，平均6.0朵；雄蕊25 ~ 33枚，平均28.0枚；花冠直径3.8cm。在河南郑州地区，果实9月下旬成熟。

特殊性状描述： 植株抗逆性较强，不易感梨褐斑病。

川引 1 号

外文名或汉语拼音：Chuanyin No.1

来源及分布：$2n = 34$，原产四川省，现保存在国家园艺种质资源库郑州梨圃。

主要性状：平均单果重 256.0g，纵径 6.7cm、横径 7.6cm，果实扁圆形，果皮黄绿色；果点小而密、浅褐色，萼片脱落；果柄较长，长 3.8cm、粗 3.6mm；果心中等大，5 心室；果肉乳白色，肉质细、松脆，汁液多，味甜，无香气；含可溶性固形物 13.5%；品质中上等，常温下可贮藏20d。

树势弱，树姿直立；萌芽力强，成枝力弱，丰产性较好。一年生枝褐色；叶片披针形，长 10.8cm、宽 7.2cm，叶尖渐尖，叶基楔形；花蕾白色，每花序 6～9 朵花，平均 7.0 朵；雄蕊 17～24 枚，平均 20.0 枚；花冠直径 3.8cm。在河南郑州地区，果实 7 月上中旬成熟。

特殊性状描述：植株适应性和抗逆性均强。

大白面梨

外文名或汉语拼音： Dabaimianli

来源及分布： $2n = 34$，原产河北省，在河北邯郸等地有栽培。

主要性状： 平均单果重171.6g，纵径6.9cm、横径6.8cm，果实圆形，果皮绿黄色；果点中等大而密、褐色，萼片脱落；果柄短，长1.9cm、粗2.3mm；果心大，5心室；果肉白色，肉质细、致密，汁液少，味酸甜、微涩，无香气；含可溶性固形物10.9%；品质中等，常温下可贮藏25d以上。

树势中庸，树姿开张；萌芽力强，成枝力中等，丰产性好。一年生枝红褐色；叶片椭圆形，长10.6cm、宽5.8cm，叶尖渐尖，叶基宽楔形；花蕾白色，每花序4～7朵花，平均5.5朵；雄蕊23～26枚，平均24.5枚；花冠直径3.2cm。在河北邯郸地区，果实9月下旬成熟。

特殊性状描述： 果实耐贮藏；植株抗逆性较强。

大冬果

外文名或汉语拼音： Dadongguo

来源及分布： $2n = 34$，原产甘肃省，在甘肃、宁夏等地均有栽培。

主要性状： 平均单果重626.0g，纵径12.1cm、横径9.8cm，果实倒卵圆形，果皮绿色；果点小而密、浅褐色，萼片残存；果柄长，长5.0cm、粗4.5mm；果心中等大，5心室；果肉乳白色，肉质粗、紧脆，汁液中多，味甜酸，无香气；含可溶性固形物11.8%；品质下等，常温下可贮藏30d。

树势强旺，树姿半开张，萌芽力中等，成枝力中等，丰产性较好。一年生枝红褐色；叶片椭圆形，长11.4cm、宽7.9cm，叶尖渐尖，叶基圆形；花蕾白色，每花序1～5朵花，平均3.0朵；雄蕊34～36枚，平均35.0枚；花冠直径4.2cm。在河南郑州地区，果实10月上旬成熟。

特殊性状描述： 果实口感品质差；植株抗旱性强，耐瘠薄。

大蜂蜜梨

外文名或汉语拼音： Dafengmili

来源及分布： $2n = 34$，原产四川省汉源县，在四川石棉等地均有少量栽培。

主要性状： 平均单果重84.0g，纵径4.9cm、横径5.5cm，果实圆形，果皮黄绿色、果面具水锈并形成片状或条状锈斑；果点小而密、浅褐色，萼片脱落；果柄较短，长2.8cm、粗2.5mm；果心较大，5心室；果肉白色，肉质较细、较松脆，汁液多，甜味较浓；含可溶性固形物12.3%；品质中等，常温下可贮藏70d。

树势强旺，树姿半开张；萌芽力中等，成枝力中等，丰产性好。一年生枝红褐色；叶片椭圆形，长12.9cm、宽7.5cm，叶尖渐尖，叶基圆形；花蕾白色，每花序5～8朵花，平均6.5朵；雄蕊19～21枚，平均20.0枚；花冠直径3.9cm。在四川汉源县，果实10月下旬成熟。

特殊性状描述： 果实甘甜味浓；植株抗逆性强。

大荔遗生

外文名或汉语拼音：Dali Yisheng

来源及分布：$2n = 34$，原产陕西省，在陕西大荔、蒲城等地均有栽培。

主要性状：平均单果重206.0g，纵径7.0cm、横径7.2cm，果实近圆形，果皮黄绿色；果点小而密、棕褐色，萼片脱落；果柄较长，长4.2cm、粗3.8mm；果心中等大，5心室；果肉白色，肉质细、脆，汁液多，味淡甜，无香气；含可溶性固形物10.2%；品质上等，常温下可贮藏30d。

树势中庸，树姿开张，萌芽力强，成枝力强，丰产性较好。一年生枝黄褐色；叶片卵圆形，长10.8cm、宽8.5cm，叶尖急尖，叶基截形。花蕾浅粉红色，每花序6～9朵花，平均7.5朵；雄蕊26～28枚，平均27.0枚；花冠直径3.4cm。在陕西关中地区，果实9月上旬成熟。

特殊性状描述：果实刚采收时风味欠佳，贮藏后甜味转浓。

大麻黄

外文名或汉语拼音： Damahuang

来源及分布： $2n = 34$，原产山东省，在山东夏津、沂源等地有栽培。

主要性状： 平均单果重404.6g，纵径9.0cm、横径8.9cm，果实圆柱形，果皮黄绿色；果点中等大而密、浅褐色，萼片脱落；果柄较长，长3.9cm、粗3.3mm；果心中等大，5心室；果肉白色，肉质粗、松脆，汁液多，味酸甜，有微香气；含可溶性固形物10.9%；品质中等，常温下可贮藏25d。

树势强旺，树姿直立；萌芽力强，成枝力中等，丰产性好。一年生枝褐色；叶片卵圆形，长12.0cm、宽8.0cm，叶尖急尖，叶基圆形；花蕾白色，边缘浅粉红色，每花序5～8朵花，平均6.5朵；雄蕊19～24枚，平均21.5枚；花冠直径4.0cm。在山东泰安地区，果实9月中下旬成熟。

特殊性状描述： 大小年结果现象明显，梨小食心虫危害严重。

大马猴

外文名或汉语拼音：Damahou

来源及分布：$2n = 34$，原产山东省，在山东日照市五莲县等地有栽培。

主要性状：平均单果重246.3g，纵径8.4cm、横径8.1cm，果实圆形，果皮黄褐色；果点中等大而密、灰褐色，萼片残存；果柄较长，长4.2cm、粗3.4mm；果心小，5心室；果肉乳白色，肉质细、松脆，汁液多，味酸甜适度，无香气；含可溶性固形物12.1%；品质中上等，常温下可贮藏10d。

树势中庸，树姿开张；萌芽力强，成枝力强，丰产性好。一年生枝棕褐色；叶片卵圆形，长11.5cm、宽6.7cm，叶尖渐尖，叶基圆形；花蕾白色，每花序5~8朵花，平均6.5朵；雄蕊19~21枚，平均20.0枚；花冠直径4.1cm。在山东泰安地区，果实9月下旬成熟。

特殊性状描述：果实不耐贮藏。

大面黄

外文名或汉语拼音： Damianhuang

来源及分布： $2n = 34$，原产辽宁省兴城市，在辽宁西部等地有栽培。

主要性状： 平均单果重460.0g，纵径10.7cm、横径10.1cm，果实卵圆形，果皮黄绿色；果点小而密、浅褐色，萼片脱落；果柄较长，长3.7cm、粗3.5mm；果心中等大，5心室；果肉乳白色，肉质中粗、松脆，汁液多，味淡甜，无香气；含可溶性固形物14.4%；品质中等，常温下可贮藏20d。

树势中庸，树姿半开张；萌芽力强，成枝力强，丰产性好。一年生枝黄褐色；叶片卵圆形，长10.8cm、宽8.2cm，叶尖急尖，叶基圆形；花蕾白色或浅粉红色，每花序5～8朵花，平均6.5朵；雄蕊18～22枚，平均20.0枚；花冠直径4.0cm。在辽宁熊岳地区，4月19日盛花，果实9月下旬成熟。

特殊性状描述： 果实较耐贮藏；植株适应性、抗逆性强。

大青皮

外文名或汉语拼音: Daqingpi

来源及分布: $2n = 34$,原产山东省滨州市,在山东滨州市阳信县等地有栽培。

主要性状: 平均单果重165.9g,纵径6.5cm、横径6.8cm,果实圆形,果皮黄绿色;果点小而密、深褐色,萼片脱落;果柄较长,长4.3cm、粗3.0mm;果心中等大,3~4心室;果肉白色,肉质中粗、松脆,汁液多,味酸甜,有微香气;含可溶性固形物12.3%;品质中等,常温下可贮藏20d。

树势强旺,树姿开张;萌芽力强,成枝力弱,丰产性好。一年生枝褐色;叶片卵圆形,长10.9cm、宽8.1cm,叶尖渐尖,叶基圆形;花蕾白色,每花序6~8朵花,平均7.0朵;雄蕊20~26枚,平均23.0枚;花冠直径4.1cm。在山东泰安地区,果实9月上旬成熟。

特殊性状描述: 植株适应性、抗逆性强,大小年结果现象不甚明显。

大水核子

外文名或汉语拼音： Dashuihezi

来源及分布： $2n = 3x = 51$，原产江苏省宿迁市，在江苏泗阳县有少量栽培。

主要性状： 平均单果重664.0g，纵径11.2cm、横径10.5cm，果实倒卵圆形，果皮绿色；果点小而密、浅褐色，萼片脱落；果柄较长，长3.5cm、粗3.2mm；果心极小，5心室；果肉乳白色，肉质细、松脆，汁液多，味甜酸，无香气；含可溶性固形物12.3%；品质中等，常温下可贮藏20d。

树势中庸，树姿直立；萌芽力中等，成枝力弱，丰产性一般。一年生枝褐色；叶片卵圆形，长12.5cm、宽8.0cm，叶尖急尖，叶基楔形；花蕾浅粉红色，每花序6～8朵花，平均7.0朵；雄蕊32～39枚，平均36.0枚；花冠直径5.1cm。在江苏泗阳地区，果实9月中旬成熟。

特殊性状描述： 植株适应性、抗逆性强。

大酸梨

外文名或汉语拼音： Dasuanli

来源及分布： $2n = 34$，原产河北省，在河北燕山山脉一带均有栽培。

主要性状： 平均单果重155.8g，纵径5.8cm、横径6.5cm，果实扁圆形，果皮绿色；果点中等大而疏、浅褐色，萼片残存；果柄较长，长3.6cm、粗3.5mm；果心中等大，4～5心室；果肉黄色，肉质粗、紧脆；汁液少，味酸，无香气；含可溶性固形物11.5%；品质下等，常温下可贮藏20d。

树势中庸，树姿半开张；萌芽力强，成枝力中等，丰产性较好。一年生枝褐色；叶片卵圆形，长11.3cm、宽7.8cm，叶尖急尖，叶基宽楔形；花蕾浅粉红色，每花序5～7朵花，平均6.0朵；雄蕊18～22枚，平均20.0枚；花冠直径4.0cm。在河北燕山山脉一带，果实9月中下旬成熟。

特殊性状描述： 植株抗寒、抗旱、耐瘠薄，但果实品质差。

大棠梨

外文名或汉语拼音：Datangli

来源及分布：$2n = 34$，原产河南省，在河南宁陵等地有栽培。

主要性状：平均单果重133.0g，纵径5.8cm、横径6.2cm，果实圆形，果皮黄褐色；果点中等而密、灰褐色，萼片脱落；果柄短，长1.5cm、粗3.3mm；果心中等大，4～5心室；果肉淡黄色，肉质中粗、致密，汁液多，味淡，无香气；含可溶性固形物10.0%；品质下等，常温下可贮藏24d。

树势中庸，树姿直立；萌芽力强，成枝力弱，丰产性好。一年生枝褐色；叶片卵圆形，长8.5cm、宽7.0cm，叶尖急尖，叶基楔形；花蕾白色，每花序6～8朵花，平均7.0朵；雄蕊27～35枚，平均31.0枚；花冠直径2.9cm。在河南宁陵地区，果实9月下旬成熟。

特殊性状描述：植株适应性强，耐瘠薄、耐盐碱。

大甜果

外文名或汉语拼音： Datianguo

来源及分布： $2n = 34$，原产青海省，在青海民和等地有栽培。

主要性状： 平均单果重117.4g，纵径5.9cm、横径6.3cm，果实圆形，果皮黄色，阳面无晕；果点中等大而密、深褐色，萼片宿存；果柄较长，长3.7cm、粗4.2mm；果心中等大，5心室；果肉乳白色，肉质细、松脆，汁液多，味甜，无香气；含可溶性固形物11.9%；品质中上等，常温下可贮藏11d。

树势中庸，树姿半开张；萌芽力强，成枝力中等，丰产性好。一年生枝红褐色；叶片卵圆形，长12.5cm、宽7.4cm，叶尖急尖，叶基圆形；花蕾浅

粉红色，每花序7～10朵花，平均8.0朵；雄蕊19～21枚，平均20.0枚；花冠直径4.1cm。在青海民和地区，果实9月中旬成熟。

特殊性状描述： 植株适应性较强，隔年结果现象严重。

大窝窝

外文名或汉语拼音： Dawowo

来源及分布： $2n = 34$，原产山东省，在山东青岛崂山等地有栽培。

主要性状： 平均单果重180.5g，纵径7.0cm、横径6.7cm，果实近圆形，果皮黄绿色；果点中等大而密、棕褐色，萼片脱落；果柄长，长5.2cm、粗3.9mm；果心小，5心室；果肉绿白色，肉质中粗、松脆，汁液多，味酸甜，有微香气；含可溶性固形物11.4%；品质中等，常温下可贮藏25d。

树势强旺，树姿开张；萌芽力强，成枝力中等，丰产性好。一年生枝红褐色；叶片卵圆形，长11.5cm、宽6.9cm，叶尖渐尖，叶基楔形；花蕾白色，边缘浅粉红色，每花序4～6朵花，平均5.0朵；雄蕊19～25枚，平均22.0枚；花冠直径4.1cm。在山东泰安地区，果实9月下旬成熟。

特殊性状描述： 果实成熟晚，耐贮运性好；植株适应性强。

大西瓜梨

外文名或汉语拼音： Daxiguali

来源及分布： $2n = 34$，原产辽宁省，在辽宁庄河等地有栽培。

主要性状： 平均单果重415.0g，纵径10.1cm、横径9.6cm，果实倒卵圆形，果皮黄绿色，阳面无晕；果点中等大而密、棕褐色，萼片脱落；果柄较长，长4.2cm、粗3.5mm；果心小，5心室；果肉乳白色，肉质中粗、松脆，汁液多，味酸、微涩，无香气；含可溶性固形物12.8%；品质中等，常温下可贮藏30d。

树势中庸，树姿半开张；萌芽力强，成枝力中等，丰产性好。一年生枝黄褐色；叶片卵圆形，长10.4cm、宽8.6cm，叶尖急尖，叶基圆形；花蕾白色，每花序6～9朵花，平均7.5朵；雄蕊18～21枚，平均19.5枚；花冠直径4.0cm。在辽宁熊岳地区，果实9月下旬成熟。

特殊性状描述： 植株适应性、抗逆性强。

大兴红宵梨

外文名或汉语拼音： Daxing Hongxiaoli

来源及分布： $2n = 34$，原产北京市，在北京大兴、房山等地有栽培。

主要性状： 平均单果重192.9g，纵径8.5cm、横径8.0cm，果实倒卵圆形，果皮黄绿色，阳面有暗红晕；果点中等大而密、红褐色，萼片宿存；果柄细长，长4.8cm、粗3.3mm；果心中等大，3～5心室；果肉白色，肉质中粗、脆，汁液多，味酸甜、微涩，无香气；含可溶性固形物10.5%；品质中等，常温下可贮藏25～30d。

树势强旺，树姿半开张；萌芽力强，成枝力强，丰产性好。一年生枝黄褐色；叶片卵圆形或椭圆形，长10.1cm、宽8.2cm，叶尖急尖，叶基楔形或截形；花蕾白色，略有浅粉红色晕，每花序5～7朵花，平均6.0朵；雄蕊19～20枚，平均19.5枚；花冠直径3.3cm。在北京地区，果实9月下旬成熟。

特殊性状描述： 果实耐贮藏；植株抗病性、抗虫性、耐旱性及耐盐碱性强。

砀山马蹄黄

外文名或汉语拼音： Dangshan Matihuang

来源及分布： $2n = 34$，原产安徽省，在安徽砀山、萧县等地均有栽培。

主要性状： 平均单果重188.2g，纵径6.4cm、横径6.8cm，果实近圆形，果皮淡绿色；果点大而密、棕褐色，萼片脱落；果柄较长，长3.7cm、粗4.1mm；果心小，4～5心室；果肉白色，肉质粗、致密；汁液中多，味酸甜，无香气；含可溶性固形物11.9%；品质中等，常温下可贮藏25d。

树势强旺，树姿较直立；萌芽力强，成枝力强，丰产性好；一年生枝灰褐色；叶片卵圆形，长8.5cm、宽7.0cm，叶尖急尖或急尖，叶基圆形；花蕾粉白色，每花序6～10朵花，平均8.0朵；雄蕊16～20枚，平均18.0枚；花冠直径3.0cm。在安徽北部地区，果实9月中下旬成熟。

特殊性状描述： 果实酸度较高，适宜加工制汁；植株抗病性、适应性强，主要用作酥梨的授粉树。

砀山酥梨

外文名或汉语拼音： Dangshan Suli

来源及分布： $2n = 34$，原产安徽省，在安徽、河南、江苏、陕西、山西、新疆等地均有大面积栽培。

主要性状： 平均单果重300.0g，纵径7.6cm、横径7.8cm，果实倒卵圆形或圆形，果皮黄白色；果点中等大而密、棕褐色，萼片脱落或残存；果柄较长，长4.2cm、粗4.5mm；果心中等大，5心室；果肉乳白色，肉质松脆，汁液多，味甜，无香气；含可溶性固形物11.4%；品质中上等，常温下可贮藏30d。

树势中庸，树姿半开张；萌芽力强，成枝力中等；丰产性好。一年生枝灰褐色；叶片卵圆形，长9.8cm、宽7.2cm，叶尖渐尖，叶基圆形；花蕾白色，每花序5～7朵花，平均6.0朵；雄蕊18～22枚，平均20.0枚；花冠直径3.0cm。在安徽北部地区，果实9月下旬成熟。

特殊性状描述： 果实耐贮藏；植株适应性强，丰产，抗梨黑斑病强，但易感梨黑星病。

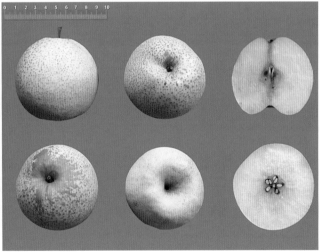

德荣 1 号

外文名或汉语拼音：Derong No.1

来源及分布：$2n = 34$，原产四川省甘孜州德荣县，在当地有少量栽培。

主要性状：平均单果重399.6g，纵径9.2cm、横径8.8cm，果实圆柱形，果皮黄绿色，阳面无晕，果面平滑；果点小而密、深褐色，萼片脱落或萼片残存；果柄较长，斜生，基部无膨大，长4.2cm、粗4.1mm；果心小，5心室；果肉乳白色，肉质极细、疏松，有微香气，有涩味；可溶性固形物含量10.2%；品质中上等，常温下可贮藏20d。

树势中庸，树姿半开张；萌芽力强，成枝力中等；丰产性好。主干灰褐色，一年生枝棕褐色；叶片长卵圆形，叶缘具锐锯齿；花为伞房花序，两性花，花蕾粉红色，每花序6～9朵花，平均7.5朵；雄蕊28～32枚，平均30.0枚；花冠直径约为4.8cm。在江苏南京地区，果实9月中旬成熟。

特殊性状描述：果心小；植株适应性、抗逆性强。

德胜香

外文名或汉语拼音： Deshengxiang

来源及分布： $2n = 34$，原产四川省，在湖北、湖南、江西、贵州、安徽、四川等地均有栽培。

主要性状： 平均单果重284.0g，纵径6.9cm、横径8.5cm，果实扁圆形，果皮绿色；果点小而密、灰褐色，萼片残存；果柄长，长4.9cm、粗4.3mm；果心中等大，5心室；果肉白色，肉质细、松脆，汁液多，味甜，无香气；含可溶性固形物10.3%；品质中上等，常温下可贮藏20d。

树势强旺，树姿直立；萌芽力强，成枝力强，丰产性较好。一年生枝灰褐色；叶片椭圆形，长12.1cm、宽7.8cm，叶尖急尖，叶基楔形；花蕾白色，每花序6～7朵花，平均6.0朵；雄蕊28～32枚，平均30.0枚；花冠直径4.2cm。在河南郑州地区，果实8月中旬成熟。

特殊性状描述： 植株适应性、抗逆性强，高抗梨黑斑病。

冬八盘

外文名或汉语拼音： Dongbapan

来源及分布： $2n = 34$，原产甘肃省，在甘肃甘谷、礼县等地有栽培。

主要性状： 平均单果重140.7g，纵径5.9cm、横径6.6cm，果实扁圆形，果皮绿黄色，阳面有淡红晕；果点小而密、红褐色，萼片宿存；果柄较长，长3.2cm、粗3.6mm；果心中等大，5心室；果肉白色，肉质粗、致密，汁液中多，味甜酸，有微香气；含可溶性固形物12.0%；品质中等，常温下可贮藏25d。

树势中庸，树姿半开张；萌芽力中等，成枝力弱，丰产性好。一年生枝黄褐色；叶片卵圆形，长9.2cm、宽6.9cm，叶尖急尖，叶基截形；花蕾白色，每花序7～8朵花，平均7.5朵；雄蕊22～24枚，平均23.0枚；花冠直径3.9cm。在甘肃天水地区，果实10月上旬成熟。

特殊性状描述： 果实晚熟，耐贮运；植株适应性强，抗寒性较强，较抗旱，抗虫性强。

砘子梨

外文名或汉语拼音: Dunzili

来源及分布: $2n = 34$,原产河北省,在河北邯郸等地有栽培。

主要性状: 平均单果重132.5g,纵径6.0cm、横径6.6cm,果实扁圆形,果皮绿黄色,果面布满果锈;果点中等大而密、棕褐色,萼片脱落;果柄短,长1.5cm、粗2.3mm;果心中等大,5心室;果肉白色,肉质粗、致密,汁液中多,味酸甜,无香气;含可溶性固形物11.0%;品质中等,常温下可贮藏25d。

树势强旺,树姿开张;萌芽力强,成枝力中等,丰产性好。一年生枝红褐色;叶片椭圆形,长8.9cm、宽5.6cm,叶尖渐尖,叶基宽楔形;花蕾白色,每花序6～8朵花,平均7.0朵;雄蕊16～20枚,平均18.0枚;花冠直径3.8cm。在河北邯郸地区,果实9月中下旬成熟。

特殊性状描述: 果实耐贮性、植株抗逆性均较强。

鹅黄梨

外文名或汉语拼音: Ehuangli

来源及分布: $2n = 34$,原产安徽省,在安徽砀山、萧县等地均有栽培。

主要性状: 平均单果重199.8g,纵径6.7cm、横径7.0cm,果实倒卵圆形,果皮淡绿色;果点小而密、浅褐色,萼片脱落或残存;果柄长,基部稍膨大,长4.7cm、粗4.2mm;果心中等大,5心室;果肉白色,肉质粗、致密,汁液中多,味偏酸,无香气;含可溶性固形物9.8%;品质中下等,常温下可贮藏30d。

树势中庸,树姿半开张;萌芽力强,成枝力弱,丰产性好。一年生枝红褐色;叶片卵圆形,长9.8cm、宽6.9cm,叶尖渐尖,叶基圆形或宽楔形;花蕾白色,每花序5～7朵花,平均6.0朵;雄蕊18～22枚,平均20.0枚;花冠直径3.0cm。在安徽北部地区,果实9月中下旬成熟。

特殊性状描述: 主要用作酥梨的授粉树,果实酸度较高,适宜加工制汁。

恩梨

外文名或汉语拼音：Enli

来源及分布：$2n = 34$，原产山东省，在山东莱阳有少量栽培。

主要性状：平均单果重278.3g，纵径8.1cm、横径8.5cm，果实卵圆形，果皮绿色；果点中等大而密、浅褐色，萼片残存；果柄较长，两端膨大，长3.6cm、粗5.8mm；果心中等大，5心室；果肉绿白色，肉质细、紧脆，汁液多，味酸甜，无香气；含可溶性固形物12.1%；品质中等，常温下可贮藏25d。

树势中庸，树姿半开张；萌芽力中等，成枝力中等，丰产性较好。一年生枝褐色；叶片椭圆形，长15.4cm、宽6.6cm，叶尖渐尖，叶基狭楔形；花蕾粉红色，每花序4～6朵花，平均5.0朵；雄蕊19～23枚，平均21.0枚；花冠直径4.7cm。在山东莱阳，果实9月下旬成熟。

特殊性状描述：果实耐贮藏；植株对山地瘠薄土壤适应能力较差，抗病性、抗虫性弱，梨小食心虫危害严重。

二麻黄

外文名或汉语拼音： Ermahuang

来源及分布： $2n = 34$，原产山东省，在山东夏津、齐河等地有栽培。

主要性状： 平均单果重199.7g，纵径7.0cm、横径7.3cm，果实倒卵圆形，果皮黄绿色；果点小而密、灰褐色，萼片脱落；果柄短粗，具肉质化现象，长2.7cm，粗5.4mm；果心大，5心室；果肉淡黄色，肉质中粗、松脆，汁液多，味淡甜，有微香气；含可溶性固形物11.0%；品质中等，常温下可贮藏20d。

树势强旺，树姿直立；萌芽力强，成枝力中等，丰产性好。一年生枝灰褐色；叶片卵圆形，长11.7cm、宽8.0cm，叶尖渐尖，叶基宽楔形；花蕾白色，边缘浅粉红色，每花序5～7朵花，平均6.0朵；雄蕊22～26枚，平均24.0枚；花冠直径3.9cm。在山东泰安地区，果实9月下旬成熟。

特殊性状描述： 果实贮后品质转好；植株适应性强，抗逆性强。

房山青梨

外文名或汉语拼音： Fangshan Qingli

来源及分布： $2n = 34$，原产北京市，在北京房山有栽培。

主要性状： 平均单果重73.3g，纵径4.8cm、横径5.5cm，果实扁圆形，果皮黄绿色；果点小而密、浅褐色，萼片脱落；果柄细长，长6.2cm、粗4.4mm；果心中等大，3～5心室；果肉白色，肉质粗、脆，汁液多，味甜，有香气；含可溶性固形物13.7%；品质中等，常温下可贮藏30d。

树势中庸，树姿半开张；萌芽力强，成枝力强，丰产性好。一年生枝褐色；叶片卵圆形，长11.4cm、宽7.1cm，叶尖尾尖，叶基圆形；花蕾白色，微带粉红色，每花序7～8朵花，平均7.5朵；雄蕊20～22枚，平均21.0枚；花冠直径4.0cm。在北京地区，果实10月中旬成熟。

特殊性状描述： 植株较抗病虫，抗旱、抗涝、抗寒。

费县红梨

外文名或汉语拼音：Feixian Hongli

来源及分布：$2n = 34$，原产山东省，在山东临沂市费县等地有栽培。

主要性状：平均单果重206.7g，纵径7.2cm、横径7.3cm，果实长圆形，果皮红褐色；果点小而密、浅褐色，萼片脱落；果柄较长，长3.9cm、粗3.0mm；果心小，5心室；果肉白色，肉质粗、致密，汁液少，味甜，无香气；含可溶性固形物11.5%；品质中等，常温下可贮藏30d。

树势强旺，树姿半开张；萌芽力强，成枝力中等，丰产性好。一年生枝黄褐色；叶片卵圆形，长11.0cm、宽7.5cm，叶尖急尖，叶基圆形；花蕾白色，每花序5～7朵花，平均6.5朵；雄蕊19～22枚，平均20.5枚；花冠直径3.8cm。在山东泰安地区，果实10月下旬成熟。

特殊性状描述：果实适宜煮食；植株适应性、抗逆性强。

丰县鸭蛋青

外文名或汉语拼音：Fengxian Yadanqing

来源及分布：$2n = 34$，原产苏北丰县一带，在当地有少量栽培。

主要性状：平均单果重288.0克，纵径8.4cm、横径7.9cm，果实长倒卵圆形或圆形，果面黄绿色，贮藏后转为黄色；果点小而密、淡褐色，萼片宿存；果柄较粗，基部肥大肉质化，长4.8cm、粗5.9mm；果心中等大，果肉白色，肉质略粗、致密、松脆，汁液多，味酸甜可口；含可溶性固形物11.7%；品质上等，常温下可贮藏15d。

树势强旺，树姿较直立；萌芽力强，发枝力中等，丰产性较好。一年生枝红褐色，多年生枝灰褐色；叶片长卵圆形，长11.9cm、宽6.8cm，叶尖渐尖，叶基圆形或广圆形，叶缘具粗锯齿；花蕾白色，每花序5～8朵花，平均6.0朵；雄蕊24～33枚，平均29.0枚。在江苏北部地区，果实8月下旬成熟。

特殊性状描述：植株耐旱、耐涝、耐盐碱，较抗风，病虫害轻，但易感梨黑星病，某些年份有裂果现象。

佛见喜

外文名或汉语拼音： Fojianxi

来源及分布： $2n = 34$，原产燕山山脉，在北京平谷、河北兴隆等地有栽培。

主要性状： 平均单果重298.3g，纵径6.9cm、横径8.1cm，果实扁圆形，果皮绿黄色，阳面有鲜红晕；果点中等大而密、棕红色，萼片脱落；果柄较长，长3.5cm、粗3.9mm；果心小，3～5心室；果肉白色，肉质中粗、酥脆，汁液多，味甜，无香气；含可溶性固形物15.0%；品质上等，常温下可贮藏10d。

树势强旺，树姿半开张；萌芽力强，成枝力中等，丰产性较好。一年生枝红褐色；叶片卵圆形，长8.0cm、宽6.1cm，叶尖急尖，叶基圆形或截形；花蕾白色，边缘浅粉红色，每花序6～8朵花，平均7.0朵；雄蕊19～24枚，平均21.5枚；花冠直径4.6cm。在北京地区，果实10月中旬成熟。

特殊性状描述： 植株适应性强，山地、平地均能栽培，抗旱性强，较抗梨黑星病，但抗虫性较差。

伏鹅梨（又名：胡鹅）

外文名或汉语拼音：Fu'eli

来源及分布：$2n = 34$，原产江苏省，在江苏徐州、宿迁、连云港等地有栽培。

主要性状：平均单果重295.0g，纵径9.1cm、横径8.0cm，果实卵倒圆形、有不明显的5棱，果皮黄绿色；果点大而密、灰褐色，萼片残存；果柄较长，长3.3cm、粗3.2mm；果心中等大，5心室；果肉白色，肉质细脆多汁，甜酸适口，香气较浓，含可溶性固形物12.3％；品质上等，常温下可贮藏15d。

树势中庸，树姿半开张；萌芽力中等，成枝力中等，丰产性好。一年生枝绿色、先端有白色茸毛；叶片卵圆形，长7.5cm、宽5.4cm，叶尖急尖，叶基圆形或广圆形；花蕾粉红色，每花序5～6朵花，平均5.5朵；雄蕊18～22枚，平均20.0枚；花冠直径4.5cm。在江苏徐州地区，果实8月下旬成熟。

特殊性状描述：植株适应性强，耐旱、耐涝，不抗风；病虫害较少，易感梨轮纹病和梨黑星病。

抚宁红霄梨

外文名或汉语拼音： Funing Hongxiaoli

来源及分布： $2n = 34$，原产河北省，在河北昌黎、抚宁、青龙等地有栽培。

主要性状： 平均单果重203.3g，纵径6.6cm、横径7.2cm，果实圆形，果皮绿色，阳面鲜红色；果点小而密、棕褐色，萼片脱落；果柄较长，长3.2cm、粗2.1mm；果心中等大，5心室；果肉乳白色，肉质松脆，汁液多，味酸甜适度，有微香气；含可溶性固形物12.5%；品质上等，常温下可贮藏30d。

树势强旺，树姿直立；萌芽力强，成枝力强，丰产性好，第四年始果。一年生枝灰褐色，多年生枝灰褐色；叶片卵圆形，长10.4cm、宽7.5cm，叶尖急尖，叶基圆形；花蕾粉红色，每花序5～8朵花，平均6.5朵；雄蕊20～24枚，平均22.0枚；花冠直径4.2cm。在河北昌黎地区，果实10月上旬成熟。

特殊性状描述： 果实外观艳丽，植株耐瘠薄、耐盐碱，是培育晚熟红皮梨的良好亲本材料。

抚宁水红霄

外文名或汉语拼音: Funing Shuihongxiao

来源及分布: $2n = 34$,原产河北省,在河北抚宁、青龙等地有栽培。

主要性状: 平均单果重331.4g,纵径8.3cm、横径8.0cm,果实圆形,果皮绿黄色,阳面有红晕;果点小而密、棕褐色,萼片脱落;果柄较长,基部膨大,长4.5cm、粗2.1mm;果心小,5心室;果肉黄白色,肉质细、松脆,汁液多,味酸甜,有微香气;含可溶性固形物12.8%;品质上等,常温下可贮藏30d。

树势中庸,树姿直立;萌芽力中等,成枝力中等;丰产性好,第四年始果。一年生枝红褐色,多年生枝灰褐色;叶片椭圆形,长9.5cm、宽6.7cm,叶尖急尖,叶基宽楔形;花蕾粉红色,每花序4~7朵花,平均5.5朵;雄蕊22~25枚,平均23.5枚;花冠直径4.2cm。在河北抚宁地区,果实10月上旬成熟。

特殊性状描述: 植株耐瘠薄、耐盐碱。

抚宁谢花甜

外文名或汉语拼音： Funing Xiehuatian

来源及分布： $2n = 34$，原产河北省，在河北抚宁等地有栽培。

主要性状： 平均单果重156.8g，纵径6.1cm、横径6.6cm，果实圆形，果皮绿色；果点小而疏、棕褐色，萼片宿存；果柄较长，长4.1cm、粗1.6mm；果心大，5心室；果肉白色，肉质较粗、松脆，汁液多，味甜，有香气；含可溶性固形物11.8%；品质中上等，常温下可贮藏25d。

树势中庸，树姿直立；萌芽力弱，成枝力弱，丰产性好，第四年始果。一年生枝褐色，多年生枝灰褐色；叶片卵圆形，长10.7cm、宽8.7cm，叶尖钝尖，叶基截形；花蕾白色，每花序4～8朵花，平均6.0朵；雄蕊18～20枚，平均19.0枚；花冠直径4.3cm。在河北抚宁地区，果实10月上旬成熟。

特殊性状描述： 植株耐瘠薄、耐盐碱。

甘谷冬金瓶

外文名或汉语拼音： Gangu Dongjinping

来源及分布： $2n = 34$，原产甘肃省，在甘肃甘谷、秦州等地有栽培。

主要性状： 平均单果重287.0g，纵径11.3cm、横径9.8cm，果实卵圆形，果皮黄绿色；果点大而密、棕褐色，萼片脱落；果柄较短，长2.2cm，粗3.6mm；果心大，5～6心室；果肉乳白色，肉质粗、致密，汁液中多，味甜酸，无香气；含可溶性固形物10.4%；品质中等，常温下可贮藏25d。

树势中庸，树姿开张；萌芽力强，成枝力强，丰产性好。一年生枝红褐色；叶片卵圆形，长12.5cm、宽7.5cm，叶尖急尖，叶基圆形；花蕾白色，每花序6～7朵花，平均6.5朵；雄蕊20～22枚，平均21.0枚；花冠直径4.1cm。在甘肃天水地区，果实9月下旬成熟。

特殊性状描述： 果实耐贮运；植株适应性强，抗旱性、抗风性强，抗寒性差，易感染梨树腐烂病。

甘谷金瓶梨

外文名或汉语拼音: Gangu Jinpingli

来源及分布: $2n = 34$,原产甘肃省,在甘肃甘谷、武山、礼县等地有栽培。

主要性状: 平均单果重220.7g,纵径6.9cm、横径6.8cm,果实倒卵圆形,果皮黄绿色,阳面有淡红晕;果点小而密、棕褐色,萼片脱落;果柄较长,长3.1cm、粗3.5mm;果心小,5心室;果肉乳白色,肉质粗、致密,汁液中多,味甜酸,有微香气;含可溶性固形物12.4%;品质中等,常温下可贮藏25d。

树势强旺,树姿半开张;萌芽力强,成枝力中等,丰产性好。一年生枝褐色;叶片椭圆形,长12.5cm、宽7.8cm,叶尖急尖,叶基楔形;花蕾白色,每花序6～8朵花,平均7.0朵;雄蕊28～32枚,平均30.0枚;花冠直径3.4cm。在甘肃天水地区,果实10月上旬成熟。

特殊性状描述: 果实耐贮运;植株适应性强,抗旱性、抗风性强,抗寒性差,易感染梨树腐烂病。

甘蔗梨

外文名或汉语拼音：Ganzheli

来源及分布：$2n = 34$，原产地不详，现保存在国家园艺种质资源库郑州梨圃。

主要性状：平均单果重187.0g，纵径6.8cm、横径7.1cm，果实卵圆形，果皮绿色；果点小而疏、绿褐色，萼片残存；果柄较短，长2.4cm、粗3.0mm；果心极大，5心室；果肉绿白色，肉质中粗、紧脆，汁液中多，味酸甜，无香气；含可溶性固形物9.7%；品质中等，常温下可贮藏25d。

树势中庸，树姿半开张，萌芽力强，成枝力中等，丰产性较好。一年生枝褐色；叶片卵圆形，长9.8cm、宽7.6cm，叶尖渐尖，叶基楔形；花蕾白色，每花序5~7朵花，平均6.0朵；雄蕊18~24枚，平均21.0枚；花冠直径4.6cm。在河南郑州地区，果实9月下旬成熟。

特殊性状描述：植株适应性较强，果实含糖量高。

甘子梨

外文名或汉语拼音： Ganzili

来源及分布： $2n = 34$，原产山西省，在山西运城、永济等地有栽培。

主要性状： 平均单果重219.8g，纵径7.3cm、横径7.2cm，果实长圆形或卵圆形，果皮黄绿色；果点小而疏、深褐色，萼片脱落；果柄较长，长3.0cm、粗4.0mm；果心大，5心室；果肉白色，肉质粗、致密，汁液少，味微涩，无香气；含可溶性固形物10.2%；品质下等，常温下可贮藏30d。

树势强旺，树姿开张；萌芽力中等，成枝力强，丰产性较好。一年生枝红褐色；叶片卵圆形，长10.8cm、宽7.9cm，叶尖急尖，叶基圆形；花蕾白色，每花序6 ~ 7朵花，平均6.1朵；雄蕊17 ~ 20枚，平均19.2枚；花冠直径3.4cm。在山西运城地区，果实9月下旬成熟。

特殊性状描述： 果实耐贮藏；植株抗梨黑星病。

高密马蹄黄

外文名或汉语拼音: Gaomi Matihuang

来源及分布: $2n = 34$,原产山东省高密市,在山东高密、泰安等地有栽培。

主要性状: 平均单果重360.7g,纵径9.4cm、横径8.8cm,果实近圆形,果皮黄绿色;果点小而密、浅褐色,萼片脱落;果柄较短,长2.2cm、粗2.7mm;果心中等大,5心室;果肉白色,肉质粗、松脆,汁液多,味甜,有微香气;含可溶性固形物11.2%;品质中等,常温下可贮藏20d。

树势中庸,树姿半开张;萌芽力强,成枝力弱,丰产性好。一年生枝绿黄色;叶片卵圆形,长12.0cm、宽8.1cm,叶尖渐尖,叶基圆形;花蕾粉红色,每花序4~6朵花,平均5.0朵;雄蕊19~22枚,平均20.5枚;花冠直径3.8cm。在山东泰安地区,果实9月下旬成熟。

特殊性状描述: 果肉易褐变,采前落果严重,且有裂果现象。

高平大黄梨

外文名或汉语拼音： Gaoping Dahuangli

来源及分布： $2n = 34$，原产山西省高平市，在当地有大量栽培。

主要性状： 平均单果重580.0g，纵径11.5cm、横径9.9cm，果实卵圆形，果皮绿色；果点小而疏、灰褐色，萼片脱落；果柄长，长5.5cm、粗3.8mm；果心较大，5～6心室；果肉乳白色，肉质中粗、紧脆，汁液中多，味甜酸，无香气；含可溶性固形物12.9%；品质中下等，常温下可贮藏25d。

树势中庸，树姿半开张；萌芽力强，成枝力中等，丰产性好。一年生枝褐色；叶片卵圆形，长10.9cm、宽7.1cm，叶尖急尖，叶基楔形；花蕾粉红色，每花序5～7朵花，平均6.0朵；雄蕊30～36枚，平均34.0枚；花冠直径3.8cm。在河南郑州地区，果实9月上旬成熟。

特殊性状描述： 果个很大，但口感品质一般；植株适应性、抗病性较强。

高平宵梨

外文名或汉语拼音： Gaoping Xiaoli

来源及分布： $2n = 34$，原产山西省，在山西高平、晋城等地有栽培。

主要性状： 平均单果重251.9g、纵径8.7cm、横径8.9cm，果实圆形，果皮黄绿色，阳面有淡红晕；果点大而密、棕褐色，萼片脱落；果柄较长，长3.1cm、粗3.5mm；果心中等大，5心室；果肉白色，肉质中粗、松脆，汁液多，味淡甜，无香气；含可溶性固形物10.8%；品质中等，常温下可贮藏20d。

树势强旺，树姿直立；萌芽力强，成枝力强，丰产性好。一年生枝灰褐色；叶片卵圆形，长12.1cm、宽8.0cm，叶尖急尖，叶基圆形；花蕾浅粉红色，每花序3～5朵花，平均4.7朵；雄蕊18～20枚，平均19.7枚；花冠直径3.4cm。在山西高平地区，果实10月上旬成熟。

特殊性状描述： 植株适应性强，抗旱，抗梨黑星病。

巩义秋梨

外文名或汉语拼音： Gongyi Qiuli

来源及分布： $2n = 34$，原产河南省，在河南巩义等地有栽培。

主要性状： 平均单果重77.0g、纵径5.5cm、横径5.0cm，果实卵圆形，果皮绿黄色；果点小而密、浅褐色，萼片脱落；果柄细长，长6.5cm、粗3.2mm；果心小，5心室；果肉乳白色，肉质细、致密，汁液中多，味酸甜适度，无香气；含可溶性固形物13.3%；品质中上等，常温下可贮藏30d。

树势中庸，树姿开张；萌芽力中等，成枝力弱，丰产性好。一年生枝红褐色；叶片卵圆形，长12.8cm、宽7.3cm，叶尖急尖，叶基宽楔形；花蕾粉红色，每花序4～7朵花，平均6.0朵；雄蕊25～31枚，平均28.0枚；花冠直径3.8cm。在河南宁陵等地，果实8月下中旬成熟。

特殊性状描述： 植株适应性强，抗病性、抗虫性亦强。

贡川梨

外文名或汉语拼音：Gongchuanli

来源及分布：原产四川省，在四川泸定县等地有少量栽培。

主要性状：平均单果重178.7g，纵径6.5cm、横径7.2cm，果实粗茎葫芦形，果皮黄绿色，果面布满大片果锈；果点小而密、棕褐色，萼片脱落；果柄较长，长3.7cm、粗3.8mm；果心小，5心室；果肉绿白色，肉质粗、紧脆，汁液少，味酸涩，无香气；含可溶性固形物13.2%；品质下等，常温下可贮藏30d。

树势弱，树姿半开张；萌芽力强，成枝力弱，丰产性一般。一年生枝褐色；叶片卵圆形，长10.1cm、宽5.7cm，叶尖渐尖，叶基楔形；花蕾浅粉红色，每花序6～8朵花，平均7.0朵；雄蕊28～30枚，平均29.0枚；花冠直径3.5cm。在四川泸定县，果实9月下旬成熟。

特殊性状描述：果大、质优、晚熟，因其成熟前微有涩味，栽培中必须严格掌握成熟期。

冠县酸梨

外文名或汉语拼音： Guanxian Suanli

来源及分布： $2n = 34$，原产山东省聊城市冠县，在山东冠县、夏津等地有栽培。

主要性状： 平均单果重145.4g，纵径6.9cm、横径6.5cm，果实卵圆形，果皮绿黄色；果点小而密、浅褐色，萼片残存；果柄较长，长4.5cm、粗2.9mm；果心大，4～5心室；果肉淡黄色，肉质中粗、松脆，汁液多，味酸甜，有微香气；含可溶性固形物10.6%；品质中等，常温下可贮藏20d。

树势强旺，树姿半开张；萌芽力中等，成枝力中等，丰产性好。一年生枝灰褐色；叶片卵圆形，长11.7cm、宽8.3cm，叶尖渐尖，叶基圆形；花蕾白色，边缘浅粉红色，每花序5～8朵花，平均6.5朵；雄蕊19～22枚，平均20.5枚；花冠直径3.9cm。在山东泰安地区，果实9月中旬成熟。

特殊性状描述： 果实刚采收时不堪食用，需经后熟方可食用；植株不抗梨黑星病。

冠县银梨

外文名或汉语拼音： Guanxian Yinli

来源及分布： $2n = 34$，原产山东省聊城市，在山东聊城市冠县、阳谷等地有栽培。

主要性状： 平均单果重273.5g，纵径8.2cm、横径7.9cm，果实长圆形，果皮黄绿色；果点中等大而密、棕褐色，萼片残存；果柄较长，长3.5cm、粗3.1mm；果心中等大，5心室；果肉乳白色，肉质中粗、松脆，汁液多，味甜，有微香气；含可溶性固形物11.7%；品质中等，常温下可贮藏20d。

树势强旺，树姿半开张；萌芽力弱，成枝力弱，丰产性好。一年生枝红褐色；叶片卵圆形，长11.7cm、宽8.3cm，叶尖渐尖，叶基圆形；花蕾白色，每花序5～8朵花，平均6.5朵；雄蕊23～27枚，平均25.0枚；花冠直径4.1cm。在山东泰安地区，果实9月下旬成熟。

特殊性状描述： 有大小年结果现象，植株抗梨黑星病。

碨子梨

外文名或汉语拼音： Gunzili

来源及分布： $2n = 34$，原产吉林延边朝鲜族自治州，在吉林及辽宁岫岩、庄河等地有栽培。

主要性状： 平均单果重280.0g，纵径8.5cm、横径7.9cm，果实纺锤形，果皮黄绿色，阳面无晕；果点小而密、浅褐色，萼片宿存；果柄长，长4.8cm、粗3.3mm；果心小，5心室；果肉乳白色，肉质粗、松脆，汁液中多，味甜酸，无香气；含可溶性固形物13.0%；品质中等，常温下可贮藏30d。

树势中庸，树姿半开张；萌芽力中等，成枝力中等，丰产性好。一年生枝绿黄色；叶片卵圆形，长10.3cm、宽5.3cm，叶尖急尖，叶基宽楔形；花蕾白色，每花序5～7朵花，平均6.0朵；雄蕊18～21枚，平均20.5枚；花冠直径4.1cm。在辽宁熊岳地区，4月19日盛花，果实9月下旬成熟。

特殊性状描述： 植株抗寒性强，但抗病性弱、腐烂病重。

海城慈梨

外文名或汉语拼音： Haicheng Cili

来源及分布： $2n = 34$，原产辽宁省，在辽宁海城等地有栽培。

主要性状： 平均单果重230.0g、纵径9.1cm、横径8.4cm，果实圆锥形，果皮绿黄色，阳面无晕；果点小而密、棕褐色，萼片脱落；果柄较长，长4.2cm、粗3.5mm；果心小，5心室；果肉白色，肉质中粗、松脆，汁液多，味甜，无香气；含可溶性固形物12.7%；品质中上等，常温下可贮藏30d。

树势强旺，树姿直立；萌芽力中等，成枝力弱，丰产性好。一年生枝褐色；叶片卵圆形，长7.8cm、宽6.3cm，叶尖急尖，叶基圆形；花蕾浅粉红色，每花序4～6朵花，平均5.5朵；雄蕊21～29枚，平均25.0枚；花冠直径4.7cm。在辽宁熊岳地区，果实9月中下旬成熟。

特殊性状描述： 果实极耐贮藏；植株抗寒性较强。

邯郸油秋梨

外文名或汉语拼音： Handan Youqiuli

来源及分布： $2n = 34$，原产河北省，在河北邯郸等地有栽培。

主要性状： 平均单果重145.2g，纵径6.4cm、横径6.3cm，果实纺锤形，果皮绿黄色；果点中等大而疏、棕褐色，萼片脱落；果柄较短，长2.5cm、粗2.5mm；果心小，4～5心室；果肉白色，肉质中粗、脆，汁液多，味酸甜，无香气；含可溶性固形物9.2%；品质中等，常温下可贮藏25d以上。

树势中庸，树姿开张；萌芽力强，成枝力弱，丰产性较好。一年生枝红褐色；叶片卵圆形，长10.4cm、宽6.4cm，叶尖急尖，叶基圆形；花蕾白色，每花序6～8朵花，平均7.0朵；雄蕊18～20枚，平均19.0枚；花冠直径3.4cm。在河北邯郸地区，果实9月下旬成熟。

特殊性状描述： 果实耐贮藏；植株抗逆性较强。

汉源白梨

外文名或汉语拼音： Hanyuan Baili

来源及分布： $2n = 34$，原产四川省雅安市，在四川汉源等地有少量分布。

主要性状： 平均单果重301.2g，纵径9.7cm、横径8.3cm，果实倒卵圆形，果皮绿黄色；果点小而疏、褐色，萼片残存；果柄长，长5.0cm、粗3.5mm；果心小，5心室；果肉白色，肉质粗、致密，汁液多，味甜，有微香气；含可溶性固形物9.2%；品质中等，常温下可贮藏20d。

树势强旺，树姿开张；萌芽力中等，成枝力中等，丰产性好。一年生枝黄褐色；叶片卵圆形，长12.7cm、宽8.8cm，叶尖急尖，叶基圆形；花蕾白色，每花序4～6朵花，平均5.4朵；雄蕊20枚左右；花冠直径平均3.2cm。在四川汉源县，果实9月中下旬成熟。

特殊性状描述： 植株极耐瘠薄，适应性、抗逆性均强。

汉源大白梨

外文名或汉语拼音： Hanyuan Dabaili

来源及分布： $2n = 34$，原产四川省汉源县，在当地有一定量栽培。

主要性状： 平均单果重325.4g，纵径8.7cm、横径8.6cm，果实卵圆形，果皮绿色；果点小而密、浅褐色，萼片宿存；果柄较长，长4.2cm、粗4.8mm；果心中等大，5心室；果肉白色，肉质粗、致脆，汁液少，味甜，无香气；含可溶性固形物9.8%；品质下等，常温下可贮藏30d。

树势中庸，树姿直立；萌芽力强，成枝力中等，丰产性较好。一年生枝褐色；叶片卵圆形，长13.5cm、宽8.0cm，叶尖急尖，叶基楔形；花蕾粉红色，每花序4～7朵花，平均6.0朵；雄蕊16～23枚，平均20.0枚；花冠直径4.1cm。在四川汉源县，果实9月下旬成熟。

特殊性状描述： 植株适应性、抗逆性强，较抗梨叶斑病。

汉源假白梨

外文名或汉语拼音： Hanyuan Jiabaili

来源及分布： $2n = 34$，原产四川省，在四川汉源等地有栽培。

主要性状： 平均单果重155.0g，纵径6.6cm、横径6.4cm，果实倒卵圆形，果皮绿色；果点小而密、深褐色，萼片脱落；果柄长，长5.0cm、粗2.4mm；果心中等大，5心室；果肉乳白色，肉质中粗、致密，汁液中多，味甜，无香气；含可溶性固形物9.9%；品质中等，常温下可贮藏15d。

树势中庸，树姿直立；萌芽力中等，成枝力中等，丰产性好。一年生枝褐色；叶片卵圆形，长11.2cm、宽6.9cm，叶尖长尾尖，叶基圆形；花蕾白色，每花序2～6朵花，平均4.0朵；雄蕊18～26枚，平均22.4枚；花冠直径3.9cm。在湖北武汉地区，果实9月中旬成熟。

特殊性状描述： 果实成熟期晚，耐贮藏。

红麻槎子（又名：麻皮糙）

外文名或汉语拼音： Hongmachazi

来源及分布： $2n = 34$，原产江苏睢宁县，在当地有少量栽培。

主要性状： 平均单果重204.0g，纵径7.4cm、横径6.2cm，果实圆形或卵圆形、大小整齐，果皮粗糙、黄褐色，阳面红褐色；果点大而密、灰褐色，萼片脱落；果柄较短，长2.8cm、粗3.5mm；果心小，5心室；果肉黄白色，肉质较粗，石细胞多，成熟后松脆，汁多，味甜略酸；含可溶性固形物11.2%；品质中等，常温下可贮藏20d。

树势中庸，树姿半开张；萌芽力强，成枝力弱，丰产性好。一年生枝赤褐色，多年生枝灰褐色；叶片长卵圆形，长9.2cm、宽6.1cm，叶尖呈长尾尖，叶基圆形；叶缘具粗锐锯齿，齿尖内倾，刺芒细；花蕾红色，每花序6～9朵花，平均7.5朵；雄蕊19～23枚，平均21.0枚。在江苏睢宁县，果实8月下旬至9月上旬成熟。

特殊性状描述： 植株适应性强，耐旱、耐涝、耐盐碱，不抗风；果实易遭梨小食心虫危害。

红皮酥

外文名或汉语拼音：Hongpisu

来源及分布：$2n = 34$，原产四川省盐源县，在当地有少量栽培。

主要性状：平均单果重202.4g，纵径7.3cm、横径7.3cm，果实卵圆形，果皮淡黄色，阳面有鲜红晕；果点小而密、褐色，萼片残存；果柄较短，基部肉质化，长2.3cm、粗3.5mm；果心小，5 ~ 6心室；果肉白色，肉质细、松脆，汁液多，味甜酸，有香气；含可溶性固形物10.5%；品质中上等，常温下可贮藏30d。

树势强旺，树姿开张；萌芽力中等，成枝力弱，丰产性较好。一年生枝黄褐色；叶片卵圆形，长9.7cm、宽6.0cm，叶尖急尖，叶基宽楔形。花蕾粉红色，每花序6 ~ 8朵花，平均7.0朵；雄蕊19 ~ 25枚，平均22.0枚；花冠直径4.0cm。在四川盐源县，果实9月中旬成熟。

特殊性状描述：植株对土壤要求不严格，适宜环境下均能获得高产。

红皮酥梅

外文名或汉语拼音： Hongpisumei

来源及分布： $2n = 34$，原产青海省，在青海贵德、化隆等地有栽培。

主要性状： 平均单果重82.1g，纵径4.9cm、横径5.4cm，果实扁圆形或近圆形，果皮绿黄色，阳面有橘红晕；果点小而密、红褐色，萼片宿存；果柄较长，基部膨大木质化，长3.8cm、粗3.9mm；果心中等大，5心室；果肉乳白色，肉质细、松脆，汁液多，味酸甜适度，有微香气；含可溶性固形物12.6%；品质中上等，常温下可贮藏12d。

树势中庸，树姿半开张；萌芽力中等，成枝力弱，丰产性好。一年生枝红褐色；叶片卵圆形，长11.6cm、宽7.4cm，叶尖急尖，叶基圆形；花蕾白色，每花序5～7朵花，平均6.0朵；雄蕊19～21枚，平均20.0枚；花冠直径3.7cm。在青海化隆地区，果实9月中旬成熟。

特殊性状描述： 大小年结果现象不明显，果实不易被梨小食心虫危害；植株适应性强，抗寒，适于栽培在水肥充足、排水良好的沙壤土中。

红山梨

外文名或汉语拼音： Hongshanli

来源及分布： 原产陕西省，在陕西华山等地有少量栽培。

主要性状： 平均单果重247.0g，纵径7.6cm、横径7.9cm，果实卵圆形，果皮黄绿色；果点小而疏、棕褐色，萼片宿存；果柄较长，长4.0cm、粗4.3mm；果心小，5心室；果肉淡黄色，肉质粗、紧脆，汁液中多，味甜酸，无香气；含可溶性固形物14.1%；品质下等，常温下可贮藏30d。

树势中庸，树姿直立；萌芽力中等，成枝力弱，丰产性一般。一年生枝褐色；叶片椭圆形，长9.4cm、宽5.3cm，叶尖急尖，叶基楔形；花蕾白色，每花序6～7朵花，平均6.0朵；雄蕊18～22枚，平均20.0枚；花冠直径4.1cm。在陕西华山当地，果实9月上旬成熟。

特殊性状描述： 植株抗逆性、适应性均强。

红酥梨

外文名或汉语拼音： Hongsuli

来源及分布： $2n = 34$，原产北京市，在北京平谷刘店镇北吉村有栽培。

主要性状： 平均单果重331.1g，纵径7.2cm、横径7.6cm，果实圆形，果皮黄绿色，阳面有红晕；果点小而密、红褐色，萼片脱落；果柄较短，基部肉质化，长2.0cm、粗2.9mm；果心小，4～5心室；果肉白色，肉质较粗、酥脆，汁液多，味酸甜，无香气；含可溶性固形物11.7%；品质中等，常温下可贮藏20～25d。

树势强旺，树姿直立；萌芽力强，成枝力强，丰产性好。一年生枝红褐色；叶片卵圆形，长11.4cm、宽8.0cm，叶尖急尖，叶基圆形；花蕾白色，每花序5～7朵花，平均6.0朵；雄蕊19～29枚，平均24.0枚；花冠直径4.2cm。在北京地区，果实10月中旬成熟。

特殊性状描述： 果实成熟晚，耐贮藏，可能是红宵梨品种群中的一个类型。

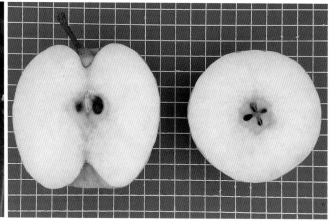

花皮秋

外文名或汉语拼音： Huapiqiu

来源及分布： $2n = 34$，原产山东省，在山东滕州、枣庄、济宁等地有栽培。

主要性状： 平均单果重172.7g，纵径6.1cm、横径6.9cm，果实近圆形，果皮绿黄色，并布满大片果锈；果点小而密、灰褐色，萼片残存；果柄较短，长2.9cm、粗3.4mm；果心中等大，5心室；果肉乳白色，肉质中粗、松脆，汁液少，味甜，有微香气；含可溶性固形物10.7%；品质中等，常温下可贮藏25d。

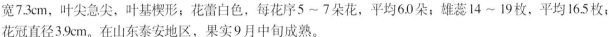

树势中庸，树姿开张；萌芽力强，成枝力弱，丰产性差。一年生枝红褐色；叶片卵圆形，长12.1cm、宽7.3cm，叶尖急尖，叶基楔形；花蕾白色，每花序5～7朵花，平均6.0朵；雄蕊14～19枚，平均16.5枚；花冠直径3.9cm。在山东泰安地区，果实9月中旬成熟。

特殊性状描述： 植株较抗梨黑星病，梨小食心虫及梨枝干病较重。

黄盖梨

外文名或汉语拼音： Huanggaili

来源及分布： $2n = 34$，原产江苏省，在江苏泗阳等地有栽培。

主要性状： 平均单果重238.0g，纵径8.0cm、横径7.6cm，果实倒卵圆形，果皮绿色，果面具褐色锈斑；果点中等大而密、灰褐色，萼片脱落；果柄较长，长3.0cm、粗3.3mm；果心中等大，5心室；果肉白色，肉质疏松，汁液中多，味酸甜，无香气；含可溶性固形物12.3%；品质中等，常温下可贮藏15d。

树势中庸，树姿开张；萌芽力中等，成枝力中等，丰产性好。一年生枝灰褐色；叶片卵圆形，长11.9cm、宽7.2cm，叶尖渐尖，叶基宽楔形；花蕾浅粉红色，每花序3～8朵花，平均5.5朵；雄蕊16～23枚，平均19.5枚；花冠直径2.7cm。在湖北武汉地区，果实9月上旬成熟。

特殊性状描述： 果实顶部锈斑连成一片，形成黄色锈盖。

黄果梨

外文名或汉语拼音：Huangguoli

来源及分布：$2n = 34$，原产青海省，在青海同仁县有栽培。

主要性状：平均单果重124.9g，纵径7.3cm、横径5.8cm，果实葫芦形，果皮绿黄色，阳面无晕；果点小而密、浅褐色，萼片宿存；果柄长，长4.6cm、粗3.1mm；果心中等大，5心室；果肉乳白色，肉质细、松脆，汁液多，味甜酸，有香气；含可溶性固形物12.7%；品质中上等，常温下可贮藏10d。

树势中庸，树姿半开张；萌芽力中等，成枝力弱，丰产性好。一年生枝褐色；叶片卵圆形，长7.4cm、宽5.8cm，叶尖急尖，叶基宽楔形；花蕾白色，每花序5～9朵花，平均6.0朵；雄蕊18～23枚，平均21.0枚；花冠直径3.5cm。在青海同仁地区，果实9月下旬成熟。

特殊性状描述：果实不耐贮藏；植株抗逆性较强，大小年结果现象明显，适于壤土地区栽培。

黄皮楂

外文名或汉语拼音：Huangpicha

来源及分布：$2n = 34$，原产山东省，在山东临沂市平邑、费县等地有栽培。

主要性状：平均单果重183.2g，纵径8.7cm、横径8.2cm，果实倒卵圆形，果皮绿黄色；果点大而密、深褐色，萼片宿存；果柄较长，基部膨大肉质化，长3.6cm、粗3.7mm；果心中等大，5心室；果肉淡黄色，肉质细、松脆，汁液多，味甜，有微香气；含可溶性固形物13.1%；品质上等，常温下可贮藏30d。

树势强旺，树姿直立；萌芽力强，成枝力弱，丰产性好。一年生枝褐色；叶片卵圆形，长11.8cm、宽6.1cm，叶尖急尖，叶基圆形；花蕾白色，边缘浅粉红色，每花序4～7朵花，平均5.5朵；雄蕊19～22枚，平均20.5枚；花冠直径3.8cm。在山东泰安地区，果实9月上旬成熟。

特殊性状描述：果实受梨小食心虫危害较重，不抗梨黑星病。

黄皮酥梅

外文名或汉语拼音： Huangpisumei

来源及分布： $2n = 3x = 51$，原产青海省，在青海贵德、循化、民和等地有栽培。

主要性状： 平均单果重76.9g，纵径5.3cm、横径5.3cm，果实卵圆形，果皮黄绿色，阳面无晕；果柄较长，长3.4cm、粗3.3mm；果点小而密、褐色，萼片宿存；果心中等大，5心室；果肉白色，肉质中粗、松脆，汁液多，味甜酸，无香气；含可溶性固形物11.8%；品质中等，常温下可贮藏6d。

树势中庸，树姿半开张；萌芽力强，成枝力弱，丰产性好。一年生枝褐色；叶片卵圆形，长9.8cm、宽6.8cm，叶尖急尖，叶基宽楔形；花蕾白色，每花序5～9朵花，平均7.0朵；雄蕊17～22枚，平均20.0枚；花冠直径3.7cm。在青海贵德地区，果实9月中旬成熟。

特殊性状描述： 植株耐寒性强，花期怕霜，对梨小食心虫抗性较强，适于肥水充足的壤土地区栽培，产量高，大小年结果现象不明显。

黄皮香

外文名或汉语拼音：Huangpixiang

来源及分布：$2n = 34$，原产湖北省，在湖北松滋等地有栽培。

主要性状：平均单果重155.0g，纵径5.9cm、横径6.6cm，果实扁圆形，果皮绿黄色；果点小而密、浅褐色，萼片脱落；果柄较长，长4.2cm、粗3.8mm；果心中等大，5～6心室；果肉白色，肉质中粗、致密，汁液中多，味酸甜，无香气；含可溶性固形物11.2%；品质中等，常温下可贮藏20d。

树势中庸，树姿直立；萌芽力中等，成枝力弱，丰产性好。一年生枝灰褐色；叶片卵圆形，长12.0cm、宽9.2cm，叶尖急尖，叶基宽楔形；花蕾白色，每花序4～7朵花，平均5.5朵；雄蕊25～30枚，平均28.4枚；花冠直径4.1cm。在湖北武汉地区，果实8月中旬成熟。

特殊性状描述：果形端正，商品率高。

黄县长把梨

外文名或汉语拼音： Huangxian Changbali

来源及分布： $2n = 34$，原产山东省龙口市，在山东龙口、莱阳等地有栽培。

主要性状： 平均单果重110.0g，纵径6.3cm、横径5.9cm，果实卵圆形，果皮绿色；果点小而密、浅褐色，萼片残存；果柄较长，长3.8cm、粗3.1mm；果心中等大，5心室；果肉白色，肉质细、松脆，汁液多，味甜酸，有微香气；含可溶性固形物13.4%；品质中上等，常温下可贮藏20～30d。

树势强旺，树姿半开张；萌芽力中等，成枝力中等，丰产性好。一年生枝褐色；叶片卵圆形，长12.3cm、宽8.2cm，叶尖急尖，叶基宽楔形；花蕾白色，每花序5～8朵花，平均6.5朵；雄蕊19～26枚，平均22.5枚；花冠直径4.0cm。在山东烟台地区，果实9月中旬成熟。

特殊性状描述： 果实耐贮藏；植株抗逆性强，极丰产。

会东芝麻梨

外文名或汉语拼音： Huidong Zhimali

来源及分布： $2n = 34$，原产四川雅安，在四川西昌、会东等地均有栽培。

主要性状： 平均单果重240.0g，纵径7.3cm、横径7.7.cm，果实倒卵圆形，果皮绿黄色；果点小而密、黄褐色并形成片状锈斑，萼片脱落；果柄细长，长5.0cm、粗2.2mm；果心大，5心室；果肉白色，肉质细、松脆，汁液中多，味甜，有微香气；含可溶性固形物12.2%；品质中上等，常温下可贮藏20d。

树势强旺，树姿开张；萌芽力强，成枝力弱，丰产性好。一年生枝黄褐色；叶片椭圆形，长9.6cm、宽6.3cm，叶尖渐尖，叶基圆形；花蕾白色，每花序6～11朵花，平均8.5朵；雄蕊19～22枚，平均20.5枚；花冠直径3.7cm。在四川西昌，果实8月中旬成熟。

特殊性状描述： 植株较耐旱、抗涝，但管理不善容易出现大小年结果现象。

会理花红梨

外文名或汉语拼音： Huili Huahongli

来源及分布： $2n = 34$，原产四川省甘孜州，在四川会理、西昌、会东等地均有栽培。

主要性状： 平均单果重168.0g，纵径5.5cm、横径6.5cm，果实扁圆形，果面黄绿色，阳面有红晕；果点小而密、黄褐色，萼片脱落；果柄长，基部膨大肉质化，长5.0cm、粗2.0mm；果心中等大，5心室；果肉白色，肉质较细、较松脆，汁液多，味酸甜；含可溶性固形物12.2%；品质中上等，常温下可贮藏25d。

树势强旺，树姿半开张；萌芽力强，成枝力中等，丰产性好。一年生枝浅红褐色；叶片卵圆形，长9.5cm、宽5.5cm，叶尖渐尖，叶基截形；花蕾白色，每花序6～10朵花，平均8.0朵；雄蕊19～21枚，平均20.0枚；花冠直径3.7cm。在四川会理县，果实8月上旬成熟。

特殊性状描述： 植株适应性、抗逆性较强，但产量不稳定，有大小年结果现象，并易遭晚霜危害。

会理苹果梨

外文名或汉语拼音：Huili Pingguoli

来源及分布：$2n = 34$，原产四川凉山州，在四川会理、西昌等地均有栽培。

主要性状：平均单果重166.0g，纵径6.1cm、横径7.2cm，果实扁圆形，果皮绿黄色，阳面有紫红晕；果点小而密、褐色，并形成条状或片状锈斑；果柄较短，基部膨大肉质化，长2.7cm、粗1.8mm、萼片残存；果心小，5心室；果肉白色，肉质细、较松脆，汁液多，味甜稍淡；含可溶性固形物11.2%；品质中等，常温下可贮藏30d。

树势强健，树姿半开张；萌芽力较强，成枝力较强，丰产性好。一年生枝黄褐色；叶片卵圆形，长9.1cm、宽5.9cm，叶尖渐尖，叶基圆形或宽楔形；花蕾白色，每花序5～8朵花，平均6.5朵；雄蕊18～20枚，平均19.0枚；花冠直径3.6cm。在贵州会理县，果实8月下旬成熟。

特殊性状描述：果实品质好；植株适应性强，耐瘠薄。

会理早白梨

外文名或汉语拼音：Huili Zaobaili

来源及分布：$2n = 34$，原产四川省，在四川会理等地有栽培。

主要性状：平均单果重157.0g，纵径7.4cm、横径6.4cm，果实近圆形，果皮绿色；果点小、灰褐色，萼片脱落；果柄特长，长6.0cm、粗3.5mm；果心大，5～6心室；果肉淡黄色，肉质粗、疏松，汁液多，味酸甜，无香气；含可溶性固形物14.1%；品质中上等，常温下可贮藏10d。

树势中庸，树姿半开张；萌芽力中等，成枝力弱，丰产性好。一年生枝褐色；叶片卵圆形，长9.6cm、宽6.2cm，叶尖渐尖，叶基宽楔形；花蕾白色，每花序4～8朵花，平均6.0朵；雄蕊18～23枚，平均20.0枚；花冠直径3.5cm。在湖北武汉地区，果实9月上旬成熟。

特殊性状描述：果柄极长，可溶性固形物含量高，口感好。

鸡蛋罐

外文名或汉语拼音： Jidanguan

来源及分布： $2n = 34$，原产河北省，在河北昌黎、抚宁、青龙等地有栽培。

主要性状： 平均单果重187.1g，纵径6.9cm、横径6.9cm，果实长圆形，果皮黄色，阳面鲜红色；果点中等大而密、棕褐色，萼片脱落；果柄较短，长2.8cm、粗1.8mm；果心小，5心室；果肉黄白色，肉质粗、松脆，汁液多，味甜，有香气；含可溶性固形物12.5%；品质中等，常温下可贮藏30d。

树势强旺，树姿直立；萌芽力强，成枝力强，丰产性好，第四年始果。一年生枝红褐色，多年生枝黄褐色；叶片椭圆形，长11.7cm、宽6.9cm，叶尖急尖，叶基截形；花蕾粉红色，每花序5～7朵花，平均6.0朵；雄蕊19～25枚，平均22.0枚；花冠直径3.2cm。在河北昌黎地区，果实10月上旬成熟。

特殊性状描述： 果实耐贮藏；植株耐瘠薄、耐盐碱。

鸡腿香香梨

外文名或汉语拼音： Jituixiangxiangli

来源及分布： $2n = 34$，原产四川省金川县，在金川当地有少量栽培。

主要性状： 平均单果重301.0g，纵径10.0cm、横径8.8cm，果实纺锤形，果皮黄绿色；果点小而密、灰褐色，萼片残存；果柄较长，长3.2cm、粗2.9mm，柄端具鸭头状突起；果心小，5心室；果肉白色，肉质细、松脆，汁液多，味甜酸，有香气；含可溶性固形物14.9%；品质上等,常温下可贮藏15d。

树势强旺，树姿开张；萌芽力强，成枝力强，丰产性好。一年生枝黄褐色；叶片近圆形，长10.2cm、宽6.9cm，叶尖急尖，叶基截形或圆形；花蕾白色，每花序6～8朵花，平均7.0朵；雄蕊19～24枚，平均21.5枚；花冠直径4.0 cm。在四川金川县，果实8月下旬成熟。

特殊性状描述： 植株抗逆性强，但不抗梨黑星病。

鸡爪黄

外文名或汉语拼音：Jizhuahuang

来源及分布：$2n = 34$，原产安徽省，在安徽砀山、萧县等地均有栽培。

主要性状：平均单果重206.2g，纵径6.7cm、横径7.2cm，果实扁圆形或倒卵圆形，果皮淡绿色；果点中等大而密、棕褐色，萼片脱落；果柄较长，基部膨大肉质化，长3.7cm、粗4.1mm；果心中等大，5心室；果肉白色，肉质细、致密，汁液较少，味偏酸，无香气；含可溶性固形物10.5%；品质中等，常温下可贮藏30d以上。

树势中庸，树姿半开张；萌芽力强，成枝力中等，丰产性好。一年生枝青褐色；叶片卵圆形或椭圆形，长13.1cm、宽8.0cm，叶尖急尖或渐尖，叶基宽楔形或圆形；花蕾粉白色，每花序6～8朵花，平均7.0朵；雄蕊16～22枚，平均19.0枚；花冠直径3.0cm。在安徽北部地区，果实9月中下旬成熟。

特殊性状描述：主要用作酥梨的授粉树，果实酸度较高，适宜加工制汁。

鸡子消

外文名或汉语拼音： Jizixiao

来源及分布： $2n = 34$，原产江西省，在江西上饶等地有栽培。

主要性状： 平均单果重250.0g，纵径7.8cm、横径7.6cm，果实倒卵圆形，果皮绿色；果点中等大而疏、灰褐色，萼片脱落；果柄较长，基部膨大肉质化，长3.0cm、粗4.1mm；果心中等大，5心室；果肉白色，肉质中粗、脆，汁液中多，味酸甜，无香气；含可溶性固形物9.7%；品质中等，常温下可贮藏20d。

树势中庸，树姿直立；萌芽力中等，成枝力中等，丰产性好。一年生枝灰褐色；叶片卵圆形，长11.0cm、宽7.9cm，叶尖急尖，叶基楔形；花蕾粉红色，每花序4～8朵花，平均6.0朵；雄蕊18～24枚，平均21.0枚；花冠直径3.7cm。在湖北武汉地区，果实9月中旬成熟。

特殊性状描述： 植株不抗早期落叶病。

金川鸡蛋梨

外文名或汉语拼音： Jinchuan Jidanli

来源及分布： $2n = 34$，原产四川省阿坝州，在四川金川、丹巴等地均有栽培。

主要性状： 平均单果重151.0g，纵径6.1cm、横径5.4cm，果实卵圆形，果皮黄褐色；果点小而密、浅褐色，在肩部形成片状锈斑，萼片脱落；果柄较长，长4.2cm，粗2.3mm；果心中等大，5心室；果肉白色，肉质细、松脆，汁液多，味甜微酸，有微香气；含可溶性固形物11.8%；品质中上等，常温下可贮藏30d。

树势中庸，树姿开张；萌芽力中等，成枝力较强，丰产性好。一年生枝红褐色；叶片长圆形，长9.4cm、宽6.9cm，叶尖渐尖，叶基圆形；花蕾白色，每花序5～8朵花，平均6.5朵；雄蕊18～21枚，平均19.5枚；花冠直径4.0cm。在四川金川县，果实9月下旬成熟。

特殊性状描述： 果实耐贮藏，下霜果实不落。

金川鸡腿梨

外文名或汉语拼音： Jinchuan Jituili

来源及分布： $2n = 34$，原产四川省阿坝州，在四川金川、丹巴、马尔康、小金等地均有少量栽培。

主要性状： 平均单果重233.0g，纵径9.1cm、横径7.4cm，果实细颈葫芦形，果皮黄绿色；果点小而密、棕褐色，在柄端形成少量片状锈斑，萼片脱落；果柄较长，基部膨大，长3.2cm、粗2.0mm；果心中等大，5心室；果肉白色，肉质细、松脆，汁液多，味甜微酸，有浓香气；含可溶性固形物13.5%；品质上等，常温下可贮藏20d。

树势强健，树姿开张；萌芽力中等，成枝力中等，丰产性好。一年生枝红褐色；叶片卵圆形，长10.3cm、宽8.1cm，叶尖渐尖，叶基圆形；花蕾白色，每花序6～8朵花，平均7.0朵；雄蕊20～22枚，平均21.0枚；花冠直径4.1cm。在四川金川县，果实9月中下旬成熟。

特殊性状描述： 果肉易褐变，贮藏后容易发生梨黑心病；植株适应性强。

金川金花早

外文名或汉语拼音： Jinchuan Jinhuazao

来源及分布： $2n = 34$，原产地四川省，在四川金川等地有少量栽培。

主要性状： 平均单果重295.1g，纵径13.2cm、横径11.5cm，果实卵圆形或倒卵圆形，果皮绿色；果点小而密、浅褐色，萼片脱落；果柄细长，长6.0cm、粗3.6mm；果心小，5 ~ 7心室；果肉白色，肉质粗、紧脆，汁液中多，味甜，无香气；含可溶性固形物11.7%；品质下等，常温下可贮藏30d。

树势中庸，树姿半开张；萌芽力强，成枝力弱，丰产性较好。一年生枝褐色；叶片卵圆形，长12.4cm、宽8.4cm，叶尖渐尖，叶基楔形；花蕾粉红色，每花序5 ~ 7朵花，平均6.0朵；雄蕊28 ~ 35枚，平均32.0枚；花冠直径4.3cm。在四川金川县，果实9月上旬成熟。

特殊性状描述： 植株适应性极强，耐干旱，耐瘠薄。

金川雪梨

外文名或汉语拼音: Jinchuan Xueli

来源及分布: $2n = 34$,原产四川省金川县,在当地有一定量栽培。

主要性状: 平均单果重377.0g,纵径9.8cm、横径8.8cm,果实细颈葫芦形,果皮黄绿色;果点小而密、浅褐色,萼片脱落;果柄长,长5.8cm,粗3.5mm;果心中等大,5心室;果肉乳白色,肉质粗、紧脆,汁液中多,味甜酸,无香气;含可溶性固形物10.1%;品质中下等,常温下可贮藏25d。

树势强旺,树姿开张;萌芽力中等,成枝力中等,丰产性好。一年生枝红褐色;叶片卵圆形,长12.0cm、宽8.0cm,叶尖渐尖或急尖,叶基圆形或截形;花蕾白色,每花序6～8朵花,平均7.0朵;雄蕊20～22枚,平均21.0枚;花冠直径4.1cm。在四川金川县,果实9月中下旬成熟。

特殊性状描述: 植株喜光照,耐贫瘠,形色美观,抗旱性、耐湿性较强,对梨心腐病抗性较弱。

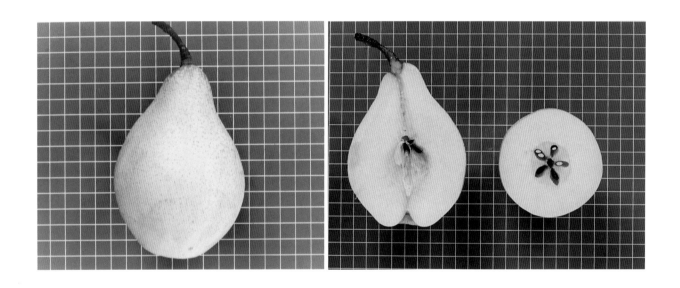

金川雪梨3号

外文名或汉语拼音： Jinchuan Xueli No.3

来源及分布： $2n = 34$，原产四川省阿坝州，在四川金川、丹巴、小金等地均有栽培。

主要性状： 平均单果重243.0g，纵径8.9cm、横径7.2cm，果实葫芦形，果皮黄褐色；果点小而密，萼片脱落；果柄较短，长2.8cm、粗2mm；果心中等大，5心室；果肉白色，肉质细、松脆，汁液多，味甜微酸，有浓香气；含可溶性固形物13.2%；品质上等，常温下可贮藏25d。

树势强旺，树姿开张；萌芽力中等，成枝力中等，丰产性好。一年生枝红褐色；叶片卵圆形，长10.4cm、宽8.2cm，叶尖渐尖，叶基圆形或截形；花蕾白色，每花序5～9朵花，平均7.0朵；雄蕊19～21枚，平均20.0枚；花冠直径4.1cm。在四川金川县，果实9月中下旬成熟。

特殊性状描述： 果肉不易褐变，不易发生梨黑心病；植株适应性强。

金花梨（又名：林檎）

外文名或汉语拼音： Jinhuali

来源及分布： $2n = 34$，原产四川省金川县，在四川、云南、贵州等地有大量栽培。

主要性状： 平均单果重540.8g，纵径10.7cm、横径9.2cm，果实卵圆形，果皮绿黄色，阳面无晕，果锈极少，有棱沟，果面光滑适中；果点小而密、棕褐色，萼片脱落；果柄较长、直生，长3.8cm、粗3.9mm；果心小，5心室，果肉淡黄色，肉质细脆，汁液多，味淡甜，无香气；含可溶性固形物11.8%；品质中上等，常温下可贮藏30d。

树势强健，树姿半开张；萌芽力强，成枝力中等，丰产性好。一年生枝灰褐色；叶片卵圆形，长11.5cm、宽7.2cm；叶尖渐尖，叶基宽楔形；花蕾粉红色，每花序7～9朵花，平均8.0朵；雄蕊20～26枚，平均23.0枚；花冠直径3.9cm。在四川金川县，果实9月中上旬成熟。

特殊性状描述： 果实易受金龟子危害；植株较耐寒，耐湿，抗旱性、抗病性和抗虫性较强。

金珠南水

外文名或汉语拼音： Jinzhu'nanshui

来源及分布： $2n = 34$，原产地不详，现保存在国家园艺种质资源库郑州梨圃。

主要性状： 平均单果重690.0g，纵径10.9cm、横径9.5cm，果实扁圆形，果皮褐色；果点小而密、灰白色，萼片脱落；果柄长，长5.0cm、粗3.8mm；果心小，4～5心室；果肉乳白色，肉质粗、酥脆，汁液多、味甜，无香气；含可溶性固形物11.4%；品质中等，常温下可贮藏15d。

树势中庸，树姿半开张；萌芽力强，成枝力弱，丰产性一般。一年生枝灰褐色；叶片披针形，长9.7cm、宽5.3cm，叶尖渐尖，叶基楔形；花蕾白色，每花序5～9朵花，平均7.0朵；雄蕊29～36枚，平均32.0枚；花冠直径4.3cm。在河南郑州地区，果实9月下旬成熟。

特殊性状描述： 植株适应性强，耐干旱耐瘠薄。

荆门半斤梨

外文名或汉语拼音： Jingmen Banjinli

来源及分布： $2n = 34$，原产湖北省，在湖北荆门等地有栽培。

主要性状： 平均单果重268.0g，纵径7.9cm、横径7.8cm，果实圆形，果皮绿色；果点中等大而密、浅褐色，萼片脱落；果柄长，基部膨大肉质化，长4.5cm、粗3.6mm；果心中等大，5心室；果肉白色，肉质中粗，汁液中多，味酸甜，无香气或有微香气；含可溶性固形物10.6%；品质中等，常温下可贮藏20d。

树势强旺，树姿半开张；萌芽力中等，成枝力弱，丰产性好。一年生枝灰褐色；叶片卵圆形，长10.1cm、宽7.6cm，叶尖急尖，叶基宽楔形；花蕾白色，每花序4～7朵花，平均5.3朵；雄蕊15～23枚，平均18.6枚；花冠直径3.1cm。在湖北武汉地区，果实9月中旬成熟。

特殊性状描述： 果大，极晚熟，较耐贮藏。

荆门芝麻梨

外文名或汉语拼音： Jingmen Zhimali

来源及分布： $2n = 34$，原产湖北省，在湖北荆门等地有栽培。

主要性状： 平均单果重135.0g，纵径5.3cm、横径6.5cm，果实扁圆形，果皮黄绿色；果点小而密、褐色，萼片脱落；果柄长，长4.5cm、粗5.6mm；果心中等大，5心室；果肉白色，肉质中粗、致密，汁液多，味酸甜，无香气；含可溶性固形物10.4%；品质中等，常温下可贮藏20d。

树势强旺，树姿半开张；萌芽力中等，成枝力弱，丰产性好。一年生枝褐色；叶片卵圆形，长9.1cm、宽5.6cm，叶尖急尖，叶基楔形；花蕾粉红色，每花序4～8朵花，平均6.0朵；雄蕊20～25枚，平均23.0枚；花冠直径3.4cm。在湖北武汉地区，果实8月中下旬成熟。

特殊性状描述： 植株丰产性好，易栽培管理。

桔蜜梨

外文名或汉语拼音： Jumili

来源及分布： $2n = 34$，原产地不详，现保存在国家园艺种质资源库郑州梨圃。

主要性状： 平均单果重170.0g，纵径6.1cm、横径6.7cm，果实圆形，果皮绿色；果点中等大而疏、褐色，萼片残存；果柄较短，长2.2cm、粗3.1mm；果心大，5～6心室；果肉白色，肉质粗、紧脆，汁液少，味甜，无香气；含可溶性固形物16.7%；品质中等，常温下可贮藏20d。

树势强旺，树姿半开张；萌芽力强，成枝力中等，丰产性较好。一年生枝褐色；叶片椭圆形，长12.7cm、宽6.4cm，叶尖渐尖，叶基楔形；花蕾浅粉红色，每花序7～9朵花，平均8.0朵；雄蕊20～25枚，平均23.0枚；花冠直径4.2cm。在河南郑州地区，果实8月中下旬成熟。

特殊性状描述： 植株适应性较强，耐高温高湿。

库尔勒香梨

外文名或汉语拼音： Kuerle Xiangli

来源及分布： $2n = 34$，原产新疆维吾尔自治区，在新疆库尔勒、阿克苏等地均有大量栽培。

主要性状： 平均单果重134.8g，纵径6.5cm、横径6.1cm，果实长圆形，果皮绿黄色，阳面暗红；果点小而密、灰褐色，萼片脱落或残存；果柄较长，基部膨大木质化，长4.2cm、粗3.9mm；果心中等大，4～5心室；果肉乳白色，肉质细、松脆，汁液多，味甜，有微香气；含可溶性固形物13.0%；品质上等，常温下可贮藏30d。

树势中庸，树姿直立；萌芽力强，成枝力中等，丰产性较好。一年生枝褐色；叶片卵圆形，长10.8cm、宽7cm，叶尖急尖，叶基楔形；花蕾粉红色，每花序5～7朵花，平均6.0朵；雄蕊20～24枚，平均22.0枚；花冠直径4.2cm。在新疆库尔勒地区，果实9月上中旬成熟。

特殊性状描述： 果实肉质细嫩多汁、甘甜味浓；植株适应性差。

蜡台梨

外文名或汉语拼音： Lataili

来源及分布： $2n = 34$，原产甘肃省，在甘肃武威城关区、凉州区等地有栽培。

主要性状： 平均单果重158.0g，纵径5.8cm、横径6.8cm，果实扁圆形，果皮绿色，阳面有淡红晕；果点中等大而密、红褐色，萼片脱落；果柄较短，长2.5cm、粗3.5mm；果心中等大，5心室；果肉白色，肉质粗、松脆，汁液中多，味甜酸，无香气；含可溶性固形物12.1%；品质中等，常温下可贮藏20d。

树势强旺，树姿直立；萌芽力强，成枝力强，丰产性好。一年生枝褐色；叶片卵圆形，长11.4cm、宽6.3cm，叶尖急尖，叶基圆形；花蕾白色，每花序6～7朵花，平均6.5朵；雄蕊27～29枚，平均28.0枚；花冠直径3.3cm。在甘肃武威地区，果实9月下旬成熟。

特殊性状描述： 果实较耐贮运；植株适应性较强，抗寒性强，耐旱、抗风、耐瘠薄，易感染梨树腐烂病。

兰州冬果梨

外文名或汉语拼音： Lanzhou Dongguoli

来源及分布： $2n = 34$，原产甘肃省，在甘肃兰州、靖远、临夏等地有栽培。

主要性状： 平均单果重248.9g，纵径7.6cm、横径8.2cm，果实卵圆形，果皮绿黄色，阳面有淡红晕；果点小而密、浅褐色，萼片脱落；果柄较长，长3.2cm，粗3.5mm；果心小而密，5心室；果肉白色，肉质中粗、松脆；汁液多，味甜酸，有微香气；含可溶性固形物13.4%；品质上等，常温下可贮藏25d。

树势强旺，树姿半开张；萌芽力强，成枝力中等，丰产性好。一年生枝灰褐色；叶片卵圆形，长11.2cm、宽6.9cm，叶尖急尖，叶基圆形；花蕾白色，每花序5～7朵花，平均6.0朵；雄蕊22～29枚，平均25.5枚；花冠直径5.4cm。在甘肃兰州地区，果实10月上旬成熟。

特殊性状描述： 果实晚熟、耐贮，但抗风性弱，易遭椿象、梨小食心虫危害，是甘肃省黄河沿岸地区主栽品种之一。植株抗旱性、耐盐性较强，抗寒性弱，易遭梨茎蜂等危害，但适应性强，喜沙质壤土。

梨果

外文名或汉语拼音：Liguo

来源及分布：$2n = 34$，原产山东省，在山东莱芜、商河等地有栽培。

主要性状：平均单果重241.5g，纵径7.8cm，横径7.4cm，果实卵圆形，果皮黄色；果点小而密、浅褐色，萼片脱落；果柄长，长4.8cm、粗3.7mm；果心中等大，4～5心室；果肉乳白色，肉质细、松脆，汁液多，味酸甜，有微香气；含可溶性固形物11.8%；品质中上等，常温下可贮藏25～30d。

树势强旺，树姿半开张；萌芽力弱，成枝力弱，丰产性好。一年生枝黄褐色；叶片卵圆形，长12.3cm、宽6.7cm，叶尖急尖，叶基楔形；花蕾白色，边缘浅粉红色，每花序6～8朵花，平均7.0朵；雄蕊26～30枚，平均28.0枚；花冠直径4.1cm。在山东泰安地区，果实9月上中旬成熟。

特殊性状描述：有大小年结果现象。

历城木梨

外文名或汉语拼音： Licheng Muli

来源及分布： $2n = 34$，原产山东省，在山东济南历城等地有栽培。

主要性状： 平均单果重394.1g，纵径9.1cm、横径9.3cm，果实圆形，果皮绿黄色；果点中等大而疏、棕褐色，萼片宿存；果柄较长，长3.1cm、粗3.2mm；果心中等大，5心室；果肉白色，肉质中粗、松脆，汁液多，味甜，无香气；含可溶性固形物11.1%；品质中上等，常温下可贮藏20d。

树势强旺，树姿直立；萌芽力强，成枝力弱，丰产性好。一年生枝黄褐色；叶片卵圆形，长12.3cm、宽7.5cm，叶尖急尖，叶基宽楔形；花蕾白色，每花序4～7朵花，平均5.5朵；雄蕊16～21枚，平均18.5枚；花冠直径3.9cm。在山东泰安地区，果实8月下旬成熟。

特殊性状描述： 植株抗病性较强，但易受梨木虱、椿象类害虫危害。

利川香水梨

外文名或汉语拼音：Lichuan Xiangshuili

来源及分布：$2n = 3x = 51$，原产湖北省，在湖北利川、恩施等地有栽培。

主要性状：平均单果重188.0g，纵径6.8cm、横径7.1cm，果实圆形，果皮绿色；果点小而密、褐色，萼片脱落；果柄细长，长5.0cm、粗3.6mm；果心中等大，5心室；果肉白色，肉质中粗、松脆，汁液多，味甜，无香气；含可溶性固形物10.8%；品质中等，常温下可贮藏20d。

树势强旺，树姿直立；萌芽力中等，成枝力弱，丰产性好。一年生枝褐色；叶片卵圆形，长8.7cm、宽6.3cm，叶尖急尖，叶基楔形；花蕾浅粉红色，每花序3～6朵花，平均4.6朵；雄蕊19～22枚，平均20.4枚；花冠直径4.4cm。在湖北武汉地区，果实9月上旬成熟。

特殊性状描述：三倍体，花粉败育。

临洮麻甜梨

外文名或汉语拼音：Lintao Matianli

来源及分布：$2n = 34$，原产甘肃省，在甘肃临洮等地有栽培。

主要性状：平均单果重58.6g，纵径4.5cm、横径5.0cm，果实卵圆形，果皮绿黄色；果点大而密、灰褐色，萼片宿存；果柄短粗，长1.7cm、粗7.6mm；果心中等大，5心室；果肉淡黄色，肉质中粗、软面，汁液中多，味甜酸，有香气；含可溶性固形物14.1%；品质下等，常温下可贮藏10d。

树势弱，树姿半开张；萌芽力中等，成枝力中等，丰产性差。一年生枝褐色；叶片卵圆形，长6.2cm、宽3.8cm，叶尖急尖，叶基圆形；花蕾白色，每花序7～8朵花，平均7.5朵；雄蕊19～20枚，平均19.5枚；花冠直径2.9cm。在甘肃定西地区，果实9月中旬成熟。

特殊性状描述：果实不耐贮运；植株适应性较强，抗寒性强，耐旱性差，抗病性强，叶片易受梨木虱危害。

临洮木瓜梨

外文名或汉语拼音： Lintao Muguali

来源及分布： $2n = 34$，原产甘肃省，在甘肃临洮三十里铺等地有栽培。

主要性状： 平均单果重89.1g，纵径5.3cm、横径5.2cm，果实圆形，果皮黄绿色，阳面有淡红晕；果点中等大而疏、棕褐色，萼片宿存；果柄较短，长2.5cm、粗3.5mm；果心中等大，5心室；果肉乳白色，肉质细、松脆，汁液多，味甜，有微香气；含可溶性固形物12.5%；品质中上等，常温下可贮藏20d。

树势强旺，树姿开张；萌芽力强，成枝力中等，丰产性好。一年生枝红褐色；叶片卵圆形，长10.9cm、宽7.9cm，叶尖急尖，叶基圆形；花蕾粉红色，每花序7～8朵花，平均7.5朵；雄蕊19～23枚，平均21.0枚；花冠直径3.8cm。在甘肃定西地区，果实9月下旬成熟。

特殊性状描述： 果实较耐贮运；植株适应性较差，适于温暖干燥沙质壤土，抗寒性、抗病性较差。

临沂斤梨

外文名或汉语拼音： Linyi Jinli

来源及分布： $2n = 34$，原产山东省，在山东临沂、郯城等地有栽培。

主要性状： 平均单果重678.4g，纵径11.0cm、横径10.1cm，果实长圆形，果皮黄绿色；果点中等大而密、浅褐色，萼片脱落；果柄较短，长2.1cm，粗3.8mm；果心中等大，5心室；果肉乳白色，肉质粗、松脆，汁液多，味甜酸，无香气；含可溶性固形物10.8%；品质中等，常温下可贮藏30d。

树势强旺，树姿开张；萌芽力强，成枝力强，丰产性差。一年生枝灰褐色；叶片近椭圆形，长15.2cm、宽9.7cm，叶尖急尖，叶基圆形；花蕾粉红色，每花序5～7朵花，平均6.0朵；雄蕊29～33枚，平均31.0枚；花冠直径4.0cm。在山东泰安地区，果实9月中旬成熟。

特殊性状描述： 大小年结果现象严重，果梗硬，抗风性差。

临沂青梨

外文名或汉语拼音： Linyi Qingli

来源及分布： $2n = 34$，原产山东省，在山东临沂、郯城等地有栽培。

主要性状： 平均单果重329.5g，纵径10.1cm、横径9.2cm，果实卵圆形，果皮黄绿色；果点小而密、红褐色，萼片脱落；果柄较短，长2.2cm、粗2.1mm；果心小，5心室；果肉乳白色，肉质细、松脆，汁液多，味酸甜，有微香气；含可溶性固形物10.9%；品质中等，常温下可贮藏30d。

树势强旺，树姿半开张；萌芽力强，成枝力弱，丰产性好。一年生枝绿棕色；叶片圆形，长10.7cm、宽8.8cm，叶尖急尖，叶基圆形；花蕾白色，每花序6～8朵花，平均7.0朵；雄蕊24～29枚，平均26.5枚；花冠直径4.1cm。在山东泰安地区，果实9月下旬成熟。

特殊性状描述： 大小年结果现象明显，不抗风，熟前落果明显，易患梨黑星病。

龙口鸡腿梨

外文名或汉语拼音：Longkou Jituili

来源及分布：原产山东省龙口市，在当地有少量栽培。

主要性状：平均单果重250.0g，纵径5.0cm、横径8.2cm，果实扁圆形，果皮绿黄色；果点小而密、棕褐色，萼片脱落；果柄长，长5.1cm、粗3.5mm；果心中等大，5心室；果肉乳白色，肉质紧脆，汁液多，味酸甜，无香气；含可溶性固形物14.7%；品质下等，常温下可贮藏30d。

树势强旺，树姿半开张；萌芽力强，成枝力强，丰产性较好。一年生枝褐色；叶片椭圆形，长10.8cm、宽6.1cm，叶尖急尖，叶基楔形；花蕾白色，每花序6~9朵花，平均8.0朵；雄蕊18~23枚，平均20.5枚；花冠直径3.2cm。在河南郑州地区，果实8月底成熟。

特殊性状描述：植株适应性、抗逆性均强。

龙口秋梨

外文名或汉语拼音：Longkou Qiuli

来源及分布：原产山东省龙口市，在当地有少量栽培。

主要性状：平均单果重 300.0g，纵径 7.6cm、横径 8.4cm，果实卵圆形，果皮绿黄色；果点小而疏、浅褐色，萼片脱落；果柄较长，长 3.2cm、粗 3.5mm；果心中等大，3～5 心室；果肉绿白色，肉质中粗、紧脆，汁液多，味甜，无香气；含可溶性固形物 11.4%；品质中等，常温下可贮藏 30d。

树势强旺，树姿半开张；萌芽力强，成枝力中等，丰产性较好。一年生枝灰褐色；叶片卵圆形，长 10.6cm、宽 6.8cm，叶尖急尖，叶基楔形；花蕾浅粉红色，每花序 7～9 朵花，平均 8.0 朵；雄蕊 24～26 枚，平均 25.0 枚；花冠直径 4.0cm。在山东龙口当地，果实 9 月上旬成熟。

特殊性状描述：果实耐贮藏；植株抗病性强。

陇西冬金瓶

外文名或汉语拼音：Longxi Dongjinping

来源及分布：$2n = 34$，原产甘肃省，在甘肃陇西、甘谷等地有栽培。

主要性状：平均单果重317.2g，纵径9.1cm、横径7.8cm，果实卵圆形，果皮绿黄色；果点小而密、绿褐色，萼片脱落；果柄较短，长2.7cm、粗2.8mm；果心小，5心室；果肉白色，肉质粗、致密，汁液多，味甜酸、微涩，无香气；含可溶性固形物12.8%；品质中上等，常温下可贮藏25d。

树势中庸，树姿开张；萌芽力强，成枝力中等，丰产性好。一年生枝黄褐色；叶片卵圆形，长12.5cm、宽7.5cm，叶尖急尖，叶基宽楔形；花蕾白色，每花序6～8朵花，平均7.0朵；雄蕊20～21枚，平均20.5枚；花冠直径3.6cm。在甘肃陇西地区，果实10月上旬成熟。

特殊性状描述：果实晚熟，耐贮藏；植株适应性强，耐旱，抗风，抗寒性差，易感染梨树腐烂病，果实易受梨小食心虫危害。

陇西红金瓶（又名：红霞）

外文名或汉语拼音： Longxi Hongjinping

来源及分布： $2n = 34$，原产甘肃省，在甘肃陇西、甘谷、礼县等地有栽培。

主要性状： 平均单果重345.1g，纵径9.2cm、横径8.7cm，果实卵圆形，果皮绿黄色，阳面有鲜红晕；果点小而密、浅褐色，萼片脱落；果柄较长，长3.2cm、粗2.6mm；果心小，5心室；果肉乳白色，肉质粗、致密，汁液多，味甜酸、微涩，无香气；含可溶性固形物13.1%；品质中上等，常温下可贮藏25d。

树势强旺，树姿直立；萌芽力强，成枝力中等，丰产性好。一年生枝黄褐色；叶片卵圆形，长11.1cm、宽6.5cm，叶尖渐尖，叶基宽楔形；花蕾白色，每花序4～6朵花，平均5.0朵；雄蕊19～22枚，平均20.5枚；花冠直径4.3cm。在甘肃陇西地区，果实10月上旬成熟。

特殊性状描述： 果实晚熟，耐贮藏；植株适应性较强，抗寒，耐旱，耐瘠薄，易受梨小食心虫危害。

罗田长柄梨

外文名：Luotian Changbingli

来源及分布：$2n = 34$，原产湖北省，在湖北罗田等地有栽培。

主要性状：平均单果重260.4g，纵径6.8cm、横径7.6cm，果实扁圆形，果皮绿色；果点中等大而密、棕褐色，萼片脱落；果柄长，长5.1cm、粗6.6mm；果心大，5心室；果肉绿白色，肉质粗、致密，汁液少，味甜酸，无香气；含可溶性固形物11.9%；品质中等，常温下可贮藏20d。

树势强旺，树姿直立；萌芽力中等，成枝力弱，丰产性好。一年生枝褐色；叶片卵圆形，长11.6cm、宽7.0cm，叶尖渐尖，叶基宽楔形；花蕾白色，每花序5 ~ 7朵花，平均5.6朵；雄蕊19 ~ 22枚，平均20.4枚；花冠直径3.4cm。在湖北武汉地区，果实9月中旬成熟。

特殊性状描述：果实极晚熟，较耐贮藏。

罗田酸梨

外文名或汉语拼音：Luotian Suanli

来源及分布：$2n = 34$，原产湖北省，在湖北罗田等地有栽培。

主要性状：平均单果重258.6g，纵径8.5cm、横径7.4cm，果实卵圆形，果皮绿色；果点大而密、褐色，萼片宿存；果柄较长，长4.0cm、粗4.6mm；果心中等大，5心室；果肉淡黄色，肉质粗、致密，汁液少，味酸，无香气；含可溶性固形物9.8%；品质中等，常温下可贮藏20d。

树势强旺，树姿直立；萌芽力中等，成枝力弱，丰产性好。一年生枝褐色；叶片卵圆形，长11.1cm、宽8.1cm，叶尖长尾尖，叶基宽楔形；花蕾浅粉红色，每花序2～6朵花，平均4.0朵；雄蕊21～27枚，平均24.0枚；花冠直径2.9cm。在湖北武汉地区，果实9月上旬成熟。

特殊性状描述：果实耐贮藏。

麻八盘

外文名或汉语拼音： Mabapan

来源及分布： $2n = 34$，原产甘肃省，在甘肃礼县城关、永兴等地有栽培。

主要性状： 平均单果重231.5g，纵径7.0cm、横径7.6cm，果实扁圆形，果皮绿黄色，阳面有暗红晕；果点中等大而密、红褐色，萼片脱落；果柄较长，长3.3cm、粗3.6mm；果心大，5心室；果肉乳白色，肉质中粗、松脆，汁液多，味甜酸，无香气；含可溶性固形物11.4%；品质中上等，常温下可贮藏20d。

树势强旺，树姿半开张，萌芽力强，成枝力强，丰产性好。一年生枝红褐色；叶片卵圆形，长12.6cm、宽6.8cm，叶尖急尖，叶基宽楔形；花蕾白色，每花序6～8朵花，平均7.0朵；雄蕊25～27枚，平均26.0枚；花冠直径3.2cm。在甘肃礼县，果实10月中旬成熟。

特殊性状描述： 果实晚熟，较耐贮藏；植株适应性较强，一般土壤均可栽培，易遭晚霜危害，抗虫性强。

麦梨

外文名或汉语拼音：Maili

来源及分布：$2n = 34$，原产甘肃省，在甘肃临洮等地有栽培。

主要性状：平均单果重39.8g，纵径4.3cm、横径4.0cm，果实卵圆形，果皮绿黄色；果点中等大而疏、棕褐色，萼片宿存；果柄短粗，长1.2cm、粗7.8mm；果心大，5心室；果肉淡黄色，肉质细、软面，汁液中多，味酸甜，有香气；含可溶性固形物12.8%；品质中等，常温下可贮藏10d。

树势中庸，树姿半开张；萌芽力强，成枝力中等，丰产性好。一年生枝红褐色；叶片椭圆形，长7.0cm、宽5.1cm，叶尖渐尖，叶基圆形；花蕾浅粉红色，每花序6～9朵花，平均7.5朵；雄蕊20～21枚，平均20.5枚；花冠直径3.14cm。在甘肃定西地区，果实8月下旬成熟。

特殊性状描述：早熟品种，果实不耐贮运；植株适应性较强，抗寒性强，耐旱性中等。

满山滚

外文名或汉语拼音：Manshangun

来源及分布：$2n = 34$，原产山东省，在山东滕州等地有栽培。

主要性状：平均单果重229.9g，纵径7.9cm、横径7.5cm，果实长圆形，果皮绿黄色；果点中等大而密、浅褐色，萼片脱落；果柄较短，长2.1cm、粗3.0mm；果心中等大，5心室；果肉绿白色，肉质中粗、致密，汁液中多，味甜，有微香气；含可溶性固形物10.8%；品质中上等，常温下可贮藏30d。

树势强旺，树姿半开张；萌芽力强，成枝力弱，丰产性好。一年生枝黄褐色；叶片卵圆形，长11.9cm、宽7.3cm，叶尖急尖，叶基圆形；花蕾白色，每花序5～8朵花，平均6.5朵；雄蕊21～24枚，平均22.5枚；花冠直径4.0cm。在山东泰安地区，果实9月下旬成熟。

特殊性状描述：果实耐贮藏。

茂州梨

外文名或汉语拼音： Maozhouli

来源及分布： $2n = 34$，原产四川省阿坝藏族羌族自治州，在四川金川、丹巴、小金等地均有栽培。

主要性状： 平均单果重150.0g，纵径6.1cm、横径6.7cm，果实倒卵圆形，果皮黄色；果点中等大而密、黄褐色并形成片状锈斑，萼片脱落；果柄较短，长2.8cm，粗2.6mm；果心中等大，4～5心室；果肉白色，肉质较细、松脆，汁液多，味甜微酸；含可溶性固形物14.8%；品质中上等，常温下可贮藏25d。

树势强旺，树姿开张；萌芽力较强，成枝力中等，丰产性好。一年生枝暗红褐色；叶片近圆形，长9.8cm、宽7.1cm，叶尖渐尖，叶基圆形或心形；花蕾白色，每花序5～8朵花，平均6.5朵；雄蕊18～22枚，平均20.0枚；花冠直径3.9cm。在四川金川县，果实9月中旬成熟。

特殊性状描述： 植株适应性、抗逆性均强。

懋功梨

外文名或汉语拼音： Maogongli

来源及分布： $2n = 34$，原产四川省，在四川泸定等地有栽培。

主要性状： 平均单果重170.0g，纵径7.4cm、横径6.7cm，果实卵圆形，果皮黄绿色；果点中等大而密、灰褐色，萼片宿存；果柄较长，长4.0cm、粗2.5mm；果心中等大，5心室；果肉乳白色，肉质粗、酥脆，汁液少，味酸甜，无香气；含可溶性固形物8.7%；品质下等，常温下可贮藏10d。

树势强旺，树姿直立；萌芽力中等，成枝力弱，丰产性好。一年生枝褐色；叶片椭圆形，长13.4cm、宽7.8cm，叶尖急尖，叶基宽楔形；花蕾粉红色，每花序5～7朵花，平均6.0朵；雄蕊25～29枚，平均27.0枚；花冠直径3.6cm。在湖北武汉地区，果实8月中旬成熟。

特殊性状描述： 植株丰产性好，抗逆性强。

孟津瓜梨

外文名或汉语拼音： Mengjin Guali

来源及分布： $2n = 34$，原产河南省，在河南洛阳孟津等地有栽培。

主要性状： 平均单果重524.0g，纵径11.6cm、横径7.5cm，果实纺锤形，果皮绿黄色；果点中等大而疏、浅褐色，萼片脱落；果柄较长，长4.2cm、粗3.6mm；果心小，5心室；果肉乳白，肉质细、松脆，汁液多，味酸，无香气；含可溶性固形物12.5%；品质中等，常温下可贮藏30d。

树势强旺，树姿开张；萌芽力强，成枝力强，丰产性好。一年生枝红褐色；叶片卵圆形，长14.3cm、宽8.7cm，叶尖急尖，叶基宽楔形；花蕾浅粉红色，每花序6～8朵花，平均7.0朵；雄蕊27～34枚，平均30.0枚；花冠直径4.5cm。在河南孟津地区，果实8月底成熟。

特殊性状描述： 植株适应性强，耐瘠薄。

棉花包

外文名或汉语拼音： Mianhuabao

来源及分布： $2n = 34$，原产江苏省睢宁、铜山一带，在江苏邳县、新沂、宿迁和淮阴等地有栽培。

主要性状： 平均单果重172.0g，纵径6.6cm、横径7.3cm，果实扁圆形，果皮浅绿色，有光泽，较薄；果点中等大而密、黄褐色，萼片脱落；果柄粗硬，长4.1cm、粗5.5mm；果心小；果肉白色，肉质松酥，故名棉花包，汁多，石细胞中多，风味浓甜，有香气；含可溶性固形物11.2%；品质中上等，常温下可贮藏15d。

树势强旺，树姿半开张；萌芽力强，成枝力弱，丰产性好。一年生枝绿色，有白色茸毛；叶卵圆形，长8.9cm、宽5.8cm；嫩叶紫红色，展叶后浅绿色，成叶深绿色，叶尖渐尖，叶基圆形，叶缘锯齿尖锐开张，刺芒中长；花蕾白色，每花序5～8朵花，平均6.5朵；雄蕊16～21枚，平均18.5枚。在江苏睢宁县，果实9月上旬成熟。

特殊性状描述： 果实易受梨小食心虫危害，受梨黑星病危害轻，不抗风；植株适应性强，极耐涝，耐盐碱，对肥水要求不严格。

面包梨

外文名或汉语拼音：Mianbaoli

来源及分布：$2n = 34$，原产江苏省，在江苏睢宁等地有栽培。

主要性状：平均单果重260.0g，纵径7.1cm、横径6.1cm，果实倒卵圆形，果皮绿黄色，果面具大片锈斑；果点中等大而密、灰褐色，萼片残存；果柄较长，长3.0cm、粗3.3mm；果心中等大，5心室；果肉白色，肉质中粗、脆，汁液多，味甜，无香气；含可溶性固形物10.6%；品质中等，常温下可贮藏15d。

树势弱，树姿半开张；萌芽力中等，成枝力弱，丰产性好。一年生枝绿黄色；叶片卵圆形，长8.7cm、宽7.0cm，叶尖渐尖，叶基楔形；花蕾白色，每花序4～8朵花，平均6.0朵；雄蕊16～22枚，平均19.0枚；花冠直径3.8cm。在湖北武汉地区，果实9月中旬成熟。

特殊性状描述：植株适应性、抗病性均强，但果实品质较差。

民和金瓶梨

外文名或汉语拼音： Minhe Jinpingli

来源及分布： $2n = 34$，原产青海省，在青海民和等地有栽培。

主要性状： 平均单果重33.4g，纵径4.0cm、横径3.9cm，果实卵圆形，果皮绿黄色，阳面有淡红色；果点小而密、红褐色，萼片脱落；果柄长，长4.8cm、粗3.9mm；果心特大，5心室；果肉白色，肉质中粗、致密，汁液多，味酸甜适度，无香气；含可溶性固形物12.6%；品质中等，常温下可贮藏10d。

树势中庸，树姿半开张；萌芽力强，成枝力弱，丰产性好。一年生枝褐色；叶片卵圆形，长8.2cm、宽4.7cm，叶尖急尖，叶基楔形；花蕾白色，每花序6～11朵花，平均8.0朵；雄蕊24～31枚，平均28.0枚；花冠直径3.1cm。在青海民和，果实9月下旬成熟。

特殊性状描述： 果实不耐贮运，宜冻藏；植株适应性强且范围广，对土壤要求不高，大小年结果现象不明显；花期抗霜，但畏旱风，是良好的育种材料。

明江梨

外文名或汉语拼音： Mingjiangli

来源及分布： $2n = 34$，原产江苏省，在江苏泗阳等地有栽培。

主要性状： 平均单果重367.0g、纵径9.1cm、横径8.6cm，果实倒卵圆形，果皮黄绿色；果点中等大而密、灰褐色，萼片脱落；果柄较长，长3.2cm、粗3.4mm；果心中等大，5～7心室；果肉白色，肉质中粗、致密，汁液中多，味甜，无香气；含可溶性固形物11.6%；品质中等，常温下可贮藏15d。

树势中庸，树姿半开张；萌芽力中等，成枝力中等，丰产性好。一年生枝黄褐色；叶片卵圆形，长8.9cm、宽6.4cm，叶尖长尾尖，叶基宽楔形；花蕾粉红色，每花序4～8朵花，平均6.0朵；雄蕊20～27枚，平均23.5枚；花冠直径4.1cm。在湖北武汉地区，果实8月下旬成熟。

特殊性状描述： 果个极大，抗逆性强。

木头酥

外文名或汉语拼音： Mutousu

来源及分布： $2n = 34$，原产安徽省，在安徽歙县上丰乡等地有栽培。

主要性状： 平均单果重197.2g，纵径8.6cm、横径9.7cm，果实圆形或扁圆形，果皮绿色，在潮湿环境中有锈斑；果点大而密、棕褐色，萼片脱落；果柄较短，长2.7cm、粗4.8mm；果心较大，5心室；果肉乳白色，肉质硬脆，汁液较少，味甜，无香气；含可溶性固形物9.5%；品质中等，常温下可贮藏30d。

树势中庸，树姿半开张；萌芽力强，成枝力弱，丰产性好；一年生枝浅褐色；叶片卵圆形，长12.5cm、宽7.9cm，叶尖渐尖或急尖，叶基宽楔形；花蕾白色，每花序5～7朵花，平均6.0朵；雄蕊20～22枚，平均21.0枚；花冠直径3.2cm。在安徽黄山地区，果实8月上旬成熟。

特殊性状描述： 果实耐贮藏，石细胞多；植株对梨黑斑病抗性较弱。

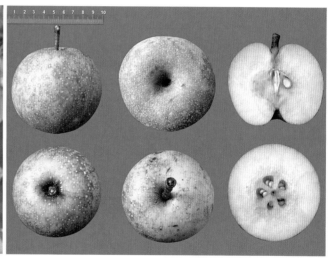

宁陵红蜜

外文名或汉语拼音： Ningling Hongmi

来源及分布： $2n = 34$，原产河南省，在河南宁陵等地有栽培。

主要性状： 平均单果重199.0g，纵径7.2cm、横径7.0cm，果实圆形或长圆形，果皮褐色；果点中等大而密、灰白色，萼片脱落；果柄较短，长2.2cm、粗3.9mm；果心中等大，4～5心室；果肉乳白色，肉质中粗、致密，汁液中多，味甜酸、微涩，无香气；含可溶性固形物9.9%；品质下等，常温下可贮藏25d。

树势强旺，树姿半开张；萌芽力中等，成枝力弱，丰产性好。一年生枝紫褐色；叶片卵圆形或椭圆形，长11.0cm、宽7.7cm，叶尖渐尖或急尖，叶基宽楔形；花蕾浅粉红色，每花序4～7朵花，平均5.5朵；雄蕊18～22枚，平均20.0枚；花冠直径3.7cm。在河南宁陵县，果实10月上旬成熟。

特殊性状描述： 植株抗逆性、适应性均强。

宁陵花红梨

外文名或汉语拼音： Ningling Huahongli

来源及分布： $2n = 34$，原产河南省，在河南宁陵等地有栽培。

主要性状： 平均单果重84.0g，纵径5.0cm、横径5.5cm，果实圆形，果皮黄色，阳面有橘红晕；果点中等大而密、浅褐色，萼片脱落；果柄短，长1.6cm、粗4.3mm；果心中等大，5心室；果肉乳白色，肉质中粗、松脆，汁液多，味酸、微涩，无香气；含可溶性固形物10.8%；品质中下等，常温下可贮藏30d。

树势强旺，树姿直立；萌芽力中等，成枝力中等，丰产性好。一年生枝褐色；叶片卵圆形或披针形，长10.5cm、宽5.7cm，叶尖渐尖，叶基宽楔形或圆形；花蕾粉红色，每花序5～7朵花，平均6.0朵；雄蕊9～11枚，平均10.0枚；花冠直径3.2cm。在河南宁陵地区，果实8月中旬成熟。

特殊性状描述： 植株适应性强，耐瘠薄、耐盐碱。

宁陵马蹄黄

外文名或汉语拼音： Ningling Matihuang

来源及分布： $2n = 34$，原产河南省，在河南宁陵等地有栽培。

主要性状： 平均单果重235.0g、纵径6.6cm、横径7.8cm，果实扁圆形，果皮绿黄色或绿色；果点大而密、褐色，萼片脱落；果柄短，长1.7cm、粗3.0mm；果心中等大，5心室；果肉乳白色，肉质中粗、松脆，汁液中多，味酸甜，有微香气；含可溶性固形物14.6%；品质中等，常温下可贮藏25d。

树势强旺，树姿直立；萌芽力中等，成枝力弱，丰产性好。一年生枝紫褐色；叶片卵圆形，长10.4cm、宽7.1cm，叶尖渐尖，叶基截形；花蕾浅粉红色，每花序4～7朵花，平均5.5朵；雄蕊18～22枚，平均20.0枚；花冠直径3.7cm。在河南商丘地区，果实9月上旬成熟。

特殊性状描述： 植株适应性强，花粉量大。

宁陵泡梨

外文名或汉语拼音： Ningling Paoli

来源及分布： $2n = 34$，原产河南省，在河南宁陵等地有栽培。

主要性状： 平均单果重580.0g，纵径9.6cm、横径9.8cm，果实扁圆形，果皮黄绿色；果点中等大而密、深褐色，萼片脱落；果柄较短，长2.2cm、粗3.3mm；果心小，5心室；果肉乳白色，肉质中粗、松脆，汁液中多，味酸甜，无香气；含可溶性固形物12.8%；品质中等，常温下可贮藏30d。

树势强旺，树姿直立；萌芽力中等，成枝力中等，丰产性差。一年生枝褐色；叶片卵圆形，长11.0cm、宽9.3cm，叶尖渐尖，叶基宽楔形；花蕾浅粉红色，每花序6～8朵花，平均7.0朵；雄蕊24～29枚，平均26.5枚；花冠直径3.5cm。在河南宁陵地区，果实8月中下旬成熟。

特殊性状描述： 果个大，植株适应性强。

宁陵小红梨

外文名或汉语拼音： Ningling Xiaohongli

来源及分布： $2n = 34$，原产河南省，在河南宁陵等地有栽培。

主要性状： 平均单果重74.0g，纵径4.4cm、横径5.3cm，果实扁圆形，果皮褐色；果点中等大而密、灰褐色，萼片脱落；果柄较长，长3.0cm、粗3.4mm；果心大，5心室；果肉绿白色，肉质粗、致密，汁液中多，味酸，无香气；含可溶性固形物9.9%；品质下等，常温下可贮藏26d。

树势强旺，树姿半开张；萌芽力中等，成枝力强，丰产性好。一年生枝红褐色或紫褐色；叶片卵圆形，长10.5cm、宽6.2cm，叶尖急尖，叶基宽楔形或圆形；花蕾浅粉红色，每花序5～7朵花，平均6.0朵；雄蕊13～15枚，平均14.0枚；花冠直径2.9cm。在河南宁陵县，果实10月上旬成熟。

特殊性状描述： 植株适应性强，耐瘠薄，耐盐碱。

宁陵紫酥梨

外文名或汉语拼音： Ningling Zisuli

来源及分布： $2n = 34$，原产河南省，在河南宁陵等地有栽培。

主要性状： 平均单果重183.0g，纵径6.6cm、横径6.9cm，果实圆形或长圆形，果皮黄褐色；果点中等大而密、灰白色，萼片脱落；果柄较长，长3.0cm、粗3.6mm；果心大，5心室；果肉乳白色，肉质中粗、松脆，汁液多，味甜酸、微涩，无香气；含可溶性固形物11.9%；品质中下等，常温下可贮藏25d。

树势强旺，树姿直立；萌芽力强，成枝力中等，丰产性好。一年生枝褐色；叶片卵圆形，长11.0cm、宽7.0cm，叶尖渐尖，叶基截形；花蕾浅粉红色，每花序5～8朵花，平均6.0朵；雄蕊17～24枚，平均20.0枚；花冠直径3.4cm。在河南宁陵县，果实9月中旬成熟。

特殊性状描述： 植株适应性强，耐瘠薄，耐盐碱，花粉量大。

平谷红宵梨

外文名或汉语拼音： Pinggu Hongxiaoli

来源及分布： $2n = 34$，原产北京市，在北京平谷、密云、怀柔、房山等地有栽培。

主要性状： 平均单果重204.5g，纵径6.5cm、横径6.3cm，果实近圆形，果皮绿黄色，阳面有鲜红晕；果点小而密、棕褐色，萼片脱落；果柄较长，长3.5cm、粗2.9mm；果心中等大，4～5心室；果肉白色，肉质粗、松脆；汁液中多，味酸甜、微涩，无香气；含可溶性固形物10.1%；品质中等，常温下可贮藏30d，贮藏后品质有所提高。

树势强旺，树姿开张；萌芽力强，成枝力中等，丰产性好。一年生枝红褐色；叶片卵圆形，长7.7cm、宽6.4cm，叶尖急尖，叶基圆形或截形；花蕾白色，边缘粉红色，每花序6～8朵花，平均7.0朵；雄蕊19～21枚，平均20.0枚；花冠直径3.3cm。在北京地区，果实10月中旬成熟。

特殊性状描述： 果实着色鲜艳，贮藏性好；植株抗病性、抗虫性、耐旱性均较强。

平头果

外文名或汉语拼音：Pingtouguo

来源及分布：$2n = 34$，原产甘肃省，在甘肃临夏漫路等地有栽培。

主要性状：平均单果重56.3g，纵径4.1cm、横径4.7cm，果实圆形，果皮黄色，阳面有淡红晕；果点中等大而疏、红褐色，萼片残存；果柄较长，长3.5cm、粗3.6mm；果心大，5心室；果肉淡黄色，肉质粗、松脆，汁液少，味酸甜，无香气；含可溶性固形物11.5%；品质下等，常温下可贮藏15d。

树势中庸，树姿开张；萌芽力强，成枝力中等，丰产性好。一年生枝褐色；叶片卵圆形，长8.1cm、宽5.2cm，叶尖急尖，叶基圆形；花蕾粉红色，每花序12 ～ 14朵花，平均13.0朵；雄蕊19 ～ 21枚，平均20.0枚；花冠直径2.8cm。在甘肃临夏地区，果实9月上旬成熟。

特殊性状描述：植株适应性强，耐瘠薄，抗寒性、抗病性、抗虫性均强。

平邑绵梨

外文名或汉语拼音： Pingyi Mianli

来源及分布： $2n = 34$，原产山东省，在山东平邑、费县、滕州等地有栽培。

主要性状： 平均单果重175.9g，纵径6.8cm、横径6.9cm，果实卵圆形，果皮绿色；果点中等大而密、褐色，萼片残存；果柄较长，基部膨大，长4.1cm，粗3.9mm；果心小，5心室；果肉绿白色，肉质粗、松脆，汁液少，味甜，有微香气；含可溶性固形物11.2%；品质中下等，常温下可贮藏20d。

树势强旺，树姿开张；萌芽力强，成枝力弱，丰产性好。一年生枝黄褐色；叶片卵圆形，长10.8cm、宽7.6cm，叶尖急尖，叶基宽楔形；花蕾白色，边缘浅粉红色，每花序5～8朵花，平均6.5朵；雄蕊19～22枚，平均20.5枚；花冠直径3.9cm。在山东泰安地区，果实10月中下旬成熟。

特殊性状描述： 果实经短期贮藏肉质稍变细，香气变浓；植株适应性强，抗旱、耐涝。

平邑子母梨

外文名或汉语拼音： Pingyi Zimuli

来源及分布： $2n = 34$，原产山东省，在山东平邑、费县、滕州、邹城等地有栽培。

主要性状： 平均单果重285.4g，纵径9.1cm、横径7.8cm，果实卵圆形，果皮黄绿色；果点中等大而密、深褐色，萼片脱落；果柄长，长4.7cm、粗3.7mm；果心中等大，5心室；果肉乳白色，肉质中粗、松脆，汁液多，味甜酸，有微香气；含可溶性固形物11.2%；品质中等，常温下可贮藏30d。

树势强旺，树姿半开张；萌芽力强，成枝力强，丰产性好。一年生枝浅黄绿色；叶片卵圆形，长10.6cm、宽6.8cm，叶尖急尖，叶基圆形；花蕾白色，边缘浅粉红色，每花序5～7朵花，平均6.0朵；雄蕊19～21枚，平均20.0枚；花冠直径3.9cm。在山东泰安地区，果实10月上旬成熟。

特殊性状描述： 植株抗旱、耐涝、耐瘠薄，适宜山地栽植，对梨黑星病和梨纹病抗性较差。

蒲梨消

外文名或汉语拼音： Pulixiao

来源及分布： $2n = 34$，原产江西省，在江西上饶等地有栽培。

主要性状： 平均单果重215.0g，纵径7.1cm、横径7.3cm，果实圆形，果皮绿色；果点中等大而密、棕褐色，萼片脱落；果柄较短，基部膨大肉质化，长2.5cm、粗4.3mm；果心较小，5心室；果肉白色，肉质中粗、脆，汁液中多，味淡甜，无香气；含可溶性固形物9.4%；品质中等，常温下可贮藏20d。

树势中庸，树姿直立；萌芽力中等，成枝力中等，丰产性好。一年生枝黑褐色；叶片卵圆形，长11.1cm、宽11.2cm，叶尖急尖，叶基宽楔形；花蕾粉红色，每花序4～8朵花，平均6.0朵；雄蕊20～25枚，平均22.5枚；花冠直径3.5cm。在湖北武汉地区，果实9月上旬成熟。

特殊性状描述： 果实极晚熟，较耐贮藏。

栖霞大香水

外文名或汉语拼音： Qixia Daxiangshui

来源及分布： $2n = 34$，原产山东省，在山东栖霞等地有栽培。

主要性状： 平均单果重195.0g，纵径7.0cm、横径7.3cm，果实圆形，果皮绿色；果点小而密、浅褐色，萼片脱落；果柄长，长5.2cm、粗3.2mm；果心中等大，5心室；果肉乳白色，肉质细、松脆，汁液多，味酸甜，无香气；含可溶性固形物13%；品质中等，常温下可贮藏30d。

树势中庸，树姿半开张；萌芽力强，成枝力中等，丰产性较好。一年生枝黄褐色；叶片卵圆形，长10.4cm、宽7.3cm，叶尖急尖，叶基狭楔形；花蕾粉红色，每花序5～9朵花，平均7.0朵；雄蕊25～30枚，平均27.5枚；花冠直径4.5cm。在山东栖霞地区，果实9月上旬成熟。

特殊性状描述： 植株适应性强，较抗梨黑星病。

乾县平梨

外文名或汉语拼音：Qianxian Pingli

来源及分布：$2n = 34$，原产陕西省，在陕西乾县、彬县等地均有栽培。

主要性状：平均单果重223.0g，纵径6.3cm、横径7.6cm，果实扁圆形，果皮黄绿色；果点小而密、褐色，萼片脱落；果柄长，长4.5cm、粗3.8mm；果心小，5心室；果肉乳白色，肉脆，汁液多，味淡甜，无香气；含可溶性固形物12.2%；品质上等，常温下可贮藏20d。

树势中庸，树姿开张；萌芽力弱，成枝力弱，丰产性较好。一年生枝灰褐色；叶片卵圆形，长12.5cm、宽9.5cm，叶尖急尖，叶基截形。花蕾浅粉红色，每花序5～7朵花，平均6.0朵；雄蕊17～25枚，平均21.0枚；花冠直径4.3cm。在陕西关中地区，果实9月中旬成熟。

特殊性状描述：能自花结实，易发生裂果。

乾县银梨

外文名或汉语拼音： Qianxian Yinli

来源及分布： $2n = 34$，原产陕西省，在陕西乾县、礼泉等地均有栽培。

主要性状： 平均单果重186.0g，纵径7.1cm、横径7.3cm，果实倒卵圆形，果皮黄绿色；果点小而密、棕褐色，萼片脱落；果柄细长，长5.0cm、粗3.0mm；果心中等，5心室；果肉乳白色，肉质细、脆，汁液中多，味淡酸甜，无香气；含可溶性固形物14.5%；品质中等，常温下可贮藏30d。

树势中庸，树姿开张；萌芽力强，成枝力中等，丰产性较好。一年生枝红褐色；叶片卵圆形，长11.6cm、宽7.1cm，叶尖急尖，叶基宽楔形。花蕾浅粉红色，每花序5～6朵花，平均5.5朵；雄蕊17～25枚，平均21.0枚；花冠直径4.1cm。在陕西关中地区，果实9月下旬成熟。

特殊性状描述： 果实耐贮藏；植株抗逆性强，遇大风不易落果。

秦安长把梨

外文名或汉语拼音： Qin'an Changbali

来源及分布： 原产甘肃省，在甘肃秦安等地有少量栽培。

主要性状： 平均单果重214.9g，纵径7.7cm、横径7.3cm，果实粗颈葫芦形，果皮绿色；果点小而密、浅褐色，萼片宿存；果柄长，长4.5cm、粗4.0mm；果心中等大，5心室；果肉白色，肉质中粗、松脆，汁液中多，味酸甜，无香气；含可溶性固形物13.9%；品质中等，常温下可贮藏20d。

树势中庸，树姿半开张；萌芽力中等，成枝力弱，丰产性较好。一年生枝灰褐色；叶片椭圆形，长12.0cm、宽6.9cm，叶尖急尖，叶基楔形；花蕾粉红色，每花序6～9朵花，平均7.0朵；雄蕊19～25枚，平均21.0枚；花冠直径5.4cm。在甘肃秦安县，果实9月下旬成熟。

特殊性状描述： 植株耐旱，耐瘠薄。

秦安圆梨

外文名或汉语拼音： Qin'an Yuanli

来源及分布： $2n = 34$，原产甘肃省，在甘肃秦安县兴国镇等地有栽培。

主要性状： 平均单果重207.0g，纵径6.2cm、横径7.4cm，果实圆形，果皮绿色，阳面有淡红晕；果点小而密、红褐色，萼片脱落；果柄长，长4.5cm，粗3.6mm；果心中等大，4～5心室；果肉乳白色，肉质细、松脆，汁液多，味甜、微涩，有微香气；含可溶性固形物12.9%；品质中上等，常温下可贮藏15d。

树势强旺，树姿半开张；萌芽力强，成枝力中等，丰产性好。一年生枝黄褐色；叶片卵圆形，长11.5cm、宽8.4cm，叶尖急尖，叶基圆形；花蕾白色，每花序6～8朵花，平均7.0朵；雄蕊27～30枚，平均28.5枚；花冠直径3.3cm。在甘肃天水地区，果实8月下旬成熟。

特殊性状描述： 果实早熟；植株适应性强，较抗寒，耐旱，适合沙地栽培。

青海冬果梨

外文名或汉语拼音： Qinghai Dongguoli

来源及分布： $2n = 34$，原产青海省，在青海贵德、乐都、民和、循化、尖扎等县有栽培。

主要性状： 平均单果重112.2g，纵径7.4cm、横径6.8cm，果实倒卵圆形，果皮绿色，阳面无晕；果点小而密、浅褐色，萼片脱落；果柄较长，长3.8cm、粗2.9mm；果心中等大，5心室；果肉乳白色，肉质中粗、松脆，汁液多，味甜酸，无香气；含可溶性固形物11.6%；品质中上等，常温下可贮藏20d。

树势中庸，树姿开张；萌芽力中等，成枝力弱，丰产性好。一年生枝黄褐色；叶片卵圆形，长13.0cm、宽8.5cm，叶尖急尖，叶基圆形；花蕾浅粉红色，每花序3～9朵花，平均6.0朵；雄蕊19～28枚，平均24.0枚；花冠直径4.5cm。在青海民和地区，果实10月上中旬成熟。

特殊性状描述： 果实质优，对梨小食心虫抗性差，较耐贮运；植株适应性较强，但花期怕霜，大小年结果现象明显，适于栽植在肥水充足的壤土中。

青皮糙

外文名或汉语拼音：Qingpicao

来源及分布：$2n = 34$，原产安徽省，在安徽砀山县等地有栽培。

主要性状：平均单果重217.3g，纵径7.3cm、横径6.8cm，果实倒卵圆形，果皮绿色并具片状锈斑；果点中等大而密、棕褐色，萼片宿存；果柄较长，长3.1cm、粗4.3mm；果心中等大，5心室；果肉白色，肉质细脆、致密，汁液中多，味甜酸，无香气；含可溶性固形物10.6%；品质中上等，常温下可贮藏10d。

树势强旺，树姿直立；萌芽力强，成枝力强，丰产性极好。一年生枝棕褐色；叶片椭圆形或长圆形，长14.2cm、宽8.6cm，叶尖急尖，叶基宽楔形；花蕾粉白色，每花序5～7朵花，平均6.0朵；雄蕊16～20枚，平均18.0枚；花冠直径3.0cm。在安徽北部地区，果实9月中下旬成熟。

特殊性状描述：主要用作酥梨的授粉树，果实酸度较高，适宜加工制汁。

青皮槎

外文名或汉语拼音： Qingpicha

来源及分布： $2n = 34$，原产山东省滕县，在当地有少量栽培。

主要性状： 平均单果重250.1g，纵径8.0cm、横径7.6cm，果实圆柱形，果皮绿色；果点小而密、灰褐色，萼片宿存；果柄较长，基部膨大肉质化，长4.0cm、粗3.9mm；果心中等大，5心室；果肉绿白色，肉质细、松脆，汁液多，味甜，无香气；含可溶性固形物12.8%；品质中等，常温下可贮藏25d。

树势中庸，树姿直立；萌芽力中等，成枝力弱，丰产性一般。一年生枝褐色；叶片卵圆形，长9.8cm、宽7.5cm，叶尖急尖，叶基狭楔形；花蕾粉红色，每花序6～8朵花，平均7.0朵；雄蕊22～26枚，平均24.0枚；花冠直径4.1cm。在山东滕县，果实9月上旬成熟。

特殊性状描述： 植株适应性较差。

青皮蜂蜜梨

外文名或汉语拼音：Qingpifengmili

来源及分布：$2n = 34$，原产四川省泸定县，在当地有少量分布。

主要性状：平均单果重144.1g，纵径5.8cm、横径6.4cm，果实圆形，果皮黄白色；果点小而密、褐色，萼片脱落；果柄较长而细，长3.5cm、粗3.3mm；果心极小，5心室；果肉白色，肉质粗、致密，汁液中多，味甜，无香气；含可溶性固形物10.9%；品质中上等，常温下可贮藏30d。

树势强旺，树姿半开张；萌芽力中等，成枝力中等，丰产性好。一年生枝红褐色；叶片卵圆形，长9.5 ~ 12.0cm、宽7 ~ 8.5cm，叶尖急尖，叶基圆形或截形。花蕾白色，每花序6 ~ 8朵花，平均7.0朵；雄蕊20 ~ 22枚，平均21.0枚；花冠直径3.9cm。在四川泸定县，果实9月下旬至10月上旬成熟。

特殊性状描述：植株适应性、抗逆性较强。

青皮沙

外文名或汉语拼音： Qingpisha

来源及分布： $2n = 34$，原产地不详，现保存在国家园艺种质资源库郑州梨圃。

主要性状： 平均单果重624.0g、纵径10.2cm、横径10.0cm，果实圆形，果皮绿黄色，果顶具果锈；果点中等大而密、灰白色，萼片脱落；果柄较长，长3.0cm、粗3.2mm；果心小，5心室；果肉淡黄色，肉质粗、紧脆，汁液中多，味酸甜，无香气；含可溶性固形物12.9%；品质下等，常温下可贮藏20d。

树势较弱，树姿半开张；萌芽力中等，成枝力弱，丰产性一般。一年生枝黄褐色；叶片椭圆形，长5.5cm、宽4.2cm，叶尖渐尖，叶基圆形；花蕾白色，每花序6～8朵花，平均7.0朵；雄蕊35～42枚，平均38.0枚；花冠直径4.7cm。在河南郑州地区，果实9月下旬成熟。

特殊性状描述： 植株耐高温高湿，抗梨叶斑病。

青松梨

外文名或汉语拼音： Qingsongli

来源及分布： $2n = 34$，原产地不详，现保存在国家园艺种质资源库郑州梨圃。

主要性状： 平均单果重324.2g，纵径7.2cm、横径8.7cm，果实圆形，果皮绿色；果点小而密、灰白色，萼片宿存；果柄较长，长3.8cm、粗3.5mm；果心中等大，5心室；果肉白色，肉质细、松脆，汁液多，味淡甜，无香气；含可溶性固形物11.9%；品质中上等，常温下可贮藏10d。

树势中庸，树姿直立；萌芽力中等，成枝力弱，丰产性一般。一年生枝褐色；叶片卵圆形，长9.3cm、宽7.9cm，叶尖渐尖，叶基楔形；花蕾白色，每花序5～6朵花，平均5.0朵；雄蕊25～31枚，平均28.0枚；花冠直径4.0cm。在河南郑州地区，果实9月上旬成熟。

特殊性状描述： 植株适应性、抗逆性均强。

青圆梨

外文名或汉语拼音： Qingyuanli

来源及分布： $2n = 34$，原产地不详，现保存在国家园艺种质资源库郑州梨圃。

主要性状： 平均单果重320.0g，纵径7.5cm、横径8.8cm，果实扁圆形，果皮绿色，果面具大片褐斑；果点中等大而密、灰白色，萼片脱落；果柄细长，基部膨大肉质化，长4.9cm、粗3.5mm；果心小，5心室；果肉白色，肉质细、松脆，汁液多，味甜，无香气；含可溶性固形物13.5%；品质中上等，常温下可贮藏20d。

树势弱，树姿半开张；萌芽力强，成枝力弱，丰产性一般。一年生枝红褐色；叶片披针形，长12.8cm、宽7.9cm，叶尖渐尖，叶基狭楔形；花蕾浅粉红色，每花序5～10朵花，平均7.0朵；雄蕊18～23枚，平均21.0枚；花冠直径3.8cm。在河南郑州地区，果实9月上旬成熟。

特殊性状描述： 植株耐高温高湿。

庆宁香香梨

外文名或汉语拼音： Qingning Xiangxiangli

来源及分布： $2n = 34$，原产四川省阿坝藏族羌族自治州，在四川金川等地均有少量栽培。

主要性状： 平均单果重258.0g，纵径7.5cm，横径7.6cm，果实圆形，果皮黄色；果点小而密、褐色，萼片脱落；果柄较长，长3.5cm、粗2.9mm；果心较大，5心室；果肉白色，肉质细、松脆，汁液多，味浓甜，有浓香气；含可溶性固形物13.4%；品质中上等，常温下可贮藏20d。

树势强旺，树姿开张；萌芽力较强，成枝力中等，丰产性好。一年生枝红褐色；叶片卵圆形，长9.8cm、宽7.2cm，叶尖渐尖，叶基圆形或宽楔形；花蕾白色，每花序5～7朵花，平均6.0朵；雄蕊18～21枚，平均19.5枚；花冠直径4.2cm。在四川金川县，果实9月下旬成熟。

特殊性状描述： 植株耐干旱，耐瘠薄。

软枝青

外文名或汉语拼音： Ruanzhiqing

来源及分布： $2n = 3x = 51$；原产江苏省睢宁县，现保存在国家园艺种质资源库郑州梨圃。

主要性状： 平均单果重190.0g，纵径6.4cm、横径7.4cm，果实圆形，果皮绿色；果点中等大而密、浅褐色，萼片宿存；果柄很长，长6.3cm、粗3.8mm；果心中等大，5心室；果肉淡黄色，肉质粗、紧脆，汁液少，味酸，无香气；含可溶性固形物13.1%；品质下等，常温下可贮藏25d。

树势中庸，树姿半开张；萌芽力强，成枝力弱，丰产性较好。一年生枝黄褐色；叶片椭圆形，长10.9cm、宽6.1cm，叶尖渐尖，叶基楔形；花蕾粉红色，每花序6～9朵花，平均7.5朵；雄蕊19～25枚，平均22.0枚；花冠直径4.6cm。在河南郑州地区，果实8月下旬成熟。

特殊性状描述： 果面凹凸不平。

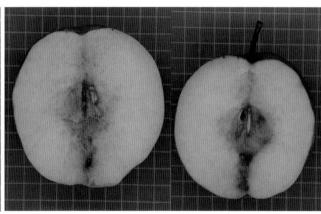

萨拉明

外文名或汉语拼音： Salaming

来源及分布： $2n = 34$，原产甘肃省，在甘肃临夏等地有栽培。

主要性状： 平均单果重65.4g，纵径4.5cm、横径4.8cm，果实圆形，果皮绿色，阳面有淡红晕；果点小而密、浅褐色，萼片脱落；果柄较长，长4.4cm、粗3.4mm；果心大，6心室；果肉白色，肉质粗、松脆，汁液中多，味酸甜，有微香气；含可溶性固形物13.8%；品质中等，常温下可贮藏20d。

树势中庸，树姿半开张；萌芽力强，成枝力中等，丰产性好。一年生枝黄褐色；叶片椭圆形，长9.9cm、宽5.4cm，叶尖渐尖，叶基宽楔形；花蕾白色，每花序7～8朵花，平均7.5朵；雄蕊28～30枚，平均29.0枚；花冠直径3.8cm。在甘肃临夏地区，果实9月下旬成熟。

特殊性状描述： 果实晚熟，较耐贮运；植株适应性较强，容易栽培，耐瘠薄，耐盐碱，抗寒性较强，适于冷凉、阴湿地区栽培。

沙耳香香梨

外文名或汉语拼音： Shaer Xiangxiangli

来源及分布： $2n = 34$，原产四川省阿坝藏族羌族自治州，在四川金川、小金等地均有少量栽培。

主要性状： 平均单果重260.0g，纵径9.2cm、横径7.1cm，果实倒卵圆形，果皮黄绿色；果点小而密、褐色并形成片状锈斑，萼片残存；果柄长3.0cm、粗2.4mm；果心极小，4～5心室；果肉白色，肉质较细、松脆，汁液多，味甜，有浓香气；含可溶性固形物13.2%；品质中上等，常温下可贮藏20d。

树势强旺，树姿开张；萌芽力中等，成枝力较弱，丰产性好。一年生枝红褐色；叶片卵圆形，长11.4cm、宽7.5cm，叶尖渐尖，叶基圆形或截形；花蕾白色，每花序5～10朵花，平均7.5朵；雄蕊18～21枚，平均19.5枚；花冠直径4.3cm。在四川金川县，果实9月下旬成熟。

特殊性状描述： 植株适应性强，耐瘠薄。

单县黄梨

外文名或汉语拼音：Shanxian Huangli

来源及分布：$2n = 34$，原产山东省，在山东单县等地有栽培。

主要性状：平均单果重261.9g，纵径8.1cm、横径7.6cm，果实扁圆形，果皮绿黄色；果点中等大而密、深褐色，萼片残存；果柄较长、长3.9cm、粗3.3mm；果心中等大，5心室；果肉淡黄色，肉质中粗、松脆，汁液多，味甜酸，有微香气；含可溶性固形物11.2%；品质中等，常温下可贮藏20d。

树势强旺，树姿直立；萌芽力强，成枝力中等，丰产性好。一年生枝黄褐色；叶片卵圆形，长11.4cm、宽7.6cm，叶尖渐尖，叶基圆形；花蕾白色，每花序6～8朵花，平均7.0朵；雄蕊19～22枚，平均20.5枚；花冠直径4.0cm。在山东泰安地区，果实9月下旬成熟。

特殊性状描述：果实采前落果较重；植株抗旱性、耐寒性、抗病性均强。

上饶六月雪

外文名或汉语拼音： Shangrao Liuyuexue

来源及分布： $2n = 34$，原产江西省，在江西上饶等地有栽培。

主要性状： 平均单果重225.0g，纵径7.6cm、横径7.3cm，果实倒卵圆形，果皮绿色；果点大而密、棕褐色，萼片宿存；果柄较短，长2.2cm、粗4.5mm；果心小，5心室；果肉白色，肉质中粗、致密，汁液中多，味甜酸、微涩，无香气；含可溶性固形物11.0%；品质中等，常温下可贮藏20d。

树势中庸，树姿半开张，萌芽力中等，成枝力强，丰产性好。一年生枝灰褐色；叶片卵圆形，长12.3cm、宽9.2cm，叶尖急尖，叶基截形；花蕾白色，每花序3~8朵花，平均5.6朵；雄蕊19~26枚，平均22.0枚；花冠直径3.7cm。在江西上饶地区，果实9月上旬成熟。

特殊性状描述： 植株适应性强，不抗梨早期落叶病。

上饶蒲瓜梨

外文名或汉语拼音： Shangrao Puguali

来源及分布： $2n = 34$，原产江西省，在江西上饶等地有栽培。

主要性状： 平均单果重351.0g，纵径7.7cm、横径8.5cm，果实圆形，果皮绿色；果点中等大而密、棕褐色，萼片宿存；果柄较短，长2.9cm、粗4.9mm；果心中等大，5～6心室；果肉白色，肉质中粗、脆，汁液多，味淡甜，无香气；含可溶性固形物10.4%；品质中等，常温下可贮藏20d。

树势中庸，树姿直立；萌芽力中等，成枝力中等，丰产性好。一年生枝黑褐色；叶片卵圆形，长9.9cm、宽6.9cm，叶尖渐尖，叶基心形；花蕾粉红色，每花序4～8朵花，平均6.0朵；雄蕊20～25枚，平均22.0枚；花冠直径3.3cm。在湖北武汉地区，果实8月下旬成熟。

特殊性状描述： 植株适应性强，较耐高温高湿。

歙县金花早

外文名或汉语拼音： Shexian Jinhuazao

来源及分布： $2n = 34$，原产安徽省，在安徽歙县上丰乡等地有少量栽培。

主要性状： 平均单果重255.4g，纵径5.5cm、横径6.0cm，果实扁圆形，果皮绿色，套袋后呈黄白色，果肩部有褐色斑点；果点中等大而疏、灰褐色，萼片脱落；果柄较长，长4.0cm、粗4.2mm；果心中等大，5心室；果肉乳白色，肉质致密、较硬，汁液中多，味甜，无香气；含可溶性固形物10.9%；品质中等，常温下可贮藏30d。

树势强旺，树姿直立；萌芽力强，成枝力弱。一年生枝棕褐色；叶片卵圆形或长圆形，长9.7cm、宽6.0cm，叶尖渐尖或急尖，叶基圆形；花蕾粉白色，每花序5～7朵花，平均6.0朵；雄蕊20～22枚，平均21.0枚；花冠直径3.2cm。在安徽黄山地区，果实8月上旬成熟。

特殊性状描述： 果实耐贮藏，较抗梨黑斑病。

石门水冬瓜

外文名或汉语拼音： Shimen Shuidonggua

来源及分布： $2n = 34$，原产四川省阿坝藏族羌族自治州，在四川金川、丹巴等地均有少量栽培。

主要性状： 平均单果重342.0g，纵径9.2cm，横径8.9cm，果实倒卵圆形，肩部一侧具鸭突，果皮绿黄色；果点小而密、褐色并形成少量片状锈斑，萼片脱落；果柄长，长5.0cm、粗2.5mm；果心中等大，5心室；果肉洁白，肉质细、松脆，汁液多，味浓甜微酸，有浓香气；含可溶性固形物14.7%；品质上等，常温下可贮藏20d。

树势强旺，树姿开张；萌芽力较强，成枝力中等，丰产性好。一年生枝红褐色；叶片近圆形或卵圆形，长8.2cm、宽6.3cm，叶尖渐尖，叶基截形；花蕾白色，每花序5～7朵花，平均6.0朵；雄蕊18～22枚，平均20.0枚；花冠直径4.4cm。在四川金川县，果实9月中旬成熟。

特殊性状描述： 植株适应性强，耐瘠薄。

水扁梨

外文名或汉语拼音： Shuibianli

来源及分布： $2n = 34$，原产四川省盐源县，在当地有少量栽培。

主要性状： 平均单果重413.0g，纵径8.1cm、横径10.1cm，果实扁圆形，果皮绿黄色；果点小而密、褐色，萼片脱落；果柄较短，长2.2cm、粗2.9mm；果心极小，5心室；果肉绿白色，肉质细、松脆，汁液多，味酸甜、微涩，无香气；含可溶性固形物9.1%；品质中等，常温下可贮藏20d。

树势中庸，树姿半开张，萌芽力中等，成枝力中等，丰产性好。一年生枝灰褐色，叶片椭圆形，长7.0cm、宽5.0cm，叶尖渐尖，叶基宽楔形；花蕾粉红色，每花序6～8朵花，平均7.0朵；雄蕊18～22枚，平均20.0枚；花冠直径4.2cm。在四川盐源县，果实9月上旬成熟。

特殊性状描述： 结果早，果个大，抗性强。

水葫芦

外文名或汉语拼音： Shuihulu

来源及分布： $2n = 34$，原产安徽省，在安徽砀山县有栽培。

主要性状： 平均单果重480.4g，纵径9.8cm、横径8.6cm，果实倒卵圆形或葫芦形，果皮黄绿色；果点中等大而密、棕褐色，萼片残存；果柄较长，基部膨大肉质化，长3.1cm、粗4.5mm；果心小，5心室；果肉白色，肉质细脆、致密，汁液多，味酸甜，有香气；含可溶性固形物12.9%；品质上等，常温下可贮藏30d。

树势中庸，树姿直立；萌芽力强，成枝力中等，丰产性好。一年生枝褐色；叶片卵圆形，长11.3cm、宽7.0cm，叶尖急尖，叶基圆形；花蕾粉白色，每花序6～10朵花，平均8.0朵；雄蕊20～24枚，平均22.0枚；花冠直径3.0cm。在安徽北部地区，果实9月中下旬成熟。

特殊性状描述： 主要用作酥梨的授粉树，果实酸度较高，适宜加工制汁。

泗水面梨

外文名或汉语拼音： Sishui Mianli

来源及分布： $2n = 34$，原产山东省泗水县，在山东泗水等地有零星栽培。

主要性状： 平均单果重249.1g，纵径7.0cm、横径8.0cm，果实近圆形，果皮绿黄色；果点中等大而疏，浅褐色，萼片脱落；果柄较长，长4.0cm、粗3.2mm；果心中等大，5心室；果肉淡黄色，肉质中粗、松脆，汁液多，味甜，有香气；含可溶性固形物10.7%；品质中等，常温下可贮藏30d。

树势强旺，树姿半开张；萌芽力强，成枝力弱，丰产性好。一年生枝灰褐色；叶片圆形，长11.4cm、宽9.8cm，叶尖渐尖，叶基圆形；花蕾白色，每花序6～8朵花，平均7.0朵；雄蕊19～22枚，平均20.5枚；花冠直径3.8cm。在山东泰安地区，果实9月上旬成熟。

特殊性状描述： 采收不及时落果严重；植株有大小年结果现象，适应性强，抗病虫，耐涝。

蒜臼梨

外文名或汉语拼音： Suanjiuli

来源及分布： $2n = 34$，原产河北省魏县，在当地有少量分布，现保存在国家园艺种质资源库郑州梨圃。

主要性状： 平均单果重262.0g，纵径8.0cm、横径8.6cm，果实圆锥形，果皮绿色；果点中等大而密、灰褐色，萼片残存；果柄长，长5.2cm、粗3.5mm；果心中等大，5心室；果肉乳白色，肉质粗、紧脆，汁液中多，味酸甜，无香气；含可溶性固形物11.3%；品质中下等，常温下可贮藏15d。

树势强旺，树姿半开张；萌芽力强，成枝力中等，丰产性好。一年生枝黄褐色；叶片卵圆形，长12.5cm、宽7.3cm，叶尖急尖，叶基楔形；花蕾淡粉红色，每花序5 ~ 8朵花，平均6.0朵；雄蕊22 ~ 25枚，平均23.5枚；花冠直径3.6cm。在河南郑州地区，果实9月下旬成熟。

特殊性状描述： 植株抗旱性强，耐瘠薄。

绥中秋白梨（又名：绥中白梨）

外文名或汉语拼音： Suizhong Qiubaili

来源及分布： $2n = 34$，原产辽宁省，在河北、山东、山西、陕西等地有栽培。

主要性状： 平均单果重151.0g，纵径6.4cm、横径6.3cm，果实圆形，果皮黄绿色；果点中等大而密、黄褐色，萼片脱落；果柄较长，长4.1cm、粗3.3mm；果心极小，5心室；果肉白色，肉质细、脆，汁液多，味酸甜，无香气；含可溶性固形物13.5%；品质上等，常温下可贮藏30d以上。

树势中庸，树姿直立；萌芽力强，成枝力中等，丰产性较好。一年生枝黄褐色；叶片椭圆形，长11.7cm、宽7.3cm，叶尖渐尖，叶基圆形；花蕾白色，每花序23～27朵花，平均25.0朵；雄蕊27～31枚，平均29.0枚；花冠直径3.1cm。在辽宁兴城地区，果实9月下旬成熟。

特殊性状描述： 果实耐贮藏，在冷藏条件下可贮藏至翌年4～5月；植株抗寒性较强，较抗梨黑星病。

胎黄梨

外文名或汉语拼音： Taihuangli

来源及分布： $2n = 34$，原产河北省交河县，在当地有少量栽培。

主要性状： 平均单果重200.0g，纵径8.2cm、横径7.2cm，果实长圆形，果皮绿色；果点小而疏、浅褐色，萼片脱落；果柄长，长5.0cm、粗3.5mm；果心中等大，4～5心室；果肉白色，肉质细、紧脆，汁液多，味甜，无香气；含可溶性固形物12.2%；品质中上等，常温下可贮藏20d。

树势中庸，树姿半开张；萌芽力强，成枝力弱，丰产性较好。一年生枝黄褐色；叶片卵圆形，长9.9cm、宽8.9cm，叶尖急尖，叶基狭楔形；花蕾粉红色，每花序6～8朵花，平均7.0朵；雄蕊28～30枚，平均29.0枚；花冠直径5.1cm。在河南郑州地区，果实8月下旬成熟。

特殊性状描述： 植株适应性、抗逆性均强。

泰安金坠子

外文名或汉语拼音： Taian Jinzhuizi

来源及分布： $2n = 34$，原产山东省泰安市，在山东泰安、莱芜、宁阳等地有栽培。

主要性状： 平均单果重310.4g，纵径9.1cm、横径8.3cm，果实倒卵圆形，果皮黄色；果点小而密、浅褐色，萼片脱落；果柄较长，长4.0cm、粗3.1mm；果心小，5心室；果肉乳白色，肉质中粗、松脆，汁液中多，味酸甜，有微香气；含可溶性固形物11.5%；品质中上等，常温下可贮藏20d。

树势中庸，树姿开张；萌芽力弱，成枝力弱，丰产性好。一年生枝黄褐色；叶片椭圆形，长12.5cm、宽7.1cm，叶尖渐尖，叶基圆形；花蕾白色，每花序5～7朵花，平均6.0朵；雄蕊19～24枚，平均21.5枚；花冠直径4.0cm。在山东泰安地区，果实9月上旬成熟。

特殊性状描述： 自花结实率高，不抗梨黑星病。

泰安秋白梨

外文名或汉语拼音： Taian Qiubaili

来源及分布： $2n = 34$，原产山东省，在山东泰安等地有栽培。

主要性状： 平均单果重284.2g，纵径7.9cm、横径8.0cm，果实长圆形，果皮黄绿色；果点小而密、浅褐色，萼片脱落；果柄长，长5.0cm、粗3.3mm；果心大，4～5心室；果肉乳白色，肉质细、松脆、汁液多，味甜，有微香气；含可溶性固形物12.5%；品质中等，常温下可贮藏20d。

树势弱，树姿开张；萌芽力强，成枝力弱，丰产性好。一年生枝红棕色；叶片卵圆形，长10.1cm、宽6.8cm，叶尖急尖，叶基圆形；花蕾白色，边缘浅粉红色，每花序5～7朵花，平均6.0朵；雄蕊20～24枚，平均22.0枚；花冠直径3.7cm。在山东泰安地区，果实9月中下旬成熟。

特殊性状描述： 植株大小年结果现象明显。

泰安小白梨

外文名或汉语拼音： Taian Xiaobaili

来源及分布： $2n = 34$，原产山东省泰安市，在山东济南、泰安等地有栽培。

主要性状： 平均单果重224.2g，纵径7.7cm、横径7.5cm，果实倒卵圆形，果皮黄色；果点小而密、浅褐色，萼片脱落；果柄较短，长2.9cm、粗3.0mm；果心中等大，4～5心室；果肉白色，肉质细、松脆，汁液多，味酸甜，有微香气；含可溶性固形物11.7%；品质中上等，常温下可贮藏25～30d。

树势强旺，树姿直立；萌芽力弱，成枝力弱，丰产性较好。一年生枝黄褐色；叶片卵圆形，长9.9cm、宽7.8cm，叶尖渐尖，叶基宽楔形；花蕾白色，边缘浅粉红色，每花序6～9朵花，平均7.5朵；雄蕊19～25枚，平均22.0枚；花冠直径3.8cm。在山东泰安地区，果实9月上旬成熟。

特殊性状描述： 植株具明显的隔年结果现象，抗梨黑星病，不抗梨轮纹病。

糖酥梨

外文名或汉语拼音: Tangsuli

来源及分布: $2n = 34$，原产河北省，在河北昌黎、抚宁等地有栽培。

主要性状: 平均单果重157.8g，纵径6.8cm、横径7.0cm，果实圆形，果皮绿黄色；果点中等大而疏、褐色，萼片脱落；果柄较长，基部膨大，长3.9cm、粗2.4mm；果心小，5心室；果肉黄白色，肉质中粗、松脆，汁液多，味淡甜，无香气；含可溶性固形物10.0%；品质中等，常温下可贮藏20d。

树势中庸，树姿直立；萌芽力中等，成枝力中等，丰产性一般，第四年始果。一年生枝青褐色，多年生枝灰褐色；叶片椭圆形，长9.7cm、宽7.1cm，叶尖急尖，叶基截形；花蕾白色，每花序6～8朵花，平均7.0朵；雄蕊20～25枚，平均22.5枚；花冠直径3.4cm。在河北昌黎地区，果实9月中旬成熟。

特殊性状描述: 植株耐旱、抗寒、耐瘠薄、耐盐碱。

滕州大白梨

外文名或汉语拼音： Tengzhou Dabaili

来源及分布： $2n = 34$，原产山东省，在山东枣庄滕州等地有栽培。

主要性状： 平均单果重185.0g，纵径7.1cm、横径6.7cm，果实长圆形，果皮黄绿色；果点小而密、浅褐色，萼片脱落；果柄较长，长4.2cm、粗3.1mm；果心中等大，5心室；果肉乳白色，肉质中粗、松脆，汁液多，味甜，有微香气；含可溶性固形物11.8%；品质中上等，常温下可贮藏25d。

树势强旺，树姿直立；萌芽力弱，成枝力强，丰产性好。一年生枝黄褐色；叶片椭圆形，长12.0cm、宽8.2cm，叶尖渐尖，叶基圆形；花蕾白色，边缘浅粉红色，每花序5～7朵花，平均6.0朵；雄蕊20～23枚，平均21.5枚；花冠直径3.8cm。在山东泰安地区，果实9月中旬成熟。

特殊性状描述： 易感梨黑星病和梨轮纹病；果实易遭受梨小食心虫危害。

滕州鹅梨

外文名或汉语拼音： Tengzhou Eli

来源及分布： $2n = 34$，原产山东省，在山东滕州等地有栽培。

主要性状： 平均单果重260.6g，纵径8.2cm、横径7.7cm，果实倒卵圆形，果皮黄绿色；果点小而密、浅褐色，萼片脱落；果柄细长，基部膨大肉质化，长5.4cm、粗3.4mm；果心大，5心室；果肉乳白色，肉质粗、致密，汁液多，味甜酸，有微香气；含可溶性固形物11.9%；品质中等，常温下可贮藏20d。

树势中庸，树姿开张；萌芽力强，成枝力中等，丰产性好。一年生枝黄褐色；叶片卵圆形，长11.5cm、宽7.2cm，叶尖渐尖，叶基宽楔形；花蕾白色，边缘浅粉红色，每花序6～8朵花，平均7.0朵；雄蕊21～25枚，平均23.0枚；花冠直径3.9cm。在山东泰安地区，果实9月下旬成熟。

特殊性状描述： 果实耐贮藏，不抗梨黑星病。

天生白

外文名或汉语拼音： Tianshengbai

来源及分布： $2n = 34$，原产河南省，在河南孟津等地有栽培。

主要性状： 平均单果重280.0g，纵径8.9cm、横径7.6cm，果实纺锤形，果皮绿色，阳面无晕；果点小而密、棕褐色，萼片脱落；果柄较短，长2.2cm、粗3.5mm；果心中等大，5心室；果肉乳白色，肉质中粗、致密，汁液多，味酸、微涩，无香气；含可溶性固形物11.7%；品质中下等，常温下可贮藏25d。

树势强旺，树姿开张；萌芽力强，成枝力弱，丰产性好。一年生枝红褐色；叶片披针形，长13.5cm、宽6.2cm，叶尖急尖，叶基宽楔形；花蕾粉红色，每花序5～7朵花，平均6.0朵；雄蕊17～22枚，平均19.5枚；花冠直径3.5cm。在河南孟津地区，果实9月上中旬成熟。

特殊性状描述： 果实易发生梨木栓斑点病。

天生伏

外文名或汉语拼音：Tianshengfu

来源及分布：$2n = 34$，原产河南省，在河南孟津等地有栽培。

主要性状：平均单果重275.0g，纵径7.7cm、横径8.0cm，果实圆形，果皮绿黄色；果点小而密、浅褐色，萼片脱落；果柄较长，长3.9cm、粗3.5mm；果心小，5心室；果肉乳白色，肉质细、松脆，汁液多，味酸甜，有微香气；含可溶性固形物11.5%；品质上等，常温下可贮藏30d。

树势强旺，树姿半开张；萌芽力强，成枝力中等，丰产性好。一年生枝红褐色；叶片卵圆形，长11.4cm、宽7.1cm，叶尖急尖，叶基截形；花蕾浅粉红色，每花序6～8朵花，平均7.0朵；雄蕊17～25枚，平均21.0枚；花冠直径3.9cm。在河南孟津地区，果实8月上中旬成熟。

特殊性状描述：植株适应性强。

天生平

外文名或汉语拼音： Tianshengping

来源及分布： $2n = 34$，原产河南省，在河南孟津等地有栽培。

主要性状： 平均单果重400.0g，纵径8.6cm、横径8.9cm，果实圆形，果皮绿黄色；果点小而密、浅褐色，萼片脱落；果柄较长，长3.2cm、粗3.5mm；果心小，5心室；果肉乳白色，肉质中粗、松脆，汁液多，味酸甜，无香气；含可溶性固形物12.7%；品质中上等，常温下可贮藏30d。

树势强旺，树姿半开张；萌芽力强，成枝力中等，丰产性好。一年生枝红褐色；叶片卵圆形，长12.7cm、宽8.9cm，叶尖急尖，叶基心形；花蕾粉红色，每花序7～9朵花，平均8.0朵；雄蕊21～26枚，平均23.5枚；花冠直径4.4cm。在河南孟津地区，果实9月上中旬成熟。

特殊性状描述： 果肉抗氧化能力差、褐变快。

甜橙子

外文名或汉语拼音：Tianchengzi

来源及分布：$2n = 34$，来源不祥，在辽宁、山东等地有少量栽培。

主要性状：平均单果重310.2g，纵径7.1cm、横径8.1cm，果实扁圆形，果皮绿色；果点中等大而密、浅褐色，萼片宿存；果柄较短，长2.0cm、粗4.1mm；果心小，5心室；果肉白色，肉质细、致密；汁液多，味酸甜，有微香气；含可溶性固形物9.2%；品质中等，常温下可贮藏10d。

树势强旺，树姿半开张；萌芽力中等，成枝力中等，丰产性好。一年生枝红褐色；叶片卵圆形，长8.4cm、宽6.2cm，叶尖急尖，叶基楔形；花蕾白色，每花序5～7朵花，平均6.0朵；雄蕊26～29枚，平均27.5枚；花冠直径4.1cm。在山东烟台地区，果实9月中旬成熟。

特殊性状描述：果形端正，商品率高；植株抗梨黑星病。

铁农1号

外文名或汉语拼音： Tienong No.1

来源及分布： $2n = 34$，原产地不详，现保存在国家园艺种质资源库郑州梨圃。

主要性状： 平均单果重134.0g，纵径7.2cm、横径5.8cm，果实长圆形，果皮绿色，阳面淡红色；果点小而密、浅褐色，萼片宿存；果柄较长，上部膨大变粗，长3.0cm、粗3.9mm；果心中等大，5心室；果肉白色，肉质中粗、紧脆，汁液少，味甜，无香气；含可溶性固形物14.8%；品质下等，常温下可贮藏20d。

树势中庸，树姿半开张；萌芽力强，成枝力弱，丰产性较好。一年生枝灰褐色；叶片披针形，长11.1cm、宽6.0cm，叶尖长尾尖，叶基狭楔形；花蕾粉红色，每花序6～10朵花，平均8.0朵；雄蕊18～23枚，平均20.5枚；花冠直径4.0cm。在河南郑州地区，果实9月上中旬成熟。

特殊性状描述： 植株适应性、抗逆性均强。

兔头红

外文名或汉语拼音： Tutouhong

来源及分布： $2n = 34$，原产山西省，在山西高平、晋城等地有栽培。

主要性状： 平均单果重415.0g，纵径9.1cm、横径9.7cm，果实卵圆形，果皮绿色，阳面有橘红晕；果点大而密、棕褐色，萼片脱落；果柄较长，长3.5cm、粗3.9mm；果心中等大，5心室；果肉白色，肉质细、松脆，汁液多，味甜，无香气；含可溶性固形物11.4%；品质中上等，常温下可贮藏30d。

树势强旺，树姿开张；萌芽力强，成枝力强，丰产性好。一年生枝红褐色；叶片卵圆形，长10.2cm、宽8.1cm，叶尖急尖，叶基圆形；花蕾浅粉红色，每花序5～6朵花，平均5.5朵；雄蕊26～29枚，平均27.1枚；花冠直径3.9cm。在山西高平地区，果实10月上旬成熟。

特殊性状描述： 植株抗寒性强，抗梨黑星病。

兔子面梨

外文名或汉语拼音： Tuzimianli

来源及分布： $2n = 34$，原产山东省，在山东枣庄等地有栽培。

主要性状： 平均单果重109.5g，纵径6.3cm、横径6.2cm，果实倒卵圆形，果皮黄色；果点中等大而密、棕褐色，萼片脱落；果柄较长，长3.9cm、粗3.0mm；果心中等大，5心室；果肉淡黄色，肉质中粗、松脆，汁液多，味酸甜，有微香气；含可溶性固形物11.7%；品质中等，常温下可贮藏30d。

树势中庸，树姿直立；萌芽力强，成枝力弱，丰产性较好。一年生枝黄褐色；叶片卵圆形，长10.8cm、宽6.9cm，叶尖渐尖，叶基宽楔形；花蕾白色，每花序5～8朵花，平均6.5朵；雄蕊18～22枚，平均20.0枚；花冠直径4.1cm。在山东泰安地区，果实9月中旬成熟。

特殊性状描述： 有大小年结果现象。

歪尾巴糙

外文名或汉语拼音： Waiweibacao

来源及分布： $2n = 34$，原产安徽省，在安徽砀山县有栽培。

主要性状： 平均单果重259.0g，纵径7.1cm、横径7.9cm，果实卵圆形或纺锤形，果皮绿色；果点大而密、灰褐色，萼片宿存；果柄较短粗，长2.8cm、粗6.5mm；果心中等大，5心室；果肉绿白色，肉质细脆、致密，汁液较多，味甜酸，无香气；含可溶性固形物13.8%；品质上等，常温下可贮藏30d。

树势中庸，树姿开张；萌芽力中等，成枝力强，丰产性好。一年生枝浅褐色；叶片卵圆形，长13.4cm、宽6.5cm，叶尖渐尖，叶基宽楔形；花蕾粉红色，每花序6～10朵花，平均8.0朵；雄蕊20～24枚，平均22.0枚；花冠直径3.0cm。在安徽北部地区，果实9月中下旬成熟。

特殊性状描述： 主要用作酥梨的授粉树，以果实形态性状判断，可能与慈梨为同物异名。

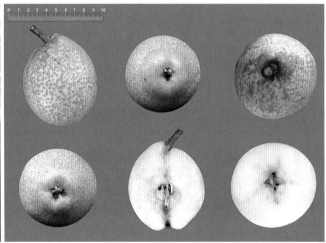

晚玉

外文名或汉语拼音：Wanyu

来源及分布：$2n = 34$，原产河北省，在河北昌黎等地有栽培。

主要性状：平均单果重344.1g，纵径8.4cm、横径8.7cm，果实圆形，果皮黄色；果点小而密、灰褐色，萼片脱落；果柄较长，长3.0cm、粗2.0mm；果心小，5心室；果肉白色，肉质较细、松脆，汁液多，味酸甜适度，有微香气；含可溶性固形物13.6%；品质上等，常温下可贮藏20d。

树势强旺，树姿直立；萌芽力强，成枝力强；丰产性好，第三年始果。一年生枝红褐色，多年生枝灰褐色；叶片椭圆形，长9.5cm、宽6.7cm，叶尖急尖，叶基楔形；花蕾白色，每花序5～7朵花，平均6.0朵；雄蕊18～22枚，平均20.0枚；花冠直径3.7cm。在河北昌黎地区，果实10月上旬成熟。

特殊性状描述：植株高抗梨黑星病，耐瘠薄，耐盐碱。

万荣金梨

外文名或汉语拼音： Wanrong Jinli

来源及分布： $2n = 34$，原产山西省，在山西万荣、隰县、运城等地有栽培。

主要性状： 平均单果重375.0g，纵径9.3cm、横径9.1cm，果实卵圆形，果皮绿黄色；果点小而密、浅褐色，萼片脱落；果柄较长，长3.6cm、粗3.7mm；果心小，5心室；果肉乳白色，肉质粗、松脆，汁液中多，味甜酸，贮后有香气；含可溶性固形物13.0%；品质中上等，常温下可贮藏20d。

树势强旺，树姿开张；萌芽力强，成枝力弱，丰产性好。一年生枝褐色；叶片卵圆形，长14.2cm、宽10.4cm，叶尖急尖，叶基圆形；花蕾白色，每花序6～7朵花，平均6.4朵；雄蕊19～21枚，平均20.7枚；花冠直径3.3cm。在山西万荣地区，果实9月上旬成熟。

特殊性状描述： 果实较耐贮藏；植株抗旱性强。

王皮梨

外文名或汉语拼音： Wangpili

来源及分布： $2n = 34$，原产四川省泸定县，当地有少量分布。

主要性状： 平均单果重167.8g，纵径5.9cm、横径6.9cm，果实扁圆形，果皮黄绿色；果点中等大而密、深褐色，萼片脱落；果柄较长而细，长3.5cm、粗2.8mm；果心中等大，5心室；果肉白色，肉质细、致密，汁液中多，味酸甜适口，有微香气；含可溶性固形物11.6%；品质中上等，常温下可贮藏25d。

树势强旺，树姿开张；萌芽力强，成枝力强，丰产性好。一年生枝红褐色；叶片卵圆形或椭圆形，长11.0cm、宽6.5cm，叶尖渐尖，叶基圆形；花蕾白色，每花序6～8朵花，平均7.0朵；雄蕊20～24枚，平均22.0枚；花冠直径4.2cm。在四川泸定县，果实10月上旬成熟。

特殊性状描述： 高产，优质，耐贮藏。

威海大香梨

外文名或汉语拼音： Weihai Daxiangli

来源及分布： $2n = 34$，原产山东省，在山东威海、日照等地有栽培。

主要性状： 平均单果重150.0g，纵径6.9cm、横径6.1cm，果实卵圆形，果皮褐色；果点小而密、灰褐色，萼片脱落；果柄较长，长3.5cm、粗3.9mm；果心中等大，3～4心室；果肉淡黄色，肉质中粗、松脆，汁液多，味甜，有香气；含可溶性固形物12.3%；品质中等，常温下可贮藏30d。

树势中庸，树姿直立；萌芽力强，成枝力中等，丰产性较好。一年生枝绿色；叶片卵圆形，长12.1cm、宽8.0cm，叶尖渐尖，叶基宽楔形；花蕾白色，边缘浅粉红色，每花序6～9朵花，平均7.5朵；雄蕊20～25枚，平均22.5枚；花冠直径4.0cm。在山东泰安地区，果实9月下旬成熟。

特殊性状描述： 植株适应性强、抗逆性均强，大小年结果现象明显。

魏县大面梨

外文名或汉语拼音： Weixian Damianli

来源及分布： $2n = 34$，原产河北省魏县，在当地有少量栽培。

主要性状： 平均单果重225.0g，纵径8.5cm、横径7.6cm，果实圆形或圆柱形，果皮绿色；果点中等大而疏、浅褐色，萼片脱落；果柄较长，长4.4cm、粗3.6mm；果心大，5心室；果肉乳白色，肉质粗、紧脆，汁液中多，味甜酸，无香气；含可溶性固形物11.7%；品质下等，常温下可贮藏25d。

树势中庸，树姿半开张；萌芽力强，成枝力弱，丰产性较好。一年生枝黄褐色；叶片卵圆形，长9.5cm、宽5.9cm，叶尖渐尖，叶基楔形；花蕾粉红色，每花序5～7朵花，平均6.0朵；雄蕊18～23枚，平均20.0枚；花冠直径3.8cm。在河北魏县，果实9月下旬成熟。

特殊性状描述： 植株耐旱、耐瘠薄。

魏县红梨

外文名或汉语拼音：Weixian Hongli

来源及分布：$2n = 34$，原产河北省，在河北邯郸等地有栽培。

主要性状：平均单果重102.5g，纵径6.1cm、横径5.9cm，果实卵圆形，果皮褐色；果点中等大而密、灰白色，萼片脱落；果柄较短，长2.2cm、粗2.2mm；果心大，5心室；果肉白色，肉质中粗、致密，汁液中多，味酸甜，无香气；含可溶性固形物9.0%；品质中等，常温下可贮藏25d。

树势中庸，树姿开张；萌芽力强，成枝力中等，丰产性好。一年生枝褐色；叶片卵圆形，长9.8cm、宽6.6cm，叶尖渐尖，叶基宽楔形；花蕾白色，每花序6～7朵花，平均6.5朵；雄蕊18～21枚，平均19.5枚；花冠直径3.8cm。在河北魏县等地，果实9月下旬成熟。

特殊性状描述：果实耐贮藏；植株抗逆性和适应性均较强。

魏县小红梨

外文名或汉语拼音： Weixian Xiaohongli

来源及分布： 原产河北省邯郸市，在河北魏县等地有少量栽培。

主要性状： 平均单果重270.0g，纵径7.7cm、横径7.9cm，果实圆形，果皮红褐色，阳面鲜红色；果点中等大而密、棕褐色，萼片脱落；果柄较长，长3.3cm、粗3.5mm；果心中等大，5心室；果肉白色，肉质粗、松脆，汁液多，味酸，无香气；含可溶性固形物10.6%；品质下等，常温下可贮藏28d。

树势中庸，树姿半开张；萌芽力强，成枝力强，丰产性较好。一年生枝褐色；叶片椭圆形，长10.6cm、宽6.6cm，叶尖急尖，叶基楔形；花蕾浅粉红色，每花序5～7朵花，平均6.0朵；雄蕊18～22枚，平均20.0枚；花冠直径4.1cm。在河北魏县地区，果实9月上旬成熟。

特殊性状描述： 植株适应性极强，耐干旱、耐瘠薄。

魏县小面梨

外文名或汉语拼音： Weixian Xiaomianli

来源及分布： $2n = 34$，原产河北省魏县，在当地有少量栽培。

主要性状： 平均单果重200.0g，纵径8.0cm、横径7.1cm，果实倒卵圆形，果皮绿色；果点小而疏、浅褐色，萼片脱落；果柄长，长5.2cm，粗3.3mm；果心大，5心室；果肉白色，肉质中粗、紧脆，汁液少，味酸甜，无香气；含可溶性固形物12.8%；品质下等，常温下可贮藏25d。

树势中庸，树姿半开张；萌芽力强，成枝力弱，丰产性较好。一年生枝黄褐色；叶片椭圆形，长11.9cm、宽5.1cm，叶尖急尖，叶基楔形；花蕾浅粉红色，每花序7～9朵花，平均8.0朵；雄蕊19～23枚，平均21.0枚；花冠直径3.6cm。在河南郑州地区，果实9月中旬成熟。

特殊性状描述： 植株适应性、抗逆性均强。

魏县雪花梨

外文名或汉语拼音： Weixian Xuehuali

来源及分布： $2n = 34$，原产河北省，在河北魏县等地有栽培。

主要性状： 平均单果重316.0g，纵径8.2cm、横径8.3cm，果实倒卵圆形，果皮绿黄色；果点大而密、棕褐色，萼片残存；果柄较短，基部膨大，长2.8cm、粗2.3mm；果心小，5心室；果肉白色，肉质较细、松脆，汁液多，味酸甜，有微香气；含可溶性固形物10.9%；品质中等，常温下可贮藏25d以上。

树势中庸，树姿开张；萌芽力强，成枝力弱，丰产性较好。一年生枝红褐色；叶片卵圆形，长10.8cm、宽8.1cm，叶尖渐尖，叶基宽楔形；花蕾白色，每花序4～8朵花，平均6.0朵；雄蕊17～20枚，平均18.5枚；花冠直径3.7cm。在河北魏县等地，果实9月中旬成熟。

特殊性状描述： 果实较耐贮藏；植株抗逆性较强。

窝梨

外文名或汉语拼音： Woli

来源及分布： $2n = 34$，原产山东省，在山东莱阳、龙口、栖霞、崂山等地有栽培。

主要性状： 平均单果重180.5g，纵径7.0cm、横径6.8cm，果实圆形，果皮绿黄色；果点中等大而密、浅褐色，萼片脱落；果柄较长，长4.1cm、粗4.2mm；果心小，5～6心室；果肉白色，肉质中粗、松脆，汁液多，味酸甜、稍涩，有微香气；含可溶性固形物11.1%；品质中等，常温下可贮藏25d。

树势强旺，树姿开张；萌芽力强，成枝力中等，丰产性好。一年生枝红褐色；叶片卵圆形，长11.5cm、宽6.9cm，叶尖渐尖，叶基楔形；花蕾白色，每花序4～6朵花，平均5.0朵；雄蕊19～25枚，平均22.0枚；花冠直径4.1cm。在山东胶东地区，果实9月下旬成熟。

特殊性状描述： 大小年结果现象不明显，采前落果严重。

窝窝果

外文名或汉语拼音： Wowoguo

来源及分布： $2n = 34$，原产甘肃省，在甘肃和政、广河、临夏等地有栽培。

主要性状： 平均单果重100.0g，纵径5.9cm、横径5.6cm，果实圆形，果皮绿黄色，阳面有淡红晕；果点中等大而疏、灰白色，萼片宿存；果柄较长，长3.2cm，粗3.6mm；果心小，5心室；果肉乳白色，肉质中粗、松脆，汁液多，味酸甜，有香气；含可溶性固形物13.5%；品质中上等，常温下可贮藏20d。

树势强旺，树姿开张；萌芽力强，成枝力强，丰产性好。一年生枝褐色；叶片圆形，长8.8cm、宽6.3cm，叶尖渐尖，叶基楔形；花蕾白色，每花序6～8朵花，平均7.0朵，雄蕊19～24枚，平均21.5枚；花冠直径3.6cm。在甘肃临夏地区，果实8月中旬成熟。

特殊性状描述： 果实中熟，较耐贮藏；植株适应性强，抗寒性、耐旱性、耐瘠薄性较强。

五月金

外文名或汉语拼音： Wuyuejin

来源及分布： $2n = 34$，原产湖北省，在湖北荆门等地有栽培。

主要性状： 平均单果重195.0g，纵径6.5cm、横径7.1cm，果实圆形，果皮褐色；果点小而密、灰褐色，萼片宿存；果柄长，长4.8cm、粗3.6mm；果心中等大，5心室；果肉乳白色，肉质中粗、松脆，汁液中多，味甜，无香气；含可溶性固形物10.6%；品质中等，常温下可贮藏15d。

树势强旺，树姿半开张，萌芽力中等，成枝力弱，丰产性好。一年生枝褐色；叶片卵圆形，长12.1cm、宽6.7cm，叶尖急尖，叶基楔形；花蕾浅粉红色，每花序5～9朵花，平均7.0朵；雄蕊19～27枚，平均23.0枚；花冠直径3.6cm。在湖北武汉地区，果实8月中旬成熟。

特殊性状描述： 果形端正，商品率高。

武安油秋梨

外文名或汉语拼音：Wuan Youqiuli

来源及分布：$2n = 34$，原产河北省，在河北武安等地有少量栽培。

主要性状：平均单果重167.3g，纵径7.4cm、横径6.5cm，果实圆柱形，果皮绿黄色；果点小而密、浅褐色，萼片残存；果柄较长，长3.0cm、粗2.4mm；果心中等大，5心室；果肉白色，肉质细、脆，汁液多，味酸甜，无香气；含可溶性固形物11.0%；品质中等，常温下可贮藏25d以上。

树势强旺，树姿开张；萌芽力强，成枝力中等，丰产性好。一年生枝红褐色；叶片卵圆形，长9.2cm、宽6.2cm，叶尖急尖，叶基圆形；花蕾白色，每花序6 ~ 9朵花，平均7.5朵；雄蕊18 ~ 21枚，平均19.5枚；花冠直径3.4cm。在河北武安，果实9月中旬成熟。

特殊性状描述：抗逆性较强。

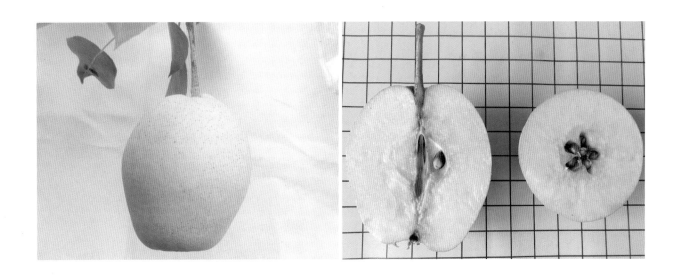

武都红

外文名或汉语拼音： Wuduhong

来源及分布： $2n = 34$，原产甘肃省，在甘肃武都区司家、寺背里、安化等地有栽培。

主要性状： 平均单果重94.0g，纵径6.9cm、横径5.4cm，果实长圆形，果皮黄绿色，阳面有鲜红晕；果点小而密、红褐色，萼片残存；果柄较长，长3.2cm、粗4.6mm；果心大，5心室；果肉乳白色，肉质细、松脆，汁液多，味甜酸，有微香气；含可溶性固形物12.8%；品质上等，常温下可贮藏15d。

树势中庸，树姿开张；萌芽力强，成枝力中等，丰产性好。一年生枝黄褐色；叶片椭圆形，长9.9cm、宽6.4cm，叶尖渐尖，叶基圆形；花蕾浅粉红色，每花序6～8朵花，平均7.0朵；雄蕊22～26枚，平均24.0枚；花冠直径4.0cm。在甘肃武都地区，果实8月下旬成熟。

特殊性状描述： 果实较耐贮运；植株适应性较强，较耐旱，易受霜害，易遭受梨小食心虫危害。

武汉麻壳梨

外文名或汉语拼音： Wuhan Makeli

来源及分布： $2n = 34$，原产湖北省，在湖北武汉等地有栽培。

主要性状： 平均单果重267.0g，纵径6.9cm、横径8.2cm，果实倒卵圆形，果皮黄绿色；果点大而密、灰褐色，萼片脱落；果柄较短，长2.2cm、粗3.6mm；果心小，5心室；果肉淡黄色，肉质中粗，汁液中多，味甜，无香气；含可溶性固形物10.3%；品质中等，常温下可贮藏15d。

树势弱，树姿直立；萌芽力中等，成枝力中等，丰产性好。一年生枝黄褐色；叶片卵圆形，长10.6cm、宽6.7cm，叶尖急尖，叶基宽楔形；花蕾浅粉红色，每花序4～7朵花，平均5.6朵；雄蕊18～24枚，平均21.9枚；花冠直径3.5cm。在湖北武汉地区，果实8月中旬成熟。

特殊性状描述： 适应性强，丰产性好。

武山糖梨

外文名或汉语拼音： Wushan Tangli

来源及分布： $2n = 34$，原产甘肃省，在甘肃天水武山当地有少量栽培。

主要性状： 平均单果重503.3g，纵径8.8cm、横径9.8cm，果实扁圆形，果皮褐色；果点小而密、浅褐色，萼片脱落；果柄较长，长4.4cm、粗3.8mm；果心小，5心室；果肉乳白色，肉质细、紧脆，汁液中多，味甜，无香气；含可溶性固形物13.7%；品质中等，常温下可贮藏20d。

树势弱，树姿直立；萌芽力强，成枝力弱，丰产性一般。一年生枝黄褐色；叶片卵圆形，长10.2cm、宽6.7cm，叶尖渐尖，叶基宽楔形；花蕾浅粉红色，每花序6 ~ 8朵花，平均7.0朵；雄蕊35 ~ 39枚，平均37.0枚；花冠直径4.8cm。在甘肃武山当地，果实9月上中旬成熟。

特殊性状描述： 果实较耐贮藏，但品质一般；植株耐旱性极强。

细把子白梨

外文名或汉语拼音：Xibazibaili

来源及分布：$2n = 34$，原产四川省雅安市，在四川汉源等地有少量栽培。

主要性状：平均单果重165.5g，纵径7.7cm、横径6.9cm，果实倒卵圆形，果皮绿色；果点小而密、褐色，萼片宿存；果柄较长，长4.2cm、粗1.8mm；果心大，5心室；果肉白色，肉质中等粗、松脆，汁液多，味甜，有香气；含可溶性固形物9.1%；品质中上等，常温下可贮藏25d。

树势较强，树姿开张；萌芽力较强，成枝力较强。一年生枝黄褐色；叶片卵圆形，长11.6cm、宽8.2cm，叶尖急尖，叶基圆形；花蕾白色，每花序5～8朵花，平均6.5朵；雄蕊18～20枚，平均19.0枚；花冠直径3.2cm。在四川汉源县，果实10月上旬成熟。

特殊性状描述：与一般汉源白梨品种相比，果心小，肉质细，风味浓甜。

夏津金香梨

外文名或汉语拼音： Xiajin Jinxiangli

来源及分布： $2n = 34$，原产山东省，在山东平原、夏津等地有栽培。

主要性状： 平均单果重160.9g，纵径6.4cm、横径6.6cm，果实倒卵圆形，果皮绿黄色；果点中等大而密、浅褐色，萼片宿存；果柄较长，长3.0cm、粗2.3mm；果心中等大，5心室；果肉绿白色，肉质细、致密，汁液多，味甜，有微香气；含可溶性固形物13.2%；品质上等，常温下可贮藏30d。

树势中庸，树姿半开张；萌芽力强，成枝力强，丰产性好。一年生枝黄褐色；叶片卵圆形，长11.5cm、宽6.5cm，叶尖急尖，叶基楔形；花蕾粉红色，每花序5～7朵花，平均6.0朵；雄蕊19～22枚，平均20.5枚；花冠直径3.9cm。在山东泰安地区，果实9月中旬成熟。

特殊性状描述： 抗病性弱，易患梨黑星病，受梨小食心虫危害严重。

香把梨

外文名或汉语拼音：Xiangbali

来源及分布：$2n = 34$，原产甘肃省，在甘肃临夏等地有少量栽培。

主要性状：平均单果重172.0g，纵径6.8cm、横径7.2cm，果实倒卵圆形，果皮黄绿色；果点小而密、浅褐色，萼片宿存；果柄长，基部稍膨大，长5.2cm、粗4.0mm；果心中等大，5心室；果肉乳白色，肉质粗、紧脆，汁液中多，味甜酸，无香气；含可溶性固形物11.6%；品质下等，常温下可贮藏25d。

树势中庸，树姿开张；萌芽力强，成枝力弱，丰产性一般。一年生枝黄褐色；叶片卵圆形，长10.6cm、宽5.4cm，叶尖渐尖，叶基圆形；花蕾粉红色，每花序7 ~ 9朵花，平均8.0朵；雄蕊20 ~ 26枚，平均24.0枚；花冠直径4.9cm。在甘肃临夏地区，果实9月上中旬成熟。

特殊性状描述：果实较耐贮藏，但品质差；植株适应性较强。

香椿梨

外文名或汉语拼音： Xiangchunli

来源及分布： $2n = 34$，原产北京市，现存于北京市大兴区安定镇前野厂村。

主要性状： 平均单果重232.5g，纵径7.2cm、横径7.8cm，果实圆形，果皮绿黄色，阳面有淡红晕；果点中等大而密、黄褐色，萼片脱落；果柄较短，长2.3cm、粗5.5mm；果心中等大，4～5心室；果肉白色，肉质粗、松脆，汁液多，味淡甜，无香气，含可溶性固形物10.2%；品质中等，常温下可贮藏20d。

树势中庸，树姿开张；萌芽力强，成枝力中等，丰产性好。一年生枝褐色；叶片卵圆形，长10.1cm、宽6.5cm，叶尖急尖，叶基楔形或圆形；花蕾白色，微有红晕，每花序5～8朵花，平均6.5朵；雄蕊21～27枚，平均24.0枚；花冠直径3.7cm。在北京地区，果实9月上旬成熟。

特殊性状描述： 植株病虫害较少，耐旱，耐盐碱。

香麻梨

外文名或汉语拼音：Xiangmali

来源及分布：$2n = 34$，原产地不详，现保存在国家园艺种质资源库郑州梨圃。

主要性状：平均单果重230.0g，纵径7.7cm、横径7.8cm，果实倒卵圆形，果皮褐色；果点中等大而密、灰褐色，萼片脱落；果柄较长，长4.2cm、粗4.3mm；果心中等大，5心室；果肉乳白色，肉质粗、紧脆，汁液中多，味甜，无香气；含可溶性固形物12.8%；品质下等，常温下可贮藏20d。

树势中庸，树姿直立；萌芽力强，成枝力中等，丰产性一般。一年生枝褐色；叶片卵圆形，长11.9cm、宽7.0cm，叶尖急尖，叶基楔形；花蕾浅粉红色，每花序6～8朵花，平均7.0朵；雄蕊20～24枚，平均22.0枚；花冠直径4.0cm。在河南郑州地区，果实8月中旬成熟。

特殊性状描述：植株抗旱性、抗寒性均强。

小东沟红梨

外文名或汉语拼音： Xiaodonggou Hongli

来源及分布： $2n = 34$，原产北京市，现存于北京市平谷区金海湖镇小东沟村。

主要性状： 平均单果重167.2g、纵径6.3cm、横径6.8cm，果实圆形或圆柱形，果皮黄绿色，阳面有暗红晕；果点大而密、红褐色，萼片脱落；果柄较长，长4.3cm、粗5.4mm；果心中等大，5心室；果肉白色，肉质较细、酥脆，汁液多，味甜，有香气；含可溶性固形物11.5%；品质中上等，常温下可贮藏15d。

树势强旺，树姿半开张；萌芽力强，成枝力强，丰产性好。一年生枝褐色；叶片卵圆形，长10.4cm、宽8.8cm，叶尖急尖，叶基圆形或截形；花蕾白色，微带粉红晕，每花序8～9朵花，平均8.5朵；雄蕊20～22枚，平均21.0枚；花冠直径4.1cm。在北京地区，果实8月下旬成熟。

特殊性状描述： 果实外形美观，颜色鲜艳；植株抗性、适应性均强。

小冬果

外文名或汉语拼音：Xiaodongguo

来源及分布：$2n = 34$，原产甘肃省，在甘肃兰州等地有少量栽培。

主要性状：平均单果重165.5g，纵径5.7cm、横径7.3cm，果实扁圆形，果皮绿色；果点小而疏、灰褐色，萼片宿存；果柄细长，长5.8cm、粗3.3mm；果心中等大，5心室；果肉淡黄色，肉质粗、紧脆，汁液少，味酸，无香气；含可溶性固形物11.2%；品质下等，常温下可贮藏25d。

树势中庸，树姿半开张；萌芽力强，成枝力中等，丰产性较好。一年生枝灰褐色；叶片卵圆形，长9.8cm、宽6.5cm，叶尖渐尖，叶基宽楔形；花蕾浅粉红色，每花序6～8朵花，平均7.0朵；雄蕊18～23枚，平均20.0枚；花冠直径4.6cm。在甘肃兰州地区，果实9月上旬成熟。

特殊性状描述：果实耐贮藏；植株适应性较强，抗寒，抗旱，耐瘠薄。

小核白

外文名或汉语拼音： Xiaohebai

来源及分布： $2n = 34$，原产辽宁省，在辽宁铁岭开原有栽培。

主要性状： 平均单果重116.9g、纵径5.9cm、横径6.0cm，果实圆形，果皮绿黄色，阳面有淡红晕；果点小而密、棕褐色，萼片脱落；果柄长，长4.8cm、粗3.5mm；果心大，5心室；果肉乳白色，肉质细、松脆，汁液多，味酸甜适度，无香气；含可溶性固形物11.1%；品质中上等，常温下可贮藏20d。

树势强旺，树姿开张；萌芽力强，成枝力中等，丰产性好。一年生枝灰褐色；叶片卵圆形，长12.5cm、宽6.8cm，叶尖急尖，叶基圆形。在辽宁开原地区，果实10月中下旬成熟。

特殊性状描述： 果实较耐贮藏；植株抗病性、抗虫性较强，耐旱，耐盐碱，植株抗寒性强。

小红面梨

外文名或汉语拼音： Xiaohongmianli

来源及分布： $2n = 34$，原产河北省，在河北邯郸等地有栽培。

主要性状： 平均单果重51.7g，纵径4.1cm、横径4.7cm，果实扁圆形，果皮褐色；果点大而密、深褐色，萼片残存；果柄较短，长2.5cm、粗2.6mm；果心特大，5心室；果肉白色，肉质粗、致密；汁液少，味酸涩，无香气；含可溶性固形物11.9%；品质中等，常温下可贮藏25d以上。

树势中庸，树姿开张；萌芽力强，成枝力弱，丰产性好。一年生枝青褐色；叶片椭圆形，长8.3cm、宽4.7cm，叶尖急尖，叶基宽楔形；花蕾白色，每花序9～14朵花，平均11.5朵；雄蕊23～25枚，平均24.0枚；花冠直径2.6cm。在河北魏县，果实9月底至10月初成熟。

特殊性状描述： 植株不抗梨黑星病。

小黄果

外文名或汉语拼音： Xiaohuangguo

来源及分布： $2n = 34$，原产青海省，在青海尖扎等地有栽培。

主要性状： 平均单果重84.2g，纵径5.6cm、横径5.3cm，果实倒卵圆形，果皮绿黄色，阳面无晕；果点中等大而密、红褐色，萼片脱落；果柄长，长4.5cm、粗3.4mm；果心中等大，5心室；果肉乳白色，肉质中粗、松脆，汁液多，味甜酸，无香气；含可溶性固形物10.3%；品质中等，常温下可贮藏12d。

树势弱，树姿半开张；萌芽力强，成枝力弱，丰产性好。一年生枝黄褐色；叶片卵圆形，长9.7cm、宽7.1cm，叶尖急尖，叶基圆形；花蕾白色，每花序5～7朵花，平均6.0朵；雄蕊19～23枚，平均20.0枚；花冠直径3.9cm。在青海尖扎地区，果实9月上旬成熟。

特殊性状描述： 果实不易受梨小食心虫危害，抗风性差；植株抗逆性和适应性强，在贫瘠土壤栽种生长结果良好，产量高，大小年结果现象不明显。

小木梨

外文名或汉语拼音： Xiaomuli

来源及分布： $2n = 34$，原产河北省，在河北巨鹿当地有少量栽培。

主要性状： 平均单果重200.0g，纵径7.9cm、横径7cm，果实圆锥形，果皮绿色；果点小而密、灰褐色，萼片脱落；果柄较长，长4.2cm、粗3.9mm；果心大，4～5心室；果肉绿白色，肉质细、松脆，汁液多，味酸，无香气；含可溶性固形物11.8%；品质下等，常温下可贮藏30d。

树势中庸，树姿半开张；萌芽力强，成枝力弱，丰产性较好。一年生枝黄褐色；叶片椭圆形，长11.5cm、宽5.7cm，叶尖急尖，叶基狭楔形；花蕾浅粉红色，每花序6～7朵花，平均6.0朵；雄蕊18～21枚，平均19.0枚；花冠直径3.9cm。在河南郑州地区，果实9月上旬成熟。

特殊性状描述： 植株耐旱、耐瘠薄、耐盐碱。

孝义伏

外文名或汉语拼音： Xiaoyifu

来源及分布： $2n = 34$，原产河南省，在河南巩义等地有少量栽培。

主要性状： 平均单果重335.0g，纵径8.3cm、横径8.7cm，果实圆形，果皮绿色；果点中等大而疏、灰褐色，萼片脱落；果柄较长，长3.8cm、粗4.3mm；果心小，5～6心室；果肉白色，肉质中粗、紧脆，汁液中多，味甜，无香气；含可溶性固形物14.4%；品质中等，常温下可贮藏25d。

树势中庸，树姿半开张；萌芽力中等，成枝力中等，丰产性一般。一年生枝褐色；叶片卵圆形，长12.0cm、宽6.7cm，叶尖渐尖，叶基楔形；花蕾浅粉红色，每花序5～7朵花，平均6.0朵；雄蕊35～40枚，平均38.0枚；花冠直径4.1cm。在河南巩义地区，果实8月上旬成熟。

特殊性状描述： 植株抗逆性、适应性均强。

新丰（又名：大头梨）

外文名或汉语拼音： Xinfeng

来源及分布： $2n = 34$，原产江苏省新沂市，在江苏新沂马陵山一带有少量栽培。

主要性状： 平均单果重502.0g，纵径10.3cm、横径9.3cm，果实倒卵圆形，果皮绿黄色；果点中等大而密、灰褐色，萼片残存；果柄较长，长3.8cm、粗3.4mm；果心中等大，5～6心室；果肉白色，肉质中粗、脆，汁液中多，味酸甜，无香气；含可溶性固形物9.6%；品质中等，常温下可贮藏15d。

树势中庸，树姿半开张；萌芽力中等，成枝力中等，丰产性好。一年生枝黄褐色；叶片卵圆形，长8.9cm、宽6.4cm，叶尖长尾尖，叶基宽楔形；花蕾粉红色，每花序3～7朵花，平均5.0朵；雄蕊20～27枚，平均23.5枚；花冠直径4.4cm。在湖北武汉地区，果实8月下旬成熟。

特殊性状描述： 果个极大，较耐贮藏；植株丰产性好。

兴隆麻梨

外文名或汉语拼音： Xinglong Mali

来源及分布： $2n = 34$，原产河北省兴隆县，在当地有少量栽培。

主要性状： 平均单果重201.0g，纵径7.3cm、横径7.1cm，果实圆形，果皮浅绿色；果点小而密、灰白色，萼片脱落；果柄较长，长3.0cm、粗3.5mm；果心中等大，4～5心室；果肉乳白色，肉质细、松脆，汁液多，味酸甜，无香气；含可溶性固形物13.0%；品质中上等，常温下可贮藏20d。

树势中庸，树姿半开张；萌芽力强，成枝力弱，丰产性较好。一年生枝黄褐色；叶片卵圆形，长9.5cm、宽8.2cm，叶尖渐尖，叶基楔形；花蕾白色，每花序7～8朵花，平均7.0朵；雄蕊20～23枚，平均21.0枚；花冠直径3.8cm。在河北兴隆当地，果实9月上旬成熟。

特殊性状描述： 植株适应性强，耐寒、耐旱、耐瘠薄。

雪花梨

外文名或汉语拼音： Xuehuali

来源及分布： $2n = 34$，原产河北省，在河北赵县、泊头、晋州、辛集、昌黎、抚宁等地有栽培。

主要性状： 平均单果重314.6g，纵径9.9cm、横径9.1cm，果实圆锥形，果皮绿色；果点中等大而密、褐色，萼片脱落；果柄细长，长5.0cm、粗2.1mm；果心小，5心室；果肉白色，肉质中粗、松脆，汁液多，味甜，无香气；含可溶性固形物11.1%；品质中等，常温下可贮藏30d。

树势强旺，树姿直立；萌芽力强，成枝力强，丰产性好，第三年始果。一年生枝青褐色，多年生枝青褐色；叶片卵圆形，长12.4cm、宽8.8cm，叶尖急尖，叶基圆形；花蕾白色，每花序5 ～ 9朵花，平均7.0朵；雄蕊25 ～ 30枚，平均27.5枚；花冠直径4.1cm。在河北昌黎地区，果实9月中旬成熟。

特殊性状描述： 植株适应性、抗逆性均强，耐瘠薄、耐盐碱。

鸭梨

外文名或汉语拼音： Yali

来源及分布： $2n = 34$，原产河北省，在河北泊头、晋州、辛集、昌黎、抚宁等地有大量栽培。

主要性状： 平均单果重204.3g，纵径8.4cm、横径7.9cm，果实倒卵圆形，果皮浅绿色；果点小而密、褐色，萼片脱落；果柄细长，长5.3cm、粗2.2mm；果心特大，5心室；果肉乳白色，肉质细嫩、松脆，汁液多，味酸甜，有微香气；含可溶性固形物10.9%；品质中等，常温下可贮藏20d。

树势中庸，树姿直立；萌芽力中等，成枝力中等，丰产性好，第三年始果。一年生枝红褐色，多年生枝深褐色；叶片卵圆形，长8.7cm、宽8.2cm，叶尖急尖，叶基宽楔形；花蕾白色，每花序5～10朵花，平均7.5朵；雄蕊19～25枚，平均22.0枚；花冠直径4.2cm。在河北昌黎地区，果实9月上旬成熟。

特殊性状描述： 植株耐瘠薄、耐盐碱，易感梨黑星病。

鸭鸭面

外文名或汉语拼音： Yayamian

来源及分布： $2n = 34$，原产河北省，在河北邯郸等地有栽培。

主要性状： 平均单果重100.3g，纵径6.3cm、横径5.6cm，果实卵圆形，果皮绿黄色；果点小而密、浅褐色，萼片残存；果柄较长，长3.0cm、粗2.3mm；果心大，5心室；果肉白色，肉质细、致密，汁液少，味酸甜，无香气；含可溶性固形物8.9%；品质中等，常温下可贮藏25d以上。

树势中庸，树姿开张；萌芽力强，成枝力中等，丰产性较好。一年生枝红褐色；叶片披针形，长8.2cm、宽5.7cm，叶尖渐尖，叶基宽楔形；花蕾白色，每花序3～7朵花，平均5.0朵；雄蕊20～21枚，平均20.5枚；花冠直径3.3cm。在河北邯郸地区，果实9月底至10月初成熟。

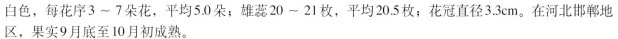

特殊性状描述： 果实较耐贮藏；植株抗逆性较强。

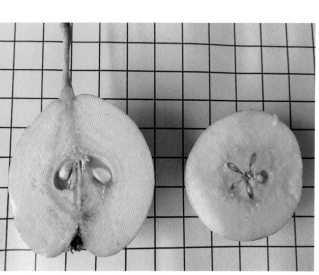

盐源蜂蜜梨

外文名或汉语拼音： Yanyuan Fengmili

来源及分布： $2n = 34$，原产四川省盐源县，在当地有少量分布。

主要性状： 平均单果重274.0g，纵径7.9cm、横径8.3cm，果形倒卵圆形，果皮黄色，上部表面有锈斑；果点中等大而密、浅褐色，萼片脱落；果柄较长，长3.0cm、粗2.2mm；果心中等大，5心室；果肉白色，肉质细、松脆，汁液多，味酸甜适中，有香气；含可溶性固形物11.0%；品质中上等，常温下可贮藏25d。

树势强旺，树姿开张；萌芽力中等，成枝力中等，丰产性较好。一年生枝红褐色或绿褐色；叶片卵圆形，长10.5~13.0cm、宽6.0~8.5cm，叶尖渐尖，叶基平截形；花蕾白色，每花序5~6朵花，平均5.8朵；雄蕊21~28枚，平均24.0枚；花冠直径4.2cm。在四川金川、盐源等地，果实9月下旬或10月上旬成熟。

特殊性状描述： 果实晚熟，较耐贮藏；植株抗逆性较强。

盐源香梨

外文名或汉语拼音： Yanyuan Xiangli

来源及分布： $2n = 34$，原产四川省西昌市，在四川盐源县等地有少量分布。

主要性状： 平均单果重318.7g，纵径9.3cm、横径8.3cm，果实卵圆形，果皮绿色；果点小而疏、浅褐色，萼片残存；果柄较长，长4.0cm、粗3.9mm；果心小，5心室；果肉白色，肉质中粗、松脆，汁液中多，味酸甜适中，有微香气；含可溶性固形物10.3%；品质中上等，常温下可贮藏25d。

树势强旺，树姿直立；萌芽力强，成枝力中等，丰产性好。一年生枝灰褐色；叶片卵圆形或椭圆形，长7.2cm、宽5.6cm，叶尖渐尖，叶基宽楔形；花蕾白色，每花序5～8朵花，平均6.5朵；雄蕊20～26枚，平均23.0枚；花冠直径4.3cm。在四川盐源县，果实9月中旬成熟。

特殊性状描述： 植株抗性强，耐瘠薄。

雁过红

外文名或汉语拼音： Yanguohong

来源及分布： $2n = 34$，原产甘肃省，在甘肃武山、甘谷、礼县等地有栽培。

主要性状： 平均单果重50.6g，纵径3.6cm、横径4.8cm，果实扁圆形，果皮黄绿色，阳面有鲜红晕；果点中等大而密、红褐色，萼片宿存；果柄较长，长3.2cm，粗3.6mm；果心中等大，5心室；果肉淡黄色，肉质细、致密，汁液中多，味甜酸，有香气；含可溶性固形物14.3%；品质中上等，常温下可贮藏20d。

树势中庸，树姿半开张；萌芽力强，成枝力中等，丰产性好。一年生枝黄褐色；叶片椭圆形，长8.7cm、宽5.1cm，叶尖渐尖，叶基圆形；花蕾白色，每花序9～11朵花，平均10.0朵；雄蕊22～27枚，平均24.5枚；花冠直径3.4cm。在甘肃天水地区，果实9月下旬成熟。

特殊性状描述： 果实较耐贮运；植株适应性强，抗病性、抗虫性较强。

洋红霄

外文名或汉语拼音： Yanghongxiao

来源及分布： $2n = 34$，原产河北省北部和辽宁省西南部地区，在当地有少量栽培。

主要性状： 平均单果重168.0g，纵径6.2cm、横径7.0cm，果实圆形，果皮绿色，阳面淡红色；果点小而密，棕褐色，萼片脱落；果柄较长，长3.0cm、粗3.6mm；果心小，3～5心室；果肉白色，肉质细、松脆，汁液多，味甜，无香气；含可溶性固形物10.0%；品质中等，常温下可贮藏20d。

树势中庸，树姿半开张；萌芽力强，成枝力中等，丰产性较好。一年生枝黄褐色；叶片卵圆形，长10.5cm、宽6cm，叶尖渐尖，叶基楔形；花蕾浅

粉红色，每花序6～9朵花，平均7.0朵；雄蕊14～20枚，平均18.0枚；花冠直径3.6cm。在辽宁绥中县，果实9月上旬成熟。

特殊性状描述： 植株抗寒，抗旱，耐瘠薄。

药梨

外文名或汉语拼音： Yaoli

来源及分布： $2n = 34$，原产安徽省，在安徽歙县上丰乡等地有栽培。

主要性状： 平均单果重208.6g，纵径9.6cm、横径10.2cm，果实倒卵圆形，果皮绿色，套袋后呈黄白色；果点中等大而密、褐色，萼片残存；果柄较短，长2.7cm、粗4.4mm；果心大，5心室；果肉白色，肉质较硬，汁液少，味酸涩，无香气；含可溶性固形物11.6%；品质较差，常温下可贮藏30d。

树势中等，树姿半开张；萌芽力强，成枝力弱，丰产性好。一年生枝浅褐色；叶片长卵圆形，长14.7cm、宽8.0cm，叶尖急尖，叶基圆形；花蕾

白色，每花序5～7朵花，平均6.0朵；雄蕊20～22枚，平均21.0枚；花冠直径3.2cm。在安徽黄山地区，果实8月上旬成熟。

特殊性状描述： 果实酚类物质含量高，适宜熬制梨膏；植株抗虫性强。

银白梨

外文名或汉语拼音： Yinbaili

来源及分布： $2n = 34$，原产河北省，在河北邯郸等地有栽培。

主要性状： 平均单果重221.0g，纵径7.9cm、横径7.5cm，果实倒卵圆形，果皮黄绿色；果点小而密、褐色，萼片脱落；果柄较长，长3.2cm、粗2.5mm；果心小，5心室；果肉白色，肉质细、脆，汁液多，味酸甜，有微香气；含可溶性固形物12.2%；品质中等，常温下可贮藏20d以上。

树势中庸，树姿开张；萌芽力强，成枝力弱，丰产性较好。一年生枝红褐色；叶片卵圆形，长9.9cm、宽7.4cm，叶尖渐尖，叶基宽楔形；花蕾白色，每花序6～8朵花，平均7.0朵；雄蕊20～22枚，平均21.0枚；花冠直径3.4cm。在河北邯郸地区，果实9月中旬成熟。

特殊性状描述： 植株抗逆性较强。

营口红宵梨

外文名或汉语拼音： Yingkou Hongxiaoli

来源及分布： $2n = 34$，原产辽宁省，在辽宁、河北等地有栽培。

主要性状： 平均单果重220.0g，纵径6.9cm、横径7.5cm，果实圆形，果皮绿黄色，阳面有鲜红晕；果实无果锈；果点小而密、红褐色；萼片脱落，萼洼、梗洼深广；果柄较长，部分果柄基部膨大成肉质，长3.9cm、粗3.2mm；果心小，5心室；果肉乳白色，肉质中粗、松脆，汁液多，味淡甜，无香气；含可溶性固形物12.4%；品质中上等。

树势中庸，树姿开张；萌芽力强，成枝力中等，丰产性好。一年生枝黄褐色；叶片卵圆形，长11.2cm、宽7.0cm，叶尖急尖，叶基宽楔形；花蕾白色，每花序7～9朵花，平均8.0朵；雄蕊18～22枚，平均20.0枚；花冠直径4.0cm。在辽宁营口地区，果实9月下旬成熟。

特殊性状描述： 果实阳面红色，果形端正，商品率高，耐贮藏。

营口水红宵

外文名或汉语拼音： Yingkou Shuihongxiao

来源及分布： $2n = 34$，原产辽宁省营口市等地，在辽宁营口、鞍山等地有栽培。

主要性状： 平均单果重184.0g，纵径6.6cm、横径7.5cm，果实扁圆形，果皮绿黄色，阳面有淡红晕；果点小而密、红褐色，梗洼、萼洼深广，萼片脱落；果柄较长，长4.1cm、粗3.5mm；果心小，4～5心室；果肉白色，肉质细、松脆，汁液多，味淡甜，无香气；含可溶性固形物11.2%；品质中上等，常温下可贮藏30d。

树势中庸，树姿半开张；萌芽力强，成枝力强，丰产性好。一年生枝红褐色；叶片卵圆形，长10.3cm、宽7.3cm，叶尖急尖，叶基圆形；花蕾白色，每花序4～7朵花，平均5.5朵；雄蕊18～20枚，平均19.0枚；花冠直径3.4cm。在辽宁熊岳地区，4月19日盛花，果实9月下旬成熟。

特殊性状描述： 果实耐贮藏；植株抗寒性中等。

硬枝青（又名：青酥梨）

外文名或汉语拼音： Yingzhiqing

来源及分布： $2n = 34$，原产江苏睢宁县，在江苏睢宁、邳县、铜山、宿迁等地区有少量栽培。

主要性状： 平均单果重181.0g，纵径6.5cm、横径6.3cm，果实长圆形，果皮绿黄色；果点中等大而密、灰褐色，萼片脱落或偶见宿存；果柄较长，基部略粗并稍带肉质，长3.8cm、粗3.5mm；果肉白色，质细脆嫩，石细胞少，果心小，味甜酸适口；含可溶性固形物13.0%；品质上等，常温下可贮藏20d。

树势中庸，树姿开张；萌芽力强，成枝力中等或偏弱，丰产性好。一年生嫩梢绿色，多年生枝青灰色，枝粗壮并稍硬；叶片倒卵圆形，叶基广圆形或截形；花蕾白色，每花序5～9朵花，平均7.0朵；雄蕊22～26枚，平均24.0枚；在江苏睢宁县，果实8月下旬成熟。

特殊性状描述： 植株适应性较强，抗逆性较强，较抗风，但不抗梨黑星病与梨小食心虫。

油芝麻

外文名或汉语拼音： Youzhima

来源及分布： $2n = 34$，原产四川省西昌市，在四川盐源县有少量分布。

主要性状： 平均单果重360.8g，纵径8.8cm、横径8.9cm，果实卵圆形，果皮黄绿色；果点小而密、褐色，靠近柄端大并形成片状锈斑，萼片脱落；果柄较长，长4.0cm、粗3.6mm；果心小，5心室；果肉白色，肉质细、松脆，汁液多，味酸甜，有香气；含可溶性固形物12.0%；品质中上等，常温下可贮藏30d。

树势强旺，树姿开张；萌芽力强，成枝力中等，丰产性好。一年生枝红褐色；叶片卵圆形，叶尖渐尖，叶基楔形。花蕾粉红色，每花序6～8朵花，平均7.0朵；雄蕊18～23枚，平均20.5枚；花冠直径4.1cm。在四川盐源县，果实9月下旬成熟。

特殊性状描述： 植株适应性强，较耐寒。

原平笨梨

外文名或汉语拼音: Yuanping Benli

来源及分布: $2n = 34$,原产山西省,在山西原平、五台等地有栽培。

主要性状: 平均单果重215.0g,纵径6.9cm、横径7.2cm,果实卵圆形,果皮绿色;果点小而密、浅褐色,萼片残存;果柄较长,长3.3cm、粗3.4mm;果心中等大,5心室;果肉白色,肉质粗、松脆,汁液中多,微涩,无香气;含可溶性固形物10.8%;品质下等,常温下可贮藏30d。

树势中庸,树姿直立;萌芽力强,成枝力弱,丰产性好。一年生枝黄褐色;叶片卵圆形,长9.8cm、宽6.5cm,叶尖渐尖,叶基圆形;花蕾白色,每花序8~10朵花,平均9.2朵;雄蕊23~25枚,平均24.4枚;花冠直径3.1cm。在山西晋中地区,果实10月上旬成熟。

特殊性状描述: 植株抗旱、抗风。

原平夏梨

外文名或汉语拼音： Yuanping Xiali

来源及分布： $2n = 34$，原产山西省，在山西榆次、原平、五台等地有栽培。

主要性状： 平均单果重179.0g，纵径6.4cm、横径6.3cm，果实倒卵圆形，果皮黄绿色；果点小而密、浅褐色，萼片脱落；果柄长，长4.8cm、粗4.4mm；果心大，4～5心室；果肉白色，肉质中粗、松脆，汁液中多，味甜，有微香气；含可溶性固形物14.4%；品质中上等，常温下可贮藏25d。

树势强旺，树姿开张；萌芽力中等，成枝力中等，丰产性好。一年生枝红褐色；叶片卵圆形，长10.5cm、宽6.7cm，叶尖渐尖，叶基圆形；花蕾白色，每花序7～9朵花，平均8.4朵；雄蕊25～26枚，平均25.2枚；花冠直径4.2cm。在山西榆次地区，果实9月下旬成熟。

特殊性状描述： 植株抗风、不抗旱。

原平油梨

外文名或汉语拼音： Yuanping Youli

来源及分布： $2n = 34$，原产山西省，在山西原平、五台、榆次等地有栽培。

主要性状： 平均单果重135.3g，纵径5.7cm、横径6.5cm，果实扁圆形，果皮绿黄色；果点小而密、浅褐色，萼片脱落；果柄较长，长4.2cm、粗4.0mm；果心小，5心室；果肉白色，肉质细、松脆，汁液多，味酸甜，有微香气；含可溶性固形物11.2%；品质中上等，常温下可贮藏25d。

树势中庸，树姿开张；萌芽力强，成枝力中等，丰产性好。一年生枝黄褐色；叶片卵圆形，长9.9cm、宽7.8cm，叶尖急尖，叶基楔形；花蕾白色，每花序4～6朵花，平均5.2朵；雄蕊22～30枚，平均26.8枚；花冠直径3.6cm。在山西榆次地区，果实9月下旬成熟。

特殊性状描述： 果实较耐贮藏；植株高抗梨黑星病。

原平油酥梨

外文名或汉语拼音：Yuanping Yousuli

来源及分布：$2n = 34$，原产山西省，在山西原平等地均有栽培。

主要性状：平均单果重472.8g，纵径8.4cm、横径9.3cm，果实近圆形，果皮绿黄色；果点小而密、褐色，萼片宿存；果柄较长，长3.5cm、粗4.5mm；果心中等大，5～6心室；果肉乳白色，肉质细、松脆，汁液多，味酸，无香气；含可溶性固形物9.7%；品质下等，常温下可贮藏25d。

树势中庸，树姿直立；萌芽力中等，成枝力弱，丰产性一般。一年生枝褐色；叶片椭圆形，长11.1cm、宽7.3cm，叶尖急尖，叶基楔形；花蕾浅粉红色，每花序6～7朵花，平均6.0朵；雄蕊24～29枚，平均26.0枚；花冠直径3.8cm。在河南郑州地区，果实8月下旬成熟。

特殊性状描述：植株适应性强，抗旱、抗寒、耐瘠薄。

真白梨

外文名或汉语拼音： Zhenbaili

来源及分布： $2n = 34$，原产四川省成都市，在四川简阳、内江、成都等地均有栽培。

主要性状： 平均单果重181.0g，纵径7.1cm、横径6.7cm，果实倒卵圆形，果皮黄色；果点小而疏、浅褐色，萼片脱落；果柄两端粗中间细，长4.0cm、粗3.4mm；果心中等大，5心室；果肉白色，肉质细、松脆，汁液中多，味甜，有浓香气；含可溶性固形物10.2%；品质中上等，常温下可贮藏30d。

树势中庸，树姿半开张；萌芽力中等，成枝力中等，丰产性好。一年生枝红褐色；叶片卵圆形，长10.4cm、宽6.7cm，叶尖渐尖，叶基宽楔形；花蕾白色，每花序3～8朵花，平均5.5朵；雄蕊14～17枚，平均15.5枚；花冠直径3.8cm。在四川简阳地区，果实8月下旬成熟。

特殊性状描述： 果皮细腻光滑，外形美观。

郑家梨

外文名或汉语拼音： Zhengjiali

来源及分布： $2n = 34$，原产河南省，在河南中牟等地均有栽培。

主要性状： 平均单果重263.0g，纵径8.6cm、横径7.9cm，果实倒卵圆形，果皮绿色；果点小而密、黄褐色，萼片残存；果柄粗，长3.0cm、粗8.8mm；果心中等大，5心室；果肉绿白色，肉质粗、紧脆，汁液少，味甜，无香气；含可溶性固形物13.5%；品质下等，常温下可贮藏15d。

树势中庸，树姿半开张；萌芽力强，成枝力中等，丰产性较好。一年生枝黄褐色；叶片椭圆形，长12.6cm、宽7.2cm，叶尖长尾尖，叶基狭楔形，花蕾白色，每花序4～6朵花，平均5.0朵；雄蕊26～35枚，平均30.0枚；花冠直径4.5cm。在河南郑州地区，果实9月下旬成熟。

特殊性状描述： 果实耐贮藏；植株适应性极强，耐干旱。

郑州鹅梨

外文名或汉语拼音： Zhengzhou Eli

来源及分布： $2n = 34$，原产河南省郑州市，现栽培甚少。

主要性状： 平均单果重420.0g，纵径9.2cm、横径9.4cm，果实圆形，果皮绿色；果点小而密、浅褐色，萼片脱落；果柄长，长4.5cm、粗3.6mm；果心中等大，5心室；果肉乳白色，肉质中粗、紧脆，汁液中多，味甜，无香气；含可溶性固形物13.2%；品质中等，常温下可贮藏25d。

树势中庸，树姿直立；萌芽力中等，成枝力中等，丰产性一般。一年生枝黄褐色；叶片椭圆形，长9.8cm、宽6.9cm，叶尖急尖，叶基楔形；花蕾粉红色，每花序5～7朵花，平均6.0朵；雄蕊30～36枚，平均34.0枚；花冠直径4.2cm。在河南郑州地区，果实9月中旬成熟。

特殊性状描述： 果个大，植株适应性强。

肿鼓梨

外文名或汉语拼音： Zhongguli

来源及分布： $2n = 34$，原产湖北省，在湖北咸宁等地有栽培。

主要性状： 平均单果重185.6g，纵径6.2cm、横径6.4cm，果实圆形，果皮黄绿色；果点中等大而密、褐色，萼片脱落；果柄较长，长4.3cm、粗3.8mm；果心小，5心室；果肉绿白色，肉质中粗、松脆，汁液中多，味酸，无香气；含可溶性固形物8.7%；品质下等，常温下可贮藏20d。

树势强旺，树姿半开张；萌芽力中等，成枝力弱，丰产性好。一年生枝红褐色；叶片披针形，长19.1cm、宽8.4cm，叶尖急尖，叶基楔形；花蕾浅粉红色，每花序4～6朵花，平均5.0朵；雄蕊21～27枚，平均24.0枚；花冠直径2.8cm。在湖北武汉地区，果实10月上旬成熟。

特殊性状描述： 果实极晚熟，较耐贮藏。

朱家假鸡腿

外文名或汉语拼音： Zhujia Jiajitui

来源及分布： $2n = 34$，原产四川省阿坝藏族羌族自治州，在四川金川、丹巴等地均有栽培。

主要性状： 平均单果重210.0g，纵径8.5cm、横径9.5cm，果实粗颈葫芦形，果皮黄绿色；果点中等大而密、褐色并形成片状锈斑，萼片脱落；果柄基部膨大肉质化，长4.0cm、粗3.9mm；果心小，5心室；果肉白色，肉质细、松脆，汁液多，味甜微酸，有香气；含可溶性固形物13.1%；品质上等，常温下可贮藏20d。

树势强旺，树姿开张；萌芽力中等，成枝力中等，丰产性好。一年生枝红褐色；叶片长圆形，长12.1cm、宽8.2cm，叶尖渐尖，叶基宽楔形；花蕾白色，每花序 5 ～ 8 朵花，平均6.5朵；雄蕊20 ～ 23枚，平均21.5枚；花冠直径4.5cm。在四川金川县，果实10月上旬成熟。

特殊性状描述： 果实较耐贮藏。

朱家甜梨

外文名或汉语拼音：*Zhujia Tianli*

来源及分布：$2n = 34$，原产四川省阿坝藏族羌族自治州，在四川金川、小金等地均有少量栽培。

主要性状：平均单果重245.0g，纵径8.9cm、横径7.6cm，果实粗颈葫芦形，果皮绿黄色；果点大而疏、棕褐色，萼片脱落；果柄较短，长2.8cm、粗3.4mm；果心较小，5心室；果肉乳白色，肉质中等粗细、稍脆，汁液多，风味浓甜，有微香气；含可溶性固形物13.2%；品质中等，常温下可贮藏25d。

树势强旺，树姿开张；萌芽力中等，成枝力中等，丰产性好。一年生枝红褐色；叶片长圆形，长9.6cm、宽7.3cm，叶尖渐尖，叶基圆形；花蕾白色，每花序 5 ～ 8 朵花，平均6.5朵；雄蕊20 ～ 22枚，平均21.0枚；花冠直径4.2cm。在四川金川县，果实9月下旬成熟。

特殊性状描述：果实含糖量高，口感好。

猪头梨（又名：鬼头梨）

外文名或汉语拼音： Zhutouli

来源及分布： $2n = 3x = 51$，原产甘肃省，在甘肃武威城关区、凉州区等地有栽培。

主要性状： 平均单果重119.3g，纵径5.8cm、横径6.0cm，果实倒卵圆形，果皮绿黄色；果点小而密、灰褐色，萼片残存；果柄很长，长6.5cm、粗3.0mm；果心中等大，5心室；果肉淡黄色，肉质粗、松脆，汁液多，味甜酸、微涩，无香气；含可溶性固形物11.5%；品质中等，常温下可贮藏20d。

树势强旺，树姿开张；萌芽力中等，成枝力强，丰产性好。一年生枝褐色；叶片卵圆形，长8.6cm、宽6.3cm，叶尖急尖，叶基截形；花蕾粉红色，每花序6～9朵花，平均7.5朵；雄蕊16～20枚，平均18.0枚；花冠直径3.6cm。在甘肃武威地区，果实9月中下旬成熟。

特殊性状描述： 植株适应性较强，抗寒性强，抗病性、抗虫性较强。

猪尾巴梨

外文名或汉语拼音： Zhuweibali

来源及分布： $2n = 34$，原产湖北省，在湖北荆门等地有栽培。

主要性状： 平均单果重317.0g，纵径7.9cm、横径8.4cm，果实扁圆形，果皮绿色；果点中等大而密、棕褐色，萼片脱落；果柄较长，基部膨大肉质化，长3.9cm、粗7.6mm；果心小，4～5心室；果肉白色，肉质中粗、致密，汁液中多，味酸甜，无香气；含可溶性固形物11.7%；品质中等，常温下可贮藏20d。

树势强旺，树姿半开张；萌芽力中等，成枝力弱，丰产性好。一年生枝灰褐色；叶片卵圆形，长10.4cm、宽5.9cm，叶尖急尖，叶基楔形；花蕾粉红色，每花序5～7朵花，平均6.0朵；雄蕊19～28枚，平均23.0枚；花冠直径3.4cm。在湖北武汉地区，果实8月下旬成熟。

特殊性状描述： 果实大，丰产性好。

猪嘴梨

外文名或汉语拼音： Zhuzuili

来源及分布： $2n = 34$，原产辽宁省，在辽宁鞍山等地有栽培。

主要性状： 平均单果重230.0g，纵径8.0cm、横径7.4cm，果实圆锥形，果实顶部形状酷似猪嘴，果皮黄色；果点小而密、浅褐色，萼片宿存；果柄长，长4.5cm、粗3.5mm；果心中等大，5心室；果肉淡黄白色，肉质细、脆，汁液多，味酸甜，有微香气；含可溶性固形物14.7%；品质上等。

树势中庸，树姿半开张；萌芽力弱，成枝力弱，丰产性好。一年生枝褐色；叶片卵圆形，长11.2cm、宽7.6cm，叶尖急尖，叶基圆形；花蕾白色，每花序5～7朵花，平均6.0朵；雄蕊18～21枚，平均19.5枚；花冠直径2.6cm。在辽宁海城地区，4月20日盛花，果实10月上旬成熟。

特殊性状描述： 果实耐贮藏，采后窖藏（温度2～7℃，相对湿度65%～70%）条件下可贮至翌年3～4月；植株抗寒性较强。

坠子梨

外文名或汉语拼音: Zhuizili

来源及分布: $2n = 34$，原产山东省，在山东费县、滕州等地有栽培。

主要性状: 平均单果重293.5g，纵径8.8cm、横径8.1cm，果实倒卵圆形，果皮淡黄绿色；果点小而密、浅褐色，萼片脱落；果柄长，长4.8cm、粗4.3mm；果心中等大，5心室；果肉白色，肉质中粗、松脆，汁液多，味酸甜，有微香气；含可溶性固形物11.2%；品质中等，常温下可贮藏15～20d。

树势中庸，树姿开张；萌芽力强，成枝力中等，丰产性好。一年生枝绿黄色；叶片卵圆形，长10.7cm、宽6.9cm，叶尖渐尖，叶基圆形；花蕾白色，边缘浅粉红色，每花序5～7朵花，平均6.0朵；雄蕊19～22枚，平均20.5枚；花冠直径3.8cm。在山东泰安地区，果实9月上旬成熟。

特殊性状描述: 果梗基部一侧膨大突起，似鸭梨形。

（二）砂梨品种群*Pyrus pyrifolia* Sand Pear Group

阿朵红梨

外文名或汉语拼音： Aduohongli

来源及分布： 原产云南省永仁县，在云南楚雄、永仁有栽培。

主要性状： 平均单果重204.0g，纵径7.4cm、横径8.6cm，果实卵圆形，果皮绿黄色，阳面鲜红色；果点小而密、褐色，萼片脱落；果柄较长而细，长3.0～4.0cm、粗2.0mm；果心大，5心室；果肉白色，肉质粗、脆，汁液多，味酸甜，有香气；含可溶性固形物11.5%；品质中等，常温下可贮藏25～30d。

树势强旺，树姿开张；萌芽力强，成枝力强，丰产性一般。一年生枝黄褐色；叶片卵圆形，长11.0cm、宽7.0cm，叶尖渐尖，叶基宽楔形；花蕾白色，每花序5～9朵花，平均7.0朵；雄蕊30～32枚，平均31.0枚；花冠直径2.8cm。在云南楚雄地区，果实9月下旬成熟。

特殊性状描述： 植株耐旱、耐湿、耐瘠，成熟果实果皮向阳面着红晕，可作红皮梨育种材料。

安龙砂糖梨

外文名或汉语拼音：Anlong Shatangli

来源及分布：$2n = 34$，原产贵州省，在贵州安龙县周边地区有栽培。

主要性状：平均单果重85.0g，纵径4.5cm、横径5.4cm，果实扁圆形，果皮黄绿色，果面具大片褐色锈斑；果点中等大而密、棕褐色，萼片脱落；果柄较长，长4.4cm、粗3.2mm；果心中等大，5心室；果肉白色，肉质粗、酥脆，汁液多，味酸甜适度，无香气；含可溶性固形物9.9%；品质中等，常温下可贮藏10～15d。

树势中庸，树姿直立；萌芽力强，成枝力中等，丰产性好。一年生枝黄褐色；叶片椭圆形，长12.2cm、宽7.3cm，叶尖渐尖，叶基楔形。在贵州安龙县，果实9月成熟。

特殊性状描述：植株耐贫瘠，耐涝，抗性强。

安龙鸭蛋梨

外文名或汉语拼音： Anlong Yadanli

来源及分布： $2n = 34$，原产贵州省，在贵州安龙、册亨等地有栽培。

主要性状： 平均单果重170.0g，纵径6.7cm、横径6.5cm，果实圆形，果皮绿黄色，果面具大片褐色锈斑；果点中等大而密、灰白色，萼片残存；果柄较长，长3.5cm、粗4.2mm；果心小，5心室；果肉白色，肉质中粗、酥脆，汁液多，味酸甜适度，无香气；含可溶性固形物6.4%；品质中上等，常温下可贮藏10d。

树势中庸，树姿半开张；萌芽力中等，成枝力中等，丰产性好。一年生枝黄褐色；叶片椭圆形，长10.4cm、宽8.0cm，叶尖渐尖，叶基楔形；花蕾白色，每花序4～7朵花，平均5.5朵；雄蕊20～23枚，平均21.5枚；花冠直径2.8cm。在贵州安龙地区，果实8月下旬至9月上旬成熟。

特殊性状描述： 植株耐涝，叶片和果实病虫害均较轻。

安宁无名梨

外文名或汉语拼音： Anning Wumingli

来源及分布： 原产云南省，在云南安宁等地有少量栽培。

主要性状： 平均单果重322.5g，纵径7.7cm、横径8.5cm，果实卵圆形，果皮绿色；果点小而密、浅褐色，萼片残存；果柄很长，长7.2cm、粗3.6mm；果心中等大，4～5心室；果肉乳白色，肉质粗、紧脆，汁液中多，味酸，无香气；含可溶性固形物9.2%；品质下等，常温下可贮藏25d。

树势强，树姿半开张；萌芽力强，成枝力中等，丰产性较好。一年生枝红褐色；叶片卵圆形，长11.2cm、宽8.0cm，叶尖急尖，叶基楔形；花蕾粉红色，每花序5～7朵花，平均6.0朵；雄蕊23～25枚，平均24.0枚；花冠直径4.1cm。在云南安宁县，果实9月中旬成熟。

特殊性状描述： 植株抗逆性强，较抗梨褐斑病。

八月白

外文名或汉语拼音： Bayuebai

来源及分布： $2n = 34$，原产福建省，在福建连城县隔川、文亨、林坊、曲溪等地有栽培。

主要性状： 平均单果重374.7g，纵径8.3cm、横径9.0cm，果实圆形，果皮褐色，阳面无晕；果点大而密、灰色、萼片脱落；果柄短，长1.1cm、粗3.2mm；果心中等大、中位，5心室；果肉白色，肉质粗、致密，汁液中多，味微酸，无香气，无涩味；含可溶性固形物11.6%；品质下等，常温下可贮藏15d。

树势强旺，树姿半开张；萌芽力强，成枝力中等，丰产性好。一年生枝绿黄色；叶片椭圆形，长10.9cm、宽5.9cm，叶尖急尖，叶基楔形；花蕾白色，每花序5～8朵花，平均6.5朵；雄蕊18～22枚，平均20.0枚；花冠直径2.5cm。在福建建宁县，果实10月中旬成熟。

特殊性状描述： 果实贮藏性强；植株抗病性强，抗虫性中等，耐旱性、耐涝性强。

八月梨

外文名或汉语拼音： Bayueli

来源及分布： $2n = 34$，原产贵州省，在贵州独山、三都等地有栽培。

主要性状： 平均单果重53.0g，纵径4.2cm、横径4.4cm，果实圆形，果皮褐色；果点中等大而密、灰白色，萼片脱落；果柄长，长4.6cm、粗3.8mm；果心大，5心室；果肉白色，肉质粗、酥脆，汁液多，味酸甜适度，无香气；含可溶性固形物8.2%；品质中上等，常温下可贮藏7～15d。

树势强旺，树姿直立；萌芽力弱，成枝力中等，丰产性好。一年生枝黑褐色；叶片椭圆形，长8.4cm、宽5.3cm，叶尖渐尖，叶基楔形。在贵州独山县，果实9月中旬成熟。

特殊性状描述： 植株丰产性好，较耐贫瘠，叶片病害相对较少，果实不易发生虫害。

八月雪

外文名或汉语拼音：Bayuexue

来源及分布：$2n = 34$，原产福建省，在福建建瓯市南雅、玉山、东游、顺阳等地有栽培。

主要性状：平均单果重588.8g，纵径9.4cm、横径10.9cm，果实扁圆形或圆形，果皮绿色，果面有果锈，阳面无晕；果点中等大而密、灰褐色，萼片脱落；果柄极短，长0.8cm、粗6.2mm；果心中等大、中位，5心室；果肉乳白色，肉质中粗、脆，汁液中多，味酸甜，无香气，无涩味；含可溶性固形物11.9%；品质中等，常温下可贮藏15d。

树势强旺，树姿半开张；萌芽力强，成枝力中等，丰产性好。一年生枝黄褐色；叶片椭圆形，长13.1cm、宽7.1cm，叶尖渐尖，叶基楔形；花蕾白色，每花序5～8朵花，平均6.5朵；雄蕊16～20枚，平均18.0枚；花冠直径3.5cm。在福建建宁县，果实9月下旬成熟。

特殊性状描述：植株抗病性中等，抗虫性强，耐旱性、耐涝性强。

巴克斯

外文名或汉语拼音：Bakesi

来源及分布：$2n = 34$，原产云南省，在云南丽江等地有栽培。

主要性状：平均单果重181.0g，纵径6.8cm、横径7.0cm，果实圆形，果皮绿色，果面具果锈；果点中等大而密、灰褐色，萼片残存；果柄较长，长3.7cm、粗3.5mm；果心中等大，5心室；果肉绿白色，肉质中粗、脆，汁液少，味甜酸，无香气；含可溶性固形物10.9%；品质中等，常温下可贮藏15d。

树势弱，树姿半开张；萌芽力中等，成枝力弱，丰产性好。一年生枝灰褐色；叶片卵圆形，长9.5cm、宽5.1cm，叶尖长尾尖，叶基圆形；花蕾白色，每花序3～9朵花，平均6.0朵；雄蕊18～23枚，平均20.5枚；花冠直径2.9cm。在湖北武汉地区，果实9月下旬成熟。

特殊性状描述：花药淡粉色，果实成熟期晚。

坝必梨

外文名或汉语拼音：Babili

来源及分布：$2n = 34$，原产贵州省，在贵州兴义市周边地区有栽培。

主要性状：平均单果重120.0g，纵径6.6cm、横径5.6cm，果实卵圆形，果皮绿色；果点小而疏、浅褐色，萼片残存；果柄较长，长3.5cm、粗4.2mm；果心中等大，5心室；果肉白色，肉质粗、致密，汁液少，味甜酸，无香气；含可溶性固形物10.7%；品质中等，常温下可贮藏15d。

树势强旺，树姿直立；萌芽力强，成枝力中等，丰产性好。一年生枝灰褐色；叶片卵圆形，长9.3cm、宽7.3cm，叶尖渐尖，叶基宽楔形。在贵州兴义地区，果实8月中旬成熟。

特殊性状描述：植株耐水涝，叶片和果实抗病虫，在高温高湿条件下果面锈斑少。

白葫芦

外文名或汉语拼音: Baihulu

来源及分布: $2n = 34$,原产福建省,在福建明溪县胡坊、雪峰、瀚仙、夏阳、盖洋等地有栽培。

主要性状: 平均单果重223.3g,纵径8.6cm、横径7.2cm,果实倒卵圆形,果皮绿黄色,阳面无晕;果点小而密、浅褐色,萼片宿存;果柄较短,长2.3cm、粗3.2mm;果心小,5心室;果肉白色,肉质细、脆,汁液多,味淡甜,无香气;含可溶性固形物10.6%;品质中上等,常温下可贮藏5d。

树势强旺,树姿半开张;萌芽力强,成枝力中等,丰产性好。一年生枝黄褐色;叶片椭圆形,长10.2cm、宽6.1cm,叶尖急尖,叶基圆形;花蕾白色,每花序5~8朵花,平均6.5朵;雄蕊18~22枚,平均20.0枚;花冠直径4.5cm。在福建建宁县,果实9月中下旬成熟。

特殊性状描述: 植株抗病性中等,抗虫性弱,耐旱性强,耐涝性强。

白瓠梨

外文名或汉语拼音：Baihuli

来源及分布：$2n = 34$，原产福建省，在福建明溪县胡坊、雪峰、瀚仙、夏阳、盖洋等地有栽培。

主要性状：平均单果重240.7g，纵径8.5cm、横径8.6cm，果实倒卵圆形，果肩具鸭突，果皮绿色，阳面无晕；果点小而密、褐色，萼片宿存；果柄较短，长2.5cm、粗3.7mm；果心中等大，5心室；果肉白色，肉质中粗、脆，汁液中多，味酸甜，无香气；含可溶性固形物11.0%；品质中上等，常温下可贮藏5d。

树势强旺，树姿半开张；萌芽力强，成枝力中等，丰产性好。一年生枝黄褐色；叶片椭圆形，长11.4cm、宽6.5cm，叶尖急尖，叶基圆形；花蕾白色，每花序5~8朵花，平均6.5朵；雄蕊18~22枚，平均20.0枚；花冠直径4.5cm。在福建建宁县，果实8月上中旬成熟。

特殊性状描述：植株抗病性中等，抗虫性弱，耐旱性强，耐涝性强。

白结梨

外文名或汉语拼音：Baijieli

来源及分布：$2n = 34$，原产湖北省，在湖北咸丰等地有栽培。

主要性状：平均单果重211.7g，纵径7.4cm、横径7.0cm，果实圆形，果皮深褐色；果点小而密、棕褐色，萼片脱落；果柄较长，长4.0cm、粗4.6mm；果心大，5～6心室；果肉绿白色，肉质中、松脆，汁液中多，味甜，无香气；含可溶性固形物10.1%；品质中等，常温下可贮藏20d。

树势中庸，树姿开张；萌芽力中等，成枝力弱，丰产性好。一年生枝褐色；叶片卵圆形，长10.8cm、宽6.8cm，叶尖急尖，叶基截形；花蕾浅粉红色，每花序5～9朵花，平均7.0朵；雄蕊22～27枚，平均24.0枚；花冠直径3.3cm。在湖北武汉地区，果实9月下旬成熟。

特殊性状描述：果实极晚熟，较耐贮藏。

白水梨

外文名或汉语拼音： Baishuili

来源及分布： $2n = 34$，原产贵州省，在贵州镇宁、安顺等地有栽培。

主要性状： 平均单果重125.0g，纵径5.8cm、横径6.1cm，果实圆形，果皮绿色；果点小而密、浅褐色，萼片脱落；果柄较长，长3.1cm、粗3.3mm；果心中等大，5心室；果肉白色，肉质中粗、酥脆，汁液中多，味甜酸，无香气；含可溶性固形物10.5%；品质中等，常温下可贮藏7～10d。

树势强旺，树姿直立；萌芽力强，成枝力中等，丰产性好。一年生枝灰褐色；叶片卵圆形，长10.9cm、宽8.7cm，叶尖急尖，叶基宽楔形。在贵州镇宁县，果实8月上旬成熟。

特殊性状描述： 植株较耐贫瘠，叶片抗病性一般，果实虫害少。

百花梨

外文名或汉语拼音： Baihuali

来源及分布： $2n = 34$，原产重庆市，在重庆开州区等地有栽培。

主要性状： 平均单果重78.0g，纵径6.3cm、横径5.2cm，果实纺锤形，果皮褐色；果点中等大而密、灰褐色，萼片脱落；果柄较长，长3.8cm、粗3.5mm；果心中等大，4～5心室；果肉乳白色，肉质粗、硬脆，汁液多，味淡酸甜，有香气；含可溶性固形物11.4%；品质中等，常温下可贮藏25d。

树势中庸，树姿半开张；萌芽力强，成枝力中等，丰产性较好。一年生枝灰褐色；叶片卵圆形，长5.4cm、宽4.2cm，叶尖渐尖，叶基宽楔形；花蕾白色，每花序6～8朵花，平均6.5朵；雄蕊18～22枚，平均20.0枚；花冠直径1.7cm。在重庆开州地区，果实7月中旬成熟。

特殊性状描述： 植株适应性、抗逆性均强，耐高温高湿。

板昌青梨

外文名或汉语拼音： Banchang Qingli

来源及分布： $2n = 34$，原产贵州省，在贵州镇宁、安顺等地有栽培。

主要性状： 平均单果重210.0g，纵径7.9cm、横径6.6cm，果实圆形，果皮绿色；果点小而密、浅褐色，萼片脱落；果柄较短，长2.5cm、粗5.6mm；果心小，5心室；果肉白色，肉质中粗、脆，汁液中多，味酸，无香气；含可溶性固形物10.2%；品质中下等，常温下可贮藏7～10d。

树势强旺，树姿直立；萌芽力中等，成枝力中等，丰产性较好。一年生枝灰褐色；叶片卵圆形，长12.1cm、宽7.3cm，叶尖急尖，叶基圆形。在贵州镇宁县，果实8月下旬成熟。

特殊性状描述： 植株较耐贫瘠，叶片抗病性强，果实虫害较多。

半男女

外文名或汉语拼音：Bannannü

来源及分布：$2n = 34$，原产福建省，在福建屏南县长桥、熙岭、棠口、甘棠、代溪等地有栽培。

主要性状：平均单果重408.3g，纵径8.5cm、横径9.5cm，果实扁圆形，果皮黄褐色，阳面无晕；果点小而密、灰褐色，萼片脱落；果柄较短，长2.2cm、粗3.5mm；果心小、中位，5心室；果肉白色，肉质极细、致密，汁液中多，味酸甜，无香气、无涩味；含可溶性固形物11.2%；品质上等，常温下可贮藏10d。

树势强旺，树姿半开张；萌芽力强，成枝力中等，丰产性好。一年生枝黄褐色；叶片椭圆形，长11.9cm、宽7.0cm，叶尖渐尖，叶基楔形；花蕾浅粉红色，每花序5～8朵花，平均6.5朵；雄蕊14～18枚，平均16.0枚；花冠直径3.3cm。在福建建宁县，果实9月中旬成熟。

特殊性状描述：植株抗病性中等，抗虫性弱，耐旱性强，耐涝性强。

薄皮大糖梨

外文名或汉语拼音： Baopidatangli

来源及分布： $2n = 34$，原产贵州省，在贵州织金周边地区有栽培。

主要性状： 平均单果重310.0g，纵径7.5cm、横径7.1cm，果实圆形，果皮深褐色；果点小而密、灰白色，萼片残存；果柄较长，长3.2cm、粗3.4mm；果心中等大，5心室；果肉白色，肉质粗、致密，汁液中多，味酸，无香气；含可溶性固形物8.5%；品质中下等，常温下可贮藏10～15d。

树势较弱，树姿半开张；萌芽力中等，成枝力弱。一年生枝黄褐色；叶片卵圆形，长11.1cm、宽6.4cm，叶尖渐尖，叶基楔形。在贵州织金县，果实10月成熟。

特殊性状描述： 植株不耐贫瘠，叶片有部分病斑，果实病害少。

宝珠梨

外文名或汉语拼音： Baozhuli

来源及分布： $2n = 34$，原产云南省，在云南呈贡等地均有栽培。

主要性状： 平均单果重400.0g，纵径8.7cm、横径8.8cm，果实圆形，果皮黄绿色；果点小而密、灰褐色，萼片残存；果柄较长，长3.5cm、粗7.8mm；果心中等大，5心室；果肉乳白色，肉质中粗、松脆，汁液少，味酸甜适度，无香气；含可溶性固形物10.1%；品质中等，常温下可贮藏30d。

树势强旺，树姿直立；萌芽力强，成枝力中等，丰产性好。一年生枝灰褐色；叶片卵圆形，长12.7cm、宽7.5cm，叶尖渐尖，叶基楔形；花蕾白色，每花序6～8朵花，平均7.0朵；雄蕊22～24枚，平均23.0枚；花冠直径3.5cm。在云南呈贡县，果实9月成熟。

特殊性状描述： 果实耐贮藏；植株适应性、抗病性均强。

保靖冬梨

外文名或汉语拼音：Baojing Dongli

来源及分布：$2n = 34$，原产湖南省，在湖南保靖等地有栽培。

主要性状：平均单果重326.0g，纵径8.9cm，横径8.3cm，果实倒卵圆形，果皮绿色，果面布满褐色果锈；果点小而密、棕褐色，萼片脱落；果柄较长，长3.5cm、粗3.6mm；果心中等大，5心室；果肉绿白色，肉质中粗、脆，汁液中多，味甜酸，无香气；含可溶性固形物9.7%；品质下等，常温下可贮藏12d。

树势强旺，树姿直立；萌芽力中等，成枝力中等，丰产性极好。一年生枝褐色；叶片卵圆形，长9.6cm、宽5.8cm，叶尖急尖，叶基宽楔形；花蕾白色，每花序3～6朵花，平均4.5朵；雄蕊20～26枚，平均23.0枚；花冠直径3.6cm。在湖北武汉地区，果实9月下旬成熟。

特殊性状描述：植株抗病性、适应性均强。

毕节鸭梨

外文名或汉语拼音：Bijie Yali

来源及分布：$2n = 34$，原产贵州省毕节市，在当地有少量栽培。

主要性状：平均单果重489.0g，纵径10.0cm、横径9.4cm，果实圆柱形，果皮绿色；果点中等大而密、浅褐色，萼片宿存；果柄长，长5.0cm、粗3.8mm；果心小，5心室；果肉白色，肉质细、松脆，汁液多，味酸甜，无香气；含可溶性固形物14.2%；品质中上等，常温下可贮藏30d。

树势强旺，树姿半开张；萌芽力强，成枝力弱，丰产性较好。一年生枝褐色；叶片卵圆形，长11.4cm、宽6.2cm，叶尖急尖，叶基楔形；花蕾浅粉红色，每花序3～7朵花，平均5.0朵；雄蕊20～23枚，平均21.0枚；花冠直径4.5cm。在贵州毕节等地，果实9月上旬成熟。

特殊性状描述：植株适应性、抗逆性均强。

璧山12

外文名或汉语拼音： Bishan 12

来源及分布： $2n = 34$，来源不详，在重庆、四川等地有栽培。

主要性状： 平均单果重198.0g，纵径6.5cm、横径7.2cm，果实圆形，果皮绿黄色；果点小而密、浅褐色，萼片脱落；果柄较长，长4.3cm、粗3.2mm；果心中等大，5～6心室；果肉乳白色，肉质细、紧脆，汁液多，味甜，无香气；含可溶性固形物12.2%；品质中上等，常温下可贮藏15d。

树势中庸，树姿半开张；萌芽力强，成枝力弱，丰产性较好。一年生枝黄褐色；叶片椭圆形，长9.1cm，宽6.5cm，叶尖渐尖，叶基楔形；花蕾浅粉红色，每花序5～7朵花，平均6.0朵；雄蕊24～29枚，平均26.0枚；花冠直径4.7cm。在河南郑州地区，果实7月下旬成熟。

特殊性状描述： 植株适应性强，较耐高温高湿。

扁麻梨

外文名或汉语拼音： Bianmali

来源及分布： $2n = 34$，原产四川省阿坝藏族羌族自治州，在四川金川、小金等地均有栽培。

主要性状： 平均单果重150.0g，纵径4.7cm、横径5.7cm，果实扁圆形，果皮褐色，果面较粗糙；果点中等大且密、灰白色，萼片脱落，果柄较长，长3.6cm、粗3.2mm；果心大，5心室；果肉白色，肉质中粗、松脆，汁液多，味甜而浓，无香气；含可溶性固形物13.7%；品质中上等，常温下可贮藏25d。

树势强旺，树姿较开张；萌芽力中等，成枝力中等，丰产性极好。一年生枝黄褐色；叶片卵圆形，长9.7cm、宽6.3cm，叶尖渐尖，叶基圆形或亚心脏形；花蕾白色，每花序5～8朵花，平均6.5朵；雄蕊19～22枚，平均20.5枚；花冠直径4.3cm。在四川金川县，果实9月上旬成熟。

特殊性状描述： 植株抗性强，耐瘠薄。

宾川蜂糖梨

外文名或汉语拼音： Binchuan Fengtangli

来源及分布： $2n = 34$，原产云南省宾川县，云南在大理白族自治州宾川、鹤庆等地有栽培。

主要性状： 平均单果重225.0g，纵径6.9cm、横径8.3cm，果实卵圆形，果皮绿黄色，果面具大片褐色锈斑；果点小而密、灰褐色，萼片脱落；果柄较长，长3.0 ~ 4.0cm、粗3.0mm；果心中等大，5心室；果肉白色，肉质细、松脆，汁液多，味甜，有香气；含可溶性固形物13.4%；品质上等，常温下可贮藏25 ~ 30d。

树势强旺，树姿开张；萌芽力强，成枝力中等，丰产性好。一年生枝黄褐色；叶片卵圆形，长7.5 ~ 12.0cm、宽4.0 ~ 6.0cm，叶尖渐尖，叶基圆形；花蕾白色，每花序5 ~ 9朵花，平均7.0朵；雄蕊20 ~ 23枚，平均21.0枚；花冠直径3.5 cm。在云南宾川县，果实9月下旬成熟。

特殊性状描述： 果心小，成熟果实果心周围无石细胞，味道似蜂蜜甜。

彩云红

外文名或汉语拼音：Caiyunhong

来源及分布：$2n = 34$，原产云南省，在云南安宁等地均有栽培。

主要性状：平均单果重150.0g，纵径6.5cm、横径6.8cm，果实圆形，果皮红色；果点小而密、灰褐色，萼片脱落；果柄短，长1.9cm、粗4.2mm；果心极小，5～6心室；果肉绿白色，肉质细、松脆，汁液多，味甜，有微香气；含可溶性固形物14.1%；品质中上等，常温下可贮藏20d。

树势中庸，树姿直立；萌芽力强，成枝力强，丰产性一般。一年生枝红褐色；叶片卵圆形，长7.5cm、宽5.2cm，叶尖渐尖，叶基宽楔形；花蕾白色，每花序6～8朵花，平均7.0朵；花瓣5片轮生；雄蕊30～32枚，平均31.0枚；花冠直径2.8cm。在云南安宁地区，果实8月中旬成熟。

特殊性状描述：果实外形美观，色泽鲜艳；植株抗梨黑星病和梨褐斑病。

苍梧大砂梨

外文名或汉语拼音： Cangwu Dashali

来源及分布： $2n = 34$，原产广西壮族自治区苍梧县，在当地有一定量栽培。

主要性状： 平均单果重934.0g，纵径11.3cm、横径12.9cm，果实扁圆形，果皮褐色；果点中等大而密、灰褐色，萼片残存；果柄极短，长0.7cm、粗5.8mm；果心小，5～6心室；果肉白色，肉质中粗、紧脆，汁液少，味酸甜，无香气；含可溶性固形物13.6%；品质下等，常温下可贮藏25d。

树势强旺，树姿半开张；萌芽力强，成枝力弱，丰产性较好。一年生枝褐色；叶片卵圆形，长10.2cm、宽6.6cm，叶尖渐尖，叶基楔形；花蕾浅粉红色，每花序7～9朵花，平均8.0朵；雄蕊20～29枚、平均24.0枚；花冠直径3.2cm。在河南郑州地区，果实9月下旬成熟。

特殊性状描述： 果实特大，较耐贮藏。

苍溪大麻梨

外文名或汉语拼音：Cangxi Damali

来源及分布：$2n = 34$，原产四川省，在四川苍溪等地有栽培。

主要性状：平均单果重180.0g，纵径6.8cm、横径6.8cm，果实葫芦形，果皮绿黄色，果面具大片褐色锈斑；果点小而密、浅褐色，萼片宿存；果柄较长，长4.0cm、粗3.1mm；果心中等大，5心室；果肉白色，肉质中粗、脆，汁液中多，味酸甜，无香气；含可溶性固形物9.9%；品质中等，常温下可贮藏10d。

树势强旺，树姿开张；萌芽力强，成枝力强，丰产性好。一年生枝绿黄色；叶片卵圆形，长8.6cm、宽5.5cm，叶尖急尖，叶基圆形；花蕾浅粉红，每花序5～11朵花，平均8.0朵；雄蕊17～21枚，平均19.0枚；花冠直径3.9cm。在湖北武汉地区，果实9月中旬成熟。

特殊性状描述：果实成熟期晚。

苍溪雪梨

外文名或汉语拼音：Cangxi Xueli

来源及分布：$2n = 34$，原产四川省广元市，在四川苍溪县、成都、乐山、南充、西昌、绵阳等地均有栽培。

主要性状：平均单果重482.0g，纵径10.8cm、横径9.3cm，果实葫芦形，果皮褐色；果点中等大而密、灰白色，萼片脱落；果柄较长，长3.0cm、粗3.3mm；果心特小，5心室；果肉白色，肉质细、松脆，汁液特多，甘甜味浓；含可溶性固形物13.2%；品质上等，常温下可贮藏25d。

树势强旺，树姿开张；萌芽力较强，成枝力中等，丰产性极好。一年生枝红褐色；叶片长卵圆形，长13.2cm、宽6.8cm，叶尖渐尖，叶基楔形；花蕾白色，每花序6～8朵花，平均7.0朵；雄蕊18～21枚，平均19.5枚；花冠直径4.5cm。在四川苍溪县，果实9月下旬成熟。

特殊性状描述：果大，质优，丰产；植株适应性强，是砂梨中的珍品，最适宜温暖地区栽培，但是栽培中应有防风措施，并保证充分授粉。

岑溪黄梨

外文名或汉语拼音： Cenxi Huangli

来源及分布： $2n = 34$，原产广西壮族自治区，在广西岑溪等地有栽培。

主要性状： 平均单果重159.4g，纵径5.9cm、横径6.9cm，果实扁圆形，果皮棕褐色；果点大而密、灰褐色，萼片残存；果柄较长，长4.3cm、粗4.6mm；果心小，4～5心室；果肉淡黄色，肉质粗、致密，汁液少，味酸、微涩，无香气；含可溶性固形物10.1%；品质下等，常温下可贮藏7d。

树势强旺，树姿半开张；萌芽力强，成枝力中等，丰产性一般。一年生枝灰褐色；叶片卵圆形，长13.5cm、宽6.1cm，叶尖急尖，叶基圆形；花蕾白色，每花序6～8朵花，平均7.0朵；雄蕊22～26枚，平均24.0枚；花冠直径2.6cm。在广西岑溪地区，果实9月上旬成熟。

特殊性状描述： 果皮深褐色，果心极小；植株抗病性、抗虫性均强。

岑溪黄砂梨

外文名或汉语拼音： Cenxi Huangshali

来源及分布： $2n = 34$，原产广西壮族自治区，在广西岑溪等地有栽培。

主要性状： 平均单果重231.8g，纵径7.8cm、横径7.5cm，果实倒卵圆形，果皮黄褐色；果点中等大而密、灰白色，萼片残存；果柄基部膨大肉质化，长3.0cm、粗8.6mm；果心中等大，4～5心室；果肉淡黄色，肉质粗、致密，汁液中多，味酸、微涩，无香气；含可溶性固形物11.0%；品质下等，常温下可贮藏7d。

树势强旺，树姿直立；萌芽力强，成枝力强，丰产性好。一年生枝褐色；叶片卵圆形，长8.3cm、宽5.9cm，叶尖急尖，叶基圆形。花蕾白色，每花序4～6朵花，平均5.0朵；雄蕊17～24枚，平均20.5枚；花冠直径3.3cm。在广西岑溪地区，果实8月下旬成熟。

特殊性状描述： 果柄粗大，果肉易褐化；植株抗病性、抗虫性均强。

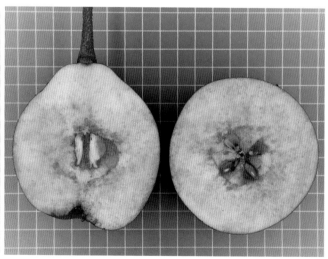

岑溪早梨

外文名或汉语拼音： Cenxi Zaoli

来源及分布： $2n = 34$，原产广西壮族自治区，在广西岑溪等地有栽培。

主要性状： 平均单果重146.2g，纵径6.2cm、横径6.5cm，果实圆形，果皮绿色，果面具大量褐色锈斑；果点中等大而密、灰褐色，萼片残存；果柄短粗，长1.3cm、粗6.6mm；果心中等大，4～5心室；果肉淡黄色，肉质粗、松脆，汁液中多，味甜酸，无香气；含可溶性固形物10.5%；品质中等，常温下可贮藏7d。

树势强旺，树姿半开张；萌芽力中等，成枝力中等，丰产性好。一年生枝黄褐色；叶片卵圆形，长11.4cm、宽7.4cm，叶尖急尖，叶基心形；花蕾白色，每花序4～7朵花，平均5.5朵；雄蕊14～16枚，平均15.0枚；花冠直径3.1cm。在广西岑溪地区，果实7月中旬成熟。

特殊性状描述： 植株耐湿、抗病。

茶皮梨

外文名或汉语拼音：Chapili

来源及分布：$2n = 34$，原产云南省，在云南祥云等地有栽培。

主要性状：平均单果重184.5g，纵径6.3cm、横径7.2cm，果实扁圆形，果皮绿色，有红晕；梗洼深，萼洼浅广；果点中等大而密、灰白色，萼片脱落；果柄较长，长3.4cm、粗3.5mm；果心中等大，5心室；果肉乳白色，肉质粗、脆，石细胞多，汁液中多，味偏酸，有微香气；含可溶性固形物11.2%；品质中下等，常温下可贮藏30d。

树势强旺，树姿开张；萌芽力中等，成枝力强，丰产性好。一年生枝褐色，皮孔大、稀，有淡淡茸毛；叶片披针形，叶基楔形，叶尖长尾尖，叶缘圆钝锯齿，无刺芒，叶背无毛，叶片翻卷，叶长11.4cm、宽6.8cm，叶柄长4.4cm。花蕾白色，每花序5～8朵花，平均6.5朵；雄蕊21～24枚，平均22.0枚；花冠直径3.2cm。在云南祥云县，果实10月中下旬成熟。

特殊性状描述：果实抗病性、抗虫性中等，叶片易感梨褐斑病。

长把红雪梨

外文名或汉语拼音：Changbahongxueli

来源及分布：$2n = 34$，原产云南省，在云南巍山等地有少量栽培。

主要性状：平均单果重309.0g，纵径8.1cm、横径8.3cm，果实圆形，果皮绿色，阳面红色；在巍山当地着全红色；果点小而密、灰褐色，萼片脱落；果柄长，长5.5cm、粗3.8mm；果心中等大，5～6心室；果肉绿白色，肉质粗、紧脆，汁液中多，味甜，无香气；含可溶性固形物12.1%；品质下等，常温下可贮藏20d。

树势中庸，树姿半开张；萌芽力强，成枝力强，丰产性一般。一年生枝红褐色；叶片椭圆形，长9.3cm、宽6.5cm，叶尖急尖，叶基楔形；花蕾浅粉红色，每花序5～7朵花，平均6.0朵；雄蕊38～43枚，平均40.0枚；花冠直径4.8cm。在云南巍山县，果实9月下旬成熟。

特殊性状描述：植株适应性、抗病性均强，但果实品质较差。

长佈葫芦梨

外文名或汉语拼音：Changbu Hululi

来源及分布：$2n = 34$，原产福建省，在福建建瓯市南雅、玉山、东游、顺阳等地有栽培。

主要性状：平均单果重520.7g，纵径10.5cm、横径10.1cm，果实圆形，果皮绿黄色，阳面无晕；果点大而密、深褐色，萼片残存；果柄较长，长3.0cm、粗3.5mm；果心小、中位，6心室；果肉白色，肉质细、疏松，汁液多，味酸甜，无香气，有涩味；含可溶性固形物13.3%；品质上等，常温下可贮藏11d。

树势强旺，树姿半开张；萌芽力强，成枝力中等，丰产性好。一年生枝黄褐色；叶片卵圆形，长13.8cm、宽9.1cm，叶尖长尾尖，叶基楔形；花蕾白色，每花序5～8朵花，平均6.5朵；雄蕊30～35枚，平均32.5枚；花冠直径4.2cm。在福建建宁县，果实9月下旬成熟。

特殊性状描述：植株抗病性强，抗虫性中等，耐旱性强，耐涝性强。

长佈青皮梨

外文名或汉语拼音：Changbu Qingpili

来源及分布：$2n = 34$，原产福建省，在福建建瓯市南雅、玉山、东游、顺阳等地有栽培。

主要性状：平均单果重412.2g，纵径9.3cm、横径9.1cm，果实圆形，果皮绿黄色，果面具大量锈斑；果点中等大而密、深褐色，萼片残存；果柄短而粗，长1.1cm、粗6.5mm；果心中等大、中位，5心室；果肉白色，肉质中粗、脆，汁液中多，味微酸，无香气，无涩味；含可溶性固形物14.7%；品质中上等，常温下可贮藏15d。

树势强旺，树姿半开张；萌芽力强，成枝力中等，丰产性好。一年生枝绿黄色；叶片椭圆形，长11.0cm、宽6.8cm，叶尖急尖，叶基圆形；花蕾白色，每花序5～8朵花，平均6.5朵；雄蕊17～21枚，平均19.0枚；花冠直径3.7cm。在福建建宁县，果实9月上旬成熟。

特殊性状描述：植株抗病性中等，抗虫性强，耐旱性强，耐涝性强。

长佈雪梨

外文名或汉语拼音：Changbu Xueli

来源及分布：$2n = 34$，原产福建省，在福建建瓯市南雅、玉山、东游、顺阳等地有栽培。

主要性状：平均单果重551.5g，纵径8.6cm、横径10.6cm，果实扁圆形，果皮黄褐色，阳面无晕；果点小而密、灰褐色，萼片残存；果柄较长，长3.0cm、粗3.5mm；果心中等大、中位，5～6心室；果肉乳白色，肉质中粗、酥脆，汁液多，味酸甜，无香气，无涩味；含可溶性固形物11.4%；品质中上等，常温下可贮藏15d。

树势强旺，树姿半开张；萌芽力强，成枝力中等，丰产性好。一年生枝绿黄色；叶片椭圆形，长13.1cm、宽7.2cm，叶尖急尖，叶基宽楔形；花蕾浅粉红色，每花序6～9朵花，平均7.5朵；雄蕊27～31枚，平均29.0枚；花冠直径3.9cm。在福建建宁县，果实9月下旬成熟。

特殊性状描述：植株抗病性中等，抗虫性弱，耐旱性强，耐涝性强。

长冲梨

外文名或汉语拼音：Changchongli

来源及分布：$2n = 34$，原产云南省，在云南砚山长冲村等地均有栽培。

主要性状：平均单果重530.0g，纵径11.0cm、横径10.5cm，果实粗颈葫芦形，果皮黄绿色；果点小而密、褐色，萼片脱落；果柄长，长4.9cm、粗3.4mm；果心较小，5心室；果肉白色，肉质细嫩、松脆，汁液多，味甜，有微香气；含可溶性固形物10.5%；品质上等，常温下可贮藏28d。

树势强旺，树姿直立；萌芽力中等，成枝力强，丰产性好。一年生枝灰褐色；叶片卵圆形，长12.8cm、宽6.9cm，叶尖渐尖，叶基宽楔形；花蕾白色，每花序6～11朵花，平均8.0朵；雄蕊18～26枚，平均22.0枚；花冠直径3.5cm。在云南砚山县，果实9月中旬成熟。

特殊性状描述：果个很大，肉质细嫩，汁液特多，但易感梨木栓斑点病。

长泰棕包梨

外文名或汉语拼音： Changtai Zongbaoli

来源及分布： $2n = 34$，原产福建省，在福建长泰县马洋溪、坂里、岩溪、武安等地有栽培。

主要性状： 平均单果重472.8g，纵径7.9cm、横径10.2cm，果实扁圆形，果皮褐色；果点大而疏、灰色，萼片脱落；果柄极短，长0.5cm、粗6.2mm；果心中等大、中位，5心室；果肉白色，肉质粗，汁液中多，味甜酸，无香气，无涩味；含可溶性固形物12.6%；品质上等，常温下可贮藏15d。

树势强旺，树姿半开张；萌芽力强，成枝力中等，丰产性好。一年生枝黄褐色；叶片椭圆形，长11.2cm、宽6.4cm，叶尖急尖，叶基楔形；花蕾白色，每花序5～8朵花，平均6.5朵；雄蕊20～25枚，平均22.5枚；花冠直径3.3cm。在福建建宁县，果实9月中旬成熟。

特殊性状描述： 植株抗病性中等，抗虫性中等，耐旱性强，耐涝性强。

陈家大麻梨

外文名或汉语拼音：Chenjia Damali

来源及分布：$2n = 34$，原产四川省，在四川金川等地有栽培。

主要性状：平均单果重330.0g，纵径10.7cm、横径9.0cm，果实长圆形，果皮褐色；果点中等大小，灰褐色，萼片脱落；果柄较短粗，长2.8cm、粗6.4mm；果心小，3～5心室；果肉白色，肉质中粗、酥脆，汁液中多，味微酸，无香气；含可溶性固形物10.8%；品质中等，常温下可贮藏10d。

树势中庸，树姿半开张；萌芽力中等，成枝力弱，丰产性好。一年生枝褐色；叶片卵圆形，长9.5cm、宽6.5cm，叶尖急尖，叶基宽楔形；花蕾粉红色，每花序1～7朵花，平均5.2朵；雄蕊19～22枚，平均20.4枚；花冠直径2.5cm。在湖北武汉地区，果实8月下旬成熟。

特殊性状描述：植株适应性强，丰产，抗病。

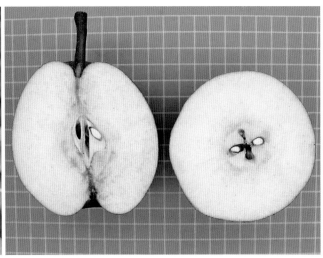

呈贡泡梨

外文名或汉语拼音： Chenggong Paoli

来源及分布： $2n = 34$，原产云南省，在四川呈贡等地均有栽培。

主要性状： 平均单果重100.0g，纵径5.9cm、横径6.6cm，果实扁圆形，果皮褐色；果点中等大而密、灰白色，萼片脱落；果柄较短，长2.8cm、粗4.0mm；果心较小，5心室；果肉淡黄色，肉质粗、致密，汁液少，味酸涩，无香气；含可溶性固形物11.3%；品质中下等，常温下可贮藏25d。

树势强旺，树姿直立；萌芽力中等，成枝力中等，丰产性差。一年生枝黄褐色；叶片卵圆形，长8.5cm、宽5.9cm，叶尖渐尖，叶基宽楔形；花蕾白色，每花序5 ~ 7朵花，平均6.0朵；雄蕊19 ~ 20枚，平均19.0枚；花冠直径3.4cm。在云南呈贡县，果实9月中旬成熟。

特殊性状描述： 植株适应性强，果心小，不易被鸟危害。

城口秤砣梨

外文名或汉语拼音：Chengkou Chengtuoli

来源及分布：$2n = 34$，原产重庆市，在重庆城口等地有栽培。

主要性状：平均单果重165.0g，纵径7.3cm、横径6.4cm，果实卵圆形，果皮绿黄色，具片状锈斑；果点小而密、褐色，萼片残存；果柄较长，长4.0cm、粗4.3mm；果心中等大，5心室；果肉乳白色，肉质粗、硬脆，汁液多，味淡甜，有香气；含可溶性固形物9.6%；品质中等，常温下可贮藏25d。

树势中庸，树姿半开张；萌芽力强，成枝力中等，丰产性较好。一年生枝灰褐色；叶片卵圆形，长6.3cm、宽4.0cm，叶尖急尖，叶基宽楔形；花蕾白色，每花序6～8朵花，平均7.0朵；雄蕊18～22枚，平均20.0枚；花冠直径4.2cm。在重庆城口县，果实8月中下旬成熟。

特殊性状描述：植株抗寒性较强，能适应海拔高的地区。

秤花梨

外文名或汉语拼音： Chenghuali

来源及分布： $2n = 34$，原产福建省，在福建建瓯市南雅、玉山、东游、顺阳等地有栽培。

主要性状： 平均单果重395.3g，纵径9.8cm、横径9.0cm，果实卵圆形，果肩具鸭突，果皮黄褐色，阳面无晕；果点小而密、灰褐色，萼片残存；果柄较长，长3.0cm、粗3.0mm；果心小、中位，5心室；果肉白色，肉质细、疏松，汁液多，味甜，无香气，无涩味；含可溶性固形物11.8%；品质上等，常温下可贮藏5d。

树势强旺，树姿半开张；萌芽力强，成枝力中等，丰产性好。一年生枝褐色；叶片椭圆形，长13.1cm、宽7.4cm，叶尖急尖，叶基楔形；花蕾白色，每花序5～8朵花，平均6.5朵；雄蕊19～23枚，平均21.0枚；花冠直径3.1cm。在福建建宁县，果实9月中旬成熟。

特殊性状描述： 果实易发生梨木栓斑点病；植株抗病性强，抗虫性中等，耐旱性强，耐涝性强。

迟三花

外文名或汉语拼音： Chisanhua

来源及分布： $2n = 34$，原产浙江省，在浙江义乌、金华等地有栽培。

主要性状： 平均单果重250.0g，纵径9.5cm、横径8.2cm，果实卵圆形，果皮绿黄色、果面多锈斑；果点中等大而密、深褐色，萼片残存；果柄较长，长3.2cm、粗3.2mm；果心小，5心室；果肉白色，肉质中粗、松脆；汁液中多，味甜，无香气；含可溶性固形物12.0%～13.0%；品质中等，常温下可贮藏30d。

树势中庸，树姿半开张；萌芽力强，成枝力中等，丰产性好。一年生枝黑褐色；叶片卵圆形，长11.0cm、宽7.5cm，叶尖渐尖，叶基圆形；花蕾白色，每花序5～8朵花，平均6.5朵；雄蕊25～35枚，平均31.5枚；花冠直径3.4cm。在浙江杭州地区，果实9月中下旬成熟。

特殊性状描述： 植株抗逆性较强；果实品质一般。

赤花梨

外文名或汉语拼音：Chihuali

来源及分布：$2n = 34$，原产台湾省，在广西柳江、武鸣等地有栽培。

主要性状：平均单果重294.9g，纵径7.3cm、横径8.4cm，果实扁圆形，果皮黄褐色，阳面无晕；果点中等大而密、灰白色，萼片脱落；果柄较短，长2.8cm、粗4.6mm；果心极小，4～5心室；果肉淡黄色，肉质粗、松脆，汁液多，味甜酸，无香气；含可溶性固形物10.6%；品质中等，常温下可贮藏10d。

树势强旺，树姿半开张；萌芽力强，成枝力强，丰产性好。一年生枝灰褐色；叶片卵圆形，长11.3cm、宽7.4cm，叶尖急尖，叶基圆形；花蕾白色，每花序6～8朵花，平均7.0朵；雄蕊20～22枚，平均21.0枚；花冠直径2.5cm。在广西柳江地区，果实7月中旬成熟。

特殊性状描述：果心极小；植株适应性、抗逆性均强。

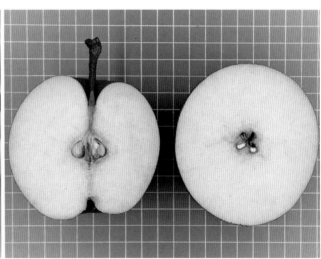

粗花雪梨

外文名或汉语拼音： Cuhuaxueli

来源及分布： $2n = 34$，原产浙江省云和县、景宁县，在当地有少量栽培。

主要性状： 平均单果重462.4g，纵径8.6cm、横径9.6cm，果实扁圆形，果皮绿色；果点小而密、浅褐色，萼片脱落；果柄长，长4.7cm、粗3.8mm；果心中等大，5心室；果肉绿白色，肉质粗、紧脆，汁液多，味酸甜，无香气；含可溶性固形物12.0%；品质中等，常温下可贮藏20d。

树势强旺，树姿直立；萌芽力强，成枝力强，丰产性较好。一年生枝黄褐色；叶片披针形，长11.4cm、宽6.6cm，叶尖急尖，叶基圆形；花蕾浅粉红色，每花序6～8朵花，平均7.0朵；雄蕊19～23枚，平均21.0枚；花冠直径3.9cm。在河南郑州地区，果实9月下旬成熟。

特殊性状描述： 植株适应性强，盐碱地叶片易黄化。

粗皮梨

外文名或汉语拼音： Cupili

来源及分布： $2n = 34$，原产广西壮族自治区，在广西龙胜等地有栽培。

主要性状： 平均单果重126.2g，纵径6.7cm、横径5.4cm，果实长圆形，果皮黄褐色；果点中等大而密、灰褐色，萼片宿存；果柄较短，基部膨大肉质化，长2.1cm、粗5.6mm；果心大，5心室；果肉淡黄色，肉质粗、致密，汁液中多，味酸甜，无香气；含可溶性固形物10.1%；品质中等，常温下可贮藏15d。

树势中庸，树姿开张；萌芽力中等，成枝力强，丰产性好。一年生枝黄褐色；叶片卵圆形，长12.8cm、宽8.0cm，叶尖急尖，叶基圆形；花蕾白色，每花序4～7朵花，平均5.5朵；雄蕊19～24枚，平均21.5枚；花冠直径3.4cm。在广西龙胜地区，果实10月中旬成熟。

特殊性状描述： 植株抗病性一般，耐高温高湿。

粗皮沙

外文名或汉语拼音：Cupisha

来源及分布：$2n = 34$，原产湖南省道县，在当地有少量栽培。

主要性状：平均单果重359.0g，纵径8.9cm、横径8.5cm，果实圆形，果皮绿色，锈斑严重；果点大而密、灰白色，萼片脱落或残存；果柄长，长5.0cm、粗3.2mm；果心中等大，5心室；果肉绿白色、极易褐化，肉质粗、致密，石细胞多，汁液少，味酸涩，无香气；含可溶性固形物9.2%；品质下等，常温下可贮藏10d。

树势强旺，树姿半开张；萌芽力强，成枝力中等，丰产性好。一年生枝褐色；叶片卵圆形，长7.1cm、宽5.2cm，叶尖急尖，叶基宽楔形；花蕾粉红色，每花序5～7朵花，平均6.0朵；雄蕊22～24枚，平均23.0枚；花冠直径3.2cm。在湖南长沙地区，3月中旬开花，果实8月下旬成熟。

特殊性状描述：夏季易发生日灼现象。

粗皮西绛坞

外文名或汉语拼音：Cupixijiangwu

来源及分布：$2n = 34$，原产江西省，在江西婺源等地有栽培。

主要性状：平均单果重185.0g，纵径6.8cm、横径7.0cm，果实倒卵圆形，果皮绿色，果顶具片状锈斑；果点中等大而疏、灰褐色，萼片脱落；果柄较长，长3.8cm、粗4.1mm；果心中等大，5心室；果肉白色，肉质中粗、脆，汁液中多，味酸甜，无香气；含可溶性固形物10.4%；品质中等，常温下可贮藏20d。

树势中庸，树姿半开张；萌芽力中等，成枝力中等，丰产性好。一年生枝灰褐色；叶片卵圆形，长10.3cm、宽8.1cm，叶尖渐尖，叶基心形；花蕾粉红色，每花序5～8朵花，平均6.5朵；雄蕊15～23枚，平均19.0枚；花冠直径2.5cm。在湖北武汉地区，果实8月下旬成熟。

特殊性状描述：植株丰产性强，栽培管理容易。

打霜梨

外文名或汉语拼音：Dashuangli

来源及分布：$2n = 34$，原产湖南省城步苗族自治县，半栽培种类。

主要性状：平均单果重61.0g，纵径4.5cm、横径5.0cm，果实圆形，果皮黄褐色；果点中等大、灰褐色，萼片脱落；果柄较长，长3.2cm、粗3.5mm；果心中等大，5心室；果肉白色，肉质中粗、脆，汁液中多，味酸甜，无香气；品质中等，常温下可贮藏15～20d。

树势中庸，树姿直立；萌芽力中等，成枝力中等，丰产性一般。一年生枝褐色；叶片卵圆形或椭圆形，长8.6cm、宽5.2cm，叶尖急尖，叶基宽楔形。在湖南城步地区，3月上旬开花，果实11月上旬成熟。据当地人介绍该植株树龄在300年以上。

特殊性状描述：植株丰产性好，耐旱性强，抗病虫性强。

大茶梨

外文名或汉语拼音：Dachali

来源及分布：$2n = 34$，原产湖北省，在湖北松滋等地有栽培。

主要性状：平均单果重251.0g，纵径7.9cm、横径7.6cm，果实卵圆形或纺锤形，果皮褐色；果点小而密、灰褐色，萼片残存；果柄较长，长3.0cm、粗3.3mm；果心中等大，5心室；果肉白色，肉质粗、致密，汁液中多，味甜，无香气；含可溶性固形物11.2%；品质中等，常温下可贮藏30d。

树势强旺，树姿半开张；萌芽力中等，成枝力弱，丰产性好。一年生枝绿黄色；叶片卵圆形，长9.2cm、宽6.1cm，叶尖急尖，叶基宽楔形；花蕾浅粉红色，每花序3～5朵花，平均4.0朵；雄蕊18～23枚，平均20.5枚；花冠直径3.7cm。在湖北武汉地区，果实9月中旬成熟。

特殊性状描述：果实极晚熟。

大秤砣梨

外文名或汉语拼音： Dachengtuoli

来源及分布： $2n = 34$，原产贵州省，在贵州正安、务川等地有栽培。

主要性状： 平均单果重463.0g，纵径10.1cm、横径7.4cm，果实葫芦形，果皮褐黄色；果点中等大而密、灰白色，萼片脱落；果柄较长，长3.5cm、粗3.8mm；果心小，5心室；果肉白色，肉质中粗、酥脆，汁液中多，味酸甜，无香气；含可溶性固形物11.2%；品质中上等，常温下可贮藏7～15d。

树势中庸，树姿直立；萌芽力中等，成枝力中等，丰产性好。一年生枝红褐色；叶片卵圆形，长11.2cm、宽7.0cm，叶尖渐尖，叶基心形；花蕾白色，每花序4～7朵花，平均5.5朵；雄蕊19～23枚，平均21.0枚；花冠直径3.1cm。在贵州正安县，果实9月中旬成熟。

特殊性状描述： 果个大，丰产。

大个六月雪

外文名或汉语拼音： Dageliuyuexue

来源及分布： $2n = 34$，原产福建省，在福建屏南县长桥、熙岭、棠口、甘棠、代溪等地有栽培。

主要性状： 平均单果重244.3g，纵径7.4cm、横径8.1cm，果实扁圆形，果皮黄褐色，阳面无晕；果点中等大而密、深褐色，萼片脱落；果柄较长，长3.7cm、粗3.5mm；果心小、中位，5心室；果肉乳白色，肉质细、疏松，汁液少，味淡甜，无香气，无涩味；含可溶性固形物8.5%；品质上等，常温下可贮藏12d。

树势强旺，树姿半开张；萌芽力强，成枝力中等，丰产性好。一年生枝绿黄色；叶片卵圆形，长11.4cm、宽8.1cm，叶尖急尖，叶基圆形；花蕾白色，每花序7～10朵花，平均8.5朵；雄蕊18～21枚，平均19.5枚；花冠直径4.1cm。在福建建宁县，果实7月中旬成熟。

特殊性状描述： 植株抗病性中等，抗虫性弱，耐旱性强，耐涝性强。

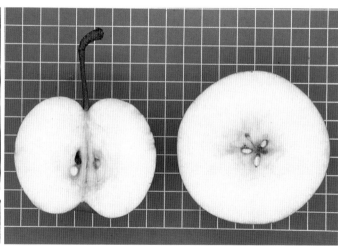

大花梨

外文名或汉语拼音: Dahuali

来源及分布: $2n = 34$,原产四川省成都市,在四川简阳、金堂等地均有少量栽培。

主要性状: 平均单果重194.0g,纵径6.9cm、横径7.1cm,果实圆形,果皮绿褐色;果点中等大而密、灰白色,萼片脱落;果柄较长且较细,长3.2cm左右、粗2.3mm;果心小,5心室;果肉绿白色,肉质较细、松脆,汁液多,酸甜略有涩味;含可溶性固形物9.2%;品质中等,常温下可贮藏30d。

树势强旺,树姿开张;萌芽力中等,成枝力中等,丰产性好。一年生枝红褐色;叶片长卵圆形,长13.2cm、宽6.8cm,叶尖渐尖,叶基楔形;花蕾白色,每花序5～8朵花,平均6.5朵;雄蕊18～22枚,平均20.0枚;花冠直径4.8cm。在四川简阳地区,果实9月上旬成熟。

特殊性状描述: 植株抗性强,耐瘠薄。

大黄茬

外文名或汉语拼音： Dahuangchi

来源及分布： $2n = 34$，原产浙江省，在浙江乐清等地有栽培。

主要性状： 平均单果重242.0g，纵径7.1cm、横径7.9cm，果实圆形，果皮绿色；果点中等大而密、棕褐色，萼片脱落；果柄长，长5.1cm、粗3.5mm；果心中等大，5心室；果肉白色，肉质中粗、脆，汁液少，味淡甜，无香气；含可溶性固形物9.5%；品质中等，常温下可贮藏20d。

树势中庸，树姿半开张；萌芽力中等，成枝力中等，丰产性好。一年生枝黄褐色；叶片卵圆形，长9.9cm，宽5.6cm，叶尖急尖，叶基楔形；花蕾粉红色，每花序4~8朵花，平均6.0朵；雄蕊18~27枚，平均22.5枚；花冠直径3.1cm。在湖北武汉地区，果实9月下旬成熟。

特殊性状描述： 果大，晚熟。

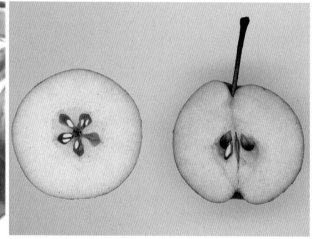

大理大头梨

外文名或汉语拼音：Dali Datouli

来源及分布：$2n = 34$，原产云南省，在云南大理等地均有栽培。

主要性状：平均单果重247.0g，纵径7.9cm、横径8.0cm，果实倒卵圆形，果皮绿色；果点小而密、浅褐色，萼片脱落；果柄细长，长4.9cm、粗3.5mm；果心中等大，5心室；果肉乳白色，肉质粗、松脆，汁液多，味酸甜，无香气；含可溶性固形物11.1%；品质下等，常温下可贮藏26d。

树势强旺，树姿半开张；萌芽力强，成枝力中等，丰产性较好。一年生枝绿黄色；叶片椭圆形，长11.8cm、宽7.3cm，叶尖急尖，叶基狭楔形；花蕾浅粉红色，每花序5～8朵花，平均7.0朵；雄蕊20～26枚，平均24.0枚；花冠直径4.6cm。在河南郑州地区，果实9月上旬成熟。

特殊性状描述：植株适应性、抗病性均强。

大理奶头梨

外文名或汉语拼音： Dali Naitouli

来源及分布： $2n = 34$，原产云南省，在云南大理等地有栽培。

主要性状： 平均单果重156.0g，纵径6.3cm、横径6.7cm，果实倒卵圆形，果皮绿色，果面萼端具果锈；果点中等大而密、灰褐色，萼片脱落；果柄长，长5.0cm、粗4.1mm；果心中等大，5心室；果肉淡黄色，肉质粗、致密，汁液中多，味酸甜，无香气；含可溶性固形物9.4％；品质下等，常温下可贮藏15d。

树势强旺，树姿开张；萌芽力中等，成枝力中等，丰产性极好。一年生枝褐色；叶片卵圆形，长9.0cm、宽5.0cm，叶尖渐尖，叶基宽楔形；花蕾白色，每花序3～5朵花，平均3.5朵；雄蕊18～23枚，平均20.0枚；花冠直径3.8cm。在湖北武汉地区，果实9月上中旬成熟。

特殊性状描述： 植株抗梨褐斑病和梨小食心虫。

大理水扁梨

外文名或汉语拼音：Dali Shuibianli

来源及分布：$2n = 34$，原产云南省，在云南大理等地有栽培。

主要性状：平均单果重204.0g，纵径6.0cm、横径7.5cm，果实扁圆形，果皮绿色，果面具大面积褐色果锈；果点大而密、灰褐色，萼片脱落；果柄长，长4.8cm、粗4.2mm；果心小，5心室；果肉淡黄色，肉质中粗、较脆，汁液少，味酸，无香气；含可溶性固形物11.6%；品质下等，常温下可贮藏10d。

树势强旺，树姿开张；萌芽力中等，成枝力中等，丰产性好。一年生枝褐色；叶片卵圆形，长9.0cm、宽5.0cm，叶尖渐尖，叶基宽楔形；花蕾白色，每花序3～5朵花，平均4.0朵；雄蕊18～23枚，平均20.5枚；花冠直径3.5cm。在湖北武汉地区，果实9月上中旬成熟。

特殊性状描述：果点凸起，果面粗糙，果心极小；植株适应性、抗逆性均强。

大美梨

外文名或汉语拼音： Dameili

来源及分布： $2n = 34$，原产云南省，在云南大理巍山等地均有栽培。

主要性状： 平均单果重360.0g，纵径7.4cm、横径9.0cm，果实扁圆形，果皮黄褐色，果面具大面积锈斑；果点中等大而密、灰白色，萼片脱落；果柄较长，长4.2cm、粗4.3mm；果心较小，5心室；果肉乳白色，肉质中粗、松脆，汁液中多，味甜，无香气；含可溶性固形物10.0%；品质中上等，常温下可贮藏15d。

树势强旺，树姿开张；萌芽力强，成枝力中等，丰产性好。一年生枝黄褐色；叶片卵圆形，长10.3cm、宽7.3cm，叶尖渐尖，叶基宽楔形；花蕾白色，每花序5～7朵花，平均6.0朵；雄蕊16～18枚，平均17.0枚；花冠直径3.5cm。在云南巍山县，果实9月中旬成熟。

特殊性状描述： 果形整齐，植株耐旱、耐瘠薄。

大青果

外文名或汉语拼音：Daqingguo

来源及分布：$2n = 34$，原产湖南省，在湖南靖县等地有栽培。

主要性状：平均单果重277.0g，纵径7.5cm、横径8.2cm，果实圆形，果皮绿色、果面密布褐色果锈；果点小而密、棕褐色，萼片脱落；果柄长，长5.0cm、粗4.0mm；果心中等大，5心室；果肉白色，肉质中粗、脆，汁液中多，味酸甜，无香气；含可溶性固形物11.1%；品质中等，常温下可贮藏10d。

树势弱，树姿直立；萌芽力中等，成枝力弱，丰产性好。一年生枝灰褐色；叶片卵圆形，长10.2cm、宽7.4cm，叶尖急尖，叶基圆形；花蕾白色，每花序2～8朵花，平均5.0朵；雄蕊21～28枚，平均24.5枚；花冠直径2.7cm。在湖北武汉地区，果实9月上中旬成熟。

特殊性状描述：果实晚熟抗病；植株适应性强。

大洋木梨

外文名或汉语拼音： Dayang Muli

来源及分布： $2n = 34$，原产福建省，在福建莆田市大洋、白沙、白塘、梧塘等地有栽培。

主要性状： 平均单果重345.5g，纵径7.7cm、横径9.2cm，果实扁圆形，果皮绿色，果面具片状锈斑，阳面无晕；果点中等大而密、灰白色，萼片脱落；果柄短，长1.8cm，粗3.9mm；果心中等大、近萼端，5心室；果肉白色，肉质中粗、脆，汁液多，味淡甜，无香气，无涩味；含可溶性固形物10.7%；品质中等，常温下可贮藏10d。

树势强旺，树姿半开张；萌芽力强，成枝力中等，丰产性好。一年生枝黄褐色；叶片披针形，长16.76cm、宽7.28cm，叶尖长尾尖，叶基楔形；花蕾白色，每花序5～8朵花，平均6.8朵；雄蕊18～21枚，平均19.0枚；花冠直径3.5cm。在福建建宁县，果实10月上旬成熟。

特殊性状描述： 果实易发生梨木栓斑点病；植株抗病性中等，抗虫性强，耐旱性强，耐涝性强。

大洋兔梨

外文名或汉语拼音: Dayang Tuli

来源及分布: $2n = 34$,原产福建省,在福建莆田市大洋、白沙、白塘、梧塘等地有栽培。

主要性状: 平均单果重467.3g,纵径8.6cm、横径9.7cm,果实扁圆形,果皮黄褐色,阳面无晕;果点中等大而密、灰褐色,萼片脱落;果柄较短,长1.8cm、粗3.2mm;果心小、中位,5心室;果肉乳白色,肉质极粗、致密,汁液中多,味甜酸,无香气,有涩味;含可溶性固形物11.6%;品质下等,常温下可贮藏15d。

树势强旺,树姿半开张;萌芽力强,成枝力中等,丰产性好。一年生枝褐色;叶片椭圆形,长11.1cm、宽5.1cm,叶尖渐尖,叶基楔形;花蕾浅粉红色,每花序5～8朵花,平均6.5朵;雄蕊16～20枚,平均18.0枚;花冠直径3.5cm。在福建建宁县,果实9月中下旬成熟。

特殊性状描述: 植株抗病性强,抗虫性中等,耐旱性强,耐涝性强。

大叶雪

外文名或汉语拼音： Dayexue

来源及分布： $2n = 3x = 51$，原产江西省婺源县，在当地有一定量的栽培。

主要性状： 平均单果重517.3g，纵径9.4cm、横径10.0cm，果实倒卵圆形，果皮绿色；果点小而密、浅褐色，萼片脱落；果柄长，长4.7cm、粗3.8mm；果心小，5心室；果肉淡黄色，肉质粗、松脆，汁液多，味酸甜，无香气；含可溶性固形物11.3%；品质中等，常温下可贮藏25d。

树势中庸，树姿半开张；萌芽力强，成枝力弱，丰产性较好。一年生枝褐色；叶片卵圆形，长11.0cm、宽7.1cm，叶尖急尖，叶基截形；花蕾粉红色，每花序6～8朵花，平均7.0朵；雄蕊27～29枚，平均28.0枚；花冠直径4.6cm。在河南郑州地区，果实9月中旬成熟。

特殊性状描述： 植株抗逆性强，较耐高温高湿。

大拽梨

外文名或汉语拼音： Dazhuaili

来源及分布： $2n = 34$，原产云南省，在云南临沧凤庆县等地有栽培。

主要性状： 平均单果重572.9g，纵径9.3cm，横径9.1cm，果实卵圆形，果皮褐色，阳面有淡红晕；果点小而密、灰白色，萼片残存；果柄较长，长3.3cm、粗2.2mm；果心中等大，5心室；果肉绿白色，肉质粗、致密，汁液中多，味甜酸；含可溶性固形物8.9%；品质中等，常温下可贮藏25d。

树势强旺，树姿开张；萌芽力中等，成枝力中等，丰产性好。一年生枝紫褐色；叶片披针形，长12.6cm、宽7.7cm，叶尖渐尖，叶基圆形；花蕾白色，每花序6～9朵花，平均7.5朵；雄蕊22～24枚，平均23.0枚；花冠直径3.7cm。在云南祥云县，果实9月下旬成熟。

特殊性状描述： 果个大；植株抗逆性强，但不抗虫。

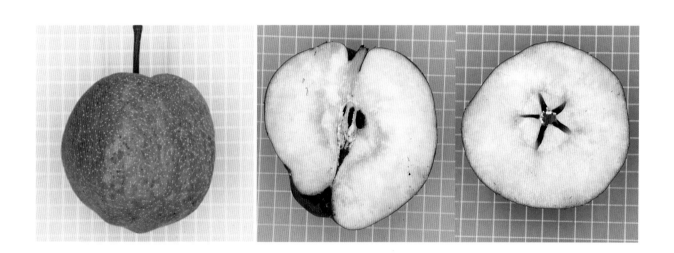

砀山紫酥梨

外文名或汉语拼音： Dangshan Zisuli

来源及分布： $2n = 34$，原产安徽省，在安徽砀山、萧县等地均有栽培。

主要性状： 平均单果重227.3g，纵径6.6cm、横径6.8cm，果实圆形或长圆形，果皮褐色；果点中等大而密、棕褐色，萼片脱落或残存；果柄较长，长3.1cm、粗4.0mm；果心中等大，5心室；果肉白色，肉质细脆、致密，汁液中多，味酸甜，无香气；含可溶性固形物11.4%；品质中上等，常温下可贮藏25d。

树势中庸，树姿半开张；萌芽力强，成枝力中等，丰产性极好。一年生枝灰褐色；叶片长圆形或卵圆形，长10.2cm、宽5.1cm，叶尖急尖，叶基宽楔形或圆形；花蕾粉白色，每花序4～9朵花，平均6.0朵；雄蕊18～22枚，平均20.0枚；花冠直径3.0cm。在安徽北部地区，果实9月中下旬成熟。

特殊性状描述： 果实酸度较高，适宜加工制汁；植株抗性强，主要用作酥梨的授粉树。

德昌蜂糖梨

外文名或汉语拼音: Dechang Fengtangli

来源及分布: $2n = 34$,原产四川省西昌市,在四川德昌、西昌等地均有少量栽培。

主要性状: 平均单果重110.0g,纵径5.3cm、横径6.0cm,果实圆形,果皮褐色,果面具片状锈斑;果点中等大而密、灰褐色,萼片残存;果柄较长,长3.5cm、粗3.2mm;果心小,3~5心室;果肉白色,肉质较细、较松脆,汁液中多,味酸甜较浓,有蜂蜜香气;含可溶性固形物12.3%;品质中下等,常温下可贮藏25d。

树势强旺,树姿开张;萌芽力中等,成枝力中等,丰产性好。一年生枝棕褐色;叶片卵圆形,长8.9cm、宽6.7cm,叶尖渐尖,叶基圆形;花蕾白色,每花序5~8朵花,平均6.5朵;雄蕊19~21枚,平均20.0枚;花冠直径3.5cm。在四川德昌地区,果实8月中旬成熟。

特殊性状描述: 植株抗逆性强。

德化土梨

外文名或汉语拼音： Dehua Tuli

来源及分布： $2n = 34$，原产福建省，在福建德化县水口、雷峰、上涌、三班、龙浔等地有栽培。

主要性状： 平均单果重405.7g，纵径8.3cm、横径9.5cm，果实扁圆形，果皮绿黄色，果面具大量锈斑；果点中等大而密、灰褐色，萼片脱落；果柄短，长1.0cm、粗5.2mm；果心中等大，5心室；果肉白色，肉质中粗、脆，汁液中多，味淡甜，无香气，无涩味；含可溶性固形物12.4%；品质中等，常温下可贮藏15d。

树势强旺，树姿半开张；萌芽力强，成枝力中等，丰产性好。一年生枝绿黄色；叶片披针形，长14.3cm、宽6.5cm，叶尖长尾尖，叶基楔形；花蕾白色，每花序5～8朵花，平均6.5朵；雄蕊18～23枚，平均20.5枚；花冠直径3.5cm。在福建建宁县，果实9月中下旬成熟。

特殊性状描述： 果实抗病性中等，抗虫性中等；植株耐旱性强，耐涝性强。

东源黄砂梨

外文名或汉语拼音：Dongyuan Huangshali

来源及分布：$2n=34$，原产广东省，目前仅在广东河源市东源县有个别屋前房后零星栽培。

主要性状：平均单果重270.6g，纵径66.7cm、横径82.4cm，果实扁圆形，果皮黄褐色，阳面无红晕；果点中等大而密、灰白色，萼片脱落；果柄较短，长2.8cm、粗3.5mm；果心中等大，4～5心室；果肉白色，肉质较粗糙，汁液中多，味甜酸，有微香气；含可溶性固形物9.0%～10.6%；品质中下等，常温下可贮藏7～10d。

　　树势强旺，树姿开张；萌芽力中等，成枝力中等，丰产性好。一年生枝红褐色；叶片卵圆形或椭圆形，长12.6cm、宽7.4cm，叶尖渐尖或急尖，叶基近圆形或椭圆形；花蕾白色，每花序5～8朵花，平均6.5朵；雄蕊24～30枚，平均27.0枚；花冠直径3.2cm。在广东东源县，果实9月上旬成熟。

特殊性状描述：植株抗病性、抗虫性强，管理容易。

冬瓜梨

外文名或汉语拼音： Dongguali

来源及分布： $2n = 34$，原产福建省，在福建德化县水口、雷峰、上涌、三班、龙浔等地有栽培。

主要性状： 平均单果重523.0g，纵径11.2cm、横径10.3cm，果实圆形，果皮绿色；果点大而疏、灰褐色，萼片脱落或残存；果柄较长，长4.2cm、粗3.2mm；果心小，4心室；果肉绿白色、易褐化，肉质细、脆，汁液中多，味酸，无香气，石细胞少；含可溶性固形物9.1%；品质中等，常温下可贮藏10d。

树势强旺，树姿半开张；萌芽力强，成枝力强，丰产性好。一年生枝褐色；叶片卵圆形，长9.2cm、宽5.0cm，叶尖急尖，叶基心形。花蕾白色，每花序6～8朵花，平均7.0朵；雄蕊20～22枚，平均21.0枚；花冠直径3.2cm。在湖南长沙地区，3月下旬开花，果实9月上旬成熟。

特殊性状描述： 叶片高抗梨早期落叶病。

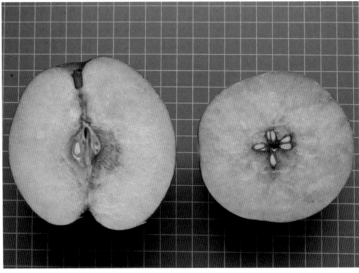

冬麻梨

外文名或汉语拼音： Dongmali

来源及分布： $2n = 34$，原产福建省，在福建古田县黄田、平湖、杉洋、水口等地有栽培。

主要性状： 平均单果重354.5g，纵径7.8cm、横径9.4cm，果实扁圆形，果皮绿色，果面具大面积锈斑，阳面无晕；果点中等大而密、灰褐色，萼片脱落；果柄极短，长0.7cm、粗6.5mm；果心小、中位，5心室；果肉白色，肉质中粗、疏松，汁液多，味酸甜，无香气，无涩味；含可溶性固形物11.5%；品质上等，常温下可贮藏15d。

树势强旺，树姿半开张；萌芽力强，成枝力中等，丰产性好。一年生枝绿黄色；叶片披针形，长14.2cm、宽6.2cm，叶尖长尾尖，叶基狭楔形；花蕾白色，每花序5～7朵花，平均6.0朵；雄蕊18～22枚，平均20.0枚；花冠直径3.5cm。在福建建宁县，果实9月下旬成熟。

特殊性状描述： 植株抗病性中等，抗虫性中等，耐旱性强，耐涝性强。

洞冠梨

外文名或汉语拼音：Dongguanli

来源及分布：2n=34，原产广东省，目前仅在广东清远市阳山县还有少量栽培。

主要性状：平均单果重1 250.2g，纵径13.0cm、横径13.1cm，果实圆形，果皮黄褐色；果点小而密、棕褐色，萼片脱落或残存；果柄极短粗，长0.6cm、粗4.1mm；果心小，5心室；果肉白色，肉质脆嫩细腻，汁液多，味甜，有微香气；含可溶性固形物10.5%～12.3%；品质上等，常温下可贮藏30d。

树势强旺，树姿开张；萌芽力强，成枝力中等，丰产性差。一年生枝红褐色；叶片阔卵圆形，长12.1～13.4 cm、宽7.8～10.9 cm，叶尖渐尖或急尖，叶基近圆形；花蕾粉红色，每花序3～6朵花，平均5.0朵；雄蕊20～23枚，平均22.0枚；花冠直径2.4cm。在广东阳山县，果实10月上旬成熟。

特殊性状描述：由于果实很大，易发生风害；果实石细胞少，果心线不明显，果实剖开后可保持数日不变色。

独山秤砣梨

外文名或汉语拼音: Dushan Chengtuoli

来源及分布: $2n = 34$,原产贵州省,在贵州独山、三都等地有栽培。

主要性状: 平均单果重181.0g,纵径7.5cm、横径6.3cm,果实倒卵圆形,果皮褐色;果点大而密、灰褐色,萼片残存;果柄较长,顶端基部膨大肉质化,长4.1cm、粗3.9mm;果心小,5心室;果肉白色,肉质细、松脆,汁液多,味酸甜适度,无香气;含可溶性固形物9.2%;品质中上等,常温下可贮藏7~15d。

树势中庸,树姿直立;萌芽力强,成枝力中等。一年生枝黄褐色;叶片卵圆形,长8.2cm、宽7.7cm,叶尖钝尖,叶基宽楔形;花蕾白色,每花序4~7朵花,平均5.5朵;雄蕊21~26枚,平均23.5枚;花冠直径3.6cm。在贵州独山县,果实9月成熟。

特殊性状描述: 果实易发生虫害;植株较耐贫瘠,与柏树同长未见梨锈病。

独山冬梨

外文名或汉语拼音： Dushan Dongli

来源及分布： $2n = 34$，原产贵州省，在贵州独山、三都等地有栽培。

主要性状： 平均单果重120.0g，纵径5.2cm、横径6.0cm，果实扁圆形，果皮褐色；果点中等大而密、灰白色，萼片残存；果柄较长，长3.4cm、粗4.2mm；果心中等大小，5心室；果肉绿黄色，肉质粗、酥脆，汁液中多，味酸甜，无香气；含可溶性固形物8.9%；品质中下等，常温下可贮藏7~10d。

树势中庸，树姿直立；萌芽力中等，成枝力中等。一年生枝黑褐色；叶片椭圆形，长8.1cm、宽5.8cm，叶尖渐尖，叶基宽楔形；花蕾白色，每花序5~7朵花，平均6.0朵；雄蕊20~24枚，平均22.0枚；花冠直径3.1cm。在贵州独山县，果实9月成熟。

特殊性状描述： 果实采前落果严重。

独山青皮梨

外文名或汉语拼音：Dushan Qingpili

来源及分布：$2n = 34$，原产贵州省，在贵州独山县周边地区有栽培。

主要性状：平均单果重76.0g，纵径4.4cm、横径5.4cm，果实卵圆形，果皮绿色，果面布满大片锈斑；果点小而密、灰褐色，萼片脱落；果柄较长，长3.5cm、粗3.5mm；果心特大，5心室；果肉白色，肉质粗、酥脆，汁液多，味酸甜适度，无香气；含可溶性固形物10.3%；品质中下等，常温下可贮藏10～15d。

树势中庸，树姿直立；萌芽力强，成枝力中等。一年生枝黄褐色；叶片卵圆形，长11.3cm、宽8.7cm，叶尖渐尖，叶基宽楔形。在贵州独山县，果实9月成熟。

特殊性状描述：植株耐贫瘠，抗病性差。

短把宝珠

外文名或汉语拼音： Duanbabaozhu

来源及分布： $2n = 34$，原产云南省，在云南呈贡等地均有栽培。

主要性状： 平均单果重350.0g，纵径8.6cm、横径8.2cm，果实圆形，果皮黄绿色；果点小而密、绿白色，萼片残存；果柄粗短，长1.2cm、粗9.8mm；果心中等大，5心室；果肉乳白色，肉质中粗、松脆，汁液少，味酸甜适度，无香气；含可溶性固形物10.1%；品质中等，常温下可贮藏30d。

树势强旺，树姿直立；萌芽力强，成枝力中等，丰产性好。一年生枝灰褐色；叶片卵圆形，长12.0cm、宽7.4cm，叶尖渐尖，叶基楔形；花蕾白色，每花序5～7朵花，平均6.0朵；雄蕊28～30枚，平均29.0枚；花冠直径3.6cm。在云南呈贡县，果实9月底成熟。

特殊性状描述： 果柄极短，不易套袋管理。

朵朵花

外文名或汉语拼音： Duoduohua

来源及分布： $2n = 34$，原产湖北省，在湖北远安等地有栽培。

主要性状： 平均单果重173.0g，纵径7.0cm、横径6.9cm，果实卵圆形，果皮绿色；果点中等大而密、深褐色，萼片残存；果柄较短，长2.2cm、粗4.6mm；果心小，5心室；果肉白色，肉质中粗、松脆，汁液多，味酸甜，无香气；含可溶性固形物10.8%；品质中等，常温下可贮藏20d。

树势中庸，树姿直立；萌芽力中等，成枝力弱，丰产性好。一年生枝红褐色；叶片卵圆形，长9.6cm、宽6.6cm，叶尖渐尖，叶基圆形；花蕾浅粉红色，每花序4～6朵花，平均5.0朵；雄蕊21～25枚，平均23.0枚；花冠直径3.9cm。在湖北武汉地区，果实9月中旬成熟。

特殊性状描述： 果实极晚熟。

费县黄香梨

外文名或汉语拼音： Feixian Huangxiangli

来源及分布： $2n = 34$，原产山东省，在山东费县、莒南等地有栽培。

主要性状： 平均单果重268.5g，纵径7.5cm、横径8.3cm，果实卵圆形，果皮绿黄色；果点小而密、浅褐色，萼片宿存；果柄较长，长3.2cm、粗3.3mm；果心小，5心室；果肉淡黄色，肉质中粗、松脆，汁液多，味甜酸，有微香气；含可溶性固形物11.4%；品质中等，常温下可贮藏30d。

树势强旺，树姿开张；萌芽力强，成枝力强，丰产性好。一年生枝褐色；叶片卵圆形，长12.3cm、宽8.1cm，叶尖渐尖，叶基圆形；花蕾粉红色，边缘浅粉红色，每花序5～7朵花，平均6.0朵；雄蕊19～24枚，平均21.5枚；花冠直径4.0cm。在山东泰安地区，果实9月上旬成熟。

特殊性状描述： 大小年结果现象明显；成熟前落果较重，且易感梨黑星病。

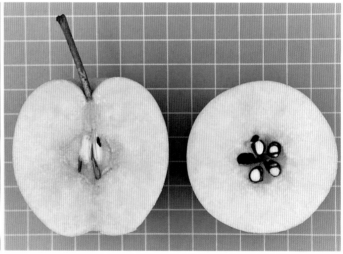

封开惠州梨

外文名或汉语拼音： Fengkai Huizhouli

来源及分布： $2n = 34$，原产广东省，在广东封开等地有栽培。

主要性状： 平均单果重183.0g，纵径6.2cm、横径7.0cm，果实扁圆形，果皮褐色；果点中等大而密、灰白色，萼片脱落；果柄较短，长2.6cm、粗4.5mm；果心中等大，5心室；果肉白色，肉质中粗、致密，汁液中多，味甜酸，无香气；含可溶性固形物11.4%；品质中等，常温下可贮藏15d。

树势强旺，树姿半开张；萌芽力中等，成枝力弱，丰产性好。一年生枝黄褐色；叶片卵圆形，长11.3cm、宽7.4cm，叶尖急尖，叶基楔形；花蕾白色，每花序4～8朵花，平均6.0朵；雄蕊17～24枚，平均20.5枚；花冠直径3.6cm。在湖北武汉地区，果实9月下旬成熟。

特殊性状描述： 极丰产，果点极其密集。

富川蜜梨

外文名或汉语拼音： Fuchuan Mili

来源及分布： $2n = 34$，原产广西壮族自治区，在广西灌阳等地有栽培。

主要性状： 平均单果重107.2g，纵径6.8cm、横径5.5cm，果实倒卵圆形，果皮绿黄色；果点小而密、深褐色，萼片残存；果柄长，长5.2cm、粗4.4mm；果心极小，5心室；果肉淡黄色，肉质粗、松脆，汁液中多，味酸甜，无香气；含可溶性固形物11.7%；品质中等，常温下可贮藏7d。

树势强旺，树姿半开张；萌芽力强，成枝力强，丰产性好。一年生枝绿黄色；叶片卵圆形，长10.2cm、宽6.7cm，叶尖急尖，叶基截形。花蕾白色，每花序5～7朵花，平均6.0朵；雄蕊24～34枚，平均29.0枚；花冠直径3.3cm。在广西富川瑶族自治县，果实8月上旬成熟。

特殊性状描述： 果心极小，植株抗病性、抗虫性一般。

富阳鸭蛋青

外文名或汉语拼音： Fuyang Yadanqing

来源及分布： $2n = 34$，原产浙江省杭州市富阳区里山镇里山村，在当地栽培甚少。

主要性状： 平均单果重80.0g，纵径6.5cm、横径4.8cm，果实卵圆形，果皮褐色；果点中等大而密、灰褐色，萼片残存；果柄较长，长3.8 cm、粗3.4 mm；果心中等大，5心室；果肉乳白色，肉质粗、软面，汁液少，味甜，无香气；含可溶性固形物11.0%～12.0%；品质下等，常温下果实可贮藏7～10d。

树势强旺，树姿直立；萌芽力强，成枝力弱，丰产性好。一年生枝灰褐色；叶片长卵圆形，长11.5cm、宽7.1cm，叶尖长尾尖，叶基心形；花蕾白色，每花序4～6朵花，平均5.0朵；雄蕊20～23枚，平均22.0枚；花冠直径3.7 cm。在浙江杭州富阳区，3月23日盛花，果实10月中旬成熟。

特殊性状描述： 果实石细胞多，切开后果肉易氧化，后熟或蒸煮后方可食用。

富源黄梨

外文名或汉语拼音： Fuyuan Huangli

来源及分布： $2n = 34$，原产云南省，在云南富源等地有栽培。

主要性状： 平均单果重209.0g，纵径6.6cm、横径7.4cm，果实扁圆形，果皮褐色；果点小而密、灰褐色，萼片脱落；果柄长，长5.1cm、粗4.1mm；果心较大，5心室；果肉白色，肉质中粗、脆，汁液中多，味淡甜，无香气；含可溶性固形物10.0%；品质中等，常温下可贮藏15d。

树势中庸，树姿开张；萌芽力中等，成枝力弱，丰产性好。一年生枝红褐色；叶片卵圆形，长10.5cm、宽6.7cm，叶尖渐尖，叶基楔形；花蕾白色，每花序4～6朵花，平均5.0朵；雄蕊38～41枚，平均39.5枚；花冠直径4.0cm。在河南郑州地区，果实9月下旬成熟。

特殊性状描述： 植株适应性和抗逆性强。

盖头红

外文名或汉语拼音：Gaitouhong

来源及分布：$2n = 34$，原产重庆市，在重庆潼南区等地有栽培。

主要性状：平均单果重89.0g，纵径5.8cm、横径5.7cm，果实卵圆形，果皮绿色，果面具大量锈斑；果点小而密、棕褐色，萼片脱落；果柄长，长4.8cm、粗3.6mm；果心中等大，5心室；果肉乳白色，肉质粗、硬脆，汁液少，味淡酸甜，有香气；含可溶性固形物8.5%；品质中等，常温下可贮藏25d。

树势中庸，树姿半开张；萌芽力强，成枝力中等，丰产性较好。一年生枝灰褐色；叶片卵圆形，长7.0cm、宽4.7cm，叶尖渐尖，叶基宽楔形；花蕾白色，每花序5～7朵花，平均6.0朵；雄蕊20～28枚，平均24.0枚；花冠直径2.9cm。在重庆潼南地区，果实7月中旬成熟。

特殊性状描述：植株耐瘠薄，不抗梨叶斑病。

柑子梨

外文名或汉语拼音： Ganzili

来源及分布： $2n = 34$，原产四川省雅安，在四川汉源等地有少量栽培。

主要性状： 平均单果重121.9g，纵径5.9cm、横径6.3cm，果形卵圆形或倒卵圆形，果皮黄褐色；果点小而密、灰褐色，并形成连片锈斑，萼片脱落；果柄较长，长4.0cm、粗2.0mm；果心中等大，5心室；果肉乳白色，肉质粗、致密，汁液少，味酸；含可溶性固形物10.7%；品质下等，果实常温下可贮存20d。

树势中庸，树姿半开张；萌芽力中等，成枝力中等，丰产性好。一年生枝灰褐色；叶片卵圆形，长6.8cm、宽5.1cm，叶尖渐尖，叶基宽楔形；花蕾白色，每花序6～8朵花，平均7.0朵；雄蕊19～24枚，平均21.5枚；花冠直径4.0cm。在四川汉源县，果实9月上旬成熟。

特殊性状描述： 叶片薄、有黄化现象。

高地梨

外文名或汉语拼音： Gaodili

来源及分布： $2n = 34$，原产福建省，在福建清流县嵩溪、温郊、嵩口、龙津等地有栽培。

主要性状： 平均单果重503.5g，纵径9.0cm、横径10.2cm，果实扁圆形，果皮绿黄色，果面具大量锈斑；果点中等大而密、灰白色，萼片脱落；果柄短，长1.3cm、粗3.2mm；果心小、中位，5心室；果肉乳白色，肉质细、脆，汁液多，味淡甜，无香气，无涩味；含可溶性固形物12.0%；品质上等，常温下可贮藏15d。

树势强旺，树姿半开张；萌芽力强，成枝力中等，丰产性好。一年生枝绿黄色；叶片椭圆形，长13.3cm、宽7.5cm，叶尖渐尖，叶基楔形；花蕾白色，每花序5～8朵花，平均6.5朵；雄蕊18～21枚，平均19.5枚；花冠直径3.8cm。在福建建宁县，果实9月下旬成熟。

特殊性状描述： 植株抗病性强，抗虫性中等，耐旱性强，耐涝性强。

高要黄梨

外文名或汉语拼音：Gaoyao Huangli

来源及分布：$2n = 34$，原产广东省，在广东高要等地有栽培。

主要性状：平均单果重176.0g，纵径5.8cm、横径6.9cm，果实扁圆形，果皮黄褐色；果点中等大而密、灰白色，萼片脱落；果柄较长，长4.2cm、粗4.7mm；果心中等大，5心室；果肉白色，肉质中粗、致密，汁液少，味甜酸，无香气；含可溶性固形物9.3%；品质下等，常温下可贮藏15d。

树势强旺，树姿开张；萌芽力中等，成枝力弱，丰产性好。一年生枝黄褐色；叶片卵圆形，长11.4cm、宽5.7cm，叶尖急尖，叶基楔形；花蕾白色，每花序4～8朵花，平均6.0朵；雄蕊24～30枚，平均27.0枚；花冠直径3.6cm。在湖北武汉地区，果实9月下旬成熟。

特殊性状描述：果实极晚熟，植株适应性强。

高要青梨

外文名或汉语拼音：Gaoyao Qingli

来源及分布：$2n = 34$，原产广东省，在广东高要等地有栽培。

主要性状：平均单果重198.0g，纵径7.2cm、横径7.0cm，果实卵圆形，果皮黄绿色；果点中等大而密、灰褐色，萼片残存；果柄较长，基部膨大肉质化，长4.0cm、粗7.7mm；果心大，5心室；果肉乳白色，肉质中粗、致密，汁液中多，味甜酸，无香气；含可溶性固形物10.6%；品质下等，常温下可贮藏15d。

树势强旺，树姿直立；萌芽力中等，成枝力弱，丰产性好。一年生枝黄褐色；叶片卵圆形，长9.9cm、宽6.5cm，叶尖急尖，叶基楔形；花蕾白色，每花序4～8朵花，平均6.0朵；雄蕊16～25枚，平均20.5枚；花冠直径3.1cm。在湖北武汉地区，果实9月下旬成熟。

特殊性状描述：极丰产。

高原红

外文名或汉语拼音： Gaoyuanhong

来源及分布： $2n = 34$，原产四川省，在四川金川、小金等地有少量分布。

主要性状： 平均单果重212.0g，纵径6.9cm、横径8.3cm，果实扁圆形，果皮绿黄色，阳面淡红色；果点中等大而密、红褐色，萼片脱落；果柄短，长1.2cm、粗4.0mm；果心小，5心室；果肉乳白色，肉质中粗、脆，汁多，风味酸甜，有微香气；含可溶性固形物12.1%；品质中等，常温下可贮藏30d。

树势中庸，树姿开张；萌芽力中等，成枝力中等，丰产性好。一年生枝红褐色；叶片长圆形，长9.4cm、宽7.2cm，叶尖渐尖，叶基圆形；花蕾白色，每花序5～7朵花，平均6.5朵；雄蕊19～21枚，平均20.5枚；花冠直径4.0～4.5cm。在四川金川地区，果实8月下旬成熟。

特殊性状描述： 果形端正，外观艳丽；植株耐干旱、耐瘠薄，可用作培育红皮梨的亲本。

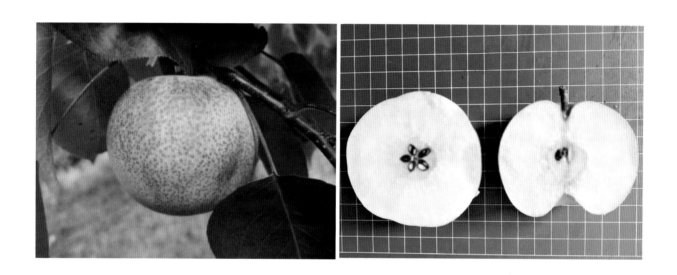

革利冬梨

外文名或汉语拼音： Geli Dongli

来源及分布： $2n = 34$，原产贵州省，在贵州镇宁、紫云等地有栽培。

主要性状： 平均单果重50.0g，纵径5.4cm、横径4.9cm，果实葫芦形，果皮褐色；果点小而密、灰褐色，萼片脱落；果柄长，长4.5cm、粗3.3mm；果心中等大，5心室；果肉白色，肉质中粗、酥脆，汁液多，味酸，无香气；含可溶性固形物9.9%；品质中下等，常温下可贮藏15d。

树势中庸，树姿半开张；萌芽力中等，成枝力中等，丰产性好。一年生枝灰褐色；叶片卵圆形，长13.7cm、宽7.1cm，叶尖急尖，叶基圆形。在贵州镇宁县，果实11月上旬成熟。

特殊性状描述： 植株抗病性强，叶和果病斑少。

个旧大黄梨

外文名或汉语拼音： Gejiu Dahuangli

来源及分布： $2n = 34$，原产云南省，在云南个旧等地均有栽培。

主要性状： 平均单果重500.0g，纵径8.7cm、横径10.3cm，果实扁圆形，果皮黄褐色；果点小而密、灰白色，萼片脱落；果柄较长，基部膨大肉质化，长4.2cm、粗1.8mm；果心小，5心室；果肉乳白色，肉质中粗、松脆，汁液中多，味酸甜，有微香气；含可溶性固形物11.1%；品质中上等，常温下可贮藏20d。

树势强旺，树姿开张；萌芽力强，成枝力强，丰产性好。一年生枝黄褐色；叶片卵圆形，长9.2cm、宽7.1cm，叶尖渐尖，叶基宽楔形；花蕾白色，每花序6～8朵花，平均7.0朵；雄蕊20～22枚，平均20.0枚；花冠直径4.0cm。在云南个旧市，果实8月成熟。

特殊性状描述： 植株适应性强，可用作培育大果型新品种的亲本材料。

个旧涩泡梨

外文名或汉语拼音：*Gejiu Sepaoli*

来源及分布：$2n = 34$，原产云南省个旧市，在云南个旧、建水、开远等地有栽培。

主要性状：平均单果重25.0g，纵径3.9cm、横径4.1cm，果实圆形，果皮褐色；果点中等大而密、白色，萼片脱落；果柄较细长，长3.0～5.0cm、粗2.0mm；果心小，5心室；果肉淡黄色，肉质粗、脆，汁液少，味酸涩，无香气；含可溶性固形物11.6 %；品质下等，常温下可贮藏25～30d。

树势强旺，树姿开张；萌芽力中等，成枝力中等，丰产性好。一年生枝黄褐色；叶片卵圆形，长7.9cm，宽5.7cm，叶尖渐尖，叶基心形；花蕾白色，每花序6～10朵花，平均8.0朵；雄蕊28～30枚，平均29.0枚；花冠直径2.4cm。在云南个旧地区，果实9月下旬成熟。

特殊性状描述：果肉又硬又涩，不宜鲜食，但适宜用作腌制泡梨，加甘草、糖水浸泡腌制后，果肉不易腐烂，反而变得松脆、酸甜适口。

个旧甜泡梨

外文名或汉语拼音： Gejiu Tianpaoli

来源及分布： $2n = 34$，原产云南省，在个旧等地有栽培。

主要性状： 平均单果重100.0g，纵径5cm、横径7.1cm，果实扁圆形，果皮黄褐色；果点小而密、灰白色，萼片脱落；果柄较长，长3.0cm、粗3.8mm；果心中等大，5心室；果肉淡黄色，肉质粗、致密，汁液少，味酸甜适度，无香气；含可溶性固形物12.1%；品质中等，常温下可贮藏30d。

树势强旺，树姿开张；萌芽力强，成枝力强，丰产性好。一年生枝黄褐色；叶片卵圆形，长11.2cm、宽5.8cm，叶尖渐尖，叶基楔形；花蕾白色，每花序6～7朵花，平均6.5朵；雄蕊26～29枚，平均28.0枚；花冠直径2.5cm。在云南个旧市，果实9月初成熟。

特殊性状描述： 植株适应性、抗逆性均强。

古田葫芦梨

外文名或汉语拼音： Gutian Hululi

来源及分布： $2n=34$，原产福建省，在福建古田县黄田、平湖、杉洋、水口等地有栽培。

主要性状： 平均单果重246.9g，纵径8.2cm、横径7.7cm，果实葫芦形，果皮绿黄色，阳面无晕；果点小而密、浅褐色，萼片脱落；果柄较短，基部膨大肉质化，长2.6cm，粗4.1mm；果心小、近萼端，5心室；果肉白色，肉质细、软面，汁液中多，味甜，有微香气，无涩味；含可溶性固形物14.9%；品质极上等，常温下可贮藏7d。

树势强旺，树姿直立；萌芽力强，成枝力弱，丰产性好。一年生枝绿黄色；叶片椭圆形，长8.8cm、宽5.3cm，叶尖急尖，叶基楔形；花蕾白色，每花序5～8朵花，平均6.4朵；雄蕊18～23枚，平均21.3枚；花冠直径3.3cm。在福建建宁县，果实8月下旬成熟。

特殊性状描述： 植株耐高温高湿，较抗梨早期落叶病。

古田筑水

外文名或汉语拼音：Gutian Zhushui

来源及分布：$2n = 34$，原产福建省，在福建古田县黄田、平湖、杉洋、水口等地有栽培。

主要性状：平均单果重282.3g，纵径8.0cm、横径8.1cm，果实卵圆形，果皮褐色，阳面无晕；果点小而密、深褐色，萼片残存；果柄较长，长3.5cm、粗3.4mm；果心小、中位，5心室；果肉乳白色，肉质极细、脆，汁液多，味酸甜，无香气，无涩味；含可溶性固形物11.9%；品质中上等，常温下可贮藏10d。

树势强旺，树姿半开张；萌芽力强，成枝力中等，丰产性好。一年生枝灰褐色；叶片卵圆形，长12.1cm、宽4.6cm，叶尖渐尖，叶基圆形；花蕾浅粉红色，每花序5～7朵花，平均6.0朵；雄蕊18～22枚，平均20.0枚；花冠直径4.4cm。在福建建宁县，果实7月下旬成熟。

特殊性状描述：植株抗病性强，抗虫性弱，耐旱性强，耐涝性强。

谷花梨

外文名或汉语拼音：Guhuali

来源及分布：$2n = 34$，原产贵州省，在贵州兴义、兴仁等地有栽培。

主要性状：平均单果重86.0g，纵径5.0cm、横径5.1cm，果实圆形，果皮绿黄色，果面具较多果锈；果点小而密、灰褐色，萼片残存；果柄较长，长3.7cm、粗4.3mm；果心很大，5心室；果肉白色，肉质粗、酥脆，汁液中多，味酸甜，有微香气；含可溶性固形物9.8%；品质中等，常温下可贮藏20d。

树势中庸，树姿半开张；萌芽力中等，成枝力中等。一年生枝绿黄色；叶片椭圆形，长9.2cm、宽6.9cm，叶尖渐尖，叶基宽楔形；花蕾浅粉红色，每花序4～6朵花，平均5.0朵；雄蕊20～23枚，平均21.5枚；花冠直径3.4cm。在贵州兴义地区，果实11月成熟。

特殊性状描述：植株较耐贫瘠，叶片病害不严重，丰产性差。

官仓黄皮梨

外文名或汉语拼音: Guancang Huangpili

来源及分布: $2n = 34$,原产贵州省,在贵州桐梓县周边地区有栽培。

主要性状: 平均单果重430.0g,纵径9.5cm、横径8.4cm,果实卵圆形,果皮黄褐色;果点小而密、灰白色,萼片脱落;果柄较短,长2.0cm、粗3.2mm;果心小,5心室;果肉白色,肉质中粗、松脆,汁液多,味微涩,无香气;含可溶性固形物9.8%;品质中上等,常温下可贮藏15～20d。

树势较弱,树姿直立;萌芽力中等,成枝力中等。一年生枝黑褐色;叶片卵圆形,长12.7cm、宽7.8cm,叶尖渐尖,叶基圆形。在贵州桐梓县,果实10月成熟。

特殊性状描述: 叶片和果实易发生病虫害。

灌阳1号

外文名或汉语拼音： Guanyang No.1

来源及分布： $2n = 34$，原产广西壮族自治区，在广西灌阳等地有栽培。

主要性状： 平均单果重223.8g，纵径8.6cm、横径7.4cm，果实倒卵圆形，果皮绿黄色；果点大而密、褐色，萼片脱落；果柄较长，基部膨大肉质化，长4.4cm、粗3.6mm；果心极小，5心室；果肉白色，肉质细、软面，汁液中多，味甜，无香气；含可溶性固形物10.9%；品质中上等，常温下可贮藏10d。

树势中庸，树姿下垂；萌芽力中等，成枝力中等，丰产性好。一年生枝黄褐色；叶片卵圆形，长8.9cm、宽5.4cm，叶尖急尖，叶基圆形；花蕾白色，每花序5～7朵花，平均6.0朵；雄蕊24～32枚，平均28.0枚；花冠直径2.4cm。在广西灌阳县，果实8月下旬成熟。

特殊性状描述： 果点大，果心极小。

灌阳大把子雪梨

外文名或汉语拼音：Guanyang Dabazixueli

来源及分布：$2n = 34$，原产广西壮族自治区，在广西灌阳等地有栽培。

主要性状：平均单果重208.9g，纵径7.9cm、横径7.2cm，果实倒卵圆形，果皮黄褐色；果点中等大而密、灰褐色，萼片脱落；果柄较短粗，长2.5cm、粗4.6mm；果心大，5心室；果肉淡黄色，肉质中粗、松脆，汁液多，味酸甜，无香气；含可溶性固形物12.9%；品质中等，常温下可贮藏10d。

树势强旺，树姿半开张；萌芽力强，成枝力中等，丰产性一般。一年生枝黄褐色；叶片卵圆形，长13.5cm、宽7.3cm，叶尖急尖，叶基圆形；花蕾浅粉红色，每花序4～8朵花，平均6.0朵；雄蕊19～21枚，平均20.0枚；花冠直径3.0cm。在广西灌阳县，果实8月下旬成熟。

特殊性状描述：果实抗病性、抗虫性中等。

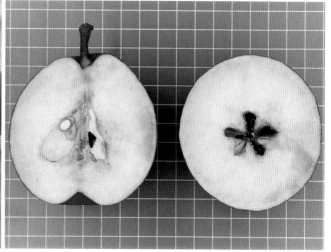

灌阳黄蜜

外文名或汉语拼音： Guanyang Huangmi

来源及分布： $2n = 34$，原产广西壮族自治区，在广西灌阳等地有栽培。

主要性状： 平均单果重308.4g，纵径7.9cm、横径8.5cm，果实圆形，果皮黄褐色；果点小而密、灰白色，萼片宿存；果柄较短，长2.1cm、粗4.6mm；果心中等大，5心室；果肉淡黄色，肉质细、松脆，汁液多，味甜，无香气；含可溶性固形物13.8%；品质中上等，常温下可贮藏10d。

树势强旺，树姿开张；萌芽力强，成枝力强，丰产性好。一年生枝黄褐色；叶片卵圆形，长11.0cm、宽7.5cm，叶尖急尖，叶基截形；花蕾浅粉红色，每花序4～7朵花，平均6.0朵；雄蕊19～21枚，平均20.0枚；花冠直径3.2cm。在广西灌阳县，果实7月下旬成熟。

特殊性状描述： 果实抗病性、抗虫性均强。

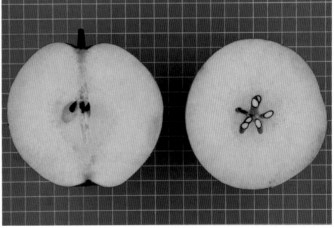

灌阳青皮梨

外文名或汉语拼音： Guanyang Qingpili

来源及分布： $2n = 34$，原产广西壮族自治区，在广西灌阳等地有栽培。

主要性状： 平均单果重148.4g，纵径5.9cm、横径6.7cm，果实扁圆形，果皮绿色，果面具较多褐斑；果点中等大而密、棕褐色，萼片残存；果柄较长，长3.9cm、粗3.6mm；果心极小，5心室；果肉黄绿色，肉质中粗、松脆，汁液中多，味酸甜、微涩，无香气；含可溶性固形物11.4%；品质中等，常温下可贮藏10d。

树势中庸，树姿下垂；萌芽力中等，成枝力中等，丰产性好。一年生枝红褐色；叶片卵圆形，长9.2cm、宽7.2cm，叶尖急尖，叶基截形。在广西灌阳县，果实9月下旬成熟。

特殊性状描述： 果心小，植株抗病性、抗虫性中等。

灌阳清香梨

外文名或汉语拼音：Guanyang Qingxiangli

来源及分布：$2n = 34$，原产广西壮族自治区，在广西灌阳等地有栽培。

主要性状：平均单果重99.7g，纵径6.1cm、横径5.9cm，果实卵圆形，果皮绿黄色；果点中等大而密、浅褐色，萼片残存；果柄长，基部膨大肉质化，长5.2cm、粗3.0mm；果心小，5心室；果肉淡黄色，肉质细、松脆，汁液多，味甜，无香气；含可溶性固形物12.0%；品质中上等，常温下可贮藏5d。

树势强旺，树姿半开张；萌芽力强，成枝力强，丰产性好。一年生枝灰褐色；叶片卵圆形，长10.3cm、宽6.9cm，叶尖急尖，叶基圆形；花蕾浅粉红色，每花序4～8朵花，平均6.0朵；雄蕊23～25枚，平均24.0枚；花冠直径2.5cm。在广西灌阳县，果实7月下旬成熟。

特殊性状描述：果心极小。

灌阳水南梨

外文名或汉语拼音： Guanyang Shuinanli

来源及分布： $2n = 34$，原产广西壮族自治区，在广西灌阳等地有栽培。

主要性状： 平均单果重250.0g，纵径8.0cm、横径7.6cm，果实卵圆形，果皮绿色，果面具大面积锈斑；果点中等大而密、灰褐色，萼片残存；果柄较长，长4.0cm、粗6.0mm；果心中等大，5心室；果肉白色，肉质中粗、脆，汁液中多，味酸甜，无香气；含可溶性固形物11.2%；品质中等，常温下可贮藏15d。

树势强旺，树姿直立；萌芽力中等，成枝力弱，丰产性好。一年生枝灰褐色；叶片卵圆形，长10.1cm、宽6.9cm，叶尖渐尖，叶基楔形；花蕾粉红色，每花序3～8朵花，平均5.5朵；雄蕊18～25枚，平均21.5枚；花冠直径2.7cm。在湖北武汉地区，果实9月上旬成熟。

特殊性状描述： 花序坐果率高，极丰产；植株适应性强。

灌阳小把子雪梨

外文名或汉语拼音：Guanyang Xiaobazixueli

来源及分布：$2n = 34$，原产广西壮族自治区，在广西灌阳等地有栽培。

主要性状：平均单果重223.8g，纵径7.7cm、横径7.3cm，果实卵圆形，果皮褐色；果点中等大而密、灰白色，萼片脱落；果柄长，长5.5cm、粗3.6mm；果心大，5心室；果肉淡黄色，肉质中粗、松脆，汁液多，味酸甜，无香气；含可溶性固形物11.7%；品质中上等，常温下可贮藏10d。

树势强旺，树姿半开张；萌芽力强，成枝力中等，丰产性一般。一年生枝黄褐色；叶片卵圆形，长12.6cm、宽8.0cm，叶尖急尖，叶基圆形；花蕾浅粉红色，每花序5～8朵花，平均6.5朵；雄蕊19～21枚，平均20.0枚；花冠直径3.4cm。在广西灌阳县，果实8月下旬成熟。

特殊性状描述：植株抗病性、适应性均强。

灌阳雪梨

外文名或汉语拼音：Guanyang Xueli

来源及分布：$2n = 34$，原产广西壮族自治区，在广西灌阳等地有栽培。

主要性状：平均单果重192.0g，纵径7.1cm、横径7.2cm，果实圆形，果皮褐色；果点中等大而密、灰白色，萼片脱落；果柄较长，长4.2cm、粗5.9mm；果心中等大，5心室；果肉白色，肉质中粗、脆，汁液多，味甜酸，无香气；含可溶性固形物9.9%；品质中等，常温下可贮藏15d。

树势弱，树姿半开张；萌芽力中等，成枝力弱，丰产性好。一年生枝绿黄色；叶片卵圆形，长11.2cm、宽6.1cm，叶尖渐尖，叶基楔形；花蕾粉红色，每花序4～8朵花，平均6.0朵；雄蕊16～22枚，平均19.0枚；花冠直径2.5cm。在湖北武汉地区，果实9月上旬成熟。

特殊性状描述：植株抗性强，不易感梨黑星病。

广顺砂梨

外文名或汉语拼音：Guangshun Shali

来源及分布：$2n = 34$，原产贵州省，在贵州长顺县周边地区有分布。

主要性状：平均单果重85.0g，纵径5.1cm、横径5.1cm，果实圆形，果皮褐色；果点中等大而密、浅褐色，萼片宿存；果柄很长，长6.5cm、粗3.2mm；果心大，5心室；果肉绿白色，肉质粗、致密，汁液少，味微涩，无香气；含可溶性固形物8.7%；品质下等，常温下可贮藏10d。

树势强旺，树姿直立；萌芽力强，成枝力强。一年生枝灰褐色；叶片长卵圆形，长11.8cm、宽5.8cm，叶尖渐尖，叶基楔形。在贵州长顺县，果实10月成熟。

特殊性状描述：植株耐贫瘠，抗虫性强，但叶片有少量大病斑。

贵定冬梨

外文名或汉语拼音： Guiding Dongli

来源及分布： $2n = 34$，原产贵州省，在贵州贵定县等地有栽培。

主要性状： 平均单果重102.0g，纵径5.3cm、横径5.7cm，果实卵圆形，果皮黄褐色；果点中等大而密、灰褐色，萼片脱落；果柄较长，长3.5cm、粗3.2mm；果心中等大，5心室；果肉淡黄，肉质粗硬、脆，汁液少，味苦涩，无香气；含可溶性固形物11.8%；品质下等，常温下可贮藏15～20d。

树势强旺，树姿直立；萌芽力强，成枝力中等。一年生枝灰褐色；叶片椭圆形，长13.3cm、宽7.6cm，叶尖渐尖，叶基楔形。在贵州贵定县，果实10月成熟。

特殊性状描述： 果实带苦味；植株抗病性强。

贵定酸罐梨

外文名或汉语拼音： Guiding Suanguanli

来源及分布： $2n = 34$，原产贵州省，在贵州贵定县等地有栽培。

主要性状： 平均单果重450.0g，纵径9.8cm、横径9.2cm，果实倒卵圆形，果皮褐色；果点中等大而密、灰白色，萼片残存；果柄较长，长3.0cm，粗3.2mm；果心中等大，5心室；果肉白色，肉质粗、松脆，汁液多，味酸，有微香气；含可溶性固形物8.7%；品质中下等，常温下可贮藏7～10d。

树势中庸，树姿直立；萌芽力中等，成枝力中等。一年生枝灰褐色；叶片卵圆形，长11.7cm、宽6.5cm，叶尖渐尖，叶基宽楔形。在贵州贵定县，果实8月成熟。

特殊性状描述： 植株耐贫瘠，抗病性一般。

贵定糖梨

外文名或汉语拼音： Guiding Tangli

来源及分布： $2n = 34$，原产贵州省，在贵州贵定县等地有栽培。

主要性状： 平均单果重650.0g，纵径11.1cm、横径10.1cm，果实卵圆形，果皮黄绿色，果面具锈斑；果点大而密、灰褐色，萼片残存；果柄较长，长3.5cm、粗4.2mm；果心极小，5心室；果肉乳白色，肉质中粗、酥脆，汁液多，味甜，有微香气；含可溶性固形物10.5%；品质中等，常温下可贮藏10d。

树势中庸，树姿半开张；萌芽力强，成枝力中等。一年生枝灰褐色；叶片卵圆形，长11.7cm、宽6.5cm，叶尖渐尖，叶基宽楔形。在贵州贵定县，果实8月成熟。

特殊性状描述： 果实特大，抗病虫性弱。

贵溪梨

外文名或汉语拼音： Guixili

来源及分布： $2n = 34$，原产福建省，在福建屏南县长桥、熙岭、棠口、甘棠、代溪等地有栽培。

主要性状： 平均单果重404.3g，纵径9.3cm、横径9.2cm，果实圆形，果皮黄褐色，阳面无晕；果点大而密、灰褐色，萼片脱落或残存；果柄短，长1.1cm、粗3.5mm；果心小、中位，5心室；果肉白色，肉质粗、酥脆，汁液多，味淡甜，有涩味，无香气；含可溶性固形物10.8%；品质中等，常温下可贮藏15d。

树势强旺，树姿半开张；萌芽力中等，成枝力中等，丰产性好。一年生枝黑褐色；叶片椭圆形，长12.7cm、宽7.0cm，叶尖长尾尖，叶基楔形；花蕾白色，每花序5～7朵花，平均6.0朵；雄蕊17～20枚，平均18.5枚；花冠直径3.6cm。在福建建宁县，果实9月下旬成熟。

特殊性状描述： 植株抗病性强，抗虫性中等，耐旱性强，耐涝性强。

桂东麻梨

外文名或汉语拼音： Guidong Mali

来源及分布： $2n = 34$，原产湖南省桂东县，在当地有少量栽培。

主要性状： 平均单果重347.0g，纵径9.0cm、横径7.6cm，果实长圆形或卵圆形，果皮绿色；果点大而疏、灰褐色，萼片脱落或残存；果柄较长，长4.2cm，粗3.2mm；果心中等大，3～4心室；果肉乳白色，肉质中粗、脆，汁液中多，味酸甜，无香气；含可溶性固形物9.8%；品质中等，常温下可贮藏15d。

树势中庸，树姿直立；萌芽力中等，成枝力强，丰产性好。一年生枝褐色；叶片卵圆形，长8.6 cm、宽5.2cm，叶尖渐尖，叶基宽楔形或圆形；花蕾白色，每花序6～8朵花，平均7.0朵；雄蕊20～22枚，平均21.0枚；花冠直径3.2cm。在湖南长沙地区，3月中旬开花，果实9月下旬成熟。

特殊性状描述： 植株不耐高温高湿，叶片易感梨早期落叶病。

桂花梨

外文名或汉语拼音：Guihuali

来源及分布：$2n = 34$，原产广西壮族自治区，在广西柳江、武鸣、天等、阳朔等地有栽培。

主要性状：平均单果重374.6g，纵径8.5cm、横径9.0cm，果实圆形，果皮绿黄色，阳面无晕；果点小而密、灰褐色，萼片脱落；果柄较长，长3.2cm，粗3.5mm；果心极小，5心室；果肉淡黄色，肉质中粗、松脆，汁液多，味酸甜，无香气；含可溶性固形物10.7%；品质中上等，常温下可贮藏7d。

树势强旺，树姿半开张；萌芽力强，成枝力强，丰产性好。一年生枝灰褐色；叶片卵圆形，长12.8cm、宽7.8cm，叶尖急尖，叶基圆形；花蕾白色，每花序5～9朵花，平均7.0朵；雄蕊28～31枚，平均29.5枚；花冠直径3.5cm。在广西柳江地区，果实7月初成熟。

特殊性状描述：果心极小，适应性强。

果果梨

外文名或汉语拼音：Guoguoli

来源及分布：$2n = 34$，原产湖北省，在湖北荆门、钟祥等地有栽培。

主要性状：平均单果重229.0g，纵径6.5cm、横径7.8cm，果实扁圆形，果皮黄绿色；果点小而密、浅褐色，萼片脱落；果柄较长而粗，基部膨大，长3.0cm、粗8.0mm；果心小，5心室；果肉白色，肉质中粗、松脆，汁液多，味酸甜，无香气；含可溶性固形物9.2%；品质中等，常温下可贮藏20d。

树势强旺，树姿半开张；萌芽力中等，成枝力弱，丰产性好。一年生枝红褐色；叶片卵圆形，长10.8cm、宽6.6cm，叶尖急尖，叶基宽楔形；花蕾浅粉红色，每花序4~6朵花，平均5.4朵；雄蕊18~23枚，平均21.1枚；花冠直径3.3cm。在湖北武汉地区，果实8月下旬成熟。

特殊性状描述：植株抗性较强，不易感梨褐斑病。

海冬梨

外文名或汉语拼音：Haidongli

来源及分布：$2n = 34$，原产云南省，在云南呈贡等地有少量栽培。

主要性状：平均单果重420.0g，纵径8.0cm、横径9.4cm，果实扁圆形，果皮黄绿色；果点小而密、浅褐色，萼片残存；果柄长，长5.0cm、粗3.2mm；果心中等大，5～6心室；果肉淡黄色，肉质粗、紧脆，汁液少，味甜，无香气；含可溶性固形物12.1%；品质下等，常温下可贮藏30d。

树势中庸，树姿半开张；萌芽力强，成枝力弱，丰产性较好。一年生枝黄褐色；叶片披针形，长10.7cm、宽5.2cm，叶尖长尾尖，叶基楔形；花蕾浅粉红色，每花序6～8朵花，平均7.0朵；雄蕊29～34枚，平均31.0枚；花冠直径5.3cm。在云南呈贡县，果实9月下旬成熟。

特殊性状描述：重瓣花，植株抗病性、适应性均强。

海南2号

外文名或汉语拼音： Hainan No.2

来源及分布： $2n = 34$，原产海南省，在海南乐东县尖峰岭国家级自然保护区有零星栽培。

主要性状： 平均单果重314.0g，纵径7.5cm、横径8.2cm，果实圆柱形，果皮绿色；果点中等大而密、灰褐色，萼片脱落；果柄较长而粗，长3.0cm、粗6.2mm；果心中等大，5心室；果肉乳白色，肉质细、紧脆，汁液中多，味甜酸，无香气；含可溶性固形物11.3%；品质中下等，常温下可贮藏10d。

树势中庸，树姿半开张；萌芽力中等，成枝力中等，丰产性一般。一年生枝红褐色；叶片椭圆形，长5.8cm、宽3.8cm，叶尖渐尖，叶基狭楔形；花蕾白色，每花序4～8朵花，平均6.0朵；雄蕊28～35枚，平均32.0枚；花冠直径3.8cm。在河南郑州地区，果实9月下旬成熟。

特殊性状描述： 植株需冷量极低，耐高湿，抗梨褐斑病。

海南3号

外文名或汉语拼音：Hainan No.3

来源及分布：$2n = 34$，原产海南省，在海南乐东县尖峰岭国家级自然保护区有零星栽培。

主要性状：平均单果重504.0g，纵径8.3cm、横径10.1cm，果实扁圆形，果皮褐色；果点大而密、灰白色，萼片残存；果柄较长，长3.0cm、粗3.2mm；果心小，5～6心室；果肉乳白色，肉质中粗、紧脆，汁液中多，味甜酸，无香气；含可溶性固形物11.7%；品质中下等，常温下可贮藏11d。

树势中庸，树姿半开张；萌芽力中等，成枝力中等，丰产性一般。一年生枝黄褐色；叶片椭圆形，长10.7cm、宽6.5cm，叶尖渐尖，叶基圆形；

花蕾白色，每花序6～10朵花，平均8.0朵；雄蕊31～36枚，平均32.0枚；花冠直径4.8cm。在河南郑州地区，果实9月下旬成熟。

特殊性状描述：植株需冷量极低，耐高湿，抗梨褐斑病。

海子梨

外文名或汉语拼音：Haizili

来源及分布：$2n = 34$，原产贵州省，在贵州兴义县等地有少量栽培。

主要性状：平均单果重223.0g，纵径7.6cm，横径7.5cm，果实倒卵圆形，果皮绿色；果点小而密、浅褐色，萼片残存；果柄较长，长3.5cm、粗3.9mm；果心中等大，5心室；果肉乳白色，肉质粗、紧脆，汁液少，味甜，无香气；含可溶性固形物13.0%；品质下等，常温下可贮藏30d。

树势强旺，树姿半开张；萌芽力中等，成枝力弱，丰产性较好。一年生枝褐色；叶片椭圆形，长11.1cm、宽6.7cm，叶尖长尾尖，叶基楔形；花蕾粉红色，每花序5～7朵花，平均6.0朵；雄蕊20～26枚，平均24.0枚；花冠直径4.4cm。在贵州兴义县，果实9月底成熟。

特殊性状描述：植株不耐贫瘠，丰产性好；叶片较易感梨褐斑病。

汉源半斤梨

外文名或汉语拼音： Hanyuan Banjinli

来源及分布： $2n = 34$，原产四川省，在四川汉源等地有栽培。

主要性状： 平均单果重745.0g，纵径13.7cm、横径10.6cm，果实细颈葫芦形，果皮绿色，果面具少量果锈；果点中等大、深褐色，萼片脱落；果柄长，长4.5cm、粗4.4mm；果心小，5心室；果肉绿白色，肉质中粗，汁液中多，味酸甜，无香气；含可溶性固形物11.0%；品质下等，常温下可贮藏10d。

树势强旺，树姿半开张；萌芽力中等，成枝力中等，丰产性好。一年生枝褐色；叶片卵圆形，长11.9cm、宽7.8cm，叶尖渐尖，叶基宽楔形；花蕾白色，每花序4～7朵花，平均5.5朵；雄蕊17～21枚，平均19.0枚；花冠直径4.5cm。在湖北武汉地区，果实9月上旬成熟。

特殊性状描述： 果个极大。

汉源大香梨

外文名或汉语拼音： Hanyuan Daxiangli

来源及分布： $2n = 34$，原产四川省雅安市，在四川汉源等地有少量栽培。

主要性状： 平均单果重98.0g、纵径6.1cm、横径5.6cm，果实卵圆形，果皮黄绿色，果面具大面积黄褐色锈斑，阳面有红褐晕；果点中等大且密、褐色，萼片脱落；果柄长，长4.5cm、粗3.2mm；果心中等大，5心室；果肉乳白色，肉质中粗、松脆，汁液中多，味酸甜，无香气；含可溶性固形物12.1%；品质中等，常温下可贮藏20d。

树势强旺，树姿开张；萌芽力中等，成枝力弱。一年生枝红褐色；叶片卵圆形，长7.5cm、宽6.7cm，叶尖急尖，叶基圆形或亚心脏形；花蕾白色，每花序5～7朵花，平均6.0朵；雄蕊19～23枚，平均21.0枚；花冠直径4.0cm。在四川汉源县，果实9月中旬成熟。

特殊性状描述： 植株耐瘠薄，易感梨褐斑病。

汉源黄梨

外文名或汉语拼音：Hanyuan Huangli

来源及分布：$2n = 34$，原产四川省雅安市，在四川汉源等地有少量分布。

主要性状：平均单果重83.9g，纵径5.2cm、横径5.5cm，果实圆形，果皮黄褐色；果点小而密、褐色，萼片脱落；果柄长，长4.5cm、粗2.0mm；果心特大，5心室；果肉绿白色，肉质中粗、致密，汁液少，味甜酸，有微香气；含可溶性固形物10.1%；品质下等，常温下可贮藏20d。

树势强旺，树姿半开张；萌芽力强，成枝力中等，丰产性好。一年生枝黄褐色；叶片椭圆形，长7.2cm、宽5.1cm，叶尖渐尖，叶基圆形；花蕾白色，每花序5～7朵花，平均6.0朵；雄蕊20～28枚，平均24.0枚；花冠直径4.2cm。在四川汉源县，果实10月中旬成熟。

特殊性状描述：植株适应性强，不抗梨褐斑病。

汉源鸡蛋梨

外文名或汉语拼音： Hanyuan Jidanli

来源及分布： $2n = 34$，原产四川省雅安市，在四川汉源等地有少量栽培。

主要性状： 平均单果重50.8g、纵径4.5cm、横径4.7cm，果实圆形，果皮黄褐色，阳面有黄褐晕；果点小而疏、褐色，萼片脱落；果柄长，长5.0cm、粗2.8mm；果心小，5心室；果肉乳白色，肉质粗；充分成熟后软面，汁液中多，味酸甜适中，无香气；含可溶性固形物11.5%；品质中等，常温下可贮藏25d。

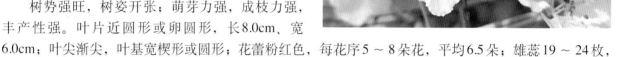

树势强旺，树姿开张；萌芽力强，成枝力强，丰产性强。叶片近圆形或卵圆形，长8.0cm、宽6.0cm；叶尖渐尖，叶基宽楔形或圆形；花蕾粉红色，每花序5～8朵花，平均6.5朵；雄蕊19～24枚，平均21.5枚；花冠直径4.1cm。在四川汉源县和金川县，果实9月中旬成熟。

特殊性状描述： 果柄细长，植株耐旱、耐瘠薄。

汉源小香梨

外文名或汉语拼音： Hanyuan Xiaoxiangli

来源及分布： $2n = 34$，原产四川省雅安市，在四川汉源等地有少量栽培。

主要性状： 平均单果重64.8g，纵径4.9cm、横径5.1cm，果实圆形或倒卵圆形，果皮黄褐色，果面具少量锈斑；果点大而密、褐色，萼片脱落；果柄较长，长3.0cm、粗3.1mm；果心小，3～5心室；果肉黄白色，肉质粗、致密，汁液少，味甜酸，无香气；含可溶性固形物11.8%；品质中等，常温下可贮藏15d。

树势强旺，树姿直立；萌芽力强，成枝力弱，丰产性好。一年生枝灰褐色；叶片卵圆形，长7.8cm、宽6.1cm，叶尖渐尖，叶基宽楔形；花蕾白色，每花序6～8朵花，平均7.0朵；雄蕊20～25枚，平均22.5枚；花冠直径3.9cm。在四川汉源县，果实10月中旬成熟。

特殊性状描述： 植株耐旱抗涝，耐瘠薄。

汉源招包梨

外文名或汉语拼音： Hanyuan Zhaobaoli

来源及分布： $2n = 34$，原产四川省，在四川汉源等地有栽培。

主要性状： 平均单果重135.9g，纵径5.9cm、横径6.1cm，果实圆形或扁圆形，果皮褐色；果点大而密、灰白色，萼片脱落；果柄较长，长4.0cm、粗4.4mm；果心中等大，5心室；果肉淡黄色，肉质中粗，酥脆，汁液中多，味淡甜，无香气；含可溶性固形物10.7%；品质中上等，常温下可贮藏10d。

树势中庸，树姿抱合；萌芽力中等，成枝力弱，丰产性好。一年生枝黄褐色；叶片椭圆形，长12.5cm、宽7.2cm，叶尖长尾尖，叶基楔形；花蕾粉红色，每花序6～8朵花，平均7.0朵；雄蕊16～22枚，平均19.0枚；花冠直径3.4cm。在湖北武汉地区，果实10月上旬成熟。

特殊性状描述： 果形端正，极晚熟。

红顶梨

外文名或汉语拼音：Hongdingli

来源及分布：$2n = 34$，原产云南省，在云南祥云等地有栽培。

主要性状：平均单果重194.3g，纵径7.8cm、横径7.3cm，果实粗颈葫芦形，果皮偏黄，阳面紫红色，阴面黄绿色；梗洼浅，萼洼广浅，萼片脱落；果点中等大而密、灰褐色；果柄较长，基部膨大肉质化，长4.1cm，粗5.1mm；果心小，5心室；果肉乳白色，肉质粗、松脆，汁液中多，味偏酸涩，无香气，后熟后有香气；含可溶性固形物10.8%；品质中下等，常温下可贮藏25d。

树势中庸，树姿开张；萌芽力中等，成枝力中等，丰产性好。一年生枝黄褐色，皮孔明显；叶片卵圆形，长9.6cm、宽6.2cm，叶柄长5.2cm，叶基楔形，叶尖急尖，叶缘锐锯齿；花蕾浅粉红色，每花序4～8朵花，平均6.0朵；雄蕊24～30枚，平均27.0枚；花冠直径3.4cm。在云南大理地区，果实9月下旬至10月初成熟。

特殊性状描述：植株抗病性、抗虫性中等。

红梨1号

外文名或汉语拼音： Hongli No.1

来源及分布： $2n = 34$，原产云南省，在云南巍山等地均有栽培。

主要性状： 平均单果重159.0g，纵径7.2cm、横径7.0cm，果实圆形，果皮绿色，阳面红色，在云南当地全面着鲜红色；果点小而密、红褐色，萼片脱落；果柄很长，长6.2cm、粗3.8mm；果心大，5～6心室；果肉白色，肉质中粗、紧脆，汁液中多，味酸甜微涩，无香气；含可溶性固形物10.7%；品质中下等，常温下可贮藏20d。

树势中庸，树姿半开张；萌芽力强，成枝力强，丰产性好。一年生枝褐色；叶片椭圆形，长9.9cm、宽6.0cm，叶尖渐尖，叶基楔形；花蕾白色，每花序5～8朵花，平均6.5朵；雄蕊35～42枚，平均38.5枚；花冠直径3.4cm。在河南郑州地区，果实9月下旬成熟。

特殊性状描述： 植株适应性、抗逆性均强，但果实品质一般。

红糖梨

外文名或汉语拼音： Hongtangli

来源及分布： $2n = 34$，原产云南省，在云南永胜等地有少量栽培。

主要性状： 平均单果重155.0g，纵径6.7cm、横径6.5cm，果实长圆形，果皮褐色；果点中等大而密、灰白色，萼片脱落；果柄长，长4.5cm、粗3.6mm；果心小，3～5心室；果肉淡黄色，肉质粗、松脆，汁液多，味甜，无香气；含可溶性固形物11.9%；品质下等，常温下可贮藏25d。

树势中庸，树姿半开张；萌芽力强，成枝力弱，丰产性较好。一年生枝黄褐色；叶片椭圆形，长11.0cm、宽7.0cm，叶尖渐尖，叶基圆形；花蕾粉红色，每花序5～7朵花，平均6.0朵；雄蕊19～25枚，平均20.0枚；花冠直径3.8cm。在云南永胜等地，果实9月上旬成熟。

特殊性状描述： 植株抗逆性强，抗旱，耐瘠薄。

红苕棒

外文名或汉语拼音：Hongshaobang

来源及分布：$2n = 34$，原产四川省简阳市，在四川成都龙泉区等地均有栽培。

主要性状：平均单果重158.0g，纵径6.6cm、横径6.4cm，果实卵圆形，果皮绿褐色；果点中等大而密、棕褐色，萼片脱落；果柄长，长4.5cm、粗3.5mm；果心大，5心室；果肉绿白色，肉质较细、较硬而脆，汁少，味甜略淡，有生红苕味，无香气；含可溶性固形物9.5%；品质下等，常温下可贮藏20d。

树势强旺，树姿较直立；萌芽力中等，成枝力中等，丰产性好。一年生枝红褐色；叶片卵圆形，长10.1cm、宽6.4cm，叶尖渐尖，叶基宽楔形；花蕾白色，每花序6～8朵花，平均7.0朵；雄蕊19～23枚，平均20.5枚；花冠直径3.7cm。在四川简阳地区，果实9月下旬成熟。

特殊性状描述：果点凸起，风味特殊。

猴嘴梨

外文名或汉语拼音：Houzuili

来源及分布：$2n = 34$，原产湖北省，在荆门等地有栽培。

主要性状：平均单果重215.0g，纵径9.3cm、横径7.3cm，果实葫芦形，果皮黄褐色；果点小而密、棕褐色，萼片脱落；果柄很长，基部膨大肉质化，长6.5cm、粗3.6mm；果心中等大，5心室；果肉淡黄色，肉质中粗、致密，汁液中多，味甜，有微香气；含可溶性固形物11.4%；品质中等，常温下可贮藏20d。

树势中庸，树姿直立；萌芽力中等，成枝力弱，丰产性好。一年生枝灰褐色；叶片卵圆形，长10.8cm、宽7.8cm，叶尖渐尖，叶基圆形；花蕾粉红色，每花序2~6朵花，平均3.6朵；雄蕊25~30枚，平均27.4枚；花冠直径3.9cm。在湖北武汉地区，果实9月中下旬成熟。

特殊性状描述：花瓣带红色，观赏性好。

花菇梨

外文名或汉语拼音：Huaguli

来源及分布：$2n = 34$，原产福建省，在福建政和县杨源、石屯、川石、东游等地有栽培。

主要性状：平均单果重374.5g，纵径8.3cm、横径9.2cm，果实扁圆形，果皮绿褐色，阳面无晕；果点中等大而密、灰褐色，萼片脱落；果柄极短，长0.5cm、粗4.5mm；果心中等大、中位、5心室；果肉白色，肉质中粗、脆，汁液多，味淡甜，无香气；含可溶性固形物13.6%；品质中等，常温下可贮藏15d。

树势强旺，树姿半开张；萌芽力强，成枝力中等，丰产性好。一年生枝红褐色；叶片披针形，长15.0cm、宽6.9cm，叶尖长尾尖，叶基狭楔形；花蕾白色，每花序5～8朵花，平均6.5朵；雄蕊20～24枚，平均22.0枚；花冠直径3.6cm。在福建建宁县，果实9月中下旬成熟。

特殊性状描述：植株抗病性中等，抗虫性中等，耐旱性强，耐涝性强。

华坪白化心

外文名或汉语拼音： Huaping Baihuaxin

来源及分布： $2n = 34$，原产云南省，在云南丽江华坪县等地均有栽培。

主要性状： 平均单果重350.0g，纵径8.3cm、横径8.8cm，果实卵圆形，果皮绿色；果点中等大而密、褐色，萼片脱落；果柄长，长5.9cm、粗4.4mm；果心中等大，5心室；果肉乳白色，肉质中粗、致密，汁液多，味甜酸，无香气；含可溶性固形物10.9%；品质中等，常温下可贮藏25d。

树势中庸，树姿直立；萌芽力强，成枝力中等，丰产性好。一年生枝红褐色；叶片卵圆形，长6.9cm、宽4.2cm，叶尖渐尖，叶基宽楔形；花蕾白色，花瓣6～8片，重瓣花，每花序6～11朵花，平均8.0朵；雄蕊18～22枚，平均20.0枚；花冠直径3.2cm。在云南华坪县，果实8月中旬成熟。

特殊性状描述： 果心小；植株抗梨褐斑病。

黄盖头

外文名或汉语拼音：Huanggaitou

来源及分布：$2n = 34$，原产四川省简阳市，在四川资阳、内江等地均有栽培。

主要性状：平均单果重147.0g，纵径6.8cm、横径6.2cm，果实倒卵圆形，果皮浅褐色；果点中等大而密、灰褐色，萼片脱落；果柄较长，长3.8cm、粗3.7mm；果心较大，5心室；果肉白色，肉质较细、酥脆，石细胞较少，汁液中多，酸甜味浓；含可溶性固形物10.1%；品质中等，常温下可贮藏25d。

树势强旺，树姿半开张；萌芽力强，成枝力中等，丰产性较好。一年生枝红褐色；叶片卵圆形，长12.3cm、宽6.5cm，叶尖渐尖，叶基圆形或亚心脏形；花蕾白色，每花序6～8朵花，平均7.0朵；雄蕊19～21枚，平均20.0枚；花冠直径3.8cm。在四川简阳地区，果实9月中旬成熟。

特殊性状描述：植株适应性和抗逆性均强。

黄瓠梨

外文名或汉语拼音： Huanghuli

来源及分布： $2n = 34$，原产福建省，在福建明溪县胡坊、雪峰、瀚仙、夏阳、盖洋等地有栽培。

主要性状： 平均单果重288.6g，纵径8.0cm、横径8.1cm，果实卵圆形，果皮黄绿色，阳面无晕；果点小而密、灰褐色，萼片脱落；果柄短，长1.8cm、粗3.2mm；果心中等大，5心室；果肉淡黄色，肉质细、疏松，汁液多，味甜，无香气，无涩味；含可溶性固形物13.2%；品质中上等，常温下可贮藏4d。

树势强旺，树姿半开张；萌芽力强，成枝力中等，丰产性好。一年生枝绿黄色；叶片卵圆形，长11.9cm、宽7.1cm，叶尖急尖，叶基圆形；花蕾白色，每花序5～8朵花，平均6.5朵；雄蕊20～24枚，平均22.0枚；花冠直径3.4cm。在福建建宁县，果实7月中旬成熟。

特殊性状描述： 植株抗病性中等，抗虫性弱，耐旱性强，耐涝性强。

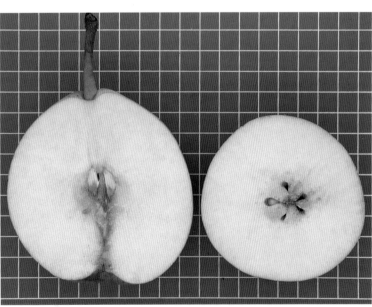

黄腊梨

外文名或汉语拼音： Huanglali

来源及分布： $2n = 34$，原产福建省，在福建上杭县临城、临江、湖洋、蓝溪等地有栽培。

主要性状： 平均单果重247.8g，纵径7.7cm、横径7.8cm，果实圆形，果皮黄绿色，阳面无晕；果点中等大而疏、红褐色，萼片脱落；果柄短，长1.8cm、粗3.2mm；果心中等大、中位，5心室；果肉白色，肉质中粗、致密，汁液中多，味酸甜，无香气；含可溶性固形物11.2%；品质中等，常温下可贮藏5d。

树势强旺，树姿半开张；萌芽力强，成枝力弱，丰产性好。一年生枝褐色；叶片椭圆形，长10.3cm、宽7.0cm，叶尖急尖，叶基宽楔形；花蕾白色，每花序6～9朵花，平均7.5朵；雄蕊18～21枚，平均19.5枚；花冠直径3.1cm。在福建建宁县，果实9月中旬成熟。

特殊性状描述： 果肉易发生梨木栓斑点病；植株抗病性强，抗虫性中等，耐旱性强，耐涝性强。

黄皮黄把梨

外文名或汉语拼音： Huangpihuangbali

来源及分布： $2n = 34$，原产贵州省，在贵州瓮安等地有栽培。

主要性状： 平均单果重96.0g，纵径5.8cm、横径5.7cm，果实倒卵圆形，果皮棕褐色；果点小而密、棕褐色，萼片脱落；果柄长，长4.5cm、粗3.2mm；果心较小，5心室；果肉白色，肉质中粗、软面，汁液多，味甜酸，无香气；含可溶性固形物11.8%；品质中下等，常温下可贮藏7～10d。

树势强旺，树姿直立；萌芽力中等，成枝力中等，丰产性一般。一年生枝灰褐色；叶片椭圆形，长6.6cm、宽5.6cm，叶尖渐尖，叶基心形。在贵州瓮安县，果实10月下旬成熟。

特殊性状描述： 植株耐贫瘠，树老而不衰。

黄皮霉梨

外文名或汉语拼音： Huangpimeili

来源及分布： $2n = 34$，原产浙江省浦江县郑家坞镇，在当地有零星栽培。

主要性状： 平均单果重50.0g，纵径6.5cm、横径5.1cm，果实长圆形，果皮棕褐色；果点大而密、灰白色，萼片残存；果柄较长，长3.3cm、粗3.9mm；果心中等大；果肉乳白色，肉质粗、脆，汁液中多，味甜酸；含可溶性固形物11%～12%；品质下等，常温下可贮藏10～20d。

树势强旺，树姿半开张；萌芽力强，成枝力强，丰产性极好。一年生枝灰褐色；叶片卵圆形，长9.5cm、宽7.0cm，叶尖急尖，叶基楔形；花蕾粉红色，每花序6～7朵花，平均6.5朵；雄蕊20～26枚，平均23.0枚。在浙江浦江地区，果实10月中旬成熟。

特殊性状描述： 植株耐高温高湿，抗逆性强。

黄皮砂梨

外文名或汉语拼音: Huangpishali

来源及分布: $2n = 34$,原产贵州省,在贵州平塘县周边地区有栽培。

主要性状: 平均单果重142.0g,纵径5.1cm、横径6.6cm,果实扁圆形,果皮深褐色;果点大而密、灰褐色,萼片残存;果柄较短,长2.5cm、粗4.2mm;果心小,5心室;果肉白色,肉质粗硬,汁液少,味酸甜,无香气;含可溶性固形物7.8%;品质下等,常温下可贮藏10～15d。

树势中庸,树姿半开张;萌芽力中等,成枝力中等,丰产性好。一年生枝灰褐色;叶片卵圆形,长8.1cm、宽5.9cm,叶尖渐尖,叶基楔形。在贵州平塘县,果实9月成熟。

特殊性状描述: 植株耐贫瘠、耐涝。

黄皮甜面梨

外文名或汉语拼音： Huangpitianmianli

来源及分布： $2n = 34$，原产四川省西昌市，在四川盐源有少量分布。

主要性状： 平均单果重213.7g，纵径7.4cm、横径7.3cm，果实圆形或倒卵圆形，果皮黄褐色；果点小而密、灰褐色，萼片残存；果柄较长，基部肉质，长3.0cm、粗4.6mm；果心小，5心室；果肉淡黄色，肉质细、软面，汁液少，味酸甜适中，无香气；含可溶性固形物10.1%；品质中等，常温下可贮藏10d。

树势强旺，树姿直立；萌芽力强，成枝力中等，丰产性好。一年生枝黄褐色或红褐色；叶片卵圆形，长9.5cm、宽7.1cm，叶尖急尖，叶基圆形或亚心形；花蕾白色，每花序6～8朵花，平均7.0朵；雄蕊20～25枚，平均22.5枚；花冠直径4.1cm。在四川盐源县，果实9月上旬成熟。

特殊性状描述： 果实采收时味酸甜而涩味重，经后熟肉质变软而细。

黄皮煮

外文名或汉语拼音：Huangpizhu

来源及分布：$2n = 34$，原产福建省，在福建漳浦县前亭、湖西、马坪、霞美、赤湖等地有栽培。

主要性状：平均单果重138.8g，纵径5.9cm、横径6.4cm，果实圆形，果皮绿色，阳面无晕；果点中等大而密、褐色，萼片脱落；果柄短，长1.8cm、粗4.2mm；果心大，5心室；果肉淡黄色，肉质极粗、致密，汁液中多，味甜酸，有微香气、有涩味；含可溶性固形物14.3%；品质下等，常温下可贮藏15d。

树势强旺，树姿半开张；萌芽力强，成枝力中等，丰产性好。一年生枝黄褐色；叶片披针形，长

11.7cm、宽5.2cm，叶尖渐尖，叶基楔形；花蕾白色，每花序5 ～ 8朵花，平均6.5朵；雄蕊17 ～ 22枚，平均19.5枚；花冠直径3.4cm。在福建建宁县，果实9月中旬成熟。

特殊性状描述：植株抗病性中等，抗虫性中等，耐旱性强，耐涝性强。

黄茄梨

外文名或汉语拼音： Huangqieli

来源及分布： $2n = 34$，原产浙江省，在浙江乐清等地有栽培。

主要性状： 平均单果重262.0g，纵径7.1cm、横径7.0cm，果实圆形，果皮绿褐色；果点小而密、灰褐色，萼片脱落；果柄长，长4.5cm、粗3.5mm；果心中等大，5心室；果肉白色，肉质中粗、脆，汁液中多，味淡甜，无香气；含可溶性固形物10.5%；品质中等，常温下可贮藏15d。

树势弱，树姿半开张；萌芽力中等，成枝力中等，丰产性好。一年生枝黄褐色；叶片卵圆形，长11.0cm、宽6.6cm，叶尖长尾尖，叶基宽楔形；花

蕾粉红色，每花序4～7朵花，平均5.5朵；雄蕊20～27枚，平均23.5枚；花冠直径4.4cm。在湖北武汉地区，果实8月下旬成熟。

特殊性状描述： 植株适应性和抗病性均较强。

黄消梨

外文名或汉语拼音： Huangxiaoli

来源及分布： $2n = 34$，原产福建省，在福建平和县九峰、秀峰、崎岭、霞寨等地有栽培。

主要性状： 平均单果重363.7g，纵径9.0cm、横径8.8cm，果实圆形，果皮黄褐色，阳面无晕；果点小而密、灰褐色，萼片脱落；果柄较短，长2.2cm、粗3.2mm；果心中等大，5心室；果肉乳白色，肉质粗、致密，汁液少，味酸，无香气，无涩味；含可溶性固形物14.2%；品质上等，常温下可贮藏9d。

树势强旺，树姿半开张；萌芽力强，成枝力中等，丰产性好。一年生枝褐色；叶片椭圆形，长15.3cm、宽8.1cm，叶尖长尾尖，叶基圆形；花蕾白色，每花序5～8朵花，平均6.5朵；雄蕊18～22枚，平均20.0枚；花冠直径3.1cm。在福建建宁，果实9月中下旬成熟。

特殊性状描述： 植株抗病性、抗虫性中等，耐旱，耐涝。

回溪梨

外文名或汉语拼音： Huixili

来源及分布： $2n = 34$，原产安徽省，在安徽休宁县等地有栽培。

主要性状： 平均单果重375.0g，纵径9.5cm、横径9.8cm，果实圆形，果皮褐色；果点大而密、灰褐色，萼片脱落或残存；果柄较长，长3.7cm、粗4.4mm；果心较小，5心室；果肉乳白色，肉质细、较硬，汁液较多，味甜，无香气；含可溶性固形物11.7%；品质中上等，常温下可贮藏20d。

树势中庸，树姿开张；萌芽力强，成枝力中等，丰产性好。一年生枝红褐色；叶片卵圆形，长13.2cm、宽7.0cm，叶尖渐尖，叶基圆形；花蕾粉白色，每花序5～8朵花，平均6.5朵；雄蕊20～22枚，平均21.0枚；花冠直径3.5cm。在安徽黄山地区，果实9月中旬成熟。

特殊性状描述： 果个较大，植株抗梨黑斑病。

会理红香梨

外文名或汉语拼音： Huili Hongxiangli

来源及分布： $2n = 34$，原产四川省，在四川会理等地有栽培。

主要性状： 平均单果重186.0g，纵径7.1cm、横径7.1cm，果实倒卵圆形，果皮黄绿色；果点中等大而密、褐色，萼片脱落；果柄长，长5.1cm、粗3.5mm；果心小，5心室；果肉白色，肉质极粗、致密，汁液少，味淡甜，无香气；含可溶性固形物11.5%；品质下等，常温下可贮藏10d。

树势中庸，树姿直立；萌芽力中等，成枝力弱，丰产性好。一年生枝灰褐色；叶片卵圆形，长12.0cm、宽6.9cm，叶尖急尖，叶基宽楔形；花蕾粉红色，每花序5～7朵花，平均6.0朵；雄蕊20～24枚，平均22.0枚；花冠直径3.4cm。在湖北武汉地区，果实8月下旬成熟。

特殊性状描述： 花瓣小，果实向阳面有红晕；植株适应性强，耐瘠薄。

会理火把梨

外文名或汉语拼音：Huili Huobali

来源及分布：$2n = 34$，原产四川省，在四川会理等地有栽培。

主要性状：平均单果重143.0g，纵径7.3cm、横径6.1cm，果实卵圆形，果皮绿色；果点中等大而密、红褐色，萼片残存；果柄较长，长3.5cm、粗4.1mm；果心中等大，5心室；果肉淡黄色，肉质中粗、脆，汁液少，味甜，无香气；含可溶性固形物12.4%；品质中等，常温下可贮藏15d。

树势中庸，树姿半开张；萌芽力中等，成枝力中等，丰产性好。一年生枝褐色；叶片椭圆形，长13.4cm、宽8.9cm，叶尖渐尖，叶基圆形；花蕾白色，每花序4～7朵花，平均5.5朵；雄蕊22～32枚，平均27.0枚；花冠直径4.8cm。在四川会理地区，果实9月上中旬成熟。

特殊性状描述：植株适应性和抗逆性均强。

会理香面梨

外文名或汉语拼音： Huili Xiangmianli

来源及分布： $2n = 34$，原产四川省，在四川会理等地有栽培。

主要性状： 平均单果重143.5g，纵径6.6cm、横径6.5cm，果实卵圆形，果皮褐色；果点中等大而密、灰褐色，萼片残存；果柄长，长5.6cm、粗3.6mm；果心中等大，5心室；果肉淡黄色，肉质粗、致密，汁液少，味甜，有微香气；含可溶性固形物13.2%；品质下等，常温下可贮藏10d。

树势中庸，树姿半开张；萌芽力中等，成枝力弱，丰产性好。一年生枝褐色；叶片卵圆形，长13.4cm、宽8.9cm，叶尖渐尖，叶基心形；花蕾白色，每花序3～9朵花，平均6.3朵；雄蕊19～25枚，平均21.3枚；花冠直径3.9cm。在湖北武汉地区，果实8月下旬成熟。

特殊性状描述： 果实贮藏后果肉沙面；植株抗逆性和抗病性较强。

惠阳红梨

外文名或汉语拼音： Huiyang Hongli

来源及分布： $2n = 34$，原产广东省，在广东惠阳等地有栽培。

主要性状： 平均单果重181.0g，纵径6.0cm、横径7.3cm，果实扁圆形，果皮黄褐色；果点中等大而密、灰白色，萼片脱落或残存；果柄长，长5.8cm、粗4.2mm；果心中等大，5心室；果肉白色，肉质中粗、致密，汁液中多，味甜酸，无香气；含可溶性固形物8.8%；品质中等，常温下可贮藏15d。

树势强旺，树姿半开张；萌芽力中等，成枝力弱，丰产性好。一年生枝褐色；叶片卵圆形，长9.6cm、宽5.5cm，叶尖渐尖，叶基宽楔形；花蕾浅粉红色，每花序3～7朵花，平均5.0朵；雄蕊16～28枚，平均22.0枚；花冠直径3.5cm。在湖北武汉地区，果实9月中旬成熟。

特殊性状描述： 重瓣花，丰产性极好。

惠阳青梨

外文名或汉语拼音：Huiyang Qingli

来源及分布：$2n = 34$，原产广东省，在广东惠阳等地有栽培。

主要性状：平均单果重210.0g，纵径7.1cm、横径7.1cm，果实近圆形，果皮绿色，果面具大片果锈；果点中等大而密、棕褐色，萼片脱落；果柄较长，长3.0cm，粗5.2mm；果心大，5心室；果肉白色，肉质中粗、致密，汁液少，味甜酸，无香气；含可溶性固形物11.5%；品质下等，常温下可贮藏15d。

树势强旺，树姿半开张；萌芽力中等，成枝力弱，丰产性好。一年生枝黄褐色；叶片卵圆形，长10.9cm、宽7.2cm，叶尖急尖，叶基宽楔形；花蕾白色，每花序3～7朵花，平均5.0朵；雄蕊15～22枚，平均18.5枚；花冠直径3.3cm。在湖北武汉地区，果实9月中旬成熟。

特殊性状描述：花药淡粉红色，丰产性极好。

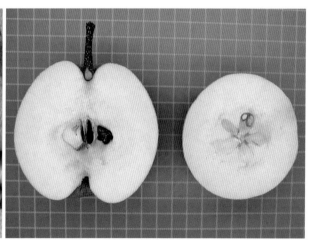

惠阳酸梨

外文名或汉语拼音： Huiyang Suanli

来源及分布： $2n = 34$，原产广东省，在广东惠阳等地有栽培。

主要性状： 平均单果重176.0g，纵径6.7cm、横径6.8cm，果实圆形，果皮黄褐色；果点小而密、灰白色，萼片宿存；果柄较短，长2.8cm、粗4.0mm；果心中等大，5心室；果肉白色，肉质中粗、致密，汁液中多，味酸，无香气；含可溶性固形物10.6%；品质中等，常温下可贮藏15d。

树势强旺，树姿半开张；萌芽力中等，成枝力弱，丰产性好。一年生枝黄褐色；叶片卵圆形，长13.7cm、宽7.3cm，叶尖急尖，叶基宽楔形；花蕾浅粉红色，每花序2～6朵花，平均4.0朵；雄蕊16～22枚，平均19.0枚；花冠直径3.0cm。在湖北武汉地区，果实9月下旬成熟。

特殊性状描述： 花序坐果率极高，果实极晚熟。

惠阳香水梨

外文名或汉语拼音：Huiyang Xiangshuili

来源及分布：$2n = 34$，原产广东省，在广东惠阳等地有栽培。

主要性状：平均单果重221.0g，纵径6.7cm、横径7.6cm，果实圆形，果皮黄褐色；果点中等大而极密、棕褐色，萼片脱落；果柄较长，长3.0cm、粗5.2mm；果心中等大，5心室；果肉白色，肉质中粗、致密，汁液少，味甜酸，无香气；含可溶性固形物11.2%；品质中等，常温下可贮藏15d。

树势强旺，树姿直立；萌芽力中等，成枝力弱，丰产性好。一年生枝黄褐色；叶片卵圆形，长11.1cm、宽5.8cm，叶尖渐尖，叶基宽楔形；花蕾白色，每花序5～7朵花，平均6.0朵；雄蕊16～22枚，平均19.0枚；花冠直径3.5cm。在湖北武汉地区，果实9月中旬成熟。

特殊性状描述：果点极密集，丰产性极好。

惠州梨

外文名或汉语拼音：Huizhouli

来源及分布：$2n = 34$，原产福建省，在福建云霄县莆美、陈岱、马铺、火田等地有栽培。

主要性状：平均单果重379.8g，纵径7.5cm、横径9.7cm，果实扁圆形，果皮黄褐色，阳面无晕；果点大而密、灰白色，萼片脱落；果柄极短，长0.4cm、粗5.2mm；果心中等大、近萼端，5心室；果肉白色，肉质中粗、致密，汁液中多，味酸甜，无香气，无涩味；含可溶性固形物10.7%；品质中上等，常温下可贮藏15d。

树势强旺，树姿半开张；萌芽力强，成枝力中等，丰产性好。一年生枝紫褐色；叶片圆形，长11.2cm、宽7.2cm，叶尖长尾尖，叶基宽楔形；花蕾白色，每花序5～8朵花，平均6.5朵；雄蕊19～22枚，平均20.5枚；花冠直径3.3cm。在福建建宁县，果实9月中下旬成熟。

特殊性状描述：植株抗病性中等，抗虫性中等，耐旱性强，耐涝性强。

假昌壳壳

外文名或汉语拼音： Jiachangkeke

来源及分布： $2n = 34$，原产贵州省，在贵州印江、思南等地有栽培。

主要性状： 平均单果重133.0g，纵径7.3cm、横径6.0cm，果实长圆形，果皮绿色，果面具水锈；果点小而疏、灰褐色，萼片宿存；果柄较长，长4.1cm、粗4.1mm；果心特大，5心室；果肉白色，肉质粗、酥脆，汁液多，味酸甜，无香气；含可溶性固形物12.2%；品质上等，常温下可贮藏10～15d。

树势强旺，树姿开张；萌芽力中等，成枝力中等，丰产性一般。一年生枝灰褐色；叶片椭圆形，长9.9cm、宽6.8cm，叶尖渐尖，叶基宽楔形。在贵州印江县，果实10月下旬成熟。

特殊性状描述： 植株较耐贫瘠，叶片较易感梨褐斑病。

假雪梨

外文名或汉语拼音：Jiaxueli

来源及分布：$2n = 34$，原产广西壮族自治区，在广西灌阳等地有栽培。

主要性状：平均单果重182.1g，纵径6.9cm、横径7.2cm，果实圆形，果皮黄褐色；果点中等大而密、灰白色，萼片脱落；果柄较长，长3.5cm、粗4.0mm；果心小，5心室；果肉淡黄色，肉质细、松脆，汁液中多，味甜，无香气；含可溶性固形物14.3%；品质中上等，常温下可贮藏15d。

树势中庸，树姿开张；萌芽力中等，成枝力强，丰产性好。一年生枝黄褐色；叶片卵圆形，长10.3cm、宽5.7cm，叶尖急尖，叶基圆形；花蕾浅粉红色，每花序4～8朵花，平均6.0朵；雄蕊16～25枚，平均22.0枚；花冠直径3.3cm。在广西灌阳县，果实9月上中旬成熟。

特殊性状描述：果心极小，植株抗病性和抗虫性均好。

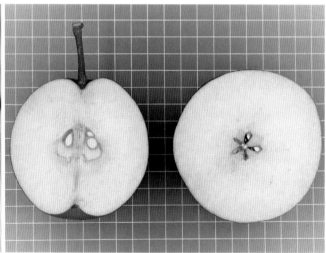

尖叶梨

外文名或汉语拼音： Jianyeli

来源及分布： $2n = 34$，原产广东省，在广东高要等地有栽培。

主要性状： 平均单果重150.0g，纵径5.9cm、横径6.5cm，果实圆形，果皮黄褐色；果点中等大而密、灰白色，萼片残存；果柄较长，长4.0cm、粗4.8mm；果心中等大，5心室；果肉白色，肉质中粗、致密，汁液中多，味甜，无香气；含可溶性固形物11.8%；品质中等，常温下可贮藏15d。

树势强旺，树姿开张；萌芽力中等，成枝力弱，丰产性好。一年生枝灰褐色；叶片披针形，长12.9cm、宽5.6cm，叶尖急尖，叶基狭楔形；花蕾浅粉红色，每花序4～8朵花，平均6.0朵；雄蕊18～25枚，平均21.5枚；花冠直径3.1cm。在湖北武汉地区，果实9月下旬成熟。

特殊性状描述： 重瓣花。

简阳桂花梨

外文名或汉语拼音： Jianyang Guihuali

来源及分布： $2n = 34$，原产四川省简阳市，在四川简阳地区有少量栽培。

主要性状： 平均单果重136.0g，纵径6.1cm、横径5.6cm，果实卵圆形，果皮褐色；果点中等大而疏、灰褐色，萼片脱落；果柄较长，长3.3cm、粗3.8mm；果心大、5心室；果肉绿白色，硬脆，石细胞较少，汁液中多，味淡甜，成熟时有桂花香气；含可溶性固形物9.5%；品质中等，常温下可贮藏20d。

树势强旺，树姿直立；萌芽力中等，成枝力中等，丰产性较好。一年生枝红褐色；叶片卵圆形，长12.2cm、宽6.1cm，先端长尾尖，叶基楔形或宽楔形；花蕾白色，每花序5～8朵花，平均6.5朵；雄蕊19～21枚，平均20.0枚；花冠直径3.9cm。在四川简阳地区，果实8月中旬成熟。

特殊性状描述： 果实有桂花香气；植株适应性强，耐旱，耐瘠薄。

简阳红丝梨

外文名或汉语拼音： Jianyang Hongsili

来源及分布： $2n = 34$，原产四川省，在四川简阳等地有栽培。

主要性状： 平均单果重395.0g，纵径9.9cm、横径8.7cm，果实长圆形，果皮黄绿色，果面密布褐色锈斑；果点中等大、深褐色，萼片脱落；果柄长，长4.5cm、粗4.4mm；果心中等大，5心室；果肉白色，肉质中粗、酥脆，汁液多，味酸甜，无香气；含可溶性固形物11.5%；品质中等，常温下可贮藏15d。

树势中庸，树姿半开张；萌芽力中等，成枝力弱，丰产性好。一年生枝褐色；叶片卵圆形，长10.6cm、宽6.0cm，叶尖长尾尖，叶基宽楔形；花蕾粉红色，每花序3～7朵花，平均5.0朵；雄蕊17～24枚，平均19.5枚；花冠直径3.9cm。在湖北武汉地区，果实8月下旬成熟。

特殊性状描述： 果个大，果面粗糙。

建宁铁头梨

外文名或汉语拼音： Jianning Tietouli

来源及分布： $2n = 34$，原产福建省，在福建建宁县濉溪、黄坊、溪源、溪口、里心等地有栽培。

主要性状： 平均单果重616.3g，纵径12.0cm、横径10.1cm，果实卵圆形，果皮褐色，阳面无晕；果柄较短，长2.8cm、粗3.3mm；果点小而密、灰褐色；萼片残存；果心小、近萼端，4～5心室；果肉白色，肉质细、脆，汁液多，味酸甜，无香气，无涩味；含可溶性固形物10.2%；品质中上等，常温下可贮藏5d。

树势强旺，树姿半开张；萌芽力强，成枝力中等，丰产性好。一年生枝绿黄色；叶片椭圆形，长8.7cm、宽6.0cm，叶尖急尖，叶基圆形；花蕾白色，每花序5～8朵花，平均6.5朵；雄蕊23～26枚，平均24.5枚；花冠直径4.2cm。在福建建宁县，果实9月中下旬成熟。

特殊性状描述： 植株抗病性中等，抗虫性弱，耐旱性强，耐涝性强。

建宁棕包梨

外文名或汉语拼音：Jianning Zongbaoli

来源及分布：$2n = 34$，原产福建省，在福建建宁县濉溪、黄坊、溪源、溪口、里心等地有栽培。

主要性状：平均单果重506.5g，纵径9.6cm、横径10.1cm，果实倒卵圆形，果皮绿黄色，阳面无晕；果点大而密、褐色，萼片脱落；果柄较短，长2.5cm、粗3.2mm；果心中等大、近萼端，5～6心室；果肉白色，肉质中粗、疏松，汁液多，味酸甜，无香气，无涩味；含可溶性固形物13.5%；品质上等，常温下可贮藏11d。

树势强旺，树姿半开张；萌芽力强，成枝力中等，丰产性好。一年生枝黄褐色；叶片卵圆形，长13.8cm、宽9.5cm，叶尖长尾尖，叶基宽楔形；花蕾白色，每花序5～8朵花，平均6.0朵；雄蕊19～23枚，平均21.0枚；花冠直径3.3cm。在福建建宁县，果实9月中下旬成熟。

特殊性状描述：植株抗病性强，抗虫性中等，耐旱性强，耐涝性强。

建瓯天水梨

外文名或汉语拼音：Jian'ou Tianshuili

来源及分布：$2n = 34$，原产福建省，在福建建瓯市南雅、玉山、东游、顺阳等地有栽培。

主要性状：平均单果重347.2g，纵径8.0cm、横径9.3cm，果实扁圆形，果皮绿色，阳面无晕；果点大而密、灰褐色，萼片脱落；果柄极短，长0.5cm、粗3.2mm；果心中等大、近萼端，5心室；果肉白色，肉质细、脆，汁液多，味甜，无香气，无涩味；含可溶性固形物11.3%；品质上等，常温下可贮藏15d。

树势强旺，树姿半开张；萌芽力强，成枝力中等，丰产性好。一年生枝黄褐色；叶片披针形，长13.9cm、宽6.6cm，叶尖长尾尖，叶基狭楔形；花蕾白色，每花序5～8朵花，平均6.5朵；雄蕊16～20枚，平均18.0枚；花冠直径3.2cm。在福建建宁县，果实10月上旬成熟。

特殊性状描述：植株抗病性弱，抗虫性强，抗旱性强，抗涝性强。

剑阁冬梨

外文名或汉语拼音：Jiange Dongli

来源及分布：$2n = 34$，原产四川省广元，在四川剑阁县等地均有少量栽培。

主要性状：平均单果重232.0g，纵径6.1cm、横径6.3cm，果实圆形，果皮黄绿色，果面具大面积果锈；果点中等大而密、黄褐色，萼片脱落；果柄长，长5.1cm，粗2.7mm；果心中等大，5心室；果肉黄白色，肉质较细、松脆，汁液多，味浓甜；含可溶性固形物12.1%；品质中等，常温下可贮藏20d。

树势强旺，树姿直立；萌芽力强，成枝力中等，丰产性好。一年生枝红褐色；叶片卵圆形，长9.1cm、宽6.8cm，叶尖渐尖，叶基卵圆形或楔形；花蕾白色，每花序4～6朵花，平均5.0朵；雄蕊19～21枚，平均20.0枚；花冠直径3.8cm。在四川广元地区，果实11月下旬成熟。

特殊性状描述：植株抗旱，耐瘠薄。

江湾白梨

外文名或汉语拼音： Jiangwan Baili

来源及分布： $2n = 34$，原产江西省，在江西婺源等地有栽培。

主要性状： 平均单果重385.0g，纵径9.2cm、横径8.8cm，果实卵圆形，果皮绿黄色，果面具大片锈斑；果点中等大而密、灰褐色，萼片脱落；果柄长，长5.2cm、粗6.5mm；果心中等大，5心室；果肉白色，肉质中粗、松脆，汁液中多，味酸甜、微涩，无香气；含可溶性固形物11.6%；品质中等，常温下可贮藏20d。

树势强旺，树姿半开张；萌芽力强，成枝力强，丰产性较好。一年生枝灰褐色；叶片卵圆形，长11.7cm、宽8.6cm，叶尖急尖，叶基宽楔形；花蕾粉红色，每花序4～7朵花，平均5.3朵；雄蕊20～28枚，平均23.0枚；花冠直径3.8cm。在江西婺源县，果实9月中旬成熟。

特殊性状描述： 植株适应性强，但不抗梨早期落叶病。

绛色梨

外文名或汉语拼音：Jiangseli

来源及分布：$2n = 34$，原产湖北省，在湖北咸宁等地有栽培。

主要性状：平均单果重282.6g，纵径9.1cm、横径8.6cm，果实长圆形，果皮棕褐色；果点中等大而密、灰白色，萼片脱落；果柄较长，长4.0cm、粗3.8mm；果心中等大，5心室；果肉白色，肉质粗、致密，汁液中多，味酸甜，无香气；含可溶性固形物10.4%；品质中等，常温下可贮藏20d。

树势强旺，树姿半开张；萌芽力中等，成枝力弱，丰产性好。一年生枝黄褐色；叶片长卵圆形，长19.5cm、宽6.3cm，叶尖急尖，叶基截形；花蕾浅粉红色，每花序3～6朵花，平均4.0朵；雄蕊21～26枚，平均22.5枚；花冠直径2.4cm。在湖北武汉地区，果实9月下旬成熟。

特殊性状描述：果实极晚熟；植株易感梨早期落叶病。

斤半梨

外文名或汉语拼音： Jinbanli

来源及分布： $2n = 34$，原产湖南省，在湖南湘西等地有栽培。

主要性状： 平均单果重521.0g，纵径10.3cm、横径5.5cm，果实纺锤形，果皮绿色，阳面有紫红晕；果点中等大而密、灰褐色，萼片残存；果柄较长，长4.2cm，粗4.9mm；果心小，4～5心室；果肉白色，肉质细、脆，汁液多，味甜，有微香气；含可溶性固形物11.0%；品质中上等，常温下可贮藏25～30d。

树势强旺，树姿半开张；萌芽力强，成枝力强，丰产性好。一年生枝绿黄色；叶片椭圆形，长

14.5cm、宽10.0cm，叶尖钝尖，叶基偏斜；花蕾白色，每花序5～7朵花，平均6.0朵；雄蕊16～18枚，平均17.0枚；花冠直径5.5cm。在湖南湘西地区，果实10月中旬成熟。

特殊性状描述： 果实耐贮藏；植株抗病性强，抗虫性中等，较耐旱耐盐碱。

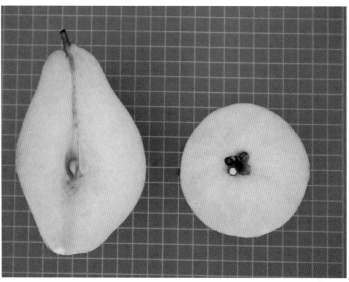

金棒头

外文名或汉语拼音： Jinbangtou

来源及分布： $2n = 34$，原产湖北省，在湖北远安等地有栽培。

主要性状： 平均单果重138.0g，纵径8.3cm、横径5.9cm，果实纺锤形，果皮绿色；果点小而密、深褐色，萼片脱落；果柄较长，基部膨大肉质化，长4.1cm、粗5.6mm；果心中等大，5心室；果肉白色，肉质中粗、致密，汁液中多，味酸甜，无香气；含可溶性固形物10.4%；品质中等，常温下可贮藏15d。

树势中庸，树姿半开张；萌芽力中等，成枝力弱，丰产性好。一年生枝绿黄色；叶片卵圆形，长10.6cm、宽5.5cm，叶尖急尖，叶基楔形；花蕾浅粉红色，每花序3～5朵花，平均3.7朵；雄蕊18～21枚，平均19.6枚；花冠直径3.5cm。在湖北武汉地区，果实9月中旬成熟。

特殊性状描述： 果实极晚熟。

金川大麻梨

外文名或汉语拼音： Jinchuan Damali

来源及分布： $2n = 34$，原产四川省阿坝藏族羌族自治州，在四川金川、小金等地均有少量栽培。

主要性状： 平均单果重282.0g，纵径9.1cm、横径7.7cm，果实葫芦形，果皮绿黄色，果面具大面积棕褐色锈斑；果点大而稀、灰褐色，萼片脱落；果柄较短，两端粗中间细，长2.8cm、粗3.8mm；果心中等大，5心室；果肉黄白色，肉质中粗、松脆，汁液多，风味甜酸，有微香气；含可溶性固形物13.9%；品质上等，常温下可贮藏30d。

树势强旺，树姿开张；萌芽力中等，成枝力中等，丰产性好。一年生枝红褐色；叶片长圆形，长10.3cm、宽7.9cm，叶尖渐尖，叶基圆形；花蕾白色，每花序5～8朵花，平均6.5朵；雄蕊19～21枚，平均20.0枚；花冠直径4.4cm。在四川金川县，果实10月下旬成熟。

特殊性状描述： 植株耐瘠薄，适应性强。

金川疙瘩梨

外文名或汉语拼音：Jinchuan Gedali

来源及分布：$2n = 34$，原产四川省，在四川金川、丹巴等地均有栽培。

主要性状：平均单果重96.0g，纵径5.6cm、横径5.7cm，果实扁圆形，果皮黄绿色，果面布满大片锈斑；果点中等大、灰褐色，萼片脱落；果柄较长，长3.7cm，粗3.5mm；果心中等大，5心室；果肉白色，肉质细、松脆，汁液丰富，味浓甜微酸；含可溶性固形物13.1%；品质中上等，常温下可贮藏30d。

树势强旺，树姿开张；萌芽力强，成枝力中等，丰产性好。一年生枝灰褐色；叶片近圆形，长9.2cm、宽7.1cm，叶尖渐尖，叶基圆形；花蕾白色，每花序5～8朵花，平均6.5朵；雄蕊19～21枚，平均20.0枚；花冠直径3.9cm。在四川金川县，果实9月下旬成熟。

特殊性状描述：植株抗性强，适应性强。

金川酸麻梨

外文名或汉语拼音：Jinchuan Suanmali

来源及分布：$2n=34$，原产四川省阿坝藏族羌族自治州，在四川金川、小金等地均有少量栽培。

主要性状：平均单果重90.0g，纵径3.9cm、横径4.5cm，果实扁圆形，果皮棕褐色，果面较粗糙；果点中等大而密、灰褐色，萼片脱落；果柄基部膨大肉质化，长2.7cm、粗2.4mm；果心大，5～6心室；果肉黄白色，肉质中粗、松脆，汁液多，味酸微甜，无香气；含可溶性固形物11.7%；品质中下等，常温下可贮藏20d。

树势强旺，树姿较开张；萌芽力中等，成枝力中等，丰产性好。一年生枝黄褐色；叶片长圆形，长8.6cm、宽5.4cm，叶尖渐尖，叶基圆形；花蕾白色，每花序5～7朵花，平均6.0朵；雄蕊19～21枚，平均20.0枚；花冠直径3.8cm。在四川金川县，果实9月下旬成熟。

特殊性状描述：果心大，可食部分少。

金皮梨

外文名或汉语拼音：Jinpili

来源及分布：$2n=34$，原产贵州省，在贵州湄潭县周边地区有栽培。

主要性状：平均单果重80.0g，纵径5.8cm、横径6.2cm，果实卵圆形，果皮黄褐色，果面具大量水锈；果点中等大而密、灰白色，萼片脱落；果柄长，长5.5cm、粗3.1mm；果心中等大，5心室；果白色，肉质中粗、较致密，汁液中多，味甜，无香气；含可溶性固形物11.1%；品质中等，常温下可贮藏10d。

树势较弱，树姿直立；萌芽力弱，成枝力弱。一年生枝红褐色；叶片卵圆形，长10.6cm、宽6.8cm，叶尖渐尖，叶基楔形。在贵州湄潭县，果实9月成熟。

特殊性状描述：老树长势弱，有早落叶现象，但落果少。

金骑士

外文名或汉语拼音：Jinqishi

来源及分布：$2n = 34$，原产广西壮族自治区，在广西桂林等地有栽培。

主要性状：平均单果重372.7g，纵径10.4cm、横径8.7cm，果实纺锤形，果皮黄褐色，阳面无晕；果点中等大而密、深褐色，萼片脱落；果柄较长，长3.2cm、粗3.6mm；果心小，5心室；果肉白色，肉质中粗、松脆，汁液少，味甜，无香气；含可溶性固形物15.3%；品质中上等，常温下可贮藏30d。

树势中庸，树姿开张，萌芽力强，成枝力强，丰产性好。一年生枝黄褐色；叶片长卵圆形，长12.2cm、宽4.2cm，叶尖急尖，叶基圆形；花蕾白色，每花序3～5朵花，平均4.0朵；雄蕊21～24枚，平均22.5枚；花冠直径3.1cm。在广西桂林地区，果实9月中旬成熟。

特殊性状描述：果心小，植株适应性强。

金珠砂梨（又名：金珠果）

外文名或汉语拼音： Jinzhushali

来源及分布： $2n = 34$，原产河南省，在河南洛宁等地有栽培。

主要性状： 平均单果重193.0g，纵径9.2cm、横径6.3cm，果实长卵圆形，果皮棕褐色，阳面无晕；果点小而密、灰褐色，萼片脱落；果柄较长，长3.5cm、粗3.1mm；果心小，5心室；果肉乳黄色，肉质较粗、松脆，汁液多，味酸甜涩，有微香气；含可溶性固形物12.7%；品质中等，常温下可贮藏30d。

树势中庸，树姿开张；萌芽力强，成枝力强，丰产性极好。一年生枝黄绿色；叶片卵圆形，长12.1cm、宽7.1cm，叶尖急尖，叶基宽楔形；花蕾粉红色，每花序6～10朵花，平均8.0朵；雄蕊16～20枚，平均18.0枚；花冠直径2.9cm。在河南洛宁县，果实11月上旬成熟。

特殊性状描述： 果实抗梨黑星病、梨轮纹病；植株抗旱，耐瘠薄，适应性强。

晋宁火把梨

外文名或汉语拼音：Jinning Huobali

来源及分布：$2n=34$，原产云南省晋宁县，在云南昆明市呈贡区、晋宁区等地有栽培。

主要性状：平均单果重198.0g，纵径7.1cm、横径6.6cm，果实倒卵圆形，果皮绿黄色，阳面有鲜红晕；果点小而密、白色，萼片脱落；果柄较短而细，长1.5～2.5cm、粗2.0mm；果心中等大，5心室；果肉白色，肉质细、松脆，汁液多，味酸甜，有微香气；含可溶性固形物12.5%；品质中等，常温下可贮藏25～30d。

树势中庸，树姿直立；萌芽力强，成枝力强，丰产性好。一年生枝红褐色；叶片椭圆形，长6.8cm、宽4.1cm，叶尖渐尖，叶基狭楔形；花蕾白色，每花序6～8朵花，平均7.0朵；雄蕊30～32枚，平均31.0枚；花冠直径2.8cm。在云南昆明地区，果实8月中旬成熟。

特殊性状描述：成熟果实果皮2/3着鲜红色晕，漂亮美观，可作为红皮梨育种材料。

京川梨

外文名或汉语拼音： Jingchuanli

来源及分布： $2n = 34$，原产四川省雅安市，在四川汉源等地有少量分布。

主要性状： 平均单果重128.8g，纵径7.5cm、横径6.0cm，果形长卵圆形，果皮褐色、表皮粗糙；果点小而密、灰白色，萼片脱落；果柄基部肉质化，长4.5cm、粗3.3mm；果心大，5心室；果肉绿白色，肉质中粗、致密，汁液少，味酸甜适中，有微香气；含可溶性固形物10.7%；品质中等，常温下可贮藏20d。

树势强旺，树姿直立；萌芽力强，成枝力中等，丰产性好。一年生枝褐色；叶片卵圆形，长7.7cm、宽6.4cm，叶尖渐尖，叶基圆形；花蕾白色，每花序6～8朵花，平均7.0朵；雄蕊20～25枚，平均22.5枚；花冠直径4.2cm。在四川汉源县，果实10月中旬成熟。

特殊性状描述： 果面具凸起，果点外凸。

荆门桐子梨

外文名或汉语拼音：Jingmen Tongzili

来源及分布：$2n = 34$，原产湖北省，在湖北荆门等地有栽培。

主要性状：平均单果重155.0g，纵径5.9cm、横径6.6 cm，果实扁圆形，果皮黄绿色；果点大而疏、棕褐色，萼片脱落；果柄长4.2cm、粗6.2mm；果心中等大，5心室；果肉白色，肉质中粗、致密，汁液中多，味酸甜，无香气；含可溶性固形物11.2%；品质中等，常温下可贮藏20d。

　　树势中庸，树姿半开张；萌芽力中等，成枝力弱，丰产性好。一年生枝紫褐色；叶片卵圆形，长9.5cm、宽6.3cm，叶尖急尖，叶基宽楔形；花蕾浅粉红色，每花序3～5朵花，平均3.5朵；雄蕊18～22枚，平均20.0枚；花冠直径3.2cm。在湖北武汉地区，果实9月中旬成熟。

特殊性状描述：植株抗逆性强；果柄呈哑铃状。

靖县鸭蛋青

外文名或汉语拼音： Jingxian Yadanqing

来源及分布： $2n = 34$，原产湖南省，在湖南靖县等地有栽培。

主要性状： 平均单果重238.0g，纵径7.9cm、横径7.1cm，果实卵圆形，果皮黄褐色；果点小而密、灰褐色，萼片残存；果柄较长，基部膨大肉质化，长4.0cm、粗3.4mm；果心大，5心室；果肉白色，肉质中粗、致密，汁液中多，味酸甜，有微香气；含可溶性固形物14.2%；品质中上等，常温下可贮藏10d。

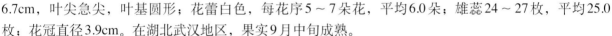

树势中庸，树姿直立；萌芽力中等，成枝力弱，丰产性好。一年生枝黄褐色；叶片卵圆形，长10.6cm、宽6.7cm，叶尖急尖，叶基圆形；花蕾白色，每花序5～7朵花，平均6.0朵；雄蕊24～27枚，平均25.0枚；花冠直径3.9cm。在湖北武汉地区，果实9月中旬成熟。

特殊性状描述： 果实可溶性固形物含量高，口感好。

酒盅梨

外文名或汉语拼音： Jiuzhongli

来源及分布： $2n = 34$，原产浙江省，在浙江乐清等地有栽培。

主要性状： 平均单果重156.0g，纵径6.2cm、横径6.8cm，果实圆锥形，果皮褐色；果点小而密、灰褐色，萼片脱落；果柄较长，长3.2cm、粗3.5mm；果心中等大，5~6心室；果肉白色，肉质中粗、脆，汁液中多，味淡甜，无香气；含可溶性固形物9.6%；品质中等，常温下可贮藏15d。

树势弱，树姿开张；萌芽力中等，成枝力中等，丰产性好。一年生枝黄褐色；叶片卵圆形，长8.6cm、宽5.8cm，叶尖急尖，叶基截形；花蕾粉红色，每花序3~7朵花，平均5.0朵；雄蕊20~25枚，平均22.5枚；花冠直径3.4cm。在湖北武汉地区，果实9月上旬成熟。

特殊性状描述： 果实晚熟，果形端正。

巨型梨

外文名或汉语拼音： Juxingli

来源及分布： $2n = 34$，原产湖南省凤凰县，在当地有部分分布。

主要性状： 平均单果重423.0g，纵径9.4cm、横径9.3cm，果实纺锤形，果皮绿色，果面具少量锈斑；果点大、棕褐色，萼片脱落；果柄较短，长2.5cm、粗5.4mm；果心中等大，5心室；果肉乳白色，肉质细、脆，汁液中多，味甜，无香气；含可溶性固形物11.6%；品质上等，常温下可贮藏10d左右。

树势强旺，树姿直立；萌芽力强，成枝力中等，丰产性好。一年生枝褐色；叶片圆形或卵圆形，长17.1cm、宽8.2cm，叶尖急尖或长尾尖，叶基截形。在湖南凤凰县，3月上旬开花，果实9月下旬成熟。

特殊性状描述： 植株耐旱性强，抗病性、抗虫性强。

巨野大棠梨

外文名或汉语拼音：Juye Datangli

来源及分布：$2n = 34$，原产山东省，在山东巨野等地有栽培。

主要性状：平均单果重107.0g，纵径5.4cm、横径6.0cm，果实扁圆形，果皮深褐色；果点小而密、灰白色，萼片残存；果柄较长，长3.8cm、粗3.1mm；果心大，5心室；果肉淡黄色，肉质粗、致密，汁液中多，味酸涩，有微香气；含可溶性固形物11.7%；品质下等，常温下可贮藏30d。

树势强旺，树姿半开张；萌芽力强，成枝力强，丰产性好。一年生枝黄褐色；叶片卵圆形，长11.2cm、宽7.6cm，叶尖急尖，叶基宽楔形；花蕾白色，每花序6~8朵花，平均7.0朵；雄蕊19~21枚，平均20.0枚；花冠直径3.9cm。在山东泰安地区，果实10月上旬成熟。

特殊性状描述：植株适应性强，抗旱，耐涝，耐瘠薄。

魁星麻壳

外文名或汉语拼音： Kuixingmake

来源及分布： $2n = 34$，原产江西省，在江西上饶等地有栽培。

主要性状： 平均单果重304.0g，纵径7.3cm、横径8.5cm，果实扁圆形，果皮绿色；果点大而密、灰褐色，萼片脱落；果柄较长，长3.5cm、粗4.4mm；果心中等大，5心室；果肉白色，肉质中粗、脆，汁液中多，味甜，无香气；含可溶性固形物10.2%；品质中等，常温下可贮藏20d。

树势中庸，树姿半开张；萌芽力中等，成枝力中等，丰产性好。一年生枝灰褐色；叶片卵圆形，长9.9cm、宽6.9cm，叶尖长尾尖，叶基宽楔形；花蕾粉红色，每花序3～6朵花，平均4.5朵；雄蕊18～24枚，平均21.0枚；花冠直径2.6cm。在湖北武汉地区，果实9月中旬成熟。

特殊性状描述： 果形端正，商品率高。

老麻梨

外文名或汉语拼音： Laomali

来源及分布： $2n = 34$，原产重庆市，在重庆城口县等地有栽培。

主要性状： 平均单果重88.9g，纵径5.1cm、横径5.6cm，果实近圆形，果皮深褐色；果点小而密、灰白色，萼片残存；果柄较长，长3.8cm、粗4.8mm；果心中等大，4～5心室；果肉乳白色，肉质粗、硬脆，汁液少，味淡酸甜，无香气；含可溶性固形物10.6%；品质中等，常温下可贮藏25d。

树势中庸，树姿半开张；萌芽力强，成枝力中等，丰产性较好。一年生枝灰褐色；叶片卵圆形，长5.5cm、宽4.6cm，叶尖渐尖，叶基宽楔形；花蕾白色，每花序6～8朵花，平均7.0朵；雄蕊18～24枚，平均21.0枚；花冠直径3.3cm。在重庆城口地区，果实8月中下旬成熟。

特殊性状描述： 植株抗寒性较强，能适应海拔高的地区。

乐清蒲瓜梨

外文名或汉语拼音： Leqing Puguali

来源及分布： $2n = 34$，原产浙江省乐清县，在当地有少量栽培。

主要性状： 平均单果重458.7g，纵径10.0cm、横径9.1cm，果实长圆形，果皮绿色；果点中等大而密、灰褐色，萼片残存；果柄较长，基部膨大肉质化，长4.1cm、粗4.0mm；果心小，5～7心室；果肉白色，肉质粗、紧脆，汁液多，味酸甜，无香气；含可溶性固形物13.8%；品质下等，常温下可贮藏30d。

树势中庸，树姿半开张；萌芽力强，成枝力弱，丰产性较好。一年生枝黄褐色；叶片卵圆形，长11.6cm、宽8.0cm，叶尖急尖，叶基截形；花蕾浅粉红色，每花序7～9朵花，平均8.0朵；雄蕊29～31枚，平均30.0枚；花冠直径4.5cm。在浙江乐清当地，果实9月中旬成熟。

特殊性状描述： 果实晚熟，果个大；植株易感梨褐斑病。

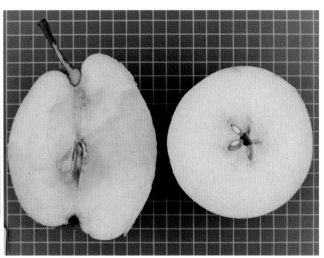

乐清人头梨

外文名或汉语拼音： Leqing Rentouli

来源及分布： $2n = 34$，原产浙江省，在浙江乐清等地有栽培。

主要性状： 平均单果重381.0g，纵径8.2cm、横径8.9cm，果实圆形或扁圆形，果皮绿色；果点中等大而密、棕褐色，在果面形成褐色锈斑，萼片脱落；果柄较长，长3.2cm、粗4.3mm；果心中等大，5～6心室；果肉白色，肉质中粗、致密，汁液中多，味酸甜，无香气；含可溶性固形物10.6%；品质中等，常温下可贮藏20d。

树势中庸，树姿直立；萌芽力中等，成枝力中等，丰产性好。一年生枝灰褐色；叶片卵圆形，长12.3cm、宽7.3cm，叶尖渐尖，叶基宽楔形；花蕾粉红色，每花序2～4朵花，平均3.0朵；雄蕊20～30枚，平均25.0枚；花冠直径2.3cm。在湖北武汉地区，果实10月上旬成熟。

特殊性状描述： 果实极晚熟。

丽江黄酸梨

外文名或汉语拼音: Lijiang Huangsuanli

来源及分布: $2n = 34$,原产云南省,在云南丽江等地有栽培。

主要性状: 平均单果重158.0g,纵径6.6cm、横径6.7cm,果实圆锥形,果皮绿色,果面密布褐色果锈;果点小而密、灰褐色,萼片脱落;果柄长,长4.7cm、粗3.8mm;果心中等大,5心室;果肉淡黄色,肉质粗、致密,汁液少,味酸,无香气;含可溶性固形物9.2%;品质中等,常温下可贮藏15d。

树势强旺,树姿开张;萌芽力中等,成枝力弱,丰产性好。一年生枝绿黄色;叶片椭圆形,长10.9cm、宽5.0cm,叶尖渐尖,叶基楔形;花蕾浅粉红色,每花序3~6朵花,平均4.5朵;雄蕊18~25枚,平均23.5枚;花冠直径3.2cm。在湖北武汉地区,果实9月下旬成熟。

特殊性状描述: 极丰产,果实晚熟。

丽江火把梨

外文名或汉语拼音： Lijiang Huobali

来源及分布： $2n = 34$，原产云南省，在云南丽江等地均有栽培。

主要性状： 平均单果重283.0g，纵径8.4cm、横径8.2cm，果实长圆形，果皮绿色，阳面鲜红；在丽江当地着全红色；果点小而疏、灰褐色，萼片脱落；果柄较短，长2.8cm、粗4.3mm；果心大，5心室；果肉白色，肉质粗、松脆，汁液多，味酸，无香气；含可溶性固形物11.9%；品质下等，常温下可贮藏30d。

树势中庸，树姿半开张；萌芽力强，成枝力弱，丰产性一般。一年生枝红褐色；叶片椭圆形，长10.8cm、宽5.3cm，叶尖急尖，叶基楔形；花蕾粉红色，每花序7～9朵花，平均8.0朵；雄蕊35～37枚，平均36.0枚；花冠直径4.6cm。在云南丽江当地，果实9月下旬成熟。

特殊性状描述： 植株适应性、抗病性均强。

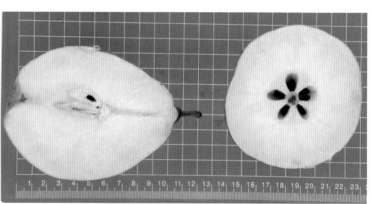

丽江马占梨

外文名或汉语拼音： Lijiang Mazhanli

来源及分布： $2n = 34$，原产云南省，在云南丽江等地有栽培。

主要性状： 平均单果重165.0g，纵径6.5cm、横径6.6cm，果实圆形，果皮褐色；果点小而密、灰褐色，萼片残存；果柄极长，基部稍膨大，长7.5cm、粗4.2mm；果心中等大，5心室；果肉绿白色，肉质粗、致密，汁液少，味甜酸，无香气；含可溶性固形物9.0%；品质下等，常温下可贮藏15d。

树势中庸，树姿半开张；萌芽力中等，成枝力弱，丰产性好。一年生枝绿黄色；叶片椭圆形，长10.8cm、宽6.6cm，叶尖渐尖，叶基楔形；花蕾浅粉红色，每花序3～5朵花，平均4.0朵；雄蕊18～24枚，平均21.0枚；花冠直径3.1cm。在湖北武汉地区，果实9月上旬成熟。

特殊性状描述： 果实端正，商品率高；植株丰产抗病。

丽江面梨

外文名或汉语拼音： Lijiang Mianli

来源及分布： $2n = 34$，原产云南省，在云南丽江等地有栽培。

主要性状： 平均单果重83.0g，纵径5.5cm、横径5.4cm，果实卵圆形，果皮绿色，果面具片状锈；果点小而密、灰褐色，萼片残存；果柄长，长4.9cm、粗3.7mm；果心中等大，5心室；果肉绿白色，肉质中粗、致密，汁液少，味微酸，无香气；含可溶性固形物9.6%；品质下等，常温下可贮藏10d。

树势强旺，树姿半开张；萌芽力中等，成枝力中等，丰产性好。一年生枝绿黄色；叶片披针形，长9.9cm，宽5.8cm，叶尖渐尖，叶基楔形；花蕾白色，每花序3～7朵花，平均4.0朵；雄蕊18～20枚，平均19.0枚；花冠直径3.5cm。在湖北武汉地区，果实9月中旬成熟。

特殊性状描述： 贮藏后果肉易发面。

丽江芝麻梨

外文名或汉语拼音： Lijiang Zhimali

来源及分布： $2n = 34$，原产云南省，在云南丽江等地有少量栽培。

主要性状： 平均单果重249.0g，纵径7.8cm、横径7.6cm，果实卵圆形，果皮绿色；果点小而密、浅褐色，萼片脱落；果柄长，长5.0cm、粗3.8mm；果心中等大，5~6心室；果肉乳白色，肉质粗、紧脆，汁液中多，味酸甜，无香气；含可溶性固形物12.1%；品质下等，常温下可贮藏30d。

树势中庸，树姿半开张；萌芽力强，成枝力弱，丰产性较好。一年生枝褐色；叶片椭圆形，长10.3cm、宽7.6cm，叶尖渐尖，叶基楔形；花蕾浅粉红色，每花序6~8朵花，平均7.0朵；雄蕊30~35枚，平均33.0枚；花冠直径3.8cm。在云南丽江一带，果实9月下旬成熟。

特殊性状描述： 植株适应性强，较耐旱，但不耐湿，易感梨黑星病。

临沧秤砣梨

外文名或汉语拼音：Lincang Chengtuoli

来源及分布：$2n = 34$，原产云南省，在云南临沧凤庆县等地有栽培。

主要性状：平均单果重59.1g，纵径4.7cm、横径4.8cm，果实葫芦形，果皮黄褐色，阳面有淡红晕；果点中等大而密、灰白色，萼片脱落；果柄较长，基部膨大肉质化，长4.2cm、粗3.5mm；果心大，5～6心室；果肉淡黄色，肉质粗、松脆，汁液中多，味酸甜适中，有微香气；含可溶性固形物10.0%；品质中上等，常温下可贮藏30d。

树势中庸，树姿下垂；萌芽力中等，成枝力中等，丰产性好。一年生枝绿黄色；叶片卵圆形，长9.8cm、宽6.5cm，叶尖渐尖，叶基圆形；花蕾白色，每花序6～8朵花，平均7.0朵；雄蕊20～25枚，平均22.5枚；花冠直径3.2cm。在云南临沧等地，果实9月下旬成熟。

特殊性状描述：植株抗逆性强。

临武青梨

外文名或汉语拼音：Linwu Qingli

来源及分布：$2n = 34$，原产湖南省，在湖南临武等地有栽培。

主要性状：平均单果重188.4g，纵径7.7cm、横径7.1cm，果实卵圆形，果皮绿色，果面具果锈；果点小而密、棕褐色、萼片残存；果柄较长，长4.2cm、粗3.6mm；果心中等大，5心室；果肉绿白色，肉质中粗、松脆，汁液多，味酸甜，无香气；含可溶性固形物11.1%；品质下等，常温下可贮藏10d。

树势强旺，树姿半开张；萌芽力中等，成枝力弱，丰产性好。一年生枝灰褐色；叶片卵圆形，长11.2cm、宽6.7cm，叶尖急尖，叶基宽楔形；花蕾白色，每花序3～7朵花，平均5.0朵；雄蕊17～21枚，平均19.0枚；花冠直径3.7cm。在湖北武汉地区，果实9月中旬成熟。

特殊性状描述：花序花量较少，雄蕊黄白色。

六月消

外文名或汉语拼音：Liuyuexiao

来源及分布：$2n = 34$，原产福建省，在福建德化县水口、雷峰、上涌、三班、龙浔等地有栽培。

主要性状：平均单果重874.3g，纵径11.5cm、横径11.8cm，果实卵圆形，果皮黄褐色，阳面无晕；果点小而密、灰褐色，萼片脱落；果柄短，长1.2cm、粗3.8mm；果心极小、中位，5心室；果肉白色，肉质细、脆，汁液多，味酸甜，无香气，无涩味；含可溶性固形物10.9%；品质中上等，常温下可贮藏15d。

树势强旺，树姿半开张；萌芽力强，成枝力中等，丰产性好。一年生枝红褐色；叶片椭圆形，长12.1cm、宽6.2cm，叶尖渐尖，叶基楔形；花蕾浅粉红色，每花序5～8朵花，平均6.5朵；雄蕊27～32枚，平均29.5枚；花冠直径2.7cm。在福建建宁县，果实9月中下旬成熟。

特殊性状描述：果实抗病性中等，抗虫性中等；植株耐旱性强，耐涝性强。

龙海葫芦梨

外文名或汉语拼音： Longhai Hululi

来源及分布： $2n = 34$，原产福建省，在福建龙海市榜山、颜厝、紫泥、九湖等地有栽培。

主要性状： 平均单果重622.0g，纵径10.8cm、横径10.4cm，果实粗颈葫芦形，果皮绿黄色，阳面无晕；果点大而密、深褐色，萼片脱落；果柄较长，长3.5cm、粗3.4mm；果心小、中位、5心室；果肉白色，肉质中粗、疏松，汁液多，味甜酸，无香气，有涩味；含可溶性固形物13.4％；品质上等，常温下可贮藏15d。

树势强旺，树姿半开张；萌芽力强，成枝力中等，丰产性好。一年生枝黄褐色；叶片卵圆形，长12.4cm、宽8.0cm，叶尖长尾尖，叶基楔形；花蕾白色，每花序5～8朵花，平均6.5朵；雄蕊30～34枚，平均32.0枚；花冠直径4.3cm。在福建建宁县，果实9月下旬成熟。

特殊性状描述： 果肉极易褐变；植株抗病性中等，抗虫性强，耐旱，耐涝。

龙胜1号

外文名或汉语拼音：Longsheng No.1

来源及分布：$2n = 34$，原产广西壮族自治区，在广西龙胜等地有栽培。

主要性状：平均单果重471.9g，纵径9.9cm、横径11.2cm，果实扁圆形，果皮黄褐色；果点中等大而疏、灰白色，萼片脱落；果柄较短，长2.0cm、粗4.6mm；果心中等大，5～6心室；果肉白色，肉质细、松脆，汁液多，味酸甜，无香气；含可溶性固形物13.6%；品质中上等，常温下可贮藏7d。

树势强旺，树姿直立；萌芽力强，成枝力强，丰产性好。一年生枝绿黄色；叶片卵圆形，长13.5cm、宽9.2cm，叶尖急尖，叶基截形；花蕾白色，每花序5～7朵花，平均6.0朵；雄蕊18～22枚，平均20.0枚；花冠直径3.0cm。在广西龙胜各族自治县，果实9月上中旬成熟。

特殊性状描述：果实品质好；植株抗病性、抗虫性中等。

龙胜2号

外文名或汉语拼音： Longsheng No.2

来源及分布： $2n = 34$，原产广西壮族自治区，在广西龙胜等地有栽培。

主要性状： 平均单果重62.0g，纵径4.3cm、横径5.3cm，果实扁圆形，果皮黄褐色；果点小而密、灰白色，萼片脱落；果柄较长，长3.0cm、粗3.6mm；果心大，5心室；果肉淡黄色，肉质粗、致密，汁液少，味甜酸，无香气；含可溶性固形物9.8%；品质下等，常温下可贮藏15d。

树势中庸，树姿直立；萌芽力中等，成枝力中等，丰产性好。一年生枝黄褐色；叶片卵圆形，长10.5cm、宽6.1cm，叶尖急尖，叶基圆形；花蕾粉红色，每花序5 ~ 7朵花，平均6.0朵；雄蕊22 ~ 24枚，平均23.0枚；花冠直径3.8cm。在广西龙胜各族自治县，果实9月下旬成熟。

特殊性状描述： 果实抗病性、抗虫性均强。

龙胜大砂梨

外文名或汉语拼音： Longsheng Dashali

来源及分布： $2n = 34$，原产广西壮族自治区，在广西龙胜等地有栽培。

主要性状： 平均单果重1 082.6g，纵径13.2cm、横径12.6cm，果实卵圆形，果皮绿黄色；果点大而密、浅褐色，萼片残存；果柄较长，长4.0cm、粗3.6mm；果心小，5心室；果肉白色，肉质中粗、松脆，汁液多，味酸甜，无香气；含可溶性固形物11.8%；品质中上等，常温下可贮藏5d。

树势强旺，树姿直立；萌芽力强，成枝力强，丰产性好。一年生枝灰褐色；叶片卵圆形，长11.8cm、宽7.3cm，叶尖急尖，叶基圆形；花蕾白色，每花序6～8朵花，平均7.0朵；雄蕊19～22枚，平均20.5枚；花冠直径4.2cm。在广西龙胜各族自治县，果实9月中下旬成熟。

特殊性状描述： 果心极小，果实抗病性、抗虫性均强。

龙潭梨

外文名或汉语拼音：Longtanli

来源及分布：$2n = 34$，原产福建省，在福建屏南县长桥、熙岭、棠口、甘棠、代溪等地有栽培。

主要性状：平均单果重425.8g，纵径9.1cm、横径9.4cm，果实卵圆形，果皮绿黄色，阳面无晕；果点大而密、深褐色，萼片脱落；果柄较短，长2.0cm、粗3.6mm；果心小、近萼端，5心室；果肉白色，肉质中粗、脆，汁液中多，味酸甜适度，无香气，无涩味；含可溶性固形物12.3%；品质中上等，常温下可贮藏15d。

树势强旺，树姿半开张；萌芽力强，成枝力中等，丰产性好。一年生枝红褐色；叶片椭圆形，长11.1cm、宽6.0cm，叶尖急尖，叶基楔形；花蕾白色，每花序5～8朵花，平均6.5朵；雄蕊18～22枚，平均20.0枚；花冠直径2.2cm。在福建建宁县，果实9月上旬成熟。

特殊性状描述：植株抗病性中等，耐盐碱，耐旱。

龙团梨

外文名或汉语拼音： Longtuanli

来源及分布： $2n = 34$，原产湖北省，在湖北远安等地有栽培。

主要性状： 平均单果重141.0g，纵径6.6cm、横径6.2cm，果实圆形，果皮绿色；果点小而密、浅褐色，萼片残存；果柄较长而粗，基部膨大肉质化，长4.0cm、粗8.6mm；果心中等大，5心室；果肉白色，肉质中粗、致密，汁液少，味酸甜，无香气；含可溶性固形物9.7%；品质中等，常温下可贮藏30d。

树势中庸，树姿开张；萌芽力中等，成枝力弱，丰产性好。一年生枝黄褐色；叶片卵圆形，长10.6cm、宽6.7cm，叶尖急尖，叶基圆形；花蕾浅粉红色，每花序5～7朵花，平均6.0朵；雄蕊20～23枚，平均21.2枚；花冠直径3.4cm。在湖北武汉地区，果实9月中旬成熟。

特殊性状描述： 果实耐贮藏，但品质一般。

隆回苹果梨

外文名或汉语拼音：Longhui Pingguoli

来源及分布：$2n = 34$，原产湖南省隆回县，在当地有少量栽培。

主要性状：平均单果重250.0g，纵径7.6 cm、横径8.8cm，果实圆形或扁圆形，果皮黄褐色；果点中等大而密、灰白色，萼片脱落或残存；果柄较长，长4.1cm、粗3.2mm；果心小，5心室；果肉乳白色，肉质粗，汁液中多，淡甜无涩味，无香气，石细胞多，不易褐化；含可溶性固形物10.0%；品质中等，常温下可贮藏10d。

树势强旺，树姿开张；萌芽力强，成枝力中等，丰产性一般。一年生枝褐色；叶片卵圆形，长12.4cm、宽7.9cm，叶尖急尖，叶基宽楔形；花蕾白色，每花序4～6朵花，平均5.0朵；雄蕊22～24枚，平均23.0枚；花冠直径3.1cm。在湖南长沙地区，3月中旬开花，果实8月中下旬成熟。

特殊性状描述：植株适应性强，耐高温高湿。

泸定罐罐梨

外文名或汉语拼音：Luding Guanguanli

来源及分布：$2n = 34$，原产四川省，在四川泸定等地有栽培。

主要性状：平均单果重244.0g，纵径7.5cm、横径7.5cm，果实圆形，果皮褐色；果点小而密、灰白色，萼片脱落；果柄较长，长3.1cm、粗2.5mm；果心中等大，5心室；果肉白色，肉质极粗、致密，汁液少，味微酸，无香气；含可溶性固形物9.8%；品质下等，常温下可贮藏10d。

树势强旺，树姿直立；萌芽力中等，成枝力弱，丰产性好。一年生枝褐色；叶片椭圆形，长13.7cm、宽7.2cm，叶尖渐尖，叶基楔形；花蕾粉红色，每花序4～8朵花，平均6.0朵；雄蕊17～24枚，平均20.0枚；花冠直径3.8cm。在湖北武汉地区，果实8月下旬成熟。

特殊性状描述：果形端正，商品率高，抗病性好。

鲁南大黄梨

外文名或汉语拼音：Lu'nan Dahuangli

来源及分布：$2n = 34$，原产云南省，在云南丽江等地均有栽培。

主要性状：平均单果重210.0g，纵径6.5cm、横径7.3cm，果实圆形，果皮褐色；果点大而疏、灰白色，萼片脱落；果柄长，长5.3cm、粗3.8mm；果心中等大，5心室；果肉绿白色，肉质粗、紧脆，汁液中多，味淡甜，无香气；含可溶性固形物11.8%；品质下等，常温下可贮藏30d。

树势中庸，树姿半开张；萌芽力强，成枝力弱，丰产性较好。一年生枝褐色；叶片卵圆形，长9.8cm、宽6.0cm，叶尖渐尖，叶基楔形；花蕾浅粉红色，每花序6～8朵花，平均7.0朵；雄蕊20～26枚，平均22.0枚；花冠直径3.5cm。在河南郑州地区，果实9月下旬成熟。

特殊性状描述：果点极大；植株抗梨褐斑病。

鲁南黄皮水

外文名或汉语拼音：Lu'nan Huangpishui

来源及分布：$2n = 34$，原产云南省丽江纳西族自治县，在当地有少量栽培。

主要性状：平均单果重217.0g，纵径6.8cm、横径7.5cm，果实近圆形或扁圆形，果皮绿色；果点小而密、浅褐色，萼片宿存；果柄较长，长3.8cm、粗3.8mm；果心大，4～5心室；果肉乳白色，肉质中粗、松脆，汁液多，味甜，无香气；含可溶性固形物10.4%；品质中等，常温下可贮藏20d。

树势强旺，树姿半开张；萌芽力强，成枝力强，丰产性一般。一年生枝黄褐色；叶片卵圆形，长11.4cm、宽6.4cm，叶尖急尖，叶基宽楔形；花蕾浅粉红色，每花序3～5朵花，平均4.0朵；雄蕊26～30枚，平均28.0枚；花冠直径4.4cm。在云南丽江当地，果实8月下旬成熟。

特殊性状描述：植株适应性、抗病性均强。

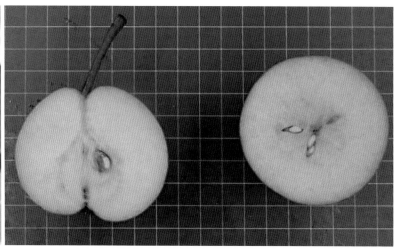

鲁南小黄梨

外文名或汉语拼音：Lu'nan Xiaohuangli

来源及分布：2n = 34，原产云南省，在丽江等地有少量栽培。

主要性状：平均单果重165.5g，纵径6.5cm、横径6.8cm，果实卵圆形，果皮绿色，果面密布褐色锈斑；果点大而密、棕褐色，萼片脱落；果柄细长，长6.3cm，粗3.5mm；果心中等大，5心室；果肉绿白色，肉质粗、松脆，汁液中多，味淡甜，无香气；含可溶性固形物10.9%；品质中等，常温下可贮藏20d。

树势中庸，树姿半开张；萌芽力中等，成枝力中等，丰产性一般。一年生枝红褐色；叶片椭圆形，长12.2cm、宽6.1cm，叶尖渐尖，叶基狭楔形；花蕾浅粉红色，每花序6～8朵花，平均7.0朵；雄蕊22～26枚，平均24.0枚；花冠直径3.9cm。在云南丽江等地，果实9月下旬成熟。

特殊性状描述：植株适应性强，抗逆性强。

鲁沙梨

外文名或汉语拼音：Lushali

来源及分布：$2n = 34$，原产云南省，在云南个旧等地均有栽培。

主要性状：平均单果重280.0g，纵径9.2cm、横径7.8cm，果实葫芦形，果皮绿黄色，阳面有鲜红色晕；果点小而密、灰褐色，萼片脱落；果柄基部膨大肉质化，长4.2cm、粗2.2mm；果心极小，5心室；果肉乳白色，肉质中粗、松脆、汁液多，味甜酸，有微香气；含可溶性固形物10.8%；品质中上等，常温下可贮藏25d。

树势强旺，树姿开张；萌芽力强，成枝力强，丰产性较好。一年生枝黄褐色；叶片椭圆形，长12.2cm、宽6.8cm，叶尖渐尖，叶基楔形；花蕾粉红色，每花序6～8朵花，平均7.0朵；雄蕊25～27枚，平均26.0枚；花冠直径3.7cm。在云南个旧市，果实8月中旬成熟。

特殊性状描述：果心极小，可用作培育小果心品种的亲本材料。

禄丰火把梨

外文名或汉语拼音： Lufeng Huobali

来源及分布： $2n = 34$，原产云南省，在云南楚雄禄丰县等地均有栽培。

主要性状： 平均单果重100.0g，纵径5.9cm、横径4.7cm，果实卵圆形，果皮绿黄色，阳面呈鲜红色晕；果点小而密、灰白色，萼片脱落；果柄较长，基部稍肉质化，长3.5cm、粗4.2mm；果心小，5心室；果肉黄白色，肉质细、松脆，汁液多，味甜酸、微涩，无香气；含可溶性固形物9.0%；品质中等，常温下可贮藏28d。

树势中庸，树姿直立；萌芽力强，成枝力强，丰产性好。一年生枝红褐色；叶片椭圆形，长6.8cm、宽4.1cm，叶尖渐尖，叶基狭楔形；花蕾白色，每花序6～8朵花，平均7.0朵；雄蕊22～24枚，平均23.0枚；花冠直径3.8cm。在云南楚雄等地，果实9月成熟。

特殊性状描述： 果实色泽鲜艳，植株抗性和适应性均强。

罗甸罐梨

外文名或汉语拼音：Luodian Guanli

来源及分布：$2n = 34$，原产贵州省，在贵州罗甸、平塘等地有栽培。

主要性状：平均单果重250.0g，纵径8.7cm、横径9.1cm，果实卵圆形或近圆形，果皮黄褐色；果点小而密、灰白色，萼片脱落；果柄较短而粗，长2.0cm、粗4.0mm；果心小，5心室；果肉黄色，肉质中粗、酥脆，汁液多，味微涩，无香气；含可溶性固形物11.3%；品质中上等，常温下可贮藏7～10d。

树势较弱，树姿开张；萌芽力中等，成枝力强，丰产性较好。一年生枝灰褐色；叶片卵圆形，长7.6cm、宽8.5cm，叶尖急尖，叶基宽楔形；花蕾白色，每花序6～9朵花，平均7.5朵；雄蕊20～24枚，平均22.0枚；花冠直径3.1cm。在贵州罗甸县，果实9月中旬成熟。

特殊性状描述：需冷量少，植株在贵州南部海拔450.0m左右、冬季极少有霜和雪地区可正常开花结实，较耐贫瘠，叶片易感病，果实易发生虫害。

罗甸糖梨

外文名或汉语拼音： Luodian Tangli

来源及分布： $2n = 34$，原产贵州省，在贵州平塘、罗甸等地有栽培。

主要性状： 平均单果重57.0g，纵径3.9cm、横径4.5cm，果实扁圆形，果皮黄绿色；果点小而密、灰白色，萼片残存；果柄较长，长4.2cm、粗4.5mm；果心特大，5心室；果肉绿白色，肉质中粗、酥脆，汁液多，味酸甜，有微香气；含可溶性固形物10.6%；品质中下等，常温下可贮藏10～15d。

树势中庸，树姿下垂；萌芽力中等，成枝力中等，丰产性一般。一年生枝黄褐色；叶片椭圆形，长9.3cm、宽6.7cm，叶尖渐尖，叶基狭楔形；花浅粉红色，每花序4～6朵花，平均5.0朵；雄蕊20～25枚，平均22.5枚；花冠直径3.2cm。在贵州平塘县，果实9月成熟。

特殊性状描述： 树枝开张角度大，枝梢多呈下垂状。

罗田冬梨

外文名或汉语拼音： Luotian Dongli

来源及分布： $2n = 34$，原产湖北省，在湖北罗田等地有栽培。

主要性状： 平均单果重146.0g，纵径5.7cm、横径6.7cm，果实扁圆形或近圆形，果皮绿褐色；果点小而密、灰褐色，萼片脱落；果柄长，长4.5cm、粗5.2mm；果心大，5心室；果肉黄色，肉质粗、致密，汁液少，味甜酸，无香气；含可溶性固形物11.8%；品质中等，常温下可贮藏20d。

树势强旺，树姿直立；萌芽力中等，成枝力弱，丰产性好。一年生枝褐色；叶片卵圆形，长14.7cm、宽8.5cm，叶尖渐尖，叶基宽楔形；花蕾白色，每花序7～10朵花，平均8.9朵；雄蕊19～23枚，平均21.3枚；花冠直径3.1cm。在湖北武汉地区，果实10月上旬成熟。

特殊性状描述： 果实极晚熟。

麻皮九月梨

外文名或汉语拼音：Mapijiuyueli

来源及分布：$2n = 34$，原产贵州省，在贵州威宁等地有栽培。

主要性状：平均单果重263.0g，纵径7.2cm、横径8.0cm，果实倒卵圆形，果皮褐色；果点小而密、灰白色，萼片脱落；果柄极长，长7.8cm、粗3.1mm；果心中等大，5心室；果肉淡黄色，肉质粗、致密，汁液少，味酸，无香气；含可溶性固形物9.9%；品质下等，常温下可贮藏10d。

树势中庸，树姿半开张；萌芽力中等，成枝力中等，丰产性好。一年生枝褐色；叶片卵圆形，长10.0cm、宽4.9cm，叶尖急尖，叶基圆形；花蕾白色，每花序3～5朵花，平均4.0朵；雄蕊18～23枚，平均20.5枚；花冠直径3.2cm。在湖北武汉地区，果实9月上中旬成熟。

特殊性状描述：花序坐果率高，丰产性极好。

麻砣梨

外文名或汉语拼音： Matuoli

来源及分布： $2n = 34$，原产广西壮族自治区，在广西灌阳等地有栽培。

主要性状： 平均单果重460.5g，纵径10.8cm、横径8.9cm，果实倒卵圆形，果皮绿色；果点中等大而密、灰褐色，萼片脱落；果柄较长，基部膨大肉质化，长3.5cm、粗3.6mm；果心小，5心室；果肉淡黄色，肉质粗、松脆，汁液多，味酸、微涩，无香气；含可溶性固形物11.0%；品质下等，常温下可贮藏15d。

树势强旺，树姿直立；萌芽力强，成枝力中等，丰产性一般。一年生枝灰褐色；叶片卵圆形，长10.3cm、宽6.8cm，叶尖急尖，叶基圆形；花蕾白色，每花序4～6朵花，平均5.0朵；雄蕊20～22枚，平均21.0枚；花冠直径3.4cm。在广西灌阳县，果实10月上旬成熟。

特殊性状描述： 果个大，植株抗病性、抗虫性中等。

麦地湾

外文名或汉语拼音：Maidiwan

来源及分布：$2n = 34$，原产云南省，在云南大理巍山等地均有栽培。

主要性状：平均单果重360.0g，纵径8.9cm、横径7.5cm，果实扁圆形，果皮褐色；果点中等大而密、灰白色，萼片脱落；果柄较长，长4.2cm、粗3.9mm；果心小，5心室；果肉淡黄色，肉质粗、松脆，汁液多，味甜酸，有微香气；含可溶性固形物11.0%；品质中等，常温下可贮藏20d。

树势中庸，树姿开张；萌芽力强，成枝力强，丰产性好。一年生枝红褐色；叶片卵圆形，长12.1cm、宽8.5cm，叶尖渐尖，叶基圆形；花蕾白色，每花序6~8朵花，平均7.0朵；雄蕊23~26枚，平均24.5枚；花冠直径4.1cm。在云南巍山县，果实9月成熟。

特殊性状描述：果皮厚，植株适应性强。

麦地香

外文名或汉语拼音：Maidixiang

来源及分布：$2n = 34$，原产云南省，在云南巍山等地均有栽培。

主要性状：平均单果重82.6g，纵径6.0cm、横径5.6cm，果实圆形，果皮绿黄色，阳面有红晕；果点小而密、棕褐色，萼片脱落；果柄长，基部膨大肉质化，长4.5cm、粗3.8mm；果心中等大，5心室；果肉乳白色，肉质中粗、松脆，汁液中多，味酸甜，无香气；含可溶性固形物10.4%；品质中等，常温下可贮藏30d。

树势强旺，树姿直立；萌芽力强，成枝力强，丰产性较好。一年生枝褐色；叶片椭圆形，长

10.0cm、宽6.2cm，叶尖急尖，叶基圆形；花蕾粉红色，每花序6～8朵花，平均7.0朵；雄蕊26～30枚，平均28.0枚；花冠直径4.0cm。在河南郑州地区，果实9月下旬成熟。

特殊性状描述：植株抗逆性、适应性强，但易感梨褐斑病。

蛮梨

外文名或汉语拼音： Manli

来源及分布： $2n = 34$，原产云南省，在云南巍山县等地有少量栽培，主要用作授粉树。

主要性状： 平均单果重166.0g，纵径6.8cm、横径7.1cm，果实卵圆形，果皮绿色；果点小而密、灰褐色，萼片残存；果柄极长，长6.5cm、粗3.8mm；果心中等大，5心室；果肉绿白色，肉质粗、紧脆，汁液少，味酸，无香气；含可溶性固形物12.0%；品质下等，常温下可贮藏30d。

树势中庸，树姿半开张；萌芽力强，成枝力中等，丰产性较好。一年生枝黄褐色；叶片卵圆形，长10.4cm、宽6.8cm，叶尖急尖，叶基楔形；花蕾粉红色，每花序5～7朵花，平均6.0朵花；雄蕊35～42枚，平均39.0枚；花冠直径4.6cm。在云南巍山县，果实9月上旬成熟。

特殊性状描述： 果实较抗梨褐斑病。

猫头梨

外文名或汉语拼音：Maotouli

来源及分布：$2n = 34$，原产云南省，在云南剑川县等地有少量栽培。

主要性状：平均单果重329.0g，纵径7.4cm、横径8.8cm，果实扁圆形，果皮绿色；果点小而密、灰褐色，萼片脱落；果柄较长，长4.2cm、粗3.8mm；果心小，5心室；果肉淡黄色，肉质粗、紧脆，汁液少，味酸，无香气；含可溶性固形物14.6%；品质下等，常温下可贮藏30d。

树势中庸，树姿直立；萌芽力强，成枝力弱，丰产性较好。一年生枝红褐色；叶片卵圆形，长11.4cm、宽6.9cm，叶尖渐尖，叶基楔形；花蕾粉红色，每花序6～8朵花，平均7.0朵；雄蕊30～33枚，平均32.0枚；花冠直径4.5cm。在云南剑川县，果实9月中旬成熟。

特殊性状描述：果形端正，商品率高；植株适应性强。

毛楂梨

外文名或汉语拼音：Maozhali

来源及分布：$2n = 34$，原产福建省，在福建建宁县濉溪、黄坊、溪源、溪口、里心等地有分布。

主要性状：平均单果重51.8g，纵径4.2cm、横径4.6cm，果实圆形，果皮褐色，阳面无晕；果点中等大而密、灰褐色，萼片脱落；果柄较短，长2.8cm、粗3.3mm；果心大、中位，5心室；果肉白色，肉质粗、致密，汁液少，味酸，无香气；含可溶性固形物10.0%；品质下等，常温下可贮藏15d。

树势强旺，树姿下垂；萌芽力强，成枝力弱，丰产性好。一年生枝褐色；叶片椭圆形，长11.2cm、宽7.1cm，叶尖长尾尖，叶基宽楔形；花

蕾浅粉红色，每花序6～9朵花，平均7.5朵；雄蕊19～21枚，平均20.0枚；花冠直径3.5cm。在福建建宁县，果实9月下旬成熟。

特殊性状描述：半栽培种类。果肉可食率低，极易褐变；植株抗病性中等，抗虫性中等，耐旱性强，耐涝性强。

湄潭冬梨

外文名或汉语拼音： Meitan Dongli

来源及分布： $2n = 34$，原产贵州省，在贵州湄潭县及周边地区有栽培。

主要性状： 平均单果重75.0g，纵径4.8cm、横径5.2cm，果实圆形，果皮褐色；果点中等大而密、灰白色，萼片脱落；果柄较长，长3.5cm、粗3.1mm；果心大，5心室；果肉白色，肉质粗、硬脆，汁液少，味酸甜微涩，无香气；含可溶性固形物9.3%；品质下等，常温下可贮藏20d。

树势中庸，树姿直立；萌芽力中等，成枝力中等，丰产性好。一年生枝褐色；叶片椭圆形，长14.9cm、宽8.4cm，叶尖渐尖，叶基楔形。在贵州湄潭县，果实11月成熟。

特殊性状描述： 果实硬度极大。

湄潭金盖

外文名或汉语拼音： Meitan Jin'gai

来源及分布： $2n = 34$，原产贵州省，在贵州湄潭、凤冈等地有栽培。

主要性状： 平均单果重160.0g，纵径7.2cm、横径6.6cm，果实倒卵圆形，果皮黄绿色，中下部覆盖不均匀褐色锈斑，果肩以上部分覆盖较均匀黄褐色果锈，形似金色盖子；果点小而密、褐色，萼片脱落；果柄较长，长4.0cm、粗3.5mm；果心小，5心室；果肉白色，肉质细、酥脆，汁液中多，味甜，无香气；含可溶性固形物12.4%；品质上等，常温下可贮藏7d。

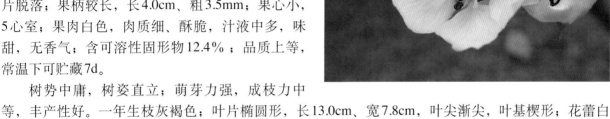

树势中庸，树姿直立；萌芽力强，成枝力中等，丰产性好。一年生枝灰褐色；叶片椭圆形，长13.0cm、宽7.8cm，叶尖渐尖，叶基楔形；花蕾白色，每花序5～7朵花，平均6.0朵；雄蕊19～24枚，平均21.5枚；花冠直径2.7cm。在贵州湄潭县，果实9月中旬成熟。

特殊性状描述： 果肩以上部分覆盖较均匀黄褐色果锈。

湄潭木瓜梨

外文名或汉语拼音： Meitan Muguali

来源及分布： $2n = 34$，原产贵州省，在贵州湄潭县周边地区有栽培。

主要性状： 平均单果重220.0g，纵径8.5cm、横径6.8cm，果实葫芦形，果皮黄褐色；果点中等大而密、灰白色，萼片脱落；果柄较长，长3.9cm，粗3.1mm；果心中等大，5心室；果肉白色，肉质中粗、酥脆，汁液多，味甜，无香气；含可溶性固形物12.2%；品质中上等，常温下可贮藏10d。

树势中庸，树姿开张；萌芽力中等，成枝力中等，丰产性一般。一年生枝红褐色；叶片椭圆形，长13.2cm、宽6.2cm，叶尖渐尖，叶基楔形。在贵州湄潭县，果实9月中旬成熟。

特殊性状描述： 果实味甜、口感好。

湄潭青皮梨

外文名或汉语拼音：Meitan Qingpili

来源及分布：$2n = 34$，原产贵州省，在贵州湄潭县及周边地区有栽培。

主要性状：平均单果重89.0g，纵径5.9cm、横径5.4cm，果实卵圆形，果皮黄绿色，果面具褐色锈斑；果点中等大而密、褐色，萼片脱落；果柄较长，长3.5cm、粗3.3mm；果心中等大，5心室；果肉白色，肉质中粗、酥脆，汁液多，味甜，无香气；含可溶性固形物11.8%；品质中等，常温下可贮藏7d。

树势较弱，树姿半开张；萌芽力弱，成枝力弱，丰产性好。一年生枝红褐色；叶片椭圆形，长11.2cm、宽7.8cm，叶尖渐尖，叶基楔形。在贵州湄潭县，果实9月成熟。

特殊性状描述：老树长势弱，早期落叶严重。

湄潭算盘梨

外文名或汉语拼音： Meitan Suanpanli

来源及分布： $2n = 34$，原产贵州省，在贵州湄潭县及周边地区有栽培。

主要性状： 平均单果重98.0g，纵径4.9cm、横径5.7cm，果实扁圆形，果皮绿黄色，果面具果锈；果点中等大而疏、灰褐色，萼片脱落；果柄较短，长2.5cm、粗3.2mm；果心中等大，5心室；果肉白色，肉质粗、酥脆，汁液多，味甜酸，无香气；含可溶性固形物8.6%；品质中等，常温下可贮藏15d。

树势强旺，树姿直立；萌芽力强，成枝力中等，丰产性好。一年生枝灰褐色；叶片卵圆形，长11.1cm、宽6.4cm，叶尖渐尖，叶基楔形。在贵州湄潭县，果实10月中旬成熟。

特殊性状描述： 叶片病斑严重，果实病虫害少。

弥渡火把梨

外文名或汉语拼音： Midu Huobali

来源及分布： $2n = 34$，原产云南省，在云南弥渡等地有栽培。

主要性状： 平均单果重140.0g，纵径6.8cm、横径6.3cm，果实卵圆形，果皮绿色，阳面有红晕；果点小而密、灰褐色，萼片脱落；果柄极长，基部膨大肉质化，长6.5cm、粗5.8mm；果心中等大，5～6心室；果肉绿白色，肉质中粗，汁液中多，味甜酸微涩，无香气；含可溶性固形物11.1%；品质中等，常温下可贮藏15d。

树势强旺，树姿半开张；萌芽力中等，成枝力弱，丰产性好。一年生枝灰褐色；叶片椭圆形，长11.4cm、宽4.8cm，叶尖急尖，叶基楔形；花蕾浅粉红色，每花序3～7朵花，平均5.0朵；雄蕊24～33枚，平均28.5枚；花冠直径3.3cm。在湖北武汉地区，果实9月下旬成熟。

特殊性状描述： 果实阳面有鲜红晕，植株丰产抗病。

弥渡香酥梨

外文名或汉语拼音： Midu Xiangsuli

来源及分布： $2n = 34$，原产云南省，在云南弥渡等地有栽培。

主要性状： 平均单果重72.0g，纵径4.8cm、横径5.8cm，果实扁圆形，果皮绿色，阳面有鲜红晕；果点小而密、灰褐色，萼片脱落；果柄极长，基部膨大肉质化，长6.2cm、粗4.2mm；果心中等大，5心室；果肉白色，肉质中粗、脆，汁液中多，味淡甜，无香气；含可溶性固形物9.1%；品质中等，常温下可贮藏15d。

树势强旺，树姿开张；萌芽力中等，成枝力中等，丰产性好。一年生枝红褐色；叶片披针形，长

11.9cm、宽5.5cm，叶尖渐尖，叶基楔形；花蕾粉红色，每花序3～5朵花，平均4.0朵；雄蕊18～27枚，平均22.5枚；花冠直径4.0cm。在湖北武汉地区，果实9月中旬成熟。

特殊性状描述： 果实阳面着红色，外观美丽。

弥渡小红梨

外文名或汉语拼音： Midu Xiaohongli

来源及分布： $2n = 34$，原产云南省，在云南弥渡等地有栽培。

主要性状： 平均单果重91.0g，纵径5.8cm、横径5.5cm，果实倒卵圆形，果皮绿色，阳面呈鲜红色；果点小而密、灰褐色，萼片残存；果柄极长，基部膨大肉质化，长7.0cm、粗4.2mm；果心中等大，5心室；果肉白色，肉质中粗、脆，汁液中多，味甜酸，无香气；含可溶性固形物9.8%；品质中等，常温下可贮藏15d。

树势强旺，树姿开张；萌芽力中等，成枝力中等，丰产性好。一年生枝红褐色；叶片披针形，长

10.5cm、宽6.2cm，叶尖长尾尖，叶基狭楔形；花蕾浅粉红色，每花序2～8朵花，平均5.0朵；雄蕊22～33枚，平均27.5枚；花冠直径3.9cm。在湖北武汉地区，果实9月下旬成熟。

特殊性状描述： 果实红色鲜艳，果柄细长。

弥勒黄金梨

外文名或汉语拼音：Mile Huangjinli

来源及分布：$2n = 34$，原产云南省，在云南弥勒县等地有少量栽培。

主要性状：平均单果重150.0g，纵径5.2cm、横径6.8cm，果实扁圆形，果皮绿色，果面密布褐色锈斑；果点中等大而密、棕褐色，在果面形成果锈，萼片脱落；果柄长，长5.5cm、粗3.8mm；果心中等大，5 ~ 6心室；果肉乳白色，肉质粗、紧脆，汁液少，味甜，无香气；含可溶性固形物11.5%；品质下等，常温下可贮藏20d。

树势中庸，树姿直立；萌芽力强，成枝力中等，丰产性较好。一年生枝褐色；叶片椭圆形，长12.7cm、宽7.4cm，叶尖渐尖，叶基楔形；花蕾白色，每花序6 ~ 8朵花，平均7.0朵；雄蕊38 ~ 42枚，平均40.0枚；花冠直径3.6cm。在云南弥勒县，果实8月中下旬成熟。

特殊性状描述：植株适应性、抗逆性均强。

密云糖梨

外文名或汉语拼音： Miyun Tangli

来源及分布： $2n = 34$，原产北京市、河北省，在北京密云、怀柔等地有栽培。

主要性状： 平均单果重163.8g，纵径6.0cm、横径6.2cm，果实卵圆形或纺锤形，果皮黄褐色；果点小而密、灰白色，萼片脱落；果柄细长，长5.0cm、粗2.9mm；果心小，4 ~ 5心室；果肉乳白色，肉质中粗、脆；汁液中多，味甜，无香气；含可溶性固形物12.3%；品质中等，常温下可贮藏25d。

树势强旺，树姿开张；萌芽力强，成枝力弱，丰产性较好。一年生枝紫褐色；叶片卵圆形或椭圆形，长10.4cm、宽7.0cm，叶尖渐尖，叶基楔形或圆形；花蕾白色，边缘浅粉红色，每花序5 ~ 7朵花，平均6.5朵；雄蕊20 ~ 28枚，平均24.0枚；花冠直径3.4cm。在北京地区，果实9月下旬成熟。

特殊性状描述： 植株适应性强，抗寒、抗旱。

蜜香梨

外文名或汉语拼音：Mixiangli

来源及分布：$2n = 34$，原产云南省陆良县，在曲靖市陆良、师宗、宣威等地有栽培。

主要性状：平均单果重178.0g，纵径6.8cm、横径6.7cm，果实倒卵圆形，果皮黄绿色；果点小而密、褐色，萼片脱落；果柄短，长1.5～2.0cm、粗2.0mm；果心小，5心室；果肉白色，肉质细、松脆，汁液多、味甜，有微香气；含可溶性固形物12.4%；品质上等，常温下可贮藏25～30d。

树势强旺，树姿开张；萌芽力强，成枝力中等，丰产性好。一年生枝黄褐色；叶片卵圆形，长8.6cm、宽5.2cm，叶尖渐尖，叶基圆形；花蕾白色，每花序7～9朵花，平均8.0朵；雄蕊20～23枚，平均21.0枚；花冠直径3.3cm。在云南曲靖地区，果实8月下旬成熟。

特殊性状描述：成熟果实香气浓郁，皮薄，肉质酥脆；植株抗病虫性强，耐旱，耐瘠薄，适应性强。

蜜雪梨

外文名或汉语拼音： Mixueli

来源及分布： $2n = 34$，原产台湾省，在台湾、广东、广西、福建等地均有栽培。

主要性状： 平均单果重447.9g，纵径8.6cm、横径9.4cm，果实圆形，果皮绿色；果点小而密、灰褐色，萼片残存；果柄较长，长4.2cm、粗3.5mm；果心中等大，5～6心室；果肉乳白色，肉质细、紧脆，汁液多，味甜，无香气；含可溶性固形物12.5%；品质中上等，常温下可贮藏10d。

树势中庸，树姿开张；萌芽力强，成枝力中等，丰产性较好。一年生枝黄褐色；叶片椭圆形，长11.5cm、宽7.2cm，叶尖急尖，叶基楔形；花蕾

粉红色，每花序7～8朵花，平均7.5朵；雄蕊25～28枚，平均26.0枚；花冠直径3.5cm。在广东北部，果实8月上旬成熟。

特殊性状描述： 植株耐高温高湿，需冷量低。

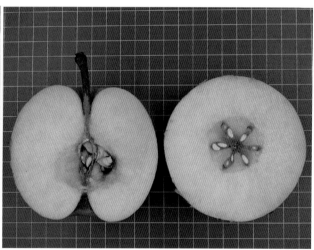

磨盘梨

外文名或汉语拼音：Mopanli

来源及分布：$2n = 34$，原产贵州省，在贵州威宁、赫章等地有栽培。

主要性状：平均单果重120.0g，纵径5.5cm、横径5.8cm，果实扁圆形，果皮褐色；果点大而密、灰白色，萼片脱落；果柄长，基部膨大肉质化，长5.5cm、粗3.5mm；果心特大，5心室；果肉白色，肉质粗、硬脆，汁液少，味甜，有微香气；含可溶性固形物11.3%；品质中等，常温下可贮藏10～15d。

树势较弱，树姿半开张；萌芽力中等，成枝力弱，丰产性极好。一年生枝灰褐色；叶片卵圆形，长11.7cm、宽7.8cm，叶尖急尖，叶基圆形。在贵州威宁县，果实10月上旬成熟。

特殊性状描述：植株较耐贫瘠，抗病。

磨子梨

外文名或汉语拼音：Mozili

来源及分布：$2n = 34$，原产四川省雅安市，在四川汉源有少量分布。

主要性状：平均单果重62.5g，纵径4.5cm、横径5.1cm，果实扁圆形，果皮黄绿色；果点小而密、褐色，萼片脱落；果柄较长，长3.5cm、粗3.9mm；果心大，5心室；果肉乳白色，肉质中粗、松脆，汁液中多，味酸甜适中，无香气；含可溶性固形物10.4%；品质中等，常温下可贮藏20d。

树势强旺，树姿直立；萌芽力强，成枝力中等，丰产性好。一年生枝暗褐色；叶片卵圆形，长10.9cm、宽5.7cm，叶尖渐尖，叶基圆形。花蕾粉红色，每花序6～8朵花，平均7.0朵；雄蕊20～26枚，平均23.0枚；花冠直径3.9cm。在四川汉源县，果实9月下旬成熟。

特殊性状描述：植株适应性较强，对梨黑星病抗性强。

木桥大梨

外文名或汉语拼音： Muqiao Dali

来源及分布： $2n = 34$，原产贵州省，在贵州兴仁、晴隆等地有栽培。

主要性状： 平均单果重161.0，纵径7.6cm、横径6.4cm，果实倒卵圆形，果皮黄绿色，果面具较多水锈；果点中等大而密、灰褐色，并连成片状锈斑，萼片残存；果柄长，长5.2cm，粗3.5mm；果心中等大，5心室；果肉白色，肉质中粗、酥脆，汁液中多，味甜酸，无香气；含可溶性固形物9.0%；品质中等，常温下可贮藏10d。

树势强旺，树姿开张；萌芽力强，成枝力强。一年生枝浅褐色；叶片卵圆形，长10.0cm、宽7.2cm，叶尖渐尖，叶基圆形；花蕾浅粉红色，每花序4～6朵花，平均5.0朵；雄蕊20～23枚，平均21.5枚；花冠直径3.5cm。在贵州兴仁地区，果实10月下旬成熟。

特殊性状描述： 叶片易感梨褐斑病，果实易发生梨小食心虫危害。

纳雍葫芦梨

外文名或汉语拼音：Nayong Hululi

来源及分布：2n = 34，原产贵州省，在贵州省纳雍县及周边地区有栽培。

主要性状：平均单果重130.0g，纵径7.2cm、横径6.1cm，果实葫芦形，果皮黄绿色，果面具大片果锈；果点中等大而密、灰褐色，萼片残存；果柄较短，长2.0cm、粗3.2mm；果心大，5心室；果肉白色，肉质粗、脆，汁液中多，味酸，无香气；含可溶性固形物8.5%；品质下等，常温下可贮藏10～15d。

树势较弱，树姿直立；萌芽力中等，成枝力强。一年生枝黄褐色；叶片卵圆形，长6.8cm、宽5.1cm，叶尖渐尖，叶基窄楔形。在贵州纳雍县，果实9月成熟。

特殊性状描述：叶片病害严重、早落，果实挂树时间长。

南地葫芦梨

外文名或汉语拼音：Nandi Hululi

来源及分布：$2n = 34$，原产福建省，在福建建瓯市南雅、玉山、东游、顺阳等地有栽培。

主要性状：平均单果重839.5g，纵径12.7cm、横径11.4cm，果实倒卵圆形或圆形，果皮黄绿色，阳面无晕；果点大而疏、深褐色，萼片宿存；果柄短，长1.5cm、粗3.3mm；果心小、中位，5心室；果肉白色，肉质粗、脆，汁液多，味淡甜，无香气；含可溶性固形物13.6%；品质中等，常温下可贮藏15d。

树势强旺，树姿半开张；萌芽力强，成枝力中等，丰产性好。一年生枝绿黄色；叶片椭圆形，长12.5cm、宽8.2cm，叶尖急尖，叶基圆形；花蕾白色，每花序5～8朵花，平均6.5朵；雄蕊28～31枚，平均29.5枚；花冠直径4.4cm。在福建建宁县，果实9月中旬成熟。

特殊性状描述：植株抗病性中等，抗虫性中等，耐旱性强，耐涝性强。

南地青皮梨

外文名或汉语拼音：Nandi Qingpili

来源及分布：$2n = 34$，原产福建省，在福建建瓯市南雅、玉山、东游、顺阳等地有栽培。

主要性状：平均单果重355.3g，纵径8.8cm、横径8.0cm，果实近圆形，果皮黄褐色，阳面无晕；果点大而疏、深褐色，萼片脱落；果柄较长，长3.0cm、粗3.5mm；果心大、近萼端，5心室；果肉白色，肉质细、疏松，汁液多，味甜，无香气，无涩味；含可溶性固形物12.0%；品质上等，常温下可贮藏15d。

树势强旺，树姿半开张；萌芽力强，成枝力中等，丰产性好。一年生枝绿黄色；叶片卵圆形，长13.5cm、宽8.5cm，叶尖长尾尖，叶基楔形；花蕾浅粉红色，每花序5～8朵花，平均6.5朵；雄蕊18～22枚，平均20.0枚；花冠直径3.5cm。在福建建宁县，果实9月中旬成熟。

特殊性状描述：植株抗病性弱，抗虫性中等，耐旱性强，耐涝性强。

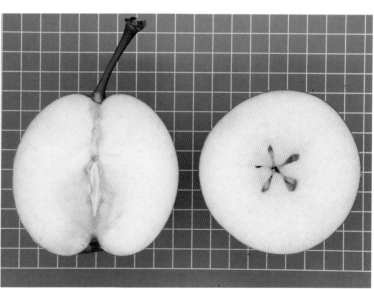

南涧冬梨

外文名或汉语拼音： Nanjian Dongli

来源及分布： $2n = 34$，原产云南省，在云南大理南涧等地有栽培。

主要性状： 平均单果重580.6g，纵径9.7cm、横径10.7cm，果实近圆形，果皮绿黄色；果点中等大、灰白色，萼片脱落；果柄基部肉质化，长3.1cm、粗2.3mm；果心中等大，5心室；果肉淡黄色，肉质松、脆，汁液中多，味酸、微涩，有微香气；含可溶性固形物11.4%；品质中下等，常温下可贮藏20d。

树势弱，树姿下垂；萌芽力中等，成枝力中等，丰产性好。一年生枝灰褐色；叶片椭圆形，长10.1cm、宽7.1cm，叶尖渐尖，叶基宽楔形；花蕾白色，每花序6～8朵，平均7.0朵；雄蕊20～24枚，平均22.0枚；花冠直径3.0cm。在云南南涧县，果实10月下旬成熟。

特殊性状描述： 植株抗逆性、抗病性强。

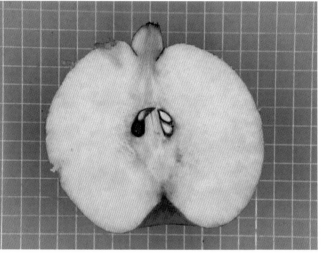

南涧火把梨

外文名或汉语拼音： Nanjian Huobali

来源及分布： $2n = 34$，原产云南省，在云南大理南涧等地有栽培。

主要性状： 平均单果重268.0g，纵径9.4cm、横径7.4cm，果实纺锤形，果皮黄绿色，阳面有鲜红晕；果点较小而密、灰褐色，萼片残存；果柄较长，基部肉质化，长3.0cm、粗2mm；果心中等大，5～6心室；果肉乳白色，肉质细、松脆，汁液多，味酸甜，有微香气；含可溶性固形物11.2%；品质中等，常温下可贮藏30d。

树势较弱，树姿半开张；萌芽力强，成枝力中等，丰产性好。一年生枝棕褐色；叶片长卵圆形，长11.1cm、宽7.8cm，叶尖渐尖，叶基圆形；花蕾白色，每花序6～8朵，平均7.0朵；雄蕊22～31枚，平均26.5枚；花冠直径3.8cm。在云南南涧县，果实9月中旬成熟。

特殊性状描述： 果皮细薄，阳面红色。

南涧甜雪梨

外文名或汉语拼音： Nanjian Tianxueli

来源及分布： $2n = 34$，原产云南省，在云南大理南涧等地有栽培。

主要性状： 平均单果重271.0g，纵径8.4cm、横径8.0cm，果实圆形，果皮绿黄色，阳面有淡红晕；果点小而密、褐色，萼片脱落；果柄较长，基部膨大肉质化，长3.9cm、粗4.3mm；果心中等大，5～6心室；果肉绿白色，肉质中粗、松脆，汁液中多，味酸甜适度，有微香气；含可溶性固形物11.3%；品质中上等，常温下可贮藏20d。

树势中庸，树姿直立；萌芽力强，成枝力中等，丰产性好。一年生枝灰褐色；叶片卵圆形，长9.8cm、宽7.0cm，叶尖渐尖，叶基宽楔形；花蕾粉红色，每花序6～8朵，平均7.0朵；雄蕊19～23枚，平均21.0枚；花冠直径3.1cm。在云南大理等地区，果实9月下旬成熟。

特殊性状描述： 植株抗逆性强。

南涧雪梨

外文名或汉语拼音： Nanjian Xueli

来源及分布： $2n = 34$，原产云南省，在云南大理南涧等地有栽培。

主要性状： 平均单果重272.7g，纵径8.3cm，横径7.9cm，果实长圆形，果皮绿色，阳面有鲜红晕；果点小而密、棕褐色，萼片脱落；果柄较短，基部膨大肉质化，长2.5cm、粗6.3mm；果心小，5心室；果肉绿白色，肉质粗、致密，汁液中多，味酸甜适度，有微香气；含可溶性固形物13.1%；品质中等，常温下可贮藏30d。

树势中庸，树姿下垂；萌芽力强，成枝力弱，丰产性好。一年生枝褐色；叶片椭圆、披针形，长9.7cm、宽6.6cm，叶尖渐尖，叶基宽楔形；花蕾粉红色，每花序6～8朵，平均7.0朵；雄蕊20～26枚，平均23.0枚；花冠直径3.0cm。在云南大理等地，果实9月下旬成熟。

特殊性状描述： 植株抗病性强。

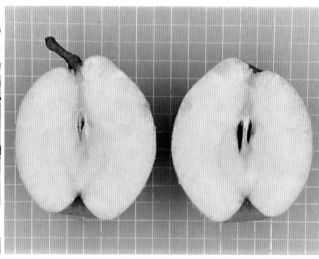

南靖赤皮梨

外文名或汉语拼音： Nanjing Chipili

来源及分布： $2n = 34$，原产福建省，在福建南靖县船场、梅林、书洋、奎洋、和溪等地有栽培。

主要性状： 平均单果重491.8g，纵径8.3cm、横径10.2cm，果实扁圆形，果皮绿色，果面密布褐色锈斑，阳面无晕；果点大而密、灰白色，萼片脱落；果柄极短，长0.6cm、粗5.2mm；果心小、中位，5心室；果肉乳白色，肉质中粗、脆，汁液多，味酸甜，无香气；含可溶性固形物10.4%；品质中上等，常温下可贮藏15d。

树势强旺，树姿半开张；萌芽力强，成枝力中等，丰产性好。一年生枝黄褐色；叶片卵圆形，长11.4cm、宽7.5cm，叶尖长尾尖，叶基楔形；花蕾浅粉红色，每花序5～8朵花，平均6.5朵；雄蕊20～24枚，平均22.0枚；花冠直径3.5cm。在福建建宁县，果实9月中旬成熟。

特殊性状描述： 植株抗病性中等，抗虫性中等，耐旱性强，耐涝性强。

南山梨

外文名或汉语拼音：Nanshanli

来源及分布：$2n = 34$，原产广西壮族自治区，在广西龙胜等地有栽培。

主要性状：平均单果重253.0g，纵径8.2cm、横径9.1cm，果实扁圆形，果皮绿色，果面密布褐色锈斑；果点小而密、灰褐色，萼片脱落；果柄较短，长2.5cm、粗4.0mm；果心中等大，5心室；果肉白色，肉质中粗、松脆，汁液多，味甜，无香气；含可溶性固形物12.4%；品质中上等，常温下可贮藏5d。

树势强旺，树姿直立；萌芽力中等，成枝力中等，丰产性一般。一年生枝绿黄色；叶片卵圆形，长10.4cm、宽6.8cm，叶尖急尖，叶基截形；花蕾白色，每花序5～7朵花，平均6.0朵；雄蕊20～22枚，平均21.0枚；花冠直径3.2cm。在广西龙胜各族自治县，果实8月中旬成熟。

特殊性状描述：植株抗病性、抗虫性均强，不耐干旱和盐碱。

囊巴梨

外文名或汉语拼音： Nangbali

来源及分布： $2n = 34$，原产贵州省，半栽培种类，在贵州正安县周边地区有栽培。

主要性状： 平均单果重54.0g，纵径4.2cm、横径4.7cm，果实扁圆形或近圆形，果皮褐色；果点大而疏、灰白色，萼片脱落；果柄较长，长3.8cm、粗3.4mm；果心特大，4～5心室；果肉白色，肉质粗、脆，汁液中多，味酸，无香气；含可溶性固形物8.7%；品质下等，常温下可贮藏10～15d。

树势中庸，树姿直立；萌芽力中等，成枝力中等。一年生枝褐色；叶片椭圆形，长9.1cm、宽4.8cm，叶尖渐尖，叶基楔形。在贵州正安县，果实10月成熟。

特殊性状描述： 叶、果病虫害轻，植株耐贫瘠。

宁陵桑皮

外文名或汉语拼音：Ningling Sangpi

来源及分布：$2n = 34$，原产河南省，在河南宁陵等地有栽培。

主要性状：平均单果重359.0g，纵径7.5cm、横径8.9cm，果实扁圆形，果皮黄褐色，阳面有橘红晕；果点中等大而疏、灰白色，萼片脱落；果柄较长，长3.0cm、粗3.2mm；果心中等大，4～5心室；果肉乳白色，肉质中粗、松脆，汁液中多，味酸、涩，无香气；含可溶性固形物13.0%；品质中下等，常温下可贮藏20d。

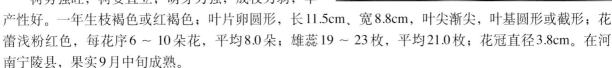

树势强旺，树姿直立；萌芽力强，成枝力弱，丰产性好。一年生枝褐色或红褐色；叶片卵圆形，长11.5cm、宽8.8cm，叶尖渐尖，叶基圆形或截形；花蕾浅粉红色，每花序6～10朵花，平均8.0朵；雄蕊19～23枚，平均21.0枚；花冠直径3.8cm。在河南宁陵县，果实9月中旬成熟。

特殊性状描述：植株适应性强，抗性亦强，耐瘠薄，耐盐碱。

糯稻梨

外文名或汉语拼音： Nuodaoli

来源及分布： $2n = 34$，原产浙江省，在浙江乐清等地有栽培。

主要性状： 平均单果重242.0g，纵径7.1cm、横径7.9cm，果实卵圆形或倒卵圆形，果皮绿色、果锈多，在果面形成褐色锈斑；果点中等大而密、棕褐色，萼片残存；果柄较长，长3.2cm、粗4.3mm；果心中等大，5心室；果肉白色，肉质中粗、脆，汁液少，味淡甜，无香气；含可溶性固形物10.6%；品质中等，常温下可贮藏20d。

树势中庸，树姿半开张；萌芽力中等，成枝力

中等，丰产性好。一年生枝黄褐色；叶片卵圆形，长9.9cm、宽5.6cm，叶尖渐尖，叶基心形；花蕾粉红色，每花序4～8朵花，平均6.0朵；雄蕊18～25枚，平均21.5枚；花冠直径2.3cm。在湖北武汉地区，果实9月上旬成熟。

特殊性状描述： 果实晚熟。

盘县半斤梨

外文名或汉语拼音： Panxian Banjinli

来源及分布： $2n = 34$，原产贵州省，在贵州盘州市及周边地区有栽培。

主要性状： 平均单果重240.0g，纵径7.5cm、横径7.5cm，果实卵圆形，果皮黄褐色（套袋）；果点小而密、灰褐色，萼片脱落；果柄较短，长2.1cm、粗3.4mm；果心中等大，5心室；果肉白色，肉质粗、酥脆，汁液多，味微涩，无香气；含可溶性固形物9.1%；品质中等，常温下可贮藏7～10d。

树势强旺，树姿直立；萌芽力中等，成枝力强。一年生枝灰褐色；叶片卵圆形，长10.3cm、宽4.7cm，叶尖渐尖，叶基楔形。在贵州盘州地区，果实8月成熟。

特殊性状描述： 叶、果病害少；树体上百年而不衰，耐贫瘠，抗性强。

盘县麻皮梨

外文名或汉语拼音： Panxian Mapili

来源及分布： $2n = 34$，原产贵州省，在贵州盘州市及周边地区有栽培。

主要性状： 平均单果重56.0g，纵径4.4cm、横径4.6cm，果实近圆形，果皮褐色；果点中等大而密、灰白色，萼片脱落；果柄较长，长3.3cm、粗3.4mm；果心特大，5心室；果肉绿白色，肉质粗、酥脆，汁液多，味微涩，有微香气；含可溶性固形物8.7%；品质中下等，常温下可贮藏15d。

树势中庸，树姿半开张；萌芽力强，成枝力中等。一年生枝黄绿色；叶片卵圆形，长10.5cm、宽5.5cm，叶尖渐尖，叶基圆形。在贵州盘州地区，果实8月成熟。

特殊性状描述： 果实病害少，植株耐贫瘠。

胖把梨

外文名或汉语拼音：Pangbali

来源及分布：$2n = 34$，原产云南省，在云南祥云等地有栽培。

主要性状：平均单果重177.1g，纵径6.2cm、横径7.5cm，果实扁圆形，果皮黄色；果点小而密、黄褐色，萼片脱落；果柄长，基部膨大肉质化，长4.8cm、粗8.1mm；梗洼浅，萼洼中等大、宽广；果心极小，5～6心室；果肉乳白色，肉质细嫩，有石细胞，汁液多，味酸甜适中，有微香气；含可溶性固形物15.8%；品质中等，常温下可贮藏30d。

树势强旺，树姿开张；萌芽力中等，成枝力强，丰产性好。一年生枝褐色；叶片披针形，长11.0cm、宽6.6cm，叶尖长尾尖，叶基宽楔形；花蕾浅粉红色，每花序5～7朵花，平均6.0朵；雄蕊20～24枚，平均22.0枚；花冠直径3.4cm。在云南祥云县，果实9月下旬至10月初成熟。

特殊性状描述：植株抗病性、抗虫性中等，叶片易感梨褐斑病。

皮球梨

外文名或汉语拼音：Piqiuli

来源及分布：$2n = 34$，原产贵州省，在贵州正安县及周边地区有栽培。

主要性状：平均单果重200.0g，纵径6.1cm、横径7.5cm，果实扁圆形或近圆形，果皮黄褐色（套袋）；果点小而密、灰白色，萼片脱落；果柄较长，长3.3cm、粗3.4mm；果心中等大，5心室；果肉白色，肉质中粗、酥脆，汁液多，味微涩，无香气；含可溶性固形物10.2%；品质中等，常温下可贮藏7～10d。

树势中庸，树姿直立；萌芽力中等，成枝力中等。一年生枝灰褐色；叶片椭圆形，长11.5cm、宽6.4cm，叶尖急尖。在贵州正安县，果实8月成熟。

特殊性状描述：果实易发生梨黑心病。

平埠大麻梨

外文名或汉语拼音： Pingbu Damali

来源及分布： $2n = 34$，原产福建省，在福建明溪县胡坊、雪峰、瀚仙、夏阳、盖洋等地有栽培。

主要性状： 平均单果重589.5g，纵径9.5cm、横径10.6cm，果实圆形或卵圆形，果皮褐色，阳面无晕；果点中等大而疏、灰褐色，萼片脱落；果柄较短，长2.2cm，粗3.3mm；果心小，5心室；果肉白色，肉质粗、脆，汁液多，味甜酸，无香气，无涩味；含可溶性固形物11.5%；品质中等，常温下可贮藏15d。

树势强旺，树姿半开张；萌芽力强，成枝力中等，丰产性好。一年生枝黄褐色；叶片卵圆形或椭圆形，长15.9cm、宽8.9cm，叶尖长尾尖，叶基楔形、宽楔形或心形；花蕾白色，每花序5～8朵花，平均6.5朵；雄蕊29～33枚，平均31.0枚；花冠直径4.2cm。在福建建宁县，果实9月中下旬成熟。

特殊性状描述： 植株抗病性强，抗虫性中等，耐旱性强，耐涝性强。

平顶黄

外文名或汉语拼音： Pingdinghuang

来源及分布： $2n = 34$，原产云南省，在云南呈贡等地均有栽培。

主要性状： 平均单果重350.0g，纵径7.1cm、横径9.0cm，果实扁圆形，果皮褐色；果点中等大而密、灰白色，萼片脱落；果柄长，长5.5cm、粗4.1mm；果心中等大，5心室；果肉乳白色，肉质中粗、松脆，汁液中多，味甜，有微香气；含可溶性固形物10.9%；品质中等，常温下可贮藏25d。

树势强旺，树姿直立；萌芽力强，成枝力中等，丰产性好。一年生枝黄褐色；叶片卵圆形，长12.1cm、宽9.2cm，叶尖急尖，叶基宽楔形；花蕾白色，每花序5～7朵花，平均6.0朵；雄蕊25～27枚，平均26.0枚；花冠直径4.0cm。在云南呈贡县，果实9月初成熟。

特殊性状描述： 植株抗风性、抗病性强。

平和雪梨

外文名或汉语拼音： Pinghe Xueli

来源及分布： $2n = 34$，原产福建省，在福建平和县九峰、秀峰、崎岭、霞寨等地有栽培。

主要性状： 平均单果重405.7g，纵径8.3cm、横径9.5cm，果实扁圆形，果皮褐色；果点中等大而密、灰白色，萼片脱落；果柄短，长1.0cm、粗4.2mm；果心中等大，5心室；果肉白色，肉质细、脆，汁液多，味淡甜，无香气，无涩味；含可溶性固形物12.8%；品质上等，常温下可贮藏15d。

树势强旺，树姿半开张；萌芽力强，成枝力中等，丰产性好。一年生枝黄褐色；叶片圆形、卵圆形、椭圆形或披针形，长13.0cm、宽6.4cm，叶尖长尾尖，叶基楔形；花蕾白色，每花序5～8朵花，平均6.5朵；雄蕊21～26枚，平均23.5枚；花冠直径3.9cm。在福建建宁县，果实9月下旬成熟。

特殊性状描述： 植株抗病性强，抗虫性中等，耐旱性、耐涝性强。

平乐秤砣梨

外文名或汉语拼音： Pingle Chengtuoli

来源及分布： $2n = 34$，原产广西壮族自治区，在广西平乐等地有栽培。

主要性状： 平均单果重166.1g，纵径7.6cm、横径6.4cm，果实长卵圆形，果皮深褐色；果点大而密、灰白色，萼片脱落；果柄较长，长3.0cm、粗3.9mm；果心中等大，5～6心室；果肉淡黄色，肉质粗、致密，汁液少，味微涩，无香气；含可溶性固形物11.9%；品质下等，常温下可贮藏20d。

树势强旺，树姿半开张；萌芽力强，成枝力强，丰产性好。一年生枝灰褐色；叶片卵圆形，长12.5cm、宽7.0cm，叶尖急尖，叶基圆形；花蕾白色，每花序3～5朵花，平均4.0朵；雄蕊18～24枚，平均21.0枚；花冠直径2.8cm。在广西平乐县，果实8月上中旬成熟。

特殊性状描述： 果皮深褐色，果点大；植株适应性、抗病性均强。

平乐黄皮鹅梨

外文名或汉语拼音：Pingle Huangpi'eli

来源及分布：$2n = 34$，原产广西壮族自治区，在广西平乐等地有栽培。

主要性状：平均单果重279.1g，纵径8.5cm、横径7.6cm，果实近圆柱形，果皮铜褐色，阳面无晕；果点小而密、灰白色，萼片脱落；果柄较长，基部膨大肉质化，长3.0cm、粗3.9mm；果心中等大，5心室；果肉淡黄色，肉质细、松脆，汁液多，味酸甜，无香气；含可溶性固形物11.3%；品质中等，常温下可贮藏15d。

树势强旺，树姿开张；萌芽力强，成枝力强，丰产性好。一年生枝黄褐色；叶片卵圆形，长10.6cm、宽6.6cm，叶尖急尖，叶基心形；花蕾白色，每花序5～8朵花，平均6.5朵；雄蕊18～24枚，平均21.0枚；花冠直径2.5cm。在广西平乐县，果实8月上旬成熟。

特殊性状描述：植株抗病性、抗虫性均强。

平塘砂梨

外文名或汉语拼音： Pingtang Shali

来源及分布： $2n = 34$，原产贵州省，在贵州平塘、罗甸等地有栽培。

主要性状： 平均单果重90.0g，纵径5.1cm、横径4.9cm，果实扁圆形，果皮绿色；果点大而密、灰褐色，萼片残存；果柄长，长5.2cm、粗3.7mm；果心大，5心室；果肉白色，肉质粗、酥脆，汁液多，味酸甜适度，有微香气；含可溶性固形物8.6%；品质中上等，常温下可贮藏7～15d。

树势强旺，树姿直立；萌芽力中等，成枝力中等。一年生枝褐色；叶片卵圆形，长11.0cm、宽7.7cm，叶尖渐尖，叶基宽楔形；花蕾白色，每花序5～8朵花，平均6.5朵；雄蕊18～22枚，平均20.0枚；花冠直径3.5cm。在贵州平塘县，果实9月中旬成熟。

特殊性状描述： 与柏树同长未见梨锈病，果实虫害亦很少。

平头青

外文名或汉语拼音：Pingtouqing

来源及分布：$2n = 34$，原产江西省，在江西上饶等地有栽培。

主要性状：平均单果重275.0g，纵径7.6cm、横径8.1cm，果实扁圆形，果皮绿色，果面具大量褐色锈斑；果点中等大而密、棕褐色，萼片宿存；果柄长，长5.5cm，粗7.5mm；果心中等大，5心室；果肉白色，肉质粗、致密，汁液中多，味甜酸、微涩，无香气；含可溶性固形物11.3%；品质中等，常温下可贮藏23d。

树势较弱，树姿半开张；萌芽力中等，成枝力弱，丰产性一般。一年生枝灰褐色；叶片卵圆形，

长11.8cm、宽8.6cm，叶尖渐尖，叶基心形；花蕾白色，每花序5～8朵花，平均6.5朵；雄蕊21～26枚，平均23.0枚；花冠直径3.6cm。在江西上饶地区，果实9月中旬成熟。

特殊性状描述：果肉极易褐变；植株适应性强。

屏南葫芦梨

外文名或汉语拼音: Pingnan Hululi

来源及分布: $2n = 34$,原产福建省,在福建屏南县长桥、熙岭、棠口、甘棠、代溪等地有栽培。

主要性状: 平均单果重521.3g,纵径10.3cm、横径9.8cm,果实倒卵圆形,果皮绿色,果面密布深褐色锈斑,阳面无晕;果点中等大而密、深褐色,萼片宿存;果柄较长,长3.0cm、粗3.4mm;果心小、近萼端,5心室;果肉乳白色,肉质极粗、疏松,汁液多,味酸,无香气,有涩味;含可溶性固形物10.8%;品质下等,常温下可贮藏10d。

树势强旺,树姿半开张;萌芽力强,成枝力中等,丰产性好。一年生枝黄褐色;叶片椭圆形,长12.8cm、宽7.1cm,叶尖长尾尖,叶基楔形;花蕾白色,每花序5～8朵花,平均6.5朵;雄蕊30～34枚,平均32.0枚;花冠直径4.4cm。在福建建宁县,果实9月下旬成熟。

特殊性状描述: 植株抗病性、抗虫性中等,耐旱性、耐涝性强。

屏南黄皮梨

外文名或汉语拼音：Pingnan Huangpili

来源及分布：$2n = 34$，原产福建省，在福建屏南县长桥、熙岭、棠口、甘棠、代溪等地有栽培。

主要性状：平均单果重260.9g，纵径7.1cm、横径8.1cm，果实圆形，果皮黄褐色，阳面无晕；果点小而密、深褐色；萼片脱落；果柄较短，长2.7cm，粗3.5mm；果心中等大、中位，5～6心室；果肉乳白色，肉质粗、致密，汁液少，味淡甜，无香气，有涩味；含可溶性固形物11.6%；品质中上等，常温下可贮藏16d。

树势强旺，树姿半开张；萌芽力强，成枝力中等，丰产性好。一年生枝紫褐色；叶片椭圆形，长12.8cm、宽7.1cm，叶尖长尾尖，叶基楔形；花蕾浅粉红色，每花序5～8朵花，平均6.5朵；雄蕊18～22枚，平均20.0枚；花冠直径2.9cm。在福建建宁县，果实9月上中旬成熟。

特殊性状描述：植株抗病性强，抗虫性弱，耐旱性、耐涝性强。

屏南酥梨

外文名或汉语拼音: Pingnan Suli

来源及分布: $2n = 34$,原产福建省,在福建屏南县长桥、熙岭、棠口、甘棠、代溪等地有栽培。

主要性状: 平均单果重308.5g,纵径6.8cm、横径8.4cm,果实卵圆形,果皮绿色,阳面无晕;果点中等大而密、深褐色,萼片脱落;果柄较长,长4.0cm、粗3.5mm;果心中等大、中位,5心室;果肉乳白色,肉质极细、松脆,汁液多,味甜,无香气,无涩味;含可溶性固形物12.3%;品质上等,常温下可贮藏10d。

树势中庸,树姿半开张;萌芽力强,成枝力中等,丰产性好。一年生枝褐色;叶片椭圆形,长

12.7cm、宽6.1cm,叶尖长尾尖,叶基楔形;花蕾白色,每花序5 ~ 8朵花,平均6.5朵;雄蕊18 ~ 22枚,平均20.0枚;花冠直径4.1cm。在福建建宁县,果实9月中下旬成熟。

特殊性状描述: 植株抗病性、抗虫性中等,耐旱性、耐涝性强。

屏南晚熟梨

外文名或汉语拼音： Pingnan Wanshuli

来源及分布： $2n = 34$，原产福建省，在福建屏南县长桥、熙岭、棠口、甘棠、代溪等地有栽培。

主要性状： 平均单果重529.5g，纵径9.7cm、横径8.0cm，果实近圆形，果皮黄褐色，阳面无晕；果点中等大而密、深褐色，萼片残存；果柄较长，长3.7cm、粗3.5mm；果心大、中位，5～6心室；果肉乳白色，肉质极粗、致密，汁液中多，味酸，无香气，有涩味；含可溶性固形物8.6%；品质下等，常温下可贮藏16d。

树势强旺，树姿半开张；萌芽力强，成枝力弱，丰产性好。一年生枝褐色；叶片披针形，长

15.3cm、宽6.9cm，叶尖渐尖，叶基楔形；花蕾白色，每花序5～8朵花，平均6.5朵；雄蕊35～40枚，平均37.5枚；花冠直径2.8cm。在福建建宁县，果实9月下旬成熟。

特殊性状描述： 植株抗病性中等，抗虫性强，耐旱性、耐涝性强。

屏南雪花梨

外文名或汉语拼音：Pingnan Xuehuali

来源及分布：$2n = 34$，原产福建省，在福建屏南县长桥、熙岭、棠口、甘棠、代溪等地有栽培。

主要性状：平均单果重591.0g，纵径10.3cm、横径11.6cm，果实圆形或卵圆形，果皮绿黄色，果面具大片锈斑，阳面无晕；果点中等大而密、深褐色，萼片残存；果柄较短，长2.7cm、粗3.3mm；果心小、中位，5～6心室；果肉白色，肉质中粗、疏松、汁液多，味酸甜，无香气，无涩味；含可溶性固形物13.4%；品质中上等，常温下可贮藏15d。

树势强旺，树姿半开张；萌芽力强，成枝力中等，丰产性好。一年生枝黄褐色；叶片卵圆形，长12.7cm、宽8.2cm，叶尖长尾尖，叶基楔形；花蕾白色，每花序5～8朵花，平均6.5朵；雄蕊28～32枚，平均30.0枚；花冠直径2.0cm。在福建建宁县，果实9月中下旬成熟。

特殊性状描述：植株抗病性弱，抗虫性强，耐旱性强，耐涝性中等。

屏南早熟梨

外文名或汉语拼音：Pingnan Zaoshuli

来源及分布：$2n=34$，原产福建省，在福建屏南县长桥、熙岭、棠口、甘棠、代溪等地有栽培。

主要性状：平均单果重481.5g，纵径9.8cm、横径9.7cm，果实卵圆形，果皮黄绿色，阳面无晕；果点大而密、浅褐色，萼片脱落；果柄较短，长2.7cm、粗3.5mm；果心小、中位、5心室；果肉白色，肉质细、疏松，汁液少，味甜，无香气，涩味无；含可溶性固形物11.2%；品质中上等，常温下可贮藏10d。

树势强旺，树姿半开张；萌芽力强，成枝力中等，丰产性好。一年生枝红褐色；叶片椭圆形，长11.7cm、宽6.5cm，叶尖急尖，叶基楔形；花蕾浅粉红色，每花序5～8朵花，平均6.5朵；雄蕊20～25枚，平均22.5枚；花冠直径3.2cm。在福建建宁县，果实9月上旬成熟。

特殊性状描述：植株抗病性强，耐涝性、耐旱性强。

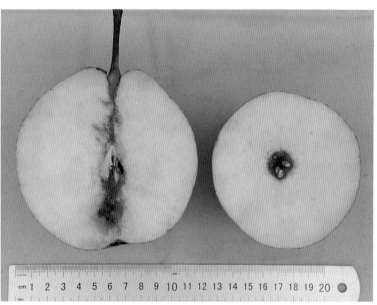

七月黄

外文名或汉语拼音： Qiyuehuang

来源及分布： $2n = 34$，原产福建省，在福建建瓯市南雅、玉山、东游、顺阳等地有栽培。

主要性状： 平均单果重327.3g，纵径8.6cm、横径8.6cm，果实圆形，果皮褐色；果点小而密、灰褐色，萼片脱落；果柄短，长1.8cm、粗3.2mm；果心小、近萼端，5～6心室；果肉白色，肉质中粗、致密，汁液多，味甜酸，无香气；含可溶性固形物12.7%；品质中上等，常温下可贮藏15d。

树势强旺，树姿半开张；萌芽力强，成枝力中等，丰产性好。一年生枝褐色；叶片圆形，长11.8cm、宽8.9cm，叶尖长尾尖，叶基宽楔形；花蕾粉红色，每花序5～8朵花，平均6.5朵；雄蕊29～32枚，平均30.5枚；花冠直径3.8cm。在福建建宁县，果实9月上旬成熟。

特殊性状描述： 植株抗病性中等，抗虫性强，耐旱性、耐涝性强。

千年梨

外文名或汉语拼音：Qiannianli

来源及分布：$2n = 34$，原产湖南省凤凰县，在当地有少量栽培。

主要性状：平均单果重248.0g，纵径8.8cm、横径7.4cm，果实纺锤形或圆柱形，果皮绿色、果锈多；果点中等大而密、灰白色，萼片脱落或残存；果柄较长，长4.3cm、粗4.2mm；果心大，5心室；果肉绿白色、易褐化，肉质中粗、致密，汁液中多，味酸甜、微涩，无香气；含可溶性固形物9.0%；品质下等，常温下可贮藏15d。

树势强旺，树姿半开张；萌芽力强，成枝力强，丰产性好。一年生枝褐色；叶片卵圆形，长11.9cm、宽7.8cm，叶尖急尖，叶基截形或心形；花蕾白色，每花序5～7朵花，平均6.0朵；雄蕊20～22枚，平均21.0枚；花冠直径3.1cm。在湖南长沙地区，3月下旬开花，果实9月中旬成熟。

特殊性状描述：植株丰产性好，适应性、抗病虫性强。

青花梨

外文名或汉语拼音：Qinghuali

来源及分布：$2n = 34$，原产台湾省，在当地有少量栽培。

主要性状：平均单果重267.0g，纵径7.5cm、横径7.9cm，果实圆形，果皮黄绿色；果点中等大而密、棕褐色，萼片脱落；果柄较长，长3.2cm、粗4.6mm；果心小，5心室，子房下位；果肉乳白色，肉质中粗、松脆，汁液中多，味酸甜，无香气；含可溶性固形物12.8%；品质中等，常温下可贮藏18d。

树势弱，树姿半开张；萌芽力强，成枝力弱，丰产性较好。一年生枝褐色；叶片椭圆形，长9.6cm、宽7.8cm，叶尖急尖，叶基狭楔形；花蕾白色，每花序6～8朵花，平均7.0朵；雄蕊26～35枚，平均31.0枚；花冠直径4.4cm。在河南郑州地区，果实8月上中旬成熟。

特殊性状描述：植株耐高温高湿，抗梨叶斑病，需冷量低。

青皮冬梨

外文名或汉语拼音： Qingpidongli

来源及分布： $2n = 34$，原产贵州省，在贵州湄潭县及周边地区有栽培。

主要性状： 平均单果重108.0g，纵径6.1cm、横径5.9cm，果实卵圆形，果皮绿黄色，果面密布大量锈斑；果点中等大而密、灰白色，萼片脱落；果柄短粗，长1.5cm、粗6.1mm；果心中等大，5心室；果肉白色，肉质粗、致密，汁液少，味甜酸，无香气；含可溶性固形物9.9%；品质下等，常温下可贮藏20d。

树势较弱，树姿直立；萌芽力中等，成枝力中等。一年生枝红褐色；叶片椭圆形，长8.6cm、宽5.1cm，叶尖钝尖，叶基圆形。在贵州湄潭县，果实11月成熟。

特殊性状描述： 果实成熟极晚，植株抗病性、抗虫性强。

青皮黄把梨

外文名或汉语拼音：Qingpihuangbali

来源及分布：$2n = 34$，原产贵州省，在贵州瓮安等地有栽培。

主要性状：平均单果重114.0g，纵径6.6cm、横径5.5cm，果实卵圆形，果皮黄绿色，果面具锈斑；果点小而密、浅褐色，萼片脱落；果柄长，长5.5cm、粗3.2mm；果心中等大，5心室；果肉白色，肉质细、松脆，汁液中多，味甜酸，有微香气；含可溶性固形物9.4%；品质中等，常温下可贮藏10～15d。

树势强旺，树姿直立；萌芽力中等，成枝力中等。一年生枝灰褐色；叶片椭圆形，长8.7cm、宽6.1cm，叶尖渐尖，叶基楔形。在贵州瓮安县，果实10月下旬成熟。

特殊性状描述：植株耐贫瘠，树老而不衰，抗病性较强。

青皮沙

外文名或汉语拼音： Qingpisha

来源及分布： $2n = 34$，原产广西壮族自治区百色市，在当地有少量栽培。

主要性状： 平均单果重465.0g，纵径9.3cm、横径9.5 cm，果实倒卵圆形，果皮绿色；果点中等大而密、棕褐色，萼片宿存；果柄较长，长3.1cm、粗3.8mm；果心小，4～5心室；果肉乳白色，肉质松脆，汁液多，味酸微涩，无香气；含可溶性固形物12.6%；品质下等，常温下可贮藏30d。

树势强旺，树姿半开张；萌芽力强，成枝力中等，丰产性较好。一年生枝褐色；叶片圆形，长9.2cm、宽7.8cm，叶尖渐尖，叶基截形；花蕾粉红色，每花序8～10朵花，平均9.0朵；雄蕊23～27枚，平均25.0枚；花冠直径3.1cm。在河南郑州地区，果实8月底成熟。

特殊性状描述： 植株适应性、抗逆性强。

青皮早

外文名或汉语拼音： Qingpizao

来源及分布： $2n = 34$，原产湖南省，在湖南宜章等地有栽培。

主要性状： 平均单果重326.0g、纵径8.9cm、横径8.6cm，果实长圆形，果皮绿色、果面密布褐色果锈；果点小而密、棕褐色，萼片残存；果柄较长，长3.2cm、粗3.3mm；果心小，5心室；果肉白色，肉质中粗、脆，汁液多，味甜酸，无香气；含可溶性固形物11.3%；品质中等，常温下可贮藏10d。

树势中庸，树姿直立；萌芽力中等，成枝力弱，丰产性好。一年生枝黄褐色；叶片卵圆形，长10.8cm、宽7.2cm，叶尖渐尖，叶基宽楔形；花蕾浅粉红色，每花序3～7朵花，平均5.0朵；雄蕊18～24枚，平均21.0枚；花冠直径3.2cm。在湖北武汉地区，果实9月上中旬成熟。

特殊性状描述： 果个大，果心极小。

青皮煮

外文名或汉语拼音：Qingpizhu

来源及分布：$2n = 34$，原产福建省，在福建漳浦县前亭、湖西、马坪、霞美、赤湖等地有栽培。

主要性状：平均单果重225.1g，纵径6.1cm、横径6.1cm，果实圆形，果皮绿色，阳面无晕；果点中等大而密、灰褐色，萼片脱落；果柄短，长1.8cm、粗3.5mm；果心中等大，5心室；果肉白色，肉质中粗、脆，汁液中多，味淡甜，无香气，无涩味；含可溶性固形物12.5%；品质中等，常温下可贮藏15d。

树势强旺，树姿半开张；萌芽力强，成枝力中等，丰产性好。一年生枝黄褐色；叶片椭圆形，长

11.5cm、宽6.1cm，叶尖渐尖，叶基楔形；花蕾白色，每花序5～8朵花，平均6.5朵；雄蕊17～22枚，平均19.5枚；花冠直径2.4cm。在福建建宁县，果实9月中下旬成熟。

特殊性状描述：植株抗病性、抗虫性中等，耐旱性、耐涝性强。

青皮子

外文名或汉语拼音：Qingpizi

来源及分布：$2n = 34$，原产福建省，在福建屏南县长桥、熙岭、棠口、甘棠、代溪等地有栽培。

主要性状：平均单果重398.5g，纵径7.8cm、横径9.4cm，果实圆形或圆柱形，果皮绿色，阳面无晕；果点中等大而密、灰褐色，萼片脱落；果柄短，长1.0cm、粗3.5mm；果心小、中位，5心室；果肉乳白色，肉质极细、松脆，汁液多，味甜，无香气，无涩味；含可溶性固形物14.3%；品质上等，常温下可贮藏10d。

树势强旺，树姿半开张；萌芽力强，成枝力中等，丰产性好。一年生枝绿黄色；叶片椭圆形，长11.0cm、宽7.7cm，叶尖渐尖，叶基楔形；花蕾浅粉红色，每花序5～8朵花，平均6.5朵；雄蕊22～27枚，平均24.5枚；花冠直径3.3cm。在福建建宁县，果实9月中下旬成熟。

特殊性状描述：植株抗病性强，抗虫性中等，抗旱性、抗涝性强。

清流粗花梨

外文名或汉语拼音： Qingliu Cuhuali

来源及分布： $2n = 34$，原产福建省，在福建清流县嵩溪、温郊、嵩口、龙津等地有栽培。

主要性状： 平均单果重338.5g，纵径7.4cm、横径9.1cm，果实扁圆形，果皮绿色，果面密布褐色锈斑，阳面无晕；果点中等大而密、灰白色，萼片残存；果柄短，长1.0cm、粗3.2mm；果心小、近萼端，5心室；果肉白色，肉质细、疏松，汁液多，味淡甜，无香气，无涩味；含可溶性固形物11.4%；品质中上等，常温下可贮藏30d。

树势强旺，树姿半开张；萌芽力强，成枝力中等，丰产性好。一年生枝绿黄色；叶片披针形，长13.4cm、宽6.1cm，叶尖长尾尖，叶基楔形；花蕾白色，每花序5～8朵花，平均6.5朵；雄蕊18～21枚，平均19.5枚；花冠直径3.4cm。在福建建宁县，果实10月上旬成熟。

特殊性状描述： 植株抗病性中等，抗虫性强，耐旱性、耐涝性强。

清流寒梨

外文名或汉语拼音： Qingliu Hanli

来源及分布： $2n = 34$，原产福建省，在福建清流县嵩溪、温郊、嵩口、龙津等地有栽培。

主要性状： 平均单果重151.8g、纵径6.2cm、横径6.5cm，果实圆形，果皮褐色，阳面无晕；果点小而密、灰褐色；果柄短，长1.8cm、粗3.2mm；萼片脱落；果心小、近萼端，5心室；果肉白色，肉质极粗、致密，汁液少，味微酸，无香气，无涩味；含可溶性固形物10.0%；品质下等，常温下可贮藏15d。

树势强旺，树姿半开张；萌芽力强，成枝力中等，丰产性好。一年生枝黑褐色；叶片椭圆形，长14.1cm、宽8.1cm，叶尖长尾尖，叶基楔形；花蕾白色，每花序5～8朵花，平均6.5朵；雄蕊27～30枚，平均28.5枚；花冠直径3.7cm。在福建建宁县，果实9月下旬成熟。

特殊性状描述： 果肉易褐变；植株抗病性、抗虫性中等，耐旱性、耐涝性强。

清流山东梨

外文名或汉语拼音： Qingliu Shandongli

来源及分布： $2n = 34$，原产福建省，在福建清流县嵩溪、温郊、嵩口、龙津等地有栽培。

主要性状： 平均单果重364.8g，纵径7.6cm、横径9.6cm，果实近圆形，果皮绿黄色，阳面有无晕；果点大而密、棕褐色，萼片脱落；果柄短粗，长1.2cm、粗6.2mm；果心小，5心室；果肉白色，肉质中粗、脆，汁液多，味酸甜，无香气，无涩味；含可溶性固形物11.0%；品质下等，常温下可贮藏15d。

树势强旺，树姿半开张；萌芽力强，成枝力中等，丰产性好。一年生枝绿黄色；叶片椭圆形，长13.7cm、宽7.0cm，叶尖长尾尖，叶基楔形；花蕾白色，每花序5～8朵花，平均6.5朵；雄蕊16～20枚，平均18.0枚；花冠直径3.2cm。在福建建宁县，果实10月上旬成熟。

特殊性状描述： 植株抗病性强，抗虫性中等，耐旱性、耐涝性强。

清水梨

外文名或汉语拼音：Qingshuili

来源及分布： $2n = 34$，原产广西壮族自治区，在广西灌阳等地有栽培。

主要性状： 平均单果重212.9g，纵径7.2cm、横径7.3cm，果实圆柱形，果皮绿黄色，阳面有淡红晕；果点中等大而疏、浅褐色，萼片脱落；果柄长，长5.5cm、粗3.0mm；果心中等大，5心室；果肉淡黄色，肉质中粗、松脆，汁液多，味酸甜，无香气；含可溶性固形物11.1%；品质中等，常温下可贮藏15d。

树势中庸，树姿半开张；萌芽力强，成枝力中等，丰产性好。一年生枝红褐色；叶片卵圆形，长10.6cm，宽7.2cm，叶尖急尖，叶基心形；花蕾浅粉红色，每花序6～8朵花，平均7.0朵；雄蕊20～26枚，平均22.0枚；花冠直径2.7cm。在广西灌阳县，果实9月上旬成熟。

特殊性状描述： 植株耐高温高湿。

曲靖面梨

外文名或汉语拼音： Qujing Mianli

来源及分布： 原产云南省，在云南曲靖等地均有栽培。

主要性状： 平均单果重180.0g，纵径6.8cm、横径6.3cm，果实倒卵圆形，果皮黄绿色，果面具片状褐色锈斑；果点小而密、灰褐色，萼片残存；果柄长，长4.8cm、粗4.4mm；果心小，5心室；果肉淡黄色，肉质中粗、软面，汁液少、味酸甜、微涩，无香气；含可溶性固形物13.0%；品质中等，常温下可贮藏20d。

树势中庸，树姿直立；萌芽力强，成枝力中等，丰产性差。一年生枝灰褐色；叶片圆形，长10.4cm、宽7.5cm，叶尖钝尖，叶基楔形；花蕾粉红色，每花序6～8朵花，平均7.0朵；雄蕊19～21枚，平均20.0枚；花冠直径3.6cm。在云南呈贡县，果实9月中旬成熟。

特殊性状描述： 果肉易软面。

全州梨

外文名或汉语拼音： Quanzhouli

来源及分布： $2n = 34$，原产广西壮族自治区，在广西桂林等地有栽培。

主要性状： 平均单果重263.0g、纵径7.1cm、横径8.0cm，果实扁圆形或近圆形，果皮绿褐色；果点中等大而密、灰白色，萼片残存；果柄长，长5.2cm、粗4.0mm；果心中等大，5心室；果肉白色，肉质中粗、致密，汁液中多，味甜，无香气；含可溶性固形物10.6%；品质中等，常温下可贮藏15d。

树势中庸，树姿直立；萌芽力中等，成枝力弱，丰产性好。一年生枝黄褐色；叶片卵圆形，长10.7cm、宽7.0cm，叶尖渐尖，叶基楔形；花蕾粉红色，每花序4～8朵花，平均6.0朵；雄蕊16～22枚，平均19.0枚；花冠直径2.5cm。在湖北武汉地区，果实9月上旬成熟。

特殊性状描述： 果形端正，商品率高。

仁寿亭

外文名或汉语拼音： Renshouting

来源及分布： $2n = 34$，原产福建省，在福建明溪县胡坊、雪峰、瀚仙、夏阳、盖洋等地有栽培。

主要性状： 平均单果重364.4g，纵径8.0cm、横径9.3cm，果实圆形，果皮黄绿色，阳面无晕；果点中等大而密、灰白色，萼片脱落；果柄短，长1.1cm、粗6.2mm；果心中等大，5心室；果肉白色，肉质细、疏松，汁液多，味淡甜，无香气，无涩味；含可溶性固形物11.0%；品质上等，常温下可贮藏15d。

树势强旺，树姿半开张；萌芽力强，成枝力中等，丰产性好。一年生枝红褐色；叶片披针形，长14.1cm、宽6.5cm，叶尖长尾尖，叶基楔形；花蕾白色，每花序5～8朵花，平均6.5朵；雄蕊18～21枚，平均19.5枚；花冠直径3.5cm。在福建建宁县，果实9月下旬成熟。

特殊性状描述： 植株抗病性强，抗虫性中等，耐旱性强，耐涝性强。

汝城麻点

外文名或汉语拼音：Rucheng Madian

来源及分布：原产湖南省汝城县，在当地有一定量分布。

主要性状：平均单果重440.0g，纵径10.3cm、横径9.2cm，果实卵圆形，果皮黄绿色；果点大、棕褐色，萼片残存；果柄较短，长2.1cm、粗5.4mm；果心小，5心室；果肉黄白色，肉质细、脆，汁液多，味酸涩，无香气；含可溶性固形物11.0%；品质中下等，常温下可贮藏10d左右。

树势强旺，树姿直立；萌芽力强，成枝力强，丰产性一般。一年生枝褐色；叶片圆形或卵圆形，长9.9cm、宽7.8cm，叶尖急尖，叶基圆形或截形。在湖南汝城县，3月上旬开花，果实8月下旬成熟。

特殊性状描述：植株耐旱性中等，抗病虫性中等。

桑门梨

外文名或汉语拼音： Sangmenli

来源及分布： 原产四川省，在四川西昌等地均有栽培。

主要性状： 平均单果重291.4g，纵径8.0cm、横径7.7cm，果实卵圆形，果皮绿色；果点小而密、浅褐色，萼片残存；果柄较长，长3.4cm、粗3.8mm；果心中等大，5心室；果肉乳白色，肉质粗、紧脆，汁液少，味淡甜，无香气；含可溶性固形物9.8%；品质下等，常温下可贮藏25d。

树势中庸，树姿直立；萌芽力强，成枝力弱，丰产性较好。一年生枝褐色；叶片卵圆形，长12.5cm、宽6.3cm，叶尖渐尖，叶基楔形；花蕾浅粉红色，每花序5～7朵花，平均6.0朵；雄蕊18～24枚，平均21.0枚；花冠直径3.9cm。在四川西昌等地，果实9月下旬成熟。

特殊性状描述： 植株适应性强，耐瘠薄。

山梗子蜂蜜梨

外文名或汉语拼音： Shangengzi Fengmili

来源及分布： $2n = 34$，原产四川省，在四川汉源等地有栽培。

主要性状： 平均单果重266.0g，纵径8.5cm、横径7.8cm，果实纺锤形，果皮深绿色，具大片果锈；果点中等大、灰褐色，萼片宿存；果柄极长，长6.0cm、粗5.4mm；果心中等大，5心室；果肉白色，肉质中粗、酥脆，汁液多，味淡甜，无香气；含可溶性固形物9.6%；品质中等，常温下可贮藏15d。

树势强旺，树姿半开张；萌芽力中等，成枝力弱，丰产性好。一年生枝褐色；叶片卵圆形，长10.0cm、宽6.0cm，叶尖急尖，叶基楔形；花蕾浅粉红色，每花序5～7朵花，平均6.0朵；雄蕊17～24枚，平均20.5枚；花冠直径3.8cm。在湖北武汉地区，果实8月下旬成熟。

特殊性状描述： 植株适应性强，耐瘠薄。

上坪木梨

外文名或汉语拼音：Shangping Muli

来源及分布：$2n = 34$，原产福建省，在福建建瓯市南雅、玉山、东游、顺阳等地有栽培。

主要性状：平均单果重405.8g，纵径8.6cm、横径9.4cm，果实圆形，果皮黄绿色，阳面无晕；果点大而密、深褐色，萼片脱落；果柄短，长1.0cm、粗5.5mm；果心小、中位，5心室；果肉白色，肉质极细、疏松，汁液多，味酸甜，无香气，无涩味；含可溶性固形物11.4%；品质上等，常温下可贮藏15d。

树势强旺，树姿半开张；萌芽力强，成枝力中等，丰产性好。一年生枝绿黄色；叶片披针形，长14.8cm、宽6.9cm，叶尖长尾尖，叶基楔形；花蕾白色，每花序5～8朵花，平均6.5朵；雄蕊15～20枚，平均17.5枚；花冠直径3.5cm。在福建建宁县，果实9月中下旬成熟。

特殊性状描述：植株抗病性、抗虫性中等，耐旱性、耐涝性强。

上坪头

外文名或汉语拼音：Shangpingtou

来源及分布：$2n = 34$，原产福建省，在福建建瓯市南雅、玉山、东游、顺阳等地有栽培。

主要性状：平均单果重345.3g，纵径8.2cm、横径9.1cm，果实圆形，果皮褐色；果点中等大而密、灰褐色，萼片宿存；果柄短，长1.8cm、粗3.2mm；果心中等大、近萼端，4～5心室；果肉白色，肉质细、脆，汁液多，味甜，无香气，无涩味；含可溶性固形物11.5%；品质上等，常温下可贮藏10d。

树势强旺，树姿半开张；萌芽力强，成枝力中等，丰产性好。一年生枝绿黄色；叶片圆形，长13.8cm、宽9.5cm，叶尖长尾尖，叶基宽楔形；花蕾浅粉红色，每花序5～8朵花，平均6.5朵；雄蕊27～30枚，平均28.5枚；花冠直径4.4cm。在福建建宁县，果实10月上旬成熟。

特殊性状描述：植株抗病性、抗虫性中等，耐旱性、耐涝性强。

歙县木瓜梨

外文名或汉语拼音：Shexian Muguali

来源及分布：$2n = 3x = 51$，原产安徽省，在安徽歙县、休宁县等地有栽培。

主要性状：平均单果重398.5g，纵径11.6cm、横径11.2cm，果实倒卵圆形，果皮绿色，顶部具有锈斑；果点中等大而密、棕褐色，萼片残存；果柄较长，长3.7cm、粗4.0mm；果心极小，5心室；果肉乳白色，肉质细、致密，汁液较多，味甜，无香气；含可溶性固形物11.2%；品质上等，常温下可贮藏20d。

树势较强，树姿直立；萌芽力强，成枝力中等，丰产性好；一年生枝深褐色；叶片阔卵圆形，长15.9cm、宽9.5cm，叶尖急尖，叶基圆形；花蕾粉白色，每花序5～7朵花，平均6.0朵；雄蕊26～32枚，平均29.0枚；花冠直径3.2cm。在安徽黄山地区，果实9月中旬成熟。

特殊性状描述：果个较大，果实抗梨黑斑病。

麝香梨

外文名或汉语拼音： Shexiangli

来源及分布： $2n = 34$，原产湖南省，在湖南临武等地有栽培。

主要性状： 平均单果重214.0g，纵径6.3cm、横径7.6cm，果实扁圆形，果皮褐色；果点中等大而密、灰白色，萼片脱落；果柄长，长5.0cm、粗3.4mm；果心中等大，5心室；果肉淡黄色，肉质粗、致密，汁液少，味甜酸，无香气；含可溶性固形物10.7%；品质下等，常温下可贮藏15d。

树势强旺，树姿半开张；萌芽力中等，成枝力弱，丰产性好。一年生枝黑褐色；叶片卵圆形，长12.7cm、宽8.2cm，叶尖渐尖，叶基宽楔形；花蕾浅粉红色，每花序6～9朵花，平均7.5朵；雄蕊20～26枚，平均23.0枚；花冠直径3.3cm。在湖北武汉地区，果实10月上旬成熟。

特殊性状描述： 果实抗梨黑星病，极晚熟。

石家梨

外文名或汉语拼音： Shijiali

来源及分布： $2n = 34$，原产福建省，在福建建宁县濉溪、黄坊、溪源、溪口、里心等地有栽培。

主要性状： 平均单果重85.2g，纵径5.2cm、横径6.1cm，果实圆形，果皮黄褐色，阳面无晕；果点中等大而疏、深褐色，萼片脱落；果柄较长，长3.0cm、粗3.5mm；果心大、中位，3~5心室；果肉白色，肉质粗、致密，汁液少，味酸，无香气；含可溶性固形物10.5%；品质下等，常温下可贮藏15d。

树势强旺，树姿半开张；萌芽力强，成枝力中等，丰产性好。一年生枝紫褐色；叶片长圆形，长11.8cm、宽7.5cm，叶尖长尾尖，叶基宽楔形；花蕾浅粉红色，每花序5~8朵花，平均6.5朵；雄蕊19~22枚，平均21.0枚；花冠直径3.1cm。在福建建宁县，果实10月上旬成熟。

特殊性状描述： 果肉易褐变，可食率低；植株抗病性强，抗虫性中等，耐旱性、耐涝性强。

柿饼梨

外文名或汉语拼音: Shibingli

来源及分布: $2n = 34$,原产贵州省,在贵州印江县及周边地区有栽培。

主要性状: 平均单果重103.0g,纵径5.1cm、横径5.8cm,果实扁圆形或圆形,果皮黄褐色;果点大而疏、灰褐色,萼片脱落;果柄短,长1.8cm、粗3.2mm;果心极小,5心室;果肉白色,肉质较粗、酥脆,汁液中多,味淡甜,无香气;含可溶性固形物8.7%;品质下等,常温下可贮藏15d。

树势中庸,树姿直立;萌芽力强,成枝力中等。一年生枝灰褐色;叶片卵圆形,长10.7cm、宽8.5cm,叶尖渐尖,叶基圆形。在贵州印江县,果实9月成熟。

特殊性状描述: 植株耐贫瘠,叶片病斑多,果实病虫害少。

授粉梨

外文名或汉语拼音： Shoufenli

来源及分布： $2n = 34$，原产四川省雅安市，在四川汉源等地有少量栽培。

主要性状： 平均单果重119.5g，纵径6.8cm、横径6.0cm，果实卵圆形，果皮褐色，阳面有暗红晕；果点中等大而密、灰褐色并形成片状锈斑，萼片脱落，果柄长3.2cm、粗1.7mm；果心中等大，5心室；果肉绿白色，肉质粗、致密，汁液中多，味甜，无香气；含可溶性固形物13.2%；品质中下等，常温下可贮存30d。

树势中庸，树姿半开张；萌芽力强，成枝力中等，丰产性好。一年生枝灰褐色；叶片椭圆形，长6.8cm、宽5.1cm，叶尖钝尖，叶基狭楔形；花蕾粉红色，每花序6～8朵花，平均7.0朵；雄蕊20～24枚，平均22.0枚；花冠直径3.8cm。在四川汉源县，果实8月下旬成熟。

特殊性状描述： 花粉量大，当地主要用作授粉树。

霜降梨

外文名或汉语拼音： Shuangjiangli

来源及分布： $2n = 34$，原产福建省，在福建上杭县临城、临江、湖洋、蓝溪等地有栽培。

主要性状： 平均单果重559.0g，纵径9.2cm、横径9.2cm，果实圆形，果皮黄褐色，阳面无晕；果点大而密、灰褐色，萼片脱落；果柄短，长1.0cm、粗4.2mm；果心小、中位，5心室；果肉白色，肉质粗、致密，汁液多，味酸，无香气，有涩味；含可溶性固形物10.5％；品质中等，常温下可贮藏15d。

树势强旺，树姿半开张；萌芽力强，成枝力弱，丰产性好。一年生枝褐色；叶片椭圆形，长10.2cm、宽7.6cm，叶尖渐尖，叶基楔形；花蕾白色，每花序5～8朵花，平均6.5朵；雄蕊17～20枚，平均18.5枚；花冠直径3.2cm。在福建建宁县，果实10月上旬成熟。

特殊性状描述： 植株抗病性、抗虫性中等，耐旱性、耐涝性强。

水冬瓜梨

外文名或汉语拼音： Shuidongguali

来源及分布： $2n = 34$，原产重庆市，在重庆城口县等地有栽培。

主要性状： 平均单果重190.0g，纵径7.4cm、横径6.9cm，果实倒卵圆形，果皮黄褐色；果点中等大而密、棕褐色，萼片脱落；果柄较长，长3.2cm、粗3.8mm；果心中等大，5心室；果肉乳白色，肉质细、软脆，汁液多，味淡甜，无香气；含可溶性固形物10.1%；品质中等，常温下可贮藏20d。

树势中庸，树姿半开张；萌芽力强，成枝力中等，丰产性较好。一年生枝灰褐色；叶片卵圆形，长6.3cm、宽4.0cm，叶尖渐尖，叶基楔形；花蕾白色，每花序6～8朵花，平均6.0朵；雄蕊18～22枚，平均20.0枚；花冠直径4.2cm。在重庆城口地区，果实8月中下旬成熟。

特殊性状描述： 植株抗寒性较强，能适应海拔高的地区。

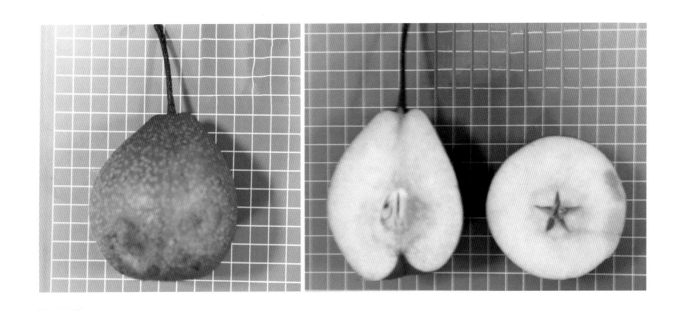

水桔梨

外文名或汉语拼音：Shuijuli

来源及分布：$2n = 34$，原产贵州省，在贵州印江、思南等地有栽培。

主要性状：平均单果重140.0g，纵径5.6cm、横径6.3cm，果实近圆形或扁圆形，果皮褐色；果点中等大而疏、灰白色，萼片宿存；果柄较短，长2.8cm，粗4.2mm；果心较小，5心室；果肉白色，肉质中粗、酥脆，汁液中多，味甜，无香气；含可溶性固形物11.2%；品质中上等，常温下可贮藏10～15d。

树势强旺，树姿直立；萌芽力中等，成枝力中等，丰产性一般。一年生枝灰褐色；叶片卵圆形，长8.5cm、宽7.6cm、叶尖钝尖，叶基宽楔形；花蕾白色，每花序4～7朵花，平均5.5朵；雄蕊17～21枚，平均19.0枚；花冠直径3.1cm。在贵州印江县，果实9月下旬成熟。

特殊性状描述：植株较耐贫瘠，叶片病斑较多，果实易发生虫害。

水麻梨

外文名或汉语拼音： Shuimali

来源及分布： $2n = 34$，原产湖北省，在湖北荆门、钟祥等地有栽培。

主要性状： 平均单果重275.0g，纵径7.5cm、横径8.3cm，果实圆形，果皮褐色；果点大而密、灰白色，萼片脱落；果柄长，长5.2cm、粗4.6mm；果心小，5心室；果肉白色，肉质粗、致密，汁液中多，味甜，无香气；含可溶性固形物11.2%；品质中等，常温下可贮藏30d。

树势强旺，树姿半开张；萌芽力中等，成枝力弱，丰产性好。一年生枝灰褐色；叶片卵圆形，长9.5cm、宽6.3cm，叶尖急尖，叶基宽楔形；花蕾白色，每花序5～7朵花，平均6.3朵；雄蕊20～23枚，平均21.2枚；花冠直径4.2cm。在湖北武汉地区，果实9月下旬成熟。

特殊性状描述： 果实极晚熟。

思勒梨

外文名或汉语拼音： Sileli

来源及分布： 原产西藏自治区芒康县，在西藏芒康县曲子卡乡有少量栽培。

主要性状： 平均单果重200.0g，纵径7.6cm、横径6.8cm，果实近圆形，果皮黄绿色、阳面有红晕；果点小而密、灰褐色，萼片脱落偶有残存；果柄短，长1.5cm、粗3.8mm；果心中等大，5心室；果肉乳白色，果肉较粗，肉质脆、硬，汁液少，味酸甜；含可溶性固形物13.2%；品质较差，常温下可贮藏30d。

树势强旺，树姿半开张；萌芽力强，成枝力中等，丰产性一般。一年生枝棕褐色；叶片宽卵圆形，长6.3cm、宽5.8cm，叶尖渐尖，叶基截形；花蕾白色，每花序7～8朵花，平均7.5朵；雄蕊18～20枚，平均19.0枚；花冠直径3.3cm。在西藏芒康县，果实9月底至10月初成熟。

特殊性状描述： 植株极耐旱、耐高温，抗病性、抗虫性亦强。

酥香梨

外文名或汉语拼音： Suxiangli

来源及分布： $2n = 34$，原产云南省，在云南大理南涧等地有栽培。

主要性状： 平均单果重165.4g，纵径6.8cm、横径6.7cm，果实卵圆形，果皮绿黄色，阳面有淡红晕；果点小而密、棕褐色，萼片脱落；果柄较长，长3.8cm、粗2.6mm；果心小，5心室；果肉白色，肉质中粗、松脆，汁液多，味甜酸，有微香气；含可溶性固形物11.0%；品质中等，常温下可贮藏30d。

树势中庸，树姿直立；萌芽力中等，成枝力中等，丰产性一般。一年生枝灰褐色；叶片卵圆形，长10.3cm、宽6.9cm，叶尖急尖，叶基圆形；花蕾粉红色，每花序6～8朵，平均7.0朵；雄蕊20～30枚，平均25.0枚；花冠直径3.1cm。在云南漾濞县，果实9月下旬成熟。

特殊性状描述： 植株抗逆性强。

酸把梨

外文名或汉语拼音：Suanbali

来源及分布：$2n = 34$，原产湖北省，在湖北荆门等地有栽培。

主要性状：平均单果重164.0g，纵径6.5cm、横径6.8cm，果实长圆形或卵圆形，果皮绿色、表面布满锈斑；果点中等大而密、褐色，萼片宿存；果柄较长，长3.2cm、粗4.6mm；果心中等大，5心室；果肉白色，肉质粗、致密，汁液中多，味酸甜，无香气；含可溶性固形物11.2%；品质中等，常温下可贮藏30d。

树势强旺，树姿半开张；萌芽力中等，成枝力弱，丰产性好。一年生枝灰褐色；叶片卵圆形，长9.7cm、宽4.7cm，叶尖急尖，叶基宽楔形；花蕾粉红色，每花序4～6朵花，平均4.9朵；雄蕊18～22枚，平均20.7枚；花冠直径3.1cm。在湖北武汉地区，果实9月下旬成熟。

特殊性状描述：果实极晚熟。

酸扁头

外文名或汉语拼音： Suanbiantou

来源及分布： $2n = 34$，原产湖北省，在湖北远安等地有栽培。

主要性状： 平均单果重210.0g，纵径6.9cm、横径7.3cm，果实倒卵圆形，果皮绿色；果点小而密、深褐色，萼片脱落；果柄较长，长3.2cm、粗4.6mm；果心大，5心室；果肉白色，肉质中粗、致密，汁液少，味甜酸，无香气；含可溶性固形物10.3%；品质中等，常温下可贮藏30d。

树势中庸，树姿开张；萌芽力中等，成枝力弱，丰产性好。一年生枝褐色；叶片卵圆形，长14.4cm、宽8.1cm，叶尖急尖，叶基宽楔形；花蕾浅粉红色，每花序3～5朵花，平均4.2朵；雄蕊25～30枚，平均28.0枚；花冠直径3.5cm。在湖北武汉地区，果实9月下旬成熟。

特殊性状描述： 果实极晚熟。

酸泡梨

外文名或汉语拼音： Suanpaoli

来源及分布： $2n = 34$，原产贵州省，在贵州安龙县及周边地区有栽培。

主要性状： 平均单果重166.0g，纵径6.7cm、横径6.6cm，果实圆形，果皮绿色；果点小而密、浅褐色，萼片残存；果柄较长，长3.5cm、粗4.2mm；果心中等大，5心室；果肉白色，肉质中粗、硬、脆，汁液少，味酸甜，无香气；含可溶性固形物6.5%；品质下等，常温下可贮藏7d。

树势较弱，树姿半开张；萌芽力中等，成枝力中等。一年生枝黄褐色；叶片椭圆形，长12.2cm、宽7.3cm，叶尖渐尖，叶基楔形。在贵州安龙县，果实9月成熟。

特殊性状描述： 植株耐贫瘠，耐涝。

酸甜梨

外文名或汉语拼音： Suantianli

来源及分布： $2n = 34$，原产贵州省，在贵州正安县及周边地区有栽培。

主要性状： 平均单果重67.0g，纵径4.4cm、横径5.1cm，果实卵圆形，果皮黄褐色；果点中等大而疏、灰白色，萼片残存；果柄较长，长3.9cm、粗3.4mm；果心大，5心室；果白色，肉质粗、硬脆，汁液中多，味酸，无香气；含可溶性固形物9.7%；品质下等，常温下可贮藏10～15d。

树势强旺，树姿直立；萌芽力中等，成枝力中等。一年生枝黑褐色；叶片椭圆形，长12.3cm、宽8.3cm，叶尖急尖，叶基楔形。在贵州正安县，果实10月成熟。

特殊性状描述： 植株耐贫瘠，叶、果病虫害轻。

他披梨

外文名或汉语拼音： Tapili

来源及分布： 原产云南省，在云南文山、广南等地有栽培。

主要性状： 单果重480.0g，纵径8.1cm、横径9.5cm，果实扁圆形，果皮褐色；果点中等大而密、褐色，萼片脱落；果柄短，长1.8cm、粗4.2mm；果心小，5心室；果肉白色，肉质中粗、松脆，汁液多，味甜，有微香气；含可溶性固形物11.8%；品质中上等，常温下可贮藏20d。

树势强旺，树姿直立；萌芽力中等，成枝力中等，丰产性差。一年生枝灰褐色；叶片卵圆形，长6.2cm、宽4.5cm，叶尖渐尖，叶基楔形；花蕾白色，每花序5～8朵花，平均6.0朵；雄蕊19～21枚，平均20.0枚；花冠直径2.8cm。在云南砚山县，果实9月中旬成熟。

特殊性状描述： 植株适应性强，不抗梨褐斑病。

台合梨

外文名或汉语拼音: Taiheli

来源及分布: $2n = 34$,原产贵州省,在贵州印江、思南等地有栽培。

主要性状: 平均单果重73.0g,纵径5.2cm、横径5.2cm,果实圆形,果皮黄绿色,果面具水锈;果点小而密、灰褐色,萼片残存;果柄较长,长3.8cm、粗3.5mm;果心特大,5心室;果肉白色,肉质粗、酥脆,汁液中多,味甜,无香气;含可溶性固形物9.5%;品质中上等,常温下可贮藏15～20d。

树势强旺,树姿半开张;萌芽力中等,成枝力中等,丰产性好。一年生枝黑褐色;叶片椭圆形,长10.8cm、宽5.7cm,叶尖渐尖,叶基狭楔形;花蕾浅粉红色,每花序4～7朵花,平均5.5朵;雄蕊18～23枚,平均20.5枚;花冠直径2.9cm。在贵州印江县,果实10月下旬成熟。

特殊性状描述: 植株较耐贫瘠,叶片较易感梨褐斑病。

台湾蜜梨

外文名或汉语拼音：Taiwan Mili

来源及分布：$2n = 34$，原产台湾省，在广东、广西、北京门头沟区有栽培。

主要性状：平均单果重337.3g，纵径6.9cm、横径7.7cm，果实圆形或扁圆形，果皮黄绿色，锈斑重；果点小而密、灰褐色，萼片残存；果柄较长，长3.1cm，粗5.5mm；果心小，5心室；果肉白色，肉质细、松脆；汁液多，味甜，无香气；含可溶性固形物12.8%；品质上等，常温下可贮藏10～15d。

树势中庸，树姿半开张；萌芽力强，成枝力弱；丰产性好。一年生枝褐色；叶片卵圆形，长

11.0cm、宽9.1cm，叶尖尾尖，叶基圆形；花蕾白色，边缘浅粉红色，每花序5～7朵花，平均6.0朵；雄蕊25～32枚，平均28.0枚；花冠直径3.8cm。在北京地区，果实8月中旬成熟。

特殊性状描述：植株病虫害较少，适应性强。

桃源丰水梨

外文名或汉语拼音: Taoyuan Fengshuili

来源及分布: $2n = 34$,原产福建省,在福建大田县桃源、华兴、屏山、吴山、武陵等地有栽培。

主要性状: 平均单果重498.8g,纵径9.4cm、横径10.4cm,果实近圆形,果皮枣红色,阳面无晕;果点中等大而密、红褐色,萼片脱落;果柄较短,长2.3cm、粗3.2mm;果心极小、中位,5心室;果肉白色,肉质中粗、脆,汁液多,味甜,无香味,无涩味;含可溶性固形物12.1%;品质中上等,常温下可贮藏15d。

树势强旺,树姿半开张;萌芽力强,成枝力中

等,丰产性好。一年生枝黄褐色;叶片卵圆形,长11.3cm、宽7.6cm,叶尖长尾尖,叶基楔形;花蕾白色,每花序5～8朵花,平均6.5朵;雄蕊30～34枚,平均32.0枚;花冠直径3.5cm。在福建建宁县,果实9月上中旬成熟。

特殊性状描述: 植株抗病性、抗虫性中等,耐旱性、耐涝性强。

甜麻梨

外文名或汉语拼音：Tianmali

来源及分布：$2n = 34$，原产四川省阿坝藏族羌族自治州，在四川金川、小金等地有少量栽培。

主要性状：平均单果重221.0g，纵径8.5cm、横径7.5cm，果实扁圆形，果皮粗糙、黄褐色；果点大而疏、灰白色，萼片残存；果柄较短，长2.8cm、粗3.8mm；果心大，5心室；果肉黄白色，肉质中粗、松脆；汁液多，风味浓甜，有微香气；含可溶性固形物13.9%；品质中上等，常温下可贮藏30d。

树势强旺，树姿开张；萌芽力强，成枝力强，丰产性好。一年生枝红褐色；叶片长圆形，长10.1cm、宽7.6cm，叶尖渐尖，叶基圆形；花蕾白色，每花序5～7朵花，平均6.0朵；雄蕊19～21枚，平均20.0枚；花冠直径4.2cm。在四川金川县，果实10月下旬成熟。

特殊性状描述：果实质优、晚熟，适于在温暖半干旱地区栽培。

甜青梨

外文名或汉语拼音：Tianqingli

来源及分布：原产湖南省宜章县，在湖南宜章有少量栽培。

主要性状：平均单果重210.0g，纵径7.3cm、横径6.8cm，果实倒卵圆形，果皮绿色，在潮湿环境条件下果面具果锈；果点中等大、棕褐色，萼片残存；果柄较长，长3.4cm、粗3.5mm；果心中等大，5心室；果肉白色，肉质中粗、脆，汁液中多，味甜酸，无香气；含可溶性固形物12.8%；品质上等，常温下可贮藏10～15d。

树势中庸，树姿半开张；萌芽力强，成枝力中等，丰产性一般。一年生枝褐色；叶片卵圆形，长11.4cm、宽7.1cm，叶尖急尖，叶基圆形或截形。在湖南宜章地区，3月上旬开花，果实9月上旬成熟。

特殊性状描述：植株耐旱性、抗病虫性强。

甜宵梨

外文名或汉语拼音：Tianxiaoli

来源及分布：$2n = 34$，原产湖南省，在湖南宜章等地有栽培。

主要性状：平均单果重359.0g，纵径8.7cm、横径8.8cm，果实卵圆形，果皮绿色；果点中等大而密、灰褐色，萼片残存；果柄较长，长4.5cm、粗3.2mm；果心中等大，4～5心室；果肉绿白色，肉质中粗、脆，汁液中多，味淡甜，无香气；含可溶性固形物11.0%；品质中等，常温下可贮藏10d。

树势中庸，树姿半开张；萌芽力中等，成枝力弱，丰产性好。一年生枝灰褐色；叶片卵圆形，长9.2cm、宽6.9cm，叶尖长尾尖，叶基宽楔形；花蕾浅粉红色，每花序2～12朵花，平均7.0朵；雄蕊20～24枚，平均22.0枚；花冠直径3.6cm。在湖北武汉地区，果实9月中旬成熟。

特殊性状描述：果个大，植株适应性强。

铁砣梨

外文名或汉语拼音：Tietuoli

来源及分布：$2n = 34$，原产贵州省，在贵州桐梓县及周边地区有栽培。

主要性状：平均单果重360.0g，纵径8.8cm、横径8.2cm，果实圆锥形，果皮黄褐色；果点中等大而疏、灰白色，萼片残存；果柄短，长1.3cm、粗3.4mm；果心极小，5心室；果肉白色，肉质粗、脆，汁液中多，味微涩，无香气；含可溶性固形物12.1%；品质中下等，常温下可贮藏10d。

树势较弱，树姿直立；萌芽力中等，成枝力弱。一年生枝灰褐色；叶片卵圆形，长12.6cm、宽7.1cm，叶尖渐尖，叶基楔形。在贵州桐梓县，果实8月成熟。

特殊性状描述：植株耐贫瘠，抗病性较强。

通瓜梨

外文名或汉语拼音：Tongguali

来源及分布：$2n = 34$，原产福建省，在福建云霄县莆美、陈岱、马铺、火田等地有栽培。

主要性状：平均单果重434.8g，纵径8.9cm、横径9.6cm，果实圆形，果皮褐色，阳面无晕；果点中等大而密、灰白色，萼片脱落；果柄极短，长0.8cm、粗4.2mm；果心中等大、中位，5心室；果肉白色，肉质中粗、致密，汁液中多，味甜酸，无香气，无涩味；含可溶性固形物12.75%；品质中等，常温下可贮藏15d。

树势强旺，树姿半开张；萌芽力强，成枝力中等，丰产性好。一年生枝绿黄色；叶片卵圆形，长11.8cm、宽7.5cm，叶尖长尾尖，叶基宽楔形；花蕾白色，每花序5～8朵花，平均6.5朵；雄蕊27～30枚，平均28.5枚；花冠直径4.5cm。在福建建宁县，果实9月中下旬成熟。

特殊性状描述：植株抗病性、抗虫性中等，耐旱性、耐涝性强。

桐子梨

外文名或汉语拼音： Tongzili

来源及分布： $2n = 34$，原产重庆市，在重庆开州区等地有栽培。

主要性状： 平均单果重110.0g，纵径6.6cm、横5.6cm，果实圆柱形，果皮深褐色；果点中等大而密、棕褐色，萼片残存；果柄较长，长3.2cm、粗3.8mm；果心中等大，5心室；果肉乳白色，肉质粗、硬脆，汁液少，味淡酸甜，无香气；含可溶性固形物9.3%；品质中等，常温下可贮藏30d。

树势中庸，树姿半开张；萌芽力强，成枝力中等，丰产性较好。一年生枝灰褐色；叶片卵圆形，长4.9cm、宽3.1cm，叶尖渐尖，叶基宽楔形；花蕾白色，每花序6～8朵花，平均7.0朵；雄蕊18～22枚，平均20.0枚；花冠直径2.9cm。在重庆开州地区，果实7月中下旬成熟。

特殊性状描述： 植株适应性、抗逆性均强，耐高温高湿。

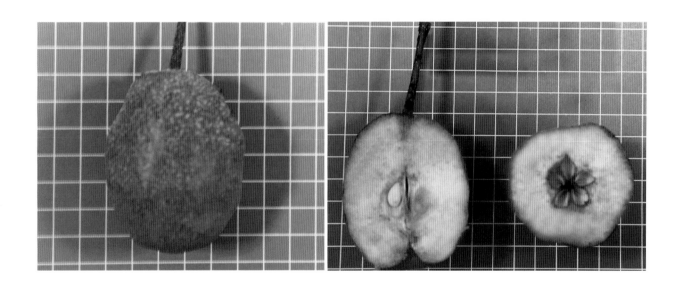

桐梓葫芦梨

外文名或汉语拼音： Tongzi Hululi

来源及分布： $2n = 34$，原产贵州省，在贵州桐梓县及周边地区有栽培。

主要性状： 平均单果重298.0g，纵径11.5cm、横径7.6cm，果实葫芦形，果皮黄绿色，果面具大片果锈；果点小而密、灰褐色，萼片脱落；果柄短、两端膨大，长1.8cm、粗3.3mm；果心小，5心室；果肉白色，肉质中粗、酥脆，汁液多，味甜，无香气；含可溶性固形物9.3%；品质中上等，常温下可贮藏15d。

树势强旺，树姿半开张；萌芽力强，成枝力强。一年生枝红褐色；叶片椭圆形，长10.5cm、宽6.6cm，叶尖渐尖，叶基楔形。在贵州桐梓县，果实9月成熟。

特殊性状描述： 植株对梨叶斑病抗性较强。

桐梓黄皮梨

外文名或汉语拼音：Tongzi Huangpili

来源及分布：$2n = 34$，原产贵州省，在贵州省桐梓县及周边地区有栽培。

主要性状：平均单果重188.0g，纵径6.3cm、横径7.1cm，果实倒卵圆形，果皮黄褐色；果点中等大而密、灰白色，萼片脱落；果柄较短，长2.1cm、粗3.3mm；果心小，5心室；果肉白色，肉质细、松脆，汁液多，味酸甜，无香气；含可溶性固形物11.3%；品质中上等，常温下可贮藏15d。

树势中庸，树姿直立；萌芽力中等，成枝力中等。一年生枝灰褐色；叶片卵圆形，长13.8cm、宽8.3cm，叶尖渐尖，叶基楔形。在贵州桐梓县，果实9月成熟。

特殊性状描述：植株耐贫瘠，抗病性和抗虫性强。

桐梓麻皮梨

外文名或汉语拼音： Tongzi Mapili

来源及分布： $2n = 34$，原产贵州省，在贵州省桐梓县及周边地区有栽培。

主要性状： 平均单果重151.0g，纵径5.9cm、横径6.6cm，果实近圆形，果皮黄褐色；果点小而密、灰白色，萼片脱落；果柄较短，长2.0cm、粗3.1mm；果心中等大，5心室；果肉白色，肉质中粗、脆，汁液中多，味酸甜适度，无香气；含可溶性固形物12.2%；品质中等，常温下可贮藏10～15d。

树势强旺，树姿直立；萌芽力强，成枝力中等，丰产性一般。一年生枝灰褐色；叶片卵圆形，长10.8cm、宽7.6cm，叶尖急尖，叶基圆形。在贵州桐梓县，果实9月成熟。

特殊性状描述： 植株对叶部病害抗性强。

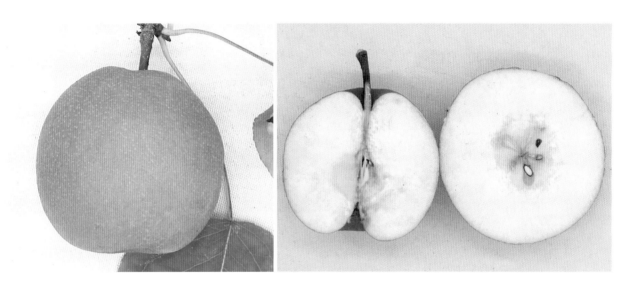

桐梓青皮梨

外文名或汉语拼音： Tongzi Qingpili

来源及分布： $2n = 34$，原产贵州省，在贵州桐梓县及周边地区有栽培。

主要性状： 平均单果重250.0g，纵径8.7cm、横径7.6cm，果实倒卵圆形，果皮黄绿色，果面具锈斑；果点中等大而密、灰褐色，萼片残存；果柄较短，长2.0cm、粗3.4mm；果心中等大，5心室；果肉白色，肉质中粗、酥脆，汁液多，味甜酸，无香气；含可溶性固形物11.6%；品质中上等，常温下可贮藏7d。

树势中庸，树姿半开张；萌芽力中等，成枝力中等，丰产性好。一年生枝黑褐色；叶片卵圆形，长11.7cm、宽6.4cm，叶尖渐尖，叶基楔形。在贵州桐梓县，果实9月成熟。

特殊性状描述： 植株耐贫瘠，叶片和果实易遭病虫害。

铜板梨

外文名或汉语拼音：Tongbanli

来源及分布：$2n = 34$，原产广西壮族自治区，在广西龙胜等地有栽培。

主要性状：平均单果重162.6g，纵径5.9cm、横径5.9cm，果实圆形，果皮黄褐色；果点中等大而密、灰白色，萼片残存；果柄较短，长2.5cm、粗3.8mm；果心大，5心室；果肉淡黄色，肉质粗、松脆，汁液中多，味酸甜，无香气；含可溶性固形物11.0%；品质中等，常温下可贮藏7d。

树势中庸，树姿开张；萌芽力中等，成枝力中等，丰产性一般。一年生枝黄褐色；叶片圆形，长10.8cm、宽7.5cm，叶尖急尖，叶基圆形；花蕾白色，每花序5～6朵花，平均5.5朵；雄蕊20～26枚，平均23.0枚；花冠直径3.6cm。在广西龙胜各族自治县，果实10月中旬成熟。

特殊性状描述：果心大，果肉易褐变。

铜皮梨

外文名或汉语拼音： Tongpili

来源及分布： $2n = 34$，原产四川省简阳市，在四川仁寿、资阳等地有栽培。

主要性状： 平均单果重148.0g，纵径6.6cm、横径6.1cm，果实长圆形，果皮黄褐色；果点大而疏、灰褐色，萼片脱落；果柄较长，长4.1cm、粗3.9mm；果心大，5心室；果肉黄白色，肉质较粗、脆，石细胞多，汁液多，味酸甜；含可溶性固形物10.3%；品质中等，常温下可贮藏20d。

树势强旺，树姿半开张；萌芽力强，成枝力中等，丰产性较好。一年生枝红褐色；叶片卵圆形，长11.8cm、宽6.6cm，叶尖渐尖，叶基圆形；花蕾白色，每花序5 ～ 8朵花，平均6.5朵；雄蕊19 ～ 22枚，平均20.5枚；花冠直径3.9cm。在四川简阳地区，果实9月下旬成熟。

特殊性状描述： 果实较耐贮藏；植株抗逆性强，耐瘠薄。

潼南大麻梨

外文名或汉语拼音： Tongnan Damali

来源及分布： $2n = 34$，原产重庆市，在重庆潼南区等地有栽培。

主要性状： 平均单果重156.0g，纵径6.5cm、横径6.3cm，果实近圆形，果皮褐色；果点中等大而密、灰褐色，萼片脱落；果柄长，长5.2cm，粗3.8mm；果心较小，5心室；果肉乳白色，肉质粗、硬脆，汁液少，味淡酸甜，无香气；含可溶性固形物8.7%；品质中等，常温下可贮藏25d。

树势中庸，树姿半开张，萌芽力强，成枝力中等，丰产性较好。一年生枝灰褐色；叶片卵圆形，长5.8cm、宽3.7cm，叶尖渐尖，叶基宽楔形；花蕾白色，每花序5～7朵花，平均6.0朵；雄蕊19～22枚，平均21.0枚；花冠直径3.1cm。在重庆潼南地区，果实7月中旬成熟。

特殊性状描述： 植株适应性、抗逆性均强。

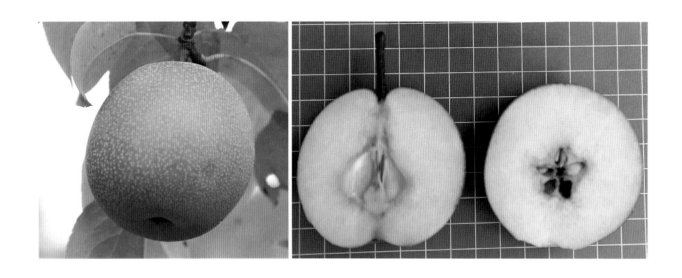

潼南糖梨

外文名或汉语拼音： Tongnan Tangli

来源及分布： $2n = 34$，原产重庆市，在重庆潼南等地有栽培。

主要性状： 平均单果重98.0g，纵径5.7cm、横径5.3cm，果实近圆形，果皮褐色；果点中等大而密、棕褐色，萼片脱落；果柄长，长5.0cm、粗3.3mm；果心小，5心室；果肉乳白色，肉质粗、硬脆，汁液多，味淡甜，无香气；含可溶性固形物11.0%；品质中等，常温下可贮藏7～10d。

树势中庸，树姿半开张；萌芽力强，成枝力中等，丰产性较好。一年生枝灰褐色；叶片卵圆形，长7.9cm、宽6.5cm，叶尖渐尖，叶基宽楔形；花蕾白色，每花5～8朵花，平均6.0朵；雄蕊21～26枚，平均24.0枚；花冠直径3.1cm。在重庆潼南地区，果实7月上旬成熟。

特殊性状描述： 植株耐瘠薄，较耐高温高湿。

团早梨

外文名或汉语拼音：Tuanzaoli

来源及分布：$2n = 34$，原产湖北省，在湖北钟祥等地有栽培。

主要性状：平均单果重459.0g，纵径8.7cm、横径8.7cm，果实圆形，果皮黄绿色；果点中等大而疏、深褐色，萼片脱落；果柄较长而粗，基部膨大肉质化，长4.5cm、粗7.6mm；果心小，4～5心室；果肉白色，肉质中粗、松脆，汁液中多，味甜，无香气；含可溶性固形物10.6%；品质中等，常温下可贮藏20d。

树势强旺，树姿半开张；萌芽力中等，成枝力中等，丰产性好。一年生枝灰褐色；叶片卵圆形，长9.9cm、宽6.1cm，叶尖渐尖，叶基楔形；花蕾浅粉红色，每花序5～9朵花，平均7.0朵；雄蕊20～24枚，平均22.0枚；花冠直径3.4cm。在湖北武汉地区，果实8月下旬成熟。

特殊性状描述：果形端正，商品率高。

万屯秤砣梨

外文名或汉语拼音： Wantun Chengtuoli

来源及分布： $2n = 34$，原产贵州省，在贵州兴义及周边地区有栽培。

主要性状： 平均单果重125.0g，纵径6.2cm、横径6.1cm，果实卵圆形，果皮黄绿色，果面肩部具大面积褐色果锈；果点小而密、浅褐色，萼片残存；果柄较长，长3.6cm、粗3.6mm；果心中等大，5心室；果肉白色，肉质粗、硬脆，汁液少，味甜酸微涩，无香气；含可溶性固形物11.0%；品质中下等，常温下可贮藏10～15d。

树势强旺，树姿直立；萌芽力中等，成枝力中等，丰产性一般。一年生枝灰褐色；叶片椭圆形，长13.3cm、宽7.6cm，叶尖渐尖，叶基楔形。在贵州兴义地区，果实9月成熟。

特殊性状描述： 向阳果实或果实阳面为褐色，遮阴果实或果实阴面绿色面积占比较大。

万屯冬梨

外文名或汉语拼音： Wantun Dongli

来源及分布： $2n = 34$，原产贵州省，在贵州兴义及周边地区有分布。

主要性状： 平均单果重45.0g，纵径4.1cm、横径3.9cm，果实近圆形，果皮黄褐色；果点中等大而密、棕褐色，萼片残存；果柄较长，长3.3cm、粗4.2mm；果心特大，5心室；果肉绿白色，肉质粗硬，汁液少，味酸，无香气；含可溶性固形物9.0%；品质下等，常温下可贮藏25d。

树势中庸，树姿直立；萌芽力中等，成枝力中等，丰产性好。一年生枝灰褐色；叶片卵圆形，长10.6cm、宽6.8cm，叶尖渐尖，叶基圆形。在贵州兴义地区，果实11月成熟。

特殊性状描述： 果实耐贮藏；植株耐贫瘠、耐旱。

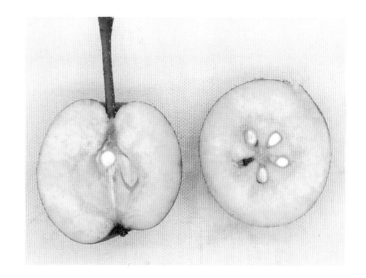

威宁大黄梨

外文名或汉语拼音：Weining Dahuangli

来源及分布：$2n = 34$，原产贵州省，在贵州威宁等地有栽培。

主要性状：平均单果重266.0g，纵径7.7cm、横径7.9cm，果实近圆形或卵圆形，果皮褐色；果点中等大而密、灰褐色，萼片脱落；果柄长，基部稍膨大，长5.5cm、粗3.1mm；果心中等大，5心室；果肉淡黄色，肉质粗、脆，汁液中多，味酸甜，无香气；含可溶性固形物10.2%；品质下等，常温下可贮藏15d。

树势中庸，树姿半开张；萌芽力中等，成枝力中等，丰产性好。一年生枝褐色；叶片椭圆形，长12.4cm、宽5.8cm，叶尖渐尖，叶基宽楔形；花蕾白色，每花序7~9朵花，平均8.0朵；雄蕊20~24枚，平均22.0枚；花冠直径4.7cm。在湖北武汉地区，果实9月上中旬成熟。

特殊性状描述：植株适应性、抗逆性均强。

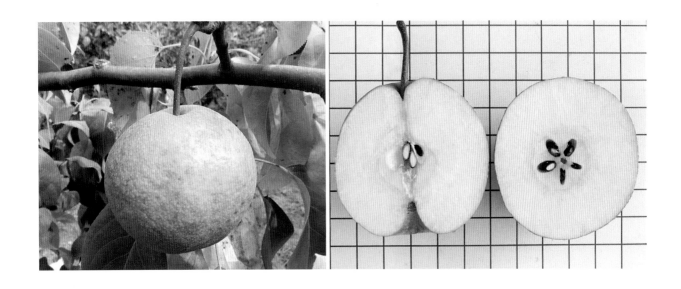

威宁花红梨

外文名或汉语拼音： Weining Huahongli

来源及分布： $2n = 34$，原产贵州省，在贵州威宁等地有栽培。

主要性状： 平均单果重160.0g，纵径5.0cm、横径6.0cm，果实扁圆形，果皮褐色；果点小而密、灰白色，萼片脱落；果柄长，长4.5cm、粗4.1mm；果心小，5心室；果肉淡黄色，肉质中粗、致密，汁液少，味淡甜，无香气；含可溶性固形物10.2%；品质下等，常温下可贮藏10d。

树势中庸，树姿半开张；萌芽力中等，成枝力中等，丰产性好。一年生枝褐色；叶片椭圆形，长12.5cm、宽7.3cm，叶尖长尾尖，叶基圆形；花蕾粉红色，每花序5～8朵花，平均6.5朵；雄蕊18～21枚，平均19.5枚，花药淡黄色；花冠直径4.6cm。在湖北武汉地区，果实9月上旬成熟。

特殊性状描述： 植株抗病性强。

威宁黄酸梨

外文名或汉语拼音：Weining Huangsuanli

来源及分布：$2n = 34$，原产贵州省，在贵州威宁等地有少量栽培。

主要性状：平均单果重98.0g，纵径6.0cm、横径5.7cm，果实倒卵圆形，果皮绿色；果点小而疏、浅褐色，萼片残存；果柄较长，长3.8cm、粗3.4mm；果心中等大，5心室；果肉绿白色，肉质粗、紧脆，汁液少，味酸，无香气；含可溶性固形物8.1%；品质下等，常温下可贮藏25d。

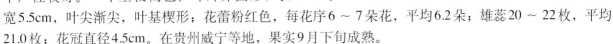

树势中庸，树姿半开张；萌芽力强，成枝力中等，丰产性较好。一年生枝褐色；叶片卵圆形，长8.5cm、宽5.5cm，叶尖渐尖，叶基楔形；花蕾粉红色，每花序6 ~ 7朵花，平均6.2朵；雄蕊20 ~ 22枚，平均21.0枚；花冠直径4.5cm。在贵州威宁等地，果实9月下旬成熟。

特殊性状描述：植株适应性强，较抗梨早期落叶病。

威宁金盖梨

外文名或汉语拼音： Weining Jin'gaili

来源及分布： $2n = 34$，原产贵州省，在贵州威宁等地有栽培。

主要性状： 平均单果重284.9g，纵径8.1cm、横径8.2cm，果实圆形，果皮绿色，果面具片状或条状褐色果锈；果点小而密、灰褐色，萼片宿存；果柄长，长4.8cm、粗5.2mm；果心中等大，5心室；果肉白色，肉质中粗、致密，汁液少，味微酸，无香气；含可溶性固形物9.2%；品质下等，常温下可贮藏15d。

树势中庸，树姿直立；萌芽力中等，成枝力强，丰产性好。一年生枝褐色；叶片卵圆形，长9.7cm、宽6.6cm，叶尖长尾尖，叶基宽楔形；花蕾粉红色，每花序3～7朵花，平均5.0朵；雄蕊17～24枚，平均20.5枚；花冠直径3.8cm。在湖北武汉地区，果实9月上旬成熟。

特殊性状描述： 植株抗性强，丰产性好。

威宁麻梨

外文名或汉语拼音： Weining Mali

来源及分布： $2n = 34$，原产贵州省，在贵州威宁、赫章等地有栽培。

主要性状： 平均单果重250.0g，纵径7.8cm、横径6.2cm，果实卵圆形或葫芦形，果皮绿黄色；果点小而密、灰白色，萼片残存；果柄较短，长2.2cm、粗4.4mm；果心中等大，5心室；果肉白色，肉质粗、酥脆，汁液中多，味甜酸，有微香气；含可溶性固形物11.6%；品质中上等，常温下可贮藏15～20d。

树势强旺，树姿开张；萌芽力中等，成枝力强，丰产性好。一年生枝灰褐色；叶片卵圆形，长11.0cm、宽7.4cm，叶尖急尖，叶基圆形。在贵州威宁县，果实10月成熟。

特殊性状描述： 植株较耐贫瘠，叶片病斑少。

威宁木瓜梨

外文名或汉语拼音： Weining Muguali

来源及分布： $2n = 34$，原产贵州省，在贵州威宁等地有栽培。

主要性状： 平均单果重279.6g，纵径7.7cm、横径8.2cm，果实圆形，果皮绿色，果面具大片果锈；果点小而密、灰褐色，萼片脱落；果柄较长，长3.8cm、粗3.0mm；果心小，5心室；果肉淡黄色，肉质中粗、脆，汁液中多，味甜酸，无香气；含可溶性固形物12.0%；品质中等，常温下可贮藏10d。

树势强旺，树姿直立；萌芽力中等，成枝力中等，丰产性好。一年生枝褐色；叶片卵圆形，长10.7cm、宽6.5cm，叶尖渐尖，叶基宽楔形；花蕾白色，每花序3～5朵花，平均4.0朵；雄蕊18～23枚，平均20.5枚；花冠直径3.6cm。在湖北武汉地区，果实9月上旬成熟。

特殊性状描述： 极丰产，叶片易感梨褐斑病。

威宁青皮梨

外文名或汉语拼音： Weining Qingpili

来源及分布： $2n = 34$，原产贵州省，在贵州威宁、赫章等地有栽培。

主要性状： 平均单果重152.0g，纵径5.8cm、横径6.4cm，果实近圆形，果皮绿黄色，果面具水锈；果点小而密、灰褐色，萼片脱落；果柄较长，长4.0cm、粗3.4mm；果心极小，5心室；果肉白色，肉质细、松脆，汁液多，味酸甜适度，有微香气；含可溶性固形物11.1%；品质上等，常温下可贮藏15～20d。

树势中庸，树姿半开张；萌芽力中等，成枝力中等，丰产性一般。一年生枝灰褐色；叶片卵圆形，长11.3cm、宽6.8cm，叶尖急尖，叶基圆形。在贵州威宁县，果实9月上旬成熟。

特殊性状描述： 果肉颜色较白、不易褐变，植株较耐贫瘠。

威宁乌梨

外文名或汉语拼音： Weining Wuli

来源及分布： $2n = 34$，原产贵州省，在贵州威宁等地有栽培。

主要性状： 平均单果重214.0g，纵径7.4cm、横径8.0cm，果实圆形，果皮绿褐色；果点小而密、灰褐色，萼片残存；果柄长，长4.5cm、粗5.6mm；果心中等大，5心室；果肉白色，肉质粗、硬脆，汁液少，味淡甜，无香气；含可溶性固形物11.2%；品质中下等，常温下可贮藏10d。

树势强旺，树姿直立；萌芽力中等，成枝力弱，丰产性好。一年生枝灰褐色；叶片卵圆形，长10.8cm、宽6.9cm，叶尖急尖，叶基宽楔形；花蕾粉红色，每花序3～5朵花，平均4.0朵；雄蕊18～23枚，平均20.5枚；花冠直径3.9cm。在湖北武汉地区，果实8月下旬成熟。

特殊性状描述： 果形端正，丰产性好。

威宁小黄梨

外文名或汉语拼音: Weining Xiaohuangli

来源及分布: $2n = 34$,原产贵州省,在贵州威宁等地有栽培。

主要性状: 平均单果重166.0g,纵径6.9cm、横径6.7cm,果实卵圆形,果皮绿褐色;果点小而密、灰褐色,萼片脱落;果柄较长,长4.0cm、粗5.1mm;果心极小,4~5心室;果肉淡黄色,肉质粗、较致密,汁液中多,味酸甜,无香气;含可溶性固形物12.0%;品质下等,常温下可贮藏10d。

树势中庸,树姿直立;萌芽力中等,成枝力中等,丰产性好。一年生枝褐色;叶片椭圆形,长9.9cm、宽7.0cm,叶尖急尖,叶基楔形;花蕾粉红色,每花序4~10朵花,平均7.0朵;雄蕊17~21枚,平均19.0枚;花冠直径3.8cm。在湖北武汉地区,果实9月上旬成熟。

特殊性状描述: 极丰产,植株抗逆性强。

威宁自生梨

外文名或汉语拼音：Weining Zishengli

来源及分布：$2n = 34$，原产贵州省，在贵州威宁等地有栽培。

主要性状：平均单果重280.0g，纵径7.7cm、横径8.2cm，果实倒卵圆形，果皮绿色，果面几乎布满褐色果锈；果点小而密、灰褐色，萼片脱落；果柄较长，长4.0cm、粗5.5mm；果心极小，5心室；果肉淡黄色，肉质中粗，汁液中多，味甜酸，无香气；含可溶性固形物12.0%；品质中等，常温下可贮藏10d。

树势强旺，树姿直立；萌芽力中等，成枝力中等，丰产性好。一年生枝褐色；叶片卵圆形，长10.7cm、宽6.5cm，叶尖渐尖，叶基楔形；花蕾白色，每花序3～7朵花，平均5.0朵；雄蕊16～20枚，平均18.0枚；花冠直径3.9cm。在湖北武汉地区，果实9月上旬成熟。

特殊性状描述：植株适应性强，果心极小。

巍山冬雪梨

外文名或汉语拼音： Weishan Dongxueli

来源及分布： 原产云南省，在云南巍山等地有一定量栽培。

主要性状： 平均单果重295.0g，纵径7.9cm、横径8.7cm，果实卵圆形或扁圆形，果皮绿色，阳面红色，在巍山当地着全红色；果点小而密、浅褐色，萼片脱落；果柄长，基部膨大肉质化，长5.3cm、粗3.8mm；果心中等大，5～6心室；果肉绿白色，肉质粗、紧脆，汁液少，味酸，无香气；含可溶性固形物11.2%；品质下等，常温下可贮藏30d。

树势中庸，树姿半开张；萌芽力强，成枝力中等，丰产性较好。一年生枝红褐色；叶片椭圆形，长10.1cm、宽5.8cm，叶尖渐尖，叶基狭楔形；花蕾浅粉红色，每花序4～6朵花，平均5.0朵；雄蕊40～43枚，平均42.0枚；花冠直径5.5cm。在云南巍山县，果实9月下旬成熟。

特殊性状描述： 植株适应性、抗病性均强，但果实品质较差。

巍山红雪梨

外文名或汉语拼音：Weishan Hongxueli

来源及分布：原产云南省，在云南大理巍山等地有栽培。

主要性状：平均单果重250.0g，纵径6.8cm、横径7.2cm，果实圆形，果皮黄绿色，阳面鲜红色；果点中等大而密、灰白色，萼片脱落；果柄长，基部膨大肉质化，长4.5cm、粗2.1mm；果心中等大，5～7心室；果肉淡黄色，肉质中粗、松脆，汁液中多，味甜酸，有微香气；含可溶性固形物13.8%；品质中上等，常温下可贮藏25d。

树势中庸，树姿开张；萌芽力强，成枝力强，丰产性好。一年生枝红褐色；叶片卵圆形，长10.8cm、宽6.7cm，叶尖渐尖，叶基圆形；花蕾粉红色，每花序6或7朵花，平均6.5朵；雄蕊28～30枚，平均29.0枚；花冠直径4cm。在云南巍山县，果实9月底成熟。

特殊性状描述：果实外形美观，色泽鲜艳。

巍山玉香梨

外文名或汉语拼音：Weishan Yuxiangli

来源及分布：原产云南省，在云南大理巍山等地均有栽培。

主要性状：平均单果重260.0g，纵径8.9cm、横径7.5cm，果实倒卵圆形，果皮黄绿色，阳面有红晕，在巍山当地着全红色；果点中等大而密、灰褐色，萼片残存；果柄长，基部膨大肉质化，长4.5cm、粗2.1mm；果心中等大，5心室；果肉绿白色，肉质中粗、松脆，汁液中多，味甜酸，有微香气；含可溶性固形物12.2%；品质中等，常温下可贮藏25d。

树势中庸，树姿开张；萌芽力强，成枝力强，丰产性好。一年生枝红褐色；叶片椭圆形，长9.8cm、宽5.9cm，叶尖渐尖，叶基楔形；花蕾白色，每花序6～8朵花，平均7.0朵；雄蕊18～24枚，平均20.0枚；花冠直径3.0cm。在云南巍山县，果实9月成熟。

特殊性状描述：植株适应性、抗病性均强，几乎不感染梨褐斑病。

温郊青皮梨

外文名或汉语拼音：Wenjiao Qingpili

来源及分布：$2n = 34$，原产福建省，在福建清流县嵩溪、温郊、嵩口、龙津等地有栽培。

主要性状：平均单果重402.0g，纵径8.2cm、横径9.6cm，果实扁圆形，果皮绿黄色，阳面无晕；果点中等大而密、灰白色，萼片脱落；果柄短，长1.0cm、粗5.2mm；果心小、近萼端，5心室；果肉白色，肉质中粗、脆，汁液多，味酸甜，无香气，无涩味；含可溶性固形物11.1%；品质中等，常温下可贮藏15d。

树势强旺，树姿半开张；萌芽力强，成枝力中等，丰产性好。一年生枝绿黄色；叶片披针形，长14.0cm、宽6.4cm，叶尖长尾尖，叶基楔形；花蕾白色，每花序5～8朵花，平均6.5朵；雄蕊20～23枚，平均21.5枚；花冠直径3.2cm。在福建建宁县，果实9月下旬成熟。

特殊性状描述：植株抗病性强，抗虫性中等，耐旱性、耐涝性强。

文山红雪梨

外文名或汉语拼音：Wenshan Hongxueli

来源及分布：原产云南省，在云南文山等地有少量栽培。

主要性状：平均单果重165.8g，纵径7.9cm、横径6.4cm，果实倒卵圆形或葫芦形，果皮绿色，阳面粉红色；在文山当地着全红色；果点小而密、灰褐色，萼片残存；果柄较长而粗，长4.0cm、粗7.8mm；果心中等大，5心室；果肉白色，肉质中粗、紧脆，汁液少，味淡甜微酸，无香气；含可溶性固形物13.9%；品质下等，常温下可贮藏30d。

树势中庸，树姿半开张；萌芽力强，成枝力弱，丰产性较好。一年生枝红褐色；叶片披针形，长9.5cm、宽6.0cm，叶尖渐尖，叶基狭楔形；花蕾粉红色，每花序7～9朵花，平均8.0朵；雄蕊20～25枚，平均22.0枚；花冠直径4cm。在云南文山县，果实9月下旬成熟。

特殊性状描述：果实品质较差，在华北梨区果肉很硬、极耐贮藏；植株适应性、抗病性均强。

瓮安半斤梨

外文名或汉语拼音： Weng'an Banjinli

来源及分布： $2n = 34$，原产贵州省，在贵州瓮安等地有栽培。

主要性状： 平均单果重180.0g，纵径8.8cm、横径6.1cm，果实圆柱形，果皮绿黄色，果面具大片果锈；果点中等大而密、褐色，萼片残存；果柄短，长1.5cm、粗4.2mm；果心中等大，5心室；果肉白色，肉质中粗、酥脆，汁液多，味甜，有微香气；含可溶性固形物9.6%；品质中等，常温下可贮藏10～15d。

树势中庸，树姿直立；萌芽力中等，成枝力中等，丰产性一般。一年生枝灰褐色；叶片椭圆形，长9.9cm、宽6.8cm，叶尖渐尖，叶基楔形。在贵州瓮安县，果实10月上旬成熟。

特殊性状描述： 果实抗病性较强，植株耐贫瘠，叶片抗病性较差。

瓮安长把梨

外文名或汉语拼音：Weng'an Changbali

来源及分布：$2n = 34$，原产贵州省，在贵州瓮安及周边地区有分布。

主要性状：平均单果重45.0g，纵径4.6cm、横径4.2cm，果实倒卵圆形，果皮绿黄色，果面具大片果锈；果点大而密、灰褐色，萼片脱落；果柄细长，长6.3cm、粗3.0mm；果心大，5心室；果肉白色，肉质粗、酥脆，汁液多，味酸甜，无香气；含可溶性固形物11.0%；品质中下等，常温下可贮藏10～20d。

树势中庸，树姿直立；萌芽力弱，成枝力弱，丰产性好。一年生枝褐色；叶片椭圆形，长8.3cm、宽4.1cm，叶尖急尖，叶基窄楔形。在贵州瓮安县，果实10月成熟。

特殊性状描述：属半栽培种类。植株主干直立性强，枝条分枝角度大。

乌沙冬梨

外文名或汉语拼音：Wusha Dongli

来源及分布：$2n = 34$，原产贵州省，在贵州兴义及周边地区有分布。

主要性状：平均单果重50.0g，纵径4.2cm、横径4.4cm，果实圆形，果皮绿色，果面具水锈；果点中等大而密、浅褐色，萼片残存；果柄较长，长3.5cm、粗4.2mm；果心大，5心室；果肉白色，肉质粗、致密，汁液少，味酸，无香气；含可溶性固形物8.7%；品质中下等，常温下可贮藏20d。

树势中庸，树姿直立；萌芽力中等，成枝力中等，丰产性好。一年生枝灰褐色；叶片卵圆形，长10.9cm、宽8.1cm，叶尖急尖，叶基宽楔形。在贵州兴义地区，果实11月中旬成熟。

特殊性状描述：植株耐贫瘠、耐旱。

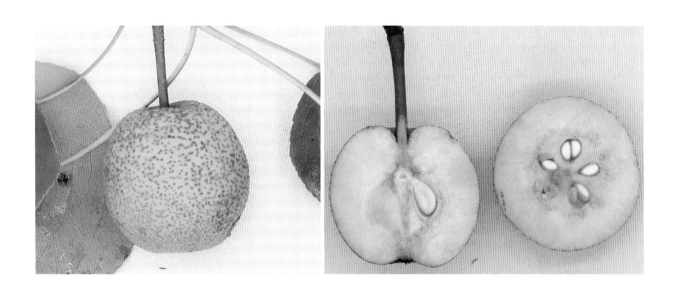

巫山梨

外文名或汉语拼音：Wushanli

来源及分布：$2n = 34$，原产重庆市，在重庆开州等地有栽培。

主要性状：平均单果重116.0g，纵径5.8cm、横径6.0cm，果实近椭圆形，果皮黄绿色；果点小而密、灰褐色，萼片脱落；果柄较长，长4.2cm、粗3.6mm；果心小，5心室；果肉乳白色，肉质粗、硬脆，汁液少，味淡甜，无香气；含可溶性固形物10.3%；品质中等，常温下可贮藏25d。

树势中庸，树姿半开张；萌芽力强，成枝力中等，丰产性较好。一年生枝灰褐色；叶片卵圆形，长5.6cm，宽4.2cm，叶尖渐尖，叶基宽楔形；花蕾白色，每花序6～8朵花，平均7.0朵；雄蕊19～24枚，平均22.0枚；花冠直径3.2cm。在重庆开州地区，果实7月中下旬成熟。

特殊性状描述：植株耐瘠薄，耐高温高湿。

五丫梨

外文名或汉语拼音： Wuyali

来源及分布： 原产云南省新平县，在云南玉溪市新平县、峨山县等地有栽培。

主要性状： 平均单果重220.0g，纵径7.0cm，横径6.5cm，果实椭圆形，果皮黄绿色，向阳面着红色晕；果点小而密、褐色，萼片脱落；果柄较长，长3.0～4.0cm、粗2.0mm；果心小，5心室；果肉白色，肉质细、松脆；汁液多，味酸甜，有微香气；含可溶性固形物10.7%；品质中上等，常温下可贮藏25～30d。

树势强旺，树姿直立；萌芽力强，成枝力强，丰产性好。一年生枝红褐色；叶片卵圆形，长9.8cm、宽5.0cm，叶尖渐尖，叶基圆形；花蕾白色，每花序5～9朵花，平均7.0朵；雄蕊30～32枚，平均31.0枚；花冠直径3.5cm。在云南玉溪地区，果实9月中旬成熟。

特殊性状描述： 果实成熟后纵向均匀分布5个明显的棱，美观漂亮，可作为观赏红皮梨新品种的育种材料；植株抗病虫性强，耐湿热，适应云南省新平县低纬度低海拔亚热带地区种植。

武隆芝麻梨

外文名或汉语拼音：Wulong Zhimali

来源及分布：$2n = 34$，原产重庆市，在重庆市武隆等地有栽培。

主要性状：平均单果重174.0g，纵径6.9cm、横径6.9cm，果实近圆形，果皮黄褐色；果点小而密、灰褐色，萼片脱落；果柄长，长4.7cm、粗3.4mm；果心中等大，5心室；果肉乳白色，肉质粗、硬脆，汁液多，味淡甜，无香气；含可溶性固形物14.2%；品质中等，常温下可贮藏25d。

树势中庸，树姿半开张；萌芽力强，成枝力中等，丰产性较好。一年生枝灰褐色；叶片卵圆形，长4.4cm、宽2.6cm，叶尖渐尖，叶基宽楔形；花蕾白色，每花序6～8朵花，平均7.0朵；雄蕊18～24枚，平均21.0枚；花冠直径2.5cm。在重庆武隆地区，果实9月上旬成熟。

特殊性状描述：植株适应性强，不抗梨叶斑病。

细花红梨

外文名或汉语拼音：Xihuahongli

来源及分布：$2n = 34$，原产广东省，在广东惠阳等地有栽培。

主要性状：平均单果重130.0g，纵径5.6cm、横径6.4cm，果实扁圆形，果皮黄褐色；果点小而密、灰白色，萼片脱落；果柄较长，长3.2cm、粗4.6mm；果心中等大，5心室；果肉白色，肉质中粗、脆，汁液中多，味甜酸，无香气；含可溶性固形物9.2%；品质中等，常温下可贮藏15d。

树势强旺，树姿直立；萌芽力中等，成枝力弱，丰产性好。一年生枝黄褐色；叶片卵圆形，长11.4cm、宽6.1cm，叶尖急尖，叶基宽楔形；花蕾浅粉红色，每花序4～7朵花，平均5.5朵；雄蕊16～22枚，平均19.0枚；花冠直径3.3cm。在湖北武汉地区，果实9月下旬成熟。

特殊性状描述：重瓣花，果实极晚熟。

细花麻壳

外文名或汉语拼音：Xihuamake

来源及分布：原产江西省，在江西婺源等地有少量栽培。

主要性状：平均单果重478.2g，纵径8.1cm、横径10.1cm，果实扁圆形，果皮绿色；果点大而疏、浅褐色，萼片脱落；果柄较短，长2.0cm、粗4.9mm；果心中等大，5心室；果肉乳白色，肉质细、紧脆，汁液多，味酸甜，无香气；含可溶性固形物11.0%；品质中等，常温下可贮藏20d。

树势中庸，树姿半开张；萌芽力强，成枝力弱，丰产性较好。一年生枝褐色；叶片卵圆形，长9.5cm、宽6.0cm，叶尖长尾尖，叶基楔形；花蕾浅粉红色，每花序7～9朵花，平均8朵；雄蕊18～24枚，平均20.0枚；花冠直径3.6cm。在江西婺源地区地，果实9月上旬成熟。

特殊性状描述：植株适应性和抗逆性均强，耐高温高湿。

细花平头青

外文名或汉语拼音： Xihuapingtouqing

来源及分布： $2n = 34$，原产江西省，在江西上饶等地有栽培。

主要性状： 平均单果重212.0g，纵径6.8cm、横径7.6cm，果实圆形，果皮绿色，果顶布满锈斑；果点大而疏、灰褐色，萼片残存；果柄长，长4.9cm、粗4.8mm；果心中等大，5～6心室；果肉白色，肉质中粗、脆，汁液中多，味淡甜，无香气；含可溶性固形物9.7%；品质中等，常温下可贮藏20d。

树势强旺，树姿半开张；萌芽力强，成枝力中等，丰产性好。一年生枝黄褐色；叶片卵圆形，长11.7cm、宽7.1cm，叶尖急尖，叶基宽楔形；花蕾粉红色，每花序5～8朵，平均6.5朵；雄蕊20～28枚，平均24.0枚；花冠直径3.4cm。在湖北武汉地区，果实9月中旬成熟。

特殊性状描述： 果形端正，商品果率高。

细皮梨

外文名或汉语拼音： Xipili

来源及分布： $2n = 34$，原产安徽省，在安徽歙县上丰乡等地有栽培。

主要性状： 平均单果重274.5g，纵径9.5cm、横径9.3cm，果实近圆形，果皮绿色，套袋黄白色；果点中等大而密、浅褐色，萼片脱落；果柄较长，长4.2cm、粗4.3mm；果心中等大，5心室；果肉乳白色，肉质致密、较硬，汁液中多，味甜，无香气；含可溶性固形物10.5%；品质中等，常温下可贮藏30d。

树势中庸，树姿直立；萌芽力较弱，成枝力强；丰产性好。一年生枝褐色；叶片卵圆形，长11.8cm、宽6.8cm，叶尖渐尖，叶基宽楔形；花蕾白色，每花序4～6朵花，平均5.0朵；雄蕊28～34枚，平均31.0枚；花冠直径3.8cm。在安徽黄山地区，果实8月上旬成熟。

特殊性状描述： 果实耐贮藏，植株较抗梨黑斑病。

细皮西绛坞

外文名或汉语拼音： Xipixijiangwu

来源及分布： $2n = 34$，原产江西省，在江西婺源等地有栽培。

主要性状： 平均单果重246.0g，纵径7.6cm、横径7.6cm，果实圆形，果皮绿色；果点中等大而疏、灰褐色，萼片脱落；果柄较长，长3.3cm、粗4.1mm；果心中等大，5心室；果肉白色，肉质中粗、脆，汁液中多，味微酸，无香气；含可溶性固形物9.8%；品质中等，常温下可贮藏20d。

树势中庸，树姿直立；萌芽力中等，成枝力中等，丰产性好。一年生枝红褐色；叶片卵圆形，长10.8cm、宽7.5cm，叶尖长尾尖，叶基心形；花蕾粉红色，每花序5 ~ 8朵花，平均6.5朵；雄蕊15 ~ 23枚，平均19.0枚；花冠直径2.8cm。在湖北武汉地区，果实9月上旬成熟。

特殊性状描述： 果实成熟期晚，较耐贮藏。

细砂黄皮梨

外文名或汉语拼音： Xishahuangpili

来源及分布： $2n = 34$，原产四川省泸定县，在四川泸定当地有一定量的栽培。

主要性状： 平均单果重82.6g，纵径5.0cm、横径5.6cm，果实近圆形或扁圆形，果皮褐色；果点小而密、灰白色，萼片脱落；果柄较长，长3.8cm、粗3.6mm；果心极大，5心室；果肉淡黄色，肉质细、软面；汁液少，味甜酸，无香气；含可溶性固形物11.9%；品质下等，常温下可贮藏25d。

树势强旺，树姿较开张；萌芽力中等，成枝力中等，丰产性较好。一年生枝红褐色；叶片卵圆形，长11.5cm、宽6.8cm，叶尖渐尖，叶基圆形。花蕾白色，每花序6～8朵花，平均7.0朵；雄蕊20～23枚，平均21.5枚；花冠直径4.0cm。在四川泸定县，果实9月中下旬成熟。

特殊性状描述： 植株抗病性中等。

线吊梨

外文名或汉语拼音： Xiandiaoli

来源及分布： $2n = 34$，原产福建省，在福建建宁县濉溪、黄坊、溪源、溪口、里心等地有栽培。

主要性状： 平均单果重76.2g，纵径4.2cm、横径5.1cm，果实圆形，果皮黄褐色，阳面无晕；果点中等大而密、褐色，萼片宿存；果柄较长，长3.0cm、粗3.5mm；果心大、中位，3～5心室；果肉白色，肉质粗、致密，汁液少，味酸，无香气；含可溶性固形物10.0%；品质下等，常温下可贮藏16d。

树势强旺，树姿开张；萌芽力强，成枝力中等，丰产性好。一年生枝绿黄色；叶片披针形，长14.5cm、宽7.0cm，叶尖长尾尖，叶基楔形；花蕾浅粉红色，每花序5～8朵花，平均6.5朵；雄蕊18～21枚，平均20.0枚；花冠直径3.5cm。在福建建宁县，果实10月上旬成熟。

特殊性状描述： 果实可食率低；植株抗病性中等，抗虫性弱，耐旱性、耐涝性强。

香禾梨

外文名或汉语拼音： Xiangheli

来源及分布： $2n = 34$，原产湖南省，在湖南临武等地有栽培。

主要性状： 平均单果重326.0g，纵径7.9cm、横径8.6cm，果实圆形，果皮褐色；果点大而密、灰白色，萼片脱落；果柄长，长5.0cm、粗3.3mm；果心中等大，5心室；果肉乳白色，肉质粗、致密，汁液中多，味酸甜，无香气；含可溶性固形物10.7%；品质下等，常温下可贮藏15d。

树势弱，树姿开张；萌芽力中等，成枝力弱，丰产性好。一年生枝黑褐色；叶片卵圆形，长11.2cm、宽6.7cm，叶尖急尖，叶基楔形；花蕾浅

粉红色，每花序4～9朵花，平均6.5朵；雄蕊17～23枚，平均20.0枚；花冠直径2.7cm。在湖北武汉地区，果实10月上旬成熟。

特殊性状描述： 花药很大且鲜红色，果实极晚熟。

香蜜顺

外文名或汉语拼音：Xiangmishun

来源及分布：$2n = 34$，原产广西壮族自治区，在广西梧州、岑溪、玉林等地有栽培。

主要性状：平均单果重381.3g，纵径8.6cm、横径9.2cm，果实卵圆形或扁圆形，果皮黄绿色，阳面几乎布满果锈；果点中等大而密、棕褐色，萼片脱落；果柄较短，长2.5cm，粗3.1mm；果心极小，5心室；果肉淡黄色，肉质中粗、松脆，汁液多，味酸甜，无香气；含可溶性固形物11.2%；品质中上等，常温下可贮藏7d。

树势强旺，树姿半开张；萌芽力强，成枝力强，丰产性好。一年生枝灰褐色；叶片卵圆形，长13.3cm、宽8.1cm，叶尖急尖，叶基圆形；花蕾白色，每花序5～9朵花，平均7.0朵；雄蕊28～31枚，平均29.5枚；花冠直径3.6cm。在广西岑溪地区，果实6月下旬至7月初成熟。

特殊性状描述：植株适应性较强，抗高温高湿，高抗梨早期落叶病。

香树梨

外文名或汉语拼音： Xiangshuli

来源及分布： $2n = 34$，原产重庆市，在重庆城口等地有栽培。

主要性状： 平均单果重106.0g，纵径7.3cm、横径5.4cm，果实长圆形，果皮褐色；果点中等大而密、灰褐色，萼片脱落；果柄较长，长4.2cm、粗5.8mm；果心较小，5心室；果肉乳白色，肉质粗、松脆，汁液多，味淡甜，有香气；含可溶性固形物10.6%；品质中等，常温下可贮藏20d。

树势中庸，树姿半开张；萌芽力强，成枝力中等，丰产性较好。一年生枝灰褐色；叶片卵圆形，长5.6cm、宽3.1cm，叶尖急尖，叶基楔形；花蕾白色，每花序6～8朵花，平均7.0朵；雄蕊18～22枚，平均19.0枚；花冠直径3.2cm。在重庆城口地区，果实8月中下旬成熟。

特殊性状描述： 植株抗寒性较强，能适应海拔高的地区。

祥云长把梨

外文名或汉语拼音：Xiangyun Changbali

来源及分布：$2n = 34$，原产云南省，在云南祥云等地有栽培。

主要性状：平均单果重157.3g，纵径5.7cm、横径6.9cm，果实近圆形，果皮黄绿色，阳面淡红色；果点中等大而疏、棕褐色；果柄细长，长5.3cm、粗3.5mm；梗洼深广，萼洼深狭，萼片脱落；果心中等大，5心室；果肉乳白色，肉质粗、脆，汁液多，味偏甜，有微香气；含可溶性固形物14.2%；品质中下等，常温下可贮藏30d。

树势强旺，树姿开张；萌芽力中等，成枝力强，丰产性好。一年生枝褐色；叶片披针形，叶基狭楔形，叶尖长尾尖，叶缘尖锐锯齿，叶背无毛，叶片波浪形，叶长13.3cm、宽6.4cm，叶柄长5.4cm。花蕾浅粉红色，每花序5～9朵花，平均7.0朵；雄蕊21～30枚，平均26.0枚；花冠直径3.7cm。在云南祥云县，果实10月中旬成熟。

特殊性状描述：植株抗病性、抗虫性中等。

祥云红雪梨

外文名或汉语拼音：Xiangyun Hongxueli

来源及分布：$2n = 34$，原产云南省，在云南祥云等地有栽培。

主要性状：平均单果重364.8g，纵径8.3cm、横径8.9cm，果实卵圆形或扁圆形，果皮黄绿色，阳面有红晕；梗洼浅，萼洼深广，萼片残存；果点小而密、灰褐色；果柄较短，基部膨大，长2.7cm、粗6.3mm；果心中等大，5～6心室；果肉乳白色，肉质中粗，少量石细胞，汁液多，味酸甜适中；含可溶性固形物10.8%；品质中等，常温下可贮藏30d。

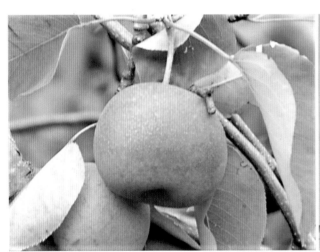

树势强旺，树姿紧凑；萌芽力中等，成枝力强，丰产性好。一年生枝浅褐色，具茸毛，皮孔大密；叶片卵圆形，长10.8cm、宽7.1cm，叶基宽楔形，叶尖急尖，叶缘锐锯齿，叶背无毛，有刺芒。花蕾白色，每花序6～8朵花，平均7.0朵；雄蕊19～23枚，平均21.0枚；花冠直径4.0cm。在云南祥云县，果实10月下旬成熟。

特殊性状描述：植株抗病性、抗虫性中等，叶片易感梨褐斑病。

祥云火把梨

外文名或汉语拼音：Xiangyun Huobali

来源及分布：原产云南省，在云南祥云等地有少量栽培。

主要性状：平均单果重226.0g，纵径8.6cm、横径7.3cm，果实倒卵圆形，果皮绿色，阳面着红色；果点小而密、浅褐色，萼片脱落；果柄长，长5.0cm、粗3.7mm；果心中等大，5～6心室；果肉淡黄色，肉质粗、松脆，汁液多，味甜酸，无香气；含可溶性固形物11.4%；品质下等，常温下可贮藏30d。

树势中庸，树姿半开张；萌芽力强，成枝力中等，丰产性较好。一年生枝褐色；叶片椭圆形，长11.3cm、宽5.8cm，叶尖急尖，叶基狭楔形；花蕾粉红色，每花序6～8朵花，平均7.0朵；雄蕊40～46枚，平均44.0枚；花冠直径4.5cm。在云南祥云当地，果实9月上旬成熟。

特殊性状描述：植株抗病性、抗虫性中等，耐偏酸性土壤。

祥云香酥梨

外文名或汉语拼音：Xiangyun Xiangsuli

来源及分布：$2n = 34$，原产云南省，在云南祥云等地有栽培。

主要性状：平均单果重86.0g，纵径4.8cm、横径5.8cm，果实圆形，果皮黄绿色，阳面有红晕；果点小而密、黄褐色；果柄长，长4.8cm、粗6.1mm；梗洼浅广，萼洼深广，萼片脱落；果心中等大，5心室；果肉乳白色，肉质粗，石细胞多，汁液中多，味酸甜适中；含可溶性固形物14.9%；品质中下等，常温下可贮藏10～15d。

树势中庸，树姿紧凑；萌芽力中等，成枝力中等，丰产性好。一年生枝红褐色；叶片披针形，叶基宽楔形，叶尖长尾尖，叶缘钝锯齿，叶背无毛，有刺芒，叶片波浪形，叶姿水平斜向下，叶柄淡紫红色，叶长9.8cm、宽5.3cm，叶柄长5.0cm。花蕾白色，每花序4～7朵花，平均6.0朵；雄蕊21～28枚，平均26.0枚；花冠直径3.2cm。在云南祥云县，果实7月下旬成熟。

特殊性状描述：植株抗病性、抗虫性中等。

祥云小红梨

外文名或汉语拼音：Xiangyun Xiaohongli

来源及分布：$2n = 34$，原产云南省，在云南祥云等地有少量栽培。

主要性状：平均单果重160.0g，纵径6.3cm、横径7.1cm，果实倒卵圆形，果皮绿色，阳面有红晕，在祥云当地着全红色；果点小而密、灰白色，萼片脱落；果柄长，长5.4cm、粗3.5mm；果心中等大，5心室；果肉白色，肉质中粗、紧脆，汁液中多，味酸，无香气；含可溶性固形物11.6%；品质下等，常温下可贮藏30d。

树势中庸，树姿半开张；萌芽力强，成枝力中

等，丰产性较好。一年生枝褐色；叶片椭圆形，长10.8cm、宽6.5cm，叶尖渐尖，叶基楔形；花蕾粉红色，每花序6～8朵花，平均7.0朵；雄蕊30～34枚，平均32.0枚；花冠直径4.4cm。在云南祥云县，果实9月下旬成熟。

特殊性状描述：果实耐贮藏，成熟晚。

祥云芝麻梨

外文名或汉语拼音： *Xiangyun Zhimali*

来源及分布： $2n = 34$，原产云南省，在云南祥云等地有栽培。

主要性状： 平均单果重208.7g，纵径7.6cm、横径7.2cm，果实近圆形，果皮黄绿色；果点大而密、褐色，萼片脱落；果柄较短，长2.5cm、粗3.9mm；果心小，5心室；果肉乳白色，肉质中粗，汁液多，味酸甜适度，有微香气；含可溶性固形物11.8%；品质中等，常温下可贮藏30d。

树势强旺，树姿紧凑；萌芽力强，成枝力弱，丰产性好。一年生枝褐色，皮孔明显；叶片卵圆形，长9.0cm、宽7.3cm，叶柄长4.8cm，叶基心形，叶尖急尖，叶缘锐锯齿，叶背无毛，叶片平正；花蕾浅粉红色，每花序4～6朵花，平均5.0朵；雄蕊28～30枚，平均29.0枚；花冠直径4.0cm。在云南祥云等地，果实9月下旬至10月初成熟。

特殊性状描述： 植株抗病性、抗虫性中等。

响水梨

外文名或汉语拼音： Xiangshuili

来源及分布： $2n = 34$，原产贵州省，在贵州罗甸、平塘等地有栽培。

主要性状： 平均单果重145.0g，纵径6.4cm、横径5.1cm，果实倒卵圆形，果皮绿黄色，果面具较多锈斑；果点中等大而疏、灰褐色，萼片脱落；果柄较长，长3.8cm、粗4.2mm；果心中等大，5心室；果肉白色，肉质粗、酥脆，汁液多，味甜，有微香气；含可溶性固形物9.5%；品质中等，常温下可贮藏7～10d。

树势中庸，树姿半开张；萌芽力中等，成枝力中等，丰产性一般。一年生枝黄褐色；叶片椭圆形，长11.1cm、宽7.7cm，叶尖渐尖，叶基宽楔形；花蕾白色，每花序5～7朵花，平均6.0朵；雄蕊18～23枚，平均20.5枚；花冠直径3.1cm。在贵州罗甸县，果实8月上旬成熟。

特殊性状描述： 果实易发生虫害，叶片易感梨褐斑病。

小秤砣梨

外文名或汉语拼音： Xiaochengtuoli

来源及分布： $2n = 34$，原产贵州省，在贵州正安县及周边地区有栽培。

主要性状： 平均单果重84.0g，纵径5.8cm、横径5.1cm，果实倒卵圆形，果皮黄绿色，果面布满深褐色锈斑；果点中等大而密、灰白色，萼片脱落；果柄短，长1.3cm、粗5.4mm；果心中等大，5心室；果肉白色，肉质中粗、脆，汁液多，味微涩，无香气；含可溶性固形物10.1%；品质中下等，常温下可贮藏15d。

树势中庸，树姿直立；萌芽力中等，成枝力中等，丰产性好。一年生枝红褐色；叶片椭圆形，长12.6cm、宽7.9cm，叶尖急尖，叶基楔形。在贵州正安县，果实10月成熟。

特殊性状描述： 叶片病害严重，有变红早落现象。

小麻点

外文名或汉语拼音：Xiaomadian

来源及分布：$2n = 34$，原产湖北省，在湖北咸宁等地有栽培。

主要性状：平均单果重142.8g，纵径8.9cm、横径8.6cm，果实长圆形，果皮绿色；果点大而密、灰褐色，萼片残存；果柄较长，长3.7cm、粗3.7mm；果心中等大，5心室；果肉白色，肉质粗、致密，汁液中多，味甜，无香气；含可溶性固形物11.6%；品质中等，常温下可贮藏20d。

树势中庸，树姿半开张；萌芽力中等，成枝力弱，丰产性好。一年生枝黄褐色；叶片卵圆形，长18cm、宽6.1cm，叶尖急尖，叶基圆形；花蕾浅粉红色，每花序5～7朵花，平均6.0朵；雄蕊20～24枚，平均22.0枚；花冠直径3.1cm。在湖北武汉地区，果实9月下旬成熟。

特殊性状描述：果实极晚熟。

小糖梨

外文名或汉语拼音： Xiaotangli

来源及分布： $2n = 34$，原产贵州省，在贵州瓮安、开阳等地有栽培。

主要性状： 平均单果重74.0g，纵径5.2cm、横径5.0cm，果实近圆形，果皮褐色；果点中等大而密、灰白色，萼片脱落；果柄长，长5.8cm、粗4.4mm；果心中等大，5心室；果肉白色，肉质粗、硬脆，汁液少，味酸甜适度，无香气；含可溶性固形物11.5%；品质中等，常温下可贮藏10～15d。

树势中庸，树姿直立；萌芽力中等，成枝力中等，丰产性好。一年生枝灰褐色；叶片椭圆形，长12.1cm、宽6.1cm，叶尖渐尖，叶基狭楔形。在贵州瓮安县，果实10月下旬成熟。

特殊性状描述： 叶缘锯齿尤其明显。

小煮梨

外文名或汉语拼音： Xiaozhuli

来源及分布： 原产云南省，在云南呈贡等地均有少量分布。

主要性状： 平均单果重45.0g，纵径4.7cm、横径4.8cm，果实圆形，果皮黄绿色；果点中等大而密、灰褐色、并在柄端形成片状锈斑，萼片脱落；果柄较短且粗，长2.2cm、粗6.2mm；果心极大，5心室；果肉淡黄色，肉质粗、致密，汁液少，味微涩，无香气；含可溶性固形物12.4%；品质中等，常温下可贮藏25d。

树势中庸，树姿开张；萌芽力中等，成枝力中等，丰产性差。一年生枝绿黄色；叶片心形，长7.1cm、宽6.4cm，叶尖急尖，叶基心形；花蕾白色，每花序6～8朵花，平均7.0朵；雄蕊22～26枚，平均24.0枚；花冠直径4.2cm。在云南呈贡县，果实9月成熟。

特殊性状描述： 果心大，肉质粗；植株抗性、适应性均强。

新房雪梨

外文名或汉语拼音： Xinfang Xueli

来源及分布： $2n = 34$，原产贵州省，在贵州普定、晴隆等地有栽培。

主要性状： 平均单果重150.0g，纵径6.3cm、横径6.64cm，果实近圆形，果皮绿黄色；果点小而疏、褐色，萼片残存；果柄较长，长3.1cm、粗4.6mm；果心大，5心室；果肉白色，肉质粗、酥脆，汁液中多，味甜，有微香气；含可溶性固形物9.4%；品质中上等，常温下可贮藏10d。

树势强旺，树姿开张；萌芽力强，成枝力中等，丰产性好。一年生枝黄褐色；叶片卵圆形，长16.1cm、宽7.8cm，叶尖渐尖，叶基圆形；花蕾白色，每花序5～7朵花，平均6.0朵；雄蕊21～25枚，平均23.0枚；花冠直径3.1cm。在贵州普定县，果实9月中旬至10月上旬成熟。

特殊性状描述： 植株耐贫瘠，叶片病害少。

兴隆黄皮梨

外文名或汉语拼音： Xinglong Huangpili

来源及分布： $2n = 34$，原产四川省泸定县，在四川泸定有少量分布。

主要性状： 平均单果重141.3g，纵径5.8cm、横径6.7cm，果实近圆形或扁圆形，果皮黄褐色；果点中等大，萼片脱落；果柄较长，长4.0cm、粗3.2mm；果心大，5心室；果肉乳白色，肉质粗、致密；汁液少，味酸甜适口，无香气；含可溶性固形物12.9%；品质中等，常温下可贮藏20d。

树势强旺，树姿半开张；萌芽力中等，成枝力中等，丰产性好。一年生枝黄褐色；叶片卵圆形，长9.0cm、宽6.5cm，叶尖急尖，叶基宽楔形或圆形。花蕾白色，每花序6~8朵花，平均7.0朵；雄蕊16~21枚，平均18.5枚；花冠直径3.9cm。在四川泸定县，果实9月中旬成熟。

特殊性状描述： 植株耐旱，耐瘠薄。

兴义红皮梨

外文名或汉语拼音：Xingyi Hongpili

来源及分布：$2n = 34$，原产贵州省，在贵州兴义、兴仁等地有栽培。

主要性状：平均单果重150.0g，纵径6.0cm、横径6.6cm，果实圆形，果皮黄绿色，阳面有淡红晕；果点中等大而密、褐色，萼片残存；果柄较长，长3.5cm、粗4.0mm；果心大，5心室；果肉白色，肉质细、脆，汁液中多，味甜酸，有微香气；含可溶性固形物11.9%；品质中上等，常温下可贮藏10d。

树势中庸，树姿直立；萌芽力中等，成枝力中等，丰产性好。一年生枝灰褐色；叶片卵圆形或椭圆形，长11.2cm、宽5.8cm，叶尖渐尖，叶基圆形；花蕾浅粉红色，每花序5～7朵花，平均6.0朵；雄蕊23～28枚，平均25.5枚；花冠直径3.7cm。在贵州兴义地区，果实8月中旬成熟。

特殊性状描述：植株不耐贫瘠；叶片易感梨褐斑病。

兴义香梨

外文名或汉语拼音： Xingyi Xiangli

来源及分布： $2n = 34$，原产贵州省，在贵州兴义及周边地区有分布。

主要性状： 平均单果重68.0g，纵径4.6cm、横径4.9cm，果实圆形，果皮黄绿色；果点中等大而密、浅褐色，萼片脱落；果柄长，长5.5cm，粗3.2mm；果心中等大，5心室；果肉白色、肉质粗、硬脆，汁液少，味酸甜，有香气；含可溶性固形物12.6%；品质中下等，常温下可贮藏10～15d。

树势强旺，树姿半开张；萌芽力强，成枝力中等，丰产性好。一年生枝黑褐色；叶片椭圆形，长8.9cm、宽6.3cm，叶尖渐尖，叶基楔形。在贵州兴义地区，果实9月成熟。

特殊性状描述： 植株抗病性强，叶小；叶片和果实病虫害少；果实有香气，为贵州省少有的具浓香气品种。

兴义雪梨

外文名或汉语拼音：Xingyi Xueli

来源及分布：$2n = 34$，原产贵州省，在贵州兴义及周边地区有栽培。

主要性状：平均单果重280.0g，纵径9.4cm、横径8.2cm，果实卵圆形，果皮黄绿色；果点小而密、浅褐色，萼片宿存；果柄较长，长3.5cm、粗3.2mm；果心较小，5心室；果肉白色，肉质细、松脆、汁液多，味甜，无香气；含可溶性固形物9.8%；品质中上等，常温下可贮藏7d。

树势较弱，树姿半开张；萌芽力中等，成枝力中等，丰产性好。一年生枝红褐色；叶片椭圆形，长12.9cm、宽7.8cm，叶尖渐尖，叶基楔形。在贵州兴义地区，果实9月成熟。

特殊性状描述：果个大、无酸味，植株易发生梨木虱危害。

宣恩秤砣梨

外文名或汉语拼音：Xuanen Chengtuoli

来源及分布：$2n = 34$，原产湖北省，在湖北宣恩等地有栽培。

主要性状：平均单果重298.0g，纵径11.6cm、横径10.3cm，果实卵圆形或长圆形，果皮褐色；果点小而密、灰白色，萼片残存；果柄较长，长3.1cm、粗3.6mm；果心小，5心室；果肉绿白色，肉质中粗，汁液中多，味甜酸，无香气；含可溶性固形物11.0%；品质中等，常温下可贮藏30d。

树势中庸，树姿半开张；萌芽力中等，成枝力弱，丰产性好。一年生枝褐色；叶片卵圆形，长11.6cm、宽6.6cm，叶尖渐尖，叶基宽楔形；花蕾白色，每花序3~7朵花，平均5.0朵；雄蕊20~30枚，平均25.0枚；花冠直径3.4cm。在湖北武汉地区，果实9月中下旬成熟。

特殊性状描述：果实极晚熟，耐贮藏。

雪峰青皮梨

外文名或汉语拼音：Xuefeng Qingpili

来源及分布：$2n = 34$，原产福建省，在福建明溪县胡坊、雪峰、瀚仙、夏阳、盖洋等地有栽培。

主要性状：平均单果重480.3g，纵径9.9cm、横径9.7cm；果实倒卵圆形，果皮黄绿色，阳面无晕；果点小而密、浅褐色，萼片脱落；果柄较短，长1.9cm、粗3.2mm；果心极小，5心室；果肉白色，肉质细、沙面，汁液多，味甜，无香气，无涩味；含可溶性固形物11.9%；品质上等，常温下可贮藏5d。

树势强旺，树姿半开张；萌芽力强，成枝力中等，丰产性好。一年生枝绿黄色；叶片椭圆形，长12.5cm、宽7.9cm，叶尖急尖，叶基圆形；花蕾白色，每花序5～8朵花，平均6.5朵；雄蕊25～28枚，平均26.5枚；花冠直径4.2cm。在福建建宁县，果实8月中旬成熟。

特殊性状描述：植株抗病性中等，抗虫性弱，耐旱性、耐涝性强。

雪苹梨

外文名或汉语拼音： Xuepingli

来源及分布： $2n = 34$，原产湖北省，在湖北襄阳等地有栽培。

主要性状： 平均单果重283.6g，纵径8.0cm、横径8.2cm，果实圆形，果皮红褐色；果点中等大而密、黑褐色，萼片脱落；果柄较长，长3.5cm、粗3.6mm；果心中等大，5心室；果肉白色，肉质粗、松脆，汁液中多，味甜，有微香气；含可溶性固形物11.4%；品质中等，常温下可贮藏7d。

树势强旺，树姿半开张；萌芽力中等，成枝力弱，丰产性好。一年生枝褐色；叶片卵圆形，长8.9cm、宽5.5cm，叶尖急尖，叶基宽楔形；花蕾粉红色，每花序5～7朵花，平均6.0朵；雄蕊22～30枚，平均26.0枚；花冠直径3.3cm。在湖北武汉地区，果实9月上中旬成熟。

特殊性状描述： 果个大，植株适应性强。

盐源秤砣梨

外文名或汉语拼音： Yanyuan Chengtuoli

来源及分布： $2n = 34$，原产四川省盐源县，在四川盐源有少量分布。

主要性状： 平均单果重224.4g，纵径7.0cm、横径8.1cm，果实近圆柱形，果皮黄褐色；果点大而密、灰白色，萼片残存；果柄短，长1.9cm、粗3.1mm；果心大，5心室；果肉淡黄色，肉质粗、松脆；汁液中多，味酸甜微涩，有微香气；含可溶性固形物13.5%；品质中等，常温下可贮藏15d。

树势强旺，树姿直立；萌芽力强，成枝力中等，丰产性极好。一年生枝黄褐色；叶片椭圆形，长7.2cm、宽6.4cm，叶尖钝尖，叶基宽楔形；花蕾白色，每花序5～8朵花，平均6.5朵；雄蕊20～26枚，平均23.0枚；花冠直径4.2cm。在四川盐源县，果实8月中旬成熟。

特殊性状描述： 植株耐旱，耐瘠薄。

盐源珍珠梨

外文名或汉语拼音：Yanyuan Zhenzhuli

来源及分布：原产四川省盐源县，在四川盐源有少量分布。

主要性状：平均单果重80.5g，纵径5.0cm、横径5.2cm，果实扁圆形，果皮褐色；果点中等大而密、灰褐色，萼片脱落；果柄短，长1.7cm、粗4.8mm；果心极大，5心室；果肉淡黄色，肉质粗、松脆，汁液中多，味甜酸，无香气；含可溶性固形物14.0%；品质中等，常温下可贮藏25d。

树势中庸，树姿半开张；萌芽力中等，成枝力中等，丰产性好。一年生枝灰褐色；叶片椭圆形，长7.3cm、宽6.1cm，叶尖渐尖，叶基狭楔形；花蕾白色，每花序6～8朵花，平均7.0朵；雄蕊20～26枚，平均23.0枚；花冠直径4.1cm。在四川盐源县，果实9月中旬成熟。

特殊性状描述：植株抗病性和抗虫性均强。

扬尘梨

外文名或汉语拼音： Yangchenli

来源及分布： $2n = 34$，原产四川省雅安市，在四川汉源等地有少量栽培。

主要性状： 平均单果重51.3g，纵径4.2cm、横径4.7cm，果实扁圆形，果皮黄绿色，果面布满棕褐色锈斑；果点中等大而密、灰褐色、并形成大片状锈斑，萼片脱落；果柄细长，长5.0cm、粗1.7mm；果心中等大，5心室；果肉绿白色，肉质粗、致密，汁液少，味酸甜适中，无香气；含可溶性固形物13.4%；品质下等，常温下可贮存25d。

树势中庸，树姿半开张；萌芽力中等，成枝力中等，丰产性好。一年生枝灰褐色；叶片椭圆形，长6.4cm、宽4.3cm，叶尖渐尖，叶基宽楔形；花蕾白色，每花序5 ~ 7朵花，平均6.0朵；雄蕊18 ~ 20枚，平均19.0枚；花冠直径3.8cm。在四川汉源县，果实10月中旬成熟。

特殊性状描述： 果皮粗糙；植株抗虫性较强，不耐干旱和盐碱。

阳冬梨

外文名或汉语拼音: Yangdongli

来源及分布: 原产湖南省保靖县,在湖南保靖有少量栽培。

主要性状: 平均单果重402.0g,纵径9.6 cm、横径9.0 cm,果实卵圆形或倒卵圆形,果皮绿色;果点小而疏、灰褐色,萼片脱落或残存;果柄较长,长4.2cm、粗3.2mm;果心小,5心室;果肉乳白色,肉质细、脆,汁液中多,味甜,无香气,无涩味;含可溶性固形物12.0%;品质中上等,常温下可贮藏10d。

树势强旺,树姿直立;萌芽力强,成枝力强,丰产性一般。一年生枝褐色;叶片圆形或卵圆形,长13.2cm、宽7.6 cm,叶尖长尾尖,叶基心形;花蕾白色,每花序6 ~ 8朵花,平均7.0朵;雄蕊20 ~ 22枚,平均21.0枚;花冠直径3.2cm。在湖南长沙地区,3月中旬开花,果实10月中旬成熟。

特殊性状描述: 植株适应性、抗病性均强。

漾濞秤砣梨

外文名或汉语拼音： Yangbi Chengtuoli

来源及分布： $2n = 34$，原产云南省，在云南漾濞等地有少量栽培。

主要性状： 平均单果重748.3g，纵径11.56cm、横径11.29cm，果实倒卵圆形，果皮绿色；果点小而密、浅褐色，萼片脱落；果柄较长，基部肉质化，长3.8cm、粗2.9mm；果心极小，5心室；果肉白色，肉质中粗、松脆，汁液中多，味酸甜，有微香气；含可溶性固形物含量11.2%；品质中上等，常温下可贮藏30d。

树势极强，树姿直立；萌芽力强，成枝力中等，丰产性好。一年生枝紫褐色；叶片卵圆形，长10.0cm、宽7.0cm，叶尖渐尖，叶基心形；花蕾白色。在云南大理地区，果实10月下旬成熟。

特殊性状描述： 植株抗逆性、抗病性、抗虫性强。

漾濞酸秤砣梨

外文名或汉语拼音： Yangbi Suanchengtuoli

来源及分布： $2n = 34$，原产云南省，在云南漾濞等地有少量栽培。

主要性状： 平均单果重200.0g，纵径7.2cm、横径7.4cm，果实卵圆形，果皮绿色；果点小而密、灰褐色，萼片残存；果柄较长，其上膨大具瘤状物，长3.2cm、粗4.8mm；果心中等大，5～6心室；果肉白色，肉质中粗、紧脆，汁液中多，味酸甜，无香气；含可溶性固形物11.2%；品质下等，常温下可贮藏28d。

树势中庸，树姿半开张；萌芽力强，成枝力强，丰产性一般。一年生枝褐色；叶片椭圆形，长9.6cm、宽6cm，叶尖渐尖，叶基狭楔形；花蕾浅粉红色，每花序3～7朵花，平均5.0朵；雄蕊25～29枚，平均27.0枚；花冠直径4.5cm。在云南漾濞县，果实9月中旬成熟。

特殊性状描述： 植株抗逆性、适应性均强，但果实品质差。

漾濞玉香梨

外文名或汉语拼音：Yangbi Yuxiangli

来源及分布：$2n = 34$，原产云南省漾濞县，在云南漾濞有一定量栽培。

主要性状：平均单果重200.2g，纵径7.4cm、横径6.9cm，果实倒卵圆形，果皮绿黄色，阳面有红晕；果点中等大而密、灰褐色，萼片脱落；果柄极长，长6.5cm、粗3.8mm；果心中等大，5心室；果肉绿白色，肉质中粗、紧脆，汁液中多，味酸，无香气；含可溶性固形物12.5%；品质下等，常温下可贮藏25～30d。

树势强旺，树姿直立；萌芽力强，成枝力

强，丰产性较好。一年生枝褐色；叶片卵圆形，长11.1cm、宽7.1cm，叶尖急尖，叶基楔形；花蕾浅粉红色，每花序6～8朵花，平均7.0朵；雄蕊20～29枚，平均25.0枚；花冠直径4.0cm。在河南郑州地区，果实9月下旬成熟。

特殊性状描述：果实耐贮藏；植株抗逆性强。

野酸梨

外文名或汉语拼音： Yesuanli

来源及分布： 原产湖南省桑植县，在湖南桑植有少量分布。

主要性状： 平均单果重242.0 g，纵径7.1 cm、横径7.4 cm，果实卵圆形，果皮黄褐色；果点中等大而密、灰褐色，萼片脱落或残存；果柄较长，长4.4cm、粗3.8mm；果心中等大，5心室；果肉淡黄色，极易褐化；肉质粗、紧致，汁液中多，味酸涩，无香气；含可溶性固形物9.0%；品质下等，常温下可贮藏15d。

树势强旺，树姿半开张；萌芽力强，成枝力

强，丰产性一般。一年生枝褐色；叶片心形或截形，长10.4cm、宽7.2cm，叶尖急尖，叶基圆形或截形；花蕾白色，每花序4 ~ 6朵花，平均5.0朵；雄蕊18 ~ 20枚，平均19.0枚；花冠直径3.3cm。在湖南长沙地区，3月上中旬开花，果实8月中下旬成熟。

特殊性状描述： 植株抗逆性、抗病虫性均强。

夜深梨

外文名或汉语拼音： Yeshenli

来源及分布： $2n = 34$，原产广东省，在广东封开等地有栽培。

主要性状： 平均单果重148.0g，纵径5.4cm、横径6.0cm，果实圆形或扁圆形，果皮黄褐色；果点中等大而密、灰褐色，萼片宿存或残存；果柄较长，长4.2cm、粗4.7mm；果心中等大，5心室；果肉乳白色，肉质中粗、脆，汁液中多，味甜酸，无香气；含可溶性固形物11.1%；品质中等，常温下可贮藏15d。

树势强旺，树姿开张；萌芽力中等，成枝力弱，丰产性好。一年生枝黄褐色；叶片卵圆形，长10.4cm、宽5.1cm，叶尖急尖，叶基楔形；花蕾浅粉红色，每花序3～8朵花，平均6.0朵；雄蕊17～25枚，平均21.0枚；花冠直径2.9cm。在湖北武汉地区，果实9月下旬成熟。

特殊性状描述： 极丰产。

宜章大青梨

外文名或汉语拼音： Yizhang Daqingli

来源及分布： 原产湖南省宜章县，在湖南宜章有少量栽培。

主要性状： 平均单果重203.0g，纵径7.8cm、横径7.7cm，果实倒卵圆形，果皮绿黄色，在潮湿的环境下果面具果锈；果点中等大、棕褐色，萼片残存；果柄较长，长3.5cm、粗3.4mm；果心中等大，5心室；果肉绿白色，肉质中粗、脆，汁液中多，味酸甜，无香气；含可溶性固形物11.5%；品质中等，常温下可贮藏10d。

树势强旺，树姿半开张；萌芽力强，成枝力中等，丰产性较好。一年生枝褐色；叶片卵圆形，长11.2cm、宽7.1cm，叶尖长尾尖，叶基宽楔形。在湖南宜章地区，3月上旬开花，果实9月中旬成熟。

特殊性状描述： 果面锈斑多，植株极耐旱，高抗病虫害。

义乌霉梨

外文名或汉语拼音：Yiwu Meili

来源及分布：$2n = 34$，原产浙江省，在浙江义乌、金华等地有栽培。

主要性状：平均单果重90.0g，纵径6.5cm、横径5.2cm，果实长圆形，果皮黄褐色；果点大而密、灰白色，萼片宿存；果柄较长，长3.5cm、粗3.8mm；果心中等大，5心室；果肉淡黄色，肉质粗、致密，汁液少，味甜，无香气；含可溶性固形物12.0%～13.0%；品质中等，常温下可贮藏30d。

树势中庸，树姿半开张；萌芽力强，成枝力强，丰产性好。一年生枝红褐色；叶片卵圆形，长11.5cm、宽8.0cm，叶尖急尖，叶基圆形；花蕾白色，每花序5～8朵花，平均6.5朵；雄蕊24～31枚，平均27.5枚；花冠直径2.9cm。在浙江杭州地区，果实9月中下旬成熟。

特殊性状描述：果小，品质一般；植株抗逆性较强，丰产性差。

义乌三花梨

外文名或汉语拼音： Yiwu Sanhuali

来源及分布： 原产浙江省义乌，在浙江义乌有少量栽培。

主要性状： 平均单果重300.0g，纵径8.8cm、横径8.1cm，果实长圆形，果皮绿色；果点大而密、棕褐色，萼片残存；果柄长，长5.0cm、粗3.8mm；果心中等大，5心室；果肉乳白色，肉质细、松脆，汁液多，味甜酸，无香气；含可溶性固形物11.5%；品质中等，常温下可贮藏25d。

树势中庸，树姿半开张；萌芽力强，成枝力弱，丰产性较好。一年生枝褐色；叶片椭圆形，长12.2cm、宽6.7cm，叶尖长尾尖，叶基圆形；花蕾浅粉红色，每花序6～8朵花，平均7.0朵；雄蕊40～45枚，平均42.5枚；花冠直径4.8cm。在浙江义乌地区，果实9月上旬成熟。

特殊性状描述： 植株耐高温高湿。

义乌子梨

外文名或汉语拼音：Yiwu Zili

来源及分布：$2n = 34$，原产浙江省，在浙江义乌等地有栽培。

主要性状：平均单果重242.0g，纵径9.9cm、横径7.0cm，果实葫芦形，果皮绿色，果面形成褐色锈斑；果点大而密、棕褐色，在萼片残存；果柄短，基部膨大肉质化，长1.6cm、粗4.5mm；果心中等大，5心室；果肉白色，肉质粗、紧致，汁液中多，味酸甜，无香气；含可溶性固形物11.0%；品质下等，常温下可贮藏20d。

树势中庸，树姿半开张；萌芽力中等，成枝力中等，丰产性好。一年生枝绿黄色；叶片卵圆形，长11.5cm、宽7.3cm，叶尖急尖，叶基楔形；花蕾粉红色，每花序4～8朵花，平均6.0朵；雄蕊18～27枚，平均22.5枚；花冠直径3.8cm。在湖北武汉地区，果实9月中旬成熟。

特殊性状描述：果形特异，果皮表面粗糙。

印江冬梨

外文名或汉语拼音： Yinjiang Dongli

来源及分布： $2n = 34$，原产贵州省，在贵州印江县及周边地区有少量分布。

主要性状： 平均单果重36.0g，纵径3.8cm、横径3.6cm，果实卵圆形，果皮褐色；果点中等大而密、灰褐色，萼片脱落；果柄较长，长3.3cm、粗3.4mm；果心大，5心室；果肉白色，肉质粗硬、脆、汁液少，味微酸甜涩，无香气；含可溶性固形物9.3%；品质下等，常温下可贮藏30d。

树势强旺，树姿直立；萌芽力强，成枝力中等。一年生枝褐色；叶片椭圆形，长11.7cm、宽5.5cm，叶尖渐尖，叶基窄楔形。在贵州印江县，果实12月下旬成熟。

特殊性状描述： 半栽培种类。果实成熟期极晚，叶片病斑多，果实病虫害少。

 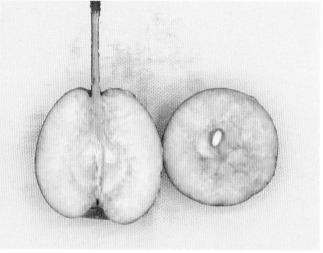

印江算盘梨

外文名或汉语拼音 : Yinjiang Suanpanli

来源及分布 : $2n = 34$，原产贵州省，在贵州印江、思南等地有栽培。

主要性状 : 平均单果重48.0g，纵径4.1cm、横径4.3cm，果实圆形，果皮褐色；果点中等大而密、灰白色，萼片脱落；果柄长，长5.2cm、粗4.0mm；果心特大，5心室；果肉白色，肉质粗、硬脆，汁液少，味酸甜，无香气；含可溶性固形物11.5%；品质中下等，常温下可贮藏7～15d。

树势强旺，树姿开张；萌芽力中等，成枝力中等，丰产性好。一年生枝灰褐色；叶片椭圆形，长11.2cm、宽5.8cm，叶尖渐尖，叶基楔形；花蕾浅粉红色，每花序4～6朵花，平均5.0朵；雄蕊15～21枚，平均18.0枚；花冠直径2.6cm。在贵州印江县，果实10月下旬成熟。

特殊性状描述 : 花小、花瓣多分离而少重叠；果实小、硬、石细胞多；植株较耐贫瘠，叶片病害相对较少。

硬皮梨

外文名或汉语拼音： Yingpili

来源及分布： 原产湖南省宜章县，在湖南宜章有少量分布。

主要性状： 平均单果重215.0g，纵径7.5cm、横径7.4cm，果实圆形或卵圆形，果皮绿黄色，在潮湿环境中果面具果锈；果点中等大、棕褐色，萼片残存；果柄长，长4.5cm、粗3.7mm；果心中等大，5心室；果肉乳白色，肉质细、脆，汁液中多，味甜，有香气；含可溶性固形物12.1%；品质上等。

树势中庸，树姿开张；萌芽力中等，成枝力中等，丰产性一般。一年生枝褐色；叶片卵圆形或椭圆形，长13.8cm、宽7.2cm，叶尖长尾尖，叶基宽楔形。在湖南宜章地区，3月上旬开花，果实9月中下旬成熟。

特殊性状描述： 植株耐旱性、抗病虫性中等。

硬雪梨

外文名或汉语拼音：Yingxueli

来源及分布：$2n = 34$，原产四川省，在四川西昌等地有栽培。

主要性状：平均单果重215.0g，纵径6.9cm、横径7.4cm，果实圆形，果皮褐色；果点中等大、深褐色，萼片残存；果柄长，长4.5cm、粗4.4mm；果心中等大，5心室；果肉淡黄色，肉质中粗、脆，汁液中多，味酸甜，无香气；含可溶性固形物11.8%；品质中等，常温下可贮藏15d。

树势强旺，树姿半开张；萌芽力中等，成枝力中等，丰产性好。一年生枝褐色；叶片卵圆形，长11.3cm、宽6.4cm，叶尖急尖，叶基宽楔形；花蕾白色，每花序6～8朵花，平均7.0朵；雄蕊21～25枚，平均23.0枚；花冠直径2.3cm。在湖北武汉地区，果实9月中下旬成熟。

特殊性状描述：果实成熟晚，较耐贮藏。

永定六月雪

外文名或汉语拼音：Yongding Liuyuexue

来源及分布：$2n = 34$，原产福建省，在福建永定县湖山、岐岭、大溪、洪山等地有栽培。

主要性状：平均单果重75.7g，纵径4.3cm、横径5.5cm，果实扁圆形，果皮黄褐色，阳面无晕；果点中等大而密、灰白色，萼片脱落；果柄较短，长2.0cm、粗3.5mm；果心大、近萼端，5心室；果肉淡黄色，肉质粗、致密，汁液多，味酸，无香气，有涩味；含可溶性固形物14.4%；品质中等，常温下可贮藏15d。

树势强旺，树姿开张；萌芽力强，成枝力中等，丰产性好。一年生枝绿黄色；叶片椭圆形，长11.0cm、宽6.7cm，叶尖长尾尖，叶基楔形；花蕾白色，每花序5～8朵花，平均6.5朵；雄蕊18～21枚，平均19.5枚；花冠直径3.6cm。在福建建宁县，果实9月下旬成熟。

特殊性状描述：果实可食率低，较耐贮藏；植株抗病性弱，抗虫性中等，耐旱性、耐涝性强。

永定七月甜

外文名或汉语拼音： Yongding Qiyuetian

来源及分布： $2n = 34$，原产福建省，在永定县湖山、岐岭、大溪、洪山等地有栽培。

主要性状： 平均单果重22.5g，纵径3.1cm、横径3.6cm，果实圆形，果皮黄褐色；果点中等大而密、灰褐色，萼片残存；果柄细长，长5.8cm、粗2.2mm；果心大、近萼端，5心室；果肉淡黄色，肉质粗、致密，汁液少，味甜，无香气，无涩味；含可溶性固形物11.0%；品质中上等，常温下可贮藏10d。

树势强旺，树姿半开张；萌芽力强，成枝力中等，丰产性好。一年生枝黄褐色；叶片椭圆形，长11.3cm、宽6.4cm，叶尖长尾尖，叶基楔形；花蕾浅粉红色，每花序5～8朵花，平均6.5朵；雄蕊30～34枚，平均32.0枚；花冠直径4.5cm。在福建建宁县，果实8月下旬成熟。

特殊性状描述： 为砂梨的半野生类型。果实可食率低；植株抗病性、抗虫性中等，耐旱性、耐涝性强。

永胜黄梨

外文名或汉语拼音：Yongsheng Huangli

来源及分布：原产云南省，在云南楚雄等地有栽培。

主要性状：平均单果重250.0g，纵径7.0cm、横径8.1cm，果实扁圆形，果皮黄褐色；果点中等大而密、灰白色，萼片脱落；果柄长，基部膨大，长4.9cm、粗2.0mm；果心极小，5心室；果肉乳白色，肉质粗、致密，汁液少，味酸甜，无香气；含可溶性固形物10.3%；品质中等，常温下可贮藏25d。

树势中庸，树姿直立；萌芽力强，成枝力强，丰产性好。一年生枝灰褐色；叶片卵圆形，长7.7cm、宽4.7cm，叶尖急尖，叶基圆形；花蕾白色，每花序6～8朵花，平均7.0朵；雄蕊23～25枚，平均24.0枚；花冠直径3.6cm。在云南楚雄等地，果实9月成熟。

特殊性状描述：植株抗性和适应性均强。

永胜黄酸梨

外文名或汉语拼音： Yongsheng Huangsuanli

来源及分布： 原产云南省，在云南永胜县等地有少量栽培。

主要性状： 平均单果重304.0g，纵径7.5cm、横径8.6cm，果实近圆形，果皮褐色；果点大而密、浅褐色，萼片残存；果柄较长，长4.0cm、粗3.8mm；果心中等大，5～6心室；果肉淡黄色，肉质中粗、紧脆，汁液中多，味甜酸，无香气；含可溶性固形物10.5%；品质中等，常温下可贮藏30d。

树势中庸，树姿半开张；萌芽力强，成枝力弱，丰产性较好。一年生枝黄褐色；叶片披针形，长10.6cm、宽5.3cm，叶尖长尾尖，叶基狭楔形；花蕾浅粉红色，每花序5～7朵花，平均6.0朵；雄蕊30～36枚，平均34.0枚；花冠直径4.6cm。在云南永胜县，果实9月中旬成熟。

特殊性状描述： 果实耐贮藏，植株适应性、抗病性均强。

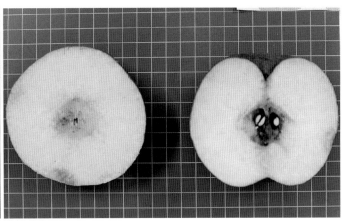

玉川梨

外文名或汉语拼音： Yuchuanli

来源及分布： $2n = 34$，原产湖北省，在湖北利川等地有栽培。

主要性状： 平均单果重191.9g，纵径7.5cm、横径6.1cm，果实扁圆形，果皮褐色；果点小而密、灰白色，萼片脱落；果柄较长，长3.3cm、粗4.6mm；果心中等大，5心室；果肉白色，肉质中粗、松脆，汁液多，味甜，无香气；含可溶性固形物14.5%；品质中等，常温下可贮藏10d。

树势中庸，树姿半开张；萌芽力中等，成枝力弱，丰产性好。一年生枝褐色；叶片卵圆形，长10.0cm、宽7.7cm，叶尖渐尖，叶基圆形；花蕾浅粉红色，每花序3～5朵花，平均3.4朵；雄蕊26～30枚，平均28.1枚；花冠直径2.4cm。在湖北武汉地区，果实8月中旬成熟。

特殊性状描述： 大小年结果现象不明显。

玉山青皮梨

外文名或汉语拼音：Yushan Qingpili

来源及分布：$2n = 34$，原产福建省，在福建建瓯市南雅、玉山、东游、顺阳等地有栽培。

主要性状：平均单果重357.3g，纵径8.9cm、横径8.8cm，果实倒卵圆形，果皮绿色，阳面无晕；果点中等大而密、棕褐色，萼片残存；果柄极短，长0.5cm、粗7.5mm；果心大、近萼端，5心室；果肉白色，肉质中粗、致密，汁液多，味甜酸，无香气，无涩味；含可溶性固形物14.7%；品质中上等，常温下可贮藏16d。

树势强旺，树姿半开张；萌芽力强，成枝力中等，丰产性好。一年生枝褐色；叶片椭圆形，长13.2cm、宽7.8cm，叶尖长尾尖，叶基圆形；花蕾白色，每花序5～8朵花，平均6.5朵；雄蕊18～21枚，平均19.5枚；花冠直径3.7cm。在福建建宁县，果实9月上旬成熟。

特殊性状描述：果实耐贮藏；植株抗病性强，抗虫性中等，耐旱，耐涝。

玉溪大黄梨

外文名或汉语拼音：Yuxi Dahuangli

来源及分布：原产云南省，在云南呈贡、玉溪等地有栽培。

主要性状：平均单果重300.0g，纵径7.6cm、横径8.2cm，果实近圆形，果皮褐色；果点中等大而密、灰白色，萼片脱落，果柄较长，长3.2cm、粗4.5mm；果心小，5心室；果肉乳白色，肉质中粗、致密，汁液少，味甜酸，无香气；含可溶性固形物13.4%；品质中上等，常温下可贮藏15d。

树势强旺，树姿直立；萌芽力强，成枝力强，丰产性好。一年生枝黄褐色，叶片卵圆形，长9.4cm、宽7.2cm，叶尖钝尖，叶基圆形；花蕾粉红色，每花序5～8朵花，平均7.0朵；雄蕊20～23枚，平均22.0枚；花冠直径3.8cm。在云南呈贡地区，果实9月初成熟。

特殊性状描述：果实可溶性固形物含量高，风味浓；植株抗性和适应性均强。

玉溪黄梨

外文名或汉语拼音： Yuxi Huangli

来源及分布： 原产云南省通海县，在云南省玉溪市通海、江川、峨山等地有栽培。

主要性状： 平均单果重300.0g，纵径7.6cm，横径8.2cm，果实扁圆形，果皮褐色；果点小而密、白色，萼片脱落；果柄较短，长2.0～3.0cm，粗3.0mm；果心大，5心室；果肉白色，肉质细、松脆；汁液多，味甜，有微香气；含可溶性固形物13.4%；品质中上等，常温下可贮藏15～20d。

树势强旺，树姿直立；萌芽力强，成枝力强，丰产性好。一年生枝黄褐色；叶片卵圆形，长9.4cm、宽7.2cm，叶尖渐尖，叶基圆形；花蕾白色，每花序5～7朵花，平均6.0朵；雄蕊20～23枚，平均22.0枚；花冠直径3.8cm。在云南玉溪地区，果实9月中旬成熟。

特殊性状描述： 植株抗病虫性强，耐湿热，适宜在低纬度低海拔亚热带地区种植。

沅江青皮梨

外文名或汉语拼音： Yuanjiang Qingpili

来源及分布： 原产湖南省沅江市，在湖南沅江有少量栽培。

主要性状： 平均单果重282.0g，纵径7.2cm、横径5.1cm，果实葫芦形，果皮绿色；果点小而密、灰褐色，萼片脱落或残存；果柄较长，长4.4cm、粗3.8mm；果心较小，5心室；果肉绿白色，肉质中粗、脆，汁液中多，味淡甜，无香气，无涩味；含可溶性固形物9.2%；品质中等，常温下可贮藏10d。

树势强旺，树姿开张；萌芽力强，成枝力中等，丰产性一般。一年生枝褐色；叶片卵圆形，长9.5cm、宽7.4cm，叶尖急尖，叶基圆形；花蕾粉红色，每花序5～7朵花，平均6.0朵；雄蕊20～22枚，平均21.0枚；花冠直径3.0cm。在湖南长沙地区，3月下旬进入盛花期，果实9月中旬成熟。

特殊性状描述： 果形独特，果面干净无锈斑；植株抗逆性较差。

沅陵大青皮

外文名或汉语拼音： Yuanling Daqingpi

来源及分布： 原产湖南省沅陵县，在湖南沅陵有少量栽培。

主要性状： 平均单果重200.0g，纵径7.9cm、横径7.1cm，果实倒卵圆形或圆柱形，果皮绿黄色；果点中等大、浅褐色，萼片残存；果柄短，长1.5cm、粗4.4mm；果心中等大，5心室；果肉绿白色，肉质中粗、脆，汁液中多，味酸甜，有微香气；含可溶性固形物11.6%；品质中上等，常温下可贮藏10d左右。

树势弱，树姿半开张；萌芽力中等，成枝力弱，丰产性一般。一年生枝褐色；叶片圆形或卵圆形，长10.8cm、宽9.2cm，叶尖急尖，叶基圆形或宽楔形。在湖南沅陵地区，3月上旬开花，果实7月中下旬成熟。

特殊性状描述： 植株耐旱性、抗病虫性中等。

沅陵葫芦梨

外文名或汉语拼音：Yuanling Hululi

来源及分布：原产湖南省沅陵县，在湖南沅陵有少量栽培。

主要性状：平均单果重427.0g，纵径9.8cm、横径9.6cm，果实倒卵圆形，果皮绿色；果点大、棕褐色，萼片脱落，果柄较短，长2.5cm、粗5.4mm；果心小，5心室；果肉绿白色，肉质中粗、脆，汁液中多，味酸甜，略带涩味，无香气；含可溶性固形物10.6%；品质上等，常温下可贮藏10～15d。

树势中庸，树姿半开张；萌芽力中等，成枝力中等，丰产性好。一年生枝褐色；叶片卵圆形，长13.0cm、宽9.1cm，叶尖急尖，叶基宽楔形；花蕾白色，每花序6～8朵花，平均7.0朵；雄蕊24～26枚，平均25.0枚；花冠直径3.2cm。在湖南沅陵地区，3月上旬开花，果实9月上旬成熟。

特殊性状描述：果面锈斑多，植株耐旱性中等，高抗病虫害。

沅陵人头梨

外文名或汉语拼音： Yuanling Rentouli

来源及分布： 原产湖南省沅陵县，在湖南沅陵有少量栽培。

主要性状： 平均单果重375.0g，纵径8.9cm、横径9.2cm，果实扁圆形，果皮绿黄色；果点中等大、棕褐色，萼片脱落；果柄极短，长6.0cm、粗5.4mm；果心中等大，5～6心室；果肉乳白色，肉质细、脆，汁液中多，味甜，无香气；含可溶性固形物11.1%；品质上等，常温下可贮藏10d。

树势强旺，树姿半开张；萌芽力强，成枝力强，丰产性好。一年生枝褐色；叶片卵圆形，长10.6cm、宽6.5cm，叶尖急尖，叶基宽楔形；花蕾白色，每花序5～7朵花，平均6.0朵；雄蕊21～23枚，平均22.0枚；花冠直径3.6cm。在湖南沅陵地区，3月上旬开花，果实7月下旬成熟。

特殊性状描述： 植株耐旱性中等，抗病虫性中等。

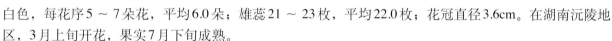

远安十里香

外文名或汉语拼音：Yuanan Shilixiang

来源及分布：$2n = 34$，原产湖北省，在湖北远安等地有栽培。

主要性状：平均单果重177.0g，纵径6.2cm、横径7.0cm，果实近圆形，果皮黄褐色；果点小而密、棕褐色，萼片脱落；果柄较短，基部膨大肉质化，长2.2cm、粗5.6mm；果心中等大，5心室；果肉淡黄色，肉质粗、致密，汁液少，味甜酸，无香气；含可溶性固形物11.4%；品质中等，常温下可贮藏20d。

树势中庸，树姿半开张；萌芽力中等，成枝力中等，丰产性好。一年生枝绿黄色；叶片卵圆形，长10.2cm、宽7.2cm，叶尖急尖，叶基楔形；花蕾浅粉红色，每花序4～6朵花，平均5.0朵；雄蕊20～25枚，平均23.0枚；花冠直径3.4cm。在湖北武汉地区，果实9月中旬成熟。

特殊性状描述：果实极晚熟，较耐贮藏。

月光黄

外文名或汉语拼音：Yueguanghuang

来源及分布：原产湖南省新化县，在湖南新化有少量栽培。

主要性状：平均单果重349.0g，纵径8.1cm、横径9.4 cm，果实圆形或圆锥形，果皮黄褐色，无果锈；果点中等大而密、灰褐色，萼片脱落或残存；果柄较长，长4.1cm、粗4.1mm；果心中等大，5～6心室；果肉乳白色，肉质中粗、脆，汁液多，味酸甜，稍有涩味，无香气；含可溶性固形物9.2%；品质中等，常温下可贮藏15d。

树势强旺，树姿半开张；萌芽力强，成枝力中等，丰产性好。一年生枝褐色；叶片卵圆形，长11.5cm、宽7.8cm，叶尖急尖，叶基截形。花蕾白色，每花序5～7朵花，平均6.0朵；雄蕊22～24枚，平均23.0枚；花冠直径3.5cm。在湖南长沙地区，3月上中旬开花，果实8月上旬成熟。

特殊性状描述：果面干净无锈斑，植株抗逆性强。

云和雪梨

外文名或汉语拼音： Yunhe Xueli

来源及分布： $2n = 34$，原产浙江省，在浙江云和、景宁等地有栽培。

主要性状： 平均单果重750.0g，纵径14.0cm、横径13.5cm，果实圆形，果皮绿黄色，果面具锈斑；果点中等大而密、浅褐色，萼片脱落；果柄短，长1.5cm、粗2.6mm；果心小，5心室；果肉白色，肉质粗、松脆，汁液多，味甜，有涩味，无香气；含可溶性固形物12.0%～14.0%；品质中等，常温下可贮藏25～30d。

树势强旺，树姿半开张；萌芽力强，成枝力强，丰产性好。一年生枝红褐色；叶片卵圆形，

长9.5cm、宽7.0cm，叶尖渐尖，叶基圆形；花蕾白色，每花序5～10朵花，平均7.5朵；雄蕊20～22枚，平均21.0枚；花冠直径3.2cm。在浙江云和地区，果实9月上中旬成熟。

特殊性状描述： 果个大，果实可食率高，耐贮藏，品质好；植株抗性强。

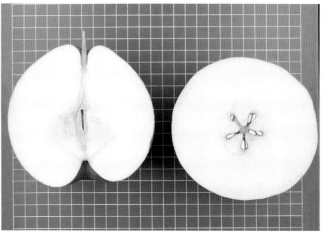

云红1号

外文名或汉语拼音： Yunhong No.1

来源及分布： 原产云南省，在云南文山等地有少量栽培。

主要性状： 平均单果重210.0g，纵径7.8cm，横径7.0cm，果实卵圆形，果皮绿色，阳面暗红，在文山当地着全红色；果点小而密、灰褐色，萼片脱落；果柄极长，长7.0cm、粗3.8mm；果心大，5～6心室；果肉淡黄色，肉质中粗、紧脆，汁液少，味甜，无香气；含可溶性固形物11.2%；品质中等，常温下可贮藏20d。

树势中庸，树姿开张；萌芽力强，成枝力中等，丰产性较好。一年生枝黄褐色；叶片卵圆形，长11.7cm、宽7.1cm，叶尖急尖，叶基楔形；花蕾浅粉红色，每花序7～8朵花，平均7.0朵；雄蕊32～34枚，平均33.0枚；花冠直径4.6cm。在云南文山地区，果实9月下旬成熟。

特殊性状描述： 植株适应性、抗病性均强。

云南火把梨

外文名或汉语拼音：Yunnan Huobali

来源及分布：$2n = 34$，原产云南省，在云南大理、丽江等地有栽培。

主要性状：平均单果重171.0g，纵径6.9cm、横径6.8cm，果实椭圆形，果皮绿色，阳面有鲜红晕，在海拔1 800m以上地区，果面全红色；果点小而密、灰褐色，萼片残存；果柄较短，长2.2cm、粗3.1mm；果心中等大，5～6心室；果肉黄白色，肉质中粗、汁液多，味酸甜，有微香气；含可溶性固形物15.0%；品质中等，常温下可贮藏10～15d。

树势中庸，树姿半开张；萌芽力中等，成枝力中等，丰产性一般。一年生枝黄褐色；叶片椭圆形，长9.2cm、宽4.9cm，叶尖渐尖，叶基楔形；花蕾白色，每花序3～8朵花，平均5.5朵；雄蕊26～34枚，平均30.0枚；花冠直径4.0cm。在山东烟台地区，果实9月中下旬成熟。

特殊性状描述：果实阳面着红色；植株抗性、适应性强。

云南无名梨

外文名或汉语拼音： Yunnan Wumingli

来源及分布： 原产云南省，在云南楚雄等地有少量栽培。

主要性状： 平均单果重147.0g，纵径6.4cm、横径6.8cm，果实倒卵圆形，果皮绿色，阳面鲜红色；果点小而密、灰白色，萼片脱落；果柄长，长5.0cm、粗3.8mm；果心大，5～6心室；果肉淡黄色，肉质中粗、紧脆，汁液中多，味甜，无香气；含可溶性固形物10.9%；品质下等，常温下可贮藏25～30d。

树势中庸，树姿直立；萌芽力强，成枝力中等，丰产性较好。一年生枝绿黄色；叶片卵圆形，长10.5cm、宽5.1cm，叶尖急尖，叶基楔形；花蕾粉红色，每花序6～7朵花，平均6.0朵；雄蕊28～35枚，平均32.0枚；花冠直径5.2cm。在云南楚雄州，果实9月上旬成熟。

特殊性状描述： 果实耐贮藏；植株抗逆性强，较抗梨早期落叶病。

云州梨

外文名或汉语拼音： Yunzhouli

来源及分布： $2n = 34$，原产云南省，在云南临沧凤庆县等地有栽培。

主要性状： 平均单果重127.7g，纵径6.0cm、横径6.5cm，果实卵圆形，果皮深褐色；果点小而密、灰褐色，萼片脱落；果柄较长且粗，长3.9cm、粗6.1mm；果心中等大，5心室；果肉乳白色，肉质粗、致密，汁液多，味酸；含可溶性固形物10.0%；品质下等，常温下可贮藏30d。

树势强旺，树姿半开张；萌芽力强，成枝力强，丰产性好。一年生枝绿黄色；叶片卵圆形，长10.5cm、宽7.0cm，叶尖钝尖，叶基圆形；花蕾白色，每花序7～9朵花，平均8.0朵；雄蕊22～24枚，平均23.0枚；花冠直径3.6cm。在云南祥云县，果实9月下旬成熟。

特殊性状描述： 果实耐贮藏；植株抗病性中等，抗逆性强。

早禾梨

外文名或汉语拼音：Zaoheli

来源及分布：$2n = 34$，原产广西壮族自治区，在广西灌阳等地有栽培。

主要性状：平均单果重204.0g，纵径7.2cm、横径7.4cm，果实圆柱形，果皮黄褐色；果点小而密、灰白色，萼片残存；果柄较短而粗，基部肉瘤状膨大，长2.1cm、粗6.8mm；果心大，5心室；果肉淡黄色，肉质粗、松脆，汁液多，味酸甜、微涩，无香气；含可溶性固形物10.1%；品质中等，常温下可贮藏10d。

树势强旺，树姿半开张；萌芽力中等，成枝力中等，丰产性好。一年生枝红褐色；叶片椭圆形，长11.3cm、宽6.7cm，叶尖急尖，叶基圆形；花蕾浅粉红色，每花序5～7朵花，平均6.0朵；雄蕊19～21枚，平均20.0枚；花冠直径3.5cm。在广西灌阳县，果实8月下旬成熟。

特殊性状描述：果心特大，植株抗病性、抗虫性一般。

漳平青皮梨

外文名或汉语拼音： Zhangping Qingpili

来源及分布： $2n = 34$，原产福建省，在福建漳平县象湖、双洋、赤水、西园等地有栽培。

主要性状： 平均单果重415.8g，纵径8.9cm、横径9.1cm，果实扁圆形或圆形，果皮褐色；果点中等大而密、灰白色，萼片残存；果柄短，长1.0cm、粗4.2mm；果心极小，5～6心室；果肉白色，肉质中粗、脆，汁液中多，味淡甜，无香气，无涩味；含可溶性固形物12.0%；品质中等，常温下可贮藏10d。

树势强旺，树姿半开张；萌芽力强，成枝力中等，丰产性好。一年生枝黄褐色；叶片椭圆形，长12.3cm、宽7.3cm，叶尖渐尖，叶基楔形；花蕾白色，每花序5～8朵花，平均6.5朵；雄蕊16～22枚，平均19.0枚；花冠直径3.4cm。在福建建宁县，果实9月中下旬成熟。

特殊性状描述： 植株抗病性中等，抗虫性中等，耐旱性、耐涝性强。

漳浦赤皮梨

外文名或汉语拼音： Zhangpu Chipili

来源及分布： $2n = 34$，原产福建省，在福建漳浦县前亭、湖西、马坪、霞美、赤湖等地有栽培。

主要性状： 平均单果重298.8g，纵径7.0cm、横径8.8cm，果实扁圆形，果皮黄褐色，阳面无晕；果点中等大而密、褐色，萼片脱落，果柄极短，长0.5cm、粗6.2mm；果心中等大，5心室；果肉乳白色，肉质粗、致密，汁液中多，味微酸，无香气，有涩味；含可溶性固形物11.8%；品质中下等，常温下可贮藏15d。

树势强旺，树姿半开张；萌芽力强，成枝力中等，丰产性好。一年生枝褐色；叶片椭圆形，长10.1cm、宽7.2cm，叶尖渐尖，叶基楔形；花蕾白色，每花序5～8朵花，平均6.5朵；雄蕊18～22枚，平均20.0枚；花冠直径3.1cm。在福建建宁县，果实10月上旬成熟。

特殊性状描述： 植株抗病性强，抗虫性中等，耐旱性、耐涝性强。

漳浦棕包梨

外文名或汉语拼音：Zhangpu Zongbaoli

来源及分布：$2n = 34$，原产福建省，在福建漳浦县前亭、湖西、马坪、赤岭等地有栽培。

主要性状：平均单果重344.5g，纵径6.9cm、横径8.4cm，果实扁圆形，果皮褐色；果点中等大而密、深褐色，萼片残存；果柄较长，长3.7cm、粗3.5mm；果心小、中位，5心室；果肉白色，肉质中粗、脆，汁液中多，味酸甜，无香气，无涩味；含可溶性固形物11.1%；品质上等，常温下可贮藏15d。

树势强旺，树姿半开张；萌芽力强，成枝力中等，丰产性好。一年生枝黄褐色；叶片卵圆形，长11.7cm、宽7.2cm，叶尖长尾尖，叶基楔形；花蕾白色，每花序5～8朵花，平均6.5朵；雄蕊20～24枚，平均22.0枚；花冠直径4.3cm。在福建建宁县，果实9月下旬成熟。

特殊性状描述：植株抗病性强，抗虫性中等，耐旱性、耐涝性强。

昭通黄梨

外文名或汉语拼音： Zhaotong Huangli

来源及分布： $2n=34$，原产贵州省威宁县，在云南昭通、曲靖等地有栽培。

主要性状： 平均单果重270.0 g，纵径12.0cm，横径10.0cm，果实倒卵圆形，果皮厚、浅黄褐色；果点小而密、浅褐色，萼片脱落；果柄较长，基部有瘤状突起，长3.0 ～ 4.0cm、粗2.0mm，柄洼深广；果心小，5心室；果肉白色，肉质中粗、硬脆，汁液多，味酸甜，有微香气；含可溶性固形物12.2%；品质中上等，常温下可贮藏25 ～ 30d。

树势中庸，树姿开张；萌芽力强，成枝力弱，丰产性好。一年生枝黄绿色；叶片卵圆形，长12.7cm、宽7.3cm，叶尖渐尖，叶基宽楔形；花蕾白色，每花序4 ～ 9朵花，平均6.3朵；雄蕊21 ～ 30枚，平均25.0枚；花冠直径3.8cm。在云南昭通地区，果实10月中旬成熟。

特殊性状描述： 果实耐贮藏；植株抗病虫性强，耐寒、耐旱、耐瘠薄，适宜在云南海拔1 800 ～ 2 200m地区栽培。

昭通小黄梨

外文名或汉语拼音： Zhaotong Xiaohuangli

来源及分布： $2n=34$，原产云南省，在云南昭通等地有栽培。

主要性状： 平均单果重239.0 g，纵径7.6 cm、横径4.8 cm，果实倒卵圆形，果皮褐色；果点小而密、灰褐色，萼片脱落；果柄长，基部膨大肉质化，长5.0cm、粗6.5 mm；果心极小，5心室；果肉白色，肉质中粗、脆，汁液中多，味甜，无香气；含可溶性固形物13.3%；品质中等，常温下可贮藏15d。

树势强旺，树姿直立；萌芽力中等，成枝力弱，丰产性好。一年生枝红褐色；叶片披针形，长11.3 cm、宽5.4 cm，叶尖渐尖，叶基狭楔形；花蕾浅粉红色，每花序3～6朵花，平均4.5朵；雄蕊19~28枚，平均23.5枚；花冠直径3.3 cm。在湖北武汉地区，果实9月中旬成熟。

特殊性状描述： 果心极小，植株适应性强。

昭通芝麻梨

外文名或汉语拼音： Zhaotong Zhimali

来源及分布： 原产云南省，在云南昭通等地均有栽培。

主要性状： 平均单果重318.0g，纵径8.2cm、横径8.7cm，果实圆形或扁圆形，果皮绿色；果点中等大而密、浅褐色，萼片脱落；果柄较短，长2.0cm、粗5.9mm；果心中等大，5心室；果肉白色，肉质细、松脆，汁液多，味酸甜，无香气；含可溶性固形物11.8%；品质中等，常温下可贮藏25d。

树势中庸，树姿半开张；萌芽力强，成枝力弱，丰产性一般。一年生枝褐色；叶片披针形，长10.3cm、宽7.4cm，叶尖渐尖，叶基狭楔形；花蕾粉红色，每花序6～7朵花，平均6.0朵；雄蕊20～28枚，平均24.0枚；花冠直径3.8cm。在云南昭通地区，果实9月上旬成熟。

特殊性状描述： 植株抗逆性强，较耐高温高湿。

真香梨

外文名或汉语拼音：Zhenxiangli

来源及分布：$2n = 34$，原产浙江省，在浙江丽水、云和、景宁、松阳一带有分布。

主要性状：平均单果重331.5g，纵径8.9cm、横径8.6cm，果实倒卵圆形，果皮绿色；果点小而密、浅褐色，萼片脱落；果柄极长，长6.2cm、粗3.8mm；果心大，5心室；果肉绿白色，肉质细、松脆，汁液多，味甜微涩，无香气；含可溶性固形物12.3%；品质中上等，常温下可贮藏25d。

树势中庸，树姿半开张；萌芽力强，成枝力弱，丰产性较好。一年生枝褐色；叶片椭圆形，长11.3cm、宽6.1cm，叶尖渐尖，叶基楔形；花蕾浅粉红色，每花序7～9朵花，平均8.0朵；雄蕊30～39枚，平均34.5枚；花冠直径3.8cm。在浙江杭州地区，果实9月下旬成熟。

特殊性状描述：植株较抗梨褐斑病，不抗梨锈病。

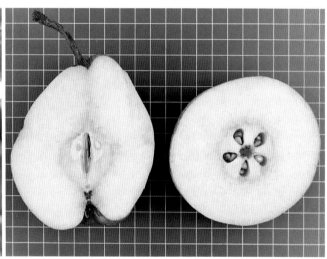

正安蜂糖梨

外文名或汉语拼音： Zheng'an Fengtangli

来源及分布： $2n = 34$，原产贵州省，在贵州正安、务川等地有栽培。

主要性状： 平均单果重78.0g，纵径5.8cm、横径5.0cm，果实倒卵圆形，果皮黄绿色，果面肩部形成大面积锈斑；果点小而密、灰白色，萼片残存；果柄较长，长4.2cm、粗4.4mm；果心特大，5心室；果肉白色，肉质粗硬，汁液中多，味甜酸，有微香气；含可溶性固形物10.5%；品质中等，常温下可贮藏7d。

树势中庸，树姿直立；萌芽力中等，成枝力中等，丰产性好。一年生枝黑褐色；叶片椭圆形，长8.5cm、宽6.2cm，叶尖渐尖，叶基宽楔形；花蕾白色，每花序8～12朵花，平均10.0朵；雄蕊19～24枚，平均21.5枚；花冠直径3.1cm。在贵州正安县，果实11月底至12月初成熟。

特殊性状描述： 植株较耐贫瘠；叶片易感病，早落现象较明显。

正安黄梨

外文名或汉语拼音： Zheng'an Huangli

来源及分布： $2n = 34$，原产贵州省，在贵州正安县及周边地区有栽培。

主要性状： 平均单果重253.0g，纵径9.6cm、横径9.3cm，果实卵圆形，果皮黄绿色，果面布满褐色锈斑；果点中等大而密、灰白色，萼片脱落；果柄短，长1.3cm，粗3.3mm；果心小，5心室；果肉白色，肉质细、松脆，汁液多，味酸甜适度，无香气；含可溶性固形物8.3%；品质中上等，常温下可贮藏15～20d。

树势中庸，树姿直立；萌芽力中等，成枝力中等，丰产性好。一年生枝红褐色；叶片椭圆形，长13.6cm、宽8.7cm，叶尖急尖，叶基宽楔形。在贵州正安县，果实10月成熟。

特殊性状描述： 果实病虫害少，叶片病害严重。

正安黄圆梨

外文名或汉语拼音： Zheng'an Huangyuanli

来源及分布： $2n = 34$，原产贵州省，属半栽培种类，在贵州正安县及周边地区有栽培。

主要性状： 平均单果重55.0g，纵径4.2cm、横径4.3cm，果实圆形，果皮黄褐色(套袋)；果点小而密、灰白色，萼片残存；果柄较长，长3.0cm、粗3.8mm；果心大，5心室；果肉白色，肉质极粗、致密，汁液少，味微涩，有微香气；含可溶性固形物8.6%；品质下等，常温下可贮藏15～20d。

树势中庸，树姿直立；萌芽力中等，成枝力中等，丰产性好。一年生枝灰褐色；叶片椭圆形，长13.1cm、宽5.1cm，叶尖急尖，叶基圆形。在贵州正安县，果实11月成熟。

特殊性状描述： 果实硬度高；植株耐贫瘠，抗病性较强。

正安酸麻梨

外文名或汉语拼音： Zheng'an Suanmali

来源及分布： $2n = 34$，原产贵州省，在贵州正安县及周边地区有栽培。

主要性状： 平均单果重67.0g，纵径4.8cm、横径4.3cm，果实卵圆形，果皮黄褐色；果点中等大而密、灰白色，萼片残存；果柄较短，长2.1cm、粗3.6mm；果心大，5心室；果绿白色，肉质粗、致密，汁液少，味酸涩，无香气；含可溶性固形物8.1%；品质下等，常温下可贮藏15～20d。

树势强旺，树姿直立；萌芽力中等，成枝力中等，丰产性好。一年生枝灰褐色；叶片椭圆形，长9.5cm、宽5.1cm，叶尖急尖，叶基圆形。在贵州正安县，果实11月成熟。

特殊性状描述： 属半栽培种类。果实病虫害少，植株耐贫瘠，叶片病虫害轻。

政和大雪梨

外文名或汉语拼音： Zhenghe Daxueli

来源及分布： $2n = 34$，原产福建省，在福建政和县杨源、石屯、川石、东游等地有栽培。

主要性状： 平均单果重678.6g，纵径11.4cm、横径10.5cm，果实倒卵圆形，果皮黄绿色，阳面无晕；果点中等大而密、褐色，萼片残存；果柄较短，长2.7cm、粗3.5mm；果心小、中位，5～6心室；果肉乳白色，肉质中粗、疏松，汁液多，味酸甜，无香气；含可溶性固形物13.2%；品质中上等，常温下可贮藏15d。

树势强旺，树姿半开张；萌芽力强，成枝力中等，丰产性好。一年生枝褐色；叶片卵圆形，长12.9cm、宽9.1cm，叶尖长尾尖，叶基宽楔形；花蕾白色，每花序5～8朵花，平均6.5朵；雄蕊26～33枚，平均29.5枚；花冠直径3.4cm。在福建建宁县，果实9月上中旬成熟。

特殊性状描述： 植株抗病性、抗虫性强，耐旱性、耐涝性强。

朱氏梨

外文名或汉语拼音： Zhushili

来源及分布： $2n = 34$，原产云南省，在云南祥云等地有栽培。

主要性状： 平均单果重276.1g，纵径7.8cm、横径8.2cm，果实近圆形，果皮黄绿色，成熟后果皮黄褐色，有浓香气；梗洼浅广，萼洼狭深，果点大而密；果柄较长，基部肉质化，长3.3cm、粗4.7mm；果心中等大，5心室；果肉乳白色，肉质细脆，石细胞少，汁液中多，味甜微酸；含可溶性固形物11.6%；品质中等，常温下可贮藏30d。

树势弱，树姿紧凑；萌芽力强，成枝力弱，丰产性好。一年生枝褐色，皮孔稀；叶片卵圆形，叶基心形，叶尖急尖，叶缘锐锯齿，有刺芒，叶背无毛，叶片平整，叶长8.7cm、宽7.1cm，叶柄长4.5cm。花蕾白色，每花序5～10朵花，平均7.5朵；雄蕊16～22枚，平均19.0枚；花冠直径2.7cm。在云南祥云等地，果实10月中下旬成熟。

特殊性状描述： 植株抗病性、抗虫性中等，易感梨褐斑病。

资源1号

外文名或汉语拼音：Ziyuan No.1

来源及分布：$2n = 34$，原产广西壮族自治区，在广西资源等地有栽培。

主要性状：平均单果重517.1g，纵径10.7cm、横径9.8cm，果实倒卵圆形，果皮绿黄色，果面具大片果锈；果点大而密、棕褐色，萼片残存；果柄较长，长3.0cm、粗3.6mm；果心小，5心室；果肉绿白色，肉质粗、松脆，汁液多，味酸甜，无香气；含可溶性固形物11.5%；品质中等，常温下可贮藏7d。

树势强旺，树姿直立；萌芽力强，成枝力中等，丰产性好。一年生枝黄褐色；叶片卵圆形，长12.7cm、宽7.4cm，叶尖急尖，叶基圆形；花蕾白色，每花序3～6朵花，平均4.5朵；雄蕊21～26枚，平均23.5枚；花冠直径3.3cm。在广西资源县，果实9月中下旬成熟。

特殊性状描述：果肉易褐变、易感梨木栓斑点病。

资源3号

外文名或汉语拼音： Ziyuan No.3

来源及分布： $2n = 34$，原产广西壮族自治区，在广西资源等地有栽培。

主要性状： 平均单果重287.5g，纵径8.4cm、横径8.1cm，果实倒卵圆形，果皮绿色，果面具大量果锈，果点大而密、灰褐色，萼片残存；果柄较长，长4.1cm、粗3.9mm；果心极小，4～5心室；果肉绿白色，肉质中粗、松脆，汁液多，味甜，无香气；含可溶性固形物10.6%；品质中等，常温下可贮藏7d。

树势强旺，树姿半开张；萌芽力强，成枝力强，丰产性好。一年生枝黄褐色；叶片卵圆形，长

12.4cm、宽6.8cm，叶尖急尖，叶基圆形；花蕾白色，每花序4～6朵花，平均5.0朵；雄蕊22～26枚，平均24.0枚；花冠直径2.7cm。在广西资源县，果实9月上中旬成熟。

特殊性状描述： 果心极小，汁液丰富，适合做加工梨汁的原料。

资源4号

外文名或汉语拼音：Ziyuan No.4

来源及分布：$2n = 34$，原产广西壮族自治区，在广西资源等地有栽培。

主要性状：平均单果重336.5g，纵径7.5cm、横径8.8cm，果实扁圆形，果皮黄褐色；果点中等大而密、棕褐色，萼片脱落；果柄较长，长3.3cm、粗4.2mm；果心中等大，5心室；果肉绿白色，肉质粗、致密，汁液中多，味甜，无香气；含可溶性固形物9.5%；品质下等，常温下可贮藏10d。

树势强旺，树姿直立；萌芽力强，成枝力强，丰产性好。一年生枝黄褐色；叶片卵圆形，长12.2cm、宽6.6cm，叶尖急尖，叶基圆形；花蕾白

色，每花序4～7朵花，平均5.5朵；雄蕊20～25枚，平均22.5枚；花冠直径2.6cm。在广西资源县，果实9月中旬成熟。

特殊性状描述：植株适应性和抗性均强，但果肉粗、品质差。

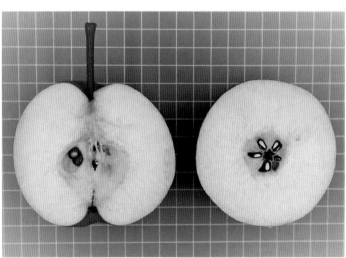

紫花梨

外文名或汉语拼音：Zihuali

来源及分布：$2n = 34$，原产河南省，在河南宁陵等地有栽培。

主要性状：平均单果重170.0g，纵径5.6cm、横径7.0cm，果实扁圆形，果皮褐色，阳面有橘红晕；果点大而密、棕褐色，萼片脱落；果柄短，长1.2cm、粗3.8mm；果心大，5心室；果肉乳白色，肉质中粗、松脆，汁液多，味甜、涩，无香气；含可溶性固形物14.4%；品质下等，常温下可贮藏30d。

树势强旺，树姿直立或半开张；萌芽力强，成枝力弱，丰产性好。一年生枝褐色；叶片卵圆形，长8.5cm、宽6.3cm，叶尖渐尖，叶基宽楔形或楔形；花蕾粉红色，每花序5～7朵花，平均6.0朵；雄蕊10～16枚，平均13.0枚；花冠直径2.6cm。在河南宁陵县，果实10月上旬成熟。

特殊性状描述：植株适应性强，对梨黑星病抗性强，耐瘠薄，耐盐碱。

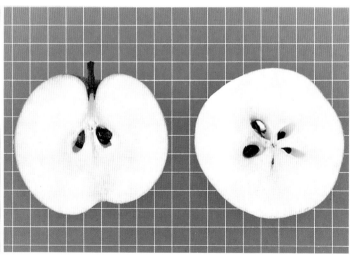

紫皮糙

外文名或汉语拼音： Zipicao

来源及分布： $2n = 34$，原产安徽省，在安徽砀山县有栽培。

主要性状： 平均单果重290.6g，纵径8.5cm、横径7.7cm，果实卵圆形或纺锤形，果皮褐色；果点大而密、灰白色，萼片宿存；果柄较短，长2.8cm、粗4.5mm；果心中等大，5心室；果肉白色，肉质粗、致密，汁液较少，味甜酸，无香气；含可溶性固形物11.8%；品质中等，常温下可贮藏30d。

树势中庸，树姿开张；萌芽力强，成枝力中等，丰产性好。一年生枝红褐色；叶片卵圆形，长11.8cm、宽6.0cm，叶尖渐尖，叶基圆形；花蕾粉白色，每花序4～8朵花，平均6.0朵；雄蕊20～24枚，平均22.0枚；花冠直径3.0cm。在安徽北部地区，果实9月中下旬成熟。

特殊性状描述： 主要用作酥梨的授粉树。果实酸度较高，适宜加工制汁。

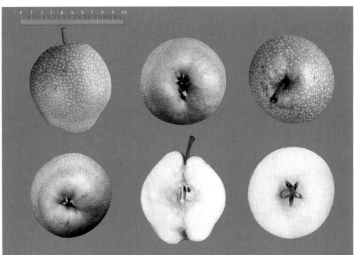

三、新疆梨 *Pyrus sinkiangensis* T. T. Yu

阿克苏句句梨

外文名或汉语拼音：Akesu Jujuli

来源及分布：$2n = 34$，原产新疆阿克苏，在新疆阿克苏、轮台等地有栽培。

主要性状：平均单果重155.0g，纵径5.9cm、横径6.8cm，果实圆形，果皮黄绿色，阳面有淡红晕；果点小、棕褐色，萼片残存；果柄较长，长3.8cm、粗3.5mm；果心小，5心室；果肉淡黄色，肉质粗、致密，汁液中多，味酸、微涩，无香气；含可溶性固形物8.8%；品质下等，常温下可贮藏20 ~ 30d。

树势中庸，树姿半开张；萌芽力弱，成枝力弱，丰产性较好。一年生枝褐色；叶片椭圆形，长7.0cm、宽5.4cm，叶尖钝尖，叶基截形；花蕾浅粉红色，每花序7 ~ 9朵花，平均8.0朵；雄蕊18 ~ 20枚，平均19.0枚；花冠直径3.5cm。在新疆南部地区，果实9月上旬成熟。

特殊性状描述：果实耐贮藏；植株抗病性强，耐旱，抗寒。

艾温切克

外文名或汉语拼音： Aiwenqieke

来源及分布： $2n = 3x = 51$，原产新疆库尔勒，在新疆南部有少量栽培。

主要性状： 平均单果重255.0g，纵径9.5cm、横径7.2cm，果实细颈葫芦形，果皮绿色，阳面有淡红晕；果点小而密、灰褐色，萼片宿存；果柄较长，部分肉质化，长4.4cm、粗5.5mm；果心小，5心室，果肉白色，肉质细，后熟后软面，汁液多，味微酸，有微香气；含可溶性固形物11.8%；品质中等，常温下可贮藏25～30d。

树势中庸，树姿开张；萌芽力中等，成枝力中等，丰产性好。一年生枝绿黄色；叶片卵圆形，长10.3cm、宽6.3cm，叶尖渐尖，叶基狭楔形；花蕾粉红色，每花序7～14朵花，平均10.5朵；雄蕊20～22枚，平均21.0枚；花冠直径4.7cm。在新疆南部地区，果实9月下旬成熟。

特殊性状描述： 果实耐贮藏；植株耐旱，耐盐碱。

冰珠梨

外文名或汉语拼音： Bingzhuli

来源及分布： $2n = 34$，原产甘肃省，在甘肃武威市城关区、凉州区等地有栽培。

主要性状： 平均单果重92.0g，纵径7.2cm、横径5.2cm，果实纺锤形，果皮绿黄色；果点小而密、浅褐色，萼片宿存；果柄较长，长4.2cm、粗3.2mm；果心中等大，5心室；果肉乳白色，肉质中粗、松脆，汁液多，味酸甜适度，有微香气；含可溶性固形物12.8%；品质中上等，常温下可贮藏10d。

树势弱，树姿开张；萌芽力中等，成枝力弱，丰产性好。一年生枝红褐色；叶片卵圆形，长7.2cm、宽6.4cm，叶尖渐尖，叶基心形；花蕾浅粉红色，每花序5～8朵花，平均6.5朵；雄蕊17～20枚，平均18.5枚；花冠直径3.2cm。在甘肃武威地区，果实9月下旬成熟。

特殊性状描述： 果实不耐贮藏；植株适应性较差，易感梨树腐烂病。

大果阿木特

外文名或汉语拼音：Daguoamute

来源及分布：原产新疆轮台，在新疆轮台等地有少量栽培。

主要性状：平均单果重138.0g，纵径6.0cm、横径6.3 cm，果实圆形，果皮绿色，阳面暗红色；果点小而密、灰白色，萼片宿存；果柄长，基部膨大肉质化，长5.2 cm、粗3.9 mm；果心大，5心室；果肉乳白色，肉质紧脆，汁液中多，味酸甜，无香气；含可溶性固形物12.7%；品质下等，常温下可贮藏30d。

树势强，树姿半开张；萌芽力强，成枝力中等，丰产性较好。一年生枝绿黄色；叶片椭圆形，长9.4cm、宽5.4cm，叶尖渐尖，叶基楔形。在河南郑州地区，果实9月上旬成熟。

特殊性状描述：植株抗逆性、适应性均强。

杜霞西

外文名或汉语拼音：Duxiaxi

来源及分布：$2n = 34$，原产新疆维吾尔自治区，在新疆轮台等地有少量栽培。

主要性状：平均单果重369.0g，纵径7.9cm、横径9.3cm，果实卵圆形，果皮黄绿色；果点中等大而密、灰褐色，萼片残存；果柄较短且粗，基部膨大肉质化，长2.0cm、粗7.8mm；果心中等大，5心室；果肉淡黄色，肉质细、软，汁液少，味酸甜，无香气；含可溶性固形物17.0%；品质中等，常温下可贮藏20d。

树势中庸，树姿半开张；萌芽力强，成枝力弱，丰产性较好。一年生枝红褐色；叶片椭圆形，长6.9cm、宽3.7cm，叶尖渐尖，叶基狭楔形；花蕾白色，每花序5～8朵花，平均6.0朵；雄蕊22～28枚，平均25.0枚；花冠直径4.2cm。在新疆轮台地区，果实9月中下旬成熟。

特殊性状描述：果实较耐贮藏；植株耐盐碱，耐瘠薄。

贵德长把梨

外文名或汉语拼音： Guide Changbali

来源及分布： $2n = 34$，原产青海省，在青海贵德地区有栽培。

主要性状： 平均单果重85.3g，纵径6.6cm、横径5.4cm，果实葫芦形，果皮黄绿色，阳面无晕；果点小而密、绿褐色，萼片宿存；果柄长，基部膨大木质化，长4.8cm、粗3.9mm；果心中等大，5心室；果肉乳白色，肉质中粗、软面，汁液多，味甜，有微香气；含可溶性固形物10.9%；品质中上等，常温下可贮藏8d。

树势中庸，树姿开张，萌芽力强，成枝力弱，丰产性好。一年生枝红褐色；叶片卵圆形，长10.3cm、宽7.0cm，叶尖渐尖，叶基圆形；花蕾浅粉红色，每花序7～9朵花，平均8.0朵；雄蕊18～20枚，平均19.0枚；花冠直径3.9cm。在青海贵德地区，果实9月下旬成熟。

特殊性状描述： 大小年结果现象不明显，但植株抗性较差，花期怕霜，采前遇风落果多，不耐旱，对梨小食心虫抗性差，适宜栽植于易排水的疏松沙壤土中。

贵德花长把

外文名或汉语拼音：Guide Huachangba

来源及分布：原产青海省，在青海贵德地区有少量栽培。

主要性状：平均单果重123.0g，纵径6.9cm、横径6.6cm，果实纺锤形，果皮黄绿色；果点小而密、浅褐色，萼片宿存；果柄较长，长4.0cm、粗4.7mm；果心小，5心室；果肉淡黄色，肉质粗、松脆，汁液多，味酸甜，无香气；含可溶性固形物14.7%；品质中等，常温下可贮藏20d。

树势中庸，树姿半开张；萌芽力中等，成枝力弱，丰产性较好。一年生枝黄褐色；叶片卵圆形，长9.2cm、宽6.0cm，叶尖渐尖，叶基宽楔形；花蕾粉红色，每花序7～9朵花，平均8.0朵；雄蕊20～25枚，平均22.5枚；花冠直径4.9cm。在青海贵德地区，果实9月上中旬成熟。

特殊性状描述：植株耐寒，耐旱，耐瘠薄。

贵德酸梨

外文名或汉语拼音：Guide Suanli

来源及分布：$2n = 34$，原产青海省，在青海贵德等地有栽培。

主要性状：平均单果重73.5g，纵径5.7cm、横径5.2cm，果实葫芦形，果皮黄色，阳面无晕；果点小而密、浅褐色，萼片宿存；果柄较长，长3.6cm、粗4.4mm；果心小，5心室；果肉乳白色，肉质中粗、松脆，汁液多，味酸，有微香气；含可溶性固形物9.3%；品质下等，常温下可贮藏16d。

树势弱，树姿半开张；萌芽力强，成枝力弱，丰产性较好。一年生枝黄褐色；叶片卵圆形，长8.4cm、宽5.7cm，叶尖急尖，叶基宽楔形；花蕾浅粉红色，每花序12 ~ 16朵花，平均14.0朵；雄蕊18 ~ 22枚，平均20.0枚；花冠直径3.3cm。在青海贵德地区，果实8月下旬成熟。

特殊性状描述：植株抗逆性较强，丰产性好，抗梨小食心虫，适于壤土栽培，可作育种材料。

和政甘长把

外文名或汉语拼音： Hezheng Ganchangba

来源及分布： $2n = 34$，原产甘肃省，在甘肃和政、临夏等地有栽培。

主要性状： 平均单果重98.0g，纵径6.3cm，横径5.2cm，果实葫芦形，果皮绿黄色，阳面有淡红晕；果点小而疏、浅褐色，萼片宿存；果柄较长，长3.2cm、粗3.6mm；果心大，5心室；果肉淡黄色，肉质中粗、软面，汁液中多，味酸甜、微涩，有微香气；含可溶性固形物13.5%；品质中等，常温下可贮藏20d。

树势强旺，树姿半开张；萌芽力强，成枝力强，丰产性好。一年生枝黄褐色；叶片近圆形，长7.3cm、宽5.3cm，叶尖急尖，叶基宽楔形；花蕾浅粉红色，每花序8～10朵花，平均9.0朵；雄蕊19～22枚，平均20.5枚；花冠直径3.2cm。在甘肃临夏地区，果实10月上旬成熟。

特殊性状描述： 果实晚熟，较耐贮运；植株适应性较强，容易栽培，耐瘠薄，耐盐碱，抗寒性较强，易受蚜虫危害，抗病，适于冷凉、阴湿地区栽培。

黑酸梨

外文名或汉语拼音： Heisuanli

来源及分布： $2n = 3x = 51$，原产新疆维吾尔自治区，在新疆库尔勒、轮台等地有少量栽培。

主要性状： 平均单果重220.4g，纵径8.0cm、横径7.8cm，果实倒卵圆形，果皮绿色；果点小而密、浅褐色，萼片宿存；果柄较长而粗，两端膨大肉质化，长3.5cm、粗7.5mm；果心大，5心室；果肉淡黄色，肉质粗、后熟后软面，汁液多，味酸，无香气；含可溶性固形物11.5%；品质下等，常温下可贮藏10d。

树势中庸，树姿半开张；萌芽力强，成枝力弱，丰产性较好。一年生枝灰褐色；叶片近圆形，长10.1cm、宽6.8cm，叶尖急尖，叶基狭楔形；花蕾浅粉红色，每花序6～7朵花，平均6.0朵；雄蕊20～23枚，平均21.0枚；花冠直径5.0cm。在新疆库尔勒地区，果实9月上旬成熟。

特殊性状描述： 植株适应性强，抗寒，抗风，极耐盐碱。

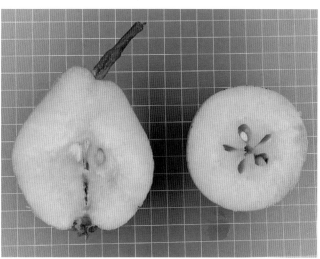

黄酸梨

外文名或汉语拼音： Huangsuanli

来源及分布： $2n = 34$。原产新疆轮台，在新疆轮台等地有栽培。

主要性状： 平均单果重155.0g，纵径6.4cm、横径5.7cm，果实卵圆形，果皮绿色，阳面无晕；果点中等大而密、深褐色，萼片宿存；果柄较长而粗，肉质化，长4.0cm、粗8.0mm；果心大，5～6心室；果肉黄白色，肉质粗，贮后变软，软肉汁多，味甜，有微香气；含可溶性固形物11.0%；品质下等，常温下可贮藏20d。

树势强旺，树姿半开张；萌芽力强，成枝力弱，丰产性一般。一年生枝灰褐色；叶片椭圆形，长6.9cm、宽5.3cm，叶尖渐尖，叶基宽楔形；花蕾浅粉红色，每花序6～9朵花，平均7.5朵；雄蕊17～19枚，平均18.0枚；花冠直径4.2cm。在新疆南部地区，果实9月下旬成熟。

特殊性状描述： 植株抗病性强，较耐寒。

霍城冬黄梨

外文名或汉语拼音： Huocheng Donghuangli

来源及分布： $2n = 34$，原产新疆霍城，在新疆霍城、伊宁等地有栽培。

主要性状： 平均单果重163.0g，纵径9.4cm、横径7.3cm，果实粗颈葫芦形，果皮黄绿色，阳面有淡红晕；果点小而密、棕褐色，萼片宿存；果柄较长，基部膨大肉质化，长4.0cm、粗4.5mm；果心中等大，5心室；果肉淡黄色，肉质中粗、硬脆，汁液多，味淡甜，有微香气；含可溶性固形物11.1%；品质中等，常温下可贮藏30d。

树势强旺，树姿半开张；萌芽力中等，成枝力强，丰产性好。一年生枝灰褐色；叶片椭圆形，长8.7cm、宽5.5cm，叶尖渐尖，叶基狭楔形。花蕾浅粉红色，每花序9～12朵花，平均10.0朵；雄蕊21～22枚，平均22.0枚；花冠直径4.2cm。在新疆南部地区，果实9月下旬成熟。

特殊性状描述： 植株耐寒性强。

霍城句句梨

外文名或汉语拼音: Huocheng Jujuli

来源及分布: $2n = 34$,原产新疆霍城,在新疆霍城等地有栽培。

主要性状: 平均单果重113.0g,纵径6.9cm、横径6.2cm,果实卵圆形,果皮绿色,阳面有淡红晕;果点中等大而密、红褐色,萼片宿存;果柄较长,基部膨大肉质化,长3.1cm、粗3.3mm;果心大,4~5心室;果肉绿白色,肉质粗、松脆,汁液多,味酸甜,无香气;含可溶性固形物11.3%;品质中下等,常温下可贮藏30d。

树势中庸,树姿半开张;萌芽力中等,成枝力中等,丰产性好。一年生枝褐色;叶片卵圆形,长8.6cm、宽7.1cm,叶尖钝尖,叶基截形;花蕾浅粉红色,每花序6~11朵花,平均8.5朵;雄蕊18~20枚,平均19.0枚;花冠直径4.0cm。在新疆南部地区,果实9月下旬成熟。

特殊性状描述: 植株耐寒性强,抗梨树腐烂病。

康乐青皮梨

外文名或汉语拼音： Kangle Qingpili

来源及分布： $2n = 34$，原产甘肃省，在甘肃康乐等地有栽培。

主要性状： 平均单果重77.2g，纵径5.6cm、横径4.9cm，果实卵圆形，果皮绿黄色；果点小而疏、浅褐色，萼片残存；果柄较长，长4.2cm、粗2.9mm；果心中等大，5心室；果肉淡黄色，肉质中粗、致密，汁液中多，味甜酸，有香气；含可溶性固形物13.7%；品质中等，常温下可贮藏10d。

树势中庸，树姿开张；萌芽力中等，成枝力中等，丰产性好。一年生枝褐色；叶片卵圆形，长7.3cm、宽5.1cm，叶尖急尖，叶基圆形；花蕾白色，每花序8～13朵花，平均10.5朵；雄蕊20～22枚，平均21.0枚；花冠直径3.0cm。在甘肃康乐县，果实9月下旬成熟。

特殊性状描述： 植株适应性较强，耐阴湿、冷凉，抗寒性强，耐瘠薄，耐盐碱，抗病性强。

库车阿木特

外文名或汉语拼音：Kuche Amute

来源及分布：$2n = 34$，原产新疆库车，在新疆库车县等地有栽培。

主要性状：平均单果重44.0g，纵径4.4cm、横径4.1cm，果实卵圆形，果皮绿色，阳面有淡红晕；果点小而密、红褐色，萼片宿存；果柄较长，部分基部膨大肉质化，长3.2cm、粗3.9mm；果心中等大，5心室；果肉淡黄色，肉质粗、硬，汁液少，味酸，无香气；含可溶性固形物10.4%；品质下等，常温下可贮藏25～30d。

树势中庸，树姿半开张；萌芽力中等，成枝力中等，丰产性好。一年生枝灰褐色；叶片椭圆形，长8.2cm、宽4.6cm，叶尖渐尖，叶基楔形；花蕾白色，每花序7～8朵花，平均7.5朵；雄蕊21～23枚，平均22.0枚；花冠直径3.6cm。在新疆南部地区，果实9月上旬成熟。

特殊性状描述：果实耐贮藏；植株适应性强，耐盐碱。

库车黄句句

外文名或汉语拼音：Kuche Huangjuju

来源及分布：$2n = 34$，原产新疆库车，在新疆库车等地有栽培。

主要性状：平均单果重115.0g，纵径6.0cm、横径5.8cm，果实卵圆形，果皮黄绿色，阳面有淡红晕；果点小而密、棕褐色，萼片宿存；果柄较长，基部稍肉质化，长4.1cm、粗3.5mm；果心大，5心室；果肉白色，肉质粗、致密，汁液多，味淡甜，无香气；含可溶性固形物11.3%；品质下等，常温下可贮藏30d。

树势强旺，树姿半开张；萌芽力中等，成枝力中等，丰产性好。一年生枝红褐色；叶片椭圆形，长11.6cm、宽8.8cm，叶尖钝尖，叶基截形；花蕾浅粉红色，每花序6～12朵花，平均9.0朵；雄蕊20～23枚，平均21.5枚；花冠直径4.2cm。在新疆南部地区，果实9月下旬成熟。

特殊性状描述：果实耐贮藏；植株适应性强，耐盐碱。

奎克阿木特

外文名或汉语拼音： Kuike Amute

来源及分布： $2n = 34$，原产新疆伊利，在新疆伊宁、霍城等地有栽培。

主要性状： 平均单果重127.0g，纵径7.9cm、横径7.1cm，果实卵圆形，果皮黄绿色，阳面有淡红晕；果点小而密、浅褐色，萼片残存；果柄长，基部或中部膨大肉质化，长4.8cm、粗4.5mm；果心中等大，4 ~ 5心室；果肉白色，肉质中粗，后熟后软面，汁液少，味甜，有微香气；含可溶性固形物10.2%；品质上等，常温下可贮藏30d。

树势强旺，树姿半开张；萌芽力中等，成枝力中等，丰产性好。一年生枝灰褐色；叶片卵圆形，长5.6cm、宽4.0cm，叶尖渐尖，叶基截形；花蕾白色，每花序7 ~ 10朵花，平均8.5朵；雄蕊19 ~ 27枚，平均23.0枚；花冠直径3.8cm。在新疆南部地区，果实9月下旬成熟。

特殊性状描述： 植株耐寒性强，较抗梨干腐病。

兰州长把梨

外文名或汉语拼音：Lanzhou Changbali

来源及分布：原产甘肃省，在甘肃兰州有少量栽培。

主要性状：平均单果重158.1g，纵径7.4cm、横径6.5cm，果实倒卵圆形，果皮黄绿色；果点小而密、灰褐色，萼片残存；果柄长，长5.0cm、粗3.9mm；果心中等大，5心室；果肉乳白色，肉质粗、紧脆，汁液多，味酸甜，无香气；含可溶性固形物12.0%；品质下等，常温下可贮藏20d。

树势中庸，树姿半开张；萌芽力强，成枝力弱，丰产性一般。一年生枝黄褐色；叶片椭圆形，长9.6cm、宽6.5cm，叶尖渐尖，叶基狭楔形；花蕾粉红色，每花序6～9朵花，平均7.5朵；雄蕊15～18枚，平均16.5枚；花冠直径4.3cm。在甘肃兰州地区，果实9月上中旬成熟。

特殊性状描述：植株适应性、抗逆性均较强。

兰州花长把

外文名或汉语拼音： Lanzhou Huachangba

来源及分布： $2n = 34$，原产甘肃省，在甘肃兰州、皋兰、什川等地有栽培。

主要性状： 平均单果重128.0g，纵径6.0cm、横径7.7cm，果实葫芦形，果皮黄绿色，阳面有淡红晕；果点小而密、浅褐色，萼片残存；果柄长，长5.5cm、粗3.5mm；果心中等大，5心室；果肉乳白色，肉质中粗、疏松，汁液中多，味甜，有香气；含可溶性固形物11.8%；品质中等，常温下可贮藏15d。

树势弱，树姿半开张；萌芽力强，成枝力弱，丰产性好。一年生枝褐色；叶片卵圆形，长6.8cm、宽5.1cm，叶尖渐尖，叶基圆形；花蕾白色，每花序8～10朵花，平均9朵；雄蕊19～21枚，平均20.0枚；花冠直径3.6cm。在甘肃兰州地区，果实9月上旬成熟。

特殊性状描述： 果实有黄绿相间纵条纹，有一定观赏价值，但果实品质一般，经济价值不高；植株抗旱性差，不抗霜冻，较耐盐碱，适宜在沙壤土栽培。

临洮甘长把

外文名或汉语拼音： Lintao Ganchangba

来源及分布： $2n = 34$，原产甘肃省，在甘肃临洮等地有栽培。

主要性状： 平均单果重94.0g，纵径6.5cm、横径5.0cm，果实倒卵圆形，果皮绿黄色；果点小而密、浅褐色，萼片脱落；果柄较长，长3.5cm、粗3.6mm；果心中等大，5心室；果肉淡黄色，肉质细、软面，汁液少，味酸涩，有香气；含可溶性固形物13.4%；品质中等，常温下可贮藏10d。

树势较弱，树姿开张；萌芽力强，成枝力中等，丰产性差。一年生枝黄褐色；叶片卵圆形，长9.4cm、宽5.8cm，叶尖急尖，叶基宽楔形；花蕾白色，每花序8～12朵花，平均10.0朵；雄蕊18～20枚，平均19.0枚；花冠直径2.6cm。在甘肃定西地区，果实9月中旬成熟。

特殊性状描述： 果实不耐贮运；植株适应性较强，耐阴湿、冷凉，抗病性强，抗虫性弱。

临夏歪把梨

外文名或汉语拼音： Linxia Waibali

来源及分布： $2n = 34$，原产甘肃省，在甘肃临夏等地有栽培。

主要性状： 平均单果重85.6g，纵径5.6cm、横径5.8cm，果实近圆形，果皮绿黄色；果点中等大而密、浅褐色，萼片宿存；果柄长，长5.2cm，粗2.6mm；果心中等大，5心室；果肉淡黄色，肉质粗、松脆，汁液多，味酸甜适度、微涩，有香气；含可溶性固形物11.7%；品质中上等，常温下可贮藏15d。

树势强旺，树姿半开张，萌芽力强，成枝力中等，丰产性好。一年生枝褐色；叶片椭圆形，长9.4cm、宽6.0cm，叶尖急尖，叶基宽楔形；花蕾白色，每花序6～12朵花，平均9.0朵；雄蕊29～31枚，平均30.0枚；花冠直径3.8cm。在甘肃临夏地区，果实8月中旬成熟。

特殊性状描述： 果实较耐贮运；植株适应性强，对肥水条件要求较高，抗寒性中等，抗病虫性差。

轮台长把梨

外文名或汉语拼音： Luntai Changbali

来源及分布： 原产新疆维吾尔自治区，在新疆轮台等地有少量栽培。

主要性状： 平均单果重343.8g，纵径8.3cm、横径8.9cm，果实倒卵圆形，果皮黄绿色；果点小而密、灰褐色，萼片宿存；果柄极长，长6.2cm、粗3.9mm；果心小，4～5心室；果肉乳白色，肉质中粗、松脆，汁液多，味甜酸，无香气；含可溶性固形物13.4%；品质下等，常温下可贮藏20d。

树势强旺，树姿半开张；萌芽力中等，成枝力弱，丰产性较好。一年生枝褐色；叶片卵圆形，长10.8cm、宽7.2cm，叶尖急尖，叶基楔形；花蕾粉红色，每花序6～9朵花，平均7.0朵；雄蕊15～26枚，平均20.0枚；花冠直径5.6cm。在河南郑州地区，果实8月下旬成熟。

特殊性状描述： 植株耐盐碱，且不易感梨干腐病。

轮台红句句

外文名或汉语拼音： Luntai Hongjuju

来源及分布： 原产新疆维吾尔自治区，在新疆轮台地区有少量栽培。

主要性状： 平均单果重110.0g，纵径6.5cm，横径5.7cm，果实卵圆形，果皮绿色，阳面鲜红色；果点小而密、棕褐色，萼片宿存；果柄较长，长4.1cm、粗3.9mm；果心中等大，5心室；果肉乳白色，肉质细、松脆，汁液多，味甜，无香气；含可溶性固形物11.7%；品质中上等，常温下可贮藏20d。

树势中庸，树姿半开张；萌芽力强，成枝力弱，丰产性较好。一年生枝褐色；叶片卵圆形，长9.0cm、宽6.9cm，叶尖急尖，叶基楔形；花蕾白色，每花序5～8朵花，平均6.0朵；雄蕊19～21枚，平均20.0枚；花冠直径3.9cm。在新疆轮台地区，果实9月上中旬成熟。

特殊性状描述： 植株耐盐碱。

轮台句句梨

外文名或汉语拼音：Luntai Jujuli

来源及分布：$2n = 34$，原产新疆轮台，在新疆库车、轮台等地有栽培。

主要性状：平均单果重84.0g，纵径6.5cm、横径6.3cm，果实纺锤形，果皮绿黄色，阳面无晕；果点中等大而疏、棕褐色，萼片宿存；果柄长，两端膨大肉质化，长4.8cm、粗7.5mm；果心大，5心室；果肉白色，肉质粗，存放后软面，汁液中多，味酸、微涩，无香气；含可溶性固形物10.0%；品质中等，常温下可贮藏30d。

树势中庸，树姿半开张；萌芽力中等，成枝力中等，丰产性差。一年生枝红褐色；叶片椭圆形，长5.9cm、宽4.3cm，叶尖钝尖，叶基截形。花蕾浅粉红色，每花序6～8朵花，平均7.0朵；雄蕊19～21枚，平均20.0枚；花冠直径3.0cm。在新疆南部地区，果实10月上旬成熟。

特殊性状描述：植株抗病性强，极耐盐碱。

轮台酸秤砣

外文名或汉语拼音： Luntai Suanchengtuo

来源及分布： 原产新疆轮台，在新疆轮台、喀什等地有零星栽培。

主要性状： 平均单果重92.0g，纵径6.6cm、横径6.4cm，果实近圆形，果皮绿色，阳面无晕；果点小而密、褐色，萼片残存；果柄较短，长2.3cm、粗3.9mm；果心中等大，5心室；果肉白色，肉质粗、松脆，汁液中多，味酸、无香气；含可溶性固形物10.9%；品质下等，常温下可贮藏25～30d。

树势强旺，树姿半开张；萌芽力强，成枝力中等，丰产性好。一年生枝灰褐色；叶片椭圆形，长7.0cm、宽6.4cm，叶尖钝尖，叶基截形；花蕾白色，每花序5～7朵花，平均6.0朵；雄蕊20～22枚，平均21.0枚；花冠直径4.0cm。在新疆南部地区，果实9月上旬成熟。

特殊性状描述： 植株较耐盐碱。

绿梨

外文名或汉语拼音：Lüli

来源及分布：$2n = 34$，原产新疆叶城，在新疆叶城等地有少量栽培。

主要性状：平均单果重220.7g，纵径7.6cm、横径7.2cm，果实扁圆形或近圆形，果皮黄绿色，阳面无晕；果柄较长，长3.8cm、粗3.5mm；果点小而密、棕褐色，萼片残存；果心中等大，5心室；果肉淡黄色，肉质粗、松脆，汁液多，味酸微甜，无香气；含可溶性固形物11.3%；品质下等，常温下可贮藏30d。

树势强旺，树姿半开张；萌芽力强，成枝力弱，丰产性好。一年生枝褐色；叶片卵圆形，长8.6cm、宽6.0cm，叶尖渐尖，叶基宽楔形；花蕾白色，每花序6～8朵花，平均7.0朵；雄蕊18～20枚，平均19.0枚；花冠直径3.9cm。在新疆南部地区，果实9月下旬成熟。

特殊性状描述：植株耐盐碱，极抗寒。

棉梨

外文名或汉语拼音：Mianli

来源及分布：$2n = 34$，原产新疆维吾尔自治区，在新疆库尔勒、阿克苏等地有栽培。

主要性状：平均单果重105.0g，纵径6.3cm、横径5.8cm，果实卵圆形，果皮黄色，阳面有淡红晕；果点小而密、绿褐色，萼片宿存；果柄细长，长5.1cm、粗3.3mm；果心特大，5心室；果肉淡黄色，肉质粗，后熟后软面，汁液少，味酸甜，无香气；含可溶性固形物5.9%；品质下等，常温下可贮藏10～15d。

树势中庸，树姿半开张；萌芽力中等，成枝力弱，丰产性一般。一年生枝灰褐色；叶片椭圆形，长11.6cm、宽7.4cm，叶尖钝尖，叶基宽楔形；花蕾白色，每花序8～10朵花，平均9.0朵；雄蕊19～21枚，平均20.0枚；花冠直径4.0cm。在新疆南部地区，果实7月下旬成熟。

特殊性状描述：植株耐寒性强。

面酸梨

外文名或汉语拼音： Miansuanli

来源及分布： 原产新疆维吾尔自治区，在新疆轮台等地有少量栽培。

主要性状： 平均单果重158.0g，纵径5.9cm、横径6.9cm，果实扁圆形，果皮绿色；果点小而疏、灰褐色，萼片宿存；果柄较短，长2.2cm、粗4.4mm；果心特大，5心室；果肉黄色，肉质粗、紧脆，汁液少，味酸，无香气；含可溶性固形物14.5%；品质下等，常温下可贮藏10d。

树势强旺，树姿直立；萌芽力强，成枝力中等，丰产性较好。一年生枝褐色；叶片卵圆形，长10.2cm、宽7.6cm，叶尖急尖，叶基圆形；花蕾浅粉红色，每花序4～6朵花，平均5.0朵；雄蕊18～23枚，平均20.0枚；花冠直径4.2cm。在河南郑州地区，果实9月中下旬成熟。

特殊性状描述： 植株耐盐碱。

乃西普特

外文名或汉语拼音： Naixipute

来源及分布： $2n = 34$，原产新疆莎车，在新疆轮台等地有栽培。

主要性状： 平均单果重38.0g，纵径5.7cm、横径4.6cm，果实卵圆形，果皮绿色，阳面有淡红晕；果点中等大、浅褐色，萼片宿存；果柄较长，基部膨大肉质化，长3.5cm、粗4.5mm；果心大，5心室；果肉淡黄色，肉质粗、硬，汁液少，味淡酸，无香气；含可溶性固形物10.9%；品质下等，常温下可贮藏30d。

树势强旺，树姿半开张；萌芽力中等，成枝力中等，丰产性好。一年生枝灰褐色。叶片卵圆形，长8.3cm、宽4.6cm，叶尖渐尖，叶基狭楔形；花蕾白色，每花序8～13朵花，平均10.5朵；雄蕊20～23枚，平均21.5枚；花冠直径3.4cm。在新疆南部地区，果实9月中旬成熟。

特殊性状描述： 植株耐盐碱。

皮胎黄果

外文名或汉语拼音： Pitai huangguo

来源及分布： $2n = 3x = 51$，原产青海省，在甘肃临夏，青海循化、贵德等地有栽培。

主要性状： 平均单果重134.5g，纵径7.0cm、横径6.3cm，果实葫芦形，果皮黄色，阳面无晕；果点小而密、浅褐色，萼片宿存；果柄较长，基部膨大木质化，长3.4cm、粗4.5mm；果心小，5心室；果肉乳白色，肉质粗、软面，汁液多，味酸甜，有微香气；含可溶性固形物10.6%；品质中等，常温下可贮藏8d。

树势中庸，树姿开张；萌芽力强，成枝力弱，丰产性好。一年生枝褐色；叶片卵圆形，长7.5cm、宽4.8cm，叶尖急尖，叶基狭楔形；花蕾白色，每花序5～9朵花，平均7.0朵；雄蕊20～23枚，平均21.0枚；花冠直径4.3cm。在青海循化地区，果实9月上旬成熟。

特殊性状描述： 丰产，大小年结果现象不明显，生长后期怕风，果实不耐贮藏；适于壤土栽培，植株极抗寒。

棋盘香梨

外文名或汉语拼音: Qipanxiangli

来源及分布: 原产新疆叶城,在新疆叶城等地有栽培。

主要性状: 平均单果重134.0g,纵径5.8cm、横径6.5cm,果实近圆形,果皮黄绿色,阳面有淡红晕;果点小而密、绿褐色,萼片残存;果柄较短,长2.3cm、粗3.5mm;果心大,5心室;果肉白色,肉质粗、松脆,汁液少,味甜,有微香气;含可溶性固形物11.6%;品质中等,常温下可贮藏30d。

树势中庸,树姿半开张;萌芽力中等,成枝力弱,丰产性一般。一年生枝灰褐色;叶片卵圆形,长8.2cm、宽6.3cm,叶尖渐尖,叶基宽楔形;花蕾白色,每花序5～7朵花,平均6.0朵;雄蕊15～19枚,平均17.0枚;花冠直径2.9cm。在新疆南部地区,果实9月上旬成熟。

特殊性状描述: 植株较耐寒,较抗梨干腐病。

酥木梨

外文名或汉语拼音：Sumuli

来源及分布：$2n = 34$，原产甘肃省，在甘肃临洮等地有栽培。

主要性状：平均单果重108.9g，纵径6.3cm、横径5.2cm，果实卵圆形，果皮绿黄色；果点小而密、褐色，萼片宿存；果柄较长，长3.2cm、粗3.6mm；果心小，5心室；果肉乳白色，肉质中粗、松脆，汁液多，味酸甜，有微香气；含可溶性固形物13.7%；品质中等，常温下可贮藏10d。

树势中庸，树姿半开张；萌芽力中等，成枝力中等，丰产性好。一年生枝黄褐色；叶片卵圆形，长7.7cm、宽7.1cm，叶尖急尖，叶基圆形；花蕾白色，每花序8～10朵花，平均9.0朵；雄蕊18～20枚，平均19.0枚；花冠直径2.5cm。在甘肃定西地区，果实9月上旬成熟。

特殊性状描述：植株适应性较强，抗寒性强，耐旱性差，抗病性和抗虫性中等。

塔西阿木特

外文名或汉语拼音： Taxi Amute

来源及分布： 原产新疆维吾尔自治区，在新疆轮台等地有少量栽培。

主要性状： 平均单果重189.0g，纵径7.3cm、横径7.2cm，果实卵圆形，果皮绿色，阳面暗红；果点小而密、浅褐色，萼片宿存；果柄长，基部稍粗，长5.5cm、粗4.9mm；果心大，5心室；果肉乳白色，肉质粗、紧脆，汁液少，味酸，无香气；含可溶性固形物12.6%；品质下等，常温下可贮藏20d。

树势中庸，树姿半开张；萌芽力强，成枝力弱，丰产性一般。一年生枝灰褐色；叶片椭圆形，长10.0cm、宽5.5cm，叶尖渐尖，叶基楔形；花蕾浅粉红色，每花序7～8朵花，平均7.0朵；雄蕊18～21枚，平均21.0枚；花冠直径3.7cm。在新疆轮台地区，果实9月中旬成熟。

特殊性状描述： 植株极耐盐碱。

窝窝梨

外文名或汉语拼音： Wowoli

来源及分布： $2n = 34$，原产青海省，在青海民和、贵德、乐都等地有栽培。

主要性状： 平均单果重62.4g，纵径4.8cm、横径4.7cm，果实近圆形，果皮黄绿色，阳面无晕；果点中等大而密、灰白色，萼片脱落；果柄较长，长3.5cm、粗3.4mm；果心中等大，5心室；果肉乳白色，肉质中粗、松脆，汁液多，味甜酸，微涩，无香气；含可溶性固形物13.2%；品质中等，常温下可贮藏10d。

树势弱，树姿半开张；萌芽力中等，成枝力弱，丰产性好。一年生枝红褐色；叶片卵圆形，长10.2cm、宽5.5cm，叶尖急尖，叶基截形；花蕾白色，每花序5～8朵花，平均6.5朵；雄蕊18～28枚，平均23.0枚；花冠直径2.4cm。在青海乐都等地区，果实9月下旬成熟。

特殊性状描述： 植株适应性强，抗霜冻，丰产，大小年结果现象明显，可作育种材料。

武威长把梨

外文名或汉语拼音：Wuwei Changbali

来源及分布：$2n = 34$，原产甘肃省，在甘肃武威市城关区、凉州区等地有栽培。

主要性状：平均单果重98.0g，纵径6.3cm，横径5.3cm，果实葫芦形，果皮黄绿色；果点小而密、绿褐色，萼片宿存；果柄极长，长6.0cm，粗3.5mm；果心中等大，5心室；果肉白色，肉质粗、松脆，汁液多，味酸甜，无香气；含可溶性固形物11.2%；品质中等，常温下可贮藏10d。

树势弱，树姿开张；萌芽力强，成枝力中等，丰产性好。一年生枝褐色；叶片卵圆形，长7.8cm、宽5.5cm，叶尖渐尖，叶基圆形；花蕾浅粉红色，每花序7～9朵花，平均8.0朵；雄蕊18～20枚，平均19.0枚；花冠直径3.3cm。在甘肃武威地区，果实9月中下旬成熟。

特殊性状描述：果实不耐贮运；植株适应性较强，抗寒性、耐旱性、抗病性和抗虫性中等，易感梨树腐烂病。

新 133

外文名或汉语拼音：Xin 133

来源及分布：$2n = 34$，原产新疆库尔勒，现保存在国家园艺种质资源库郑州梨圃。

主要性状：平均单果重234.0g，纵径7.7cm、横径7.8cm，果实圆柱形，果皮黄绿色；果点小而密、浅褐色，萼片脱落，果柄较长，长3.2cm、粗3.1mm；果心小，5心室；果肉白色，肉质细、松脆，汁液多，味甜，无香气；含可溶性固形物13.1%；品质中上等，常温下可贮藏25d。

树势中庸，树姿半开张；萌芽力强，成枝力中等，丰产性较好。一年生枝褐色；叶片披针形，长11.0cm、宽6.5cm，叶尖长尾尖，叶基狭楔形；花蕾粉红色，每花序5～8朵花，平均6.5朵；雄蕊18～23枚，平均20.5枚；花冠直径4.5cm。在河南郑州地区，果实8月上旬成熟。

特殊性状描述：植株抗寒性强，不易感梨树腐烂病。

循化白果梨

外文名或汉语拼音： Xunhua Baiguoli

来源及分布： $2n = 34$，原产青海省，在青海循化等地有栽培。

主要性状： 平均单果重104.0g，纵径5.9cm、横径6.0cm，果实近圆形，果皮黄绿色，阳面无红晕；果点中等大而疏、灰褐色，萼片宿存；果柄较长，基部膨大木质化，长3.3cm、粗3.9mm；果心小，5心室；果肉乳白色，肉质细、软面，汁液多，味酸甜适度，无香气；含可溶性固形物9.3%；品质中等，常温下可贮藏8d。

树势中庸，树姿半开张；萌芽力强，成枝力弱，丰产性好。一年生枝黄褐色；叶片卵圆形，长5.3cm、宽4.5cm，叶尖急尖，叶基圆形或宽楔形；花蕾浅粉红色，每花序7～9朵花，平均8.0朵；雄蕊20～24枚，平均22.0枚；花冠直径3.5cm。在青海循化地区，果实8月下旬成熟。

特殊性状描述： 果实不耐贮藏；植株抗逆性和适应性中等，适于壤土栽培，产量不稳定。

也历克阿木特

外文名或汉语拼音：Yelike Amute

来源及分布：原产新疆维吾尔自治区，在新疆轮台等地有少量栽培。

主要性状：平均单果重92.0g，纵径6.1cm、横径5.5cm，果实卵圆形，果皮绿色；果点中等大而密、灰褐色，萼片残存；果柄长且粗，长4.9cm、粗4.2mm；果心大，4～5心室；果肉白色，肉质中粗、贮存后变软，汁液多，味酸甜，无香气；含可溶性固形物12.5%；品质中等，常温下可贮藏20d。

树势强旺，树姿直立；萌芽力中等，成枝力中等，丰产性一般。一年生枝红褐色；叶片椭圆形，长7.4cm、宽4.6cm，叶尖渐尖，叶基楔形；花蕾白色，每花序6～9朵花，平均7.5朵；雄蕊19～22枚，平均20.5枚；花冠直径3.2cm。在河南郑州地区，果实9月下旬成熟。

特殊性状描述：植株抗逆性强，耐干旱，耐瘠薄，耐盐碱。

伊犁红香梨

外文名或汉语拼音：Yili Hongxiangli

来源及分布：原产新疆伊犁，在新疆伊犁有少量栽培。

主要性状：平均单果重 62.7g，纵径 5.3cm、横径 5.0cm，果实圆形，果皮绿色，阳面暗红色；果点小而密、灰白色，萼片宿存；果柄极长，长 6.2cm、粗 3.5mm；果心大，4～5 心室；果肉乳白色，肉质粗、紧脆，汁液中多，味甜，无香气；含可溶性固形物 8.7%；品质下等，常温下可贮藏 30d。

树势强旺，树姿直立；萌芽力强，成枝力强，丰产性较好。一年生枝褐色；叶片椭圆形，长 9.5cm、宽 5.8cm，叶尖渐尖，叶基圆形。在河南郑州地区，果实 9 月上旬成熟。

特殊性状描述：果实耐贮藏；植株抗逆性强，适应性强。

伊犁香梨

外文名或汉语拼音：Yili Xiangli

来源及分布：原产新疆伊犁，在新疆伊犁、库车等地有栽培。

主要性状：平均单果重150.0g，纵径6.7cm、横径6.6cm，果实卵圆形，果皮黄绿色，阳面有淡红晕；果点小而密、浅褐色，萼片宿存；果柄较长，基部膨大肉质化，长4.0cm、粗5.5mm；果心大，5心室；果肉淡黄色，肉质粗、后熟后软面，汁液多，味甜，有微香气；含可溶性固形物11.6%；品质中等，常温下可贮藏30d。

树势中庸，树姿半开张；萌芽力中等，成枝力中等，丰产性好。一年生枝灰褐色；叶片卵圆形，长9.5cm、宽6.2cm，叶尖渐尖，叶基狭楔形；花蕾浅粉红色，每花序5～7朵花，平均6.0朵；雄蕊19～21枚，平均20.0枚；花冠直径4.2cm。在新疆南部地区，果实9月下旬成熟。

特殊性状描述：植株较耐盐碱。

油搅团

外文名或汉语拼音：Youjiaotuan

来源及分布：$2n = 34$，原产青海省，在青海贵德、化隆等地有栽培。

主要性状：平均单果重48.0g，纵径5.5cm、横径4.5cm，果实葫芦形，果皮黄色或绿黄色，阳面无晕；果点小而疏、浅褐色，萼片宿存；果柄短粗并膨大肉质化，长2.2cm、粗8.9mm；果心特大，5心室；果肉乳白色，肉质细、软面，汁液少，味酸甜，无香气；含可溶性固形物10.9％；品质中等，常温下可贮藏5d。

树势弱，树姿半开张；萌芽力弱，成枝力弱，丰产性差。一年生枝黄褐色；叶片卵圆形，长6.0cm、宽4.1cm，叶尖急尖，叶基圆形；花蕾粉红色，每花序6～9朵花，平均7.5朵；雄蕊22～30枚，平均26.0枚；花冠直径2.7cm。在青海化隆地区，果实8月下旬成熟。

特殊性状描述：大小年结果现象明显，采前落果严重，果实不耐贮运；植株较抗寒，适于肥水充足的壤土栽培。

早熟句句梨

外文名或汉语拼音：Zaoshujujuli

来源及分布：2n=34，原产新疆伊犁，在新疆伊宁等地有少量栽培。

主要性状：平均单果重104.0g，纵径5.8cm、横径5.7cm，果实圆柱形，果皮绿黄色，阳面有淡红晕；果点小而密、红褐色，萼洼深广，萼片脱落；果柄较短，果梗基部膨大，长2.5cm、粗3.2mm，梗洼深广；果心大，5心室；果肉淡黄色，肉质细，汁液多，味酸、微涩，无香气；含可溶性固形物12.5%；品质中等，常温下可贮藏30d。

树势中庸，树姿半开张；萌芽力强，成枝力弱，丰产性好。一年生枝红褐色；叶片卵圆形，长8.7cm、宽5.8cm，叶尖钝尖，叶基宽楔形；花蕾浅粉红色，每花序4～7朵花，平均5.5朵；雄蕊18～22枚，平均20.0枚；花冠直径3.8cm。在新疆伊犁地区，4月18日盛花，果实9月上旬成熟。

特殊性状描述：植株适应性强，抗寒性强。

四、川梨 *Pyrus pashia* Buch.-Ham. ex D. Don.

开远葫芦梨

外文名或汉语拼音：Kaiyuan Hululi

来源及分布：原产云南省，在云南红河州开远等地有栽培。

主要性状：平均单果重75.0g，纵径6.5cm、横径4.3cm，果实倒卵圆形，果皮红褐色；果点小而密、灰白色，萼片脱落；果柄较长，长4.2cm、粗2.8mm；果心极小，5心室；果肉黄色，肉质粗、致密，汁液中多，味甜酸，有微香气；含可溶性固形物11.0%；品质中等，常温下可贮藏25～30d。

树势强旺，树姿直立；萌芽力强，成枝力强，丰产性极好。一年生枝红褐色；叶片卵圆形，长8.5cm、宽5.0cm，叶尖渐尖，叶基楔形；花蕾白色，每花序6～8朵花，平均7.0朵；雄蕊27～29枚，平均28.0枚；花冠直径3.2cm。在云南红河州开远地区，果实9月中旬成熟。

特殊性状描述：果心极小，果肉黄色；叶片高抗梨褐斑病。

酸大梨

外文名或汉语拼音： Suandali

来源及分布： 原产云南省呈贡县，在云南昆明市呈贡区、晋宁区等地有栽培。

主要性状： 平均单果重250.0g，纵径6.1cm、横径7.2cm，果实扁圆形，果皮绿色；果点小而密、灰褐色，萼片三角形脱落；果柄长2.5～3.5cm、粗3.0mm；果心中等大，5心室；果肉黄白色，肉质粗、脆，汁液多，味酸涩，有微香气；含可溶性固形物9.5%；品质中等，常温下可贮藏25～30d。

树势强旺，树姿直立；萌芽力强，成枝力中等，丰产性好。一年生枝绿黄色；叶片卵圆形，长9.0cm、宽5.6cm，叶尖急尖，叶基圆形；花蕾白色，每花序8～12朵花，平均10.0朵；雄蕊28～30枚，平均29.0枚；花冠直径2.5cm。在云南昆明地区，果实10月上旬成熟。

特殊性状描述： 果实成熟初期果肉硬、酸涩，很少鲜食，需贮放使果肉变乌呈黑褐色鲜食风味更佳；植株抗病虫性中等，耐旱、耐湿、耐瘠薄，适应性强。

小黄皮梨

外文名或汉语拼音： Xiaohuangpili

来源及分布： $2n = 34$，原产四川省，在四川会理、西昌、康定等地有少量栽培。

主要性状： 平均单果重112.0g，纵径5.9cm，横径5.9cm，果实近圆形，果皮黄褐色；果点小而密、灰白色，萼片脱落；果柄下部膨大，长3.5cm、粗3.1mm；果心特大，4～5心室；果肉黄白色，肉质较粗，汁液较少，味甜较浓，有涩味；含可溶性固形物13.9%；品质中等，常温下可贮藏30d。

树势强旺，树姿开张；萌芽力较强，成枝力中等，丰产性好。一年生枝深褐色或绿褐色；叶片广卵圆形，长9.2cm、宽7.3cm，叶尖渐尖，叶基平截形或圆形；花蕾白色，每花序5～8朵花，平均6.5朵；雄蕊18～21枚，平均19.5枚；花冠直径4.1cm。在四川会理地区，果实9月下旬成熟。

特殊性状描述： 为川梨的栽培品种之一，虽然果小、品质一般，但因病虫害少，丰产性强，果实贮藏后变软，颇受当地老年人喜爱，因此当地仍有一定量的栽培。

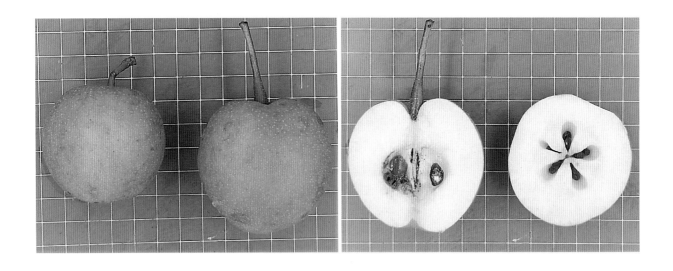

砚山乌梨

外文名或汉语拼音： Yanshan Wuli

来源及分布： 原产云南省，在云南砚山、广南等地有少量栽培。

主要性状： 平均单果重81.0g，纵径4.0cm、横径3.5cm，果实近圆形，果皮深褐色；果点中等大而密、灰白色，萼片脱落；果柄较长，长4.1cm、粗4.1mm；果心中等大，4～5心室；果肉黄白色，易褐变，肉质中粗、松脆，汁液多，味酸甜，有微香气；含可溶性固形物12.8%；品质中上等，常温下可贮藏21d。

树势强旺，树姿直立；萌芽力中等，成枝力中等，丰产性差。一年生枝灰褐色；叶片卵圆形，长7.2cm、宽5.5cm，叶尖渐尖，叶基楔形；花蕾白色，每花序6～8朵花，平均7.0朵；雄蕊22～34枚，平均23.0枚；花冠直径3.9cm。在云南砚山地区，果实9月底成熟。

特殊性状描述： 植株高抗梨黑星病，亦有一定的抗虫性。

第二节　引入品种

一、西方（洋）梨 Occidental pears

（一）欧洲和美洲品种

阿巴特

外文名或汉语拼音：Abate Fetel

来源及分布：$2n = 34$，原产法国，在我国山东、河南、北京、河北、辽宁等地均有栽培。

主要性状：平均单果重301.0g，纵径11.9cm、横径8.1cm，果实细颈葫芦形，果皮黄绿色；果点小而密、浅褐色，萼片宿存；果柄较短，长2.9cm、粗3.9mm；果心小，5心室；果肉乳白色，肉质细、后熟后软面，汁液少，味甜，无香气；含可溶性固形物15.3%；品质中上等，常温下可贮藏7d。

树势强旺，树姿直立；萌芽力强，成枝力强，丰产性较好。一年生枝红褐色；叶片椭圆形，长6.4cm、宽3.9cm，叶尖渐尖，叶基楔形；花蕾白色，每花序5～7朵花，平均6.0朵；雄蕊19～23枚，平均21.0枚；花冠直径4.7cm。在河南郑州地区，果实8月下旬成熟。

特殊性状描述：植株抗寒性弱，枝干病害严重。

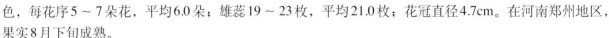

艾勒特

外文名或汉语拼音： Alert

来源及分布： 原产意大利，现保存在我国国家园艺种质资源库郑州梨圃。

主要性状： 平均单果重120.0g，纵径7.3cm、横径5.6cm，果实细颈葫芦形，果皮绿色，阳面淡红色；果点中等大而密、灰白色，萼片残存；果柄较长，长3.8cm、粗5.6mm；果心中等大，5心室；果肉绿白色，肉质细、经后熟变软溶，汁液中多，味酸甜适口，有香气；含可溶性固形物15.3%；品质中上等，常温下可贮藏10d。

树势中庸，树姿半开张；萌芽力中等，成枝力中等，丰产性好。一年生枝红褐色；叶片椭圆形，长7.8cm、宽4.0cm，叶尖渐尖，叶基狭楔形；花蕾粉红色，每花序3～7朵花，平均5.0朵；雄蕊18～23枚，平均20.5枚；花冠直径3.3cm。在河南郑州地区，果实9月初成熟。

特殊性状描述： 植株适应性、抗逆性均强，早果丰产，容易管理。

安古列姆

外文名或汉语拼音： Duchesse D′ Angouleme

来源及分布： $2n = 3x = 51$，原产法国，在我国山东、河南、辽宁、北京有少量栽培。

主要性状： 平均单果重248.9g，纵径7.6cm、横径7.6cm，果实葫芦形，果皮绿色，阳面有鲜红晕；果点小而密、棕褐色，萼片残存；果柄较短，基部膨大肉质化，长2.7cm，粗4.1mm；果心小，5心室；果肉白色，肉质细、后熟后软面，汁液多，味酸甜，有微香气；含可溶性固形物14.1%；品质中上等，常温下可贮藏5～7d。

树势强旺，树姿半开张；萌芽力中等，成枝力中等，丰产性差。一年生枝黄褐色；叶片椭圆形，长7.8cm，宽4.3cm，叶尖急尖，叶基楔形；花蕾浅粉红色，每花序4～8朵花，平均6.2朵；雄蕊19～23枚，平均21.0枚；花冠直径4.2cm。在山东烟台地区，果实8月中下旬成熟。

特殊性状描述： 植株适应性较弱，易感洋梨干枯病。

安久

外文名或汉语拼音：D' Anjou

来源及分布：$2n = 34$，原产美国，在我国辽宁兴城、山东烟台等地有栽培。

主要性状：平均单果重383.0g，纵径10.4cm、横径9.0cm，果实粗颈葫芦形，果皮黄绿色，阳面有鲜红晕；果点小而密、棕褐色，萼片残存；果柄较短，基部膨大肉质化，长2.7cm、粗3.3mm，萼片残存；果心小，5心室；果肉白色，肉质细、经后熟变软面，汁液中多，味酸甜，有微香气；含可溶性固形物15.6%；品质中等，常温下可贮藏7～10d。

树势强旺，树姿半开张；萌芽力中等，成枝力强，丰产性好。一年生枝黄褐色；叶片椭圆形，长6.6cm、宽3.7cm，叶尖渐尖，叶基楔形；花蕾白色，每花序5～7朵花，平均6.0朵；雄蕊12～20枚，平均16.5枚；花冠直径3.4cm。在山东烟台地区，果实9月上旬成熟。

特殊性状描述：植株抗病性一般，不耐寒，易发生洋梨干枯病。

奥丽娅

外文名或汉语拼音： Aoliya

来源及分布： $2n = 34$，来源苏联，生产已无栽培，现保存在黑龙江农业科学院园艺分院。

主要性状： 平均单果重41.2g，纵径5.2cm、横径4.2cm，果实葫芦形，果皮绿黄色；果点小而密、深灰色，萼片宿存；果柄较短，长2.5cm、粗2.6mm；果心大，5心室；果肉乳白色，肉质粗、经后熟变软，汁液多，味甜酸，微涩，有香气；可溶性固形物13.0%；品质下等，常温下可贮藏7d。

树势强旺，树姿半开张；萌芽力强，成枝力中等，丰产性好。一年生枝黄褐色；叶片卵圆形，长8.4cm、宽5.7cm，叶尖渐尖，叶基截形；花蕾白色，每花序7～15朵，平均10.0朵；雄蕊18～22枚，平均20.0枚；花冠直径3.0cm。在黑龙江哈尔滨地区，果实9月上旬成熟。

特殊性状描述： 植株抗寒性极强，抗病性强，抗虫性中等，较耐旱，耐盐碱。

奥扎娜

外文名或汉语拼音：Dell' Avzzana

来源及分布：引自意大利，现保存在我国国家园艺种质资源库郑州梨圃。

主要性状：平均单果重99.1g，纵径6.5cm、横径5.7cm，果实粗颈葫芦形，果皮黄绿色，阳面暗红色；果点小而密、灰褐色，萼片宿存；果柄较长，长3.0cm、粗3.4mm；果心大，5心室；果肉淡黄色，肉质紧脆，汁液少，味甜，有香气；含可溶性固形物14.5%；品质上等，常温下可贮藏7～10d。

树势中庸，树姿半开张；萌芽力强，成枝力中等，丰产性好。一年生枝褐色；叶片椭圆形，长5.9cm、宽3.9cm，叶尖渐尖，叶基楔形；花蕾白色，每花序5～7朵花，平均6.0朵；雄蕊19～20枚，平均20.0枚；花冠直径2.3cm。在河南郑州地区，果实7月下旬成熟。

特殊性状描述：果实色泽鲜艳，内在品质好，但果个小。

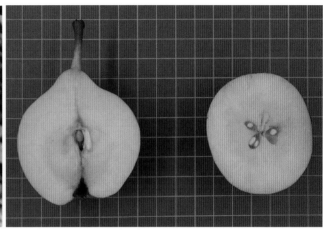

巴梨（又名：威廉姆斯）

外文名或汉语拼音：Bartlett (Williams)

来源及分布：$2n = 34$，原产英国，在我国辽宁、山东、河南、安徽等地均有栽培。

主要性状：平均单果重243.0g，纵径9.5cm、横径7.2cm，果实葫芦形，果皮绿色，阳面有淡红晕；果点小而密、浅褐色，萼片脱落；果柄较长，长3.0cm、粗3.5mm；果心中等大，5心室；果肉白色，肉质细、经后熟变软溶，汁液多，味酸甜适度，有香气；含可溶性固形物11.5%；品质上等，常温下可贮藏10d。

树势中庸，树姿半开张；萌芽力强，成枝力弱，丰产性好。一年生枝黄褐色；叶片卵圆形，长8.0cm、宽4.8cm，叶尖渐尖，叶基楔形；花蕾白色，每花序4～7朵花，平均5.5朵；雄蕊17～24枚，平均22.0枚；花冠直径3.6cm。在辽宁大连地区，果实8月下旬成熟。

特殊性状描述：植株适应性较强，但易感梨干腐病、梨轮纹病。

宝什克

外文名或汉语拼音： Beurre Bosc

来源及分布： $2n = 3x = 51$，原产比利时，在我国辽宁、河南、山东等地均有栽培。

主要性状： 平均单果重185.0g，纵径9.7cm、横径7.1cm，果实粗颈葫芦形，果皮褐色；果点小而疏、灰褐色，萼片残存；果柄较长，长3.0cm、粗2.2mm；果心中等大，5心室；果肉淡黄色，肉质细、经后熟变软面，汁液中多，味酸甜，无香气；含可溶性固形物12.5%；品质中等，常温下可贮藏5～8d。

树势强旺，树姿半开张；萌芽力强，成枝力强，丰产性较好。一年生枝褐色；叶片椭圆形，长8.6cm、宽4.4cm，叶尖渐尖，叶基楔形；花蕾粉红色，每花序4～7朵花，平均5.0朵；雄蕊18～23枚，平均20.0枚；花冠直径4.5cm。在河南郑州地区，果实9月中旬成熟。

特殊性状描述： 果实口感好；植株适应性强，抗逆性强，易栽培。

保加利亚5号

外文名或汉语拼音：Bulgaria No.5

来源及分布：$2n = 34$，原产保加利亚，在我国山东烟台等地有栽培。

主要性状：平均单果重460.0g，纵径11.8cm、横径9.0cm，果实葫芦形，果皮绿色，阳面有鲜红晕；果点小而密、红褐色，萼片宿存；果柄短，长1.2cm、粗6.5mm；果心小，5心室；果肉白色，肉质细、经后熟变软溶，汁液多，味甜，有微香气；含可溶性固形物13.8%；品质上等，常温下可贮藏6~9d。

树势中庸，树姿直立；萌芽力中等，成枝力中等，丰产性好。一年生枝黄褐色；叶片椭圆形，长7.5cm、宽4.3cm，叶尖渐尖，叶基宽楔形；花蕾白色，每花序5~8朵花，平均6.5朵；雄蕊15~20枚，平均18.0枚；花冠直径3.9cm。在山东烟台地区，果实8月中下旬成熟。

特殊性状描述：果个大，口感好，但果柄极短，抗风性差。

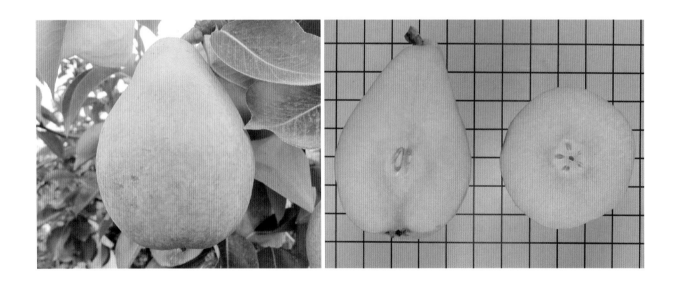

保加利亚6号

外文名或汉语拼音：Bulgaria No.6

来源及分布：$2n = 34$，原产保加利亚，在我国山东烟台等地有栽培。

主要性状：平均单果重90.0g，纵径8.9cm、横径4.9cm，果实细颈葫芦形，果皮绿色，阳面有鲜红晕；果点小而密、灰褐色，萼片宿存；果柄短，长1.2cm、粗5.5mm；果心小，5心室；果肉白色，肉质细、经后熟变软溶，汁液多，味甜，有微香气；含可溶性固形物12.6%；品质上等，常温下可贮藏5～8d。

树势中庸，树姿半开张；萌芽力强，成枝力强，丰产性好。一年生枝黄褐色；叶片椭圆形，长7.2cm、宽4.1cm，叶尖渐尖，叶基宽楔形；花蕾白色，每花序5～7朵花，平均6.0朵；雄蕊13～18枚，平均15.5枚；花冠直径3.4cm。在山东烟台地区，果实6月下旬成熟。

特殊性状描述：果实外观美观、色泽鲜艳，植株抗病性、适应性均强。

保利阿斯卡

外文名或汉语拼音： Ranna Bolyarska

来源及分布： $2n = 34$，原产保加利亚，在我国辽宁兴城、山东烟台、北京、河南等地有少量栽培。

主要性状： 平均单果重105.5g，纵径6.6cm、横径5.2cm，果实葫芦形，果皮黄绿色，阳面有淡红晕；果点小而密、绿褐色，萼片宿存；果柄较长，基部肉质化，长4.4cm、粗6.0mm；果心中等大，5心室；果肉白色，肉质细、经后熟变软面，汁液较少，味甜，有香气；含可溶性固形物12.5%；品质中等，常温下可贮藏3～4d。

树势中庸，树姿开张；萌芽力强，成枝力强，丰产性差。一年生枝红褐色；叶片卵圆形或椭圆形，长7.7cm、宽4.6cm，叶尖急尖，叶基楔形；花蕾白色，边缘粉红色，每花序5～7朵花，平均6.0朵；雄蕊26～28枚，平均27.5枚；花冠直径3.5cm。在北京地区，果实6月上旬成熟。

特殊性状描述： 果实不耐贮藏；植株耐旱，较易感梨枝干病害。

迪考拉

外文名或汉语拼音：Decora

来源及分布：$2n = 34$，从捷克引进，现保存在我国北京市林业果树科学研究院梨资源圃。

主要性状：平均单果重311.7g，纵径9.4cm、横径7.8cm，果实葫芦形，果皮黄绿色，阳面有红晕；果点小而密、棕褐色，萼片残存；果柄较长，长3.5cm、粗6.5mm；果心小，5心室；果肉淡黄色，肉质细、经后熟变软溶，汁液多，味酸甜，无香气；含可溶性固形物12.5%；品质中等，常温下可贮藏15～20d。

树势强旺，树姿直立；萌芽力中等，成枝力中等，丰产性一般。一年生枝灰色；叶片椭圆形，长9.3cm、宽4.5cm，叶尖渐尖，叶基圆形；花蕾白色，边缘浅粉红色，每花序6～8朵花，平均7.0朵；雄蕊30枚左右；花冠直径3.6cm。在北京地区，果实9月下旬成熟。

特殊性状描述：果肉有木栓化现象，植株易发生梨枝干病害。

菲利森

外文名或汉语拼音： Phileson

来源及分布： $2n = 34$，原产波兰，在我国山东、辽宁兴城等地有栽培。

主要性状： 平均单果重195.8g，纵径9.0cm、横径8.3cm，果实近圆形，果皮绿色；果点小而密、灰白色，萼片宿存；果柄较短，基部膨大肉质化，长2.7cm、粗5.5mm；果心中等大，5心室；果肉白色，肉质细、经后熟变软面，汁液多，味酸甜，有微香气；含可溶性固形物13.1%；品质中上等，常温下可贮藏6~8d。

树势强旺，树姿直立；萌芽力中等，成枝力中等，丰产性好。一年生枝红褐色；叶片椭圆形，长6.9cm、宽4.1cm，叶尖渐尖，叶基楔形；花蕾白色，每花序7~9朵花，平均8.0朵；雄蕊14~20枚，平均17.0枚；花冠直径3.4cm。在山东烟台地区，果实8月上旬成熟。

特殊性状描述： 果实圆球形似灯泡，且果柄基部急剧膨大。

费莱茵

外文名或汉语拼音： Vereins Dechanstbirne

来源及分布： $2n = 34$，原产德国，现保存在我国北京市林业果树科学研究院梨资源圃。

主要性状： 平均单果重380.0g、纵径8.8cm、横径8.1cm，果实倒卵圆形，果皮黄绿色，阳面有淡红晕；果点小而密、棕褐色，萼片残存；果柄短粗，长2.0cm、粗6.9mm；果心小，5心室；果肉白色，肉质细、经7～10d后熟变软面，汁液中多，味甜，有香气；含可溶性固形物11.8%；品质中等，常温下可贮藏10～15d。

树势强旺，树姿直立；萌芽力强，成枝力强，丰产性差。一年生枝黄褐色；叶片椭圆形，长6.6cm、宽4.3cm，叶尖尾尖，叶基圆形；花蕾白色，边缘粉红色，每花序6～8朵花，平均7.0朵；雄蕊19～22枚，平均20.5枚；花冠直径2.7cm。在北京地区，果实9月下旬成熟。

特殊性状描述： 果肉容易出现木栓化斑点。

 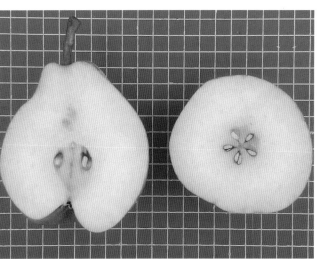

粉酪

外文名或汉语拼音： Butirra Rosata Morettini

来源及分布： $2n = 34$，原产意大利，在我国山东、北京、辽宁、河南等地均有少量栽培。

主要性状： 平均单果重216.3g，纵径9.2cm、横径7.4cm，果实葫芦形，果皮绿黄色，阳面有红晕；果点小而疏、灰褐色，萼片宿存；果柄短，长1.8cm、粗3.5mm；果心小，5心室；果肉乳白色，肉质细、经后熟变软面，汁液多，味酸甜，无香气；含可溶性固形物13.8%；品质中等，常温下可贮藏5～8d。

树势中庸，树姿半开张；萌芽力强，成枝力强，丰产性较好。一年生枝褐色；叶片卵圆形，长7.4cm，宽4.0cm，叶尖渐尖，叶基楔形；花蕾粉红色，每花序4～6朵花，平均5.0朵；雄蕊19～23枚，平均21.0枚；花冠直径3.7cm。在河南郑州地区，果实9月中旬成熟。

特殊性状描述： 容易管理，结果早。

伏茄（又名：启发）

外文名或汉语拼音： Beurré Giffard

来源及分布： $2n = 34$，原产法国，现保存在我国北京市林业果树科学研究院梨资源圃。

主要性状： 平均单果重82.6g，纵径7.5cm、横径5.1cm，果实细颈葫芦形，果皮黄绿色，阳面有鲜红晕；果点中等大而密、棕褐色，萼片残存；果柄较长，长3.5cm、粗2.9mm；果心小，5心室；果肉白色，肉质细、致密、经3～5d后熟变软溶，汁液多，味甜，有微香气；含可溶性固形物15.0%；品质上等，常温下可贮藏3～5d。

树势强旺，树姿开张；萌芽力较强，成枝力较强，丰产性差。一年生枝红褐色；叶片椭圆形，长6.9cm、宽4.4cm，叶尖急尖，叶基楔形；花蕾白色，每花序5～8朵花，平均6.5朵；雄蕊20～25枚，平均22.5枚；花冠直径3.3cm。在北京地区，果实7月中旬成熟。

特殊性状描述： 植株抗寒性中等偏弱，抗旱，抗病，虫害少。

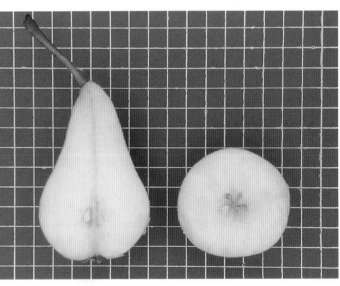

贵妃

外文名或汉语拼音： Keiffer

来源及分布： $2n = 34$，原产美国，在我国辽宁、北京、河南等地有栽培。

主要性状： 平均单果重261.0g，纵径8.0cm、横径7.0cm，果实粗颈葫芦形，果皮绿色，阳面有红晕；果点小而密、深褐色，萼片宿存；果柄较短，长2.0cm、粗4.1mm；果心中等大，5心室；果肉白色，肉质中粗、松脆、经后熟变软面，汁液多，味酸甜，有微香气；含可溶性固形物13.0%；品质中上等，常温下可贮藏10d。

树势中庸，树姿半开张；萌芽力中等，成枝力中等，丰产性好。一年生枝黄褐色；叶片卵圆形，长9.2cm、宽5.6cm，叶尖渐尖，叶基宽楔形；花蕾浅粉红色，每花序6～9朵花，平均7.0朵；雄蕊24～27枚，平均25.0枚；花冠直径4.0cm。在山东烟台地区，果实9月下旬成熟。

特殊性状描述： 植株适应性强，耐干旱瘠薄，不易感梨干腐病。

哈代

外文名或汉语拼音: Beurre Hardy

来源及分布: $2n = 34$,原产法国,在我国辽宁兴城、河南郑州、山东烟台等地有栽培。

主要性状: 平均单果重307.0g,纵径9.3cm、横径8.4cm,果实粗颈葫芦形,果皮黄绿色,阳面有晕;果点小而密、灰褐色,萼片残存;果柄短粗,长1.2cm、粗6.1mm;果心小,5心室;果肉乳白色,肉质细、经后熟变软面,汁液少,味酸甜,有微香气;含可溶性固形物15.7%;品质中等,常温下可贮藏7～10d。

树势强旺,树姿开张;萌芽力中等,成枝力中等,丰产性好。一年生枝黄褐色;叶片椭圆形,长6.3cm、宽3.2cm,叶尖渐尖,叶基楔形;花蕾白色,每花序5～8朵花,平均6.5朵;雄蕊14～20枚,平均17.0枚;花冠直径3.2cm。在山东烟台地区,果实8月中旬成熟。

特殊性状描述: 花药金黄色。与大多数西洋梨品种亲和性好,常用作西洋梨的中间砧。

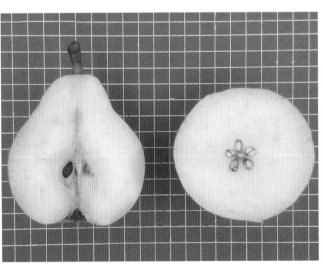

海蓝德

外文名或汉语拼音： Hailand

来源及分布： $2n = 34$，原产美国，在我国山东、辽宁、河南等地有栽培。

主要性状： 平均单果重201.0g，纵径9.3cm、横径7.6cm，果实葫芦形，果皮绿色；果点小而密、绿褐色，萼片残存；果柄较短，基部膨大肉质化，长2.4cm、粗3.0mm；果心小，5～6心室；果肉白色，肉质细、经后熟变软面，汁液多，味酸甜，有微香气；含可溶性固形物12.2%；品质中上等，常温下可贮藏7～9d。

树势中庸，树姿直立；萌芽力强，成枝力弱，丰产性好。一年生枝红褐色；叶片椭圆形，长8.0cm、宽4.6cm，叶尖渐尖，叶基楔形；花蕾白色，每花序5～7朵花，平均6.5朵；雄蕊18～24枚，平均21.0枚；花冠直径3.2cm。在山东烟台地区，果实8月下旬成熟。

特殊性状描述： 植株结果早，栽培管理相对容易。

好本号

外文名或汉语拼音：Allexandrine Douillard

来源及分布：$2n = 34$，原产法国，在我国辽宁、山东、河北、山西等地有栽培。

主要性状：平均单果重356.0g，纵径13.0cm、横径8.1cm，果实细颈葫芦形，果皮绿色，阳面有暗红晕；果点小而密、浅褐色，萼片残存；果柄较长，长3.2cm、粗3.4mm；果心中等大，4～5心室；果肉白色，肉质细、经后熟变软溶，汁液多，味酸甜适度，有香气；含可溶性固形物15.0%；品质上等，常温下可贮藏15d。

树势中庸，树姿直立；萌芽力强，成枝力弱，丰产性好。一年生枝黄褐色；叶片卵圆形，长9.0cm、宽5.2cm，叶尖渐尖，叶基宽楔形；花蕾白色，每花序7～11朵花，平均8.0朵；雄蕊16～20枚，平均18.0枚；花冠直径4.4cm。在辽宁大连地区，果实9月中旬成熟。

特殊性状描述：植株易感梨枝干病害，抗寒性弱。

红安久

外文名或汉语拼音： Red D' Anjiou

来源及分布： $2n = 34$，原产美国，安久浓红型芽变，在我国辽宁大连、山东烟台等地有栽培。

主要性状： 平均单果重230.0g，纵径8.4cm、横径6.2cm，果实葫芦形，果皮紫红色；果点小而密、浅褐色，萼片残存；果柄短，长1.0cm、粗4.3mm；果心中等大，5心室；果肉乳白色，肉质细、经后熟变软面，汁液多，味酸甜，有浓香气；含可溶性固形物14.3%；品质上等，常温下可贮藏10～15d。

树势中庸，树姿半开张；萌芽力强，成枝力强，丰产性好。一年生枝紫褐色；叶片披针形，长7.8cm、宽3.9cm，叶尖渐尖，叶基楔形；花蕾粉红色，每花序7～10朵花，平均8.5朵；雄蕊19～22枚，平均20.5枚；花冠直径4.0cm。在山东烟台地区，果实9月中旬成熟。

特殊性状描述： 果实易感梨木栓斑点病，主干易感梨干枯病。

红巴梨

外文名或汉语拼音： Red Bartlett

来源及分布： $2n = 34$，原产美国，在我国山东胶东半岛、辽宁辽东半岛、河南、北京、山西等地有栽培。

主要性状： 平均单果重225.0g，纵径10.0cm、横径7.3cm，果实粗颈葫芦形，果皮黄色；阳面有鲜红晕；果点小而疏、灰白色，萼片残存；果柄较短，长2.0cm、粗4.1mm；果心小，5心室；果肉白色，肉质细、经后熟变软面，汁液多，味香甜，有香气；含可溶性固形物13.7%；品质上等，常温下可贮藏10～15d。

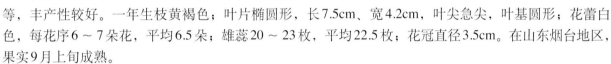

树势中庸，树姿半开张；萌芽力强，成枝力中等，丰产性较好。一年生枝黄褐色；叶片椭圆形，长7.5cm、宽4.2cm，叶尖急尖，叶基圆形；花蕾白色，每花序6～7朵花，平均6.5朵；雄蕊20～23枚，平均22.5枚；花冠直径3.5cm。在山东烟台地区，果实9月上旬成熟。

特殊性状描述： 植株结果早、丰产，栽培管理容易，但果实口感、品质一般。

红贝（蓓）蕾莎

外文名或汉语拼音： Placer

来源及分布： $2n = 34$，原产美国，现保存在我国国家园艺种质资源库郑州梨圃。

主要性状： 平均单果重247.0g，纵径8.2cm、横径8.4cm，果实近圆形，果皮红色，阳面暗红色；果点小而密、灰褐色，萼片残存；果柄短而粗，长1.2cm、粗7.6mm；果心小，5心室；果肉淡黄色，肉质中粗、经后熟变软面，汁液少，味淡甜，无香气；含可溶性固形物14.3%；品质中上等，常温下可贮藏7d。

树势中庸，树姿半开张；萌芽力强，成枝力强，丰产性较好。一年生枝灰褐色；叶片椭圆形，长

8.2cm、宽4.9cm，叶尖渐尖，叶基楔形；花蕾粉红色，每花序3～6朵花，平均5.0朵；雄蕊25～27枚，平均26.0枚；花冠直径2.9cm。在河南郑州地区，果实8月中旬成熟。

特殊性状描述： 植株抗寒性较弱，易感梨枝干病害。

红茄梨（又名：红克拉普斯或早红考密斯）

外文名或汉语拼音： Starkrimson（Red Clapp's Favorite）

来源及分布： $2n = 34$，原产美国，为茄梨的全红型芽变品种，在我国山东烟台、辽宁、河南等地有栽培。

主要性状： 平均单果重131.0g、纵径8.5cm、横径6.2cm，果实葫芦形，果皮紫红色；果点小而密、灰白色，萼片宿存；果柄短，基部膨大肉质化，长1.8cm、粗7.5mm；果心大，4～5心室；果肉白色，肉质细、致密、经后熟变软，汁液多，味浓酸甜，有微香气；含可溶性固形物12.3%；品质上等，常温下可贮藏7～9d。

树势强旺，树姿直立；萌芽力强，成枝力弱，丰产性差。一年生枝红褐色；叶片椭圆形，长9.1cm、宽4.1cm，叶尖渐尖，叶基宽楔形；花蕾白色，每花序4～7朵花，平均6.2朵；雄蕊20～24枚，平均22.7枚；花冠直径3.7cm。在山东烟台地区，果实7月下旬成熟。

特殊性状描述： 果实外观鲜艳，肉质细腻，后熟后柔软多汁；但植株栽培管理困难，结果晚，不易丰产。

红斯塔克

外文名或汉语拼音：Red Stark

来源及分布：$2n = 34$，原产意大利，在我国河南、山东、辽宁等地有少量栽培。

主要性状：平均单果重230.0g，纵径10.1cm、横径7.2cm，果实葫芦形，果皮紫红色，阳面紫红色；果点小而密、灰白色，萼片残存；果柄较长，上部略膨大，长4.0cm、粗3.9mm；果心中等大，5心室；果肉淡黄色，肉质细、经后熟变软面，汁液多，味酸甜，有香气；含可溶性固形物16.3%；品质中上等，常温下可贮藏7～10d。

树势弱，树姿直立；萌芽力中等，成枝力弱，丰产性一般。一年生枝褐色；叶片椭圆形，长

8.2cm、宽4.7cm，叶尖渐尖，叶基楔形；花蕾浅粉红色，每花序5～7朵花，平均6.0朵；雄蕊18～22枚，平均20.0枚；花冠直径3.5cm。在河南郑州地区，果实8月中旬成熟。

特殊性状描述：植株抗逆性较强，易早果丰产。

加纳

外文名或汉语拼音：Jana

来源及分布：$2n = 34$，引自捷克，现保存在我国国家园艺种质资源库郑州梨圃。

主要性状：平均单果重387.5g，纵径7.6cm、横径9.5cm，果实粗颈葫芦形，果皮绿色；果点小而密、浅褐色，萼片宿存；果柄较短，基部膨大，长2.3cm、粗6.7mm；果心小，5心室；果肉白色，肉质细、经后熟变软面，汁液中多，味淡甜，无香气；含可溶性固形物16.4%；品质中上等，常温下可贮藏7d。

树势强旺，树姿半开张；萌芽力强，成枝力中等，丰产性较好。一年生枝褐色；叶片椭圆形，长8.1cm、宽5.7cm，叶尖渐尖，叶基狭楔形；花蕾粉红色，每花序5～7朵花，平均6.0朵；雄蕊28～33枚，平均30.0枚；花冠直径3.7cm。在河南郑州地区，果实8月上中旬成熟。

特殊性状描述：果实不耐贮藏，果肉易发生梨木栓斑点病，植株易感梨枝干病害。

久恩

外文名或汉语拼音： John

来源及分布： $2n = 34$，原产地意大利，现保存在我国国家园艺种质资源库郑州梨圃。

主要性状： 平均单果重175.0g，纵径7.4cm、横径6.8cm，果实卵圆形，果皮绿色；果点小而密、灰褐色，萼片宿存；果柄较短，长2.0cm、粗3.3mm；果心中等大，5心室；果肉乳白色，肉质细、经后熟变软面，汁液少，味酸甜，无香气；含可溶性固形物13.4%；品质中上等，常温下可贮藏10d。

树势中庸，树姿半开张；萌芽力强，成枝力中等，丰产性较好。一年生枝黄褐色；叶片卵圆形，长8.2cm、宽4.6cm，叶尖渐尖，叶基楔形；花蕾浅粉红色，每花序4～8朵花，平均6.0朵；雄蕊23～27枚，平均25.0枚；花冠直径4.1cm。在河南郑州地区，果实8月中下旬成熟。

特殊性状描述： 果形不整齐。

凯斯凯德

外文名或汉语拼音：Cascade

来源及分布：$2n = 34$，原产美国，在我国山东、北京、河南等地均有栽培。

主要性状：平均单果重210.0g，纵径6.7cm、横径7.4cm，果实扁圆形，果皮黄绿色，阳面暗红色；果点小而密、灰白色，萼片宿存；果柄较长，上部膨大变粗，长3.0cm、粗5.9mm；果心小，5心室；果肉淡黄色，肉质细、经后熟变软面，汁液多，味酸甜，有香气；含可溶性固形物16.8%；品质中上等，常温下可贮藏7d。

树势弱，树姿直立；萌芽力弱，成枝力弱，丰产性一般。一年生枝褐色；叶片椭圆形，长6.2cm、宽2.7cm，叶尖渐尖，叶基楔形；花蕾粉红色，每花序3～7朵花，平均6.0朵，雄蕊18～22枚，平均20.0枚；花冠直径3.1cm。在河南郑州地区，果实9月上中旬成熟。

特殊性状描述：植株管理容易，结果早。

康德（孔德）

外文名或汉语拼音： Le Counte

来源及分布： $2n = 34$，原产美国，在我国山东胶东半岛、辽宁辽东半岛、河南、陕西等地有栽培。

主要性状： 平均单果重246.9g，纵径8.2cm、横径7.7cm，果实葫芦形，果皮绿黄色，阳面无晕；果点小而密、绿褐色，萼片脱落；果柄较短粗，基部膨大肉质化，长2.5cm、粗7.5mm；果心中等大、近萼端，5心室；果肉白色，肉质细、软面，汁液中多，味甜，有微香气，无涩味；含可溶性固形物14.9%；品质极上等，常温下可贮藏5d。

树势强旺，树姿直立；萌芽力强，成枝力弱，丰产性好。一年生枝绿黄色；叶片椭圆形，长8.8cm、宽5.3cm，叶尖急尖，叶基楔形；花蕾白色，每花序5～8朵花，平均6.5朵；雄蕊18～23枚，平均20.5枚；花冠直径3.3cm。在福建建宁地区，果实8月下旬成熟。

特殊性状描述： 植株适应性极强，耐旱，耐涝，但抗病虫性差。

康弗伦斯

外文名或汉语拼音：Conference

来源及分布：$2n = 34$，原产英国，在我国山东、河南、北京有少量栽培。

主要性状：平均单果重308.8g，纵径12.6cm、横径8.1cm，果实细颈葫芦形，果皮绿黄色，阳面有淡红晕；果点小而疏、灰褐色，萼片残存；果柄较长，长3.0cm、粗3.8mm；果心小，5心室；果肉白色，肉质细、经后熟变软溶，汁液多，味甜，有香气；含可溶性固形物14.0%；品质上等，常温下可贮藏10～15d。

树势中庸偏弱，树姿半开张；萌芽力强，成枝力中等，丰产性差。一年生枝黄褐色；叶片椭圆形，长11.2cm、宽5.9cm，叶尖急尖，叶基圆形；花蕾白色，每花序6～8朵花，平均7.0朵；雄蕊22～26枚，平均24.0枚；花冠直径3.8cm。在河南郑州地区，果实9月上旬成熟。

特殊性状描述：果实不耐贮藏；植株抗病性、抗虫性较强，耐旱，易感梨枝干病害。

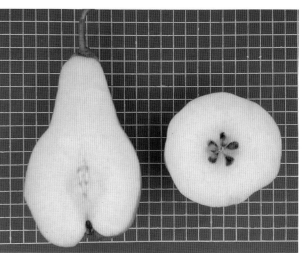

考密斯

外文名或汉语拼音：Doyenne du Comice

来源及分布：$2n = 34$，原产法国，在我国辽宁大连等地均有栽培。

主要性状：平均单果重303.0g，纵径7.2cm、横径8.4cm，果实扁圆形，果皮绿色；果点中等大而密、深褐色，萼片残存；果柄短粗，长1.2cm、粗5.5mm；果心小，5心室；果肉白色，肉质细、经后熟变软溶，汁液多，味酸甜，有香气；含可溶性固形物14.6%；品质上等，常温下可贮藏10d。

树势中庸，树姿半开张；萌芽力强，成枝力中等，丰产性好。一年生枝黄褐色；叶片椭圆形，长7.2cm、宽4.9cm，叶尖渐尖，叶基宽楔形；花蕾白色，每花序7～11朵花，平均8.7朵；雄蕊18～24枚，平均20.0枚；花冠直径3.3cm。在辽宁大连地区，果实9月上旬成熟。

特殊性状描述：植株高抗梨黑叶病，易感梨枝干病害，在沙壤土上生长较弱。

考西亚

外文名或汉语拼音： Coscia

来源及分布： 原产意大利，在我国豫西三门峡等地有少量栽培。

主要特性： 平均单果重200.0g，纵径9.3cm、横径5.7cm，果实葫芦形，果皮黄绿色，阳面有红晕；果点小而密、灰褐色，萼片宿存；果柄较长，长3.3cm、粗3.9mm；果心极小，5心室，种子淡黄白色，4～6粒；果肉乳白色，肉质较细脆，后熟后柔软多汁，味酸甜适口，有微香气；品质中上等，常温下可贮藏10d。

树势中庸，树姿较直立；萌芽力强，成枝力中等，丰产性好。主干灰褐色，一年生枝青灰色；叶片长椭圆形、中等大，长9.3cm、宽5.7cm，叶色浅绿油亮，叶缘钝锯齿；花蕾粉红色，每花序5～6朵花，平均5.5朵；雄蕊19～22枚，平均20.5枚；花冠直径2.8cm。在河南郑州地区，果实7月上旬成熟。

特殊性状描述： 植株高抗梨黑星病、梨轮纹病、梨锈病和梨黑斑病等，病虫害少，较耐旱，耐涝、耐瘠薄。

拉达娜

外文名或汉语拼音： Radana

来源及分布： $2n = 34$，原产捷克，在我国辽宁、山东等地有栽培。

主要性状： 平均单果重233.9g，纵径7.1cm、横径6.3cm，果实倒圆锥形或葫芦形，果皮紫红色，阳面有鲜红晕；果点小而密、灰白色，萼片残存；果柄较短，长2.8cm、粗3.0mm；果心中等大，5心室；果肉淡黄色，肉质细、软面，汁液多，味甜，有微香气；含可溶性固形物11.0%；品质上等，常温下可贮藏5～7d。

树势强旺，树姿直立；萌芽力强，成枝力弱，丰产性好。一年生枝红褐色；叶片椭圆形，长8.7cm、宽5.3cm，叶尖急尖，叶基楔形；花蕾浅粉红色，每花序5～8朵花，平均6.5朵；雄蕊19～25枚，平均22.0枚；花冠直径3.6cm。在山东烟台地区，果实8月下旬成熟。

特殊性状描述： 果实外观鲜艳，但果心较大；植株结果早，易丰产。

拉法兰西

外文名或汉语拼音： La France

来源及分布： $2n = 34$，原产法国，在我国河北、山东等地均有栽培。

主要性状： 平均单果重280.0g，纵径8.4cm、横径8.3cm，果实圆形，果皮绿色；果点中等大而密、褐色，萼片残存；果柄较短，长2.0cm、粗6.5mm；果心小，5心室；果肉绿白色，肉质细、经后熟变软溶，汁液多，味酸甜适度，有香气；含可溶性固形物15.2%；品质中上等，常温下可贮藏15～30d。

树势强旺，树姿半开张；萌芽力弱，成枝力弱，丰产性好。一年生枝红褐色；叶片椭圆形，长5.7cm、宽3.5cm，叶尖渐尖，叶基狭楔形；花蕾浅粉红色，每花序5～7朵花，平均6.0朵；雄蕊24～31枚，平均26.0枚；花冠直径4.6cm。在辽宁大连地区，果实9月下旬成熟。

特殊性状描述： 植株不耐旱，易感梨干腐病、梨轮纹病。

莱克拉克

外文名或汉语拼音: Generalleclerc

来源及分布: $2n = 34$,原产法国,在我国山东等地有栽培。

主要性状: 平均单果重263.4g,纵径8.9cm、横径7.7cm,果实粗颈葫芦形,果皮绿色;果点大而密、棕褐色,萼片残存;果柄短粗,长1.6cm、粗5.0mm;果心小,5～6心室;果肉白色,肉质细、经后熟变软面,汁液多,味酸甜,有微香气;含可溶性固形物13.7%;品质中上等,常温下可贮藏7～9d。

树势强旺,树姿半开张;萌芽力中等,成枝力中等,丰产性好。一年生枝黄褐色;叶片椭圆形,长6.3cm、宽3.5cm,叶尖渐尖,叶基宽楔形;花蕾白色,每花序5～6朵花,平均5.5朵;雄蕊23～26枚,平均24.5枚;花冠直径3.3cm。在山东烟台地区,果实8月中旬成熟。

特殊性状描述: 植株适应性强,较抗洋梨干枯病。

老头梨

外文名或汉语拼音：Laotouli

来源及分布：$2n = 34$，原产俄罗斯，在我国吉林等地有少量栽培。

主要性状：平均单果重66.0g，纵径8.0cm、横径6.9cm，果实葫芦形，果皮黄色；果点小而密、浅灰色，萼片宿存；果柄较长，长3.6cm、粗2.8mm；果心大，5心室；果肉乳白色，肉质粗、经后熟变软面，汁液少，味酸，无香气；含可溶性固形物10.1%；品质下等，常温下可贮藏10d。

树势强旺，树姿开张；萌芽力强，成枝力强，丰产性好。一年生枝黄褐色；叶片椭圆形，长9.9cm、宽6.4cm，叶尖钝尖，叶基宽楔形；花蕾白色，每花序6～8朵花，平均7.0朵；雄蕊19～21枚，平均20.0枚；花冠直径4.8cm。在吉林中部地区，果实8月下旬成熟。

特殊性状描述：植株抗寒性、抗病性强。

李克特

外文名或汉语拼音： Le Lectier

来源及分布： $2n = 34$，原产法国，在我国辽宁兴城、山东、北京等地有保存。

主要性状： 平均单果重229.2g，纵径7.8cm、横径7.3cm，果实葫芦形，果皮黄绿色；果点小而疏、浅褐色，萼片宿存；果柄较短粗，两端膨大，长2.0cm、粗8.9mm；果心小，5心室；果肉白色，肉质细、经7～10d后熟变软溶，汁液多，味甜、微涩，无香气；含可溶性固形物17.8%；品质上等，常温下可贮藏15～20d。

树势中庸，树姿半开张；萌芽力强，成枝力中等，丰产性差。一年生枝灰褐色；叶片椭圆形，长8.3cm、宽4.0cm，叶尖急尖，叶基楔形或圆形；花蕾白色，边缘淡粉红色，每花序5～9朵花，平均7.0朵；雄蕊19～21枚，平均20.0枚；花冠直径3.4cm。在北京地区，果实10月下旬成熟。

特殊性状描述： 植株抗病，抗虫，耐旱，但果肉易发生木栓斑点病。

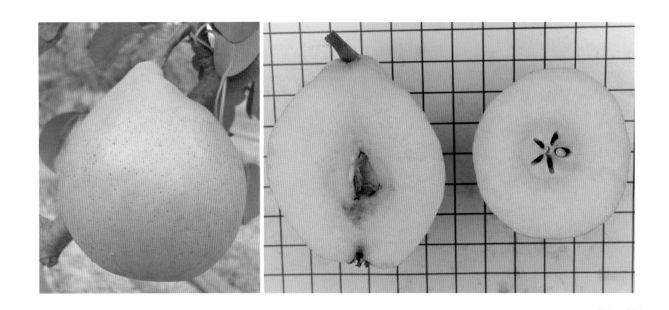

利布林

外文名或汉语拼音：Clapps Liebling

来源及分布：$2n = 34$，原产德国，现保存在我国北京市林业果树科学研究院梨资源圃。

主要性状：平均单果重225.0g，纵径9.3cm、横径7.5cm，果实葫芦形，果皮黄绿色，阳面有红晕；果点小而密、红褐色，萼片残存；果柄较短粗，基部膨大肉质化，长3.0cm、粗8.9mm；果心小，5心室；果肉白色，肉质细、经3～5d后熟变软溶，汁液多，味酸甜，无香气；含可溶性固形物14.3%；品质中上等，常温下可贮藏5～7d。

树势强旺，树姿直立；萌芽力强，成枝力强，丰产性一般。一年生枝红褐色；叶片卵圆形，长9.4cm、宽4.7cm，叶尖渐尖，叶基圆形；花蕾白色，边缘淡粉红色，每花序5～7朵花，平均6.0朵；雄蕊22～26枚，平均24.0枚；花冠直径3.5cm。在北京地区，果实8月上旬成熟。

特殊性状描述：果实不耐贮藏；植株抗病，耐旱，为抗寒性较强的西洋梨品种。

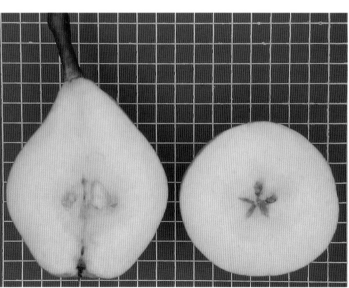

卢卡斯

外文名或汉语拼音：Alexander Lucas

来源及分布：$2n = 3x = 51$，原产德国，在我国辽宁兴城、山东烟台等地有栽培。

主要性状：平均单果重252.0g，纵径8.2cm、横径7.9cm，果实粗颈葫芦形，果皮黄绿色，阳面有鲜红晕；果点小而密、灰褐色，萼片残存；果柄短粗，长1.9cm、粗6.5mm；果心中等大，5心室；果肉白色，肉质细、经后熟变软溶，汁液多，味甜，有微香气；含可溶性固形物16.8%；品质上等，常温下可贮藏7～10d。

树势强旺，树姿半开张；萌芽力中等，成枝力强，丰产性好。一年生枝黄褐色；叶片椭圆形，长6.5cm、宽3.5cm，叶尖渐尖，叶基楔形；花蕾白色，每花序5～8朵花，平均6.5朵；雄蕊13～19枚，平均16.0枚；花冠直径3.2cm。在山东烟台地区，果实8月下旬成熟。

特殊性状描述：植株适应性一般，抗病性较差，易感洋梨干枯病。

路易斯

外文名或汉语拼音： Gute Luise

来源及分布： $2n = 3x = 51$，原产德国，保存在我国北京市林业果树科学研究院梨资源圃。

主要性状： 平均单果重309.3g，纵径10.0cm、横径7.1cm，果实粗颈葫芦形，果皮黄绿色，阳面有淡红晕；果点小而密、红褐色，萼片残存；果柄较长，长3.2cm、粗5.4mm；果心小，5心室；果肉淡黄色，肉质细、经7～10d后熟变软面，汁液中多，味甜，有香气；含可溶性固形物14.1%；品质中上等，常温下可贮藏10～15d。

树势较强，树姿半开张；萌芽力强，成枝力较强，丰产性一般。一年生枝黄褐色；叶片椭圆形，长7.9cm、宽4.6cm，叶尖急尖，叶基楔形；花蕾白色，边缘粉红色，每花序5～7朵花，平均6.0朵；雄蕊19～22枚，平均21.0枚；花冠直径3.5cm。在北京地区，果实9月上旬成熟。

特殊性状描述： 三倍体品种，果个较大，晚熟；植株适应性强。

绿安久

外文名或汉语拼音： Beurre D′Anjou

来源及分布： $2n = 34$，原产美国，在我国山东、河南、辽宁等地有少量栽培。

主要性状： 平均单果重398.1g，纵径9.8cm、横径9.4cm，果实倒圆锥形，果皮绿色，阳面淡红色；果点小而密、灰褐色，萼片脱落；果柄短而粗，两端膨大，长1.2cm、粗7.5mm；果心极小，5心室；果肉乳白色，肉质细、经后熟变软面，汁液少，味酸甜，无香气；含可溶性固形物15.6%；品质中上等，常温下可贮藏10d。

树势中庸，树姿半开张；萌芽力中等，成枝力中等，丰产性好。一年生枝黄褐色；叶片椭圆形，长7.3cm、宽4.1cm，叶尖渐尖，叶基狭楔形；花蕾白色，每花序5～7朵花，平均6.0朵；雄蕊19～23枚，平均21.0枚；花冠直径3.7cm。在河南郑州地区，果实8月中下旬成熟。

特殊性状描述： 果实品质优良，植株适应性强，丰产。

罗莎

外文名或汉语拼音： Rosa

来源及分布： $2n = 34$，原产意大利，在我国河南、辽宁、河北等地有栽培。

主要性状： 平均单果重210.0g，纵径8.8cm、横径6.2cm，果实葫芦形，果皮暗红色；果点小而密、灰白色，萼片脱落；果柄较长，基部稍膨大，长3.2cm、粗3.3mm；果心小，5心室；果肉乳白色，肉质细、软面，汁液多，味酸甜，有香气；含可溶性固形物14.2%；品质中上等，常温下可贮藏7～10d。

树势强旺，树姿直立；萌芽力强，成枝力强，丰产性好。一年生枝红褐色；叶片椭圆形，长7.7cm、宽4.4cm，叶尖渐尖，叶基楔形；花蕾粉红色，每花序5～7朵花，平均6.0朵；雄蕊20～24枚，平均22.0枚；花冠直径3.7cm。在河南郑州地区，果实7月上中旬成熟。

特殊性状描述： 果实外观艳丽，品质优良，适合在西北黄土高原和渤海湾种植。

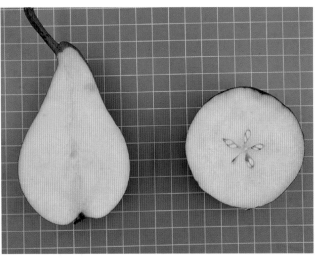

玛丽娅

外文名或汉语拼音：Santa Maria Morettini

来源及分布：$2n = 34$，原产意大利，现保存在我国北京市林业果树科学研究院梨资源圃。

主要性状：平均单果重310.0g，纵径9.5cm、横径7.2cm，果实粗颈葫芦形，果皮黄绿色，阳面有红晕；果点小而密、棕褐色，萼片残存；果柄较短，长2.5cm、粗6.9mm；果心小，5心室；果肉白色，肉质细、经后熟变软面，汁液中多，味甜，有微香气；含可溶性固形物11.7%；品质中等，常温下可贮藏7～10d。

树势中庸，树姿半开张；萌芽力强，成枝力强，丰产性一般。一年生枝黄褐色；叶片椭圆形，长9.5cm、宽6.0cm，叶尖急尖，叶基截形或楔形；花蕾白色，边缘浅粉红色，每花序6～8朵花，平均7.0朵；雄蕊21～24枚，平均22.5枚；花冠直径3.3cm。在北京地区，果实8月中旬成熟。

特殊性状描述：果实不耐贮藏，易感梨轮纹病，果肉易出现木栓化现象；树势易早衰，梨枝干病害严重。

恰奴斯卡

外文名或汉语拼音： Charneusca

来源及分布： $2n = 34$，引自捷克，现保存在我国北京市林业果树科学研究院梨资源圃。

主要性状： 平均单果重182.7g，纵径7.8cm、横径6.1cm，果实葫芦形，果皮黄绿色，阳面有红晕；果点小而密、黄褐色，萼片残存；果柄较短，长2.5cm、粗5.7mm；果心小，5心室；果肉白色，肉质细、经5～7d后熟变软面，汁液少，味甜，无香气；含可溶性固形物13.7%；品质中上等，常温下可贮藏7～10d。

树势较强，树姿直立；萌芽力强，成枝力中等，丰产性差。一年生枝黄色；叶片椭圆形，长7.5cm，宽3.3cm，叶尖渐尖，叶基圆形；花蕾白色，有的边缘粉红色，每花序6～7朵花，平均6.5朵；雄蕊19～22枚，平均20.8枚；花冠直径2.9cm。在北京地区，果实9月中旬成熟。

特殊性状描述： 植株枝干病害较少，中抗洋梨干枯病。

乔玛

外文名或汉语拼音：Tema

来源及分布：$2n = 34$，原产苏联，现保存在我国国家园艺种质资源库郑州梨圃。

主要性状：平均单果重303.2g，纵径10.2cm、横径7.6cm，果实粗颈葫芦形，果皮黄绿色，阳面淡红色；果点小而密、灰白色，萼片残存；果柄短粗，基部膨大，长1.7cm、粗7.6mm；果心中等大，5心室；果肉乳白色，肉质细、经后熟变软面，汁液少，味酸甜，有香气；含可溶性固形物13.0%；品质中上等，常温下可贮藏7d。

树势强旺，树姿半开张；萌芽力中等，成枝力中等，丰产性较好。一年生枝褐色；叶片椭圆形，长8.2cm、宽5.7cm，叶尖渐尖，叶基楔形；花蕾粉红色，每花序4～6朵花，平均5.0朵；雄蕊18～22枚，平均20.0枚；花冠直径3.6cm。在河南郑州地区，果实8月中旬成熟。

特殊性状描述：植株适应性强，抗寒性强。

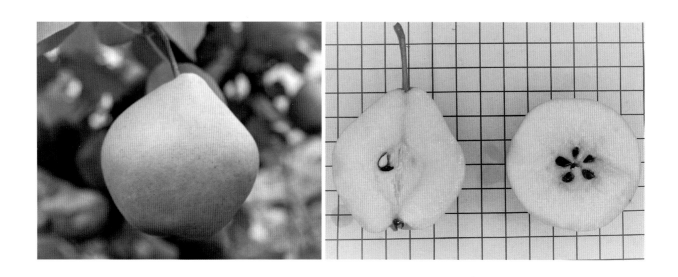

茄梨（又名：克拉普斯）

外文名或汉语拼音： Clapp's Favorite

来源及分布： $2n = 34$，原产美国，在我国河南三门峡地区有一定量的栽培。

主要性状： 平均单果重250.0g、纵径9.3cm、横径7.1cm，果实倒卵圆形或短葫芦形，果皮黄绿色，阳面有红晕；果点小而密、灰白色，萼片残存；果柄较长，长3.2cm、粗7.7mm；果心中等大，4～5心室；果肉白色，肉质较细、经5～7d后熟变软溶，汁液多，味酸甜，有香气；含可溶性固形物15.9%；品质上等，常温下可贮藏7～10d。

树势强旺，树姿开张；萌芽力强，成枝力强，丰产性一般。一年生枝红褐色；叶片椭圆形，长8.8cm、宽5.4cm，叶尖急尖，叶基圆形或楔形；花蕾白色，边缘粉红色，每花序5～8朵花，平均6.5朵；雄蕊23～26枚，平均24.5枚；花冠直径3.8cm。在河南三门峡地区，果实7月初成熟。

特殊性状描述： 植株抗病性、抗虫性强，是较抗寒的西洋梨品种。

秋洋梨

外文名或汉语拼音： Qiuyangli

来源及分布： $2n = 34$，原产美国，在我国山东烟台地区等地有少量栽培。

主要性状： 平均单果重240.0g、纵径10.5cm、横径6.5cm，果实细颈葫芦形，果皮绿色，阳面有鲜红晕；果点小而密、灰白色，萼片残存；果柄较短，长2.0cm、粗4.0mm；果心中等大，5心室；果肉白色，肉质细、松脆、经后熟变软面，汁液多，味甜，有微香气；含可溶性固形物14.5%；品质上等，常温下可贮藏10 ~ 14d。

树势中庸，树姿半开张；萌芽力中等，成枝力中等，丰产性好。一年生枝红褐色；叶片椭圆形，长8.6cm、宽4.7cm，叶尖渐尖，叶基宽楔形；花蕾白色，每花序5 ~ 6朵花，平均5.5朵；雄蕊14 ~ 20枚，平均17.0枚；花冠直径3.7cm。在山东烟台地区，果实9月中下旬成熟。

特殊性状描述： 果形美观，品质优良；植株抗逆性、适应性均强。

日面红

外文名或汉语拼音： Flemish Beauty

来源及分布： $2n = 34$，原产比利时，在我国辽宁、山东、河南等地零星栽培。

主要性状： 平均单果重187.0g，纵径8.1cm、横径6.8cm，果实葫芦形，果皮黄绿色，阳面有红晕；果点小而密、灰褐色，萼片残存；果柄较长，长3.4cm、粗3.5mm；果心中等大，5心室；果肉白色，肉质细、经后熟变软溶，汁液多，味酸甜，有香气；含可溶性固形物14.2%；品质中上等，常温下可贮藏10d。

树势强旺，树姿半开张；萌芽力强，成枝力中等，丰产性好。一年生枝褐色；叶片卵圆形，长7.5cm、宽4.4cm，叶尖渐尖，叶基楔形；花蕾白色，每花序5～9朵花，平均6.0朵；雄蕊19～26枚，平均23.0枚；花冠直径4.0cm。在辽宁大连地区，果实8月下旬成熟。

特殊性状描述： 果实采收晚易出现内腐现象。

萨姆力陶陶

外文名或汉语拼音： Samlitoto

来源及分布： 引自意大利，现保存在我国国家园艺种质资源库郑州梨圃。

主要性状： 平均单果重22.3g，纵径3.2cm、横径3.2cm，果实倒卵圆形或葫芦形，果皮黄绿色；果点小而密、灰褐色，萼片宿存；果柄较长，长3.0cm、粗3.4mm；果心中等大，5心室；果肉乳白色，肉质紧脆，汁液少，味酸甜，有香气；含可溶性固形物14.2%；品质中等，常温下可贮藏7～10d。

树势强旺，树姿直立；萌芽力强，成枝力中等，丰产性好。一年生枝黄褐色；叶片椭圆形，长6.3cm、宽4.1cm，叶尖渐尖，叶基狭楔形；花蕾白色，每花序3～6朵花，平均5.0朵；雄蕊19～21枚，平均20.0枚；花冠直径2.3cm。在河南郑州地区，果实6月初成熟。

特殊性状描述： 极早熟，适应性强，在郑州地区不易感洋梨干枯病。

三季梨

外文名或汉语拼音：Dr Jules Guyot

来源及分布：$2n = 34$，原产法国，在我国辽宁、山东等地均有栽培。

主要性状：平均单果重207.0g，纵径10.2cm、横径6.6cm，果实葫芦形，果皮绿色，部分果实阳面有淡红晕；果点中等大而密、褐色，萼片残存；果柄较长，长3.2cm、粗4.5mm；果心中等大，4～5心室；果肉白色，肉质细、经后熟变软溶，汁液多，味酸甜适度，有香气；含可溶性固形物11.2%；品质中上等，常温下可贮藏7d。

树势中庸，树姿半开张；萌芽力中等，成枝力中等，丰产性好。一年生枝褐色；叶片卵圆形，长9.1cm、宽5.8cm，叶尖渐尖，叶基宽楔形；花蕾白色，每花序5～7朵花，平均6.0朵；雄蕊18～24枚，平均21.0枚；花冠直径3.3cm。在辽宁大连地区，果实8月上旬成熟。

特殊性状描述：植株易感梨枝干病害，抗旱性较强，对土壤要求较高。

斯伯丁

外文名或汉语拼音：Spalding

来源及分布：$2n = 34$，原产美国，现在我国辽宁大连、山东烟台等地保存。

主要性状：平均单果重197.1g，纵径9.2cm、横径7.9cm，果实葫芦形，果皮绿色；果点小而密、灰褐色，萼片宿存；果柄较长，基部膨大肉质化，长3.0cm、粗4.4mm；果心中等大，5心室；果肉白色，肉质细、后熟后软面，汁液多，味酸甜，有微香气；含可溶性固形物13.1%；品质中上等，常温下可贮藏7～9d。

树势中庸，树姿半开张；萌芽力中等，成枝力弱，丰产性差。一年生枝褐色；叶片近圆形，长9.2cm、宽8.2cm，叶尖急尖，叶基圆形；花蕾白色，每花序7～9朵花，平均8.0朵；雄蕊20～25枚，平均22.5枚；花冠直径3.7cm。在山东烟台地区，果实8月中下旬成熟。

特殊性状描述：果实品质优良，植株适应性、抗逆性均强。

托斯卡

外文名或汉语拼音： Tosca

来源及分布： $2n = 34$，原产意大利，现保存在我国国家园艺种质资源库郑州梨圃。

主要性状： 平均单果重130.0g，纵径7.5cm、横径6.0cm，果实粗颈葫芦形，果皮黄绿色，阳面鲜红色；果点小而密、浅褐色，萼片宿存；果柄较长，基部膨大，长4.0cm、粗3.6mm；果心大，5心室；果肉乳白色，肉质细、后熟后软面，汁液少，味甜，有香气；含可溶性固形物15.2%；品质中上等，常温下可贮藏7d。

树势强旺，树姿直立；萌芽力强，成枝力中等，丰产性较好。一年生枝红褐色；叶片披针形，长8.5cm、宽5.3cm，叶尖渐尖，叶基狭楔形；花蕾白色，每花序6～8朵花，平均7.0朵；雄蕊19～23枚，平均21.0枚；花冠直径3.8cm。在河南郑州地区，果实7月中旬成熟。

特殊性状描述： 植株抗逆性强，不易感洋梨干枯病。

夏至红

外文名或汉语拼音： Summer Blood Birne

来源及分布： 引自美国，现保存在我国国家园艺种质资源库郑州梨圃。

主要性状： 平均单果重91.9g，纵径5.4cm，横径5.4cm，果实长圆形，果皮黄绿色，阳面暗红色；果点中等大而密、灰褐色，萼片宿存；果柄较长，长3.5cm、粗3.1mm；果心中等大，5心室；果肉乳白色，肉质软，汁液少，味甜，无香气；含可溶性固形物15.3%；品质下等，常温下可贮藏7～10d。

树势中庸，树姿直立；萌芽力强，成枝力中等，丰产性较好。一年生枝红褐色；叶片椭圆形，长7.6cm、宽6.1cm，叶尖渐尖，叶基狭楔形；花蕾粉红色，每花序5～8朵花，平均6.0朵；雄蕊25～28枚，平均26.0枚；花冠直径3.0cm。在河南郑州地区，果实7月上旬成熟。

特殊性状描述： 属红心品种。

鲜美

外文名或汉语拼音： Red Sensation

来源及分布： $2n = 34$，原产英国，在我国北京、陕西、山东、辽宁、河南等地有少量栽培。

主要性状： 平均单果重110.0g，纵径7.6cm、横径6.4cm，果实葫芦形，果皮黄绿色，阳面紫红色；果点小而密、灰白色，萼片宿存；果柄较长，基部膨大，长3.0cm、粗3.9mm；果心小，5～6心室；果肉乳白色，肉质细、后熟后软面，汁液多，味甜，有香气；含可溶性固形物18.9%；品质上等，常温下可贮藏7d。

树势中庸，树姿直立；萌芽力强，成枝力弱，丰产性较好。一年生枝褐色；叶片卵圆形，长7.9cm、宽5.8cm，叶尖渐尖，叶基圆形；花蕾粉红色，每花序7～9朵花，平均8.0朵；雄蕊20～23枚，平均22.0枚；花冠直径4.0cm。在河南郑州地区，果实7月底或8月初成熟。

特殊性状描述： 果实品质优异，但梨轮纹病和枝干病害严重。

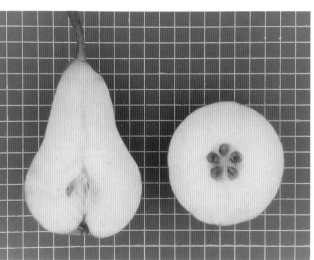

小伏洋

外文名或汉语拼音： Madeleine

来源及分布： $2n = 34$，原产法国，在我国辽宁、河南、河北、山东等地有栽培。

主要性状： 平均单果重87.0g，纵径7.8cm、横径5.5cm，果实细颈葫芦形，果皮黄绿带红晕，阳面有鲜红晕；果点小而密、灰白色，萼片宿存；果柄较长，长3.3cm、粗4.1mm；果心中等大，5心室；果肉白色，肉质细、经后熟变沙面，汁液多，味甜，有香气；含可溶性固形物12.9%；品质中上等，常温下可贮藏5d。

树势中庸，树姿半开张；萌芽力中等，成枝力中等，丰产性好。一年生枝红褐色；叶片椭圆形，长6.8cm、宽4.3cm，叶尖急尖，叶基圆形；花蕾白色，每花序8～10朵花，平均9.0朵；雄蕊24～30枚，平均27.0枚；花冠直径3.6cm。在山东烟台地区，果实7月中旬成熟。

特殊性状描述： 果实成熟期极早，在河南郑州地区6月中旬即可成熟上市，但果个小、丰产性一般。

兴隆洋白梨

外文名或汉语拼音： Xinglong Yangbaili

来源及分布： $2n=34$，原产地不详，在河北兴隆、辽宁兴城、山东烟台等地有少量栽培。

主要性状： 平均单果重256.0g，纵径7.9cm、横径7.6cm，果实粗颈葫芦形，果皮绿色；果点小而疏、灰褐色，萼片残存；果柄短而粗，长1.4cm，粗3.8mm；果心小，5心室；果肉乳白色，肉质细；后熟后软溶，汁液中多，味酸甜，有微香气；含可溶性固形物13.6%；品质中等，常温下可贮藏7～10d。

树势强旺，树姿半开张；萌芽力中等，成枝力强，丰产性好。一年生枝黄褐色；叶片椭圆形，长6.4cm、宽3.1cm，叶尖渐尖，叶基楔形；花蕾白色，每花序5～7朵花，平均5.4朵；雄蕊13～20枚，平均16.5枚；花冠直径3.1cm。在山东烟台地区，果实8月下旬成熟。

特殊性状描述： 植株较抗梨木虱。

伊特鲁斯卡

外文名或汉语拼音：Etrusca

来源及分布：$2n = 34$，原产意大利，现保存在我国北京市林业果树科学研究院梨资源圃。

主要性状：平均单果重166.7g，纵径9.2cm、横径6.8cm，果实葫芦形，果皮绿黄色，阳面有鲜红晕；果点小而密、棕褐色，萼片宿存；果柄较长，长3.5cm、粗6.5mm；果心小，5心室；果肉淡黄色，肉质细、经后熟变软面，汁液中多，味甜，有浓香气；含可溶性固形物12.5%；品质上等，常温下可贮藏5～7d。

树势强旺，树姿直立；萌芽力强，成枝力较强，丰产性差。一年生枝灰色；叶片椭圆形，长9.4cm、宽6.2cm，叶尖急尖，叶基楔形；花蕾白色，边缘粉红色，每花序8～9朵花，平均8.5朵；雄蕊17～21枚，平均19.0枚；花冠直径3.5cm。在北京地区，果实7月上旬成熟。

特殊性状描述：果实不耐贮藏；植株抗病、抗虫、抗旱，为西洋梨中较抗寒的品种。

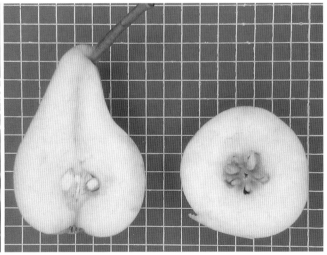

意大利4号

外文名或汉语拼音： Italy No.4

来源及分布： $2n = 34$，意大利品种，引自我国大连市农业科学院，现保存在北京市林业果树科学研究院梨资源圃。

主要性状： 平均单果重295.6g，纵径7.7cm、横径7.3cm，果实倒卵圆形，果皮黄绿色，阳面有红晕；果点小而密、褐绿色，萼片残存；果柄较长，长3.0cm、粗3.9mm；果心小，4心室；果肉白色，肉质细、软面，汁液少，味甜，有浓香气；含可溶性固形物14.1%；品质中等，常温下可贮藏5～7d。

树势中庸，树姿直立；萌芽力强，成枝力中等，丰产性差。一年生枝黄色；叶片椭圆形，长7.3cm、宽4.2cm，叶尖渐尖，叶基圆形；花蕾白色，边缘浅粉红色，每花序6～9朵花，平均7.1朵；雄蕊20～22枚，平均20.8枚；花冠直径3.2cm。在北京地区，果实9月上旬成熟。

特殊性状描述： 果实不耐贮藏；植株抗病、抗虫、耐旱，中抗梨枝干病害。

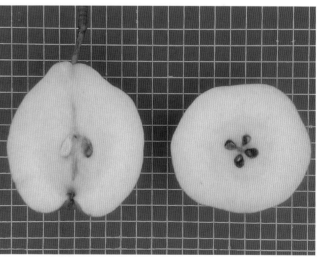

尤日卡

外文名或汉语拼音：Мура АррМуД

来源及分布：$2n = 34$，原产苏联，现保存在我国国家园艺种质资源库郑州梨圃。

主要性状：平均单果重41.3g，纵径7.5cm、横径4.7cm，果实细颈葫芦形，果皮黄绿色，阳面有红晕；果点中等大而密、灰白色，萼片宿存；果柄较长，长3.0cm，粗7.9mm；果心小，5心室；果肉白色，肉质细、经3～5d后熟变软面，汁液较少，味甜，有香气；含可溶性固形物14.4%；品质中等，常温下可贮藏3～5d。

树势强旺，树姿直立；萌芽力中等，成枝力强，丰产性差。一年生枝灰色；叶片椭圆形，长9.7cm、

宽5.5cm，叶尖尾尖，叶基楔形或圆形；花蕾白色，边缘浅粉红色，每花序7～8朵花，平均7.5朵；雄蕊19～21枚，平均20.0枚；花冠直径3.2cm。在河南郑州地区，果实6月上中旬成熟。

特殊性状描述：果实成熟极早，不耐贮藏；植株抗病、抗虫、耐旱，但不抗梨干枯病。

玉璧林达

外文名或汉语拼音： Yubileen Dar

来源及分布： $2n = 3x = 51$，原产保加利亚，现保存在我国北京市林业果树科学研究院梨资源圃。

主要性状： 平均单果重285.0g，纵径8.6cm、横径7.6cm，果实葫芦形，果皮黄绿色，阳面有红晕；果点小而密、黄褐色，萼片宿存；果柄长，基部肉质化，长5.0cm、粗5.9mm；果心中等大，5心室；果肉白色，肉质细、经5～8d后熟变软溶，汁液多，味甜，有浓香气；含可溶性固形物15.4%；品质上等，常温下可贮藏5～7d。

树势强旺，树姿直立；萌芽力强，成枝力强，丰产性差。一年生枝黄褐色；叶片椭圆形，长11.0cm、宽7.2cm，叶尖渐尖，叶基楔形或圆形；花蕾白色，边缘浅粉红色，每花序4～8朵花，平均6.0朵；雄蕊28～31枚，平均29.5枚；花冠直径4.3cm。在北京地区，果实7月中旬成熟。

特殊性状描述： 三倍体，果形美观、色泽艳丽，花瓣大而重瓣，可用作观赏。

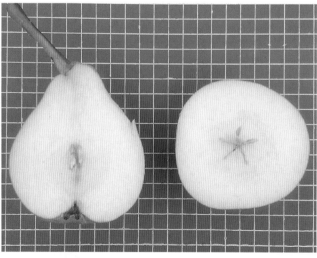

朱丽比恩

外文名或汉语拼音： Bunte Julibirne

来源及分布： $2n = 34$，原产德国，现保存在我国北京市林业果树科学研究院梨资源圃。

主要性状： 平均单果重130.0g，纵径6.7cm、横径5.8cm，果实粗颈葫芦形，果皮黄绿色，阳面有红晕；果点小而密、红褐色，萼片宿存；果柄较短，长2.9cm、粗4.9mm；果心小，5心室；果肉淡黄色，肉质细、经后熟变软面，汁液少，味甜，有香气；含可溶性固形物10.4%；品质中等，常温下可贮藏3～5d。

树势强旺，树姿直立；萌芽力强，成枝力强，丰产性差。一年生枝黄褐色；叶片椭圆形，长8.8cm、宽4.7cm，叶尖渐尖，叶基圆形；花蕾白色，边缘浅粉红色，每花序6～8朵花，平均7.0朵；雄蕊19～20枚，平均19.5枚；花冠直径2.6cm。在北京地区，果实6月下旬成熟。

特殊性状描述： 果实不耐贮藏；植株抗病虫性较强，耐旱，较抗寒。

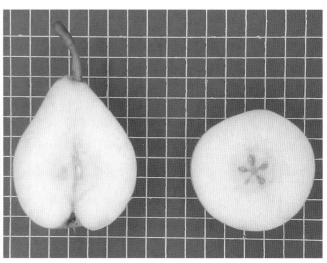

（二）非洲和大洋洲品种

脆面梨

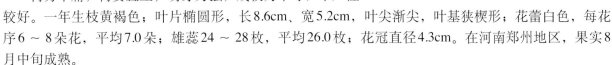

外文名或汉语拼音：Crispel

来源及分布：$2n = 34$，新西兰杂种，现保存在我国国家园艺种质资源库郑州梨圃。

主要性状：平均单果重195.0g，纵径8.2cm、横径6.8cm，果实卵圆形，果皮黄绿色；果点小而密、浅褐色，萼片脱落；果柄长，长4.5cm、粗3.6mm；果心中等大，5心室；果肉乳白色，肉质细、后熟后软面，汁液中多，味甜，有香气；含可溶性固形物14.6%；品质中上等，常温下可贮藏10d。

树势中庸，树姿直立；萌芽力强，成枝力中等，丰产性较好。一年生枝黄褐色；叶片椭圆形，长8.6cm、宽5.2cm，叶尖渐尖，叶基狭楔形；花蕾白色，每花序6～8朵花，平均7.0朵；雄蕊24～28枚，平均26.0枚；花冠直径4.3cm。在河南郑州地区，果实8月中旬成熟。

特殊性状描述：东方梨与西洋梨的杂交种，兼具二者特性，熟后初期脆甜，存放7d左右变柔软多汁。

弗拉明戈（又名：火烈鸟）

外文名或汉语拼音： Flamingo

来源及分布： $2n = 34$，引自南非，现保存在我国国家园艺种质资源库郑州梨圃。

主要性状： 平均单果重177.0g，纵径9.3cm、横径6.4cm，果实细颈葫芦形，果皮绿色，阳面有鲜红晕；果点小而密、灰褐色，萼片残存；果柄较长，长4.3cm、粗3.1mm；果心小，5心室；果肉绿白色，肉质细、经后熟变软溶，汁液中多，味甜，有浓香气；含可溶性固形物13.6%；品质中上等，常温下可贮藏10d。

树势强旺，树姿半开张；萌芽力强，成枝力强，丰产性好。一年生枝红褐色；叶片椭圆形，长4.9cm、宽3.7cm，叶尖渐尖，叶基楔形；花蕾粉红色，每花序6～8朵花，平均7.0朵；雄蕊22～26枚，平均24.0枚；花冠直径2.9cm。在河南郑州地区，果实9月下旬成熟。

特殊性状描述： 植株管理容易，结果早，易丰产，洋梨干枯病不严重。

 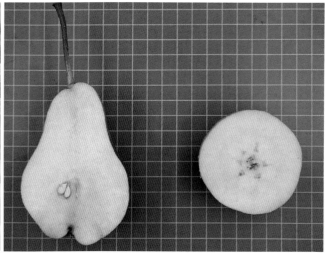

弗兰特

外文名或汉语拼音：Frontier

来源及分布：$2n = 34$，原产地不详，在辽宁、北京等地有少量栽培。

主要性状：平均单果重314.0g、纵径9.7cm、横径8.1cm，果实葫芦形，果皮绿色；果点小而密、棕褐色，萼片残存；果柄较长，长3.5cm、粗6.5mm；果心小，5～6心室；果肉白色，肉质细、经后熟变软面，汁液多，味酸甜，有微香气；含可溶性固形物13.0%；品质中上等，常温下可贮藏5～8d。

树势中庸，树姿半开张；萌芽力中等，成枝力中等，丰产性好。一年生枝黄褐色；叶片卵圆形，长7.4cm、宽3.6cm，叶尖急尖，叶基楔形；花蕾浅粉红色，每花序5～7朵花，平均6.5朵；雄蕊19～22枚，平均20.5枚；花冠直径4.3cm。在山东烟台地区，果实8月下旬成熟。

特殊性状描述：重瓣花、花瓣大，具有一定的观赏性。

古粉伯尔

外文名或汉语拼音： Gufoenboer

来源及分布： $2n = 34$，原产地不详，在我国辽宁兴城、山东烟台等地有栽培。

主要性状： 平均单果重247.0g，纵径11.5cm、横径7.4cm，果实细颈葫芦形，果皮黄绿色；果点小而密、深褐色，萼片残存；果柄较短，长2.0cm、粗4.2mm；果心小，5心室；果肉白色，肉质细、经后熟变软溶，汁液多，味甜，有微香气；含可溶性固形物15.6%；品质上等，常温下可贮藏7～10d。

树势中庸，树姿半开张；萌芽力中等，成枝力强，丰产性好。一年生枝黄褐色；叶片椭圆形，长6.3cm、宽3.2cm，叶尖渐尖，叶基楔形；花蕾白色，每花序5～7朵花，平均6.0朵；雄蕊14～20枚，平均17.0枚；花冠直径3.1cm。在山东烟台地区，果实8月下旬成熟。

特殊性状描述： 果实肉质细腻、柔软多汁；植株在我国适应性极强。

露丝玛丽

外文名或汉语拼音： Rosemarry

来源及分布： 原产南非，现保存在我国国家园艺种质库郑州梨资源圃。

主要性状： 平均单果重111.8g，纵径7.6cm、横径5.6m，果实细颈葫芦形，果皮黄绿色，阳面有淡鲜红晕；果点小而密、灰褐色，萼片宿存；果柄较短，长2.3cm、粗3.4mm；果心小，5心室；果肉绿白色，肉质细、经后熟变软溶，汁液中多，味甜，有微香气；含可溶性固形物12.1%；品质中上等，常温下可贮藏10d。

树势强旺，树姿半开张；萌芽力强，成枝力强，丰产性较好。一年生枝黄褐色；叶片椭圆形，长6.2m、宽4.0cm，叶尖渐尖，叶基狭楔形；花蕾白色，每花序6～8朵花，平均7.0朵；雄蕊19～23枚，平均21.0枚；花冠直径3.3cm。在河南郑州地区，果实8月下旬成熟。

特殊性状描述： 结果早，易丰产，品质好。

派克汉姆（又名：丑梨）

外文名或汉语拼音： Packham's Triumph

来源及分布： $2n = 34$，原产澳大利亚，在我国山东烟台、威海等地有栽培。

主要性状： 平均单果重482.0g，纵径11.0cm、横径9.2cm，果实粗颈葫芦形，果皮黄绿色，阳面有红晕；果点小而密、棕褐色，萼片残存；果柄短，长1.8cm、粗4.5mm；果心极小，5心室；果肉白色，肉质细、经后熟变软溶，汁液多，味酸甜，有浓香气；含可溶性固形物15.7%；品质上等，常温下可贮藏7～10d。

树势中庸，树姿开张；萌芽力中等，成枝力强，丰产性好。一年生枝黄褐色；叶片椭圆形，长7.1cm、宽4.2cm，叶尖渐尖，叶基圆形；花蕾白色，每花序5～7朵花，平均6.0朵；雄蕊15～20枚，平均17.5枚；花冠直径3.3cm。在山东烟台地区，果实9月下旬成熟。

特殊性状描述： 果实外观丑但品质好，植株适应性、抗逆性均强。

奇凯

外文名或汉语拼音：Cheeky

来源及分布：南非品种，现保存在我国国家园艺种质资源库郑州梨圃。

主要性状：平均单果重285.0g，纵径9.7cm、横径8.7 cm，果实倒卵圆形，果皮绿色，阳面暗红色；果点中等大而密、红褐色，萼片残存；果柄较短，长2.9cm、粗3.3mm；果心中等大，5心室；果肉乳白色，肉质软，汁液多，味甜，有香气；含可溶性固形物14.2%；品质上等，常温下可贮藏7～10d。

树势强旺，树姿半开张；萌芽力强，成枝力强，丰产性好。一年生枝红褐色；叶片椭圆形，长5.9cm、宽3.6cm，叶尖渐尖，叶基狭楔形。在河南郑州地区，果实7月下旬成熟。

特殊性状描述：植株较抗洋梨干枯病，适合在西北黄土高原种植。

身不知

外文名或汉语拼音： Mishirazi

来源及分布： $2n = 34$，原产地不详，在我国河南、辽宁、山东等地均有栽培。

主要性状： 平均单果重154.0g，纵径8.0cm、横径6.9cm，果实倒卵圆形，果皮黄绿色；果点小而密、灰白色，萼片残存；果柄较长，上部膨大变粗，长3.0cm、粗5.9mm；果心小，5心室；果肉乳白色，肉质细、经后熟变软面，汁液中多，味酸甜，无香气；含可溶性固形物15.1%；品质中上等，常温下可贮藏10d。

树势中庸，树姿直立；萌芽力强，成枝力弱，丰产性一般。一年生枝黄褐色；叶片椭圆形，长6.6cm、宽4.2cm，叶尖长尾尖，叶基狭楔形；花蕾白色，每花序5～8朵花，平均6.5朵；雄蕊22～27枚，平均24.5枚；花冠直径3.3cm。在河南郑州地区，果实8月下旬成熟。

特殊性状描述： 植株适应性强，抗逆性强，抗洋梨干枯病。

小早熟洋梨

外文名或汉语拼音：Xiaozaoshuyangli

来源及分布：$2n = 34$，原产地不详，在我国辽宁、山东、河南等地有栽培。

主要性状：平均单果重91.0g，纵径5.9cm、横径5.3cm，果实倒卵圆形，果皮绿色；果点小而密、灰白色，萼片宿存；果柄较短，长2.6cm、粗3.0mm；果心特大，5～6心室；果肉白色，肉质中粗、经后熟变软面，汁液多，味甜，有微香气；含可溶性固形物12.6%；品质中下等，常温下可贮藏5d。

树势强旺，树姿直立；萌芽力强，成枝力中等，丰产性好。一年生枝绿黄色；叶片椭圆形，长6.7cm、宽3.5cm，叶尖渐尖，叶基楔形；花蕾白色，每花序5～8朵花，平均6.5朵；雄蕊20～25枚，平均22.5枚；花冠直径3.6cm。在山东烟台地区，果实8月上旬成熟。

特殊性状描述：果个小、果心大。

新早巴梨

外文名或汉语拼音： Xinzaobali

来源及分布： $2n = 34$，来源不详，现保存在我国北京市林业果树科学研究院梨资源圃。

主要性状： 平均单果重300.0g，纵径14.3cm、横径9.2cm，果实细颈葫芦形，果皮黄绿色，阳面有淡红晕；果点小而密、棕褐色，萼片宿存；果柄短粗，长1.8cm、粗6.9mm；果心小，5心室；果肉白色，肉质细、经3～5d后熟变软溶，汁液多，味甜，有微香气；含可溶性固形物13.0%；品质上等，常温下可贮藏5～7d。

树势强旺，树姿直立；萌芽力强，成枝力中等，丰产性差。一年生枝绿黄色；叶片椭圆形，长8.1cm、宽5.4cm，叶尖急尖，叶基圆形；花蕾粉红色，每花序6～8朵花，平均7.0朵；雄蕊19～21枚，平均20.0枚；花冠直径3.6cm。在北京地区，果实8月上旬成熟。

特殊性状描述： 果实品质好，但丰产性差；植株对梨枝干病害抗性强。

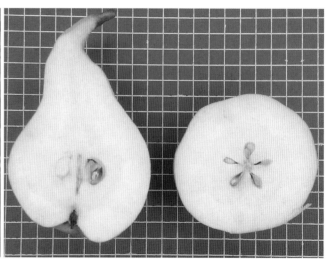

紫巴梨

外文名或汉语拼音: Max Red Bartllett

来源及分布: $2n = 34$,原产澳大利亚,为巴梨深红型芽变品种,现保存在我国北京市林业果树科学研究院梨资源圃。

主要性状: 平均单果重212.4g,纵径8.8cm、横径8.1cm,果实葫芦形,果皮紫红色;果点小而疏、灰白色,萼片残存;果柄较长,长4.2cm、粗5.9mm;果心小,5心室;果肉白色,肉质细、经5～7d后熟变软溶,汁液多,味酸甜,无香气;含可溶性固形物12.9%;品质中上等,常温下可贮藏7～10d。

树势较强,树姿直立;萌芽力中等,成枝力强,丰产性一般。一年生枝紫红色;叶片椭圆形,长8.8cm、宽5.5cm,叶尖尾尖,叶基圆形;花蕾白色,边缘浅粉红色,每花序5～7朵花,平均6.0朵;雄蕊19～21枚,平均20.0枚;花冠直径3.2cm。在北京地区,果实8月下旬成熟。

特殊性状描述: 植株抗病、抗虫、耐旱,梨枝干病害稍轻。

二、东方梨 Oriental pears

（一）日本品种

爱宕

外文名或汉语拼音： Atago

来源及分布： $2n = 34$，原产于日本，亲本为二十世纪 × 今村秋，在我国河南、安徽、山东、江苏、山西、陕西、新疆等地有大面积栽培。

主要性状： 平均单果重452.6g，纵径8.6cm、横径9.8cm，果实扁圆形，果皮黄褐色；果点小而密、灰褐色，萼片脱落；果柄较短，长2.2cm、粗4.1mm；果心小，5心室；果肉白色，肉质细腻、酥脆，汁液多，味甜酸，有香气；含可溶性固形物12.8%；品质中上等，常温下可贮藏30d。

树势中庸，树姿直立；萌芽力强，成枝力中等，丰产性极好。一年生枝棕褐色；叶片卵圆形，长8.2cm、宽6.0cm，叶尖渐尖或急尖，叶基圆形或宽楔形；花蕾白色，每花序4 ~ 9朵花，平均8.0朵；雄蕊22 ~ 28枚，平均24.0枚；花冠直径3.0cm。在安徽阜阳地区，果实10月中旬成熟。

特殊性状描述： 成花容易，结果早，以短果枝和腋花芽结果为主，具有一定的自花结实能力；肥水不足树势容易早衰；树冠紧凑，适宜密植。

奥萨二十世纪

外文名或汉语拼音： Osa Nijisseiki

来源及分布： $2n = 34$，日本品种，为二十世纪自交亲和性芽变。

主要性状： 平均单果重188.4g，纵径6.0cm、横径7.5cm，果实圆形，果皮黄绿色；果点中等大而疏、灰白色，萼片脱落；果柄较长，长4.0cm、粗3.5mm；果心中等大，5心室；果肉乳白色，肉质细、紧脆，汁液多，味甜，无香气；含可溶性固形物14.0%；品质中上等，常温下可贮藏10d。

树势中庸，树姿半开张；萌芽力强，成枝力中等，丰产性好。一年生枝绿黄色；叶片椭圆形，长10.6cm、宽6.0cm，叶尖渐尖，叶基楔形；花蕾浅粉红色，每花序6～9朵花，平均7.0朵；雄蕊30～33枚，平均32.0枚；花冠直径4.2cm。在河南郑州地区，果实8月中旬成熟。

特殊性状描述： 自花结实性好，极丰产，但果个较小、易裂果。

八云

外文名或汉语拼音： Yakumo

来源及分布： $2n = 3x = 51$，日本培育品种，亲本为赤穗 × 二十世纪。

主要性状： 平均单果重95.0g，纵径4.8cm、横径5.8cm，果实扁圆形，果皮黄绿色；果点小而密、浅褐色，萼片脱落；果柄细长，长6.0cm、粗3.2mm；果心大，5心室；果肉黄白色，肉质细、紧脆，汁液中多，味酸甜，无香气；含可溶性固形物13.3%；品质中等，常温下可贮藏15d。

树势弱，树姿直立；萌芽力强，成枝力弱，丰产性较好。一年生枝褐色；叶片卵圆形，长10.8cm、宽7.1cm，叶尖渐尖，叶基楔形；花蕾白色，每花序4 ~ 7朵花，平均6.0朵；雄蕊18 ~ 23枚，平均21.0枚；花冠直径3.7cm。在河南郑州地区，果实7月上中旬成熟。

特殊性状描述： 植株抗逆性、适应性均强。

北新

外文名或汉语拼音： Hokushin

来源及分布： $2n = 34$，原产日本，在我国江苏南京、湖北武汉、河南郑州等地有少量栽培。

主要性状： 平均单果重313.3g，纵径7.7cm、横径8.5cm，果实圆形，果皮黄绿色；果点小而密、棕褐色，萼片脱落；果柄较长，长3.0cm、粗3.6mm；果心大，5心室；果肉乳白色，肉质粗、紧脆，汁液少，味甜，无香气；含可溶性固形物12.8%；品质中等，常温下可贮藏15d。

树势中庸，树姿半开张；萌芽力强，成枝力中等，丰产性较好。一年生枝黄褐色；叶片椭圆形，长9.9cm、宽6.7cm，叶尖急尖，叶基圆形；花蕾白色，每花序6～13朵花，平均9.0朵；雄蕊26～31枚，平均30.0枚；花冠直径4.0cm。在河南郑州地区，果实7月下旬成熟。

特殊性状描述： 果实品质好，较耐贮藏；植株适应性强。

博多青

外文名或汉语拼音： Hakataao

来源及分布： $2n = 34$，原产日本，在我国湖北、上海、浙江等地均有少量栽培。

主要性状： 平均单果重188.6g，纵径5.9cm、横径7.2cm，果实扁圆形，果皮黄绿色；果点小而密、浅褐色，萼片宿存；果柄长，长5.0cm、粗4.6mm；果心大，5～6心室；果肉淡黄色，肉质细、紧脆，汁液少，味酸甜，无香气；含可溶性固形物13.8%；品质中等，常温下可贮藏15d。

树势中庸，树姿直立；萌芽力强，成枝力中等，丰产性一般。一年生枝绿黄色；叶片卵圆形，长11.8cm、宽6.7cm，叶尖渐尖，叶基楔形；花蕾白色，每花序6～8朵花，平均7.0朵；雄蕊30～35枚，平均33.0枚；花冠直径4.0cm。在河南郑州地区，果实7月下旬成熟。

特殊性状描述： 植株适应性、抗逆性均强，耐高温高湿，但果实品质一般。

长十郎

外文名或汉语拼音：Choujuurou

来源及分布：$2n = 3x = 51$，原产日本，在我国上海、浙江、湖北等地有栽培。

主要性状：平均单果重190.0g，纵径6.1cm、横径7.2cm，果实扁圆形或近圆形，果皮黄褐色；果点小而密、灰白色，萼片脱落；果柄较长，长3.5cm、粗3.5mm；果心极小，5心室；果肉白色，肉质中粗、松脆，汁液中多，味甜，无香气；含可溶性固形物12.8%；品质中等，常温下可贮藏10d。

树势中庸，树姿半开张；萌芽力中等，成枝力中等，丰产性好。一年生枝黄褐色；叶片椭圆形，长9.4cm、宽7.2cm，叶尖渐尖，叶基宽楔形；花蕾粉红色，每花序4～6朵花，平均5.0朵；雄蕊21～25枚，平均23.0枚；花冠直径2.4cm。在湖北武汉地区，果实8月中旬成熟。

特殊性状描述：植株抗性强，耐高温高湿。

长寿

外文名或汉语拼音： Chouju

来源及分布： $2n = 34$，日本培育品种，亲本为旭 × 君塚早生，在我国河南、江苏、浙江、上海有少量栽培。

主要性状： 平均单果重215.6g，纵径5.8cm、横径7.8cm，果实扁圆形，果皮褐色；果点小而密、灰褐色，萼片脱落；果柄较长，长3.0cm、粗4.6mm；果心中等大，5～6心室；果肉乳白色，肉质细、松脆，汁液多，味甜，有香气；含可溶性固形物14.1%；品质中上等，常温下可贮藏10d。

树势弱，树姿半开张；萌芽力强，成枝力强，丰产性好。一年生枝黄褐色；叶片卵圆形，长10.3cm、宽8.3cm，叶尖急尖，叶基圆形；花蕾粉红色，每花序

7～9朵花，平均8.0朵；雄蕊25～29枚，平均27.0枚；花冠直径4.0cm。在河南郑州地区，果实7月上中旬成熟。

特殊性状描述： 果实不耐贮藏；植株结果早，极丰产。

赤穗

外文名或汉语拼音： Akaho

来源及分布： $2n = 34$，日本品种，在我国长江流域有少量栽培。

主要性状： 平均单果重172.0g，纵径5.5cm、横径6.4cm，果实扁圆形，果皮褐色；果点小而疏、灰褐色，萼片脱落；果柄较长，长3.9cm、粗3.3mm；果心小,6～7心室；果肉乳白色，肉质细、松脆，汁液多，味甜，无香气；含可溶性固形物12.6%；品质中等，常温下可贮藏10d。

树势弱，树姿开张；萌芽力弱，成枝力弱，丰产性一般。一年生枝黄褐色；叶片椭圆形，长12.2cm、宽7.0cm，叶尖渐尖，叶基楔形；花蕾粉红色，每花序6～8朵花，平均7.0朵；雄蕊34～36枚，平均35.0枚；花冠直径4.2cm。在河南郑州地区，果实7月中旬成熟。

特殊性状描述： 果实成熟早，但不耐贮藏。

二宫白

外文名或汉语拼音：Ninomiyahuri

来源及分布：$2n = 34$，原产日本，在我国上海、浙江、湖北、河南等地有少量栽培。

主要性状：平均单果重134.1g，纵径5.6cm、横径6.3cm，果实倒卵圆形，果皮黄绿色；果点小而密、棕褐色，萼片脱落；果柄细长，长6.3cm、粗3.5mm；果心中等大，5心室；果肉乳白色，肉质粗、紧脆，汁液多，味酸甜，无香气；含可溶性固形物14.0%；品质中等，常温下可贮藏10d。

树势中庸，树姿半开张；萌芽力中等，成枝力弱，丰产性一般。一年生枝黄褐色；叶片卵圆形，长10.7cm、宽5.6cm，叶尖急尖，叶基楔形；花蕾浅粉红色，每花序8 ~ 10朵花，平均9.0朵；雄蕊38 ~ 43枚，平均41.0枚；花冠直径4.5cm。在河南郑州地区，果实8月中旬成熟。

特殊性状描述：果个偏小，但果形整齐；植株适应性较强。

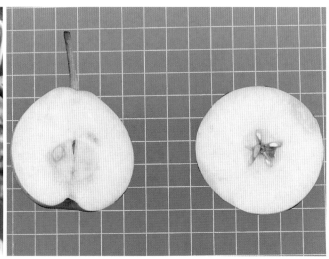

二十世纪

外文名或汉语拼音：Nijisseiki

来源及分布：$2n = 34$，原产日本，在我国上海、浙江等地有少量栽培。

主要性状：平均单果重176.0g、纵径6.3cm、横径7.1cm，果实扁圆形，果皮绿黄色；果点中等大而疏、棕褐色，萼片脱落；果柄较长，长3.0cm、粗3.6mm；果心中等大，5心室；果肉淡黄色，肉质细、紧脆，汁液多，味甜，无香气；含可溶性固形物14.5%；品质中上等，常温下可贮藏15d。

树势弱，树姿半开张；萌芽力强，成枝力弱，丰产性好。一年生枝黄褐色；叶片卵圆形，长10.7cm、宽6.8cm，叶尖渐尖，叶基楔形；花蕾白色，每花序6 ~ 8朵花，平均7.0朵；雄蕊28 ~ 34枚，平均30.0枚；花冠直径3.9cm。在河南郑州地区，果实8月中旬成熟。

特殊性状描述：结果早、极丰产，但易裂果；植株适应性和抗逆性均强。

丰水

外文名或汉语拼音： Hosui

来源及分布： $2n = 34$，原产于日本，亲本为（菊水×八云）×八云，在我国安徽、江苏、山东、河北、河南、四川等地有一定量的栽培。

主要性状： 平均单果重292.8g，纵径8.2cm、横径9.4cm，果实扁圆形或近圆形，果皮棕褐色或黄褐色；果点小而密、灰褐色，萼片脱落，偶有宿存；果柄较短，长2.2cm、粗4.4mm；果心小，5心室；果肉白色，肉质细腻、松脆，汁液多，味甜酸，无香气；含可溶性固形物12.7%；品质上等，常温下可贮藏10d。

树势中庸，树姿直立；萌芽力强，成枝力弱，丰产性好。一年生枝棕褐色；叶片椭圆形，长9.2cm、宽6.4cm，叶尖急尖，叶基圆形或宽楔形；花蕾白色，每花序4～9朵花，平均8.0朵；雄蕊22～28枚，平均24.0枚；花冠直径3.0cm。在黄河故道地区，果实8月中旬成熟。

特殊性状描述： 成花容易，结果早，坐果率极高；植株抗旱、抗涝，不抗梨黑星病、梨黑斑病、梨锈病；肥水不足树势容易早衰。

丰月

外文名或汉语拼音： Hougetsu

来源及分布： $2n = 34$，原产日本，在我国山东、江苏等地有少量栽培。

主要性状： 平均单果重296.7g，纵径7.3cm、横径8.5cm，果实扁圆形，果皮褐色；果点小而密、灰白色，萼片宿存；果柄较长，长3.2cm、粗3.6mm；果心中等大，5心室；果肉乳白色，肉质细、松脆，汁液多，味甜，无香气；含可溶性固形物11.1%；品质中上等，常温下可贮藏20d。

树势中庸，树姿直立；萌芽力强，成枝力中等，丰产性好。一年生枝褐色；叶片椭圆形，长11.1cm、宽7.8cm，叶尖渐尖，叶基圆形；花蕾浅粉红色，每花

序7～9朵花，平均8.0朵；雄蕊18～22枚，平均20.0枚；花冠直径3.9cm。在河南郑州地区，果实8月中旬成熟。

特殊性状描述： 果形端正，商品率高。

江岛

外文名或汉语拼音： Enoshima

来源及分布： $2n = 34$，原产日本，在我国湖北襄阳、河南郑州等地有栽培。

主要性状： 平均单果重198.5g，纵径6.6cm、横径7.2cm，果实近圆形或倒卵圆形，果皮绿色；果点小而疏、浅褐色，萼片脱落；果柄较长，基部膨大肉质化，长4.1cm、粗4.6mm；果心小，5心室；果肉绿白色，肉质中粗、松脆，汁液中多，味甜，无香气；含可溶性固形物12.1%；品质中等，常温下可贮藏7d。

树势中庸，树姿半开张；萌芽力中等，成枝力中等，丰产性好。一年生枝黄褐色；叶片椭圆形，长12.5cm、宽7.5cm，叶尖渐尖，叶基宽楔形；花蕾白色，每花序3 ~ 6朵花，平均4.2朵；雄蕊26 ~ 32枚，平均30.0枚；花冠直径3.3cm。在湖北武汉地区，果实8月中旬成熟。

特殊性状描述： 丰产性好，适应性强，但果实品质一般。

今村秋

外文名或汉语拼音： Imamuraaki

来源及分布： $2n = 34$，原产日本，在我国上海、江苏、浙江、湖北等地有少量栽培。

主要性状： 平均单果重370.0g、纵径8.0cm、横径8.7cm，果实圆形，果皮褐色；果点大而疏、灰白色，萼片脱落；果柄短，长2.0cm、粗3.5mm；果心大，5心室；果肉乳白色，肉质细、松脆，汁液中多，味甘甜，无香气；含可溶性固形物12.3%；品质上等，常温下可贮藏10d。

树势弱，树姿半开张；萌芽力强，成枝力弱，丰产性一般。一年生枝黄褐色；叶片卵圆形，长10.1cm、宽7.6cm，叶尖渐尖，叶基楔形；花蕾粉红色，每花序6～8朵花，平均7.0朵；雄蕊32～39枚，平均36.0枚；花冠直径4.0cm。在河南郑州地区，果实8月下旬成熟。

特殊性状描述： 果实不耐贮藏；植株适应性强，耐高温高湿。

金二十世纪

外文名或汉语拼音： Gold Nijisseiki

来源及分布： $2n = 34$，原产日本，在我国河南、江苏、北京、浙江等地有少量种植。

主要性状： 平均单果重223.2g，纵径6.6cm、横径7.6cm，果实扁圆形，果皮黄绿色；果点小而疏、浅褐色，萼片脱落；果柄较长，基部稍膨大，长3.0cm、粗3.9mm；果心中等大，5心室；果肉淡黄色，肉质细、松脆，汁液多，味甜；含可溶性固形物13.1%；品质中上等，常温下可贮藏15d。

树势中庸，树姿半开张，萌芽力强，成枝力弱，丰产性好。一年生枝黄褐色；叶片卵圆形，长10.8cm、宽7.1cm，叶尖急尖，叶基楔形或圆形；花蕾白色，每花序7～13朵花，平均10.0朵；雄蕊30～35枚，平均32.5枚；花冠直径3.8cm。在北京地区，果实8月下旬成熟。

特殊性状描述： 果实较耐贮藏，梨木虱危害重；植株抗寒性弱，寿命短。

菊水

外文名或汉语拼音： Kikusui

来源及分布： $2n = 34$，原产日本，在我国湖北襄阳、河南郑州等地有栽培。

主要性状： 平均单果重175.0g，纵径5.3cm、横径6.1cm，果实扁圆形，果皮黄绿色；果点中等大而密、灰白色，萼片脱落；果柄较长，基部膨大，长4.2cm、粗4.3mm；果心中等大，5心室；果肉白色，肉质细、松脆，汁液多，味甜，有微香气；含可溶性固形物11.6%；品质中上等，常温下可贮藏10d。

树势中庸，树姿直立；萌芽力中等，成枝力弱，丰产性好。一年生枝黄褐色；叶片卵圆形，长10.2cm、宽6.0cm，叶尖渐尖，叶基宽楔形；花蕾白色，每花序4～8朵花，平均6.0朵；雄蕊20～25枚，平均23.0枚；花冠直径2.4cm。在湖北武汉地区，果实8月中旬成熟。

特殊性状描述： 植株适应性强，抗逆性强，结果早，丰产性好。

凉丰

外文名或汉语拼音：Ryoho

来源及分布：$2n = 34$，原产日本，在我国北京、浙江等地有少量种植。

主要性状：平均单果重257.8g，纵径7.3cm、横径6.8cm，果实长圆形，果皮黄褐色；果点中等大而疏、灰褐色，萼片脱落；果柄较长，长3.5cm、粗3.5mm；果心小，5心室；果肉白色，肉质细、脆，汁液多，味甜，无香气；含可溶性固形物12.8%；品质中上等，常温下可贮藏10～15d。

树势较弱，树姿半开张；萌芽力强，成枝力弱，丰产性好。一年生枝褐色；叶片卵圆形，长11.5cm、宽7.6cm，叶尖急尖，叶基圆形或截形；花蕾白色，边缘淡粉红色，每花序6～8朵花，平均7.0朵；雄蕊30～33枚，平均31.5枚；花冠直径4.3cm。在北京地区，果实9月下旬成熟。

特殊性状描述：植株结果早，适应性强。

明月

外文名或汉语拼音： Meigetsu

来源及分布： $2n = 34$，原产日本，在我国湖北、河南、上海等地有少量栽培。

主要性状： 平均单果重411.6g，纵径7.8cm、横径9.0cm，果实圆形，果皮褐色；果点小而密、灰褐色，萼片宿存；果柄较短，长2.2cm、粗4.3mm；果心中等大，5心室；果肉乳白色，肉质细、紧脆，汁液中多，味甜，无香气；含可溶性固形物14.0%；品质中上等，常温下可贮藏20d。

树势强旺，树姿半开张；萌芽力强，成枝力弱，丰产性好。一年生枝黄褐色；叶片椭圆形，长12.8cm、宽6.8cm，叶尖急尖，叶基楔形；花蕾浅粉红色，每花序5～7朵花，平均6.0朵；雄蕊23～28枚，平均26.0枚；花冠直径5.1cm。在河南郑州地区，果实8月中旬成熟。

特殊性状描述： 植株耐高温高湿。

南月

外文名或汉语拼音： Nangetsu

来源及分布： $2n = 34$，原产日本，在我国山东、北京、江苏等地有少量栽培。

主要性状： 平均单果重313.4g，纵径7.2cm、横径8.3cm，果实扁圆形，果皮黄绿色；果点小而密、浅褐色，萼片脱落；果柄细长，长6.2cm，粗3.3mm；果心中等大，5～6心室；果肉乳白色，肉质中粗、紧脆，汁液多，味甜，无香气；含可溶性固形物14.5%；品质中等，常温下可贮藏10d。

树势中庸，树姿半开张；萌芽力强，成枝力中等，丰产性较好。一年生枝绿黄色；叶片椭圆形，长12.6cm、宽8.6cm，叶尖急尖，叶基楔形；花蕾白色，每花序6～9朵花，平均7.0朵；雄蕊25～30枚，平均28.0枚；花冠直径5.2cm。在河南郑州地区，果实8月上旬成熟。

特殊性状描述： 果实整齐度好，商品率高，但品质一般。

秋水

外文名或汉语拼音：Syusui

来源及分布：$2n = 34$，日本品种，亲本为祇园×大香水，在我国江苏、浙江、上海有少量栽培。

主要性状：平均单果重140.0g，纵径5.3cm、横径5.9cm，果实扁圆形，果皮绿色；果点中等大而密、浅褐色，萼片脱落；果柄较长，长4.2cm、粗3.9mm；果心中等大，5～6心室；果肉乳白色，肉质细、松脆，汁液多，味甜，无香气；含可溶性固形物13.5%；品质中上等，常温下可贮藏20d。

树势中庸，树姿半开张；萌芽力强，成枝力弱，丰产性一般。一年生枝褐色；叶片卵圆形，长10.1cm、宽7.2cm，叶尖渐尖，叶基楔形；花蕾浅粉红色，每花序6～7朵花，平均6.0朵；雄蕊28～34枚，平均32.0枚；花冠直径4.0cm。在河南郑州地区，果实8月下旬成熟。

特殊性状描述：植株适应性强，抗病，丰产，但果个较小。

秋月

外文名或汉语拼音：Akizuki

来源及分布：$2n = 34$，日本品种，在我国华北、黄河故道、四川等地有大量栽培。

主要性状：平均单果重400.0g，纵径7.4cm、横径8.9cm，果实扁圆形，果皮褐色，阳面无晕；果点中等大而稀、灰白色，萼片脱落偶有残存；果柄短，长1.6cm、粗4.2mm；果心小，5心室；果肉白色，肉质细嫩、松脆，汁液多，味甘甜，无香气；含可溶性固形物14.5%；品质上等，常温下可贮藏10d。

树势强旺，树姿直立；萌芽力强，成枝力弱，丰产性好。一年生枝灰褐色；叶片卵圆形，长13.4cm、宽8.8cm，叶尖急尖，叶基圆形；花蕾浅粉红色，每花序8～10朵花，平均9.0朵；雄蕊20～26枚，平均23.0枚；花冠直径3.2cm。在山东烟台地区，果实9月中下旬成熟。

特殊性状描述：果个整齐度高，口感品质很好，但果肉易发生梨木栓斑点病。

日本香梨

外文名或汉语拼音： Kaori

来源及分布： 日本品种，在我国上海、浙江等地有少量栽培。

主要性状： 平均单果重398.0g，纵径8.0cm、横径9.0cm，果实扁圆形，果皮黄绿色；果点中等大而疏、灰褐色，萼片脱落；果柄较长，长3.5cm、粗3.8mm；果心中等大，5～7心室；果肉乳白色，肉质细、紧脆，汁液多，味甜，无香气；含可溶性固形物14.0%；品质中上等，常温下可贮藏25d。

树势中庸，树姿半开张；萌芽力强，成枝力中等，丰产性较好。一年生枝褐色；叶片卵圆形，长11.7cm、宽6.3cm，叶尖急尖，叶基宽楔形；花蕾浅粉红色，每花序7～9朵花，平均8.0朵；雄蕊35～42枚，平均39.0枚；花冠直径3.6cm。在河南郑州地区，果实9月下旬成熟。

特殊性状描述： 果个极大，最大单果重可达3.0kg。

日光

外文名或汉语拼音： Nikkori

来源及分布： $2n = 34$，原产日本，亲本为新高 × 丰水，在我国山东、浙江、上海等地有少量栽培。

主要性状： 平均单果重224.8g，纵径7.1cm、横径7.4cm，果实圆形，果皮褐色；果点中等大而密、灰白色，萼片宿存；果柄较长，长4.0cm、粗3.3mm；果心中等大，5心室；果肉乳白色，肉质中粗、紧脆，汁液多，味甜，无香气；含可溶性固形物12.5%；品质上等，常温下可贮藏10d。

树势弱，树姿半开张；萌芽力中等，成枝力弱，丰产性好。一年生枝褐色；叶片卵圆形，长13.1cm、宽6.4cm，叶尖渐尖，叶基宽楔形；花蕾粉红色，每

花序8～9朵花，平均8.5朵；雄蕊28～32枚，平均30.0枚；花冠直径4.1cm。在河南郑州地区，果实9月上中旬成熟。

特殊性状描述： 植株适应性强，抗逆性强，且结果早。

若光

外文名或汉语拼音： Wakahikari

来源及分布： $2n = 34$，日本千叶县农业试验场育成，亲本为杭青×新世纪，在我国河南、江苏、上海、四川等地有少量栽培。

主要性状： 平均单果重325.0g，纵径7.3cm、横径8.8cm，果实扁圆形，果皮褐色；果点中等大而密、灰白色，萼片脱落；果柄较长，长3.8cm、粗3.6mm；果心小，5心室；果肉白色，肉质细、松脆，汁液多，味甜，无香气；含可溶性固形物11.7%；品质上等，常温下可贮藏10d。

树势中庸，树姿半开张；萌芽力强，成枝力弱，丰产性较好。一年生枝黄褐色；叶片卵圆形，长10.9cm、宽7.1cm，叶尖渐尖，叶基楔形；花蕾白色，每花序7～9朵花，平均8.0朵；雄蕊24～36枚，平均29.0枚；花冠直径3.7cm。在河南郑州地区，果实7月下旬成熟。

特殊性状描述： 果实成熟早、品质优。

太白

外文名或汉语拼音： Taihaku

来源及分布： $2n = 34$，原产日本，在我国湖北襄阳、河南郑州等地有栽培。

主要性状： 平均单果重194.0g，纵径7.0cm、横径7.2cm，果实近圆形或扁圆形，果皮黄绿色；果点小而疏、浅褐色，萼片脱落；果柄较长，基部膨大肉质化，长4.5cm、粗3.9mm；果心中等大，5心室；果肉白色，肉质中粗、松脆，汁液多，味酸甜，有微香气；含可溶性固形物11.4%；品质中等，常温下可贮藏30d。

树势中庸，树姿半开张；萌芽力中等，成枝力弱，丰产性好。一年生枝褐色；叶片卵圆形，长11.0cm、宽6.8cm，叶尖急尖，叶基宽楔形；花蕾白色，每花序

5～7朵花，平均6.0朵；雄蕊18～25枚，平均21.0枚；花冠直径2.9cm。在湖北武汉地区，果实8月上旬成熟。

特殊性状描述： 植株适应性较强，丰产，但果实品质一般。

晚三吉

外文名或汉语拼音： Okusankichi

来源及分布： 原产日本，在我国湖北、湖南、河南等地有栽培。

主要性状： 平均单果重582.1g，纵径8.9cm、横径9.3cm，果实近圆形，果皮褐色；果点小而密、灰白色，萼片残存；果柄较长，长4.2cm、粗4.3mm；果心中等大，5心室；果肉淡黄色，肉质细、松脆，汁液多，味甜，无香气；含可溶性固形物12.2%；品质中上等，常温下可贮藏25d。

树势弱，树姿开张；萌芽力强，成枝力弱，丰产性较好。一年生枝黄褐色；叶片披针形，长11.5cm、宽6.3cm，叶尖渐尖，叶基楔形；花蕾粉红色，每花序5～7朵花，平均6.0朵；雄蕊16～24枚，平均21.0枚；花冠直径4.1cm。在河南郑州地区，果实9月上中旬成熟。

特殊性状描述： 果实耐贮藏，丰产性好；植物适应性极强。

王冠

外文名或汉语拼音： Okan

来源及分布： $2n = 34$，原产日本，在我国河南郑州、江苏南京等地有少量栽培。

主要性状： 平均单果重256.0g，纵径6.3cm、横径7.5cm，果实圆形，果皮黄绿色；果点中等大而疏、浅褐色，萼片脱落；果柄长，长5.3cm、粗3.8mm；果心中等大，5心室；果肉乳白色，肉质粗、紧脆，汁液少，味甜，无香气；含可溶性固形物15.2%；品质中等，常温下可贮藏25d。

树势强旺，树姿半开张；萌芽力强，成枝力强，丰产性较好。一年生枝黄褐色；叶片椭圆形，长10.1cm、宽6.1cm，叶尖急尖，叶基宽楔形；花蕾浅粉红色，每花序6 ~ 7朵花，平均6.5朵；雄蕊26 ~ 32枚，平均29.0枚；花冠直径5.2cm。在河南郑州地区，果实8月中下旬成熟。

特殊性状描述： 植株较耐高温高湿。

王秋

外文名或汉语拼音：Oushu

来源及分布：$2n = 34$，原产日本，在我国北京、江苏、浙江等地有少量种植。

主要性状：平均单果重529.8g，纵径8.0cm、横径8.8cm，果实圆形，果皮黄褐色；果点小而密、灰褐色，萼片残存；果柄较长，长3.3cm、粗2.9mm；果心较小，5心室；果肉淡黄色，肉质细、脆稍硬，汁液多，味甜，微酸，无香气；含可溶性固形物12.9%；品质中上等，常温下可贮藏15～20d。

树势较弱，树姿半开张；萌芽力强，成枝力弱，丰产性好。一年生枝褐色；叶片卵圆形，长11.5cm、宽7.6cm，叶尖渐尖，叶基圆形；花蕾白色，每花序6～7朵花，平均6.5朵；雄蕊18～26枚，平均22.0枚；花冠直径3.4cm。在北京地区，果实9月中旬成熟。

特殊性状描述：果个大，成熟晚；植株适应性较强。

吾妻锦

外文名或汉语拼音： Azumanishiki

来源及分布： $2n = 34$，原产日本，在我国湖北襄阳等地有栽培。

主要性状： 平均单果重236.4g，纵径6.3cm、横径7.6cm，果实近圆形或卵圆形，果皮褐色；果点小而密、灰褐色，萼片脱落；果柄很长，长6.2cm、粗4.6mm；果心中等大，5心室；果肉黄白色，肉质中粗、松脆，汁液多，味甜，无香气；含可溶性固形物12.5%；品质中等，常温下可贮藏10d。

树势中庸，树姿直立；萌芽力中等，成枝力弱，丰产性好。一年生枝黄褐色；叶片椭圆形，长11.8cm、宽7.0cm，叶尖渐尖，叶基宽楔形；花蕾粉红色，每花序5～7朵花，平均6.0朵；雄蕊18～25枚，平均22.0枚；花冠直径2.5cm。在湖北武汉地区，果实8月上中旬成熟。

特殊性状描述： 果形圆整，丰产性好。

喜水

外文名或汉语拼音：Kisui

来源及分布：$2n = 34$，日本品种，亲本为明月 × 丰水，在我国江苏、浙江、山东、河南有一定量栽培。

主要性状：平均单果重127.0g，纵径5.1cm、横径6.4cm，果实扁圆形，果皮黄褐色；果点中等大而密、灰白色，萼片脱落；果柄长，长4.5cm、粗3.6mm；果心小，5心室；果肉乳白色，肉质细、松脆，汁液多，味甜，无香气；含可溶性固形物12.8%；品质上等，常温下可贮藏10d。

树势弱，树姿半开张；萌芽力强，成枝力弱，丰产性好。一年生枝褐色；叶片椭圆形，长9.3cm、宽7.4cm，叶尖渐尖，叶基截形；花蕾浅粉红色，每花序7 ~ 8朵花，平均7.5朵；雄蕊26 ~ 30枚，平均28.0枚；花冠直径4.8cm。在河南郑州地区，果实7月上中旬成熟。

特殊性状描述：果实成熟早、品质优良，但不耐贮藏。

相模

外文名或汉语拼音： Sagmi

来源及分布： $2n = 34$，原产日本，在我国湖北襄阳等地有栽培。

主要性状： 平均单果重145.0g，纵径5.7cm、横径6.4cm，果实圆形，果皮黄绿色；果点小而密、浅褐色，萼片残存；果柄较长，基部稍膨大，长4.1cm、粗3.6mm；果心小，5～6心室；果肉淡黄色，肉质中粗、松脆，汁液中多，味甜，无香气；含可溶性固形物9.3%；品质中等，常温下可贮藏7d。

树势中庸，树姿直立；萌芽力中等，成枝力弱，丰产性好。一年生枝黄褐色，叶片卵圆形，长10.2cm、宽7.0cm，叶尖急尖，叶基宽楔形；花蕾浅粉红色，每花序3～7朵花，平均5.0朵；雄蕊20～29枚，平均25.0枚；花冠直径3.9cm。在湖北武汉地区，果实8月上旬成熟。

特殊性状描述： 植株抗逆性较强，丰产性好。

湘南

外文名或汉语拼音： Shounan

来源及分布： $2n = 34$，原产日本，在我国湖北枝江、钟祥、京山、利川等地有栽培。

主要性状： 平均单果重206.4g、纵径5.7cm、横径6.1cm，果实近圆形，果皮褐色；果点小而密、灰白色，萼片残存；果柄长，长4.9cm、粗3.8mm；果心极小，5心室；果肉白色，肉质中粗、松脆，汁液多，味甜，无香气；含可溶性固形物10.5%；品质中等，常温下可贮藏15d。

树势中庸，树姿半开张；萌芽力中等，成枝力弱，丰产性好。一年生枝黄褐色；叶片长卵圆形，长10.3cm、宽6.6cm，叶尖急尖，叶基宽楔形；花蕾粉红色，每花序4~6朵花，平均5.0朵；雄蕊20~24枚，平均22.0枚；花冠直径3.4cm。在湖北武汉地区，果实9月上旬成熟。

特殊性状描述： 植株抗性强，适应性亦强，丰产性好。

新高

外文名或汉语拼音： Niitaka

来源及分布： $2n = 34$，原产日本，在我国江苏南京、徐州等地有栽培。

主要性状： 平均单果重380.0g，纵径9.0cm、横径9.0cm，果实圆形，果皮黄褐色；果点中等大而密、灰白色，萼片脱落或残存；果柄较长，长3.0cm、粗3.3mm；果心大，5～6心室；果肉乳白色，肉质中粗、松脆；汁液多，味酸甜适度，无香气；含可溶性固形物12.5%；品质上等，常温下可贮藏20～30d。

树势强旺，树姿直立；萌芽力强，成枝力弱，丰产性好。一年生枝褐色；叶片卵圆形，长10.6cm、宽7.5cm，叶尖急尖，叶基圆形；花蕾白色，每花序5～7朵花，平均6.0朵；雄蕊19～21枚，平均20.0枚；花冠直径3.1cm。在江苏南京地区，果实9月下旬成熟。

特殊性状描述： 植株对土壤适应性较强，耐瘠薄，耐寒，较抗旱，抗病性和抗虫性亦强。

新世纪

外文名或汉语拼音： Shinseiki

来源及分布： $2n = 34$，原产日本，亲本为二十世纪×长十郎，在我国河南、山东、北京、上海、浙江等地有一定量栽培。

主要性状： 平均单果重167.0g，纵径6.0cm、横径6.9cm，果实圆形，果皮黄绿色；果点小而疏、棕褐色，萼片脱落偶有残存；果柄较长，长3.0cm、粗3.5mm；果心中等大，5～7心室；果肉乳白色，肉质细、松脆，汁液多，味甜，无香气；含可溶性固形物12.5%；品质中上等，常温下可贮藏10d。

树势中庸，树姿半开张；萌芽力强，成枝力中等，丰产性好。一年生枝黄褐色；叶片卵圆形，长10.6cm、宽6.6cm，叶尖急尖，叶基楔形；花蕾白色，每花序6～7朵花，平均6.5朵；雄蕊28～35枚，平均31.0枚；花冠直径4.2cm。在河南郑州地区，果实8月中旬成熟。

特殊性状描述： 植株适应性和抗逆性均强，结果早，极丰产，但易裂果。

新水

外文名或汉语拼音： Shinsui

来源及分布： $2n = 34$，日本品种，亲本为菊水 ×
君冢早生，在我国河南、江苏、北京、浙江等地有少
量种植。

主要性状： 平均单果重166.1g，纵径5.4cm、横
径7.1cm，果实扁圆形，果皮黄褐色；果点小而密、灰
白色，萼片脱落；果柄较短，基部膨大肉质化，长
2.3cm、粗3.9mm；果心中等大，5～7心室；果肉淡
黄色，肉质细、松脆，汁液多，味甜，无香气；含可
溶性固形物15.4%；品质上等，常温下可贮藏5～7d。

树势较弱，树姿直立；萌芽力强，成枝力弱，丰
产性一般。一年生枝黄褐色；叶片卵圆形，长11.9cm、宽7.0cm，叶尖急尖，叶基心形；花蕾白色，每
花序7～8朵花，平均7.5朵；雄蕊30～38枚，平均34.0枚；花冠直径4.4cm。在北京地区，果实8月
上旬成熟。

特殊性状描述： 植株较抗梨黑星病、梨黑斑病，对肥水条件要求高，在北京地区种植树势易衰弱，
寿命短。

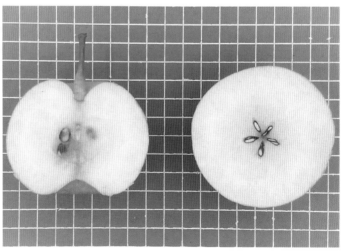

新兴

外文名或汉语拼音：Shinkou

来源及分布：$2n = 34$，日本品种，二十世纪实生品种，在我国河南、山东、江苏有少量栽培。

主要性状：平均单果重130.0g，纵径5.6cm、横径6.5cm，果实近圆形，果皮黄褐色；果点小而密、灰白色，萼片脱落；果柄较长，长4.5cm、粗3.5mm；果心大，5心室；果肉乳白色，肉质粗、松脆，汁液多，味甜，无香气；含可溶性固形物13.7%；品质中等，常温下可贮藏15d。

树势中庸，树姿半开张；萌芽力强，成枝力弱，丰产性一般。一年生枝黄褐色；叶片披针形，长8.8cm、宽6.5cm，叶尖长尾尖，叶基狭楔形；花蕾白色，每花序5～8朵花，平均6.0朵；雄蕊33～38枚，平均35.0枚；花冠直径3.7cm。在河南郑州地区，果实8月中旬成熟。

特殊性状描述：植株较耐高温高湿，但易感梨轮纹病。

新星

外文名或汉语拼音： Shinsei

来源及分布： $2n = 34$，日本农林水产省试验场培育品种，亲本为翠星 × 新兴。

主要性状： 平均单果重367.0g，纵径7.3cm、横径8.8cm，果实圆形，果皮绿黄色，有褐斑；果点大而疏、灰白色，萼片残存；果柄较短，长2.4cm、粗3.0mm；果心中等大，5心室；果肉乳白色，肉质细、松脆，汁液多，味甜，无香气；含可溶性固形物11.6%；品质中等，常温下可贮藏10d。

树势中庸，树姿半开张；萌芽力中等，成枝力中等，丰产性好。一年生枝红褐色；叶片卵圆形，长11.1cm、宽7.2cm，叶尖渐尖，叶基楔形；花蕾白色，每花序5～8朵花，平均6.0朵；雄蕊28～33枚，平均31.0枚；花冠直径3.8cm。在河南郑州地区，果实8月上中旬成熟。

特殊性状描述： 植株适应性强，抗逆性强，丰产性好，但果实品质一般。

新雪

外文名或汉语拼音： Shinsetsu

来源及分布： $2n = 34$，原产日本，在我国山东、河南等地有少量栽培。

主要性状： 平均单果重232.0g，纵径6.7cm、横径8.3cm，果实扁圆形，果皮褐色；果点小而密、灰褐色，萼片脱落；果柄较短，长2.2cm、粗3.0mm；果心小，5心室；果肉乳白色，肉质细、紧脆，汁液多，味甜，无香气；含可溶性固形物12.0%；品质中等，常温下可贮藏25d。

树势弱，树姿半开张；萌芽力强，成枝力弱，丰产性好。一年生枝黄褐色；叶片卵圆形，长9.7cm、宽6.2cm，叶尖急尖，叶基截形；花蕾浅粉红色，每花序6～7朵花，平均6.2朵；雄蕊25～29枚，平均26.0枚；花冠直径3.7cm。在河南郑州地区，果实8月上旬成熟。

特殊性状描述： 植株适应性强，丰产性好，但果实品质一般。

幸水

外文名或汉语拼音： Kosui

来源及分布： $2n = 34$，原产于日本，亲本为菊水×早生幸藏，在我国浙江、安徽、江苏、河南、河北等地有少量栽培。

主要性状： 平均单果重210.5g，纵径7.4cm、横径8.5cm，果实扁圆形，果皮黄褐色；果点小而密、灰褐色，萼片脱落；果柄较长，长3.8cm、粗4.2mm；果心中等大，5～6心室；果肉白色，肉质细嫩、稍软，汁特多，石细胞极少，味浓甜，有香气；含可溶性固形物12.7%；品质上等，常温下可贮藏10d。

树势中庸，树姿开张；萌芽力强，成枝力弱。一年生枝灰褐色；叶片椭圆形，长8.6cm、宽6.2cm，叶尖急尖，叶基宽楔形或圆形；花蕾白色，每花序5～9朵花，平均7.0朵；雄蕊22～26枚，平均24.0枚；花冠直径3.0cm。在黄河故道地区，果实8月上中旬成熟。

特殊性状描述： 植株适应性较弱，易感梨干枯病，但高抗梨黑斑病，抗旱性、抗寒性中等，对肥水条件要求较高。

幸藏

外文名或汉语拼音：Kouzou

来源及分布：$2n = 34$，原产日本，在我国江苏、浙江等地有少量栽培。

主要性状：平均单果重198.5g，纵径5.6cm、横径7.7cm，果实扁圆形，果皮褐色；果点中等大而疏、灰白色，萼片脱落；果柄细长，长6.0cm、粗3.3mm；果心中等大，5～6心室；果肉乳白色，肉质粗、紧脆，汁液多，味酸甜，无香气；含可溶性固形物11.5%；品质中等，常温下可贮藏20d。

树势弱，树姿开张；萌芽力强，成枝力弱，丰产性较好。一年生枝黄褐色；叶片卵圆形，长9.8cm、宽7.6cm，叶尖急尖，叶基截形；花蕾浅粉红色，每花序5～7朵花，平均6.0朵；雄蕊25～29枚，平均27.0枚；花冠直径4.2cm。在河南郑州地区，果实8月上中旬成熟。

特殊性状描述：植株结果早，果实品质较差。

秀玉

外文名或汉语拼音： Syuugyoku

来源及分布： $2n = 34$，日本农林水产省果树试验场育成，亲本为菊水×幸水。

主要性状： 平均单果重218.7g、纵径6.2cm、横径7.3cm，果实扁圆形，果皮绿色，阳面无晕；果面粗糙，无果锈，有棱沟，萼片脱落、偶有宿存；果柄较长，基部膨大，长3.1cm、粗2.7mm；果心大，7～8心室；果肉白色，肉质细、脆，无香气，无涩味；含可溶性固形物12.9%；品质上等，常温下可贮藏10d。

树势中庸，树姿半开张；萌芽力强，成枝力弱，丰产性好。一年生枝黄褐色；叶片卵圆形，长9.8cm、宽5.1cm；花蕾浅粉红色，每花序5～7朵花，平均6.0朵；雄蕊35～42枚，平均39.0枚；花冠直径3.9cm。在南京湖熟地区，果实8月中下旬成熟。

特殊性状描述： 心室很多（7～8），高抗梨坏死性斑点病，花瓣具较强的观赏性。

早生赤

外文名或汉语拼音：Waseaka

来源及分布：$2n = 34$，日本品种，在我国河南郑州、江苏南京、湖北等地有少量栽培。

主要性状：平均单果重194.0g，纵径6.0cm、横径7.4cm，果实扁圆形，果皮绿黄色，果面具大片果锈；果点中等大而密、灰褐色，萼片脱落；果柄较长，长4.3cm、粗3.3mm；果心中等大，5心室；果肉乳白色，肉质粗、松脆，汁液中多，味甜，无香气；含可溶性固形物12.0%；品质中等，常温下可贮藏10d。

树势弱，树姿半开张；萌芽力中等，成枝力弱，丰产性一般。一年生枝褐色；叶片卵圆形，长13.6cm、宽6.8cm，叶尖渐尖，叶基楔形；花蕾粉红色，每花序

7～9朵花，平均8.0朵；雄蕊24～28枚，平均26.0枚；花冠直径4.8cm。在河南郑州地区，果实8月上旬成熟。

特殊性状描述：植株适应性、抗逆性均强，但果实品质一般。

祇园

外文名或汉语拼音：Gion

来源及分布：$2n = 34$，日本品种，目前在我国栽培极少。

主要性状：平均单果重118.0g，纵径4.7cm、横径5.6cm，果实扁圆形，果皮绿色；果点小而密、浅褐色，萼片脱落；果柄较短，长2.5cm、粗3.6mm；果心中等大，5心室；果肉乳白色，肉质中粗、紧脆，汁液中多，味酸甜，无香气；含可溶性固形物12.5%；品质中等，常温下可贮藏10d。

树势中庸，树姿半开张；萌芽力强，成枝力中等，丰产性一般。一年生枝褐色；叶片卵圆形，长11.1cm、宽6.4cm，叶尖长尾尖，叶基圆形；花蕾粉

红色，每花序6～8朵花，平均5.0朵；雄蕊28～32枚，平均30.0枚；花冠直径4.0cm。在河南郑州地区，果实8月上中旬成熟。

特殊性状描述：结果早，果实品质一般，不耐贮藏。

筑波49

外文名或汉语拼音： Tsukuba 49

来源及分布： $2n = 34$，原产日本，在我国浙江等地有少量栽培。

主要性状： 平均单果重331.3g，纵径8.2cm，横径8.6cm，果实卵圆形，果皮绿色、表面具大片褐色锈斑；果点中等大而疏、灰白色，萼片脱落；果柄较长，长3.8cm、粗3.5mm；果心中等大，4～5心室；果肉乳白色，肉质细、松脆，汁液多，味甜，无香气；含可溶性固形物14.1%；品质中上等，常温下可贮藏10d。

树势中庸，树姿半开张；萌芽力强，成枝力弱，丰产性较好。一年生枝褐色；叶片椭圆形，长12.4cm、宽7.5cm，叶尖渐尖，叶基楔形；花蕾粉红色，每花序6～8朵花，平均7.0朵；雄蕊20～29枚，平均22.0枚；花冠直径3.8cm。在河南郑州地区，果实8月下旬成熟。

特殊性状描述： 果面锈斑严重，但口感较好。

筑夏

外文名或汉语拼音：Chikunatsu

来源及分布：$2n = 34$，原产日本，在我国河南、江苏、北京、浙江等地有少量种植。

主要性状：平均单果重210.0g，纵径5.8cm、横径7.0cm，果实扁圆形，果皮黄褐色；果点小而密、灰白色，萼片残存；果柄较长，长3.5cm、粗2.9mm；果心小，5心室；果肉淡黄色，肉质细、松脆，汁液多，味甜，无香气；含可溶性固形物13.1%；品质上等，常温下可贮藏3～5d。

树势较弱，树姿半开张；萌芽力强，成枝力弱，丰产性好。一年生枝黄褐色；叶片卵圆形，长9.0cm、宽8.2cm，叶尖急尖，叶基圆形；花蕾白色，边缘浅粉红色，每花序6～7朵花，平均6.5朵；雄蕊20～21枚，平均20.5枚；花冠直径3.5cm。在北京地区，果实8月上旬成熟。

特殊性状描述：植株抗寒性弱，裂果严重。

（二）韩国和朝鲜品种

车头（又名：朝鲜洋梨）

外文名或汉语拼音： Chetou

来源及分布： $2n = 34$，原产朝鲜，从植株外形看，疑为西洋梨与砂梨杂交品种，在我国山东烟台等地有栽培。

主要性状： 平均单果重174.8g，纵径6.3cm、横径7.2cm，果实近圆形，果皮绿黄色；果点小而疏、浅褐色，萼片残存；果柄较长，长3.1cm、粗3.3mm；果心中等大，5心室；果肉乳白色，肉质粗、松脆，汁液多，味甜酸，有微香气；含可溶性固形物11.0%；品质中等，常温下可贮藏15d。

树势强旺，树姿开张；萌芽力强，成枝力中等，丰产性差。一年生枝浅褐色；叶片卵圆形，长12.7cm、宽7.6cm，叶尖渐尖，叶基宽楔形；花蕾白色，每花序5～7朵花，平均6.2朵；雄蕊19～24枚，平均20.6枚；花冠直径3.9cm。在山东泰安地区，果实8月上旬成熟。

特殊性状描述： 果实贮后香气转浓，品质转好，大小年结果现象严重，果实抗风性差。

甘川

外文名或汉语拼音： Gamcheonbae

来源及分布： $2n = 34$，原产韩国，在我国江苏、北京、浙江等地有少量种植。

主要性状： 平均单果重353.0g，纵径7.8cm、横径8.9cm，果实近圆形，果皮黄褐色；果点小而疏、灰褐色，萼片残存；果柄较长，长4.5cm、粗3.9mm；果心小，4～5心室；果肉白色，肉质细、松脆，汁液多，味甜，无香气；含可溶性固形物13.1%；品质中等，常温下可贮藏15～20d。

树势较强，树姿半开张；萌芽力强，成枝力弱，丰产性好。一年生枝黄褐色；叶片卵圆形，长12.0cm、宽8.7cm，叶尖急尖，叶基圆形；花蕾白色或边缘浅粉红色，每花序5～8朵花，平均6.0朵；雄蕊20～24枚，平均22.0枚；花冠直径3.8cm。在北京地区，果实10月上旬成熟。

特殊性状描述： 果实成熟期极晚，果心小，较耐贮藏。

韩丰

外文名或汉语拼音： Hanareum

来源及分布： $2n = 34$，原产韩国，现保存在我国北京市林业果树科学研究院梨资源圃。

主要性状： 平均单果重329.8g，纵径7.8cm、横径8.7cm，果实近圆形，果皮黄褐色；果点小而疏、灰褐色，萼片宿存；果柄较短，长2.2cm、粗3.9mm；果心小，5心室；果肉淡黄色，肉质细、汁液多，味甜，无香气；含可溶性固形物13.3%；品质上等，常温下可贮藏5～7d。

树势较弱，树姿半开张；萌芽力强，成枝力弱，丰产性好。一年生枝黄褐色；叶片卵圆形，长11.0cm、宽7.4cm，叶尖急尖，叶基心形；花蕾白色，每花序5～7朵花，平均6.0朵；雄蕊26～30枚，平均28.0枚；花冠直径3.6cm。在北京地区，果实8月中旬成熟。

特殊性状描述： 结果早，极丰产，但树易早衰。

华山

外文名或汉语拼音：Whasan

来源及分布：$2n = 34$，原产韩国，在我国山东、辽宁、北京、河南、贵州、四川等地均有栽培。

主要性状：平均单果重445.2g，纵径8.5cm、横径9.5cm，果实圆形，果皮褐色；果点中等大而密、棕灰色，萼片残存；果柄较长，长4.0cm、粗3.0mm；果心小，4～5心室；果肉白色，肉质细、松脆，汁液多，味甜，无香气；含可溶性固形物13.4%；品质中上等，常温下可贮藏10d。

树势中庸，树姿直立；萌芽力强，成枝力弱，丰产性较好。一年生枝褐色；叶片椭圆形，长11.3cm、宽7.5cm，叶尖渐尖，叶基截形；花蕾粉红色，每花序6～8朵花，平均7.0朵；雄蕊18～23枚，平均20.5枚；花冠直径3.5cm。在河南郑州地区，果实8月中旬成熟。

特殊性状描述：果点外凸、果面粗糙，但口感品质很好。

黄金梨

外文名或汉语拼音：Whangkeumbae

来源及分布：$2n = 34$，原产韩国，亲本为新高 × 二十世纪，在我国华北平原、长江流域、黄河故道等地有栽培。

主要性状：平均单果重430.0g，纵径9.8cm、横径11.2cm，果实扁圆形或圆形，果皮淡黄绿色或黄色；果点小而疏、浅褐色，萼片脱落、偶有残存；果柄较短，长2.1cm、粗4.6mm；果心小，5心室；果肉白色，肉质细、松脆，汁液多，味甜，有香气；含可溶性固形物14.9%；品质上等，常温下可贮藏10d。

树势强旺，树姿半开张；萌芽力弱，成枝力强，丰产性好。一年生枝黄褐色；叶片卵圆形，长11.4cm、宽7.9cm，叶尖渐尖，叶基圆形；花蕾白色，每花序5～9朵花，平均7.0朵；雄蕊20～30枚，平均24.7枚；花冠直径4.1cm。在山东济南地区，果实8月下旬成熟。

特殊性状描述：植株抗逆性较强，适应范围广，抗梨黑星病，但不抗梨黑斑病。

满丰

外文名或汉语拼音： Manpoong

来源及分布： $2n = 34$，原产韩国，亲本为丰水×晚三吉，在我国山东、北京、河南等地有少量栽培。

主要性状： 平均单果重181.5g，纵径5.6cm、横径7.2cm，果实扁圆形，果皮褐色；果点小而密、灰白色，萼片脱落；果柄细长，长6.3cm、粗3.2mm；果心中等大，4～5心室；果肉淡黄色，肉质细、松脆，汁液中多，味甜酸，无香气；含可溶性固形物14.3%；品质中上等，常温下可贮藏20d。

树势中庸，树姿半开张；萌芽力强，成枝力弱，丰产性较好。一年生枝黄褐色；叶片椭圆形，长10.6cm、宽6.0cm，叶尖渐尖，叶基楔形；花蕾白色，每花序5～7朵花，平均6.0朵；雄蕊25～30枚，平均28.0枚；花冠直径4.3cm。在河南郑州地区，果实8月上旬成熟。

特殊性状描述： 果实大，品质好。

迷你（又名：袖珍）

外文名或汉语拼音： Minibae

来源及分布： $2n = 34$，原产韩国，由山东烟台果树所引入，在我国河南郑州、山东烟台及新疆南部有少量栽培。

主要性状： 平均单果重149.0g，纵径6.0cm、横径6.8cm，果实圆形，果皮黄色；果点中等大而密、褐色，萼片脱落；果柄细长，长5.5cm、粗3.2mm；果心小，5或6心室；果肉淡黄色，肉质细、紧脆，汁液中多，味酸甜，无香气；含可溶性固形物14.2%；品质中等，常温下可贮藏10d。

树势弱，树姿半开张；萌芽力强，成枝力弱，丰产性好。一年生枝黄褐色；叶片椭圆形，长9.1cm、宽6.3cm，叶尖渐尖，叶基楔形；花蕾浅粉红色，每花序5～7朵花，平均6.0朵；雄蕊30～34枚，平均32.0枚；花冠直径3.7cm。在河南郑州地区，果实7月上中旬成熟。

特殊性状描述： 植株适应性强，结果早，但果实品质一般。

米黄

外文名或汉语拼音： Miwhang

来源及分布： $2n = 34$，原产韩国，在我国山东、河北、河南等地有少量栽培。

主要性状： 平均单果重456.9g，纵径8.3cm、横径9.1cm，果实圆形，果皮褐色；果点中等大而疏、棕褐色，萼片残存；果柄较短，长2.3cm、粗3.5mm；果心小，5心室；果肉乳白色，肉质细、松脆，汁液多，味甜，无香气；含可溶性固形物12.4%；品质上等，常温下可贮藏10d。

树势弱，树姿半开张；萌芽力强，成枝力弱，丰产性一般。一年生枝褐色；叶片卵圆形，长10.1cm、宽7.2cm，叶尖钝尖，叶基楔形；花蕾白色，每花序6~7朵花，平均6.5朵；雄蕊15~26枚，平均20.5枚；花冠直径3.5cm。在河南郑州地区，果实8月下旬成熟。

特殊性状描述： 植株适应性强，果个大。

苹果梨

外文名或汉语拼音：Pingguoli

来源及分布：$2n = 34$，原产朝鲜，在我国吉林、辽宁、内蒙古等地有栽培。

主要性状：平均单果重238.2g，纵径6.3cm、横径7.7cm，果实扁圆形，果皮黄绿色，阳面有橘红晕；果点小而疏、灰褐色，萼片残存；果柄较短，长2.5cm、粗2.9mm；果心小，5心室；果肉白色，肉质中粗、松脆，汁液多，味甜酸，无香气；含可溶性固形物14.8%；品质中上等，常温下可贮藏30d。

树势中庸，树姿半开张；萌芽力中等，成枝力弱，丰产性好。一年生枝红褐色；叶片卵圆形，长12.0cm、宽6.6cm，叶尖渐尖，叶基楔形；花蕾浅粉红色，每花序8～12朵花，平均10.0朵；雄蕊20～27枚，平均23.5枚；花冠直径4.1cm。在吉林中部地区，果实9月下旬成熟。

特殊性状描述：果实耐贮藏，植株抗寒性强。

秋黄

外文名或汉语拼音：Soowhangbae

来源及分布：$2n = 34$，原产韩国，在我国河南、江苏、北京、浙江等地有一定量种植。

主要性状：平均单果重439.2g，纵径8.1cm、横径8.6cm，果实卵圆形或扁圆形，果皮黄褐色；果点小而密、灰褐色，萼片残存；果柄较长，长3.1cm、粗5.4mm；果心小，5心室；果肉白色，肉质细腻、松脆，汁液多，味甜；含可溶性固形物14.7%；品质上等，常温下可贮藏10～15d。

树势中庸，树姿半开张；萌芽力强，成枝力弱，丰产性好。一年生枝黄褐色；叶片卵圆形，长12.9cm、宽8.6cm，叶尖急尖，叶基圆形；花蕾白色，边缘浅粉红色，每花序6～7朵花，平均6.8朵；雄蕊20～25枚，平均22.5枚；花冠直径3.7cm。在北京地区，果实9月中旬成熟。

特殊性状描述：果个大，成熟晚，植株抗病性较强。

天皇

外文名或汉语拼音： Yewang

来源及分布： $2n=34$，原产韩国，为新高的芽变，在我国山东、河北等地均有栽培。

主要性状： 平均单果重346.0g，纵径7.6cm、横径9.0cm，果实扁圆形，果皮褐色；果点中等大而密、灰白色，萼片脱落；果柄较短，长2.0cm、粗3.8mm；果心中等大，5心室；果肉乳白色，肉质细、紧脆，汁液多，味甜，无香气；含可溶性固形物12.5%；品质中上等，常温下可贮藏15d。

树势较弱，树姿半开张；萌芽力强，成枝力弱，丰产性好。一年生枝黄褐色；叶片卵圆形，长11.8cm、宽7.4cm，叶尖渐尖，叶基楔形；花蕾白色，每花序5～7朵花，平均6.0朵；雄蕊25～32枚，平均28.0枚；花冠直径3.9cm。在河南郑州地区，果实9月中旬成熟。

特殊性状描述： 果实品质优良；植株结果早，丰产稳产。

晚秀

外文名或汉语拼音: Mansoo

来源及分布: $2n = 34$,原产韩国,在我国山东、河南等地有栽培。

主要性状: 平均单果重660.0g,纵径8.9cm、横径9.9cm,果实扁圆形,果皮黄绿色;果点中等大而密、浅褐色,萼片残存;果柄较短,长2.0cm、粗4.1mm;果心小,4~5心室;果肉白色,肉质细、松脆,汁液多,味浓甜,有微香气;含可溶性固形物12.4%;品质上等,常温下可贮藏15~20d。

树势强旺,树姿直立;萌芽力强,成枝力强,丰产性好。一年生枝红褐色;叶片卵圆形,长10.3cm、宽7.0cm,叶尖急尖,叶基圆形;花蕾浅红色,每花序4~6朵花,平均4.9朵;雄蕊20~21枚,平均20.2枚;花冠直径3.8cm。在河南郑州地区,果实9月中旬成熟。

特殊性状描述: 果实晚熟,较耐贮藏;植株抗逆性、抗病性强。

鲜黄

外文名或汉语拼音： Sunhwang

来源及分布： $2n = 34$，原产韩国，现保存在我国北京市林业果树科学研究院梨资源圃。

主要性状： 平均单果重272.8g，纵径7.0cm、横径7.3cm，果实圆形或扁圆形，果皮黄褐色；果点中等大而疏、灰白色，萼片宿存；果柄较长，长3.7cm、粗3.2mm；果心小，4心室；果肉白色，肉质细、松脆，汁液多，味甜，无香气；含可溶性固形物12.9%；品质中上等，常温下可贮藏7～10d。

树势较弱，树姿半开张；萌芽力强，成枝力弱，丰产性一般。一年生枝黄褐色；叶片卵圆形，长12.2cm、宽10.0cm，叶尖渐尖，叶基圆形；花蕾白色，每花序5～7朵花，平均6.0朵；雄蕊20～21枚，平均20.5枚；花冠直径3.5cm。在北京地区，果实9月上旬成熟。

特殊性状描述： 植株适应性强，果心小。

秀黄

外文名或汉语拼音：Soowhangbae

来源及分布：$2n = 34$，原产韩国，在我国山东、河北、河南等地有少量栽培。

主要性状：平均单果重400.7g，纵径7.4cm、横径9.2cm，果实扁圆形，果皮褐色；果点小而密、灰白色，萼片脱落；果柄较长，长3.8cm、粗3.5mm；果心中等大，5～6心室；果肉淡黄色，肉质细、紧脆，汁液多，味甜，无香气；含可溶性固形物13.7%；品质中上等，常温下可贮藏10d。

树势弱，树姿半开张；萌芽力强，成枝力弱，丰产性一般。一年生枝黄褐色；叶片椭圆形，长10.9cm、宽6.2cm，叶尖渐尖，叶基楔形；花蕾浅粉红色，每花序6～8朵花，平均7.0朵；雄蕊30～34枚，平均33.0枚；花冠直径4.3cm。在河南郑州地区，果实8月下旬成熟。

特殊性状描述：植株适应性强，抗逆性强，耐高温高湿。

园黄

外文名或汉语拼音： Wonhwang

　　来源及分布： $2n = 34$，原产韩国，亲本为早生赤×晚三吉，在我国河南、山东、湖北、贵州、四川、江苏等地均有栽培。

　　主要性状： 平均单果重260.0g，纵径7.0cm、横径8.0cm，果实扁圆形，果皮褐色；果点小而密、灰白色，萼片残存；果柄长、长5.0cm、粗3.8mm；果心小，5心室；果肉淡黄色，肉质细、松脆，汁液中多，味甜，无香气；含可溶性固形物14.2%；品质上等，常温下可贮藏10d。

　　树势中庸，树姿半开张；萌芽力中等，成枝力中等，丰产性好。一年生枝黄褐色；叶片椭圆形，长11.2cm、宽6.7cm，叶尖渐尖，叶基截形；花蕾白色，每花序6～7朵花，平均6.5朵；雄蕊23～25枚，平均24.0枚；花冠直径4.5cm。在河南郑州地区，果实8月上旬成熟。

　　特殊性状描述： 果实不耐贮藏，植株高抗梨褐斑病。

早生黄金

外文名或汉语拼音： Josengwhangkeum

来源及分布： $2n = 34$，韩国培育品种，亲本为新高 × 新兴，在我国山东、河南、北京有少量栽培。

主要性状： 平均单果重156.5g，纵径5.4cm、横径6.5cm，果实扁圆形，果皮黄绿色；果点小而密、棕褐色，萼片脱落；果柄较长，长3.2cm、粗3.9mm；果心中等大，5心室；果肉乳白色，肉质细、松脆，汁液中多，味甜，无香气；含可溶性固形物11.7%；品质中上等，常温下可贮藏10d。

树势较弱，树姿开张；萌芽力强，成枝力弱，丰产性较好。一年生枝黄褐色；叶片卵圆形，长11.4cm、宽7.4cm，叶尖急尖，叶基宽楔形；花蕾白色，每花序6 ~ 11朵花，平均8.0朵；雄蕊38 ~ 40枚，平均39.0枚；花冠直径4.5cm。在河南郑州地区，果实7月中旬成熟。

特殊性状描述： 植株适应性强，结果早，丰产性好，但果实不耐贮藏。

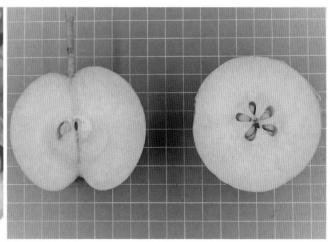

第三节　自主育成品种

一、杂交培育品种

八月脆

外文名或汉语拼音： Bayuecui

来源及分布： $2n = 34$，中国农业科学院郑州果树研究所杂交育成，亲本为新世纪 × 崇化大梨，在河南、河北等地有栽培。

主要性状： 平均单果重360.0g，纵径8.9cm、横径9.0cm，果实倒卵圆形，果皮绿黄色；果点小而疏、灰白色，萼片脱落或残存；果柄长，长5.0cm、粗4.0mm；果心小，5心室；果肉乳白色，肉质细、松脆，汁液多，味酸甜适口，无香气；含可溶性固形物12.2%；品质上等，常温下可贮藏10d。

树势中庸偏强，树姿半开张；萌芽力强，成枝力较弱，丰产性好。一年生枝黄褐色；叶片卵圆形，长

10.3cm、宽6.9cm，叶尖渐尖，叶基宽楔形；花蕾白色，每花序6 ~ 8朵花，平均7.0朵；雄蕊29 ~ 32枚，平均30.5枚；花冠直径3.9cm。在河南郑州地区，果实8月上旬成熟。

特殊性状描述： 植株早实性强，栽后第二年即可结果。

八月红

外文名或汉语拼音：Bayuehong

来源及分布：$2n = 34$，陕西省农业科学院果树研究所和中国农业科学院果树研究所于1973年以早巴梨（茄梨）×早酥杂交选育而成，在北京、天津、河北、辽宁、山西、山东、甘肃、新疆等地有栽培。

主要性状：平均单果重262.0g，纵径9.1cm、横径8.6cm，果实卵圆形，果皮黄色，阳面有鲜红晕；果点小而密、灰白色，萼片宿存或残存；果柄较长，长3.1cm、粗3.6mm；果心小，5心室；果肉乳白色，肉质细、松脆，汁液多，味甜，有浓香气；含可溶性固形物13.6%；品质上等，常温下可贮藏7～10d。

树势强旺，树姿半开张；萌芽力强，成枝力中等，丰产性好。一年生枝红褐色；叶片椭圆形，长10.2cm，宽5.4cm，叶尖渐尖，叶基楔形；花蕾粉红色，每花序6～8朵花，平均7.0朵；雄蕊19～21枚，平均20.0枚；花冠直径3.5cm。在辽宁兴城地区，果实8月下旬成熟。

特殊性状描述：果实外观艳丽，果肉酥脆，具有香气，不耐贮藏；植株适应性较强，耐贫瘠，抗寒、抗旱性强。高抗梨黑星病、梨树腐烂病和梨轮纹病，抗梨锈病和梨黑斑病，但对梨轮纹病抗性较差。

八月酥

外文名或汉语拼音： Bayuesu

来源及分布： $2n = 34$，中国农业科学院郑州果树研究所杂交育成，亲本为栖霞大香水 × 郑州鹅梨，在河南郑州有少量栽培。

主要性状： 平均单果重325.0g，纵径8.2cm、横径8.7cm，果实圆形，果皮绿色；果点小而密、浅褐色，萼片脱落；果柄较短，长2.7cm、粗3.2mm；果心中等大，5心室；果肉乳白色，肉质细、紧脆，汁液中多，味甜，无香气；含可溶性固形物12.4%；品质中等，常温下可贮藏15d。

树势中庸，树姿半开张，萌芽力中等，成枝力中等，丰产性好。一年生枝黄褐色；叶片椭圆形，长9.7cm、宽6.5cm，叶尖急尖，叶基楔形；花蕾白色，每花序5～7朵花，平均6.0朵；雄蕊20～29枚，平均24.5枚；花冠直径3.7cm。在河南郑州地区，果实8月中旬成熟。

特殊性状描述： 植株成花极其容易，栽后第二年即可结果，丰产性好。

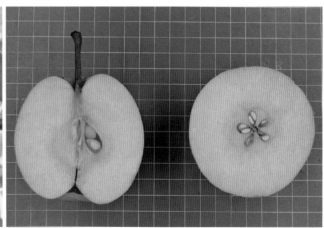

宝岛甘露

外文名或汉语拼音： Baodao Ganlu

来源及分布： $2n = 34$，原产台湾省，亲本为新兴 × （横山 × 丰水），2018年获植物品种权核准，在北京市房山区、广东省连州市有栽培。

主要性状： 平均单果重568.2g，纵径9.2cm、横径10.9cm，果实扁圆形，果皮黄褐色；果点小而密、黄褐色，萼片残存；果柄较长，长3.0cm、粗5.6mm；果心小，5心室；果肉白色，肉质细、松脆，汁液多，味甜，无香气；含可溶性固形物12.9%；品质上等，常温下可贮藏15 ~ 20d。

树势较强，树姿半开张；萌芽力强，成枝力中等，丰产性好。一年生枝褐色；叶片椭圆形或卵圆形，长12.0cm、宽7.6cm，叶尖急尖，叶基圆形；花蕾白色，每花序5 ~ 10朵花，平均7.8朵；雄蕊34 ~ 36枚，平均35.0枚；花冠直径3.5cm。在北京地区，果实10月上旬成熟。

特殊性状描述： 植株抗病性强，果实采收期长。

滨香

外文名或汉语拼音： Binxiang

来源及分布： $2n = 34$，大连市农业科学研究院杂交育成，亲本为三季梨×李克特，2018年获得国家农作物品种登记，目前在辽宁大连等地有少量栽培。

主要性状： 平均单果重208.0g，纵径9.0cm、横径7.3cm，果实葫芦形，果皮绿黄色，阳面有红晕；果点小而密、红褐色，萼片宿存；果柄较短粗，长2.8cm、粗7.9mm；果心小，5心室；果肉淡黄色，肉质细、软溶，汁液多，味酸甜适度，有浓香气；含可溶性固形物13.9%；品质上等，常温下可贮藏7～10d。

树势强旺，树姿半开张；萌芽力强，成枝力弱，丰产性较好。一年生枝黄褐色；叶片卵圆形，长7.7cm、宽6.0cm，叶尖渐尖，叶基宽楔形；花蕾粉红色，每花序5～8朵花，平均6.5朵；雄蕊13～21枚，平均17.0枚；花冠直径2.8cm。在辽宁大连地区，果实8月中旬成熟。

特殊性状描述： 植株不抗梨灰斑病。

初夏绿

外文名或汉语拼音：Chuxialü

来源及分布：$2n = 34$，浙江省农业科学院园艺研究所选育，亲本为西子绿 × 翠冠，在江苏、福建、上海等地有栽培。

主要性状：平均单果重300.0g，纵径10.2cm、横径9.5cm，果实近圆形，果皮绿色；果点小而密、浅褐色，萼片脱落；果柄较长，长3.1cm、粗3.2mm；果心小，5心室，果肉乳白色，肉质细、松脆，汁液多，味甜，无香气；含可溶性固形物11.0% ~ 12.0%；品质中上等，常温下可贮藏7 ~ 10d。

树势强旺，树姿半开张；萌芽力强，成枝力强，丰产性好。一年生枝黄褐色；叶片卵圆形，长13.4cm、宽7.8cm，叶尖渐尖，叶基圆形；花蕾淡黄绿色，每花序5 ~ 8朵花，平均6.5朵；雄蕊19 ~ 35枚，平均27.0枚；花冠直径4.0cm。在浙江杭州地区，果实7月上旬成熟。

特殊性状描述：早熟砂梨新品种，植株稳产、丰产，耐高温高湿。

脆绿

外文名或汉语拼音： Cuilü

来源及分布： $2n = 34$，浙江省农业科学院园艺研究所培育，亲本为杭青 × 新世纪，在浙江杭州等地有少量栽培。

主要性状： 平均单果重160.0g，纵径5.9cm、横径6.2cm，果实近圆形，果皮绿色；果点小而密、浅褐色，萼片残存；果柄较短，长2.0cm、粗3.1mm；果心小，5心室；果肉乳白色，肉质细、松脆，汁液多，味甜，无香气；含可溶性固形物11.5%；品质中上等，常温下可贮藏10d。

树势较弱，树姿半开张；萌芽力中等，成枝力弱，丰产性一般。一年生枝黄褐色；叶片卵圆形，长10.6cm、宽7.9cm，叶尖急尖，叶基宽楔形；花蕾白色，每花序6 ~ 8朵花，平均7.0朵；雄蕊18 ~ 21枚，平均20.0枚；花冠直径4.1cm。在浙江杭州地区，果实7月上中旬成熟。

特殊性状描述： 植株结果早，优质丰产。

脆香

外文名或汉语拼音： Cuixiang

来源及分布： $2n = 34$，黑龙江省农业科学院园艺分院杂交育成，亲本为59-89-1×155；在黑龙江东部和南部、吉林北部、内蒙古东部等地有栽培。

主要性状： 平均单果重78.6g，纵径5.6cm、横径5.4cm，果实长卵圆形，果皮黄色，阳面有点状红晕；果点小而密、浅褐色，萼片宿存；果柄较长，长3.1cm、粗2.6mm；果心中等大，5心室；果肉乳白色，肉质细、脆，汁液中多，味甜，有微香气；含可溶性固形物13.6%；品质上等，常温下可贮藏15d。

树势强旺，树姿直立；萌芽力强，成枝力弱。一年生枝灰褐色；叶片卵圆形，长10.2cm、宽8.2cm，叶尖渐尖，叶基圆形；花蕾浅粉红色，每花序5～8朵花，平均7.2朵；雄蕊平均20.0枚；花冠直径3.0cm。在黑龙江哈尔滨地区，果实8月末成熟。

特殊性状描述： 植株抗寒性、抗病性、抗虫性均强，较耐旱耐盐碱。

翠冠

外文名或汉语拼音： Cuiguan

来源及分布： $2n=34$，浙江省农业科学院园艺研究所选育，亲本为幸水×（杭青×新世纪），在浙江、江苏、福建、上海等地有大量栽培。

主要性状： 平均单果重250.0g，纵径8.5cm、横径8.8cm，果实近圆形，果皮绿色，有锈斑；果点中等大而密、灰褐色，萼片脱落；果柄较短，长2.2cm、粗3.1mm；果心小，5～6心室；果肉白色，肉质细、松脆，汁液多，味甜，无香气，含可溶性固形物12.0%～14.0%；品质上等，常温下可贮藏30d。

树势强旺，树姿半开张；萌芽力强，成枝力强，丰产性好。一年生枝黄褐色；叶片卵圆形，长12.5cm、宽8.5cm，叶尖渐尖，叶基圆形；花蕾白色，每花序5～8朵花，平均6.5朵；雄蕊21～32枚，平均26.5枚；花冠直径3.8cm。在浙江杭州地区，果实7月中旬成熟。

特殊性状描述： 植株适应性和抗逆性均强，具有较强的耐高温高湿能力，果面易产生锈斑。

翠雪

外文名或汉语拼音：Cuixue

来源及分布：$2n = 34$，四川省苍溪梨研究所和苍溪县农业局杂交育成，亲本为苍溪雪梨×二宫白，在成都及苍溪等地有少量栽培。

主要性状：平均单果重280.0g，纵径6.8cm、横径7.5cm，果实短圆形，果皮绿黄色，果面光滑；果点小而密、绿褐色，萼片脱落；果柄较长，长3.1cm、粗3.4mm；果心小，5心室；果肉乳白色，肉质较细嫩，石细胞少，汁液多，味酸甜，有浓香气；含可溶性固形物12.0%～13.0%；品质极上等，常温下可贮藏10d左右。

树势强旺，树姿直立，结果后开张；萌芽力强，成枝力较弱，丰产性好。一年生枝绿褐色，多年生枝灰褐色；叶片长圆形、浓绿色，长13.0cm、宽7.9cm，叶尖渐尖或长尾尖，叶基圆形；花蕾白色，每花序6～8朵花，平均7.0朵；雄蕊18～22枚，平均20.0枚；花冠直径3.5～4.0cm。在四川苍溪县，果实7月上中旬成熟。

特殊性状描述：早熟梨新品种。植株高抗梨黑星病和梨黑斑病。

翠玉

外文名或汉语拼音： Cuiyu

来源及分布： $2n = 34$，浙江省农业科学院园艺科学研究所选育，亲本为西子绿×翠冠，在浙江、江苏、福建、上海、四川、贵州等地有栽培。

主要性状： 平均单果重300.0g，纵径9.2cm、横径9.5cm，果实圆形，果皮绿色；果点小而密、灰白色，萼片脱落；果柄较长，长3.0cm、粗3.2mm；果心中等大，5心室；果肉乳白色，肉质细嫩、松脆，汁液多，味甜，无香气；含可溶性固形物10.5%；品质中上等，常温下可贮藏7～10d。

树势中庸，树姿半开张；萌芽力强，成枝力中等，丰产性好。一年生枝褐色；叶片卵圆形，长13.0cm、宽8.2cm，叶尖渐尖，叶基圆形；花蕾白色，每花序5～8朵花，平均5.6朵；雄蕊24～32枚，平均25.6枚；花冠直径4.0cm。在浙江杭州地区，果实7月上旬成熟。

特殊性状描述： 果实外观极其美观漂亮，植株抗梨早期落叶病。

大慈梨

外文名或汉语拼音：Dacili

来源及分布：2n = 34，吉林省农业科学院果树研究所杂交育成，亲本为大梨×慈梨，在吉林、辽宁、内蒙古等地有栽培。

主要性状：平均单果重259.9g，纵径7.8cm、横径7.3cm，果实卵圆形，果皮黄绿色，阳面有淡红晕；果点小而密、灰褐色，萼片宿存；果柄短，长1.0cm、粗3.3mm；果心小，5心室；果肉白色，肉质细、松脆，汁液多，味酸甜，无香气；含可溶性固形物12.3%；品质中等，常温下可贮藏25～30d。

树势中庸，树姿开张；萌芽力强，成枝力中

等，丰产性好。一年生枝暗红褐色；叶片卵圆形，长11.5cm、宽6.7cm，叶尖渐尖，叶基狭楔形；花蕾浅粉红色，每花序6～8朵花，平均7.0朵；雄蕊19～21枚，平均20.0枚；花冠直径3.9cm。在吉林中部地区，果实9月下旬成熟。

特殊性状描述：植株抗寒性、早果性、丰产性均强，叶片高抗梨黑星病。

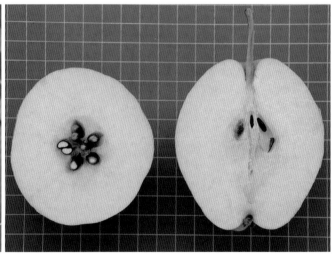

丹霞红

外文名或汉语拼音： Danxiahong

来源及分布： $2n = 34$，中国农业科学院郑州果树研究所杂交育成，亲本为中梨1号×红香酥，在河南、河北、山西、云南等地有栽培。

主要性状： 平均单果重280.0g，纵径7.0cm、横径7.0cm，果实卵圆形或近圆形，果皮黄绿色，阳面有淡红晕；果点小而密、红褐色，萼片残存；果柄较长，长4.1cm、粗3.8mm；果心中等大，5心室；果肉白色，肉质细、松脆，汁液多，味甘甜，有微香气；含可溶性固形物13.2%；品质上等，常温下可贮藏20d。

树势中庸，树姿半开张；萌芽力强，成枝力强，丰产性好。一年生枝黄褐色；叶片椭圆形，长11.4cm、宽5.8cm，叶尖渐尖，叶基宽楔形；花蕾粉红色，每花序7～9朵花，平均8.0朵；雄蕊27～34枚，平均30.0枚；花冠直径4.4cm。在河南郑州地区，果实8月中旬成熟。

特殊性状描述： 果实较耐贮藏，枝条纤细；植株抗旱、耐涝、耐瘠薄，对梨早期落叶病、梨黑星病有一定抗性。

东宁5号

外文名或汉语拼音： Dongning No.5

来源及分布： $2n = 34$，黑龙江省农业科学院牡丹江分院杂交育成，亲本为苹果梨×青梅实生，在黑龙江东宁、鸡西等地有栽培。

主要性状： 平均单果重335.6g，纵径7.3cm、横径9.0cm，果实扁圆形，果皮绿黄色，阳面有淡红晕；果点中等大而密、灰褐色，萼片脱落或残存；果柄较长，长3.8cm、粗2.6mm；果心小，5心室；果肉白色，肉质中粗、脆、汁液多，味酸甜；含可溶性固形物12.6%；品质中上等，常温下可贮藏30d。

树势强旺，树姿开张；萌芽力强，成枝力强，丰产性好。一年生枝灰褐色；叶片卵圆形，长12.0cm、宽8.4cm，叶尖急尖，叶基截形；花蕾白色，每花序6～12朵花，平均9.0朵；雄蕊18～22枚，平均20.0枚；花冠直径3.6cm。在黑龙江东宁、鸡西等地，果实9月末成熟。

特殊性状描述： 植株抗寒性中等，抗病性强，抗虫性中等，较耐旱，较耐盐碱。

冬蜜

外文名或汉语拼音： Dongmi

来源及分布： $2n = 34$，黑龙江省农业科学院园艺分院杂交育成，亲本为龙香×（圆月＋库尔勒香梨＋冬果梨），在黑龙江中南部、吉林、内蒙古东部等地有栽培。

主要性状： 平均单果重135.1g，纵径5.7cm、横径6.2cm，果实近圆形，果皮褐色；果点小而密、深褐色，萼片宿存；果柄较长，长3.2cm、粗3.0mm；果心小，5心室；果肉乳白色，肉质细、经后熟变软，汁液中多，味酸甜，含可溶性固形物15.1%；品质上等，常温下可贮藏30d。

树势较强，树姿半开张；萌芽力强，成枝力强，丰产性好。一年生枝红棕色；叶片卵圆形，长11.6cm、宽8.2cm，叶尖钝尖，叶基楔形；花蕾浅粉红色，每花序5～9朵花，平均7.0朵；雄蕊29～31枚，平均30.0枚；花冠直径3.1cm。在黑龙江哈尔滨地区，果实9月下旬成熟。

特殊性状描述： 植株抗寒性强，抗病性强，抗虫性中等，较耐旱耐盐碱。

鄂梨1号

外文名或汉语拼音： Eli No.1

来源及分布： $2n = 34$，湖北省农业科学院果树茶叶研究所2002年育成，亲本为伏梨×金水酥，在湖北、四川、江西有少量栽培。

主要性状： 平均单果重221.0g，纵径8.3cm、横径7.5cm，果实卵圆形，果皮绿色；果点小而密、棕褐色，萼片残存；果柄较长，基部膨大肉质化，长3.0cm、粗4.8mm；果心中等大，5心室；果肉绿白色，肉质细、脆，汁液多，味酸甜，无香气；含可溶性固形物10.6%；品质中上等，常温下可贮藏10d。

树势强旺，树姿半开张；萌芽力中等，成枝力弱，丰产性好。一年生枝黄褐色；叶片卵圆形，长9.6cm、宽5.7cm，叶尖渐尖，叶基圆形；花蕾白色，每花序3～8朵花，平均5.0朵；雄蕊18～24枚，平均21.0枚；花冠直径2.9cm。在湖北武汉地区，果实7月中旬成熟。

特殊性状描述： 果个大，成熟早；植柱抗性强。

鄂梨2号

外文名或汉语拼音： Eli No.2

来源及分布： $2n = 34$，湖北省农业科学院果树茶叶研究所2002年育成，亲本为中香梨 × （伏梨 × 启发），在湖北等地有少量栽培。

主要性状： 平均单果重200.0g，纵径8.4cm、横径7.2cm，果实倒卵圆形，果皮绿色；果点小而密、灰褐色，萼片脱落；果柄较长，长3.0cm、粗3.0mm；果心小，4～5心室；果肉白色，肉质细、松脆，汁液多，味酸甜，有香气；含可溶性固形物12.3%；品质上等，常温下可贮藏18d。

树势强旺，树姿半开张；萌芽力强，成枝力中等，丰产性较好。一年生枝黄褐色；叶片椭圆形，长11.5cm、宽6.6cm，叶尖渐尖，叶基楔形；花蕾粉红色，每花序4～7朵花，平均5.5朵；雄蕊20～25枚，平均22.5枚；花冠直径3.6cm。在湖北武汉地区，果实7月下旬成熟。

特殊性状描述： 果肉极细嫩，汁液特多；植株较抗梨黑星病。

丰香

外文名或汉语拼音：Fengxiang

来源及分布：$2n = 34$，浙江省农业科学院园艺研究所育成的中熟梨品种，亲本为新世纪 × 鸭梨。

主要性状：平均单果重222.6g，纵径7.1cm、横径7.3cm，果实倒卵圆形、有棱沟，果皮黄绿色，阳面有红晕，果锈极少，果面光滑度适中；果点中等大而密、红褐色，萼片宿存、聚合姿态；果柄较短，基部膨大，长2.8cm、粗3.7mm；果心小，5心室；果肉淡黄色，肉质细、疏松，无涩味，无香气；含可溶性固形物13.6%；品质中下等，常温下可贮藏10d。

树势强旺，树姿半开张；萌芽力强，成枝力中等，丰产性好。一年生枝黄褐色，叶片卵圆形，长8.9cm、宽6.1cm；叶尖渐尖，叶基宽楔形；花蕾粉红色，每花序8 ～ 10朵花，平均9.0朵；雄蕊16 ～ 30枚，平均18.0枚；花冠直径3.7cm。在江苏南京地区，果实8月下旬成熟。

特殊性状描述：植株适应性强，抗寒，较抗旱，耐湿涝，抗病性、抗虫性强，抗早春晚霜冻害。

伏香

外文名或汉语拼音： Fuxiang

来源及分布： $2n = 34$，黑龙江省农业科学院园艺分院杂交育成，亲本为龙香 × 56-11-155(身不知 × 混合花粉)，在黑龙江中南部、吉林北部、内蒙古东部等地有栽培。

主要性状： 平均单果重107.6g，纵径5.5cm、横径5.1cm，果实卵圆形，果皮绿黄色；果点小而密、深褐色，萼片宿存；果柄较长，长3.2cm、粗2.5mm；果心大，5心室；果肉乳白色，肉质细、脆，汁液多，味酸甜、微涩；含可溶性固形物16.5%；品质中上等，常温下可贮藏10d。

树势强旺，树姿半开张；萌芽力强，成枝力中等，丰产性极好。一年生枝黄褐色；叶片椭圆形，长11.8cm、宽7.3cm，叶尖渐尖，叶基楔形；花蕾浅粉红色，每花序8 ~ 15

朵花，平均11.0朵；雄蕊18 ~ 22枚，平均20.0枚；花冠直径3.3cm。在黑龙江哈尔滨地区，果实8月下旬成熟。

特殊性状描述： 果实不耐贮藏；植株抗寒性强，抗病性强，抗虫性中等，耐旱，耐盐碱。

甘梨2号

外文名或汉语拼音: Ganli No.2

来源及分布: $2n = 34$,甘肃省农业科学院林果花卉研究所选育,亲本为四百目 × 早酥,在天水、兰州、白银、张掖等地有栽培。

主要性状: 平均单果重255.0g,纵径7.1cm、横径7.4cm,果实近圆形,果皮黄绿色;果点小而密、绿褐色,萼片脱落;果柄较长,长3.0cm、粗4.1mm;果心小,5心室;果肉乳白色,肉质细、松脆,汁液多,味酸甜,有微香气;含可溶性固形物12.4% ~ 13.1%;品质上等,常温下可贮藏15d。

树势中庸,树姿半开张;萌芽力强,成枝力弱,丰产性极好。一年生枝红褐色;叶片卵圆形,长12.1cm、宽7.2cm,叶尖急尖,叶基圆形;花蕾粉红色,每花序5 ~ 9朵花,平均7.0朵;雄蕊20 ~ 28枚,平均24.0枚;花冠直径3.7cm。在甘肃兰州地区,果实8月中旬成熟。

特殊性状描述: 果实较耐贮藏;植株抗逆性强,耐盐碱,适应性强。

甘梨3号

外文名或汉语拼音： Ganli No.3

来源及分布： $2n = 34$，甘肃省农业科学院林果花卉研究所选育，亲本为锦丰×巴梨，在兰州、白银、张掖等地有栽培。

主要性状： 平均单果重279.4g，纵径8.5cm、横径7.6cm，果实葫芦形，果皮黄绿色，阳面有淡红晕；果点小而密、绿褐色，萼片残存；果柄长，长5.0cm、粗4.6mm；果心中等大，5心室；果肉乳白色，肉质细、致密，后熟后果肉变软，汁液多，味酸甜，有香气；含可溶性固形物12.8%～13.7%；品质上等，常温下可贮藏20d。

树势强旺，树姿半开张；萌芽力强，成枝力强，丰产性好。一年生枝褐色；叶片卵圆形，长8.9cm、宽5.6cm，叶尖渐尖，叶基楔形；花蕾粉红色，每花序5～8朵花，平均6.5朵；雄蕊23～28枚，平均25.5枚；花冠直径3.1cm。在甘肃兰州地区，果实9月下旬成熟。

特殊性状描述： 果实较耐贮藏；植株抗寒、耐旱，抗病虫，适应性强。

甘梨早6

外文名或汉语拼音：Ganlizao 6

来源及分布：$2n = 34$，甘肃省农业科学院林果花卉研究所选育，亲本为四百目 × 早酥，在兰州、张掖等地有栽培。

主要性状：平均单果重238.0g，纵径7.6cm、横径7.9cm，果实圆锥形，果皮绿黄色，阳面无晕；果点小而密、绿褐色，萼片宿存；果柄较长，基部膨大肉质化，长3.0cm、粗4.1mm；果心小，5心室；果肉乳白色，肉质细嫩、松脆，汁液多，味甜，有微香气；含可溶性固形物12.0%～13.7%；品质上等，常温下可贮藏15～20d。

树势中庸，树姿半开张；萌芽力强，成枝力弱，丰产性极好。一年生枝红褐色；叶片卵圆形，长12.8cm、宽6.7cm，叶尖渐尖，叶基心形；花蕾浅粉红色，每花序6～8朵花，平均7.0朵；雄蕊20～30枚，平均25.0枚；花冠直径3.6cm。在甘肃兰州地区，果实7月下旬成熟。

特殊性状描述：果实较耐贮运；植株适应性强，抗寒、耐旱、耐瘠薄，抗病性和抗虫性强，多雨年份叶片轻感梨黑斑病，应注意加强防治。

甘梨早8

外文名或汉语拼音： Ganlizao 8

来源及分布： $2n = 34$，甘肃省农业科学院林果花卉研究所选育，亲本为四百目×早酥，在兰州、张掖等地有栽培。

主要性状： 平均单果重256.0g，纵径8.3cm、横径7.5cm，果实卵圆形，果皮黄绿色，阳面无晕；果点小而密、绿褐色，萼片残存；果柄长，基部膨大肉质化，长6.0cm、粗4.5mm；果心小，5心室；果肉乳白色，肉质细嫩、松脆，汁液多，味酸甜，有香气；含可溶性固形物12.6%～13.5%；品质上等，常温下可贮藏20d。

树势强旺，树姿直立；萌芽力强，成枝力弱，丰产性极好。一年生枝黄褐色；叶片椭圆形，长13.0cm、宽9.5cm，叶尖渐尖，叶基圆形；花蕾粉红色，每花序6～9朵花，平均7.5朵；雄蕊20～30枚，平均25.0枚；花冠直径4.1cm。在甘肃兰州地区，果实8月上旬成熟。

特殊性状描述： 植株抗寒、耐旱，适应性强。

桂冠

外文名或汉语拼音：Guiguan

来源及分布：$2n = 34$，原浙江农业大学（浙江大学）园艺系与杭州大观山果园场共同选育而成，亲本为雪花梨 × 黄花，在浙江、湖南等地有少量栽培。

主要性状：平均单果重340.0g，纵径9.7cm、横径8.2cm，果实长圆形，果皮绿色；果点小而密、浅褐色，萼片脱落；果柄较长，长3.2cm、粗3.1mm；果心中等大，5心室；果肉乳白色，肉质中粗、致密、紧脆，汁液中多，味甜，无香气；含可溶性固形物12.0%；品质中上等，常温下可贮藏8 ~ 20d。

树势强旺，树姿半开张；萌芽力强，成枝力中等，丰产性较好。一年生枝褐色；叶片椭圆形，长13.4cm、宽7.1cm，叶尖急尖，叶基楔形；花蕾粉红色，每花序6 ~ 8朵花，平均7.0朵；雄蕊28 ~ 31枚，平均29.0枚；花冠直径3.7cm。在河南郑州地区，果实8月上旬成熟。

特殊性状描述：植株适应性、抗逆性均强，但易感梨早期落叶病。

寒红

外文名或汉语拼音： Hanhong

来源及分布： $2n = 34$，吉林省农业科学院果树研究所杂交育成，亲本为南果梨×晋酥梨，在吉林、辽宁、内蒙古等地有栽培。

主要性状： 平均单果重210.0g，纵径8.0cm、横径7.9cm，果实圆形或卵圆形，果皮绿黄色，阳面有鲜红晕；果点小而密、灰褐色，萼片脱落；果柄较长，长4.0cm、粗2.9mm；果心中等大，4～5心室；果肉乳白色，肉质细、松脆，汁液多，味甜酸，有微香气；含可溶性固形物14.9%；品质上等，常温下可贮藏30d。

树势中庸，树姿半开张；萌芽力强，成枝力中等，丰产性好。一年生枝红褐色；叶片卵圆形，长10.5cm、宽6.3cm，叶尖渐尖，叶基圆形；花蕾白色，每花序6～8朵花，平均7.0朵；雄蕊20～31枚，平均25.0枚；花冠直径4.6cm。在吉林中部地区，果实9月下旬成熟。

特殊性状描述： 植株抗病性强，叶片高抗梨黑星病。

寒露

外文名或汉语拼音： Hanlu

来源及分布： $2n = 34$，吉林省农业科学院果树研究所杂交育成，亲本为延边大香水×杭青，在吉林、辽宁、内蒙古等地有栽培。

主要性状： 平均单果重220.5g，纵径5.7cm、横径6.3cm，果实近圆形或扁圆形，果皮黄绿色；果点小而密、灰褐色，萼片宿存；果柄较长，长3.8cm、粗3.8mm；果心中等大，5心室；果肉白色，肉质中粗、松脆，汁液多，味酸甜，有微香气；含可溶性固形物14.0%；品质中等，常温下可贮藏30d。

树势中庸，树姿半开张；萌芽力中等，成枝力强，丰产性好。一年生枝黄褐色；叶片椭圆形，长11.2cm、宽7.1cm，叶尖渐尖，叶基圆形；花蕾白色，每花序5～7朵花，平均6.0朵；雄蕊20～22枚，平均21.0枚；花冠直径4.8cm。在吉林中部地区，果实9月中旬成熟。

特殊性状描述： 植株抗寒性强，抗梨黑星病。

寒酥

外文名或汉语拼音： Hansu

来源及分布： $2n = 24$，吉林省农业科学院果树研究所杂交育成，亲本为大梨 × 晋酥梨，在吉林、辽宁、内蒙古等地有栽培。

主要性状： 平均单果重260.0g，纵径7.2cm、横径7.3cm，果实卵圆形，果皮绿色；果点小而密、灰褐色，萼片宿存；果柄较长，长4.2cm、粗3.3mm；果心小，5心室；果肉白色，肉质中粗、松脆，汁液多，味酸甜，无香气；含可溶性固形物13.5%；品质上等，常温下可贮藏25～30d。

树势中庸，树姿直立；萌芽力中等，成枝力强，丰产性好。一年生枝灰褐色；叶片卵圆形，长9.7cm、宽5.9cm，叶尖渐尖，叶基圆形；花蕾白色，每花序6～8朵花，平均7.0朵；雄蕊20～22枚，平均21.0枚；花冠直径4.7cm。在吉林中部地区，果实9月下旬成熟。

特殊性状描述： 植株抗寒性、抗病性均强。

寒香

外文名或汉语拼音: Hanxiang

来源及分布: $2n = 34$,吉林省农业科学院果树研究所杂交育成,亲本为延边大香水×苹香,在辽宁、内蒙古、黑龙江等地有栽培。

主要性状: 平均单果重162.8g,纵径6.4cm、横径6.0cm,果实卵圆形,果皮黄绿色;阳面有红晕;果点小而密、灰褐色,萼片残存;果柄较长,长4.3cm、粗3.2mm;果心小,5心室;果肉白色,肉质细、后熟后变软,汁液多,味酸甜,有香气;含可溶性固形物14.4%;品质上等,常温下可贮藏15d。

树势中庸,树姿半开张;萌芽力中等,成枝力强,丰产性好。一年生枝红褐色;叶片卵圆形,长12.7cm、宽7.1cm,叶尖急尖,叶基截形;花蕾浅粉红色,每花序6～8朵花,平均7.0朵;雄蕊20～22枚,平均21.0枚;花冠直径4.3cm。在吉林地区,果实9月下旬成熟。

特殊性状描述: 植株抗寒性强,叶片易感梨褐斑病。

寒雅

外文名或汉语拼音： Hanya

来源及分布： $2n = 34$，吉林省农业科学院果树研究所杂交培育，亲本为奥利亚×鸭梨，在吉林、内蒙古、辽宁等地有栽培。

主要性状： 平均单果重130.0g，纵径7.0cm、横径6.8cm，果实长圆形，果皮绿黄色；果点小而疏、灰褐色，萼片宿存；果柄较长，基部稍膨大，长3.6cm、粗2.2mm；果心大，5心室；果肉黄白色，肉质细、松脆，汁液多，味甜酸，无香气；含可溶性固形物12.5%；品质中等，常温下可贮藏20d。

树势强旺，树姿开张；萌芽力中等，成枝力强，丰产性好。一年生枝灰褐色；叶片卵圆形，长12.7cm、宽8.8cm，叶尖渐尖，叶基圆形；花蕾白色，每花序5～7朵花，平均6.0朵；雄蕊20～22枚，平均21.0枚；花冠直径4.6cm。在吉林中部地区，果实8月底成熟。

特殊性状描述： 植株抗寒性强，抗梨黑星病。

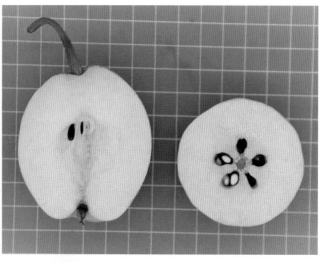

红宝石

外文名或汉语拼音：Hongbaoshi

来源及分布：$2n = 34$，中国农业科学院郑州果树研究所杂交育成，亲本为八月红 × 砀山酥梨，在河南、河北、辽宁等地有栽培。

主要性状：平均单果重280.0g，纵径9.8cm、横径7.8cm；果实纺锤形，果皮黄绿色，阳面有暗红晕；果点小而疏、灰白色，萼片宿存；果柄长，长5.0cm、粗4.0mm；果心中等大，5 ～ 6心室；果肉乳白色，肉质细、致密，汁液中多，味甜酸、微涩；含可溶性固形物14.6%；品质中等，常温下可贮藏20d。

树势中庸，树姿半开张；萌芽力强，成枝力中等，丰产性好。一年生枝红褐色；叶片长卵圆形，长12.5cm、宽7.1cm，叶尖急尖，叶基楔形；花蕾白色，每花序5 ～ 7朵花，平均6.0朵；雄蕊19 ～ 22枚，平均20.0枚；花冠直径4.8cm。在河南郑州地区，果实8月中下旬成熟。

特殊性状描述：果实外观光滑亮丽，甜酸味浓，适合东北消费者口味。

红丰

外文名或汉语拼音：Hongfeng

来源及分布：$2n = 34$，辽宁省果树科学研究所于1994年杂交育成，亲本为红茄梨×南果梨，2019年12月通过辽宁省林业和草原局品种审定，在辽宁鞍山、锦州和葫芦岛有栽培。

主要性状：平均单果重214.0g，纵径7.1cm、横径7.5cm，果实近圆形，果皮绿黄色，50%以上着红色（不套袋），片红，光滑；果点小而密，萼片宿存、脱落及残存；果柄较长，长3.1cm、粗3.5mm，柄洼浅；果心小，5心室；果肉白色，肉质细，采收时致密，后熟7d左右肉质细腻，汁液多，味酸甜，有微香气（偏洋梨香气）；含可溶性固形物13.3%；品质上等，常温下可贮藏20d。

树势强旺，树姿直立；萌芽力强，成枝力弱，丰产性好。一年生枝红褐色；叶片椭圆形，长9.5cm、宽5.1cm，叶尖急尖，叶基宽楔形；花蕾浅粉红色，每花序7～8朵花，平均7.5朵；雄蕊19～21枚，平均20.0枚；花冠直径3.5cm。在辽宁熊岳地区，果实8月上中旬成熟。

特殊性状描述：植株抗寒性较强，抗寒性稍低于父本南果梨、远强于母本红茄梨。

红金秋

外文名或汉语拼音： Hongjinqiu

来源及分布： $2n = 34$，黑龙江省农业科学院牡丹江分院杂交育成，亲本为大香水 × 苹果梨，在黑龙江东南部等地有少量栽培。

主要性状： 平均单果重140.2g，纵径5.8cm、横径6.8cm，果实扁圆形，果皮黄绿色，阳面有橘红晕；果点中等大而密、红褐色，萼片脱落；果柄较短，长2.1cm、粗2.2mm；果心小，5心室；果肉乳白色，肉质细、脆，汁液少，味酸甜；含可溶性固形物14.1%；品质中等，常温下可贮藏25d。

树势强旺，树姿半开张；萌芽力强，成枝力强，丰产性一般。一年生枝褐色；叶片卵圆形，长9.2cm、宽6.7cm，叶尖渐尖，叶基截形；花蕾浅粉红色，每花序7 ~ 13朵，平均8.2朵；雄蕊19 ~ 21枚，平均20.0枚；花冠直径3.2cm。在黑龙江哈尔滨地区，果实9月下旬成熟。

特殊性状描述： 植株抗寒性强，抗病性强，抗虫性中等，较耐旱耐盐碱。

红玛瑙

外文名或汉语拼音：Hongma'nao

来源及分布：$2n = 34$，中国农业科学院郑州果树研究所杂交育成，亲本为早美酥 × 红香酥，在河南、四川、贵州等地有栽培。

主要性状：平均单果重174.0g，纵径8.6cm、横径7.0cm，果实纺锤形，果皮黄绿色，阳面有鲜红晕；果点小而密、红褐色，萼片宿存；果柄较长，长4.0cm、粗4.2mm；果心中等大，5心室；果肉黄白色，肉质细、松脆，汁液多，味甘甜，有微香气；含可溶性固形物12.9%；品质上等，常温下可贮藏7d。

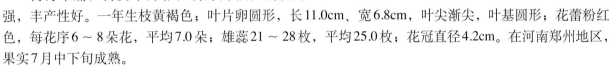

树势中庸，树姿半开张；萌芽力强，成枝力强，丰产性好。一年生枝黄褐色；叶片卵圆形，长11.0cm、宽6.8cm，叶尖渐尖，叶基圆形；花蕾粉红色，每花序6～8朵花，平均7.0朵；雄蕊21～28枚，平均25.0枚；花冠直径4.2cm。在河南郑州地区，果实7月中下旬成熟。

特殊性状描述：果实挂树期很长，从7月中旬至8月上旬可采摘20d；植株对梨黑斑病、梨早期落叶病有一定的抗性。

红日

外文名或汉语拼音：Hongri

来源及分布：$2n = 34$，由辽宁省果树科学研究所于1993年以红茄梨×苹果梨杂交育成，2014年通过辽宁省非主要农作物品种备案办公室备案，在辽宁鞍山、大连等地有栽培。

主要性状：平均单果重280.0g，纵径7.6cm、横径8.5cm，果实扁圆形，果皮绿黄色，50%以上着红色，片红，光滑；果点小而密、灰白色、萼片宿存；果柄较长，长3.0cm、粗3.2mm；果心小，5心室；果肉白色，肉质细，采收时致密，后熟10d左右变软，汁液多，味酸甜，有微香气；含可溶性固形物13.5%；品质上等，常温下可贮藏30d。

树势弱，树姿开张；萌芽力弱，成枝力弱，丰产性好。一年生枝红褐色；叶片卵圆形，长11.8cm、宽5.5cm，叶尖急尖，叶基宽楔形；花蕾浅粉红色，每花序7～9朵花，平均8.0朵；雄蕊18～21枚，平均19.5枚；花冠直径4.4cm。在辽宁熊岳地区，4月下旬盛花，果实9月上旬成熟。

特殊性状描述：植株抗寒性较强，抗病性与苹果梨相近。

红酥宝

外文名或汉语拼音： Hongsubao

来源及分布： $2n = 34$，中国农业科学院郑州果树研究所杂交育成，亲本为新世纪 × 红香酥，在河南、四川、贵州、云南等地有栽培。

主要性状： 平均单果重300.0g，纵径8.3cm、横径7.3cm，果实长圆形，果皮黄绿色，阳面有鲜红晕；果点小而密、红褐色，萼片脱落或残存；果柄较长，长4.1cm、粗4.1mm；果心中等大，5心室；果肉白色，肉质细、松脆，汁液多，味甜，无香气；含可溶性固形物12.7%；品质上等，常温下可贮藏10d。

树势中庸，树姿下垂；萌芽力强，成枝力中等，丰产性好。一年生枝暗褐色；叶片椭圆形，长12.7cm、宽7.0cm，叶尖长、渐尖，叶基圆形；花蕾白色，每花序4 ~ 10朵花，平均7.0朵；雄蕊32 ~ 36枚，平均33.0枚；花冠直径4.0cm。在河南郑州地区，果实8月中下旬成熟。

特殊性状描述： 植株抗旱、抗涝、耐瘠薄，抗梨黑星病和梨黑斑病。

红酥脆

外文名或汉语拼音: Hongsucui

来源及分布: $2n = 34$,中国农业科学院郑州果树研究所杂交育成,亲本为幸水×火把梨,在云南、河南、甘肃、河北等地有栽培。

主要性状: 平均单果重250.0g,纵径7.1cm、横径7.6cm,果实卵圆形,果皮黄绿色,阳面有淡红晕;果点小而疏、灰白色,萼片脱落;果柄长,长5.0cm、粗4.0mm;果心中等大,5～6心室;果肉乳白色,肉质细、松脆,汁液多,味酸甜可口;含可溶性固形物13.5%;品质上等,常温下可贮藏10～15d。

树势中庸,树姿半开张;萌芽力强,成枝力弱,丰产性好。一年生枝红褐色;叶片卵圆形,长11.6cm、宽6.6cm,叶尖渐尖,叶基宽楔形;花蕾白色,每花序5～10朵花,平均7.5朵;雄蕊22～28枚,平均25.0枚;花冠直径4.5cm。在河南郑州地区,果实8月中下旬成熟。

特殊性状描述: 植株对梨黑星病、梨干腐病、梨早期落叶病和梨木虱、蚜虫有较强的抗性,抗晚霜,耐低温。

红酥蜜

外文名或汉语拼音： Hongsumi

来源及分布： $2n = 34$，中国农业科学院郑州果树研究所杂交育成，亲本为新世纪×红香酥，在河南、河北、四川、贵州、云南等地有栽培。

主要性状： 平均单果重300.0g，纵径7.4cm、横径8.3cm，果实近圆形，果皮黄绿色，阳面有淡红晕；果点中等大而密、灰白色，萼片脱落；果柄长，长5.0cm、粗3.9mm；果心中等大，5～7心室；果肉白色，肉质细、松脆，汁液多，味甘甜，有微香气；含可溶性固形物12.5%；品质上等，常温下可贮藏15d。

树势中庸，树姿直立；萌芽力强，成枝力中等，丰产性好。一年生枝暗褐色；叶片圆形，长11.7cm、宽8.2cm，叶尖渐尖，叶基圆形；花蕾白色，每花序5～10朵花，平均7.0朵；雄蕊28～34枚，平均30.0枚；花冠直径4.4cm。在河南郑州地区，果实8月中下旬成熟。

特殊性状描述： 枝条粗壮，易形成腋花芽结果，植株抗病、抗虫、耐旱。

红太阳

外文名或汉语拼音： Hongtaiyang

来源及分布： 中国农业科学院郑州果树研究所选育，其亲本不详，在河南、河北等地有少量栽培。

主要性状： 平均单果重158.0g，纵径7.0cm、横径6.6cm，果实卵圆形，果皮黄绿色，阳面淡红色；果点小而密、红褐色、萼片宿存；果柄较长，长3.2cm、粗3.9mm；果心中等大，5～6心室；果肉淡黄色，肉质细、紧脆，后熟后软面，汁液少，味甜，有香气；含可溶性固形物14.8%；品质中等，常温下可贮藏10d。

树势弱，树姿直立；萌芽力中等，成枝力弱，丰产性好。一年生枝红褐色；叶片卵圆形，长9.7cm、宽6.8cm，叶尖渐尖，叶基狭楔形；花蕾浅粉红色，每花序4～7朵花，平均6.0朵；雄蕊24～26枚，平均25.0枚；花冠直径4.1cm。在河南郑州地区，果实7月下旬成熟。

特殊性状描述： 果实成熟早，外观漂亮。

红香酥

外文名或汉语拼音：Hongxiangsu

来源及分布：$2n = 34$，中国农业科学院郑州果树研究所杂交育成，亲本为库尔勒香梨×鹅梨，在河南、山西、陕西、河北、山东、北京等地有大面积栽培。

主要性状：平均单果重220.0g，纵径7.1cm、横径7.6cm，果实卵圆形或纺锤形，果皮黄绿色，阳面红色；果点小而疏、灰白色，萼片残存；果柄长，长5.0cm、粗4.0mm；果心中等大，4～5心室；果肉乳白色，肉质细、松脆，汁液多，味甜；含可溶性固形物13.5%；品质上等，常温下可贮藏15～20d。

树势中庸，树姿半开张；萌芽力强，成枝力强，丰产性好。一年生枝红褐色；叶片卵圆形，长11.6cm、宽7.4cm，叶尖渐尖，叶基圆形；花蕾白色，每花序6～8朵花，平均7.0朵；雄蕊27～31枚，平均29.0枚；花冠直径4.5cm。在河南郑州地区，果实9月中下旬成熟。

特殊性状描述：植株高抗梨黑星病，对梨锈病有一定抗性；产量高，并能连年丰产，无大小年结果现象。

红月

外文名或汉语拼音： Hongyue

来源及分布： $2n = 34$，辽宁省果树科学研究所于1993年杂交育成，亲本为红茄梨 × 苹果梨，2010年通过辽宁省非主要农作物品种备案办公室备案，在辽宁营口、大连、鞍山、辽阳、锦州等地有栽培。

主要性状： 平均单果重245.0g、纵径7.8cm、横径8.0cm，果实圆锥形，果皮黄绿色，阳面有鲜红晕；果点中等大而密、灰白色，萼片宿存；果柄较短，长2.4cm、粗3.5mm；果心大，5心室；果肉白色，肉质细、后熟后变软，汁液多，味酸甜，有微香气；含可溶性固形物15.3%；品质上等，常温下可贮藏30d。

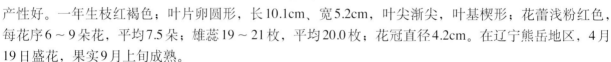

树势强旺，树姿直立；萌芽力弱，成枝力弱，丰产性好。一年生枝红褐色；叶片卵圆形，长10.1cm、宽5.2cm，叶尖渐尖，叶基楔形；花蕾浅粉红色，每花序6～9朵花，平均7.5朵；雄蕊19～21枚，平均20.0枚；花冠直径4.2cm。在辽宁熊岳地区，4月19日盛花，果实9月上旬成熟。

特殊性状描述： 植株抗寒性较强。

沪晶梨 18

外文名或汉语拼音：Hujingli 18

来源及分布：$2n = 34$，上海市农业科学院林木果树研究所杂交育成，亲本为八幸×早生新水，现正在推广。

主要性状：平均单果重250.0g，纵径7.1cm、横径8.5cm，果实扁圆形，果皮褐色，阳面无晕；果点中等小而密、灰白色，萼片宿存或脱落；果柄较短，长2.1cm、粗2.7mm；果心小、中位，5心室；果肉白色，不易褐变，肉质细、松脆，汁液多，味甜，无香气；含可溶性固形物12.0%；品质上等，常温下可贮藏3~5d。

树势中庸，树姿半开张；萌芽力强，成枝力较强，丰产性较好。一年生枝黄褐色；叶片卵圆形，长13.7cm、宽7.6cm，叶尖渐尖，叶基截形或心形；花蕾白色，每花序5~9朵花，平均7.0朵；雄蕊24~29枚，平均26.0枚；花冠直径3.1cm。在上海地区，果实7月上中旬成熟。

特殊性状描述：果实早熟、品质优，不耐贮藏，易感梨轮纹病。

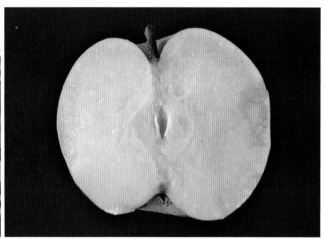

沪晶梨67

外文名或汉语拼音： Hujingli 67

来源及分布： $2n = 34$，上海市农业科学院林木果树研究所杂交育成的早熟梨新品种，亲本为八幸×早生新水，现正在推广。

主要性状： 平均单果重275.0g，纵径7.5cm、横径8.8cm，果实圆形或扁圆形，果皮褐色，阳面无晕；果点中等小而密、灰白色，萼片脱落；果柄较长，长3.4cm、粗3.6mm；果心小、中下位，6心室；果肉白色，不易褐变，肉质细、松脆，汁液多，味酸甜，无香气；含可溶性固形物12.0%；品质上等，常温下可贮藏5～7d。

树势强旺，树姿半开张；萌芽力强，成枝力中等，丰产性好。一年生枝暗褐色；叶片卵圆形或窄椭圆形，长13.4cm、宽7.8cm，叶尖长渐尖，叶基圆形或心形；花蕾白色，每花序5～9朵花，平均7.0朵；雄蕊17～27枚，平均22.0枚；花冠直径3.1cm。在上海地区，果实7月下旬成熟。

特殊性状描述： 果实硬度较高，易感梨轮纹病。

华丰

外文名或汉语拼音：Huafeng

来源及分布：$2n = 34$，中南林业科技大学杂交育成，亲本为新高×丰水，在湖南、湖北、江苏、浙江等地有栽培。

主要性状：平均单果重530.0g，纵径9.5cm、横径10.3cm，果实近圆形或扁圆形，果皮黄褐色；果点中等小而密、灰褐色，萼片脱落；果柄较长，长3.5cm、粗4.1mm；果心小，5心室；果肉乳白色，肉质细嫩，汁液多，味甜，无香气；含可溶性固形物12.0%；品质中上等，常温下可贮藏25d。

树势中庸，树姿直立；萌芽力强，成枝力中等，丰产性好。一年生枝黄褐色；叶片卵圆形，长9.0cm、宽7.4cm，叶尖渐尖，叶基截形；花蕾粉红色，每花序4～8朵花，平均6.0朵；雄蕊16～20枚，平均18.0枚；花冠直径3.2cm。在湖南地区，果实9月上旬成熟。

特殊性状描述：果个大，耐贮藏；植株较抗梨黑星病。

华金

外文名或汉语拼音： Huajin

来源及分布： $2n = 34$，中国农业科学院果树研究所杂交育成，亲本为早酥×早白，在北京、河北、辽宁等地有栽培。

主要性状： 平均单果重305.0g，纵径11.9cm、横径9.7cm，果实长圆形或卵圆形，果皮绿黄色；果点小而密、浅褐色，萼片脱落；果柄较长，长3.1cm、粗3.0mm；果心小，5心室；果肉黄白色，肉质细、松脆，汁液多，味甜，有微香气；含可溶性固形物11.0%～12.0%；品质上等，常温下可贮藏20d左右。

树势中庸，树姿半开张；萌芽力强，成枝力中等，丰产性好。一年生枝黄褐色；叶片卵圆形，长12.4cm、宽8.7cm，叶尖渐尖，叶基圆形；花蕾白色，每花序5～7朵花，平均6.0朵；雄蕊19～21枚，平均20.0枚；花冠直径4.7cm。在辽宁兴城地区，果实8月中下旬成熟。

特殊性状描述： 植株早果、丰产、稳产，适应性强，高抗梨黑星病，兼抗梨树腐烂病和梨果实木栓化斑点病。

华梨1号

外文名或汉语拼音：Huali No.1

来源及分布：$2n = 34$，华中农业大学1997年育成，亲本为湘南×江岛，在湖北有少量种植。

主要性状：平均单果重310.0g，纵径8.4cm、横径8.7cm，果实圆形或扁圆形，果皮褐色；果点中等大而密、棕褐色，萼片宿存；果柄较长，长4.0cm、粗4.0mm；果心中等大，5～7心室；果肉白色，肉质中粗，酥脆，汁液多，味酸甜，无香气；含可溶性固形物11.7%；品质中上等，常温下可贮藏15d。

树势中庸，树姿半开张；萌芽力中等，成枝力弱，丰产性好。一年生枝绿黄色；叶片卵圆形，长11.4cm、宽7.2cm，叶尖渐尖，叶基宽楔形；花蕾浅粉红色，每花序3～8朵花，平均5.5朵；雄蕊18～24枚，平均21.0枚；花冠直径3.1cm。在湖北武汉地区，果实8月中旬成熟。

特殊性状描述：植株抗逆性、抗病性均强。

华梨2号

外文名或汉语拼音：Huali No.2

来源及分布：$2n = 34$，华中农业大学杂交选育，亲本为二宫白×菊水，在湖北省有少量栽培。

主要性状：平均单果重126.0g，纵径5.3cm、横径6.4cm，果实扁圆形，果皮绿色；果点小而密、浅褐色，萼片脱落；果柄较长，长3.5cm、粗3.2mm；果心小，5心室；果肉白色，肉质细、松脆，汁液多，味甜，无香气；含可溶性固形物13.4%；品质中上等，常温下可贮藏20d。

树势弱，树姿开张；萌芽力强，成枝力弱，丰产性较好。一年生枝褐色；叶片卵圆形，长10.8cm、宽7.7cm，叶尖渐尖，叶基楔形；花蕾白色，每花序5～7朵花，平均6.0朵；雄蕊30～35枚，平均32.0枚；花冠直径4.5cm。在河南郑州地区，果实8月中旬成熟。

特殊性状描述：果实肉质极细嫩，果心小，风味好。

华酥

外文名或汉语拼音：Huasu

来源及分布：$2n = 34$，中国农业科学院果树研究所1977年以早酥×八云杂交选育而成，在北京、河北、江苏、四川、甘肃、新疆、云南、福建等地有栽培。

主要性状：平均单果重250.0g，纵径7.0cm、横径7.8cm，果实近圆形，果皮黄绿色；果点小而密、灰白色，萼片脱落；果柄较长，长3.1cm、粗3.2mm；果心小，5心室；果肉淡黄白色，肉质细、松脆，汁液多，味酸甜，无香气；含可溶性固形物11%～12%；品质上等，常温下可贮藏20～30d。

树势中庸，树姿直立；萌芽力强，成枝力中等，丰产性好。一年生枝黄褐色；叶片卵圆形，长12.4cm、宽7.4cm，叶尖渐尖，叶基圆形；花蕾白色，每花序6～8朵花，平均7.0朵；雄蕊21～27枚，平均24.0枚；花冠直径4.1cm。在辽宁兴城地区，果实8月上旬成熟。

特殊性状描述：植株适应性较强，既耐高温高湿，又具有较强的抗寒性，高抗梨树腐烂病、梨黑星病，兼抗梨果实木栓化斑点病和梨轮纹病。

华幸

外文名或汉语拼音： Huaxing

来源及分布： $2n = 3x = 51$，中国农业科学院果树研究所1990年以四倍体大鸭梨×雪花梨杂交选育而成，在辽宁等地有栽培。

主要性状： 平均单果重295.0g，纵径8.7cm、横径7.9cm，果实葫芦形，果皮绿黄色；果点中等大而疏、浅褐色，萼片脱落；果柄较细长，长4.1cm、粗2.5mm；果心小，5心室；果肉白色，肉质细、松脆，汁液多，味酸甜，有香气；含可溶性固形物11.5%～12.5%；品质上等，常温下可贮藏30d左右。

树势强旺，树姿半开张，萌芽力强，成枝力中等，丰产性好。一年生枝黄褐色；叶片卵圆形，长12.4cm、宽8.7cm，叶尖急尖，叶基圆形；花蕾浅粉红色，每花序4～7朵花，平均5.5朵花；雄蕊19～22枚，平均20.5枚；花冠直径4.7cm。在辽宁兴城地区，果实9月下旬成熟。

特殊性状描述： 果实耐贮藏；植株抗寒性中等，高抗梨黑星病，兼抗梨木栓斑点病。

黄冠

外文名或汉语拼音：Huangguan

来源及分布：$2n = 34$，河北省农林科学院石家庄果树研究所杂交育成，亲本为雪花梨 × 新世纪。在华北、黄河故道及长江中下游地区等地有栽培。

主要性状：平均单果重296.8g，纵径8.0cm、横径8.1cm，果实近圆形，果皮绿黄色；果点小而密、浅褐色，萼片脱落或残存；果柄较长，长3.1cm、粗2.3mm；果心小，5心室；果肉白色，肉质细、松脆，汁液多，味酸甜，无香气；含可溶性固形物12.3%；品质上等，常温下可贮藏15 ~ 20d。

树势强旺，树姿半开张；萌芽力强，成枝力中等，丰产性好。一年生枝黄褐色；叶片卵圆形，长10.4cm、宽7.0cm，叶尖急尖，叶基宽楔形；花蕾白色，每花序6 ~ 8朵花，平均7.0朵；雄蕊22 ~ 26枚，平均24.0枚；花冠直径3.5cm。在河北石家庄地区，果实8月中旬成熟。

特殊性状描述：果实较耐贮藏，植株抗梨黑星病，抗逆性中等。

黄花

外文名或汉语拼音： Huanghua

来源及分布： 浙江农业大学（现浙江大学）杂交育成，亲本为黄蜜梨×早三花，在福建、浙江、江西、湖南、重庆、贵州等地有栽培。

主要性状： 平均单果重143.0g，纵径6.0cm、横径6.4cm，果实圆锥形，果皮褐色；果点小而密、灰白色，萼片残存；果柄较长，长3.0cm、粗3.5mm；果心中等大，5心室；果肉乳白色，肉质细、紧脆，汁液多，味甜，无香气；含可溶性固形物11.2%；品质中上等，常温下可贮藏15d。

树势强旺，树姿开张；萌芽力强，成枝力弱，丰产性好。一年生枝褐色；叶片椭圆形，长12.6cm、宽6.4cm，叶尖急尖，叶基楔形；花蕾粉红色，每花序6～8朵花，平均7.0朵；雄蕊25～34枚，平均30.0枚；花冠直径3.8cm。在河南郑州地区，果实8月中旬成熟。

特殊性状描述： 植株适应性强，抗病性、抗虫性均较强，较耐涝耐盐碱。

黄香

外文名或汉语拼音： Huangxiang

来源及分布： $2n = 34$，浙江省农业科学院园艺研究所育成，亲本为新世纪×三花，在江苏南京、徐州等地有栽培。

主要性状： 平均单果重330.0g，纵径8.0cm、横径8.2cm，果实圆形，果皮褐色；果点小而密、灰白色，萼片残存；果柄细长，长5.1cm、粗3.2mm；果心极小，5心室；果肉白色，肉质中粗、松脆，汁液多，味甜酸，有微香气；含可溶性固形物12.9%；品质中上等，常温下可贮藏20d。

树势强旺，树姿直立；萌芽力强，成枝力中等，丰产性好。一年生枝黄褐色；叶片卵圆形，长13.1cm、宽8.0cm，叶尖急尖，叶基圆形；花蕾白色，每花序7～9朵花，平均8.0朵；雄蕊20～26枚，平均23.0枚；花冠直径4.2cm。在江苏南京地区，果实8月中旬成熟。

特殊性状描述： 植株抗逆性和适应性均强。

冀翠

外文名或汉语拼音： Jicui

来源及分布： $2n = 34$，河北省农林科学院石家庄果树研究所杂交育成，亲本为翠冠×金花梨，在华北、西北等地区有栽培。

主要性状： 平均单果重336.8g，纵径8.4cm、横径8.5cm，果实圆形，果皮绿黄色；果点中等大而疏、褐色，萼片宿存；果柄较长，长3.2cm、粗2.3mm；果心小，5心室；果肉白色，肉质细、松脆，汁液多，味酸甜，无香气；含可溶性固形物12.2%；品质上等，常温下可贮藏20d以上。

树势强旺，树姿半开张；萌芽力弱，成枝力中等，丰产性好。一年生枝灰褐色；叶片椭圆形，长11.5cm、宽7.3cm，叶尖急尖，叶基宽楔形；花蕾浅粉红色，每花序6～8朵花，平均7.0朵；雄蕊18～22枚，平均20.0枚；花冠直径4.2cm。在河北石家庄地区，果实9月上旬成熟。

特殊性状描述： 果实较耐贮藏；植株抗梨黑星病，抗逆性中等。

冀蜜

外文名或汉语拼音： Jimi

来源及分布： $2n = 34$，河北省农林科学院石家庄果树研究所杂交育成，亲本为雪花梨 × 黄花，在华北等地有栽培。

主要性状： 平均单果重271.4g，纵径8.0cm、横径7.6cm，果实圆形，果皮绿黄色；果点小而密、浅褐色，萼片脱落；果柄较长，长3.7cm、粗2.4mm；果心小，5心室；果肉白色，肉质较细、松脆，汁液多，味甜，无香气；含可溶性固形物12.4%；品质上等，常温下可贮藏20d以上。

树势强旺，树姿半开张；萌芽力强，成枝力中等，丰产性好。一年生枝黄褐色；叶片卵圆形，长12.0cm、宽7.8cm，叶尖急尖，叶基宽楔形；花蕾浅粉红色，每花序5～8朵花，平均6.5朵；雄蕊23～28枚，平均25.5枚；花冠直径3.1cm。在河北石家庄地区，果实8月下旬成熟。

特殊性状描述： 植株抗梨黑星病，抗逆性中等。

冀硕

外文名或汉语拼音： Jishuo

来源及分布： $2n = 34$，河北省农林科学院石家庄果树研究所杂交育成，亲本为黄冠×金花梨，在华北等地有少量栽培。

主要性状： 平均单果重267.5g，纵径8.5cm、横径7.5cm，果实倒卵圆形或圆形，果皮绿黄色；果点小而密、褐色，萼片脱落；果柄较短，长2.9cm、粗2.3mm；果心极小，5心室；果肉白色，肉质较细、脆，汁液较多，味甜，无香气；含可溶性固形物13.8%；品质上等，常温下可贮藏20d以上。

树势强旺，树姿半开张，萌芽力中等，成枝力中等，丰产性好。一年生枝灰褐色；叶片椭圆形，长14.0cm、宽8.0cm，叶尖急尖，叶基宽楔形；花蕾浅粉红色，每花序7～9朵花，平均8.0朵；雄蕊20～22枚，平均21.0枚；花冠直径2.8cm。在河北石家庄地区，果实8月底成熟。

特殊性状描述： 植株抗梨黑星病，抗逆性中等。

冀酥

外文名或汉语拼音： Jisu

来源及分布： $2n = 34$，河北省农林科学院石家庄果树研究所杂交育成，亲本为黄冠×金花梨，在华北地区有栽培。

主要性状： 平均单果重218.4g，纵径7.6cm、横径7.4cm，果实圆形，果皮绿黄色；果点小而密、棕褐色，萼片宿存；果柄较长，长3.2cm、粗2.6mm；果心小，5心室；果肉白色，肉质细、松脆，汁液多，味酸甜，有微香气；含可溶性固形物14.0％；品质上等，常温下可贮藏20d以上。

树势中庸，树姿半开张；萌芽力弱，成枝力中等，丰产性好。一年生枝灰褐色；叶片卵圆形，长10.8cm、宽8.1cm，叶尖急尖，叶基截形；花蕾白色，每花序7～9朵花，平均8.0朵；雄蕊20～22枚，平均21.0枚；花冠直径4.2cm。在河北石家庄地区，果实9月上旬成熟。

特殊性状描述： 植株抗梨黑星病，抗逆性中等。

冀雪

外文名或汉语拼音：Jixue

来源及分布：$2n = 34$，河北省农林科学院石家庄果树研究所杂交育成，亲本为雪花梨 × 新世纪，在华北地区有栽培。

主要性状：平均单果重361.3g，纵径8.8cm、横径8.1cm，果实卵圆形，果皮绿黄色；果点中等大而密、褐色，萼片宿存；果柄较长，长3.5cm、粗2.3mm；果心小，5 ~ 6心室；果肉白色，肉质细、脆，汁液多，味甜，无香气；含可溶性固形物12.9%；品质中上等，常温下可贮藏20d以上。

树势强旺，树姿半开张；萌芽力中等，成枝力中等，丰产性好。一年生枝灰褐色；叶片卵圆形，长11.9cm、宽7.5cm，叶尖渐尖，叶基圆形；花蕾白色，每花序6 ~ 8朵花，平均7.0朵；雄蕊23 ~ 32枚，平均27.5枚；花冠直径3.4cm。在河北石家庄地区，果实8月下旬成熟。

特殊性状描述：植株抗梨黑星病，抗逆性中等。

冀玉

外文名或汉语拼音： Jiyu

来源及分布： $2n = 34$，河北省农林科学院石家庄果树研究所杂交育成，亲本为雪花梨 × 3-55，在华北地区有栽培。

主要性状： 平均单果重254.8g，纵径7.5cm、横径7.6cm，果实圆形，果皮绿黄色；果点小而疏、黄褐色，萼片脱落；果柄较长，长3.2cm、粗2.3mm；果心小，5心室；果肉白色，肉质细、脆，汁液多，味酸甜，无香气；含可溶性固形物13.1%；品质上等，常温下可贮藏20d以上。

树势强旺，树姿半开张；萌芽力中等，成枝力中等，丰产性好。一年生枝灰褐色；叶片椭圆形，长10.2cm、宽6.7cm，叶尖急尖，叶基宽楔形；花蕾白色，每花序5～7朵花，平均6.0朵；雄蕊20～23枚，平均21.5枚；花冠直径3.3cm。在河北石家庄地区，果实8月下旬至9月初成熟。

特殊性状描述： 植株抗梨黑星病，抗逆性中等。

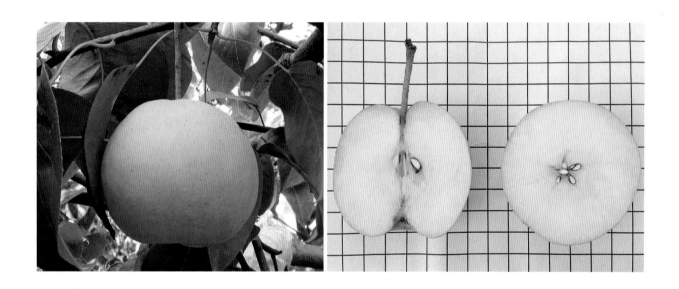

金翠香

外文名或汉语拼音： Jincuixiang

来源及分布： $2n = 34$，大连陈记果品有限公司于1981年以雪花梨×庄河1号选育而成，在辽宁庄河、大连等地有栽培。

主要性状： 平均单果重250.0g，纵径7.9cm、横径7.9cm，果实倒卵圆形，果皮黄褐色；果点小而密、灰褐色，萼片脱落；果柄较长，长3.1cm、粗3.0mm；果心小，5心室；果肉乳白色，肉质中粗、松脆，汁液多，味甜酸，无香气；含可溶性固形物15.0%；品质中上等，常温下可贮藏30d。

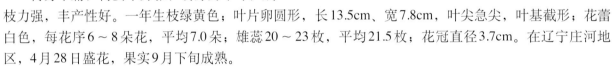

树势中庸，树姿半开张；萌芽力中等，成枝力强，丰产性好。一年生枝绿黄色；叶片卵圆形，长13.5cm、宽7.8cm，叶尖急尖，叶基截形；花蕾白色，每花序6～8朵花，平均7.0朵；雄蕊20～23枚，平均21.5枚；花冠直径3.7cm。在辽宁庄河地区，4月28日盛花，果实9月下旬成熟。

特殊性状描述： 果实可溶性固形物含量高，植株抗寒性中等。

金丰

外文名或汉语拼音：Jinfeng

来源及分布：$2n = 34$，湖北省农业科学院果树茶叶研究所2017年育成，亲本为金水1号×丰水，在湖北有少量栽培。

主要性状：平均单果重317.0g，纵径7.4cm、横径8.7cm，果实圆形，果皮黄褐色；果点小而密、灰褐色，萼片脱落；果柄长4.7cm、粗3.2mm；果心中等大，5心室；果肉白色，肉质中粗、脆，汁液中多，味甜，无香气；含可溶性固形物11.4%；品质中上等，常温下可贮藏5d。

树势强旺，树姿半开张；萌芽力中等，成枝力中等，丰产性好。一年生枝褐色；叶片卵圆形，长12.7cm、宽8.6cm，叶尖渐尖，叶基宽楔形；花蕾浅粉红色，每花序3～5朵花，平均4.0朵；雄蕊18～23枚，平均20.0枚；花冠直径3.5cm。在湖北武汉地区，果实8月中旬成熟。

特殊性状描述：果形端正，商品率高。

金蜜

外文名或汉语拼音： Jinmi

来源及分布： $2n = 34$，湖北省农业科学院果树茶叶研究所2014年育成，亲本为华梨2号×二宫白，在湖北有少量栽培。

主要性状： 平均单果重234.0g，纵径7.2cm、横径8.1cm，果实倒卵圆形，果皮绿色；果点小而疏、灰褐色，萼片脱落；果柄较长，长4.1cm、粗3.1mm；果心中等大，5心室；果肉白色，肉质细、脆，汁液中多，味甜，无香气；含可溶性固形物11.3%；品质中上等，常温下可贮藏5d。

树势中庸，树姿开张；萌芽力中等，成枝力中等，丰产性好。一年生枝褐色；叶片椭圆形，长11.9cm、宽7.6cm，叶尖急尖，叶基心形；花蕾白色，每花序5～7朵花，平均6.0朵；雄蕊22～24枚，平均23.0枚；花冠直径3.5cm。在湖北武汉地区，果实7月中旬成熟。

特殊性状描述： 果实成熟期早，植株丰产性好。

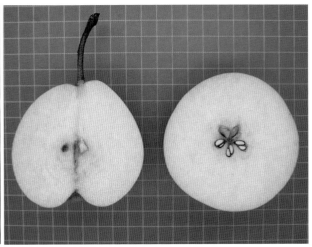

金水 1 号

外文名或汉语拼音： Jinshui No.1

来源及分布： $2n = 34$，湖北省农业科学院果树茶叶研究所1974年育成，亲本为长十郎 × 江岛，在湖北、河南和江西有少量栽培。

主要性状： 平均单果重352.0g，纵径8.0cm、横径8.7cm，果实圆形，果皮绿色；果点大而密、灰褐色，萼片残存；果柄长，长5.2cm、粗3.2mm；果心小，5心室；果肉白色，肉质中粗、致密，汁液中多，味甜，无香气；含可溶性固形物11.3%；品质中上等，常温下可贮藏5d。

树势中庸，树姿半开张，萌芽力中等，成枝力中等，丰产性好。一年生枝褐色；叶片卵圆形，长10.8cm、宽7.1cm，叶尖急尖，叶基心形；花蕾白色，每花序4 ~ 6朵花，平均5.0朵；雄蕊10 ~ 18枚，平均14.0枚；花冠直径3.5cm。在湖北武汉地区，果实8月下旬成熟。

特殊性状描述： 植株适应性、丰产性均强。

金水2号

外文名或汉语拼音：Jinshui No.2

来源及分布：$2n = 34$，湖北省农业科学院果树茶叶研究所1974年育成，亲本为长十郎×江岛，在湖北有少量栽培。

主要性状：平均单果重183.0g，纵径7.0cm、横径7.2cm，果实倒卵圆形或近圆形，果皮绿色；果点小而疏、灰褐色，萼片脱落；果柄长，基部膨大肉质化，长5.5cm、粗3.2mm；果心中等大，5～6心室；果肉白色，肉质细、脆，汁液多，味酸甜适度，无香气；含可溶性固形物11.4%；品质中上等，常温下可贮藏10d。

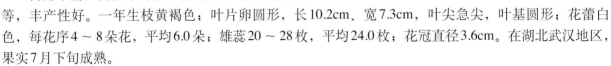

树势中庸，树姿半开张；萌芽力中等，成枝力中等，丰产性好。一年生枝黄褐色；叶片卵圆形，长10.2cm、宽7.3cm，叶尖急尖，叶基圆形；花蕾白色，每花序4～8朵花，平均6.0朵；雄蕊20～28枚，平均24.0枚；花冠直径3.6cm。在湖北武汉地区，果实7月下旬成熟。

特殊性状描述：果实肉质极细嫩，但采前落果较严重。

金水3号

外文名或汉语拼音：Jinshui No.3

来源及分布：$2n = 34$，湖北农业科学院果树茶叶研究所育成，亲本为江岛×麻壳，在湖北、湖南有少量栽培。

主要性状：平均单果重260.3g，纵径7.1cm、横径8.0cm，果实圆锥形，果皮黄色；果点小而疏、浅褐色，萼片残存；果柄较长，长4.0cm、粗5.0mm；果心中等大，5～6心室；果肉乳白色，肉质细、松脆，汁液多，味淡甜，无香气；含可溶性固形物11.9%；品质中上等，常温下可贮藏7～10d。

树势中庸，树姿半开张；萌芽力强，成枝力弱，丰产性较好。一年生枝褐色；叶片椭圆形，长11.7cm、宽8.6cm，叶尖渐尖，叶基楔形；花蕾浅粉红色，每花序6～8朵花，平均7.0朵；雄蕊25～34枚，平均30.0枚；花冠直径5.0cm。在湖北武汉地区，果实8月中旬成熟。

特殊性状描述：果面有棱沟。

金水酥

外文名或汉语拼音： Jinshuisu

来源及分布： 湖北省农业科学院果树茶叶研究所培育，亲本为兴隆麻梨×金水1号，在湖北、湖南、四川、河南等地有栽培。

主要性状： 平均单果重336.0g，纵径8.2cm、横径8.4cm，果实圆形，果皮绿色；果点小而密、灰褐色，萼片脱落；果柄较长，长4.2cm、粗3.9mm；果心中等大，5心室；果肉白色，肉质细、松脆，汁液多，味甜，无香气；含可溶性固形物13.0%；品质上等，常温下可贮藏10d。

树势中庸，树姿直立；萌芽力强，成枝力中等，丰产性较好。一年生枝褐色；叶片椭圆形，长11.4cm、宽8.1cm，叶尖长尾尖，叶基楔形；花蕾浅粉红色，每花序6～8朵花，平均7.0朵；雄蕊19～25枚，平均23.0枚；花冠直径3.8cm。在湖北武汉地区，果实7月下旬成熟。

特殊性状描述： 果实品质好，植株抗逆性强。

金酥

外文名或汉语拼音：Jinsu

来源及分布：$2n = 34$，辽宁省果树科学研究所于1994年以早酥×金水酥杂交育成，2013年通过辽宁省非主要农作物品种备案办公室备案，在辽宁西部、鞍山及河北等地有栽培。

主要性状：平均单果重230.0g，纵径8.4cm、横径7.6cm，果实圆锥形，果皮黄绿色；果点中等大而疏、浅褐色，萼片残存；果柄较长，长4.1cm、粗3.4mm；果心小，5心室；果肉白色，肉质细、脆，汁液多，味酸甜，无香气；含可溶性固形物12.5%；品质上等，常温下可贮藏20d。

树势强旺，树姿半开张；萌芽力强，成枝力弱，丰产性好。一年生枝褐色；叶片卵圆形，长11.4cm、宽6.6cm，叶尖渐尖，叶基宽楔形；花蕾浅粉红色，每花序7~9朵花，平均8.0朵；雄蕊18~21枚，平均19.5枚；花冠直径3.7cm。在辽宁熊岳地区，4月20日盛花，果实8月上旬成熟。

特殊性状描述：植株抗寒性较强。

金恬

外文名或汉语拼音： Jintian

来源及分布： $2n = 34$，黑龙江省农业科学院牡丹江分院杂交育成，亲本为龙香×早香2号，在牡丹江地区有少量栽培。

主要性状： 平均单果重55.1g，纵径4.4cm、横径4.9cm，果实圆形，果皮绿黄色；果点小而密、黄褐色，萼片残存；果柄较长，长3.2cm、粗3.3mm；果心中等大，5心室；果肉乳白色，肉质中粗、软溶，汁液多，味酸甜，有香气；含可溶性固形物12.5%；品质中上等，常温下可贮藏15d。

树势中庸，树姿半开张；萌芽力强，成枝力中等，丰产性一般。一年生枝紫褐色；叶片椭圆形，长8.2cm、宽6.4cm，叶尖急尖，叶基圆形；花蕾白色，每花序6～14朵花，平均10.0朵；雄蕊18～22枚，平均20.0枚；花冠直径3.0cm。在黑龙江牡丹江地区，果实9月上旬成熟。

特殊性状描述： 植株抗寒性强，抗病性、抗虫性中等，较耐旱耐盐碱。

金香

外文名或汉语拼音： Jinxiang

来源及分布： $2n = 34$，湖北省农业科学院果树茶叶研究所2015年育成，亲本为金水1号×库尔勒香梨实生优株13-1，在湖北武汉有少量栽培。

主要性状： 平均单果重260.0g，纵径7.7cm、横径8.4cm，果实圆形，果皮绿色；果点中等大而密、灰褐色，萼片脱落；果柄长，长5.2cm、粗3.2mm；果心小，5心室；果肉白色，肉质疏松，汁液中多，味甜，有浓香气；含可溶性固形物11.3%；品质上等，常温下可贮藏10d。

树势中庸，树姿半开张；萌芽力中等，成枝力弱，丰产性好。一年生枝黄褐色；叶片卵圆形，长16.3cm、宽8.2cm，叶尖急尖，叶基圆形；花蕾白色，每花序5～8朵花，平均5.0朵；雄蕊23～29枚，平均25.0枚；花冠直径3.4cm。在湖北武汉地区，果实8月中旬成熟。

特殊性状描述： 果面光滑无锈，香气浓。

金香水

外文名或汉语拼音： Jinxiangshui

来源及分布： $2n = 34$，黑龙江省农业科学院牡丹江分院育成的新品种，亲本为苹果梨×牡育73-48-64，在吉林、内蒙古、黑龙江等地有栽培。

主要性状： 平均单果重100.0g、纵径4.8cm、横径5.5cm，果实扁圆形，果皮黄色；阳面有淡红晕；果点小而密、黄褐色，萼片宿存；果柄较长，长3.3cm、粗2.9mm；果心中等大，5心室；果肉白色，肉质中粗、松脆，汁液多，味酸甜，无香气；含可溶性固形物16.6%；品质中等，常温下可贮藏30d。

树势强旺，树姿开张；萌芽力强，成枝力弱，丰产性好。一年生枝灰褐色；叶片披针形，长10.1cm、宽5.1cm，叶尖长尾尖，叶基楔形；花蕾白色，每花序9～11朵花，平均10.0朵；雄蕊19～21枚，平均20.0枚；花冠直径4.6cm。在吉林中部地区，果实9月上旬成熟。

特殊性状描述： 植株抗寒性、抗病性、抗虫性均强，较耐旱耐盐碱。

锦丰

外文名或汉语拼音： Jinfeng

来源及分布： $2n = 34$，中国农业科学院果树研究所1956年以苹果梨×茌梨杂交选育而成，在辽宁、北京、河南、河北、甘肃、宁夏、内蒙古等地有栽培。

主要性状： 平均单果重280.0g，纵径7.5cm、横径8.5cm，果实圆形，果皮黄绿色；果点大而密、褐色，萼片残存；果柄长，长5.1cm、粗3.5mm；果心小，5心室；果肉白色，肉质细、松脆，汁液多，味酸甜；含可溶性固形物12.0%～15.7%；品质上等，常温下可贮藏30d。

树势强旺，树姿半开张；萌芽力强，成枝力强，丰产性好。一年生枝褐色；叶片卵圆形，长15.2cm、宽10.6cm，叶尖渐尖，叶基圆形；花蕾白色，每花序5～7朵花，平均6.0朵；雄蕊20～22枚，平均21.0枚；花冠直径4.5cm。在辽宁兴城地区，果实10月初成熟。

特殊性状描述： 果实耐贮藏，冷藏条件下可贮藏至翌年5月。植株对土壤、肥水条件要求较严，在碱性土壤中栽培果肉易发生梨木栓斑点病；抗寒性强，要求气候冷凉干燥，在湿度较大的环境中，果面易出现锈斑；抗病性较强，果实易受椿象危害。

锦香

外文名或汉语拼音：Jinxiang

来源及分布：$2n = 34$，中国农业科学院果树研究所1956年以南果梨×巴梨杂交选育而成，在新疆、甘肃、吉林、内蒙古、河北等地有引种栽培。

主要性状：平均单果重130.0g，纵径6.8cm、横径5.9cm，果实纺锤形，果皮黄绿色，阳面有淡红晕；果点中等大而密、红褐色，萼片宿存；果柄较短，长2.1cm、粗3.6mm；果心大，5心室；果肉白色或淡黄白色，肉质细，刚采收时肉质致密而韧，后熟后变软，汁液多，味酸甜，有浓香气；含可溶性固形物11.0%～16.0%；品质上等，常温下可贮藏10d左右。

树势中庸，树姿半开张；萌芽力强，成枝力中等，丰产性一般。一年生枝红褐色；叶片卵圆形，长8.0cm、宽5.2cm，叶尖渐尖，叶基圆形；花蕾白色，每花序7～8朵花，平均7.5朵；雄蕊21～23枚，平均22.0枚；花冠直径3.3cm。在辽宁兴城地区，果实9月上旬成熟。

特殊性状描述：植株具有较强的抗风性和抗寒性，抗梨黑星病，较抗梨树腐烂病，树体半矮化，适于矮化密植。果实鲜食制罐均可，但制罐品质极佳。

晋蜜梨

外文名或汉语拼音：Jinmili

来源及分布：$2n = 34$，山西省农业科学院果树研究所培育，亲本为砀山酥梨×猪嘴梨，1985年通过由山西省科委组织的技术鉴定，在山西省运城市盐湖区、临汾市隰县、忻州市原平市等地有栽培。

主要性状：平均单果重231.4g，纵径7.6cm、横径7.2cm，果实卵圆形，果皮黄绿色；果点小而密、绿黄色，萼片残存；果柄较短，长2.6cm、粗3.4mm；果心小，4～5心室；果肉白色，肉质细、松脆，汁液多，味甘甜，无香气；含可溶性固形物16.3%；品质上等，常温下可贮藏30d。

树势强旺，树姿直立；萌芽力强，成枝力中等，丰产性好。一年生枝褐色；叶片卵圆形，长9.3cm、宽6.9cm，叶尖急尖，叶基圆形；花蕾白色，每花序6～10朵花，平均7.6朵；雄蕊19～21枚，平均20.2枚；花冠直径4.4cm。在山西晋中地区，果实9月底至10月初成熟。

特殊性状描述：果实耐贮藏；植株较抗风，高抗梨黑星病。

晋酥梨

外文名或汉语拼音： Jinsuli

来源及分布： $2n = 34$，山西省农业科学院果树研究所培育，亲本为鸭梨 × 金梨，1972年通过由山西省科委组织的技术鉴定，在山西省运城市盐湖区、临汾市隰县、忻州市原平市等地有栽培。

主要性状： 平均单果重228.6g，纵径7.6cm、横径8.2cm，果实倒卵圆形，果皮绿黄色；果点小而密、浅褐色，萼片脱落；果柄较长，长3.0cm、粗3.4mm；果心中等大，5心室；果肉白色，肉质细、松脆，汁液多，味甜，无香气；含可溶性固形物12.1%；品质中上等，常温下可贮藏20d。

树势中庸，树姿半开张；萌芽力强，成枝力中等，丰产性好。一年生枝绿黄色；叶片卵圆形，长10.5cm，宽6.9cm，叶尖急尖，叶基圆形；花蕾浅粉红色，每花序6～7朵花，平均6.8朵；雄蕊19～20枚，平均19.5枚；花冠直径3.7cm。在山西晋中地区，果实9月中下旬成熟。

特殊性状描述： 植株结果早，高抗梨黑星病。

晋早酥

外文名或汉语拼音：Jinzaosu

来源及分布：$2n = 34$，山西省农业科学院果树研究所培育，亲本为砀山酥梨×猪嘴梨，在山西省运城市盐湖区、临汾市隰县、忻州市原平市等地有少量栽培。

主要性状：平均单果重240.3g，纵径9.6cm、横径8.7cm，果实圆柱形，果皮绿黄色；果点大而密、棕褐色，萼片脱落；果柄较长，长4.1cm、粗3.7mm；果心小，4～5心室；果肉白色，肉质细、松脆，汁液多，味甜，有微香气；含可溶性固形物12.2%；品质上等，常温下可贮藏25d。

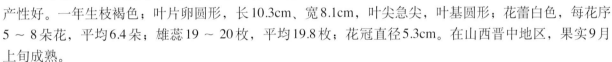

树势强旺，树姿开张；萌芽力强，成枝力弱，丰产性好。一年生枝褐色；叶片卵圆形，长10.3cm、宽8.1cm，叶尖急尖，叶基圆形；花蕾白色，每花序5～8朵花，平均6.4朵；雄蕊19～20枚，平均19.8枚；花冠直径5.3cm。在山西晋中地区，果实9月上旬成熟。

特殊性状描述：果实耐贮藏，植株高抗梨树腐烂病。

连优

外文名或汉语拼音：Lianyou

来源及分布：$2n = 34$，大连市农业科学研究所选育，亲本不详，在辽宁、山东等地有少量栽培。

主要性状：平均单果重224.0g，纵径9.0cm、横径7.8cm，果实粗颈葫芦形，果皮绿色；果点小而密、棕褐色，萼片宿存；果柄较短，长2.0cm、粗3.0mm；果心中等大，5～6心室；果肉白色，肉质细、后熟后软面，汁液多，味酸甜，有微香气；含可溶性固形物12.3%；品质中上等，常温下可贮藏7～10d。

树势强旺，树姿半开张；萌芽力中等，成枝力中等，丰产性好。一年生枝褐色；叶片圆形，长10.6cm、宽6.7cm，叶尖急尖，叶基宽楔形；花蕾浅粉红色，每花序5～7朵花，平均6.0朵；雄蕊20～25枚，平均23.0枚；花冠直径4.2cm。在山东烟台地区，果实9月上旬成熟。

特殊性状描述：植株抗性强，适应性强，不易感枝干病害。

龙泉 19

外文名或汉语拼音： Longquan 19

来源及分布： $2n = 34$，成都市龙泉驿农业局选育，其亲本不详，在四川、重庆等地有栽培。

主要性状： 平均单果重249.0g，纵径8.8cm、横径7.6cm，果实葫芦形，果皮绿色；果点小而密、浅褐色，萼片脱落；果柄长，长4.9cm、粗3.0mm；果心小，4～5心室；果肉白色，肉质细、松脆，汁液多，味酸甜，无香气；含可溶性固形物13.2%；品质中上等，常温下可贮藏15d。

树势中庸，树姿半开张；萌芽力强，成枝力弱，丰产性较好。一年生枝黄褐色；叶片卵圆形，长11.2cm、宽7.7cm，叶尖渐尖，叶基楔形；花蕾浅粉红色，每花序5～7朵花，平均6.0朵；雄蕊20～26枚，平均24.0枚；花冠直径4.5cm。在河南郑州地区，果实8月中旬成熟。

特殊性状描述： 果实外观光洁，肉质细嫩，唯风味稍淡；植株适应性强。

龙泉37

外文名或汉语拼音：Longquan 37

来源及分布：$2n = 34$，成都市龙泉驿区农业农村局杂交选育，亲本为翠优梨×崇化大梨，在四川和重庆有少量栽培。

主要性状：平均单果重357.0g，纵径9.7cm、横径8.8cm，果实倒卵圆形，果皮黄绿色；果点小而疏、褐色，萼片脱落；果柄长，长5.2cm、粗3.9mm；果心小，5心室；果肉淡黄色，肉质细嫩，汁液中多，味甜，有香气；含可溶性固形物13.3%；品质上等，常温下可贮藏5～7d。

树势强旺，树姿半开张；萌芽力强，成枝力弱，丰产性好。一年生枝黄褐色；叶片卵圆形，长13.9cm、宽10.7cm，叶尖急尖，叶基楔形或圆形；花蕾白色、边缘浅粉红色，每花序5～7朵花，平均6.0朵；雄蕊21～24枚，平均22.5枚；花冠直径3.8cm。在北京地区，果实8月中旬成熟。

特殊性状描述：植株适应性强，抗梨早期落叶病。

龙泉脆

外文名或汉语拼音： Longquancui

来源及分布： $2n = 34$，成都市龙泉驿区农业发展局培育，亲本为金水2号×崇化大梨，在当地有少量栽培。

主要性状： 平均单果重203.0g，纵径7.9cm、横径7.2cm，果实倒卵圆形，果皮黄绿色；果点小而密、浅褐色，萼片脱落；果柄长，长4.9cm、粗3.6mm；果心小，5心室；果肉白色，肉质细、松脆，汁液多，味甜，无香气；含可溶性固形物12.8%；品质中上等，常温下可贮藏20d。

树势中庸，树姿半开张；萌芽力强，成枝力中等，丰产性较好。一年生枝褐色；叶片卵圆形，长12.8cm、宽8.0cm，叶尖急尖，叶基圆形；花蕾浅粉红色，每花序6～7朵花，平均6.0朵；雄蕊21～26枚，平均24.0枚；花冠直径3.9cm。在四川成都地区，果实7月上中旬成熟。

特殊性状描述： 果实肉质细脆；植株耐高温高湿，适应性强。

龙泉酥

外文名或汉语拼音：Longquansu

来源及分布：成都市龙泉驿区农业发展局培育，亲本为金水2号×崇化大梨，在当地有少量栽培。

主要性状：平均单果重238.0g，纵径7.4cm、横径7.6cm，果实倒卵圆形，果皮绿色；果点小而密、灰褐色，萼片脱落；果柄较长，长4.3cm、粗3.6mm；果心极小，5心室；果肉绿白色，肉质细、松脆，汁液多，味甜，无香气；含可溶性固形物14.0%；品质中上等，常温下可贮藏20d。

树势强旺，树姿半开张；萌芽力强，成枝力弱，丰产性好。一年生枝红褐色；叶片卵圆形，长12.0cm、宽7.1cm，叶尖急尖，叶基楔形；花蕾浅粉红色，每花序6~8朵花，平均7.0朵；雄蕊21~23枚，平均22.0枚；花冠直径4.8cm。在四川成都地区，果实7月上中旬成熟。

特殊性状描述：果实肉质细嫩多汁，植株抗病性强。

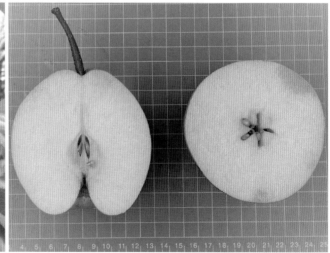

龙园香

外文名或汉语拼音：Longyuanxiang

来源及分布：$2n = 34$，黑龙江省农业科学院园艺分院杂交育成，亲本为龙香 ×（26-23 + 25-6 + 身不知），在黑龙江中南部、吉林北部等地有栽培。

主要性状：平均单果重146.9g，纵径7.2cm、横径5.7cm，果实纺锤形，果皮绿黄色；果点小而密、褐色，萼片残存；果柄较短，长2.8cm、粗2.5mm；果心大，5心室；果肉淡黄色，肉质中粗、后熟后变软，汁液多，味甜，有香气；含可溶性固形物18.6%；品质上等，常温下可贮藏30d。

树势强旺，树姿直立；萌芽力强，成枝力弱，丰产性好。一年生枝黄绿色；叶片卵圆形，长11.5cm、宽7.5cm，叶尖渐尖，叶基楔形；花蕾浅粉红色，每花序6 ~ 12朵花，平均9.0朵；雄蕊19 ~ 23枚，平均21.0枚；花冠直径3.4cm。在黑龙江哈尔滨地区，果实9月下旬成熟。

特殊性状描述：植株抗寒性强，抗病性强，抗虫性中等，较耐旱耐盐碱。

龙园洋

外文名或汉语拼音： Longyuanyang

来源及分布： $2n = 34$，黑龙江省农业科学院园艺分院杂交育成，亲本为龙香 × （63-1-76+63-2-5），在黑龙江、吉林、内蒙古东部、辽宁北部等地有栽培。

主要性状： 平均单果重137.5g，纵径7.8cm、横径6.5cm，果实葫芦形，果皮黄色；阳面有鲜红晕；果点小而密、灰白色，萼片残存；果柄短，长1.2cm、粗2.5mm；果心小，5心室；果肉乳白色，肉质细、后熟后变软，汁液中多，味酸甜，有香气；含可溶性固形物14.5%；品质上等，常温下可贮藏15d。

树势中庸，树姿半开张；萌芽力强，成枝力中等，丰产性好。一年生枝灰褐色；叶片椭圆形，长9.4cm、宽6.0cm，叶尖钝尖，叶基楔形；花蕾浅粉红色，每花序6 ~ 11朵，平均8.0朵；雄蕊18 ~ 22枚，平均20.0枚；花冠直径2.8cm。在黑龙江哈尔滨地区，果实9月中旬成熟。

特殊性状描述： 植株抗寒性、抗病性、抗虫性强，高抗梨黑星病，较耐旱耐盐碱。

龙园洋红

外文名或汉语拼音：Longyuanyanghong

来源及分布：$2n = 3x = 51$，黑龙江省农业科学院园艺分院杂交育成，亲本为甜香×乔玛，在吉林、黑龙江中南部、辽宁北部等地有栽培。

主要性状：平均单果重216.2g、纵径8.0cm、横径7.4cm，果实纺锤形，果皮绿黄色，阳面有鲜红晕；果点中等大而密、灰褐色，萼片宿存；果柄短，长1.7cm、粗3.3mm；果心小，5心室；果肉乳白色，肉质细、软，汁液多，味香甜、有的果实微涩，有香气；含可溶性固形物15.7%~16.0%；品质上等，常温下可贮藏10d。

树势强旺，树姿开张；萌芽力强，成枝力中等，丰产性好。一年生枝黑褐色；叶片椭圆形，长10.5cm、宽6.0cm，叶尖渐尖，叶基截形；花蕾浅粉红色，每花序7~15朵花，平均9.0朵；雄蕊18~20枚，平均19.0枚；花冠直径4.3cm。在黑龙江哈尔滨地区，果实9月上旬成熟。

特殊性状描述：果实不耐贮藏；植株抗寒性极强，抗病性强，抗虫性中等，高抗梨黑星病，较耐旱耐盐碱。

鲁冠

外文名或汉语拼音：Luguan

来源及分布：$2n = 34$，青岛农业大学梨育种团队培育，亲本为新梨7号×中香梨。

主要性状：平均单果重296.0g，纵径7.3cm、横径6.8cm，果实圆形，果皮绿色，阳面无晕；果点中等大而密、棕褐色，萼片宿存；果柄短，长1.9cm、粗3.0mm；果心小、中位，5心室；果肉白色，肉质细、疏松，汁液多，味甜，无香气；含可溶性固形物13.6%；品质上等，常温下可贮藏16d。

树势强旺，树姿半开张；萌芽力强，成枝力弱，丰产性好。一年生枝暗褐色；叶片卵圆形，长10.3cm、宽6.5cm，叶尖急尖，叶基圆形；花蕾粉红色，每花序5～8朵花，平均5.9朵；雄蕊20～25枚，平均22.0枚；花冠直径2.8cm。在山东青岛地区，果实9月上旬成熟。

特殊性状描述：花期较早，花期不抗冻。

鲁蜜

外文名或汉语拼音： Lumi

来源及分布： $2n = 34$，青岛农业大学梨育种团队培育，亲本为新梨7号 × 中香梨。

主要性状： 平均单果重306.0g，纵径8.2cm、横径8.3cm，果实圆形，果皮黄绿色，阳面有少量红晕；果点小而密、棕褐色，萼片宿存；果柄较长，长3.9cm、粗3.0mm；果心小、中位，6～8心室；果肉白色，肉质细、疏松，汁液多，味甜，无香气；含可溶性固形物13.2%；品质上等，常温下可贮藏15d。

树势强旺，树姿半开张；萌芽力中等，成枝力强，丰产性好。一年生枝暗褐色；叶片窄椭圆形，长11.8cm、宽7.4cm，叶尖急尖，叶基圆形；花蕾浅粉红色，每花序5～8朵花，平均6.2朵；雄蕊20～30枚，平均25.0枚；花冠直径3.5cm。在山东青岛地区，果实9月上旬成熟。

特殊性状描述： 重瓣花，花期晚，花期抗冻。

鲁秀

外文名或汉语拼音： Luxiu

来源及分布： $2n = 34$，青岛农业大学梨育种团队杂交育成，亲本为黄金梨 × 砀山酥梨。

主要性状： 平均单果重317.0g，纵径8.2cm、横径8.9cm，果实圆形，果皮褐色；果点小而密、灰白色，萼片宿存；果柄较短，基部略膨大，长2.8cm、粗3.0mm；果心小、中位，5心室；果肉白色，肉质细、疏松，汁液多，味酸甜，无香气；含可溶性固形物14.2%；品质上等，常温下可贮藏12d。

树势中庸，树姿半开张；萌芽力强，成枝力中等，丰产性好。一年生枝黄褐色；叶片窄椭圆形，长10.2cm、宽6.0cm，叶尖急尖，叶基圆形；花蕾浅粉红色，每花序5 ~ 8朵花，平均5.6朵；雄蕊20 ~ 30枚，平均25.0枚；花冠直径3.2cm。在山东青岛地区，果实8月下旬成熟。

特殊性状描述： 果实酸甜可口，花粉量少，有一定自花结实能力。

绿云

外文名或汉语拼音： Lüyun

来源及分布： $2n = 34$，浙江农业大学（现浙江大学）杂交培育，亲本为八云×哀家，现仅有少量保存。

主要性状： 平均单果重383.4g，纵径7.6cm、横径9.3cm，果实扁圆形，果皮绿色；果点小而疏、灰白色，萼片脱落；果柄较长，长3.8cm、粗3.5mm；果心中等大，5心室；果肉乳白色，肉质细、松脆，汁液多，味淡甜，无香气；含可溶性固形物12.0%；品质中上等，常温下可贮藏10d。

树势强旺，树姿直立；萌芽力强，成枝力中等，丰产性较好。一年生枝黄褐色；叶片卵圆形，长13.1cm、宽7.6cm，叶尖急尖，叶基楔形；花蕾粉红色，每花序5～7朵花，平均6.0朵；雄蕊30～34枚，平均32.0枚；花冠直径4.0cm。在河南郑州地区，果实9月上旬成熟。

特殊性状描述： 植株抗病性较差，尤其不抗梨树腐烂病、梨炭疽病和梨黑斑病。

玛瑙梨

外文名或汉语拼音： Ma'naoli

来源及分布： 中国农业科学院郑州果树研究所杂交育成，亲本为新世纪×早酥，在山东泰安和河南郑州有少量栽培。

主要性状： 平均单果重252.0g，纵径7.5cm、横径8.2cm，果实近圆形，果皮黄绿色；果点小而密、浅褐色，萼片残存；果柄较长，长4.0cm、粗3.8mm；果心中等大，6～7心室；果肉乳白色，肉质细、松脆，汁液多，味酸甜，无香气；含可溶性固形物13.2%；品质中等，常温下可贮藏10d。

树势中庸，树姿开张；萌芽力强，成枝力弱，丰产性较好。一年生枝黄褐色；叶片椭圆形，长11.6cm、宽6.0cm，叶尖渐尖，叶基楔形；花蕾白色，每花序7～9朵花，平均8.0朵；雄蕊32～36枚，平均34.0枚；花冠直径5.4cm。在河南郑州地区，果实7月中下旬成熟。

特殊性状描述： 植株抗梨黑斑病，但易感梨木栓斑点病。

满天红

外文名或汉语拼音： Mantianhong

来源及分布： $2n = 34$，中国农业科学院郑州果树研究所杂交育成，亲本为幸水×火把梨，在云南、河南、甘肃、河北等地有栽培。

主要性状： 平均单果重280.0g，纵径8.0cm、横径8.1cm，果实近圆形，果皮黄绿色，阳面有鲜红晕，在云贵高原可着全红色；果点小、灰白色，萼片脱落或残存；果柄长，长5.0cm、粗4.0mm；果心中等，5～7心室；果肉乳白色，肉质细、松脆，汁液多，味酸甜、微涩；含可溶性固形物13.8%；品质中上等，常温下可贮藏15d。

树势强旺，树姿直立；萌芽力强，成枝力强，丰产性好。一年生枝红褐色；叶片卵圆形，长9.5cm、宽6.9cm，叶尖急尖，叶基宽楔形；花蕾白色，每花序8～10朵花，平均9.0朵；雄蕊26～30枚，平均28.0枚；花冠直径4.5cm。在河南郑州地区，果实9月上中旬成熟。

特殊性状描述： 植株对梨黑星病、梨干腐病、梨早期落叶病和梨木虱、蚜虫有较强的抗性，是加工果汁的上好材料。

美人酥

外文名或汉语拼音： Meirensu

来源及分布： 中国农业科学院郑州果树研究所杂交育成，亲本为幸水×火把梨，在云南、河南、甘肃河西走廊、贵州威宁等地均有栽培。

主要性状： 平均单果重295.9g，纵径8.2cm、横径8.2cm，果实卵圆形，果皮绿黄色，阳面淡红色，在云南、贵州、四川高原着全红色；果点小而密、灰褐色，萼片残存；果柄较长，长3.5cm、粗3.3mm；果心中等大，5～8心室；果肉乳白色，肉质细、松脆，汁液多，味酸甜，微涩，无香气；含可溶性固形物12.6%；品质中等，常温下可贮藏20d。

树势强旺，树姿直立；萌芽力强，成枝力强，丰产性好。一年生枝绿黄色；叶片披针形，长11.6cm、宽6.7cm，叶尖渐尖，叶基狭楔形；花蕾浅粉红色，每花序9～10朵花，平均9.0朵；雄蕊31～35枚，平均33.0枚；花冠直径4.8cm。在河南郑州地区，果实9月上中旬成熟。

特殊性状描述： 植株高抗梨干枯病，适合在高海拔地区种植。

明珠

外文名或汉语拼音： Mingzhu

来源及分布： 大连农业科学院杂交育成，亲本为巴梨×京白梨，在辽宁庄河等地有栽培。

主要性状： 平均单果重190.0g，纵径8.7cm、横径8.3cm，果实近圆形，果皮黄绿色，阳面有鲜红晕；果点小而密、红褐色，萼片残存；果柄较长，长3.7cm、粗3.2mm；果心小，5心室；果肉绿白色，肉质中粗、松脆，汁液中多，味酸甜，无香气；含可溶性固形物12.4%；品质中上等，常温下可贮藏30d。

树势中庸，树姿半开张；萌芽力强，成枝力弱，丰产性好。一年生枝黄褐色；叶片卵圆形，长9.8cm、宽5.4cm，叶尖渐尖，叶基楔形；花蕾白色，每花序6～8朵花，平均7.0朵；雄蕊21～24枚，平均22.5枚；花冠直径4.2cm。在辽宁庄河地区，果实9月上中旬成熟。

特殊性状描述： 果实外观颜色鲜艳，植株抗寒性较差。

牡丹江秋月

外文名或汉语拼音：Mudanjiang Qiuyue

来源及分布：$2n = 34$，黑龙江省农业科学院牡丹江分院杂交育成，亲本为龙香×早香2号，在牡丹江地区有栽培。

主要性状：平均单果重60.8g，纵径4.5cm、横径4.9cm，果实圆形，果皮黄绿色；果点中等大而密、棕褐色，萼片宿存；果柄短粗，长1.2cm、粗3.5mm；果心小，5心室；果肉乳白色，肉质中粗、后熟后变软，汁液多，味酸甜，有香气；含可溶性固形物12.1%；品质中上等，常温下可贮藏10d。

树势中庸，树姿直立；萌芽力中等，成枝力弱，丰产性一般。一年生枝灰褐色；叶片卵圆形，长9.5cm、宽6.5cm，叶尖急尖，叶基心形；花蕾白色，每花序7～13朵花，平均10.0朵；雄蕊18～22枚，平均20.0枚；花冠直径2.9cm。在黑龙江牡丹江地区，果实9月上旬成熟。

特殊性状描述：植株抗寒性强，抗病性中等，抗虫性中等，较耐旱耐盐碱。

柠檬黄

外文名或汉语拼音： Ningmenghuang

来源及分布： $2n = 34$，中国农业科学院果树研究所育成的新品种，亲本为京白梨×身不知，在辽宁、内蒙古等地有栽培。

主要性状： 平均单果重220.0g，纵径6.6cm、横径7.3cm，果实倒卵圆形，果皮黄绿色；果点小而疏、绿褐色，萼片宿存；果柄较短，长2.9cm、粗3.1mm；果心中等大，5～6心室；果肉白色，肉质中细、松脆，汁液多，味酸甜，有微香气；含可溶性固形物11.8%；品质中上等，常温下可贮藏10d。

树势中庸，树姿半开张；萌芽力中等，成枝力弱，丰产性好。一年生枝红褐色；叶片椭圆形，长7.5cm、宽6.2cm，叶尖急尖，叶基楔形；花蕾浅粉红色，每花序6～10朵花，平均8.0朵；雄蕊23～26枚，平均24.5枚；花冠直径4.2cm。在山东烟台地区，果实9月上旬成熟。

特殊性状描述： 果实贮藏后果肉变软，植株抗逆性强。

苹博香

外文名或汉语拼音： Pingboxiang

来源及分布： $2n = 34$，吉林延边华龙集团果树研究所杂交育成，亲本为苹果梨×博香，在吉林延边地区有栽培。

主要性状： 平均单果重217.0g，纵径6.6cm、横径7.0cm，果实卵圆形，果皮绿黄色；果点小而密、灰褐色，萼片宿存；果柄较短粗，基部膨大肉质化，长2.0cm、粗3.4mm；果心小，5心室；果肉白色，肉质细、松脆，汁液多，味甜，有香气；含可溶性固形物15.0%；品质上等，常温下可贮藏30d。

树势强旺，树姿直立；萌芽力强，成枝力弱，丰产性好。一年生枝黄褐色；叶片椭圆形，长11.8cm、宽7.1cm，叶尖渐尖，叶基宽楔形；花蕾白色，每花序5～7朵花，平均6.0朵；雄蕊18～22枚，平均20.0枚；花冠直径2.9cm。在吉林东部山区，果实9月下旬成熟。

特殊性状描述： 果实极耐贮藏，植株抗寒性强。

苹香

外文名或汉语拼音： Pingxiang

来源及分布： $2n = 34$，吉林省农业科学院果树研究所杂交育成，亲本为苹果梨×延边谢花甜，在吉林、辽宁、河北等地有栽培。

主要性状： 平均单果重141.5g，纵径6.2cm、横径6.4cm，果实近圆形，果皮绿黄色；果点小而疏、灰褐色，萼片宿存；果柄短粗，长2.0cm、粗3.5mm；果心中等大，5心室；果肉白色，肉质细、后熟后变软，汁液多，味甜酸，有微香气；含可溶性固形物12.7%；品质上等，常温下可贮藏15～20d。

树势强旺，树姿开张；萌芽力强，成枝力强，丰产性好。一年生枝灰褐色；叶片卵圆形，长11.1cm、宽6.0cm，叶尖渐尖，叶基狭楔形；花蕾浅粉红色，每花序6～8朵花，平均7.0朵；雄蕊22～24枚，平均23.0枚；花冠直径4.6cm。在吉林中部地区，果实9月中旬成熟。

特殊性状描述： 植株抗寒性强，抗梨黑星病。

七月红香梨

外文名或汉语拼音： Qiyuehongxiangli

来源及分布： $2n = 34$，原产地不详，疑是西洋梨与亚洲梨杂种，在山西、陕西、河北、北京等地有少量栽培。

主要性状： 平均单果重290.0g，纵径8.2cm、横径6.9cm，果实葫芦形，果皮绿色，阳面有鲜红晕；果点小而密、灰白色，萼片脱落；果柄较短，长2.5cm、粗3.8mm；果心小，5心室；果肉白色，肉质中粗、松脆，后熟后变软面，汁液多，味甜，有微香气；含可溶性固形物13.8%；品质上等，常温下可贮藏10～15d。

树势强旺，树姿半开张；萌芽力中等，成枝力中等，丰产性好。一年生枝红褐色；叶片椭圆形，长

7.6cm、宽5.1cm，叶尖急尖，叶基楔形；花蕾浅粉红色，每花序5～8朵花，平均7.6朵；雄蕊18～20枚，平均19.0枚；花冠直径4.2cm。在山东烟台地区，果实8月中旬成熟。

特殊性状描述： 植株抗性和适应性均强，高抗梨枝枯病。

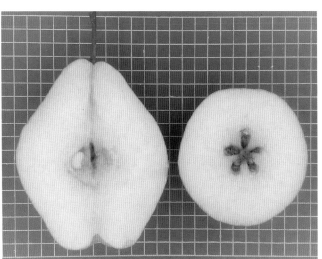

七月酥

外文名或汉语拼音： Qiyuesu

来源及分布： $2n = 34$，中国农业科学院郑州果树研究所杂交育成，亲本为幸水×早酥，在河南、北京、山东等地有少量栽培。

主要性状： 平均单果重200.0g，纵径6.0cm、横径6.4cm，果实卵圆形，果皮黄绿色；果点中等大而密、灰褐色，萼片宿存或残存；果柄较短，长2.8cm、粗3.2mm；果心小，5～7心室；果肉乳白色，肉质细、松脆，汁液多，味甘甜，有微香气；含可溶性固形物12.5%；品质上等，常温下可贮藏7～10d。

树势强旺，树姿直立；萌芽力弱，成枝力弱，丰产性较好。一年生枝褐色；叶片椭圆形，长12.3cm、宽6.2cm，叶尖急尖，叶基楔形；花蕾白色，每花序5～10朵花，平均7.3朵；雄蕊29～36枚，平均33.1枚；花冠直径3.3cm。在河南郑州地区，果实7月上中旬成熟。

特殊性状描述： 果实成熟早，细嫩多汁，口感好，但叶片易发生缺镁症。

秦酥梨

外文名或汉语拼音： Qinsuli

来源及分布： $2n = 34$，陕西省农业科学院果树研究所选育，亲本为砀山酥梨 × 黄县长把梨，1978年定名，在陕西、甘肃、山西等地分布。

主要性状： 平均单果重278.0g，纵径7.8cm、横径8.2cm，果实圆柱形，果皮绿黄色；果点小而密、浅褐色，萼片脱落；果柄较长，长3.8cm、粗3.6mm；果心较小，5心室；果肉白色，肉质细、脆，汁液多，味甜，无香气；含可溶性固形物11.9%；品质上等，常温下可贮藏30d。

树势强旺，树姿开张；萌芽力强，成枝力强，丰产性较好。一年生枝红褐色；叶片卵圆形，长10.9cm、宽7.6cm，叶尖急尖，叶基心形；花蕾白色，每花序5～8朵花，平均6.0朵；雄蕊20～29枚，平均24.0枚；花冠直径3.6cm。在陕西关中地区，果实9月下旬成熟。

特殊性状描述： 果实耐贮藏；植株易感梨黑星病，管理不善易出现隔年结果现象。

琴岛红

外文名或汉语拼音: Qindaohong

来源及分布: $2n = 34$,青岛农业大学梨育种团队以新梨7号 × 中香梨杂交育成,现正在推广。

主要性状: 平均单果重347.0g,纵径8.9cm、横径8.7cm,果实卵圆形,果皮黄绿色,阳面有片状红晕;果点大而密、红褐色,萼片脱落;果柄较长,长3.7cm、粗3.0mm;果心小、中位,5心室;果肉乳白色,肉质细、脆,汁液多,味甜,有微香气;含可溶性固形物13.6%;品质上等,常温下可贮藏20d。

树势中庸,树姿半开张;萌芽力强,成枝力中等,丰产性好。一年生枝淡褐色;叶片卵圆形,长8.5cm、宽6.7cm,叶尖急尖,叶基圆形;花蕾浅粉红色,每花序5 ~ 8朵花,平均6.5朵;雄蕊20 ~ 30枚,平均24.0枚;花冠直径3.1cm。在山东青岛地区,果实9月上旬成熟。

特殊性状描述: 果实阳面有红晕,入口有香气。

青魁

外文名或汉语拼音： Qingkui

来源及分布： $2n = 34$，浙江省农业科学院园艺研究所培育，亲本为雪花梨 × 黄花，在浙江、湖南、湖北等地有栽培。

主要性状： 平均单果重310.0g，纵径6.3cm、横径7.5cm，果实近圆形，果皮黄绿色；果点小而密、棕褐色，萼片宿存；果柄较短，长2.1cm、粗3.5mm；果心小，5心室；果肉白色，肉质细、松脆，汁液多，味酸甜，有微香气；含可溶性固形物12.0%；品质上等，常温下可贮藏9～12d。

树势强旺，树姿开张；萌芽力强，成枝力强，丰产性好。一年生枝红褐色；叶片卵圆形，长10.2cm、宽5.4cm，叶尖渐尖，叶基圆形；花蕾白色，每花序6～8朵花，平均6.8朵；雄蕊27～30枚，平均28.0枚；花冠直径4.1cm。在山东烟台地区，果实8月下旬成熟。

特殊性状描述： 植株抗性一般，在南方地区易发生早期落叶现象。

清香

外文名或汉语拼音： Qingxiang

来源及分布： $2n = 34$，浙江省农业科学院园艺研究所培育，亲本为新世纪×三花，在杭州当地有少量栽培。

主要性状： 平均单果重453.0g，纵径9.1cm、横径9.3cm，果实圆形，果皮褐色；果点小而密、灰白色，萼片宿存；果柄短，长1.8cm，粗3.6mm；果心小，5心室；果肉淡黄色，肉质细、松脆，汁液多，味甜，无香气；含可溶性固形物12.3%；品质上等，常温下可贮藏10d。

树势弱，树姿直立；萌芽力强，成枝力弱，丰产性较好。一年生枝红褐色；叶片卵圆形，长10.0cm、

宽6.5cm，叶尖急尖，叶基截形；花蕾白色，每花序7～8朵花，平均7.5朵；雄蕊35～37枚，平均36.0枚；花冠直径4.1cm。在浙江杭州地区，果实8月中旬成熟。

特殊性状描述： 果个大，结果早，丰产性好，耐高温高湿。

秋红蜜

外文名或汉语拼音： Qiuhongmi

来源及分布： 中国农业科学院郑州果树研究所杂交育成，亲本为中梨1号×红香酥，在河南郑州等地均有栽培。

主要性状： 平均单果重 430.0g，纵径 11.0cm、横径 8.9cm，果实纺锤形，果皮绿黄色，阳面有红晕；果点中等大而密、红褐色、萼片残存；果柄较短，长 2.9cm、粗 3.3 mm；果心中等，5 心室；果肉白色，肉质松脆，汁液多，味甜，无香气；含可溶性固形物 11.7%；品质中上等，常温下可贮藏 15 ~ 20d。

树势强旺，树姿半开张；萌芽力强，成枝力强，丰产性好。一年生枝黄褐色；叶片卵圆形，长 12.3 cm、宽 6.7 cm，叶尖急尖，叶基楔形；花蕾粉红色，每花序 7 ~ 9 朵花，平均 8.0 朵；雄蕊 22 ~ 25 枚，平均 23.5 枚；花冠直径 3.4 cm。在河南郑州地区，果实8月中旬成熟。

特殊性状描述： 植株适应性强，抗逆性强，但果实大小不整齐。

秋水

外文名或汉语拼音：Qiushui

来源及分布：$2n = 34$，上海市农业科学院林木果树研究所杂交育成，亲本为秋蜜×大香水，现正在推广。

主要性状：平均单果重275.0g，纵径8.1cm、横径8.4cm，果实圆形或倒卵圆形，果皮绿色，阳面无晕；果点小而密、褐色，萼片脱落；果柄较长，长4.2cm、粗3.2mm；果心小、中位，5心室；果肉白色，肉质中粗、松脆，汁液多，味淡甜，无香气；含可溶性固形物11.0%；品质中上等，常温下可贮藏5～7d。

树势强旺，树姿半开张；萌芽力强，成枝力强，丰产性好。一年生枝黄褐色或红褐色；叶片卵圆形，长9.3cm、宽6.3cm，叶尖渐尖，叶基圆形或截形；花蕾浅粉红色，每花序7～9朵花，平均8.0朵；雄蕊14～18枚，平均16.0枚；花冠直径3.5cm。在上海地区，果实8月中下旬成熟。

特殊性状描述：植株开花早，适应性强。

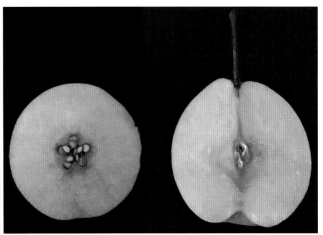

秋水晶

外文名或汉语拼音： Qiushuijing

来源及分布： $2n = 34$，陕西省农业科学院果树研究所选育，亲本为砀山酥梨×栖霞大香水，1999年通过陕西省农作物品种审定委员会审定，在陕西、宁夏等地分布。

主要性状： 平均单果重208.0g，纵径7.9cm、横径8.0cm，果实椭圆形，果皮淡黄色；果点小而密、浅褐色，萼片宿存；果柄长，长5.1cm、粗3.1mm；果心小，4～5心室；果肉乳白色，肉质细、脆，汁液多，味甜，有香气；含可溶性固形物12.8%；品质上等，常温下可贮藏20d。

树势中庸，树姿半开张；萌芽力强，成枝力中等，丰产性较好。一年生枝黄褐色；叶片椭圆形，长10.7cm、宽7.9cm，叶尖急尖，叶基截形；花蕾白色，每花序5～7朵花，平均6.0朵；雄蕊24～28枚，平均26.0枚；花冠直径3.8cm。在陕西关中地区，果实9月上旬成熟。

特殊性状描述： 植株抗梨黑星病，但果皮薄、贮运易磨伤，在盐碱性土壤叶片易黄化。

秋香

外文名或汉语拼音： Qiuxiang

来源及分布： $2n = 34$，黑龙江省农业科学院园艺分院杂交育成，亲本为59-89-1×155，在黑龙江中部和南部、吉林、内蒙古东部等地有栽培。

主要性状： 平均单果重74.7g，纵径4.8cm、横径5.3cm，果实扁圆形，果皮绿黄色；果点小而密、浅褐色，萼片宿存；果柄较短，长2.0cm、粗2.2mm；果心中等大，5心室；果肉乳白色，肉质细、后熟后变软，汁液多，味酸甜，有香气；含可溶性固形物14.5%；品质上等，常温下可贮藏20d。

树势强旺，树姿开张；萌芽力强，成枝力中等，丰产性好。一年生枝褐色；叶片椭圆形，长9.8cm、宽6.7cm，叶尖渐尖，叶基狭楔形；花蕾浅粉红色，每花序8～14朵花，平均8.3朵；雄蕊18～22枚，平均20.0枚；花冠直径3.2cm。在黑龙江哈尔滨地区，果实9月上旬成熟。

特殊性状描述： 植株抗寒性强，对梨黑星病抗性弱，抗虫性中等，较耐旱耐盐碱。

世纪梨

外文名或汉语拼音：Shijili

来源及分布：$2n=3x=51$，河北省农村科学院昌黎果树研究选育，亲本不详。现保存于北京市林业果树科学研究院梨资源圃。

主要性状：平均单果重301.4g，纵径7.4cm、横径7.5cm，果实圆形，果皮黄绿色；果点小而疏、浅褐色，萼片残存；果柄较长，长3.2cm、粗2.9mm；果心小，5心室；果肉淡黄色，肉质细软，汁液多，味甜，有微香气；含可溶性固形物14.3%；品质上等，常温下可贮藏5～7d。

树势中庸，树姿直立；萌芽力强，成枝力中等，丰产性好。一年生枝黄褐色；叶片椭圆形，长10.3cm、宽5.8cm，叶尖急尖，叶基楔形；花蕾白色，边缘浅粉红色，每花序7～9朵花，平均8.0朵；雄蕊27～30枚，平均28.5枚；花冠直径3.8cm。在北京地区，果实8月中旬成熟。

特殊性状描述：三倍体品种。植株适应性、抗病性均强。

硕丰梨

外文名或汉语拼音： Shuofengli

来源及分布： $2n = 34$，山西省农业科学院果树研究所培育，亲本为苹果梨×砀山酥梨，1995年通过由农业部及山西省科委组织的技术鉴定，在山西运城市盐湖区、临汾市隰县、忻州市原平市等地有栽培。

主要性状： 平均单果重321.4g，纵径8.6cm、横径9.2cm，果实倒卵圆形，果皮黄绿色，阳面有橘红晕；果点小而密、绿褐色，萼片脱落；果柄较长，长3.5cm、粗3.3mm；果心小，5心室；果肉乳白色，肉质细、松脆，汁液多，味甜，无香气；含可溶性固形物12.6%；品质上等，常温下可贮藏20d。

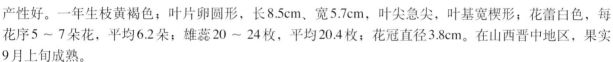

树势强旺，树姿开张；萌芽力强，成枝力强，丰产性好。一年生枝黄褐色；叶片卵圆形，长8.5cm、宽5.7cm，叶尖急尖，叶基宽楔形；花蕾白色，每花序5～7朵花，平均6.2朵；雄蕊20～24枚，平均20.4枚；花冠直径3.8cm。在山西晋中地区，果实9月上旬成熟。

特殊性状描述： 植株抗寒性强。

苏翠1号

外文名或汉语拼音： Sucui No.1

来源及分布： $2n = 34$，江苏省农业科学院果树研究所杂交育成，亲本为华酥 × 翠冠，在江苏南京、徐州、泰兴等地有栽培。

主要性状： 平均单果重320.0g，纵径7.8cm、横径8.2cm，果实卵圆形，果皮绿色；果点小而密、浅褐色，萼片脱落；果柄较短，长2.0cm、粗3.4mm；果心极小，4 ~ 5心室；果肉白色，肉质细、松脆，汁液多，味甜，无香气；含可溶性固形物12.8%；品质上等，常温下可贮藏10 ~ 15d。

树势强旺，树姿开张；萌芽力强，成枝力中等，丰产性好。一年生枝青褐色；叶片椭圆形，长13.8cm、宽7.6cm，叶尖急尖，叶基圆形；花蕾白色，每花序5 ~ 7朵花，平均6.0朵；雄蕊14 ~ 17枚，平均15.5枚；花冠直径1.9cm。在江苏南京地区，果实7月上中旬成熟。

特殊性状描述： 植株抗病性较强，但易感梨褐斑病。

苏翠2号

外文名或汉语拼音： Sucui No.2

来源及分布： $2n = 34$，江苏省农业科学院果树研究所杂交育成，亲本为西子绿 × 脆冠，在江苏南京、徐州、泰兴等地有栽培。

主要性状： 平均单果重220.0g，纵径8.0cm、横径7.6cm，果实圆形，果皮绿色；果点小而疏、浅褐色，萼片脱落；果柄较长，长3.2cm、粗3.4mm；果心中等大，5心室；果肉白色，肉质细、松脆，汁液多，味甜酸，无香气；含可溶性固形物12.1%；品质中上等，常温下可贮藏7 ~ 12d。

树势强旺，树姿开张；萌芽力强，成枝力弱，丰产性好。一年生枝红褐色；叶片卵圆形，长13.4cm、宽8.3cm，叶尖急尖，叶基圆形；花蕾白色，每花序5 ~ 7朵花，平均6.0朵；雄蕊15 ~ 17枚，平均16.0枚；花冠直径2.2cm。在江苏南京地区，果实7月下旬成熟。

特殊性状描述： 植株抗性较强，喜疏松沙质土壤。

苏翠3号

外文名或汉语拼音：Sucui No.3

来源及分布：$2n = 34$，江苏省农业科学院果树研究所杂交育成，亲本为丰水×爱甘水，在江苏南京、泰兴、镇江等地有栽培。

主要性状：平均单果重366.0g，纵径8.2cm、横径8.5cm，果实近圆形，果皮褐色；果点大而密、灰白色，萼片脱落；果柄较短，长2.2cm、粗3.2mm；果心中等大，5心室；果肉淡黄色，肉质中粗、松脆，汁液多，味甜，无香气；含可溶性固形物12.5%；品质上等，常温下可贮藏10d。

树势强旺，树姿直立；萌芽力强，成枝力中等，丰产性好。一年生枝灰褐色；叶片卵圆形，长6.4cm、宽4.3cm，叶尖渐尖，叶基宽楔形；花蕾白色，每花序5～8朵花，平均6.5朵；雄蕊18～22枚，平均20.0枚；花冠直径2.8cm。在江苏南京地区，果实7月底至8月上旬成熟。

特殊性状描述：植株抗逆性较强。

苏翠4号

外文名或汉语拼音：Sucui No.4

来源及分布：2n = 34，江苏省农业科学院果树研究所杂交育成，亲本为西子绿 × 早酥，在南京、徐州、泰兴等地有栽培。

主要性状：平均单果重339.0g，纵径7.6cm、横径8.5cm，果实扁圆形，果皮绿色；果点小而密、浅褐色，萼片脱落；果柄较短，长2.0cm、粗3.2mm；果心小，5或6心室；果肉白色，肉质细、松脆，汁液多，味甜；含可溶性固形物11.2%；品质上等，常温下可贮藏15d。

树势强旺，树姿半开张；萌芽力强，成枝力中等，丰产性好。一年生枝灰褐色；叶片披针形，长6.3cm、宽4.1cm，叶尖钝尖，叶基宽楔形；花蕾白色，每花序4～6朵花，平均5.0朵；雄蕊14～19枚，平均16.5枚；花冠直径3.2cm。在江苏南京地区，果实7月中下旬成熟。

特殊性状描述：果实成熟早，植株适应性强。

甜香

外文名或汉语拼音：Tianxiang

来源及分布：$2n = 34$，中国农业科学院果树研究所杂交、黑龙江省农业科学院园艺分院引种选育，亲本为南果梨×苹果梨，在黑龙江中南部有栽培。

主要性状：平均单果重71.6g，纵径5.0cm、横径5.3cm，果实圆形，果皮黄色，阳面有暗红晕；果点小而密、灰白色，萼片宿存；果柄短，长1.2cm、粗2.8mm；果心小，4～5心室；果肉乳白色，肉质细、经后熟变软，汁液多，味甜，有香气；含可溶性固形物15.2%；品质上等，常温下可贮藏30d。

树势中庸，树姿直立；萌芽力强，成枝力弱，丰产性好。一年生枝褐色；叶片卵圆形，长8.8cm、宽5.5cm，叶尖急尖，叶基楔形；花蕾浅粉红色，每花序7～13朵花，平均10.0朵；雄蕊18～22枚，平均20.0枚；花冠直径2.9cm。在黑龙江哈尔滨地区，果实9月下旬成熟。

特殊性状描述：果实耐贮藏；植株抗寒性强，抗病性中等，抗虫性中等，较耐旱耐盐碱。

晚香

外文名或汉语拼音： Wanxiang

来源及分布： $2n = 34$，黑龙江省农业科学院园艺分院杂交育成，亲本为乔玛×大冬果，在吉林、黑龙江中南部、辽宁西部、内蒙古东部等地有栽培。

主要性状： 平均单果重144.2g，纵径5.7cm、横径5.7cm，果实圆形或卵圆形，果皮黄绿色；果点小而密、浅褐色，萼片宿存；果柄较短，长2.8cm、粗2.8mm；果心小，5心室；果肉乳白色，肉质细、脆，汁液中多，味酸甜；含可溶性固形物14.9%；品质中上等，常温下可贮藏30d。

树势强旺，树姿直立；萌芽力强，成枝力中等，丰产性好。一年生枝绿褐色；叶片椭圆形，长10.3cm、宽8.5cm，叶尖渐尖，叶基截形；花蕾白色，每花序6～12朵花，平均9.0朵，雄蕊18～22枚，平均20.0枚；花冠直径3.4cm。在黑龙江哈尔滨地区，果实9月末成熟。

特殊性状描述： 果实耐贮藏；植株抗寒性强，抗病性强，抗虫性中等，较耐旱耐盐碱。

皖梨1号

外文名或汉语拼音： Wanli No.1

来源及分布： $2n = 34$，安徽省农业科学院选育，亲本为砀山酥梨×幸水，在砀山县有少量栽培。

主要性状： 平均单果重433.6g，纵径8.0cm、横径8.2cm，果实近圆形，果皮褐色；果点中等大而密、灰褐色，萼片脱落；果柄较短，长2.8cm，粗5.5mm；果心小，5心室；果肉白色，肉质细、脆嫩，汁液多，味甜酸，无香气；含可溶性固形物12.6%；品质上等，常温下可贮藏30d。

树势强旺，树姿直立；萌芽力强，成枝力中等，丰产性好。一年生枝红褐色；叶片长卵圆形，长10.0cm、宽7.2cm，叶尖急尖，叶基圆形；花蕾白色，每花序5～10朵花，平均7.0朵；雄蕊22～28枚，平均24.0枚；花冠直径3.0cm。在安徽北部地区，果实9月上旬成熟。

特殊性状描述： 植株丰产性好，高抗梨黑星病和梨黑斑病。

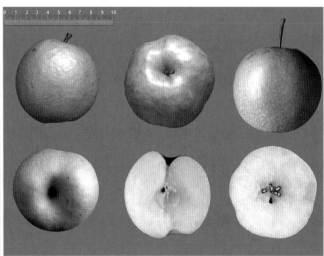

皖梨2号

外文名或汉语拼音：Wanli No.2

来源及分布：$2n = 34$，安徽省农业科学院选育，亲本为砀山酥梨 × 黄香梨，在砀山县有少量栽培。

主要性状：平均单果重309.2g，纵径7.8cm、横径7.8cm，果实近圆形，果皮淡绿色；果点大而密、褐色，萼片脱落或宿存；果柄较长，长3.8cm、粗5.1mm；果心小，5心室；果肉乳白色，肉质细、松脆，汁液多，味甜，无香气；含可溶性固形物11.0%；品质中上等，常温下可贮藏30d。

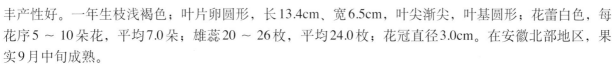

树势中庸，树姿开张；萌芽力强，成枝力弱，丰产性好。一年生枝浅褐色；叶片卵圆形，长13.4cm、宽6.5cm，叶尖渐尖，叶基圆形；花蕾白色，每花序5 ~ 10朵花，平均7.0朵；雄蕊20 ~ 26枚，平均24.0枚；花冠直径3.0cm。在安徽北部地区，果实9月中旬成熟。

特殊性状描述：植株丰产性好，较抗梨黑星病，中抗梨炭疽病。

五九香

外文名或汉语拼音： Wujiuxiang

来源及分布： $2n = 34$，中国农业科学院果树研究所1952年以鸭梨×巴梨杂交选育而成，在辽宁、北京、甘肃、河南、河北、云南等地有栽培。

主要性状： 平均单果重271.0g、纵径13.8cm、横径9.1cm，果实粗颈葫芦形，果皮绿黄色，极少阳面有淡红晕；果点小而疏、红褐色，萼片宿存；果柄较短，长2.1cm、粗3.1mm；果心中等大，5心室；果肉淡黄白色，肉质中粗、脆，后熟后变软，汁液多，味酸甜，有香气；含可溶性固形物12.5%；品质中上等，常温下可贮藏10d左右。

树势较强，树姿直立；萌芽力强，成枝力中等，丰产性较好。一年生枝黄褐色；叶片卵圆形，长9.8cm、宽7.1cm，叶尖钝尖，叶基圆形；花蕾白色，每花序5～6朵花，平均5.5朵；雄蕊19～21枚，平均20.0枚；花冠直径3.4cm。在辽宁兴城地区，果实9月上旬成熟。

特殊性状描述： 植株适应性强，对土壤条件要求不高，抗旱、抗风、抗病虫，抗寒性较强，对梨树腐烂病抗性强于西洋梨，易受梨小食心虫危害，成熟时有梨轮纹病发生。

西子绿

外文名或汉语拼音： Xizilü

来源及分布： $2n = 34$，浙江农业大学（现浙江大学）培育，亲本为新世纪×（八云×杭青），在浙江、江苏、湖南、湖北等地有少量栽培。

主要性状： 平均单果重190.0g，纵径5.5cm、横径6.3cm，果实扁圆形，果皮绿色；果点小而疏、浅褐色，萼片脱落；果柄长，长4.5cm、粗3.6mm；果心中等大，5～6心室；果肉乳白色，肉质细、松脆，汁液多，味酸甜，无香气；含可溶性固形物11.9%；品质中上等，常温下可贮藏10d。

树势中庸，树姿半开张；萌芽力中等，成枝力中等，丰产性较好。一年生枝黄褐色；叶片椭圆形，长10.1cm、宽6.9cm，叶尖渐尖，叶基楔形；花蕾白色，每花序6～8朵花，平均7.0朵；雄蕊28～32枚，平均30.0枚；花冠直径4.2cm。在河南郑州地区，果实7月上中旬成熟。

特殊性状描述： 植株较抗梨黑斑病和梨锈病。

夏露

外文名或汉语拼音： Xialu

来源及分布： $2n = 34$，南京农业大学选育的优良中熟梨新品种，亲本为新高×西子绿。

主要性状： 平均单果重405.6g，纵径8.3cm、横径9.0cm，果实圆形，果皮黄绿色，阳面无晕，果面平滑；果点小而密、浅褐色，萼片脱落；果柄较短，长2.1cm，粗3.1mm；果心小，5心室；果肉白色，肉质细、脆，无香气，无涩味；含可溶性固形物11.6%；品质上等，常温下可贮藏7d。

树势中庸，树姿半开张；萌芽力强，成枝力中等。一年生枝棕褐色；叶片长卵圆形，长8.5cm、宽5.1cm；叶尖渐尖，叶基宽楔形；花蕾白色，每花序5～7朵花，平均为6.0朵；雄蕊26～30枚，平均28.0枚；花冠直径为3.6cm。在江苏南京及周边地区，果实8月中旬成熟。

特殊性状描述： 植株较耐湿，抗旱，抗病性、抗虫性较强。

夏清

外文名或汉语拼音： Xiaqing

来源及分布： $2n = 34$，南京农业大学杂交选育的优良中熟梨新品种，亲本为新高 × 西子绿，2004年杂交，2013年定名，2018年获植物新品种权证书，适宜在长江流域及华北梨产区栽培。

主要性状： 平均单果重546.3g，纵径8.9cm、横径9.7cm，果实圆形，果皮黄绿色，阳面无晕，果面平滑，无果锈；果点小而密、浅褐色，萼片脱落；果柄较短，长2.5cm、粗3.2mm；果心小，5心室；果肉白色，肉质细、脆，无香气，无涩味；含可溶性固形物11.3%，品质上等，常温下可贮藏6 ～ 8d。

树势中庸，树姿较直立；萌芽力强，成枝力中等，丰产性较好。一年生枝棕褐色，主干灰褐色；叶片长卵圆形，长9.4cm、宽6.0cm；叶尖渐尖、叶基宽楔形；花蕾白色，每花序8 ～ 10朵花，平均9.0朵；雄蕊18 ～ 22枚，平均20.0枚；花冠直径2.8cm。在江苏南京地区，果实7月中下旬成熟。

特殊性状描述： 植株较耐湿，抗旱，抗病性和抗虫性较强，对环境适应性强。

香荏

外文名或汉语拼音：Xiangchi

来源及分布：山东莱阳农学院（现青岛农业大学）杂交育成，亲本为荏梨×栖霞大香水，在山东莱阳等地有少量栽培。

主要性状：平均单果重252.0g，纵径8.1cm、横径7.3cm，果实卵圆形，果皮绿色；果点小而密、浅褐色，萼片脱落；果柄长，基部膨大肉质化，长5.3cm、粗3.2mm；果心中等大，4～5心室；果肉白色，肉质粗、松脆，汁液多，味酸甜，无香气；含可溶性固形物12.5%；品质中上等，常温下可贮藏25d。

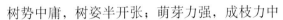

树势中庸，树姿半开张；萌芽力强，成枝力中等，丰产性较好。一年生枝褐色；叶片椭圆形，长12.3cm、宽8.8cm，叶尖急尖，叶基楔形；花蕾粉红色，每花序5～7朵花，平均6.0朵；雄蕊20～29枚，平均24.0枚；花冠直径4.6cm。在山东莱阳当地，果实9月上旬成熟。

特殊性状描述：植株适应性较差，不耐盐碱，在较高pH土壤上易感梨树缺铁黄化病。

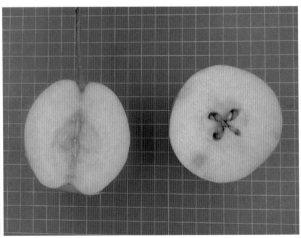

新杭

外文名或汉语拼音：Xinhang

来源及分布：$2n = 34$，浙江农业大学（现浙江大学）培育，亲本为新世纪 × 杭青，在杭州当地有少量栽培。

主要性状：平均单果重263.3g，纵径5.3cm、横径5.8cm，果实圆形，果皮绿色；果点小而疏、棕褐色，萼片脱落；果柄较短，长2.8cm、粗3.6mm；果心小，5心室；果肉乳白色，肉质中粗、紧脆，汁液少，味甜，无香气；含可溶性固形物12.7%；品质中等，常温下可贮藏10d。

树势较弱，树姿半开张；萌芽力强，成枝力弱，丰产性好。一年生枝黄褐色；叶片卵圆形，长9.5cm、宽6.7cm，叶尖渐尖，叶基楔形；花蕾浅粉红色，每花序6 ~ 8朵花，平均7.0朵；雄蕊30 ~ 36枚，平均32.0枚；花冠直径4.1cm。在河南郑州地区，果实7月下旬成熟。

特殊性状描述：植株耐高温高湿。

新梨1号

外文名或汉语拼音： Xinli No.1

来源及分布： $2n = 34$，新疆生产建设兵团第二师农业科学研究所培育，亲本为库尔勒香梨 × 砀山酥梨，1993年9月经新疆维吾尔自治区农作物品种审定委员会审定，在新疆库尔勒等地有栽培。

主要性状： 平均单果重200.0g，纵径6.5cm、横径6.4cm，果实卵圆形，果皮绿黄色，阳面有淡红晕；果点中等大而疏、棕褐色，萼片残存；果柄较短，长2.8cm、粗3.0mm；果心小，5心室；果肉乳白色，肉质细、松脆，汁液多，味甜，有微香气；含可溶性固形物12.7%；品质中上等，常温下可贮藏30d。

树势强旺，树姿半开张；萌芽力强，成枝力中等，丰产性好。一年生枝灰褐色；叶片椭圆形，长8.0cm、宽5.2cm，叶尖渐尖，叶基狭楔形；花蕾浅粉红色，每花序6～10朵花，平均8.0朵；雄蕊25～33枚，平均29.0枚；花冠直径3.4cm。在新疆南部地区，果实9月中旬成熟。

特殊性状描述： 植株对梨干腐病抗性强于库尔勒香梨，对苹果蠹蛾抗性较差，不抗红蜘蛛。

新梨6号

外文名或汉语拼音： Xinli No.6

来源及分布： $2n = 34$，新疆生产建设兵团第二师农业科学研究所培育，亲本为库尔勒香梨×苹果梨，1997年通过新疆维吾尔自治区农作物品种审定委员会审定，在新疆库尔勒等地有栽培。

主要性状： 平均单果重217.0g，纵径6.5cm、横径7.4cm，果实扁圆形，果皮绿色，阳面有紫红晕；果点中等大而密、红褐色，萼片残存；果柄较短，长2.8cm、粗3.5mm；果心中等大，5心室；果肉乳白色，肉质中粗、松脆，汁液多，味甜酸适口，无香气；含可溶性固形物11.5%；品质上等，常温下可贮藏30d。

树势强旺，树姿半开张；萌芽力强，成枝力中等，丰产性极好。一年生枝青灰色；叶片卵圆形，长8.8cm、宽5.0cm，叶尖渐尖，叶基楔形；花蕾白色，每花序5～8朵花，平均6.0朵；雄蕊平均20.0枚；花冠直径4.1cm。在新疆库尔勒地区，果实9月中旬成熟。

特殊性状描述： 果实色泽鲜艳，植株抗寒性强。

新梨7号

外文名或汉语拼音： Xinli No.7

来源及分布： $2n = 34$，塔里木大学培育，亲本为库尔勒香梨 × 早酥，2000年通过新疆维吾尔自治区农作物审定委员会审定并定名。在新疆、山东、河北等地有栽培。

主要性状： 平均单果重209.0g，纵径8.4cm、横径7.2cm，果实卵圆形，果皮绿色，阳面有暗红晕，有光泽；果点中等大、棕褐色，萼片残存；果柄较短，基部或中部膨大肉质化，长2.2cm、粗3.5mm；果心中等大，5心室；果肉白色，肉质细、松脆，汁液多，味酸甜适度，无香气；含可溶性固形物12.4%；品质中上等，常温下可贮藏30d。

树势强旺，树姿半开张；萌芽力中等，成枝力中等，丰产性好。一年生枝褐色；叶片卵圆形，长8.1cm、宽5.4cm，叶尖渐尖，叶基宽楔形；花蕾浅粉红色，每花序6～8朵花，平均7.0朵；雄蕊18～20枚，平均19.0枚；花冠直径3.4cm。在新疆南部地区，果实8月上中旬成熟。

特殊性状描述： 植株雄性不育，抗寒性强。

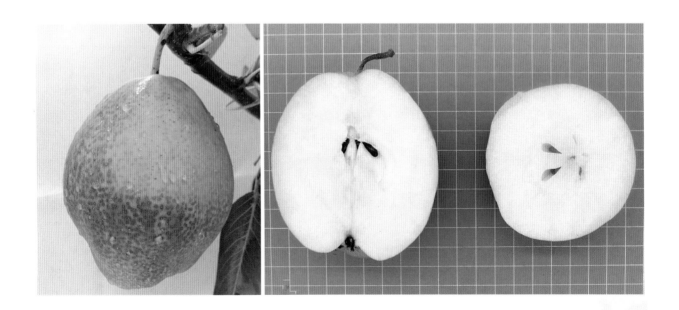

新梨8号

外文名或汉语拼音： Xinli No.8

来源及分布： $2n = 34$，新疆生产建设兵团第二师农业科学研究所选育，亲本为库尔勒香梨 × 鸭梨，2010年12月经新疆维吾尔自治区林木品种审定委员会审定，在新疆库尔勒等地有栽培。

主要性状： 平均单果重344.0g，纵径8.5cm、横径8.5cm，果实近圆形，果皮黄绿色，阳面有淡红晕；果点小而密、棕褐色，萼片脱落；果柄较长，基部稍膨大，长3.8cm、粗3.2mm；果心中等大，5心室；果肉乳白色，肉质粗、松脆，汁液多，味酸甜适口，无香气；含可溶性固形物12.1%；品质中上等，常温下可贮藏30d。

树势中庸，树姿半开张；萌芽力中等，成枝力中等，丰产性好。一年生枝灰褐色；叶片椭圆形，长9.0cm、宽5.7cm，叶尖渐尖，叶基宽楔形；花蕾浅粉红色，每花序6～8朵花，平均7.0朵；雄蕊22～26枚，平均24.0枚；花冠直径3.5cm。在新疆库尔勒地区，果实8月下旬成熟。

特殊性状描述： 植株抗寒性中等。

新梨9号

外文名或汉语拼音： Xinli No.9

来源及分布： $2n = 34$，新疆生产建设兵团第二师农业科学研究所选育，亲本为库尔勒香梨 × 苹果梨，2015年经新疆维吾尔自治区林木品种审定委员会审定而定名，在新疆库尔勒等地有栽培。

主要性状： 平均单果重234.0g，纵径7.0cm、横径7.7cm，果实近圆形，果皮绿黄色，阳面2/3着红色；果点小而密、红褐色，萼片宿存；果柄较短，长2.8cm、粗3.5mm；果心小，5心室；果肉白色，肉质粗、松脆，汁液多，味酸甜适口，无香气；含可溶性固形物13.2%；品质上等，常温下可贮藏30d。

树势强旺，树姿半开张；萌芽力强，成枝力中等，丰产性极好。一年生枝灰褐色；叶片卵圆形，长9.0cm、宽6.1cm，叶尖渐尖，叶基截形；花蕾粉红色，每花序9～11朵花，平均10.0朵；雄蕊26～28枚，平均27.0枚；花冠直径3.6cm。在新疆南部地区，果实9月上旬成熟。

特殊性状描述： 果实色泽鲜艳，植株抗寒性强。

新梨10号

外文名或汉语拼音： Xinli No.10

来源及分布： $2n = 34$，新疆生产建设兵团第二师农业科学研究所选育，亲本为库尔勒香梨 × 鸭梨，2014年通过新疆维吾尔自治区林木品种审定委员会认定并命名，在库尔勒等地有栽培。

主要性状： 平均单果重174.0g，纵径6.8cm、横径6.3cm，果实卵圆形，果皮绿色，阳面有淡红晕；果点中等大而疏、棕褐色，萼片脱落；果柄长，基部或中部膨大肉质化，长5.8cm、粗4.5mm；果心大，5心室；果肉乳白色，肉质松脆，汁液多，味甜酸适口，无香气；含可溶性固形物11.5%；品质中等，常温下可贮藏30d。

树势强旺，树姿半开张；萌芽力强，成枝力强，丰产性极好。一年生枝灰褐色；叶片圆形，长8.2cm、宽6.6cm，叶尖渐尖，叶基截形；花蕾粉红色，每花序8 ~ 10朵花，平均9.0朵；雄蕊16 ~ 22枚，平均19.0枚；花冠直径3.8cm。在新疆南部地区，果实9月上旬成熟。

特殊性状描述： 植株抗寒性强于库尔勒香梨。

新梨11

外文名或汉语拼音： Xinli 11

来源及分布： $2n=34$，新疆生产建设兵团第二师农业科学研究所选育，亲本为库尔勒香梨×鸭梨，2019年通过新疆维吾尔自治区林木品种审定委员会认定并命名。目前在库尔勒和塔里木等地有栽培。

主要性状： 平均单果重181.2g，纵径8.4cm、横径7.1cm，果实葫芦形或倒卵圆形，果皮绿黄色，阳面有淡红晕；果点中等大而疏、褐色，萼片残存；果柄较长，长3.2cm、粗3.0mm；果心小，近萼端，5心室；果肉乳白色，肉质细、松脆，汁液多，味甜酸，有香气；含可溶性固形物13.4%；品质上等，常温下可贮藏20d。

树势强旺，树姿半开张；萌芽力强，成枝力中等，丰产性好。一年生枝绿黄色；叶片圆形，长11.3cm、宽9.1cm，叶尖钝尖，叶基圆形；花蕾粉红色，每花序7～9朵花，平均8.0朵；雄蕊19～21枚，平均20.0枚；花冠直径9.6cm。在新疆库尔勒地区，果实9月上中旬成熟。

特殊性状描述： 植株抗病性强，耐旱，耐盐碱。

新鸭梨

外文名或汉语拼音：Xinyali

来源及分布：中国农业科学院郑州果树研究所杂交育成，亲本为鸭梨×大香水，现保存在国家园艺种质资源库郑州梨圃。

主要性状：平均单果重216.9g，纵径8.1cm、横径6.8cm，果实卵圆形，果皮绿色；果点小而疏、绿褐色，萼片脱落；果柄极长，长7.5cm、粗3.5mm；果心中等大，5心室；果肉乳白色，肉质粗、松脆，汁液多，味甜，无香气；含可溶性固形物10.8%；品质中等，常温下可贮藏20d。

树势中庸，树姿半开张；萌芽力强，成枝力中等，丰产性较好。一年生枝黄褐色；叶片披针形，长10.6cm、宽7.8cm，叶尖渐尖，叶基狭楔形；花蕾粉红色，每花序7～9朵花，平均8.0朵；雄蕊20～26枚，平均24.0枚；花冠直径4.7cm。在河南郑州地区，果实9月上旬成熟。

特殊性状描述：植株抗梨黑星病。

新雅

外文名或汉语拼音： Xinya

来源及分布： $2n = 34$，浙江农业大学（现浙江大学）杂交培育，亲本为新世纪 × 鸭梨，在浙江有少量栽培。

主要性状： 平均单果重165.0g，纵径6.2cm、横径6.7cm，果实圆形，果皮绿色；果点小而疏、浅褐色，萼片脱落；果柄较长，长4.0cm、粗3.2mm；果心中等大，5心室；果肉白色，肉质细、松脆，汁液多，味酸甜，无香气；含可溶性固形物10.8%；品质中等，常温下可贮藏15d。

树势较弱，树姿开张；萌芽力强，成枝力弱，丰产性较好。一年生枝褐色；叶片卵圆形，长9.9cm、宽7.4cm，叶尖急尖，叶基截形；花蕾白色，每花序7 ~ 8朵花，平均7.5朵；雄蕊28 ~ 31枚，平均29.0枚；花冠直径4.3cm。在河南郑州地区，果实7月下旬成熟。

特殊性状描述： 植株结果早，易感梨黑星病。

新玉

外文名或汉语拼音： Xinyu

来源及分布： $2n = 34$，浙江省农业科学院园艺研究所杂交育成，亲本为二十世纪×翠冠，在浙江杭州有少量栽培。

主要性状： 平均单果重305.0g，纵径8.4cm、横径9.8cm，果实扁圆形或圆形，果实黄褐色；果点小而密、灰白色，萼片脱落，偶有宿存；果柄较长，长3.4cm、粗3.3mm；果心较小，5心室；果肉白色，肉质松脆细嫩，味甜多汁，石细胞少；含可溶性固形物12.1%；常温下可贮藏10d。

树势中庸偏强，树姿较直立；萌芽力强，成枝力中等，丰产性好。一年生枝暗褐色，多年生枝黄绿色；叶片卵圆形，长12.3cm、宽7.5cm，叶尖急尖，叶基截形；花蕾白色，每花序8～12朵花，平均10.0朵；雄蕊30～37枚，平均33.5枚。在浙江杭州地区，果实7月中旬成熟。

特殊性状描述： 具单瓣花和重瓣花两种类型，果实成熟早，果形端正，商品率高。

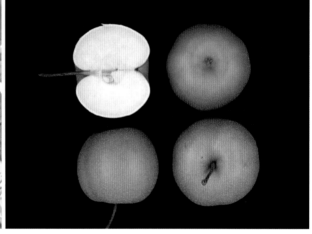

雪芳

外文名或汉语拼音： Xuefang

来源及分布： $2n = 34$，浙江农业大学（现浙江大学）培育，亲本为雪花梨 × 新世纪，在河北、浙江等地有少量栽培。

主要性状： 平均单果重178.0g，纵径6.5cm、横径7.1cm，果实圆形，果皮黄绿色；果点小而密、浅褐色，萼片脱落；果柄长，长4.9cm、粗3.3mm；果心小，5心室；果肉白色，肉质中粗、紧脆，汁液中多，味甜，无香气；含可溶性固形物12.5%；品质中上等，常温下可贮藏15d。

树势弱，树姿半开张；萌芽力强，成枝力弱，丰产性较好。一年生枝黄褐色；叶片椭圆形，长11.7cm、宽6.5cm，叶尖急尖，叶基楔形；花蕾白色，每花序6～7朵花，平均6.2朵；雄蕊22～26枚，平均24.0枚；花冠直径4.5cm。在河南郑州地区，果实8月上中旬成熟。

特殊性状描述： 果个整齐一致，植株适应性强。

雪青

外文名或汉语拼音： Xueqing

来源及分布： $2n = 34$，浙江农业大学（现浙江大学）培育，亲本为雪花梨 × 新世纪，在北京、河北、山东、河南等地有一定量栽培。

主要性状： 平均单果重304.4g，纵径6.9cm、横径7.7cm，果实近圆形，果皮绿色；果点小而密、浅褐色，萼片脱落；果柄长，长4.5cm、粗3.6mm；果心中等大，5心室；果肉乳白色，肉质细、松脆，汁液多，味酸甜，无香气；含可溶性固形物12.4%；品质上等，常温下可贮藏15d。

树势中庸，树姿半开张；萌芽力强，成枝力弱，丰产性一般。一年生枝绿黄色；叶片卵圆形，长11.5cm、宽7.1cm，叶尖渐尖，叶基楔形；花蕾白色，每花序7～9朵花，平均8.0朵；雄蕊28～32枚，平均30.0枚；花冠直径4.4cm。在华北地区，果实8月上中旬成熟。

特殊性状描述： 果形整齐美观，植株高抗梨黑星病。

雪香

外文名或汉语拼音：Xuexiang

来源及分布：$2n = 34$，黑龙江省农业科学院牡丹江分院杂交育成，亲本为大香水 × 苹果梨，在黑龙江牡丹江地区有栽培。

主要性状：平均单果重112.0g，纵径6.1cm、横径5.7cm，果实长圆形，果皮黄绿色；果点小而密、浅褐色，萼片宿存；果柄较短，长2.2cm，粗2.7mm；果心中等大，5心室；果肉白色，肉质细、脆、汁液多，味酸甜，有香气；含可溶性固形物12.6%；品质中上等，常温下可贮藏30d。

树势强旺，树姿半开张；萌芽力强，成枝力弱，丰产性一般。一年生枝褐色；叶片卵圆形，长9.8cm、宽6.5cm，叶尖渐尖，叶基截形；花蕾白色，每花序7 ~ 14朵花，平均11.0朵；雄蕊18 ~ 22枚，平均20.0枚；花冠直径3.0cm。在黑龙江牡丹江地区，果实9月下旬成熟。

特殊性状描述：植株抗寒性强，抗病性、抗虫性中等，较耐旱耐盐碱。

雅青

外文名或汉语拼音： Yaqing

来源及分布： $2n = 34$，浙江农业大学（现浙江大学）培育，亲本为鸭梨×杭青，现栽培很少。

主要性状： 平均单果重138.0g，纵径6.0cm、横径6.2cm，果实近圆形，果皮绿色；果点小而密、浅褐色，萼片宿存；果柄较长，长4.5cm、粗3.6mm；果心小，5心室；果肉白色，肉质细、松脆，汁液中多，味甜，无香气；含可溶性固形物13.7%；品质中上等，常温下可贮藏25d。

树势中庸，树姿半开张；萌芽力强，成枝力弱，丰产性较好。一年生枝黄褐色；叶片椭圆形，长8.9cm、宽5.9cm，叶尖渐尖，叶基楔形；花蕾白色，每花序7～8朵花，平均7.5朵；雄蕊22～26枚，平均24.0枚；花冠直径3.7cm。在河南郑州地区，果实7月上中旬成熟。

特殊性状描述： 植株抗逆性较弱，易感梨黑斑病和梨黑星病。

延香

外文名或汉语拼音： Yanxiang

来源及分布： $2n = 34$，延边朝鲜族自治州农业科学院果树研究所杂交育成，亲本为苹果梨×南果梨，在吉林延边地区有栽培。

主要性状： 平均单果重180.0g，纵径6.0cm、横径7.5cm，果实扁圆形，果皮绿色；果点中等大而疏、浅灰色，萼片残存；果柄短，长1.9cm、粗2.9mm；果心中等大，5～6心室；果肉白色，肉质细、后熟后变软，汁液多，味甜酸，无香气；含可溶性固形物14.0%；品质上等，常温下可贮藏25d。

树势中庸，树姿开张；萌芽力强，成枝力强，丰产性好。一年生枝绿黄色；叶片椭圆形，长12.5cm、宽6.6cm，叶尖急尖，叶基宽楔形；花蕾白色，每花序6～11朵花，平均8.5朵；雄蕊21～23枚，平均22.0枚；花冠直径3.1cm。在吉林东部山区，果实9月下旬成熟。

特殊性状描述： 植株抗病性、抗寒性均强。

友谊1号

外文名或汉语拼音： Youyi No.1

来源及分布： $2n = 34$，黑龙江省农垦总局友谊农场杂交育成，亲本为鸭蛋香×大梨，在黑龙江友谊农场、597农场以及黑龙江南部地区有分布。

主要性状： 平均单果重158.0g，纵径6.7cm、横径6.9cm，果实卵圆形，果皮黄绿色；果点小而密、浅褐色，萼片宿存；果柄较长，长4.2cm、粗3.0mm；果心小，5心室；果肉白色，肉质细、脆，汁液中多，味酸甜；含可溶性固形物13.5%；品质中上等，常温下可贮藏25~30d。

树势强壮，树姿直立；萌芽力强，成枝力中等，丰产性好。一年生枝暗绿色；叶片卵圆形，长13.0cm、宽8.0cm，叶尖渐尖，叶基圆形；花蕾白色，每花序6~9朵花，平均7.5朵；雄蕊19~21枚，平均20.0枚；花冠直径3.4cm。在黑龙江哈尔滨地区，果实9月下旬成熟。

特殊性状描述： 植株抗寒性、抗病性强，抗虫性中等，较耐旱耐盐碱，适合作为冻梨食用。

玉冠

外文名或汉语拼音： Yuguan

来源及分布： $2n = 34$，浙江省农业科学院园艺研究所选育，亲本为日本筑水梨 × 黄花，在江苏、福建、上海等地有栽培。

主要性状： 平均单果重550.0g，纵径12.2cm、横径10.5cm，果实近圆形，果皮浅褐色；果点小而密、灰白色，萼片残存；果柄较短，长2.1cm、粗3.3mm；果心中等大，5心室；果肉白色，肉质细、松脆，汁液多，味甜，无香气；含可溶性固形物12.0% ~ 13.0%；品质中上等，常温下可贮藏30d。

树势强旺，树姿半开张；萌芽力强，成枝力强，丰产性好。一年生枝红褐色；叶片卵圆形，长13.6cm、宽8.5cm，叶尖急尖，叶基圆形；花蕾白色，边缘粉红色，每花序5 ~ 8朵花，平均6.5朵；雄蕊20 ~ 29枚，平均24.5枚；花冠直径3.6cm。在浙江杭州地区，果实8月上中旬成熟。

特殊性状描述： 植株生长势强，抗性亦强。

玉露香

外文名或汉语拼音： Yuluxiang

来源及分布： $2n = 34$，山西省农业科学院果树研究所培育，亲本为库尔勒香梨 × 雪花梨，2003年通过山西省农作物品种审定委员会审定，在山西省隰县、汾西县、原平市、寿阳县等地有大量栽培。

主要性状： 平均单果重236.8g，纵径7.4cm、横径7.6cm，果实圆形，果皮黄绿色，阳面有淡红晕；果点小而密、红褐色，萼片脱落或残存；果柄较长，长3.3cm、粗3.3mm；果心小，5心室；果肉白色，肉质细、松脆，汁液多，味甜，有香气；含可溶性固形物12.8%；品质上等，常温下可贮藏20d。

树势中庸，树姿直立；萌芽力强，成枝力中等。一年生枝绿黄色；叶片卵圆形，长10.9cm、宽7.2cm，叶尖渐尖，叶基圆形；花蕾白色，每花序7～10朵花，平均7.3朵；雄蕊18～20枚，平均19.6枚；花冠直径3.7cm。在山西晋中地区，果实9月上旬成熟。

特殊性状描述： 果实肉质细嫩、多汁爽口，但花粉量极少。

玉绿

外文名或汉语拼音：Yulü

来源及分布：$2n = 34$，湖北省农业科学院果树茶叶研究所2009年育成，亲本为茌梨 × 太白，在湖北有一定量栽培。

主要性状：平均单果重270.0g，纵径7.6cm、横径8.8cm，果实圆形，果皮绿色；果点小而密、灰褐色，萼片脱落；果柄长，基部膨大肉质化，长5.6cm、粗3.3mm；果心中等大，5 ～ 6心室；果肉白色，肉质细、松脆，汁液中多，味酸甜，有浓香气；含可溶性固形物12.9%；品质上等，常温下可贮藏10d。

树势中庸，树姿半开张；萌芽力中等，成枝力中等，丰产性好。一年生枝黄褐色；叶片卵圆形，长15.2cm、宽7.8cm，叶尖渐尖，叶基心形；花蕾浅粉红色，每花序5 ～ 8朵花，平均6.5朵；雄蕊23 ～ 29枚，平均26.0枚；花冠直径3.4cm。在湖北武汉地区，果实8月上旬成熟。

特殊性状描述：果形端正，商品率高，植株适应性强。

玉酥梨

外文名或汉语拼音： Yusuli

来源及分布： $2n = 34$，山西省农业科学院果树研究所培育，亲本为砀山酥梨×猪嘴梨，2009年通过山西省农作物品种审定委员会审定，在山西省运城市盐湖区、临汾市隰县、忻州市原平市等地有栽培。

主要性状： 平均单果重348.4g，纵径10.2cm、横径8.7cm，果实卵圆形，果皮黄白色；果点小而密、浅褐色，萼片脱落；果柄较长，长3.1cm、粗3.3mm；果心小，3～5心室；果肉白色，肉质细、松脆，汁液多，味甜，无香气；含可溶性固形物11.8%；品质上等，常温下可贮藏25d。

树势强旺，树姿开张；萌芽力中等，成枝力中等，丰产性好。一年生枝黄褐色；叶片卵圆形，长10.1cm、宽7.5cm，叶尖渐尖，叶基圆形；花蕾浅粉红色，每花序5～8朵花，平均6.3朵；雄蕊19～24枚，平均21.8枚；花冠直径5.3cm。在山西晋中地区，果实9月下旬成熟。

特殊性状描述： 果实耐贮藏；植株中抗梨树腐烂病，花粉量少。

玉香

外文名或汉语拼音： Yuxiang

来源及分布： $2n = 34$，湖北省农业科学院果树茶叶研究所2011年育成，亲本为伏梨 × 金水酥，在湖北有少量栽培。

主要性状： 平均单果重205.0g，纵径8.1cm、横径8.1cm，果实近圆形，果皮暗绿色，果面具少量果锈；果点中等大而密、灰褐色，萼片残存；果柄较长，长3.2cm，粗4.2mm；果心较小，5心室；果肉白色，肉质细、疏松，汁液多，味浓甜，有微香气；含可溶性固形物13.5%；品质上等，常温下可贮藏10d。

树势中庸，树姿半开张；萌芽力中等，成枝力弱，丰产性好。一年生枝暗褐色；叶片椭圆形，长10.5cm、宽7.2cm，叶尖急尖，叶基心形；花蕾白色，每花序5 ~ 8朵花，平均6.5朵；雄蕊23 ~ 29枚，平均26.0枚；花冠直径3.0cm。在湖北武汉地区，果实7月中旬成熟。

特殊性状描述： 果实可溶性固形物含量高，风味浓。

玉香美

外文名或汉语拼音： Yuxiangmei

来源及分布： $2n = 34$，中国农业科学院郑州果树研究所杂交育成，亲本为八月红×砀山酥梨，在河南、河北等地有栽培。

主要性状： 平均单果重265.0g，纵径8.2cm、横径8.0cm，果实卵圆形，果皮绿白色；果点小而疏、灰白色，萼片残存；果柄长，长5.0cm、粗4.0mm；果心中等大，5心室；果肉白色，肉质细、致密，汁液中多，味酸甜适度，有微香气；含可溶性固形物13.9%；品质上等，常温下可贮藏10～15d。

树势强旺，树姿直立；萌芽力强，成枝力强，丰产性好。一年生枝黄褐色；叶片卵圆形，长11.7cm、宽8.3cm，叶尖渐尖，叶基宽楔形；花蕾白色，每花序5～10朵花，平均7.5朵；雄蕊22～28枚，平均25.5枚；花冠直径4.5cm。在河南郑州地区，果实8月中下旬成熟。

特殊性状描述： 果实风味独特似富士苹果；植株抗病，抗虫，耐旱，耐盐碱。

玉香蜜

外文名或汉语拼音： Yuxiangmi

来源及分布： $2n = 34$，中国农业科学院郑州果树研究所杂交育成，亲本为八月红 × 砀山酥梨，在河南、河北等地有栽培。

主要性状： 平均单果重300.0g，纵径8.1cm、横径7.7cm，果实卵圆形，果皮黄白色；果点小而密、灰褐色，萼片残存；果柄较长，基部膨大肉质化，长3.6cm、粗4.3mm；果心中等大，5心室；果肉白色，肉质细、松脆，汁液多，味酸甜，具苹果香气；含可溶性固形物12.7%；品质上等，常温下可贮藏10d。

树势中庸，树姿半开张；萌芽力强，成枝力中等，丰产性好。一年生枝暗褐色；叶片椭圆形，长12.3cm、宽6.4cm，叶尖渐尖，叶基圆形；花蕾白色，每花序5 ~ 8朵花，平均6.5朵；雄蕊21 ~ 24枚，平均22.0枚；花冠直径4.1cm。在河南郑州地区，果实8月中下旬成熟。

特殊性状描述： 果面光滑洁白，无需套袋；植株抗梨褐斑病、梨黑星病。

早白蜜

外文名或汉语拼音： Zaobaimi

来源及分布： $2n = 34$，中国农业科学院郑州果树研究所杂交育成，亲本为幸水×火把梨，在云南省有一定量栽培。

主要性状： 平均单果重157.0g，纵径5.8cm、横径6.5cm，果实扁圆形，果皮黄绿色，在云贵高原果面有红晕；果点小而疏、浅褐色，萼片脱落；果柄较长，长3.5cm、粗3.2mm；果心中等大，5～7心室；果肉乳白色，肉质细、紧脆，汁液少，味甜，无香气；含可溶性固形物11.6%；品质中上等，常温下可贮藏7～10d。

树势中庸，树姿直立；萌芽力强，成枝力中等，丰产性好。一年生枝褐色；叶片卵圆形，长10.5cm、宽7.8cm，叶尖渐尖，叶基楔形；花蕾浅粉红色，每花序6～8朵花，平均7.0朵；雄蕊40～45枚，平均42.5枚；花冠直径5.5cm。在云南安宁和泸西地区，果实7月上旬成熟。

特殊性状描述： 果个较小，但品质很好，甘甜可口，在云南较受消费者欢迎。

早翠梨

外文名或汉语拼音： Zaocuili

来源及分布： $2n = 34$，华中农业大学育成的早熟品种，亲本为跃进×二宫白，在湖北省有少量栽培；湖南、安徽、江西、甘肃、江苏、云南、上海、河南、四川等省份许多单位已进行了引种试栽。

主要性状： 平均单果重142.0g，果实近圆形，果皮绿色，果面平滑有光泽；果点中等大、灰白色，萼片多宿存或有脱落；果柄较长，长3.6cm、粗2.7mm；果心中等大，5心室；果肉绿白色，肉质细、松脆，石细胞少，汁液特多，味酸甜适度；含可溶性固形物11.0%；品质上等，常温下可贮藏10d左右。

树势中庸，树冠紧凑；萌芽力强，成枝力中等，丰产性好。一年生枝灰褐色；叶片长卵圆形，长10.2cm、宽4.3cm，叶尖渐尖，叶基宽楔形；花蕾粉红色，每花序5～8朵花，平均7.0朵；雄蕊16～22枚，平均19.0枚；花冠直径3.7cm。在河南郑州地区，果实7月上中旬采收。

特殊性状描述： 果实不耐贮藏，植株适应性较强、较抗早期落叶病。

早伏酥

外文名或汉语拼音：Zaofusu

来源及分布：$2n = 34$，安徽农业大学选育，亲本为砀山酥梨 × 伏茄，在安徽砀山、萧县等地有栽培。

主要性状：平均单果重147.8g，纵径5.8cm、横径5.9cm，果实近圆形，果皮淡绿色；果点中等大而疏、深褐色，萼片宿存；果柄较长，长4.3cm、粗4.7mm；果心中等大，5心室；果肉乳白色，肉质细脆、致密，汁液中多，味酸甜，有香气；含可溶性固形物12.3%；品质中上等，常温下采后10d果肉变软，冷藏条件下30d质地不变。

树势中庸，树姿直立；萌芽力强，成枝力中等，丰产性较好。一年生枝黄褐色；叶片卵圆形或椭圆形，长7.8cm、宽4.8cm，叶尖急尖，叶基圆形；花蕾白色，每花序5～8朵花，平均6.0朵；雄蕊18～24枚，平均21.0枚；花冠直径3.0cm。在安徽北部地区，果实7月上中旬成熟。

特殊性状描述：花粉败育，果实石细胞少而小；植株抗梨木虱，耐盐碱，适应性强。

早冠

外文名或汉语拼音： Zaoguan

来源及分布： $2n = 34$，河北省农林科学院石家庄果树研究所杂交育成，亲本为鸭梨×青云，在河北石家庄地区有少量栽培。

主要性状： 平均单果重245.5g，纵径7.3cm、横径7.3cm，果实圆形，果皮绿黄色；果点小而密、深褐色，萼片脱落；果柄较短，长2.9cm、粗2.5mm；果心中等大，5心室；果肉白色，肉质细、松脆，汁液多，味甜，无香气；含可溶性固形物11.5%；品质上等，常温下可贮藏15d左右。

树势强旺，树姿半开张；萌芽力中等，成枝力弱，丰产性好。一年生枝灰褐色；叶片圆形，长11.2cm、宽8.7cm，叶尖急尖，叶基截形；花蕾白色，每花序7～9朵花，平均8.0朵；雄蕊16～18枚，平均17.0枚；花冠直径3.7cm。在河北石家庄地区，果实8月初成熟。

特殊性状描述： 具自花结实能力；植株抗梨黑星病，抗逆性中等。

早红蜜

外文名或汉语拼音：Zaohongmi

来源及分布：$2n = 34$，中国农业科学院郑州果树研究所杂交育成，亲本为中梨1号×红香酥，在河南、河北等地有栽培。

主要性状：平均单果重250.0g，纵径7.7cm、横径6.5cm，果实纺锤形，果皮绿色，阳面着暗红色；果点小而疏、灰白色，萼片宿存；果柄长，长5.0cm、粗4.0mm；果心中等，5心室；果肉白色，肉质细、松脆，汁液多，味甜；含可溶性固形物12.2%；品质上等，常温下可贮藏10d。

树势中庸，树姿半开张；萌芽力强，成枝力中等，丰产性好。一年生枝黄褐色；叶片椭圆形，长10.7cm，宽5.8cm，叶尖渐尖，叶基圆形；花蕾白色，每花序6～9朵花，平均7.5朵；雄蕊25～33枚，平均29.0枚；花冠直径3.8cm。在河南郑州地区，果实7月中下旬成熟。

特殊性状描述：植株对梨树腐烂病有一定抗性，耐旱、耐涝、耐瘠薄。

早红玉

外文名或汉语拼音： Zaohongyu

来源及分布： $2n = 34$，中国农业科学院郑州果树研究所杂交育成，亲本为新世纪×红香酥，在河南、河北、四川、贵州、云南等地有栽培。

主要性状： 平均单果重256.0g，纵径7.3cm、横径7.4cm，果实圆形，果皮黄绿色，阳面有淡红晕；果点小而密、红褐色，萼片脱落；果柄较长，长3.5cm、粗4.1mm；果心中等大，5心室；果肉白色，肉质细、松脆，汁液多，味甜，无香气；含可溶性固形物12.8%；品质上等，常温下可贮藏10d。

树势中庸，树姿直立；萌芽力强，成枝力强，丰产性好。一年生枝黄褐色，叶片卵圆形，长10.4cm、宽7.3cm，叶尖渐尖，叶基截形；花蕾白色，每花序4～8朵花，平均6.0朵；雄蕊30～35枚，平均32.0枚；花冠直径4.2cm。在河南郑州地区，果实8月上中旬成熟。

特殊性状描述： 植株适合密植栽培，且管理容易、丰产稳产。

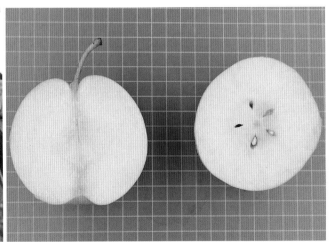

早金酥

外文名或汉语拼音：Zaojinsu

来源及分布：$2n = 34$，辽宁省果树科学研究所1994年杂交育成，亲本为早酥×金水酥，2009年通过辽宁省非主要农作物品种备案办公室备案，在辽宁西部、辽阳、鞍山及河北等地有栽培。

主要性状：平均单果重240.0g，纵径8.6cm、横径7.6cm，果实纺锤形，果皮绿黄色；果点小而密、浅褐色，萼片脱落或残存；果柄较长，长3.4cm、粗3.4mm；果心小，5心室；果肉白色，肉质细、松脆，汁液多，味酸甜，无香气；含可溶性固形物12.0%；品质极上等，常温下可贮藏15d。

树势强旺，树姿半开张；萌芽力强，成枝力强，丰产性好。一年生枝黄褐色；叶片卵圆形，长12.4cm、宽6.7cm，叶尖急尖，叶基宽楔形；花蕾白色，每花序7～9朵花，平均8.0朵；雄蕊19～21枚，平均20.0枚；花冠直径4.1cm。在辽宁熊岳地区，4月20日盛花，果实8月初成熟。

特殊性状描述：植株抗寒性较强。

早金香

外文名或汉语拼音：Zaojinxiang

来源及分布：$2n = 34$，中国农业科学院果树研究所1986年选育而成，亲本为矮香×三季梨杂交，在河北、辽宁、北京、山东等地有栽培。

主要性状：平均单果重247.3g，纵径7.8cm、横径6.0cm，果实粗颈葫芦形，果皮黄绿色；果点小而密、浅褐色，萼片残存；果柄较短，长2.1cm、粗4.3mm；果心小，5心室；果肉乳白色，肉质细，刚采收时肉质致密，不能食用，后熟后变软，汁液多，味甜，有微香气；含可溶性固形物13.0%～15.0%；品质上等，常温下可贮藏10d。

树势中庸，树姿半开张；萌芽力强，成枝力强，丰产性好。一年生枝黄褐色；叶片长卵圆形，长9.3cm、宽6.1cm，叶尖急尖，叶基圆形；花蕾白色，每花序6～8朵花，平均7.0朵；雄蕊26～30枚，平均28.0枚；花冠直径3.6cm。在辽宁兴城地区，果实8月上中旬成熟。

特殊性状描述：果实具有西洋梨典型的特征及风味，不耐贮藏，较大多数西洋梨品种早果、丰产、稳产；植株适应性强，高抗梨黑星病，并具有较强抗寒性。

早魁

外文名或汉语拼音： Zaokui

来源及分布： $2n = 34$，河北省农林科学院石家庄果树研究所杂交育成，亲本为雪花梨 × 黄花，在华北地区有栽培。

主要性状： 平均单果重275.3g，纵径8.4cm、横径7.8cm，果实纺锤形，果皮绿黄色；果点小而密、深褐色，萼片残存；果柄较长，长3.3cm、粗2.6mm；果心小，5心室；果肉白色，肉质细、脆，汁液多，味甜，无香气；含可溶性固形物12.8％；品质中上等，常温下可贮藏20d以上。

树势强旺，树姿开张；萌芽力强，成枝力中等，丰产性好。一年生枝灰褐色；叶片椭圆形，长12.2cm、宽6.5cm，叶尖急尖，叶基宽楔形；花蕾粉红色，每花序6 ~ 8朵花，平均7.0朵；雄蕊20 ~ 24枚，平均22.0枚；花冠直径3.2cm。在河北石家庄地区，果实8月上旬成熟。

特殊性状描述： 植株抗梨黑星病，抗逆性中等。

早梨18

外文名或汉语拼音： Zaoli 18

来源及分布： $2n = 34$，吉林省农业科学院果树研究所杂交育成，亲本为2-29×杭青，在吉林、辽宁等地有栽培。

主要性状： 平均单果重140.0g，纵径5.6cm、横径6.7cm，果实扁圆形，果皮黄绿色；果点小而密、浅灰色，萼片宿存；果柄长，基部稍膨大，长5.0cm、粗3.2mm；果心小，4～5心室；果肉白色，肉质细、松脆，汁液多，味甜，有香气；含可溶性固形物10.5%；品质中等，常温下可贮藏20d。

树势强旺，树姿开张；萌芽力中等，成枝力中等，丰产性好。一年生枝黄褐色；叶片卵圆形，长9.2cm、宽5.1cm，叶尖渐尖，叶基楔形；花蕾浅粉红色，每花序8～12朵花，平均10.0朵；雄蕊28～32枚，平均30.0枚；花冠直径4.8cm。在吉林中部地区，果实8月上旬成熟。

特殊性状描述： 植株抗寒性强，高抗梨黑星病。

早绿

外文名或汉语拼音： Zaolü

来源及分布： $2n = 34$，浙江省农业科学院园艺研究所育成，亲本为新世纪×鸭梨，在江苏南京、徐州、泰州等地有栽培。

主要性状： 平均单果重310.0g，纵径7.8cm、横径8.3cm，果实倒卵圆形，果皮绿黄色；果点小而疏、浅褐色，萼片脱落；果柄较短，长2.0cm、粗3.0mm；果心小，5心室；果肉乳白色，肉质中粗、松脆，汁液多，味甜，无香气；含可溶性固形物12.3%；品质中上等，常温下可贮藏10~15d。

树势强旺，树姿直立；萌芽力强，成枝力弱，丰产性好。一年生枝褐色；叶片卵圆形，长11.2cm、宽7.5cm，叶尖急尖，叶基宽楔形；花蕾浅粉红色，每花序5~7朵花，平均6.0朵；雄蕊16~19枚，平均17.5枚；花冠直径3.4cm。在江苏南京地区，果实7月上中旬成熟。

特殊性状描述： 植株抗病性极强，抗寒性强。

早美酥

外文名或汉语拼音： Zaomeisu

来源及分布： $2n = 34$，中国农业科学院郑州果树研究所杂交育成，亲本为新世纪 × 早酥，在河南、山东、北京、湖北、湖南等地有少量栽培。

主要性状： 平均单果重269.1g，纵径7.0cm、横径7.8cm，果实圆形，果皮绿色；果点小而疏、灰白色，萼片残存；果柄较长，长4.0cm、粗3.3mm；果心中等大，4～6心室；果肉乳白色，肉质细、松脆，汁液多，味甜，无香气；含可溶性固形物11.3%；品质中上等，常温下可贮藏7～15d。

树势中庸，树姿开张；萌芽力强，成枝力弱，丰产性较好。一年生枝黄褐色；叶片椭圆形，长11.9cm、宽7.8cm，叶尖急尖，叶基楔形；花蕾粉红色，每花序6～8朵花，平均7.0朵；雄蕊26～28枚，平均27.0枚；花冠直径4.2cm。在河南郑州地区，果实7月上中旬成熟。

特殊性状描述： 植株生长势极强，抗梨早期落叶病，耐高温高湿。

早酥

外文名或汉语拼音： Zaosu

来源及分布： $2n = 34$，中国农业科学院果树研究所杂交育成，亲本为苹果梨×身不知，在辽宁、河北、北京、江苏、甘肃、山西等地均有栽培。

主要性状： 平均单果重245.0g，纵径8.2cm、横径7.8cm，果实倒葫芦形，果皮绿色；果点小而疏、浅褐色，萼片宿存或残存；果柄较长，长3.2cm、粗3.1mm；果心中等大，5～6心室；果肉乳白色，肉质细、松脆，汁液多，味酸甜，无香气；含可溶性固形物13.6%；品质上等，常温下可贮藏7～15d。

树势强旺，树姿开张；萌芽力强，成枝力弱，丰产性好。一年生枝褐色；叶片披针形，长10.7cm、宽5.2cm，叶尖渐尖，叶基狭楔形；花蕾粉红色，每花序7～9朵花，平均8.0朵；雄蕊18～24枚，平均20.0枚；花冠直径3.9cm。在河南郑州地区，果实7月中旬成熟。

特殊性状描述： 植株适应性极强，栽培范围广，抗寒性、抗旱性、抗病性强，是育种的优良亲本之一，但果肉易发生梨木栓斑点病。

早酥蜜

外文名或汉语拼音： Zaosumi

来源及分布： $2n = 34$，中国农业科学院郑州果树研究所杂交育成，亲本为七月酥×砀山酥梨，在河南、河北、山东等地有栽培。

主要性状： 平均单果重250.0g，纵径7.9cm、横径7.2cm，果实倒卵圆形，果皮绿黄色；果点中等大而密、灰褐色，萼片宿存；果柄较长，长3.6cm、粗4.1mm；果心中等大，5～7心室；果肉白色，肉质细嫩、松脆，汁液特多，味甘甜，无香气；含可溶性固形物13.1%；品质上等，常温下可贮藏10d。

树势中庸，树姿半开张；萌芽力强，成枝力中等，丰产性一般。一年生枝暗褐色；叶片卵圆形，长10.0cm、宽6.1cm，叶尖渐尖，叶基宽楔形；花蕾白色，每花序7～9朵花，平均8.0朵；雄蕊26～30枚，平均28.0枚；花冠直径4.3cm。在河南郑州地区，果实7月中下旬成熟。

特殊性状描述： 果实肉质特别酥松，风味甘甜纯正，具有砀山酥梨的风味，比砀山酥梨提早成熟一个半月。

早香水

外文名或汉语拼音： Zaoxiangshui

来源及分布： $2n = 34$，黑龙江省农业科学院牡丹江分院杂交育成，亲本为龙香×矮香，在黑龙江牡丹江地区有栽培。

主要性状： 平均单果重71.0g，纵径4.5cm、横径5.4cm，果实扁圆形，果皮黄色；果点小而密、浅褐色，萼片宿存；果柄较短，长2.8cm、粗2.8mm；果心大，5心室；果肉乳白色，肉质细、后熟后变软，汁液多，味酸甜，有香气；含可溶性固形物13.2%；品质中上等，常温下可贮藏15d。

树势中庸，树姿直立；萌芽力中等，成枝力弱，丰产性一般。一年生枝紫褐色；叶片卵圆形，长9.5cm、宽5.2cm，叶尖渐尖，叶基圆形；花蕾白色，每花序7～15朵花，平均11.0朵；雄蕊18～22枚，平均20.0枚；花冠直径3.0cm。在黑龙江牡丹江地区，果实9月初成熟。

特殊性状描述： 植株抗寒性强，抗病性中等，抗虫性中等，较耐旱耐盐碱。

蔗梨

外文名或汉语拼音： Zheli

来源及分布： $2n = 34$，吉林省农业科学院果树研究所杂交育成，亲本为苹果梨 × 杭青，在辽宁、吉林、内蒙古等地有栽培。

主要性状： 平均单果重230.0g，纵径6.8cm、横径8.6cm，果实近圆形，果皮黄绿色；果点小而密、浅灰色，萼片残存；果柄细长，长5.0cm、粗2.9mm；果心极小，5心室；果肉白色，肉质细、松脆，汁液多，味甜，有微香气；含可溶性固形物13.1%；品质中上等，常温下可贮藏30d。

树势强旺，树姿半开张；萌芽力中等，成枝力弱，丰产性好。一年生枝绿黄色；叶片卵圆形，长13.1cm、宽8.7cm，叶尖渐尖，叶基心形；花蕾白色，每花序6～8朵花，平均7.0朵；雄蕊19～21枚，平均20.0枚；花冠直径4.7cm。在吉林中部地区，果实9月下旬成熟。

特殊性状描述： 植株抗寒性强，抗梨黑星病和梨轮纹病。

珍珠梨

外文名或汉语拼音： Zhenzhuli

来源及分布： $2n = 34$，上海市农业科学院林木果树研究所培育，亲本为八云×伏茄，在上海、浙江、河南等地有少量栽培。

主要性状： 平均单果重68.0g，纵径5.4cm、横径4.9cm，果实短葫芦形，果皮黄色；果点小而密、灰褐色，萼片宿存；果柄较长，基部膨大肉质化，长3.0cm、粗4.4mm；果心大，5心室；果肉白色，肉质细、松脆，汁液多，味酸甜，有微香气；含可溶性固形物10.7%；品质中等，常温下可贮藏5d。

树势强旺，树姿直立；萌芽力强，成枝力强，丰产性好。一年生枝褐色；叶片卵圆形，长9.0cm、宽5.1cm，叶尖急尖，叶基宽楔形；花蕾白色，每花序5～7朵花，平均6.0朵；雄蕊25～30枚，平均27.5枚；花冠直径3.7cm。在山东烟台地区，果实7月上旬成熟。

特殊性状描述： 果个小，成熟极早，可用作培育早熟梨新品种的材料。

中矮红

外文名或汉语拼音： Zhongaihong

来源及分布： $2n = 34$，中国农业科学院果树研究所1986年以矮香×贺新村杂交选育而成，在辽宁、北京、河北、山东、山西等地有栽培。

主要性状： 平均单果重215.0g，纵径6.1cm、横径6.3cm，果实近圆形，果皮黄绿色，阳面有紫红晕；果点中等大而密、灰白色，萼片宿存；果柄短，长1.8cm、粗2.8mm；果心小，5～6心室；果肉乳白色，肉质细，刚采收时即可食用，质脆，后熟后变软，汁液多，味酸甜，有香气；含可溶性固形物15.4%；品质上等，常温下可贮藏10d左右。

树势中庸，树姿开张；萌芽力强，成枝力中等，丰产性好。一年生枝红褐色；叶片狭椭圆形，长6.1cm、宽3.8cm，叶尖渐尖，叶基楔形；花蕾粉红色，每花序7～9朵花，平均8.0朵；雄蕊19～21枚，平均20.0枚；花冠直径3.8cm。在辽宁兴城地区，果实8月中下旬成熟。

特殊性状描述： 果实具诱人红色，树体矮化，枝条不经拉枝即自然开张，植株高抗梨黑星病，较抗梨干腐病，抗寒性较强。

中翠

外文名或汉语拼音: Zhongcui

来源及分布: $2n = 34$，华中农业大学杂交育成，亲本为跃进×二宫白，在长江中下游地区有少量栽培。

主要性状: 平均单果重376.0g，纵径9.1cm、横径8.9cm，果实卵圆形，果皮绿色；果点小而密、灰褐色，萼片残存；果柄长，长5.3cm、粗3.3mm；果心中等大，5心室；果肉白色，肉质中粗、松脆，汁液多，味甜，无香气；含可溶性固形物14.0%；品质中等，常温下可贮藏10d。

树势强旺，树姿半开张；萌芽力强，成枝力弱，丰产性较好。一年生枝黄褐色；叶片卵圆形，长10.7cm、宽7.6cm，叶尖渐尖，叶基楔形；花蕾白色，每花序5~7朵花，平均6.0朵；雄蕊20~28枚，平均25.0枚；花冠直径4.2cm。在河南郑州地区，果实8月中旬成熟。

特殊性状描述: 植株产量不稳定，有大小年结果现象。

中梨1号（又名：绿宝石）

外文名或汉语拼音： Zhongli No.1

来源及分布： $2n = 34$，中国农业科学院郑州果树研究所杂交育成，亲本为新世纪 × 早酥，在山东、河北、北京、河南、四川等地均有栽培。

主要性状： 平均单果重270.0g，纵径7.5cm、横径8.1cm，果实扁圆形，果皮绿色；果点中等大而密、浅褐色，萼片残存；果柄较长，长3.2cm、粗3.9mm；果心中等大，5 ~ 7心室；果肉乳白色，肉质细、松脆，汁液多，味甜，无香气；含可溶性固形物12.2%；品质上等，常温下可贮藏30d。

树势强旺，树姿直立；萌芽力强，成枝力中等，丰产性较好。一年生枝绿黄色；叶片披针形，长12.2cm、宽6.3cm，叶尖渐尖，叶基楔形；花蕾白色，每花序6 ~ 8朵花，平均7.0朵；雄蕊27 ~ 36枚，平均33.0枚；花冠直径3.7cm。在河南郑州地区，果实7月下旬成熟。

特殊性状描述： 果实成熟早，挂树期长，但在多雨年份有裂果现象发生。

中梨2号（又名：金星）

外文名或汉语拼音： Zhongli No.2

来源及分布： $2n = 34$，中国农业科学院郑州果树研究所杂交育成，亲本为栖霞大香水 × 兴隆麻梨，在河南、江苏、北京等地有栽培。

主要性状： 平均单果重150.0g，纵径6.7cm、横径6.5cm，果实近圆形，果皮绿黄色，充分成熟后为黄色；果点小而疏、褐色，萼片脱落；果柄较短，长2.2cm、粗3.1mm；果心中等大，4～5心室；果肉白色，肉质细、松脆，汁液多，味酸甜可口，无香气；含可溶性固形物12.3%；品质上等，常温下可贮藏20d。

树势中庸，树姿半开张；萌芽力强，成枝力中等，丰产性较好。一年生枝褐色；叶片椭圆形，长9.0cm、宽5.8cm，叶尖渐尖，叶基狭楔形；花蕾粉红色，每花序5～7朵花，平均6.0朵；雄蕊20～24枚，平均22.0枚；花冠直径4.3cm。在河南郑州地区，果实8月上旬成熟。

特殊性状描述： 植株丰产、抗病，果实风味独特，适合作航空食品。

中梨3号

外文名或汉语拼音： Zhongli No.3

来源及分布： $2n = 34$，中国农业科学院郑州果树研究所培育，亲本为栖霞大香水×鸭梨，现保存在国家园艺种质资源库郑州梨圃。

主要性状： 平均单果重346.0g，纵径9.2cm、横径8.6cm，果实长圆形，果皮绿色；果点小而密、浅褐色，萼片脱落；果柄细长，基部膨大肉质化，长5.2cm、粗3.1mm；果心小，5心室；果肉白色，肉质细、松脆，汁液多，味甜，无香气；含可溶性固形物12.4%；品质中上等，常温下可贮藏30d。

树势较弱，树姿开张；萌芽力中等，成枝力弱，丰产性一般。一年生枝黄褐色、纤细；叶片披针形，长12.9cm、宽6.9cm，叶尖渐尖，叶基狭楔形；花蕾浅粉红色，每花序5～7朵花，平均6.0朵；雄蕊24～28枚，平均26.0枚；花冠直径4.5cm。在河南郑州地区，果实9月上旬成熟。

特殊性状描述： 果实比鸭梨口感好，植株高抗梨黑星病。

中梨4号

外文名或汉语拼音： Zhongli No.4

来源及分布： $2n = 34$，中国农业科学院郑州果树研究所杂交育成，亲本为早美酥×七月酥，在河南、河北、湖北、四川、重庆等地有栽培。

主要性状： 平均单果重300.0g，纵径8.2cm、横径8.6cm，果实近圆形或卵圆形，果皮翠绿色；果点中等大而疏、灰褐色，萼片脱落；果柄较长，长3.6cm、粗4.0mm；果心极小，6～8心室；果肉乳白色，肉质细、松脆，汁液多，味酸甜适度，无香气；含可溶性固形物12.8%；品质中上等，常温下可贮藏7d。

树势强旺，树姿半开张；萌芽力强，成枝力中等，丰产性好。一年生枝红褐色；叶片椭圆形，长7.8cm、宽6.7cm，叶尖渐尖，叶基楔形；花蕾浅粉红色，每花序6～8朵花，平均7.0朵；雄蕊23～27枚，平均25.0枚；花冠直径4.2cm。在河南郑州地区，果实7月中旬成熟。

特殊性状描述： 果实极早熟，果个大、外观美，但不耐贮藏。

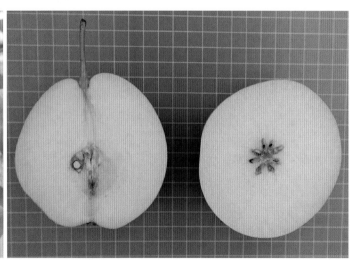

中梨5号

外文名或汉语拼音： Zhongli No.5

来源及分布： $2n = 34$，中国农业科学院郑州果树研究所杂交育成，亲本为早美酥 × 长寿，在河南、河北等地有栽培。

主要性状： 平均单果重250.0g，纵径7.2cm、横径8.3cm，果实扁圆形或圆形，果皮绿黄色；果点中等大而密、浅褐色，萼片脱落；果柄长，长5.0cm、粗4.0mm；果心中等大，5心室；果肉白色，肉质细、松脆，汁液多，味甘甜；含可溶性固形物12.4%；品质上等，常温下可贮藏10d。

树势中庸，树姿半开张；萌芽力强，成枝力强，丰产性好。一年生枝黄褐色；叶片卵圆形，长12.2cm、宽8.8cm，叶尖渐尖，叶基圆形；花蕾白色，每花序6 ~ 9朵花，平均7.5朵；雄蕊24 ~ 32枚，平均28.0枚；花冠直径4.5cm。在河南郑州地区，果实7月底成熟。

特殊性状描述： 果形整齐美观。

中香梨

外文名或汉语拼音： Zhongxiangli

来源及分布： $2n = 34$，莱阳农学院（现青岛农业大学）园艺系在20世纪50年代育成，亲本为茌梨×栖霞大香水，在山东、安徽、河南等地有少量栽培。

主要性状： 平均单果重286.0g，纵径8.0cm、横径7.1cm，果实卵圆形，果皮绿色；果点中等大而密、黑褐色，萼片残存；果柄较短，长2.5cm、粗3.5mm；果心小、中位，5心室；果肉白色，肉质细、疏松，汁液多，味甜，无香气；含可溶性固形物12.6%；品质中上等，常温下可贮藏15d。

树势中庸，树姿半开张；萌芽力中等，成枝力中等，丰产性好。一年生枝暗褐色；叶片卵圆形，长11.2cm、宽7.5cm，叶尖急尖，叶基圆形；花蕾粉红色，每花序5～8朵花，平均5.8朵；雄蕊20～25枚，平均23.0枚；花冠直径3.0cm。在山东青岛地区，果实8月下旬成熟。

特殊性状描述： 果实肉质极疏松。

二、芽变选育品种

白皮酥

外文名或汉语拼音：Baipisu

来源及分布：$2n = 34$，原产安徽省砀山县，为砀山酥梨芽变品种，在当地栽培甚少。

主要性状：平均单果重235.0g，纵径7.3cm、横径7.5cm，果实近圆形，果皮绿黄色；果点小而密、浅褐色，萼片脱落或残存；果柄较长，长4.0cm、粗3.8mm；果心中等大，5心室；果肉乳白色，肉质细、松脆，汁液多，味甜，无香气；含可溶性固形物12.0%；品质中等，常温下可贮藏30d。

树势中庸，树姿半开张；萌芽力强，成枝力弱，丰产性一般。一年生枝黄褐色；叶片卵圆形，长11.4cm、宽7.8cm，叶尖急尖，叶基楔形；花蕾浅粉红色，每花序5 ~ 9朵花，平均7.0朵；雄蕊26 ~ 30枚，平均28.0枚；花冠直径4.4cm。在安徽砀山县，果实8月下旬成熟。

特殊性状描述：果皮颜色比砀山酥梨浅，外观光滑，皮薄肉厚。

大巴梨

外文名或汉语拼音：Dabali

来源及分布：$2n = 4x = 68$，山东省烟台市农业科学研究院从二倍体巴梨的芽变枝中选育而成，在山东蓬莱、牟平、龙口等地有栽培。

主要性状：平均单果重379.0g，纵径10.6cm、横径9.0cm，果实粗颈葫芦形，果皮黄绿色，阳面有红晕；果点小而密、灰白色，萼片残存；果柄较长，长3.0cm、粗4.1mm；果心小，5心室；果肉白色，肉质细、经后熟软溶，汁液多，味酸甜，有浓香气；含可溶性固形物14.5％；品质上等，常温下可贮藏7～10d。

树势中庸，树姿直立；萌芽力中等，成枝力强，丰产性好。一年生枝黄褐色；叶片椭圆形，长8.1cm、宽5.1cm，叶尖渐尖，叶基圆形；花蕾白色，每花序5～7朵花，平均6.0朵；雄蕊20～24枚，平均22.0枚；花冠直径3.9cm。在山东烟台地区，果实8月中下旬成熟。

特殊性状描述：四倍体芽变品种。果个大，植株抗病性和抗逆性均强。

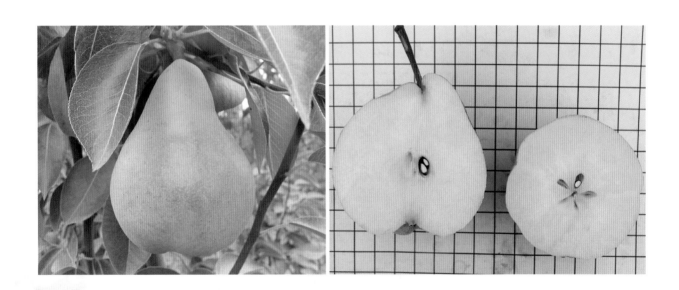

大南果

外文名或汉语拼音： Da'nanguo

来源及分布： $2n = 34$，由辽宁省果树科学研究所、鞍山市农林牧业局、鞍钢七岭子牧场、沈阳农业大学等单位共同选育，为南果梨大果芽变，1990年通过辽宁省品种审定委员会审定，在辽宁、吉林等地有栽培。

主要性状： 平均单果重145.0g，纵径6.2cm、横径6.6cm，果实扁圆形，部分果面有3～4条棱，果皮绿黄色，阳面有红晕；果点中等大而密、灰褐色，萼片残存；果柄短粗，长1.2cm、粗6.5mm；果心大，5心室；果肉白色，肉质细，采收时果肉脆，7～10d后熟后变软溶，汁液多，味酸甜，有浓香气；含可溶性固形物15.1%；品质上等，常温下可贮藏20d。

树势强旺，树姿直立；萌芽力强，成枝力强，丰产性好。一年生枝绿黄色；叶片卵圆形，长11.1cm、宽6.9cm，叶尖急尖，叶基宽楔形；花蕾浅粉红色，每花序6～10朵花，平均8.0朵；雄蕊17～22枚，平均19.5枚；花冠直径4.1cm。在辽宁鞍山地区，果实9月上中旬成熟。

特殊性状描述： 植株抗寒性、抗病性强。

砀山金酥

外文名或汉语拼音： Dangshan Jinsu

来源及分布： $2n = 34$，由安徽农业大学从砀山酥梨芽变中选育而成，在安徽砀山县有少量栽培。

主要性状： 平均单果重355.0g，纵径8.5cm、横径8.3cm，果实近圆形，果皮黄绿色，具褐色锈斑；果点中等大而密、灰褐色，萼片脱落；果柄较长，长3.5cm、粗4.6mm；果心小，5心室；果肉乳白色，肉质细嫩，汁液多，风味甜酸，无香气；含可溶性固形物14.5%；品质上等，常温下可贮藏30d。

树势中庸，树姿开张；萌芽力强，成枝力中等，丰产性好。一年生枝青褐色；叶片卵圆形或长椭圆形，长10.3cm、宽6.4cm，叶尖急尖，叶基圆形；花蕾白色，每花序6~8朵花，平均7.0朵；雄蕊24~27枚，平均25.0枚；花冠直径3.2cm。在安徽北部地区，果实9月中下旬成熟。

特殊性状描述： 植株丰产性好，耐瘠薄，果实品质、抗寒性及抗病性显著优于砀山酥梨。

砀山香酥

外文名或汉语拼音： Dangshan Xiangsu

来源及分布： $2n = 34$，由安徽农业大学从砀山酥梨芽变中选育而成，在安徽砀山县有少量栽培。

主要性状： 平均单果重420.0g，纵径10.5cm、横径9.8cm，果实长圆形，果皮黄绿色；果点中等大而密、棕褐色，萼片脱落；果柄较长，长3.4cm、粗4.5mm；果心较小，5心室；果肉白色，肉质细嫩，汁液较多，味酸甜，有香气；含可溶性固形物12.0%；品质中上等，常温下可贮藏30d。

树势较强，树姿直立；萌芽力强，成枝力中等，丰产性好。一年生枝黄褐色；叶片卵圆形，长9.9cm、宽7.9cm，叶尖急尖，叶基圆形；花蕾白色，每花序3～6朵花，平均4.5朵；雄蕊24～26枚，平均25.0枚；花冠直径3.0cm。在安徽北部地区，果实9月初成熟。

特殊性状描述： 与砀山酥梨相比，果实成熟期提前10～15d，植株以短果枝结果为主，腋花芽结果能力强，花粉败育。

砀山新酥

外文名或汉语拼音： Dangshan Xinsu

来源及分布： $2n = 34$，由安徽省农业科学院从砀山酥梨芽变中选育而成，在安徽砀山县、萧县等地有少量栽培。

主要性状： 平均单果重370.0g，纵径8.8cm、横径9.3cm，果实近圆形，果皮黄绿色；果点小而密、棕褐色，萼片脱落；果柄较长，长4.2cm、粗4.6mm；果心小，5心室；果肉白色，肉质细腻，汁液中多，味酸甜，有微香气；含可溶性固形物11.6%；品质中上等，常温下可贮藏10d。

树势中庸，树姿开张；萌芽力中等，成枝力中等，丰产性好。一年生枝黄褐色；叶片卵圆形或长椭圆形，长7.8cm、宽4.8cm，叶尖渐尖或急尖，叶基圆形；花蕾白色，每花序5～7朵花，平均6.0朵；雄蕊20～26枚，平均23.0枚；花冠直径3.0cm。在安徽北部地区，果实9月上旬成熟。

特殊性状描述： 与砀山酥梨相比，果实成熟期提前15d左右，果实圆正、外观整齐，果点小，果锈少，石细胞含量减少30%以上。

伏酥

外文名或汉语拼音： Fusu

来源及分布： 原产安徽省砀山县，为砀山酥梨早熟芽变品种，在安徽砀山县、萧县等地有少量栽培。

主要性状： 平均单果重240.0g，纵径7.0cm、横径7.7cm，果实圆形，果皮黄色；果点小而密、浅褐色，萼片残存；果柄较长，长4.0cm、粗3.8mm；果心中等大，5心室；果肉乳白色，肉质粗、松脆，汁液多，味甜，无香气；含可溶性固形物12.5%；品质中等，常温下可贮藏23d。

树势中庸，树姿半开张，萌芽力中等，成枝力弱，丰产性一般。一年生枝黄褐色；叶片卵圆形，长8.5cm、宽7.0cm，叶尖渐尖，叶基宽楔形；花蕾浅粉红色，每花序6～8朵花，平均7.0朵；雄蕊28～33枚，平均30.5枚；花冠直径4.4cm。在河南郑州地区，果实8月中旬成熟。

特殊性状描述： 果实比砀山酥梨成熟期提早15d。

桂梨1号

外文名或汉语拼音： Guili No.1

来源及分布： $2n = 34$，广西特色作物研究院、广西柑橘生物学重点实验室、广西桃梨良种培育中心从翠冠芽变中选育而成，在广西南宁有少量栽培。

主要性状： 平均单果重246.0g，纵径8.3cm、横径7.7cm，果实近圆形，果皮绿色，果面具片状果锈；果点小而密、灰褐色，萼片脱落；果柄较短，长2.0cm、粗3.9mm；果心小，5～6心室；果肉白色，质细、酥脆，汁多，味甜，石细胞少；含可溶性固形物11.0%；品质上等，常温下可贮藏7～10d。

树势较强，树姿较直立；萌芽力强，成枝力强，丰产性好。一年生枝绿褐色；叶片长圆形，长10.7cm、宽8.9cm，叶尖急尖，叶基圆形；花蕾浅粉红色，每花序5～8朵花，平均6.5朵；花冠直径3.5cm。在广西桂林地区，果实6月下旬成熟。

特殊性状描述： 植株适应性较强，裂果少，抗病、抗高温，但不抗梨炭疽病。

褐南果

外文名或汉语拼音： He'nanguo

来源及分布： $2n = 34$，原产辽宁省鞍山市，为南果梨芽变，在辽宁营口、鞍山、辽阳、锦州等地有栽培。

主要性状： 平均单果重91.0g，纵径5.0cm、横径5.5cm，果实圆形，果皮褐色；果点中等大而密、灰白色，萼片残存；果柄较短粗，长2.0cm、粗6.5mm；果心大，5心室；果肉淡黄色，肉质细软，汁液多，味酸甜，有香气；含可溶性固形物15.9%；品质上等，常温下可贮藏15d。

树势强旺，树姿直立；萌芽力强，成枝力强，丰产性好。一年生枝黄褐色；叶片卵圆形，长9.6cm、宽5.2cm，叶尖急尖，叶基宽楔形；花蕾浅粉红色，每花序5～9朵花，平均7.0朵；雄蕊18～23枚，平均20.5枚；花冠直径4.7cm。在辽宁鞍山地区，果实9月上中旬成熟。

特殊性状描述： 植株抗寒性、抗病性强。

红早酥

外文名或汉语拼音： Hongzaosu

来源及分布： $2n = 34$，西北农林科技大学园艺学院选育，为早酥红皮芽变，2013年通过陕西省果树品种审定委员会审定，在陕西、甘肃、青海、河南、宁夏等地分布。

主要性状： 平均单果重253.0g，纵径9.0cm、横径8.4cm，果实圆锥形，果皮呈绿红相间条纹状着色，亦有全红着色者；果点中等大而密、灰白色，萼片宿存或残存；果柄较长，长4.3cm、粗4.7mm；果心小，5心室；果肉白色，肉质细、脆，汁液中多，味酸甜，无香气；含可溶性固形物11.0%；品质中等，常温下可贮藏20d。

树势强旺，树姿半开张；萌芽力强，成枝力中等，丰产性较好。一年生枝红褐色；叶片椭圆形，长9.2cm、宽5.9cm，叶尖急尖，叶基楔形；花蕾粉红色，每花序7～9朵花，平均8.0朵；雄蕊16～24枚，平均22.0枚；花冠直径3.1cm。在陕西关中地区，果实8月中旬成熟。

特殊性状描述： 花蕾、幼叶、芽、枝条和果皮均为红色，是观赏和食用兼用的品种。

花盖王

外文名或汉语拼音：Huagaiwang

来源及分布：$2n = 4x = 68$；沈阳农业大学从花盖梨中选出的梨四倍体芽变品种，在辽宁锦州地区有栽培。

主要性状：平均单果重192.0g，纵径6.2cm、横径8.3cm；果实扁圆形，果皮黄绿色，阳面无晕；果点小而密，萼片残存；果柄较短，长2.8cm、粗3.5mm；果心小，5心室；果肉淡黄色，肉质粗，采收时致密，后熟后变软，汁液多，味酸、微涩，无香气；含可溶性固形物13.3%；品质中等，常温下可贮藏20d。

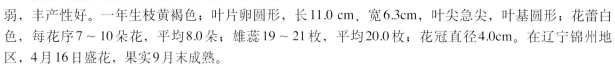

树势中庸，树姿半开张；萌芽力强，成枝力弱，丰产性好。一年生枝黄褐色；叶片卵圆形，长11.0 cm、宽6.3cm，叶尖急尖，叶基圆形；花蕾白色，每花序7～10朵花，平均8.0朵；雄蕊19～21枚，平均20.0枚；花冠直径4.0cm。在辽宁锦州地区，4月16日盛花，果实9月末成熟。

特殊性装描述：植株抗寒性强。

华高

外文名或汉语拼音：Huagao

来源及分布：$2n = 34$，中南林业科技大学选育，为新高芽变品种，在湖北、江苏、浙江等地有栽培。

主要性状：平均单果重298.0g，纵径9.8cm、横径6.2cm，果实近圆形或扁圆形，果皮黄褐色；果点中等大而密、灰白色，萼片脱落；果柄较短，长2.5cm、粗4.1mm；果心小，5心室；果肉乳白色，肉质细，汁液多，味浓甜，有微香气；含可溶性固形物13.5%；品质上等，常温下可贮藏30d。

树势强旺，树姿半开张；萌芽力强，成枝力强，丰产性一般。一年生枝黄褐色；叶片卵圆形，长12.0cm、宽7.0cm，叶尖渐尖，叶基截形；花蕾浅粉红色，每花序3～4朵花，平均3.0朵；雄蕊8～13枚，平均10.0枚；花冠直径3.0cm。在湖南地区，果实8月下旬成熟。

特殊性状描述：植株抗旱，耐涝，较抗梨轮纹病和梨黑斑病。

徽香

外文名或汉语拼音：Huixiang

来源及分布：$2n = 34$，由安徽农业大学选育，为清香早熟芽变，在安徽宣城等地有少量栽培。

主要性状：平均单果重228.0g，纵径8.2cm、横径9.6cm，果实阔卵圆形，果皮黄绿色，具少量果锈；果点小而密、褐色，萼片脱落；果柄较长，长4.2cm、粗4.6mm；果心小，5心室；果肉乳白色，肉质细嫩、松脆，汁液多，味甜，无香气；含可溶性固形物11.0%；品质中上等，常温下可贮藏10d。

树势较强，树姿半开张；萌芽力强，成枝力中等。一年生枝青褐色；叶片卵圆形，长9.6cm、宽7.0cm，叶尖急尖，叶基圆形或宽楔形；花蕾白色，每花序4～9朵花，平均6.0朵；雄蕊20～28枚，平均24.0枚；花冠直径3.0cm。在安徽宣城地区，果实7月下旬成熟。

特殊性状描述：果实成熟期比清香早7d左右，丰产性好，对梨黑斑病以及梨木虱、蚜虫等病虫害抗性较强。

蓟县大鸭梨

外文名或汉语拼音：Jixian Dayali

来源及分布：$2n = 4x = 68$，原产天津市蓟县，为鸭梨同源四倍体大果芽变品种，在天津蓟县有少量栽培。

主要性状：平均单果重350.2g，纵径10.0cm、横径8.8cm，果实葫芦形，果皮绿色；果点小而疏、绿褐色，萼片脱落；果柄长，基部膨大肉质化，长5.0cm、粗3.5mm；果心中等大，5心室；果肉白色，肉质中粗、松脆，汁液多，味淡甜，无香气；含可溶性固形物9.8%；品质中等，常温下可贮藏30d。

树势中庸，树姿半开张；萌芽力中等，成枝力弱，丰产性一般。一年生枝褐色；叶片卵圆形，长12.1cm、宽8.0cm，叶尖急尖，叶基截形；花蕾浅粉红色，每花序5～6朵花，平均5.5朵；雄蕊24～28枚，平均26.0枚；花冠直径5.0cm。在河南郑州地区，果实9月上中旬成熟。

特殊性状描述：果个大，但果面凹凸不平，肉质较粗。

尖把王

外文名或汉语拼音： Jianbawang

来源及分布： $2n = 34$，辽宁省果树科学研究所于1993年在海城市马风镇祝家村发现的尖把梨大果芽变，2003年通过辽宁省品种审定委员会品种登记，在辽宁鞍山、吉林等地有栽培。

主要性状： 平均单果重189.0g，纵径6.3cm、横径6.9cm，果实倒卵圆形，果皮浅绿色，后熟后变为黄白色，部分果实表面有1～2条纵沟，阳面无晕；果点小而密、灰褐色，萼片残存；果柄较长，长3.0cm、粗5.5mm；果心中等大，5心室；果肉白色，肉质细、后熟后变软，汁液多，味酸甜，有浓香气；含可溶性固形物14.8%；品质上等。

树势强旺，树姿直立；萌芽力强，成枝力弱，丰产性好。一年生枝绿黄色；叶片卵圆形，长11.4cm、宽6.7cm，叶尖急尖，叶基圆形；花蕾白色，每花序5～7朵花，平均6.0朵；雄蕊17～20枚，平均18.5枚；花冠直径4.2cm。在辽宁熊岳地区，4月14日盛花，果实9月下旬成熟。

特殊性状描述： 果实较耐贮藏，适宜冻藏；植株抗寒性强，抗病性亦强。

金川白皮雪梨

外文名或汉语拼音：Jinchuan Baipixueli

来源及分布：$2n = 34$，原产四川省金川县，为金川雪梨芽变品种，在四川金川有一定量栽培。

主要性状：平均单果重326.0g，纵径9.8cm、横径8.3cm，果实葫芦形，果皮黄白色；果点小而密、浅褐色，萼片脱落；果柄较长，长4.0cm、粗3.5mm；果心中等大，5心室；果肉淡黄色，肉质中粗、松脆，汁液多，味甜，无香气；含可溶性固形物10.1%；品质中等，常温下可贮藏10～30d。

树势中庸，树姿半开张；萌芽力强，成枝力中等，丰产性一般。一年生枝黄褐色；叶片卵圆形，长12.9cm、宽7.4cm，叶尖急尖，叶基楔形；花蕾浅粉红

色，每花序5～7朵花，平均6.0朵；雄蕊25～32枚，平均28.5枚；花冠直径5.0cm。在河南郑州地区，果实8月中旬成熟。

特殊性状描述：果面光滑，肉质细嫩，但风味稍淡。

金川大果雪梨

外文名或汉语拼音： Jinchuan Daguoxueli

来源及分布： $2n=34$，原产四川省金川县，为金川雪梨芽变品种，在金川当地有少量栽培。

主要性状： 平均单果重325.0g，纵径10.6cm、横径8.2cm，果实纺锤形，果皮绿色；果点小而密、浅褐色，萼片脱落；果柄较长，长4.5cm、粗3.5mm；果心中等大，5心室；果肉白色，肉质细、松脆，汁液多，味甜，无香气；含可溶性固形物12.0%；品质中上等，常温下可贮藏30d。

树势中庸，树姿半开张；萌芽力中等，成枝力弱，丰产性一般。一年生枝褐色；叶片椭圆形，长10.1cm、宽8.0cm，叶尖急尖，叶基楔形；花蕾浅粉红色，每花序5～6朵花，平均5.5朵；雄蕊25～29枚，平均27.0枚；花冠直径4.4cm。在河南郑州地区，果实9月中旬成熟。

特殊性状描述： 果个大，果实口感品质一般。

金冠酥

外文名或汉语拼音： Jinguansu

来源及分布： $2n = 4x = 68$，山西省农业科学院生物技术研究中心和山西省农业科学院果树研究所从酥梨自然芽变中选育而成，于2015年通过山西省农作物品种审定委员会审定，在山西省阳曲县、定襄县、原平市、隰县、翼城县、临猗县等地有栽培。

主要性状： 平均单果重240.3g，纵径9.6cm、横径8.7cm，果实倒卵圆形，果皮黄绿色；果点中等大而密、棕褐色，萼片脱落；果柄较长，长4.1cm、粗3.7mm；果心小，4～5心室；果肉白色，肉质细、松脆，汁液多，味甜，有微香气；含可溶性固形物12.2%；品质上等，常温下可贮藏25d。

　　树势强旺，树姿开张；萌芽力强，成枝力弱，丰产性好。一年生枝褐色；叶片卵圆形，长10.3cm、宽8.1cm，叶尖急尖，叶基圆形；花蕾白色，每花序5～8朵花，平均6.5朵；雄蕊19～20枚，平均19.5枚；花冠直径5.3cm。在山西晋中地区，果实9月上旬成熟。

特殊性状描述： 高抗梨树腐烂病。

 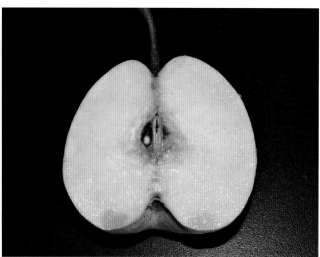

金花4号

外文名或汉语拼音： Jinhua No.4

来源及分布： $2n = 34$，原产四川省金川县，为金花梨的一个优良芽变新品系，在四川金川、山东等地有少量栽培。

主要性状： 平均单果重602.7g，纵径11.4cm、横径9.5cm，果实长圆形，果皮绿色，阳面无晕；果点小而密、红褐色，萼片宿存；果柄长，长5.6cm、粗4.4mm；果心小，5心室；果肉白色，肉质粗、脆，无香气，无涩味；含可溶性固形物12.2%；品质中等，常温下可贮藏20d。

树势强旺，树姿半开张；萌芽力强，成枝力强。叶片卵圆形，长12.5cm、宽8.9cm，叶尖渐尖，叶基宽楔形；花蕾浅粉红色，每花序6～8朵花，平均7.0朵；雄蕊27～33枚，平均30.0枚；花冠直径3.5cm。在南京湖熟，果实9月上旬成熟。

特殊性状描述： 植株适应性和抗逆性较强，较耐寒、耐湿、抗旱，较抗梨黑星病、梨叶斑病和梨轮纹病。

金秋梨

外文名或汉语拼音： Jinqiuli

来源及分布： $2n = 34$，湖南省怀化安江农校（现怀化职业技术学院）选育，为新高早熟芽变，在湖南、贵州等地均有栽培。

主要性状： 平均单果重329.2g，纵径7.2cm、横径8.5cm，果实圆形，果皮褐色；果点中等大而密、灰白色，萼片脱落；果柄较短，长2.8cm、粗3.5mm；果心中等大，5心室；果肉淡黄色，肉质细、紧脆，汁液多，味甜，无香气；含可溶性固形物11.8%；品质中上等，常温下可贮藏15d。

树势弱，树姿半开张；萌芽力强，成枝力弱，丰产性好。一年生枝绿黄色；叶片椭圆形，长10.9cm、宽7.6cm，叶尖急尖，叶基截形；花蕾白色，每花序6～8朵花，平均7.0朵；雄蕊18～23枚，平均20.5枚；花冠直径3.7cm。在河南郑州地区，果实9月上旬成熟。

特殊性状描述： 结果早，植株适应性强。

金坠梨

外文名或汉语拼音： Jinzhuili

来源及分布： $2n = 34$，原产河北省，为鸭梨的自交亲和芽变品种。

主要性状： 平均单果重182.6g，纵径8.0cm、横径6.8cm，果实倒卵圆形，果皮绿黄色；果点中等大而疏、灰褐色，萼片脱落；果柄较长，长3.5cm、粗3.3mm；果心中等大，5心室；果肉白色，肉质细、松脆，汁液多，味酸甜，无香气；含可溶性固形物11.6%；品质中等，常温下可贮藏20d。

树势弱，树姿半开张；萌芽力中等，成枝力弱，丰产性一般。一年生枝红褐色；叶片卵圆形，长10.5cm、宽6.8cm，叶尖渐尖，叶基截形；花蕾浅粉红色，每花序7～9朵花，平均8.0朵；雄蕊21～24枚，平均22.5枚；花冠直径3.7cm。在河北衡水地区，果实9月中旬成熟。

特殊性状描述： 植株抗逆性较强，但不抗梨黑星病；自交亲和性好，可用作培育自交亲和梨新品种的亲本。

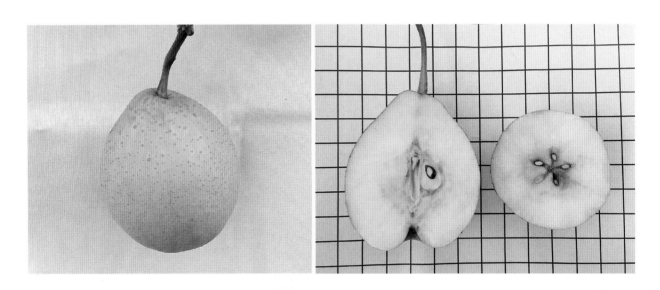

晋巴梨

外文名或汉语拼音： Jinbali

来源及分布： $2n = 34$，山西省农业科学院生物技术研究中心通过巴梨体细胞辐射诱变选育而成，于2007年通过山西省农作物品种审定委员会审定，在山西太原、忻州、长治等地有栽培。

主要性状： 平均单果重385.0g，纵径10.6cm、横径8.5cm，果实葫芦形，果皮绿黄色，阳面有淡红晕；果点小而密、浅褐色，萼片残存；果柄短粗，根部有肉质突起；果心小，4～5心室；果肉白色，采后10～15d后熟后方可食用，肉质细、软面，汁液多，味甜，有香气；含可溶性固形物13.5%～16.0%；品质上等，常温下可贮藏20d。

树势强旺，树姿直立；萌芽力强，成枝力中等，丰产性好。一年生枝红褐色；叶片椭圆形，长8.2cm、宽4.6cm，叶尖渐尖，叶基狭楔形；花蕾白色，每花序3～7朵花，平均5.0朵；雄蕊19～22枚，平均20.5枚；花冠直径3.9cm。在山西中部地区，果实8月中旬成熟。

特殊性状描述： 植株较抗梨黑星病，不抗梨干腐病，中抗梨褐斑病，耐旱，耐盐碱。

晋州大鸭梨

外文名或汉语拼音： Jinzhou Dayali

来源及分布： $2n = 4x = 68$，原产河北省晋州市，为鸭梨大果四倍体芽变，在河北、山东、河南等地有少量栽培。

主要性状： 平均单果重320.0g，纵径9.4cm、横径8.3cm，果实倒圆锥形，果皮绿色，果肩部有片锈；果点小而疏、浅褐色，萼片残存；果柄较长，基部膨大肉质化，长4.0cm、粗3.8mm；果心中等大，4～5心室；果肉白色，肉质中粗、松脆，汁液多，味甜，无香气；含可溶性固形物10.8%；品质中等，常温下可贮藏30d。

树势中庸，树姿半开张；萌芽力中等，成枝力弱，丰产性一般。一年生枝褐色；叶片卵圆形，长13.6cm、宽8.1cm，叶尖急尖，叶基楔形；花蕾浅粉红色，每花序6～8朵花，平均7.0朵；雄蕊20～26枚，平均24.0枚；花冠直径5.3cm。在河北地区，果实9月上旬成熟。

特殊性状描述： 果个比鸭梨大，花粉量少，果面凹凸不平。

六月酥

外文名或汉语拼音：Liuyuesu

来源及分布：$2n = 34$，西北农林科技大学园艺学院选育，为早酥极早熟芽变，2006年通过陕西省果树品种审定委员会审定，在陕西、山西、河南等地有栽培。

主要性状：平均单果重342.0g，纵径8.5cm、横径9.0cm，果实近圆形，果皮绿色；果点小而密、浅褐色，萼片宿存或残存；果柄较长，基部稍膨大，长3.0cm、粗3.9mm；果心中等大，5心室；果肉白色，肉质细、脆，汁液多，味酸甜，无香气；含可溶性固形物10.9%；品质中等，常温下可贮藏15d。

树势强旺，树姿半开张；萌芽力强，成枝力中等，丰产性较好。一年生枝黄褐色；叶片椭圆形，长11.2cm、宽6.6cm，叶尖急尖，叶基圆形；花蕾浅粉红色，每花序7～12朵花，平均9.5朵；雄蕊16～25枚，平均20.5枚；花冠直径3.5cm。在陕西关中地区，果实6月下旬成熟。

特殊性状描述：极早熟、大果型品种，但在一些地区栽培，果肉易出现木栓化。

南红梨

外文名或汉语拼音： Nanhongli

来源及分布： $2n = 34$，辽宁省果树科学研究所、海城市林业局、海城宏星南果梨专业合作社等单位于2000年从海城市王石镇小女寨村发现的南果梨红色芽变，2011年通过辽宁省非主要农作物品种备案办公室备案，在辽宁鞍山、辽阳、锦州等地有栽培。

主要性状： 平均单果重85.0g、纵径5.2cm、横径5.6cm，果实圆形，果面光滑、鲜红色；果点小而密、灰白色，萼片脱落；果柄短，长1.6cm、粗3.5mm；果心中等大，5心室；果肉白色，肉质细，采收时果肉脆，7～10d后熟后变软溶，汁液多，味酸甜，有浓香气；含可溶性固形物17.3%；品质极上等，常温下可贮藏25d。

树势强旺，树姿直立；萌芽力强，成枝力强，丰产性好。一年生枝黄褐色；叶片卵圆形，长9.0cm、宽5.4cm，叶尖急尖，叶基圆形；花蕾浅粉红色，每花序7～10朵花，平均8.5朵；雄蕊20～23枚，平均21.5枚；花冠直径3.7cm。在辽宁鞍山地区，果实9月上中旬成熟。

特殊性状描述： 植株抗寒性、抗病性均强。

沙01

外文名或汉语拼音：Sha 01

来源及分布：$2n = 4x = 68$，新疆维吾尔自治区农业科学院和巴州沙依东园艺场共同选育而成，为库尔勒香梨同源四倍体芽变品种，2014年10月通过新疆维吾尔自治区林木品种审定委员会审定，在新疆库尔勒等地有栽培。

主要性状：平均单果重182.0g，纵径6.6cm、横径5.6cm，果实纺锤形，果皮黄绿色，阳面有红晕；果点中等大而密、红褐色，萼片宿存；果柄较长而粗，长4.0cm、粗5.5mm；果心大，5心室；果肉白色，肉质细、松脆，汁液多，味酸甜适口，有微香气；含可溶性固形物11.2%；品质上等，常温下可贮藏30d。

树势强旺，树姿半开张；萌芽力强，成枝力中等，丰产性差。一年生枝灰褐色；叶片卵圆形，长11.1cm、宽7.6cm，叶尖渐尖，叶基截形；花蕾白色，每花序5～7朵花，平均6.0朵；雄蕊21～30枚，平均25.5枚；花冠直径5.0cm。在河南郑州地区，果实8月下旬成熟。

特殊性状描述：果实较库尔勒香梨果个大，植株较耐寒，但成花不易、产量低。

水洞瓜

外文名或汉语拼音： Shuidonggua

来源及分布： $2n = 34$，原产安徽省砀山县，为砀山酥梨芽变品种，在安徽砀山有少量栽培。

主要性状： 平均单果重1 022.3g，纵径12.6cm、横径12.1cm，果实卵圆形，果皮绿色；果点中等大而密、褐色，萼片脱落或残存；果柄较短，长2.5cm、粗3.9mm；果心小，5心室；果肉乳白色，肉质中粗、松脆，汁液多，味酸甜，无香气；含可溶性固形物11.7%；品质中等，常温下可贮藏30d。

树势中庸，树姿直立；萌芽力中等，成枝力弱，丰产性一般。一年生枝褐色；叶片卵圆形，长10.5cm、宽8.7cm，叶尖急尖，叶基楔形；花蕾白色，每花序5～6朵花，平均5.5朵；雄蕊40～46枚，平均43.0枚；花冠直径4.8cm。在河南郑州地区，果实9月上旬成熟。

特殊性状描述： 果个大，果心小，肉质粗。

水晶梨

外文名或汉语拼音：Shuijingli

来源及分布：$2n = 34$，来源不详，新高品种芽变，在山东、江苏、河南、河北、北京等地均有栽培。

主要性状：平均单果重377.7g、纵径7.8cm、横径9.0cm，果实近圆形，果皮绿色；果点小而密、浅褐色，萼片脱落；果柄较长，长3.0cm、粗3.5mm；果心中等大，5心室；果肉乳白色，肉质细、松脆，汁液多，味甜，无香气；含可溶性固形物12.0%；品质中上等，常温下可贮藏10d。

树势中庸，树姿半开张；萌芽力强，成枝力中等，丰产性好。一年生枝黄褐色；叶片卵圆形，长11.7cm、宽7.0cm，叶尖渐尖，叶基楔形；花蕾白色，每花序5～7朵花，平均6.0朵；雄蕊22～26枚，平均24.0枚；花冠直径3.9cm。在河南郑州地区，果实8月中旬成熟。

特殊性状描述：结果早，较新高品种肉质粗。

天海鸭梨

外文名或汉语拼音：Tianhaiyali

来源及分布：$2n = 4x = 68$，原产天津市静海县，为鸭梨同源四倍体大果芽变，在天津静海等地有少量栽培。

主要性状：平均单果重348.2g，纵径10.0cm、横径8.8cm，果实葫芦形，果皮绿色；果点小而疏、绿褐色，萼片脱落；果柄长，基部膨大肉质化，长4.5cm、粗3.5mm；果心中等，5心室；果肉乳白色、肉质细、松脆，汁液多，味甜，无香气；含可溶性固形物12.2%；品质中上等，常温下可贮藏30d。

树势较弱，树姿半开张；萌芽力中等，成枝力弱，丰产性一般。一年生枝褐色；叶片卵圆形，长13.2cm、宽7.8cm，叶尖急尖，叶基宽楔形；花蕾浅粉红色，每花序5～7朵花，平均6.0朵；雄蕊25～31枚，平均28.0枚；花冠直径5.0cm。在河南郑州地区，果实9月上旬成熟。

特殊性状描述：果个大，抗性强。

魏县大鸭梨

外文名或汉语拼音： Weixian Dayali

来源及分布： $2n = 4x = 68$，原产河北省魏县，为鸭梨大果型芽变，在河北、辽宁等地有少量栽培。

主要性状： 平均单果重290.0g，纵径8.6cm、横径8.3cm，果实倒卵圆形，果皮黄绿色，阳面无晕；果点中等大而密、褐色，萼片脱落；果柄长，基部膨大肉质化，长5.0cm、粗3.6mm；果心小，5心室；果肉白色，肉质细、松脆，汁液多，味甜，无香气；含可溶性固形物13.2%；品质上等，常温下可贮藏30d。

树势中庸，树姿半开张；萌芽力强，成枝力中等，丰产性好。一年生枝褐色；叶片圆形，长13.4cm、宽10.4cm，叶尖急尖，叶基截形；花蕾白色，每花序4~6朵花，平均5.5朵；雄蕊20~23枚，平均21.5枚；花冠直径5.4cm。在辽宁熊岳地区，4月19日盛花，9月下旬成熟。

特殊性状描述： 果个大，外观差，品质一般。

香红

外文名或汉语拼音：Xianghong

来源及分布：$2n = 34$，河北省昌黎果树研究所利用红安久自然种子经 ^{60}Co-γ 射线辐射诱变选育的红色梨新品种，2013年通过河北省林木品种审定委员会审定并命名，在河北昌黎等地有栽培。

主要性状：平均单果重216.0g，纵径7.7cm、横径8.5cm，果实粗颈葫芦形，果皮黄色，盖色鲜红色；果点中等大而密、棕褐色，萼片残存；果柄短粗，长1.8cm、粗3.8mm；果心极小，5心室；果肉白色，肉质细、软溶，汁液多，味酸甜适度，有浓香气；含可溶性固形物12.5%；品质上等，常温下可贮藏30d。

树势强旺；萌芽力强，成枝力强，丰产性一般，第三年始果。一年生枝红褐色，多年生枝灰褐色；叶片椭圆形，长5.8cm、宽3.4cm，叶尖渐尖，叶基楔形；花蕾粉红色，每花序6～8朵花，平均7.0朵；雄蕊20～25枚，平均22.5枚；花冠直径2.6cm。在河北抚宁地区，果实8月中旬成熟。

特殊性状描述：植株高抗梨黑星病，耐瘠薄、耐盐碱。

新梨2号

外文名或汉语拼音： Xinli No.2

来源及分布： $2n = 34$，新疆生产建设兵团第二师农业科学研究所从库尔勒香梨芽变中选育，1993年经新疆维吾尔自治区农作物品种审定委员会审定，在新疆库尔勒等地有栽培。

主要性状： 平均单果重270.0g，纵径8.3cm、横径8.1cm，果实卵圆形或倒卵圆形，果皮绿色，阳面有淡红晕；果点中等大而疏、灰褐色，萼片残存；果柄较短，长2.1cm，粗3.5mm；果心中等大，5心室；果肉白色，肉质细、松脆，汁液多，味淡，有微香气；含可溶性固形物11.5%；品质中上等，常温下可贮藏30d。

树势中庸，树姿开张；萌芽力中等，成枝力中等，丰产性好。一年生枝灰褐色；叶片卵圆形，长9.6cm、宽6.0cm，叶尖渐尖，叶基宽楔形；花蕾浅粉红色，每花序6～8朵花，平均7.0朵；雄蕊20～22枚，平均21.0枚；花冠直径3.6cm。在新疆库尔勒地区，果实9月上旬成熟。

特殊性状描述： 较母本库尔勒香梨果个大，抗性较强，耐贮运，但品质不如库尔勒香梨。

延光

外文名或汉语拼音：Yanguang

来源及分布：$2n = 34$，原产吉林省，为苹果梨芽变，在吉林延边地区有栽培。

主要性状：平均单果重165.0g，纵径5.5cm、横径6.4cm，果实扁圆形，果皮深褐色；果点中等大而密、灰白色，萼片残存；果柄较短，长2.0cm、粗2.7mm；果心极小，5心室；果肉乳白色，肉质中粗、致密，汁液少，味甜酸，无香气；含可溶性固形物18.2%；品质中上等，常温下可贮藏25d。

树势中庸，树姿开张；萌芽力弱，成枝力弱，丰产性好。一年生枝黄褐色；叶片卵圆形，长8.0cm、宽6.6cm，叶尖渐尖，叶基圆形；花蕾浅粉红色，每花序8～10朵花，平均9.0朵；雄蕊18～22枚，平均20.0枚；花冠直径3.4cm。在吉林东部山区，果实9月下旬成熟。

特殊性状描述：果实耐贮藏。

闫庄自实

外文名或汉语拼音：Yanzhuangzishi

来源及分布：$2n = 34$，原产河北省，鸭梨芽变，在河北邯郸等地有栽培。

主要性状：平均单果重226.0g，纵径8.4cm、横径7.5cm，果实倒卵圆形，果皮绿黄色；果点小而密、浅褐色，萼片脱落；果柄较短，基部膨大肉质化，长2.4cm、粗4.5mm；果心中等大，5心室；果肉白色，肉质细、松脆，汁液多，味酸甜，有微香气；含可溶性固形物8.5%；品质中等，常温下可贮藏25d以上。

树势中庸，树姿开张；萌芽力强，成枝力中等，丰产性好。一年生枝红褐色；叶片椭圆形，长13.9cm、宽7.8cm，叶尖急尖，叶基宽楔形；花蕾白色，每花序7～9朵花，平均8.0朵；雄蕊19～23枚，平均21.0枚；花冠直径3.8cm。在河北邯郸地区，果实9月上中旬成熟。

特殊性状描述：植株可自花结实，不抗梨黑星病。

早金花

外文名或汉语拼音: Zaojinhua

来源及分布: $2n = 34$,原产四川省,为金花梨芽变,在四川金川等地有少量栽培。

主要性状: 平均单果重220.0g、纵径6.8cm、横径7.8cm,果实倒卵圆形,果皮黄绿色;果点小而密、棕褐色,萼片残存;果柄长,长4.5cm、粗3.6mm;果心中等大,4～6心室;果肉乳白色,肉质细、松脆,汁液多,味甜,无香气;含可溶性固形物15.4%;品质中上等,常温下可贮藏15d。

树势中庸,树姿半开张;萌芽力中等,成枝力弱,丰产性一般。一年生枝褐色;叶片椭圆形,长13.0cm、宽9.6cm,叶尖渐尖,叶基狭楔形;花蕾浅粉红色,每花序4～7朵花,平均5.5朵;雄蕊31～36枚,平均33.5枚;花冠直径4.0cm。在河南郑州地区,果实8月上旬成熟。

特殊性状描述: 果实较金花梨成熟早,植株耐旱、耐瘠薄。

早酥红

外文名或汉语拼音：Zaosuhong

来源及分布：早酥全红芽变，在山东、河南、河北、浙江等地均有栽培。

主要性状：平均单果重186.0g，纵径7.6cm、横径7.2cm，果实圆锥形，果皮深红色；果点中等大而密、灰白色，萼片残存；果柄较长，长4.1cm、粗3.3mm；果心中等大，5心室；果肉白色，肉质松脆，汁液多，味酸甜，无香气；含可溶性固形物11.0%；品质中等，常温下可贮藏15～20d。

树势强旺，树姿直立；萌芽力强，成枝力强，丰产性较好。一年生枝红褐色；叶片卵圆形，长9.0cm、宽5.5cm，叶尖渐尖，叶基楔形；花蕾粉红色，每花序6～8朵花，平均7.0朵；雄蕊22～24枚，平均22.0枚；花冠直径3.1cm。在河南郑州地区，果实8月上旬成熟。

特殊性状描述：枯花现象严重，果实易感梨木栓斑点病。

三、实生选择品种

矮香

外文名或汉语拼音： Aixiang

来源及分布： $2n = 34$，中国农业科学院果树研究所从车头梨实生后代中选育而成，在辽宁兴城、锦州有少量栽培，在新疆、甘肃、山西、四川等地有引种。

主要性状： 平均单果重80.0g，纵径5.8cm、横径6.4cm，果实近圆形，果皮黄绿色，部分果实阳面有淡红晕；果点小而密、灰白色，萼片宿存或残存；果柄较长，长3.1cm、粗3.3mm；果心大，5心室；果肉白色，肉质较细，刚采收时疏松稍脆，后熟后变软，汁液多，味酸甜适口，有香气；含可溶性固形物12%～15%；品质上等，常温下可贮藏15d左右。

树势中庸，树姿开张；萌芽力强，成枝力弱，丰产性好。一年生枝绿黄色；叶片椭圆形，长8.2cm、宽6.0cm，叶尖渐尖，叶基圆形；花蕾白色，每花序6～8朵花，平均7.0朵；雄蕊21～24枚，平均22.5枚；花冠直径3.5cm。在辽宁兴城地区，果实8月下旬至9月上旬成熟。

特殊性状描述： 果实风味独特，丰产稳产，树体自然开张。果实小，果汁具有独特风味，出汁率可达75%。植株适应能力强，抗旱、抗寒，抗病性和抗虫性强，对梨轮纹病抗性差。

慈溪新世花

外文名或汉语拼音：Cixi Xinshihua

来源及分布：$2n = 34$，浙江慈溪市林特技术推广中心从黄花实生苗中选育而成，在当地有少量种植。

主要性状：平均单果重297.5g，纵径8.5cm、横径8.3cm，果实圆形或卵圆形，果皮黄褐色；果点中等大而密，萼片宿存；果柄较长，长3.4cm、粗3.2mm；果心极小，5心室；果肉白色，肉质较细而脆嫩，石细胞少，汁液多，味甜，有微香气；含可溶性固形物12.3%；常温下可贮藏10d。

树势中庸，树姿较开张；萌芽力中等，成枝力中等，丰产性好。一年生枝棕褐色；叶片长卵圆形，平均长11.4cm、宽6.7cm，叶尖渐尖，叶基圆形；花蕾白色，每花序6～8朵花，平均7.0朵；雄蕊19～28枚，平均23.5枚；花冠直径3.9cm。在浙江慈溪地区，果实8月上旬成熟。

特殊性状描述：植株适应性强，抗逆性强，可自花结实，不抗梨黑星病和梨轮纹病。

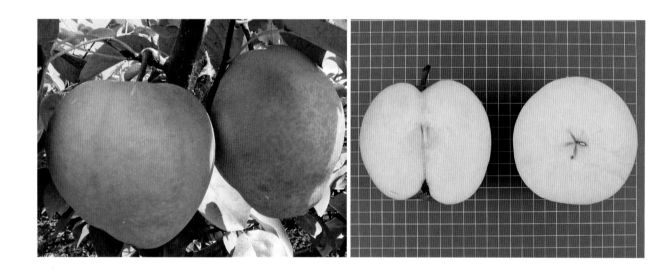

杭青

外文名或汉语拼音： Hangqing

来源及分布： $2n = 34$，浙江农业大学（现浙江大学）从茌梨的实生后代中选育而成，在浙江、福建、江西等地有少量栽培。

主要性状： 平均单果重260.0g，纵径8.7cm、横径7.0cm，果实圆柱形，果皮绿色；果点小而密、浅褐色，萼片脱落；果柄长，基部膨大肉质化，长4.6cm、粗3.8mm；果心小，4～5心室；果肉乳白色，肉质中粗、紧脆，汁液多，味淡甜，无香气；含可溶性固形物13.0%；品质中等，常温下可贮藏10d。

树势中庸，树姿半开张；萌芽力强，成枝力中等，丰产性较好。一年生枝褐色，叶片椭圆形，长11.3cm、宽7.3cm，叶尖渐尖，叶基宽楔形；花蕾浅粉红色，每花序5～6朵花，平均5.0朵；雄蕊16～26枚，平均20.0枚；花冠直径5.4cm。在浙江杭州当地，果实9月上旬成熟。

特殊性状描述： 植株丰产性强，耐高温高湿。

花盖实生

外文名或汉语拼音：Huagaishisheng

来源及分布：$2n = 34$，原产辽宁省，在辽宁鞍山等地有少量栽培。

主要性状：平均单果重175.1g，纵径6.1cm、横径7.4cm，果实扁圆形，果皮绿黄色，果肩具褐色锈斑；果点中等大而密、棕褐色，萼片脱落；果柄长，长4.5cm、粗3.6mm；果心中等大，5心室；果肉淡黄色，肉质粗、紧脆，汁液中多，后熟后软面，味甜酸，有微香气；含可溶性固形物13.7%；品质下等，常温下可贮藏30d。

树势强旺，树姿半开张；萌芽力强，成枝力中等，丰产性较好。一年生枝褐色；叶片椭圆形，长

12.0cm、宽6.7cm，叶尖渐尖，叶基楔形；花蕾白色，每花序5~8朵花，平均6.0朵；雄蕊30~32枚，平均31.0枚；花冠直径4.7cm。在辽宁南部地区，果实9月上旬成熟。

特殊性状描述：与花盖相比，果肩部稍有锈斑，品质一般。

徽源白

外文名或汉语拼音： Huiyuanbai

来源及分布： $2n = 34$，为地方品种金花早的自然实生后代，原产安徽省，在安徽歙县等地有栽培。

主要性状： 平均单果重269.7g，纵径10.2cm、横径11.6cm，果实扁圆形或近圆形，果皮淡绿色，套袋后呈白色；果点中等大而密、浅褐色，萼片脱落；果柄较长，长4.2cm、粗4.6mm；果心中等大，5心室；果肉乳白色，肉质致密，汁液中多，味甜，无香气；含可溶性固形物11.0%；品质中上等，常温下可贮藏30d。

树势中庸，树姿开张；萌芽力强，成枝力弱，丰产性好。一年生枝黄褐色；叶片卵圆形或长卵圆形，长10.5cm、宽6.4cm，叶尖急尖，叶基圆形或近心形；花蕾白色，每花序6～9朵花，平均7.0朵；雄蕊22～26枚，平均24.0枚；花冠直径3.0cm。在安徽黄山地区，果实8月上旬成熟。

特殊性状描述： 植株丰产性好，耐高温高湿，高抗梨黑斑病。

金晶

外文名或汉语拼音： Jinjing

来源及分布： $2n = 34$，湖北省农业科学院果树茶叶研究所2012年从丰水实生苗中选育而成。

主要性状： 平均单果重271.0g，纵径7.5cm、横径7.4cm，果实圆形，果皮褐色；果点小而密、灰褐色，萼片脱落；果柄长，长4.5cm、粗3.0mm；果心中等大，5心室；果肉白色，肉质细、松脆，汁液多，味淡甜，无香气；含可溶性固形物10.6%；品质中等，常温下可贮藏5d。

树势强旺，树姿直立；萌芽力中等，成枝力中等，丰产性好。一年生枝褐色；叶片卵圆形，长11.2cm、宽6.2cm，叶尖渐尖，叶基宽楔形；花蕾白色，每花序3～9朵花，平均6.0朵；雄蕊18～22枚，平均20.0枚；花冠直径3.0cm。在湖北武汉地区，果实7月下旬成熟。

特殊性状描述： 果形端正，商品率高，抗病性强。

龙香

外文名或汉语拼音： Longxiang

来源及分布： $2n = 34$，黑龙江省农业科学院园艺分院从碳子梨实生后代中选育而成，在黑龙江北部等地有栽培。

主要性状： 平均单果重64.2g，纵径4.9cm、横径5.6cm，果实卵圆形，果皮黄色；果点小而密、浅褐色，萼片宿存；果柄较短，长2.5cm、粗2.6mm；果心大，5心室；果肉乳白色，肉质中粗、软，汁液中多，味酸甜，有香气；含可溶性固形物16.2%；品质中上等，常温下可贮藏15d。

树势强旺，树姿半开张；萌芽力强，成枝力中等，丰产性好。一年生枝黄褐色；叶片椭圆形，长9.1cm，宽6.6cm，叶尖渐尖，叶基心形；花蕾浅粉红色，每花序7～14朵花，平均10.0朵；雄蕊18～22枚，平均20.0枚；花冠直径3.0cm。在黑龙江哈尔滨地区，果实9月下旬成熟。

特殊性状描述： 植株抗寒性极强，抗病性强，抗虫性中等，较耐旱耐盐碱。

新苹梨

外文名或汉语拼： Xinpingli

来源及分布： $2n = 34$，辽宁省果树科学研究所从苹果梨实生苗中选育而成，在辽宁西部、鞍山、辽阳、本溪等地有栽培。

主要性状： 平均单果重357.0g，纵径8.0cm、横径8.7cm，果实圆形，果皮黄绿色，贮藏2个月后变为黄色；果点中等大而密、灰褐色，萼片宿存；果柄较长，长3.3cm、粗3.5mm；果心小，4～5心室；果肉白色，肉质细、脆，汁液多，味酸甜，无香气；含可溶性固形物12.8%；品质上等，采后窖藏（温度2～7℃，相对湿度65%～70%）条件下可贮至翌年3～4月。

树势强旺，树姿直立；萌芽力强，成枝力强，丰产性好。一年生枝深褐色；叶片卵圆形，长10.7cm、宽7.5cm，叶尖急尖，叶基圆形；花蕾浅粉红色，每花序4～6朵花，平均5.0朵；雄蕊23～30枚，平均26.5枚；花冠直径5.0cm。在辽宁熊岳地区，4月21日盛花，果实9月下旬成熟。

特殊性状描述： 果实耐贮藏，贮后风味更佳；植株抗寒性强，抗病性强。

岫岩大尖把

外文名或汉语拼音： Xiuyan Dajianba

来源及分布： $2n = 34$，辽宁省果树科学研究所1987年在岫岩三家与乡付家村发现的尖把梨大果芽变，在辽宁、吉林、黑龙江等地有栽培。

主要性状： 平均单果重118.0g，纵径6.4cm、横径6.1cm，果实近葫芦形，果皮绿黄色，果柄处有少量果锈，柄洼浅狭；果点小而密、棕褐色，萼片宿存；果柄较短，长2.2cm、粗6.5mm；果心大，4～5心室；果肉淡黄色，肉质中粗，采收时致密，经20d左右后熟后变软，汁液多，味甜酸、微涩，有浓香气；含可溶性固形物14.2%；品质上等。

树势强旺，树姿直立；萌芽力强，成枝力弱，丰产性好。一年生枝绿黄色；叶片卵圆形，长10.3cm、宽7.5cm，叶尖急尖，叶基圆形；花蕾浅粉红色，每花序7～8朵花，平均7.5朵；雄蕊15～20枚，平均17.5枚；花冠直径4.3cm。在辽宁熊岳地区，4月14日盛花，果实10月上旬成熟。

特殊性状描述： 果实较耐贮藏，适宜冻藏；植株抗寒性强，抗病性强。

早生新水

外文名或汉语拼音： Zaosheng Xinshui

来源及分布： $2n = 34$，上海市农业科学院林木果树研究所梨树组从新水自然杂交实生树中选出的早熟梨品种，在上海、江苏、浙江等地有栽培。

主要性状： 平均单果重230.0g，最大果重400.0g以上，纵径6.6cm、横径7.7cm，果实扁圆形，果皮浅黄褐色，阳面无晕；果点小而密、灰白色，萼片脱落；果柄短，长1.5cm、粗2.9mm；果心小、下位，5～6心室；果肉白色，不易褐变，肉质细、松脆，汁液多，味甜，无香气；含可溶性固形物12.5%，最高可达14.0%；品质上等，常温下可贮藏3～5d。

树势强旺，树姿直立；萌芽力中等，成枝力强，丰产性较好。一年生枝黄褐色；叶片卵圆形，长13.5cm、宽8.5cm，叶尖渐尖，叶基圆形，有的心形；花蕾白色，每花序10～12朵花，平均11.0朵；雄蕊17～28枚，平均22.0枚；花冠直径3.2cm。在上海地区，果实7月中下旬成熟。

特殊性状描述： 果实肉质细、品质优，但易感梨轮纹病。

中加1号

外文名或汉语拼音： *Zhongjia No.1*

来源及分布： $2n = 34$，中国农业科学院果树研究所1990年从CP10实生后代中选育而成，在辽宁、北京、河北等地有引种栽培。

主要性状： 平均单果重232.0g，纵径9.8cm、横径8.3cm，果实近纺锤形，果皮黄绿色，阳面着淡红色或不着色；果点中等大而密、灰褐色，萼片残存；果柄较长，长3.1cm、粗3.8mm；果心大，5心室；果肉乳白色，肉质细、脆，汁液多，味甜酸，无香气；含可溶性固形物12.4%；品质上等，常温下可贮藏10d左右。

树势强旺，树姿半开张；萌芽力强，成枝力中等，丰产性好。一年生枝黄褐色；叶片卵圆形，长9.1cm、宽6.2cm，叶尖渐尖，叶基圆形；花蕾浅白色，每花序4～7朵花，平均5.5朵；雄蕊19～21枚，平均20.0枚；花冠直径3.8cm。在辽宁兴城地区，果实9月中下旬成熟。

特殊性状描述： 果实含酸量较高，适于制汁、制罐；植株抗寒性较强，高抗梨黑星病。

第四节 矮化砧木品种

一、国内砧木

青砧D1

外文名或汉语拼音：Qingzhen D1

来源及分布：青岛农业大学于2000年自欧洲矮生梨品种Le Nain-Vert实生后代与茌梨杂交后代中选育而成，目前主要在山东有栽培应用。

主要性状：平均单果重245.0g，纵径9.7cm、横径8.2cm，果实圆锥形，前端突出，果皮绿色；果点小而密、灰褐色，萼片宿存；果柄较长，长3.9cm、粗3.3mm；果心中等大，5心室；果肉白色。

树势中庸，树姿紧凑，树冠圆柱形。一年生枝褐绿色；叶片大而厚，长椭圆形，叶尖急尖，叶基楔形；花蕾白色，每花序6～8朵花；雄蕊20.0枚。在山东青岛地区，果实9月中旬成熟。

特殊性状描述：与亚洲梨嫁接亲和性好，用作中间砧，嫁接树结构紧凑，树体为乔化对照树的75.0%，易成花、早果，丰产性好；绿枝扦插生根率在60.0%左右，可离体培养繁殖；在山东可安全越冬，植株抗寒性、耐盐性、抗病性较强，适应性强。

青砧D1枝、叶、花、果及用作中间砧的嫁接亲和性表现

A.果实 B.果实剖面 C.花 D.枝叶 E.雪青/青砧D1/豆梨（箭头示上、下接口处）

中矮1号

外文名或汉语拼音： Zhongai No.1

来源及分布： $2n = 34$，中国农业科学院果树研究所1980年自锦香实生后代中选育而成，在辽宁、河北、山东、新疆等地有栽培应用。

主要性状： 平均单果重204.0g，纵径8.6cm、横径7.8cm，果实近圆形，果皮黄绿色，阳面有红晕；果点小而密、灰白色，萼片残存；果柄较长，长3.1cm、粗3.8mm；果心中等大，5心室；果肉白色，肉质中粗，汁液多，味甜，无香气；含可溶性固形物13.5%；品质中下等，常温下可贮藏10d。

树体矮化紧凑；萌芽力强，成枝力强，丰产性好。一年生枝黑褐色；叶片卵圆形，长8.5cm、宽4.5cm，叶尖渐尖，叶基楔形；花蕾淡粉红色，每花序7～8朵花，平均7.5朵；雄蕊20～22枚，平均21.0枚；花冠直径3.2cm。在辽宁兴城地区，果实9月中旬成熟。

特殊性状描述： 植株高抗梨枝干轮纹病，抗梨枝干腐烂病，抗寒性强。作中间砧，与基砧山梨、杜梨及栽培品种嫁接亲和性好，矮化程度为乔化对照的76.0%，为半矮化砧木。

中矮2号

外文名或汉语拼音： Zhongai No.2

来源及分布： $2n = 34$，中国农业科学院果树研究所1990年以香水梨×巴梨选育而成，在辽宁、北京、山东等地有栽培应用。

主要性状： 平均单果重67.3g，纵径6.0cm、横径5.2cm，果实葫芦形，果皮黄绿色，阳面有淡红晕；果点小而密、浅褐色，萼片宿存；果柄较长，长3.0cm、粗3.6mm；果心大，5心室；果肉乳白色，肉质细、松脆，汁液中多，味甜，无香气；含可溶性固形物10.8%；品质下等，常温下可贮藏10d。

树势弱，树姿开张；萌芽力中等，成枝力中等。一年生枝红褐色；叶片狭长形，长9.0cm、宽3.5cm，叶尖长尾尖，叶基楔形；花蕾白色，每花序7～8朵花，平均7.5朵；雄蕊19～21枚，平均20.0枚；花冠直径3.0cm。在辽宁兴城地区，果实8月中下旬成熟。

特殊性状描述： 植株抗寒性较强，高抗梨枝干腐烂病和梨枝干轮纹病，枝条木栓层厚，皮粗糙。作中间砧，与基砧山梨、杜梨及栽培品种嫁接亲和性好，矮化程度为乔化对照的51.7%，为极矮化砧木。

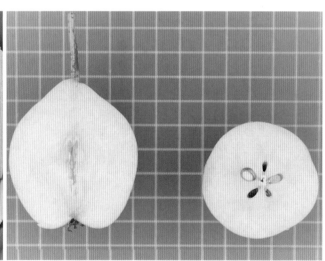

中矮3号

外文名或汉语拼音： Zhongai No.3

来源及分布： $2n = 34$，中国农业科学院果树研究所1981年自锦香实生后代中选育而成，在辽宁、北京、河北等地有栽培应用。

主要性状： 平均单果重65.5g，纵径5.6cm、横径5.8cm，果实扁圆形，果皮黄绿色；果点小而密、深褐色，萼片脱落；果柄较长，长3.6cm、粗5.3mm；果心大，5心室；果肉黄白色，肉质粗、致密，汁液少，味酸甜；含可溶性固形物13.8%；品质中下等，常温下可贮藏25～30d。

树形紧凑矮化，树姿开张；萌芽力强，成枝力强。一年生枝黄褐色；叶片卵圆形，长8.7cm、宽6.5cm，叶尖渐尖，叶基楔形；花蕾白色，每花序4～5朵花，平均4.3朵；雄蕊18～22枚，平均20.0枚；花冠直径3.2cm。在辽宁兴城地区，果实9月中下旬成熟。

特殊性状描述： 植株抗寒性较强，高抗梨枝干腐烂病和梨枝干轮纹病。作中间砧，与基砧山梨、杜梨及栽培品种嫁接亲和性好，矮化程度为乔化对照的50.0%～70.0%，为矮化至半矮化砧木。

中矮4号

外文名或汉语拼音： Zhongai No.4

来源及分布： $2n = 34$，中国农业科学院果树研究所1990年自锦香实生后代中选育而成，在辽宁、河北、北京等地有栽培应用。

主要性状： 平均单果重51.2g，纵径4.7cm、横径4.5cm，果实圆形，果皮绿色；果点小而密、黄褐色，萼片宿存；果柄短，长1.2cm、粗4.3mm；果心特大，5心室；果肉黄白色，肉质粗、致密，汁液少，味涩，无香气；含可溶性固形物10.8%；品质下等，常温下可贮藏30d。

树势弱，树姿开张；萌芽力强，成枝力中等。一年生枝黄绿色；叶片长圆形，长11.1cm、宽6.4cm，叶尖渐尖，叶基圆形；花蕾白色，每花序8～9朵花，平均8.5朵；雄蕊18～22枚，平均20.0枚；花冠直径2.9cm。在辽宁兴城地区，果实9月底成熟。

特殊性状描述： 植株抗寒性较强，较抗梨枝干腐烂病和梨枝干轮纹病。枝条极短，接穗繁殖困难，作中间砧，与基砧山梨、杜梨及栽培品种嫁接亲和性好，矮化程度为乔化对照的65.6%，为矮化砧木。

中矮5号

外文名或汉语拼音： Zhongai No.5

来源及分布： $2n = 34$，中国农业科学院果树研究所1990年自锦香实生后代中选育而成，在辽宁、河北、北京等地有栽培应用。

主要性状： 平均单果重74.3g，纵径7.2cm、横径5.8cm，果实葫芦形，果皮黄绿色，阳面有淡红晕；果点小而密、棕褐色，萼片宿存；果柄较长，长3.1cm、粗3.4mm；果心大，5心室；果肉黄白色，肉质中粗、软面，汁液少，味甜，无香气；含可溶性固形物10.5%；品质下等，常温下可贮藏7d。

树势弱，树姿开张；萌芽力强，成枝力中等。一年生枝红褐色；叶片卵圆形，长10.0cm、宽6.1cm，叶尖长尾尖，叶基圆形；花蕾白色，每花序6～7朵花，平均6.6朵；雄蕊18～22枚，平均20.0枚；花冠直径3.2cm。在辽宁兴城地区，果实8月中下旬成熟。

特殊性状描述： 植株抗寒性较强，较抗梨枝干腐烂病和梨枝干轮纹病。枝条短，接穗繁殖困难，作中间砧，与基砧山梨、杜梨及栽培品种嫁接亲和性好，矮化程度为乔化对照的63.5%，为矮化砧木。

二、国外砧木

BP-1

外文名或汉语拼音： BP-1

来源及分布： 原产南非，在南非用作梨的砧木，现保存在我国国家园艺种质资源库郑州梨圃。

主要性状： 平均单果重150.0g，纵径5.6cm、横径6.0cm，果实圆形，果皮绿黄色；果点小而密、棕褐色，萼片宿存；果柄较长，长3.0cm、粗6.1mm；果心大，5心室；果肉乳白色，肉质细、疏松，汁液中多，味酸甜，有微香气；含可溶性固形物15.8％；品质中等，常温下可贮藏10d。

树势中庸，树姿半开张；萌芽力中等，成枝力弱，丰产性好。一年生枝黄褐色；叶片椭圆形，长4.5cm、宽2.9cm，叶尖渐尖，叶基楔形；花蕾白色，每花序5～7朵花，平均6.0朵；雄蕊18～22枚，平均20.0枚；花冠直径3.2cm。在河南郑州地区，果实9月下旬成熟。

特殊性状描述： 与榅桲嫁接亲和性好，在河南郑州植株无冻害现象发生，通常用作梨的矮化中间砧。

OHF333

外文名或汉语拼音： OHF333

来源及分布： 美国俄勒冈州立大学杂交育成，亲本为Old Home×Farmingdale，现保存在我国青岛农业大学梨砧木种质资源圃。

主要性状： 平均单果重102.0g，纵径6.5cm、横径5.6cm，果实粗颈葫芦形，果皮绿黄色；果点小而密、褐色，萼片宿存；果柄较短，长2.1cm、粗3.5mm；果心中等大，5～6心室；果肉白色，肉质中粗、软面，汁液中多。

树势中庸，树姿开张。一年生枝褐色；叶片卵圆形，叶尖渐尖，叶基宽楔形；花蕾白色，每花序7～9朵花；雄蕊20.0枚。在山东青岛地区，果实9月上旬成熟。

特殊性状描述： 植株较耐寒、耐碱，抗梨火疫病，不抗根腐线虫，可硬枝扦插繁殖；用作西洋梨砧木，嫁接树高是标准对照树的70.0%，丰产性好，但果实大小不及杜梨砧木；国内用作梨的矮化中间砧，与杜梨、豆梨嫁接亲和性较好，但有"大小脚"现象。在山东青岛地区，梨枝干病害严重。

OHF333枝叶花果及嫁接在豆梨上的表现

A.果实　B.果实剖面　C.花　D.枝叶　E.OHF333嫁接在豆梨上（7年生）

OHF40

外文名或汉语拼音： OHF40

来源及分布： 美国俄勒冈州立大学杂交育成，亲本为Old Home×Farmingdale，在美国、法国等地用作梨树的矮化砧木，现保存在我国青岛农业大学梨砧木种质资源圃。

主要性状： 平均单果重110.0g，纵径5.8cm、横径6.0cm，果实圆形，果皮绿黄色；果点小而密、灰褐色，萼片脱落；果柄长，长4.5cm、粗3.8mm；果心大，5心室；果肉白色，肉质中粗、脆，汁液中多。

树势中庸，树姿开张。一年生枝红褐色；叶片长椭圆形，叶尖渐尖，叶基楔形；花蕾白色。在山东青岛地区，果实9月上旬成熟。

特殊性状描述： 可硬枝扦插繁殖，植株抗梨火疫病，耐寒性与杜梨相似，较耐碱性土，不抗根腐线虫。与品种嫁接亲和性好，作砧木嫁接西洋梨，树体是标准对照树的70.0%，丰产性好，果实木栓斑点病轻，但果实大小不及杜梨砧木。国内用作矮化中间砧，与杜梨、豆梨及砂梨、白梨品种嫁接"大小脚"现象较轻。

OHF 40枝、叶、花、果及用作中间砧的嫁接表现
A.果实 B.果实剖面 C.花 D.枝叶 E.黄金/OHF40/豆梨嫁接树（7年生）

OHF51

外文名或汉语拼音： OHF51

来源及分布： 美国俄勒冈州立大学杂交育成，亲本为 Old Home×Farmingdale，现保存在我国青岛农业大学梨砧木种质资源圃。

主要性状： 平均单果重114.0g，纵径6.5cm、横径6.2cm，果实葫芦形，果皮绿黄色；果点小而密、褐色，萼片宿存；果柄较短，长2.2cm、粗3.6mm；果心大，5心室；果肉白色，肉质中粗、软面，汁液中多。

树势中庸，树姿开张。一年生枝红褐色；叶片椭圆形，叶尖渐尖，叶基楔形；花瓣白色。在山东青岛地区，果实8月中旬成熟。

特殊性状描述： OHF51是OHF系矮化效应最强的砧木，嫁接西洋梨，树体是标准对照树的60.0%。植株抗寒性稍差。国内用作梨的矮化中间砧，但嫁接在杜梨、豆梨上"大小脚"现象明显。

OHF51枝、叶、果及用作中间砧的嫁接表现
A.果实　B.果实剖面花　C.枝叶　D.雪青/OHF51/豆梨嫁接树（7年生）

OHF87

外文名或汉语拼音： OHF87

来源及分布： 美国俄勒冈州立大学杂交育成，亲本为 Old Home × Farmingdale，是美国东部等地主要的梨树无性系矮化砧木。现保存在我国青岛农业大学梨砧木种质资源圃。

主要性状： 平均单果重 156.0g，纵径 8.7cm、横径 8.0cm，果实圆形，果皮绿黄色；果点小而密、绿褐色，萼片宿存；果柄较长，长 4.2cm、粗 3.0mm；果心大，5 心室；果肉白色，肉质中粗、酥脆，汁液多，有微香气；含可溶性固形物 12.6%；品质中上等，常温下可贮藏 10d。

树势中庸，树姿开张。萌芽力强，成枝力中等，丰产性较好。一年生枝黄褐色；叶片椭圆形，长 6.4cm、宽 3.5cm，叶尖渐尖，叶基狭楔形；花蕾白色，每花序 6～8 朵花，平均 7.0 朵；雄蕊 16～19 枚，平均 17.5 枚；花冠直径 3.0cm。在河南郑州地区，果实 9 月下旬成熟。

特殊性状描述： 与豆梨、杜梨及亚洲梨品种嫁接亲和性较好，用作西洋梨砧木，嫁接树势中庸，树体是标准对照的 70.0%，提早结实和丰产性都比较好，但不易繁殖，主要通过组织培养的方法进行繁殖。国内通常用作梨的矮化中间砧。

OHF87 枝、叶、花、果及嫁接在豆梨上的表现

A.果实 B.果实剖面 C.花 D.枝叶 E.OHF87 嫁接在豆梨上（7 年生）

榅桲A

外文名或汉语拼音： Quince A（EMA QA）

来源及分布： 英国东茂林试验站选育，是英国等欧洲地区应用广泛的梨树矮化砧木，现保存在我国青岛农业大学梨砧木种质资源圃。

主要性状： 平均单果重180.0g，最大280.0g，果实圆形或扁圆形，果皮绿黄色，果面具稠密黄色茸毛；叶片大，近圆形，先端渐尖，嫩叶翠绿色、老叶深绿色，花瓣紫粉红色，心室5个；树势较强，植株直立，枝条向各方伸展；果实品质中等至上等，既是良好的栽培品种，又是良好的砧木。

特殊性状描述： 最早推出的梨矮化砧之一，易繁殖，压条、扦插繁殖均可；嫁接西洋梨树体为标

准对照树的50.0%；植株存在嫁接不亲和、不抗梨火疫病、不抗寒、耐热耐盐碱性差等问题；与杜梨、豆梨亲和性较差，在山东青岛地区可越冬并开花结果。

榲桲BA29

外文名或汉语拼音： Quince BA29

来源及分布： 法国农业研究院昂热试验站选育，是欧洲等地梨树的主要矮化砧木，现保存在我国青岛农业大学梨砧木种质资源圃。

主要性状： 平均单果重180.0g，最大280.0g，果实圆形或扁圆形，绿黄色，果面具稠密黄色茸毛；嫩叶翠绿色、老叶深绿色，叶片边缘较整齐，花瓣紫粉红色，心室5个；树势强旺，树姿半开张。

特殊性状描述： 嫁接西洋梨可使嫁接树矮化至标准对照树的55.0%；植株丰产性好，较耐湿和黏性土壤，不抗梨火疫病；与西洋梨品种亲和性相对较好，但与杜梨、豆梨嫁接亲和性较差，在山东青岛地区可安全越冬并正常开花结果。

榲桲C

外文名或汉语拼音：Quince C（QC）

来源及分布：英国东茂林试验站选育，是英国等欧洲地区梨树的矮化砧木，现保存在我国青岛农业大学梨砧木种质资源圃。

主要性状：平均单果重180.0g，最大280.0g，果实圆形或扁圆形，果皮绿黄色，果面具稠密黄色茸毛；叶片小，近圆形，先端钝尖，嫩叶翠绿色、老叶深绿色，花瓣紫粉红色，心室5～7个；树势较弱，树姿半开张。

特殊性状描述：最早推出的梨矮化砧之一，易繁殖；嫁接西洋梨树体为标准对照树的50.0%，适于高度密植栽培；根系浅，适于比较肥沃的土壤；作砧木，树体前期长势旺，结果后矮化；植株存在嫁接不亲和、不抗梨火疫病、不抗寒、耐盐碱性差等问题；与杜梨、豆梨嫁接亲和性较差，在山东青岛地区可安全越冬并开花结果。

榲桲Cts212

外文名或汉语拼音：Quince Cts212

来源及分布：原产意大利，是意大利梨树的矮化砧木，现保存在我国青岛农业大学梨砧木种质资源圃。

主要性状：平均单果重200.0g，最大300.0g，果实圆形或扁圆形，果皮绿黄色，果面具稠密黄色茸毛；嫩叶翠绿色、老叶深绿色，叶片边缘呈波浪形，花瓣紫粉红色，心室5个；树势较弱，树姿半开张。

特殊性状描述：作基砧嫁接西洋梨可使嫁接树矮化，嫁接树为标准对照树（豆梨）的50.0%，适合高度密植栽培；植株易于早果、丰产，耐盐碱性比原有榲桲砧木有所提高；不抗梨火疫病，且耐热性、抗寒性、耐盐碱性、耐旱性及固地性均不及梨属砧木，与品种存在嫁接不亲和问题，需要用中间砧；与杜梨嫁接亲和性也较差，在山东青岛地区可安全越冬并开花结果。

榲桲Cts212枝叶花果及与杜梨的嫁接表现

A.叶　B.花　C.果实　D.与杜梨嫁接口状态

第五节 野生种和半野生种

一、野生种

川梨

外文名或汉语拼音： *Pyrus pashia* D. Don.

来源及分布： $2n = 34$，原产云南、四川、贵州、西藏和甘肃等省（自治区），在当地均有分布，尤其在滇中、川西地区较为常见。

主要性状： 平均单果重2.0g，纵径1.0～1.5cm、横径1.0～1.5cm，果实圆形，果皮褐色、黄褐色、红褐色均有；果点小而密、褐色，萼片三角形，随果实成熟后逐渐脱落；果柄较细长，长2.0～3.0cm、粗1.0mm；果心大，3～5心室；果肉淡黄色，肉质粗，汁液少，味酸涩，无香气；含可溶性固形物24.8%；品质下等，常温下可贮藏15～20d。

树势强旺，树姿直立；萌芽力强，成枝力强，丰产性好。一年生枝黄褐色；叶片长卵形，长4.0～7.0cm、宽2.0～5.0cm，叶尖渐尖，叶基圆形；花蕾白色，每花序7～13朵花，平均9.0朵；雄蕊25～30枚，平均28.0枚；花冠直径2.5cm。在云南昆明地区，果实9月中旬成熟。

特殊性状描述： 川梨实生苗根系深，耐旱、耐湿、耐瘠薄，适应性强，与砂梨、西洋梨和一些白梨品种亲和性好，为良好砧木。

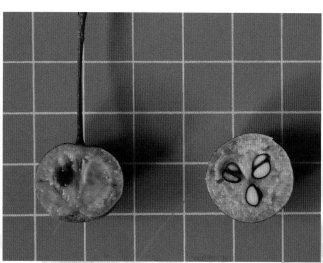

滇梨

外文名或汉语拼音： *Pyrus pseudopashia* Yu

来源及分布： $2n = 34$，原产云南省西北部（滇西北），在云南维西县、鹤庆县、兰坪县、德钦县等地有分布。

主要性状： 平均单果重7.5g，纵径2.0～2.5cm，横径1.5～2.5cm，果实圆形，果皮褐色；果点大而密、灰白色，萼片三角形、宿存；果柄细长，长3.0～4.5cm、粗1.0mm；果心大，4～5心室；果肉淡黄色，肉质粗，汁液少，味酸涩，无香气；含可溶性固形物26.2%；品质下等，常温下可贮藏15～20d。

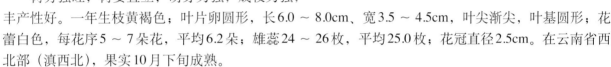

树势强旺，树姿直立；萌芽力强，成枝力强，丰产性好。一年生枝黄褐色；叶片卵圆形，长6.0～8.0cm、宽3.5～4.5cm，叶尖渐尖，叶基圆形；花蕾白色，每花序5～7朵花，平均6.2朵；雄蕊24～26枚，平均25.0枚；花冠直径2.5cm。在云南省西北部（滇西北），果实10月下旬成熟。

特殊性状描述： 滇梨实生苗根系发达，耐旱、耐寒、耐瘠薄，与一些砂梨品种亲和性好，为良好砧木。

豆梨

外文名或汉语拼音：*Pyrus calleryana* Decne

来源及分布：$2n = 34$，原产湖南省宜章县，为野生资源。

主要性状：平均单果重2.2g、纵径1.3cm、横径1.5cm，果实圆形或扁圆形，果皮红褐色；果点中等大、灰褐色，萼片脱落或残存；果柄细长，长4.5cm、粗2.4mm；果心中等大，5心室；果肉淡黄色，肉质极粗、致密，汁液极少，味酸涩，无香气。

树势强旺，树姿半开张；萌芽力强，成枝力中等，丰产性好。一年生枝褐色；叶片卵圆形或椭圆形，长10.0cm、宽6.8cm，叶尖急尖，叶基宽楔形；花蕾白色，每花序9 ~ 13朵花，平均11.0朵；雄蕊19 ~ 22枚，平均20.5枚；花冠直径1.5 ~ 2.3cm。在湖南宜章地区，3月上旬开花，果实11月上旬成熟。

特殊性状描述：植株极耐旱，抗病性和抗虫性强，果实不可食用，可作砧木资源。

杜梨

外文名或汉语拼音：*Pyrus betulifolia* Bunge

来源及分布：$2n = 34$，原产中国，在辽宁、河北、河南、陕西、山西、山东、甘肃、湖北、江苏、安徽、江西等地有野生类型分布，是梨树最常用的砧木之一。

主要性状：平均单果重0.8～2.0g，纵径0.5～1.0cm、横径0.5～1.0cm，果实近圆形，果皮褐色至黄色；果点细而密、灰白色；果柄较短而细，长2.5cm、粗1.5mm；萼片脱落或残存；果心大，2～3心室，极少有4心室；果肉白色或黄白色，肉质粗、软面，汁液少，味涩，无香气；品质下等，常温下可贮藏30d。

树势强旺，树姿直立；萌芽力强，成枝力弱，丰产性好。一年生枝灰褐色；叶片卵圆形，长4.0～8.0cm、宽2.5～3.5cm，叶尖渐尖，叶基宽楔形；花蕾白色，每花序10～15朵花，平均12.5朵；雄蕊19～21枚，平均20.0枚；花冠直径1.5～2.5cm。在辽宁兴城地区，果实10月上中旬成熟。

特殊性状描述：植株适应性、抗性强，喜光、耐寒、耐旱、耐涝、耐瘠薄，在中性土及盐碱土中均能正常生长，野生类型分布较多，种子采集容易，后代能够较好地遗传该种的高抗性状，与大多数梨品种均具有较好的亲和性，是我国北方应用较为广泛的梨基砧之一。

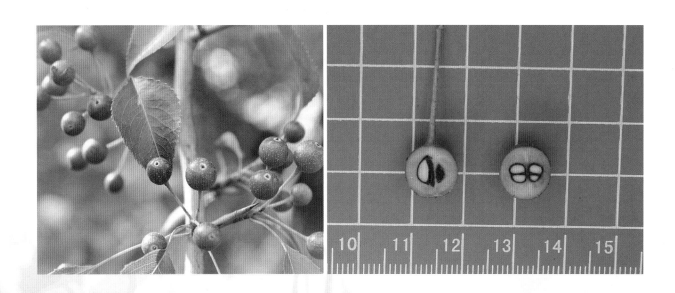

河北梨

外文名或汉语拼音： *Pyrus hopeiensis* T. T. Yu

来源及分布： $2n = 34$，原产河北省，在河北昌黎、抚宁等地有栽培。

主要性状： 平均单果重3.2g、纵径1.8cm、横径1.9cm，果实圆形，果皮褐色；果点小而密、灰白色，萼片宿存或残存；果柄较长，基部稍粗，长4.1cm、粗2.2mm；果心特大，3心室；果肉黄白色，肉质致密，汁液少，味酸涩，无香气；含可溶性固形物10.2%；品质下等，常温下可贮藏30d。

树势弱；萌芽力弱，成枝力弱，丰产性好，第四年始果。一年生枝灰褐色，多年生枝灰褐色；叶片卵圆形，长6.2cm、宽4.2cm，叶尖急尖，叶基楔形；花蕾粉红色，每花序6～11朵花，平均8.5朵；雄蕊18～23枚，平均20.5枚；花冠直径3.9cm。在河北昌黎地区，果实8月下旬成熟。

特殊性状描述： 植株抗虫，抗病，耐瘠薄，耐盐碱。

褐梨

外文名或汉语拼音： *Pyrus phaeocarpa* Rehd

来源及分布： $2n = 34$，原产甘肃省，在甘肃甘州区、临泽县等地有栽培。

主要性状： 平均单果重11.0g，纵径2.8cm、横径2.5cm，果实圆形，果皮红褐色；果点小而密、灰褐色；果柄较长，长3.8cm、粗3.0mm，萼片脱落或宿存；果心大，4～5心室；果肉黄色，肉质细、软面，汁液少，味酸，无香气；含可溶性固形物13.1%；品质中下等，常温下可贮藏15d。

树势中庸，树姿开张；萌芽力强，成枝力强，丰产性好。一年生枝红褐色；叶片披针形，长11.0cm、宽4.7cm，叶尖渐尖，叶基狭楔形；花蕾白色，每花序8～10朵花，平均9.0朵；雄蕊18～22枚，平均20.0枚；花冠直径2.5cm。在甘肃张掖地区，果实9月下旬成熟。

特殊性状描述： 果实较耐贮运，当地一般作冻梨食用；植株适应性较强，抗寒、耐旱、抗病虫。

柳叶梨

外文名或汉语拼音： *Pyrus salicifolia* Pall

来源及分布： $2n = 34$，原产于欧洲南部及西亚，在我国新疆中部、内蒙古东北部、辽宁南部、江苏北部、安徽西北部、湖北北部、陕西南部、四川北部、甘肃和青海南部等地均有分布。

主要性状： 平均单果重33.4g，纵径3.5cm、横径3.9cm，果实扁圆形，果皮绿色；果点中等大而凸起、绿色，萼片宿存；果柄短，长1.7cm、粗2.9mm；果心大，5心室；果肉白色，肉质粗、紧脆，汁液少，味酸甜、微涩，无香气；含可溶性固形物10.8%；品质下等，常温下可贮藏15d。

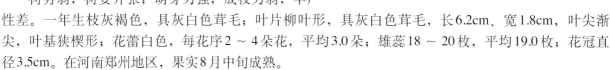

树势弱，树姿开张；萌芽力强，成枝力弱，丰产性差。一年生枝灰褐色，具灰白色茸毛；叶片柳叶形，具灰白色茸毛，长6.2cm、宽1.8cm，叶尖渐尖，叶基狭楔形；花蕾白色，每花序2～4朵花，平均3.0朵；雄蕊18～20枚，平均19.0枚；花冠直径3.5cm。在河南郑州地区，果实8月中旬成熟。

特殊性状描述： 小乔木，喜阳光，喜温暖潮湿气候，抗虫性较强。

麻梨

外文名或汉语拼音： *Pyrus serrulata* Rehd.

来源及分布： $2n = 34$，野生类型，产于山东、湖北、湖南、江西、浙江、四川、广东、广西，在当地有少量分布。

主要性状： 平均单果重61.5g，纵径4.4cm、横径4.9cm，果实圆形，果皮棕褐色；果点中等大而密、灰褐色，萼片脱落；果柄较细长，长4.2cm、粗3.3mm；果心大，4～5心室；果肉黄色，肉质粗、致密，汁液少，味酸涩，无香气；含可溶性固形物12.6%；品质下等，常温下可贮藏30d。

树势强旺，树姿开张；萌芽力强，成枝力中等，丰产性好。一年生枝黑褐色；叶片卵圆形，长12.1cm、宽6.4cm，叶尖渐尖，叶基圆形；花蕾白色，每花序5～7朵花，平均5.6朵；雄蕊20～24枚，平均21.2枚；花冠直径4.2cm。在山东泰安地区，果实10月上旬成熟。

特殊性状描述： 果实采收时不堪食用，需20d左右后熟后方可食用或煮食。

木梨

外文名或汉语拼音： *Pyrus xerophillus* Yu

来源及分布： 2*n* = 34，原产青海省、甘肃省，在青海西宁市、甘肃临夏回族自治州有一定量分布。

主要性状： 平均单果重22.1g，纵径3.3cm、横径3.5cm，果实圆形，果皮黄色，阳面有橘红晕；果点小而密、浅褐色、萼片宿存；果柄较短粗，基部膨大肉质化，长2.4cm、粗5.5mm；果心特大，5心室；果肉乳白色，肉质粗、松脆，汁液中多，味酸、微涩，无香气；含可溶性固形物10.7%；品质下等，常温下可贮藏12d。

树势弱，树姿直立；萌芽力中等，成枝力弱，丰产性好。一年生枝灰褐色；叶片卵圆形，长5.0cm、宽3.4cm，叶尖渐尖，叶基圆形；花蕾白色，每花序5～9朵花，平均7.0朵；雄蕊18～23枚，平均20.0枚；花冠直径3.4cm。在青海西宁地区，果实9月下旬成熟。

特殊性状描述： 野生种。植株抗逆性和适应性强，抗旱、抗寒、抗风、耐瘠薄，是我国西北干旱地区的梨砧木品种。

杏叶梨

外文名或汉语拼音： *Pyrus armeniacaefolia* Yu

来源及分布： $2n = 3x = 51$，原产新疆，在新疆塔城等地有少量栽培。

主要性状： 平均单果重23.6g，纵径3.5cm、横径3.9cm，果实扁圆形，果皮绿色；果点小而密、灰褐色，萼片宿存；果柄较细长，长3.3cm、粗2.6mm；果心大，5心室；果肉黄色，肉质粗、紧脆，汁液中多，味酸甜，微涩，无香气；含可溶性固形物13.8%；品质下等，常温下可贮藏15d。

树势强旺，树姿半开张；萌芽力强，成枝力弱。一年生枝灰褐色；叶片卵圆形，似杏叶，长7.2cm、宽4.5cm，叶尖急尖，叶基宽楔形；花蕾白色，每花序6～10朵花，平均8.0朵；雄蕊20～22枚，平均21.0枚；花冠直径3.5cm。在河南郑州地区，果实8月中旬成熟。

特殊性状描述： 因叶片形状类似杏叶而得名，生长势极其强旺，一年生枝条可长至3m左右；植株抗逆性和适应性均强。

二、半野生种

德钦小砂梨

外文名或汉语拼音: Deqin Xiaoshali (*Pyrus pashia*)

来源及分布: $2n = 34$,原产云南省德钦县,在云南迪庆、丽江等地有栽培。

主要性状: 平均单果重16.3g,纵径2.9cm、横径3.3cm,果实卵圆形,果皮褐色;果点小而密、灰褐色,萼片脱落;果柄较细长,长3.0～4.0cm、粗2.0mm;果心大,4～5心室;果肉淡黄色,肉质粗,汁液多,味酸涩,无香气;含可溶性固形物30.5%;品质中下等,常温下可贮藏15～20d。

树势强旺,树姿开张;萌芽力强,成枝力强,丰产性好。一年生枝红褐色;叶片披针形,长5.2cm、宽2.5cm,叶尖渐尖,叶基狭楔形;花蕾白色,每花序8～12朵花,平均10.0朵;雄蕊28～30枚,平均29.0枚;花冠直径2.5cm。在云南省德钦县,果实10月上旬成熟。

特殊性状描述: 分布于滇西北澜沧江、金沙江、怒江河谷地带,喜温湿气候;植株抗寒性差,高抗梨火疫病;实生苗根系发达,可作砂梨栽培品种的砧木。

尕吊蛋

外文名或汉语拼音： Gadiaodan（*Pyrus phaeocarpa*）

来源及分布： $2n = 34$，原产甘肃省，在甘肃和政县等地有栽培。

主要性状： 平均单果重28.9g，纵径3.7cm、横径2.7cm，果实倒卵圆形，果皮黄褐色；果点小而密、浅褐色，萼片宿存；果柄细长，长5.2cm、粗2.6mm；果心大，4～5心室；果肉淡黄色，肉质中粗、致密，汁液少，味甜酸，有香气；含可溶性固形物11.9%；品质下等，常温下可贮藏10d。

树势强旺，树姿下垂；萌芽力强，成枝力中等，丰产性好。一年生枝褐色；叶片披针形，长10.6cm、宽4.6cm，叶尖渐尖，叶基楔形；花蕾白色，每花序5～7朵花，平均6.0朵；雄蕊20～23枚，平均21.5枚；花冠直径2.3cm。在甘肃临夏地区，果实10月中旬成熟。

特殊性状描述： 果实不耐贮运，当地一般作冻梨食用；植株适应性强，抗寒，耐瘠薄，抗病虫，耐旱。

挂梨

外文名或汉语拼音： Guali（*Pyrus hopeiensis*）

来源及分布： $2n = 34$，原产河北省，在河北抚宁、昌黎等地有栽培。

主要性状： 平均单果重21.3g，纵径3.2cm、横径3.4cm，果实圆形，果皮绿色；果点中等大而疏、褐色，萼片脱落；果柄较细长，长3.1cm、粗1.6mm；果心大，3～4心室；果肉绿白色，肉质中粗、松脆，汁液多，味酸甜，有微香气；含可溶性固形物13.5%；品质上等，常温下可贮藏30d。

树势弱；萌芽力弱，成枝力弱，丰产性一般，第四年始果。一年生枝褐色，多年生枝褐色；叶片椭圆形，长8.4cm，宽5.8cm，叶尖急尖，叶基楔形；花蕾白色，每花序5～9朵花，平均7.0朵；雄蕊20～26枚，平均23.0枚；花冠直径3.1cm。在河北抚宁、昌黎地区，果实10月上旬成熟。

特殊性状描述： 果实耐贮藏；植株适应性和抗逆性均强。

贵德沙疙瘩

外文名或汉语拼音： Guide Shageda（*Pyrus xerophillus*）

来源及分布： $2n = 3x = 51$，原产青海省，在青海贵
德县有少量栽培。

主要性状： 平均单果重226.7g，纵径6.5cm、横径
7.8cm，果实扁圆形，果皮绿色；果点中等大而密、浅褐
色，萼片宿存；果柄长，长5.2cm、粗5.9mm；果心小，
5心室；果肉淡黄色，肉质粗、紧脆，汁液少，味酸涩，
无香气；含可溶性固形物14.3%；品质下等，常温下可
贮藏20d。

树势中庸，树姿半开张；萌芽力中等，成枝力中等，
丰产性较好。一年生枝黄褐色；叶片卵圆形，长10.8cm、
宽7.3cm，叶尖长尾尖，叶基楔形；花蕾浅粉红色，每花
序7～9朵花，平均8.0朵；雄蕊19～23枚，平均21.0枚；花冠直径4.7cm。在河南郑州地区，果实9
月中下旬成熟。

特殊性状描述： 果实品质较差；植株耐寒、耐旱、耐瘠薄。

海阳棠梨

外文名或汉语拼音：Haiyang Tangli（*Pyrus betulifolia*）

来源及分布：$2n = 34$，半野生种，原产山东省海阳市，在山东海阳市、乐陵市、齐河县等地有少量栽培。

主要性状：平均单果重49.7g，纵径3.4cm、横径3.8cm，果实扁圆形，果皮褐色；果点小而密、灰白色，萼片脱落；果柄较细长，长4.0cm、粗2.9mm；果心中等大，3～4心室；果肉淡黄色，肉质粗、致密，汁液少，味酸甜，无香气；含可溶性固形物12.9%；品质下等，常温下可贮藏30d。

树势强旺，树姿半开张；萌芽力强，成枝力弱，丰产性好。一年生枝褐色；叶片卵圆形，长10.3cm、宽7.6cm，叶尖渐尖，叶基圆形；花蕾白色，每花序6～8朵花，平均7.0朵；雄蕊18～22枚，平均20.0枚；花冠直径3.9cm。在山东泰安地区，果实9月下旬成熟。

特殊性状描述：半野生种类，可作为砧木利用。

黄奈子

外文名或汉语拼音：Huangnaizi（*Pyrus phaeocarpa*）

来源及分布：$2n = 34$，原产甘肃省，在甘肃甘州区、临泽县等地有栽培。

主要性状：平均单果重20.5g，纵径3.5cm、横径3.0cm，果实卵圆形，果皮黄绿色，阳面褐色霞晕；果点大而密、灰褐色，萼片宿存；果柄长，长5.0cm、粗3.0mm；果心特大，5心室；果肉白色，肉质中粗、致密，汁液中多，味酸甜，无香气；含可溶性固形物10.1%；品质下等，常温下可贮藏25d。

树势中庸，树姿开张；萌芽力中等，成枝力强，丰产性好。一年生枝褐色；叶片椭圆形，长7.9cm、宽6.2cm，叶尖钝尖，叶基截形；花蕾白色，每花序8～10朵花，平均9.0朵；雄蕊18～21枚，平均19.5枚；花冠直径3.3cm。在甘肃张掖地区，果实9月下旬成熟。

特殊性状描述：果实较耐贮运，当地一般作冻梨食用；植株适应性强，抗寒性强，花期易霜冻、耐旱、耐瘠薄。

建宁野山梨

外文名或汉语拼音：Jianning Yeshanli (*Pyrus calleryana*)

来源及分布：$2n = 34$，原产福建省，在福建建宁县濉溪、溪口、里心、黄坊、溪源等地有栽培。

主要性状：平均单果重50.8g，纵径4.3cm、横径4.6cm，果实圆形，果皮绿色，果面有片状果锈，阳面无晕；果点中等大而密、深褐色，萼片宿存；果柄较长，长3.2cm、粗3.2mm；果心大、中位，5心室；果肉白色，肉质粗、致密，汁液少，味酸，无香气；含可溶性固形物10.0%；品质下等，常温下可贮藏15d。

树势强旺，树姿下垂；萌芽力强，成枝力弱，丰产性好。一年生枝褐色；叶片椭圆形，长12.2cm、宽8.9cm，叶尖渐尖，叶基楔形；花蕾浅粉红色，每花序5～8朵花，平均6.5朵；雄蕊17～20枚，平均18.5枚；花冠直径3.0cm。在福建建宁县，果实10月上旬成熟。

特殊性状描述：果实可食率较低；植株抗病性中等，抗虫性中等，耐旱，耐涝。

靖远牛奶头

外文名或汉语拼音： Jingyuan Niunaitou（*Pyrus phaeocarpa*）

来源及分布： 2*n* = 34，原产甘肃省，在甘肃靖远县、景泰县等地有栽培。

主要性状： 平均单果重58.7g，纵径5.3cm、横径4.5cm，果实长圆形，果皮黄绿色，具褐红色斑块；果点小而密、红褐色，萼片脱落；果柄长，长5.2cm、粗3.9mm；果心中等大，5心室；果肉淡黄色，肉质中粗、致密，汁液少，味甜，有微香气；含可溶性固形物13.1%；品质中等，常温下可贮藏15d。

树势强旺，树姿开张；萌芽力强，成枝力中等，丰产性好。一年生枝黄褐色；叶片卵圆形，长10.9cm、宽5.6cm，叶尖急尖，叶基狭楔形；花蕾白色，每花序8～11朵花，平均9.5朵；雄蕊24～26枚，平均25.0枚；花冠直径3.7cm。在甘肃白银地区，果实10月上旬成熟。

特殊性状描述： 果实较耐贮运，当地一般作冻梨食用；植株适应性较强，抗寒、耐旱，易受梨小食心虫危害。

兰州马奶头

外文名或汉语拼音： Lanzhou Manaitou（*Pyrus phaeocarpa*）

来源及分布： 2*n* = 34，原产甘肃省，在甘肃兰州市、靖远县等地有栽培。

主要性状： 平均单果重83.8g，纵径5.4cm、横径5.3cm，果实卵圆形，果皮黄褐色，阳面有暗红晕；果点小而密、棕褐色，萼片脱落；果柄细长，长6.8cm、粗3.1mm；果心中等大，4心室；果肉淡黄色，肉质细、软面，汁液少，味甜酸、微涩，无香气；含可溶性固形物12.0%；品质中等，常温下可贮藏15d。

树势中等，树姿开张；萌芽力中等，成枝力弱，丰产性好。一年生枝褐色；叶片椭圆形，长8.1cm、宽6.5cm，叶尖渐尖，叶基圆形；花蕾白色，每花序5～7朵花，平均6.0朵，雄蕊25～31枚，平均28.0枚；花冠直径2.9cm。在甘肃兰州地区，果实10月上旬成熟。

特殊性状描述： 植株适应性较强，抗寒、耐旱、耐瘠薄，不易感染病虫害。

墨梨

外文名或汉语拼音：Moli

来源及分布：原产甘肃省敦煌市，在当地有少量栽培。

主要性状：平均单果重52.5g，纵径4.3cm、横径5.2cm，果实扁圆形，果皮黄绿色；果点中等大而疏、棕褐色，萼片宿存；果柄较长，长3.1cm、粗3.8mm；果心极大，5心室；果肉乳白色，肉质紧脆，汁液少，味酸微涩，无香气；含可溶性固形物13.0%；品质下等，常温下可贮藏30d。

树势中庸，树姿半开张；萌芽力强，成枝力中等，丰产性较好。一年生枝灰褐色；叶片圆形，长5.3cm、宽3.6cm，叶尖渐尖，叶基狭楔形；花蕾浅粉红色，每花序6～8朵花，平均7.0朵；雄蕊16～20枚，平均18.0枚；花冠直径3.1cm。在河南郑州地区，果实8月上旬成熟。

特殊性状描述：果实成熟后果肉变黑，故称墨梨；植株结果极晚，栽培8年才能结果；叶片皱褶或弯卷，抗病性极强。

青海马奶头

外文名或汉语拼音：Qinghai Ma'naitou（*Pyrus phaeocarpa*）

来源及分布：$2n = 34$，原产青海省，在青海循化、贵德、乐都、民和等地有栽培。

主要性状：平均单果重33.7g，纵径4.2cm、横径3.7cm，果实倒卵圆形，果皮褐色，阳面无晕；果点中等大而密、灰白色，萼片脱落；果柄细长，长5.8cm、粗3.0mm；果心大，5心室；果肉乳白色，肉质中粗、松脆，汁液多，味酸、微涩，无香气；含可溶性固形物14.7%；品质中等，常温下可贮藏10d。

树势中庸，树姿半开张；萌芽力强，成枝力中等，丰产性好。一年生枝黄褐色；叶片披针形，长13.3cm、宽5.3cm，叶尖急尖，叶基圆形或宽楔形；花蕾白色，每花序5～9朵花，平均6.0朵；雄蕊20～24枚，平均21.0枚；花冠直径3.5cm。在青海乐都地区，果实10月上旬成熟。

特殊性状描述：植株抗寒、抗梨小食心虫，产量低，大小年结果现象明显，适于壤土地区栽培，可作砧木和育种材料。

铁梨

外文名或汉语拼音：Tieli（*Pyrus hopeienisi*）

来源及分布：$2n = 34$，原产河北省，在河北昌黎县、抚宁区等地有栽培。

主要性状：平均单果重2.8g，纵径1.6cm、横径1.7cm，果实倒卵圆形，果皮灰褐色；果点中等大而密、灰白色，萼片宿存或残存；果柄较细长，长3.5cm、粗1.8mm；果心特大，3～4心室；果肉绿白色，肉质致密，汁液少，味酸涩，无香气；含可溶性固形物10.2%；品质下等，常温下可贮藏30d。

树势弱；萌芽力弱，成枝力弱，丰产性一般，第五年始果。一年生枝灰褐色，多年生枝灰褐色；叶片卵圆形，长5.2cm、宽5.0cm，叶尖急尖，叶基楔形；

花蕾粉红色，每花序6～11朵花，平均8.5朵；雄蕊18～23枚，平均20.5枚；花冠直径3.9cm。在河北昌黎地区，果实8月下旬成熟。

特殊性状描述：植株抗虫，抗病，耐瘠薄，耐盐碱。

香子霉梨

外文名或汉语拼音： Xiangzimeili（*Pyrus pyrifplia*）

来源及分布： 原产浙江省嵊州市石磺镇楼家村，在当地有零星分布。

主要性状： 平均单果重50.0g，纵径4.5cm、横径3.8cm，果实近圆形或卵圆形，果皮褐色；果点小而密、灰白色，萼片脱落；果柄较长，长3.6cm、粗3.2mm；果心大，4～5心室；果肉乳白色，肉质中粗、脆，汁液较多，味甜酸、微涩；含可溶性固形物11%～12%；品质下等。

树势强旺，树姿直立；萌芽力强，成枝力弱，丰产性好。一年生枝褐色；叶片长卵圆形，长11.0cm、宽8.4cm，叶尖渐尖，叶基狭楔形；花蕾白色，每花序4～7朵花，平均5.5朵；雄蕊16～20枚，平均18.0枚。在浙江嵊州地区，果实10月中旬成熟。

特殊性状描述： 植株耐高温高湿，抗逆性强。

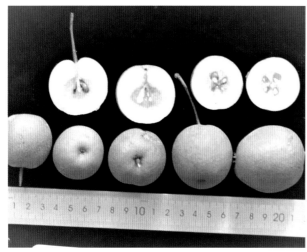

小酸梨

外文名或汉语拼音： Xiaosuanli（*Pyrus pashia*）

来源及分布： $2n = 34$，原产贵州省，在贵州正安县周边地区有栽培。

主要性状： 平均单果重22.0g，纵径3.2cm，横径3.3cm，果实卵圆形，果皮黄褐色；果点中等大而密、灰白色，萼片脱落；果柄长，长4.6cm、粗3.3mm；果心极大，5心室；果肉白色，肉质粗硬，汁液少，味酸，无香气；含可溶性固形物8.3%；品质下等，常温下可贮藏10～15d。

树势强旺，树姿直立；萌芽力强，成枝力中等，丰产性好。一年生枝黄褐色；叶片椭圆形，长7.9cm、宽5.5cm，叶尖渐尖，叶基窄楔形；花蕾白色，每花序8～10朵花，平均9.0朵；雄蕊15～20枚，平均17.5枚；花冠直径3.1cm。在贵州正安县，果实10月成熟。

特殊性状描述： 植株耐贫瘠，长势旺，树老而不衰。

兴义面梨

外文名或汉语拼音： Xingyi Mianli（*Pyrus pashia*）

来源及分布： $2n = 34$，原产贵州省，系川梨的半野生种类，在贵州兴义及周边地区有分布。

主要性状： 平均单果重22.0g，纵径2.8cm、横径3.5cm，果实扁圆形，果皮绿褐色、锈斑严重；果点小而密、灰褐色，萼片脱落；果柄长，长5.7cm、粗3.2mm；果心大，5心室；果肉绿白色，肉质粗，采后3～5d果肉沙面，汁液少，味微涩，无香气；含可溶性固形物8.9%；品质下等，常温下可贮藏10d。

树势强旺，树姿直立；萌芽力中等，成枝力中等，丰产性好。一年生枝黑褐色；叶片椭圆形，长10.1cm、宽6.3cm，叶尖渐尖，叶基楔形。在贵州兴义地区，果实9月成熟。

特殊性状描述： 果小，花序中单花坐果率高，多果现象明显；植株抗病性强，叶片和果实病虫害少。

盐井砂棠梨

外文名或汉语拼音： Yanjing Shatangli（*Pyrus pseudopashia*）

来源及分布： 原产西藏芒康县，疑为滇梨的半栽培种类，在西藏芒康县盐井乡有少量分布。

主要性状： 平均单果重5.2g，纵径1.8cm、横径1.7cm，果实圆形，果皮黄色，柄端具黄褐色果锈；果点小而密、浅褐色，萼片宿存或残存；果柄较细长，长3.0cm、粗2.3mm；果心大，3～4心室；果肉淡黄色，肉质粗，汁液少，味酸微涩，无香气；品质下等，常温下可贮藏20d。

树势中庸，树姿半开张；萌芽力强，成枝力弱，丰产性好。一年生枝黄褐色；叶片椭圆形，长7.6cm、宽3.6cm，叶尖渐尖，叶基宽楔形；花蕾白色，每花序7～12朵花，平均9.5朵；雄蕊25～30枚，平均27.5枚；花冠直径3.5cm。在河南郑州地区，果实9月下旬成熟。

特殊性状描述： 植株适应性和抗逆性均强。

永定七月甜

外文名或汉语拼音： Yongding Qiyuetian (*Pyrus calleryana*)

来源及分布： $2n = 34$，原产福建省，在福建永定县湖山、岐岭、大溪、洪山等地有栽培。

主要性状： 平均单果重22.5g、纵径3.1cm、横径3.6cm，果实圆形，果皮黄褐色，阳面无晕；果点小而密、灰褐色，萼片残存；果柄细长，长5.8cm、粗2.2mm；果心大、近萼端，5心室；果肉淡黄色，肉质粗、致密，汁液少，味甜，无香气，无涩味；含可溶性固形物11.0%；品质中上等，常温下可贮藏10d。

树势强旺，树姿半开张；萌芽力强，成枝力中等，丰产性好。一年生枝黄褐色；叶片椭圆形，长11.3cm、宽6.4cm，叶尖长尾尖，叶基楔形；花蕾浅粉红色，每花序5～8朵花，平均6.5朵；雄蕊30～34枚，平均32.0枚；花冠直径4.5cm。在福建建宁地区，果实8月下旬成熟。

特殊性状描述： 为豆梨的半野生类型。果实可食率低；植株抗病性中等，抗虫性中等，耐旱，耐涝。

藏梨

外文名或汉语拼音：Zangli

来源及分布：原产我国西南高原藏区，在云南迪庆、四川甘孜、西藏昌都等地均有栽培，疑为一个独立的新种类。

主要性状：平均单果重226.0g，纵径6.4cm、横径7.9cm，果实扁圆形，果皮绿色；果点小而密、浅褐色，萼片宿存；果柄长，长4.5cm、粗3.3mm；果心中等大，5心室；果肉绿白色，肉质粗、紧脆，汁液少，味酸，无香气；含可溶性固形物13.6%；品质下等，常温下可贮藏25d。

树势中庸，树姿半开张；萌芽力中等，成枝力中等，丰产性一般。一年生枝灰褐色；叶片椭圆形，长8.1cm、宽6.7cm，叶尖渐尖，叶基楔形；花蕾粉红色，每花序3～8朵花，平均6.0朵；雄蕊18～21枚，平均20.0枚；花冠直径4.4cm。在西南藏区，果实9月中下旬成熟。

特殊性状描述：植株适应性、抗逆性、抗寒性均强，耐瘠薄。

楂梨

外文名或汉语拼音： Zhali

来源及分布： 原产湖南省宜章县，为砂梨的半野生种类。

主要性状： 平均单果重16.0g，纵径3.1cm、横径2.9cm，果实卵圆形，果皮黄褐色；果点中等大、灰褐色，萼片脱落；果柄细长，长5.1cm、粗3.2mm；果心中等大，5心室；果肉绿白色，肉质中粗、致密，汁液中多，味酸甜，无香气；品质中下等，常温下可贮藏10～15d。

树势强旺，树姿半开张；萌芽力强，成枝力强，丰产性好。一年生枝褐色；叶片椭圆形或卵圆形，长6.8cm、宽5.5cm，叶尖急尖，叶基宽楔形。在湖南宜章地区，3月上旬开花，9月上旬果实成熟。据当地人介绍该植株树龄约50年。

特殊性状描述： 植株耐旱性强，抗病虫性强，当地人习惯用此梨煲汤。

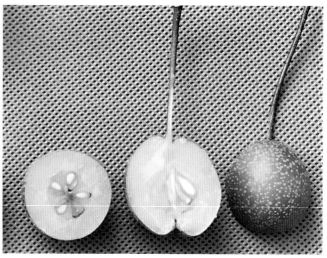

附录一 品种资源中文索引

品种名	外文（拼音）名	种类	页码
		A	
阿巴特	Abate Fetel	欧洲和美洲品种	922
阿朵红梨	Aduohongli	砂梨	464
阿克苏句句梨	Akesu Jujuli	新疆梨	876
矮香	Aixiang	实生选择品种	1258
艾勒特	Alert	欧洲和美洲品种	923
艾温切克	Aiwenqieke	新疆梨	877
爱宕	Atago	日本品种	994
安古列姆	Duchesse D' Angouleme	欧洲和美洲品种	924
安久	D' Anjou	欧洲和美洲品种	925
安梨	Anli	秋子梨	141
安龙砂糖梨	Anlong Shatangli	砂梨	465
安龙鸭蛋梨	Anlong Yadanli	砂梨	466
安宁无名梨	Anning Wumingli	砂梨	467
鞍山白香水（又名：波梨）	Anshan Baixiangshui	秋子梨	142
鞍山白小梨	Anshan Baixiaoli	秋子梨	143
鞍山大花盖	Anshan Dahuagai	秋子梨	144
鞍山大香水	Anshan Daxiangshui	秋子梨	145
鞍山红糖梨	Anshan Hongtangli	砂梨	225
鞍山麻梨（又名：结梨）	Anshan Mali	秋子梨	146
鞍山马蹄黄（又名：车顶子）	Anshan Matihuang	秋子梨	147
鞍山木梨	Anshan Muli	秋子梨	148
鞍山平梨	Anshan Pingli	秋子梨	149
鞍山十里香	Anshan Shilixiang	秋子梨	150
鞍山谢花甜	Anshan Xiehuatian	砂梨	226
奥丽娅	Aoliya	欧洲和美洲品种	926
奥萨二十世纪	Osa Nijisseiki	日本品种	995
奥扎娜	Dell' Avzzana	欧洲和美洲品种	927

（续）

品种名	外文（拼音）名	种类	页码
		B	
BP-1	BP-1	国外砧木	1275
八里香	Balixiang	秋子梨	151
八月白	Bayuebai	砂梨	468
八月脆	Bayuecui	杂交培育品种	1055
八月红	Bayuehong	杂交培育品种	1056
八月梨	Bayueli	砂梨	469
八月酥	Bayuesu	杂交培育品种	1057
八月雪	Bayuexue	砂梨	470
八云	Yakumo	日本品种	996
巴克斯	Bakesi	砂梨	471
巴梨（又名：威廉姆斯）	Bartlett (Williams)	欧洲和美洲品种	928
坝必梨	Babili	砂梨	472
白葫芦	Baihulu	砂梨	473
白瓠梨	Baihuli	砂梨	474
白花罐	Baihuaguan	秋子梨	152
白鸡腿梨	Baijituili	砂梨	227
白结梨	Baijieli	砂梨	475
白皮酥	Baipisu	芽变选育品种	1222
白水梨	Baishuili	砂梨	476
白自生	Baizisheng	秋子梨	153
百花梨	Baihuali	砂梨	477
板昌青梨	Banchang Qingli	砂梨	478
半斤酥	Banjinsu	砂梨	228
半男女	Bannannü	砂梨	479
宝岛甘露	Baodao Ganlu	杂交培育品种	1058
宝什克	Beurre Bosc	欧洲和美洲品种	929
宝珠梨	Baozhuli	砂梨	481
保加利亚5号	Bulgaria No.5	欧洲和美洲品种	930
保加利亚6号	Bulgaria No.6	欧洲和美洲品种	931
保靖冬梨	Baojing Dongli	砂梨	482
保利阿斯卡	Ranna Bolyarska	欧洲和美洲品种	932
北店红霄梨	Beidian Hongxiaoli	砂梨	229
北新	Hokushin	日本品种	997
北镇小香水	Beizhen Xiaoxiangshui	秋子梨	154
毕节鸭梨	Bijie Yali	砂梨	483
泌阳瓢梨	Biyang Piaoli	砂梨	230
璧山12	Bishan 12	砂梨	484

（续）

品种名	外文（拼音）名	种类	页码
扁麻梨	Bianmali	砂梨	485
宾川蜂糖梨	Binchuan Fengtangli	砂梨	486
彬县老遗生	Binxian Laoyisheng	砂梨	231
彬县水遗生	Binxian Shuiyisheng	砂梨	232
滨香	Binxiang	杂交培育品种	1059
滨州小黄梨	Binzhou Xiaohuangli	秋子梨	155
冰糖梨	Bingtangli	砂梨	233
冰珠梨	Bingzhuli	新疆梨	878
勃利小白梨	Boli Xiaobaili	秋子梨	156
博多青	Hakataao	日本品种	998
博山池梨	Boshan Chili	砂梨	234
博山平梨	Boshan Pingli	砂梨	235
薄皮大糖梨	Baopidatangli	砂梨	480

C

品种名	外文（拼音）名	种类	页码
彩云红	Caiyunhong	砂梨	487
苍山红宵梨	Cangshan Hongxiaoli	砂梨	236
苍梧大砂梨	Cangwu Dashali	砂梨	488
苍溪大麻梨	Cangxi Damali	砂梨	489
苍溪六月雪	Cangxi Liuyuexue	砂梨	237
苍溪雪梨	Cangxi Xueli	砂梨	490
曹县桑皮梨	Caoxian Sangpili	砂梨	238
岑溪黄梨	Cenxi Huangli	砂梨	491
岑溪黄砂梨	Cenxi Huangshali	砂梨	492
岑溪早梨	Cenxi Zaoli	砂梨	493
茶皮梨	Chapili	砂梨	494
茶熟梨	Chashuli	砂梨	239
槎子梨	Chazili	砂梨	240
昌黎蜜梨	Changli Mili	砂梨	241
昌黎歪把梨	Changli Waibali	秋子梨	157
昌邑谢花甜	Changyi Xiehuatian	砂梨	242
长把红雪梨	Changbahongxueli	砂梨	495
长佈葫芦梨	Changbu Hululi	砂梨	496
长佈青皮梨	Changbu Qingpili	砂梨	497
长佈雪梨	Changbu Xueli	砂梨	498
长冲梨	Changchongli	砂梨	499
长十郎	Choujuurou	日本品种	999
长寿	Chouju	日本品种	1000
长泰棕包梨	Changtai Zongbaoli	砂梨	500

（续）

品种名	外文（拼音）名	种类	页码
车头（又名：朝鲜洋梨）	Chetou	韩国和朝鲜品种	1039
陈家大麻梨	Chenjia Damali	砂梨	501
呈贡泡梨	Chenggong Paoli	砂梨	502
城口秤砣梨	Chengkou Chengtuoli	砂梨	503
程各庄鸭蛋梨	Chenggezhuang Yadanli	砂梨	243
秤花梨	Chenghuali	砂梨	504
迟三花	Chisanhua	砂梨	505
茌梨	Chili	砂梨	244
赤花梨	Chihuali	砂梨	506
赤穗	Akaho	日本品种	1001
重阳红	Chongyanghong	砂梨	245
崇化大梨	Chonghua Dali	砂梨	246
初夏绿	Chuxialü	杂交培育品种	1060
楚北香	Chubeixiang	砂梨	247
川梨	*Pyrus pashia* D. Don.	野生种	1284
川引1号	Chuanyin No.1	砂梨	248
慈溪新世花	Cixi Xinshihua	实生选择品种	1259
粗花雪梨	Cuhuaxueli	砂梨	507
粗皮梨	Cupili	砂梨	508
粗皮沙	Cupisha	砂梨	509
粗皮西绛坞	Cupixijiangwu	砂梨	510
脆绿	Cuilü	杂交培育品种	1061
脆面梨	Crispel	非洲和大洋洲品种	983
脆香	Cuixiang	杂交培育品种	1062
翠冠	Cuiguan	杂交培育品种	1063
翠雪	Cuixue	杂交培育品种	1064
翠玉	Cuiyu	杂交培育品种	1065
D			
打霜梨	Dashuangli	砂梨	511
大巴梨	Dabali	芽变选育品种	1223
大白面梨	Dabaimianli	砂梨	249
大茶梨	Dachali	砂梨	512
大秤砣梨	Dachengtuoli	砂梨	513
大慈梨	Dacili	杂交培育品种	1066
大冬果	Dadongguo	砂梨	250
大蜂蜜梨	Dafengmili	砂梨	251
大个六月雪	Dageliuyuexue	砂梨	514
大果阿木特	Daguoamute	新疆梨	879
大花梨	Dahuali	砂梨	515

（续）

品种名	外文（拼音）名	种类	页码
大黄甛	Dahuangchi	砂梨	516
大理大头梨	Dali Datouli	砂梨	517
大理奶头梨	Dali Naitouli	砂梨	518
大理水扁梨	Dali Shuibianli	砂梨	519
大荔遗生	Dali Yisheng	砂梨	252
大麻黄	Damahuang	砂梨	253
大马猴	Damahou	砂梨	254
大美梨	Dameili	砂梨	520
大面黄	Damianhuang	砂梨	255
大南果	Da'nanguo	芽变选育品种	1224
大青果	Daqingguo	砂梨	521
大青皮	Daqingpi	砂梨	256
大水核子	Dashuihezi	砂梨	257
大酸梨	Dasuanli	砂梨	258
大棠梨	Datangli	砂梨	259
大甜果	Datianguo	砂梨	260
大窝窝	Dawowo	砂梨	261
大西瓜梨	Daxiguali	砂梨	262
大兴红宵梨	Daxing Hongxiaoli	砂梨	263
大兴谢花甜	Daxing Xiehuatian	秋子梨	158
大兴子母梨	Daxing Zimuli	秋子梨	159
大洋木梨	Dayang Muli	砂梨	522
大洋兔梨	Dayang Tuli	砂梨	523
大叶雪	Dayexue	砂梨	524
大拽梨	Dazhuaili	砂梨	525
丹霞红	Danxiahong	杂交培育品种	1067
砀山金酥	Dangshan Jinsu	芽变选育品种	1225
砀山马蹄黄	Dangshan Matihuang	砂梨	264
砀山面梨	Dangshan Mianli	秋子梨	160
砀山酥梨	Dangshan Suli	砂梨	265
砀山香酥	Dangshan Xiangsu	芽变选育品种	1226
砀山新酥	Dangshan Xinsu	芽变选育品种	1227
砀山紫酥梨	Dangshan Zisuli	砂梨	526
德昌蜂糖梨	Dechang Fengtangli	砂梨	527
德化土梨	Dehua Tuli	砂梨	528
德钦小砂梨	Deqin Xiaoshali（*Pyrus pashia*）	半野生种	1294
德荣1号	Derong No.1	砂梨	266
德胜香	Deshengxiang	砂梨	267

（续）

品种名	外文（拼音）名	种类	页码
封开惠州梨	Fengkai Huizhouli	砂梨	539
佛见喜	Fojianxi	砂梨	276
弗拉明戈（又名：火烈鸟）	Frontier	非洲和大洋洲品种	984
弗兰特	Flamingo	非洲和大洋洲品种	985
伏鹅梨（又名：胡鹅）	Fu'eli	砂梨	277
伏茄（又名：启发）	Beurré Giffard	欧洲和美洲品种	937
伏酥	Fusu	芽变选育品种	1228
伏香	Fuxiang	杂交培育品种	1073
福安尖把	Fuan Jianba	秋子梨	162
抚宁红霄梨	Funing Hongxiaoli	砂梨	278
抚宁水红霄	Funing Shuihongxiao	砂梨	279
抚宁谢花甜	Funing Xiehuatian	砂梨	280
富川蜜梨	Fuchuan Mili	砂梨	540
富阳鸭蛋青	Fuyang Yadanqing	砂梨	541
富源黄梨	Fuyuan Huangli	砂梨	542
G			
孖吊蛋	Gadiaodan（*Pyrus phaeocarpa*）	半野生种	1295
盖头红	Gaitouhong	砂梨	543
甘川	Gamcheonbae	韩国和朝鲜品种	1040
甘谷冬金瓶	Gangu Dongjinping	砂梨	281
甘谷黑梨	Gangu Heili	秋子梨	163
甘谷金瓶梨	Gangu Jinpingli	砂梨	282
甘梨2号	Ganli No.2	杂交培育品种	1074
甘梨3号	Ganli No.3	杂交培育品种	1075
甘梨早6	Ganlizao 6	杂交培育品种	1076
甘梨早8	Ganlizao 8	杂交培育品种	1077
甘蔗梨	Ganzheli	砂梨	283
甘子梨	Ganzili	砂梨	284
柑子梨	Ganzili	砂梨	544
高地梨	Gaodili	砂梨	545
高密马蹄黄	Gaomi Matihuang	砂梨	285
高平大黄梨	Gaoping Dahuangli	砂梨	286
高平宵梨	Gaoping Xiaoli	砂梨	287
高要黄梨	Gaoyao Huangli	砂梨	546
高要青梨	Gaoyao Qingli	砂梨	547
高原红	Gaoyuanhong	砂梨	548
革利冬梨	Geli Dongli	砂梨	549
个旧大黄梨	Gejiu Dahuangli	砂梨	550

（续）

品种名	外文（拼音）名	种类	页码
个旧涩泡梨	Gejiu Sepaoli	砂梨	551
个旧甜泡梨	Gejiu Tianpaoli	砂梨	552
巩义秋梨	Gongyi Qiuli	砂梨	288
贡川梨	Gongchuanli	砂梨	289
古粉伯尔	Gufoenboer	非洲和大洋洲品种	986
古田葫芦梨	Gutian Hululi	砂梨	553
古田筑水	Gutian Zhushui	砂梨	554
谷花梨	Guhuali	砂梨	555
挂梨	Guali（Pyrus hopeiensis）	半野生种	1296
挂里子	Gualizi	秋子梨	164
官仓黄皮梨	Guancang Huangpili	砂梨	556
冠县酸梨	Guanxian Suanli	砂梨	290
冠县银梨	Guanxian Yinli	砂梨	291
灌阳1号	Guanyang No.1	砂梨	557
灌阳大把子雪梨	Guanyang Dabazixueli	砂梨	558
灌阳黄蜜	Guanyang Huangmi	砂梨	559
灌阳青皮梨	Guanyang Qingpili	砂梨	560
灌阳清香梨	Guanyang Qingxiangli	砂梨	561
灌阳水南梨	Guanyang Shuinanli	砂梨	562
灌阳小把子雪梨	Guanyang Xiaobazixueli	砂梨	563
灌阳雪梨	Guanyang Xueli	砂梨	564
广顺砂梨	Guangshun Shali	砂梨	565
贵德长把梨	Guide Changbali	新疆梨	881
贵德花长把	Guide Huachangba	新疆梨	882
贵德沙疙瘩	Guide Shageda（Pyrus xerophillus）	半野生种	1297
贵德酸梨	Guide Suanli	新疆梨	883
贵定冬梨	Guiding Dongli	砂梨	566
贵定酸罐梨	Guiding Suanguanli	砂梨	567
贵定糖梨	Guiding Tangli	砂梨	568
贵妃	Keiffer	欧洲和美洲品种	938
贵溪梨	Guixili	砂梨	569
桂东麻梨	Guidong Mali	砂梨	570
桂冠	Guiguan	杂交培育品种	1078
桂花梨	Guihuali	砂梨	571
桂梨1号	Guili No.1	芽变选育品种	1229
磙子梨	Gunzili	砂梨	292
果果梨	Guoguoli	砂梨	572

（续）

品种名	外文（拼音）名	种类	页码
	H		
哈代	Beurre Hardy	欧洲和美洲品种	939
海城慈梨	Haicheng Cili	砂梨	293
海城香蕉梨	Haicheng Xiangjiaoli	秋子梨	165
海冬梨	Haidongli	砂梨	573
海蓝德	Hailand	欧洲和美洲品种	940
海南2号	Hainan No.2	砂梨	574
海南3号	Hainan No.3	砂梨	575
海阳棠梨	Haiyang Tangli（*Pyrus betulifolia*）	半野生种	1298
海子梨	Haizili	砂梨	576
邯郸油秋梨	Handan Youqiuli	砂梨	294
韩丰	Hanareum	韩国和朝鲜品种	1041
寒红	Hanhong	杂交培育品种	1079
寒露	Hanlu	杂交培育品种	1080
寒酥	Hansu	杂交培育品种	1081
寒香	Hanxiang	杂交培育品种	1082
寒雅	Hanya	杂交培育品种	1083
汉源白梨	Hanyuan Baili	砂梨	295
汉源半斤梨	Hanyuan Banjinli	砂梨	577
汉源大白梨	Hanyuan Dabaili	砂梨	296
汉源大香梨	Hanyuan Daxiangli	砂梨	578
汉源黄梨	Hanyuan Huangli	砂梨	579
汉源鸡蛋梨	Hanyuan Jidanli	砂梨	580
汉源假白梨	Hanyuan Jiabaili	砂梨	297
汉源小香梨	Hanyuan Xiaoxiangli	砂梨	581
汉源招包梨	Hanyuan Zhaobaoli	砂梨	582
杭青	Hangqing	实生选择品种	1260
好本号	Allexandrine Douillard	欧洲和美洲品种	941
和政甘长把	Hezheng Ganchangba	新疆梨	884
和政假冬果	Hezheng Jiadongguo	秋子梨	166
河北梨	*Pyrus hopeiensis* T. T. Yu	野生种	1288
褐梨	*Pyrus phaeocarpa* Rehd	野生种	1289
褐南果	He'nanguo	芽变选育品种	1230
黑酸梨	Heisuanli	新疆梨	885
红安久	Red D' Anjiou	欧洲和美洲品种	942
红巴梨	Red Bartlett	欧洲和美洲品种	943
红宝石	Hongbaoshi	杂交培育品种	1084
红贝（蓓）蕾莎	Placer	欧洲和美洲品种	944

（续）

品种名	外文（拼音）名	种类	页码
红顶梨	Hongdingli	砂梨	583
红丰	Hongfeng	杂交培育品种	1085
红花盖	Honghuagai	秋子梨	167
红花罐	Honghuaguan	秋子梨	168
红金秋	Hongjinqiu	杂交培育品种	1086
红梨1号	Hongli No.1	砂梨	584
红麻槎子（又名：麻皮糙）	Hongmachazi	砂梨	298
红玛瑙	Hongma'nao	杂交培育品种	1087
红皮酥	Hongpisu	砂梨	299
红皮酥梅	Hongpisumei	砂梨	300
红茄梨（又名：红克拉普斯或早红考密斯）	Starkrimson（Red Clapp's Favorite）	欧洲和美洲品种	945
红日	Hongri	杂交培育品种	1088
红山梨	Hongshanli	砂梨	301
红苕棒	Hongshaobang	砂梨	586
红斯塔克	Red Stark	欧洲和美洲品种	946
红酥宝	Hongsubao	杂交培育品种	1089
红酥脆	Hongsucui	杂交培育品种	1090
红酥梨	Hongsuli	砂梨	302
红酥蜜	Hongsumi	杂交培育品种	1091
红太阳	Hongtaiyang	杂交培育品种	1092
红糖梨	Hongtangli	砂梨	585
红香酥	Hongxiangsu	杂交培育品种	1093
红月	Hongyue	杂交培育品种	1094
红早酥	Hongzaosu	芽变选育品种	1231
猴嘴梨	Houzuili	砂梨	587
沪晶梨18	Hujingli 18	杂交培育品种	1095
沪晶梨67	Hujingli 67	杂交培育品种	1096
花盖梨	Huagaili	秋子梨	169
花盖实生	Huagaishisheng	实生选择品种	1261
花盖王	Huagaiwang	芽变选育品种	1232
花菇梨	Huaguli	砂梨	588
花皮秋	Huapiqiu	砂梨	303
华丰	Huafeng	杂交培育品种	1097
华高	Huagao	芽变选育品种	1233
华金	Huajin	杂交培育品种	1098
华梨1号	Huali No.1	杂交培育品种	1099
华梨2号	Huali No.2	杂交培育品种	1100

（续）

品种名	外文（拼音）名	种类	页码
华坪白化心	Huaping Baihuaxin	砂梨	589
华山	Whasan	韩国和朝鲜品种	1042
华酥	Huasu	杂交培育品种	1101
华幸	Huaxing	杂交培育品种	1102
黄盖梨	Huanggaili	砂梨	304
黄盖头	Huanggaitou	砂梨	590
黄冠	Huangguan	杂交培育品种	1103
黄果梨	Huangguoli	砂梨	305
黄瓠梨	Huanghuli	砂梨	591
黄花	Huanghua	杂交培育品种	1104
黄金梨	Whangkeumbae	韩国和朝鲜品种	1043
黄腊梨	Huanglali	砂梨	592
黄奈子	Huangnaizi (*Pyrus phaeocarpa*)	半野生种	1299
黄皮槎	Huangpicha	砂梨	306
黄皮黄把梨	Huangpihuangbali	砂梨	593
黄皮霉梨	Huangpimeili	砂梨	594
黄皮砂梨	Huangpishali	砂梨	595
黄皮酥梅	Huangpisumei	砂梨	307
黄皮甜面梨	Huangpitianmianli	砂梨	596
黄皮香	Huangpixiang	砂梨	308
黄皮煮	Huangpizhu	砂梨	597
黄茄梨	Huangqieli	砂梨	598
黄山梨	Huangshanli	秋子梨	170
黄酸梨	Huangsuanli	新疆梨	886
黄县长把梨	Huangxian Changbali	砂梨	309
黄香	Huangxiang	杂交培育品种	1105
黄消梨	Huangxiaoli	砂梨	599
徽香	Huixiang	芽变选育品种	1234
徽源白	Huiyuanbai	实生选择品种	1262
回溪梨	Huixili	砂梨	600
会东芝麻梨	Huidong Zhimali	砂梨	310
会理红香梨	Huili Hongxiangli	砂梨	601
会理花红梨	Huili Huahongli	砂梨	311
会理火把梨	Huili Huobali	砂梨	602
会理苹果梨	Huili Pingguoli	砂梨	312
会理香面梨	Huili Xiangmianli	砂梨	603
会理早白梨	Huili Zaobaili	砂梨	313
惠阳红梨	Huiyang Hongli	砂梨	604

品种名	外文（拼音）名	种类	页码
惠阳青梨	Huiyang Qingli	砂梨	605
惠阳酸梨	Huiyang Suanli	砂梨	606
惠阳香水梨	Huiyang Xiangshuili	砂梨	607
惠州梨	Huizhouli	砂梨	608
霍城冬黄梨	Huocheng Donghuangli	新疆梨	887
霍城句句梨	Huocheng Jujuli	新疆梨	888
	J		
鸡蛋罐	Jidanguan	砂梨	314
鸡蛋果	Jidanguo	秋子梨	171
鸡腿香香梨	Jituixiangxiangli	砂梨	315
鸡爪黄	Jizhuahuang	砂梨	316
鸡子消	Jizixiao	砂梨	317
蓟县大鸭梨	Jixian Dayali	芽变选育品种	1235
冀翠	Jicui	杂交培育品种	1106
冀蜜	Jimi	杂交培育品种	1107
冀硕	Jishuo	杂交培育品种	1108
冀酥	Jisu	杂交培育品种	1109
冀雪	Jixue	杂交培育品种	1110
冀玉	Jiyu	杂交培育品种	1111
加纳	Jana	欧洲和美洲品种	947
假昌壳壳	Jiachangkeke	砂梨	609
假雪梨	Jiaxueli	砂梨	610
尖把梨	Jianbali	秋子梨	172
尖把王	Jianbawang	芽变选育品种	1236
尖把香	Jianbaxiang	秋子梨	173
尖叶梨	Jianyeli	砂梨	611
简阳桂花梨	Jianyang Guihuali	砂梨	612
简阳红丝梨	Jianyang Hongsili	砂梨	613
建宁铁头梨	Jianning Tietouli	砂梨	614
建宁野山梨	Jianning Yeshanli (*Pyrus calleryana*)	半野生种	1300
建宁棕包梨	Jianning Zongbaoli	砂梨	615
建瓯天水梨	Jian'ou Tianshuili	砂梨	616
剑阁冬梨	Jiange Dongli	砂梨	617
江岛	Enoshima	日本品种	1006
江湾白梨	Jiangwan Baili	砂梨	618
绛色梨	Jiangseli	砂梨	619
斤半梨	Jinbanli	砂梨	620
今村秋	Imamuraaki	日本品种	1007

（续）

品种名	外文（拼音）名	种类	页码
金棒头	Jinbangtou	砂梨	621
金川白皮雪梨	Jinchuan Baipixueli	芽变选育品种	1237
金川大果雪梨	Jinchuan Daguoxueli	芽变选育品种	1238
金川大麻梨	Jinchuan Damali	砂梨	622
金川疙瘩梨	Jinchuan Gedali	砂梨	623
金川鸡蛋梨	Jinchuan Jidanli	砂梨	318
金川鸡腿梨	Jinchuan Jituili	砂梨	319
金川金花早	Jinchuan Jinhuazao	砂梨	320
金川酸麻梨	Jinchuan Suanmali	砂梨	624
金川雪梨	Jinchuan Xueli	砂梨	321
金川雪梨3号	Jinchuan Xueli No.3	砂梨	322
金翠香	Jincuixiang	杂交培育品种	1112
金二十世纪	Gold Nijisseiki	日本品种	1008
金丰	Jinfeng	杂交培育品种	1113
金冠酥	Jinguansu	芽变选育品种	1239
金花4号	Jinhua No.4	芽变选育品种	1240
金花梨（又名：林檎）	Jinhuali	砂梨	323
金晶	Jinjing	实生选择品种	1263
金蜜	Jinmi	杂交培育品种	1114
金皮梨	Jinpili	砂梨	625
金骑士	Jinqishi	砂梨	626
金秋梨	Jinqiuli	芽变选育品种	1241
金水1号	Jinshui No.1	杂交培育品种	1115
金水2号	Jinshui No.2	杂交培育品种	1116
金水3号	Jinshui No.3	杂交培育品种	1117
金水酥	Jinshuisu	杂交培育品种	1118
金酥	Jinsu	杂交培育品种	1119
金恬	Jintian	杂交培育品种	1120
金香	Jinxiang	杂交培育品种	1121
金香水	Jinxiangshui	杂交培育品种	1122
金珠南水	Jinzhu'nanshui	砂梨	324
金珠砂梨（又名：金珠果）	Jinzhushali	砂梨	627
金坠梨	Jinzhuili	芽变选育品种	1242
锦丰	Jinfeng	杂交培育品种	1123
锦香	Jinxiang	杂交培育品种	1124
晋巴梨	Jinbali	芽变选育品种	1243
晋蜜梨	Jinmili	杂交培育品种	1125
晋宁火把梨	Jinning Huobali	砂梨	628

（续）

品种名	外文（拼音）名	种类	页码
	L		
拉达娜	Radana	欧洲和美洲品种	954
拉法兰西	La France	欧洲和美洲品种	955
蜡台梨	Lataili	砂梨	329
莱克拉克	Generalleclerc	欧洲和美洲品种	956
兰州长把梨	Lanzhou Changbali	新疆梨	893
兰州冬果梨	Lanzhou Dongguoli	砂梨	330
兰州花长把	Lanzhou Huachangba	新疆梨	894
兰州马奶头	Lanzhou Manaitou (*Pyrus phaeocarpa*)	半野生种	1302
兰州软儿梨	Lanzhou Ruanerli	秋子梨	183
老麻梨	Laomali	砂梨	636
老头梨	Laotouli	欧洲和美洲品种	957
乐陵大面梨	Laoling Damianli	秋子梨	184
乐陵小面梨	Laoling Xiaomianli	秋子梨	185
乐清蒲瓜梨	Leqing Puguali	砂梨	637
乐清人头梨	Leqing Rentouli	砂梨	638
梨果	Liguo	砂梨	331
李克特	Le Lectier	欧洲和美洲品种	958
历城木梨	Licheng Muli	砂梨	332
丽江黄酸梨	Lijiang Huangsuanli	砂梨	639
丽江火把梨	Lijiang Huobali	砂梨	640
丽江马占梨	Lijiang Mazhanli	砂梨	641
丽江面梨	Lijiang Mianli	砂梨	642
丽江芝麻梨	Lijiang Zhimali	砂梨	643
利布林	Clapps Liebling	欧洲和美洲品种	959
利川香水梨	Lichuan Xiangshuili	砂梨	333
连优	Lianyou	杂交培育品种	1128
凉丰	Ryoho	日本品种	1010
辽宁马蹄黄	Liaoning Matihuang	秋子梨	186
临沧秤砣梨	Lincang Chengtuoli	砂梨	644
临洮甘长把	Lintao Ganchangba	新疆梨	895
临洮麻甜梨	Lintao Matianli	砂梨	334
临洮木瓜梨	Lintao Muguali	砂梨	335
临武青梨	Linwu Qingli	砂梨	645
临夏红霄梨	Linxia Hongxiaoli	秋子梨	187
临夏歪把梨	Linxia Waibali	新疆梨	896
临沂斤梨	Linyi Jinli	砂梨	336

（续）

品种名	外文（拼音）名	种类	页码
临沂青梨	Linyi Qingli	砂梨	337
柳叶梨	*Pyrus salicifolia* Pall	野生种	1290
六月酥	Liuyuesu	芽变选育品种	1245
六月消	Liuyuexiao	砂梨	646
龙海葫芦梨	Longhai Hululi	砂梨	647
龙口鸡腿梨	Longkou Jituili	砂梨	338
龙口秋梨	Longkou Qiuli	砂梨	339
龙泉19	Longquan 19	杂交培育品种	1129
龙泉37	Longquan 37	杂交培育品种	1130
龙泉脆	Longquancui	杂交培育品种	1131
龙泉酥	Longquansu	杂交培育品种	1132
龙胜1号	Longsheng No.1	砂梨	648
龙胜2号	Longsheng No.2	砂梨	649
龙胜大砂梨	Longsheng Dashali	砂梨	650
龙潭梨	Longtanli	砂梨	651
龙团梨	Longtuanli	砂梨	652
龙香	Longxiang	实生选择品种	1264
龙园香	Longyuanxiang	杂交培育品种	1133
龙园洋	Longyuanyang	杂交培育品种	1134
龙园洋红	Longyuanyanghong	杂交培育品种	1135
隆回苹果梨	Longhui Pingguoli	砂梨	653
陇西冬金瓶	Longxi Dongjinping	砂梨	340
陇西红金瓶（又名：红霞）	Longxi Hongjinping	砂梨	341
卢卡斯	Alexander Lucas	欧洲和美洲品种	960
泸定罐罐梨	Luding Guanguanli	砂梨	654
鲁冠	Luguan	杂交培育品种	1136
鲁蜜	Lumi	杂交培育品种	1137
鲁南大黄梨	Lu'nan Dahuangli	砂梨	655
鲁南黄皮水	Lu'nan Huangpishui	砂梨	656
鲁南小黄梨	Lu'nan Xiaohuangli	砂梨	657
鲁沙梨	Lushali	砂梨	658
鲁秀	Luxiu	杂交培育品种	1138
禄丰火把梨	Lufeng Huobali	砂梨	659
路易斯	Gute Luise	欧洲和美洲品种	961
露丝玛丽	Rosemarry	非洲和大洋洲品种	987
绿安久	Beurre D' Anjou	欧洲和美洲品种	962
绿梨	Lüli	新疆梨	901
绿云	Lüyun	杂交培育品种	1139

（续）

品种名	外文（拼音）名	种类	页码
轮台长把梨	Luntai Changbali	新疆梨	897
轮台红句句	Luntai Hongjuju	新疆梨	898
轮台句句梨	Luntai Jujuli	新疆梨	899
轮台酸秤砣	Luntai Suanchengtuo	新疆梨	900
罗甸罐梨	Luodian Guanli	砂梨	660
罗甸糖梨	Luodian Tangli	砂梨	661
罗莎	Rosa	欧洲和美洲品种	963
罗田长柄梨	Luotian Changbingli	砂梨	342
罗田冬梨	Luotian Dongli	砂梨	662
罗田酸梨	Luotian Suanli	砂梨	343
M			
麻八盘	Mabapan	砂梨	344
麻梨	*Pyrus serrulata* Rehd.	野生种	1291
麻皮九月梨	Mapijiuyueli	砂梨	663
麻皮软儿梨	Mapiruanerli	秋子梨	188
麻砣梨	Matuoli	砂梨	664
玛丽娅	Santa Maria Morettini	欧洲和美洲品种	964
玛瑙梨	Ma'naoli	杂交培育品种	1140
麦地湾	Maidiwan	砂梨	665
麦地香	Maidixiang	砂梨	666
麦梨	Maili	砂梨	345
蛮梨	Manli	砂梨	667
满丰	Manpoong	韩国和朝鲜品种	1044
满山滚	Manshangun	砂梨	346
满天红	Mantianhong	杂交培育品种	1141
满园香	Manyuanxiang	秋子梨	189
猫头梨	Maotouli	砂梨	668
毛楂梨	Maozhali	砂梨	669
茂州梨	Maozhouli	砂梨	347
懋功梨	Maogongli	砂梨	348
湄潭冬梨	Meitan Dongli	砂梨	670
湄潭金盖	Meitan Jin'gai	砂梨	671
湄潭木瓜梨	Meitan Muguali	砂梨	672
湄潭青皮梨	Meitan Qingpili	砂梨	673
湄潭算盘梨	Meitan Suanpanli	砂梨	674
美人酥	Meirensu	杂交培育品种	1142
门头沟洋白梨	Mentougou Yangbaili	秋子梨	190
孟津瓜梨	Mengjin Guali	砂梨	349

（续）

品种名	外文（拼音）名	种类	页码
弥渡火把梨	Midu Huobali	砂梨	675
弥渡香酥梨	Midu Xiangsuli	砂梨	676
弥渡小红梨	Midu Xiaohongli	砂梨	677
弥勒黄金梨	Mile Huangjinli	砂梨	678
迷你（又名：袖珍）	Minibae	韩国和朝鲜品种	1045
米黄	Miwhang	韩国和朝鲜品种	1046
密云糖梨	Miyun Tangli	砂梨	679
蜜香梨	Mixiangli	砂梨	680
蜜雪梨	Mixueli	砂梨	681
棉花包	Mianhuabao	砂梨	350
棉梨	Mianli	新疆梨	902
面包梨	Mianbaoli	砂梨	351
面酸梨	Miansuanli	新疆梨	903
民和金瓶梨	Minhe Jinpingli	砂梨	352
明江梨	Mingjiangli	砂梨	353
明月	Meigetsu	日本品种	1011
明珠	Mingzhu	杂交培育品种	1143
磨盘梨	Mopanli	砂梨	682
磨子梨	Mozili	砂梨	683
墨梨	Moli	半野生种	1303
牡丹江秋月	Mudanjiang Qiuyue	杂交培育品种	1144
木梨	*Pyrus xerophillus* Yu	野生种	1292
木桥大梨	Muqiao Dali	砂梨	684
木头酥	Mutousu	砂梨	354
N			
纳雍葫芦梨	Nayong Hululi	砂梨	685
乃西普特	Naixipute	新疆梨	904
南地葫芦梨	Nandi Hululi	砂梨	686
南地青皮梨	Nandi Qingpili	砂梨	687
南果梨	Nanguoli	秋子梨	191
南红梨	Nanhongli	芽变选育品种	1246
南涧冬梨	Nanjian Dongli	砂梨	688
南涧火把梨	Nanjian Huobali	砂梨	689
南涧甜雪梨	Nanjian Tianxueli	砂梨	690
南涧雪梨	Nanjian Xueli	砂梨	691
南靖赤皮梨	Nanjing Chipili	砂梨	692
南山梨	Nanshanli	砂梨	693

（续）

品种名	外文（拼音）名	种类	页码
南月	Nangetsu	日本品种	1012
囊巴梨	Nangbali	砂梨	694
宁陵红蜜	Ningling Hongmi	砂梨	355
宁陵花红梨	Ningling Huahongli	砂梨	356
宁陵马蹄黄	Ningling Matihuang	砂梨	357
宁陵面梨	Ningling Mianli	秋子梨	192
宁陵泡梨	Ningling Paoli	砂梨	358
宁陵桑皮	Ningling Sangpi	砂梨	695
宁陵小红梨	Ningling Xiaohongli	砂梨	359
宁陵紫酥梨	Ningling Zisuli	砂梨	360
柠檬黄	Ningmenghuang	杂交培育品种	1145
糯稻梨	Nuodaoli	砂梨	696
O			
OHF333	OHF333	国外砧木	1276
OHF40	OHF40	国外砧木	1277
OHF51	OHF51	国外砧木	1278
OHF87	OHF87	国外砧木	1279
P			
派克汉姆（又名：丑梨）	Packham's Triumph	非洲和大洋洲品种	988
盘县半斤梨	Panxian Banjinli	砂梨	697
盘县麻皮梨	Panxian Mapili	砂梨	698
胖把梨	Pangbali	砂梨	699
皮球梨	Piqiuli	砂梨	700
皮胎果	Pitaiguo	秋子梨	193
皮胎黄果	Pitai huangguo	新疆梨	905
平埠大麻梨	Pingbu Damali	砂梨	701
平顶黄	Pingdinghuang	砂梨	702
平顶香	Pingdingxiang	秋子梨	194
平谷红宵梨	Pinggu Hongxiaoli	砂梨	361
平谷小酸梨	Pinggu Xiaosuanli	秋子梨	195
平谷小香梨	Pinggu Xiaoxiangli	秋子梨	196
平谷小雪花梨	Pinggu Xiaoxuehuali	秋子梨	197
平和雪梨	Pinghe Xueli	砂梨	703
平乐秤砣梨	Pingle Chengtuoli	砂梨	704
平乐黄皮鹅梨	Pingle Huangpi'eli	砂梨	705
平塘砂梨	Pingtang Shali	砂梨	706
平头果	Pingtouguo	砂梨	362
平头青	Pingtouqing	砂梨	707

品种名	外文（拼音）名	种类	页码
平邑绵梨	Pingyi Mianli	砂梨	363
平邑子母梨	Pingyi Zimuli	砂梨	364
苹博香	Pingboxiang	杂交培育品种	1146
苹果梨	Pingguoli	韩国和朝鲜品种	1047
苹香	Pingxiang	杂交培育品种	1147
屏南葫芦梨	Pingnan Hululi	砂梨	708
屏南黄皮梨	Pingnan Huangpili	砂梨	709
屏南酥梨	Pingnan Suli	砂梨	710
屏南晚熟梨	Pingnan Wanshuli	砂梨	711
屏南雪花梨	Pingnan Xuehuali	砂梨	712
屏南早熟梨	Pingnan Zaoshuli	砂梨	713
蒲梨消	Pulixiao	砂梨	365
	Q		
七月红香梨	Qiyuehongxiangli	杂交培育品种	1148
七月黄	Qiyuehuang	砂梨	714
七月酥	Qiyuesu	杂交培育品种	1149
栖霞大香水	Qixia Daxiangshui	砂梨	366
奇凯	Cheeky	非洲和大洋洲品种	989
棋盘香梨	Qipanxiangli	新疆梨	906
恰奴斯卡	Charneusca	欧洲和美洲品种	965
千年梨	Qiannianli	砂梨	715
乾县平梨	Qianxian Pingli	砂梨	367
乾县银梨	Qianxian Yinli	砂梨	368
乔玛	Tema	欧洲和美洲品种	966
茄梨（又名：克拉普斯）	Clapp's Favorite	欧洲和美洲品种	967
秦安长把梨	Qin'an Changbali	砂梨	369
秦安圆梨	Qin'an Yuanli	砂梨	370
秦酥梨	Qinsuli	杂交培育品种	1150
琴岛红	Qindaohong	杂交培育品种	1151
青海冬果梨	Qinghai Dongguoli	砂梨	371
青海马奶头	Qinghai Manaitou (Pyrus phaeocarpa)	半野生种	1304
青海软儿梨（又名：沙疙瘩）	Qinghai Ruanerli	秋子梨	198
青花梨	Qinghuali	砂梨	716
青魁	Qingkui	杂交培育品种	1152
青面酸	Qingmiansuan	秋子梨	199
青皮糙	Qingpicao	砂梨	372
青皮楂	Qingpicha	砂梨	373

(续)

品种名	外文（拼音）名	种类	页码
青皮冬梨	Qingpidongli	砂梨	717
青皮蜂蜜梨	Qingpifengmili	砂梨	374
青皮黄把梨	Qingpihuangbali	砂梨	718
青皮沙	Qingpisha	砂梨（白梨品种群）	375
青皮沙	Qingpisha	砂梨（砂梨品种群）	719
青皮早	Qingpizao	砂梨	720
青皮煮	Qingpizhu	砂梨	721
青皮子	Qingpizi	砂梨	722
青松梨	Qingsongli	砂梨	376
青圆梨	Qingyuanli	砂梨	377
青砧D1	Qingzhen D1	国内砧木	1269
清脆梨	Qingcuili	秋子梨	200
清流粗花梨	Qingliu Cuhuali	砂梨	723
清流寒梨	Qingliu Hanli	砂梨	724
清流山东梨	Qingliu Shandongli	砂梨	725
清水梨	Qingshuili	砂梨	726
清香	Qingxiang	杂交培育品种	1153
庆宁香香梨	Qingning Xiangxiangli	砂梨	378
秋红蜜	Qiuhongmi	杂交培育品种	1154
秋黄	Soowhangbae	韩国和朝鲜品种	1048
秋水	Qiushui	杂交培育品种	1155
秋水	Syusui	日本品种	1013
秋水晶	Qiushuijing	杂交培育品种	1156
秋香	Qiuxiang	杂交培育品种	1157
秋洋梨	Qiuyangli	欧洲和美洲品种	968
秋月	Akizuki	日本品种	1014
曲靖面梨	Qujing Mianli	砂梨	727
全州梨	Quanzhouli	砂梨	728
R			
仁寿亭	Renshouting	砂梨	729
日本香梨	Kaori	日本品种	1015
日光	Nikkori	日本品种	1016
日面红	Flemish Beauty	欧洲和美洲品种	969
汝城麻点	Rucheng Madian	砂梨	730
软软子	Ruanruanzi	秋子梨	201
软枝青	Ruanzhiqing	砂梨	379
若光	Wakahikari	日本品种	1017

（续）

品种名	外文（拼音）名	种类	页码
		S	
萨拉梨（又名：香水梨）	Salali	秋子梨	202
萨拉明	Salaming	砂梨	380
萨姆力陶陶	Samlitoto	欧洲和美洲品种	970
三季梨	Dr Jules Guyot	欧洲和美洲品种	971
桑门梨	Sangmenli	砂梨	731
沙01	Sha 01	芽变选育品种	1247
沙耳香香梨	Shaer Xiangxiangli	砂梨	381
沙果梨（又名：烂酸梨）	Shaguoli	秋子梨	203
山梗子蜂蜜梨	Shangengzi Fengmili	砂梨	732
上坪木梨	Shangping Muli	砂梨	733
上坪头	Shangpingtou	砂梨	734
上饶六月雪	Shangrao Liuyuexue	砂梨	383
上饶蒲瓜梨	Shangrao Puguali	砂梨	384
歙县金花早	Shexian Jinhuazao	砂梨	385
歙县木瓜梨	Shexian Muguali	砂梨	735
麝香梨	Shexiangli	砂梨	736
身不知	Mishirazi	非洲和大洋洲品种	990
石家梨	Shijiali	砂梨	737
石门水冬瓜	Shimen Shuidonggua	砂梨	386
世纪梨	Shijili	杂交培育品种	1158
柿饼梨	Shibingli	砂梨	738
授粉梨	Shoufenli	砂梨	739
霜降梨	Shuangjiangli	砂梨	740
水扁梨	Shuibianli	砂梨	387
水冬瓜梨	Shuidongguali	砂梨	741
水洞瓜	Shuidonggua	芽变选育品种	1248
水葫芦	Shuihulu	砂梨	388
水晶梨	Shuijingli	芽变选育品种	1249
水桔梨	Shuijuli	砂梨	742
水麻梨	Shuimali	砂梨	743
硕丰梨	Shuofengli	杂交培育品种	1159
思勒梨	Sileli	砂梨	744
斯伯丁	Spalding	欧洲和美洲品种	972
泗水面梨	Sishui Mianli	砂梨	389
苏翠1号	Sucui No.1	杂交培育品种	1160
苏翠2号	Sucui No.2	杂交培育品种	1161
苏翠3号	Sucui No.3	杂交培育品种	1162

(续)

品种名	外文（拼音）名	种类	页码
苏翠4号	Sucui No.4	杂交培育品种	1163
酥木梨	Sumuli	新疆梨	907
酥香梨	Suxiangli	砂梨	745
酸把梨	Suanbali	砂梨	746
酸扁头	Suanbiantou	砂梨	747
酸大梨	Suandali	川梨	919
酸梨锅子	Suanliguozi	秋子梨	204
酸泡梨	Suanpaoli	砂梨	748
酸甜梨	Suantianli	砂梨	749
蒜白梨	Suanjiuli	砂梨	390
绥中秋白梨（又名：绥中白梨）	Suizhong Qiubaili	砂梨	391
孙吴沿江香	Sunwu Yanjiangxiang	秋子梨	205
T			
他披梨	Tapili	砂梨	750
塔西阿木特	Taxi Amute	新疆梨	908
胎黄梨	Taihuangli	砂梨	392
台合梨	Taiheli	砂梨	751
台湾蜜梨	Taiwan Mili	砂梨	752
太白	Taihaku	日本品种	1018
泰安金坠子	Taian Jinzhuizi	砂梨	393
泰安秋白梨	Taian Qiubaili	砂梨	394
泰安小白梨	Taian Xiaobaili	砂梨	395
糖酥梨	Tangsuli	砂梨	396
桃源丰水梨	Taoyuan Fengshuili	砂梨	753
滕州大白梨	Tengzhou Dabaili	砂梨	397
滕州鹅梨	Tengzhou Eli	砂梨	398
天海鸭梨	Tianhaiyali	芽变选育品种	1250
天皇	Yewang	韩国和朝鲜品种	1049
天生白	Tianshengbai	砂梨	399
天生伏	Tianshengfu	砂梨	400
天生平	Tianshengping	砂梨	401
甜橙子	Tianchengzi	砂梨	402
甜尖把	Tianjianba	秋子梨	206
甜麻梨	Tianmali	砂梨	754
甜青梨	Tianqingli	砂梨	755
甜秋子	Tianqiuzi	秋子梨	207
甜香	Tianxiang	杂交培育品种	1164
甜宵梨	Tianxiaoli	砂梨	756

（续）

（续）

品种名	外文（拼音）名	种类	页码
威宁木瓜梨	Weining Muguali	砂梨	776
威宁青皮梨	Weining Qingpili	砂梨	777
威宁乌梨	Weining Wuli	砂梨	778
威宁小黄梨	Weining Xiaohuangli	砂梨	779
威宁自生梨	Weining Zishengli	砂梨	780
巍山冬雪梨	Weishan Dongxueli	砂梨	781
巍山红雪梨	Weishan Hongxueli	砂梨	782
巍山玉香梨	Weishan Yuxiangli	砂梨	783
魏县大面梨	Weixian Damianli	砂梨	411
魏县大鸭梨	Weixian Dayali	芽变选育品种	1251
魏县红梨	Weixian Hongli	砂梨	412
魏县小红梨	Weixian Xiaohongli	砂梨	413
魏县小面梨	Weixian Xiaomianli	砂梨	414
魏县雪花梨	Weixian Xuehuali	砂梨	415
温郊青皮梨	Wenjiao Qingpili	砂梨	784
榅桲A	Quince A（EMA QA）	国外砧木	1280
榅桲BA29	Quince BA29	国外砧木	1281
榅桲C	Quince C（QC）	国外砧木	1282
榅桲Cts212	Quince Cts212	国外砧木	1283
文山红雪梨	Wenshan Hongxueli	砂梨	785
瓮安半斤梨	Weng'an Banjinli	砂梨	786
瓮安长把梨	Weng'an Changbali	砂梨	787
窝梨	Woli	砂梨	416
窝窝果	Wowoguo	砂梨	417
窝窝梨	Wowoli	新疆梨	909
乌沙冬梨	Wusha Dongli	砂梨	788
巫山梨	Wushanli	砂梨	789
吾妻锦	Azumanishiki	日本品种	1022
五九香	Wujiuxiang	杂交培育品种	1168
五香梨	Wuxiangli	秋子梨	209
五丫梨	Wuyali	砂梨	790
五月金	Wuyuejin	砂梨	418
武安油秋梨	Wuan Youqiuli	砂梨	419
武都红	Wuduhong	砂梨	420
武汉麻壳梨	Wuhan Makeli	砂梨	421
武隆芝麻梨	Wulong Zhimali	砂梨	791
武山白化心	Wushan Baihuaxin	秋子梨	210
武山糖梨	Wushan Tangli	砂梨	422

（续）

品种名	外文（拼音）名	种类	页码
武威长把梨	Wuwei Changbali	新疆梨	910
武威红霄梨	Wuwei Hongxiaoli	秋子梨	211
	X		
西子绿	Xizilü	杂交培育品种	1169
喜水	Kisui	日本品种	1023
细把子白梨	Xibazibaili	砂梨	423
细花红梨	Xihuahongli	砂梨	792
细花麻壳	Xihuamake	砂梨	793
细花平头青	Xihuapingtouqing	砂梨	794
细皮梨	Xipili	砂梨	795
细皮西绛坞	Xipixijiangwu	砂梨	796
细砂黄皮梨	Xishahuangpili	砂梨	797
夏津金香梨	Xiajin Jinxiangli	砂梨	424
夏露	Xialu	杂交培育品种	1170
夏清	Xiaqing	杂交培育品种	1171
夏至红	Summer Blood Birne	欧洲和美洲品种	974
鲜黄	Sunhwang	韩国和朝鲜品种	1051
鲜美	Red Sensation	欧洲和美洲品种	975
线吊梨	Xiandiaoli	砂梨	798
相模	Sagmi	日本品种	1024
香把梨	Xiangbali	砂梨	425
香仕	Xiangchi	杂交培育品种	1172
香椿梨	Xiangchunli	砂梨	426
香禾梨	Xiangheli	砂梨	799
香红	Xianghong	芽变选育品种	1252
香尖把	Xiangjianba	秋子梨	212
香麻梨	Xiangmali	砂梨	427
香蜜顺	Xiangmishun	砂梨	800
香树梨	Xiangshuli	砂梨	801
香子霉梨	Xiangzimeili（*Pyrus pyrifplia*）	半野生种	1306
祥云长把梨	Xiangyun Changbali	砂梨	802
祥云红雪梨	Xiangyun Hongxueli	砂梨	803
祥云火把梨	Xiangyun Huobali	砂梨	804
祥云香酥梨	Xiangyun Xiangsuli	砂梨	805
祥云小红梨	Xiangyun Xiaohongli	砂梨	806
祥云芝麻梨	Xiangyun Zhimali	砂梨	807
湘南	Shounan	日本品种	1025
响水梨	Xiangshuili	砂梨	808

（续）

品种名	外文（拼音）名	种类	页码
小秤砣梨	Xiaochengtuoli	砂梨	809
小东沟红梨	Xiaodonggou Hongli	砂梨	428
小冬果	Xiaodongguo	砂梨	429
小伏洋	Madeleine	欧洲和美洲品种	976
小核白	Xiaohebai	砂梨	430
小红面梨	Xiaohongmianli	砂梨	431
小黄果	Xiaohuangguo	砂梨	432
小黄皮梨	Xiaohuangpili	川梨	920
小麻点	Xiaomadian	砂梨	810
小木梨	Xiaomuli	砂梨	433
小酸梨	Xiaosuanli（*Pyrus pashia*）	半野生种	1307
小糖梨	Xiaotangli	砂梨	811
小早熟洋梨	Xiaozaoshuyangli	非洲和大洋洲品种	991
小煮梨	Xiaozhuli	砂梨	812
孝义伏	Xiaoyifu	砂梨	434
新133	Xin 133	新疆梨	911
新房雪梨	Xinfang Xueli	砂梨	813
新丰（又名：大头梨）	Xinfeng	砂梨	435
新高	Niitaka	日本品种	1026
新杭	Xinhang	杂交培育品种	1173
新梨1号	Xinli No.1	杂交培育品种	1174
新梨2号	Xinli No.2	芽变选育品种	1253
新梨6号	Xinli No.6	杂交培育品种	1175
新梨7号	Xinli No.7	杂交培育品种	1176
新梨8号	Xinli No.8	杂交培育品种	1177
新梨9号	Xinli No.9	杂交培育品种	1178
新梨10号	Xinli No.10	杂交培育品种	1179
新梨11	Xinli 11	杂交培育品种	1180
新苹梨	Xinpingli	实生选择品种	1265
新世纪	Shinseiki	日本品种	1027
新水	Shinsui	日本品种	1028
新兴	Shinkou	日本品种	1029
新星	Shinsei	日本品种	1030
新雪	Shinsetsu	日本品种	1031
新鸭梨	Xinyali	杂交培育品种	1181
新雅	Xinya	杂交培育品种	1182
新玉	Xinyu	杂交培育品种	1183
新早巴梨	Xinzaobali	非洲和大洋洲品种	992

（续）

品种名	外文（拼音）名	种类	页码
兴隆黄皮梨	Xinglong Huangpili	砂梨	814
兴隆麻梨	Xinglong Mali	砂梨	436
兴隆洋白梨	Xinglong Yangbaili	欧洲和美洲品种	977
兴义红皮梨	Xingyi Hongpili	砂梨	815
兴义面梨	Xingyi Mianli（*Pyrus pashia*）	半野生种	1308
兴义香梨	Xingyi Xiangli	砂梨	816
兴义雪梨	Xingyi Xueli	砂梨	817
杏叶梨	*Pyrus armeniacaefolia* Yu	野生种	1293
幸藏	Kouzou	日本品种	1032
幸水	Kosui	日本品种	1033
秀黄	Soowhangbae	韩国和朝鲜品种	1052
秀玉	Syuugyoku	日本品种	1034
岫岩大尖把	Xiuyan Dajianba	实生选择品种	1266
岫岩野梨	Xiuyan Yeli	秋子梨	213
宣恩秤砣梨	Xuanen Chengtuoli	砂梨	818
雪芳	Xuefang	杂交培育品种	1184
雪峰青皮梨	Xuefeng Qingpili	砂梨	819
雪花梨	Xuehuali	砂梨	437
雪苹梨	Xuepingli	砂梨	820
雪青	Xueqing	杂交培育品种	1185
雪香	Xuexiang	杂交培育品种	1186
循化白果梨	Xunhua Baiguoli	新疆梨	912
Y			
鸭广梨	Yaguangli	秋子梨	214
鸭梨	Yali	砂梨	438
鸭鸭面	Yayamian	砂梨	439
雅青	Yaqing	杂交培育品种	1187
延边大香水	Yanbian Daxiangshui	秋子梨	215
延边谢花甜	Yanbian Xiehuatian	秋子梨	216
延光	Yanguang	芽变选育品种	1254
延香	Yanxiang	杂交培育品种	1188
闫庄自实	Yanzhuangzishi	芽变选育品种	1255
盐井砂棠梨	Yanjing Shatangli（*Pyrus pseudopashia*）	半野生种	1309
盐源秤砣梨	Yanyuan Chengtuoli	砂梨	821
盐源蜂蜜梨	Yanyuan Fengmili	砂梨	440
盐源香梨	Yanyuan Xiangli	砂梨	441
盐源珍珠梨	Yanyuan Zhenzhuli	砂梨	822

（续）

品种名	外文（拼音）名	种类	页码
砚山乌梨	Yanshan Wuli	川梨	921
雁过红	Yanguohong	砂梨	442
扬尘梨	Yangchenli	砂梨	823
羊奶香	Yangnaixiang	秋子梨	217
阳冬梨	Yangdongli	砂梨	824
洋红霄	Yanghongxiao	砂梨	443
漾濞秤砣梨	Yangbi Chengtuoli	砂梨	825
漾濞酸秤砣梨	Yangbi Suanchengtuoli	砂梨	826
漾濞玉香梨	Yangbi Yuxiangli	砂梨	827
药梨	Yaoli	砂梨	444
也历克阿木特	Yelike Amute	新疆梨	913
野红霄	Yehongxiao	秋子梨	218
野山梨	Yeshanli	秋子梨	219
野酸梨	Yesuanli	砂梨	828
夜深梨	Yeshenli	砂梨	829
伊犁红香梨	Yili Hongxiangli	新疆梨	914
伊犁香梨	Yili Xiangli	新疆梨	915
伊特鲁斯卡	Etrusca	欧洲和美洲品种	978
宜章大青梨	Yizhang Daqingli	砂梨	830
义乌霉梨	Yiwu Meili	砂梨	831
义乌三花梨	Yiwu Sanhuali	砂梨	832
义乌子梨	Yiwu Zili	砂梨	833
意大利4号	Italy No.4	欧洲和美洲品种	979
银白梨	Yinbaili	砂梨	445
印江冬梨	Yinjiang Dongli	砂梨	834
印江算盘梨	Yinjiang Suanpanli	砂梨	835
营口红宵梨	Yingkou Hongxiaoli	砂梨	446
营口水红宵	Yingkou Shuihongxiao	砂梨	447
硬皮梨	Yingpili	砂梨	836
硬雪梨	Yingxueli	砂梨	837
硬枝青（又名：青酥梨）	Yingzhiqing	砂梨	448
永定六月雪	Yongding Liuyuexue	砂梨	838
永定七月甜	Yongding Qiyuetian	砂梨	839
永定七月甜	Yongding Qiyuetian (*Pyrus calleryana*)	半野生种	1310
永胜黄梨	Yongsheng Huangli	砂梨	840
永胜黄酸梨	Yongsheng Huangsuanli	砂梨	841
尤日卡	Мурγα АррМуД	欧洲和美洲品种	980

（续）

品种名	外文（拼音）名	种类	页码
油搅团	Youjiaotuan	新疆梨	916
油芝麻	Youzhima	砂梨	449
友谊1号	Youyi No.1	杂交培育品种	1189
榆次小白梨	Yuci Xiaobaili	秋子梨	220
玉壁林达	Yubileen Dar	欧洲和美洲品种	981
玉川梨	Yuchuanli	砂梨	842
玉冠	Yuguan	杂交培育品种	1190
玉露香	Yuluxiang	杂交培育品种	1191
玉绿	Yulü	杂交培育品种	1192
玉山青皮梨	Yushan Qingpili	砂梨	843
玉酥梨	Yusuli	杂交培育品种	1193
玉溪大黄梨	Yuxi Dahuangli	砂梨	844
玉溪黄梨	Yuxi Huangli	砂梨	845
玉香	Yuxiang	杂交培育品种	1194
玉香美	Yuxiangmei	杂交培育品种	1195
玉香蜜	Yuxiangmi	杂交培育品种	1196
园黄	Wonhwang	韩国和朝鲜品种	1053
沅江青皮梨	Yuanjiang Qingpili	砂梨	846
沅陵大青皮	Yuanling Daqingpi	砂梨	847
沅陵葫芦梨	Yuanling Hululi	砂梨	848
沅陵人头梨	Yuanling Rentouli	砂梨	849
原平笨梨	Yuanping Benli	砂梨	450
原平夏梨	Yuanping Xiali	砂梨	451
原平油梨	Yuanping Youli	砂梨	452
原平油酥梨	Yuanping Yousuli	砂梨	453
远安十里香	Yuan'an Shilixiang	砂梨	850
月光黄	Yueguanghuang	砂梨	851
云和雪梨	Yunhe Xueli	砂梨	852
云红1号	Yunhong No.1	砂梨	853
云南火把梨	Yunnan Huobali	砂梨	854
云南无名梨	Yunnan Wumingli	砂梨	855
云州梨	Yunzhouli	砂梨	856
Z			
藏梨	Zangli	半野生种	1311
早白蜜	Zaobaimi	杂交培育品种	1197
早翠梨	Zaocuili	杂交培育品种	1198
早伏酥	Zaofusu	杂交培育品种	1199
早冠	Zaoguan	杂交培育品种	1200

（续）

品种名	外文（拼音）名	种类	页码
早禾梨	Zaoheli	砂梨	857
早红蜜	Zaohongmi	杂交培育品种	1201
早红玉	Zaohongyu	杂交培育品种	1202
早金花	Zaojinhua	芽变选育品种	1256
早金酥	Zaojinsu	杂交培育品种	1203
早金香	Zaojinxiang	杂交培育品种	1204
早魁	Zaokui	杂交培育品种	1205
早梨18	Zaoli 18	杂交培育品种	1206
早绿	Zaolü	杂交培育品种	1207
早美酥	Zaomeisu	杂交培育品种	1208
早生赤	Waseaka	日本品种	1035
早生黄金	Josengwhangkeum	韩国和朝鲜品种	1054
早生新水	Zaosheng Xinshui	实生选择品种	1267
早熟句句梨	Zaoshujujuli	新疆梨	917
早熟梨	Zaoshuli	秋子梨	221
早酥	Zaosu	杂交培育品种	1209
早酥红	Zaosuhong	芽变选育品种	1257
早酥蜜	Zaosumi	杂交培育品种	1210
早香水	Zaoxiangshui	杂交培育品种	1211
贼不偷	Zeibutou	秋子梨	222
楂梨	Zhali	半野生种	1312
漳平青皮梨	Zhangping Qingpili	砂梨	858
漳浦赤皮梨	Zhangpu Chipili	砂梨	859
漳浦棕包梨	Zhangpu Zongbaoli	砂梨	860
昭通黄梨	Zhaotong Huangli	砂梨	861
昭通小黄梨	Zhaotong Xiaohuangli	砂梨	862
昭通芝麻梨	Zhaotong Zhimali	砂梨	863
蔗梨	Zheli	杂交培育品种	1212
珍珠梨	Zhenzhuli	杂交培育品种	1213
真白梨	Zhenbaili	砂梨	454
真香梨	Zhenxiangli	砂梨	864
正安蜂糖梨	Zheng'an Fengtangli	砂梨	865
正安黄梨	Zheng'an Huangli	砂梨	866
正安黄圆梨	Zheng'an Huangyuanli	砂梨	867
正安酸麻梨	Zheng'an Suanmali	砂梨	868
郑家梨	Zhengjiali	砂梨	455
郑州鹅梨	Zhengzhou Eli	砂梨	456
政和大雪梨	Zhenghe Daxueli	砂梨	869

（续）

品种名	外文（拼音）名	种类	页码
祇园	Gion	日本品种	1036
中矮1号	Zhongai No.1	国内砧木	1270
中矮2号	Zhongai No.2	国内砧木	1271
中矮3号	Zhongai No.3	国内砧木	1272
中矮4号	Zhongai No.4	国内砧木	1273
中矮5号	Zhongai No.5	国内砧木	1274
中矮红	Zhongaihong	杂交培育品种	1214
中翠	Zhongcui	杂交培育品种	1215
中加1号	Zhongjia No.1	实生选择品种	1268
中梨1号（又名：绿宝石）	Zhongli No.1	杂交培育品种	1216
中梨2号（又名：金星）	Zhongli No.2	杂交培育品种	1217
中梨3号	Zhongli No.3	杂交培育品种	1218
中梨4号	Zhongli No.4	杂交培育品种	1219
中梨5号	Zhongli No.5	杂交培育品种	1220
中香梨	Zhongxiangli	杂交培育品种	1221
肿鼓梨	Zhongguli	砂梨	457
朱家假鸡腿	Zhujia Jiajitui	砂梨	458
朱家甜梨	Zhujia Tianli	砂梨	459
朱丽比恩	Bunte Julibirne	欧洲和美洲品种	982
朱氏梨	Zhushili	砂梨	870
猪头梨（又名：鬼头梨）	Zhutouli	砂梨	460
猪尾巴梨	Zhuweibali	砂梨	461
猪嘴梨	Zhuzuili	砂梨	462
筑波49	Tsukuba 49	日本品种	1037
筑夏	Chikunatsu	日本品种	1038
庄河秋香梨	Zhuanghe Qiuxiangli	秋子梨	223
坠子梨	Zhuizili	砂梨	463
涿州平顶香	Zhuozhou Pingdingxiang	秋子梨	224
资源1号	Ziyuan No.1	砂梨	871
资源3号	Ziyuan No.3	砂梨	872
资源4号	Ziyuan No.4	砂梨	873
紫巴梨	Max Red Bartllett	非洲和大洋洲品种	993
紫花梨	Zihuali	砂梨	874
紫皮糙	Zipicao	砂梨	875

附录二　梨 *S* 基因型统计

品种名	*S*基因型	品种名	*S*基因型
Abbé Fétel	$S_{104}S_{105}$	Colorée de Juillet	$S_{101}S_{115}$
Akça	$S_{102}S_{109}$	Comte de Flandre	$S_{102}S_{111}$
Alexandrine Douillard	$S_{103}S_{104}$	Comte de Lambertye	$S_{102}S_{110}$
Angélys	$S_{105}S_{119}$	Concorde	$S_{104}S_{108}$
Ankara	$S_{103}S_{119}$	Condo	$S_{104}S_{119}$
Aurora	$S_{101}S_{105}$	Conference	$S_{108}S_{119}$
Ayers	$S_{101}S_{102}$	Coscia	$S_{103}S_{104}$
Ballad	$S_{101}S_{119}$	Covert	$S_{101}S_{118}$
Bartlett	$S_{101}S_{102}$	Dagan	$S_{101}S_{104}$
Bautomne	$S_{101}S_{108}$	Dana's Hovay	$S_{101}S_{111}$
Besi de Saint-Waast	$S_{101}S_{118}$	Delbard première	$S_{101}S_{109}$
Beurré Bosc	$S_{107}S_{114}$	Delfrap	$S_{101}S_{109}$
Beurré Clairgeau	$S_{105}S_{118}$	Délices d'Hardenpont	$S_{101}S_{102}$
Beurré d'Anjou	$S_{101}S_{114}$	Devoe	$S_{108}S_{118}$
Beurré de l'Assomption	$S_{102}S_{106}$	Docteur Jules Guyot	$S_{101}S_{105}$
Beurré Giffard	$S_{101}S_{106}$	Doyenné d'hiver	$S_{101}S_{119}$
Beurré Hardy	$S_{108}S_{114}$	Doyenné du Comice	$S_{104}S_{105}$
Beurré Jean Van Geert	$S_{102}S_{104}$	Doyenné Gris	$S_{102}S_{108}$
Beurré Lubrum	$S_{101}S_{104}$	Duchesse d'Angouleme	$S_{101}S_{105}$
Beurré Precoce Morettini	$S_{101}S_{103}$	El Dorado	$S_{101}S_{107}$
Beurré Superfin	$S_{101}S_{110}$	Eletta Morettini	$S_{105}S_{114}$
Blanquilla	$S_{101}S_{103}$	Emile d'Heyst	$S_{102}S_{119}$
Blickling	$S_{102}S_{110}$	Ercolini	$S_{103}S_{104}$
Bon Rouge	$S_{101}S_{102}$	Espadona	$S_{101}S_{110}$
Bon-Chrétien d'Hiver	$S_{101}S_{118}$	Ewart	$S_{102}S_{114}$
Bristol Cross	$S_{102}S_{119}$	Fertility	$S_{107}S_{118}$
California	$S_{101}S_{104}$	Flemish Beauty	$S_{101}S_{108}$
Canal Red	$S_{102}S_{104}$	Fondante Thirriot	$S_{101}S_{103}$
Cascade	$S_{101}S_{104}$	Forelle	$S_{101}S_{116}$
Chapin	$S_{102}S_{115}$	French Bartlett	$S_{101}S_{105}$
Charles Ernest	$S_{105}S_{110}$	Garbar	$S_{107}S_{115}$
Clapp's Favorite	$S_{101}S_{108}$	General Leclerc	$S_{102}S_{118}$
Clapp's Rouge	$S_{101}S_{108}$	Gentile	$S_{101}S_{106}$

（续）

品种名	S 基因型	品种名	S 基因型
Glou Morceau	$S_{104}S_{110}$	President Héron	$S_{110}S_{118}$
Grand Champion	$S_{101}S_{104}$	Red Anjou	$S_{101}S_{114}$
Harrow Crisp	$S_{101}S_{105}$	Red Clapp's	$S_{101}S_{108}$
Harrow Delight	$S_{101}S_{105}$	Red Hardy	$S_{108}S_{114}$
Harrow Sweet	$S_{102}S_{105}$	Red Jewell	$S_{101}S_{102}$
Hartman	$S_{101}S_{104}$	Reimer Red	$S_{104}S_{114}$
Harvest Queen	$S_{101}S_{102}$	Rocha	$S_{101}S_{105}$
Highland	$S_{101}S_{104}$	Rogue Red	$S_{105}S_{114}$
Honey Sweet	$S_{102}S_{104}$	Rosired Bartlett	$S_{101}S_{102}$
Howell	$S_{101}S_{104}$	Rosmarie	$S_{101}S_{116}$
Idaho	$S_{101}S_{119}$	Royal Red	$S_{108}S_{114}$
Jeanne d'Arque	$S_{101}S_{104}$	Saint Mathieu	$S_{114}S_{116}$
Joséphine de Malines	$S_{102}S_{104}$	Santa Maria	$S_{102}S_{103}$
Kaiser	$S_{107}S_{114}$	Seckel	$S_{101}S_{102}$
Kalle	$S_{101}S_{108}$	Seigneur d'Espéren	$S_{101}S_{102}$
Kieffer	$S_{102}S_{119}$	Serenade	$S_{101}S_{108}$
Koonce	$S_{102}S_{105}$	Shinkou	$S_{4}S_{9}$
Koshisayaka	$S_{102}S_{119}$	Sierra	$S_{101}S_{108}$
La France	$S_{101}S_{119}$	Silver Bell	$S_{110}S_{119}$
Lawson	$S_{115}S_{117}$	Sirrine	$S_{101}S_{107}$
Le Lectier	$S_{104}S_{118}$	Spadona estiva	$S_{101}S_{103}$
Limonera	$S_{101}S_{105}$	Spadona	$S_{101}S_{103}$
Louise Bonne d'Avranches	$S_{101}S_{102}$	Spadoncina	$S_{102}S_{103}$
Magness	$S_{101}S_{105}$	Star	$S_{101}S_{108}$
Marguerite Marillat	$S_{102}S_{105}$	Starking Delicious	$S_{101}S_{113}$
Max Red Bartlett	$S_{101}S_{102}$	Starkrimson	$S_{101}S_{108}$
Maxine	$S_{101}S_{113}$	Summer Doyenne	$S_{101}S_{106}$
Michaelmas Nelis	$S_{102}S_{107}$	Sweet Blush	$S_{101}S_{119}$
Minibae	$S_{8}S_{31}$	Tosca	$S_{102}S_{104}$
Moonglow	$S_{101}S_{114}$	Triomphede Vienne	$S_{105}S_{110}$
Napoleon	$S_{101}S_{102}$	Turnbull Giant	$S_{104}S_{113}$
Norma	$S_{101}S_{104}$	Tyson	$S_{101}S_{105}$
Nouveau Poiteau	$S_{107}S_{114}$	Urbaniste	$S_{104}S_{119}$
Old Home	$S_{101}S_{113}$	Verdi	$S_{101}S_{119}$
Olivier de Serres	$S_{101}S_{110}$	Washington	$S_{101}S_{103}$
Onwards	$S_{101}S_{104}$	Wilder	$S_{101}S_{111}$
Orient	$S_{101}S_{102}$	William Precoce	$S_{101}S_{105}$
Ovid	$S_{102}S_{118}$	William's Bon-Chrétien	$S_{101}S_{102}$
Packham's Triumph	$S_{101}S_{103}$	Williams	$S_{101}S_{102}$
Passe Crassane	$S_{110}S_{119}$	Winter Cole	$S_{101}S_{107}$
Pera d'Agua	$S_{101}S_{102}$	爱宕	$S_{2}S_{5}$
Pierre Cornelle	$S_{101}S_{118}$	爱甘水	$S_{4}S_{5}$
Pierre Tourasse	$S_{102}S_{105}$	鞍山 1 号	$S_{13}S_{31}$
Precoce di Fiorano	$S_{101}S_{103}$	奥萨二十世纪	$S_{2}S_{4}^{SM}$
Precoce du Trevoux	$S_{101}S_{102}$	奥连	SpS_{32}

（续）

品种名	S基因型	品种名	S基因型
八里香	$S_{19}S_{30}$	冬黄	$S_{20}S_{34}$
八幸	S_4S_5	冬蜜	S_1S_{42}
八月酥	S_5S_{16}	豆梨	$S_{30}S_{31}$
八云	S_1S_4	独逸	S_1S_2
白八里香	$S_{19}S_{31}$	鹅梨	$S_{13}S_{34}$
白皮酥	$S_{34}S_n$	鹅酥	$S_{15}S_{38}$
半斤酥	S_5S_{21}	鄂梨1号	S_1S_4
宝山酥	S_1S_{21}	恩梨	S_1S_{19}
宝珠梨	$S_{22}S_{42}$	二十世纪	S_2S_4
北丰	S_4Sa	丰水	S_3S_5
璧山2号	S_4S_{16}	丰香	S_4S_{17}
冰糖梨	$S_{16}S_{19}$	福安尖把	$S_{16}S_{22}$
博多青	$S_{22}S_{34}$	富源黄	$S_{16}S_{33}$
博山池	$S_{19}S_{27}$	甘谷黑梨	$S_{16}S_{54}$
苍溪雪梨	S_5S_{15}	甘谷红霞	$S_{16}S_x$
长十郎	S_2S_3	甘谷香水	S_eS_x
长寿	S_1S_5	高平大黄	S_1S_2
朝鲜洋梨	S_eS_3	灌阳雪梨	$S_{18}S_{27}$
迟咸丰	$S_{5a}S_{18}$	贵德长把	$S_{19}S_{22}$
茌梨	S_1S_{19}	桂冠	S_1S_{16}
赤花梨	$S_{26}S_{15}$	海棠酥	$S_1S_{12}S_{19}$
赤穗	S_1S_2	寒红	$S_{27}S_{34}$
初夏绿	S_3S_4	寒香	$S_{36}S_x$
楚比香	S_1S_{15}	杭青	S_1S_4
脆绿	S_3S_4	河政甘长把	$S_{22}S_d$
翠冠	S_3S_5	褐梨	$S_{19}S_{29}$
翠星	S_1S_4	红脆	S_4S_{12}
翠玉	S_3S_4	红花盖	$S_{19}S_{32}$
大凹凹	$S_{12}S_{12}$	红旬旬梨	$S_{22}S_{28}$
大凹凸	$S_{11}S_{22}$	红梨	S_4S_{36}
大慈梨	$S_{19}S_{27}$	红那禾	$S_{22}S_{28}S_{40}$
大果水晶	S_3S_9	红皮酥	$S_{12}S_{26}$
大核白	$S_{16}S_{19}$	红酥脆	S_4S_{36}
大理鸡腿	$S_{17}S_{19}$	红太阳	S_8S_{35}
大面黄	S_1S_{19}	红霄梨	$S_{16}S_{19}$
大南果	$S_{13}S_{34}$	红秀2号	S_1S_{12}
大青梨	S_1S_3	葫芦梨	S_aS_b
大青皮	$S_{19}S_{34}$	花长把	$S_{19}S_{22}$
大水核	S_7S_{19}	花盖梨	$S_{34}S_d$
大鸭梨	$S_1S_1S_{21}S_{21}$	花盖王	$S_{31}S_{31}S_{34}S_{34}$
丹泽	S_3S_5	华丰	S_3S_9
砀山酥梨	S_7S_{34}	华高	S_3S_9
德胜香	S_3S_{29}	华金	S_1S_8
东宁五号	S_1S_{17}	华梨1号	S_3S_4
冬果梨	$S_{12}S_{35}$	华梨2号	S_4S_{37}

（续）

品种名	S基因型	品种名	S基因型
华山	S_3S_5	酒泉麦梨	S_6S_{17}
华酥	S_5S_d	菊水	S_2S_4
黄冠	S_4S_{16}	君冢早生	S_1S_5
黄花梨	S_1S_2	康天生伏	$S_{12}S_{29}$
黄金梨	S_3S_4	康乐白果	S_bS_i
黄金对麻	$S_{19}S_{29}$	康乐甘长把	$S_{22}S_d$
黄句句	$S_{22}S_{34}$	乐酥木梨	S_1S_h
黄梨	$S_{22}S_{34}$	库尔勒香梨	S_8S_{28}
黄麻梨	$S_{31}S_{40}$	奎甜梨	S_dS_e
黄蜜梨	S_1S_6	魁克句句	$S_{22}S_{28}$
黄面梨	S_1S_{12}	昆切克	$S_{19}S_{28}$
黄皮水	$S_{16}S_{42}$	兰州长把	S_4S_{19}
黄皮水	$S_{16}S_{19}$	兰州花长把	$S_{19}S_{22}$
黄香梨	S_4S_{27}	兰州软儿梨	S_dS_{12}
惠阳红梨	$S_{46}S_{47}$	礼县新八盘	S_eS_x
火把梨	$S_{26}S_{36}$	丽江白梨	$S_{22}S_{42}$
极矮化突变体	S_1S_{17}	辽阳大香水	$S_{16}S_{12}$
济南小黄梨	$S_1S_{12}S_{19}$	临夏黄麻梨	S_3S_e
冀蜜	S_1S_{16}	临夏萨拉梨	$S_{16}S_e$
假直把子	S_5S_{19}	临夏香把	$S_{12}S_{21}$
尖把梨	$S_{12}S_{30}$	临姚麻甜梨	$S_{22}S_d$
尖把子	$S_{27}S_h$	灵武杜梨	$S_{27}S_{36}$
江岛	S_5S_8	六瓣	$S_{17}S_{19}$
今村秋	S_1S_6	六棱	$S_{16}S_{19}$
今村夏	S_5S_{13}	龙泉酥	S_3S_{22}
金川雪梨	S_mS_{12}	龙香	$S_{16}S_{42}$
金锤子	$S_{16}S_{19}$	绿句句	$S_{22}S_{28}$
金花梨	S_3S_{18}	绿云	S_3S_{29}
金花4号	$S_{13}S_{18}$	麻子梨	S_1S_{29}
金梨	S_1S_1	马蹄黄	$S_{16}S_{19}$
金秋梨	S_3S_9	麦梨	$S_{31}S_{40}$
金水1号	S_3S_{29}	满顶雪	S_4S_{15}
金水2号	S_3S_{21}	满天红	S_4S_{12}
金水3号	S_5S_{29}	窝窝果	$S_{12}S_{21}$
金水酥	S_4S_{21}	懋功梨	$S_{12}S_{13}$
金酥	$S_{21}S_d$	美人酥	S_4S_{12}
金香水	S_1Si	蜜梨	$S_{19}S_{29}$
金珠砂梨	S_3S_{19}	面梨	$S_{19}S_{41}$
金坠梨	$S_{21}S_{34}$	明月	S_8S_9
锦丰	$S_{19}S_{34}$	墨梨	$S_{26}S_b$
锦香	$S_{34}S_{37}$	乃希特阿木提	$S_{19}S_{28}$
晋蜜梨	$S_{21}S_{28}$	南果梨	$S_{11}S_{17}$
京白梨	$S_{16}S_{30}$	内蒙古山梨	$S_{29}S_{41}$
晶玉	S_4S_{24}	柠檬黄	$S_{31}S_{32}$
酒泉长把梨	S_6S_{22}	农家新高	S_3S_9

（续）

品种名	S基因型	品种名	S基因型
皮胎果	$S_{22}S_{43}$	天皇	S_3S_9
苹博香	S_1S_8	天之川	S_1S_9
苹果梨	S_1S_{17}	甜橙子	S_7S_{12}
苹香	$S_{31}S_d$	甜鸭梨	S_1S_{21}
七月酥	S_4S_d	雪青	S_3S_{16}
棋盘香梨	$S_{22}S_{28}$	雪英	S_3S_{39}
青长十郎	S_2S_3	鸭广梨	$S_{19}S_{30}$
青沟沙疙瘩	$S_{36}S_d$	鸭梨	S_1S_{21}
青花	S_1S_4	雅青	S_4S_{34}
青魁	S_1S_3	延边大香水	$S_{12}S_{16}$
青梨	$S_{19}S_{19}$	延边明月梨	S_3S_e
青龙梨	S_2S_3	延边谢花甜	$S_{17}S_{31}$
青面梨	S_1S_{18}	延光梨	S_1S_{17}
青皮酥	$S_{34}S_n$	耀县红	S_1S_{21}
青玉梨	S_3S_4	耀县银梨	$S_{21}S_x$
清澄	S_4S_5	野生类型山梨	S_8S_{27}
清香	S_4S_7	伊犁红句句	$S_{22}S_{28}$
秋白	$S_{19}S_{34}$	硬枝青	$S_{12}S_{12}$
秋水	S_1S_5	油红	$S_{13}S_{34}$
软把子	$S_{16}S_{36}$	油梨	$S_{16}S_{19}$
软儿梨	$S_{17}S_{31}$	玉翠	S_2S_4
三花梨	S_2S_7	玉水	S_3S_4
扫帚苗子	$S_{15}S_{26}$	玉香	S_4S_{21}
色尔克甫	$S_{22}S_{28}$	圆香	$S_{15}S_{16}$
沙01	$S_{22}S_{22}S_{28}S_{28}$	云南麻梨1号	S_9S_{42}
沙疙瘩	$S_{36}S_d$	云南麻梨2号	$S_{42}S_x$
山梨	$S_{13}S_{34}$	云南无名梨	$S_{22}S_{29}$
山梨2号	S_8S_{27}	早白	$S_{19}S_{42}$
山梨3号	S_bS_{41}	早翠	S_3S_{37}
山梨4号	S_cS_{42}	早冠	S_4S_{17}
山梨5号	S_4S_{42}	早金酥	S_1S_4
山鸭梨	$S_{30}S_{36}$	晚大新高	S_3S_9
身不知	S_5S_d	晚三吉	S_5S_7
水冬瓜	$S_{15}S_{45}$	威宁大黄梨	S_3S_{37}
水红霄	$S_{16}S_{19}$	文山红雪梨	$S_{31}S_{36}$
水晶	S_3S_9	无籽黄	$S_{16}S_{28}$
顺香	S_8S_e	武藏	S_2S_3
斯尔克甫梨	$S_{22}S_{28}$	武都甜梨	$S_{26}S_i$
苏翠2号	S_3S_d	武山糖梨	S_8S_{19}
酸大梨	S_3S_{29}	西子绿	S_1S_4
酸梨锅子	$S_{19}S_{41}$	喜水	S_4S_5
索美	$S_{36}S_{37}$	夏至	S_3S_{37}
胎黄梨	S_2S_{14}	鲜黄	S_3S_5
台湾蜜梨	$S_{11}S_{22}$	香泩	S_1S_{21}
糖梨	$S_{27}S_{30}$	香椿	S_3S_{19}

（续）

品种名	S 基因型	品种名	S 基因型
香水梨	$S_{17}S_{31}$	早香 2 号	S_4S_x
湘南	S_1S_3	早香脆	S_1S_d
小香水	$S_{29}S_{34}$	早香水	$S_{26}S_{42}$
小香水芽变	S_rS_x	早玉	S_1S_2
谢花甜	$S_{29}S_{34}$	早魁	S_2S_{16}
新高	S_3S_9	早梨 18	S_4S_{28}
新杭	S_1S_3	早美酥	S_3S_d
新疆黄梨	$S_{22}S_{28}$	早蜜梨	$S_{19}S_{29}$
新梨 1 号	S_8S_{22}	早蜜新高	S_3S_9
新梨 7 号	$S_{28}S_d$	早生长十郎	S_2S_4
新世纪	S_3S_4	早生赤	S_4S_5
新水	S_4S_5	早生黄金	S_3S_4
新星	S_8S_9	早生喜水	S_3S_4
新雪	S_5S_6	早熟句句	$S_{22}S_{28}$
新雅	S_4S_{17}	早酥	S_1S_d
兴城 2-23	S_1S_8	张掖长把	$S_{19}S_{22}$
兴城谢花甜	$S_{17}S_{31}$	朝日	S_4S_5
杏叶梨	$S_{22}S_c$	赵县大鸭梨	$S_1S_1S_{21}S_{21}$
幸水	S_4S_5	政和大雪梨	$S_{13}S_{43}$
秀玉	S_4S_5	中矮 1 号	S_1S_{17}
须磨	S_2S_5	中矮 2 号	$S_{19}S_{34}$
雪芳	S_4S_{16}	中梨 1 号	S_1S_4
雪芬	S_3S_x	中梨 2 号	S_4S_{31}
雪峰	S_4S_{16}	猪嘴酥	$S_{19}S_{22}$
雪花梨	S_4S_{16}	筑水	S_3S_4
早香 1 号	S_4S_x	紫酥梨	$S_{19}S_{34}$

附录三 《中国果树志（第三卷）·梨》中未收入本志的品种

后记

《中国梨树志》寄托着前辈的期望，也承载着我辈的抱负，是我们中国梨科研和产业界近百名专家、学者不分昼夜、通力合作所取得的成果。本书编撰工作始于2015年5月，原计划于2018年底出版，但由于我国梨种质资源丰富、地理分布广泛，对现有地方资源进行调查和信息采集，受气候条件、地理环境、社会经济条件等因素的影响很大，特别是对云、贵、川、青、藏和新等边远地区和深山峡谷等地方品种的调查和信息采集任务重、难度大，仅3年时间是远不能很好的完成此项工作的。

为了使《中国梨树志》反映我国梨种质资源的真实全貌，进一步丰富该书内容、提高编撰质量，特别是品种"标准照"的质量，不得不一再推迟出版，以便给专家们足够的时间对重点地区地方品种开展细致充分调查和"标准照"的拍摄采集工作。经过近6年的不懈努力，《中国梨树志》行将付梓，我们心里如释重负的同时，也是百感交集，难掩激动。

《中国梨树志》的出版，得益于中国农业科学院郑州果树研究所、南京农业大学和中国农业出版社的支持。中国农业科学院郑州果树研究所的领导们在本书编撰工作启动的时候，专门设立了基本科研业务费项目给予大力支持；本书责任编辑郭银巧同志给予的帮助更是无微不至，给编委们提供了详细的编写规范和注意事项，并且为本书争取到了国家出版基金的支持；没有他们的热情帮助，编撰和出版该书是不可能完成的。

《中国梨树志》在编撰过程中，广大编委付出了辛勤的劳动，他们为了使这部承前启后的著作能够以丰富的文字、精美的照片记录我国梨种质资源和产业发展的动态变化，心甘情愿地奉献出自己的时间、精力和才智。其中，福建省农业科学院黄新忠研究员和曾少敏同志、山东省果树研究所王少敏研究员和冉昆副研究员、湖北省农业科学院果树茶叶研究所胡红菊研究员和张靖国副研究员、北京市林业果树科学研究院刘军研究员、甘肃农业科学院果树研究所的李红旭研究员和王玮同志、烟台市农业科学研究院李元军研究员等都做出了十分出色的工作。编委会秘书长薛华柏副研究员除了负责品种部分内容的编写任务，还承担了组织会议、协调事务、协助基金申请等繁杂的工作，为本书的顺利出版付出了很多心血。

在编委名单之外，不少同行也为本书的出版做出了贡献，他们是浙江省农业科学院园艺研究所施泽彬研究员、江苏省农业科学院果树研究所盛宝龙研究员、湖北省农业科学院果树茶叶研究所伍涛研究员、中南林业科技大学谭晓风教授、河北省农业科学院昌黎果树研究所乐文全研究员、广东省农业科学院果树研究所林志雄研究员、沈阳农业大学王爱德教授、西藏自治区农牧科学院曾秀丽博士、四川省农业科学院园艺研究所邓家林副研究员、南京农业大学黄小三教授、内蒙古自治区农牧厅经济作物工作站陈春元同志、云南省农业科学院何英云同志。

书稿涉及不止一个方面，为了尽量求得准确，而拜请了具有果树学文字功底的《果树学报》副主编陈新平编审对该书进行审阅。在此一并表示感谢！

"志书千古事，得失寸心知"。该书中存在的种种不足，还望读者能够给予批评和指正。

就要搁笔，依旧心绪难平。生活在这个伟大的国度和伟大的时代，工作在能如愿从事自己钟爱事业的中国农业科学院郑州果树研究所和南京农业大学，又能与这么多可亲可敬可爱的同事、同行们一起共襄书志盛举，人生何其有幸！

李秀根　张绍铃
记于二○二○年夏秋之际

图书在版编目（CIP）数据

中国梨树志/李秀根，张绍铃主编 . —北京：中国农业出版社，2020.12

国家出版基金项目

ISBN 978-7-109-27181-4

Ⅰ.①中… Ⅱ.①李…②张… Ⅲ.①梨-植物志-中国 Ⅳ.①S661.2

中国版本图书馆CIP数据核字（2020）第148370号

中国梨树志

ZHONGGUO LISHUZHI

中国农业出版社出版

地址：北京市朝阳区麦子店街18号楼

邮编：100125

策划编辑：郭银巧　王琦瑢

责任编辑：郭银巧　王琦瑢　史佳丽　吴丽婷　王庆敏
　　　　　齐向丽　杨　春　蔡雪青　李　莉

版式设计：杜　然　责任校对：沙凯琳　刘丽香　赵　硕

责任印制：王　宏

印刷：北京通州皇家印刷厂

版次：2020年12月第1版

印次：2020年12月北京第1次印刷

发行：新华书店北京发行所

开本：889mm×1194mm　1/16

印张：88

字数：2650千字

定价：1180.00元